Rietschel / Raiß

Heiz- und Klimatechnik

Fünfzehnte neubearbeitete Auflage

von

Wilhelm Raiß

Erster Band

Grundlagen Systeme Ausführung

Mit einem Abschnitt

Wärmephysiologische und hygienische Grundlagen

von

F. Roedler

Springer-Verlag Berlin Heidelberg GmbH 1968

Dr.-Ing. Wilhelm Raiss
o. Professor an der Technischen Universität Berlin
Direktor des Hermann-Rietschel-Institutes für Heizung und Lüftung

Dr.-Ing. F. Roedler
Direktor und Professor beim Bundesgesundheitsamt

Der erste Band enthält 467 Abbildungen und 37 Tabellen

Bisherige Auflagen:

Leitfaden zum Berechnen und Entwerfen von Lüftungs- und Heizungs-Anlagen

1. Auflage 1893
2. Auflage 1894
3. Auflage 1902
4. Auflage 1909
} Bearbeitet von H. Rietschel

5. Auflage 1913 Bearbeitet von H. Rietschel und K. Brabbee

H. Rietschels Leitfaden der Heiz- und Lüftungstechnik

6. Auflage 1922
7. Auflage 1925
} Bearbeitet von K. Brabbée

8. Auflage 1928
9. Auflage 1930
10. Auflage 1934
11. Auflage 1938
} Bearbeitet von H. Gröber

H. Rietschels Lehrbuch der Heiz- und Lüftungstechnik

12. Auflage 1948 Bearbeitet von H. Gröber

13. Auflage 1958
14. Auflage 1960
} Bearbeitet von W. Raiss

ISBN 978-3-662-37434-4 ISBN 978-3-662-38191-5 (eBook)
DOI 10.1007/978-3-662-38191-5

Ursprünglich erschienen bei Springer-Verlag Berlin Heidelberg New York 1968
Softcover reprint of the hardcover 15th edition 1968

Library of Congress Catalog Card Number: 68-17538

Titel Nr. 0846

Vorwort zur fünfzehnten Auflage

Mit der fünfzehnten Auflage stellt sich das RIETSCHELsche Lehrbuch in neuem Gewande vor. Die Inhaltserweiterung und die Notwendigkeit, das Buch handlicher zu machen, legten eine Aufteilung des Werkes in zwei Bände nahe. Zugleich wurde der Titel des Buches geändert. Er trägt in seiner jetzigen Fassung der Tatsache Rechnung, daß sich in den letzten 10 Jahren die Aufgaben des Lüftungsingenieurs immer stärker auf das Gebiet der Raumklimatisierung verlagert haben. Auch ist im deutschen Sprachgebiet die Tendenz erkennbar, sämtliche Verfahren und Einrichtungen zur Schaffung behaglicher Innenraumverhältnisse mit dem Begriff „Klimatechnik" zu umreißen. Heute schon werden ganz allgemein Anlagen zur Raumkühlung dieser Gruppe zugerechnet; folgerichtig müßten dann Einrichtungen zur Raumerwärmung eines Tages ebenfalls in diesen Sammelbegriff mit eingehen.

Der erste Band des Lehrbuchs beschreibt und diskutiert im wesentlichen die Systeme und ihre Bauteile. Der zweite Band wird die Verfahren zur Berechnung heiz-, lüftungs- und klimatechnischer Anlagen einschließlich der Hilfstafeln und Arbeitsblätter enthalten. Zur Einführung in die Aufgabenstellung des Fachgebietes sind die beiden Abschnitte über das Raumklima und das Außenklima an den Anfang des Buches gestellt.

Gegenüber der letzten Auflage finden sich in fast allen Abschnitten Änderungen und Ergänzungen. So wurden allein im ersten Band rund 190 Abbildungen ausgetauscht bzw. neu aufgenommen. Im heiztechnischen Teil galt es insbesondere, den durch das Vordringen flüssiger und gasförmiger Brennstoffe verursachten Fortschritten im Bau von Öfen und Kesseln Rechnung zu tragen. Bei Heizkesseln kleiner und mittlerer Leistung werden heute Bauarten bevorzugt, die sowohl für feste als auch für flüssige bzw. gasförmige Brennstoffe geeignet und häufig mit Brauchwassererwärmern ausgestattet sind. An einigen typischen Konstruktionen wird diese Entwicklung aufgezeigt. Sie ist in Deutschland gekoppelt mit einer präzisen Festlegung der technischen Anforderungen an neuzeitliche Heizkessel hinsichtlich Wirkungsgrad, Zugbedarf und Güte der Verbrennung, bei festen Brennstoffen auch bezüglich Leistungsregelung und Brenndauer.

Als Heizkörper werden neuerdings plattenförmige Bauarten und Konvektoren häufiger verwendet, wenngleich der Gliederheizkörper nach wie vor dominiert. Die Einrohrheizung hat in senkrechter und in horizontaler Stranganordnung an Boden gewonnen.

Der Ausbau der Fernheizungen in Stadtzentren und die Errichtung von Blockheizungen in neuen Siedlungsgebieten haben eine lebhafte Entwicklung auf dem Gebiet der Zubehörteile, insbesondere der Armaturen, ausgelöst. Auch im Aufbau der Hausstationen und bei der Leitungsverlegung sind Fortschritte zu verzeichnen, die zu berücksichtigen waren. Der Unterabschnitt Heizkraftanlagen wurde durch die Aufnahme einer Gasturbinenzentrale mit nachgeschaltetem Warmwassernetz ergänzt.

Obwohl das Wort „Lüftungstechnik" im Titel des Buches nicht mehr erscheint, werden doch die Fragen der Raumlüftung nach wie vor eingehend behandelt. Die gestiegenen Anforderungen an das Raumklima in Aufenthalts- und Fertigungsräumen und die stärkere Witterungsanfälligkeit moderner Bauten haben der Klimaanlage weitere Anwendungsgebiete erschlossen. Mit verbesserten Geräten und Systemen sucht man den neuen Aufgaben gerecht zu werden. Der Teilabschnitt „Klimatechnik" wurde dementsprechend weitgehend überarbeitet und ergänzt. Auf die dynamischen Probleme der Temperatur- und Feuchteregelung wird erstmalig eingegangen.

Wertvolle Hilfe bei der Herausgabe der fünfzehnten Auflage leisteten die wissenschaftlichen Mitarbeiter am Hermann-Rietschel-Institut für Heizung und Lüftung, insbesondere die Herren Dipl.-Ing. Brinkmann (Zentralheizung und Gesamtmanuskript), Dipl.-Ing. Masuch (Klimakunde, Ofenheizung), Dipl.-Ing. Protz (Regelungstechnik) und Dipl.-Ing. Zöllner (Heizungszubehör, Fernheizung). Ihnen allen danke ich für ihre Mitwirkung bei der Beschaffung und Auswertung der Unterlagen, der Durchsicht der Manuskripte und nicht zum wenigsten für eigene Vorschläge und Anregungen. Mein Dank gilt auch den Firmen und Fachverbänden, die mich durch Überlassung von Bildern, Zeichnungen und sonstigen Unterlagen unterstützten. Dem Verlag danke ich für das verständnisvolle Eingehen auf Sonderwünsche und die vorzügliche Ausstattung des Werkes.

Berlin, im Sommer 1968 **W. Raiß**

Inhalt des zweiten Bandes

Inhaltsverzeichnis

Zweiter Teil

Systeme, Bauteile, Ausführung

Dritter Abschnitt. Einzelheizung

Vierter Abschnitt. **Zentralheizung**

Fünfter Abschnitt. **Zentrale Warmwasserbereitung**

Sechster Abschnitt. **Fernheizung**

Siebenter Abschnitt. **Lüftungs- und Klimatechnik**

Einleitung

Aufgabe der heiz- und klimatechnischen Einrichtungen ist es, in Aufenthalts- und Arbeitsräumen ein durch die Nutzung bedingtes Raumklima zu schaffen, unabhängig von der Witterung und von den Vorgängen im Gebäudeinneren. Der Begriff „Raumklima" umfaßt sowohl thermische Komponenten, wie die Luft- und Wandtemperaturen, als auch Eigenschaften und Zustandsgrößen der Luft, wie ihre Reinheit, Feuchte und Bewegungsstärke.

Dienen die Räume in erster Linie dem Aufenthalt körperlich nicht tätiger Menschen, so leiten sich die raumklimatischen Bedingungen aus Erkenntnissen der Hygiene und Wärmephysiologie ab. Mit ihnen müssen Architekten und Fachingenieure vertraut sein, um im Einzelfall unter den mannigfachen Verfahren der Raumheizung, Lüftung und Klimatisierung das nach Bauweise und Nutzungsart des Gebäudes zweckmäßigste auswählen zu können.

Eine ähnliche Bedeutung kommt den außenklimatischen Verhältnissen zu. Die Heizanlagen müssen bei den örtlich tiefsten Außentemperaturen die Gebäude ausreichend erwärmen. Von Klimaanlagen erwarten wir dagegen die Einhaltung vorgegebener Raumtemperaturen auch bei maximalen Außentemperaturen und intensiver Sonnenstrahlung. In beiden Fällen müssen die Leistungen den wechselnden Witterungsbedingungen in einfacher Weise angepaßt werden können. Neben den Extremwerten der Klimaelemente, die für die Auslegung der Anlagen maßgebend sind, interessieren also auch deren Abläufe während des Jahres. Sie geben Auskunft über Wechsel und Häufigkeit der einzelnen Belastungsstufen und bestimmen damit die Anforderungen an die Leistungsregelung. Zugleich liefern sie die für Wirtschaftlichkeitsrechnungen notwendigen Unterlagen über den Jahresenergiebedarf.

Aus der oben skizzierten Aufgabenstellung ergibt sich schon der enge Zusammenhang der heiz- und klimatechnischen Einrichtungen mit dem Baukörper, insbesondere mit seiner Größe und Gestalt, der Bauweise und der Zweckbestimmung. Da die Klimaelemente Lufttemperatur, Wind und Sonnenstrahlung über die Gebäudeaußenhaut angreifen, ist deren Aufbau mitbestimmend für den zur Heizung oder Kühlung notwendigen Energiebedarf. Zugleich wird das Innenklima selbst davon stark beeinflußt. Ohne genügenden Wärme- und Sonnenschutz läßt sich beispielsweise an Arbeitsplätzen in der Nähe der Außenwände die wünschenswerte thermische Behaglichkeit nicht oder nur unzureichend erzielen. Moderne Gebäude mit großen Glasflächen und dünnen, schwach wärmespeichernden Außenwänden liefern dafür den Beweis. Einseitige Abkühlungseffekte, wie sie bei kalten Wand- und Fensterflächen zu erwarten sind, können durch zweckmäßig angeordnete Heizkörper evtl. kompensiert werden. Eine Überwärmung von Arbeitsplätzen an großen, ungeschützten Fensterflächen läßt sich aber durch Kühlung der Räume zumeist nicht ganz vermeiden.

Es gehört mit zur Aufgabe des Heizungs- und Klimaingenieurs, den Architekten in solchen Fragen zu beraten, zumal die in den Bauordnungen und Baunormen niedergelegten Mindestforderungen in dieser Hinsicht vielfach nicht genügen. Es würde den Rahmen eines Lehrbuches der Heiz- und Klimatechnik sprengen, die vielfältigen Zusammenhänge zwischen Raumklima und Bauausführung ihrer Bedeutung entsprechend darzustellen. Auf die wichtigsten bautechnischen Erfordernisse wird jedoch in den einzelnen Abschnitten eingegangen, soweit es für die dort zu erörternden physiologischen oder technischen Fragen von Bedeutung ist.

Die technische Entwicklung der letzten beiden Jahrzehnte — das gilt für die Systeme wie für die Bauteile — steht unter dem Zeichen höherer Ansprüche an das Raumklima, die Regelbarkeit der Anlagen und ihre Anpassungsfähigkeit an individuelle Wünsche, die Erleichterung oder Vereinfachung der Bedienung sowie an einen geräuschfreien und sauberen Betrieb. In der *Heiztechnik* kommen noch die Veränderungen auf dem Brennstoffmarkt hinzu. Feste Brennstoffe treten immer mehr zurück gegenüber den preiswert angebotenen flüssigen und gasförmigen Brennstoffen, deren Verwendung gerade bei Heizanlagen kleinerer und mittlerer Leistung viele betriebliche Vorteile mit sich bringt. Diese Tatsache hat den konstruktiven Aufbau der Öfen und Kessel nachhaltig beeinflußt und teilweise auch zu Änderungen im Aufbau und in der Ausstattung der Heizanlagen geführt. Auch die zunehmende Anwendung der Fernheizung liegt in der oben gekennzeichneten Entwicklungslinie. Der Aufbau ganzer Stadtgebiete und neuer Wohnsiedlungen bot hierfür günstige wirtschaftliche Vorbedingungen.

Bei der *Lüftung* bestimmt in erster Linie der Verwendungszweck der Räume die Anforderungen an die technischen Einrichtungen. Dementsprechend unterscheiden sich auch die Lösungen, je nachdem, ob hygienische oder arbeitstechnische Gesichtspunkte im Vordergrund stehen. Nach einer Einführung in die allgemeinen Grundlagen der freien und der erzwungenen Lüftung wird in diesem Buch in erster Linie die Lüftung von Aufenthaltsräumen behandelt. Nur sie läßt sich einheitlich darstellen, ohne auf die Vorgänge im Raum im einzelnen eingehen zu müssen, wie es bei der Fabrikraumlüftung notwendig ist. Die technischen Lösungen sind dort häufig durch spezielle Arbeitsverfahren und damit zusammenhängende Sonderanforderungen bedingt, so daß sie nicht ohne weiteres auf andere Fälle übertragen werden können.

Bemerkenswert ist in der Lüftungstechnik das Vordringen der *Klimaanlagen*. Die Gründe liegen einerseits in den steigenden Anforderungen an die Temperatur- und Feuchtehaltung in Arbeitsräumen aller Art, zum anderen in der Klimaanfälligkeit der modernen Bauten, die vielfach gekühlt und gelüftet werden müssen, obwohl der innere Wärmeanfall nur gering ist. Typisch hierfür sind Großräume und Hochhäuser. Aber auch bei einfachen Lüftungsaufgaben, für die früher die Fenster- oder Schachtlüftung als ausreichend angesehen wurde, bedient man sich heute der Ventilatorlüftung. Hörsäle, Restaurants, Kaufhäuser und Versammlungsräume sind ohne hochwertige Lüftungs- oder Klimaanlagen nicht mehr denkbar.

Architekten, Baufachleute und Sachbearbeiter bei Behörden und in der Industrie stehen damit häufig vor der Notwendigkeit, sich über die Grundlagen der Heiz- und Klimatechnik oder über einzelne Geräte und Verfahren zu informieren. Der vorliegende Band, als Teil eines Lehrbuches konzipiert, wird auch für diesen Zweck nützlich sein.

Erster Teil

Raum- und außenklimatische Anforderungen

Erster Abschnitt

Wärmephysiologische und hygienische Grundlagen

Von F. Roedler

I. Einführung in die wärmephysiologische Betrachtungsweise

Die Maßnahmen der Heizung und Lüftung zielen in den meisten Fällen darauf ab, dem vor außenklimatischen Einflüssen Schutz suchenden Menschen innerhalb von Aufenthaltsräumen ein *Raumklima* zu schaffen, das dem physiologisch bedingten Wärmebedürfnis des gesunden menschlichen Körpers weitgehend entspricht. Maßgebliche Bestimmungselemente für die Komplexwirkung Raumklima sind, wie später erläutert wird, die Temperatur der Raumluft und der Raumumschließungsflächen sowie die Feuchte und Bewegung der Raumluft. Als eine der wichtigsten Voraussetzungen für Wohlbefinden und Leistungsfähigkeit soll *thermische Behaglichkeit* gewährleistet sein. Ferner muß die Raumluft, besonders da ein Teil auf dem Atmungswege bis in die Lunge gelangt, von Verunreinigungen jeder Art weitgehend befreit sein, und die Außenluft darf durch die Schornsteinemissionen der Heizungsanlagen nur im Rahmen hygienisch vertretbarer Grenzen verunreinigt werden. Mit dieser Aufgabenformulierung ist der gesundheitliche Aspekt des Heiz- und Lüftungsfaches herausgestellt, denn Gesundheit ist nach der Definition der Weltgesundheitsorganisation „der Zustand *völligen körperlichen*, geistigen und sozialen *Wohlbefindens* und nicht etwa nur das Freisein von Krankheiten".

Innerhalb eines Raumes gibt der Mensch zwangsläufig auf dem Wege der *Strahlung* an alle Raumumschließungsflächen, deren Temperatur unter der Körper- bzw. Kleideroberflächentemperatur liegt (z. B. Fenster, Außenwand), Wärme ab, während er von Umschließungsflächen höherer Temperatur (z. B. Heizflächen) Wärme empfängt. Außerdem übertragen die Heizflächen *konvektiv*, d. h. durch Erwärmen und damit durch Bewegen (Umwälzen) der Raum-Luftmasse Wärme an die vom Luftstrom erreichten Raumzonen. Die Rauminsassen wirken auch ihrerseits als Konvektionsheizkörper, die Wärme an die Raumluft abführen (vgl. Abb. 1.01). An den Fußboden kann durch unmittelbare Berührung des Fußes auf dem Wege der Leitung eine fühlbar große Wärmemenge verlorengehen. In belüfteten Räumen sind die Insassen je nach Temperatur und Geschwindigkeit der Raumluft meist einer mehr oder weniger starken Abkühlung auf konvektivem Wege ausgesetzt. Für die wärmephysiologische Betrachtungsweise dieser thermischen Wechselbeziehung Mensch $\rightleftarrows$ Raum hat der Mensch als Bezugsbasis zu gelten.

Die routinemäßige Berechnung des Gebäudewärmebedarfes nach DIN 4701 und der Heizkörpergröße nach DIN 4703 gewährleistet noch keine einwandfreie Heizung. Gütemerkmal für eine dem Wärmehaushalt des Menschen angemessene Heizung ist die wohlüberlegte Abstimmung von Oberflächentemperatur, Ausdehnung und Anordnung der Heizflächen im Raum und die hiermit erzielbare Temperaturverteilung im Luftraum sowie an den Raumumschließungsflächen.

Dabei ist zu bedenken, daß vom Architekten bestimmte *Mindestforderungen an den Wärmedurchgangswiderstand* der Gebäudeschale (DIN 4108), an ihre *Wärmespeicherfähigkeit* und an die *Fugendichtigkeit* der Fenster und Türen unabdingbar erfüllt sein müssen, da Mängel dieser Art auch von der bestmöglichen Heizungsausführung nur in begrenztem Maße kompensiert werden können.

Die Aufgabe, einen Raum zu lüften oder zu klimatisieren, ist mit dem Festlegen einer Luftrate (Luftmenge je Kopf und Stunde) oder einer Luftwechselzahl (Quotient aus stündlich zugeführter Luftmenge und Rauminhalt) und mit dem Berechnen der Kühllast noch nicht gelöst. Für die thermische Behaglichkeit sind die sorgfältige Planung und Ausführung der *Luftverteilung* in der Aufenthaltszone der Menschen entscheidend, da bewegte Luft den Wärmehaushalt des Körpers stark beeinflußt.

Der Heizungs- und Klimaingenieur wird daher seine wärme-, strömungs- und regeltechnischen Fachkenntnisse um so besser verwerten können, je mehr er neben dem physikalisch-mathematischen Denken auch Verständnis für die wärmephysiologischen Grundlagen aufbringt, die den Menschen zum Ausgangspunkt der Betrachtung nehmen.

II. Die Temperaturregelung des menschlichen Körpers

Alle Körperreaktionen sind weitgehend temperaturabhängig. Die als Katalysator wirkenden Fermente der Zellen sind auf eine „Normaltemperatur" von 37 °C eingestellt mit einer Toleranz von normalerweise $\pm {}^1/_2$ °C. Da die Körperkerntemperatur mit 37 °C i. allg. über der Temperatur der Raumluft und der Raumumschließungsflächen liegt, treten dauernd Wärmeverluste auf. Ihre Deckung erfolgt durch aktive Wärmeproduktion, durch Oxydationen, wobei ein recht vollkommener Ausgleich stattfindet. Diese geregelte *Nachproduktion von Körperwärme* wird als *chemische Temperaturregelung* bezeichnet. Sie steuert die inneren Verbrennungsvorgänge des Körpers und kann durch zweckmäßige Kleidungs- und Wohngepflogenheiten etwas beeinflußt werden.

Hiermit ist die *physikalische Temperaturregelung* gekoppelt, welche die *Wärmeabgabe des Körpers* an die Umgebung steigert oder vermindert, so daß der Organismus keineswegs in seinem Gesamtenergieumsatz der Umgebungstemperatur preisgegeben ist. Der menschliche Körper *reagiert* nicht schlechthin im Sinne der physikalischen Wärmeübertragung, sondern er *reguliert* den Wärmehaushalt so, daß der Organismus mit möglichst geringem Energieaufwand auskommt.

Die Grundlage der physikalischen Temperaturregelung ist die Regelung der *Hautdurchblutung*, die in ihren Grundzügen angedeutet sei, um den Unterschied und die Überlegenheit einer physiologisch geregelten Wärmeabgabe gegenüber einer rein physikalisch geregelten herauszustellen. Neben seinen anderen Funktionen übernimmt das Blut auch den konvektiven Wärmetransport zwischen Körperkern und Körperoberfläche. Die vom Blutstrom auf die Blutgefäßwandungen übergehende Wärmemenge läßt sich darstellen durch die Gleichung

$$Q = \alpha (t_W - t_B) F. \qquad (1.01)$$

Hierbei ist α die von der Durchflußgeschwindigkeit w, der spezifischen Wärme c, der Leitfähigkeit λ und der Viskosität ν des Blutes abhängige Wärmeübergangszahl, t_W die Gefäßwandtemperatur, t_B die konstante Bluttemperatur und F die Berührungsfläche. Eine Regelung des Wärmetransportes ist durch Änderung von α oder F möglich, weil t_B konstant bleibt und t_W stets einen möglichst niedrigen Wert behalten soll. Da die für α maßgeblichen Stoffwerte des Blutes c, λ und ν beim gesunden Organismus konstant bleiben müssen, kommt zunächst eine Änderung der Strömungsgeschwindigkeit w in Frage. Tatsächlich wird beim gesunden Menschen mit einer unübertrefflichen Anpassungsfähigkeit stets ein Optimum für w einreguliert, und zwar derart, daß bei gegebenen Werten für F und $(t_W - t_B)$ Wärme weder infolge Überschreitung des Wärmefassungsvermögens des (zu langsam) vorbeiströmenden Blutes liegenbleibt noch infolge zu schnellen Blutumlaufes zwar ausreichend abgeführt wird, aber gleichzeitig der Kreislauf unnötig belastet ist. Die zweite, noch wirksamere Möglichkeit zur Steigerung des Wärmetransportes besteht in der Vergrößerung der Berührungsfläche F zwischen Blut und Gewebe.

Diese physikalische Forderung wird durch einfache Gefäßerweiterung und vor allem durch Erschließung neuer Gefäße, durch „Kapillarisation“ erfüllt. Die gesamte im Muskelgewebe verfügbare Kapillaroberfläche beträgt etwa 6300 m². Sie dient in erster Linie dem Stoffaustausch zwischen Blut und Gewebe, kann aber auch jederzeit der Wärmeübertragung nutzbar gemacht werden. Trotzdem sind dieser Wärmeregulation Grenzen gesetzt, wenn unter Hitzeeinwirkung so viel Hautgefäße erweitert werden, daß die Blutspeicher (Leber, Muskeln) erschöpft sind und der Blutdruck abfällt; es kommt zum Hitzekollaps (Hitzschlag).

Thermische Behaglichkeit beim Aufenthalt im Raum setzt voraus, daß die beschriebene Temperaturregelung des Körpers nicht übermäßig beansprucht und die Wärmeabgabe an den Raum durch eine örtlich und zeitlich gut abgestimmte Heizung und Klimatisierung auf physiologisch günstiger Höhe gehalten wird.

III. Die Wärmeabgabe des menschlichen Körpers

A. Wärmeübertragungsarten und -wege

Die biologisch notwendige Abgabe der Wärme vom Körper an die Umgebung erfolgt durch

a) Strahlung von der Haut- und Kleideroberfläche an die kälteren Raumumschließungs- und Möbelflächen,

b) Leitung und Konvektion von der Haut- und Kleideroberfläche an die Berührungsfläche (Fußboden, Wand) und an die Raumluft,

c) unmerkliche sowie fühlbare Wasserdampfabgabe der Haut und Kleidung (Verdunstung),

d) die warme, praktisch feuchtegesättigte Ausatemluft.

Die Summe der auf Strahlung, Leitung und Konvektion entfallenden Anteile wird als *trockene* oder *fühlbare Wärme* Q_{tr} bezeichnet, die Summe der auf Verdunstung und Atmung entfallenden Anteile als *feuchte* oder *latente Wärme* Q_f. Für den körperlich und geistig ruhenden, nüchternen Menschen ergibt sich bei einer Raumtemperatur von 20 °C die in Abb. 1.01 dargestellte Aufteilung der Wärmeanteile, -übertragungsarten und -wege. Von dem „subjektiven Wärmegefühl“ infolge des erheblichen Strahlungsanteiles läßt sich ein guter Eindruck gewinnen, wenn man die beiden gleich warmen und daher keine Wärme abstrahlenden Handinnenflächen einige Sekunden parallel im Abstand von wenigen Millimetern gegenüberhält und anschließend plötzlich der kühleren Außenwand zukehrt.

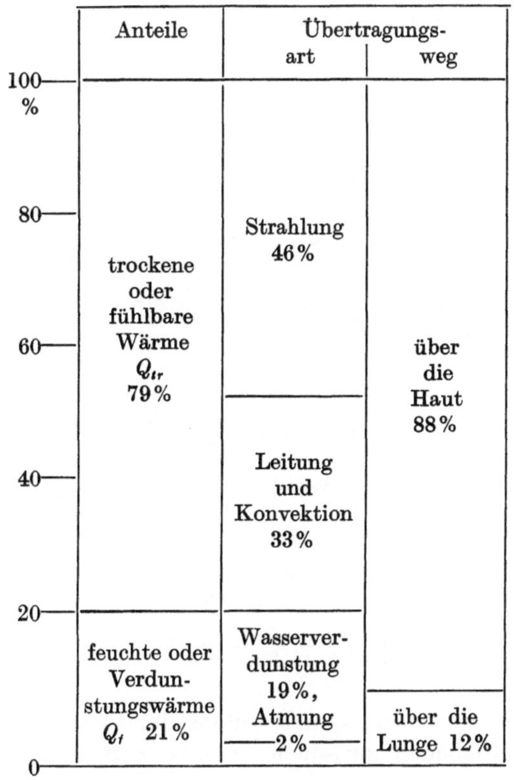

%	Anteile	Übertragungs- art	Übertragungs- weg
100–21	trockene oder fühlbare Wärme Q_{tr} 79%	Strahlung 46%	über die Haut 88%
		Leitung und Konvektion 33%	
21–0	feuchte oder Verdunstungswärme Q_f 21%	Wasserverdunstung 19%,	
		Atmung 2%	über die Lunge 12%

Abb. 1.01. Aufteilung der Wärmeabgabe des ruhenden Menschen bei einer Raumtemperatur von 20 °C.

Die unter a) bis d) genannten Teilbeträge der „Entwärmung des Körpers“ werden von der physikalischen Temperaturregelung so gegeneinander abgeglichen, daß ihre Summe in einem ziemlich weiten Bereich der Umgebungsfaktoren nahezu unverändert bleibt. Sinkt z. B. die Umgebungstemperatur, so nimmt die Wärmeabgabe durch Strahlung, Leitung und Konvektion zu, die Wärmeabgabe durch Wasserverdampfung dagegen ab. Das Umgekehrte tritt bei steigender Lufttemperatur ein.

Das Hauptorgan dieser *Temperaturregelung* ist die *Haut*. Ihre Wärmeabgabe an die Luft ist von deren Temperatur und Geschwindigkeit abhängig. Jede Änderung der beiden Faktoren wird von den Hautnerven mit einer Erweiterung oder Zusammenziehung der die Blutgefäße der Haut umschließenden Muskelfasern beantwortet. Hierdurch wird die Durchblutung der Haut erhöht oder vermindert und damit gleichzeitig ein Steigen oder Fallen der Hauttemperatur herbeigeführt. Diese Regelung der Hauttemperatur erfolgt immer in dem Sinne, daß einer Änderung der Wärmeabgabe infolge wechselnder Umgebungsbedingungen entgegengewirkt wird.

Bei höherer Lufttemperatur reicht dieses Mittel nicht mehr aus, um die biologisch notwendige Entwärmung zu erzielen. Es treten die in der Haut vorhandenen rd. 2500000 Schweißdrüsen in Tätigkeit. Sie scheiden so viel Feuchtigkeit ab, daß die der Haut infolge der Verdampfung von Schweiß entzogene Wärme ausreicht, um die erforderliche Gesamtwärmeabgabe des Körpers aufrecht zu erhalten. Die Hautgefäße und Schweißdrüsen sind für die physikalische Temperaturregelung so wirksam, weil die Wärmeleitfähigkeit der trockenen Oberhaut bei Durchfeuchtung um ein mehrfaches erhöht wird.

B. Die Höhe der Wärmeabgabe

Die Höhe der biologisch notwendigen Gesamtwärmeabgabe Q_{ges} und ihrer beiden Teilbeträge Q_{tr} und Q_f hängt im wesentlichen von folgenden Faktoren ab:

Art der Tätigkeit bzw. Schwere der Arbeit,

Höhe der empfundenen Temperatur (vgl. S. 14),

Luftgeschwindigkeit,

Alter und Geschlecht.

Über den Einfluß des an erster Stelle genannten Faktors sind verbindliche deutsche Meßergebnisse bisher nicht bekannt geworden, so daß als Anhaltswerte Angaben von F. C. Houghten[1] dienen mögen, Abb. 1.02. Die Gesamtwärmeabgabe steigt mit zunehmender Arbeitsleistung. Der Schwerarbeiter muß gegenüber dem körperlich ruhenden Menschen ein Mehrfaches an Wärme an die Umgebung abgeben können. Je höher dabei die Raumlufttemperatur liegt, desto größer ist der Anteil der feuchten Wärmeabgabe unter entsprechendem Absinken der trockenen Wärmeabgabe. Da die auf der Hautoberfläche erzielbare Wasserverdunstung bei hoher relativer Raumluftfeuchte erheblich gehemmt wird, bedeutet hohe Lufttemperatur bei hoher Feuchte eine starke Beeinträchtigung des Wohlbefindens, worauf später näher eingegangen wird. Weiter läßt Abb. 1.02 erkennen, daß bei körperlich ruhenden Personen unterhalb einer Lufttemperatur von 16 °C die feuchte Wärmeabgabe nicht mehr sinkt, die Gesamtwärmeabgabe jedoch infolge weiteren Anstiegs der trockenen Wärme zunimmt.

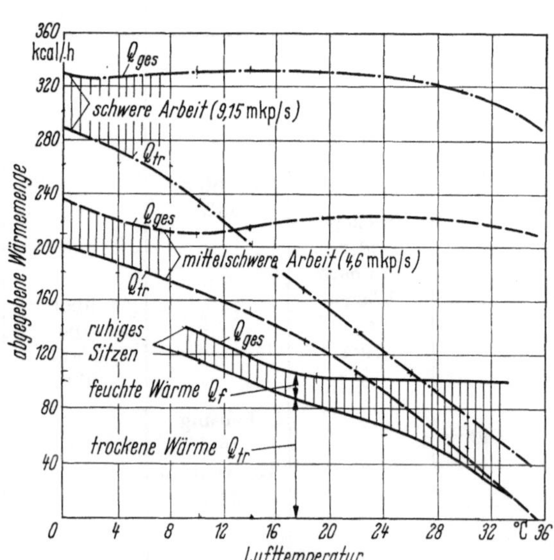

Abb. 1.02. Wärmeabgabe des Menschen in üblicher Bekleidung bei ruhigem Sitzen und bei Arbeit.

Bei der Berechnung der Heiz- bzw. Kühllast von Räumen werden für den Wärmegewinn bzw. -anfall seitens der Insassen in den meisten Fällen die Werte für den körperlich Ruhenden zutreffend sein, so z. B. in Büroräumen, Vortragssälen, Gaststätten, Theatern. Sie

[1] Houghten, F. C.: Heating Piping (1931) 493.

Tabelle 1.01. *Wärmeabgabe des Menschen bei verschiedenen Lufttemperaturen*

Wärmeabgabe kcal/h	Lufttemperatur in °C											
	10	12	14	16	18	20	22	24	26	28	30	32
Q_{tr}	117	108	99	91	84	79	73	66	59	50	40	28
Q_f	18	18	18	18	20	23	28	35	42	51	59	70
$Q_{ges} = Q_{tr} + Q_f$	135	126	117	109	104	102	101	101	101	101	99	98

sind in vorstehender Tabelle wiedergegeben, die aus einer Arbeit von Berestneff abgeleitet wurde[1], und gelten für praktisch ruhende Luft.

Wichtiger als eine genauere Festsetzung der Wärmeabgabe *eines* Menschen ist in der Praxis häufig die möglichst gewissenhafte Berücksichtigung verschiedener Besetzungsgrade eines Saales, d. h. des unter diesen Umständen stark schwankenden Gesamtwärmeanfalls im Laufe relativ kurzer Zeiten. Zu bedenken ist dabei auch, daß z. B. in einem Saal mit enger Bestuhlung bei voller Besetzung (Tuchfühlung) die erforderliche Entwärmung infolge der behinderten seitlichen Abstrahlung gehemmt wird. Unter solchen ungünstigen Umgebungsbedingungen vermag die physikalische Temperaturregelung u. U. nicht mehr die der inneren Wärmeerzeugung entsprechende Entwärmung durchzuführen. Es kommt zur *Wärmestauung*, die je nach der individuellen Empfindlichkeit und Konstitution gesundheitliche Beschwerden im Verein mit verminderter Arbeitsfähigkeit nach sich ziehen kann. Als Beispiel sei an einen überfüllten, unzureichend gelüfteten Hörsaal gedacht, in dem die physische Beanspruchung infolge unzureichender Entwärmungsmöglichkeit zu Lasten der geistigen Aufnahmefähigkeit geht. Zur Einschränkung dieser Mängel ist vor allem die konvektive Wärmeabfuhr mit Hilfe einer guten Luftführung und -temperierung in der Aufenthaltszone von ausschlaggebender Bedeutung (vgl. S. 24).

Tabelle 1.02. *Wärmeabgabe des Menschen im Vergleich mit technischen Heizflächen*

	Wärmeabgabe $\frac{\text{kcal}}{\text{m}^2\,\text{h}}$	
	insgesamt	durch Strahlung
Mensch (Q_{tr})	50	29
Gasstrahler	60000—90000	55000—85000
Durchbrandofen	4000	3000
Kachelofen	600—800	120—250
Warmwasserradiatoren	400—600	60—120
Deckenheizung (25—45 °C)	35—150	30—130

Abschließend sei die Wärmeabgabe des Menschen mit der Wärmeleistung technischer Heizflächen verglichen. Hierbei ist von der trockenen Wärmeabgabe des körperlich nicht arbeitenden, bekleideten Menschen bei 20 °C Lufttemperatur, $Q_{tr} = 79$ kcal/h, auszugehen. Dieser Wert ist in Tab. 1.02 umgerechnet auf 1 m² der i. M. 1,6 m² großen Körperoberfläche. Die Wärmeabgabe der Körperoberfläche liegt demnach etwa in der Höhe einer milde geheizten Decke.

C. Die feuchte Wärmeabgabe in der Form des Wasserdampfgewichtes

Bei der Berechnung von Klimaanlagen an Hand des i, x-Bildes von Mollier (s. S. 67) ist es zweckmäßig, an Stelle der feuchten Wärmeabgabe Q_f in kcal/h unmittelbar mit dem entsprechenden Anfall an Wasserdampf in g/h zu rechnen nach der Beziehung

$$G = \frac{Q_f}{r};$$

[1] Berestneff, A.: Neue amerikanische Heizungs-, Kühlungs- und Lüftungsmethoden für große öffentliche Räume. Gesundh.-Ing. 55 (1932) 503/506. — Über die Wärmeabgabe des Menschen in Abhängigkeit von verschiedenen Tätigkeitsarten und bei unterschiedlichem Anteil von Männern, Frauen und Kindern an der Raumbelegung hat die American Society Heating Ventilating Engineers 1945 ausführlichere Tabellen zusammengestellt.

r ist die Verdampfungswärme in kcal/kg. Setzt man bei einer mittleren Oberflächentemperatur t der bekleideten und unbedeckten Körperpartien zwischen 25 und 33 °C $r = 580$, ergeben sich für eine körperlich nicht arbeitende Person bei ruhiger Luft und einer relativen Luftfeuchte zwischen 30 und 70% in Abhängigkeit von der Lufttemperatur t_L die Werte der Tab. 1.03.

Tabelle 1.03. *Wasserdampfabgabe des Menschen bei verschiedenen Lufttemperaturen*

Lufttemperatur t_L	°C	10	12	14	16	18	20	22	24	26	28	30
Wasserdampfabgabe G	g/h	31	31	31	31	34	40	48	60	73	88	102

Bei mehr als 70% rel. Feuchte und gleichzeitiger hoher Temperatur der Raumluft wird die Wasserdampfabgabe gehemmt, bei weniger als 30% rel. Feuchte und gleichzeitiger niedriger Lufttemperatur außerordentlich gesteigert. Die bei zu hoher und zu niedriger rel. Feuchte auftretenden gesundheitlichen Beeinträchtigungen werden im Zusammenhang mit dem „Schwüleklima“ und den staubförmigen Luftverunreinigungen erörtert (s. S. 23).

IV. Das Raumklima als Komplexgröße und seine Wirkung auf den Menschen

Für die Empfindung von Wärme und Kälte innerhalb von Räumen sind im wesentlichen folgende Komponenten maßgebend:

a) die Lufttemperatur t_L und deren örtliche und zeitliche Gleichmäßigkeit in der Aufenthaltszone,

b) die mittlere Temperatur der Raumumschließungsflächen t_U und das Raumwinkelverhältnis der Strahlung, unter dem der Mensch zu den einzelnen Flächen verschiedener Temperatur steht (vgl. S. 11),

c) die relative Feuchte φ der Raumluft,

d) die Luftgeschwindigkeit w in der Aufenthaltszone,

e) die Anströmrichtung der Luft bzw. die getroffene Körperpartie,

f) die Schwere der Arbeit,

g) die Kleidung („Kleidungsklima“).

Diese Faktoren beeinflussen das *thermische Wohlbefinden* und können als Klimakomponenten im engeren Sinne bezeichnet werden. Nach einer etwas weiter gefaßten, für die hygienische Betrachtungsweise geeigneten Definition nach A. v. Humboldt sind „unter Klima jene Veränderungen der Atmosphäre zu verstehen, die unsere Sinne merklich affizieren“, also gesundheitlich reizen. Demgemäß sind noch zu erwähnen:

h) Ionisation der Raumluft,

i) Verunreinigungen der Luft durch Staub, Gase und Dämpfe (s. S. 29),

k) akustische Störungen, soweit sie mit dem Betrieb der Heizungs- und Lüftungsanlage unmittelbar zusammenhängen (s. S. 351).

Die Ingenieure der Heiz- und Klimatechnik erwarten häufig vom Hygieniker fest umrissene Zahlenwerte für das Optimum des Raumklimas, möglichst in Form eines einzigen Schaubildes. Solche Angaben sind nicht nur im Hinblick auf die große Zahl der genannten Komponenten schwierig, sondern auch wegen der z. T. recht verwickelten und noch nicht restlos geklärten gegenseitigen Verflechtungen der physikalischen Klimakomponenten a) bis d) im Zweier-, Dreier- oder Viererverband, wie nachstehend gezeigt wird. Vor allem ist zu bedenken, daß für das *thermische Wohlbefinden keine Standard- oder Normwerte im Sinne physikalischer Stoffwerte* genannt werden können, weil trotz gleicher Raumklimakomponenten das Entwärmungsbedürfnis und Behaglichkeitsempfinden bei verschiedenen Individuen und erst recht bei verschiedenen Völkern streuen. Als Ursache hierfür seien erwähnt: Lebensalter, Geschlecht, individuelle Konstitution, Gesundheitszustand, Außenklima, Bekleidung, Schwere, Art und Dauer der Beschäftigung u. ä. Hierzu kommen die unterschiedlichen Lebensgewohnheiten in den Ländern bzw. Kontinenten. So sind für die Raumlufttemperatur in England, Frankreich und in Teilen der nordischen Länder niedrigere, in den USA dagegen i. allg. höhere Werte üblich als in Deutschland. Daher dürfen die z. B. in den USA gesammelten Erfahrungen über die optimalen Luftzustandsgrößen in klimatisierten Räumen erst nach sorgfältiger Modifizierung auf deutsche Klima- und Lebensverhältnisse übertragen werden.

Die Luftionisation ist als physikalische Raumklimakomponente nur erwähnt worden, weil sie angeblich einen günstigen Einfluß auf das Wohlbefinden hat. Die bisher durchgeführten Untersuchungen über den biologischen Wirkungsmechanismus der Luftionisation im Konzentrationsbereich zwischen 2000 und 20000 Ionen je cm³ Luft lassen jedoch keine ausreichend gesicherte Grundlage erkennen, die eine praktische Anwendung der Ionisation im Rahmen einer Klimaanlage oder sogar als Ersatz hierfür rechtfertigen würde[1].

A. Die physikalischen Raumklimakomponenten

1. Die Lufttemperatur t_L

Die Lufttemperatur in der Aufenthaltszone der Menschen gibt einen ersten, relativ gut orientierenden Anhalt für die Beurteilung des Raumklimas, insbesondere wenn der Heizbetrieb während der Nacht nur geringfügig eingeschränkt wird (Beharrungszustand). Voraussetzung ist eine *einwandfreie Messung* mit Hilfe eines Einschlußthermometers; es soll durch Versilberung des Gefäßes gegen Strahlung geschützt, in der Aufenthaltszone frei aufgehängt und gegen Wärme- und Atemlufteinflüsse während des Ablesens abgeschirmt sein. Daß ein an der Außenwand oder im unmittelbaren Einflußbereich der Heizeinrichtung aufgehängtes Thermometer keinen repräsentativen Wert anzeigen kann, wird zu wenig beachtet. Über die Anzahl und Verteilung der Temperaturmeßstellen bei Abnahmeprüfungen enthalten die VDI-Lüftungsregeln, DIN 1946 (Ziffer 4.33), nähere Hinweise.

Die Frage nach der wärmephysiologisch „richtigen" Raumlufttemperatur läßt sich aus mehreren Gründen nicht mit der Nennung einer relativ eng begrenzten Normativgröße beantworten. Geht man von *subjektiven* Urteilen aus, etwa an Hand umfangreicher Befragungen, streuen aus den bereits erwähnten Gründen die Empfindungsurteile sowohl unter verschiedenen Individuen als auch bei der gleichen Person zu verschiedenen Zeiten. In Abb. 1.03 ist das Ergebnis einer Befragung von 5400 Frauen und 5200 Männern in zwei Londoner Bürogebäuden dargestellt[2]. Selbst bei einer für ruhende Luft allgemein als „normal" angesehenen Lufttemperatur von etwa 20 °C geben nur rd. 45% der Männer und 40% der Frauen das Empfinden „neutral" im Sinne thermischen Wohlbefindens an. Die *Streubreite* der eingetragenen fünf Empfindungsbereiche dürfte in Deutschland ähnliche Ausmaße haben, selbst wenn die Lage der Bereiche infolge anderer Kleidungsgewohnheiten verschoben sein sollte. In den letzten zwanzig Jahren haben sich die Gepflogenheiten des Kleidens mit der Tendenz zu geringerem Wärmeschutz verändert. Vorzugsweise hieraus resultieren die Wünsche, die in Regeln und Normen genannten Richtwerte für die Raumlufttemperatur heraufzusetzen.

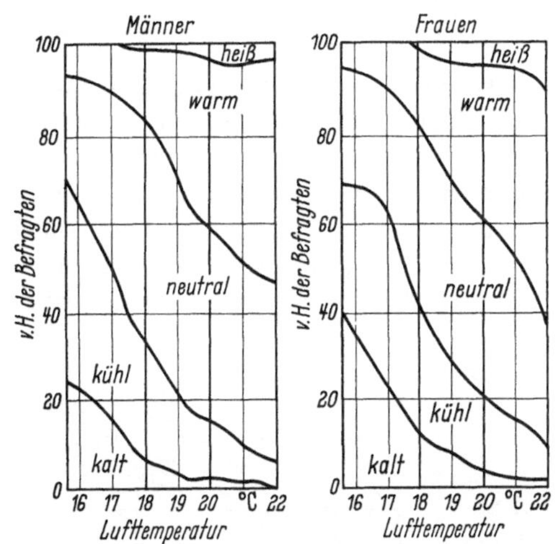

Abb. 1.03. Ergebnis einer Umfrage über die Temperaturempfindung.

Im Zusammenhang mit solchen subjektiven Urteilen muß erwähnt werden, daß eine als „behaglich" empfundene Lufttemperatur nicht immer identisch zu sein braucht mit dem *wärmephysiologisch optimalen* und für den allgemeinen Gesundheitszustand günstigsten Wert. Es ist

---

[1] Grandjean, E.: Die biologische Wirkung ionisierter Luft und ihre Bedeutung für die Klimatisation Schweiz. Bl. Heizg. u. Lüftg. 30 (1963), Nr. 4, S. 1.

[2] Black, F. W.: Desirable Temperatures in Offices. J. Instn. Heat. and Vent. Engrs. 22 (1954) 319.

bekannt, daß Heizer, um möglichst wenig Beanstandungen zu hören, lieber stärker heizen, als es den ihnen vorgegebenen Richtwerten entspricht. Ein *Über*schreiten der z. B. in DIN 4701 für Wohn-, Büro- und Schulräume angegebenen Raumlufttemperatur von 20 °C um 2 bis 3 grd wird erfahrungsgemäß viel seltener beanstandet als ein *Unter*schreiten um den gleichen Betrag. Ob diese Tendenz zum Überschreiten des genannten Richtwertes und die mehr oder weniger unbewußte Gewöhnung daran für die Gesundheit förderlich ist, darf bezweifelt werden. Das *Überheizen von Räumen* sowie das raumklimatisch ebenfalls ungünstige und unökonomische Offenstehenlassen der Fenster längere Zeit hindurch zur „Regulierung" der Raumtemperatur überheizter Räume läßt sich bei Verbrauchern gebührenpflichtiger Wärme durch Anbringen von Wärmemengenmessern einschränken, die eine Schätzung der Heizkostenverteilung und -abrechnung entsprechend dem Verbrauch des einzelnen Abnehmers ermöglichen (vgl. S. 296)[1].

Vom wärmephysiologischen Standpunkt her sind i. allg. bei unseren Kleidungsgewohnheiten Lufttemperaturen von mehr als 20 °C nur für kranke und ältere Personen erforderlich, deren Wärmehaushalt sich nicht im Rahmen des eingangs beschriebenen normalen Entwärmungsprozesses bewegt. Es muß jedoch einschränkend betont und wiederholt werden, daß besonders die Raumklimakomponenten *Lufttemperatur — Umschließungsflächentemperatur — Luftgeschwindigkeit* nicht für sich allein, sondern möglichst als *Komplexgröße* gewertet werden sollen. So gilt die genannte Zahl von 20 °C nur, wenn die mittlere Raumumschließungsflächentemperatur nahezu ebenso hoch liegt und keine merkbare Luftbewegung vorhanden ist. In den folgenden Abschnitten soll diese gegenseitige Verflechtung herausgestellt und nach Möglichkeit zahlenmäßig umrissen werden.

2. Die Temperatur und geometrische Lage der Raumumschließungsflächen

Unter „Raumumschließungsflächen" sollen hier alle Flächen verstanden werden, an die der Rauminsasse auf dem Wege der Strahlung Wärme abgibt oder von denen er Wärme empfängt. Außer den Wand-, Tür-, Fenster-, Fußboden- und Deckenflächen sind also je nach der Raumausstattung auch die Heizflächen und Möbelflächen einbezogen.

Bei einer Raumlufttemperatur von 20 °C beträgt die Oberflächentemperatur der bekleideten und der zum geringen Teil unbekleideten Körperpartien der Rauminsassen i. M. 25 bis 27 °C. Die Oberflächentemperatur der Heizkörper und Heizflächen liegt darüber, nur bei der Fußbodenheizung in der gleichen Größenordnung. Die Oberflächentemperatur der Innenseite der von Heizflächen nicht unmittelbar bestrahlten Außenwände liegt je nach der winterlichen Außenlufttemperatur und der Wärmedurchgangszahl i. allg. in der Größenordnung von 10 bis 16 °C (Abb. 1.04), die der Fensterscheiben etwa zwischen 0 und 15 °C. Demgemäß gibt der Rauminsasse nach dem STEFAN-BOLTZMANNschen Gesetz auf dem Wege der Strahlung *regional differenziert* an die im Vergleich zur Körperoberfläche *kälteren* Umschließungsflächen *Wärme ab*, während er *gleichzeitig von den wärmeren* Umschließungsflächen Wärme *empfängt*. Seine Wärmeabgabe auf dem Wege der Strahlung muß aber, um Behaglichkeit zu gewährleisten, je nach der Lufttemperatur bestimmte Werte einhalten (Abb. 1.02 und Tab. 1.01). Die Oberflächentemperatur der Raumumschließungsflächen ist also so abzustimmen, daß die biologisch notwendige Entwärmung des Körpers weder gebremst (Wärmestau) noch forciert wird (Erkältung).

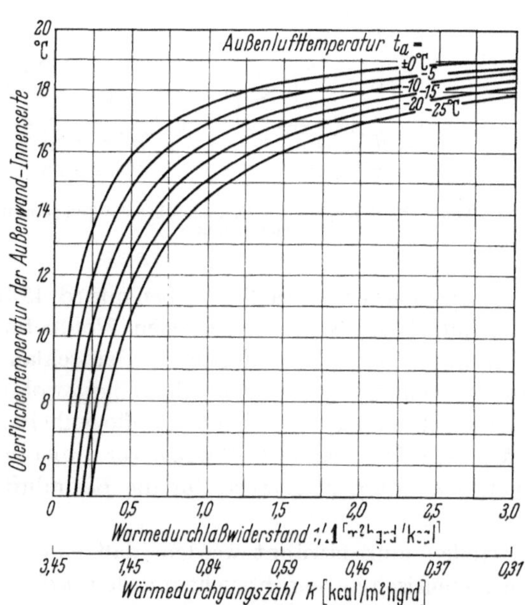

Abb. 1.04. Oberflächentemperatur an der Innenseite von Außenwänden und Fenstern (k-Werte für Fenster und Wände vgl. Zahlentafeln A 18 und A 19 im zweiten Band).

[1] Siehe hierzu auch: zwölfter Abschnitt, III D im zweiten Band.

Die thermische Behaglichkeit bei praktisch ruhender Luft pflegt besonders groß zu sein, wenn alle Umschließungsflächen in Übereinstimmung mit der Raumluft eine Temperatur von etwa 20 °C haben. Das kann z. B. im Rahmen gleichbleibend schöner Junitage der Fall sein oder wäre bei geringer Möblierung durch eine kombinierte Tapeten-Decken-Scheibenheizung erreichbar. Aus wirtschaftlichen Gründen erfolgt die Wärmezufuhr jedoch durch räumlich begrenzte Heizflächen, so daß der Mensch im Strahlungsaustausch mit verschieden warmen Raumumschließungsflächen steht. Bei nicht allzu großen Temperaturunterschieden dieser Flächen bietet die *mittlere Raumumschließungsflächentemperatur* t_U einen Bewertungsmaßstab

$$t_U = \frac{F_1 t_1 + F_2 t_2 + \cdots F_n t_n}{F_1 + F_2 + \cdots F_n}. \tag{1.02}$$

$F_1, F_2 \ldots F_n$ sind die einzelnen Partien der Raumumschließungsflächen *und* die wirksamen Heizflächen, $t_1, t_2 \ldots t_n$ die zugehörigen Oberflächentemperaturen[1]. Bei Radiatoren ist in Gl. (1.02) für F nicht die listenmäßige wärmeabgebende Heizfläche, sondern die Ansichtsfläche einzusetzen. An den erwähnten Sommertagen liegt die mittlere Raumumschließungsflächentemperatur t_U etwa in gleicher Höhe wie die Raumlufttemperatur t_L. Bei der Luft- und Konvektorenheizung liegt t_U niedriger, bei der Decken- und Fußbodenheizung höher als die Lufttemperatur. Diese grundsätzlichen Unterschiede der genannten Heizverfahren ermöglichen aber noch nicht ihre wärmephysiologische Beurteilung allein an Hand des t_U-Wertes, worauf noch zurückzukommen ist.

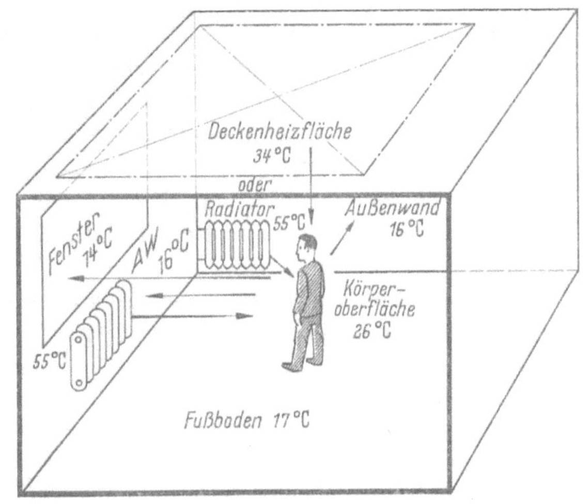

Abb. 1.05. Strahlungsaustausch zwischen Körperoberfläche und Raumumschließungsflächen.

Außer der Temperatur der einzelnen Raumumschließungsflächen ist besonders bei den Heizflächen die *geometrische Lage dieser Flächen zur bestrahlten Körperpartie* von wärmephysiologischer Bedeutung. Abb. 1.05 veranschaulicht in einer willkürlichen Kombination Beispiele für die räumliche Zuordnung einer Deckenheizfläche zur Schädeldecke des darunterstehenden Rauminsassen, ferner die Zuordnung einer kalten Fensterfläche und einer darunter angebrachten Heizfläche zur Körpervorderseite und die Zuordnung eines Radiators zur rechten Körperseite. Für die thermische Behaglichkeit spielt hierbei nicht nur die Größe der kalten Fensterflächen oder der warmen Heizflächen eine Rolle, sondern auch die Lage zum und der Abstand vom Rauminsassen. Zum Kennzeichnen der räumlichen Zuordnung solcher Flächen zum Menschen dient der Raumwinkel ω. Er ist der Quotient aus der vom Bezugspunkt — hier: dem Kopf des Menschen — her „gesehenen" Umschließungsfläche F' und dem Quadrat des Abstandes r zwischen Fläche und Bezugspunkt $\omega = \frac{F'}{r^2}$. Der Raumwinkel dient also als Maß dafür, wieweit der Mensch von kühleren oder wärmeren Partien der Raumbegrenzungsflächen jeweils umhüllt ist. Der Raumwinkel ändert sich je nach dem Standort des Menschen gegenüber der betrachteten Raumumschließungspartie. Je näher er z. B. vor einem Heizkörper sitzt, desto größer ist der zugehörige Raumwinkel und damit — trotz gleichbleibender Fläche und Oberflächentemperatur — die Wärmezustrahlung. Demgemäß ändert sich auch die Wärmebilanz aus den Teilbeträgen, die der Körper an einzelne Umschließungsflächen abstrahlt und gleichzeitig von anderen empfängt[2], und die thermische Behaglichkeit wird u. U. beeinträchtigt.

---

[1] Die in Gl. (1.02) definierte mittlere Temperatur der Raumumschließungsflächen wird in der Literatur auch als „mittlere Strahlungstemperatur" bezeichnet. Die Strahlungstemperatur nach dem STEFAN-BOLTZMANNschen Gesetz bezieht sich jedoch auf schwarze Körper. Im klimatisierten Raum ist die Strahlungszahl der beteiligten Flächen maßgebend (vgl. achter Abschnitt im zweiten Band).

[2] KOLLMAR, A.: Die Strahlungsverhältnisse im beheizten Wohnraum. München: R. Oldenbourg 1950.

Bei der Berechnung der Heizflächen muß man sich in der Praxis auf die Erfassung vereinfachter Normalfälle beschränken. Zum Kennzeichnen der räumlichen Zuordnung von strahlender und bestrahlter Fläche dient hierbei das „*Winkelverhältnis der Strahlung*" (φ). Für den Modellfall der Wärmeübertragung zwischen einer ebenen (Deckenheiz-) Fläche und einer im Verhältnis hierzu kleinen Kugel (Kopf) ist das „Winkelverhältnis" identisch mit dem auf 4π bezogenen Raumwinkel ω, unter dem diese Fläche von der kleinen Kugel aus erscheint. Raumwinkelverhältnis $\varphi = \frac{\omega}{4\pi}$ (vgl. auch Abb. 4.129, S. 171 und Arbeitsblatt 14 im zweiten Band).

Die Forderung, lästige Wärmestrahlung zu vermeiden, gilt ganz besonders für die *Deckenheizung*, bei der in erster Linie die Kopfhaut der Strahlungseinwirkung ausgesetzt ist. Der in Wohn- und Büroräumen am festen Arbeitsplatz sitzende Mensch ist in dieser Beziehung gefährdeter als der Arbeiter in Werkräumen. Für eine physiologisch begründete Begrenzung der Deckentemperatur dürfte entscheidend sein, daß eine gewisse Mindestwärmeabgabe des Kopfes nach oben gewahrt bleibt. Da die Temperatur der Kopfhaut bei 32 bis 34 °C liegt, tritt eine *Wärmezustrahlung* durch die Heizdecke zwar erst bei höheren Temperaturen auf; aber auch Deckentemperaturen unter 32 °C behindern die *Kopfentwärmung*, wenigstens im Vergleich zu den als behaglich empfundenen Verhältnissen bei einheitlichen Raumoberflächentemperaturen zwischen 18 und 20 °C. Schon geringe Übertemperaturen können bei der Deckenheizung fühlbar werden. Nach Angaben von LIESE[1] sollen von der Kopffläche 0,007 bis 0,009 kcal/cm² h *abgegeben* werden können, um thermisches Wohlbehagen zu gewährleisten. Dieser Wert entspricht 70 bis 90 kcal/m² h und beträgt mehr als das Dreifache der auf S. 7 in der Tabelle 1.02 angegebenen Zahl von 29 kcal/m² h, die sich auf 1 m² unbekleideter *und* bekleideter Körperoberfläche bezieht.

Die Frage der höchstzulässigen Deckentemperaturen ist im Fachschrifttum vielfach erörtert worden[1, 2]. Einen wertvollen Anhalt für den Praktiker geben u. a. Untersuchungen von CHRENKO, der empirisch an eine Klärung herangegangen ist[3]. Versuchspersonen wurden 30 Minuten lang in einem gleichmäßig und behaglich erwärmten Prüfraum einer zusätzlichen Deckenstrahlung ausgesetzt, deren Wirkung durch Änderung der Deckentemperatur und -höhe variiert wurde. Dabei zeigte sich, daß in der Regel 80% der Versuchspersonen die Wirkung der Deckenheizung noch nicht als unangenehm empfanden, wenn im Vergleich zur ungeheizten Decke die mittlere Strahlungstemperatur in Kopfhöhe um nicht mehr als 2,2 grd bzw. die Strahlungsintensität in Kopfhöhe um nicht mehr als 0,00101 kcal/cm²h $\triangleq$ 10,1 kcal/m²h erhöht wurde. Eine solche Erhöhung der mittleren Strahlungstemperatur kann sowohl durch eine milde Erwärmung großer Teile der Decke oder der Wandfläche als auch durch hohe Erwärmung kleiner Flächenelemente hervorgerufen werden.

Bei einer Deckenheizung mit wärmephysiologisch richtig liegender Oberflächentemperatur ist auch die Temperatur der Fußboden- und Innenwandflächen etwas höher als die Lufttemperatur. Dadurch sinkt der auf dem Wege der Strahlung abgegebene Entwärmungsanteil des Körpers (Abb. 1.02) ein wenig ab, während der konvektive Entwärmungsanteil entsprechend steigt. Da aber diese Verlagerung der Entwärmungsanteile im Rahmen der Gesamtentwärmung relativ gering und die Körperoberfläche zum größten Teil bekleidet ist, läßt sich hieraus eine Minderung des Behaglichkeitsempfindens bei Deckenheizung nicht herleiten.

Um bei Deckenheizung auch die Oberflächentemperaturen an der Innenseite der Außenwand der wärmephysiologischen Forderung nach einer allseitig möglichst gleichmäßigen Körperentwärmung anzupassen, sollen die Lage, Größe und Oberflächentemperatur des beheizten Teiles der Decke so berechnet und die Temperaturen zonenweise so abgestuft werden, daß die Wärme bevorzugt den kritischen Raumstellen nahe der Außenwand zustrahlt. Erfahrungsgemäß gelingt

---

[1] KOLLMAR, A., u. W. LIESE: Strahlungsheizung, 4. Aufl. München: R. Oldenbourg 1957.

[2] WENZEL, H.-G., u. E. A. MÜLLER haben „Untersuchungen der Behaglichkeit des Raumklimas bei Deckenheizung" durchgeführt (Int. Z. Physiol. einschl. Arbeitsphysiol. 16 (1957) 335/355). Sie enthalten jedoch keine Angaben über die mittlere Umschließungsflächentemperatur des Versuchsraumes.

[3] CHRENKO, F. A.: J. Instn. Heat. and Vent. Engrs. 20 (1953) Nr. 209 S. 375/396 und 21 (1953) Nr. 215 S. 145/154. — Vgl. auch S. 171.

es jedoch auch bei Berücksichtigung dieser Hinweise nicht immer, den Einfluß niedriger Oberflächentemperaturen großer Fenster- und Außenwandpartien auf die in der Nähe befindlichen Rauminsassen so auszugleichen, wie dies bei Anordnung von Heizkörpern unter den Fenstern möglich ist. Solche Heizkörper sind daher als Zusatzmaßnahme in vielen Fällen unentbehrlich.

Tabelle 1.04. *Wärmeableitung von Fußböden nach DIN 52614, Wärmeableitungsstufe und Beurteilung der Böden*

Wärmeableitung in kcal/m² W_1 (1 Minute)	Wärmeableitung in kcal/m² W_{10} (10 Minuten)	Wärmeableitungsstufe	Beurteilung des Bodens
bis 9	bis 45	I	besonders fußwarm
über 9—12	über 45—70	II	ausreichend fußwarm
über 12	über 70	III	nicht ausreichend fußwarm

Im Rahmen einer Betrachtung der Oberflächentemperatur der Raumumschließungsflächen muß auch auf die wärmephysiologische Bedeutung des *Fußbodens* bzw. Fußbodenbelages eingegangen werden. Beim Gehen, insbesondere aber beim Stehen auf dem Fußboden, geht Wärme von der Schuh- oder Fußsohle (Bad!) durch unmittelbaren Kontakt an den im Regelfall kälteren Fußboden über. Fußwärme und *Fußkälte* sind sehr deutlich ausgeprägte Empfindungen, die aus der dem Bein oder dem Fuß entzogenen Wärme resultieren.

Der Wärmeentzug am *Bein* hängt in weiten Grenzen von Art und Umfang der Bekleidung sowie von Lufttemperatur und -bewegung in der fußbodennahen Zone ab. Die beiden zuletzt genannten Faktoren können Beinkälte infolge von Zugluft ergeben; auf den Begriff der Zugluft wird später einzugehen sein (vgl. S. 24). Der Wärmeentzug vom *Fuß* zum Fußboden hängt vom Wärmedurchlaßwiderstand des Strumpfes und der Schuhsohle sowie von der Oberflächentemperatur des Fußbodens ab. Aus zahlreichen Untersuchungen ist bekannt, daß bei ständiger Berührung und bekleidetem Fuß Fußbodenoberflächentemperaturen unter 16 °C als kalt, solche von 17 bis 18 °C als ausreichend warm und solche von mehr als 25 °C (vgl. Fußbodenheizung, S. 184) als unangenehm warm empfunden werden. Bei kurzfristig begangenen Fußbodenflächen, z. B. in Schalterhallen, sind 28 bis 29 °C noch anwendbar.

Innerhalb welcher Zeitspanne beim Aufheizvorgang eine Fußbodentemperatur von 17 bis 18 °C erreicht wird und ob beim *Stehen auf dem Fußboden mit unbekleidetem Fuß* der Wärmeentzug in tragbaren Grenzen bleibt, hängt bei Fußböden mit einer mehrere Zentimeter dicken Gehschicht von der *Wärmeeindringzahl des Fußbodens* ab:

$$b = \sqrt{c \lambda \varrho}.$$

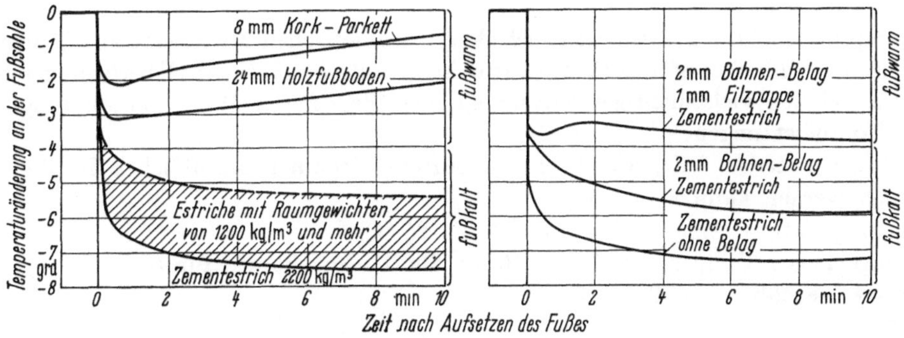

Abb. 1.06. Wärmeableitungskurven von Fußböden und ihre Beurteilung (nach SCHÜLE[1]).

Je kleiner b, desto wärmer wirkt der Fußboden. Bei Schichtböden wird er nach der Wärmeableitung beurteilt, Tab. 1.04. Sinkt die Fußtemperatur beim Stehen auf dem Fußboden innerhalb von 10 Minuten um mehr als 4 grd, wird der Boden als fußkalt empfunden (Abb. 1.06)[1].

[1] GÖSELE, K., u. W. SCHÜLE: Schall, Wärme, Feuchtigkeit. Wiesbaden-Berlin: Bauverlag 1965.

Das thermische Behaglichkeitsempfinden des unbekleideten Fußes (Bad, Schlafzimmer!) wird also in erster Linie von der richtigen *Baustoffauswahl* für den Fußboden bestimmt. Es kann nicht erwartet werden, daß sich Fehler dieser Art durch die Raumheizung — von der unmittelbaren Fußbodenheizung abgesehen — kompensieren lassen. Räume, in denen mit größeren täglichen Heizbetriebsunterbrechungen zu rechnen ist, benötigen besonders fußwarme Böden[1,2]. Große Sorgfalt erfordert auch die Ausführung von Fußböden bei Räumen, die über offenen Durchfahrten liegen oder balkonartig auskragen[3]. Mit diesen Hinweisen soll die Abhängigkeit einer gut wirksamen Raumheizung von der Beschaffenheit des Baukörpers erneut betont sein.

Bei bekleidetem Fuß (Socken, Schuhe mit Ledersohlen) und praktisch durchgehendem Heizbetrieb ist dagegen die Oberflächentemperatur des Fußbodens und die Temperatur der bodennahen Luftschicht für das Behaglichkeitsempfinden von entscheidender Bedeutung.

Die Ermittlung der Oberflächentemperatur der Raumumschließungsflächen erfolgt entweder thermoelektrisch oder katathermometrisch. Beim ersten Verfahren wird die Temperatur der einzelnen Flächen (Fenster, Außentür, Außenwand, Decke, Fußboden, Heizfläche usw.) abgetastet und daraus t_U nach Gl. (1.02) errechnet. Beim zweiten Verfahren wird t_U mit Hilfe eines unversilberten und eines versilberten Katathermometers festgestellt (vgl. S. 25).

3. Die Komplexgröße aus Lufttemperatur t_L und Raumumschließungsflächentemperatur t_U

Während der Heizperiode und bei sommerlicher Besonnung weichen die Temperaturen der Raumluft (t_L) und der verschiedenen Raumumschließungsflächen (t_U) wegen des Temperaturgefälles zwischen dem Raum und dem Freien voneinander ab. Von den zahlreichen Versuchen, die Verbundwirkung von t_L und t_U auf die thermische Behaglichkeit rechnerisch oder empirisch zu bestimmen, sollen hier als Beispiel nur die „empfundene Temperatur", die Untersuchungen von Nielsen und Pedersen und das Behaglichkeitsfeld nach Ghai behandelt und einander gegenübergestellt werden.

a) Die empfundene Temperatur t_e. Bezeichnen α_K und α_S die Wärmeübergangszahlen für Konvektion und Strahlung beim menschlichen Körper, so läßt sich als Resultierende aus t_L und t_U eine in Deutschland als „empfundene Temperatur" bezeichnete Größe

$$t_e = \frac{\alpha_K t_L + \alpha_S t_U}{\alpha_K + \alpha_S}$$

ableiten[3]; bei sehr geringer Luftbewegung und dem in geheizten Räumen üblichen Temperaturbereich darf $\alpha_K = \alpha_S$ gesetzt werden, so daß

$$t_e = \frac{t_L + t_U}{2} \tag{1.03}$$

d. h., die empfundene Temperatur ist gleich dem arithmetischen Mittelwert aus Lufttemperatur und mittlerer Umschließungsflächentemperatur. Diese auf *physikalischen* Überlegungen basierende Gleichung deckt den vielschichtigen physiologischen Begriff der Wärmeempfindung nur unter folgenden Voraussetzungen:

1. Praktisch ruhende Luft, wie sie in unbelüfteten Räumen bei üblicher Fensterdichtigkeit angenommen werden kann,
2. Lufttemperatur t_L im Bereich von 15 bis 25 °C,
3. ausgeglichenes Temperaturfeld im Raum für t_L sowohl wie für t_U,
4. relative Feuchte $\varphi = 30$ bis 70%,

---

[1] Caemmerer, W.: Wärmeschutz, aber richtig! Köln: Dtsch. Bauzentrum 1958.

[2] DIN 4108 Wärmeschutz im Hochbau; Ziffer 7.23. — [3] dto. Ziffer 6.123 und 6.124.

[3] Diese Größe wird in Frankreich und in der Schweiz als „resultierende Temperatur" [Missenard, A.: Theorie des resultierenden Thermometers und Thermostaten. Gesundh.-Ing. 56 (1935) 596/599], in Italien als „wirkende Temperatur" [Gini, A.: Die physikalische Bedeutung der effektiven Temperaturlinien. Gesundh.-Ing. 63 (1940) 449/453] und in den USA als „wirksame Temperatur" [Winslow, C. E., u. Mitarb.: Thermal interchanges between the human body and its atmospheric environment. Amer. J. Hyg., Juli 1937] bezeichnet.

5. die strahlende Heizfläche muß in die Berechnung der mittleren Raumumschließungsflächentemperatur t_U nach Gl. (1.02) einbezogen sein.

Als besonders behaglich wird bei praktisch ruhender Luft ein Raum empfunden, dessen Luft- und Umschließungsflächentemperatur übereinstimmend etwa 20 °C betragen:

$$t_L = t_U = t_e \approx 20\ ^\circ\text{C}. \qquad (1.04)$$

Im Einklang mit unserem Wärmeempfinden zeigt Gl. (1.03), daß gleiche Behaglichkeit auch bei unterschiedlichen Luft- und Umschließungsflächentemperaturen erreichbar ist. Gleiche empfundene Temperatur t_e setzt gleiche Gesamtwärmeabgabe des Körpers durch Konvektion + Strahlung voraus. Je nach der baulichen Struktur der Raumumschließung und dem darauf abzustimmenden Heizverfahren können jedoch zwei miteinander zu vergleichende Räume dieselbe empfundene Temperatur t_e haben, obwohl ihre Lufttemperaturen t_L sowohl wie die Umschließungsflächentemperaturen t_U verschieden hoch liegen. Die gleiche empfundene Temperatur t_e kann also mit verschiedenen Wertepaaren $t_L \mid t_U$ erreicht werden. Je niedriger die Umschließungsflächentemperatur t_U ist, desto höher muß die Lufttemperatur t_L sein; je höher t_U ist, desto niedriger kann t_L sein. Dem ersten Fall entspricht eine Konvektionsheizung, dem zweiten Fall eine Strahlungsheizung. Nach Gl. (1.03) wird in einem radiatorgeheizten Raum mit z. B. $t_L = 20{,}5$ °C und $t_U = 18{,}5$ °C die gleiche Wärmeempfindung ausgelöst wie in einem strahlungsgeheizten Raum mit z. B. $t_L = 18$ °C und $t_U = 21$ °C, da in beiden Fällen $t_e = 19{,}5$ °C.

Die korrespondierenden Summanden t_L und t_U dürfen jedoch nicht in beliebigen Grenzen variiert werden; gemäß Voraussetzung 2 soll die Lufttemperatur t_L zwischen 15 und 25 °C liegen. In Abb. 1.07 ist die Gerade $t_e = 20$ °C in dem genannten Lufttemperaturbereich eingetragen; parallel dazu sind, entsprechend einer physiologisch gegebenen Streubreite von $\pm 1{,}5$ grd, die Geraden $t_e = 18{,}5$ und $t_e = 21{,}5$ °C gezogen, die ein Behaglichkeitsfeld in Form eines Parallelogramms umreißen.

Für die Benutzung der empfundenen Temperatur t_e und ihre Messung hat sich MISSENARD[1] besonders eingesetzt. Als Meßgerät diente früher ein in England von VERNON angegebenes Kugelthermometer, das aus einer mattschwarz gestrichenen, kupfernen Hohlkugel von 15,2 cm Durchmesser bestand, in die bis zu ihrer Mitte ein gewöhnliches Quecksilberthermometer eingeführt war. Da das Gerät bis zur Erreichung der Endtemperatur eine Einstellzeit von etwa 15 Minuten benötigte, wurde die Kupferkugel durch einen aufgeblasenen Gummiballon ersetzt, der schneller und unabhängig von seiner Farbe zu der gleichen Temperaturanzeige führt (*Ballonthermometer*)[2]. Bezeichnet t_B die vom Ballonthermometer angezeigte Temperatur, gilt im Beharrungszustand die Gleichung:

$$\alpha_S\, F(t_U - t_B) \approx \alpha_K\, F(t_B - t_L).$$

Setzt man

$$\alpha_S \approx \alpha_K, \quad \text{so wird} \quad t_U - t_B \approx t_B - t_L \quad \text{bzw.} \quad t_B \approx \frac{t_L + t_U}{2} = t_e.$$

Die Anzeige t_B des *Ballonthermometers* entspricht unter diesen Voraussetzungen der *empfundenen Temperatur* t_e.

Auf die empfundene Temperatur t_e an Stelle der Lufttemperatur t_L sind die schweizerischen „Regeln zur Berechnung des Wärmebedarfes von Gebäuden" abgestellt[3]. Beispielsweise wird für Wohn-, Schlaf-, Büro- und Klassenräume eine empfundene Temperatur $t_e = 18$ °C gegenüber einer Lufttemperatur $t_L = 20$ °C in DIN 4701 empfohlen; die Temperatur t_e soll 1,5 m über dem Fußboden in der Mitte des Raumes bei geschlossenen Fenstern und Türen und bei erreichtem Beharrungszustand vorhanden sein bzw. gemessen werden. In den deutschen „Regeln"

[1] MISSENARD, A.: Chauffage et Ventilation 12 (1935) 347; ders.: Unmittelbare Vergleichsprüfung zwischen der Wärmeempfindung verschiedener Personen und den Katathermometeranzeigen, der effektiven und resultierenden Temperatur. Gesundh.-Ing. 57 (1936) 409/410; ders.: Der Entwicklungsstand der französischen Heizungstechnik. Gesundh.-Ing. 75 (1954) 5/8. — CARDIERGUES, R.: Le thermomètre à température résultante. Annales de l'Institut Technique du Bâtiment et des Travaux publics. Paris, Nov. 51.

[2] KRAUSE, B.: Ein einfaches Globusthermometer. Gesundh.-Ing. 81 (1960) 129/133.

[3] KAMM, H.: Die französischen und schweizerischen Regeln. Gesundh.-Ing. 79 (1958) 369/376.

DIN 4701, Ausgabe 1959, ist der Einfluß der Oberflächentemperaturen der Außenwände im D-Wert berücksichtigt[1]. Die französischen „Regeln" erfassen den Einfluß mehrerer Außenwände und kalter Fenster, indem der Rechenwert für die Raum*luft*temperatur um 1 bis 8 °C erhöht wird[2]. Diese Verschiedenartigkeit der Methoden zur Berücksichtigung der Komplexgröße aus Luft- *und* Umschließungsflächentemperatur läßt erkennen, daß man die Bedeutung des Einflusses kalter Wände, Fenster usw. auf das Behaglichkeitsempfinden erkannt hat, aber um das einfachste, zugleich hinreichend zuverlässige Berechnungsverfahren noch bemüht ist.

b) Der Einfluß von $t_L \mid t_U$ auf den Wärmehaushalt des Menschen nach Nielsen und Pedersen. Den Einfluß der Komplexgröße $t_L \mid t_U$ auf die Entwärmung des bekleideten menschlichen Körpers untersuchten NIELSEN und PEDERSEN, Kopenhagen[3]. Sie fanden eine unmittelbare Abhängigkeit der Wärmeabgabe Q_{tr} auf dem Wege der Strahlung + Konvektion von der Differenz zwischen mittlerer Hauttemperatur t_H und mittlerer Temperatur t_{Kl} der bekleideten und z. T. unbekleideten Körperoberfläche

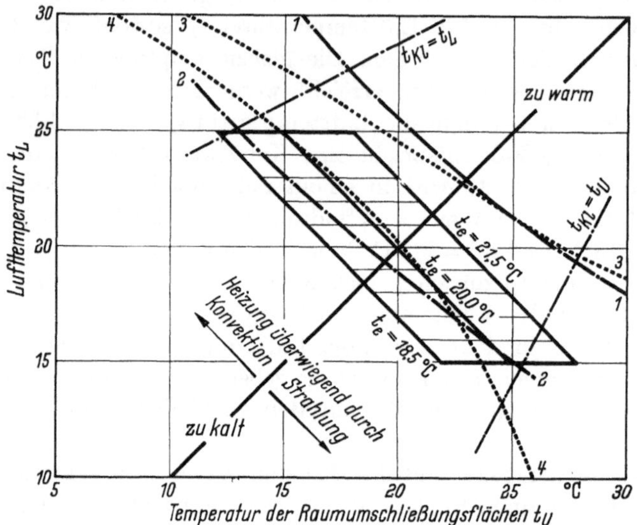

Abb. 1.07. Komplexwirkung aus der Temperatur der Luft und der Raumumschließungsflächen.
□ Feld für empfundene Temperaturen $t_e = 18,5$ bis 21,5 °C.
=:= Feld nach NIELSEN und PEDERSEN für Wärmeabgabe $Q_{S+K} = 56$ bis 71 kcal/h, Hauttemperaturen $t_H \approx 34$ bis 33 °C und resultierende Temperaturen $t_{res} \approx 23$ bis 19 °C; der jeweils zuerst genannte Zahlenwert entspricht Linie 1—1, der andere Linie 2—2.
:::: Feld nach Angaben von GHAI für eine Luftgeschwindigkeit von 15 cm/s.

$$Q_{tr} = Q_S + Q_K \sim (t_H - t_{Kl}). \tag{1.05}$$

In mehreren Meßreihen wurde untersucht, unter welchen Kombinationen von t_L und t_U sich bei einer ruhig sitzenden Versuchsperson jeweils ein konstanter Wert für den Temperaturunterschied $(t_H - t_{Kl})$ und damit auch für Q_{tr} einstellte. Das Ergebnis ist in Abb. 1.07 durch die Linien *1—1* und *2—2* wiedergegeben. Linie *1—1* entspricht allen Kombinationen von t_L und t_U, bei denen $Q_{tr} = 56{,}5$ kcal/h bzw. $t_H \approx 34$ °C betrug, während Linie *2—2* durch $Q_{tr} = 71$ kcal/h bzw. $t_H \approx 33$ °C gekennzeichnet ist. Diese Q_{tr}- bzw. t_H-Werte sind dabei offenbar im Sinne von Behaglichkeitsgrenzen zu verstehen. Das von den Linien *1—1* und *2—2* umschriebene Feld deckt sich etwa mit dem Bereich empfundener Temperaturen $t_e = 19{,}5$ bis 23 °C. Die beiden dünnen strichpunktierten Geraden geben die Wertepaare $t_L \mid t_U$ an, bei denen die Kleidertemperatur t_{Kl} übereinstimmt mit der Lufttemperatur t_L (keine Wärmeabgabe durch Konvektion) bzw. mit der Umschließungsflächentemperatur t_U (keine Wärmeabgabe durch Strahlung, sofern t_U örtlich gleichmäßig; vgl. 3e, S. 19). Die Luftgeschwindigkeit im Testraum betrug 2 bis 10 cm/s, der Wasserdampfteildruck 8 bis 11 Torr. NIELSEN und PEDERSEN haben aus ihren Versuchen auch „resultierende Temperaturen" errechnet. Ihre *resultierende Temperatur* t_{res} bezeichnet einen *übereinstimmenden Wert von* t_L und t_U, bei dem die *gleiche Ent-*

[1] KRISCHER, O.: Neufassung der DIN 4701 — wesentliche Änderungen und ihre Begründung. Gesundh.-Ing. 79 (1958) 376/384.

[2] Vgl. Fußnote 3 auf S. 15.

[3] NIELSEN, M., u. L. PEDERSEN: Studies on the Heat Loss by Radiation and Convection from the Clothed Human Body. Acta Physiologica Scandinavica, Vol. 27, Fac. 2/3, 272/292. Stockholm 1953.

wärmung auf dem Wege der Strahlung + Konvektion stattfinden würde, wie bei der zu bewertenden Kombination von $t_L \mid t_U$. Der Linie *1—1* entspricht $t_{res} \approx 23$ °C, der Linie *2—2* entspricht $t_{res} \approx 19$ °C.

c) Das Behaglichkeitsfeld nach Ghai. In Amerika hat GHAI[1], ebenfalls auf empirischem Wege, in Abhängigkeit von t_L und t_U Behaglichkeitsfelder für verschiedene Luftgeschwindigkeiten abgesteckt. Als Beispiel wurde in Abb. 1.07 durch zwei punktierte Linien *3—3* und *4—4* das Feld für eine Luftgeschwindigkeit von 15 cm/s wiedergegeben. Dieser Bereich soll sich in Fahrzeugen und gewerblichen Betrieben bewährt haben. Er fügt sich gut in die unter *a* und *b* beschriebenen Bereiche ein und kann daher ebenfalls als Orientierungsfeld dienen, solange deutsche Versuchsserien fehlen oder nicht nennenswert abweichen[2]. Bedenklich ist nur die (hier nicht wiedergegebene) Ausdehnung des Feldes bis zu einer Lufttemperatur $t_L = +5$ °C. Lufttemperaturen unter 10 °C werden sich nur ausnahmsweise in wenigen Raumgattungen durch entsprechend hohe Umschließungsflächentemperaturen ausgleichen lassen; dasselbe gilt für die Kompensation sehr niedriger Umschließungsflächentemperaturen durch hohe Lufttemperaturen.

Die unter *a*, *b* und *c* wiedergegebenen, unabhängig voneinander durchgeführten Berechnungs- und Untersuchungsverfahren zeigen in ihren beachtenswerten Ergebnissen befriedigende Übereinstimmung. Die praktische Anwendung dieser und anderer, ähnlich liegender Erkenntnisse für die Projektierung und Beurteilung einer Heizungsanlage hängt weitgehend von der Möglichkeit ab, die Umschließungsflächentemperatur t_U im Mittelwert sowohl wie in ihrer örtlichen Differenziertheit mit möglichst einfachen Meßmethoden zu erfassen (vgl. z. B. Globusthermometer Abb. 1.10).

Als Sonderfall für die Abstimmung der Komponenten t_L und t_U auf eine behagliche Verbundwirkung sei noch die Benutzung der *Deckenheizeinrichtung zur Raumkühlung* im Sommer erwähnt, da diese Möglichkeit als besonderer Vorteil der Deckenheizung gilt. In welchem Umfang Abb. 1.07 auch für diesen Sonderfall zutrifft, läßt sich aus den bisher vorliegenden Untersuchungen nicht hinreichend sicher klären. RONGE und LOFSTEDT[3] haben in 20 Versuchsreihen bei verschieden starker Deckenkühlung unter Veränderung der Lufttemperatur die *Hauttemperatur auf den Schultern* als Kenngröße der Behaglichkeit untersucht, und zwar 1. an 7 Personen mit nacktem Oberkörper, 2. an 6 ruhenden, mit Hemd bekleideten Personen und 3. an 7 leicht arbeitenden, normal bekleideten Personen. Im zweiten Fall trat ein dauerndes Frösteln, das regelmäßig mit einem zeitweiligen Zuggefühl auf Schultern und Nacken verbunden war, bei einer Hauttemperatur der Schulter unter 31,5 °C auf. Als Grenzwert für drohendes Frösteln wird bei einer Lufttemperatur von z. B. 23,0 bis 23,5 °C eine Deckenoberflächentemperatur von 15,5 bis 16,0 °C genannt. Für die raumklimatischen Gewohnheiten in Mitteleuropa können diese Daten nur ein vorläufiger Anhaltswert sein. Sie deuten darauf hin, daß die kältephysiologisch zumutbare Grenze für das Wertepaar Raumlufttemperatur | Deckentemperatur schon aus bauphysikalischen Gründen kaum unterschritten werden dürfte, da andernfalls die feuchte Luft in der Grenzschicht unter der Decke bereits zur Kondenswasserbildung führen kann. Um mit der Deckenkühlung trotzdem eine gute Raumkühlung zu erreichen, sei an die Möglichkeit des Kältespeicherns in den Zeiten vor der Raumbenutzung, z. B. in den frühen Morgenstunden, erinnert.

Die wärmephysiologisch entscheidende Bedeutung der aus Lufttemperatur t_L und Umschließungsflächentemperatur t_U resultierenden Verbundwirkung ist in den voraufgegangenen Darlegungen genügend hervorgehoben. Abschließend darf bemerkt werden, daß es notwendig wäre, für diese wichtige Komplexgröße $t_L \mid t_U$ eine treffende *Benennung* festzulegen. Die hierfür auch von anderer Seite (KOLLMAR/LIESE) vorgeschlagene Bezeichnung „*Raumtemperatur* t_R" läßt sich jedoch erst einführen, wenn u. a. die in verschiedenen DIN-Blättern für die *Luft*temperatur gewählte Bezeichnung „*Raum*temperatur" in den präziseren Ausdruck Raum-

[1] GHAI, M. A.: Principles of radiant heating for Comfort in passenger Cars. Railway Age 128; 8; 48, Februar 1950.

[2] Vgl. Fußnote 2 auf S. 12.

[3] RONGE, H. E., u. B. E. LOFSTEDT: Radiant Drafts from Cold Ceilings. Heat. Pip. Air Condit.; ASHAE: J. Sect. 29 (1957). 9; 167.

*luft*temperatur abgeändert worden ist. Dann könnte sinngemäß die Raumtemperatur als Resultierende aus den beiden Komponenten Raumluft- und Raumumschließungsflächentemperatur gelten. Vorläufig wird in den folgenden Abschnitten die Bezeichnung „Komplexgröße $t_L \mid t_U$" beibehalten, um Verwechslungen mit den DIN-Bezeichnungen zu vermeiden.

d) Die zeitliche Gleichmäßigkeit der Luft- und Umschließungsflächentemperaturen. Die hygienisch erwünschte zeitliche Gleichmäßigkeit sowohl der Lufttemperatur t_L als auch der Umschließungsflächentemperatur t_U hängt weitgehend von der Heizbetriebsweise, vom zeitlichen Verlauf der Wärmeabgabe der Heizeinrichtung sowie von der Wärmedämmung und -speicherung der Raumumschließungsflächen ab. Um t_L und t_U zumindest während der Raumbenutzungszeit möglichst konstant zu halten, sind bei unterbrochenem Heizbetrieb i. allg. Heizeinrichtungen mit größerer Trägheit (Kachelofen, Warmwasser-Radiator, Deckenheizung), und wärmespeichernde Baukörper erwünscht. Im Gegensatz hierzu steht z. B. ein Barackenbau mit einem eisernen Ofen, der stoßweise betrieben wird.

Thermisches *Wohlbefinden* kann nur im *Beharrungszustand* einer Heizung (oder Lüftung) erwartet werden, also nicht während des Aufheizens, sondern erst nach weitgehender Anhebung aller während einer Heizpause abgesunkenen Luft- *und* Raumumschließungsflächentemperaturen auf ein absolut *und* relativ zueinander richtig abgestimmtes, harmonisches Niveau. Zeitlich gleichmäßige Werte von t_L sowohl wie von t_U setzen daher i. allg. durchgehenden oder nur kurzfristig unterbrochenen Heizbetrieb voraus. Wenn aus ökonomischen Gründen bewußt längere Heizpausen angestrebt werden oder unvermeidlich sind, wie z. B. in einzelbeheizten Wohnungen alleinstehender Berufstätiger während deren Abwesenheit, so ist solchen Heizungsarten der Vorzug zu geben, die ein automatisches Einschalten der Heizung zu einer frei wählbaren Tagesstunde einige Zeit vor dem Wiederbetreten der Wohnung ermöglichen, z. B. durch eine Schaltuhr zum Entladen eines Elektrowärmespeicherofens.

Der im Rahmen einer umfangreichen Versuchsserie ermittelte Lufttemperaturverlauf beim Wiederaufheizen eines Raumes mit verschiedenen Heizsystemen (Kachelofen, Konvektor, Warmwasserradiator u. a.) ist in Abb. 1.08 auszugsweise dargestellt[1]. Die Werte wurden in günstig gelegenen eingebauten Wohnungen gleicher Größe, Wärmedämmung und Himmelsorientierung unter denselben außenklimatischen Bedingungen gewonnen; sie dürfen daher in ihrer allgemeinen Tendenz miteinander verglichen werden. Aufgetragen ist jeweils der Temperatur-

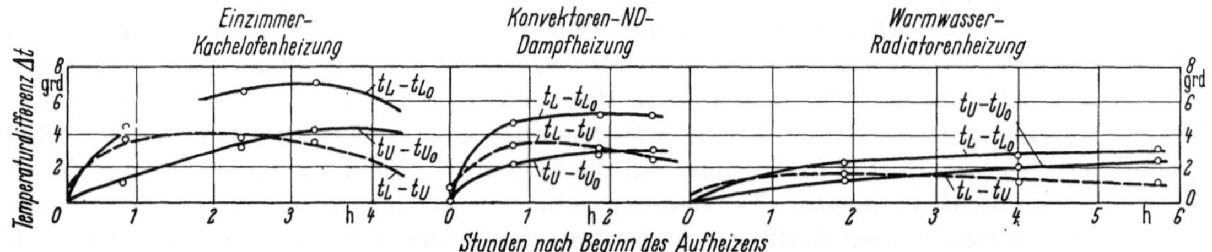

Abb. 1.08. Aufheizvorgang in gleichartigen Wohnräumen unter gleichen außenklimatischen Bedingungen bei verschiedenen Heizsystemen.
Index: L = Lufttemperatur in Raummitte in 1,5 m Höhe,
U = Mittlere Umschließungsflächentemperatur,
o = Zur Zeit des Heizbeginnes.

anstieg $(t_L - t_{L_0})$ der Raumluft in Raummitte, beginnend mit der Temperatur t_{L_0} zu Beginn des Wiederaufheizens nach voraufgegangener Einschränkung des Heizbetriebes. Der Temperaturanstieg ist im kachelofengeheizten Raum ausgeprägter als im radiatorgeheizten Raum. Die zeitliche Gleichmäßigkeit der Lufttemperatur ist also bei vorübergehend eingeschränktem oder unterbrochenem Heizbetrieb im radiatorgeheizten Raum am größten. Dieselbe Tendenz zeigt ein Vergleich des Anstiegs der Wandtemperatur $(t_U - t_{U_0})$.

Während in der erwähnten Versuchsserie die zeitliche Gleichmäßigkeit der Luft- und Umschließungsflächentemperatur in Wohnungen gleicher Lage und Bauweise in Abhängigkeit

[1] Raiss, W., u. E. Töpritz: Raumklimatische Messungen in Wohnräumen. Gesundh.-Ing. 82 (1961) 357/367.

von verschiedenen Heizsystemen dargelegt ist, muß umgekehrt auch an den Einfluß unterschiedlicher Wärmedämmung und -speicherung des Baukörpers auf den Temperaturverlauf bei gleichem Heizsystem erinnert werden. Wenn die bauphysikalischen Stoffwerte und die Bauausführung (Fugendichtigkeit u. ä. m.) nicht angemessene Grundforderungen erfüllen, wird sich das Raumklima auch durch ein aufwendiges Heizsystem nicht günstig gestalten lassen.

Eine erhebliche Störungsquelle für die zeitliche Gleichmäßigkeit der Luft- und Umschließungsflächentemperaturen kann auch mehr oder weniger plötzlich einsetzende *Sonneneinstrahlung* durch große Fensterflächen (Glasfassaden) sein. Die unmittelbare sommerliche Bestrahlung ruhig sitzender Personen in der fensternahen Zone bedeutet eine besonders hohe wärmephysiologische Belastung, die in dicht besetzten Räumen und Sälen infolge Anstiegs der Haut- und Kleidertemperatur zur Wärmestauung und zum Hitzekollaps führen kann. Es muß bereits *bauseitig* an eine *außen vor* dem Fenster liegende Abschattungsmöglichkeit[1, 2] gedacht werden, insbesondere wenn Fenster größer bemessen werden sollen als es für eine ausreichende Tagesbeleuchtung[3] notwendig ist. Innenvorhänge und Wärmeschutzgläser bringen nur beschränkte Abhilfe. Das Leistungsvermögen einer Klimaanlage, sofern sie überhaupt in Frage kommt, soll in dieser Hinsicht nicht überfordert werden. Die häufig mißbrauchten Schlagworte „Licht — Luft — Sonne" dürfen nicht beliebig vom Außenklima auf das Raumklima übertragen werden[4].

Aus der Erwägung, daß eine *zu große zeitliche Gleichmäßigkeit* der Temperatur ermüdend wirken könnte, entspringt der Vorschlag, bei Klimaanlagen die Lufttemperaturen durch Programmregler planmäßig mit einer Amplitude von z. B. $\pm$ 1 °C und einer Dauer von z. B. 1 Stunde um den Sollwert pendeln zu lassen. Im allgemeinen sind jedoch bei Klimaanlagen auch unbeabsichtigte Temperaturschwankungen in der genannten Größenordnung vorhanden, die planmäßige Änderungen überflüssig machen.

e) Die örtliche Gleichmäßigkeit der Luft- und Umschließungsflächentemperaturen. Sie wird *innerhalb eines Gebäudes* oder innerhalb einer Wohnung durch die Zentralheizung am besten gewährleistet. Daß übertriebene örtliche Gleichmäßigkeit im Verein mit zeitlicher Gleichmäßigkeit der Temperaturen in allen benutzten Räumen zu einem „reizlosen" Raumklima, zur Verweichlichung im Sinne abnehmender Widerstandsfähigkeit und erhöhter Erkältungsanfälligkeit führen kann, läßt sich nicht in Abrede stellen. Die Einhaltung bestimmter Temperaturunterschiede zwischen Tagesaufenthalts- und Büroräumen einerseits und Schlafraum, Flur, Küche, Abort andererseits ist daher erwünscht (vgl. z. B. DIN 4701; Zahlentafel A13 im zweiten Band). Eine entsprechende Handhabung der Zentralheizung hängt jedoch weniger vom Heizungsingenieur oder Heizer ab, als vielmehr vom einsichtsvollen Gebrauch der örtlichen Regelung mit dem Heizkörperventil durch die Benutzer der Räume. Hierfür ist aber auch eine bessere Ventilcharakteristik notwendig, damit der Heizkörper seine Wärme wenigstens annähernd proportional dem Verstellwinkel am Handrad abgibt.

Eine solche Abstufung der Temperaturen *innerhalb einer Wohnung* soll andererseits nicht übertrieben werden, indem in einem ihrer Räume, z. B. im Schlafraum, überhaupt keine Heizeinrichtung eingebaut wird, um Anlagekosten zu sparen. Das in solchem Fall empfohlene „Mitheizen" dieses Raumes bei Bedarf, z. B. bei Krankheit oder strengem Frost, durch Offenstehenlassen der Tür zum beheizten Nachbarraum kann unbefriedigend sein. Es wird hierdurch i. allg. nur ein mäßiger Anstieg der Lufttemperatur des mitgeheizten Raumes erreicht, jedoch keine ausreichende Erhöhung der Oberflächentemperatur der Raumumschließungsflächen. Besonders die Außenwand mit den Fensterflächen bleibt kalt. Hieraus resultiert u. U. nicht nur ein unzuträgliches, als „klamm" bezeichnetes Raumklima, sondern auch die Gefahr einer Schwitzwasserbildung bzw. Durchfeuchtung und Reifbildung an der Außenwand infolge Unterschreitens des Taupunktes der angewärmten Raumluft bei ihrer Berührung mit der stark

[1] Danz, E.: Sonnenschutz. Stuttgart: Hatje 1967.

[2] Caemmerer, W.: Das Fenster als wärmeschutztechnisches Bauelement. Heizg.-Lüftg.-Haustechn. 17 (1966) 140/148.

[3] DIN 5034 Innenraumbeleuchtung mit Tageslicht. Nov. 1959. Beiblatt 2: Vereinfachte Bestimmung lichttechnisch ausreichender Fenstergrößen; Juni 1966.

[4] Roedler, F.: Die wahre Sonneneinstrahlung auf Gebäude, ihre Ermittlung, Ausnutzung und Abwehr. Gesundh.-Ing. 69 (1948) 217/224 und 74 (1953) 337/350.

ausgekühlten Wandfläche[1]. Es können sich durch Schimmelbildung, Muffigkeit u. ä. m. auch wohnhygienische Mängel einstellen. Daher soll, wie es auch die Mehrzahl der Bauordnungen vorsieht, *jeder* Aufenthaltsraum einer Wohnung heizbar sein. Diese Forderung bedingt noch nicht eine eigene Heizeinrichtung für jeden Raum; es genügt z. B. ein „Mehrzimmerofen" (vgl. Abb. 3.06, S. 78).

Innerhalb eines Raumes kommt der örtlichen Gleichmäßigkeit der Lufttemperatur in der Höhe sowie in der Tiefe große wärmephysiologische Bedeutung zu, insbesondere, wenn die Raumluft sich bewegt. Lufttemperaturunterschiede in der Waagerechten lassen sich bei guter Fensterbauweise und Einhaltung der DIN 4108 (Wärmeschutz im Hochbau) verhältnismäßig leicht in den erforderlichen Grenzen halten. Bei der Deckenheizung liegt bei dichter Möblierung die kritische waagerechte Lufttemperaturebene etwa in Kniehöhe, wie aus Abb. 4.125, S. 169, hervorgeht.

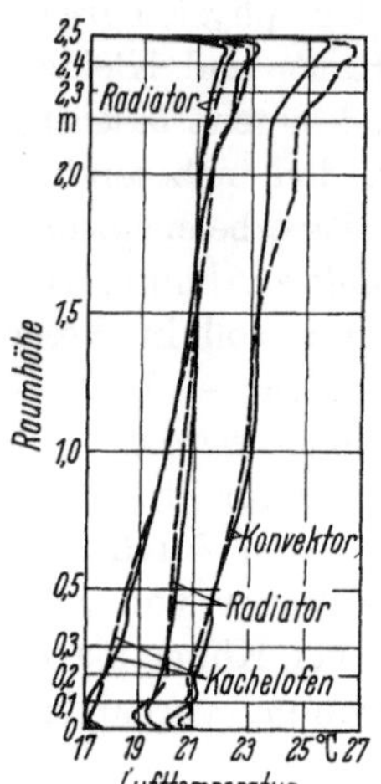

Abb. 1.09. Senkrechtes Lufttemperaturprofil in gleichartigen Wohnräumen im Beharrungszustand bei verschiedenen Heizsystemen. Außentemperaturen zwischen + 1,9 und + 2,7 °C. --- Raummitte; — Fensternähe.

Über die Gleichmäßigkeit der Lufttemperatur in der Senkrechten bei verschiedenen Heizsystemen geben die erwähnten Untersuchungen[2] ebenfalls Aufschluß, Abb. 1.09. Auch die örtliche Gleichmäßigkeit ist bei der Radiatorenheizung mit Aufstellung der Heizkörper unter dem Fenster am größten. Bei der Kachelofenheizung und auch bei der Radiatorenheizung ist die Gleichmäßigkeit am Fensterplatz praktisch ebenso günstig wie in Raummitte, während bei der Konvektorheizung das Temperaturprofil in der Nähe des Fensters und damit im Bereich des Konvektors ausgeglichener sein kann. Es läßt sich durch geschickte Anordnung der Konvektoren und der Warmlufteinlässe unter Berücksichtigung der Raumausstattung und -benutzungsweise günstig beeinflussen. Bei Anordnung der Heizkörper an der der Außenwand gegenüberliegenden Innenwand besteht die Gefahr, daß die Luftmasse vor dem Fenster stark abkühlt, heruntersinkt und eine Zirkulation auslöst, bei der sich Kaltluft bis in Zimmermitte ergießt. Auf die Bewegung der Luft und ihre Folgen soll jedoch erst später eingegangen werden. Auch bei Deckenstrahlungsheizung steigt die Lufttemperatur mit der Raumhöhe an, und zwar in dem wichtigen Bereich zwischen Knie- und Kopfhöhe etwa in gleichem Maße wie bei Warmwasserradiatoren an der Außenwand[3]. Die Differenz der Lufttemperaturen in Kopf- und Knöchelhöhe sollte bei praktisch ruhender Luft und einer Außentemperatur über 0 °C nicht mehr als 2,0 grd, bei einer Außentemperatur von —15 °C nicht mehr als 2,5 grd betragen.

Die *örtliche Gleichmäßigkeit der Umschließungsflächentemperatur* t_U wird um so besser gewährleistet, je größer der Anteil der direkt oder indirekt beheizten und je kleiner der Anteil der besonders kalten Flächen (Fenster, Oberlichte) ist. In der Definitionsgleichung für die mittlere Raumumschließungsflächentemperatur $t_U = \frac{F_1 t_1 + F_2 t_2 + \cdots F_n t_n}{F_1 + F_2 + \cdots + F_n}$ (vgl. S. 11) darf im Hinblick auf die Unterschiede der Oberflächentemperaturen $t_1 \ldots t_n$, denen der Mensch ausgesetzt wird, nicht so willkürlich verfahren werden, daß z. B. eine große Fensterglasfläche F_1 mit sehr niedriger Temperatur t_1 „ausgeglichen" wird durch eine relativ kleine Heizfläche F_2 mit hoher Temperatur t_2. Je weniger die Oberflächentemperaturen der einzelnen Raumumschließungspartien voneinander *und* von der zugehörigen Lufttemperatur abweichen, um so angenehmer wird die Wärmeempfindung sein. So läßt sich z. B. die Abstrahlung des Körpers an eine große kalte Fensterfläche nicht beliebig durch die Wärmezustrahlung einer darunter oder darüber angeordneten Heizfläche hoher Temperatur kompensieren, vgl. Abb. 1.05, ganz abgesehen davon, daß kalte Raumumschließungspartien die Gefahr eines Kaltluftfalles bergen, der sich nicht hinreichend abfangen läßt.

[1] Zur Bestimmung der Tauwasserbildung an Wänden in Räumen mit feuchter Luft ohne merkliche Luftbewegung kann das Arbeitsblatt 2-25, Juni 1958, des Deutschen Kältetechnischen Vereins, bearbeitet von J. S. Cammerer, dienen.

[2] Raiss. W., u. E. Töpritz: Vgl. Fußnote auf S. 18.

[3] Raiss, W.: Strahlungs- oder Konvektionsheizung? Untersuchungen über das Raumklima. VDI-Berichte 21 (1957) 15/24.

Da *kalte Fensterflächen* die thermische Behaglichkeit der Rauminsassen erfahrungsgemäß besonders beeinträchtigen, sind in allen Aufenthaltsräumen und auch in Brause- und Baderäumen (unbekleidete, nasse Körperoberfläche!) doppelt verglaste Fenster wegen ihrer höheren Oberflächentemperatur den einfach verglasten vorzuziehen; hierdurch können in klimatisch ungünstigen Gegenden auch wärmewirtschaftliche Vorteile erzielt werden[1]. In der Wahl der Fenstergröße sollte sich der Architekt Beschränkungen auferlegen; sind die Fensterflächen größer, als es einer angemessenen Tageslichtzufuhr entspricht, können hygienische Argumente hierfür nicht geltend gemacht werden, was im Zusammenhang mit der lästigen Sonnenwärmeeinstrahlung im Sommer bereits erwähnt wurde.

Die physiologisch wichtige Gleichmäßigkeit der Wärmeabgabe des Körpers an die *einzelnen* Bezirke der Raumumschließungsflächen läßt sich meßtechnisch nur schwer erfassen. Der von HEIDTKAMP beschriebene, sehr genau arbeitende, thermoelektrische Strahlungsempfänger[2], der auf die einzelnen Flächen nacheinander gerichtet wird, ist etwas umständlich in der Hand-

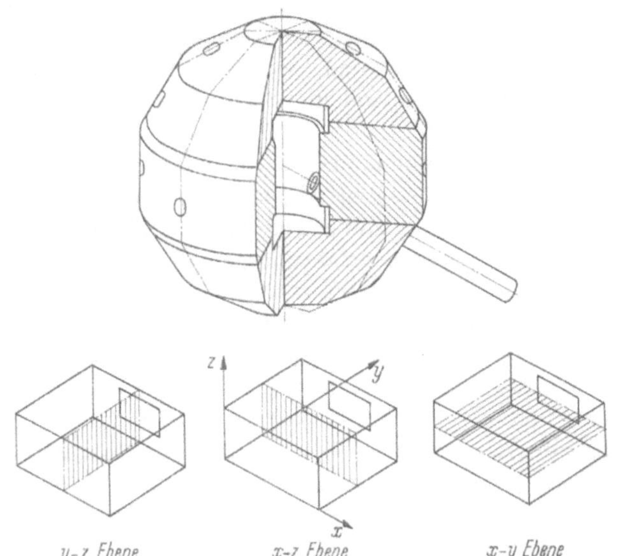

Abb. 1.10. Richtungsempfindliches Globusthermometer mit 25 Meßstellen. Kennzeichnung der drei Hauptmeßebenen für eine polare Darstellung.

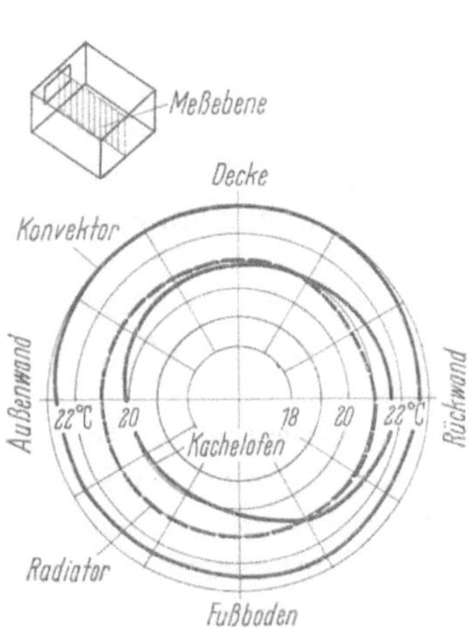

Abb. 1.11. Anzeige des Globusthermometers in gleichartigen Wohnräumen im Beharrungszustand bei verschiedenen Heizsystemen.

habung und Auswertung. Demgegenüber läßt sich mit einem Globusthermometer[3], das aus einer Kunststoffschaumkugel (15 cm ⌀) mit einer größeren Zahl gleichmäßig über die Oberfläche verteilter Thermoelemente besteht (Abb. 1.10), eine rasche und allseitige Abtastung der Strahlung aus den einzelnen Raumbezirken durchführen.

So wurde im Rahmen der oben erwähnten Untersuchungen die örtliche Gleichmäßigkeit der Umschließungsflächentemperatur in gleichartig gebauten, aber mit verschiedenen Heizsystemen ausgestatteten Wohnungen mit einem Globusthermometer gemessen. Als Beispiel der Ergebnisse zeigt das Polardiagramm in Abb. 1.11 die Temperaturverteilung in der schraffierten Normalebene. Das Globusthermometer stand in dieser Ebene in halber Raumtiefe 1,50 m über dem Fußboden. Die Gleichmäßigkeit der Temperatur ist bei der Heizung mit einem unterhalb des Fensters angeordneten WW-Radiator am besten, aber auch bei der Konvektorheizung

[1] RAISS, W., u. K. SIMSON: Die Wirtschaftlichkeit verschiedener Fensterbauarten. VDI-Berichte 18 (1957) 5/27.

[2] HEIDTKAMP, G.: Messung der Wärmeleistung von Raumheizkörpern mit Hilfe eines neuen Strahlungsempfängers. Gesundh.-Ing. 76 (1955) 161/167.

[3] KRAUSE, B.: Ein richtungsempfindliches Globusthermometer. Gesundh.-Ing. 81 (1960) 353/358.

sind die Temperaturen gut ausgeglichen, während die Werte für den Kachelofen im Bereich der Außenwand deutlich niedriger liegen als im Bereich der Rückwand. — Solche Polardiagramme erleichtern die vergleichende Bewertung unterschiedlicher Raumklimate.

Zur präzisen Beschreibung der physiologisch zumutbaren Ungleichförmigkeit, Höchst- und Tiefstwerte der Oberflächentemperaturen der einzelnen Raumumschließungspartien, bedarf es noch sorgfältiger Untersuchungen.

4. Die relative Luftfeuchte φ

Die relative Feuchte der Luft φ wird definiert als das Verhältnis der in 1 kg Luft von bestimmter Temperatur tatsächlich vorhandenen Wasserdampfmenge zu der — bei dieser Temperatur und gleichem Luftdruck — höchstmöglichen Wasserdampfmenge [vgl. Gl. (2.11), S. 65].

Als *untere Behaglichkeitsgrenze* der relativen Luftfeuchte können, weitgehend unabhängig von der Lufttemperatur, etwa 30% gelten, sofern die Raumluft nicht durch Schwebestoffe, wie z. B. Tabakrauch oder Kreidestaub, besonders verunreinigt ist (vgl. S. 29). Luft mit mindestens 30% rel. Feuchte ist i. allg. unschädlich, *solange sie sauber ist*; erst durch Verunreinigungen werden Reize auf den Rachenschleimhäuten ausgelöst. Wenn Verunreinigungen unabwendbar zu erwarten und durch Staubfilter nicht zu vermeiden sind, sollte die untere Grenze der Luftfeuchte in den Bereich um 50% verschoben werden, um die Staubaustrocknung zu verringern.

Eine künstliche Befeuchtung der Raumluft ist, wenn man von Sonderfällen, wie z. B. in Hals-, Nasen-, Ohrenkliniken, absieht, um der Rauminsassen willen selten erforderlich. Verdunstungsgefäße einfachster Ausführungsform, wie sie mitunter auf oder an Heizkörpern angebracht sind, verdampfen relativ wenig Wasser, werden erfahrungsgemäß nicht regelmäßig nachgefüllt und vor allem nicht genügend sauber gehalten. Es dürfte zweifellos *folgerichtiger* sein, die Ursache der Belästigung, *die Staubansammlung, unmittelbar zu bekämpfen, anstatt nachträglich den angefallenen Staub durch unzulängliche Befeuchtungsverfahren flugunfähig machen zu wollen.*

Daß in erster Linie die Staubansammlung und -aufwirbelung bekämpft werden muß, während der Luftfeuchte nur sekundäre Bedeutung zukommt, zeigt sich, wenn man die physikalischen Zustandsgrößen der an einem Wintertage im Freien und im geheizten Raum ein- und ausgeatmeten Luft einander gegenüberstellt.

Tabelle 1.05. *Luftzustandsgrößen im Winter*

Zustandsgröße	t °C	φ %	x g/kg tr. L.	Δx g/kg tr. L.
1 eingeatmete Außenluft; Winter	−10	60	1,0	33,6
2 eingeatmete Raumluft	+20	25	3,6	31,0
3 ausgeatmete Luft (konst.)	35	95	34,6	

Die durch $\Delta x = (x_3 - x_1)$ bzw. $(x_3 - x_2)$ gekennzeichnete Beanspruchung des „Befeuchters" in unserem Atmungsorganismus ist also in dem repräsentativen Beispiel beim Aufenthalt im Freien sogar etwas größer als beim Aufenthalt im Raum.

Daß trotzdem trockene Raumluft viel häufiger beanstandet wird als ebenso trockene winterliche Außenluft, ist in der Regel auf den Staubgehalt der Raumluft oder auf zu hohe Lufttemperaturen infolge Überheizung zurückzuführen. Zu hohe Raumlufttemperaturen veranlassen den gesunden Menschen, von der Nasen- zur Mundatmung überzugehen; hierdurch setzt, besonders bei staubhaltiger Luft, eine Austrocknung der Mund- und Rachenschleimhäute mit entsprechender Reizwirkung ein.

Wenn die Luft in Räumen mit Zentralheizung angeblich trockener ist als in Räumen mit Einzelofenheizung, liegt dies nicht an der Heizungsart, wie häufig behauptet wird, sondern an der im Hinblick auf die pauschale Heizkostenabrechnung i. allg. großzügigeren Handhabung der Fensterlüftung in zentralgeheizten Gebäuden. Stimmen die Raumlufttemperaturen und die

Zeiträume der Fensterlüftung in zwei vergleichbaren Räumen, von denen der eine Ofenheizung, der andere Zentralheizung hat, überein, muß die relative Feuchte im zentralgeheizten Raum sogar höher liegen, weil bei der Ofenheizung die erforderliche Verbrennungsluft auf ihrem Wege vom Freien durch das Zimmer zum Ofen aufgewärmt und damit trockener wird, wie sich an Hand des i, x-Bildes von MOLLIER (S. 67) leicht beweisen läßt. Von der Ofenheizung und gelegentlich vorkommenden Betriebsdaten bei der Luftheizung abgesehen, ist die *Raumluftfeuchte unabhängig vom Heizverfahren.*

Die obere Grenze der relativen Luftfeuchte ist in erster Linie von der Lufttemperatur t_L abhängig und wird daher als Komplexgröße im Abschnitt 5 behandelt.

Zur einwandfreien Messung der relativen Feuchte ist ein ASSMANNsches Psychrometer erforderlich. Mit den am trockenen und am feuchten Thermometer abgelesenen Werten t und t_f kann die relative Feuchte entweder unmittelbar aus einer Psychrometertafel entnommen oder aus der psychrometrischen Differenz $(t - t_f)$ mit Hilfe der SPRUNGschen Formel [Gl. (2.05)] über den Wasserdampfteildruck berechnet werden.

5. Die Komplexgröße aus Lufttemperatur t_L und relativer Luftfeuchte φ (Schwüle)

Der Anteil der feuchten Wärmeabgabe des Menschen Q_f ist im Vergleich zur trockenen Wärmeabgabe Q_{tr} um so größer, je höher die Lufttemperatur liegt (vgl. Abb. 1.02). Da aber andererseits bei zunehmender relativer Feuchte der Raumluft die auf der Hautoberfläche erzielbare Wasserverdunstung mit ihrer Kühlwirkung gehemmt und die Empfindung eines *schwülen Raumklimas* ausgelöst wird, muß besonders das gleichzeitige Auftreten hoher Lufttemperatur t_L und hoher relativer Feuchte φ durch entsprechende Luftaufbereitung in einem Klimagerät (Kühlung und Wasserausscheidung, vgl. Abb. 7.76b) vermieden werden. Abb. 1.12 zeigt die Grenzkurve der Schwüle nach LANCASTER-CASTENS, modifiziert von RUGE. Sie gilt für den körperlich untätigen Menschen in praktisch ruhender Luft und bei Fehlen nennenswerter Strahlungseinflüsse. Entsprechend den individuellen Empfindungsunterschieden ist sie, wie alle Behaglichkeitsgrenzen, als schmaler Saum aufzufassen. Alle Kombinationen von t_L und φ oberhalb der Grenzlinie sind unbehaglich schwül. Zur Kennzeichnung von Schwüle ist also stets die Angabe eines Werte*paares* aus den Komponenten t_L und φ erforderlich.

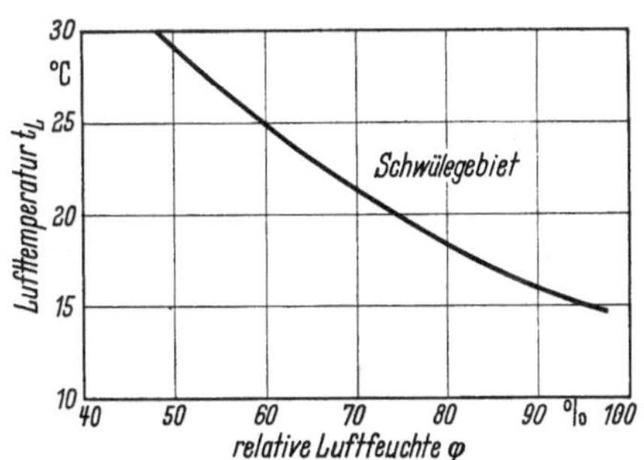

Abb. 1.12. Schwülekurve nach LANCASTER-CASTENS-RUGE.

Für die praktische Auswertung der Grenzkurve beim Betrieb von Klimaanlagen sei daran erinnert, daß die Wasserdampfabgabe des Menschen an die Raumluft bereits um 50% zunimmt, wenn die Lufttemperatur von 20 auf 24 °C steigt (vgl. S. 8). Es empfiehlt sich daher, die Lufttemperatur im Rahmen des Zumutbaren möglichst niedrig zu halten, da anderenfalls das Raumklima leicht ins Schwülegebiet übergleitet. Die zumutbare niedrigste Raumlufttemperatur hängt dabei u. a. von der jeweiligen Außenlufttemperatur ab; vgl. VDI-Lüftungsregeln Blatt 2, Ziffer 2.7.

BRADTKE[1] hat als Schwülegrenze den absoluten Wassergehalt $x = 11{,}5$ g/kg tr. Luft und SCHARLAU[2] den Wasserdampfteildruck $p_d = 14{,}08$ Torr (mm QS) $\mathrel{\hat{=}} 11{,}9$ g Wasser/kg tr. Luft angegeben. Nach eigenen Messungen und Beobachtungen in überfüllten Räumen ist jedoch hiermit bei Lufttemperaturen unter 23 °C die Schwülegrenze zu weit gezogen, während die LANCASTER-CASTENS-Kurve in dem ganzen Lufttemperaturbereich der Abb. 1.12 bestätigt werden konnte.

An Stelle der in Abb. 1.12 wiedergegebenen Grenzkurve für das Schwüleempfinden des körperlich ruhenden Menschen tritt beim körperlich arbeitenden Menschen in Hitzebetrieben unvermeidbar eine Erträglichkeitskurve mit höheren Werten von $t_L \mid \varphi$. Als roher, orientierender

[1] BRADTKE, F.: Grundlagen für Planung und Entwurf von Klimaanlagen. Z. VDI 82 (1938) 1473/1480.

[2] SCHARLAU, K.: Z. Hyg. 123 (1942) 511.

Anhaltswert kann hier eine Feuchtkugeltemperatur von 25 °C dienen, doch sind je nach Art und Dauer der Arbeitsleistung sowie der Hitzeeinwirkung (Einstrahlungsgröße, Schichtdauer usw.) arbeitsphysiologisch angemessene Modifizierungen notwendig, auf die hier nicht näher eingegangen werden kann, da die entsprechenden lüftungstechnischen Maßnahmen eine Sonderaufgabe darstellen.

6. Die Komplexgröße aus Lufttemperatur t_L und Luftgeschwindigkeit w (Zugluft)

Ein entscheidendes wärmephysiologisches Gütemerkmal bei der Projektierung und beim Betrieb von Lüftungs- und Klimaanlagen ist die Wahl des richtigen Wertepaares aus Lufttemperatur t_L und Luftgeschwindigkeit w in der Aufenthaltszone der Menschen. Auch bei Heizungsanlagen mit vorzugsweise konvektiver Wärmeübertragung oder bei unbeabsichtigten Luftströmungen infolge ungünstiger Lufttemperaturprofile spielt das Wertepaar $t_L \mid w$ eine bedeutende Rolle für die Behaglichkeitsbeurteilung. Die richtige Abstimmung von t_L und w aufeinander ist ausschlaggebend für die Vermeidung von „*Zugluft*“.

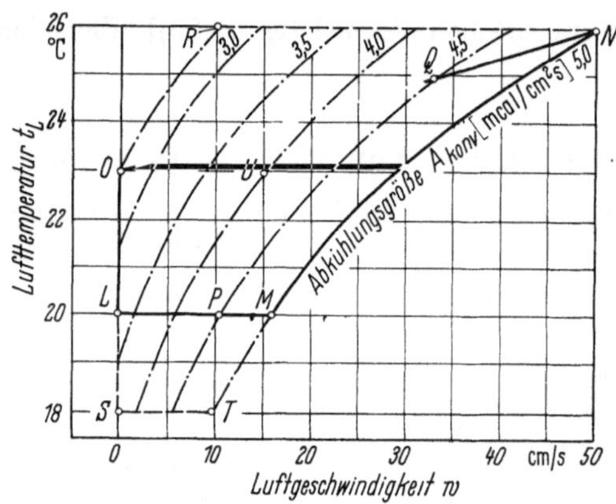

Abb. 1.13. Behaglichkeitsfeld für das Wertepaar t_L/w.

Unter „Zug“ versteht man die thermische Belästigung, die sich aus der Kühlwirkung strömender Luft auf die Haut ergibt. Je stärker die Bewegung der Luft und je niedriger hierbei die Lufttemperatur, desto größer ist der Abkühlungsreiz. Zur Auslösung des Abkühlungsreizes muß ein Schwellenwert überschritten werden, der individuell verschieden hoch liegt und von Alter, Bekleidung, Konstitution u. a. m. abhängt. Unterschwellige, nicht zum Bewußtsein kommende Aküहlungsreize sind u. U. gefährlicher als deutlicher Kältereize, weil diese Abwehrmaßnahmen auslösen. Während der Mensch *im Freien* auf stärkere und wechselnde Luftbewegung gefaßt und kleidungsmäßig „eingestellt“ ist, sie sogar als angenehmen Reiz empfindet, spricht *im geschlossenen Raum*, besonders beim Stillsitzen, das Wärmeregulationsvermögen nicht genügend an. Während die Luft im Freien i. allg. dauernd und wechselnd stark bewegt ist, so daß die Hautkapillaren „turnen“, bleibt der Kältereiz bei der gleichförmigen Einwirkung von Zugluft in geschlossenen Räumen bisweilen unter der Empfindungsschwelle und bewirkt u. U. eine dauernde Kontraktion der Hautkapillaren und damit eine Auskühlung der betroffenen Körperpartie. Deshalb müssen Zugerscheinungen in Aufenthaltsräumen sorgfältig vermieden werden.

Die Aufgabe einer zugfreien Luftführung bei lüftungstechnischen Anlagen ist besonders schwierig, wenn die Zuluft im Sommer zur Kühlung dienen muß. In der Grundgleichung $Q_K = L_z\, c\, (t_i - t_z)$ für die Kühllast z. B. eines Versammlungsraumes ist sorgfältig abzustimmen zwischen der Zuluftmenge L_z und der zumutbaren Differenz zwischen der Lufttemperatur am Lufteinlaß (t_z) und in der Aufenthaltszone (t_i). Sowohl große Luftmengen und damit hohe Luftgeschwindigkeiten als auch niedrige Einlaßtemperaturen können Anlaß zur Zugempfindung geben.

Abb. 1.13 zeigt einen Versuch, für das Wertepaar $t_L \mid w$ ein Behaglichkeitsfeld zu umreißen. Das stark umrandete Feld *LMNO* gilt unter folgenden Voraussetzungen:

a) Die Rauminsassen sitzen still und sind normal bekleidet,

b) die Luftströmung ist von vorn auf die Rauminsassen gerichtet,

c) die Lufttemperatur t_L und die mittlere Raumumschließungsflächentemperatur t_U liegen im Rahmen der in Abb. 1.07 gegebenen Behaglichkeitsfelder,

d) die relative Feuchte φ liegt unterhalb der Schwülekurve in Abb. 1.12.

Das Feld *LMNO* ist *einzuschränken* bei Fortfall der Voraussetzung b). Da die Zugempfindlichkeit des Menschen bei einer gegen Nacken oder Füße gerichteten Luftströmung größer ist als bei einer Luftströmung in das Gesicht — bekannt aus der Wirkung geöffneter Fenster in Fahrzeugen —, empfiehlt es sich im ersten Fall, an Stelle der Linie *MN* die Linie *PQN* als obere Geschwindigkeitsgrenze anzusehen. Beim Anblasen der Fußknöchel (z. B. Abb. 7.43, S. 355) setzen Untertemperaturen der Einblaseluft gegenüber der Raumluft, wie sie zur Bewältigung der Kühllast im Sommer nötig werden, ganz besonders sorgfältige, gut gestreute Luftführung voraus (vgl. Fußkälte S. 13).

Eine *Erweiterung* des Feldes *LMNO* ist in folgenden Fällen möglich:

1. Lufttemperaturen unter 20 °C sind noch tragbar, wenn die mittlere Temperatur der Raumumschließungsflächen t_U entsprechend hoch liegt (vgl. Abb. 1.07) *und* ihre regionalen Einzelwerte (z. B. Fenstertemperatur) nicht zu stark vom Mittelwert abweichen. Unter diesen Voraussetzungen kommt das Zusatzfeld *LSTM* in Frage. 2. Während Lufttemperaturen über 23 °C i. allg. nur mit zunehmender Luftbewegung entsprechend Grenzlinie *ON* noch als angenehm anzusehen sind, gilt für „Sommertage" (Außenlufttemperatur $t_a \geqq 25$ °C) das Zusatzfeld *ONR*. Um an solchen Tagen beim Übertritt vom Freien in einen relativ kühleren Raum ein nachhaltiges Kältegefühl infolge eines größeren Temperaturunterschiedes ($t_a - t_L$) zu vermeiden (Übergangsschock), sind als Kompromißlösung je nach Außenlufttemperatur Raumlufttemperaturen bis zu 26 °C auch bei geringerer Luftbewegung bzw. geringere Luftbewegung trotz höherer Lufttemperatur vertretbar. Aus dem gleichen Grunde sind auch in den VDI-Lüftungsregeln steigenden Außenlufttemperaturen höhere Raumlufttemperaturen zugeordnet (s. Tab. 7.03, S. 366).

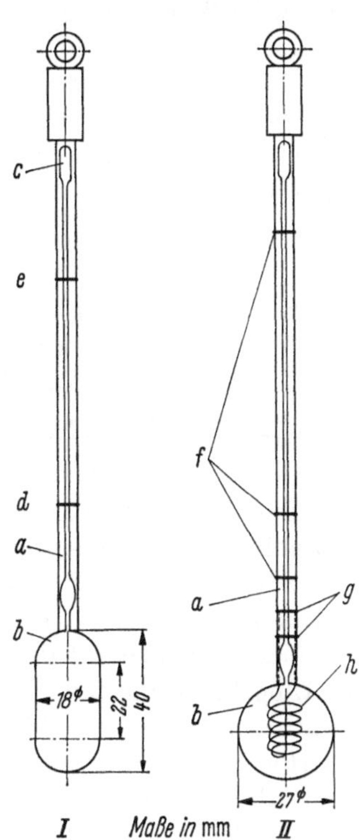

Abb. 1.14. Katathermometer.
I konventionelle Bauart;
II elektrische Bauart.
a Stiel, *b* Sammelgefäß, *c* obere Erweiterung der Kapillare, *d*, *e* eingeätzte Marken für 35° und 38 °C, *f* Schaltkontaktanschlüsse, *g* Heizungsanschlüsse, *h* Heizwicklung.

Die in Abb. 1.13 als Parameter eingetragenen Linien gleicher Abkühlungsgröße A_{konv} werden im folgenden Abschnitt 7 erläutert.

Da der *Wärmeschutz der Kleidung* beim Mann i. allg. größer ist als bei der Frau, insbesondere z. B. in Festsälen, und da die Zugempfindlichkeit individuell, aber auch bei der gleichen Person zu verschiedenen Zeiten unterschiedlich hoch liegt und im Beispiel des Festsaales Stillsitzen abwechselnd mit Tanzen sehr verschiedene Werte sowohl der trockenen wie der feuchten Wärmeabgabe bedingt, ergibt sich allgemein die Schwierigkeit, eine in jeder Beziehung einwandfreie Lüftung zu projektieren, auszuführen und zu betreiben. Die *richtige Luftführung*[1,2] und temperierung erfordern eine besonders sorgfältige Planung, die sich auch auf Erfahrungen stützen soll (vgl. S. 356). Andererseits muß der Betreiber der Anlage einige Kenntnisse sowie Verständnis und Verantwortungsgefühl für die reguläre, bestmögliche Betriebsweise besitzen.

7. Die katathermometrische Messung der Luftgeschwindigkeit w und der Umschließungsflächentemperatur t_U

Die aus Luftgeschwindigkeit, Lufttemperatur und mittlerer Temperatur der Raumumschließungsflächen resultierende Kühlstärke eines Raumes läßt sich mit einem Stabthermometer besonderer Ausführungsform, dem *Katathermometer*, messen, Abb. 1.14. Das Thermometergefäß ist mit Alkohol oder Quecksilber gefüllt und wird durch Eintauchen in 50 bis 70 °C warmes

[1] LINKE, W.: Strömungsvorgänge in zwangsbelüfteten Räumen. VDI-Berichte 21 (1957) 29/39. — Lüftung von oben nach unten oder umgekehrt? Gesundh.-Ing. 83 (1962) 121/128. — Eigenschaften der Strahllüftung. Kältetechnik 18 (1966) 121/126. — Die Luftführung in Versammlungsräumen mit festem Gestühl. VDI-Berichte 106 (1966).

[2] BOUWMAN, H. B., u. E. v. GUNST: Die Luftbewegung in der großen Konzerthalle „De Doelen" in Rotterdam, Kältetechn.-Klimatisierung 19 (1967), 8, 257/263.

Wasser oder durch eine eingebaute stromdurchflossene Heizwendel so lange erwärmt, bis der Meniskus in die obere Erweiterung c der Kapillare gestiegen ist. Nach Entfernen bzw. Abschalten der Heizquelle wird die Zeit z gemessen, die der Meniskus braucht, um von der oberen Marke e auf die untere Marke d zu fallen. Während der Abkühlzeit z wird vom Thermometergefäß stets die gleiche Wärmemenge Q' abgegeben. Nach HILL[1] benutzt man an Stelle von Q' die auf 1 cm² Gefäßoberfläche bezogene Wärmemenge Q, den „Gerätewert", der sich beim elektrischen Katathermometer sehr genau aus seiner Wärmeinhaltsdifferenz bei 38 und 35 °C ermitteln läßt[2] und auf dem Thermometerstiel eingeätzt ist.

Der Quotient aus dem Gerätewert Q und der mittels Stoppuhr gemessenen oder elektrisch registrierten Fallzeit z ist der

Katawert oder die *Kühlstärke* oder *Abkühlungsgröße* $A = \frac{Q}{z} \left[\frac{\text{mcal}}{\text{cm}^2\text{s}}\right]$; (1.06)

Das Katathermometer mißt also auf *physikalischem* Wege das aus den Komponenten t_L, t_U und w als Verbundwirkung resultierende Abkühlungsvermögen seiner Umgebung. Obwohl bei den gebräuchlichen Katathermometern $t_1 = 35$ °C, $t_2 = 38$ °C ist, so daß der Mittelwert $\frac{t_1 + t_2}{2} = 36{,}5$ °C der Normaltemperatur des menschlichen Körpers entspricht, darf das Katathermometer nicht als Entwärmungsmodell des menschlichen Körpers angesehen werden, eine Auffassung, die der Verbreitung des Katathermometers mehr geschadet als genutzt hat. Der menschliche Körper reagiert nicht schlechthin wie ein physikalischer Körper, sondern er reguliert (vgl. S. 4), verhält sich also grundsätzlich anders.

Um bei der *Messung der Luftgeschwindigkeit* w mit Hilfe des Katathermometers lediglich eine Wärmeabgabe auf dem Wege der Konvektion zu erhalten und den Wärmeaustausch mit der Umgebung auf dem Wege der Strahlung auszuschließen, muß das Gefäß des verwendeten Katathermometers strahlungsgeschützt sein. Der Zusammenhang zwischen der mit einem versilberten Katathermometer gemessenen Kühlstärke A_{konv} und der mit einem strahlungsgeschützten Stabthermometer gemessenen Raumlufttemperatur t_L und der Luftgeschwindigkeit w ist aus Abb. 1.13 zu ersehen, in der die A_{konv}-Werte strichpunktiert als Parameter eingetragen wurden[3]. Werden z. B. $t_L = 23$ °C und $A_{konv} = 4{,}0 \frac{\text{mcal}}{\text{cm}^2\text{s}}$ gemessen, entspricht das einer Luftgeschwindigkeit $w_L = 15$ cm/s; der zugehörige Luftzustandspunkt U liegt im Behaglichkeitsfeld.

Zur katathermometrischen *Messung der mittleren Temperatur der Raumumschließungsflächen* t_U werden 2 Katathermometer gleichzeitig benutzt, von denen das eine unversilbert ist, also die Gesamtabkühlungsgröße A_{ges} durch Konvektion + Strahlung anzeigt, während das

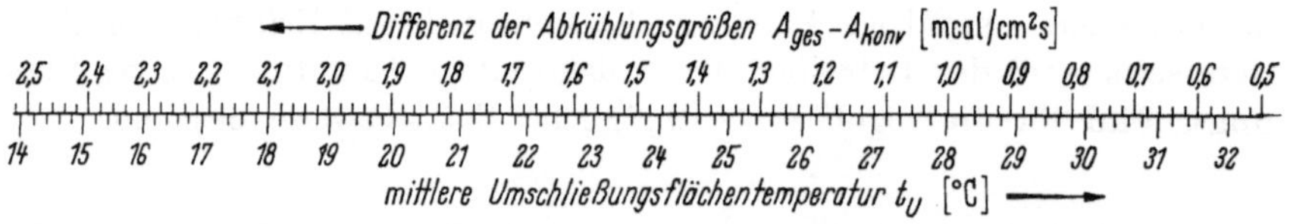

← Differenz der Abkühlungsgrößen $A_{ges} - A_{konv}$ [mcal/cm²s]

2,5 2,4 2,3 2,2 2,1 2,0 1,9 1,8 1,7 1,6 1,5 1,4 1,3 1,2 1,1 1,0 0,9 0,8 0,7 0,6 0,5

14 15 16 17 18 19 20 21 22 23 24 25 26 27 28 29 30 31 32

mittlere Umschließungsflächentemperatur t_U [°C] →

Abb. 1.15. Leiter zur Bestimmung der mittleren Temperatur der Raumumschließungsflächen t_U aus der Differenz der mit einem unversilberten und einem versilberten Katathermometer gemessenen Abkühlungsgrößen ($A_{ges} - A_{konv}$).

andere versilbert ist, also die Abkühlungsgröße A_{konv} allein anzeigt. Aus der Differenz der Abkühlungsgrößen $A_{ges} - A_{konv}$ läßt sich die mittlere Umschließungsflächentemperatur errechnen oder aus der empirisch gewonnenen Abb. 1.15 unmittelbar ablesen. Mit Hilfe eines einfachen Programmreglers können die Uhrzeiten und die Dauer der Registrierungen beliebig im voraus ein-

---

[1] Der englische Forscher LEONHARD HILL führte 1916 das Katathermometer ein.

[2] SCHLÜTER, G.: Katathermometrie auf neuer Grundlage. Gesundh.-Ing. 84 (1963) 321/326.

[3] Diese A_{konv}-Werte basieren auf der neuen Gerätewertbestimmung auf Grund der Wärmeinhaltsdifferenz und weichen von den früher mit A_s bezeichneten Werten, die auf weniger klar definierten, mehrfach empirisch korrigierten Gerätewertbestimmungen beruhten, z. T. erheblich ab, vgl. Fußnote 2.

gestellt werden. Hierdurch sind kontinuierliche Meßreihen zu beliebiger Tages- und Nachtzeit auch in besetzten Räumen ohne Störung möglich, wobei die größere Anzahl kurz hintereinander registrierter Werte auch gute Mittelwertbildungen gestattet.

Der Meßgenauigkeit des Katathermometers sind Grenzen gesetzt; pendelt die Luftgeschwindigkeit innerhalb der Fallzeit z, werden die Höchst- und Tiefstwerte im einzelnen nicht erfaßt. Wenn solchen kurzfristig auftretenden Spitzenwerten der Luftgeschwindigkeit im Rahmen der Behaglichkeitsbeurteilung Bedeutung beigemessen wird, empfiehlt sich eine Stichprobe mit einem Thermoelementanemometer (vgl. DIN 1946, Bl. 1, Z. 4.324 u. Tab. 5).

B. Die Verbundwirkung der physikalischen Raumklimakomponenten auf die thermische Behaglichkeit

Bei der Betrachtung des Einflusses der verschiedenen Raumklimakomponenten auf das thermische Wohlbefinden des Menschen zeigte sich bereits, daß es nicht genügt, jede einzelne Komponente für sich zu bewerten, sondern daß erst die Resultierende aus mehreren Komponen-

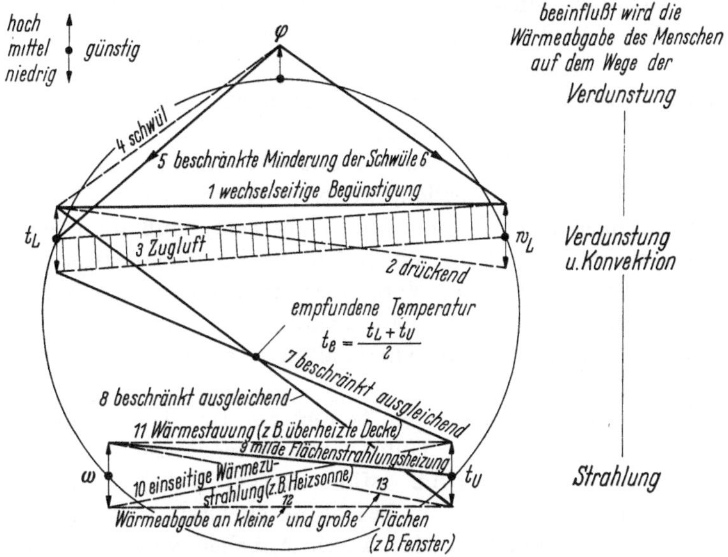

Abb. 1.16. Verflechtung und Zusammenwirken der physikalischen Raumklimakomponenten und ihr Einfluß auf die thermische Behaglichkeit des Menschen.

t_L Lufttemperatur, φ Luftfeuchte, w_L Luftgeschwindigkeit, t_U Temperatur der Raumumschließungsflächen, ω Raumwinkel, — günstige Verbundwirkung, --- ungünstige Verbundwirkung.

ten maßgebend ist für den wärmephysiologischen Effekt; so z. B. für den Begriff der Schwüle das Werte*paar* $t_L \mid \varphi$, für Zugluft das Werte*paar* $t_L \mid w$, für die Temperaturempfindung im Raum das Werte*paar* $t_L \mid t_U$. Um als Verbundwirkung ein thermisch behagliches Raumklima zu erreichen, müssen u. U. alle vier diskutierten Komponenten t_L, t_U, φ und w aufeinander abgestimmt sein.

Für den Entwurf und Betrieb der Anlagen ist vor allem ein gutes Einfühlungsvermögen in das *Zusammenspiel der einzeln oder paarweise erörterten Komponenten* erforderlich. Abschließend soll daher ein zusammenfassendes rohes *Übersichtsschema der vielfachen Verflechtungen der physikalischen Raumklimakomponenten* und ihrer Verbundwirkung gegeben werden. In Abb. 1.16 sind auf einem Kreis die bereits besprochenen Raumklimakomponenten t_L, φ, w_L und t_U aufgetragen sowie als fünfte Einflußgröße der auf S. 11 definierte Raumwinkel ω. Die Komponenten sind so übereinander gruppiert, daß ihre Korrelation zu den einzelnen Wärmeübertragungswegen erkennbar wird. φ beeinflußt entscheidend den Anteil der Wärmeabgabe des Menschen auf dem Wege der Verdunstung; t_L und w_L sind für den Anteil der Wärmeabgabe auf dem Wege der Verdunstung und der Konvektion, t_U und ω für den Anteil der Strahlung maßgebend.

Der als Punkt auf dem Kreis angedeutete Ausgangswert der einzelnen Komponenten bezeichne einen günstigen mittleren Wert des in der Praxis vorkommenden Bereiches. Eine durch Pfeile angedeutete Abweichung einer Komponente vom Ausgangswert nach oben oder unten führt in der Regel zu unangenehmen Werten. An dreizehn typischen Beispielen sei die Verbundwirkung mehrerer Komponenten gezeigt, insbesondere für den Fall, daß eine der beteiligten Komponenten ihren Wert ändert. Eine günstige Verbundwirkung ist durch ausgezogene Geraden, eine ungünstige durch gestrichelte Geraden gekennzeichnet.

a) Gegenseitige Verbundwirkung zwischen t_L und w_L. Eine verhältnismäßig hohe Lufttemperatur kann durch Steigern der Luftgeschwindigkeit (auf wenige dm/s) erträglich gemacht werden, während sich umgekehrt die Wirkung einer unvermeidbar hohen Luftgeschwindigkeit durch eine planmäßige Lufttemperaturerhöhung in begrenztem Umfang ausgleichen läßt. Die Verbundwirkung ist in beiden Richtungen möglich und günstig (Linie 1).

Eine hohe Lufttemperatur, gepaart mit Luftruhe („Stagnation"), löst die Empfindung „drückend" aus. Die Verbundwirkung ist ungünstig (Linie 2).

Eine niedrige Lufttemperatur ergibt schon bei kleiner Luftgeschwindigkeit ein Gefühl der Zugluft, ebenso eine mittlere Lufttemperatur bei verhältnismäßig hoher Luftgeschwindigkeit (Linien 3). Das schraffierte Feld zwischen den Linien 3 entspricht also in etwa dem Zugluftbereich.

b) Verbundwirkung zwischen φ, t_L und w_L. Eine hohe Lufttemperatur bei hoher relativer Feuchte wird als schwül empfunden (Linie 4).

Eine Milderung der Schwüle ist in Räumen mit unvermeidbar hohem Wasserdampfanfall mitunter in beschränktem Umfang möglich, wenn es gelingt, die Lufttemperatur zu senken (Linie 5). In Feuchtbetrieben (z. B. Spinnereien, Webereien) muß man jedoch darauf achten, daß hierdurch nicht etwa Nebel mit all seinen Unfallgefahren entsteht. Der Pfeil an Linie 5 soll andeuten, daß eine Umkehrung des Vorganges sinnlos ist. Eine Schwüleminderung läßt sich auch erreichen, wenn man eine verhältnismäßig hohe Luftgeschwindigkeit ohne Zugerscheinungen wenigstens am Arbeitsplatz einzuhalten vermag (Linie 6). Eine Umkehrung des Vorganges ist ebenfalls sinnlos.

c) Gegenseitige Verbundwirkung zwischen t_L und t_U. Das Temperaturgefühl resultiert zu einem erheblichen Teil aus t_L und t_U. Unter bestimmten Voraussetzungen kann man eine „empfundene" Temperatur $t_e = (t_L + t_U)/2$ definieren (vgl. S. 14). Demgemäß läßt sich eine unangenehm niedrige Lufttemperatur t_L in beschränkten Grenzen mittels höher temperierter Fußboden-, Wand- oder Deckenflächen, also durch Anheben von t_U ausgleichen. Umgekehrt kann die Einwirkung unvermeidbar höher temperierter Flächen (z. B. heiße Maschinen, Sterilisatoren) in beschränktem Umfang durch Erniedrigen der Lufttemperatur gemildert werden. Die Verbundwirkung gilt für beide Richtungen (Linie 7).

Andererseits besteht die Möglichkeit, die Wirkung einer unangenehm hohen Lufttemperatur mittels kühl gehaltener Umschließungsflächen auszugleichen (z. B. Deckenkühlung, vorzugsweise in Aufenthaltsräumen). Umgekehrt vermag man den Einfluß einer zu kalten Fläche (z. B. Einfachfenster) durch Erhöhen der Lufttemperatur in der Aufenthaltszone etwas zu mildern. Die Verbundwirkung ist in beiden Richtungen günstig (Linie 8).

d) Gegenseitige Verbundwirkung zwischen t_U und ω. Eine Wärmezustrahlung bestimmter Größe von einer Raumumschließungspartie auf den Rauminsassen wirkt sich im allgemeinen um so angenehmer aus, je milder die Oberflächentemperatur und je größer demgemäß die den Körper umhüllende Raumumschließungsfläche, d. h. je größer der Raumumschließungswinkel ω ist. Diesem Grundgedanken entspricht die milde Flächenheizung (Linie 9).

Wird dagegen eine ebenso große Wärmemenge je Zeiteinheit gebündelt zugestrahlt, z. B. durch einen kompakten Deckenstrahler oder ein glühendes Arbeitsgut geringer Ausdehnung (ω klein), so ergibt sich ein einseitiger und schon deshalb unangenehmer Wärmebeschuß des Körpers (Linie 10).

Eine hohe Temperatur ausgedehnter Raumumschließungsflächen (z. B. Decke, Wände, Maschinen, Walzenstraßen) führt mehr oder weniger ausgeprägt zur (totalen) Wärmestauung (Linie 11).

Ebenso lästig wie die einseitige Wärmezustrahlung auf den menschlichen Körper wirkt der Wärmeentzug durch mehr oder weniger einseitige Abstrahlung an kalte Flächen, sei es z. B. an ein einfach verglastes einzelnes Fenster (Linie 12), sei es an eine in Glas aufgelöste Fassade großer Ausdehnung (Linie 13) bei niederen Außentemperaturen.

Die Beachtung dieser Beispiele, die nur eine Auswahl der praktisch möglichen Kombinationen darstellen, erleichtert das Verständnis für die wärmephysiologische Bewertung von Heiz- und Klimatisierungsverfahren. Die hieraus resultierenden Erkenntnisse sollen nicht nur Möglichkeiten zur Verbesserung vorhandener Anlagen aufzeigen, sondern vor allem bereits bei der Planung zur Orientierung dienen.

Obwohl hier aus Gründen der Übersichtlichkeit auf die Darstellung des Zusammenwirkens von mehr als zwei gleichzeitig wirksamen Komponenten verzichtet wird, ist bereits aus den relativ einfachen Beispielen der Abb. 1.16 zu erkennen, daß es einen einfachen Bewertungsmaßstab für die Komplexgröße Raumklima nicht geben kann[1]. Demgemäß haben die zahlreichen Vorschläge für eine „Klimasummengröße", die etwa in Form einer mathematischen Gleichung eine empirisch gefundene Funktion der erläuterten Einzelkomponenten ist, bisher nur einen begrenzten Wert.

V. Die Verunreinigungen der Raumluft und ihre Bekämpfung

Während die vorstehend behandelten Raumklimafaktoren als physikalische Zustandsgrößen für die thermische Behaglichkeit ausschlaggebend sind, ist die Reinheit der Raumluft im Hinblick auf ihre teilweise Veratmung durch die Rauminsassen bedeutungsvoll für die Verbrennungsvorgänge im Körper. Schlechte Raumluft führt zu flacher Atmung, ungenügender Sauerstoffzufuhr in die Lungen, Verzögerung der Verbrennungsvorgänge, zu Appetitlosigkeit, vorzeitiger Ermüdung u. ä. m. Raumluft muß als *Nahrungsmittel* von Verunreinigungen weitgehend frei gehalten werden, denn es besteht für den Rauminsassen — im Gegensatz etwa zur Aufnahme von Genußmitteln — oft keine Möglichkeit, dem ungünstigen Einfluß schlechter Luft auszuweichen. Hierbei ist an *staubförmige Beimengungen*, an *Riechstoffe, Kleinlebewesen* und an sogenannte *Schadstoffe chemischer Natur* gedacht. Da der körperlich ruhende Mensch zur Aufrechterhaltung des Gasstoffwechsels rd. 0,5 m^3/h Raumluft veratmet ($\mathrel{\hat{=}}$ 250000 m^3 in einer durchschnittlichen Lebensdauer!), der körperlich Arbeitende je nach Schwere der Arbeit bis zu 5 m^3/h, sind ständige Verunreinigungen besonders bedenklich.

Reinheit der Raumluft ist auch eine Forderung der Appetitlichkeit und Ästhetik. Da während des *Verweilens* in einem schlecht gelüfteten Raum das Geruchsempfinden abstumpft, muß als subjektives Kriterium gelten, daß beim *Betreten* eines Raumes kein Eindruck verbrauchter Luft aufkommen darf. Ebenso wie z. B. die Besucher einer Gaststätte mit Recht unappetitliche Speisen zurückweisen, sollten sie *gegenüber unreiner Raumluft* die gleiche *kritische Einstellung* als Selbstverständlichkeit empfinden, woraus sich für den Besitzer solcher Räumlichkeiten von selbst der Zwang zur Verbesserung der Luftverhältnisse ergeben dürfte. Wenn bei der Prüfung gewerblicher Betriebe der Verdacht aufkommt, daß Lüftungs- oder Absaugungsanlagen nicht regelmäßig laufen, sollte man an die Möglichkeit des Einbaues eines *Betriebsstundenzählers* denken, um die Laufzeit der Anlage kontrollieren zu können.

A. Staubförmige Verunreinigungen

Dem Vermeiden einer Verstaubung von Aufenthaltsräumen und von Fertigungsräumen für empfindliche Güter kommt gerade im Zusammenhang mit der Heizung und Lüftung besondere Bedeutung zu. Bei großen Unterschieden zwischen Außen- und Raumlufttemperatur sowie im Bereich von Konvektionsheizkörpern und von Zuluftdurchlässen der Luftheizung ist die Raumluft bei geringer Raumbesetzung besonders trocken. *Lufttrockenheit*, bzw. geringe relative Feuchte *vermehrt aber die Schwebe- und Flugfähigkeit der Staubteilchen.* Sie gelangen dadurch in die At-

[1] Vgl. u. a. SCHLÜTER, G.: Das Raumklima in graphischer Darstellung. Gesundh.-Ing. 88 (1967) 52/55.

mungsorgane und lösen Trockenheitsgefühl und Hustenreiz aus (vgl. S. 22). Daher ist gerade in den genannten Fällen eine regelmäßige und sorgfältige Reinigung des Raumes, insbesondere der Heizkörper, Lufteinlaßgitter usw., wichtig.

Die *Möglichkeit zur* bequemen allseitigen *Reinigung von Raumheizkörpern* durch entsprechende Zugänglichkeit und Profilierung, sowie durch leicht abnehmbare „Verkleidungen" — sofern solche für unentbehrlich gehalten werden! — ist eine *hygienische Grundforderung an den Konstrukteur* der Heizeinrichtung und an den *Architekten* (vgl. S. 129). Notwendig ist ferner eine weise Beschränkung in der Anwendung aller zur Staubansammlung und konvektiven Staubverschleppung neigenden Heizkörpertypen auf solche Objekte bzw. Raumgattungen, die erfahrungsgemäß regelmäßig sehr gründlich gereinigt und in Ordnung gehalten werden, sei es durch die Bewohner oder Anlagenbesitzer, sei es im Wege eines organisierten Reinigungs- und Wartungsdienstes. Die Formgebung der Gußradiatoren nach DIN 4720 (Ausg. 1961) ist gegenüber dem früheren Modell in hygienischer Hinsicht ein Rückschritt. Infolge der starken Profilierung des Querschnittes sind staubfangende Taschen entstanden, die einer Reinigung z. T. unzugänglich bleiben. Bei Plattenheizkörpern sollte der Abstand von der Wand und von benachbarten Platten an der engsten Stelle wegen der Reinigungsmöglichkeit mindestens 30 mm betragen.

Unter den *Konvektoren,* elektrischen *Nachtstrom-Wärmespeicheröfen* und ähnlichen Heizkörpern finden sich auch heute noch bzw. wieder Ausführungsformen, die infolge ihres Aufbaues und der Luftströmungsverhältnisse eine Staubablagerung, Insektenansiedlung und z. T. sogar ein Staubverschwelen begünstigen. Zu bedenken ist, daß bei rauher Oberfläche der Heizelemente trotz angeblicher Auftriebs- oder Ventilatorwirkung Staub hängenbleiben und, wie die Erfahrung lehrt, bis zu einem Staubpelz anwachsen kann, der dann u. U. gelegentlich abfällt oder mit dem Luftstrom in den Raum befördert wird. Auch reicht bei mildem Heizbetrieb des Nachts bzw. in den ersten und letzten Wochen der Heizperiode die Konvektion häufig nicht aus, um ein Absetzen von Staub im Strömungsschatten der Luftwege zu verhindern. Außerhalb der Heizperiode lagert sich ebenfalls Staub ab, der nach langer Austrocknungs- und Fäulnisperiode bei Wiederaufnahme des Heizbetriebes mit der warmen Luft in den Raum gelangt, wenn er nicht durch regelmäßiges und rechtzeitiges Säubern entfernt werden kann. Außerdem bieten tote Ecken und warme Konvektionskanäle, die einer Reinigung unzugänglich sind, schädlichen Insekten, wie Schaben, Motten und Milben, günstige Lebensbedingungen. Die hygienische Grundforderung, solche unzugänglichen Konvektionskanäle und -querschnitte zu vermeiden, gilt daher uneingeschränkt, also auch, wenn eine Staubverschwelung nicht zu befürchten ist. Heizkörpertypen, von denen sich der Staub lediglich durch Ausblasen, etwa unter Benutzung der Druckseite eines Staubsaugers, und ohne Einblicknahme nur in unkontrollierbarem Ausmaß entfernen läßt, befriedigen die hygienischen Ansprüche nicht.

Bei allen mit lüftungstechnischen Anlagen ausgestatteten Räumen müssen *Außenluft und Umluft* (vgl. Abb. 7.14) in einem dem Raumzweck angemessenen Umfang gefiltert werden. Auch bei einfachen Lüftungsanlagen ist eine „Einrichtung zum Reinigen der Luft" unabdingbare hygienische Forderung (vgl. auch DIN 1946, VDI-Lüftungsregeln). In Versammlungs- und Aufenthaltsräumen mit Raucherlaubnis ist bei Umluftbetrieb besondere Sorgfalt auf die *Abscheidung von Tabakrauch* zu verwenden, um Belästigungen, besonders der Nichtraucher durch inaktives Mitrauchen, und das Festsetzen des Tabakrauchgeruches an Inventar und Kleidung sowie das Verschmutzen der Kanäle, Luftdurchlässe und Räume weitgehend einzuschränken. Bei der Bewertung solcher Mängel sind nicht nur gesundheitliche Maßstäbe anzulegen, sondern auch ästhetische.

Eine wirksame Staubbekämpfung erfordert bereits bei der Auswahl des Luftfilters eine sorgfältige Berücksichtigung, zum mindesten Schätzung, der anfallenden Staubmenge und -zusammensetzung. Um eine Verunreinigung der Raumluft und der Abluftkanäle einzuschränken, sollen in *waagerechten Flächen,* die begangen oder als Ablage, z. B. für Garderobe, benutzt werden könnten, *weder Zuluft- noch Abluftöffnungen* vorgesehen werden.

In neuerer Zeit bilden Schallschluckstoffe innerhalb von Lüftungsnetzen in Form gelochter oder genuteter Platten oder lose gepackter Fasern unerwünschte Staubspeicher, die stark verschmutzen und sich gelegentlich entladen können. Es darf nicht übersehen werden, daß bei einem Staubgehalt von z. B. 0,5 mg je m³ Zuluft[1] im Laufe längerer Zeit erhebliche Staubmengen an den genannten Schallschluckstoffen hängenbleiben und sich durch Reinigen nicht hinreichend entfernen lassen. Es müssen daher an die *Oberflächenglätte der Schallschlucker* grundsätzlich *die gleichen Forderungen wie bei den Kanalwandungen* gestellt werden, was nach dem heutigen Stand des Schallschutzes auch wirtschaftlich zumutbar sein sollte. Über die Reinigungsfähigkeit der Kanalanlage vgl. S. 351.

B. Gasförmige Verunreinigungen

1. Geruchsstoffe

Zu den unangenehmen, dem Allgemeinbefinden u. U. abträglichen Geruchsstoffen gehören im wesentlichen die Küchen- und Abortgerüche, in dicht besetzten Aufenthaltsräumen die riechenden, gasförmigen Stoffe, die durch Zersetzung der auf Haut und Schleimhaut sich sammelnden Epithel- und Sekretreste entstehen, Gerüche aus der Kleidung, aus regennasser Überkleidung, aus Textilmöbeln und -stoffen und in gewerblichen Betrieben zahlreiche Rohstoffe und Produktionsgüter.

Da es sich bei den Riech- und Ekelstoffen um komplizierte organische Verbindungen handelt[2], ist eine differenzierte Bewertung und Festlegung von Grenzwerten praktisch unmöglich. Als einfacher Index kann daher noch immer der PETTENKOFERsche Kohlendioxidmaßstab gelten (S. 33). Bei der Beurteilung der Zumutbarkeit eines „Geruchsbukettes" müssen der Raumzweck und die Aufenthaltsdauer mitberücksichtigt werden[3]. An Schulräume z. B. sind im Hinblick auf die täglich mehrstündige Benutzung während vieler Jahre im entscheidenden Entwicklungsalter strengere Maßstäbe anzulegen als z. B. an gelegentlich und kurzfristig betretene Betriebs- und Lagerräume.

Bei Versammlungsräumen im Sinne der VDI-Lüftungsregeln reicht die Mindest-Außenluftrate von 20 m³/h bei guter Außenluftbeschaffenheit zur Vermeidung von Geruchsbelästigungen aus. Bei Großküchen und deren Nebenräumen gelingt die Geruchseinschränkung i. allg. ebenfalls, sofern die erforderliche Druckabstufung über die gesamte Raumfolge unter Berücksichtigung des Windanfalles sorgfältig geplant und ausgeführt wird (vgl. S. 335).

Dagegen genügt die geruchliche Luftbeschaffenheit in Klassenräumen, Wohn- und Bürogebäuden ohne Lüftungsanlagen nicht immer den hygienischen Ansprüchen. Da in Klassenräumen Fensterlüftung als Regelfall gilt, eine milde Dauerlüftung hiermit aber nur bei entsprechender Witterung möglich ist, sollte zur intensiven Pausenlüftung *Querlüftbarkeit* durch geeignete Grundrißgestaltung ermöglicht werden. In Küchen, Badezimmern und Waschküchen reicht die freie Lüftung mit Hilfe eines Schachtes (vgl. S. 337) zur *raschen* Geruchsbeseitigung nicht aus. Trotzdem erfüllt die *Schachtlüftung* hier eine wichtige wohnungshygienische Aufgabe, indem sie eine Durchfeuchtung der Raumumschließungsflächen und Möbel verhütet. Schon allein aus diesem Grunde hat die Forderung nach einem „Wrasenschacht" im Sinne der Bauordnungen einiger Länder ihre Berechtigung. In Küchen und Kochabteilen, die mit einem Wohn- bzw. Eßraum in offener Verbindung stehen, in Baderäumen mit WC ohne Außenfenster sowie in Toiletten ohne Außenfenster empfiehlt sich eine elektrische Lüftungsanlage[4], die nur in den Nachtstunden abgeschaltet werden sollte.

Um verbrauchte Luft, insbesondere Tabakrauch(-geruch) aus Räumen ohne Lüftungsanlage im Sommer auch bei Windstille und im Winter ohne erhebliche Heizwärmeverluste nachhaltig durch Fensterlüftung entfernen zu können, muß auch hier als bauliche Voraussetzung die *Querlüftbarkeit* gefordert werden, um Durchzug zu ermöglichen. Wohnungen im Vierspännergrundriß (vgl. Abb. 7.08, S. 337) sind Wohnungen mit Fenstern an zwei entgegengesetzten Gebäude-

[1] DIN 1946 Bl. 2, Lüftungstechnische Anlagen; Lüftung von Versammlungsräumen. Apr. 1960, Ziffer 2.3.

[2] PLANK, R.: Der gegenwärtige Stand der Klassifikation und objektiven Bewertung von Geschmacks- und Geruchsempfindungen. „Die Chemie", Z. Ver. dtsch. Chem., Beiheft 52. Berlin: Verlag Chemie 1945.

[3] LIESE, W.: Bemessung der Luftrate bei Lüftungsanlagen. Gesundh.-Ing. 74 (1953) 254/255.

[4] DIN 18017 Bl. 3. Lüftung von Bädern und Spülaborten ohne Außenfenster mit Ventilatoren. Entw. 1968.

fronten hygienisch so erheblich unterlegen, daß sie in den Bauordnungen einiger Bundesländer verboten sind. Das ist um so berechtigter, als die Bewohner die Möglichkeit haben sollen, trotz zunehmenden Lärmes und Staubes auf der Straßenverkehrsseite sich auch nachts eine mäßige Frischluftzufuhr durch ein *offenes Fenster in der abseits gelegenen Gebäudefront* bei ungleich *geringerem Lärmpegel* zu verschaffen.

Eine zweite wichtige bauseitige Voraussetzung für angemessene Fensterlüftung ist die *Feststellbarkeit mindestens eines Fensterflügels* in jedem Aufenthaltsraum bei beliebigem, insbesondere kleinem Öffnungsspalt, um eine milde Dauer-Fensterlüftung zu ermöglichen. Von der *Fensterlüftung* wird erfahrungsgemäß um so stärker Gebrauch gemacht, je handlicher ihre *Bedienbarkeit* ist, ein psychologisches Moment, das besonders für die Lage und Zugänglichkeit des Küchenfensters gilt[1]. In diesem Zusammenhang sei noch auf die hygienische Bedeutung der Insektenabwehr bei der Fensterlüftung hingewiesen. Der beste Schutz sind *Fliegenfenster* aus dauerhaftem Metall- oder Kunststoffasergestrick, die bereits bauseitig vorgesehen sein sollten (Maschenweite $\leqq$ 3 mm).

In Räumen, die mit lüftungstechnischen Anlagen ausgestattet sind, findet zur Verminderung von Geruchsbelästigungen als *Desodorierungsverfahren* mitunter die *Ozonisierung* der Zuluft Anwendung. Es ist jedoch ein Irrtum, Ozon (O_3) als gesundheitsförderndes Gas anzusehen (Oettel). Die Raumluftozonisierung bedeutet, hygienisch gesehen, keine echte Luftverbesserung, da sie die Gerüche nicht zum Versiegen bringt, sondern nur bestimmte Spektralbereiche der Geruchsnerven maskiert[2]. Gewöhnliche Raumluftgerüche (Tabakrauch, Körpergeruch) werden bei einer Konzentration von 0,02 mg Ozon je m^3 Luft ($\triangleq$0,01 cm^3 je m^3) paralysiert. Bei dem gleichen Wert beginnt bereits die Wahrnehmung des der Ozonisierung eigentümlichen, mehr oder weniger angenehm empfundenen Geruches. Die hygienisch zumutbare Grenzdosis beträgt 0,22 mg O_3 je m^3 Luft $\triangleq$ 0,1 cm^3 O_3 je m^3 Luft; sie kann bereits Reizungen der Augen- und Nasenschleimhäute auslösen. Die richtige Dosierung in der Aufenthaltszone ist schwierig und ihre meßtechnische Prüfung sehr aufwendig. Die Luftozonisierung sollte daher vorläufig auf solche Fälle beschränkt bleiben, in denen es aus örtlichen, wirtschaftlichen oder anderen speziellen Gründen nicht gelingt, für eine ausreichende Außenluftrate zu sorgen.

Auch die *Luftschönung* durch Versprühen eines Gemisches aus z. B. Chlorophyll und ätherischen Ölen oder durch Verdampfen solcher Gemische z. B. aus Dochtflaschen bedeutet keine echte Luftverbesserung. Durch geschickte Kombination verschiedener Geruchsstoffe soll es bei diesen Verfahren gelingen, Komplementäreffekte in bestimmten Spektralabschnitten des menschlichen Geruchsvermögens zu erzielen. Bei einwandfreier Wartung sind zwar solche Luftschönungsmittel nach bisher vorliegenden Erfahrungen i. allg. unschädlich; sie sollten aber immer als Behelfsmittel klassifiziert werden, da die *echte Lufterneuerung hygienische Grundforderung* bleibt.

Wenn es sich bei lüftungstechnischen Anlagen nicht vermeiden läßt, daß die Außenluft-Entnahmestelle häufiger in einem für den normal empfindenden Menschen unzumutbaren Maße mit Geruchsstoffen belastet wird, ist neben der üblichen Staubfilterung und Vorwärmung zusätzlich ein *Feinststaubfilter* gegen schwebstoffförmige Verunreinigungen und ein *Aktivkohlefilter* zur Adsorption der gas- und dampfförmigen Geruchsstoffe notwendig.

Falls auch aus Umluft (vgl. Abb. 7.14) gas- und dampfförmige Geruchsstoffe mit Hilfe von Aktivkohle entfernt werden, was z. B. bei Gerüchen von Speisen, Spirituosen und Tabakrauch zweckmäßig sein kann, sollte dieses Verfahren noch kein genereller Anlaß sein, den Außenluftanteil nennenswert zu verringern.

2. Kohlendioxid

Infolge des Atmungs- bzw. Lebensprozesses werden von jedem Rauminsassen (in Ruhe) mit dem eingangs genannten Atemluftvolumen $V = 0{,}5\ m^3/h$ etwa 20 l Kohlendioxid (CO_2) je Stunde an die Raumluft abgegeben. Der CO_2-Gehalt der Ausatemluft beträgt also

[1] VDI-Lüftungsgrundsätze. Berlin 1937.

[2] Gesundheitstechnische Gesellschaft diskutiert „Ozonisierung und Lüftung". Gesundh.-Ing. 77 (1956) 123/124. — Eyer, H.: Möglichkeiten und Grenzen der lufthygienischen Ozonanwendung. Wehrdienst u. Gesundheit I (1960) 231/239. — Gilgen, A., u. H. U. Wanner: Toxikologische und hygienische Bedeutung des Ozons. Arch. Hyg. Bakteriologie 150 (1966) S. 75.

$k_1 = \frac{20}{500} \triangleq 4$ Vol.-%. Der CO_2-Gehalt der Großstadtluft $\triangleq$ Außenluft ist i. M. $k_2 = 0{,}04$ Vol.-%. Mit der in DIN 1946, Blatt 1, Ziffer 2.22, vorgesehenen Mindestaußenluftrate von $L = 20$ m³/h steigt demnach der CO_2-Gehalt der Raumluft im Beharrungszustand maximal auf

$$k_{R\,max} = \frac{V\,k_1}{L} + k_2 = \frac{0{,}5 \cdot 4}{20} + 0{,}04 = 0{,}14 \text{ Vol.-\%}.$$

Der gleiche maximale Luftverunreinigungspegel stellt sich ein, wenn die lüftungstechnische Anlage unter Beibehaltung der genannten Außenluftrate zusätzlich mit *Umluft* arbeitet; der hiermit erzielte höhere Luftwechsel bzw. die höhere Luftgeschwindigkeit kann zwar die *Entwärmungs*bedingungen erleichtern; für die *chemische Luftbeschaffenheit* ist aber bei einer bestimmten Größe der Verunreinigungsquelle allein die *Außenluftrate* maßgebend.

Als zulässiger Grenzwert für CO_2 gilt unter physiologischem Aspekt $k_{MAK} = 0{,}5$ Vol.-% (vgl. S. 34). Da sich aber Raumluft deutlich wahrnehmbar von appetitlich empfundener, frischer Außenluft zu unterscheiden beginnt, wenn im Gleichschritt mit den Riech- und Ekelstoffen ihr CO_2-Gehalt i. M. 0,15 Vol.-% erreicht hat (PETTENKOFER-Maßstab), ist aus ästhetischen Erwägungen dieser Wert für alle Aufenthaltsräume im Sinne der VDI-Lüftungsregeln maßgebend.

Der CO_2-Gehalt bleibt auch in Räumen ohne lüftungstechnische Anlagen selbst bei dichter Belegung i. allg. infolge der Ritzen- und Fugenlüftung und des gelegentlichen Türöffnens unter dem MAK-Wert und bei entsprechender zeitweiliger Fensterlüftung auch im Rahmen der ästhetischen Grenze.

Der *Anreicherung* der Raumluft mit ausgeatmetem *Kohlendioxid* steht im Rahmen des Gasstoffwechsels der Lunge eine entsprechende *Abnahme* des *Sauerstoffgehaltes* der Raumluft gegenüber. Hierbei bleibt aber die Zunahme des CO_2-Gehaltes der Raumluft aus physiologischen Gründen die entscheidende Komponente. Einem Raumluftgehalt von 0,5 Vol.-% CO_2 steht nämlich noch ein O_2-Gehalt von rd. 20,5 Vol.-% gegenüber. Da bis herab zu 16 Vol.-% O_2 keine Beeinträchtigung des Wohlbefindens nachweisbar ist, beruhen Klagen über „Atembeschwerden infolge Sauerstoffmangels" in schlecht gelüfteten Räumen auf einem weitverbreiteten Irrtum, der in diesem Zusammenhang beseitigt sein möge. Von wenigen Ausnahmen — z. B. Raumschiffen, U-Booten, Luftschutzräumen — abgesehen, sind Störungen des Wohlbefindens in unzureichend gelüfteten, dicht besetzten Aufenthaltsräumen primär auf *Entwärmungsstörungen*, also zu hohe Raumlufttemperatur oder zu hohe relative Raumluftfeuchte zurückzuführen, wozu sich später sekundär Beschwerden durch steigenden CO_2-Gehalt gesellen können, und zwar besonders beim Verlassen der Räume infolge des plötzlichen Überganges in eine praktisch CO_2-freie Atmosphäre (Entlastungsschock).

Größere Kohlensäuremengen können mit den Abgasen von Öl- und Petroleumöfen in die Raumluft gelangen, wenn der Anschluß an einen Schornstein unterbleibt. Bei „schornsteinlosen" *Ölöfen* würde, abgesehen von der Kohlensäure, so viel Schwefeldioxid (SO_2) in die Raumluft übergehen, daß Reizungen der Nasen- und Rachenschleimhäute auftreten. Ölöfen müssen daher als Feuerstätten[1] gelten und sollen grundsätzlich an einen Schornstein angeschlossen sein[2]. Bei *Petroleumöfen* bleibt der SO_2-Gehalt der Raumluft unterhalb des MAK-Wertes. Der CO_2-Gehalt der Raumluft kann den oben erwähnten MAK-Wert von 0,5 Vol.-% erreichen, wenn die Selbstlüftung des Raumes (vgl. S. 335) infolge Windstille und sehr dicht schließender Türen und Fenster unterbunden *und* der Aufstellungsraum des Ofens im Verhältnis zur Abgasmenge zu klein ist *und* der Petroleumofen viele Stunden hintereinander mit voller Leistung brennt. Es muß daher auf regelmäßige Lüftung solcher Räume geachtet werden. Die Verwendung schornsteinloser Petroleumöfen als allein vorhandene, dauernde Vollheizung während der ganzen Heizperiode ist hygienisch unbefriedigend, auch im Hinblick auf die unvermeidbare Geruchsentwicklung und den Wasserdampfanfall. Die Unfall- und Feuersgefahr ist relativ hoch.

---

[1] *Feuerstätte* im Sinne der Bauordnung ist jede Einrichtung, in der Brennstoffe in solcher Menge verbrannt werden, daß die dabei entstehenden *Verbrennungserzeugnisse* Feuersgefahr oder *Gesundheitsschädigungen hervorrufen können.*

[2] ROEDLER, F.: Hygienische Bedenken gegen schornsteinlose Heizöl- und Heizpetroleumöfen. Bundesgesundheitsbl. 2 (1959) 102/104.

3. Gewerbliche und industrielle Gase und Dämpfe

In gewerblichen Betrieben, insbesondere in der chemischen Industrie, entstehen beim Gewinnungs- oder Verarbeitungsprozeß häufig gesundheitsschädliche Gase und Dämpfe. Sie sollen grundsätzlich möglichst an der ***Entstehungsstelle*** durch Kapselung der Apparate und strömungstechnisch günstige ***Absaugevorrichtungen*** erfaßt und aus der Aufenthaltszone, insbesondere aus dem Atmungsbereich, ferngehalten werden[1]. In vielen Fällen gelingt dies nicht in ausreichendem Maße, so daß es Aufgabe der Raumlüftung ist — meist unter Abstimmung mit der Absaugungsanlage —, die in den Raum gelangenden schädlichen Gase so weit zu *verdünnen*, daß sie in der Aufenthaltszone der Beschäftigten eine bestimmte „Schadstoffkonzentration" nicht überschreiten. Die American Conference of Governmental Industrial Hygienists hat 1947 erstmals eine Zusammenstellung der „*M*aximum *A*llowable *C*oncentration", der „MAC"-Werte herausgegeben, die durch internationalen Erfahrungsaustausch laufend korrigiert und ergänzt wird. In Deutschland werden diese Werte als „*M*aximale *A*rbeitsplatz*k*onzentrationen" oder MAK-Werte bezeichnet. Sie geben die zulässige obere Grenze für die Schadstoffkonzentration bei täglich achtstündiger Arbeitszeit an. Tab. 1.06 ist ein Auszug aus der vom Bundesminister für Arbeit und Sozialordnung alljährlich herausgegebenen Liste über rd. 300 Schadstoffe[2].

Die für eine ausreichende Schadstoffverdünnung notwendige Luftmenge läßt sich nach der auf S. 330 abgeleiteten Gl. (7.02)

$$V = \frac{K}{k_i - k_a}\ [\mathrm{m^3/h}]$$

berechnen; sinngemäß ist hier
K der Schadstoffanfall [m³ Gas/h];
k_i der MAK-Wert [m³ Gas/m³ Luft];
k_a die eventuell vorhandene Schadstoffkonzentration der Zuluft [m³ Gas/m³ Luft].

Tabelle 1.06. *Maximale Arbeitsplatzkonzentrationen (MAK-Werte)*

Stoff	MAK-Wert $\frac{\text{cm}^3\text{ Stoff}}{\text{m}^3\text{ Luft}}$ [3]	MAK-Wert $\frac{\text{mg Stoff}}{\text{m}^3\text{ Luft}}$
1. Schädliche Gase		
Ammoniak	50	35
Arsenwasserstoff	0,05	0,2
Blausäure	10	11
Chlor	1	3
Chlorwasserstoff	5	7
Kohlen*monoxid*	50	55
Kohlen*dioxid*	5000	9000
Nitrose Gase (NO_2)	5	9
Ozon	0,1	0,2
Phosgen	0,1	0,4
Phosphorwasserstoff	0,1	0,15
Schwefeldioxid	5	13
Schwefelwasserstoff	10	15
Selenwasserstoff	0,05	0,2
2. Schädliche Lösungsmitteldämpfe		
Aceton	1000	2400
Äthyläther	400	1200
Äthylalkohol	1000	1900
Äthylchlorid	1000	2600
Anilin	5	19
Benzin	500	2000
Benzol	25	80
Chloroform	50	240
Methylalkohol (Methanol)	200	260
Methylchlorid	50	105
Methylenchlorid	500	1750
Schwefelkohlenstoff	20	60
Tetrachloräthan	1	7
Tetrachlorkohlenstoff	10	65
Trichloräthylen	100	520
3. Schädliche Staub-, Rauch- und Nebelarten		
Beryllium		0,002
Blei		0,2
Cadmiumoxid		0,1
Chromate		0,1
Mangan		5
Phosphor		0,1
Selen(verbindungen)		0,1
Quecksilberverbindungen (organ.)		0,01
Uranverbindungen, lösliche		0,05
Uranverbindungen, unlösliche		0,25

[1] Koch, H.: Lüftungs- und Absaugungsfragen im Betrieb, 4. Aufl. 1959. Verlag Bundesinstitut für Arbeitsschutz. — Industrial Ventilation. Committee on Industrial Ventilation. Michigan (USA) P. O. Box 453. — VDI 2051. Lüftung von Laboratorien (Sept. 1966).

[2] Bek. des BMA vom 31. 8. 1966. Arbeitsschutz 1966 Nr. 9, S. 229.

[3] 1000 cm³ Stoff je m³ Luft ≙ 1000 ppm (parts per million) ≙ 0,1 Vol.-% ≙ 1 Vol.-‰ bezogen auf 20 °C und 760 mm Hg.

Der Schadstoffanfall K ist häufig unbekannt. Er muß dann unter normalen Arbeits- und Witterungsbedingungen am Arbeitsplatz durch wiederholte sorgfältige Analysen bestimmt werden.

Beispiel. Ein Kocher verbraucht 0,5 m³/h Stadtgas; bei einwandfreier Verbrennung werden 0,5 m³ Kohlendioxid je m³ Stadtgas frei. Welche Raumlüftung ist erforderlich, um bei Dauerbetrieb den MAK-Wert für CO_2 nicht zu überschreiten?

$$K = 0{,}5 \cdot 0{,}5 = 0{,}25 \text{ m}^3\, CO_2/\text{h};$$

$$k_i \triangleq \text{MAK}_{CO_2} = 5000 \frac{\text{cm}^3\, CO_2}{\text{m}^3 \text{ Luft}} \triangleq 0{,}005 \frac{\text{m}^3\, CO_2}{\text{m}^3 \text{ Luft}} \triangleq 0{,}5 \text{ Vol.-\%};$$

$$k_a \triangleq k_{Raumluft} = 0{,}04 \text{ Vol.-\% } CO_2 = 0{,}0004 \frac{\text{m}^3\, CO_2}{\text{m}^3 \text{ Luft}};$$

$$V = \frac{0{,}25}{0{,}0050 - 0{,}0004} = 54{,}3 \text{ m}^3 \text{ Zuluft je Stunde};$$

bei einem Kochraum von z. B. 8 m² Grundfläche und 2,6 m Höhe erfordert dies einen Luftwechsel $n = \frac{54{,}3}{20{,}8} = 2{,}6 \text{ h}^{-1}$.

Da sich der MAK-Wert auf eine achtstündige tägliche Arbeitszeit bezieht, wird man bei kürzerem Aufenthalt in CO_2-haltiger Luft, z. B. in einer Haushaltküche, mit einem geringeren Luftwechsel, der gelegentlich maximal 1 Vol.-% CO_2 ergibt, auskommen können.

Um bei der Verwendung von Stadtgas und Erdgas für Heiz- und Kochzwecke Gesundheitsschäden zu vermeiden, müssen die verbindlichen „Technischen Vorschriften und Richtlinien für die Einrichtung und Unterhaltung von Niederdruckgasanlagen in Gebäuden und Grundstücken DVGW–TVR Gas“ gewissenhaft beachtet werden (4. Auflage 1962).

C. Krankheitserreger

Lüftungstechnische Anlagen ermöglichen und begünstigen die Zusammenfassung einer großen Zahl von Personen in einem gemeinsamen Aufenthaltsraum. Hierbei wird der durch die Lüftung erzielbaren Einsparung an umbautem Raum je Kopf in Rentabilitätsbetrachtungen oft ausschlaggebende Bedeutung beigemessen. Ferner wird durch geschickte Luftführung häufig eine Verminderung der lichten Raumhöhe erstrebt. In einem gemeinschaftlichen Luftraum werden also relativ viele Menschen meist unbekannten Gesundheitszustandes in geringem Abstand voneinander vereint, und es läßt sich die Möglichkeit einer gelegentlichen Ausbreitung von Krankheitserregern durch die planmäßige, mitunter auch etwas eigenwillige Luftströmung nicht ausschließen.

Es hat daher nicht an Bemühungen gefehlt, die Raumluft von Keimen zu befreien[1]. Dem Lüftungsingenieur liegt analog zur physikalischen Luftaufbereitung der Gedanke einer *chemischen Luftbehandlung* unmittelbar im Klimagerät (Abb. 7.14, S. 342), etwa durch Versprühen eines Desinfektionsmittels, besonders nahe. Es würde die Behandlung des Umluftanteiles genügen, wenn man davon ausgeht, daß der Außenluftanteil hinreichend keimfrei ist. Die z. Z. wirksamsten chemischen Stoffe, Aerosept und Triäthylenglykol (TAG) kommen jedoch für eine ständige Versprühung im Klimagerät oder im Zuluftkanal nicht in Betracht. Das gleiche gilt auch von anderen Sprühmitteln, selbst wenn sie sich zur gelegentlichen Desinfektion eines Kranken- oder Schulraumes gut eignen. Ozon, das bereits bei der Desodorierung erwähnt wurde (s. S. 32), ist auch als Desinfektionsmittel ungeeignet[2]; die aus dem Nasen-Rachen-Raum stammenden Bakterien- und Virusarten sind von einer organischen Schutzschicht und andere Keime von einem Staubmantel umhüllt, deren Durchdringung Ozonkonzentrationen erfordert, die weit über dem MAK-Wert liegen.

[1] Grün, L.: Zum Problem der Luftdesinfektion unter besonderer Berücksichtigung neuer physikalischer und chemischer Verfahren. Weichh. Erg. Hyg. 29 (1955) 623 u. W. F. Wells: Airborn contagion und air hygiene. Havard Univers. Press 1955 (Ausführliche Literaturangaben).

[2] Elfort, W. J., u. J. v. d. Enden: Untersuchungen über den Wert des Ozons als Luftdesinfektionsmittel. J. Hyg. 42 (1942) 240.

Für eine Raumluftdesinfektion auf *physikalischem Wege* käme eine Bestrahlung der Keime mit UV-Strahlen des Spektralbereiches 250 bis 270 nm (1 nm = 10^{-9} m) in Frage. Die Anordnung der UV-Strahler im Kanalnetz ist jedoch nicht so wirksam wie eine unmittelbare Anordnung im Raum, unabhängig von der Lüftungsanlage. Im Hinblick auf den erforderlichen Schutz der Rauminsassen vor Strahlenschäden sowie auf die Kosten ist der Anwendungsbereich auch in dieser Form eng begrenzt (Impfkapellen, pharmazeutische Laboratorien u. ä. m.).

Die UV-Luftdesinfektion kommt nur als *zusätzliches Abwehrmittel* in Betracht. Sie rechtfertigt weder eine Herabsetzung der Luftrate in Aufenthaltsräumen noch eine Verminderung der einschlägigen chemischen Desinfektionsmaßnahmen in Krankenräumen, Laboratorien u. ä.[1].

Elektronische Luftfilter, die mit Ionisier-Elektroden arbeiten und einen Luftdurchsatz von 500 bis 200000 m^3/h haben, halten angeblich Teilchen bis herab zu 0,001 μm zurück bei einem Abscheidegrad von 90% und mehr[2]. Obwohl der Nachweis bei dieser Teilchengröße praktisch kaum möglich sein dürfte, wird die Abscheidung von Rauch und einigen Virusarten behauptet.

Eine weitere Möglichkeit zur Keimverminderung bietet sich in der *mechanischen* Abscheidung durch Feinststaubfilter nach Art der Schwebstoffilter. Bei Verwendung feinster Kunststoffäden als Filtermedium[3] kann ihre Wirkung durch *elektrostatische* Aufladung so weit erhöht werden, daß von 10000 Keimen nur mehr 1 Keim passiert. Diesen Schwebstoffiltern sind zur Entlastung und Schonung Vorfilter vorzuschalten, so daß die Aufwendungen für eine allgemeine Anwendung im Rahmen der Klimatechnik z. Z. noch hoch erscheinen.

Obwohl die Bemühungen um ein mit der Lüftungsanlage unmittelbar gekoppeltes, wirtschaftliches Verfahren zur Entkeimung von Umluft bisher wenig Erfolg hatten, bietet die eingangs erwähnte Möglichkeit einer gelegentlichen Keimverbreitung durch das Strömungsfeld der Raumluft noch keinen Grund zur Resignation. Die Ansteckungsgefahr durch unmittelbare Keimübertragung von Mensch zu Mensch (Tröpfcheninfektion beim Husten, Niesen, Sprechen) ist nicht nur in solchen Arbeits- und Versammlungsräumen ungleich größer, sondern auch im übrigen täglichen Leben, z. B. bei der Benutzung öffentlicher Verkehrsmittel. Solange sich diese banalen Infektionsmöglichkeiten nicht verhindern lassen, wird man der Desinfektion der Lüftungsluft nur in Sonderfällen (Operationssäle, Laboratorien mit sterilem Arbeitsgut u. ä.) erhebliche Bedeutung beimessen können.

VI. Die Verunreinigungen der Außenluft durch Heizungsanlagen

Um den berechtigten Forderungen der Städte- und Siedlungshygiene nach Reinhaltung der Außenluft nachzukommen, muß eine Bewertung der Heizsysteme auch die Menge und die Art der Außenluftverunreinigungen durch gas- und staubförmige *Schornsteinemissionen* einbeziehen.

In dieser Hinsicht ist die elektrische Energie am Ort des Verbrauches durch ihre rückstandslose Umwandlung in Wärme am günstigsten. Am Ort der Stromerzeugung, in den Kraftwerken, fallen allerdings erhebliche Mengen fester und gasförmiger Rückstände an. Der Anfall ist aber in einem Kraftwerk infolge fachmännischer Wartung und rationeller Feuerführung bedeutend geringer als bei einer wärmeäquivalenten Anzahl vieler Hausbrandfeuerstellen inmitten des besiedelten Gebietes. Außerdem können Schornsteinemissionen beim Kraftwerk durch bauliche Maßnahmen (Filterung, Absorption, Adsorption) eingeschränkt und durch eine den meteorologischen Bedingungen angepaßte Standortwahl und richtig bemessene Schornsteinhöhe so in die freie Atmosphäre geleitet werden, daß die Belästigung durch *Immissionen*, d. h. durch Schadstoffanfall im benachbarten Siedlungsraum, ungleich kleiner ist, als wenn das gleiche Versorgungsgebiet auf Hausbrand-Einzelfeuerstätten für feste oder flüssige Brennstoffe angewiesen wäre. Die Brand- und Unfallgefahr läßt sich bei ortsfesten Elektroöfen weitgehend ausschließen.

Gas hat als Heizenergie durch zunehmende Förderung und Verteilung von Erdgas stark an Bedeutung gewonnen. Ebenso wie bei der elektrischen Heizung entfällt im Vergleich mit den

[1] Liese, W.: Luftdesinfektion vom Standpunkt der Lüftungstechnik. Gesundh.-Ing. 79 (1958) 289/296.

[2] Schlee, G.: Das elektronische Feinluftfilter in Zellenform. Heizg.-Lüftg.-Haustechn. 6 (1955) 97/98.

[3] Landt, E.: Physikalische Betrachtungen zum Faserfilter. Gesundh.-Ing. 77 (1956) 139/145. (Ausführliche Literaturangaben.)

festen Brennstoffen die Staubentwicklung beim Transport und Abladen des Brennstoffes und bei der Beseitigung der Asche. Die Verunreinigung der Außenluft durch Schwefeldioxid (SO_2) ist sowohl am Ort der Erzeugung — bei den heute eingeführten Herstellungsmethoden — als auch am Ort des Verbrauches unerheblich. Wenn das Erdgas nicht explosibel und wenn es nicht durch Mischen mit kohlenoxidhaltigem Stadtgas giftig wäre, könnten seine guten heiztechnischen Eigenschaften vorbehaltlos zur Geltung kommen. Obwohl also bei der Gasheizung praktisch keine gesundheitsschädlichen Schornsteinemissionen in Rechnung zu stellen sind, wird man aus dem Blickwinkel der Städtehygiene der zentralisierten Gas-Wärmeerzeugung in Fernheizwerken mit einem Warmwasser-Fernheiznetz gegenüber einem weit verästelten bis in die Wohn- und Schlafräume führenden Gasversorgungsnetz und einer großen Anzahl von Gasfeuerstätten den Vorzug geben müssen.

Bei der Heizung mit flüssigen und festen Brennstoffen gewinnt die Fernwärmeversorgung mit Warmwasser, Heißwasser oder Dampf in Form der Stadtheizung besondere Bedeutung für die Reinhaltung der Außenluft. Will man sich ein Bild über den Anteil der Schornsteinemissionen bei verschiedenen Heizungs- bzw. Brennstoffarten machen, genügt es nicht, von den theoretischen Verbrennungsgleichungen auszugehen. Die Betriebsverhältnisse in der Praxis haben ausschlaggebende Bedeutung. Hierbei sind vor allem von Einfluß: Ofen- bzw. Kesselbauart, die Belastung und Art der Bedienung (automatisch, von Hand durch gelernte Kräfte oder durch Laien), Brennstoffart und -qualität. Gerade beim Hausbrand und bei Kleingewerbefeuerung läuft die Verbrennung aus Unkenntnis oder Nachlässigkeit häufig unvollkommen ab, oder es werden ungeeignete Brennstoffe verheizt, so daß neben Flugasche und Schwefeldioxid auch Flugkoks, Ruß, Teerbestandteile u. a. Kohlenwasserstoffe emittiert werden. Der SO_2-Auswurf des Hausbrandes in der Bundesrepublik im Jahre 1962 wird auf rd. 700000 t geschätzt, das sind bereits rd. 21% der Emissionen aller Feuerungsanlagen.

Einen Anhalt über das Ausmaß der Außenluftverunreinigung bei verschiedenen Brennstoffarten ergibt u. a. eine Auswertung von Untersuchungen in einem größeren Siedlungsglände mit 847 Wohneinheiten und einem Wärmebedarf von insgesamt 9,1 Gcal/h für Heizung und Warmwasserbereitung[1]. Nimmt man die Schwefeldioxidemission als hygienisches Kriterium für die Außenluftverunreinigung und bezieht die Emission jeweils auf eine Wärmeleistung von 10000 kcal/h, erhält man folgendes Bild (Tab. 1.07).

Tabelle 1.07. *SO_2-Auswurf einer Siedlung[1] in g, bezogen auf eine Wärmeleistung von 10000* kcal/h

Zentralheizungskessel		Einzelfeuerstätten		Stadtgas	Erdgas
Heizöl EL	Steinkohle Koks usw.	Heizöl EL	Steinkohle Koks usw.		
26,7	37,4	28,2	40	1	0,01

Die emittierten Schwefeloxide und Feinststäube, insbesondere Ruß, können im Verein mit Inversionswetterlagen leicht zur Bildung von Smog (Smoke + Fog) führen, der die Gesundheit beeinträchtigt oder schädigt. Um der zunehmenden Außenluftverunreinigung durch Schornsteinemissionen entgegenzutreten, sind in der Technischen Anleitung zur Reinhaltung der Luft[2] maximale Immissionskonzentrationen (MIK-Werte) festgelegt worden. Beim Schwefeldioxid (SO_2) beispielsweise beträgt der zulässige Dauerwert 0,4 mg/m^3 Luft und der Kurzzeitwert (1 × $^1/_2$ Std. innerhalb von 2 Std.) 0,75 mg/m^3 Luft. Aus städtehygienischen Gründen gilt aber gerade im Hinblick auf Ballungsgebiete die Erkenntnis, daß von der ersten Bauleitplanung bis zum Betrieb von Heizungsanlagen alle technischen Möglichkeiten zur Emissionsbegrenzung ohne Rücksicht auf die Immissionslage ausgeschöpft werden müssen mit dem Ziel, die Außenluft so rein wie unter zumutbarem technischem und wirtschaftlichem Aufwand möglich zu halten und nicht so unrein wie noch zulässig.

[1] Gilbert, T.: Die Luftverunreinigung in einer Siedlung bei zentraler Fernwärmeversorgung und bei Versorgung mit Einzelfeuerstätten. Heizg.-Lüftg.-Haustechn. 15 (1964) 313/319.

[2] Allgemeine Verwaltungsvorschriften über genehmigungsbedürftige Anlagen nach § 16 der Gewerbeordnung vom 8. September 1964. Gemeins. MinBl. Nr. 26, S. 433. Einzelheiten werden laufend in den einschlägigen VDI-Richtlinien (Handbuch „Reinhaltung der Luft") behandelt.

Zweiter Abschnitt

Meteorologisch-klimatische Grundlagen

I. Allgemeines

Schon aus der Aufgabenstellung der Heiz- und Klimatechnik — in geschlossenen Räumen sind bestimmte Temperaturen und Luftzustände unabhängig von äußeren Einflüssen zu schaffen — ergibt sich ein enger Zusammenhang zwischen der Leistung einer heiz- und klimatechnischen Anlage und den örtlichen Wetter- bzw. Klimaverhältnissen. Die Extremwerte des Klimas bestimmen die Größe der Anlage, die mittleren Verhältnisse den normalen Belastungsbereich. Der Heizungs- und Klimaingenieur muß also mit den wichtigsten Grundlagen der Klimakunde vertraut sein, wenn er Anlagen erstellen will, die den jeweiligen gesundheitlichen und technischen Anforderungen mit wirtschaftlich vertretbarem Gesamtaufwand genügen.

Wir wollen zunächst die beiden Begriffe Wetter und Klima voneinander abgrenzen.

A. Wetter und Klima

Wir verstehen unter Wetter oder Witterung den jeweiligen Zustand der äußeren Atmosphäre, wie er durch das Zusammenwirken der am Orte gerade herrschenden meteorologischen Elemente, d. h. von Luftdruck, Temperatur, Feuchte, Wind, Sonnenstrahlung, Bewölkung und Niederschlägen, gegeben ist. Wir sprechen also vom Wetter eines bestimmten Tages oder vom Wetter oder der Witterung der letzten Woche oder des vergangenen Monats.

Mit Klima dagegen bezeichnen wir das durchschnittliche Verhalten der Witterung, das sich für einen Ort oder ein Gebiet und für bestimmte Zeitabschnitte des Jahres aus jahrzehntelangen Beobachtungen ergibt. So wissen wir aus der Klimaforschung, daß in Deutschland der Januar der durchschnittlich kälteste und der Juli der durchschnittlich wärmste Monat des Jahres ist. In diesem Sinne kann von einem Januar- oder Juliklima gesprochen werden.

Die in der Wetterkunde als meteorologische Elemente bezeichneten Beobachtungsgrößen, wie Luftdruck, Temperatur, Feuchte usw., werden in der Klimakunde Klimaelemente genannt. Diese werden in hohem Grade beeinflußt von den sog. Klimafaktoren, wie der geographischen Breite, Küstenlage oder Binnenlage, Höhe über dem Meeresspiegel usw.

B. Die für die Heizung, Lüftung und Klimatisierung wichtigen Wetter- und Klimaelemente

Aus dieser Unterscheidung zwischen Wetter und Klima folgt, daß für den Betrieb von Heizungs-, Lüftungs- und Klimaanlagen, dem die Anpassung an die jeweiligen Witterungszustände obliegt, die meteorologischen Elemente maßgebend sind. Dagegen müssen für die Berechnung und den Entwurf der Anlagen, wenn diese auch den Extremwerten gerecht werden sollen, die klimatischen Elemente zugrunde gelegt werden.

Bei Berücksichtigung der Außenluftzustände ist eine wesentliche Vereinfachung dadurch gegeben, daß von der Gesamtheit der Wetter- oder Klimaelemente bei den Aufgaben der Heiztechnik im wesentlichen die Lufttemperatur und der Wind, bei denjenigen der Lüftungs- und Klimatechnik vor allem die Lufttemperatur und die Luftfeuchte in Rechnung zu stellen sind.

Die Wirkung der Sonnenstrahlung auf die Gebäude kann bei der Bemessung der heiztechnischen Anlagen unter unseren Breitengraden vernachlässigt werden. Bei Lüftungs- und Klimaanlagen, die zur Raumkühlung im Sommer dienen sollen, muß sie jedoch wegen ihres Einflusses auf die Kühllast besonders ermittelt werden.

Wir beschränken uns daher auf die Besprechung der genannten Elemente und berücksichtigen dabei bevorzugt die Verhältnisse in Mitteleuropa.

II. Die Temperatur der Außenluft

A. Lufttemperatur und Sonnenstrahlung

Die Temperatur der Außenluft ist im wesentlichen eine Folgeerscheinung der durch die Sonnenstrahlung bewirkten Erwärmung der Erdoberfläche, die ihrerseits durch Leitung und Konvektion die darüberliegenden Luftschichten aufwärmt. Sie verändert sich daher im gleichen Sinne, wie die von der Sonne zur Erde gehende Strahlung selbst, sei es durch die im Laufe des Tages oder des Jahres wechselnde Höhe des Sonnenstandes, sei es durch die größere oder geringere Absorption der Sonnenstrahlung beim Durchgang durch die Atmosphäre. Der Absorptionsanteil hängt ab vom Grade der Bewölkung, aber auch vom Gehalt der Luft an Staub und unsichtbarem Wasserdampf. Deshalb steigt am Tage die Lufttemperatur bei klarem Himmel und trockener Luft stärker an als bei bedecktem Himmel. Gleiches gilt aber auch für die Wärmeausstrahlung von der Erdoberfläche in den Weltraum; sie wird durch eine Wolkendecke aufgehalten, ja teilweise reflektiert, so daß bei bedecktem Himmel die Temperaturabsenkung über Nacht kleiner ist als bei klarem Wetter.

Der im Tages- und Jahresablauf periodisch sich ändernden Höhe des Sonnenstandes entspricht eine deutliche Periode im täglichen wie auch im jährlichen Gang der Lufttemperatur, worauf noch einzugehen sein wird.

B. Bestimmung der Lufttemperatur

Bei der Messung der Lufttemperatur ist darauf zu achten, daß die Anzeige des Thermometers weder durch Wärmezustrahlung noch durch Abstrahlung an kältere Umgebungsflächen beeinflußt wird. Das Thermometer ist daher vor Sonnenstrahlung wie auch vor Strahlungswirkungen aus der nächsten Umgebung (Hauswände, Fensterscheiben, Erdboden, Versuchspersonen) zu schützen. Zur Messung der Lufttemperatur gut geeignet ist beispielsweise das trockene Thermometer des für Feuchtemessungen benutzten Assmannschen Psychrometers, bei dem die Luft zwangsläufig an den mit Strahlungsschutz versehenen beiden Thermometern vorbeigeführt wird.

Als zeitliche Werte der Außenlufttemperatur interessieren in der Wetter- und Klimakunde die folgenden:

a) die mittlere Tagestemperatur,
b) die höchste und die tiefste Tagestemperatur,
c) die mittlere Monatstemperatur,
d) die mittlere Jahrestemperatur,
e) die höchste und die tiefste Jahrestemperatur.

Erläuterungen. Zu a) Die mittlere Tagestemperatur ergäbe sich am genauesten aus stündlichen Ablesungen der Lufttemperatur oder den Aufzeichnungen eines Temperaturschreibers. Beide Methoden sind aber für die Mehrzahl der meteorologischen Stationen zu umständlich und kostspielig. Man bestimmt gewöhnlich die mittlere Tagestemperatur aus drei, um 7 Uhr, 14 Uhr, 21 Uhr, angestellten Beobachtungen nach folgender Erfahrungsformel:

$$t_m = \frac{t_7 + t_{14} + 2t_{21}}{4}.$$

Die so erhaltenen Tagesmittelwerte weichen von den genauen Werten meistens nur um Bruchteile eines Grades ab und ergeben bei Mittelbildung über einen Monat Fehler von höchstens 0,1 bis 0,2 °C.

Zu b) Die höchste und die tiefste Tagestemperatur werden mit einem Maximum-Minimum-Thermometersatz bestimmt. Die Differenz zwischen diesen Extremwerten heißt Tagesschwankung der Temperatur.

Zu c) und d) Die mittlere Monatstemperatur ergibt sich als Mittelwert der mittleren Tagestemperaturen des betreffenden Monats und die mittlere Jahrestemperatur als Mittelwert der mittleren Monatstemperaturen des betreffenden Jahres.

Zu e) Die höchste und die tiefste Jahrestemperatur sind aus den Aufzeichnungen über die Extremwerte der Tagestemperaturen zu entnehmen. Die Differenz zwischen höchster und tiefster Jahrestemperatur wird Jahresschwankung der Temperatur genannt.

Außer den vorstehend genannten Zeitwerten der Lufttemperatur werden für Klimatabellen häufig noch fünftägige Mittel der Lufttemperatur gebildet.

Für klimatische Untersuchungen und für Zwecke des Klimavergleichs verschiedener Orte sind die zeitlichen Mittelwerte der Temperatur über längere Zeiträume erforderlich. Zum Beispiel liegt den in der Klimakunde des Deutschen Reiches[1] veröffentlichten Mittelwerten eine Zeitspanne von 50 Jahren (1881 bis 1930) zugrunde.

C. Der Tagesgang der Lufttemperatur

Trägt man für einen Beobachtungstag, der keine stärkeren Temperaturstörungen infolge von Witterungsänderungen aufweist, die stündlich gemessenen Temperaturwerte abhängig von der Tageszeit auf, so erhält man eine wellenförmige Kurve, den Tagesgang der Temperatur. Das Minimum der Lufttemperatur wird etwa mit dem Sonnenaufgang, im Jahresablauf also zu verschiedenen Zeiten, erreicht. Das Maximum dagegen tritt ziemlich regelmäßig 2 bis 4 Stunden nach Mittag ein. Der Zeitunterschied zwischen beiden beträgt im Januar etwa 6 Stunden und im Juli etwa 10 Stunden.

Der beschriebene tägliche Temperaturverlauf wird durch die Kurven der Abb. 2.01 und Abb. 2.02 veranschaulicht, die nach stündlichen Beobachtungen der Lufttemperatur in Potsdam[2] aufgezeichnet sind.

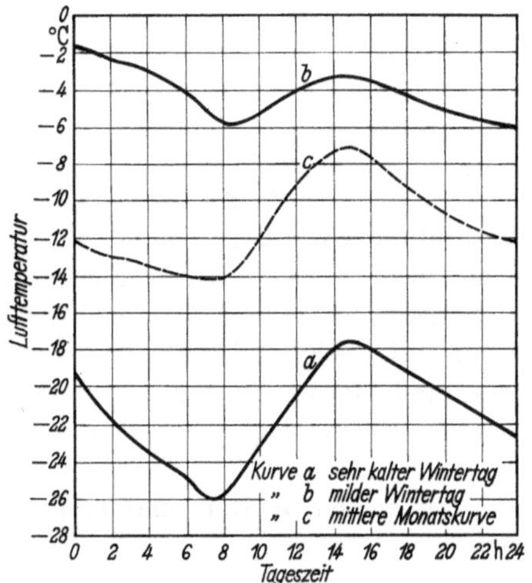

Abb. 2.01. Tagesgang der Lufttemperatur in Potsdam (Winter).

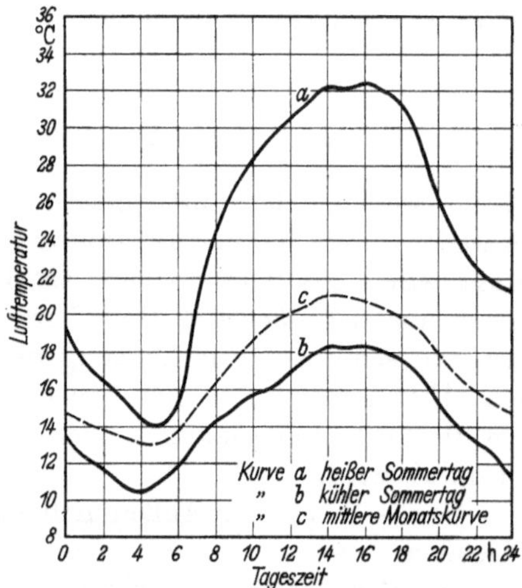

Abb. 2.02. Tagesgang der Lufttemperatur in Potsdam (Sommer).

Abb. 2.01 enthält Tageskurven aus dem sehr kalten Monat Februar 1929, Abb. 2.02 solche aus einem Sommermonat, dem Juli 1930. Darin entspricht:

Abb. 2.01.
- Kurve *a* (10. Februar) einem sehr kalten Wintertag mit klarem Himmel,
- Kurve *b* (24. Februar) einem milden Wintertag mit bedecktem Himmel,
- Kurve *c* (Monatsmittel) dem mittleren Tagesgang im Februar 1929;

Abb. 2.02.
- Kurve *a* (3. Juli) einem sehr heißen Sommertag mit geringer Bewölkung,
- Kurve *b* (10. Juli) einem kühlen Sommertag mit starker Bewölkung,
- Kurve *c* (Monatsmittel) dem mittleren Tagesgang im Juli 1930.

Die Abbildungen zeigen deutlich den Unterschied im Temperaturgang bei klarem und trübem Wetter. Starke Bewölkung wirkt als Schutz gegen die Ein- und Ausstrahlung von

---

[1] Klimakunde des Deutschen Reiches Bd. II/Tabellen, veröffentlicht vom Reichsamt für Wetterdienst. Berlin: Dietrich Reimer 1939.

[2] Ergebnisse der meteorologischen Beobachtungen in Potsdam. Jahreshefte, herausgegeben von R. Süring. Berlin: Springer.

Wärme; die Temperaturkurven verlaufen dabei viel flacher als an klaren Tagen. Dem entsprechen auch die Temperaturunterschiede zwischen dem Morgenminimum und Nachmittagsmaximum in nebenstehender Übersicht.

Tag . . . . . . Wetter.	24. Febr. trübe	10. Febr. klar	10. Juli trübe	3. Juli klar
Maximum . . .	−3,3 °C	−17,5 °C	18,3 °C	32,4 °C
Minimum . . .	−5,8 °C	−25,9 °C	10,4 °C	14,1 °C
Unterschied	2,5 grd	8,4 grd	7,9 grd	18,3 grd

Der normale tägliche Temperaturgang kann durch rasch verlaufende Witterungsänderungen verwischt oder abgeändert werden. Daß solche Störungen aber nicht zu oft vorkommen, zeigen die in den Abb. 2.01 und 2.02 enthaltenen Monatsmittelkurven, die vollkommen dem normalen Kurvencharakter entsprechen.

D. Der Jahresgang der Lufttemperatur und seine Abhängigkeit von den Klimafaktoren

Aus den mittleren Tagestemperaturen der einzelnen Monate erhält man durch Mittelwertbildung die mittleren Monatstemperaturen. Letztere, in Abhängigkeit von der Zeit aufgetragen, ergeben den Jahresgang der Lufttemperatur.

Die Jahreskurve hat wegen der zu- und abnehmenden Wirkung der Sonnenstrahlung ebenso einen gesetzmäßigen Verlauf wie die Tageskurve; sie besitzt eine ausgesprochene jährliche Periode und hat in unserem Gebiet ihr Minimum meist im Januar, ihr Maximum meist im Juli,

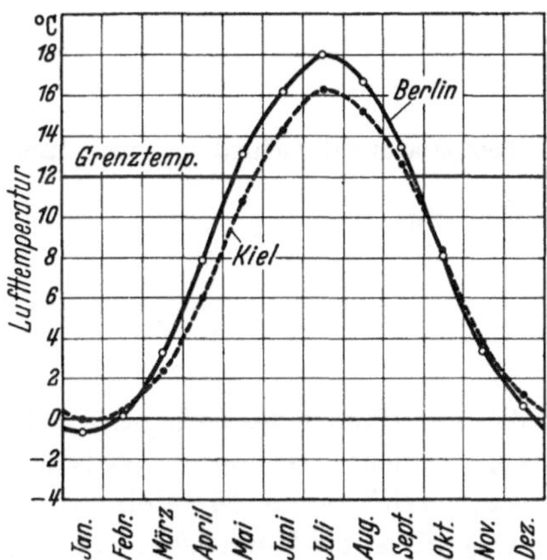

Abb. 2.03. Jahresgang der Lufttemperatur in Berlin und Kiel.

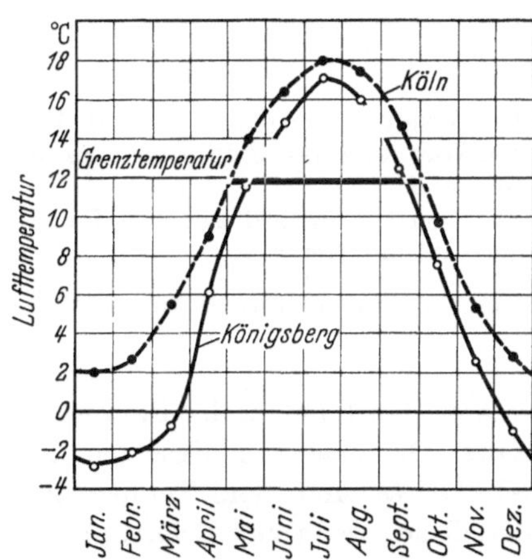

Abb. 2.04. Jahresgang der Lufttemperatur in Königsberg und Köln

Dies ist aus der Abb. 2.03 ersichtlich, in der die Jahreskurven für Berlin und Kiel (Binnenlage und Küstenlage), bezogen auf die Jahre 1881 bis 1930 nach der Klimakunde des Deutschen Reiches, dargestellt sind. Durchschnittlich ist also der Januar der kälteste und der Juli der wärmste Monat des Jahres, wenn auch bei Einzeljahren Abweichungen von diesem Klimagesetz vorkommen, wie z. B. in dem kalten Winter 1928/29, in dem die mittlere Temperatur im Februar erheblich tiefer lag als im Januar.

Hinsichtlich des Einflusses der Klimafaktoren auf die Jahreskurve der Lufttemperatur ist folgendes von Wichtigkeit. Bei Orten mit Küstenlage verläuft die Jahreskurve flacher als bei Binnenorten (vgl. Abb. 2.03), weil sich das Meer langsamer erwärmt und wieder abkühlt als das Festland. Die mittlere Jahresschwankung der Temperatur, d. h. der Unterschied zwischen mittlerer Juli- und Januartemperatur, beträgt daher in Kiel nur 16,3 °C gegenüber 18,6 °C in Berlin. Legt man für Beginn und Ende der Heizperiode eine Außentemperatur von 12 °C zugrunde, die Heizgrenze, so ergibt sich nach Abb. 2.03, daß der Heizwinter für Küstenorte länger als für Binnenorte dauert. Er umfaßt in Berlin 226 und in Kiel 248 Heiztage.

Als Klimafaktor für Orte in Deutschland ist ferner die mehr östliche oder mehr westliche Lage der Orte von Bedeutung; denn Ostdeutschland steht bereits unter dem Einfluß des osteuropäischen Kontinentalklimas, während Westdeutschland klimatisch schon vom Atlantischen Ozean her beeinflußt wird. Dieser Klimaunterschied macht sich besonders im Winter bemerkbar. Als Beispiel dafür sind in Abb. 2.04 die Jahreskurven der Lufttemperatur von Königsberg und Köln dargestellt. Königsberg hat nicht nur die größere Winterkälte, sondern auch eine um etwa einen Monat längere Heizperiode als Köln, bezogen auf eine Grenztemperatur von 12 °C. Die Jahresschwankung der Lufttemperatur beträgt in Königsberg 19,9 grd, in Köln nur 16,0 grd.

Als weiterer Klimafaktor ist noch die Höhenlage eines Ortes zu berücksichtigen. Die Abnahme der Lufttemperatur mit der Höhe beträgt je 100 m Erhebung etwa 0,5 °C. Sie bedingt bei hochgelegenen Orten tiefere Temperaturen und damit eine längere Heizzeit als bei Orten des gleichen Klimagebietes im Flachland.

E. Die Heizgradtage als heiztechnische Folgerung aus dem Jahresgang der Lufttemperatur

Wie wir im vorhergehenden Abschnitt gesehen haben, kennzeichnen die auf einen längeren Zeitraum bezogenen Jahreskurven der Lufttemperatur den Klimacharakter der zugehörigen Orte. Sie kennzeichnen damit zugleich die Anforderungen, die das Klima an die Beheizung der Gebäude in den betreffenden Orten stellt; denn aus den Jahreskurven kann sowohl der Unterschied zwischen der Innentemperatur und mittleren Außentemperatur als auch die Zahl der erforderlichen Heiztage abgeleitet werden. Von diesen beiden Größen ist der Wärmebedarf eines Gebäudes während der Heizzeit abhängig.

Bezeichnet

Q den Gesamtwärmebedarf während der Heizzeit,
q den Wärmeverbrauch des Gebäudes je Tag und je Grad Temperaturunterschied zwischen Innen- und Außenluft,
$t_i - t_{am}$ den Unterschied zwischen Innen- und mittlerer Außentemperatur,
Z die Zahl der Heiztage,

so ist der Wärmeverbrauch für Z Heiztage:

$$Q = q(t_i - t_{am})\,Z. \tag{2.01}$$

In dieser Gleichung ist der Beiwert q eine von der Größe und Bauart des Gebäudes abhängige Konstante. Die nach den Gesetzen des Wärmedurchganges lineare Beziehung zwischen dem Wärmebedarf Q und dem Temperaturunterschied $t_i - t_{am}$ trifft auch für den praktischen Heizbetrieb zu, wenn zur Ermittlung dieser Größen genügend lange Heizabschnitte zugrunde gelegt werden, s. zwölfter Abschnitt im zweiten Band. Schon bei der Dauer eines Monats sind die Einflüsse ungewöhnlicher Witterungszustände auf den durch die mittlere Außentemperatur bedingten Wärmebedarf kaum noch bemerkbar. Nur in den Frühlingsmonaten tritt die Wirkung der erhöhten Sonnenstrahlung stärker hervor.

Für das in Gl. (2.01) enthaltene Produkt $(t_i - t_{am})\,Z$ hat sich die zuerst in den USA gebrauchte Bezeichnung „Gradtage" eingeführt. Wird für diese Gt geschrieben, so ist:

$$Gt = (t_i - t_{am})\,Z. \tag{2.02}$$

Für gleiche, auf dieselbe Innentemperatur beheizte Gebäude an zwei verschiedenen Orten gilt dann nach den Gln. (2.01) und (2.02):

$$\frac{Q_1}{Q_2} = \frac{(t_i - t_{am})_1\,Z_1}{(t_i - t_{am})_2\,Z_2} = \frac{Gt_1}{Gt_2}, \tag{2.03}$$

d. h., die erforderlichen Wärmemengen an beiden Orten verhalten sich wie die zugehörigen Gradtage.

Bei der Gradtagermittlung hat man zu unterscheiden zwischen meteorologischen und klimatischen Gradtagen. Erstere beziehen sich auf den durch die Witterungszustände bedingten Gang der Außentemperatur in einer bestimmten Heizzeit, letztere auf den durchschnittlichen Gang der Außentemperatur, wie er durch die im vorhergehenden Abschnitt besprochenen klimatischen Jahreskurven der Lufttemperatur gegeben ist. Die meteorologischen Gradtage sind für Betriebsuntersuchungen erforderlich. Die klimatischen Gradtage, für verschiedene Orte berechnet, bilden wertvolle Vergleichszahlen für den durch die Klimafaktoren verursachten verschiedenen Heizwärmebedarf dieser Orte. Für Deutschland sind heiztechnische Klimakarten entworfen worden, die der angenäherten Ermittlung der klimatischen Gradtage eines beliebigen Ortes dienen[1].

Die Ermittlung der Gradtage für einen bestimmten Ort aus der Jahreskurve der Lufttemperatur wird durch Abb. 2.05 erläutert. Darin sind außer der Temperaturkurve die gebräuchliche Grenztemperatur $t_g = 12$ °C für Anfang und Ende der Heizperiode und die normale Raumtemperatur von 19 °C eingezeichnet. Die Zahl der Gradtage Gt ist identisch dem Inhalt der schraffierten Fläche $(F_1 + F_2)$, die unten von der Temperaturkurve, oben von der Innentemperaturlinie und seitlich von der Anfangs- und Endordinate der Heizzeit begrenzt wird.

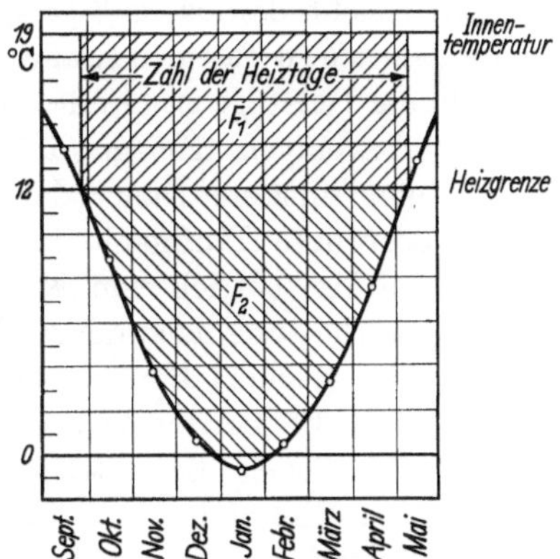

Abb. 2.05. Flächenaufteilung zur Bestimmung der Heizgradtage.

Wird in Gl. (2.02) die Grenztemperatur $t_g = 12$ °C eingeführt, so erhält sie die Form:

$$Gt = Z(19 - 12) + Z(12 - t_{am}). \qquad (2.04)$$

Das Rechteck F_1 über der Grenztemperatur entspricht dem ersten Summanden, die Fläche F_2 unter der Grenztemperatur dem zweiten Summanden der Gl. (2.04). F_1 ist durch einfache Abmessung, F_2 durch Planimetrierung oder Teilflächenzerlegung zu ermitteln. Der F_2 entsprechende Zahlenwert wird auch als Wärmebedarfszahl bezeichnet.

Zahlentafel A 11 im Anhang des zweiten Bandes enthält für 42 Orte die für die Heiztechnik wichtigsten klimatischen Zahlenwerte.

F. Geordnete Häufigkeitslinie der Tagesmitteltemperaturen

Kurven über den normalen Jahresgang der Lufttemperatur, wie sie die Abb. 2.03 und 2.04 zeigen, geben keinen Aufschluß über die im einzelnen Winter auftretenden Außentemperaturen und damit auch nicht über die wirkliche Belastung einer Heizanlage. Bei der Mittelung der

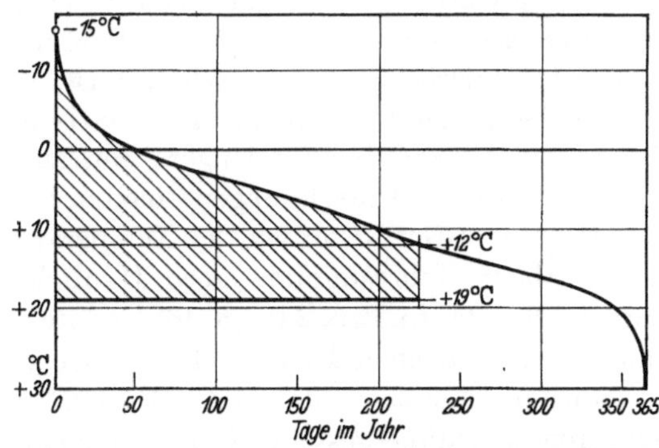

Abb. 2.06. Geordnete Häufigkeitslinie der Außentemperaturen für Berlin (Mittlere Summenhäufigkeit).

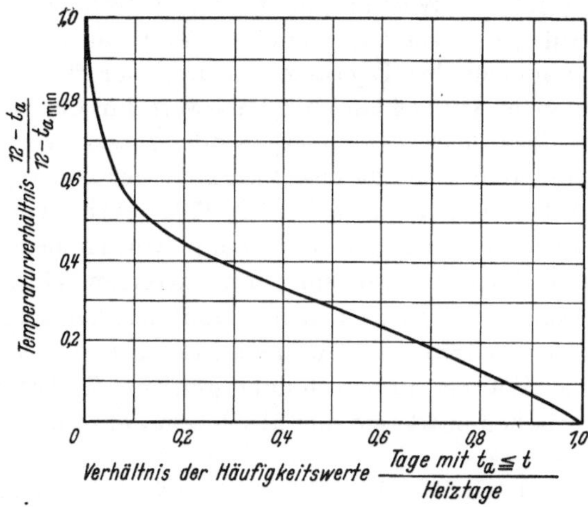

Abb. 2.07. Relative Häufigkeitslinie der Außentemperaturen.

[1] Cammerer, J. S., u. H. Krause: Grundlagen für wirtschaftlichen Wärmeschutz. Arch. Wärmew. 56 (1933) 117/120. — Raiss, W.: Der Einfluß des Klimas auf den Heizwärmebedarf in Deutschland. Gesundh.-Ing. 56 (1933) 397/403.

Temperaturen für die einzelnen Monate oder Kalendertage fallen nämlich die niedrigen Werte, die zu ganz verschiedenen Zeiten auftreten können, heraus.

Ordnet man die während vieler Jahre beobachteten Tagesmitteltemperaturen nach ihrer Höhe und stellt fest, wie oft bestimmte Stufenwerte unterschritten wurden, so erhält man für den mittleren Winter eine Häufigkeitslinie der Außenlufttemperaturen nach Abb. 2.06 (Summenhäufigkeit).

Man ersieht daraus, daß beispielsweise in Berlin eine Tagesmitteltemperatur unter 0°C nur an weniger als 50 Tagen im Jahr zu erwarten ist. Temperaturen unter −10°C sind selten. Auch die Zahl der Heiztage ist unmittelbar aus diesem Bild zu entnehmen; sie ergibt sich als Abszissenwert zur jeweiligen „Heizgrenze", s. S. 43. Für Berlin entnimmt man bei einer Heizgrenze von +12°C eine mittlere Dauer der Heizzeit von 226 Tagen.

Die geordnete Häufigkeitslinie der Tagestemperaturen ist für viele Überlegungen und Berechnungen im Heizbetrieb von Nutzen. So regelt man bekanntlich die Vorlauftemperatur einer Warmwasserheizung nach der Außentemperatur ein. Mit Hilfe der Häufigkeitslinie läßt sich dann angeben, in welchem Bereich die Heizwassertemperaturen unter mittleren Winterverhältnissen liegen, wenn die Betriebskennlinie bekannt ist, s. zwölfter Abschnitt im zweiten Band.

Zur Zeit liegen die mittleren Summenhäufigkeiten der Außentemperatur nur für einige Orte vor, s. Bildtafeln 2 u. 3 im zweiten Band.

Man kann für einen beliebigen Ort die Häufigkeitslinie näherungsweise ermitteln, wenn die Zahl der Heiztage und die Gradtagzahl bekannt sind. Die Endpunkte der Häufigkeitslinie sind festgelegt, einmal durch das aus der Klimakarte von DIN 4701 zu entnehmende Temperaturminimum, zum anderen durch die zu einer bestimmten Heizgrenze gehörende Zahl der Heiztage. Berücksichtigt man noch, daß die in Abb. 2.06 geschraffte Fläche der Gradtagzahl entsprechen muß, so sind größere Abweichungen gegenüber einer aus langjährigen meteorologischen Beobachtungen entwickelten Häufigkeitslinie nicht zu erwarten.

Die in Abb. 2.07 dargestellte „Relative Häufigkeitslinie" kann dabei als Anhalt für den Kurvenverlauf dienen. Sie fußt darauf, daß bei Einführung von Verhältnisgrößen die Häufigkeitslinien größerer zusammenhängender Gebiete, wie z. B. Mitteleuropa, ähnlichen Charakter aufweisen[1].

G. Mittlere Jahresextreme der Lufttemperatur

Bei der Dimensionierung einer Heizanlage muß bekannt sein, für welche tiefste Außentemperatur die Vollerwärmung eines Gebäudes zu garantieren ist. Man geht dabei nicht von dem niedrigsten Wert aus, der an dem betreffenden Ort gemessen wurde — das ergäbe zu aufwendige Anlagen — sondern von einer Temperatur, die häufiger erreicht wird. Da die mittlere Summenhäufigkeit der Tagestemperaturen nur für wenige meteorologische Stationen bekannt ist, hat man in Deutschland als Basiswert für die Berechnung des maximalen Heizwärmebedarfs das *mittlere Jahresminimum* gewählt. Dieser Wert liegt von rund 300 Orten für längere Zeiträume vor, so daß sich daraus eine Karte der Zonen gleicher klimatischer Anforderungen ableiten läßt. Abb. 2.08 zeigt diese in DIN 4701[2] enthaltene Karte für eine 3-Grad-Stufung der Temperaturwerte. Bei der Zoneneinteilung wurden neben den mittleren Jahresminima noch Häufigkeit und Dauer der Kältespitzen in extremen Wintern berücksichtigt[3]. In Tab. 2.01 (S. 46) sind für 22 größere Städte nach dem Handbuch der Klimakunde des Deutschen Reiches (Beobachtungszeit von 1881 bis 1930) die mittleren und absoluten Jahresminima sowie die nach DIN 4701 für die Wärmebedarfsrechnung gültigen Tiefsttemperaturen gegenübergestellt. Der Unterschied zwischen mittlerem und absolutem Jahresminimum beträgt bei den meisten Orten 9 bis 11 grd.

---

[1] Raiss, W.: Heiztechnische Grundlagen einer öffentlichen Wärmeversorgung. Heizg.-Lüftg.-Haustechn. 3 (1952) 37/43.

[2] DIN 4701. Regeln für die Berechnung des Wärmebedarfs von Gebäuden. Berlin, Köln: Beuth-Vertr. Jan. 1959.

[3] Raiss, W.: Die Klimaangaben der neuen Wärmebedarfsrechnung DIN 4701. Heizg. u. Lüftg. 18 (1944) 53/59.

Niedrigere Tagestemperaturen als die Tiefstwerte der DIN 4701 sind selten, wie die Summenhäufigkeitslinien für das Normaljahr zeigen. Kritischer als einzelne kalte Tage, die bei massiv gebauten Häusern infolge der Speicherwärme der Wände und Decken ohnehin nicht eine der Außentemperatur entsprechende Wärmeleistung erfordern, sind die zuweilen auftretenden Kältespitzen von längerer Dauer. Ihre Häufigkeit und Dauer läßt erkennen, ob die in DIN 4701 festgelegten Tiefstwerte der Außentemperatur richtig gewählt sind. In den Abb. 2.09, 2.10, 2.11 ist an Hand einer Untersuchung von Reidat[1] für drei klimatisch verschiedene Orte die Zahl der Tage im Meßzeitraum von 40 Jahren aufgetragen, bei denen die jeweiligen Außentemperaturen an mindestens 2, 3 und 5 aufeinanderfolgenden Tagen erreicht oder unterschritten wurden.

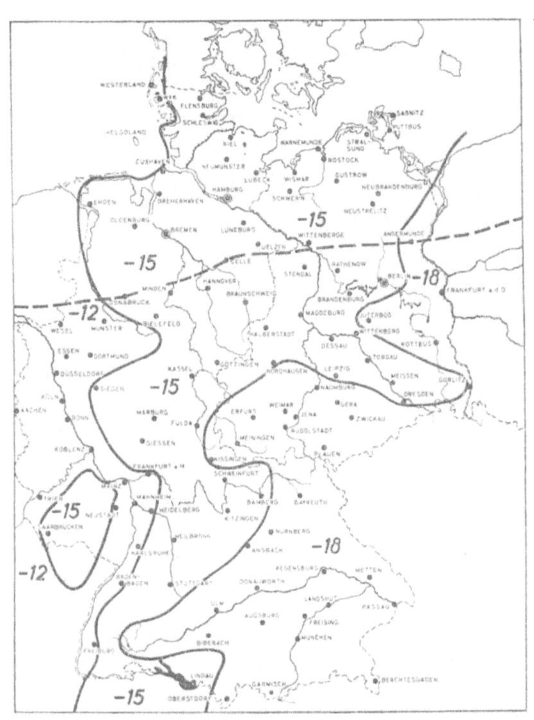

Abb. 2.08. Klimazonenkarte nach DIN 4701.

Man ersieht daraus, daß —15 °C, die Auslegungstemperatur der Heizungen für Berlin, im Zweitagesmittel nur an insgesamt 14 Tagen während der vierzigjährigen Beobachtungsdauer festgestellt wurde, im Dreitagesmittel nur an 6 Tagen. Ähnlich liegen die Verhältnisse in Frankfurt und München, Orten, in denen mit —12 bzw. —18° C als tiefster Außentemperatur gerechnet wird.

Zusätzlich sind in Tab. 2.01 auch die mittleren und absoluten Jahresmaxima der Temperatur aufgeführt. Diese Werte sind für die Klimatechnik von Bedeutung, denn sie geben darüber Auskunft, mit welchen höchsten Außentemperaturen man im Sommerbetrieb zu rechnen hat, und — soweit es sich um Kühlanlagen handelt — um wieviel Grade die Luft vor Einführung

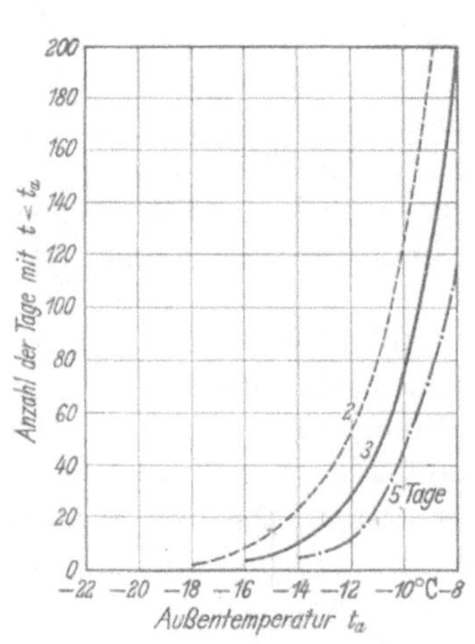

Abb. 2.09: Berlin;

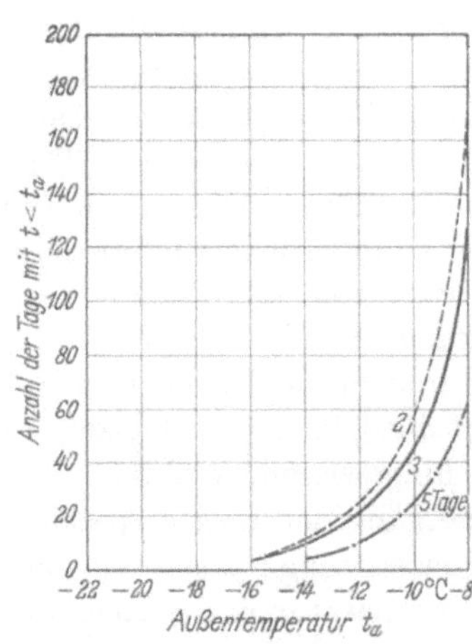

Abb. 2.10: Frankfurt/M.;

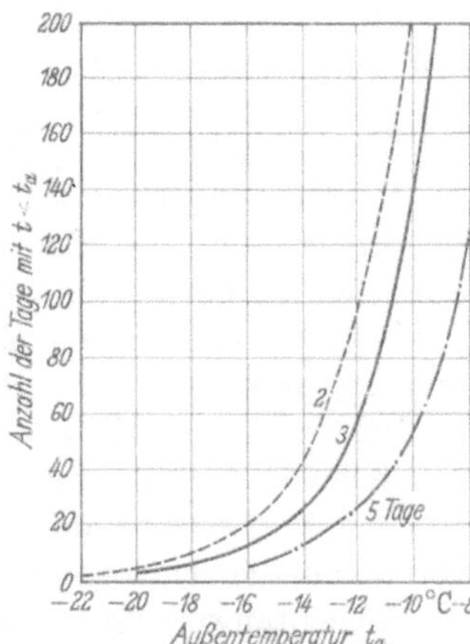

Abb. 2.11: München.

Abb. 2.09 bis 2.11. Anzahl der Tage in 40 Jahren mit Temperaturen unter t_a, bei Andauer von jeweils 2, 3 und 5 Tagen.

in die Räume heruntergekühlt werden muß und welche Kühlleistung im äußersten Fall aufzubringen ist. Zur Vervollständigung enthält die letzte Spalte die Zahl der „Sommertage“,

[1] Reidat, R.: Klimadaten für Bauwesen und Technik (Lufttemperatur). Berichte des Deutschen Wetterdienstes 9 (1960) Nr. 64.

Tabelle 2.01. *Extremwerte der Lufttemperaturen in Deutschland* [°C]

Ort	Winter			Sommer		
	Jahresminima der Temperatur		Tiefsttemperatur für Wärmebedarfsrechnung laut „Regeln"	Jahresmaxima der Temperatur		Zahl der Tage mit mindestens 25 °C Höchsttemperatur
	mittlere	absolute		mittlere	absolute	
Nürnberg	−17,2	−27,8	−18	32,6	37,2	34
Augsburg	−16,6	−28,2	−18	32,0	36,6	31
München	−16,0	−25,5	−18	31,6	36,2	30
Chemnitz (Karl-Marx-Stadt)	−15,5	−28,9	−18	31,7	36,2	27
Leipzig	−15,3	−26,3	−15	32,2	36,2	31
Berlin-Dahlem	−14,7	−26,0	−15	32,6	35,5	31
Kassel	−14,7	−26,6	−15	32,1	37,0	29
Braunschweig	−14,5	−26,3	−15	32,5	36,4	29
Halle	−14,5	−27,1	−15	32,7	36,3	34
Magdeburg	−14,3	−25,7	−15	33,5	37,5	38
Karlsruhe	−13,9	−23,2	−15	32,5	38,2	41
Stuttgart	−13,5	−25,0	−15	33,0	38,7	41
Münster	−13,4	−27,0	−12	32,5	35,4	30
Freiburg	−13,4	−21,7	−12	32,9	39,4	44
Trier	−12,9	−21,0	−12	32,5	35,4	30
Frankfurt a. M.	−12,8	−21,5	−12	32,0	37,8	39
Mainz	−12,0	−21,8	−12	33,2	37,2	40
Aachen	−11,3	−20,3	−12	32,2	37,0	27
Köln	− 9,9	−19,6	−12	31,9	35,5	30
Lübeck	−13,8	−27,2	−15	30,7	34,8	15
Hamburg	−11,5	−21,1	−15	30,0	33,5	13
Kiel	−11,2	−20,0	−15	27,4	31,3	5

an denen die Lufttemperatur mindestens 25 °C erreicht. An solchen Tagen werden sich viele Gebäude so weit aufwärmen, daß auch in Räumen ohne innere Wärmequellen die Temperatur über das erträgliche Maß ansteigen kann.

Im Gegensatz zu dem erheblichen Unterschied zwischen mittleren und absoluten Tiefstwerten der Temperatur im Winter ist im Sommer die Spanne zwischen den mittleren und absoluten Höchstwerten bei allen Orten nur gering (etwa 3 bis 6 grd). Außerdem ist ein wesentlicher Einfluß der Klimafaktoren auf die Jahresmaxima der Temperatur kaum erkennbar. Lediglich die Küstenstationen machen mit ihren etwas tieferen Temperaturen eine Ausnahme.

Bei der Berechnung von mit Kühlung verbundenen Lüftungsanlagen kann man demnach für den größten Teil Deutschlands einheitlich ein mittleres Maximum der Außentemperatur von +32 °C, bei küstennahen Orten von +29 °C zugrunde legen.

Tab. 2.02 enthält als Ergänzung die für die Wärme- und Kühllastberechnung gültigen Temperaturannahmen in 24 weiteren europäischen und außereuropäischen Städten[1].

Auf einen wesentlichen Unterschied in der Bedeutung der Lufttemperaturen für die Heiz- und Klimatechnik sei hier noch hingewiesen. Während bei Heizaufgaben wegen der Wärmespeicherung der Gebäude der Tagesgang der Lufttemperatur in der kalten Jahreszeit fast ohne Einfluß auf die bereitzustellende Heizleistung ist, geht allgemein bei Lüftungs- und Kühlaufgaben der Momentanwert der Außenlufttemperatur in die Rechnung ein. Hier interessieren also nicht so sehr die Tagestemperaturen und deren Häufigkeit als die realen Lufttemperaturen in den Benutzungszeiten der Gebäude, insbesondere an heißen Tagen. Statt mit „Heizgradtagen" muß man in der Lüftungstechnik mit „Lüftungsgradstunden", in der Klimatechnik mit „Kühlgradstunden" rechnen[2]. Beide Begriffe sind heute noch nicht einheitlich definiert. Die Lüftungsgrad-

[1] Entnommen aus: IHVE Guide. 3. Ausg. London 1965. — Handbook of Air Conditioning, Heating and Ventilating. 2. Aufl. New York 1965. — Verschiedene andere Quellen.

[2] Sprenger, E., u. W. Krüger: Kühlgradtage. Gesundh.-Ing. 71 (1950) 117/118. — Recknagel-Sprenger: Taschenbuch für Heizung, Lüftung und Klimatechnik. 54. Ausg. München, Wien: R. Oldenbourg 1966, 12/13.

stunden umfassen, im Gegensatz zu den Heizgradtagen, auch die Zeitabschnitte mit Außentemperaturen zwischen 12 und 19 °C, in denen die Außenluft vor dem Eintritt in die zu lüftenden Räume entsprechend vorgewärmt werden muß.

Tabelle 2.02. *Extremwerte der Lufttemperaturen in außerdeutschen Städten* (*Auslegungswerte*) [°C]

Europa			Außereuropäische Städte		
Ort	Winter	Sommer	Ort	Winter	Sommer
Belgrad	−16	+33	Addis Abeba	+ 1	+29
Brüssel	−10	+31	Ankara	−15	+35
Budapest	−12	+32	Bagdad	+ 2	+45
London	− 4	+27	Buenos Aires	0	+33
Madrid	− 4	+36	Chicago	−23	+34
Moskau	−26	+26	Hongkong	+ 9	+34
Oslo	−21	+27	Kairo	+ 7	+38
Paris	− 6	+32	Mexico City	0	+28
Prag	−15	+32	Neu Delhi	+ 4	+44
Rom	− 1	+36	New York	−18	+35
Rotterdam	− 8	+31	Sydney	+ 7	+35
Wien	−14	+30	Tokio	− 2	+33

Die mögliche Zahl der Lüftungsgradstunden ist also größer als die der Heizgradstunden. Da aber in der Regel Lüftungsanlagen nur zu gewissen Stunden am Tag betrieben werden, liegen die tatsächlichen Lüftungsgradstunden wesentlich niedriger und schwanken in einem weiten Bereich je nach der Nutzung des Gebäudes.

Noch größere Schwierigkeiten stehen einer generellen Festlegung von Kühlgradstunden im Weg. Neben der Betriebszeit der Anlagen gehen hier die geforderten Innentemperaturen sowie Aufbau und Regelprinzipien der Klimaanlage in das Ergebnis ein. Jeder Fall ist daher gesondert zu betrachten.

III. Die Feuchte der Außenluft

Verglichen mit der Außenlufttemperatur spielt die Außenluftfeuchte in heiztechnischer Hinsicht nur eine untergeordnete Rolle. Sie beeinflußt infolge des stets vorhandenen Luftwechsels zwar die Raumluftfeuchte; nur bei niedrigen Außentemperaturen und entsprechend trockener Außenluft sinkt die relative Luftfeuchte in Aufenthaltsräumen mit freier Lüftung jedoch zeitweise auf Werte unter 30% ab[1]. Anders ist es bei Räumen mit erzwungener Lüftung. Je nach dem Umfang der Lufterneuerung können hier selbst in Räumen mit Wasserdampfentwicklung im Winter unerwünscht niedrige, im Sommer zu hohe Luftfeuchten auftreten. Die Zuluft ist dann zu be- oder entfeuchten, sei es aus hygienischen oder aus fabrikatorischen Gründen. Für Berechnung und Betrieb solcher Anlagen — und darunter fallen alle Klimaanlagen — ist die Feuchte der Außenluft fast ebenso wichtig wie ihre Temperatur.

A. Die Ermittlung der Luftfeuchte

Die Luftfeuchte als meteorologisches Element wird von den Wetterwarten zu denselben Beobachtungszeiten gemessen wie die Lufttemperatur, nämlich um 7 Uhr, 14 Uhr und 21 Uhr. Als genauestes Meßinstrument gilt das Assmannsche Psychrometer[2]. Man ermittelt damit zunächst den Teildruck des Wasserdampfes an Hand der Sprungschen Formel[3]:

$$p_d = p_f - 0{,}5\frac{b}{755}(t - t_f). \qquad (2.05)$$

[1] Liese, W.: Luftbefeuchtung in beheizten Räumen. Dtsch. med. Wschr. 33 (1933) 1172.

[2] Vgl. Hütte I, 28. Aufl. (1955) 1486/1490.

[3] Aspirations-Psychrometer-Tafeln. Hrsg. v. Deutschen Wetterdienst. 3. Aufl., Braunschweig: Vieweg 1955.

p_d Teildruck des Wasserdampfes in Torr (mm QS) bei der Temperatur t,
p_f Sättigungsdruck des Wasserdampfes in Torr bei der Temperatur t_f,
b Gesamtdruck nach Barometeranzeige in Torr,
t Temperatur des trockenen Thermometers in °C,
t_f Temperatur des feuchten Thermometers in °C,
$t - t_f$ psychrometrische Differenz in °C.

Die Formel ist für Temperaturen zwischen 0 und 50 °C gültig. Bezüglich der Formeln für Temperaturen oberhalb 50 und unterhalb 0 °C sei auf Häussler[1] verwiesen.

Aus dem mit obiger Formel errechneten Teildruck p_d und dem aus Zahlentafel A 5 im zweiten Band zu entnehmenden Sättigungsdruck[2] bei der Temperatur t erhält man die relative Feuchte φ (s. auch S. 22) aus:

$$\varphi = \frac{p_d}{p_s}. \tag{2.06}$$

In meteorologischen Veröffentlichungen wird zur Kennzeichnung der Luftfeuchte meist der Dampfdruck p_d und die relative Feuchte φ angegeben. Mit diesen Größen können die für klimatechnische Zwecke wichtigen Werte des Wassergehaltes x in kg je kg trockener Luft und des Wärmeinhaltes i in kcal je kg trockener Luft nach den auf S. 65/66 angegebenen Formeln berechnet oder aus dem i, x-Diagramm (Abb. 2.28) entnommen werden.

Die klimatischen Monats- und Jahresmittelwerte des Dampfdruckes und der relativen Feuchte für zahlreiche deutsche Orte enthält das Handbuch der Klimakunde des Deutschen Reiches.

B. Täglicher und jährlicher Gang des Dampfdruckes und der relativen Feuchte

Der Dampfdruck der Außenluft liegt gewöhnlich unterhalb des Sättigungsdruckes. Nur bei Nebel oder Regen, und zwar vorwiegend in der kälteren Jahreshälfte, wird zeitweise der Sättigungsdruck und damit eine relative Feuchte von 100% erreicht. Die Größe des Dampfdruckes ist abhängig von der Wasserdampfmenge, die jeweils von der Erdoberfläche an die Luft abgegeben wird. Da die Verdunstungsmenge mit steigender Lufttemperatur zunimmt, muß auch der Dampfdruck in seinem zeitlichen Verlauf sich ähnlich wie die Lufttemperatur verhalten.

Tabelle 2.03. *Zweimonatsmittelwerte für Potsdam*

	Lufttemperatur [°C]			Dampfdruck [Torr]			Relative Feuchte [%]		
	7 Uhr	14 Uhr	21 Uhr	7 Uhr	14 Uhr	21 Uhr	7 Uhr	14 Uhr	21 Uhr
Januar—Februar	−5,5	−0,9	−3,7	3,0	3,4	3,2	90	73	85
März—April	2,2	8,6	4,8	5,0	5,0	5,1	89	61	79
Mai—Juni	12,7	20,1	14,7	8,9	8,0	8,8	80	46	70
Juli—August	14,8	21,9	17,1	10,5	10,1	10,6	84	53	72
September—Oktober	9,5	16,1	11,7	8,2	8,6	8,9	81	64	84
November—Dezember	2,4	5,5	3,4	5,2	5,6	5,5	92	80	92

Wie Tab. 2.03[3] für Zweimonatsmittelwerte und für die drei Beobachtungszeiten 7 Uhr, 14 Uhr und 21 Uhr zeigt, trifft dies für den jährlichen Gang vollkommen, für den täglichen Gang aber nur in den Wintermonaten (November bis Februar) zu. In den Sommermonaten (Mai bis August) tritt im Tagesgang an die Stelle des Wintermaximums ein Minimum des Dampfdruckes, weil die durch die hohe Erwärmung des Erdbodens erzeugten Konvektionsströme den Wasserdampf in höhere Luftschichten emportragen.

[1] Häussler, W: Das Mollier-i, x-Diagramm für feuchte Luft und seine technischen Anwendungen. Dresden/Leipzig: Steinkopff 1960.

[2] Baehr, H. D.: Mollier-i, x-Diagramme für feuchte Luft. Berlin/Göttingen/Heidelberg: Springer 1961.

[3] Zusammengestellt nach den Ergebnissen der meteorologischen Beobachtungen in Potsdam. Jahrgänge 1929 und 1930. Berlin: Springer.

Aus der Tabelle ist weiter zu ersehen, daß der tägliche und jährliche Gang der relativen Feuchte gegenläufig zu demjenigen der Lufttemperatur ist. Hohen Temperaturen entsprechen geringe, tiefen Temperaturen große relative Feuchten. Dies kommt daher, daß in der Gl. (2.06) für die relative Feuchte im Nenner der Sättigungsdruck steht, der mit zunehmender Temperatur viel stärker anwächst als der wirkliche Dampfdruck p_d.

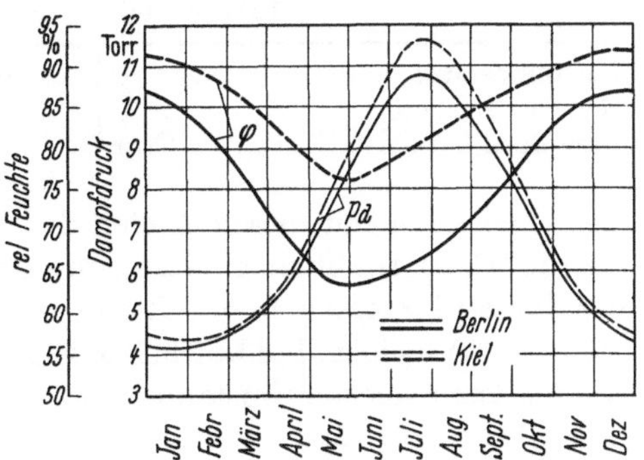

Abb. 2.12. Jahresgang des Dampfdruckes und der relativen Feuchte.

Abb. 2.12 zeigt den jährlichen Gang der Feuchtewerte für Berlin und Kiel nach den Angaben der Monatsmittel im Handbuch der Klimakunde des Deutschen Reiches. Wie aus den Kurven zu entnehmen ist, hat Kiel wegen der Nähe des Meeres während des ganzen Jahres sowohl einen höheren Dampfdruck als auch eine höhere relative Feuchte als Berlin. Für andere Orte in Deutschland ist der Jahresgang der Feuchte der gleiche. Das Maximum des Dampfdruckes fällt in den Juli, das Minimum in den Januar. Die relative Feuchte erreicht ihren Höchstwert im Dezember bis Januar, ihren Kleinstwert bereits im Mai bis Juni. Auch sonst bestehen keine erheblichen Unterschiede zwischen den Monatswerten verschiedener Orte, die im Binnenlande, oder von solchen, die an der Küste liegen. Der Einfluß der Ortslage auf die Luftfeuchte in Deutschland ist wesentlich geringer als der auf die Lufttemperatur. Dies geht schon aus den Jahresmittelwerten des Dampfdruckes und der relativen Feuchte hervor, die in Tab. 2.04 mit den größten und kleinsten Monatsmittelwerten für einige Orte zusammengestellt sind.

Tabelle 2.04. *Dampfdruck und relative Feuchte im Monatsmittel*

Ort	Dampfdruck [Torr]			Relative Feuchte [%]		
	Januar	Juli	Jahresmittelwert	Dezember	Mai	Jahresmittelwert
München	3,6	10,3	6,6	85	66	75
Nürnberg	3,9	10,8	7,0	87	67	76
Magdeburg	4,2	10,8	7,0	86	66	76
Berlin	4,2	10,8	7,0	87	64	76
Frankfurt a. M.	4,3	10,9	7,2	86	66	76
Aachen	4,6	10,7	7,2	84	70	77
Kiel	4,4	11,6	7,4	92	77	85
Hamburg	4,4	11,1	7,3	90	68	80

C. Berücksichtigung der Außenluftfeuchte bei lüftungstechnischen Anlagen

Einleitend wurde bereits darauf hingewiesen, daß mit lüftungstechnischen Anlagen, die keine Einrichtungen zur Be- und Entfeuchtung der Zuluft besitzen, die hygienischen Anforderungen an das Raumklima zeitweise nicht befriedigt werden können. Solche Anlagen genügen für Aufenthaltsräume insbesondere nicht unter folgenden Umständen:

1. Geringe Außenluftfeuchte im Winter bei schwacher Raumbesetzung, d. h. bei geringer Feuchtigkeitsabgabe der Rauminsassen.

2. Hohe Außenluftfeuchte im Sommer bei starker Raumbesetzung, d. h. bei hoher Feuchtigkeitsabgabe der Rauminsassen.

Im ersten Falle wird über zu große Trockenheit, im zweiten über zu große Feuchte (Schwüle) der Raumluft geklagt werden.

Wie sich an Hand der Potsdamer meteorologischen Beobachtungen feststellen läßt, sind im Winter, in dem der durchschnittliche Dampfdruck 3 bis 5 Torr beträgt, Werte dieser Größe bis unter 1 Torr möglich, und zwar besonders bei den trockenen kalten Winden aus östlichen Richtungen. Aus den Messungen in dem strengen Monat Februar 1929 wurde Tab. 2.05 für vorkommende Mindestluftfeuchten abgeleitet:

Tabelle 2.05. *Feuchtewerte bei niedrigen Außentemperaturen*

	0	−5	−10	−15	−20
Lufttemperatur . . . . °C	0	−5	−10	−15	−20
Relative Feuchte . . . . %	35	40	45	50	55
Dampfdruck . . . . Torr	1,6	1,3	1,0	0,7	0,5

Berechnet man mit diesen Zahlen die relativen Feuchten für eine Aufwärmung der Zuluft auf nur 20 °C, so erhält man Werte, die zwischen 9 und 3% liegen. Auch unter Berücksichtigung der Wasserdampfabgabe im Raum wird die relative Feuchte unterhalb der zulässigen Grenze (etwa 35%) bleiben. Bei Luftheizungen, die eine höhere Aufwärmung der Luft als 20 °C erfordern, werden unter solchen Umständen die Luftverhältnisse, vor allem in der Nähe der Zuluftöffnungen, unbefriedigend sein.

Im Sommer kann andererseits der Dampfdruck auf 15 bis 16 Torr ansteigen. Bei einer Lufttemperatur von 22 °C beträgt dabei die relative Feuchte 75 bis 80%. Mit solcher Luft können die Feuchteverhältnisse in einem stark besetzten Raum nicht verbessert werden.

Für den Winterbetrieb kann die bereits oben benutzte Tab. 2.05 der Mindestluftfeuchten zugrunde gelegt werden, um zu berechnen, welche größten Wassermengen für die Luftbefeuchtung in Frage kommen. Was den Sommerbetrieb anbelangt, wollen wir nunmehr die Frage beantworten, mit welchen ungünstigsten Zustandsverhältnissen der Außenluft man in der warmen Jahreszeit zu rechnen hat.

Tabelle 2.06. *Extremwerte von Temperatur, Dampfdruck und Feuchte*

Zeitangaben			Temperatur [°C]	Dampfdruck [Torr]	Relative Feuchte [%]	Bemerkungen
1929	21. Juli	15 Uhr	34,7	13,2	32	Regen 4—6 Uhr
1929	23. Juli	14 Uhr	32,7	13,5	36	trockenes Wetter
1929	1. September	14 Uhr	32,3	9,8	27	trockenes Wetter
1930	12. Juni	15 Uhr	32,4	7,7	21	trockenes Wetter
1930	14. Juni	15 Uhr	32,1	13,5	31	trockenes Wetter
1930	3. Juli	16 Uhr	32,4	5,9	16	trockenes Wetter
1930	4. Juli	16 Uhr	32,4	7,3	20	trockenes Wetter
1930	5. Juli	12 Uhr	33,5	8,5	22	vor Gewitter
1929	4. Juli	19 Uhr	24,9	16,0	68	Regen 5—7 Uhr, 16—17 Uhr
1929	14. Juli	22 Uhr	22,0	15,8	80	Regen 12—13 Uhr
1929	21. Juli	24 Uhr	23,6	15,1	75	Regen 4— 6 Uhr
1929	24. Juli	14 Uhr	22,2	15,2	76	Regen 13—14 Uhr
1930	20. Juni	19 Uhr	24,0	15,8	68	Regen 23—24 Uhr
1930	23. Juni	21 Uhr	21,9	16,1	82	Gewitterneigung
1930	27. Juni	14 Uhr	20,4	16,1	90	wiederholt Regen
1930	5. Juli	15 Uhr	20,3	16,9	95	Gewitterregen $14^3/_4$—$16^3/_4$ Uhr
1930	19. August	16 Uhr	19,6	15,7	94	wiederholt Regen
1929	22. Juli	14 Uhr	31,1	15,5	45	Gewitterneigung

In Tab. 2.06 sind aus zwei Jahrgängen (1929 bis 1930) der Potsdamer meteorologischen Beobachtungen erstens die Tage mit einer höchsten Lufttemperatur über 32 °C und zweitens die Tage mit einem höchsten Dampfdruck von über 15 Torr mit den sonst erforderlichen Angaben zusammengestellt.

Aus der Tabelle ist folgendes zu entnehmen:

1. Bei den hohen Temperaturen war die relative Feuchte verhältnismäßig gering und betrug im Höchstfall nur 36%. Es handelte sich hierbei meist um Tage mit trockenem Wetter.

2. Bei den hohen Dampfdrücken, vereint mit hohen relativen Feuchten, lag die Lufttemperatur meist nicht besonders hoch (20 bis 25 °C). Nur der 22. Juli 1929 machte mit 31,1 °C

Lufttemperatur eine Ausnahme. Es kam an den betreffenden Tagen immer zu Regen oder Gewitter.

In Abb. 2.13 sind die Luftzustandswerte der Tabelle eingetragen, die Temperaturen als Abszissen, die relativen Feuchten als Ordinaten. Die durch die Höchstwerte gelegte Kurve gibt die für die Klimatechnik ungünstigsten Feuchten an, mit denen man bei verschiedenen Lufttemperaturen rechnen kann. Die Werte bei trockenem Wetter (helle Kreise) liegen sämtlich unterhalb der Kurve. Als zusammengehörige Werte von Temperatur und höchster relativer Feuchte im Sommer sind aus der Kurve die folgenden abzugreifen:

Tabelle 2.07. *Maximale Feuchtewerte im Sommer*

Temperatur . . . . °C	20	22	24	26	28	30	32	34
Relative Feuchte . . . . %	94	82	72	63	55	48	41	35
Ber. Dampfdruck . . . . Torr	16,5	16,3	16,1	15,9	15,6	15,3	14,6	13,9

Man ersieht aus dieser Tabelle, daß die Höchstwerte des Dampfdrucks mit zunehmender Außentemperatur leicht absinken. Bei der Auslegung von Klimaanlagen kann in Deutschland für 32 bzw. 29 °C maximale Außentemperatur mit einem Dampfdruck von etwa 15 Torr gerechnet werden.

Zum Vergleich sind in Tab. 2.08 die für die Auslegung von Klimaanlagen maßgebenden Wasserdampfteildrücke im Sommer für die bereits in Tab. 2.02 aufgeführten außerdeutschen Städte angegeben. Man ersieht daraus, daß der Dampfdruck bei meeresnahen Städten mit abnehmender geographischer Breite anwächst. Im feuchtwarmen Tropenklima bleibt er während des ganzen Sommers nahezu konstant.

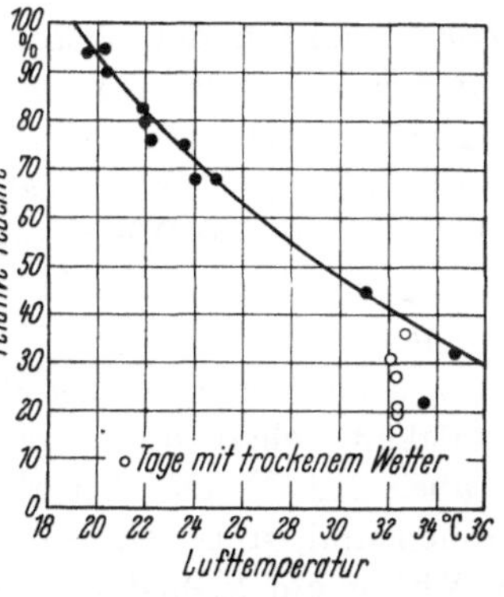

Tabelle 2.08. *Maximale Dampfdrücke in außerdeutschen Städten*

Europa		Außereuropäische Städte	
Ort	Dampfdruck [Torr]	Ort	Dampfdruck [Torr]
Belgrad . . .	16,0	Addis Abeba .	18,0
Brüssel	12,8	Ankara	8,5
Budapest . . .	14,7	Bagdad	12,0
London	13,9	Buenos Aires .	16,0
Madrid	12,8	Chicago . . .	17,0
Moskau	13,2	Hongkong . .	22,8
Oslo	12,0	Kairo	15,0
Paris	12,5	Mexico City .	8,0
Prag	10,0	Neu Delhi . .	20,2
Rom	14,3	New York . .	16,7
Rotterdam . .	12,8	Sydney	16,7
Wien	13,3	Tokio	21,5

Abb. 2.13. Kurve der Höchstwerte der relativen Feuchte bei verschiedenen Lufttemperaturen.

Da im Ablauf eines Jahres sehr unterschiedliche, durch das Wertepaar Temperatur und Feuchte gekennzeichnete Luftzustände auftreten, sucht man nach einem Weg, die Häufigkeit der Belastungsstufen einer Klimaanlage darzustellen. Das gelingt in einfacher Weise nur, wenn man sich auf *eine* kennzeichnende Zustandsgröße beschränkt. Hierfür bietet sich die Enthalpie des Luft-Wasserdampf-Gemisches an, die ohnehin bei den Wärmebilanzrechnungen der Heiz- und Kühlvorgänge benötigt wird. Aus meteorologisch-klimatischen Beobachtungen lassen sich Häufigkeitslinien der Luftenthalpien für das Normaljahr ableiten, die in ähnlicher Weise wie die Temperaturhäufigkeiten in der Heiztechnik die Belastungsverhältnisse in der Klimatechnik kennzeichnen[1], es also gestatten, die voraussichtliche Jahreskälteleistung zu bestimmen und Vergleichsrechnungen zur Ermittlung der optimalen Lösung einer klimatechnischen Aufgabe durchzuführen.

[1] Berliner, P.: Die jahreszeitliche Häufigkeitsverteilung der Luftenthalpie in Deutschland. Kältetechnik 9 (1957) 138/142. — Rasch, H.: Regelbarkeit von Klimaanlagen. Regelungstechnik 9 (1961) 110/116.

IV. Der Wind

A. Windgeschwindigkeit und Windrichtung

Der Wind, die horizontale Bewegung der Luft, steht in engster Beziehung zu der jeweils über der Erdoberfläche herrschenden Luftdruckverteilung, die für größere Gebiete, z. B. Europa, durch täglich erscheinende Wetterkarten veranschaulicht wird. In den erdnahen Schichten strömt die Luft aus den Gebieten hohen Luftdruckes heraus und in die Gebiete tiefen Luftdruckes hinein.

Die Geschwindigkeit des Windes ist von der Größe des Luftdruckgefälles abhängig, die Richtung des Windes dagegen stimmt nicht mit der Richtung des Druckgefälles überein, weil die Luft bei ihrer Bewegung durch die Erddrehung eine Ablenkung erfährt.

Auf den Wetterwarten wird die Geschwindigkeit und Richtung des Windes gleichzeitig mit den übrigen meteorologischen Elementen festgestellt. Die Messung der Windgeschwindigkeit in m/s erfolgt mit dem bekannten Robinsonschen Schalenkreuzanemometer, die Bestimmung der Windrichtung mittels Windfahne. Von größeren Stationen werden außerdem selbstschreibende Geräte zur Daueraufzeichnung der Windverhältnisse benutzt.

B. Der tägliche und jährliche Gang der Windgeschwindigkeit

Die Windgeschwindigkeit wird in ihrem täglichen Verlauf von den durch die Sonnenstrahlung verursachten Vertikalbewegungen der Luft wesentlich beeinflußt. Diese Vertikalströme, die bald nach Mittag am stärksten sind, tragen die am Erdboden erwärmte Luft empor und führen kühlere und horizontal schneller bewegte Luft aus der Höhe herab. Hierdurch wird die Windgeschwindigkeit am Boden erhöht, in den oberen Luftschichten dagegen vermindert. Der Bodenwind erreicht daher bald nach Mittag seine Höchstgeschwindigkeit, während der Höhenwind um diese Zeit am schwächsten ist. Den normalen täglichen Gang der Windgeschwindigkeit zeigt die ausgezogene Kurve der Abb. 2.14 nach Potsdamer Messungen.

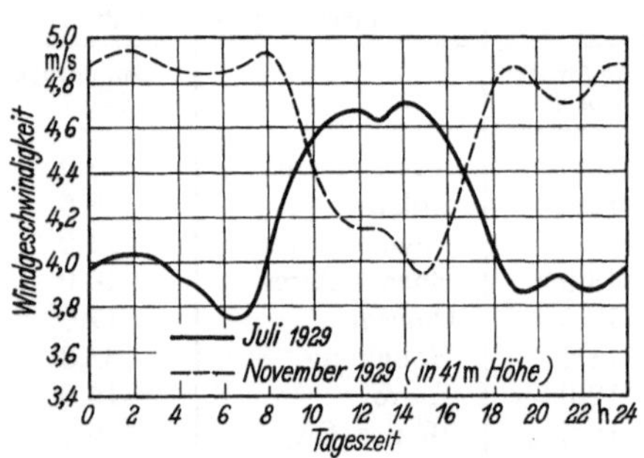

Abb. 2.14. Tagesgang der Windgeschwindigkeit in Potsdam.

Zu beachten ist aber noch folgendes: Im Winter hat die Windgeschwindigkeit schon in der geringen Höhe von etwa 40 m über dem Boden den gleichen Tagesgang wie der Höhenwind, d. h., sie ist nachts am größten und über Mittag am kleinsten (vgl. die gestrichelte Kurve der Abb. 2.14). Dieses Verhalten des Windes im Winter wird sich vermutlich auch schon in geringerer Höhe bemerkbar machen, so daß die oberen Etagen unserer Mietshäuser, besonders aber der Hochbauten, im Winter von dem nächtlichen Windmaximum beeinflußt werden können, was für die Auskühlung der oberen Stockwerke durch Lufteinfall von Bedeutung wäre.

Der jährliche Gang der Windgeschwindigkeit ist aus Tab. 2.09 ersichtlich, in der die Monatsmittelwerte für einige deutsche Orte nach dem Klimaatlas von Deutschland zusammengestellt sind.

Die Tabelle zeigt, daß die durchschnittliche Windgeschwindigkeit der Wintermonate größer als die der Sommermonate ist. Die Erklärung dafür liegt in dem häufigen Auftreten kräftiger Tiefdruckgebiete im Winter, deren starkes Druckgefälle mit hohen Windgeschwindigkeiten verknüpft ist. Da die Tiefdruckgebiete, die meist vom Atlantischen Ozean kommen, sich über dem Festlande verflachen, ist die Windgeschwindigkeit der einzelnen Orte um so schwächer, je weiter sie von der Küste entfernt liegen. Orte wie München oder Nürnberg haben nach der Tabelle wesentlich schwächeren Wind als Hamburg oder Kiel (siehe auch die gestrichelte Grenzlinie zwischen windstarker und normaler Gegend in Abb. 2.08).

Tabelle 2.09. *Monats- und Jahresmittelwerte der Windgeschwindigkeit* [m/s]

Ort und Höhe des Anemometers über Boden	Jan.	Febr.	März	April	Mai	Juni	Juli	Aug.	Sept.	Okt.	Nov.	Dez.	Jahresmittelwert
Hamburg . . . . . 28 m	6,2	5,9	5,9	5,3	5,1	4,9	4,9	5,0	4,9	5,5	5,8	6,1	5,5
Kiel . . . . 15 m	6,0	5,8	5,9	5,0	4,8	4,5	4,5	4,7	4,6	5,1	5,6	5,8	5,2
Aachen . . . . . . 27 m	5,5	5,4	5,1	4,6	4,0	3,6	3,7	4,2	3,5	4,3	4,8	5,2	4,5
Berlin . . . . . . 33 m	4,9	5,0	5,2	4,6	4,4	4,2	4,1	4,2	4,0	4,5	4,3	4,8	4,5
Dresden . . . . . 20 m	4,3	4,2	3,9	3,7	3,3	3,5	3,5	3,5	3,3	3,2	4,0	4,3	3,7
Nürnberg . . . . . 19 m	2,9	2,6	2,8	2,9	2,6	2,7	2,6	2,5	2,5	2,4	2,6	2,8	2,7
München . . . . . 19 m	1,8	2,0	2,1	1,9	1,8	1,8	1,7	1,6	1,5	1,6	1,7	1,8	1,8

C. Häufigkeit der Windrichtungen in Deutschland

Zur Vervollständigung der Angaben über die Windverhältnisse in Deutschland wollen wir uns nunmehr der Frage zuwenden, aus welchen Himmelsrichtungen der Wind am häufigsten weht. In Klimatabellen wird die Häufigkeit der Windrichtungen gewöhnlich nach der achtteiligen Windrose und in Prozenten der Gesamtzahl der Windbeobachtungen angegeben. Diese Häufigkeitszahlen sind aber für heiztechnische Zwecke insofern nicht recht geeignet, als in ihnen auch alle schwächeren Winde mitberücksichtigt sind, die für die Auskühlung der Gebäude ohne Bedeutung sind.

Aus diesem Grunde sind in Tab. 2.10 für verschiedene Orte die Häufigkeitszahlen der einzelnen Windrichtungen nur für höhere Windgeschwindigkeiten (untere Grenze 5 m/s) und lediglich für den Winter zusammengestellt[1]. Die Werte der letzten Spalte geben an, mit welcher Häufigkeit

Tabelle 2.10. *Häufigkeit der Windrichtungen bei Geschwindigkeiten gleich und größer 5 m/s*

Ort	Häufigkeit der Windrichtungen in % im Winter bei Windgeschwindigkeiten über 5 m/s								Prozentuale Häufigkeit der Winde über 5 m/s
	N	NO	O	SO	S	SW	W	NW	
Kiel	5,5	5,2	5,2	4,9	16,3	28,8	26,7	7,4	32,6
Hamburg	2,6	3,3	8,1	7,0	8,1	37,1	25,0	8,8	27,2
Aachen	1,7	5,0	3,9	2,5	11,9	45,7	22,1	6,2	35,7
Berlin	1,6	3,3	12,3	7,0	4,5	15,2	38,1	18,3	24,4
Leipzig	2,6	9,7	7,0	1,8	14,0	35,1	21,9	7,9	12,4
München	0,8	7,0	7,0	0,8	0,8	47,7	32,8	3,1	12,8

Winde von über 5 m/s in der Gesamtzahl der Windbeobachtungen vorkommen. Die Tabellenwerte zeigen, daß in Deutschland die starken Winde am häufigsten aus westlichen Richtungen (SW bis W) wehen. Gegenüber diesen Richtungen treten die übrigen Richtungen völlig zurück. Sehr deutlich ist dies auch aus der graphischen Darstellung der Häufigkeiten in Abb. 2.15 ersichtlich.

Zur weiteren Veranschaulichung der Windverhältnisse soll noch Abb. 2.16 dienen. Darin sind die Häufigkeitszahlen der Windrichtungen zusammen mit den mittleren Windgeschwindigkeiten für die über 7 m/s betragenden Tagesmaxima in Potsdam dargestellt. Die Kurven gelten für die Heizmonate der beiden Jahrgänge 1929 und 1930, in denen Ostwinde verhältnismäßig häufig waren. Sie enthalten auch die Werte für die in Potsdam beobachteten Zwischenrichtungen nach der sechzehnteiligen Windrose. Windmaxima aus nördlichen Richtungen waren dabei so selten, daß die Geschwindigkeitskurve zwischen WNW und NO nicht gezeichnet werden konnte.

[1] Benutzt wurde: Die Winde in Deutschland, bearbeitet von R. Assmann. Braunschweig: Vieweg & Sohn 1910.

Abb. 2.16 zeigt, daß trotz einer Häufigkeitsspitze der Ostwinde die Westwinde vorherrschen, wie dies auch nach Abb. 2.15 für das nahegelegene Berlin charakteristisch ist. Von besonderer Wichtigkeit für unsere Zwecke ist das Ergebnis, daß die Häufigkeits- und Geschwindigkeits-

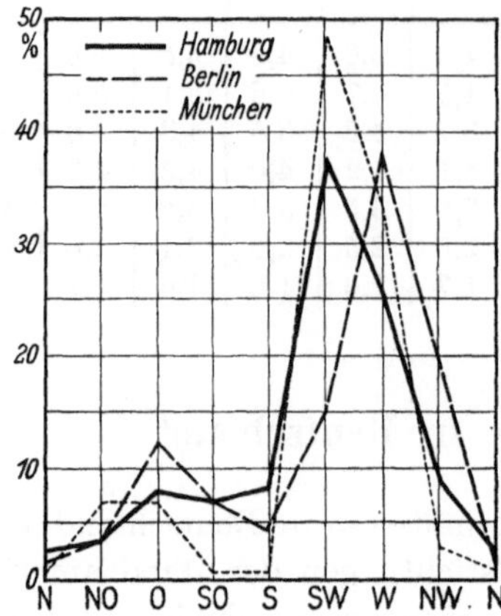

Abb. 2.15. Häufigkeit der Windrichtungen bei Geschwindigkeiten gleich und größer 5 m/s.

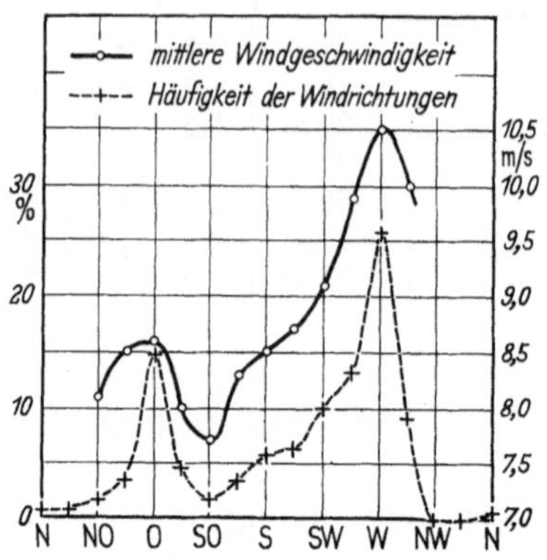

Abb. 2.16. Häufigkeit der Windrichtungen und mittlere Geschwindigkeit der täglichen Windmaxima in Potsdam in den Heizmonaten der Jahre 1929 und 1930.

kurven fast den gleichen Verlauf haben. Die Westwinde sind demnach nicht nur am häufigsten, sondern besitzen auch die größte Geschwindigkeit. Tägliche Windmaxima von über 10 m/s z. B. kamen achtmal häufiger bei West- als bei Ostwind vor. Bei Orten mit vorherrschendem Südwestwind (vgl. Tab. 2.10) wird ähnliches für diese Windrichtung gelten.

D. Die Bedeutung des Windes bei der Gebäudeheizung

Bei Windanfall erhöht sich der Heizwärmebedarf eines Gebäudes auf zweierlei Weise. Zunächst nimmt mit wachsender Windgeschwindigkeit die konvektive Wärmeabgabe der Außenflächen zu. Da bei ausreichendem Wärmeschutz der Wände und Dächer der Anteil des äußeren Übergangswiderstandes am Gesamtdurchgangswiderstand aber nur gering ist, macht sich dieser Einfluß im praktischen Heizbetrieb wenig bemerkbar, es sei denn, daß große, einfach verglaste Fensterflächen vorhanden sind.

Die Hauptursache für den größeren Wärmebedarf eines dem Wind ausgesetzten Hauses ist die verstärkte Selbstlüftung, s. S. 335. Ihr muß einerseits bei der Größenbemessung der Heizanlage Rechnung getragen werden; andererseits ist sie bei der Abschätzung und Beurteilung des Heizstoffverbrauches eines Gebäudes zu berücksichtigen.

Von gleicher Bedeutung ist aber auch die Tatsache, daß unter dem Einfluß des Windes in der Regel die Gleichmäßigkeit der Raumerwärmung empfindlich gestört wird. Aus hygienischen, heiztechnischen und wirtschaftlichen Gründen muß sonach der Luftdurchgang durch ein geheiztes Gebäude aufs äußerste eingeschränkt werden. Das bedeutet: *Wände, Fenster und Außentüren sind möglichst dicht auszuführen.* Auch die beste Heizanlage kann Nachlässigkeiten der Bauausführung nicht oder nur unvollkommen ausgleichen. In Räumen mit motorisch betriebenen Lüftungseinrichtungen kann bei undichten Fenstern und Türen die erwünschte Leistung der Anlagen völlig in Frage gestellt werden. Klimatisierte Gebäude werden daher zumeist mit festverglasten Fensterflächen oder wenigstens mit solchen hoher Dichtheit ausgeführt.

1. Einfluß auf die Gebäudeerwärmung

Die in den geheizten Raum über undichte Fensterfugen bei Windanfall eindringende Außenluft fällt vermöge ihrer höheren Dichte unmittelbar hinter der Außenwand herab. Trotz der Vermischung mit wärmerer Raumluft und einer etwaigen zusätzlichen Erwärmung an Brüstungsheizkörpern entsteht in den fußbodennahen Luftschichten eine Luftbewegung vom Fenster zur Innenwand hin. Sie wird in Fensternähe wegen der höheren Geschwindigkeit und der niedrigeren Temperatur der Luft besonders unangenehm empfunden, ist aber häufig auch noch im hinteren Raumteil deutlich nachweisbar, wie die Temperaturprofile der Abb. 2.17 zeigen.

Es ist verständlich, daß diese Erscheinungen verstärkt auftreten beim Fehlen örtlicher Heizflächen an den Außenwänden (Ofenheizung, Deckenheizung) und bei großen, undichten Fenstern. Das ungleichmäßige Temperaturprofil in der Lotrechten zwingt dazu, den Raum im Mittel auf höhere Temperaturen zu erwärmen. In ungünstigen Fällen müssen Arbeitsplätze in Fensternähe bei Windanfall überhaupt geräumt werden.

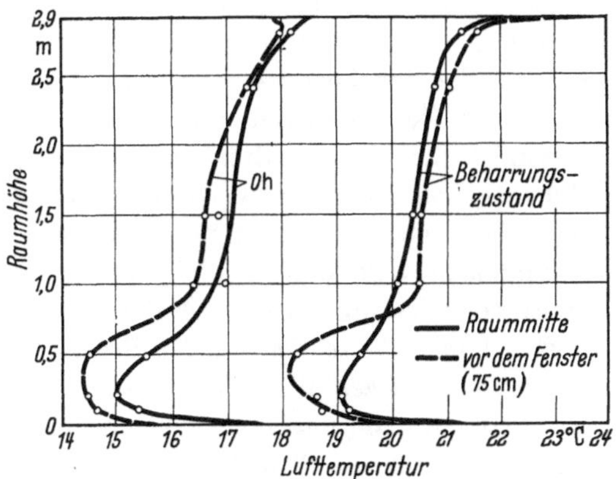

Abb. 2.17. Lufttemperaturprofile in einem deckenbeheizten Raum mit großen Fensterflächen. 0h: vor dem Anheizen.

Aber nicht nur in den vom Windanfall betroffenen Räumen, sondern auch im Gesamtgebäude wird die Gleichmäßigkeit der Erwärmung infolge der Querströmung der Luft von der Luv- zur Leeseite erheblich beeinträchtigt. Die Luft verläßt das geheizte Gebäude mit Raumtemperatur. Die dafür notwendige Wärmemenge muß von den Heizflächen der Räume auf der Windseite aufgebracht werden. Mit abnehmender Außentemperatur und zunehmendem Luftdurchgang werden die Unterschiede in den Raumtemperaturen der Luv- und Leeseite eines vom Wind getroffenen Gebäudes immer größer. Sie zwingen zu besonderen Maßnahmen in Gestaltung und Betrieb der Heizanlagen, wenn eine Wärmevergeudung durch Überheizen des begünstigten Gebäudeteiles vermieden werden soll.

Zu diesen Maßnahmen gehören: die zonenweise Aufgliederung des Rohrnetzes einer Gebäudezentralheizung nach den Himmelsrichtungen bzw. der Windanfälligkeit der mit Wärme zu beliefernden Räume und die Ausstattung der Heizkörper mit selbsttätigen, von der Raumtemperatur beeinflußten Regelventilen. Auf beiden Wegen ist auch ein Ausgleich der Sonneneinwirkung möglich. Der erstgenannte Weg — die Gruppenunterteilung — ist der gebräuchlichste. Er gestattet bei der Warmwasserheizung die Beibehaltung der zentralen Leistungsregelung, s. S. 190/191. Bei nicht allzu ausgedehnten und der Sonneneinwirkung wenig ausgesetzten Gebäuden sollte stets überlegt werden, ob es nicht sinnvoller ist, durch dichte Fenster die Windanfälligkeit einzuschränken, als der Windeinwirkung durch eine aufwendige Gruppenunterteilung der Heizanlage Rechnung tragen zu müssen.

2. Einfluß auf die Bemessung der Heizanlagen

Wärmeerzeuger und Heizflächen müssen so bemessen sein, daß sie selbst unter ungünstigen Witterungsbedingungen die geforderte Raumerwärmung sicherstellen. Neben dem Transmissionswärmebedarf des Gebäudes ist bei niedrigen Außentemperaturen von der Heizanlage auch noch ein bestimmter Lüftungswärmebedarf zu decken. Da die Berechnung des Luftdurchgangs durch ein Gebäude sehr unsicher ist — es müssen Annahmen über die mögliche Windstärke und die Luftdurchlässigkeit der Bauteile gemacht werden —, kann der Lüftungswärmebedarf nur näherungsweise ermittelt werden. In den bereits erwähnten „Regeln für die Berechnung des Wärmebedarfs von Gebäuden“ ist hierfür ein besonderes Rechenverfahren angegeben, s. neunter Abschnitt im zweiten Band. Beispielrechnungen zeigen, daß der Lüftungswärmebedarf im allgemeinen 15 bis 20% des Gesamtwärmebedarfs ausmacht, aber zuweilen auch auf 30% und mehr anwachsen kann. Je größer dieser Anteil ist, um so unsicherer ist das Endergebnis der Wärmebedarfsrechnung und damit die Größenbestimmung der Heizanlage. Bei einwandfreier Gewährleistung der Fensterdichtigkeit könnten in vielen Fällen die von den Heizanlagen geforderten Wärmeleistungen und damit angenähert auch die Gestehungskosten der Anlagen um 10 bis 15% gesenkt werden.

3. Einfluß auf den Wärmeverbrauch

Während bei der Festlegung der Höchstleistung einer Heizanlage der Einfluß des Windes wenigstens der Größenordnung nach berücksichtigt werden kann, ist der Wärmemehrverbrauch eines Gebäudes durch größere Luftdurchlässigkeit auch näherungsweise nicht anzugeben. Die von der Bauausführung abhängige Dichtigkeit des Gebäudes, Bauform und Lage zu den Hauptwindrichtungen sowie ein etwaiger Schutz gegen Windangriff durch benachbarte Gebäude, Bäume od. dgl. sind neben den örtlichen Windverhältnissen von wesentlicher Bedeutung.

Beobachtungen im praktischen Heizbetrieb zeigen, daß bei exponiert stehenden Häusern die Heizgruppe der Windseite zuweilen mit 10° höherer Vorlauftemperatur betrieben werden muß als die der Leeseite. Dem entspricht bei einer mittleren Heizwassertemperatur von 60° eine um 25% erhöhte Leistung. Bei Verbrauchsmessungen an größeren Blockheizungen wurden an windstarken Tagen Brennstoffmehrverbräuche von 10 bis 20% festgestellt[1]. Schon in den wöchentlichen Brennstoffverbrauchswerten einer Gebäudeheizung ist der Einfluß windreicher Tage allerdings nur selten nachzuweisen; erst recht gilt dies für längere Zeitabschnitte. Bei Hochhäusern wird der Windeinfluß in den oberen Geschossen oft auch überdeckt durch die Schornsteinwirkung durchgehender Treppenhäuser und Fahrstuhlschächte[2].

Es ist daher berechtigt, bei der Brennstoffverbrauchskontrolle von Heizanlagen als kennzeichnenden meteorologischen Wert die Außentemperatur zu verwenden (Gradtagverfahren) und die Windverhältnisse im allgemeinen zu vernachlässigen.

Da stets nur ein Teil der Außenwände eines Gebäudes vom Wind getroffen wird und anhaltend starke Winde im mitteleuropäischen Klima selten sind, ist bei gut gebauten Häusern der Windeinfluß auf den Jahreswärmeverbrauch geringer, als zumeist angenommen wird.

V. Die Sonnenstrahlung

A. Physikalisch-meteorologische Angaben

1. Allgemeines

Die Sonnenstrahlung umfaßt ein breites Band von Energiestrahlen unterschiedlicher Wellenlänge und Intensität, s. Abb. 2.18. Uns interessieren hier vor allem die energiereichen Strahlen im Wellenlängenbereich zwischen $\lambda = 0{,}2$ bis 3 μm[3]. Nach ihrem Verhalten beim Auftreffen auf beliebige Körper lassen sich unterscheiden

1. chemisch und biologisch wirksame Strahlen (Wellenlänge $\lambda < 0{,}4$ μm),
2. optische oder Lichtstrahlen (Wellenlänge $\lambda = 0{,}4 - 0{,}75$ μm),
3. dunkle oder Wärmestrahlen (Wellenlänge $\lambda > 0{,}75$ μm).

Nur der Strahlenbereich unter 2. ist für unser Auge wahrnehmbar. Ihm entspricht der sichtbare Teil des Sonnenspektrums von den Farben Violett bis Dunkelrot. Die unsichtbaren Strahlen unter 1. und 3. werden daher häufig ultraviolette bzw. ultrarote Strahlen genannt.

Die Energie aller Strahlen ist in Wärme umsetzbar. An der Grenze der Atmosphäre beträgt die Strahlungsintensität auf eine zur Strahlenrichtung senkrechte schwarze Fläche (Normalfläche) bei mittlerem Sonnenabstand 1163 kcal/m² h. Dieser Wert hat die Bezeichnung Solarkonstante erhalten. Beim Durchlaufen der Atmosphäre wird die Strahlung wesentlich geschwächt, und zwar erstens durch diffuse Reflexion an den Gasmolekülen und Dunstteilchen der Atmosphäre und zweitens durch Absorption der Strahlen bestimmter Wellenlänge durch Staubteilchen, drei- und mehratomige Gase oder Dämpfe. Wie aus Abb. 2.18 ersichtlich, absorbiert Ozon (O_3) den größten Teil der ultravioletten Strahlung, Kohlendioxid (CO_2) die Strahlen

[1] Raiss, W.: Untersuchungen über die Wirtschaftlichkeit zentraler Heizanlagen in Wohnungsbauten. Gesundh.-Ing. 57 (1934) 473/480.

[2] Raiss, W., u. W. Mönner: Der Heizwärmebedarf von Wohnhochhäusern. Gesundh.-Ing. 86 (1965) 232/238.

[3] Früher übliche Kurzschreibweise für 1 μm: 1 μ = 1 Mikron = 0,001 mm.

mit Wellenlängen über 2,2 µm. Wasserdampf absorbiert vor allem Energiestrahlen in dem Bereich $\lambda > 0{,}7$ µm, und zwar in recht unterschiedlichem Maß. Insgesamt werden bei einem Wasserdampfteildruck von 10 Torr etwa 10% der Sonnenstrahlung absorbiert.

Abb. 2.18 läßt auch erkennen, daß der überwiegende Teil der Strahlungsenergie auf die Wellenlängen $\lambda = 0{,}3$ bis 1,4 µm entfällt, und zwar bevorzugt im Bereich der optischen Strahlung, eine für die Sonnenschutzmaßnahmen wichtige Erkenntnis. Der in Erdbodennähe gelangende Anteil der Sonnenstrahlung hängt auch ab von der Länge des Weges, den die Sonnenstrahlen durch die Atmosphäre zurücklegen müssen. Der Weg wird um so länger, je tiefer die Sonne steht, und die Strahlungsintensität an der Erdoberfläche ändert sich daher ständig mit der Sonnenhöhe sowohl im Tages- als im Jahresablauf.

2. Lufttrübung

Bei gleichem Sonnenstand ist in erster Linie die mehr oder weniger große Anreicherung der Atmosphäre mit Staub, Rauch und Schwebstoffen aller Art sowie mit Wasserdampf für die Minderung der Strahlungsintensität am Erdboden maßgebend. Man hat in der Meteorologie zur Kennzeichnung der Intensitätsminderung Trübungsfaktoren verschiedener Art eingeführt, von denen der von LINKE und BODA[1] mit gewissen späteren Verbesserungen wohl für unsere Zwecke am geeignetsten ist[2]. Er bezieht sich auf den gesamten Wellenlängenbereich der Sonnenstrahlung und läßt sich deuten als die fiktive Anzahl reiner Luftsphären, die die gleiche Trübung verursachen wie eine reale. Die ungetrübte Luftsphäre hat demnach den Trübungsfaktor $T = 1$.

Die atmosphärische Trübung ist im allgemeinen im Sommer am höchsten und erreicht im Tagesgang nachmittags ihr Maximum. Für den Hochsommer (Juli) werden nach den vorliegenden Strahlungsmessungen Gesamttrübungsfaktoren von $T = 3{,}5$ für das Land und $T = 4{,}3$ für Großstädte als Richtwerte genannt[3]. Bei starker Trübung können über Industriebezirken Werte bis $T = 8$ auftreten.

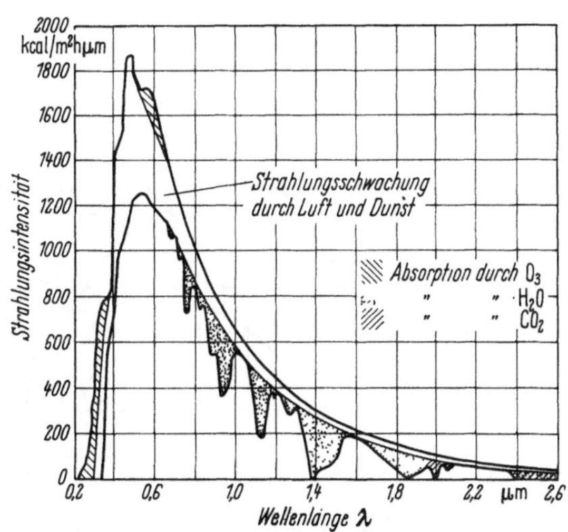

Abb. 2.18. Spektrale Intensitätsverteilung der Sonnenstrahlung.

3. Direkte und diffuse Strahlung, Gegenstrahlung der Atmosphäre

An Hand der in den Trübungsfaktoren zusammengefaßten atmosphärischen Einflüsse, des Sonnenstandes und der Solarkonstante läßt sich die direkte Sonnenstrahlung an klaren Tagen berechnen. Abb. 2.19 zeigt die *direkte Sonnenstrahlung* auf eine Normalfläche an klaren Tagen im Juli für 50° nördlicher Breite in Abhängigkeit von der Tageszeit, und zwar für unterschiedliche Trübungsfaktoren zwischen $T = 2$ und $T = 6$.

Ein Teil der an Gasmolekülen der Atmosphäre, Dunstteilchen und Wolken reflektierten Sonnenstrahlung trifft als *diffuse Himmelsstrahlung* die Erdoberfläche. Sie kann als weitgehend unabhängig von der Himmelsrichtung angesehen, für vertikale Flächen bei Vernachlässigung der

[1] LINKE, F., u. K. BODA: Vorschläge zur Berechnung des Trübungsgrades der Atmosphäre. Meteorol. Z. 39 (1922) 161.

[2] NEHRING, G.: Über den Wärmefluß durch Außenwände und Dächer in klimatisierte Räume infolge der periodischen Tagesgänge der bestimmenden meteorologischen Elemente. München 1962. — Berlin, Techn. Univ., Dr.-Ing.-Diss. Auch in: Gesundh.-Ing. 83 (1962) 185/89, 230/42, 253/69.

[3] STEINHAUSER, F.: Die mittlere Trübung der Luft an verschiedenen Orten, beurteilt nach Linkes Trübungsfaktoren. Gerl. Beitr. z. Geoph. 42 (1934) 110.

Reflexionsstrahlung durch die Nachbarschaft als gleich angesetzt werden. Ihre Intensität ist über der Wellenlänge ähnlich wie bei der direkten Sonnenstrahlung verteilt.

Die in der Atmosphäre – im wesentlichen durch den Wasserdampf — *absorbierte* Sonnenenergie wird als langwellige Strahlung (3 bis 60 μm) wieder abgegeben, und der auf eine horizontale Fläche fallende Anteil wird von den Meteorologen als *atmosphärische Gegenstrahlung* registriert[1]. Man faßt sie bei technischen Strahlungsrechnungen zumeist mit der Reflexionsstrahlung der Umgebung zusammen. Zu beachten ist jedoch, daß die letztere je nach den örtlichen Bedingungen (Bebauung in der Nachbarschaft, Reflexionszahlen der Umgebungsflächen und Lage der Bestrahlungsfläche) verschieden ist.

B. Gesamtstrahlung bei verschiedenen Flächenanordnungen

Die Summe von direkter Sonnen- und diffuser Himmelsstrahlung ohne die atmosphärische Gegenstrahlung wird als *Gesamtstrahlung* bezeichnet, für horizontale Flächen ohne Reflexstrahlung durch die Umgebung auch als Globalstrahlung.

1. Tagesgang im Sommer

In Abb. 2.20 ist der Tagesgang der Globalstrahlung und der diffusen Strahlung nach Messungen von HINZPETER[2] in Potsdam aufgetragen. Die Direktstrahlung ergibt sich daraus als Differenz zwischen beiden Beobachtungswerten. Zum Vergleich sind die für verschiedene Trübungsfaktoren errechneten Zahlenwerte der direkten Sonnenstrahlung mit eingezeichnet. Die Übereinstimmung im Tagesgang zwischen Meß- und Rechenwerten ist sehr gut, der Trübungsfaktor mit $T = 3{,}9$ für Potsdam praktisch der gleiche wie er von anderer Seite festgestellt wurde.

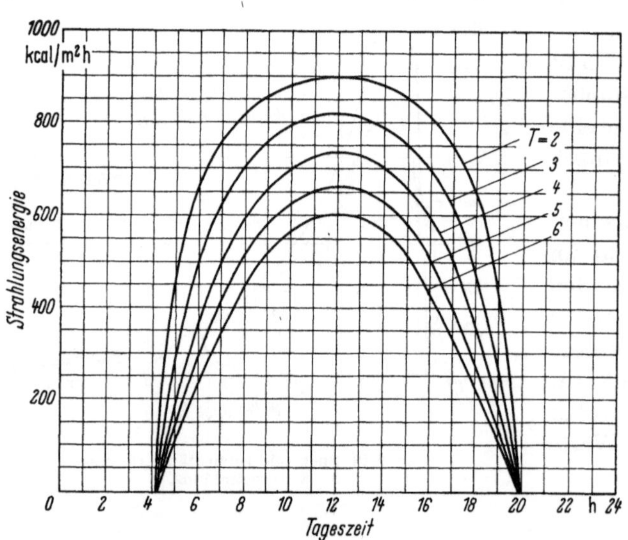

Abb. 2.19. Direkte Normalstrahlung an klaren Julitagen für 50° nördlicher Breite (nach NEHRING).

Für senkrechte Flächen ergeben sich bei mittlerer Trübung der Atmosphäre ($T = 4$) die aus Abb. 2.21 zu entnehmenden Werte der Gesamt- und Diffusstrahlung an einem klaren Julitag für 50° nördlicher Breite. Die geringe Richtungsabhängigkeit der Diffusstrahlung ist hier vernachlässigt. Besonders auffällig ist daran, daß die eingestrahlte Energie bei der Südwand im Hochsommer wesentlich geringer ist als bei den Ost- und Westwänden, und zwar sowohl im Höchstwert als auch im Summenwert über die Gesamtdauer der möglichen Besonnung.

2. Jahresgang

Im Verlauf eines Jahres ändert sich mit der Sonnendeklination auch die Strahlungsintensität. Einen Anhalt über die jahreszeitliche Änderung der Höchstwerte bei verschiedener Flächenlage gibt Abb. 2.22. Sie basiert auf Berechnungen von SCHUBERT[3], deren Ausgangswerte wiederum

---

[1] Dieser nicht mit den üblichen Solarimetern erfaßbare Anteil wird mittels des Strahlungsbilanzmessers von R. Schulze bestimmt. Siehe dazu: SCHULZE, R.: Über ein Strahlungsmeßgerät mit ultrarotdurchlässiger Windschutzhaube am Meteorologischen Observatorium Hamburg. Geofis. pura e appl. 25 (1953), 107/114.

[2] HINZPETER, H.: Studie zum Strahlungsklima von Potsdam. Veröff. d. meteorol. u. hydrol. Dienstes der DDR Nr. 10 (1953)

[3] SCHUBERT, J.: Meteor. Z. 45 (1928) 1/16.

Meßergebnisse sind, die in den Absolutwerten nicht mit den oben wiedergegebenen übereinstimmen. Charakteristisch ist der Verlauf der Strahlungsintensität bei der Südwand, die in den

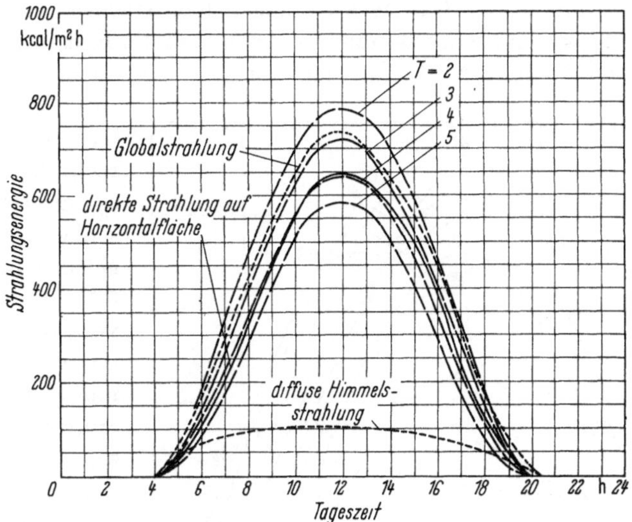

Abb. 2.20. Tagesgang von Global-, Diffus- und Direktstrahlung auf eine horizontale Fläche in Potsdam (nach HINZPETER).

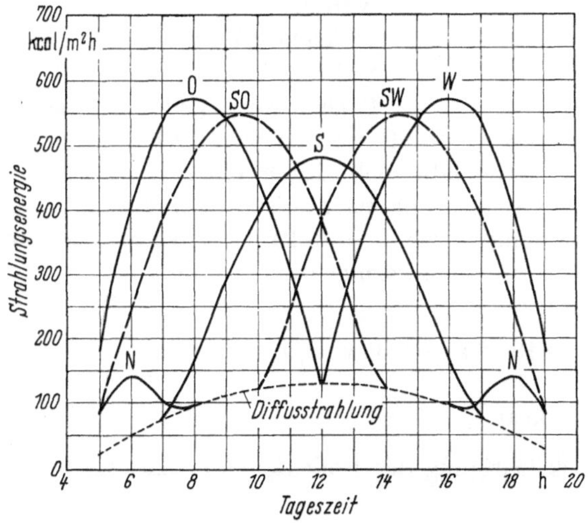

Abb. 2.21. Tagesgang der Gesamt- und Diffusstrahlung an klaren Julitagen auf senkrechte Flächen für 50° nördlicher Breite (nach NEHRING).

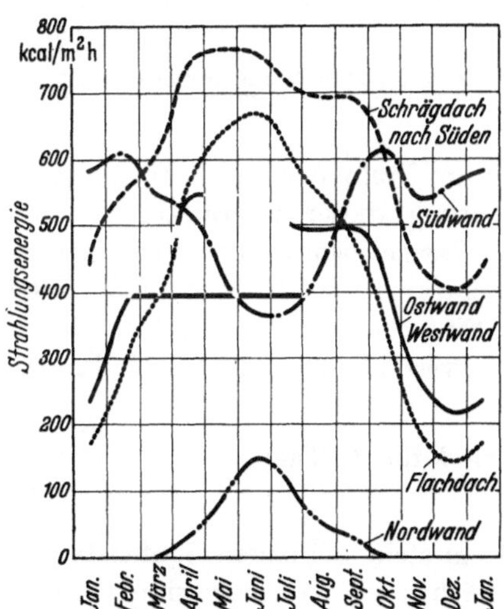

Abb. 2.22. Jahresgang der Sonnenstrahlung.

Übergangsmonaten zwischen Winter und Sommer ihre Maxima erreicht. Gesamtstrahlungswerte für andere Tageszeiten und Zwischenlagen der Himmelsrichtungen sind in den Zahlentafeln im Anhang des zweiten Bandes enthalten.

C. Die Bedeutung der Sonnenstrahlung für die Heizung und Kühlung von Gebäuden

1. Einfluß auf die Raumerwärmung

Die in den Abb. 2.19 bis 2.21 wiedergegebenen Strahlungswerte gelten durchweg für klare bewölkungsfreie Tage. Für große Teile der Heizperiode ist in Mitteleuropa jedoch mit mehr oder weniger starker Bewölkung zu rechnen. Bedenkt man noch, daß im allgemeinen die tiefsten

Außentemperaturen in die Zeiten sehr kurzer möglicher Sonnenscheindauer fallen, so wird verständlich, daß bei der Bemessung der Heizanlagen die unsichere und relativ geringe Energiezufuhr durch Sonnenstrahlung außer Betracht bleibt. Bei höherer Außentemperatur wirkt sich die Strahlungswärmezufuhr in der Raumerwärmung jedoch stärker aus, insbesondere bei Fensterflächen in Süd-, Südost- und Südwestwänden. Auch sind die Baustoffe der Süd- und Südostwände im allgemeinen trockener als die der übrigen, vor allem der nach Norden gerichteten Wände. Zum Ausgleich erhalten bei der Wärmebedarfsrechnung die mehr nördlich orientierten Räume einen Zuschlag von 5%, die nach Süden gelegenen einen Abzug von 5% des Transmissionswärmeverlustes, s. neunter Abschnitt im zweiten Band. Der Überwärmung der Süd-, Südwest- und Südosträume in der Übergangszeit kann am besten durch Zonenregelung des Heizbetriebes begegnet werden, wie es schon zum Ausgleich der Windeinwirkung auf S. 55 empfohlen wurde.

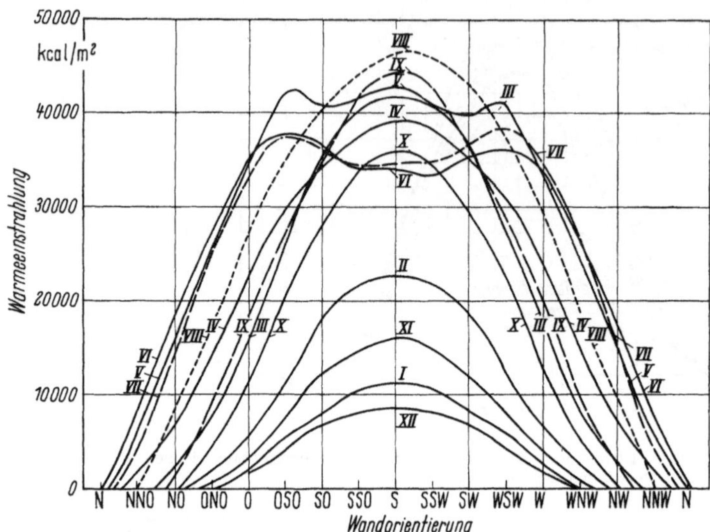

Abb. 2.23. Tatsächliche Wärmeeinstrahlung auf Wände beliebiger Orientierung bei freiem Horizont für die einzelnen Monate (nach ROEDLER).

Welche Wärmemengen senkrechten Wand- bzw. Fensterflächen verschiedener Orientierung im Laufe der einzelnen Monate eines Jahres zugestrahlt werden. zeigt Abb. 2.23[1]. Die Bedeutung dieser Energiezufuhr für die Heizaufgabe läßt sich durch einen Vergleich mit dem Wärmeverlust einer Fensterfläche gleicher Orientierung nachweisen. Bei einer Außentemperatur $t_a = 0$ °C und einer mittleren Innentemperatur $t_i = +19$ °C errechnet sich für eine Einfachglasfläche von 1 m² der tägliche Transmissionswärmeverlust q_T zu (Mittelwert für Dezember und Januar in Berlin)

$$q_T = k\,(t_i - t_a) \cdot 24 = 5 \cdot 19 \cdot 24 = 2280 \text{ kcal/d},$$

das sind für 31 Tage

$$Q_T = 70\,700 \text{ kcal}.$$

Dem steht bei einem Südfenster unter Berücksichtigung der Reflexion und Absorption der Glasflächen ein Wärmegewinn gegenüber von

$$Q_S \approx 8000 \text{ bis } 9000 \text{ kcal je Monat},$$

das sind etwa 11 bis 12% der Transmissionswärmeverluste. Für eine zweifache Verglasung ist das Verhältnis günstiger, theoretisch auch für eine Wandfläche mit entsprechend niedriger Wärmedurchgangszahl. Bei speichernden Wandelementen kommt der größte Teil der absorbierten Strahlungsenergie jedoch nicht dem Raum zugute; er wird vielmehr in den folgenden Stunden nach außen wieder abgegeben. Da den übrigen Wänden eines Raumes bzw. Hauses in den Hauptwintermonaten keine wesentlichen Energiemengen durch Strahlung zufließen, beträgt die Wärmeeinsparung insgesamt nur wenige Prozente des Heizwärmebedarfs[2].

Mit zunehmender Außentemperatur verändert sich das Bild. Der Transmissionswärmeverlust geht zurück, die Sonneneinstrahlung erreicht bereits in der zweiten Hälfte des Februar, vor allem

[1] ROEDLER, F.: Die wahre Sonneneinstrahlung auf Gebäude. II. Teil: Berücksichtigung der Beschattung und Bewölkung. Gesundh.-Ing. 74 (1953) 337/50.

[2] FRANK, W.: Wärmeverbrauch und Gradtagzahlen besonnter Räume in Abhängigkeit von Fensterrichtung und Fenstergröße. Heizg.-Lüftg.-Haustechn. 12 (1961) 9/14.

aber in den Monaten März und April bzw. Oktober für südlich orientierte Wände recht hohe Werte. Sie decken zeitweise nicht nur die Wärmeverluste dieser Wände, sondern führen bei großem Anteil der Fensterflächen und unzureichendem Sonnenschutz evtl. schon zu Belästigungen der Rauminsassen durch überhöhte Innentemperaturen.

In solchen Fällen sind Heizsysteme mit geringer Trägheit zu wählen, die möglichst verzögerungsfrei die erforderlichen Leistungsänderungen zulassen.

Besonders deutlich zeigt sich der Einfluß der Sonnenstrahlung auf den Wärmehaushalt eines Gebäudes in der Übergangszeit bei klimatisierten neuzeitlichen Bürohäusern. Die Südseiten, zeitweise auch die Ost- und Westseiten, müssen gekühlt werden, während in den mehr nördlich orientierten Räumen noch die Heizung voll in Betrieb ist.

Die Problematik der Gradtage als heiztechnischer Kennwert für die Klimalage eines Ortes wird hier deutlich. In der Übergangszeit wird evtl. der Zusammenhang zwischen dem Wärmebedarf und der Temperaturdifferenz $(t_i - t_a)$ überdeckt und damit aufgehoben durch die in den Gradtagen nicht erscheinende Sonneneinwirkung.

2. Einfluß auf die Kühllast

Eine weit wichtigere Rolle als bei der Gebäudeheizung spielt die Sonneneinstrahlung bei der Kühlhaltung der Räume im Sommer[1]. Die über Fenster und Außenwände in die Räume einströmende Strahlungswärme ist meist ein Vielfaches des durch die höhere Außenlufttemperatur verursachten Wärmedurchgangs nach innen. Sie bestimmt bei klimatisierten Gebäuden in erster Linie die zur Raumkühlung vorzuhaltende Kälteleistung. Nur bei Räumen mit starker innerer Wärmeentwicklung und kleinen Außenwandflächen liegen die Verhältnisse anders.

a) Gebäudewände

Die von der Sonne bestrahlte Gebäudewand nimmt nicht die gesamte auftreffende Strahlungswärme auf, sondern wirft einen Teil davon zurück. Maßgebend für die Wärmeaufnahme der Wand ist die Absorptionszahl A ihrer Außenfläche. Sie beträgt:

bei dunklen Flächen . . . . $A = 0{,}9$
bei grauen Flächen (auch rote und grüne Anstriche) . . . $A = 0{,}7$
bei hellen Flächen . . . . $A = 0{,}5$

Bei Gebäudewandungen ist in den meisten Fällen $A = 0{,}7$ zutreffend, weil auch hell gestrichene Oberflächen allmählich verschmutzen und dann wie graue Flächen wirken. Erwärmt sich die Wand unter dem Einfluß der Sonnenstrahlen auf Temperaturen, die über der Außenlufttemperatur liegen, so gibt die Wand wiederum einen Teil der aufgenommenen Wärme durch Strahlung und Konvektion nach außen ab. Nur die Restwärme wandert nach innen, wo sie jedoch erst mit zeitlicher Nacheilung und in gedämpften Leistungswerten abgegeben wird.

Nacheilung und Dämpfung hängen wesentlich von dem Aufbau der Wand ab. Je höher das Flächengewicht einer Wandkonstruktion und ihr Wärmespeichervermögen ist, um so größer ist die zeitliche Verzögerung und auch die Amplitudendämpfung des von außen kommenden, periodisch über 24 Stunden sich ändernden Wärmestroms. Bei einer 30 cm dicken Vollziegelwand beträgt beispielsweise die Nacheilung etwa 10 Stunden und die Amplitudenschwächung rund 30%. Da an Sommertagen mit hoher Sonneneinstrahlung auch die Tagesschwankungen der Außenlufttemperatur zumeist groß, d. h. die Nachttemperaturen relativ niedrig sind, ist der nach außen abströmende Teil der aufgenommenen Sonnenenergie recht hoch. Die Nacheilung des Wärmestroms bedeutet zudem eine wirksame Entlastung der Klimaanlage in den Spitzenzeiten der Kühllast, sofern nicht unter Hinnahme einer begrenzten Steigerung der Innentemperatur auf eine Kühlung der Räume überhaupt verzichtet werden kann.

Ungünstiger verhalten sich in dieser Hinsicht moderne Bauten mit dünnen und leichten Außenwandkonstruktionen, wie sie besonders bei Hochhäusern heute üblich sind. Dämpfung

[1] Roedler, F., u. G. Schlüter: Das Wohn- und Arbeitsklima in Häusern mit großen Glasflächen. Gesundh.-Ing. 84 (1963) 193/203, 235/40.

und Verzögerung der Sonnenstrahlungswirkung sind hier wesentlich schwächer, der Einfluß auf die Spitzenkühllast entsprechend stärker. Auf die Berechnung dieser Wärmeübertragungsvorgänge, die recht schwierig ist, wird im zweiten Band näher eingegangen, s. auch Fußnote 2 auf S. 63.

b) Fensterflächen

Fensterglas ist für die kurzwelligen Strahlen, die im Sonnenspektrum überwiegen, weitgehend durchlässig, während es die langwelligen Wärmestrahlen absorbiert. Daraus resultiert der bekannte Treibhauseffekt, der sich auch in der Überwärmung geschlossener Räume mit größeren Glasflächen bei Sonnenbestrahlung zeigt. Die Abhängigkeit der Durchlässigkeit d beim üblichen Fensterglas von der Wellenlänge der auftreffenden Strahlung ist in Abb. 2.24 dargestellt. Für den Wellenlängenbereich der besonders energiereichen Strahlen liegt bei 3 mm Glasdicke die Durchlässigkeit d zwischen 80 und 90%. Die gleichen Werte gelten auch für diffuse Strahlung, da deren spektrale Verteilung ähnlich ist wie die der direkten Sonnenstrahlung.

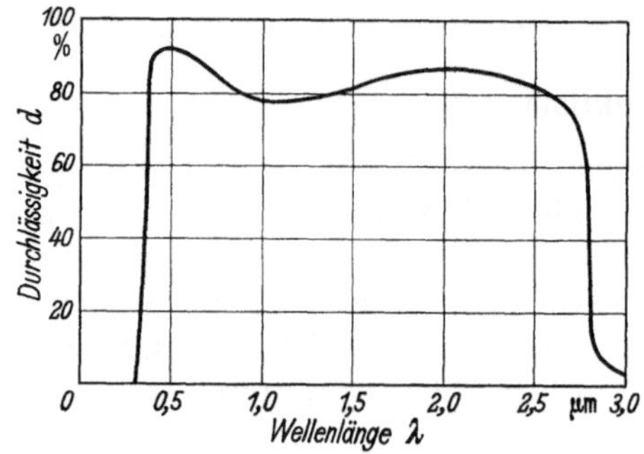

Abb. 2.24. Spektrale Strahlungsdurchlässigkeit von Fensterglas (Dicke $D = 2{,}8$ mm).

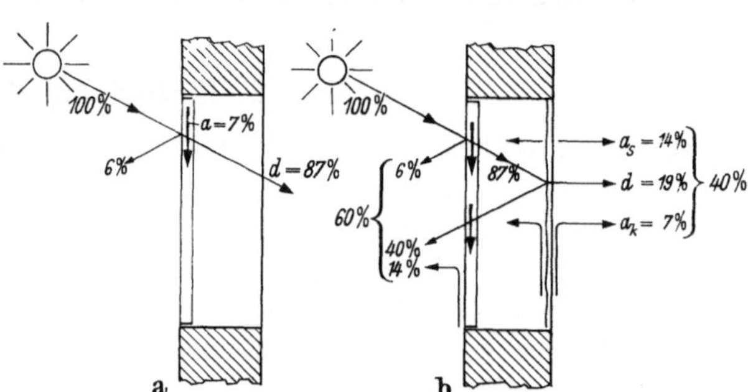

Abb. 2.25. Wärmeeinstrahlung durch einfach verglaste Fenster (nach CAEMMERER).
a) ungeschützt; b) mit innen angebrachtem Nesselvorhang.

Ein weiterer Teil der Sonnenstrahlung wird von der Glasfläche reflektiert. Dieser durch den Faktor r gekennzeichnete Reflexionsanteil beträgt etwa 6% bei Einfallswinkeln zwischen 40 und 90°. Bei kleinerem Einfallswinkel wächst r zwar rasch an, doch ist die Energiemenge unter diesen Bedingungen nur klein; man kann daher überschläglich mit einer einheitlichen Reflexionszahl rechnen.

Die vom Glas absorbierte Strahlung führt zu einer Erhöhung der Glastemperatur, so daß ein Teil der Absorptionswärme an die Außenluft abströmt und nur der Rest im Raum verbleibt. Abb. 2.25a zeigt die Strahlungsbilanz eines ungeschützten Einfachfensters. Von der Absorptionswärme a der Glasfläche gelangt etwa ein Drittel zusätzlich nach innen, so daß mit dem Durchlaßanteil von $d = 87\%$ insgesamt nahezu 90% der auftreffenden Sonnenstrahlung im Raum wirksam werden. Bei einer Doppelscheibe geht dieser Wert auf etwa 80% zurück.

3. Die Wirkung von Sonnenschutzeinrichtungen

Für die Kühlhaltung von Räumen ist in Anbetracht der sehr großen Energiemengen, die bei Sonnenstrahlung über die Glasflächen einströmen, eine maßvolle Auslegung der Fenster und ein wirksamer Sonnenschutz entscheidend. Die erste Maßnahme gehört in das Gebiet der Architektur; sie wird hier nicht behandelt. Auf die Wirksamkeit von Sonnenschutzeinrichtungen sei wegen ihrer Bedeutung für die Auslegung und die Betriebskosten von Klimaanlagen jedoch kurz eingegangen.

Der physikalische Vorgang soll zunächst am Beispiel eines Einfachfensters mit Sonnenschutz durch einen hellen inneren Nesselvorhang nach Messungen von CAEMMERER[1] verdeutlicht werden, s. Abb. 2.25b. Die von der Glasfläche durchgelassene Sonnenenergie (87% wie bei Abb. 2.25a) wird zu einem Teil vom Vorhang reflektiert. Nur 19% gehen direkt in den Raum;

[1] CAEMMERER, W.: Beitrag zum Problem des Sonnenschutzes von Fenstern. Gesundh.-Ing. 83 (1962) 349/57.

über die Vorhangerwärmung werden durch Strahlungs- und Konvektionswärmeaustausch nochmals 21% ($a_s + a_k$) an den Raum abgegeben. Insgesamt ist damit die im Raum verbliebene Energie auf 40% der auftreffenden eingeschränkt worden. Vorhänge dieser Art stellen sonach einen recht guten Sonnenschutz dar. Bei leichteren Vorhängen, insbesondere solchen aus synthetischen Stoffen, wird dieses günstige Ergebnis nicht erreicht.

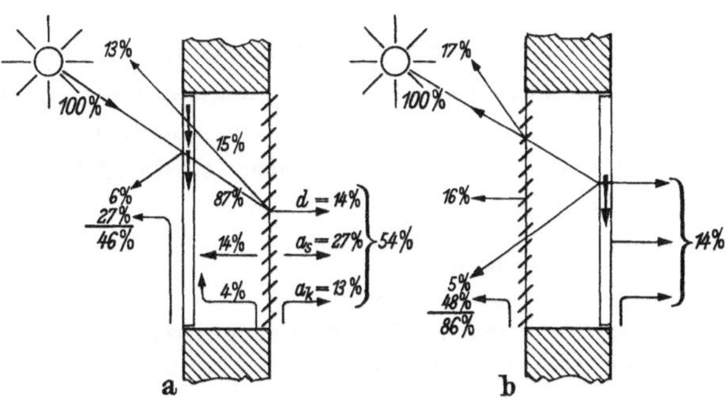

Abb. 2.26. Strahlungsbilanz für Fenster mit halb geöffneter Metalljalousie als Sonnenschutz (nach CAEMMERER).
a) Innenjalousie; b) Außenjalousie.

Am wirksamsten sind verstellbare Außenjalousien. In dem in Abb. 2.26b dargestellten Beispiel[1] gelangen nur 14% der Sonnenstrahlung in den Raum gegenüber 54% bei gleicher Ausführung, aber Innenanordnung der Jalousie nach Abb. 2.26a. Entscheidend ist bei der Außenanordnung nicht so sehr die höhere direkte Reflexion an der Oberfläche der Jalousie, sondern die nahezu vollständige Abführung der Jalousiewärme an die Außenluft. Die Farbe der Jalousie oder Staubablagerungen sind bei Außenanordnung sonach nur von geringem Einfluß, bei Innenanordnung dagegen von wesentlicher Bedeutung. Eine Übersicht über die Durchlässigkeit der wichtigsten Sonnenschutzeinrichtungen gibt Tabelle 2.11. Je nach der Ausführung und den verwendeten Materialien sind Abweichungen in dem angegebenen Bereich möglich. Die Werte gelten, mit Ausnahme des ersten Wertes (Außenjalousie), für Doppelverglasung. Für Einfachscheiben sind sie im allgemeinen um rund 10% höher.

Tabelle 2.11. *Durchlässigkeit für Sonnenstrahlung (kalorimetrisch). Näherungswerte, verglichen mit einer einfachen, ungeschützten Glasscheibe*

Außenjalousie, hell, 45° geöffnet	0,15
Innenjalousie, hell, 45°	0,5—0,6
Innenjalousie, mittel, 45°	0,6—0,7
Jalousie zwischen 2 Scheiben, hell, 45°	0,75
Vorhänge, hell bis mittel, je nach Stoffart	0,45—0,65
Vorhänge, hell bis mittel (Polyester, Nessel)	0,45
Absorptionsglas + Fensterglas, je nach Dicke	0,5—0,6
Reflexionsglas + Fensterglas	0,3—0,4

Ungünstig ist die Anordnung von Jalousien zwischen 2 Scheiben, es sei denn, daß der Zwischenraum mit der Außenluft in Verbindung steht und dadurch die absorbierte Strahlungsenergie zum großen Teil wieder nach außen abgeführt werden kann.

Bei Verwendung gefärbter Glasscheiben wird die energiereiche Strahlung im optischen Bereich teilweise absorbiert. Die außen angeordnete gefärbte Scheibe erwärmt sich dabei, gibt die Wärme aber bevorzugt an die Außenluft wieder ab. Von Nachteil ist, daß an trüben Tagen die Belichtung des Raumes beeinträchtigt wird.

Reflexionsgläser haben auf der inneren Seite eine aufgedampfte Metallschicht, durch die vor allem die Strahlung im Bereich größerer Wellenlängen zurückgehalten werden soll. Langjährige Erfahrungen liegen mit solchen Gläsern noch nicht vor. Bei Reflexion eines Teils der sichtbaren Strahlen treten leicht in der Nachbarschaft störende Spiegelungen auf.

Auch die über die Fenster eingestrahlte Sonnenenergie wird nur zu einem Teil an die Raumluft übertragen. Der andere Teil, insbesondere die direkt durchgehende Strahlung, wird vom Fußboden, von den Wänden und Einrichtungsgegenständen absorbiert, kommt also nur gedämpft und mit Verzögerung in der Kühllast des Raumes zur Auswirkung[2].

[1] Siehe Fußnote auf S. 62.

[2] LINKE, W.: Die Berechnung der Kühllast klimatisierter Vielraum-Gebäude. Wärme-, Lüftgs.- u. Gesundh.-Techn. 12 (1960) 257/65.

VI. Physikalische Grundlagen für das Rechnen mit feuchter Luft

A. Das Daltonsche Gesetz

Feuchte Luft kann als ein Gasgemisch mit den Bestandteilen trockene Luft und Wasserdampf aufgefaßt werden. Als Teildruck eines Bestandteiles bezeichnet man denjenigen Druck, den der betreffende Bestandteil auf die Gefäßwände ausüben würde, wenn er den Gefäßraum allein erfüllen würde, die anderen Bestandteile also nicht vorhanden wären.

Wir bezeichnen mit

p den Gesamtdruck,
p_l den Teildruck der Luft,
p_d den Teildruck des Dampfes (ungesättigt),
p_s den Teildruck des Dampfes (im Sättigungszustand).

Ferner sei darauf aufmerksam gemacht, daß man bei Feuchterechnungen meist den Druck in Torr (mm QS) und nicht in Atmosphären angibt.

Nach dem DALTONschen Gesetz ist der Teildruck eines Bestandteiles unabhängig von der Anwesenheit des anderen Bestandteiles; ferner ist der Gesamtdruck des Gemisches gleich der Summe der Teildrücke. Für feuchte Luft gilt also $p = p_l + p_d$. Der Gesamtdruck p darf in den meisten Fällen gleich dem Atmosphärendruck (im Mittel 760 Torr) gesetzt werden.

Der Teildruck des Wasserdampfes kann nie über einen bestimmten Betrag, welchen man den Sättigungsdruck nennt, ansteigen. Dieser Sättigungsdruck ist eine Funktion der Temperatur, wie nachstehende Übersicht zeigt:

t °C	0°	20°	40°	60°	80°	100°
p_s . . . Torr	4,6	17,5	55,3	149	355	760

Man kann den in feuchter Luft vorhandenen Teildruck des Dampfes als Bruchteil φ des Sättigungsdruckes angeben, der zur herrschenden Temperatur gehört, also nach Gl. (2.06) setzen

$$p_d = \varphi\, p_s.$$

B. Die relative Feuchte φ

Wie die nachstehende Rechnung beweist, ist die Größe φ in der Gl. (2.06) zugleich ein Maß für die Wasserdampfmenge in der Luft. Bei einer gegebenen Temperatur der Luft ist in einem Luftvolumen V nur eine bestimmte Höchstmenge an Wasserdampf möglich, die man Sättigungsfeuchte nennt. Die Größe φ gibt an, welcher Bruchteil dieser Höchstmenge an Wasserdampf in der Luft tatsächlich enthalten ist. Man nennt darum φ die *relative Feuchte.*

Ableitung. Für die Massen und die Volumina feuchter Luft sowie ihrer Bestandteile gelten die beiden Gleichungen

$$G_D + G_L = G,$$
$$V_D = V_L = V.$$

Mit großer Annäherung kann man die beiden Bestandteile trockene Luft und Wasserdampf sowie auch ihr Gemisch als ideale Gase betrachten und darauf die Zustandsgleichung für ideale Gase anwenden. Diese lautet:

$$p\,v = R\,T \quad \text{oder} \quad p\,V = G\,R\,T$$

oder

$$G = \frac{V}{T}\,\frac{1}{R}\,p. \tag{2.07}$$

Für die beiden Teildrücke setzen wir:

$$p_d = \varphi\, p_s,$$
$$p_l = p - p_d = p - \varphi\, p_s.$$

Damit wird aus Gl. (2.07) mit den Gaskonstanten R_L und R_D

$$\text{für die Luft:} \qquad G_L = \frac{V}{T}\,\frac{p - \varphi p_s}{R_L}, \qquad (2.08)$$

$$\text{für den Dampf:} \qquad G_D = \frac{V}{T}\,\frac{\varphi p_s}{R_D}, \qquad (2.09)$$

$$\text{für das Gemisch:} \qquad G = \frac{V}{T}\left[\frac{p}{R_L} - \varphi p_s\left(\frac{1}{R_L} - \frac{1}{R_D}\right)\right] \qquad (2.10)$$

1. Folgerung. Aus Gl. (2.09) folgt, daß das Volumen V der feuchten Luft folgende Wasserdampfmengen enthält

$$\text{im ungesättigten Zustand:} \qquad G_D = \frac{V}{T}\,\frac{\varphi p_s}{R_D},$$

$$\text{im gesättigten Zustand:} \qquad G_{Ds} = \frac{V}{T}\,\frac{p_s}{R_D}.$$

Letzteres ist der Höchstgehalt an Wasserdampf, der bei der betreffenden Temperatur überhaupt möglich ist. Definiert man den Begriff relative Feuchte durch den Quotienten $\frac{\text{tatsächliche Wasserdampfmenge}}{\text{höchstmögliche Wasserdampfmenge}}$, so erhalten wir

$$\text{relative Feuchte} = \frac{G_D}{G_{Ds}} = \frac{\varphi p_s}{p_s} = \varphi. \qquad (2.11)$$

Dies zeigt, daß die Größe φ, also das Verhältnis Teildruck des Dampfes zu Sättigungsdruck, zugleich ein Maß der Feuchte ist.

2. Folgerung. Die Dichte ϱ_φ der feuchten Luft ergibt sich aus Gl. (2.10), indem wir in ihr V gleich „1" setzen. Es ist

$$\varrho_\varphi = \frac{1}{T}\left[\frac{p}{R_L} - \varphi p_s\left(\frac{1}{R_L} - \frac{1}{R_D}\right)\right], \qquad (2.12)$$

$$\varrho_\varphi = \varrho_{trocken} - \frac{\varphi p_s}{T}\left(\frac{1}{R_L} - \frac{1}{R_D}\right);$$

da $R_L < R_D$, ist der Klammerausdruck positiv, also auch $\varrho_\varphi < \varrho_{trocken}$.

C. Der Wassergehalt x

Bei den meisten einschlägigen Aufgaben ändert sich bei dem zu betrachtenden Vorgang die Menge des Luftdampfgemisches infolge von Wasseraufnahme oder Wasserausscheidung, und es ändert sich sowohl das Volumen des Gemisches als auch das Volumen des Anteiles „trockene Luft" infolge von Temperaturänderungen. Die einzige Größe, welche konstant bleibt, ist die Menge des Anteiles trockener Luft. Man wählt deshalb die Menge G_L der trockenen Luft als die Bezugsgröße. Damit gelangt man zu einer zweiten Bezeichnungsart der Luftfeuchtigkeit, nämlich zu der Angabe

x kg Dampf auf 1 kg trockene Luft.

Im Gegensatz zur relativen Feuchtigkeit φ nennt man x den „Wassergehalt".

Unter Benutzung von Gl. (2.08) und Gl. (2.09) erhält man

$$x = \frac{G_D}{G_L} = \frac{\dfrac{\varphi p_s}{R_D}}{\dfrac{p - \varphi p_s}{R_L}} = \frac{R_L}{R_D}\,\frac{\varphi p_s}{p - \varphi p_s}. \qquad (2.13)$$

Diese Gleichung gibt den Zusammenhang zwischen den beiden Arten x und φ der Feuchteangabe.

Für den Sättigungszustand ($\varphi = 1$ und $x = x_s$) folgt

$$x_s = \frac{R_L}{R_D}\,\frac{p_s}{p - p_s}. \qquad (2.14)$$

Ist die Größe x gegeben, so können aus Gl. (2.13) die Teildrücke p_d und p_l und bei bekannter Temperatur auch die relative Feuchte φ ermittelt werden. Die entsprechenden Formeln dafür sind:

$$p_d = p\,\frac{x}{R_L/R_D + x}, \qquad (2.15)$$

$$p_l = p\frac{R_L/R_D}{R_L/R_D + x}, \quad (2.16)$$

$$\varphi = \frac{p}{p_s}\,\frac{x}{R_L/R_D + x}. \quad (2.17)$$

Die Gaskonstante beträgt

für trockene Luft: $R_L = 29{,}27\,\frac{\text{kpm}}{\text{kg grd}}$,

für Wasserdampf: $R_D = 47{,}06\,\frac{\text{kpm}}{\text{kg grd}}$.

Damit ist das in den Gln. (2.13) bis (2.17) auftretende Verhältnis beider

$$R_L/R_D = 0{,}622.$$

Wird feuchte Luft bei gleichbleibendem Wassergehalt x abgekühlt, so wächst mit abnehmender Temperatur die relative Luftfeuchte φ. Den Zustand, bei dem die Luft gesättigt ist ($\varphi = 1$), nennt man *Taupunkt*. Bei weiterer Abkühlung der Luft wird Wasser ausgeschieden.

D. Wärmeinhalt feuchter Luft

Der Wärmeinhalt[1] von 1 kg trockener Luft errechnet sich nach der Gleichung

$$i_l = c_{pl}\, t$$

und der Wärmeinhalt von 1 kg Wasserdampf nach der Gleichung

$$i_d = r + c_{pd}\, t.$$

Der Wärmeinhalt eines Gemisches, bestehend aus 1 kg trockener Luft und x kg Wasserdampf, ist sonach

$$i = c_{pl}\, t + c_{pd}\, x\, t + r\, x. \quad (2.18)$$

In diesen Gleichungen ist

c_{pl} die spezifische Wärme der trockenen Luft,
c_{pd} die spezifische Wärme des Wasserdampfes,
r die Verdampfungswärme des Wassers bei 0 °C.

E. Das i, x-Bild nach Mollier

1. Die Grundlagen des Diagramms

Die Gl. (2.18) läßt erkennen, daß sich in einem Diagramm die drei Linien $x =$ konst., $t =$ konst., $i =$ konst. durch Geraden darstellen lassen. Das von Mollier angegebene i, x-Bild, dessen Aufbau die Abb. 2.27 zeigen soll, hat schiefwinklige Koordinaten. Es ist so gezeichnet, daß die Gerade $t = 0$ auf die waagerechte x-Achse und die Gerade $x = 0$ auf die senkrechte i-Achse fällt. Nach Gl. (2.18) hat die Größe i auf der Geraden $t = 0$ den Wert $r\,x$.

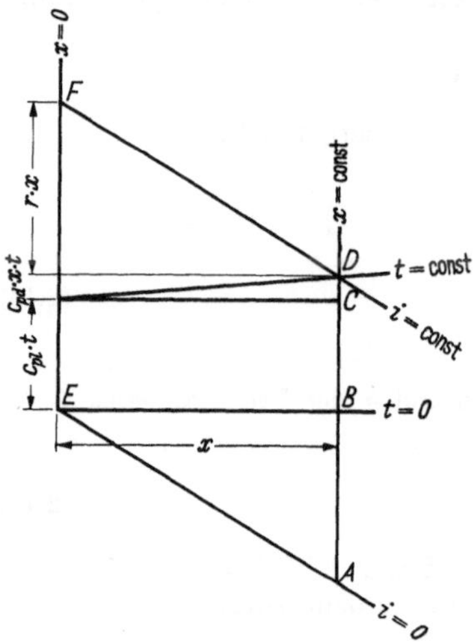

Abb. 2.27. Schematischer Aufbau des i, x-Bildes.

Wir erhalten daher die Gerade $i = 0$, wenn wir von einem Punkte x der Geraden $t = 0$ (x-Achse) in einem geeigneten Maßstabe die Strecke $A\,B = r\,x$ senkrecht nach unten abtragen und ihren Endpunkt A mit dem Nullpunkt E des Koordinatensystems verbinden (vgl. Abb. 2.27). Wird auf der Verlängerung von $A\,B$ nach oben hin zunächst die Strecke $B\,C = c_{pl}\, t$ und dann die Strecke $C\,D = c_{pd}\, x\, t$ abgetragen, so ist die Summe der drei Strecken:

$$A\,D = r\,x + c_{pl}\, t + c_{pd}\, x\, t = i,$$

d. h., die Feuchtluft hat im Punkte D den Wärmeinhalt i. Den gleichen Wärmeinhalt hat sie auch auf der i-Achse im Punkte F, wenn $D\,F$ parallel zur Geraden $i = 0$ gezogen wird.

[1] In der Thermodynamik als „Enthalpie“ bezeichnet.

Im MOLLIER-Schaubild liegen also
die Geraden $i = \text{konst.}$ parallel zur Geraden $i = 0$,
die Geraden $x = \text{konst.}$ parallel zur Geraden $x = 0$,
die Geraden $t = \text{konst.}$ mit der geringen Neigung $\operatorname{tg}\alpha = c_{pd}\, t$ zur Richtung der x-Achse.

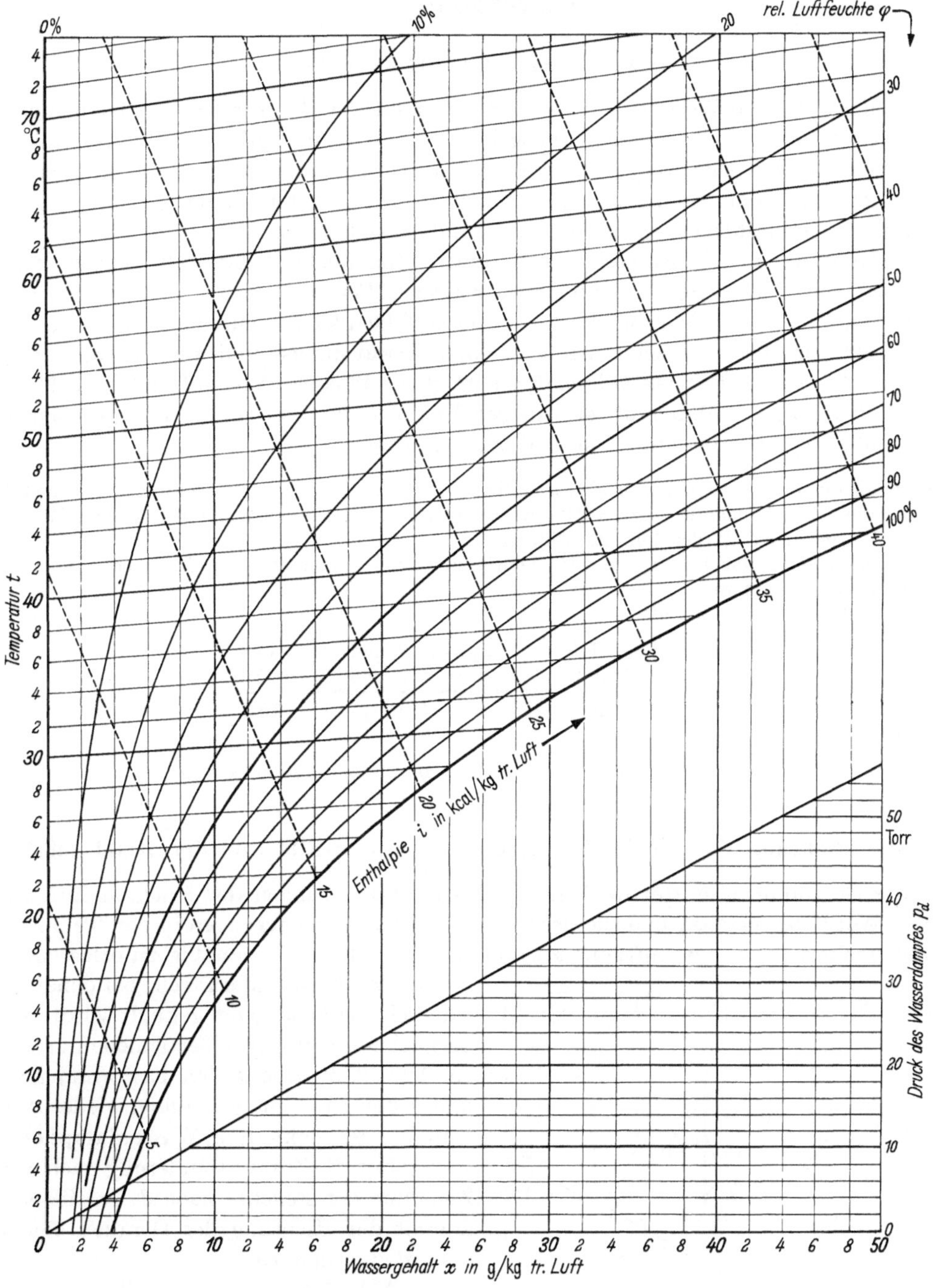

Abb. 2.28. i, x-Diagramm für feuchte Luft.

Da diese Neigung mit zunehmender Temperatur t größer wird, liegen die Geraden $t = \text{konst.}$ nicht parallel zueinander.

In Abb. 2.28 ist das i, x-Diagramm für feuchte Luft dargestellt. Es ist in vergrößertem Maßstab im zweiten Band auch als loses Arbeitsblatt enthalten. Den Diagrammen liegt die

Gl. (2.18) mit folgenden Zahlenwerten zugrunde

$$c_{pl} = 0{,}24 \text{ kcal/kg grd,}$$
$$c_{pd} = 0{,}44_5 \text{ kcal/kg grd,}$$
$$r = 597 \text{ kcal/kg,}$$

also

$$i = 0{,}24\, t + 0{,}44_5\, x\, t + 597\, x \text{ kcal/kg} \tag{2.18a}$$

Zu beachten ist, daß die Werte des Wassergehaltes x nicht in kg, sondern der bequemeren Zahlenwerte wegen in g auf der x-Achse angegeben sind. Die mit Hilfe der Gl. (2.17) in das Bild eingetragenen Kurven sind Linien gleicher relativer Feuchte φ, und zwar für einen Druck $p = 760$ Torr. Außerdem kann auf der schwach gekrümmten Linie im unteren Teil des Diagramms der Dampfdruck p_d der feuchten Luft abgelesen werden.

Jeder Punkt des i, x-Bildes stellt einen bestimmten Zustand der Luft dar; so kann man z. B. ablesen, daß Luft von 10 °C und 80% relativer Feuchte einen Wassergehalt x von 6 g je 1 kg Reinluft und einen Wärmeinhalt i von etwa 6 kcal/kg Reinluft aufweist.

Wird Luft von dieser Beschaffenheit in einer Erwärmungs- und Befeuchtungsanlage auf 30 °C und 60% relative Feuchte gebracht, so steigt ihr Wassergehalt auf 16 g und ihr Wärmeinhalt auf etwa 17 kcal. Man muß also in der Erwärmungs- und Befeuchtungsanlage je 1 kg trockene Luft 10 g Wasser und 11 kcal Wärme zuführen.

Beispiel. Einem Fabrikationsraum sollen stündlich 15000 m³ Luft von 28 °C und 60% relativer Feuchte zugeführt werden. Die Außenluft sei zu 8 °C und 80% relativer Feuchte angenommen. Welche Wassermenge und welche Wärmemenge ist der Luft zuzuführen?

Dem stündlichen Luftvolumen von 15000 m³ entspricht eine stündliche Luftmenge von 18000 kg ($\varrho = 1{,}2$ kg/m³ angenommen).

Aus der Abb. 2.28 lesen wir ab:

für die Zuluft:	$x_2 = 14{,}2$ und	$i_2 = 15{,}4$
für die Außenluft:	$x_1 = 5{,}3$ und	$i_1 = 5{,}1$
Unterschied:	$x_2 - x_1 = 8{,}9$;	$i_2 - i_1 = 10{,}3$

Es sind also zuzuführen:

$$18 \cdot 8{,}9 = 160 \text{ kg Wasser und } 18000 \cdot 10{,}3 = 186000 \text{ kcal/h.}$$

2. Die Richtung von Zustandsänderungen im i, x-Bild und der Randmaßstab

Das i, x-Diagramm gestattet es, beliebige Zustandsänderungen der feuchten Luft in übersichtlicher Weise darzustellen und die dabei auftretenden Veränderungen in den Temperaturen, dem Wassergehalt (bzw. der Luftfeuchte) und der Enthalpie zahlenmäßig zu erfassen.

Alle Zustandsänderungen, bei denen die Luft lediglich erwärmt oder gekühlt wird, verlaufen beispielsweise auf einer Vertikalen mit $x =$ konst. In Abb. 2.29 gibt a den Erwärmungsvorgang und b den Abkühlungsvorgang wieder. Wird der Luft bei der Abkühlung Wasserdampf entzogen, so verläuft die Zustandsänderung nach c, bei der Zunahme der Feuchte nach d. In diesen Fällen kommt der Richtung der Geraden eine besondere Bedeutung zu.

In Abb. 2.30 ist im i, x-Bild die Zustandsänderung des vorbesprochenen Beispiels durch die Verbindungslinie AB der Zustände $i_1\, x_1$ und

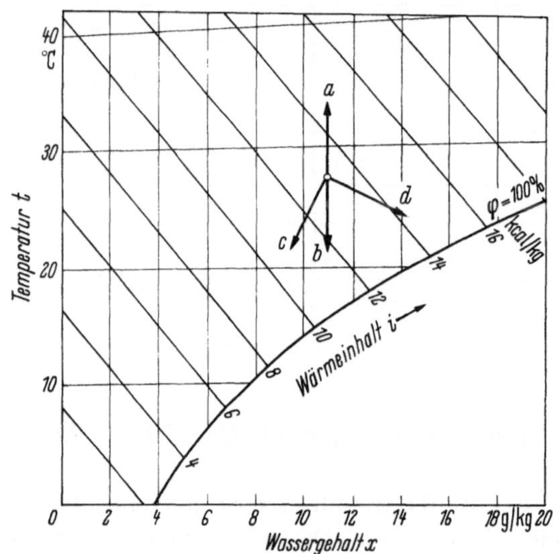

Abb. 2.29. Luftzustandsänderungen im i, x-Bild. a Erwärmung; b Kühlung (jeweils bei gleichbleibendem Wassergehalt); c Abkühlung unter Feuchteentzug; d Abkühlung unter Befeuchtung.

$i_2\,x_2$ gekennzeichnet. Sie bildet mit der senkrechten Geraden $x_2 =$ konst und der schrägen Geraden $i_1 =$ konst. das Dreieck $A\,B\,C$, dessen Höhe $A\,D = x_2 - x_1$ die Wassergehaltsänderung und dessen Grundlinie $B\,C = i_2 - i_1$ die Wärmeinhaltsänderung der feuchten Luft darstellt.

Ist α_1 der Neigungswinkel der x-Achse zu den Geraden $i =$ konst. und α_2 der Neigungswinkel der Zustandsgeraden $A\,B$ zur x-Achse, so erhält man, da die beiden Winkel auch im Dreieck ABC auftreten,

$$\mathrm{tg}\,\alpha_1 + \mathrm{tg}\,\alpha_2 = \frac{B\,C}{A\,D} = \qquad (2.19)$$

$$= \frac{i_2 - i_1}{x_2 - x_1} = \frac{\Delta\, i}{\Delta\, x}.$$

Der Bruch $\Delta\, i/\Delta\, x$ bezeichnet daher die durch die beiden Neigungen $\mathrm{tg}\,\alpha_1$ und $\mathrm{tg}\,\alpha_2$ gegebene Richtung der Zustandsänderung $A\,B$ zu den Geraden $i =$ konst. Andererseits ist nach Gl. (2.19) die Richtung der Zustandsänderung maßgebend für die Wärmeinhaltsänderung der feuchten Luft je kg zu- oder abgeführten Wasserdampfes.

Nach den aus Abb. 2.30 abzulesenden Zahlenwerten von i und x ergibt sich für die Richtung AB:

$$\frac{\Delta\, i}{\Delta\, x} = \frac{i_2 - i_1}{x_2 - x_1} =$$

$$= \frac{(12-8)\,1000}{8-4} = 1000 \text{ kcal/kg}.$$

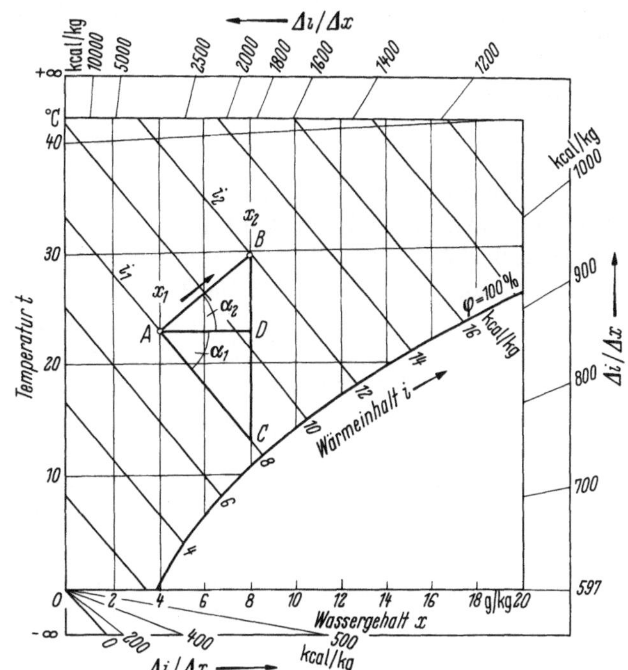

Abb. 2.30. Erläuterung des Randmaßstabes.

So ist jeder beliebigen Zustandsänderung ein bestimmter Zahlenwert zugeordnet. Bringt man nach dem Vorschlag von MOLLIER am Rande des i, x-Bildes nach dem Nullpunkt zielende Richtstrahlen mit ihren zugehörigen Zahlenwerten an, so kann man für jede Zustandsänderung den Wert $\Delta\, i/\Delta\, x$ am Randmaßstab ablesen. Zum Beispiel muß für die Gerade $A\,B$ in Abb. 2.30 $\Delta\, i/\Delta\, x = 1000$ sein, weil sie parallel zum Richtstrahl 1000 verläuft.

Für einige Sonderfälle lassen sich die Werte $\Delta\, i/\Delta\, x$ sofort angeben.

1. $A\,B$ liegt auf einer Geraden $x =$ konst.

$$\frac{\Delta\, i}{\Delta\, x} = \frac{(i_2 - i_1)}{0} = \infty.$$

2. $A\,B$ liegt auf einer Geraden $t =$ konst

$$\frac{\Delta\, i}{\Delta\, x} = 597 + 0{,}44_5\, t \text{ kcal/kg}.$$

3. $A\,B$ liegt parallel zur x-Achse ($t = 0$)

$$\frac{\Delta\, i}{\Delta\, x} = \frac{597\,(x_2 - x_1)}{x_2 - x_1} = 597 \text{ kcal/kg}.$$

4. $A\,B$ liegt auf einer Geraden $i =$ konst.

$$\frac{\Delta\, i}{\Delta\, x} = \frac{0}{(x_2 - x_1)} = 0.$$

Der für den Fall 2 angegebene Wert gilt jedoch nur oberhalb der Sättigungskurve.

3. Zustandsänderung der Luft unterhalb der Sättigungskurve

Wird gemäß Abb. 2.31 gesättigter feuchter Luft vom Zustand A (i_s, x_s, t) eine auf die Temperatur t gebrachte Wassermenge x_w kg je kg trockner Luft in feinster Verteilung, also in Nebelform, zugeführt, so ergibt sich dabei eine Zustandsänderung der Luft unterhalb der Sättigungskurve. Das Gemisch von gesättigter Luft und Wassernebel hat dann den Wärmeinhalt

$$i = i_s + x_w t. \tag{2.20}$$

Bezeichnen wir den Gesamtwassergehalt der Nebelluft mit x, so ist:

$$x_w = x - x_s$$

und

$$i = i_s + (x - x_s)\, t. \tag{2.21}$$

Daraus folgt:

$$\frac{i - i_s}{x - x_s} = \frac{\Delta i}{\Delta x} = t. \tag{2.22}$$

Der Zahlenwert von t gibt also die Richtung der Zustandsänderung an, die nach dem Randmaßstab der Abb. 2.30 nahezu mit der Richtung der Geraden i = konst. übereinstimmt. In dem sehr schmalen Dreieck ABC stellt die Seite AB die Zustandsänderung, die Grundlinie BC die Wärmeinhaltsänderung $i - i_s = x_w t$ und die Höhe AD die Wassergehaltsänderung $x - x_s = x_w$ dar.

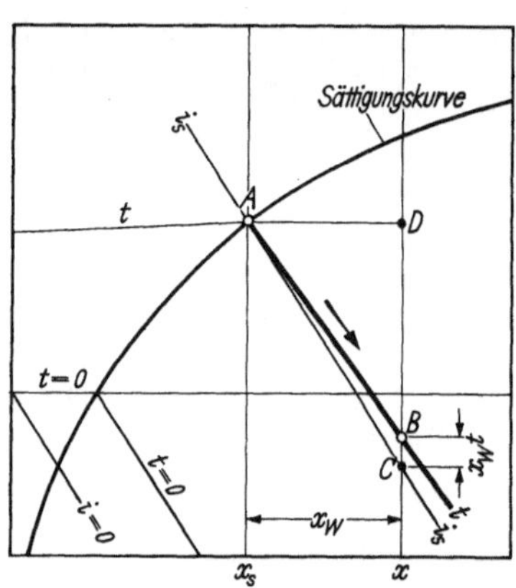

Abb. 2.31. Zustandsänderung im Nebelgebiet

Da das Wasser der gesättigten Luft mit der Temperatur t zugeführt wird, so muß das Gemisch im Endzustand B die gleiche Temperatur wie im Zustand A besitzen, d. h., die Zustandsänderung AB ist zugleich eine Gerade t = konst. in dem Gebiet unterhalb der Sättigungskurve. Man bezeichnet dieses Gebiet gewöhnlich als Nebelgebiet. In ihm weichen die Geraden t = konst, die hier Nebelisothermen genannt werden, in ihrer Richtung nur um die geringe Neigung $\Delta i/\Delta x = t$ von den Geraden i = konst ab. Zu beachten ist der große Richtungsunterschied der Isothermen beiderseits der Sättigungslinie.

4. Kühlung durch Wasseraufnahme

Wird Wasser feinzerstäubt in ungesättigte Luft eingespritzt, so verdampft es. Die notwendige Verdampfungswärme wird der freien Wärme der Luft entzogen, die Lufttemperatur sinkt entsprechend ab (Verdunstungskühlung). Dabei nimmt die relative Luftfeuchte durch die Wasserdampfaufnahme und die gleichlaufende Temperaturabsenkung zu. Die Temperatur, bei der die Luft bei diesem Vorgang den Sättigungszustand gerade erreicht, heißt *Kühlgrenze*. Sie stimmt überein mit der Anzeige eines befeuchteten Thermometers, an dem die Luft mit nicht zu geringer Geschwindigkeit vorbeigeführt wird, wie z. B. beim Psychrometer nach ASSMANN; man nennt sie deshalb auch *Feuchttemperatur*.

Bei der Wasseraufnahme ändert sich der Wärmeinhalt des Dampf-Luft-Gemisches nur um den Betrag $\Delta x\, c_{pw}\, t$, wobei $c_{pw}\, t$ die Wasserenthalpie ist. Die Zustandsänderung verläuft sonach, wie im vorhergehenden Abschnitt beschrieben, auf einer Geraden, die nur wenig von der Linie i = konst. abweicht.

Die Kühlgrenze läßt sich für einen beliebigen Zustand ungesättigter feuchter Luft aus dem i, x-Diagramm leicht entnehmen. Sie wird nämlich durch diejenige Nebelisotherme gekennzeichnet, die in ihrer Verlängerung in das Gebiet oberhalb der Sättigungslinie durch den betreffenden Luftzustandspunkt geht. Da im Temperaturgebiet der Klimatechnik die Neigungen der Nebelisotherme und der Linie i = konst. nahezu übereinstimmen, genügt es für Aufgaben der Praxis zumeist, von den im i, x-Diagramm eingezeichneten Linien gleichen Wärmeinhalts auszugehen.

Das i, x-Diagramm ermöglicht es umgekehrt auch, aus den Meßwerten der trockenen und feuchten Kugel eines Psychrometers die relative Feuchte φ der Luft zu ermitteln. Man sucht den Schnittpunkt der Temperaturlinie für die Trockenthermometeranzeige mit der verlängerten Nebelisotherme des Feuchtthermometerwertes im Schaubild und liest auf den φ-Linien die zugehörige Luftfeuchte ab.

5. Mischung zweier Luftmengen

Werden zwei Luftmengen mit L_1 und L_2 kg Reinluft, denen die Zustände $i_1\,x_1$ und $i_2\,x_2$ zugehören (Abb. 2.32), bei unveränderlichem Druck in einer wärmedichten Kammer gemischt, so gelten für die Mischluftmenge $L = (L_1 + L_2)$ kg vom Zustand $i_m\,x_m$ die Gleichungen:

$$L_1\,i_1 + L_2\,i_2 = (L_1 + L_2)\,i_m, \tag{2.23}$$

$$L_1\,x_1 + L_2\,x_2 = (L_1 + L_2)\,x_m. \tag{2.24}$$

Sie können nach Division durch L_2 auf folgende Form gebracht werden:

$$i_2 - i_m = \frac{L_1}{L_2}(i_m - i_1), \tag{2.23a}$$

$$x_2 - x_m = \frac{L_1}{L_2}(x_m - x_1). \tag{2.24a}$$

Aus den Gln. (2.23a) und (2.24a) folgt dann

$$\frac{i_2 - i_m}{x_2 - x_m} = \frac{i_m - i_1}{x_m - x_1}. \tag{2.25}$$

Diese wichtige Gleichung besagt, daß der Zustand $i_m\,x_m$ der Mischluft (Punkt m der Abb. 2.32) immer auf der durch die Zustandspunkte *1* und *2* der Teilluftmengen gezogenen Geraden liegen muß.

Ferner ist nach Gl. (2.24a)

$$\frac{x_2 - x_m}{x_m - x_1} = \frac{L_1}{L_2}, \tag{2.26}$$

Für die durch den Punkt m gebildeten beiden Teilstrecken l_1 und l_2 der Mischgeraden gilt dann die Gleichung:

$$\frac{l_2}{l_1} = \frac{x_2 - x_m}{x_m - x_1} = \frac{L_1}{L_2},$$

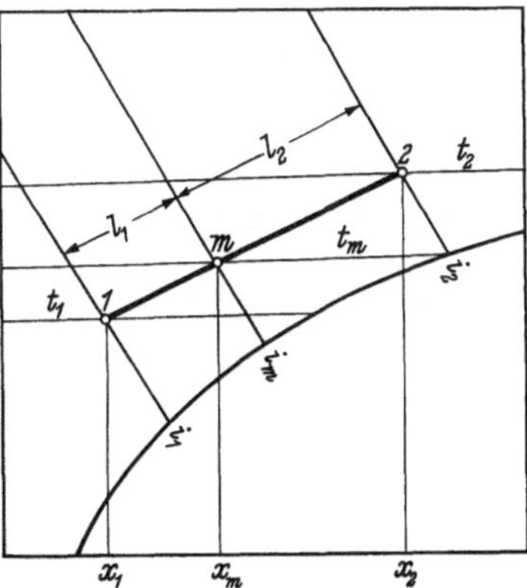

Abb. 2.32. Mischung zweier Luftmengen; Mischpunkt im ungesättigten Gebiet.

d. h., die Teilstrecken der Mischgeraden verhalten sich umgekehrt wie die Luftmengen L_1 und L_2. Der Punkt m liegt also näher dem Zustandspunkt der größeren Luftmenge. Er kann so in einfacher Weise in das i, x-Bild eingetragen und sein Zustand daraus abgelesen werden.

Der Mischungszustand ist auch rechnerisch zu ermitteln, solange er oberhalb der Sättigungskurve liegt. Zur Bestimmung von i_m und x_m dienen die Gln. (2.23) und (2.24). Die Mischtemperatur t_m ergibt sich aus Gl. (2.18) zu

$$t_m = \frac{i_m - r\,x_m}{c_{pl} + c_{pd}\,x_m} \tag{2.27}$$

oder aus der hieraus abzuleitenden Gleichung

$$t_m = \frac{n_1\,t_1 + n_2\,t_2}{n_1 + n_2}. \tag{2.28}$$

Darin ist

$$n_1 = (c_{pl} + c_{pd}\,x_1)\,L_1 \quad \text{und} \quad n_2 = (c_{pl} + c_{pd}\,x_2)\,L_2.$$

Innerhalb der bei Klimaanlagen vorkommenden Luftzustandsgrenzen haben die Klammerwerte, welche die spezifische Wärme c_p' der feuchten Luft bedeuten, nur den geringen Schwankungsbereich von 0,24 bis 0,25. Daher gilt mit guter Annäherung auch die in der Praxis benutzte Formel

$$t_m = \frac{L_1\,t_1 + L_2\,t_2}{L_1 + L_2}. \tag{2.29}$$

Beispiel. In der Mischkammer eines Klimagerätes werden stündlich $L_2' = 10000$ kg Raumluft von $t_2 = 20$ °C und $\varphi_2 = 70\%$ mit Außenluft von $t_1 = 5$ °C und $\varphi_1 = 90\%$ gemischt. Die gemessene Mischtemperatur beträgt $t_m = 17$ °C. Zu ermitteln ist die stündliche Außenluftmenge L_1'.

Es ist

$$L_1' = L_1(1 + x_1) \quad \text{und} \quad L_2' = L_2(1 + x_2).$$

Nach Gl. (2.13) erhält man

$$x_1 = 0{,}005\ \mathrm{kg/kg} \quad \text{und} \quad x_2 = 0{,}010\ \mathrm{kg/kg}.$$

Daher

$$L_2 = \frac{L_2'}{1 + x_2} = \frac{10000}{1{,}01} = 9900\ \mathrm{kg/h}.$$

Aus Gl. (2.29) folgt

$$L_1 = L_2 \frac{t_2 - t_m}{t_m - t_1} = \frac{9900 \cdot 3}{12} = 2480\ \mathrm{kg/h}.$$

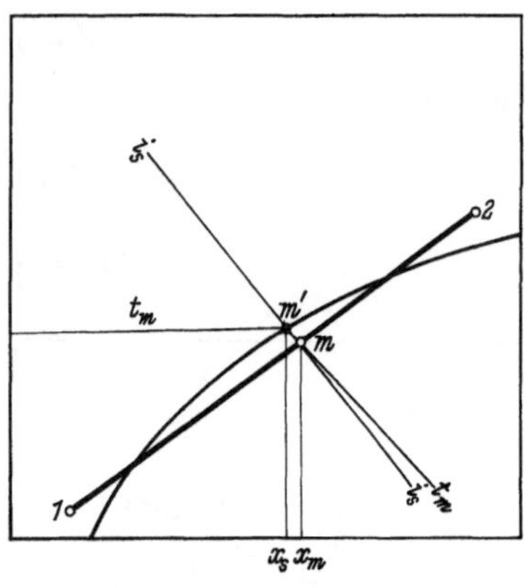

Abb. 2.33. Mischung zweier Luftmengen; Mischpunkt im gesättigten Gebiet.

Die Außenluftmenge beträgt somit

$$L_1' = L_1(1 + x_1) = 2480 \cdot 1{,}005 = 2490\ \mathrm{kg/h}.$$

Mit der genauen Gl. (2.28) berechnet, würde sich eine Außenluftmenge von $L_1' = 2520$ kg/h ergeben. Die Abweichung ist also sehr gering.

Fällt der Mischpunkt m, wie es Abb. 2.33 zeigt, in das Nebelgebiet, so muß zur Ermittlung seines Zustandes das i, x-Bild zu Hilfe genommen werden. Die durch m gehende Nebelisotherme sei t_m. Dann ist nach Gl. (2.21)

$$i_m = i_s + (x_m - x_s)\, t_m.$$

Das Mischen der beiden ungesättigten Luftmengen vom Zustand *1* und *2* führt also in diesem Falle zu gesättigter Luft vom Zustand i_s, x_s (Punkt m') und außerdem zur Ausscheidung von $(x_m - x_s)$ kg Wasser, das als Nebel in der gesättigten Luft enthalten ist.

Zweiter Teil

Systeme, Bauteile, Ausführung

Dritter Abschnitt

Einzelheizung

Die einfachste Form der Raumheizung ist die Ofenheizung. Das Heizgerät wird in dem zu erwärmenden Raum aufgestellt und gibt die bei der Energieumsetzung frei werdende Wärme über die Oberflächen (Heizflächen) unmittelbar an die Raumluft oder durch Strahlung an die umgebenden Oberflächen ab. Man bezeichnet diese Art der Raumerwärmung auch als Einzelheizung, im Gegensatz zur Zentralheizung, bei der durch Zwischenschaltung eines Wärmeträgers viele Räume von einer Wärmequelle aus beheizt werden.

Öfen werden vorwiegend verwendet in Räumen, die nur zeitweise oder unabhängig von Nachbarräumen geheizt werden sollen. Man unterscheidet die Öfen sowohl nach dem Baustoff (Kachel- und Eisenöfen) als auch nach dem zur Verwendung kommenden Energiemittel (Kohle-, Gas-, Öl- und elektrische Heizöfen).

I. Öfen für feste Brennstoffe

A. Grundsätzliche Anforderungen

Öfen für feste Brennstoffe müssen gewissen technischen und hygienischen Anforderungen genügen, um als vollwertige Heizgeräte zu gelten. Dazu gehören:

1. Hohe Wärmeausnutzung,
2. leichte Regelbarkeit,
3. einfache Bedienung und sauberer Betrieb,
4. möglichst gleichmäßige Raumerwärmung ohne Belästigung durch zu hohe Oberflächentemperaturen.

Die Wärmeausnutzung ist in erster Linie abhängig vom feuerungstechnischen Aufbau des Ofens, einer zweckmäßigen Brennstoffwahl und Bedienung sowie einer pfleglichen Wartung und Behandlung des Gerätes. Vor allem sind *Undichtheiten* oberhalb und unterhalb des Rostes zu vermeiden. *Oberhalb* des Rostes erhöhen sie den Luftüberschuß der Verbrennung und damit den Verlust durch freie Abgaswärme. Mit den größeren Abgasmengen wachsen die Strömungswiderstände in den Zügen stark an; auch wird vielfach der Schornstein überlastet. Undichtheiten *unterhalb* des Rostes beeinträchtigen die Regelbarkeit des Ofens, insbesondere seine Kleinstellbarkeit. Da aus klimatischen Gründen die Zeiten mittlerer und geringer Belastung überwiegen, ist bei allen Dauerbrandfeuerungen die Regelfähigkeit im unteren Leistungsbereich für den Brennstoffverbrauch entscheidend. Die Regelorgane müssen dicht schließen und leicht bewegbar sein.

Öfen werden von Laien bedient. Sie sollen daher im Aufbau einfach und in ihrer Wirkungsweise verständlich sein, um Falschbedienungen möglichst auszuschalten. Die Aufstellung in bewohnten Räumen macht außerdem Einrichtungen zur leichten Reinigung aller Ofenteile und staubfreien Entaschung notwendig. Füllöffnungen müssen groß genug sein für ein bequemes Beschicken der Feuerung. Der Rost soll sich bei geschlossenen Türen rütteln und die Asche durch Leitbleche in den Sammelkasten abführen lassen.

Je nach dem Aufbau eines Ofens und der Temperatur seiner Oberflächen ist der Anteil der Strahlungs- und Konvektionswärmeabgabe verschieden hoch[1]. Die Konvektionswärmeabgabe verursacht einen Luftkreislauf im Raum, wie er in Abb. 3.01 dargestellt ist. Er begünstigt den Ausgleich der Temperaturen in der Raumtiefe, verursacht aber auch ein deutliches Temperaturgefälle von der Raumdecke zum Fußboden hin. Die Strahlungswärmeabgabe kommt bevorzugt den Raumteilen in der Nähe des Ofens zugute. Bei der üblichen Aufstellung an Innenwänden entsteht daher zusätzlich ein Erwärmungsgefälle nach den Außenwänden hin.

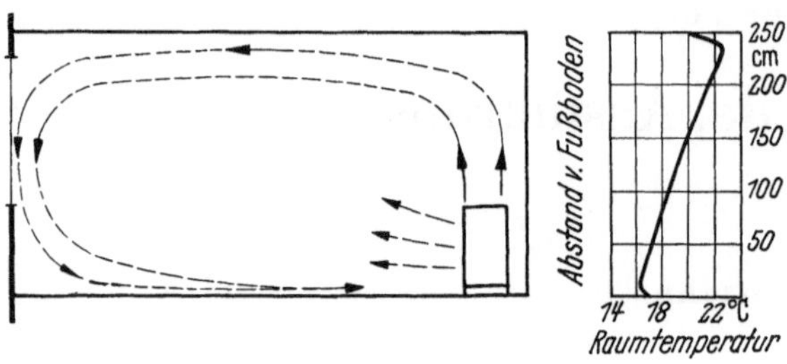

Abb. 3.01. Raumerwärmung beim Ofen.

Ungleichmäßigkeiten in der Raumerwärmung sind also bei der Ofenheizung nicht zu vermeiden. Sie wachsen mit der Raumhöhe und der Bauhöhe des Ofens, dem Abstand zwischen Ofen und Außenwand und dem Wärmebedarf. Besonders deutlich zeigt sich dies bei Eckräumen, großen und undichten Fenstern und während des Anheizvorganges.

Hohe Oberflächentemperaturen sind wegen der starken Strahlungswirkung und der Gefahr der Staubverschwelung unerwünscht. Die niedrige, breite Bauform herrscht heute beim Kachelofen wie beim Eisenofen vor. Glatte Oberflächen erleichtern die Sauberhaltung bzw. Reinigung und begünstigen gleichzeitig die für die Wärmeabgabe wichtige Luftbewegung an den Heizflächen. Durch Abrücken von der Schornsteinwand kann auch die Ofenrückseite als Heizfläche ausgenutzt und die Ofenleistung erhöht werden.

Für fast alle Ofenbauarten sind in einer Gemeinschaftsarbeit von Herstellern, Verbrauchern und Wissenschaftlern Richtlinien für den Bau einwandfreier Geräte aufgestellt worden, die neuerdings als Normen anerkannt sind. Darin werden u. a. auch die Mindestanforderungen an die Leistung und Wärmeausnutzung der Öfen sowie die Prüfbedingungen festgelegt.

B. Kachelöfen

1. Allgemeines

Kachelöfen sind Heizgeräte, die ausschließlich oder vorwiegend aus keramischen Materialien gefertigt sind. In seiner langen Entwicklungsgeschichte hat der Kachelofen vielerlei Wandlungen durchgemacht. Aus dem hohen und schweren Ofen für Holzverfeuerung mit zahlreichen unzugänglichen Zügen ist in den letzten Jahrzehnten eine feuerungs- und heiztechnisch hochwertige, dem neuzeitlichen Raum angepaßte Heizeinrichtung geworden. Der glatten niedrigen Außenform entspricht ein wesentlich vereinfachter innerer Aufbau. Die Verwendung von Braunkohlenbriketts und Steinkohlen erfordert im Gegensatz zur Holzverfeuerung einen Rost als Brennstoffträger und Luftverteiler. Der Feuerraum ist zur Verbesserung der Verbrennungsbedingungen größer geworden. Dadurch wird zugleich der Strahlungsanteil der an die Ofenwände übertragenen Wärmeleistung erhöht, man kommt mit kürzeren Ofenzügen aus. Mit der Verringerung des Ofengewichtes geht die Speicherwärme des Ofens zurück. Am Ende dieser Entwicklung steht der im Dauerbrand zu betreibende keramische Ofen, s. Abb. 3.04.

Die notwendige Heizleistung ergibt sich aus einer Wärmebedarfsrechnung nach DIN 4701[2], s. neunter Abschnitt im zweiten Band. Bei transportablen Öfen kann der Wärmebedarf an

[1] Schüle, W., u. U. Fauth: Untersuchungen über die Wärmeabgabe von Zimmeröfen. Gesundh.-Ing. 75 (1954) 290/295.

[2] DIN 4701. Regeln für die Berechnung des Wärmebedarfs von Gebäuden. Jan. 1959.

Hand der Raumgröße auch näherungsweise bestimmt werden, s. Abschnitt C 4, S. 83. Anhaltswerte für die spezifische Wärmeabgabe der Ofenoberfläche sind für die gebräuchlichsten Bauarten aus den einschlägigen Normblättern zu entnehmen.

2. Der Kachelgrundofen

Als Kachelgrundofen wird der ortsfeste, vom Handwerker erstellte Ofen bezeichnet, s. Abb. 3.02. Er ist in seiner Leistung auf die jeweiligen Verhältnisse abzustimmen. Kennzeichnend für den Kachelgrundofen ist die zeitliche Trennung von Wärmeerzeugung und Wärmeabgabe. Der Brennstoff wird ein- oder zweimal täglich aufgegeben und verbrennt in verhältnismäßig kurzer Zeit. Die dabei frei werdende Wärme wird in den Ofenwandungen gespeichert und erst später an den Raum abgegeben. Nach Abschluß der Verbrennung ist das Feuergeschränk dicht zu verschließen, damit nicht die nachströmende Luft den Ofenkörper von innen auskühlt und die Speicherwärme teilweise über den Schornstein verlorengeht. Auch die Ofenwände selbst und die Anschlußstellen des Feuergeschränks sind aus dem gleichen Grund dicht zu halten.

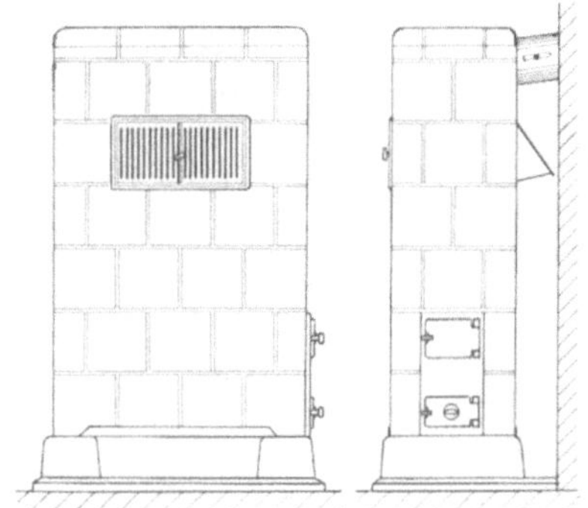

Abb. 3.02. Gesetzter Kachelofen.

Mit zunehmendem Wärmebedarf wird eine häufigere Brennstoffaufgabe bzw. die Verfeuerung jeweils größerer Brennstoffmengen notwendig. Eine rasch wirkende Leistungsregelung und eine kurzfristige Raumerwärmung ist wegen der starken Wärmespeicherung nicht möglich. Der Kachelgrundofen ist sonach eine *typische Heizeinrichtung für Dauererwärmung*. In den eigentlichen Wintermonaten macht sich bei Wohnbauten normaler Ausführung die Trägheit des Heizsystems i. allg. nicht störend bemerkbar, da die Wände, Decken und Einrichtungen eines Gebäudes ebenfalls erhebliche Wärmemengen speichern, Veränderungen des Außenklimas also ohnehin nur gedämpft und mit starker Verzögerung im Heizwärmebedarf zur Auswirkung kommen. Es genügt daher, die Tagesbrennstoffmenge den mittleren Witterungsbedingungen richtig anzupassen. Ungünstiger liegen die Verhältnisse in der Übergangszeit mit ihren starken Schwankungen der für den Heizwärmebedarf maßgebenden meteorologischen Elemente (Temperatur, Sonneneinstrahlung), insbesondere bei Gebäuden mit geringer Speicherfähigkeit. In solchen Fällen ist die Anpassung der Ofenleistung an den veränderlichen Wärmebedarf des Raumes schwierig.

Um auch die Unterseite des Ofens als Heizfläche auszunutzen, sind die neuzeitlichen Kachelöfen auf Füße oder Sockelleisten gestellt. Die Maße der Kacheln sind in DIN 409 festgelegt. Ausgehend von der quadratischen Kachel 22 × 22 cm wurden auch die erforderlichen Eisenteile, wie Roste, Feuertüren, Durchsichte u. dgl., genormt. Dem Handwerker geben weiterhin Mustervorlagen und Baurichtlinien die Handhaben zur Erstellung technisch einwandfreier Öfen[1]. Die vielseitige Gestaltungsmöglichkeit des keramischen Materials erlaubt die Anpassung des Ofenäußeren an jeden Stil und Geschmack.

Als Brennstoffe kommen gasreiche, langflammige Brennstoffarten, wie Braunkohlenbriketts, Holz, Torf und gewisse Steinkohlensorten mit nicht zu hohen Verbrennungstemperaturen in Frage. Unter der Temperatur des Feuerraumes dehnen sich die Ausbauteile. Der Rost muß in der Auflage entsprechendes Spiel haben. Die Feuerraumwände sind vom äußeren Kachelmantel unabhängig aufzuführen, so daß die Dehnung der hocherhitzten Innenbaustoffe nicht auf die Kacheln übertragen, das „Treiben“ des Kachelofens also vermieden wird, s. Abb. 3.03. Die Rostfläche beträgt $^1/_{80}$ bis $^1/_{120}$ der Ofenheizfläche. Der muldenförmige Brennstoffraum muß groß genug sein, um die Menge für ein einmaliges Aufheizen des Ofens aufnehmen zu können.

[1] Siehe DIN 18899. Kachelgrundöfen; Begriffe, Bau, Güte und Leistung. Aug. 1955.

Der Wandstärke nach unterscheidet man: schwere, mittelschwere und leichte Kachelgrundöfen mit Heizleistungen von 600, 800 bzw. 1000 bis 1500 kcal/m^{2}h.

Dickwandige Öfen weisen bei hoher Wärmespeicherung nur niedrige Oberflächentemperaturen, aber auch geringe spezifische Heizleistungen auf. Abb. 3.03 zeigt als Beispiel das Schnittbild eines mittelschweren Ofens mit Sturz- und Deckenzügen und Wärmeröhre. Wichtig ist, daß die Züge durch Reinigungskapseln zugänglich bleiben. Bei leichten Öfen verzichtet man meist auf die senkrechten Züge. Die Wärmespeicherung dieser Öfen reicht für längere Betriebspausen der Feuerung nicht aus; der Brennstoff muß deshalb häufiger nachgelegt werden oder der Ofen wird in regelrechtem Dauerbrand betrieben.

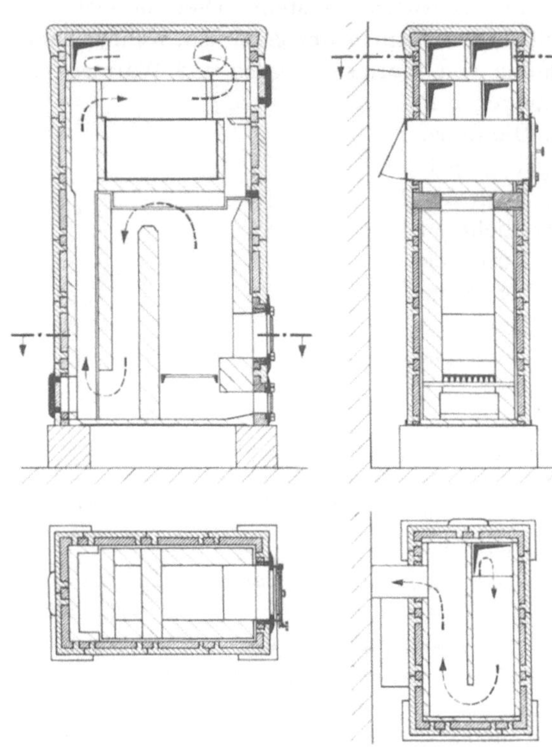

Abb. 3.03. Mittelschwerer Kachelofen.

Die schweren, stark speichernden Kachelöfen werden in Gegenden mit lang anhaltendem hartem Winter bevorzugt (Ost- und Nordeuropa, Gebirgsorte), die leichten bei milderem Klima (Westeuropa, Küstennähe). Die *Wärmeausnutzung* gut gebauter, dichter Kachelöfen liegt zwischen 70 und 80%.

Holz und Torf werden zweckmäßigerweise in Sonderbauarten verheizt. Diese Brennstoffe bedürfen eines besonders geräumigen Feuerraumes und zur Gewährleistung einer vollkommenen Verbrennung der aus der Brennzone abziehenden Schwelgase der Einführung vorgewärmter Oberluft. Da die Oberluft nur während der Entgasungsperiode zu Beginn des Verbrennungsvorgangs notwendig ist, später aber als Nebenluft die Leistung und Wärmeausnutzung des Ofens beeinträchtigt, erfordert die richtige Bedienung derartiger Öfen ein gewisses Verständnis.

Häufig werden Kachelgrundöfen in die Trennwand zweier Räume eingebaut, so daß von einer Feuerstelle aus zwei Zimmer geheizt werden können, s. Abb. 3.06. In diesen Fällen empfiehlt sich der Einbau von Warmluftkanälen, durch welche die konvektive Wärmeabgabe der Heizflächen verstärkt wird und zugleich die Wärmelieferung an die einzelnen Räume gesondert geregelt werden kann.

3. Der transportable keramische Dauerbrandofen

Kachelöfen lassen sich für kleine und mittlere Heizleistungen auch transportabel herstellen, s. Abb. 3.04. Die Wärmespeicherung der transportablen Öfen ist geringer als die der gesetzten Öfen, ihre Oberflächentemperaturen sind höher; oft werden diese Öfen mit einem eisernen Dauerbrandeinsatz ausgerüstet. Vorwiegend verwendet werden Durchbrandöfen, deren Türen, Regelvorrichtungen, Roste und sonstigen Feuerungsteile praktisch die gleichen sind wie beim Eisenofen. Für Bau und Prüfung transportabler Kachelöfen sind in den einschlägigen Normen[1] genaue Anweisungen enthalten, die sowohl für industriell als auch für handwerklich hergestellte Öfen gelten. Danach sind folgende spezifische Heizleistungen zu gewährleisten:

Für Öfen mit mehr als 65 mm Wandstärke 2000 kcal/m^2 h
Für Öfen mit weniger als 65 mm Wandstärke 2500 kcal/m^2 h
Für Öfen mit Eiseneinsatz (auf diesen bezogen) 4000 kcal/m^2 h

[1] DIN 18891. Transportable keramische Dauerbrandöfen; Richtlinien für Güte, Leistung und Prüfung. Apr. 1953.

Die „Nennheizleistung“ oder Regelleistung eines Ofens ergibt sich aus dem Produkt von Heizfläche und spezifischer Heizleistung. Dauerbrandöfen müssen um 50% ihrer Nennleistung überlastbar und auf 25% der Nennlast herabregelbar sein. Die Kleinstellbarkeit wird dabei in einem 12stündigen Dauerversuch mit einmaliger Brennstoffaufgabe überprüft. Nach Versuchsabschluß muß der Ofen mit eigener Glut wieder in Betrieb genommen werden können. Der Wirkungsgrad darf bei Regelleistung 70% nicht unterschreiten.

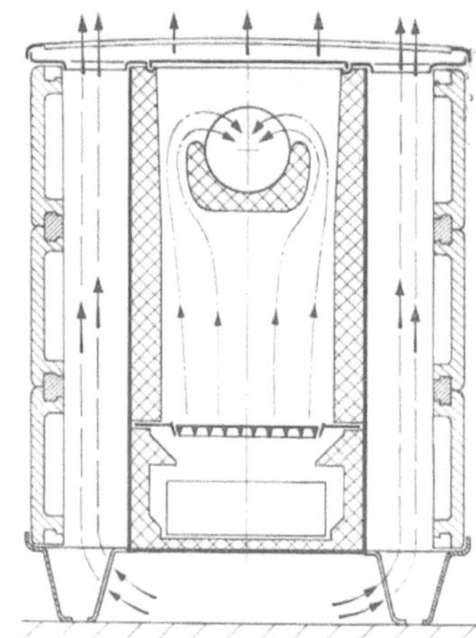
Abb. 3.04. Transportabler keramischer Dauerbrandofen.

Weitere Einzelheiten über die Güteanforderungen und ihren Nachweis sind aus DIN 18891 zu entnehmen.

In dieser Norm finden sich auch Anweisungen über die *Durchführung von Ofenversuchen* und die erforderlichen Prüfstandseinrichtungen. Sie sind besonders sorgfältig zu beachten, da die Nutzwärme bei Einzelöfen nur indirekt, d. h. aus den Verlusten, bestimmt werden kann und dabei häufig die Meßfehler die Verluste kleiner, den Wirkungsgrad sonach zu günstig erscheinen lassen.

Auf das oben erwähnte vereinfachte Verfahren zur Ermittlung der im Einzelfall erforderlichen Heizleistung und Ofengröße[1] wird bei Besprechung der Eisenöfen eingegangen.

4. Die Kachelofen-Luftheizung

Bereits beim Zweizimmer-Kachelofen war darauf hingewiesen worden, daß zur Erhöhung der Ofenleistung neben den Außenflächen vielfach auch innenliegende Bauteile als Heizflächen herangezogen werden. Von dieser Möglichkeit wird vor allem Gebrauch gemacht, wenn mehrere Räume von einem gemeinsamen Ofen beheizt werden sollen. Genaugenommen handelt es sich hierbei nicht mehr um Einzelheizung. Nur ein oder zwei der zu beheizenden Räume erhalten ihre Wärme unmittelbar von den Ofenflächen, bei den übrigen wird ein Wärmeträger, nämlich Luft, eingeschaltet. Da derartige Heizeinrichtungen sich feuerungstechnisch von Zweizimmer-Kachelöfen nur wenig unterscheiden, werden sie allgemein noch zur Kachelofenheizung gerechnet.

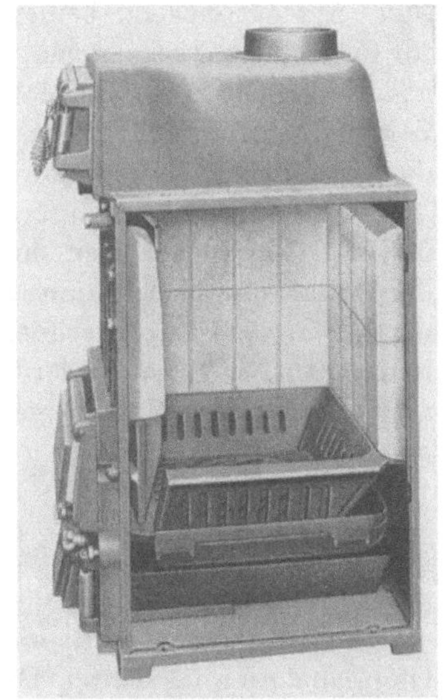
Abb. 3.05. Dauerbrandeinsatz für Kachelofenluftheizung.

Die zur Beheizung mehrerer Räume erforderliche Wärmeleistung läßt sich nur mit Hilfe von Dauerbrandeinsätzen erzielen. Als Einsätze werden meist schwere, gußeiserne Durchbrandöfen mit großem Füllraum verwendet, an deren Außenseiten die Raumluft vorbeistreicht und erwärmt wird, s. Abb. 3.05. Nachgeschaltete Heizgaszüge (Nachheizflächen) aus Stahlblech oder Kachelmauerwerk übernehmen die weitere Abkühlung der Verbrennungsgase; sie übertragen die Wärme an die umgewälzte Luft oder direkt an den Raum. Bis 90% der Heizleistung entfallen dabei auf den Einsatz und der Rest auf die Nachheizflächen. Zur Erleichterung der Bedienung und selbsttätigen Anpassung der Leistung an den Wärmebedarf des Hauptraumes erhalten die Ofeneinsätze zuweilen auch automatische Raumtemperaturregler, s. auch S. 81.

Zur Beheizung von Einzelhäusern setzt man den Ofen in die Mitte des Hauses, so daß die Entfernung zu den zu erwärmenden Räumen nur gering ist. Die Bedienungsstelle wird möglichst in den Flur gelegt, um jede Verschmutzung der Wohnräume zu vermeiden. Abb. 3.06 zeigt den Aufbau einer Kachelofen-Luftheizung für ein zweigeschossiges Siedlungshaus. An die Warmluftkammer sind 2 Wohn-

[1] DIN 18894. Transportable keramische Dauerbrandöfen; Raumheizvermögen. Jun. 1956.

räume im Erdgeschoß und 2 Schlafräume im Obergeschoß angeschlossen. Während die Wohnräume sowohl direkt als auch indirekt beheizt werden, sind die Schlafräume nur mit Warmluft zu erwärmen. Klappen und Jalousietüren ermöglichen die wahlweise Zufuhr der Warmluft zu den einzelnen Räumen und eine gewisse Regelung der Heizleistung. Die nach den oberen Räumen strömende Warmluft wird über die Türen und das Treppenhaus wieder in die Warmluftkammer zurückgeleitet. Der Luftkreislauf kommt hier allein durch Schwerkraftwirkung zustande. Dementsprechend ist die Luftförderung zu den Räumen in erheblichem Umfang von der Druckverteilung im Haus abhängig. Bei Windanfall strömt die Warmluft vorwiegend in die auf der Leeseite des Hauses gelegenen Räume. Die ohnehin durch die eindringende Außenluft kälteren Räume auf der Luvseite „gehen nicht mit". Das wirkt sich besonders bei der Erwärmung der oberen, auf die Warmluftzufuhr angewiesenen Räume aus. Dichtschließende Fenster bzw. Außentüren und aufmerksame Bedienung sind bei solchen Warmluftheizungen also Voraussetzungen für einen einwandfreien Betrieb. Scharfwinklige Richtungsänderungen der Warmluftwege sind zu vermeiden.

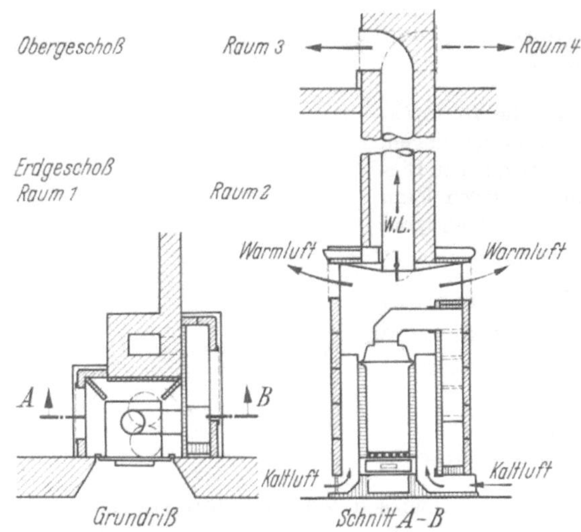

Abb. 3.06. Kachelofenluftheizung.

Die Warmluftlieferung läßt sich auch für Räume, die vom Ofen weiter entfernt liegen, sichern, wenn ein Ventilator unterhalb des Ofeneinsatzes eingebaut wird. Dem Ventilator wird dabei häufig ein Staubfilter vorgeschaltet, dessen Wirkung allerdings durch den geringen zulässigen Druckverlust (etwa 2 mm WS) begrenzt ist. Die Luftkanäle sollen im Innern glatt und im Querschnitt möglichst gleichmäßig sein. Auf ausreichend bemessene Luftein- und -auslässe ist zu achten. Die Luftkanäle müssen für Reinigungszwecke zugänglich bleiben; dasselbe gilt für die Warmluftkammern und die Rauchgasabzüge. Die zuverlässige Abdichtung zwischen den Rauchgas- und Luftwegen ist von Zeit zu Zeit zu überprüfen. Durch das Kanalsystem wird die Geräuschübertragung im Haus begünstigt; mit dem Umluftbetrieb ist weiterhin eine Verschleppung der Gerüche von Raum zu Raum verbunden.

Da bei Einfamilienhäusern die Wohn- und Schlafräume i. allg. wechselseitig bzw. zu verschiedenen Zeiten zu beheizen sind, wird für die Bestimmung der Gesamtleistung der Wärmebedarf der Schlaf- und Nebenräume nur zur Hälfte in Ansatz gebracht. Der Wärmebedarf ist im übrigen nach DIN 4701 zu berechnen. Bei der Bemessung der Luftkanäle sollte man die Warmlufttemperatur auch bei Volleistung nicht höher als 70 °C ansetzen[1]. Unter Berücksichtigung der nachgeschalteten Heizflächen kann die Leistung des Einsatzofens mit rund 5000 kcal/m² h angenommen werden.

C. Eisenöfen

1. Allgemeines

Beim Eisenofen wird, im Gegensatz zum Kachelofen, auf eine Wärmespeicherung in den Ofenbaustoffen verzichtet. Die Wärmeabgabe an den Raum setzt bald nach der Inbetriebnahme des Ofens ein und endet praktisch mit dem Abschluß des Verbrennungsvorganges.

Der Eisenofen wurde zunächst vorwiegend in Räumen verwendet, die nur zeitweise beheizt werden sollten. Man ging später dazu über, die Öfen mit reichlichem Füllschacht zu versehen. An die Stelle der Wärmespeicherung in den Ofenwänden trat also die Brennstoffspeicherung. Dabei galt es, zugleich die Feuerung so zu verbessern, daß der Abbrand und damit die Heiz.

[1] Weitere Rechnungsunterlagen s.: Technische Richtlinien für Warmluftheizungen. Hrsg. vom Zentralverband des Deutschen Kachelofen- und Luftheizungsbauerhandwerks e. V. Hannover 1964.

leistung geregelt werden konnten. Man erreicht dies, indem man die dem Ofen zugeführte Verbrennungsluftmenge ändert. Der technischen Durchbildung der dazu notwendigen Einrichtungen ist daher beim Eisenofen größte Bedeutung beizumessen. Sie sollen eine einfache und zuverlässige Regelung des Abbrandes und damit der Raumerwärmung ermöglichen, ohne daß der Ofen ständig überwacht werden muß. Die Güte eines eisernen Ofens hängt sonach wesentlich von der Beschaffenheit dieser Regelorgane und von seiner Dichtheit ab.

Das Fehlen der Wärmespeicherung hat den Vorteil, daß die Leistung des Ofens kurzfristigen Änderungen im Heizwärmebedarf, wie sie vor allem in Gegenden mit mildem Klima (Westdeutschland) und in der Übergangszeit auftreten, leicht angepaßt werden kann. Auch sind die Abmessungen des Eisenofens, verglichen mit speichernden Kachelöfen gleicher Leistung, kleiner, so daß sich selbst Öfen großer Leistung noch transportabel herstellen lassen. Mit der kleineren Heizfläche muß allerdings eine höhere Oberflächentemperatur in Kauf genommen werden. Es empfiehlt sich daher, den Ofen für einen gegebenen Wärmebedarf eher zu reichlich als zu knapp zu bemessen. Außer hygienischen Gründen sprechen auch technische dafür. Erfahrungsgemäß werden Räume mit Eisenöfen im Winter nicht ständig geheizt. Zum Anheizen eines ausgekühlten Raumes wird aber eine wesentlich höhere Leistung als beim Dauerbetrieb verlangt, da auch den Innenwänden, Decken und Einrichtungsgegenständen erhebliche Wärmemengen zugeführt werden müssen, bevor ein behagliches Raumklima erreicht wird. Es besteht die Gefahr, daß in dieser Zeit der Eisenofen überlastet wird. Mit zunehmender Belastung sinkt aber der Wirkungsgrad der Feuerung, der Ofen arbeitet unwirtschaftlicher, s. Abb. 3.08. Auch werden überlastete Öfen leicht undicht und verlieren damit ihre Regelfähigkeit. Wird die Heizwirkung eines Ofens durch zu hohe Oberflächentemperaturen lästig, so ist dies meistens ein Beweis dafür, daß der Ofen zu klein gewählt wurde oder falsch bedient wird.

Die Heizflächen sollen überall leicht zugänglich und reinigungsfähig sein. Emailglasuren mit ihrer glatten Oberfläche werden sonach nicht nur aus ästhetischen, sondern auch aus hygienischen Gründen bevorzugt. Zu hohe und damit in der Strahlungswirkung lästige Oberflächentemperaturen lassen sich vermeiden, wenn der Ofenkörper mit einem äußeren Stahl- oder gußeisernen Mantel umkleidet wird. Die durch den Hohlraum zwischen Ofen und Mantel strömende Raumluft erhöht den konvektiven Anteil der Wärmeabgabe solcher Bauarten auf 70 bis 85% der Gesamtleistung.

Die wichtigsten technischen Anforderungen an eiserne Dauerbrandöfen sind in DIN 18890 zusammengestellt[1]. Öfen, die dieser Norm entsprechen, können vom Hersteller mit dem DIN-Zeichen versehen werden. Der Abnehmer hat damit die Gewähr, daß das Erzeugnis sowohl in seinem Material und dessen Verarbeitung als auch in der baulichen Gestaltung und der feuerungstechnischen Durchbildung den Anforderungen der Praxis gerecht wird. Neben eingehenden Werkstoff- und Verarbeitungsvorschriften enthält die Norm u. a. auch Bestimmungen über die Bemessung der Rostflächen, Heizgaszüge und Rauchrohrstutzen sowie des Brennstoff-Füllraumes und des Aschekastens. Die Heizleistungen sind in einer Normreihe, beginnend mit 3200 und endend mit 8000 kcal/h, festgelegt, so daß bei gleichzeitig vereinbarter Heizflächenbelastung auch die Heizflächen der Öfen genormt sind.

Dem feuerungstechnischen Aufbau nach unterscheidet man Durchbrandöfen und Unterbrandöfen. *Durchbrand* ist eine Verfeuerungsweise fester Brennstoffe, bei der die gesamte Brennstoffüllung in Glut gerät (durchbrennt) und bei der im Verlaufe der Verbrennung die Glutschichthöhe abnimmt. Dagegen ist *Unterbrand* eine Verfeuerungsweise, bei der nur der untere Teil der Brennstoffüllung in Glut gerät und aus dem Füllschacht eine dem Abbrand entsprechende Brennstoffmenge nachrutscht, so daß die Glutschichthöhe gleichbleibt.

2. Durchbrandöfen

Beim Durchbrandofen — in seiner einfachsten Ausführung auch „Irischer Ofen" genannt — dient der Feuerraum zugleich als Brennstoff-Füllschacht. Der aus Stahlblech oder Gußeisen hergestellte Ofenmantel ist auf der Innenseite mit Schamotte ausgemauert, die den Eisenmantel

[1] DIN 18890 (Entw.). Eiserne Dauerbrandöfen für feste Brennstoffe; Begriffe, Bau, Güte, Leistung und Prüfung. Jan. 1965.

vor zu starker Erhitzung schützen und auch die Oberflächentemperatur in erträglichen Grenzen halten soll. Den unteren Abschluß des Feuerraumes bildet der Rost. Er ist meistens zur Erleichterung der Entaschung mit einer Rüttelvorrichtung versehen. Ein Stehrost oder eine Stehplatte mit unterem Stochschlitz hinter der Feuertür macht das Feuer zugänglich und verhindert das Herausfallen des Brennstoffes. Im Ofenkopf ist vorn die Fülltür und rückwärts der Rauchgasabzug mit Drosselklappe angeordnet. Zur Regelung des Abbrandes und damit der Leistung dient eine in der Feuer- oder Aschfalltür angebrachte verstellbare Verbrennungsluftöffnung.

Im Durchbrandofen lassen sich sämtliche Hausbrandbrennstoffe verheizen, wenn die Glutschichthöhe der Brennstoffart angepaßt wird. Für Dauerbrand eignen sich am besten gasarme, nicht backende Brennstoffe, wie Steinkohlenbriketts aus magerer Feinkohle oder Anthrazit. Bei ausreichend bemessenem Füllraum und nicht zu hoher Rostbelastung läßt sich auch Koks — und zwar Brechkoks IV in kleineren und Brechkoks III in größeren Öfen — im Dauerbrand ohne Schlackenbildung verfeuern. Bei gasreichen Brennstoffen dürfen jeweils nur kleinere Mengen aufgegeben werden. Es besteht sonst die Gefahr, daß kurz nach der Aufgabe die entweichenden Schwelgase infolge Luftmangels und zu niedriger Feuerraumtemperatur unverbrannt abziehen. Bei anfänglich stärkerer Luftzufuhr — auch als Zweitluft — läßt sich andererseits ein rasches Ansteigen der Heizleistung mit späterem Absinken bei fortschreitendem Abbrand kaum vermeiden. Man muß bei Durchbrandfeuerungen sonach eine gewisse Ungleichmäßigkeit der Wärmeabgabe im Verlauf der Abbrandperiode einer Füllung hinnehmen. Nach der Rauchgasführung unterscheidet man zwischen Deckenzug- und Sturzzugofen. Beim *Deckenzugofen*, s. Abb. 3.07, führt eine Umlenkplatte die Verbrennungsgase an der oberen Ofenplatte vorbei unmittelbar in den Rauchgasstutzen. Der Zugbedarf dieser Öfen ist relativ gering.

Beim *Sturzzugofen* werden die Verbrennungsgase nach Verlassen des Feuerraumes zur besseren Wärmeausnutzung durch seitliche Züge geführt. Eine Anheizklappe ermöglicht beim Anfeuern die Ausschaltung der Vertikalzüge, indem sie den direkten Weg vom Feuerraum zum Rauchrohrstutzen freigibt.

Nach DIN 18890 wird für Durchbrandöfen bei Angabe der Leistung in der Regel eine *Heizflächenbelastung* von 4000 kcal/m² h zugrunde gelegt. Dieser Wert, auch als spezifische Nennheizleistung bezeichnet, gilt für 1 mm WS Schornsteinzug. Bei 1,5 mm WS Zug und geschlossenen Türen soll der Ofen eine um 50% höhere Leistung abgeben. Die Ofenleistung muß weiterhin,

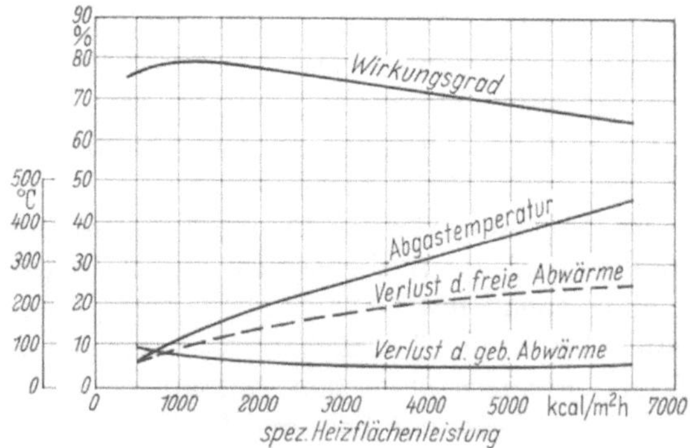

Abb. 3.08. Wirkungsgrad, Verluste und Abgastemperatur bei Durchbrandöfen.

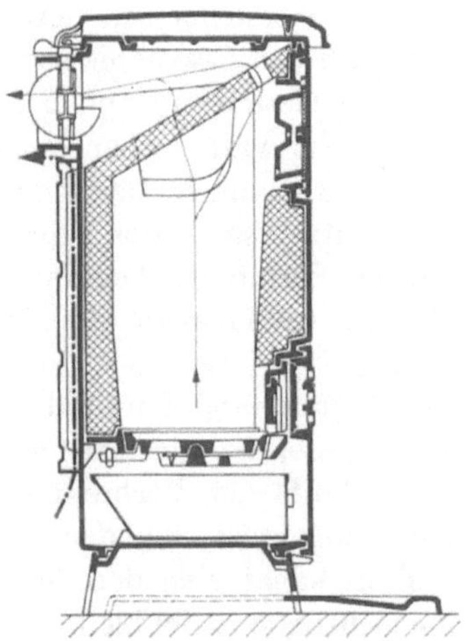

Abb. 3.07. Durchbrandofen mit Deckenzug.

wie beim keramischen Dauerbrandofen, auf 25% der Nennleistung herabgeregelt werden können, ohne daß die Dauerbrandfähigkeit darunter leidet. Der *Wirkungsgrad* darf für die verschiedensten Brennstoffe bei Nennleistung 70% nicht unterschreiten. Als Prüfbrennstoffe sind bei „Allesbrennern" zu verwenden: Anthrazit, Eier- und Nußbriketts und Braunkohlenbriketts, bei Sonderöfen die vom Hersteller angegebenen Brennstoffe.

In Abb. 3.08 sind die Prüfergebnisse einer großen Anzahl von Deckenzugöfen, und zwar mit ihren Mittelwerten, in Abhängigkeit von der Heizflächenbelastung aufgetragen[1]. Danach fällt der Wirkungsgrad im normalen Leistungsbereich mit zunehmender Belastung ab. Die Bestwerte mit 75 bis 80% liegen bei spezifischen Heizflächenleistungen zwischen 1000 und 3000 kcal/m² h. Bei der oberen Grenzleistung von 6000 kcal/m² h ergeben sich immerhin noch Wirkungsgrade von etwa 65%.

Bei den Wirkungsgraden der Abb. 3.08 handelt es sich um Versuchswerte, die mit fabrikneuen Öfen bei sachgemäßer Bedienung erzielt wurden. Im späteren Betrieb werden solche günstigen Werte naturgemäß selten erreicht, zumal die Wartung und Pflege der Öfen oft viel zu wünschen übrigläßt.

Der Sturzzugofen weist infolge niedrigerer Abgastemperaturen etwas günstigere Wirkungsgrade auf; der Unterschied ist jedoch nur gering und gegenüber den betrieblichen Vorzügen des Deckenzugofens, wie einfachem Aufbau, besserer Reinigungsfähigkeit und geringerem Zugbedarf, praktisch bedeutungslos.

Für die Dauerbrandfähigkeit und Regelbarkeit ist vor allem die *Dichtheit* eines Ofens maßgebend[2]. Schwere Öfen mit eingeschliffenen Türen und Verschlüssen bleiben erfahrungsgemäß auch im Betrieb später besser dicht als leichte Öfen. Man hat daher Durchbrandöfen früher in ihrer Güte vorwiegend nach dem Gewicht beurteilt.

Neuere Öfen sind zunehmend mit Einrichtungen zur *automatischen Leistungs- oder Temperaturregelung* ausgerüstet. Sie erleichtern die Einstellung der gewünschten Leistung, sichern

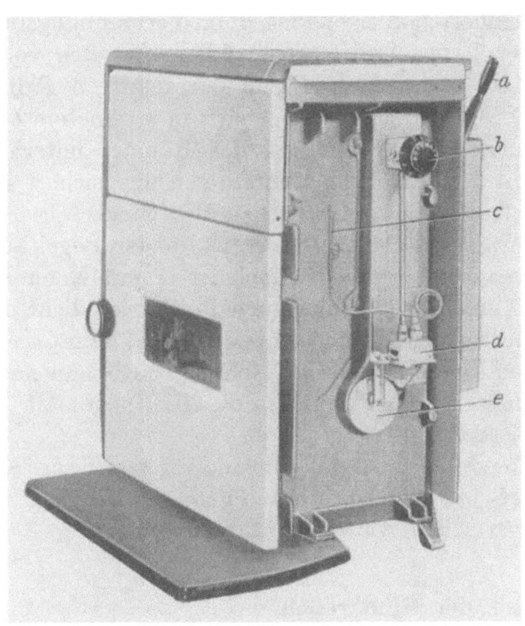

Abb. 3.09. Eisenofen mit Leistungsregler.
a Rüttelgriff, *b* Einstellknopf, *c* Temperaturfühler, *d* Reglergehäuse, *e* Luftklappe.

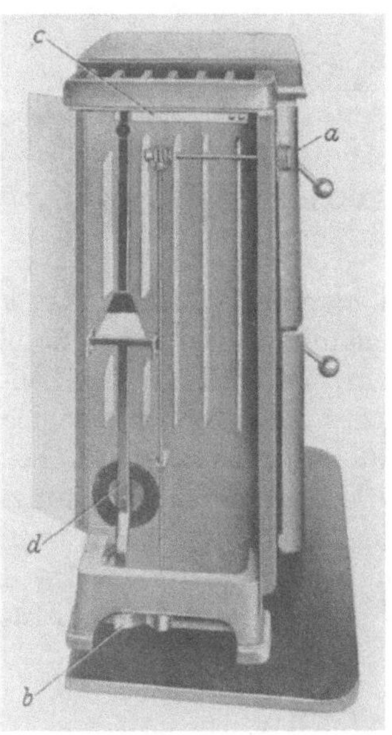

Abb. 3.10. Eisenofen mit Temperaturregler.
a Einstellknopf, *b* Lufttemperaturfühler (Bimetall), *c* Maximum-Minimum-Begrenzer, *d* Hebelarm mit Luftklappe.

ihre Einhaltung bei geänderten Feuerbett- und Zugverhältnissen und ermöglichen vor allem auch einen wartungsfreien Betrieb im Schwachlastbereich.

Bei der selbsttätigen Leistungsregelung beeinflußt ein am Abgasrohr oder an der Ofenwand angebrachter Temperaturfühler den Öffnungswinkel der Luftklappe, s. Abb. 3.09. Die Leistungsstufe wird an einem Stellknopf vorgewählt. Soll die Raumtemperatur konstant gehalten werden, so muß der Temperaturfühler im Zuluftweg angeordnet sein; der in Abb. 3.10 dargestellte

[1] Schaefer, H.: Einzelheizung. Techn. Mitt. 43 (1950) 325ff.

[2] Schüle, W.: Neuere Untersuchungen an Zimmeröfen und Haushaltherden. Gesundh.-Ing. 74 (1953) 36/40.

Ofen besitzt dafür eine unten erkennbare Bimetallspirale. Ein weiterer Temperaturfühler (oberer Bimetallstreifen) dient der Leistungsbegrenzung. Durch ihn soll einmal ein „Durchgehen" des Ofens bei höherer Wärmeanforderung, zum anderen ein Erlöschen des Feuers bei schwacher Leistung verhindert werden.

3. Unterbrandöfen

Die wesentlichen Kennzeichen dieser Ofenbauart sind ein Korbrost über dem waagerechten Rüttelrost und ein vom Ofenkopf bis nahe an den Korbrost heranreichender Füllschacht, s. Abb. 3.11. Der Verbrennungsvorgang spielt sich im Korbrost ab; der Füllschacht dient hier lediglich als Brennstoffbehälter und nicht gleichzeitig als Feuerraum wie beim Durchbrandofen. In dem Umfang, wie Brennstoff wegbrennt, rutscht neuer Brennstoff aus dem Füllschacht nach. Gefüllt wird der Ofen über eine luftdicht verschließbare Öffnung von oben.

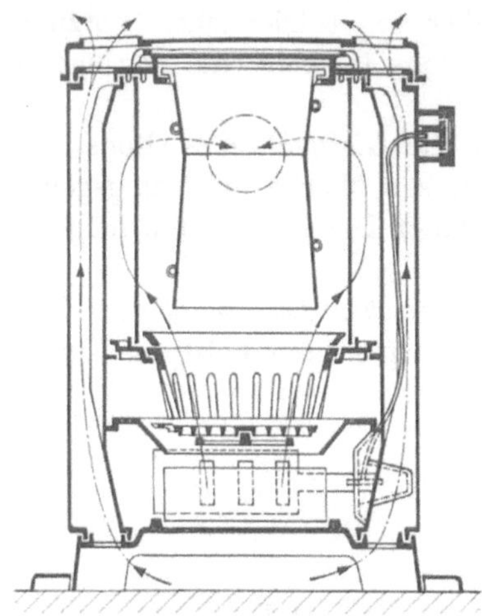

Abb. 3.11. Unterbrandofen für gasarme Brennstoffe.

Die bekannteste Ausführung des Unterbrandofens ist der *Anthrazitdauerbrenner*, auch Amerikanerofen genannt. Er ist, wie sein Name sagt, ein Sonderofen für den hochwertigsten festen Brennstoff, den Anthrazit oder für aschearme Magerkohle. Der Brennstoff muß eine geeignete Stückgröße besitzen; grobstückige Steinkohle bleibt im Füllschacht leicht hängen.

Die Regelvorrichtung ist beim Unterbrandofen meist als Zentralregulierung ausgebildet, d. h., Verbrennungsluftschieber, Anheizklappe und Gegenzugklappe werden von einem einzigen Hebel zwangsläufig in der richtigen Reihenfolge bedient. Die Gegenzugklappe schafft in geöffnetem Zustande eine unmittelbare Verbindung des Raumes unterhalb des Rostes mit dem Zug zum Rohrstutzen und sichert dadurch eine vorzügliche Kleinstellbarkeit des Ofens.

Der Anthrazit-Dauerbrenner ist in der Regel aus Gußeisen hergestellt und besitzt keine Schamotteausmauerung. Vielfach ist er mit einem äußeren Luftmantel ausgestattet. Er bleibt bei sorgfältiger Ausführung auch im Betrieb dicht und läßt sich in der Leistung fast beliebig weit herunterregeln. Der Anthrazitofen ist damit zum Inbegriff des Dauerbrenners schlechthin geworden. Seine spezifische Nennleistung kann nach DIN 18890 mit 4000 kcal/m^2 h bei einem Wirkungsgrad von mindestens 70% angesetzt werden. Praktisch liegen die Wirkungsgrade zumeist über 80%.

Im Unterbrand lassen sich nur nichtbackende Brennstoffe einwandfrei verfeuern. Auch für Braunkohlenbriketts, Koks, Holz und Torf wurden Unterbrandöfen geschaffen, die nach DIN 18890 die gleichen Leistungen aufweisen sollen wie ein Anthrazitofen.

4. Bestimmung der Ofengrößen

Grundsätzlich ist jeder Ofen so zu bemessen, daß er den Wärmebedarf des Raumes bei niedrigster Außentemperatur zu decken vermag und gewisse Reserven für das Anheizen und für besonders ungünstige Lage bzw. Bauausführung des zu beheizenden Raumes enthält. Das Berechnungsverfahren für den Wärmebedarf nach DIN 4701 geht von der Dauererwärmung eines ganzen Gebäudes aus. Diese Voraussetzung trifft aber im allgemeinen nicht zu bei Gebäuden mit Ofenheizung. Hier wird zumeist nur ein Teil der Räume beheizt; die Wärmeverluste nach den ungeheizten Nachbarräumen spielen also eine erhebliche Rolle. Auch sollen häufig die Räume nur in den Tagesstunden bzw. während der Benutzungszeit erwärmt werden, so daß ein Beharrungszustand in den Erwärmungsbedingungen, bei dem die von jedem Wandelement eines Raumes aufgenommene und die nach außen abgegebene Wärme gleich sind, gar nicht erreicht wird. Für diesen Fall läßt sich jedoch eine exakte Wärmebedarfsrechnung nicht durchführen.

Man verzichtet daher in der Regel bei Gebäuden mit Ofenheizung — es sei denn, daß sie dauernd und voll beheizt werden — auf die umständliche Wärmebedarfsrechnung nach DIN 4701 und begnügt sich mit einem Näherungsverfahren. Diese Berechnungsweise ist vereinheitlicht und in DIN 18893 für eiserne und in DIN 18894 für transportable keramische Dauerbrandöfen festgelegt worden. Ausgegangen wird dabei vom Rauminhalt, und zwar wird für einen „Grundraum" mit günstigen Heizbedingungen der Wärmebedarf mit 40 kcal/h je m^3 Rauminhalt angesetzt. Dieser Wert trifft etwa zu bei —15 °C Außentemperatur für einen Eckraum üblicher Bauweise mit Einfachfenstern, die nicht mehr als $^1/_5$ der Außenwandflächen ausmachen, wenn sämtliche angrenzenden Räume ebenfalls geheizt sind. Unter Berücksichtigung eines Anheizzuschlags von 37,5% erhält man für den „Grundraum" einen spezifischen Wärmebedarf von insgesamt 55 kcal/m^3 h.

Nach Lage oder Bauweise ungünstigeren Verhältnissen wird durch eine entsprechende Erhöhung des spezifischen Wärmebedarfs Rechnung getragen, jedoch jeweils nur in zwei weiteren Gruppen. Es gelten danach:

Für günstige Bauweise	55 kcal/m^3 h
Für weniger günstige Bauweise	75 kcal/m^3 h
Für ungünstige Bauweise	100 kcal/m^3 h

Die Eingruppierung eines gegebenen Raumes in eine der drei Bauweisen erfolgt an Hand einer Punktbewertung, wobei die Lage des Raumes und des Hauses, der Erwärmungszustand der angrenzenden Räume, die Bauausführung und sonstige heiztechnisch wichtige Faktoren berücksichtigt werden. Aus Rauminhalt und spezifischem Wärmebedarf ergibt sich dann die erforderliche Nennleistung des Ofens. Da für die einzelnen Ofenbauarten bestimmte Heizflächenbelastungen vorgeschrieben sind, liegt damit auch die Ofengröße fest.

Umgekehrt kann jeder Ofengröße bei bekannter Bauart ein bestimmtes „Raumheizvermögen" (m^3) zugeordnet werden, das jedoch stets nur für eine der drei vorstehenden Raumbauweisen gilt. Der Begriff „Raumheizvermögen", zuweilen auch „Heizkraft" genannt, hat sich vor allem im Fachhandel eingebürgert, da er anschaulich ist und dem Abnehmer die Auswahl der Ofengröße im Bedarfsfall erleichtert. Es sollten aber möglichst die drei Werte für günstige, weniger günstige und ungünstige Bauweise aufgeführt werden.

Beispiel. Durchbrandofen mit einer Heizfläche von 1,2 m^2 und einer Heizleistung von 4800 kcal/h. Raumheizvermögen: 90/65/50 m^3.

Wird nur ein Wert genannt, so bezieht er sich auf die „günstigste Bauweise". Auf die Nachteile zu klein bemessener Öfen ist bereits hingewiesen worden.

II. Ölöfen

Die Hauptvorteile der Ölfeuerung liegen in der Bedienungsvereinfachung, der Sauberkeit des Betriebes und der guten Regelfähigkeit. Der Übergang auf automatische Regelung ist leicht möglich. Es ist daher verständlich, daß der Ölofen in den letzten Jahren zunehmend verwendet wird[1]. Die wichtigsten technischen Anforderungen an Ölheizöfen sind in der Norm DIN 4730 (Nov. 1961) zusammengestellt. Zu beachten sind weiterhin die von den Behörden herausgegebenen Richtlinien für die Aufstellung von Ölöfen und die Lagerung von Heizöl, s. auch S. 118.

Als Brennstoff kommt ausschließlich leichtflüssiges und sehr reines Heizöl EL in Frage (s. S. 115). Den typischen Aufbau eines Ölofens zeigt Abb. 3.12. Der hohe zylindrische Verbrennungsraum enthält im unteren Teil den topfförmigen Brenner aus temperaturbeständigem Stahl, in dem das Heizöl verdampft und mit der erforderlichen Verbrennungsluft gemischt wird. Die Luft strömt unter dem Einfluß des Schornsteinzuges über zahlreiche kleine Öffnungen im Topfmantel zu. Zwei Brennerringe dienen der Mischung von Öldampf und Luft sowie der Führung und Entzündung der Verbrennungsgase. Bei voller Leistung bildet sich die Flamme über

[1] KOMISCHKE, H.: Der Ölofen für Einzelheizung, Aufbau und Funktion. Heft 4 der Schriftenreihe des Fachverbandes der Heiz- und Kochgeräte-Industrie e. V., Berlin: Gansel-Verlag 1959.

dem Topf aus; bei kleinerer Leistung setzt die Verbrennung schon über dem unteren Ring ein. Ein Umlenkblech im oberen Ofenraum verhindert den direkten Abzug der Verbrennungsgase in das Rauchrohr.

Der Ofen ist außen mit einem Blechmantel umkleidet. Durch die zwischen Mantel und Feuerraum strömende Raumluft wird die Oberflächentemperatur des Ofenkörpers gesenkt und zugleich die konvektive Wärmeabgabe des Ofens erhöht. An der Rückwand oder einer der Seitenwände ist ein Brennstoffbehälter von etwa 10 bis 15 Liter Inhalt angeordnet. Er ist durch

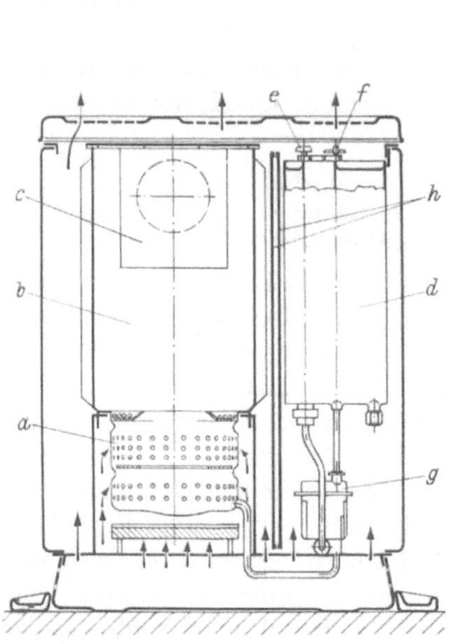

Abb. 3.12. Ölofen.
a Brennertopf, *b* Verbrennungsraum, *c* Abgasleitblech, *d* Ölbehälter, *e* Ölabsperrventil, *f* Einstellknopf, *g* Ölregler, *h* Abschirmbleche.

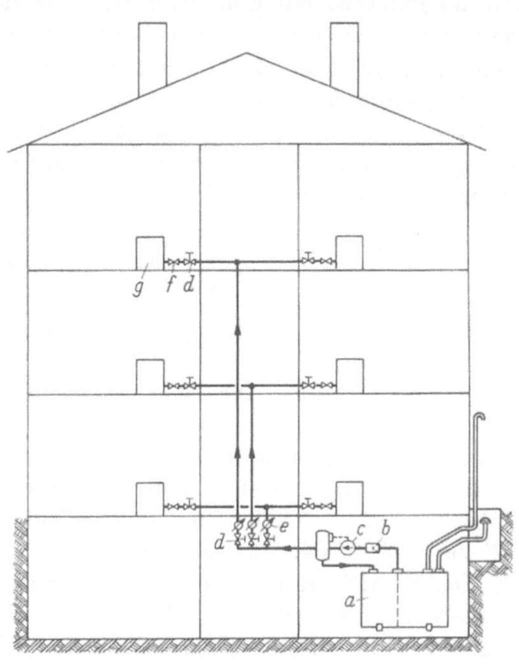

Abb. 3.13. Zentrale Ölversorgung.
a Heizölbehälter, *b* Filter, *c* Pumpe mit Druckpolster, *d* Absperrventile, *e* Ölzähler, *f* Druckminderventile, *g* Heizöfen.

Zwischenbleche gegen die Strahlung des Ofens abgeschirmt. Der Ölzulauf zum Brennertopf wird durch ein Schwimmerventil geregelt.

Verdampfungsbrenner werden zumeist von Hand mittels einer Lunte oder eines Hartspiritustäfelchens gezündet. Die Ofenleistung kann am Regelknopf auf einen bestimmten Wert eingestellt oder über einen Temperaturregler selbsttätig dem Wärmebedarf des Raumes angepaßt werden. Dabei ist die Verbrennungsluftmenge so auf den Öldurchsatz abzustimmen, daß einerseits eine unvollkommene Verbrennung mit Rußbildung vermieden wird, andererseits aber auch der Luftüberschuß und damit der Abgasverlust keine zu hohen Werte annimmt. Zu diesem Zweck wird entweder der Zuluftquerschnitt in Abhängigkeitvom Schornsteinzug verändert (Verbrennungsluftregler), oder die überschüssige Zugstärke durch Drosselung bzw. Nebenlufteinführung weggenommen (Zugbegrenzer). Es lassen sich auch beide Verfahren kombinieren[1]. Für die einwandfreie Funktion des Verbrennungsluftreglers ist ein unbedingt dichter Ofen Voraussetzung. Bei Drosselklappen schränkt der freie Abgasquerschnitt, der aus Sicherheitsgründen gefordert wird, den Regelbereich stark ein, insbesondere bei hohem Schornsteinzug und raschen Zugschwankungen. Zugbegrenzer in Form von Pendelklappen, die Nebenluft bei zu hohem Unterdruck einsteuern, arbeiten in einem weiten Regelbereich einwandfrei. Von Nachteil ist, daß bei geöffneten Pendelklappen ständig Raumluft an den Schornstein abgeführt wird,

[1] Schüle, W., u. U. Fauth: Zug- bzw. Verbrennungsluftregelung bei Ölheizöfen. Gesundh.-Ing. 79 (1958) 97/101. — Scholz, W., u. W. Mann: Verbrennungsluftregelung bei Einzel-Ölöfen. Heizg.-Lüftg.-Haustechn. 10 (1959) 209/13.

also zusätzliche Wärmeverluste entstehen. Der Mindestzugbedarf des Ölofens beträgt 0,5 mm WS. Eine weitgehende Unabhängigkeit von den Schornsteinverhältnissen erreicht man beim Einbau eines Verbrennungsluftgebläses.

Auch Kachelöfen werden jetzt zunehmend mit Ölfeuerung versehen, wobei die gleichen Brenner wie beim eisernen Ofen Verwendung finden.

In Gebäuden mit vielen Öfen ist der Einbau einer zentralen Ölversorgung in Erwägung zu ziehen[1]. Die Ölbehälter am Ofen können dabei entfallen. In Abb. 3.13 ist der Aufbau einer solchen Anlage schematisch dargestellt. Für alle angeschlossenen Feuerstellen ist im Keller ein gemeinsamer Ölbehälter aufgestellt. Eine Druckpumpe fördert das Öl über ein Verteilungsnetz zu den Einzelöfen. Ein Ausgleichsgefäß mit Luftpolster hinter der Pumpe dient zur Druckhaltung. Am Ofen sorgt ein Druckminderungsventil für gleichbleibenden Arbeitsdruck vor dem Schwimmerregler. In Wohngebäuden erhält zumeist jede Wohnung einen besonderen Förderstrang, um eine Messung des Ölverbrauchs der einzelnen Abnehmer zu ermöglichen.

Bei einer anderen Ausführung wird das Öl zunächst in einen hochgelegenen Zwischenbehälter gefördert und läuft den Brennern mit natürlichem Gefälle zu. Der Vorzug dieser Ausführung ist eine gewisse Sicherheit der Öllieferung bei Aussetzen der Förderpumpe. Aus Feuerschutzgründen darf der Zwischenbehälter allerdings höchstens 100 l fassen. Auch benötigt diese Ausführung zusätzliche Ölförder- und Ölüberlaufleitungen zwischen Keller und Dachboden.

Ölöfen dürfen nach den deutschen Vorschriften mit Öfen für feste Brennstoffe gemeinsam an einen Schornstein angeschlossen werden. Auf den höheren Wasserdampfgehalt der Rauchgase sollte bei der Wahl des Schornsteinbaustoffes Rücksicht genommen werden, da mit Taupunktunterschreitungen im Schornstein zu rechnen ist.

III. Der Schornstein

Der Schornstein dient dazu, die gasförmigen Verbrennungsprodukte einer Feuerung ins Freie abzuleiten und den für das Ansaugen der Verbrennungsluft und die Überwindung der Strömungswiderstände im Ofen notwendigen Unterdruck zu sichern. Die Hauptwiderstände liegen bei der Verfeuerung fester Brennstoffe im Rost und in der Brennstoffschicht, bei Ölöfen in den kleinen Zuluftquerschnitten des Brennertopfes.

A. Der Schornsteinzug

Der Schornsteinzug entsteht durch den Unterschied zwischen dem Gewicht der kalten Außenluft und dem der heißen Gase. Der Unterdruck am Schornsteinfuß errechnet sich aus der Gleichung

$$H = h(\gamma_a - \gamma_i).$$

Es bedeuten:

H den Schornsteinzug,
h die Schornsteinhöhe,
γ_i die Wichte (das spezifische Gewicht) der Rauchgase,
γ_a die Wichte der Außenluft.

Setzt man h in m und γ in kp/m^3 in vorstehende Gleichung ein, so erhält man H in kp/m^2 oder mm WS.

Der Schornsteinzug ist also um so größer, je höher der Schornstein und je größer der Temperaturunterschied zwischen der heißen Gassäule und der Außenluft ist. In Tab. 4.09 auf S. 208 ist für fünf Schornsteinhöhen der Wert $h(\gamma_a - \gamma_i)$ für bestimmte Temperaturannahmen angegeben.

---

[1] Siehe auch: Zentrale Heizölversorgungsanlagen in Gebäuden. für Feuerstätten mit Verdampfungsbrennern, Techn. Richtlinien. Fachverband der Heiz- und Kochgeräte-Industrie e. V., Frankfurt/Main: Jan. 1962. — Krienke, G. F.: Die zentrale Ölversorgung von Feuerstätten mit Verdampfungsbrennern. Die Ölfeuerung 7 (1962) 678/85.

Nur ein Teil der so ermittelten Zugstärke des Schornsteins steht für den Betrieb der Öfen zur Verfügung. Im Schornstein selbst wie in den Ofenanschlußrohren sind Strömungswiderstände zu überwinden. Sie hängen von der Länge des Rauchgasweges, der Rauhigkeit der Wandungen, der Rauchgasgeschwindigkeit sowie von der Art und Zahl der Richtungsänderungen ab. Beim Schornstein nennt man sie den „Eigenverbrauch". Er sollte bei niedrigen Schornsteinen nicht mehr als 25% des theoretischen Schornsteinzuges betragen. Bei hohen Schornsteinen darf der Anteil des Eigenverbrauches höher sein. Stets ist jedoch zu berücksichtigen, daß durch Windeinwirkungen weitere Minderungen der am Ofen verfügbaren Zugstärke auftreten können. Sie gefährden den Betrieb einer häuslichen Feuerung, besonders bei geringer Schornsteinhöhe. In den oberen Stockwerken ofenbeheizter Gebäude sollten daher nur Öfen mit niedrigem Zugbedarf aufgestellt werden.

B. Ausführung des Schornsteins

Für die Ausführung und Bemessung von Hausschornsteinen ist in Deutschland die Norm DIN 18160 Bl. 1[1] maßgebend. Sie enthält Bestimmungen über Art und Verarbeitung der zugelassenen Baustoffe, den Einbau und die Führung der Schornsteine, die Anschlüsse der Feuerstätten und die Querschnittsermittlung. Auch ist in der Norm festgelegt, wieviel Feuerstätten jeweils an ein Schornsteinrohr angeschlossen werden dürfen. Zu den Feuerstätten zählen neben Heizöfen und Kesseln noch Herde, Brauchwassererwärmer, Backöfen und andere gewerbliche Feuerungsgeräte. Bei Feuerungen für feste und flüssige Brennstoffe werden die gasförmigen Verbrennungsprodukte als *Rauchgas*, bei Gasfeuerungen als *Abgas* bezeichnet. Dementsprechend wird zwischen Rauchrohren und Abgasrohren bzw. -schornsteinen unterschieden. Hier sollen zunächst nur Hausschornsteine der ersten Art besprochen werden.

Aus den grundsätzlichen Betrachtungen über den Schornsteinzug ergeben sich einige wesentliche Gesichtspunkte für die Schornsteinausführung:

1. Die Abkühlung der Rauchgase im Schornstein soll möglichst gering sein. Die Anordnung der Schornsteine in Außenwänden ist aus diesem Grund unzweckmäßig; sie erfordert, wenn sie nicht zu umgehen ist, besonders guten Wärmeschutz der Außenwangen.

2. Schornsteine müssen dicht sein, so daß weder Falschluft eindringen noch Rauchgas, bei etwaigem Überdruck, in die Nachbarräume übertreten kann.

3. Zur Verminderung des Strömungswiderstandes sollen Schornsteine möglichst glatte Innenflächen erhalten. Dies wird am sichersten durch sauberes Ausfugen bei Verwendung nur guter, innen bündig gesetzter Mauersteine erreicht. Die Verwendung von vorgefertigten Formsteinen ist zu empfehlen.

Richtungsänderungen (das sog. Ziehen oder Schleifen der Schornsteine) sind möglichst zu vermeiden, weil dadurch die Länge des Schornsteins und der Zugverlust wächst. Ist ein Schleifen nicht zu umgehen, so sollte die Ablenkung nicht mehr als 30° betragen, s. Abb. 3.14.

4. Der lichte Querschnitt ist nach Größe und Form überall beizubehalten, also auch im gezogenen Teil. Besonders ist darauf zu achten, daß er nicht durch Träger, durch zu tief eingeführte Anschlußrohre oder durch Schornsteinaufsätze verengt und dadurch der Austritt der Rauchgase behindert wird, s. Abb. 3.15 und 3.16.

Darüber hinaus ist hinsichtlich Anordnung des Schornsteins und bautechnischer Ausführung noch folgendes zu beachten: Die Lage des Schornsteins ist so zu wählen, daß die Durchdringung der Dachhaut möglichst einfach und regendicht ausgeführt werden kann und daß Zugstörungen durch Windstau vermieden werden. Am besten ist die Anordnung des Schornsteins in der Hausachse mit Austritt am Dachfirst. Mehrere Schornsteine sollten möglichst zu Gruppen zusammengefaßt werden (Bündeln). Die Rauchgasabkühlung wird dadurch vermindert; zugleich sind die Kosten niedriger, und es sind weniger Dachdurchdringungen erforderlich. Bei der Hochführung des Schornsteins über Dach ist dem Windanfall Rechnung zu tragen. Übermäßige Abdeckungen sind häufig der Anlaß zu Windstörungen. Auch strömungstechnisch einwandfreie Schornstein-

[1] DIN 18160 Bl. 1. Feuerungsanlagen; Hausschornsteine, Bemessung und Ausführung. Dez. 1962.

aufsätze erhöhen die Zugstärke nur bei Windanfall, versagen also gerade unter den ungünstigsten Umständen, nämlich bei Windstille.

Der Schornstein ist so weit über das Dach hinauszuführen, daß er den Dachfirst überragt. Das Maß von 0,5 m, welches manche Bauordnungen dafür vorschreiben, genügt nicht, um bei Windanfall mit Sicherheit Zugstörungen durch die Dachflächen zu vermeiden[1]. Steht der Schornstein seitwärts vom Dachfirst, so sind für den Schornsteinfeger Steigeisen oder Laufbretter anzubringen; bei sehr großer frei ragender Höhe ist außerdem eine Verankerung des Schornsteins notwendig. Weit vom Dachfirst abstehende Schornsteine zwingen damit zu unschönen und unzweckmäßigen Ausführungen.

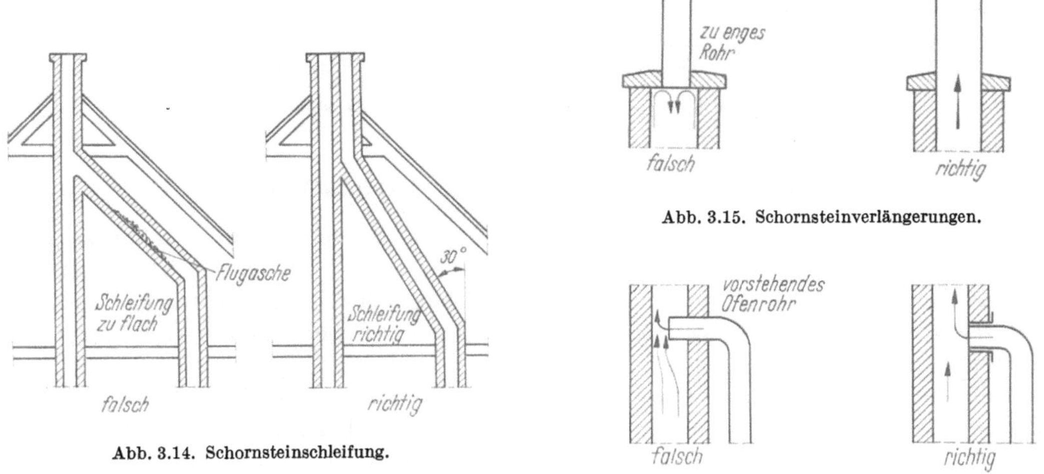

Abb. 3.14. Schornsteinschleifung.

Abb. 3.15. Schornsteinverlängerungen.

Abb. 3.16. Ofenrohranschlüsse.

Recht unangenehme Zugstörungen treten auf, wenn der Schornstein von benachbarten Gebäudeteilen überragt wird, s. Abb. 3.17. Wind, der gegen diese Gebäudeteile strömt, erzeugt einen Staudruck (erhöhten Luftdruck), der dem Schornsteinzug entgegenwirkt. Starke Windstöße können auf diese Weise zu einem Zurückschlagen der Flamme aus dem Ofen ins Zimmer führen.

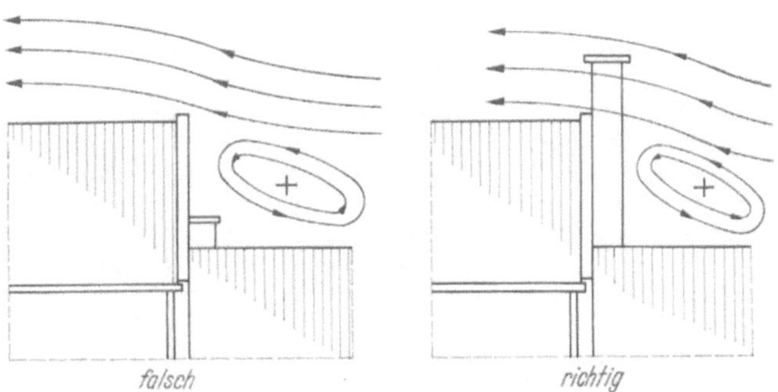

Abb. 3.17. Staudruck durch Nachbargebäude.

Gegen die Wirkung des Staudruckes hilft nur das Hochführen des Schornsteins bis über das Gebiet höheren Druckes hinaus.

Betriebsstörungen. Im Betriebe treten häufig Zugstörungen durch Eindringen von Falschluft in den Schornstein auf. Man versteht darunter kalte Luft, die durch Undichtheiten in den

[1] Siehe: Bauermeister, K. J.: Windkanaluntersuchungen an Flachdächern. Berichte aus der Bauforschung, 20 (1961).

Schornstein gelangt, dort die Temperatur der Rauchgassäule herabsetzt und gleichzeitig den Schornstein überlastet. Solche Undichtheiten entstehen:

a) durch Offenlassen oder schlechtes Schließen der am Schornsteinfuß angebrachten Reinigungstüren;

b) durch Offenlassen oder schlechtes Schließen anderer an denselben Schornstein angeschlossener und nicht betriebener Feuerstätten (Füll-, Feuer- und Aschetüren);

c) durch schadhafte Außenwände des Schornsteins;

d) durch schadhafte Schornsteinzungen.

Auch falsche Ausführung von Ofenanschlüssen und Schornsteinerhöhungen kann der Anlaß zu Betriebsstörungen sein, wie die Abb. 3.15 und 3.16 erkennen lassen.

C. Lichte Weite und Zahl der Ofenanschlüsse

Der lichte Schornsteinquerschnitt (Lichtweite) muß um so größer sein, je größer das zu fördernde Rauchgasvolumen, also die Leistung der angeschlossenen Feuerstätten ist. Da nach dem Vorgesagten bei höheren Schornsteinen größere Rauchgasgeschwindigkeiten tragbar sind, hängt die zulässige Querschnittsbelastung auch von dem Abstand zwischen dem obersten Ofen und der Schornsteinmündung ab.

In Anbetracht der vielen, teilweise ständig sich ändernden Einflüsse auf die Strömungsverhältnisse im Schornstein ist eine einwandfreie rechnerische Ermittlung der Lichtweite nicht möglich, s. auch S. 207. Dies gilt ganz besonders für Schornsteine, an die mehrere Feuerstellen angeschlossen sind, bei denen also die Betriebsbedingungen noch weitere Variationen in der Rauchgasabführung und den örtlichen Drücken mit sich bringen. Unter ungünstigen Umständen können dabei Rauchgase in einen Raum übertreten, dessen Ofen nicht in Betrieb ist. Gefährdet sind in dieser Hinsicht vor allem Räume in den Obergeschossen, wenn durch Windangriff ein Unterdruck auf einer Gebäudeseite entsteht, s. auch S. 335. Um dem vorzubeugen, fordern manche Bauordnungen grundsätzlich für jede Feuerstätte einen eigenen Schornstein[1].

Tabelle 3.01. *Maße und zulässige Anschlüsse bei Hausschornsteinen*

1		2	3	4
Gesamtnennleistung [kcal/h]		$\leqq 15 \cdot 10^3$	$(10\ldots25) \cdot 10^3$	$(20\ldots40) \cdot 10^3$
Schornstein-maße	Aus Mauersteinen oder Formstücken quadratisch oder rechteckig	$13{,}5 \times 13{,}5$ cm² (∼ 180 cm²)	$13{,}5 \times 20$ cm² (∼ 270 cm²)	20×20 cm² (∼ 400 cm²)
	Aus Formstücken rund	13,5 cm ∅ (∼ 140 cm²)	16,5 cm ∅ (∼ 210 cm²)	20 cm ∅ (∼ 315 cm²)
Anzahl der Anschlüsse	kleine Feuerstätten	$\leqq 2$	3 . . . 4	5 . . . 8
	Heizkessel	1	$\leqq 2$	$\leqq 4$

Diese scharfe Forderung hält die erwähnte Norm DIN 18160 nur für Feuerungen mit Leistungen über 40000 kcal/h (bei Gasfeuerungen über 75000 kcal/h) für berechtigt. Bei kleineren Leistungen ist der Anschluß mehrerer Feuerstätten an einen Schornstein zulässig; ihre Gesamtleistung darf aber nicht höher sein als die obengenannten Werte. Auf Grund praktischer Erfahrungen und der Ergebnisse umfangreicher Messungen an Hausschornsteinen[2] wurden die in Tab. 3.01 auszugsweise wiedergegebenen Festlegungen getroffen. Danach können, je nach

[1] Belz, H.: Die Schornsteinanlage im Wohnungsgrundriß und im Gebäude. Berlin 1963. — Techn. Univ. Berlin, Dr.-Ing.-Diss.

[2] Lenz, H., u. F. Zimmermann: Belastungsversuche an Schornsteinen. Berichte aus der Bauforschung, 20 (1961).

der Querschnittsfläche, bis zu 8 kleine Feuerstätten an einen gemeinsamen Schornstein angeschlossen werden. Als kleine Feuerstätten gelten Öfen bis zu 7500 kcal/h Nennleistung sowie Wasserheizer und Herde entsprechender Größe. Für Schornsteine ab 270 (210) cm^2 Querschnittsfläche sind auch Mindestleistungen und -anschlußzahlen vermerkt, die diese Schornsteinweiten gegen die nächst kleineren abgrenzen. Vorausgesetzt wird, daß zwischen Rost oder Brenner des obersten Ofens und der Schornsteinmündung ein Mindesthöhenabstand von 4,5 m besteht. Für besonders geprüfte Formstückschornsteine nach DIN 18150 dürfen die Nennleistungswerte der Spalte 3 um 25% erhöht werden.

Eine Unterscheidung zwischen Öfen für feste und flüssige Brennstoffe wird nicht gemacht; sie können also wahlweise an den gleichen Schornstein angeschlossen werden, sofern es sich bei der Ölfeuerung nicht um Zerstäubungsbrenner handelt. Die Einleitung der Abgase von Gasfeuerstätten in solche Schornsteine (gemischte Belegung) ist nur zulässig, wenn die Gasfeuerung mit Zündsicherung und einer Absperrklappe über der Strömungssicherung ausgestattet ist. Bezüglich weiterer einschränkender Bestimmungen bei der Anwendung der Norm — sie betreffen vor allem den Anschluß unterschiedlicher Feuerstätten an gemeinsame Schornsteine und Fragen der Schornsteinausführung — sei auf Fußnote 2 der S. 88 verwiesen.

IV. Gasheizöfen

Während bei kleineren Gasfeuerungen, wie Haushaltsherden und Wasserheizern geringer Leistung, die Abgase unmittelbar in den Raum strömen und dort durch Luftwechsel beseitigt werden, müssen sie bei größeren Feuerungen (zu letzteren gehören alle Gasheizöfen) gesammelt und nach außen abgeführt werden. Im Gasfach unterscheidet man die Feuerungseinrichtungen dementsprechend in „Gasgeräte" (ohne Abzug) und „Gasfeuerstätten" (mit Abzug). Der Besprechung der Gasheizöfen seien daher einige Bemerkungen über die Abführung der Verbrennungsprodukte von Gasfeuerungen vorausgeschickt.

A. Abführung der Abgase und Strömungssicherung

Bei Gasfeuerungen hat der Schornstein nur die Aufgabe, die entstandenen Verbrennungsgase abzuleiten. Die Verbrennungsluft braucht hier nicht — wie bei Öfen für feste Brennstoffe — durch einen Rost und eine Brennstoffschicht unter Druckverlusten in die Brennzone gefördert zu werden. Das Gas mischt sich vielmehr zum Teil *vor*, zum Teil *nach* dem Ausströmen aus dem Brenner mit der Verbrennungsluft. Herrscht im Verbrennungsraum Unterdruck infolge des Schornsteinzuges, so wird dadurch der Luftüberschuß unnötig hoch und der Wirkungsgrad der Gasfeuerung herabgesetzt.

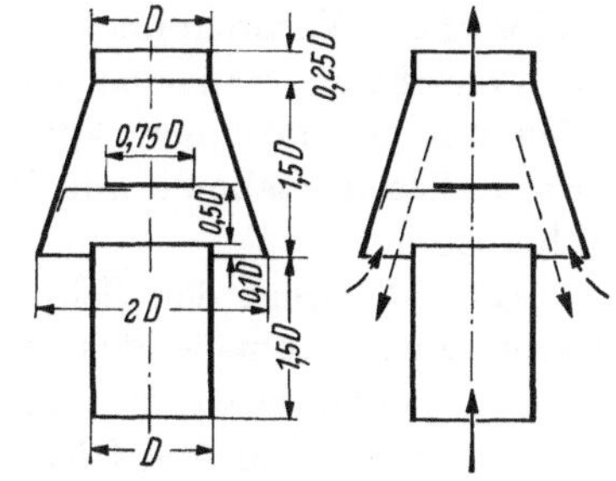

Abb. 3.18. Strömungssicherung von Gasfeuerungen.

Man hält daher bei Gasfeuerungen durch Einbau eines *Zugunterbrechers* in der Abgasleitung den Schornsteinzug vom Verbrennungsraum fern. In der einfachsten Form sind es Beiluftöffnungen oder offene Erweiterungen in der Abgasleitung, durch die ein Druckausgleich mit der Atmosphäre herbeigeführt wird. Meist ist der Zugunterbrecher kombiniert mit einer *Stau- und Rückstromsicherung*. Sie soll verhindern, daß Windstöße sich über den Schornstein in den Verbrennungsraum fortpflanzen und dort zu Störungen der Verbrennung führen oder gar die Flamme auslöschen. In Abb. 3.18 kennzeichnen die ausgezogenen Pfeile den normalen Weg der Abgase, die gestrichelten Pfeile den Weg bei Windstößen. Bei den neuzeitlichen Gasöfen ist diese Strömungssicherung in der Regel in die Öfen eingebaut.

Der Zugunterbrecher hat aber noch eine weitere Aufgabe. 1 m^3 Stadtgas liefert bei der Verbrennung etwa 700 g Wasserdampf. Der Taupunkt der Abgase hängt stark vom Luftüberschuß ab. Es besteht daher stets die Gefahr, daß bei Abkühlung der Verbrennungsgase, z. B. an zu kalten Flächen, ein Teil des Wasserdampfes kondensiert. Das Kondensat reichert sich mit

Kohlendioxid und, soweit das Gas Schwefelverbindungen enthält, auch mit Schwefeldioxid an. Die entstehenden schwachen Säuren greifen viele Baustoffe an und zerstören eventuell Abgasrohre und Schornsteinwandungen. Auch wird mit der „Trocknung" der Abgase ihr spezifisches Gewicht größer, der Auftrieb also kleiner.

Unter normalen Verhältnissen, nämlich nicht zu niedrigen Abgastemperaturen und entsprechend erwärmten Schornsteinwandungen, verhindert die im Zugunterbrecher eintretende „Nebenluft" das Ausscheiden von Wasser. Die Nebenluft setzt zwar die Temperatur der Abgase herunter, gibt aber auch dem Abgas-Luft-Gemisch eine geringere relative Feuchte, so daß die Gefahr der Taupunktunterschreitung vermindert wird. Der Zugunterbrecher übernimmt also gleichzeitig die Aufgabe, den durch Wasserausscheidung evtl. in Frage gestellten *Auftrieb zu sichern.*

Aus dem gleichen Grund soll der Wirkungsgrad von Gasfeuerstätten nicht zu hoch getrieben werden, zumal bei starker Abkühlung der Verbrennungsgase im Gerät selbst einzelne Bauteile durch Korrosionsschäden gefährdet sind.

Abgase von Gasfeuerungen sollten nicht in Schornsteine eingeleitet werden, an die Öfen für feste Brennstoffe angeschlossen sind, um die Durchfeuchtung und Versottung des Mauerwerks durch die wasserdampfreichen Verbrennungsprodukte des Gases zu vermeiden und jede Zugminderung für die übrigen Feuerungen infolge des Nebenlufteinlasses zu verhindern.

Als *Baustoffe* haben sich für Abgasrohre verbleites Stahlblech und Asbestzement, für Abgasschornsteine Ton und Asbestzement bewährt. Besteht Durchfeuchtungsgefahr, so werden Schornsteine aus Asbestzement zweckmäßigerweise mit einem inneren Schutzüberzug (z. B. Inertol, Antiperol) und einem unteren Wassersack versehen. Die Außenlage des Abgasschornsteins ist wegen der stärkeren Abkühlung möglichst zu vermeiden. Auch empfiehlt es sich, nicht mehr als drei Gasfeuerstätten an einen Schornstein anzuschließen, wobei die unter Abschnitt III aufgeführten Gesichtspunkte für die Einführung der Abgasrohre zu beachten sind. Weitere Hinweise technischer und baulicher Art für die Aufstellung von Gasfeuerstätten enthalten die vom Deutschen Verein von Gas- und Wasserfachmännern herausgegebenen Richtlinien DVGW-TVR Gas 1962[1].

B. Ofenbauarten

Die Übertragung der Wärme an den Raum erfolgt wie bei anderen Heizvorrichtungen auch bei den Gasöfen teils durch Strahlung, teils durch Konvektion.

Beim neuzeitlichen Gasofen[2] werden im allgemeinen Bauformen mit geschütztem oder geschlossenem Verbrennungsraum bevorzugt, die jede Flammenberührung unmöglich machen. Bei den offenen Bauarten wird die Verbrennungsluft unmittelbar aus dem Raum entnommen. Öfen mit geschlossenem Verbrennungsraum und Zufuhr der Verbrennungsluft von außen sind erforderlich in Räumen mit Feuer- oder Explosionsgefahr, z. B. Garagen, und bei Fehlen eines Schornsteins.

Abb. 3.19 zeigt den Schnitt durch einen Gasofen. Im unteren Teil eines schmalen hohen Verbrennungsraums ist das Brennerrohr mit zahlreichen Gasdüsen angeordnet. Im Abgasstutzen ist ein Umlenkblech als Rückstromsicherung und ein Zugunterbrecher untergebracht. Die Wärme wird bei diesem Ofen vorwiegend konvektiv abgegeben. Ein äußerer Mantel verhindert zu hohe Oberflächentemperaturen und lästige Strahlung.

Starke Verbreitung haben neuerdings Bauarten mit geschlossenem Verbrennungsraum und direktem Abzug der Verbrennungsgase ins Freie, sog. schornsteinfreie Gasöfen, gefunden. Die Öfen werden an der Außenwand aufgestellt und erhalten neben dem Abzugsrohr noch ein Frischluftrohr für die Zufuhr von Verbrennungsluft, s. Abb. 3.20. Verbrennungsraum und Aufstellungsraum sind danach gasdicht voneinander getrennt. In dem Mauergehäuse ist eine

[1] Technische Vorschriften und Richtlinien für die Einrichtung und Unterhaltung von Niederdruckgasanlagen in Gebäuden und Grundstücken. DVGW-TVR Gas 1962. Frankfurt/M.: ZfGW-Verlag 1962.

[2] Gruda, G.: Gasheizöfen für Einzelheizung. Heizg.-Lüftg.-Haustechn. 6 (1955) 99/104. — Gaswärme International 16 (1967), Heft 9. Sonderheft: „Heizen mit Gas".

Strömungssicherung eingebaut, die Windstöße von dem Gerät abhält. Solche Geräte lassen sich auch in Fensterbrüstungen, also an den Stellen der stärksten Abkühlung eines Raumes, anordnen.

Allgemein ist in der Entwicklung der Gasheizöfen das Bestreben erkennbar, die Oberflächentemperatur aus hygienischen Gründen herabzusetzen. Die Öfen erhalten Zündsicherungen, die den Gasweg erst bei Erwärmung eines Bimetallstreifens durch die Zündflamme freigeben. Die *Leistung* wird im allgemeinen durch Drosselung der Gasmenge *geregelt*, und zwar sollen nach DIN 3364[1] Gasöfen mit einer Nennbelastung bis 4000 kcal/h auf 25% ihrer Nennleistung heruntergeregelt werden können. Eine selbsttätige Regelung der Leistung von der Raumtemperatur aus ist mit einfachen Mitteln möglich. Die *Wärmeausnutzung* bewegt sich beim neuzeitlichen Gasofen zwischen 75 und 82%, wobei durch den Wegfall des Bedienungseinflusses die günstigen Werte des Versuchsstandes auch im praktischen Betrieb im allgemeinen gewährleistet sind.

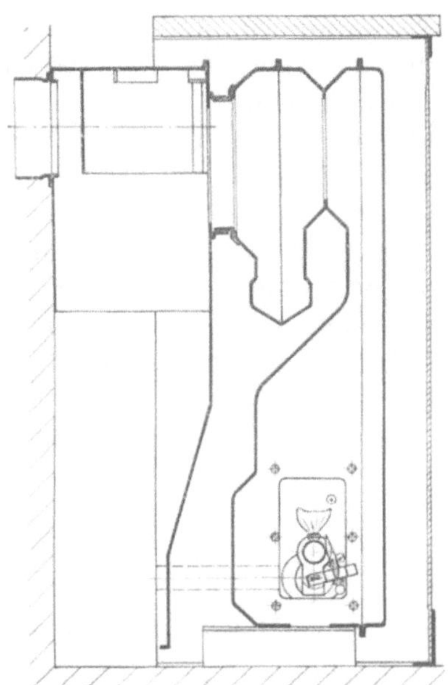

Abb. 3.19. Gasofen für Schornsteinanschluß.

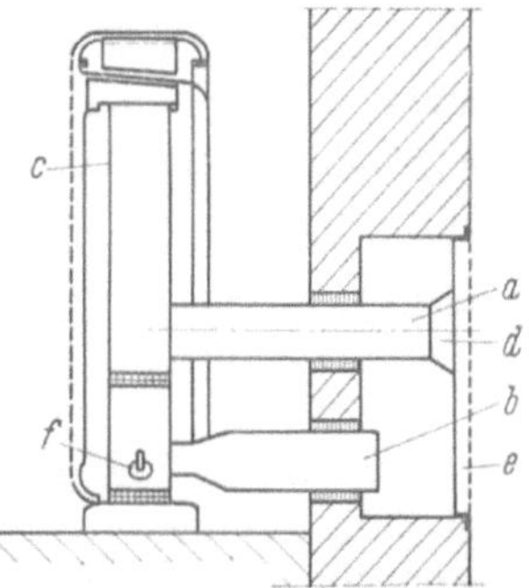

Abb. 3.20. Schornsteinfreier Ofen.
a Abgasrohr, *b* Zuluftrohr, *c* Heizkörper, *d* Strömungssicherung, *e* Gitter, *f* Brenner.

Gasstrahler. Für die Erwärmung hoher und großer Räume lassen sich auch Gasöfen mit sehr hoher Oberflächentemperatur und entsprechend großer Strahlungswärmeabgabe verwenden. Man bezeichnet sie danach als *Gasstrahler*. Bei der in Abb. 3.21 gezeigten Ausführung[2] erwärmt ein Bunsenbrenner[3] von 0,8 bis 1,2 m³/h Gasverbrauch die mit vielen kleinen Bohrungen ver-

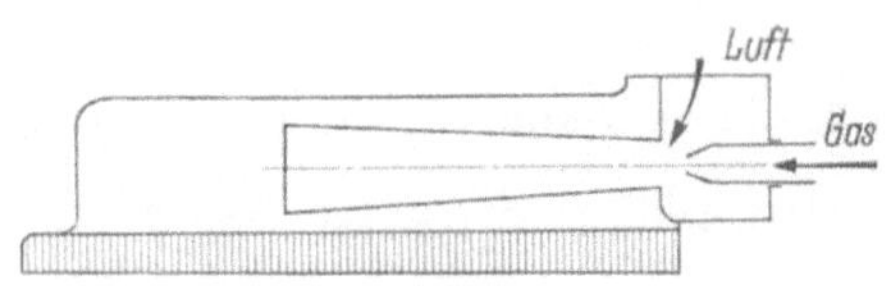

Abb. 3.21. Gasstrahler, Bauart Schwank.

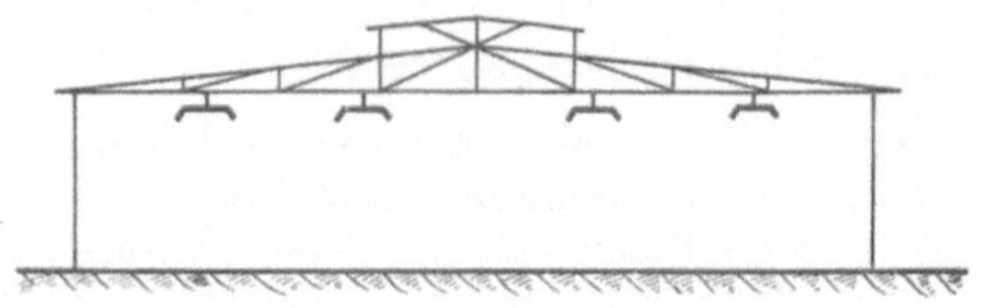

Abb. 3.22. Anordnung von Gasstrahlern in einer Werkhalle.

sehene Brennerplatte aus keramischem Material auf 800 bis 900°C. Das Gas-Luft-Gemisch wird auf der Plattenrückseite eingeführt; es verbrennt auf der Vorderseite zunächst mit schwach leuchtender Flamme, die bald nach dem Zünden die keramische Masse zum Glühen bringt. Auf eine besondere Abgasabführung kann verzichtet werden, wenn mit einer gewissen Lufterneuerung zu rechnen ist, so daß keine gesundheitsgefährdende Anreicherung der Raumluft mit

[1] DIN 3364. Heizöfen für Stadtgas. Begriffe, Bau, Güte, Leistung und Prüfung. März 1958.
[2] Schwank, G.: Gasheizung und -strahlung. Gas- u. Wasserfach 90 (1949) 169/74.
[3] Bunsenbrenner: Brenner mit Primärluftzuführung.

Verbrennungsgasen eintritt, und wenn die Verbrennungsgase nicht mit benachbarten kalten Flächen in Berührung kommen.

Je nach der geforderten Leistung werden die Strahlbrenner einzeln oder in Gruppen zusammengefaßt verwendet. Die Wärmeabgabe liegt bei 6 bis 9 kcal/h je cm^2 Strahlfläche. Die Strahler lassen sich sowohl waagerecht anordnen als auch schräg. Im ersten Fall ist die Strahlung senkrecht nach unten gerichtet. Dementsprechend müssen die Geräte in der ganzen Länge und in der Tiefe des Raumes verteilt werden, um eine möglichst gleichmäßige Erwärmung der Grundfläche zu erzielen, s. Abb. 3.22. Die horizontalen Abstände der Strahler sollen dabei kleiner sein als das Zweifache des Abstandes vom Fußboden. Je höher die Strahler angeordnet werden, um so mehr Brenner können in einem Gerät zusammengefaßt werden, ohne daß Belästigungen der Rauminsassen durch zu intensive Bestrahlung von oben zu befürchten sind. Der Grenzwert der hygienisch zulässigen Wärmezustrahlung ist heute noch umstritten (s. die Ausführungen über die zulässige Oberflächentemperatur von Deckenheizungen S. 168 und 170); nach Angaben des Herstellers lassen sich Senkrechtstrahler mit Einzelbrennern bei Höhen von 4 m ab verwenden.

Für Räume, die eine Aufhängung der Strahler in Höhen von 4 m und darüber nicht zulassen, bevorzugt man Schrägstrahler. Durch Anordnung an Außenwänden kann man bei Schrägstrahlern die einseitige Abkühlungswirkung kalter Fenster- und Außenwandflächen auf den Menschen z. T. aufheben, jedoch wird die Wärmezustrahlung in Gerätenähe leicht als lästig empfunden. Der Anteil der konvektiven Wärmeabgabe, die zur Erwärmung der Luft in den oberen Raumzonen führt und aus Wirtschaftlichkeitsgründen niedrig gehalten werden soll, ist bei Schrägstrahlern naturgemäß wesentlich höher als bei waagerechter Anordnung der Strahlflächen.

C. Anwendung

Die Hauptvorteile der Gasverwendung zur unmittelbaren Raumheizung liegen in der ständigen Betriebsbereitschaft, der leichten Regelbarkeit und dem Fortfall jeder Bedienungsarbeit sowie der mit dem Brennstofftransport und der Aschebeseitigung sonst verbundenen Raumverschmutzung. Ihnen stehen als Nachteile gegenüber der meist höhere Wärmepreis des Gases und die zuweilen auch höheren Gestehungskosten der Feuerstätten nebst Gas- und Kaminanschlüssen. Die Grenzen im Anwendungsbereich fester und gasförmiger Brennstoffe zur Raumbeheizung verschieben sich also um so mehr zugunsten des Gases, je höher die erwähnten Vorteile wirtschaftlich gewertet werden und je geringer die Benutzungsdauer der Heizgeräte ist. Es ist daher auch nicht möglich, eine allgemeingültige Faustregel für die Verwendung des Gases zu Raumheizzwecken aufzustellen, wie dies zuweilen versucht wird, etwa in der Art: „Die Gasheizung ist wirtschaftlich, wenn 1 m^3 Gas nicht mehr kostet als 1 kg Steinkohle oder Koks.“

Für ständig zu erwärmende Räume liegen die Betriebskosten der Gasheizung bei unseren Preisverhältnissen in der Regel über denen der Heizung mit festen Brennstoffen, wie das folgende Rechnungsbeispiel zeigt.

Beispiel: Ein Raum mit einem Höchstwärmebedarf von $Q_h = 2000$ kcal/h soll ständig beheizt werden. Wie hoch sind die Jahresbrennstoffkosten

a) für feste Brennstoffe bei einem Wärmepreis von 20,— DM je Gcal ($\triangleq 10^6$ kcal),

b) für Stadtgas bei einem Wärmepreis von 34,— DM je Gcal?

Die Jahresbenutzungsdauer der berechneten Höchstleistung sei mit $b = 1600\,h$ angenommen (s. zwölfter Abschnitt im zweiten Band).

Daraus ergibt sich der Jahreswärmeaufwand zu $Q_a = 1600 \cdot 2000 = 3{,}2$ Gcal/a.

Für einen mittleren Ofenwirkungsgrad von $\eta = 0{,}68$ bei festen Brennstoffen und $\eta = 0{,}80$ bei Stadtgas erhält man den *Nutzwärmepreis* zu

$$\frac{20}{0{,}68} = 29{,}40 \text{ DM/Gcal (Kohleofen),}$$

$$\frac{34}{0{,}80} = 42{,}50 \text{ DM/Gcal (Gasofen).}$$

Die Jahreskosten betragen sonach

bei festen Brennstoffen . . . . $3{,}2 \cdot 29{,}40 = 94{,}-$ DM,
bei Stadtgas . . . . $3{,}2 \cdot 42{,}50 = 136{,}-$ DM.

Die angegebenen Wärmepreise entsprechen bei festen Brennstoffen etwa der Kostenbasis für Hausbrandkohle im Jahre 1966, bei Stadtgas einem Heizgaspreis von 12 Pf/m³. Selbst wenn man der Gasheizung infolge ihrer ständigen Betriebsbereitschaft und besseren Regelfähigkeit einen um 10 bis 15% niedrigeren Wärmeverbrauch zubilligt, sind die Mehrkosten des Betriebs immer noch beträchtlich.

Günstiger für die Gasheizung wird das Kostenverhältnis bei zeitweiser Raumerwärmung und entsprechend verminderter Beanspruchung der Heizgeräte. Der sofortige Einsatz der vollen Leistung ermöglicht kürzere Anheizzeiten und geringeren Wärmeaufwand. Ebenso lassen sich durch die beliebige Regelfähigkeit und die völlige Abschaltung der Leistung nach der Raumbenutzung wesentliche Wärmeersparnisse gegenüber dem schwerfälligeren Betrieb bei Öfen mit festen Brennstoffen erzielen. Sie können bei kurzzeitiger Raumbenutzung so groß werden, daß sie den höheren Wärmepreis des Gases voll ausgleichen. Für solche Betriebsbedingungen ist jedoch eine einwandfreie Kostenvergleichsrechnung nicht durchzuführen, da der Heizwärmebedarf nicht zuverlässig angegeben werden kann.

Das Hauptanwendungsgebiet der Gaseinzelheizung ist der kurzzeitig benutzte Raum, vor allem in Gegenden mit mildem Klima, also z. B. Säle und Versammlungsräume aller Art, seltener benutzte Wohn- und Büroräume, Kirchen, Ausstellungshallen, Schulgebäude mit Halbtagsbetrieb und gewerbliche Räume ohne Anschluß an eine Zentralheizung. Auch als Übergangsheizung in Räumen mit Zentralheizung hat sich die Gaseinzelheizung bewährt. Strahlgeräte finden darüber hinaus zunehmend auch für die Dauererwärmung von Werkräumen Verwendung sowie für Sonderfälle, wie die Beheizung von Terrassen, Gehwegen vor Schaufenstern u. dgl.

Bemessung der Heizleistung. Für dauernd benutzte Räume ist der Wärmebedarf nach DIN 4701 zu berechnen, insbesondere dann, wenn ein ganzes Gebäude mit Gasöfen versehen werden soll. Da Gasheizöfen nicht überlastbar sind und selten nachts im Betrieb gehalten werden, sind die Zuschläge nach Betriebsweise III zu wählen, s. neunter Abschnitt im zweiten Band.

Bei Gasöfen, die vorwiegend zur kurzzeitigen Raumerwärmung dienen, wird die erforderliche Leistung in Anlehnung an Abschnitt 5.1 der DIN 4701 (Wärmebedarf selten benutzter Gebäude) nach einem Näherungsverfahren bestimmt[1]. Man unterscheidet dabei zwischen *periodischer* Heizung mit relativ kurzer Aufheizzeit und *zeitweiser* Heizung mit nur unregelmäßigem und kurzzeitigem Betrieb. In beiden Fällen wird der thermische Beharrungszustand im Raum nicht erreicht. Für Wohnräume mit normalen Bau- und Lageverhältnissen und einem Rauminhalt von 20 bis 300 m³ ermöglicht Abb. 3.23 eine überschlägige Berechnung der bei einstündiger Anheizzeit erforderlichen Ofenleistung. Ihr liegt ein Temperaturunterschied $(t_i - t_a) = 35$ grd zugrunde. Man ersieht aus diesem Diagramm, daß mit einem spezifischen Wärmebedarf von 60 bis 150 kcal/m³h gerechnet wird. Für größere Räume bis 1000 m³ kommt man in erster Annäherung mit 70 kcal/m³h, für Großräume bis 5000 m³ mit 50 kcal/m³h aus. Unter günstigen Bedingungen ist ein Abschlag von 10%, unter ungünstigen ein Zuschlag von 10 bis 20% zu empfehlen. Im Falle abweichender Temperaturunterschiede sind entsprechende Korrekturen anzubringen.

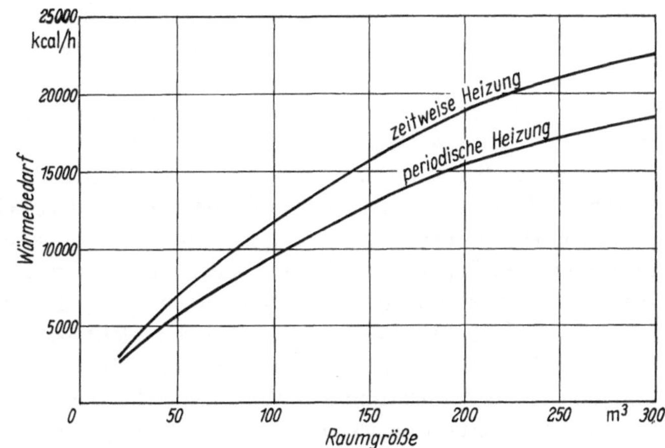

Abb. 3.23. Wärmebedarf in Abhängigkeit von der Raumgröße.

Bei der Raumbeheizung durch Hochtemperaturstrahler wird die Luft nur mittelbar erwärmt. Ihre Temperatur liegt niedriger als die der angestrahlten Flächen und ist im Gegensatz

[1] DVGW/VFG—Arbeitsblatt G 674. Merkblatt für die Einzelofen-Gasheizung. Mai 1965.

zu den Verhältnissen bei vorwiegend konvektiver Wärmeübertragung auch in der Senkrechten weitgehend ausgeglichen. Man kommt dementsprechend mit geringerer Heizleistung aus; der Wärmeverbrauch geht in gleicher Weise zurück. Auch lassen sich in gewissem Umfang einzelne Teile eines großen Raumes unterschiedlich beheizen. Nach Angaben des Herstellers kann mit einem Brenner von etwa 3000 kcal/h Leistung unter ungünstigen Bedingungen eine Bodenfläche von 8 bis 10 m^2, unter günstigen Bedingungen bis zu 20 m^2 beheizt werden. Als ungünstig werden dabei hohe Lufttemperaturen, starke Luftbewegung, hohe Wärmeverluste durch Wände und Boden, zusätzliche Oberflächen der Raumausrüstung sowie Teilbeheizung und kurzzeitiger Betrieb angesehen. Nimmt man an, daß die Strahler in einer Höhe von 4 m über dem Fußboden angeordnet sind, so entsprechen diese Angaben einem spezifischen Wärmebedarf des unterhalb der Geräte liegenden Luftraumes von 38 bis 90 kcal/m^3h, das sind Werte, die sich gut an die Grenzwerte bei Gasöfen anschließen.

V. Elektrische Raumheizung

A. Allgemeines

Die Verwendung der elektrischen Energie zur Raumheizung bietet installationstechnisch und betrieblich große Vorteile. Der Energietransport in die Gebäude und die Weiterleitung in die einzelnen Räume über die ohnehin vorhandenen Stromverteilungsnetze ist denkbar einfach. Der Standort der Heizeinrichtungen im Raum unterliegt keinerlei Beschränkungen, da eine Abführung von Verbrennungsgasen nicht notwendig ist. Heizgeräte bis etwa 2000 kcal/h Leistung sind in der Regel leicht oder fahrbar gebaut, so daß sie in verschiedenen Räumen eingesetzt werden können. Neben dem Ein- und Ausschalten ist keinerlei Bedienung erforderlich. Die Leistung kann in Stufen von Hand oder auch thermostatisch bequem geregelt werden. Brennstofflagerräume und Schornsteine entfallen. Jede Verunreinigung der Luft durch Rauch, Ruß oder schädliche gasförmige Verbrennungsprodukte wird vermieden.

Allein der an festen und flüssigen Brennstoffen gemessen hohe Wärmepreis der elektrischen Energie schränkt die Verwendung zur Raumheizung ein. Solange die elektrische Energie vorwiegend in Wärmekraftwerken erzeugt wird, ist sie mit dem geringen thermischen Wirkungsgrad dieser Anlagen bei gleichzeitig hohem Kapitalaufwand vorbelastet. Sie kann daher im Wärmepreis mit den Ursprungsenergien Kohle, Erdöl und Erdgas nicht konkurrieren, zumal relativ hohe Verteilungskosten hinzukommen und der Heizwärmebedarf eine für die Stromversorgung ungünstige jahreszeitliche Abhängigkeit aufweist.

Günstiger liegen die Verhältnisse, wenn elektrische Energie zur Raumheizung nur in Zeiten niedrigen Licht- und Kraftstrombedarfs angefordert wird; das sind in erster Linie die Nachtstunden. Die Elektrizitätsversorgungsunternehmen können solchen Verbrauchern Sonderpreise gewähren, bei denen der Kapitaldienst für Kraftwerk und Netz weitgehend unberücksichtigt bleibt. Voraussetzung dafür ist die Anwendung des Speicherprinzips, wie es vom Kachelofen her bekannt ist. Wir werden also bei der elektrischen Raumheizung zu unterscheiden haben zwischen Verfahren und Geräten der direkten, d. h. zeitlich unverzögerten, Raumerwärmung und solchen mit vielstündiger Wärmespeicherung[1].

Auf den schlechten thermischen Wirkungsgrad der elektrischen Raumheizung bei Verwendung von Strom aus Wärmekraftwerken ist oben bereits hingewiesen worden. Wird die Wertigkeit der bei einem Heizverfahren eingesetzten Energie mit berücksichtigt, so zeigt sich, daß die elektrische Raumheizung an sich schon ein sehr unvollkommener Prozeß ist. Elektrische Energie mit hoher technischer Arbeitsfähigkeit und beliebiger Umformbarkeit (man verwendet dafür neuerdings den Begriff „Exergie")[2] wird hierbei in eine Energieform geringerer Wertigkeit (Wärme) umgewandelt und in einem Temperaturniveau eingesetzt, das nur unwesentlich höher als die Umwelttemperatur liegt.

[1] Siehe Borstelmann, P.: Handbuch der elektrischen Raumheizung. 2. Auflage. Heidelberg: Dr. Alfred Hüthig Verlag GmbH. 1964. — Elektrische Raumheizung, Geräte und Zubehör. Essen: Ruhrländische Verlagsgesellsch. 1965.

[2] Rant, Z.: Die Heiztechnik und der zweite Hauptsatz der Thermodynamik. Gaswärme 12 (1963) 297/305.

B. Direkt wirkende elektrische Heizeinrichtungen

1. Transportable Öfen

Die einfache Umwandlung der elektrischen Energie in Wärme beim Durchgang des Stromes durch Metalldrähte oder -bänder hohen Widerstandes ermöglicht den Bau leichter, transportabler Heizgeräte. Nach der Art der Wärmeabgabe unterscheidet man zwischen Strahlöfen und Konvektionsöfen. Bei der ersten Bauart sind dünne Metalldrähte auf keramischen Stäben spiralförmig verlegt. Sie glühen beim Stromdurchgang auf. Ein hinter dem Heizkörper angeordneter blanker Metallspiegel reflektiert die Strahlung und gibt ihr eine bestimmte Richtung (Heizsonne oder Strahlkamin). Abb. 3.24 zeigt eine bekannte Ausführungsart mit zwei Heizkörpern, die durch Doppelkippschalter zweifach regelbar ist.

Abb. 3.24. Elektrischer Strahlofen.

Der Konvektionsofen dient primär der Lufterwärmung. Durch die damit verbundene Luftbewegung wird die Wärme im Raum verteilt. Beim „Heizlüfter" ist zur Verstärkung der Luftbewegung zusätzlich ein Ventilator eingebaut. Zu den Konvektionsöfen zählen auch die fahrbaren Radiatoren mit elektrischem Heizkörper. Es sind mit Laufrollen versehene Stahlgliederkörper, wie sie bei Zentralheizungen üblich sind. Der Heizkörper ist mit Wasser oder Öl gefüllt und wird durch einen in die unteren Naben eingeführten elektrischen Heizstab erwärmt.

2. Ortsfeste Heizeinrichtungen

Ortsfest installierte elektrische Raumheizungen mit direkter Wärmeabgabe arbeiten in der Regel mit hohen Heizleitertemperaturen, also im Strahlungsbereich. Will man die Heizleiter gegen äußere Beschädigung schützen, so verlegt man sie wendelförmig in ein mit Isolierstoff

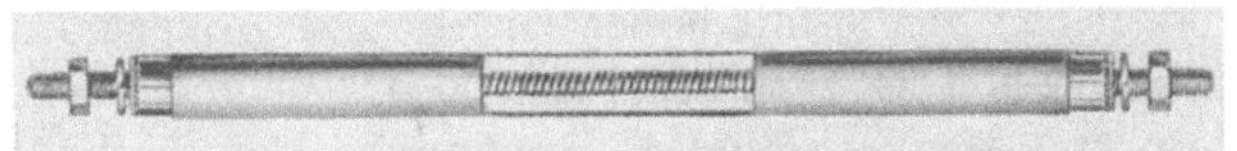

Abb. 3.25. Rohrheizkörper.

ausgefülltes Mantelrohr, s. Abb. 3.25. Zur Vermeidung unerwünscht hoher Strahlungsintensitäten in der Aufenthaltszone müssen die Strahler in ausreichender Höhe angeordnet und zweckmäßig über die Raumfläche verteilt sein. Einzelrohre, evtl. in langer Reihe, verwendet man bevorzugt als Langfeldstrahler, s. Abb. 3.26. Das Gerät wird an senkrechten Wänden montiert. Die Wärmestrahlung wird durch die Reflexionsflächen gerichtet und dadurch in dem gewünschten Tiefenbereich wirksam. Auch bei linienförmigen Strahlern lassen sich allzu große Intensitätsunterschiede in der Raumtiefe vermeiden, wenn die Geräte in genügendem Abstand zur Aufenthaltszone angeordnet sind.

Bei hohen Räumen, insbesondere Industriehallen, werden häufig mehrere Heizrohre zu einem Flächenstrahler zusammengefaßt. Die Intensitätsverteilung in einem Abstand von 1,8 m vom Fußboden bei Aufhängehöhen von 3, 5 und 7 m ist aus der Abb. 3.27 zu ersehen. Die ausgezogenen Kurven gelten für die senkrechte Querebene A, die gestrichelten für die Längsebene B. Eine gleichmäßige Verteilung der Strahlungsintensität ist bei den hohen spezifischen Flächenleistungen dreier Geräte nur bei Unterteilung der Gesamtleistung auf eine entsprechende Anzahl von Einzelstrahlern zu erzielen. Der Abstand der Strahler sollte dabei möglichst nicht kleiner als die Aufhängehöhe gewählt werden.

Heizrohre mit geringerer spezifischer Leistung finden als örtliche Heizkörper bei sehr verschiedenartigen Heizaufgaben Verwendung, beispielsweise als Fußbankheizung in Kirchen, zur Beheizung von Verkehrsmitteln oder in Form von Heizregistern in Werkstätten, Garagen und Sonderräumen.

Mit biegsamen Heizrohren (Heizkabeln) lassen sich elektrische Wand-, Fußboden- und Deckenheizungen ausführen, die im Aufbau den entsprechenden Systemen der Zentralheizung ähneln. Daneben werden auch Folien und Gewebe mit dünnen Metalldrahteinlagen für elektrische Flächenheizungen verwendet.

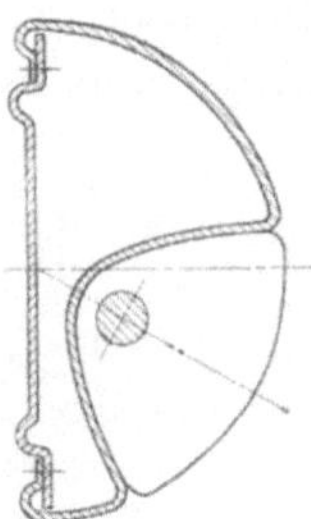

Abb. 3.26. Schnitt durch einen Langfeldstrahler.

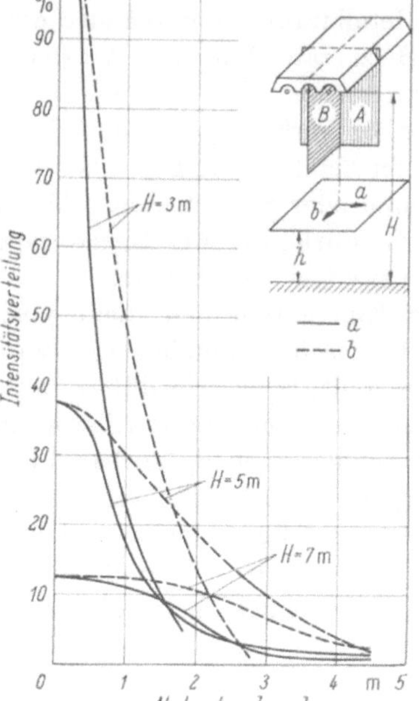

Abb. 3.27. Strahlungsintensität in Kopfhöhe (h = 1,8 m) bei drei verschiedenen Höhenlagen eines Flächenstrahlers (nach Voigt & Haeffner).

C. Elektrische Speicheröfen

Als Speichermaterial dienen Stoffe mit hoher Dichte und großer spezifischer Wärmekapazität, die für Temperaturen bis 400 °C, evtl. auch bis 700 °C, geeignet sind. Hierzu gehören Beton (nur bis 400 °C), Schamotte, Magnesit und Korundstaub. Metallische oder flüssige Speicherstoffe finden selten Anwendung. Man unterscheidet nach DIN 44840[1] drei Bauarten von Speicheröfen:

Bauart I Wärmeabgabe ausschließlich über die Oberfläche.

Bauart II Wärmeabgabe vorwiegend über die Oberfläche, außerdem noch durch absperrbare Luftkanäle (evtl. mit Ventilatorbetrieb).

Bauart III Wärmeabgabe hauptsächlich über innere Luftkanäle bei Ventilatorbetrieb. Oberfläche stärker isoliert.

Die Bauart I entspricht in der äußeren Gestaltung und der Art der Wärmeabgabe dem Kachelofen für feste Brennstoffe. Die Heizleistung des Ofens ist durch die Speicherwärme und die Oberfläche bestimmt und läßt sich nicht regeln. Durch den Grad der nächtlichen Aufheizung kann jedoch die Tageswärmeabgabe des Ofens annähernd dem jeweiligen Wärmebedarf des Raumes angepaßt werden. Bei der Bauart II ist durch Drosselung oder Verstärkung der Luftumwälzung (Ventilatorbetrieb) eine Änderung der konvektiven Wärmeabgabe des Ofens möglich. Lediglich bei der Bauart III ist die Heizleistung beliebig regelbar, da die Wärmeabgabe durch die Oberfläche relativ gering ist.

Abb. 3.28 zeigt schematisch den Aufbau der drei beschriebenen Ofenbauarten. Die Aufladung kann sowohl durch die Vorwahl der Leistungsstufe — meist drei Stufen — als auch durch die Dauer der Ladezeit begrenzt werden. Eine andere Möglichkeit zur Begrenzung der Speicherwärme bietet der Einbau eines Temperaturreglers, dessen Sollwert der Außentemperatur ent-

[1] DIN 44840. Elektrische Raumheizgeräte, Begriffe. Jan. 1966

sprechend verstellt wird. Eine automatische Steuerung der Ofenaufladung, örtlich oder zentral, bereitet keine wesentlichen Schwierigkeiten[1].

Den weitesten heiztechnischen Anwendungsbereich haben die Öfen der Bauart III, da ihre Leistung jederzeit und in beliebigem Umfang dem momentanen Wärmebedarf des Raumes bzw. den vorliegenden Nutzungsbedingungen angeglichen werden kann. Bei der Bauart I bedingt die Ofenabkühlung ein Absinken der Leistung in den Tagesstunden, so daß die Raumtemperatur leicht am Vormittag zu hoch oder am Abend zu niedrig ist. Die Bauart II nimmt heiztechnisch eine Mittelstellung ein. Bei richtiger Auslegung des Speicherkerns eignet sie sich gut für ganztägig beheizte Räume, wobei häufig durch Thermostate die Raumtemperatur automatisch geregelt wird. Zuweilen sind in den Öfen der Bauart II und III noch zusätzliche Heizkörper zur Direkterwärmung der Luft eingebaut, um im Bedarfsfall die Ofenleistung unabhängig von der Temperatur des Speicherkerns steigern zu können.

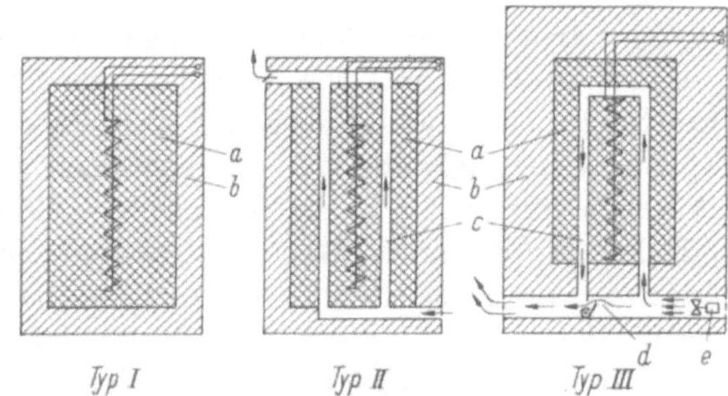

Abb. 3.28. Grundtypen von Elektrospeicheröfen. *a* Speicherkern, *b* Isolierung, *c* Luftkanal, *d* Kurzschlußstrecke mit Regelklappe, *e* Ventilator.

Auch elektrische Fußbodenheizungen können als Speicherheizung betrieben werden[2]. Da die Fußbodentemperaturen in ständig benutzten Räumen aus physiologischen Gründen nicht über 25 bis 27 °C liegen sollen, reicht die Leistung solcher Anlagen nur bei besonders niedrigem spezifischen Wärmebedarf zur Vollheizung aus (günstiges Klima, niedrige Raumtemperatur).

D. Anwendung

Die Direktheizung kommt aus Kostengründen i. allg. nur für zeitweise zu erwärmende Räume oder als Zusatzheizung in Frage. Bei einem Strompreis von 10 Pf./kWh ist, wie eine einfache Vergleichsrechnung zeigt, die elektrische Energie in Deutschland, rein kalorisch gewertet, 5- bis 6mal teurer als die Energie in Form fester oder flüssiger Brennstoffe. Im praktischen Heizbetrieb verschiebt sich infolge unterschiedlicher Wirkungsgrade das Bild zwar zugunsten des Stromes; mit erheblichen Mehrkosten ist jedoch stets zu rechnen, wenn man beim Kostenvergleich mit anderen Heizverfahren von gleichen Wärmeleistungen ausgeht.

Das gilt in gewissem Maß auch für die elektrische Speicherheizung, obwohl bei ihr in der Regel der Strompreis sehr viel niedriger liegt. Dafür ist die Benutzungsdauer der bereitgestellten Heizleistung wesentlich höher, da Speicheröfen i. allg. nur für die Dauerbeheizung von Räumen eingesetzt werden.

Die Wärmekapazität eines Speicherofens errechnet sich aus dem maximalen Tageswärmebedarf des zu beheizenden Raumes unter Berücksichtigung der in den Ladestunden abgegebenen Wärmemenge, der elektrische Anschlußwert aus Tageswärmebedarf und Ladezeit. Maßgebend für die Bewertung der Wärmekapazität eines Ofens ist die zulässige Raumtemperaturschwankung im Ablauf der 24stündigen Periode und die geforderte Mindesttemperatur vor Einsetzen der Hauptaufladung in den Abend- oder Nachtstunden.

---

[1] Kirn, H.: Aufladesteuerung elektrischer Speicherheizungsanlagen. Intern. Z. f. Elektrowärme 23 (1965) Nr. 8, Sonderh. Planungsunterlagen f. d. elektr. Beheizung von Wohnsiedlungen, S. 36. — Freundlieb, H.: Eine weiterentwickelte elektronische Auflade- und Regelautomatik für elektrische Wärmespeicherheizungen aller Systeme. Intern. Z. f. Elektrowärme 24 (1966) 13/19.

[2] Jaspers, B.: Elektrische Raumheizung durch milde Wärmestrahlen. Gesundh.-Ing. 61 (1938) 73/78, 157/160. Die elektrische Niedertemperatur-Strahlungsheizung und ihre Anwendung im Ausland. Sanitäre Techn. 19 (1954) 9/14. — Bruce, H. H.: Off-Peak Floor Heating. Instn. Heat. and Vent. Engrs. 27 (1959/60) 121. Off-Peak Floor Heating: Research Design and Development; Some Controversial Factors. Electricity and Space Heating. London and Glasgow: Black and Son Ltd. (1965) 210.

Bei den Öfen der Bauart I und teilweise auch der Bauart II hängt die Temperaturamplitude wesentlich von der Verteilung der Lade- und Entladezeiten ab. Am größten ist sie verständlicherweise bei einmaliger Aufheizung des Ofens. Jede Nachheizung verringert die Ungleichmäßigkeit der Raumtemperatur oder ermöglicht bei konstant gehaltener Temperaturschwankung eine Herabsetzung der Speicherkapazität. Besonders wirksam ist in dieser Hinsicht eine Nachheizung in den Mittagsstunden, die von Elektrizitätswerken mit Belastungstälern in dieser Zeit häufig zugelassen wird.

Eine andere Möglichkeit, zu große Ofenmassen zu vermeiden, ist die Aufteilung der Leistung auf mehrere Einheiten. Die Aufstellung der Öfen an den Außenwänden, evtl. auch vor Fensterbrüstungen, bewirkt in solchen Fällen ein recht ausgeglichenes Temperaturfeld des Raumes[1].

Zur Kennzeichnung der Jahresbeanspruchung von Speicherheizungen dient die auf den Wärmebedarf oder auf die installierte Leistung bezogene Benutzungsdauer der Heizanlage. Mit dem erstgenannten Wert, der „wärmetechnischen Jahresbenutzungsdauer", wird gerechnet, wenn die Betriebskosten vorausgeschätzt oder bei verschiedenen Objekten verglichen werden sollen. Der zweite Wert, die „installierte Jahresbenutzungsdauer", ist elektrizitätswirtschaftlich von Bedeutung; er hängt u. a. auch von der Ofenbauart und dem Ladeprogramm ab. Die bis jetzt vorliegenden Betriebsergebnisse mit Speicherheizungen[2] deuten darauf hin, daß bei vollbeheizten Gebäuden die wärmetechnische Jahresbenutzungsdauer Werte erreicht, die in der gleichen Größenordnung liegen wie bei der üblichen Zentralheizung, s. zwölfter Abschnitt im zweiten Band. Günstigere Verbrauchswerte erhält man bei zeitweise und teilbeheizten Gebäuden.

Hier zeigt sich der generelle Vorteil der Einzelheizung, jeden Raum unabhängig von den übrigen erwärmen und damit auch den Wärmeverbrauch des Gesamtgebäudes oder einer Raumgruppe fast beliebig einschränken zu können. Von dieser Möglichkeit wird besonders in ofenbeheizten Wohngebäuden weitgehend Gebrauch gemacht. Unter gleichen baulichen Bedingungen können hierbei Unterschiede im Heizenergieverbrauch von 1:2,5 auftreten.

Grundsätzlich ist die elektrische Raumheizung nur für Gebäude mit geringem spezifischen Wärmebedarf zu empfehlen. Das bedeutet, daß an den Wärmeschutz der Außenwände und Fenster besonders hohe Anforderungen zu stellen sind. Die Mehrkosten für die bessere Wärmedämmung der Außenwände sowie für Fenster mit Doppelscheiben werden zumeist durch eine Einsparung in den Betriebskosten in wenigen Jahren bereits ausgeglichen[3].

---

[1] Raiss, W.: Elektrospeicheröfen in eingeschossigen Einfamilienhäusern. Gesundh.-Ing. 84 (1963) 289/295.

[2] Raiss, W., u. J. Masuch: Eignung und Wirtschaftlichkeit von Nachtstrom-Speicheröfen in Geschoßwohnungen. Gesundh.-Ing. 88 (1967) 297/307, 338/344.

[3] Borstelmann, P.: Die Bedeutung der Wärmedämmung beim Einsatz der Elektrowärme. — Brocher, E.: Die Entwicklung zum wirtschaftlichen Wärmeschutz. Intern. Z. f. Elektrowärme 24 (1966) 251/253 bzw. 254/259.

Vierter Abschnitt

Zentralheizung

I. Allgemeines

Wird die für die Beheizung vieler Räume benötigte Wärme an einem Ort (Zentrale) erzeugt und mittels besonderer Wärmeträger den einzelnen Räumen zugeführt, so spricht man von „Zentralheizung". Je nach der Art des Wärmeträgers unterscheidet man Wasser-, Dampf- und Luftheizungen. Die gebräuchlichsten Systeme für normale Gebäudeheizung sind die Warmwasserheizung (mit Vorlauftemperaturen bis 110 °C) und die Niederdruck-Dampfheizung (mit Kesseldrücken bis 0,5 atü).

Gegenüber der Ofenheizung weist jede Zentralheizung eine Reihe von Vorteilen auf. Die Wärmeerzeugung in einer einzigen Feuerung ermöglicht es, diese technisch besser durchzubilden. Die Bedienung und Leistungsregelung wird einfacher, die Wärmeausnutzung zumeist günstiger. Die bei kleinen und mittleren Heizungsanlagen üblichen Brennstoffe wie Koks und Heizöl gewährleisten eine rauch- und rußfreie Verbrennung. In der Regel wird die Kesselanlage auch mit mehr Verständnis gewartet und bedient als viele einzelne Feuerstellen. Weitere Vorzüge der Zentralheizung sind der Fortfall der Raumverschmutzung durch den Brennstoff- und Aschetransport, der geringe Platzbedarf der Heizkörper und die Möglichkeit, Nebenräume, Treppenhäuser, Bäder u. dgl. miterwärmen zu können. Überall da, wo viele Räume eines Gebäudes gleichzeitig geheizt werden sollen, ist sonach die Zentralheizung am Platz.

II. Bauelemente der Warmwasser- und Dampfheizungen

A. Heizkessel

Bei den Heizkesseln unterscheidet man zwischen Spezialkesseln, die für bestimmte Brennstoffarten gedacht sind (Kokskessel, Ölkessel, Gaskessel) und Wechsel- oder Umstellbrandkesseln, die in gleicher Weise mit festen und flüssigen oder festen und gasförmigen Brennstoffen betrieben werden können. Nach DIN 4702[1] besitzen „Wechselbrandkessel" alle für den Betrieb mit den in Frage kommenden Brennstoffen notwendigen Einrichtungen. Der Wechsel von festen auf flüssige oder gasförmige Brennstoffe und umgekehrt ist jederzeit ohne Kessel- oder Feuerungsumbau möglich. Beim „Umstellbrandkessel" andererseits erfordert dieser Übergang den Abbau und Anbau bestimmter vorgehaltener Kessel- und Feuerungsteile. Die Umstellung nimmt dabei in der Regel der Fachmann und nicht der Betreiber vor.

Als Werkstoffe kommen Gußeisen und Stahl in Frage, wobei die unterschiedlichen Herstellungs- und Verarbeitungsbedingungen dieser Materialien mehr als die Brennstoffarten die Bauformen der Heizkessel beeinflußt haben. Sie sollen daher im folgenden auch in dieser Aufteilung besprochen werden.

1. Gußeiserne Gliederkessel

Gußeiserne Kessel in Gliederbauweise haben bei Zentralheizungen große Verbreitung gefunden. Ihre Vorteile liegen in der Möglichkeit der Serienherstellung, der Korrosionsbeständigkeit des Werkstoffes, der Bildung beliebiger Kesselgrößen aus wenigen Gliedertypen, die leicht transportiert und an Ort und Stelle montiert bzw. ausgewechselt werden können, und der geringen Bauhöhe.

Die gußeisernen Gliederkessel sind seinerzeit für Koks als Brennstoff entwickelt worden. Der notwendige Dauerbrand wird durch einen geräumigen Brennstoff-Füllschacht sichergestellt. Der Einbau oder Anbau von Gas- und Ölbrennern ist bei den meisten Bauarten möglich. In Sonderbauarten, den sogenannten „Kohlenkesseln", lassen sich auch andere feste Brennstoffe, wie Magerkohle, Briketts, Holzabfälle u. dgl. wirtschaftlich verfeuern.

[1] DIN 4702 Bl. 1. Heizkessel; Begriffe, Nennleistung, Heiztechnische Anforderungen, Kennzeichnung. Jan. 1967.

Für Wasser- und Dampfheizungen finden meist die gleichen Modelle Verwendung. Sie sind jedoch nach den behördlichen Vorschriften in Deutschland i. allg. als Wasserkessel nur bis 110 °C Vorlauftemperatur und als Dampfkessel bis 0,5 atü Betriebsdruck zugelassen, bei Erfüllung bestimmter technischer Anforderungen neuerdings auch für 130 °C Wassertemperatur und 1,5 atü Dampfdruck.

a) Feuerungsaufbau

Dem Feuerungsaufbau nach unterscheidet man — wie bei Eisenöfen — Feuerungen mit Durchbrand und mit Unterbrand, s. Abb. 4.01. Unterbrandkessel lassen sich leichter mit konstanter Leistung während einer Abbrandperiode betreiben und sprechen auf Regelimpulse rascher an als Durchbrandkessel mit ihrer großen in Glut befindlichen Brennstoffmenge. Durchbrandkessel können dagegen schneller hochgeheizt und stärker überlastet werden; ihr Zugbedarf ist geringer. Sie neigen, insbesondere bei zu kleinen Kokskörnungen, zur CO- und Schlackenbildung. Größere Gliederkessel sind i. allg. mit Unterbrand ausgerüstet, Kessel kleiner und mittlerer Leistung mit dem im Aufbau einfacheren Durchbrand.

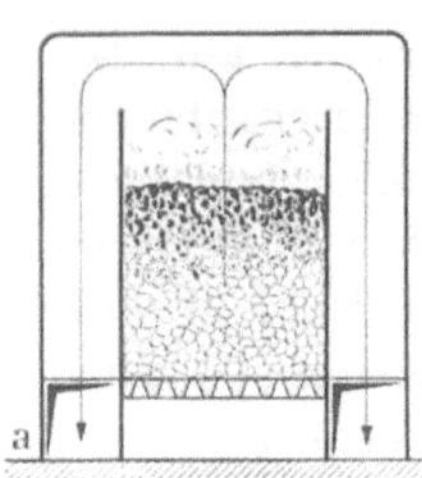

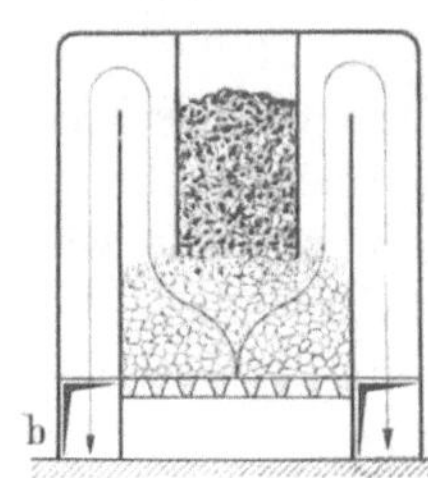

Abb. 4.01. Feuerungsaufbau bei festen Brennstoffen. a) Durchbrand; b) Unterbrand.

b) Bauarten

Die üblichen gußeisernen Gliederkessel mit Handbedienung werden für Leistungen von 10000 bis etwa 550000 kcal/h je Einheit gebaut. Die einzelnen Kesselglieder sind Hohlkörper, die beim Zusammenbau den Rost, den Füllschacht und die Rauchgaszüge bilden. Oben und unten besitzen die Glieder schwach konische Bohrungen, über die die Innenräume mittels Nippeln verbunden werden, s. Abb. 4.02. Die Nippel dichten metallisch; sie stellen zugleich auch das mechanische Bindeglied der einzelnen Kesselteile dar. Auf die Glieder außen aufgegossene Leisten, die beim Zusammenbau mit Kesselkitt gedichtet werden, grenzen die Rauchgaszüge gegeneinander und nach außen ab.

Die Abb. 4.03 zeigt die Außen- und Innenansicht eines Kleinkessels für Leistungen bis etwa 50000 kcal/h. Der geteilte Rost ist wassergekühlt. Die Verbrennungsgase werden in zwei oberen Seitenkanälen gesammelt und über ein am letzten Glied angeflanschtes Hosenstück mit Drosselklappe zum Rauchabzug geführt. Das Vorderglied enthält das Feuergeschränk und die Fülltür, das Endglied die Anschlußflansche für die Rohrleitungen und den oberen Rauchgasabzug. Ein äußerer Blechmantel mit Isolierschicht verhindert eine allzu hohe direkte Wärmeabgabe des Kessels an den Aufstellungsraum. Zur Bedienungserleichterung sind andere ähnliche Kleinkessel mit einer mechanischen Schürvorrichtung versehen. Zwischen den feststehenden Rostarmen sind zusätzliche Schüttelrostteile eingebaut, die durch einen Schwenkhebel an der

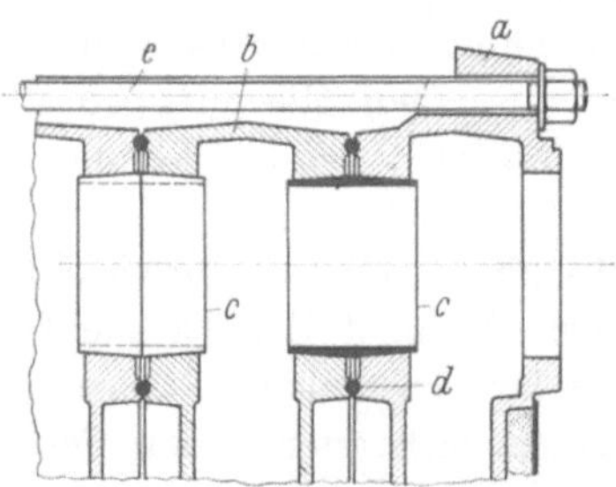

Abb. 4.02. Nippelverbindung von Kesselgliedern. *a* Stirnglied, *b* Mittelglied, *c* Nippel, *d* Dichtleisten, mit Kesselkitt gefüllt, *e* Ankerstange.

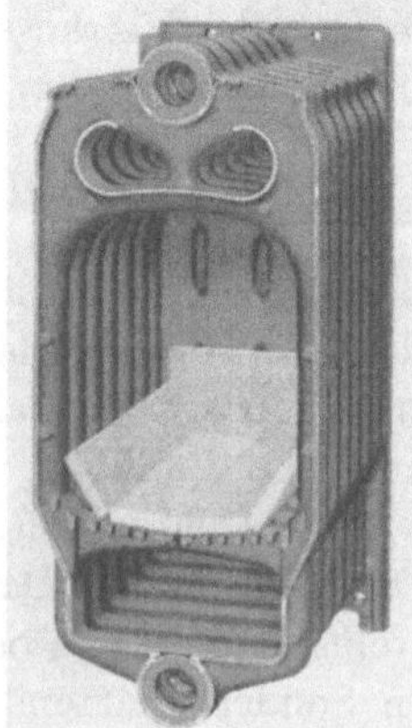

Abb. 4.03. Kleinkessel.

Kesselaußenwand bewegt werden können. Auch bei geschlossenen Türen kann damit der Rost gleichmäßig geschürt und ein etwaiger Schlackenkuchen gebrochen werden.

Soll der Kessel auf Öl umgestellt werden, so ist das untere Feuergeschränk durch eine isolierte Stahlplatte mit Rahmen zu ersetzen, in die das Brennerrohr eingeführt werden kann. Häufig wird auch der Brenner an der Platte selbst befestigt. Anstelle der Fülltür tritt eine Sicherheitsklappe mit festem Rahmen. Der Feuerraum wird zumeist mit einer Schamottemuffel mit seitlichen oder oberen Schlitzen für den Abzug der Verbrennungsgase ausgekleidet. Sie hat die für die Verdampfung der Brennstofftröpfchen und den vollkommenen Ausbrand notwendigen Feuerraumtemperaturen sicherzustellen, die Rauchgase nach dem Verlassen des Verbrennungsraums möglichst gleichmäßig an den Kesselheizflächen vorbeizuführen und auch etwaige durch die Ölflamme unmittelbar gefährdete Kesselteile zu schützen. Eine der Flammenform entsprechende Ausbildung des Feuerraums erlaubt im neuzeitlichen Kesselbau die Einschränkung der Schamotteauskleidung auf ein Mindestmaß, s. Abb. 4.03.

Kessel größerer Leistung sind aus Halbgliedern zusammengesetzt. Es entstehen auf diese Weise beim Zusammenbau zwei Kesselhälften, die wasserseitig durch äußere Hosenstücke verbunden sind. Der Rost ist entweder jeweils zur Hälfte an die Glieder angegossen oder wird gesondert eingelegt. Füllschachtkessel aus Halbgliedern sind i. allg. mit Unterbrandfeuerungen ausgestattet. Die Rauchgase werden nach dem Verlassen der Feuerzone über seitliche Steig- und Fallzüge zwischen den einzelnen Gliedern zu den beiden unteren Sammelkanälen geführt. Die Kesselzüge sind über obere oder vordere Verschlußdeckel für die Reinigung zugänglich.

Außer der Fülltür in der Vorderwand erhalten größere Gliederkessel für feste Brennstoffe eine obere Einwurföffnung zur Beschickung des Füllschachtes von einer Kesselbühne aus.

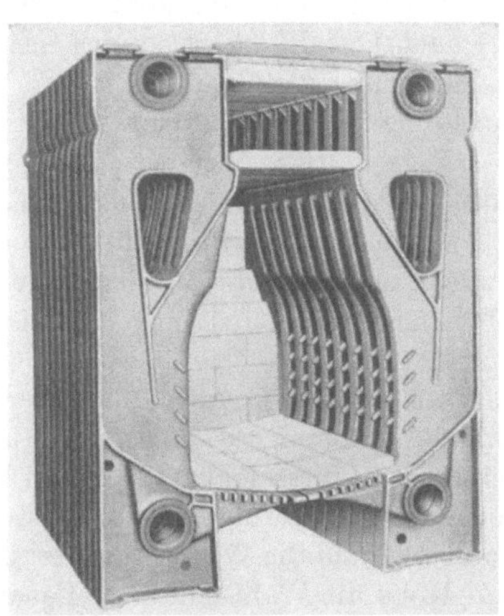
Abb. 4.04. Mittelkessel mit seitlichen, senkrechten Rauchgaszügen.

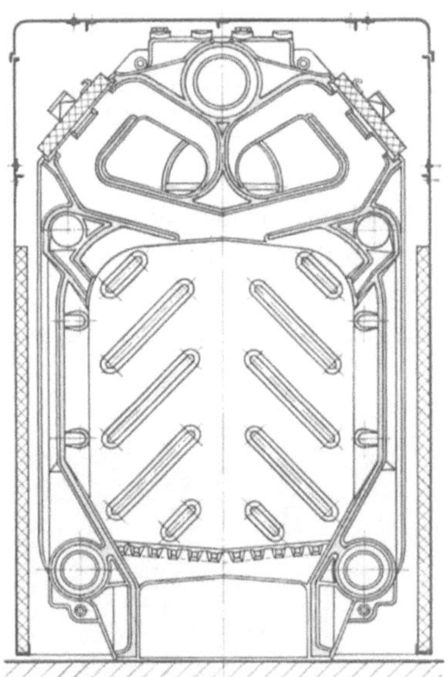
Abb. 4.05. Mittelkessel mit oberen, waagerechten Rauchgaszügen.

Ausgesprochene Unterbrandfeuerungen sind für den Einbau von Ölbrennern nicht geeignet. Es fehlt der für die ungehinderte Flammenentwicklung erforderliche Verbrennungsraum. Man bevorzugt deshalb heute bei größeren Gußkesseln, die wahlweise mit festen und flüssigen Brennstoffen betrieben werden sollen, Bauarten mit vergrößertem Feuerraum. Zu diesem Zweck wird bei den Kesseln mit vertikalen Doppelzügen der Steigzug verkürzt (Mittelbrandkessel) oder man geht auch bei Kesseln dieser Größe auf oberen Rauchgasabzug über und gewinnt dadurch den Raum zur Verbreiterung der unteren Feuerzone, s. Abb. 4.04 und 4.05. Die Ausmauerung des Verbrennungsraums richtet sich nach den vom Herstellerwerk erachteten Erfordernissen.

Gemeinsam ist den neueren Konstruktionen die Tendenz, die Belastung der Strahlungsheizfläche zu vergleichmäßigen und die konvektive Wärmeübertragung in den Zügen zu verbessern. Das erstere wird erreicht durch die verbrennungsgerechte Ausbildung des Feuerraums, eine gleichmäßige Führung der Rauchgase nach dem Austritt aus der Verbrennungszone und eine gesicherte Wärmeabführung auf der Wasserseite.

Zur Steigerung der Wärmeleistung in den Zügen vergrößert man die indirekten Heizflächen auf der Rauchgasseite durch angegossene Rippen und verwirbelt die Strömung durch wiederholte Umlenkungen und Aufspaltungen des Rauchgasstroms sowie durch eine Erhöhung der Rauchgasgeschwindigkeit. Eine Bauart mit horizontalen Zügen, bei der die vorstehenden Konstruktionsprinzipien besonders deutlich in Erscheinung treten, zeigt Abb. 4.06. Bei Ölbetrieb sitzt der Brenner hier zentrisch vor dem zylindrischen Feuerraum. Die Flamme ist auf die Kessellänge abgestellt. Die Verbrennungsgase strömen, an der Hinterwand umgelenkt, zwischen Flamme und Heizflächen nach vorn zurück und werden über Öffnungen in den Schamottesteinen in die seitlichen Züge geführt. Beim Übergang auf feste Brennstoffe werden Ölbrenner und Rostabdeckung entfernt. Der Einbau einer mechanischen Entschlackungseinrichtung zur Erleichterung der Kesselbedienung ist möglich, s. Abb. 4.07.

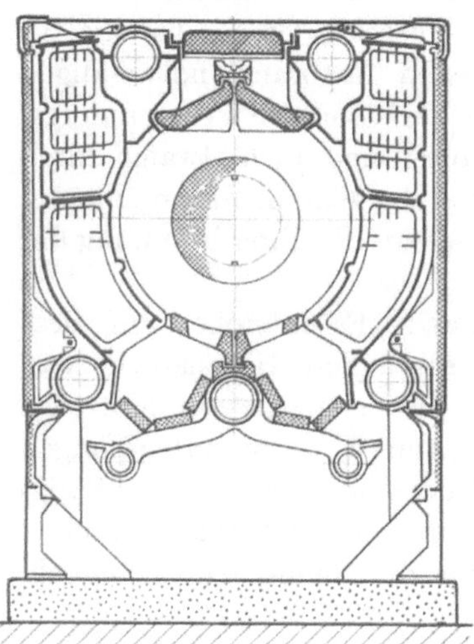

Abb. 4.06. Mittelkessel mit zylindrischem Feuerraum und seitlichen, waagerechten Rauchgaszügen.

Nahezu alle Gußkessel sind auch für die Verfeuerung von Gas geeignet. Bei ausreichend bemessenem Verbrennungsraum werden zumeist Gebläse-Vorsatzbrenner wie bei der Ölfeuerung verwendet, bei ungünstigen Verbrennungsbedingungen (Unterbrandkessel) oder kleiner Kesselleistung Röhreneinbaubrenner mit zahlreichen Einzelflammen.

Bei der Verfeuerung von Steinkohle und Braunkohlenbriketts in Füllschachtkesseln ist wegen des Gasgehaltes dieser Brennstoffe die Zuführung von Zweitluft in den Feuerraum zur Erzielung eines vollkommenen Ausbrandes erforderlich. Durchbrandkessel erhalten hierfür in den Fülltüren Luftschieber oder Rosetten, die bei gashaltigen Brennstoffen geöffnet werden müssen. Auch empfiehlt es sich bei derartigen Brennstoffen, die Schichthöhe kleiner zu wählen als bei Koks. Bei Unterbrandkesseln wird die Zweitluft unmittelbar durch seitlich am Rost verlaufende Kanäle in die Brennzone eingeführt. Die Rostspalten sind enger, die Glutschicht ist niedriger als beim Kokskessel.

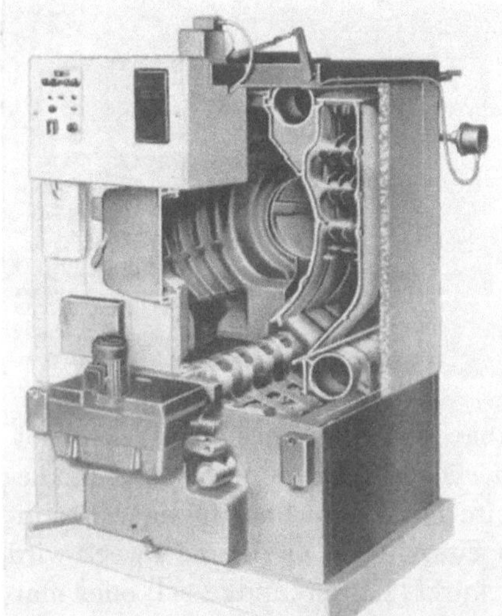

Abb. 4.07. Kessel nach Abb. 4.06 mit automatischer Entschlackung.

Brennstoffwahl. Die Entscheidung über den bevorzugt zur Verwendung kommenden Brennstoff und damit vielfach auch über die Kesselbauart hängt im Einzelfall stark vom Wärmepreis der verfügbaren Brennstoffe ab. Für die Betriebsführung und die Wärmeausnutzung ist bei Steinkohle und Koks die Wahl einer der Feuerung angepaßten Stückgröße wichtig. Je höher die Glutschicht ist, um so größer muß die Brennstoffkörnung sein. Zu geringe Stückgröße begünstigt selbst bei gasarmen Brennstoffen wie Koks das Auftreten von Unverbranntem in den Rauchgasen; zu grobe Körnung führt zu hohem Luftüberschuß und damit zu vermehrten Verlusten durch freie Abgaswärme. Für Koks gilt angenähert[1]

Kesselgröße	*Erforderliche Stückgröße*
Kleinkessel	1/10 Glutschichthöhe
Mittelkessel	1/7 Glutschichthöhe
Großkessel	1/5 Glutschichthöhe

[1] Barlach, H.: Bessere Brennstoffausnutzung bei Zentralheizungen. Wärmewirtsch. im Städtebau u. Siedlungswesen 10 (1937) 111. — Siehe auch Rietschel-Gröber: Lehrbuch der Heiz- und Lüftungstechnik. 12. Aufl. (1948) S. 42.

Bei Durchbrandkesseln rechnet man die Glutschichthöhe von Oberkante Rost bis Unterkante Fülltür, bei Unterbrandkesseln von Oberkante Rost bis Unterkante Füllschacht, s. auch Abb. 4.01.

2. Stahlkessel

Für hohe Betriebsdrücke und Heizmitteltemperaturen sowie für große Einheitsleistungen kommen ausschließlich Stahlkessel in Frage. Aber auch im Bereich der bei den üblichen Hausheizungen geforderten Leistungen und Temperaturen bietet Stahl als Werkstoff mancherlei Vorzüge. Er läßt höhere spezifische Belastungen zu. Die Verformbarkeit und die einfache Verbindung der Einzelteile durch Schweißung geben dem Konstrukteur größere Freiheit in der Gestaltung. Stahlkessel sind unempfindlicher als Gußkessel gegen Kesselsteinansätze und gelegentliche Bedienungsfehler wie z. B. das Einspeisen kalten Wassers oder Wassermangel. Ihr Gewicht ist i. allg. geringer, jedoch bereitet bei größeren Einheiten die Einbringung der fertigen Kessel in den Kesselraum zuweilen Schwierigkeiten. Auch müssen mehr Zwischengrößen einer Typenreihe bereitgestellt werden. Als Nachteil ist weiterhin die höhere Korrosionsgefährdung des Materials zu nennen.

a) Klein- und Mittelkessel

Die für den Gußkessel kennzeichnende Gliederbauweise ist beim Stahlkessel selten. Fertigungstechnisch bietet sich die zylindrische Bauform für den Kesselmantel und den Feuerraum an, bei kleineren Leistungen in stehender, bei größeren Leistungen in liegender Anordnung, s. Abb. 4.10. Für die Verfeuerung fester Brennstoffe überwiegt bei den stehenden Rundkesseln das Durchbrandprinzip. Die Kessel haben daher zumeist oberen Abzug. Zuweilen sind zur Erhöhung der Leistung und zur Verbesserung des Wasserumlaufs waagerechte Wasserrohre quer durch den Feuerraum gelegt (Quersiederkessel). Bei einer anderen Bauart sind mehrere

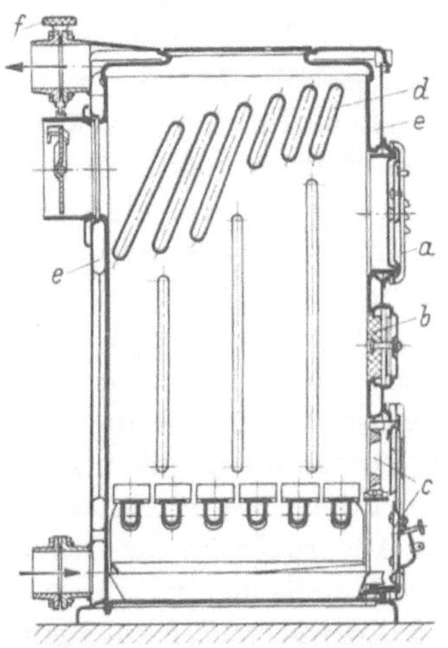

Abb. 4.08. Stahl-Kleinkessel.
a Fülltür, *b* abgedeckte Brenneröffnung, *c* Entaschungs- und Zuluftgeschränk, *d* wassergekühlte Rauchgasleitrippen, *e* Wasserraum des Kessels, *f* Drehknopf für Abgasdrosselklappe.

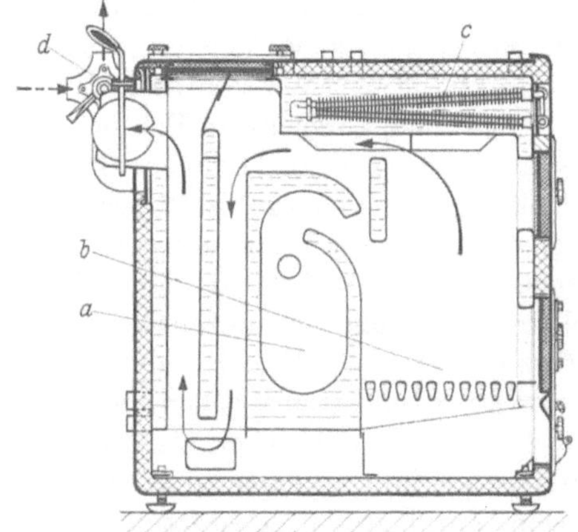

Abb. 4.09. Wechselbrand-Stahlkessel mit zwei Feuerräumen.
a Brennraum bei Ölfeuerung, *b* Brennraum für feste Brennstoffe, *c* Durchfluß-Brauchwassererwärmer, *d* Doppelmischer mit Heizwasservor- und -rücklaufanschluß.

zylindrische Glieder verschiedenen Durchmessers konzentrisch angeordnet; ihre wasserführenden Hohlräume sind oben und unten durch Radialnippel verbunden. Die Verbrennungsgase werden zwischen den Gliedern zum Abzugsrohr geführt (Ringgliederkessel).

Neben den Rundkesseln sind auch aus ebenen Platten gefertigte Kessel auf dem Markt. Sie ähneln äußerlich den Gußkesseln, im inneren Aufbau bei kleinen Leistungen mehr dem Durchbrand-Eisenofen mit Deckenzug, s. Abb. 4.08. Stahlheizkessel mittlerer Leistung (bis etwa 200000 kcal/h) werden häufig zur wahlweisen Verfeuerung von festen Brennstoffen und Heizöl mit allen dafür notwendigen Einrichtungen ausgestattet, besitzen also sowohl den Rost und das Feuergeschränk für feste Brennstoffe als auch den automatischen Ölbrenner mit allem Zubehör (*Wechselbrandkessel*). Der gleichzeitige Betrieb beider Feuerungen ist jedoch nicht zulässig und muß durch entsprechende Verriegelung verhindert werden. Eine Ausführung mit zwei getrennten Feuerräumen zeigt Abb. 4.09. Der Ölbrenner ist seitlich angeordnet und besitzt einen eigenen im Querschnitt ovalen Flammenraum ohne Ausmauerung. Im vorderen Kesselteil ist der geräumige Brennstoffüllschacht mit wassergekühltem Rost untergebracht. Die Aschfallklappe dient bei Ölbetrieb zugleich als Explosionsklappe. Die Verbrennungsgase werden über einen Fall- und einen Steigzug zu dem rückseitigen oberen Rauchrohranschluß geführt. Im vorliegenden Fall ist in der oberen Wasserkammer noch ein Durchfluß-Brauchwassererwärmer eingebaut.

Auf eine im Prinzip ähnliche Bauart in zylindrischer Form sei hier verwiesen, s. Abb. 4.15.

b) Großkessel

Die Bereitstellung hoher Wärmeleistungen für Großbauten oder in Zentralen von Block- und Gruppenheizungen durch eine Vielzahl aneinandergereihter Typenkessel ist technisch wenig sinnvoll. Im Platzbedarf, der Bedienung und Wartung sind solche Anlagen sehr aufwendig. Da man große Heizzentralen ohnehin nicht im Kellergeschoß bewohnter Gebäude einrichtet, fällt auch der Vorteil der geringen Bauhöhe der Typenkessel nicht ins Gewicht. Der Transport der Brennstoffe, das Feuerschüren und die Entaschung erfordern zudem bei Kohle- und Koksbetrieb mechanische Einrichtungen, die bei großen Einheiten preiswürdiger sind als bei kleinen. Das gleiche gilt für die Maßnahmen zur Abgasreinigung und zur Vermeidung unzulässiger Immissionen in der Nachbarschaft. Auch sind in der Regel die erzielbaren Wirkungsgrade bei großen Kesseln höher als bei solchen kleinerer Leistung.

Nahezu alle Kessel- und Feuerungssysteme, die für gewerbliche Betriebe oder Kraftwerke heute erstellt werden, lassen sich auch für große Heizzentralen verwenden, vom einfachen Flammrohrkessel mit Planrost bis zum Hochleistungsstrahlungskessel mit Zonenwanderrost oder Staubfeuerung. Es muß hier auf das umfangreiche Sonder-Schrifttum[1] verwiesen werden, zumal mit zunehmender Leistung der Kesseleinheit Hochdruckbauarten überwiegen.

Kessel mit großem Wasserraum, wie z. B. Flammrohrkessel, sind vermöge ihrer Wärmespeicherung in der Lage, kurzzeitigen Belastungsänderungen auch ohne entsprechende Veränderung der Feuerungsleistung nachzukommen. Bei ihnen genügt oft eine einfache Planrostfeuerung mit Wurfbeschickern, evtl. auch mit Handbeschickung (für kleinere Anlagen ohne besondere Anforderungen bezüglich rauchfreier Verbrennung). Wasserrohrkessel mit geringer Wärmspeicherung bedürfen dagegen bei stark schwankendem Wärmebedarf einer elastischen, in weitem Bereich leicht regelbaren Feuerung und aufmerksamer Bedienung oder selbsttätiger Feuerungsreglung.

Flammrohrkessel haben sich als besonders betriebssicher erwiesen, vor allem auch in kleinen und mittleren Industriebetrieben, in Kranken- und Badeanstalten. Sie sind einfach zu bedienen, leicht zu reinigen und stellen als Dampfkessel keine hohen Ansprüche an die Aufbereitung des Speisewassers, im Gegensatz zu Wasserrohrkesseln mit hoher Heizflächenbelastung und höheren Drücken. Zur besseren Ausnutzung der Abgaswärme sind Vorwärmer einzubauen.

Weite Verbreitung haben für große Heizanlagen *Flammrohr-Rauchrohr-Kessel* gefunden. Hier ist die Nachschaltheizfläche in Form zahlreicher Rauchrohre bereits in den Kessel eingebaut. Die Verbrennungsgase durchströmen diese Rohre in zwei zusätzlichen Zügen (Dreizugkessel) und geben dabei ihre freie Wärme weitgehend an das Kesselwasser ab. Die meisten Bauarten eignen sich in gleicher Weise als Dampf- und als Wasserkessel.

Abb. 4.10 zeigt einen Dreizugkessel mit einseitig angeordnetem Flammrohr. Die Rauchgase werden in der ganzen Kessellänge nach vorn und zurück geführt. Die Grenzleistung für derartige Kessel liegt bei 3,5 Gcal/h. Der Rost wird entweder von Hand oder mit Wurfapparaten beschickt. Auch der Einbau von Unterschubfeuerungen oder sonstigen mechanischen Rosten ist bei dem großen Flammrohrdurchmesser möglich. Schließlich kann an Stelle einer Rostfeuerung auch ein

---

[1] Siehe u. a. ZINZEN, A.: Dampfkessel und Feuerungen, 2. Aufl. Berlin/Göttingen/Heidelberg: Springer 1957. — NETZ, H: Dampfkessel, 7. Aufl. Stuttgart: Teubner 1967.

Öl- oder Gasbrenner eingebaut werden. Von den vielen Möglichkeiten zeigt Abb. 4.11 als Beispiele zwei Feuerungen für feste Brennstoffe und die Einbaumöglichkeit für Ölbrenner in schematischer Darstellung.

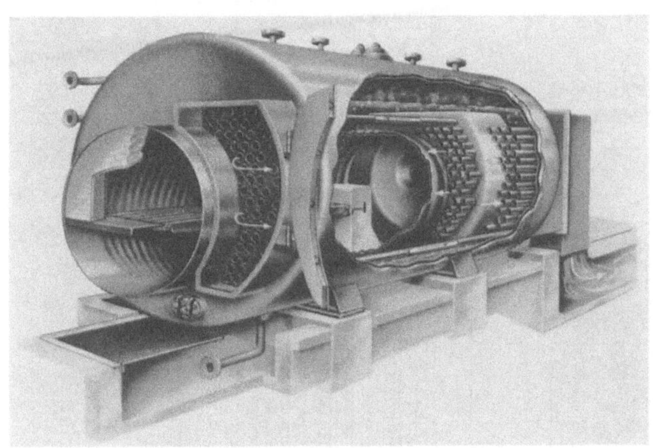

Abb. 4.10. Flammrohr-Rauchrohr-Kessel mit drei Zügen.

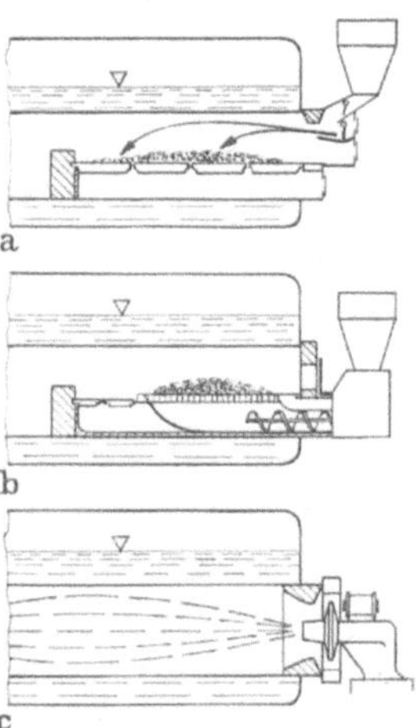

Abb. 4.11. Feuerungen bei Flammrohr-Rauchrohr-Kesseln.
a) Planrost mit Wurfbeschickung, b) Unterschubfeuerung, c) Öl- (evtl. Gas-) Feuerung.

Abb. 4.12 zeigt einen mit Ölbrenner ausgerüsteten *Wasserrohrkessel* für eine Höchstleistung von 4 Gcal/h. Der Wasserraum ist in eine große Zahl von Rohren aufgelöst, womit die Speicherfähigkeit des Kessels zugunsten einer schnellen Leistungsanpassung zurücktritt. Die nur teilweise beheizte Kesseltrommel geringen Inhalts übernimmt hier lediglich die Aufgabe eines Sammlers bzw. Beruhigungsgefäßes vor der Einspeisung ins Netz. Die Anordnung der Rohrbündel im dargestellten Beispiel zwingt den Rauchgasen das Durchströmen des Kessels in zwei Vertikalzügen und einem kurzen Querzug auf, wobei sie nacheinander die sog. Strahlungs-, Berührungs- und Nachschaltheizflächen beheizen.

Das Kesselspeisewasser wird im Gegenstrom zu den Rauchgasen durch die beiden Vorwärmer in die Kesseltrommel geführt. Von dort zirkuliert es in „natürlichem Umlauf" durch Fall- und Steigrohre von Strahlungs- und Berührungsheizfläche und kehrt in die Trommel zurück. Die Heißwasserentnahme erfolgt an der Trommeloberseite.

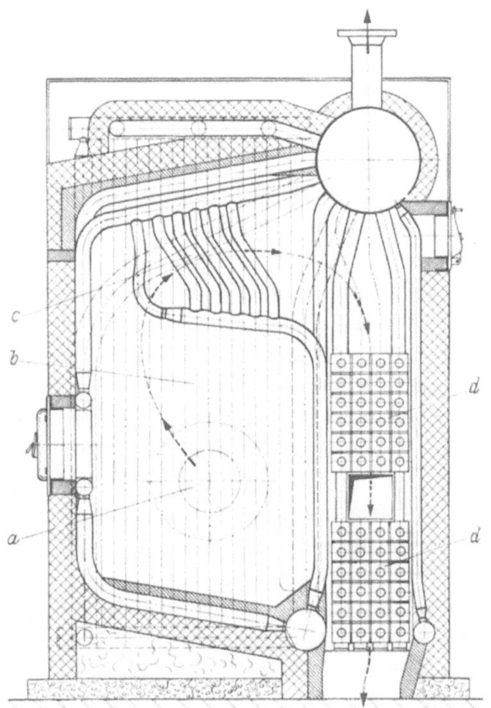

Abb. 4.12. Wasserrohrkessel für Ölfeuerung.
a Brenneröffnung, *b* Brennkammer mit Strahlungsheizfläche, *c* Berührungsheizfläche, *d* Vorwärmer (Nachschaltheizfläche).

c) Sonderbauarten für Koksverfeuerung

In den vorerwähnten Großkessel-Bauarten lassen sich i. allg. feinstückige Steinkohlensorten, nicht aber Koks allein verfeuern. Dazu benötigt man Füllfeuerungen mit mechanischen Einrichtungen zum Schüren und Beseitigen der Rückstände. Auch an Kokskessel großer Leistung sind hohe Anforderungen bezüglich der Regelfähigkeit, insbesondere im Schwachlastbetrieb, zu stellen. Von den Konstruktionen der letzten 15 Jahre sollen zwei bemerkenswerte Ausführungen hier besprochen werden. Abb. 4.13 zeigt den sog. „Emmakessel" im Schnitt. Er besteht aus einem vorderen Feuerungsteil mit Brennstoffschacht und der nachgeschalteten Röhren-

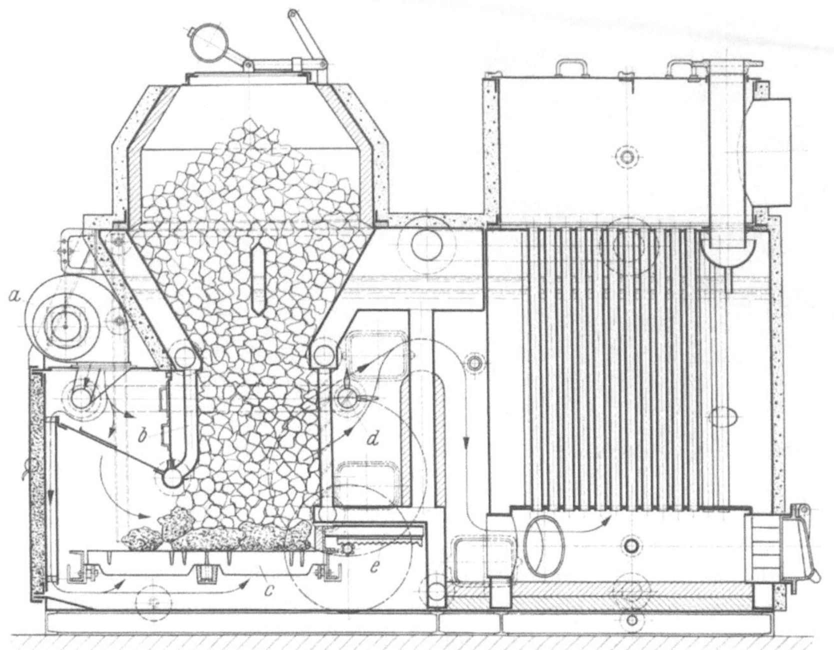

Abb. 4.13. Querbrand-Kokskessel, Bauart „Emma".
a Ventilator, *b* Kühlrohre, *c* Planrost, *d* Zweitluftrohr, *e* Schlackenschieber.

heizfläche. Feuerraum und Brennstoffschacht sind durch senkrechte Rohr- bzw. Wandheizflächen *b* gekühlt. Der gesamte, aus Stahl gefertigte Kessel ist mit Isoliermatten verkleidet und durch einen Blechmantel außen geschützt. Ein oberhalb der Feuertür sitzendes Gebläse *a* liefert die Verbrennungsluft. Die Luftmenge wird von einem Temperatur- bzw. Druckregler gesteuert, der den Lufteintrittsquerschnitt mehr oder weniger drosselt und auch den Lüftermotor schaltet.

Der Kessel wird in drei Typenreihen mit Leistungen von 200000 bis 2000000 kcal/h gebaut, und zwar als Dampf- und als Wasserkessel.

Feuerungstechnisch ist bemerkenswert, daß die Hauptverbrennungsluft horizontal durch die Koksschicht geführt wird (Querbrand). Die den unteren Brennstoffschacht vorn und hinten abschließenden Rohrreihen bilden einen senkrechten Rost, der die gleichmäßige Luftverteilung in der Breite und Höhe der Glutschicht sichert. Durch diese Anordnung bleiben die Luftdurchtrittsquerschnitte auch im Verlauf des Abbrandes einer Füllung frei, so daß — unabhängig von der Ansammlung und Beseitigung der Verbrennungsrückstände — eine praktisch gleichbleibende Kesselleistung möglich ist. Der gußeiserne untere Planrost *c* trägt die Brennstoffschicht und dient zugleich als Ausbrennrost für die sich dort ansammelnden Rückstände. Ein Teil der Verbrennungsluft wird dementsprechend unter den Planrost geführt, ein weiterer Teil mittels eines Düsenrohres *d* als Zweitluft in den Flammenraum eingeblasen. Die Feuerung stellt also eine Art Halbgasfeuerung dar, bei der das in der Koksschicht durch unvollkommene Verbrennung oder durch Reduktion entstehende CO im Flammenraum wieder verbrannt wird. Der Anteil von Erst- und Zweitluft muß dabei je nach Brennstoffart und Stückgröße verschieden eingestellt werden, um eine vollkommene Verbrennung bei möglichst geringem Luftüberschuß zu gewährleisten.

Die Rückstände werden von einem Schlackenschieber *e*, der von Zeit zu Zeit über ein äußeres Handrad zu betätigen ist, auf den vorderen Rostteil geschoben. Nach dem Erkalten werden sie in einen Schlackenwagen gezogen und abgefahren.

Die Feuerung kann mit Koks unterschiedlicher Stückgröße betrieben werden. Die Leistung des Kessels ist in weiten Grenzen regelbar, wobei mit dem Abschalten des Ventilators und dem Schließen der Luftklappe die Brennleistung in wenigen Minuten von Vollast auf etwa 20% abgesenkt werden kann. Bei dichtem Kessel kann eine Kleinstleistung von 4% über 24 Stunden eingehalten werden, ohne das Wiederanheizen zu gefährden. Infolge des niedrigen Luftüberschusses und der großen Nachschaltheizfläche arbeitet der Kessel mit gutem Wirkungsgrad. Im praktischen Betrieb wurden in einem Leistungsbereich von 1 : 5 Wirkungsgrade zwischen 80% und 86% festgestellt[1].

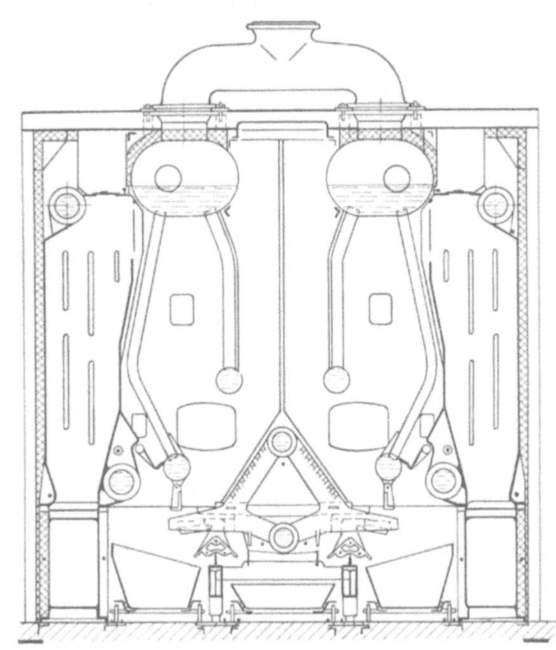

Abb. 4.14. Strebel-Automatic-Kessel.

Der *Strebel-Automatic-Kessel*[2], s. Abb. 4.14, besteht — wie die größeren Gußkesselbauarten — aus zwei symmetrischen Hälften, die den Brennstoffschacht umschließen. Der innenliegende Strahlungsteil ähnelt einem Steilrohrkessel mit Trommeln und leicht gebogenen Siederohren. An Stirn- und Rückseite des Kessels sind die Trommeln durch wasserführende Kammern verbunden. An die Strahlungsheizfläche schließen sich außen gußeiserne Berührungsheizflächen an in Form der üblichen Kesselglieder, die die Verbrennungsgase den beiden unteren Sammelkanälen zuführen. Berührungs- und Strahlungsheizflächen sind wasserseitig durch Überströmrohre gekuppelt. Da die Strahlungsheizfläche am Kesselgestell aufgehängt und die Berührungsheizfläche jeweils auf den gußeisernen Abgas-Sammelkanälen gelagert ist, können sich beide Teile unabhängig voneinander ausdehnen.

Den unteren Abschluß des Feuerraums bildet ein wassergekühlter Dreieckrost mit beidseitigem flachem Ausbrennteil. Der Rost wird durch bewegliche Stößel zwischen den Rostgliedern, die von Schwinghebeln angetrieben werden, mechanisch geschürt. Asche und Schlacke fallen dabei in die darunter befindlichen, nach vorn auszufahrenden Kastenwagen.

Durch Drosselung des Zuges in Abhängigkeit von der Vorlauftemperatur bzw. dem Dampfdruck läßt sich die Kesselleistung dem vorliegenden Bedarf anpassen. Auch der Schürvorgang wird durch ein unterhalb des Rostes angeordnetes Thermoelement selbständig eingeleitet.

Der Kessel zeigt ähnliche Regeleigenschaften und Wirkungsgrade wie der vorbesprochene Querbrandkessel. Er arbeitet mit natürlichem Zug (6 mm WS) und sehr niedrigen Luftüberschußzahlen. Wird kleinstückiger Koks verwendet, so muß die Glutschichthöhe verringert werden. Der Kessel wird in Leistungen von 0,8 bis 1,6 Gcal/h gebaut.

Bezüglich weiterer neuer Bauarten von Hochleistungskesseln sei auf das einschlägige Schrifttum verwiesen[3].

---

[1] Raiss, W.: Aussprache-Beitrag über Hochleistungskessel für Zentralheizungen auf der Fachsitzung „Heizung und Lüftung" der 84. VDI-Hauptversammlung 1954 in Mannheim. Heizg.-Lüftg.-Haustechn. 5 (1954) 227/228.

[2] Krüpe, E.: Konstruktion und Arbeitsweise des Strebel-Automatic-Kessels. Heizg.-Lüftg.-Haustechn. 5 (1954) 168/173.

[3] Kleber, F.: Wärmeentwickler und Feuerungen für mittlere und große Heizzentralen. Gesundh.-Ing. 74 (1953) 109/117. — Leppin, O.: Hochleistungskessel für Zentralheizungen. Heizg.-Lüftg.-Haustechn. 5 (1954) 226/228. — Rath, K.: Neue Hochleistungskessel für den Zentralheizungsbau. Heizg.-Lüftg.-Haustechn. 5 (1954) 173/177.

3. Heizkessel mit eingebautem Brauchwassererwärmer

In Wohngebäuden müssen die Heizkessel häufig auch die Wärme für zentrale Warmwasserversorgungen liefern. Zumeist wird ein besonderer Wärmeaustauscher, evtl. mit größerem Speichervolumen, vorgesehen, der unmittelbar an den Kessel angeschlossen ist. Den unterschiedlichen Temperaturanforderungen an das Heizwasser bei der Brauchwassererwärmung und der Raumheizung kann eine solche kombinierte Wärmeversorgung durch Rücklaufwasserbeimischung im Heizungskreislauf nachkommen, s. Abb. 4.29.

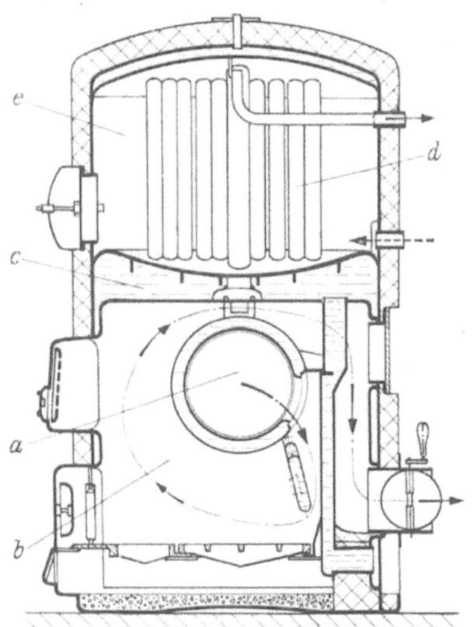

Abb. 4.15. Wechselbrand-Stahlheizkessel mit Brauchwasserspeicher.
a wassergekühlte Brennkammer für Öl oder Gas, *b* Brennraum für feste Brennstoffe, *c* Heizwasser, *d* Heizrohre, *e* Brauchwasserspeicher.

Zuweilen stellt man auch einen zweiten kleineren Kessel für die Warmwasserbereitung auf, der vorwiegend im Sommer benutzt wird. Für solche Kessel wurde früher schon häufig ein Energieträger gewählt, der eine rasche, bequeme Inbetriebnahme und gute Leistungsregelung gestattet, wie z. B. Gas oder Strom. Die zunehmende Anwendung der Ölheizung, die die gleichen Vorzüge aufweist, hat daher der Kupplung der Heizung und Warmwasserbereitung starken Auftrieb gegeben. Die Kesselhersteller haben für diese Aufgabe Sonderbauarten entwickelt, bei denen der Brauchwassererwärmer in den Kessel eingebaut ist, sei es als Speichergerät mit entsprechenden Brauchwasservolumen oder als Durchlauferhitzer mit großer Wärmeaustauschfläche.

Das Durchlaufprinzip ermöglicht höhere Dauerleistungen, das Speicherprinzip größere Spitzenleistungen in der Brauchwasserabgabe, kurzzeitig sogar ohne Beeinträchtigung der an die Heizung abgegebenen Leistung. Der Kessel ist dabei stets mit hoher Vorlauftemperatur zu fahren, eine Betriebsweise, die bei Ölfeuerungen zur Verhinderung rauchgasseitiger Korrosionen ohnehin zu empfehlen ist. Die dafür notwendigen Schaltorgane werden zusammen mit den Einrichtungen zur Leistungsregelung sowie einer Heizwasserumwälzpumpe am Kessel selbst angebracht oder vorgefertigt mit den Verbindungsleitungen vom Herstellerwerk mitgeliefert. Es entsteht so eine auch in ihrer äußeren Form geschlossene Einheit, die am Bau lediglich mit den entsprechenden Strom-, Öl-, Heizwasser- und Brauchwasserleitungen zu verbinden ist. Die Kessel sind entweder für Wechselbrand eingerichtet oder auch nur mit Ölbrennern ausgestattet. Abb. 4.15 zeigt einen kombinierten Heiz- und Brauchwasserkessel aus Stahl in stehender zylindrischer Bauform mit Warmwasserspeicher, Abb. 4.16 einen Gußkessel in Gliederbauweise mit Durchflußerwärmer.

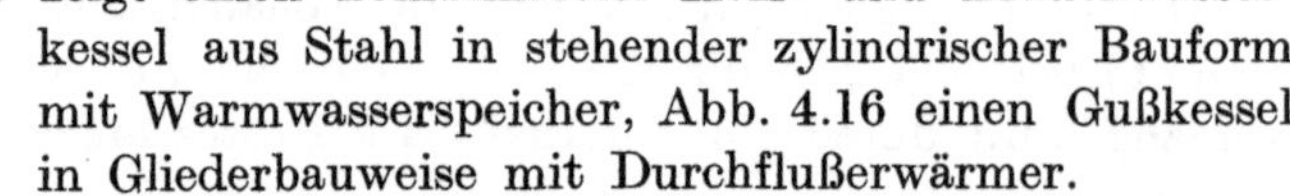

Die Einzelheiten des Aufbaus und der Ausstattung sind aus den Schnittbildern ersichtlich. In beiden Fällen handelt es sich um Wechselbrandkessel. Der stehende Kessel ist mit z w e i Feuerräumen und entsprechendem Feuerungszubehör ausgestattet. Beim Gußkessel mit e i n e m Feuerraum wird der an einem von der Fülltür unabhängigen Rahmen befestigte Ölbrenner seitlich ausgeschwenkt und die Füllöffnung durch eine Klappe verschlossen, wenn feste Brennstoffe verfeuert werden sollen.

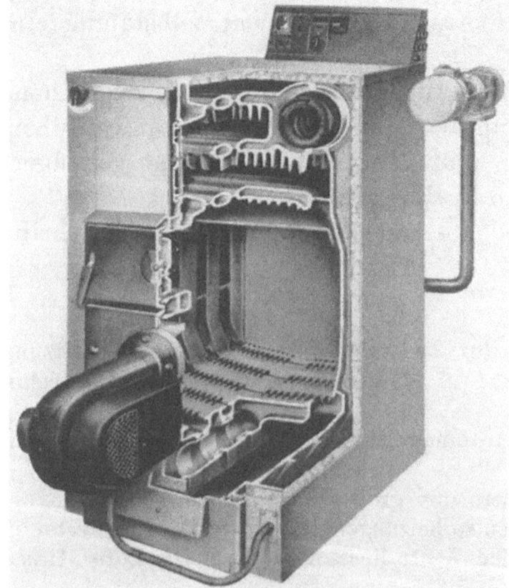

Abb. 4.16. Wechselbrand-Gußheizkessel mit Durchfluß-Brauchwassererwärmer.

Wird eine bestimmte Brauchwasserdauerleistung ohne Beeinträchtigung der Heizwärmeabgabe gefordert, so ist die Kessel- bzw. Brennerleistung entsprechend größer zu wählen. Vielfach geht man bei der Auslegung der kombinierten Kessel aber davon aus, daß für die Zeit der Brauchwasserentnahme bzw. der Speicheraufheizung eine Minderung der Heizwärmelieferung hingenommen werden kann. Die Brauchwasserleistung wird dann nur zum Teil, zuweilen auch gar nicht berücksichtigt.

4. Zubehör

Heizkessel sind zur einwandfreien Betriebsführung mit den nachstehend bezeichneten Armaturen und Zubehörteilen auszurüsten[1].

Füllung bzw. Entleerung. Am tiefsten Punkt der Kesselanlage ist ein abschließbarer Füll- bzw. Entleerstutzen vorzusehen. Dieser wird mit der Wasserleitung durch einen Schlauch verbunden. Fehlt die Druckwasserleitung, so erfolgt die Füllung unter Benutzung einer Handpumpe. Die Füll- bzw. Entleerleitung soll abnehmbar sein, damit der Heizer die Dichtheit der Abschlußvorrichtungen überprüfen kann und vor falschen Handgriffen bewahrt bleibt.

Thermometer. Zur Anzeige der Wassertemperatur erhält jeder *Warmwasserkessel* im Vorlauf ein Thermometer. Im allgemeinen werden Flüssigkeitsthermometer in Winkelform mit hinterlegter Skala verwendet, die mit einem Schutzgehäuse versehen sind. Das Thermometerende soll bis in die Mitte des Wasserstromes hineinragen. Da derartige Betriebsthermometer häufig recht ungenau sind, empfiehlt es sich, bei größeren Kesseln in unmittelbarer Nähe eine Tauchhülse vorzusehen, die eine Kontrolle des Betriebsinstrumentes durch ein geeichtes Quecksilberthermometer ermöglicht, s. Abb. 4.17. Bei der Kontrolle ist in die Eintauchhülse etwas leichtflüssiges Öl einzufüllen.

Manometer und Wasserstand. *Dampfkessel* müssen ein ihrem Druckbereich entsprechendes Manometer sowie ein Wasserstandsglas mit Strichmarke für die Höhe des normalen Wasserspiegels erhalten. Empfehlenswert sind Alarmvorrichtungen, die bei zu hohem Druck bzw. bei zu niedrigem Wasserstand ansprechen (Sicherheitspfeifen).

Zugmesser. Von einer bestimmten Größe der Heizanlage ab (etwa 80000 kcal/h) sollten Zugmesser zur Kontrolle des Schornsteinzuges vorgesehen werden. Flüssigkeits-Schrägrohrmesser sind zuverlässig und genau, bedürfen allerdings der Pflege. Die vielverwendeten Membran-

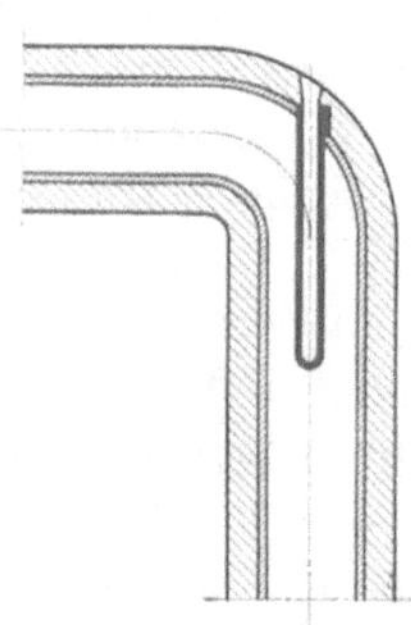

Abb. 4.17. Tauchhülse für Prüfthermometer.

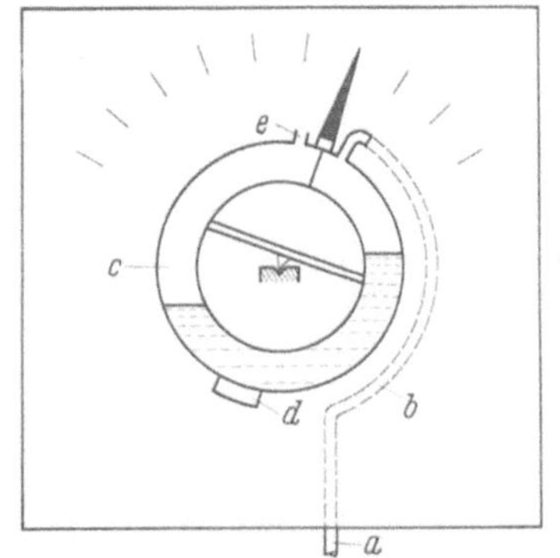

Abb. 4.18. Ringwaagenzugmesser. *a* Meßstutzen, *b* bewegliche Meßleitung, *c* Hohlring mit Trennwand, *d* veränderbares Gegengewicht, *e* Luftdruckstutzen.

geräte sind im unteren Meßbereich sehr ungenau; bei längerer Betriebszeit läßt auch die Zuverlässigkeit der Anzeige nach. Am besten geeignet sind Tauchsichelgeräte, s. Abb. 4.18; wegen des hohen Preises kommen sie aber nur für größere Kessel in Frage. Das Meßgerät ist sichtbar

[1] Jacobi, E.: Wirtschaftliche Anwendung von Meß- und Regelgeräten für Heizungsanlagen mit Kesseln für feste Brennstoffe. Heizg.-Lüftg.-Haustechn. 5 (1954) 160/167. Siehe auch: Ausschuß für Wärme- und Kraftwirtschaft, „Meß- und Regelgeräte-Ausstattung von Warmwasser-Heizkesseln und -Zentralen mit Feuerungen für feste Brennstoffe". Heizg.-Lüftg.-Haustechn. 6 (1955) Heft 4, S. I bis XII.

an der Kesselbedienungsseite anzubringen; es kann evtl. auch an mehrere Meßstellen über Umschalter angeschlossen werden. Gemessen werden muß die Zugstärke stets zwischen Rauchgasabgang am Kessel und Schieber.

Verbrennungsregler. Mit festen Brennstoffen betriebene Heizkessel sind zur Anpassung der Kesselleistung an den jeweiligen Wärmebedarf mit einem Verbrennungsregler auszurüsten. Dieser Regler ändert die Luftzufuhr zur Feuerung und damit die Brennleistung so, daß eine voreingestellte Heizwassertemperatur (bei Wasserkesseln) oder ein bestimmter Dampfdruck (bei Dampfkesseln) selbsttätig eingehalten wird. Bei kleinen Heizanlagen wählt man aus wirtschaftlichen Gründen einfache, billige Geräte; sie genügen erfahrungsgemäß, wenn keine raschen Belastungsänderungen auftreten und keine besonderen Ansprüche an die Genauigkeit der Temperatur- bzw. Druckhaltung gestellt werden.

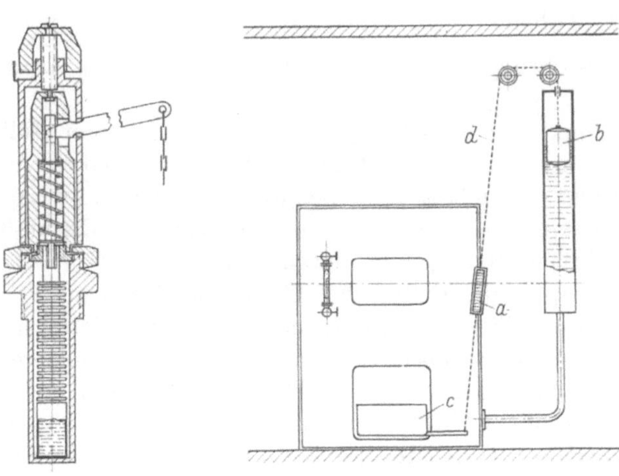

Abb. 4.19. Einfacher Verbrennungsregler.

Abb. 4.20. Schwimmerregler für Dampfkessel. *a* Stellschloß, *b* Schwimmer, *c* Luftklappe, *d* Kette.

Abb. 4.19 zeigt das Modell eines einfachen Verbrennungsreglers für Wasserkessel. Der untere Teil des Gerätes besteht aus einer Tauchhülse, die in eine dafür vorgesehene Gewindeöffnung des Kessels eingeschraubt wird. In der Tauchhülse ist ein mit einer Flüssigkeit gefülltes Wellrohr untergebracht. Änderungen der Kesselwassertemperatur führen zu entsprechenden Volumenänderungen der Füllflüssigkeit und damit zu Längungen oder Kürzungen des Wellrohrs. Diese Bewegungen werden auf einen Hebel übertragen, der mittels einer Kette die Luftklappe mehr oder weniger öffnet. Ein Drehknopf mit Skala am Oberteil des Gerätes ermöglicht die Einstellung der gewünschten Vorlauftemperatur.

Bei Dampfkesseln wird die Zugkette der Luftklappe entweder durch eine vom Dampfdruck beeinflußte Membran bewegt (Membranregler) oder durch einen Schwimmer in einem an den Kessel unten angeflanschten senkrechten Rohr, s. Abb. 4.20. Der Schwimmerregler gilt als besonders zuverlässig, er arbeitet auch bei niedrigen Betriebsdrücken relativ genau.

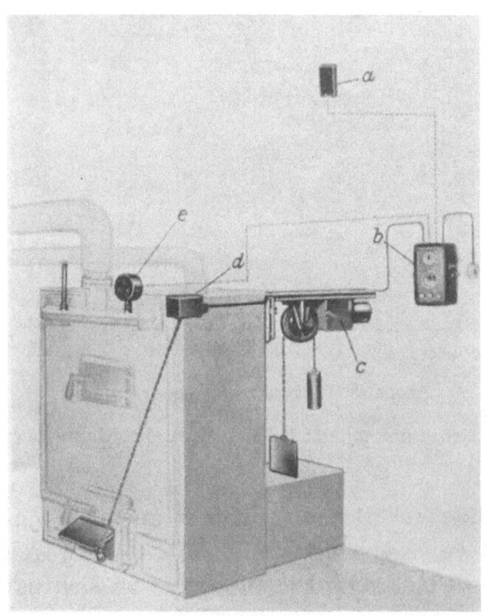

Abb. 4.21. Beispiel einer Feuerungsregelung beim Kessel für feste Brennstoffe.
a Raumtemperaturregler, *b* Schaltuhr, *c* Stellmotor für Abgasschieber, *d* Stellmotor für Luftklappe, *e* Maximum-Minimum-Begrenzer.

Bei Wasserkesseln mittlerer und größerer Leistung werden Temperaturregler mit Hilfskraft verwendet, die mit der Zuluftklappe zugleich auch das Drosselorgan im Rauchgasabzug verstellen. Wird zusätzlich eine Zeitschaltuhr eingebaut, so läßt sich während der Nachtstunden der Sollwert der Vorlauftemperatur absenken und damit die Heizleistung entsprechend vermindern. Bei elektrischem Antrieb können derartige Verbrennungsregler ohne Schwierigkeiten auch zur direkten Raumtemperaturregelung herangezogen werden. Die Stellimpulse gibt dabei ein Temperaturfühler in einem Kontrollraum des zu beheizenden Hauses. Zu empfehlen ist in solchen Fällen der zusätzliche Einbau eines Begrenzungsreglers im Kesselvorlauf, der ein Überkochen des Kessels bzw. ein Erlöschen des Feuers verhindert. Abb. 4.21 zeigt den Aufbau eines derartigen Kesselreglers.

Eine andere Reglerbauart arbeitet mit einem Zuluftgebläse am Kessel, das unter dem Einfluß des Temperaturfühlers ein- und ausgeschaltet wird. Der Verzicht auf eine stetige Leistungsänderung ist bei Raumheizungen mit erheblicher Wärmespeicherung im System oder im Gebäude zumeist unbedenklich, bei öl- und gasgefeuerten Heizkesseln sogar üblich. Großkessel mit mechanischer Feuerung gestatten andererseits beliebige Leistungsänderungen in einem weiten Bereich.

5. Gas- und Ölfeuerungen

Die Hauptvorteile der gasförmigen und flüssigen gegenüber den festen Brennstoffen liegen in der Minderung oder dem Fortfall der Bedienungsarbeit, der einfacheren Brennstoffzufuhr, der Sauberkeit des Betriebes, dem leichten Ein- und Ausschalten der Feuerung und der Möglichkeit einer weitgehend selbsttätigen Leistungsregelung mit verhältnismäßig geringem Aufwand auch bei kleinen Kesseleinheiten. Ihnen stehen zwar bei der Ölfeuerung zusätzliche Kosten für die Brenner und die Öllagerung, bei der Gasfeuerung vor allem höhere Betriebskosten durch den ungünstigeren Wärmepreis gegenüber. Die zunehmende Verbreitung dieser Feuerungsarten zeigt aber, daß heute die betrieblichen Vorteile bei der Wahl der Brennstoffart meist ausschlaggebend sind.

In Deutschland legt man häufig Wert darauf, auch bei Heizanlagen, die normalerweise mit Gas oder Öl gefahren werden, im Notfall auf feste Brennstoffe übergehen zu können. Dies ist der Grund dafür, weshalb bei den neueren Kesselkonstruktionen das Prinzip des Wechselbrandes oder der Umstellbarkeit der Feuerung so stark im Vordergrund steht. Man nimmt dafür geringe Einbußen im Wirkungsgrad und in der Leistung der Kessel oder Mehrkosten bei der Anschaffung in Kauf. In allen Fällen, bei denen nur ein bestimmter Brennstoff in Frage kommt, ist jedoch der Spezialkessel am Platz.

a) Spezialkessel für Gas und Heizöl

Spezialgaskessel gibt es sowohl in Gliederbauweise aus Gußeisen als auch in fertigen Einheiten aus Stahl. Unter den Brennerbauarten unterscheidet man zwischen atmosphärischen Einbaubrennern und Gebläse-Vorsatzbrennern. Die *atmosphärischen Einbaubrenner* sind Register aus geraden oder ringförmigen Brennrohren mit zahlreichen kleinen Einzelflammen, die den Querschnitt des Verbrennungsraums unten ausfüllen, s. Abb. 4.22. Beim Gußkessel ist die Heizfläche des Feuerraums durch angegossene Rippen vergrößert, beim Stahlkessel schließen sich an den Verbrennungsraum senkrechte, den Wasserraum des Kessels durchziehende Abgasrohre als Nachschaltheizfläche an. Diese Kessel arbeiten mit natürlichem Zug. In ihre Abgasleitung ist, wie bei den Gasöfen, eine Strömungssicherung einzubauen, um die Feuerung von den Schwankungen des Schornsteinzuges unabhängig zu machen und nachteilige Rückwirkungen auf die Verbrennung abzufangen. Der Zugbedarf der Kessel ist mit etwa 0,5 mm WS zwar nur gering; er läßt sich infolge der Strömungssicherung aber nur erzielen, wenn die Abgase an den Kesselheizflächen nicht allzusehr abgekühlt werden, eine Forderung, die auch zur Vermeidung von Schwitzwasser im Schornstein beachtet werden muß. Zuweilen wird der Feuerraum der Gaskessel auch mit keramischem Material gefüllt, das durch die Gasflamme zum Glühen gebracht wird. Dadurch läßt sich die Leistung der feuerberührten Heizfläche erhöhen und die Belastung der einzelnen Teile dieser Heizfläche gleichmäßiger gestalten.

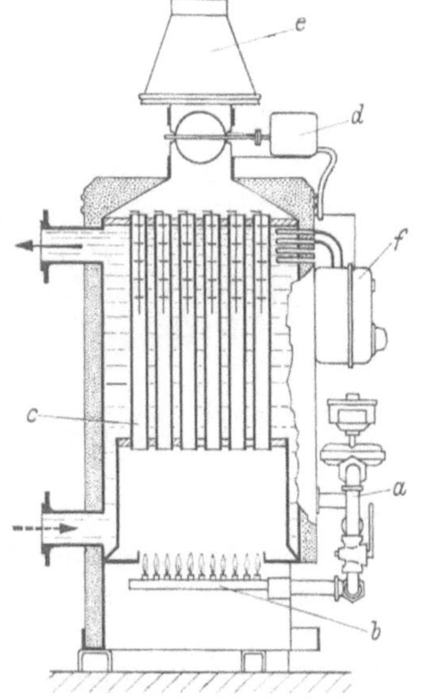

Abb. 4.22. Stehender Gaskessel. *a* Gasarmatur, *b* Rechenbrenner, *c* Heizrohre mit Abgasverwirblern, *d* Abgasklappen-Stellmotor, *e* Strömungssicherung, *f* Schaltkasten.

Für kleine Heizanlagen, insbesondere Stockwerksheizungen, wird neuerdings ein dem Gaswasserbereiter nachgebildeter Durchlauferhitzer in Wandmontage viel verwendet, s. Abb. 4.120. Der hohe Strömungswiderstand des Gerätes und die Notwendigkeit, einen Mindestwasserdurchfluß sicherzustellen, machen den Einbau einer Umwälzpumpe erforderlich, auch wenn sonst die Anlage im Schwerkraftbetrieb arbeiten könnte. (Man bevorzugt bei solchen Heizungen zur Ausnutzung der guten Regelfähigkeit des Gaskessels aber ohnehin Heizkörper und Rohre mit geringem Wasserinhalt.) Eine Wassermangelsicherung gibt den Gasstrom zum Brenner erst frei, wenn die Pumpe läuft. Der Pumpenmotor und der Brenner werden gemeinsam durch den Raumthermostaten jeweils ein- und ausgeschaltet; ein Vorlaufthermostat schaltet unabhängig davon das Gerät ab, wenn die Wasserablauftemperatur den eingestellten Höchstwert erreicht. Die Zündung der Gasflamme ist in üblicher Weise durch eine Zündsicherung gewährleistet[1].

Abb. 4.23. Liegender Gaskessel für große Leistung.

Gaskessel großer Leistung benötigen, soweit sie mit Einbaubrennern betrieben werden, Saugzuganlagen. Abb. 4.23 gibt einen solchen Kessel in der Ansicht wieder. Es handelt sich um einen liegenden Röhrenkessel, bei dem die Brenner an der Stirnwand vor den Rohrenden angebracht sind. Jedes Rohr besitzt einen eigenen Brenner, der an einer gemeinsamen, um die senkrechte Achse ausschwenkbaren Gasverteilungsleitung befestigt ist. Brenner und Heizrohre bleiben sonach zugänglich. In die Heizrohre sind feuerfeste Drallsteine eingebaut; sie sollen durch Verwirbelung der Verbrennungsgase und zusätzliche Strahlung den Wärmeübergang auf der Innenseite der Rohrheizflächen verbessern. Am Kesselende werden die Abgase in einer Rauchkammer gesammelt und mittels eines Gebläses dem Schornstein zugeführt. Die Kesselleistung wird durch gemeinsame Drosselung der Gas- und Luftmengen dem Bedarf angepaßt, und zwar ist eine Regelung in einem Leistungsbereich von 1:3 ohne Beeinträchtigung des Wirkungsgrades möglich.

Abb. 4.24. Liegender Ölkessel mit angebauter Schalt- und Anzeigetafel.

Gebläsebrenner arbeiten mit einer einzigen Flamme. Sie werden wie Ölbrenner an der Vorderseite des Kessels angebaut. Da verbrennungs- und strömungstechnisch an die Feuerräume von Gas- und Ölkesseln etwa die gleichen Anforderungen gestellt werden, lassen sich praktisch alle für Ölverfeuerung entwickelten Kesselbauarten auch mit Gebläsegasbrennern betreiben.

Spezialölkessel. Abb. 4.24 zeigt einen Spezialölkessel großer Leistung in liegender Bauart, der im Aufbau dem Flammrohrkessel ähnlich ist, und der bei Austausch des Brenners ohne weiteres mit Gas betrieben werden kann. Es gibt neuerdings auch Brenner, die sowohl flüssige als auch gasförmige Brennstoffe zu verheizen gestatten.

Ein Vorzug der Gebläsebrenner ist, daß sie bei dichten Stahlkesseln mit Überdruck im Feuerraum betrieben werden können. Bei solchen Kesseln sind höhere Druckverluste im Rauch-

[1] Siehe DVGW/VFG-Arbeitsblatt G 645: Technische Regeln für die sicherheitstechnische Ausrüstung von Warmwasserheizungen mit Umlauf-Gaswasserheizern und Vorlauftemperaturen bis 110 °C. Hrsg. vom Deutschen Verein von Gas- und Wasserfachmännern e. V. Frankfurt/M.: ZfGW-Verlag 1965.

gasweg zulässig als bei Kesseln, die auf den verfügbaren Schornsteinzug angewiesen sind. Die freien Abgasquerschnitte können damit kleiner gewählt und der konvektive Wärmeübergang an den Heizflächen durch größere Gasgeschwindigkeit sowie stärkere Verwirbelung des Gasstroms verbessert werden. Auch der Schornsteinquerschnitt läßt sich evtl. verkleinern, so daß höhere Abgasgeschwindigkeiten an der Mündung auftreten, die einerseits den Einfluß der Witterung (Temperatur und Wind) auf den Verbrennungsablauf im Kessel herabsetzen und andererseits die Gefahr von Immissionsschäden in der Nachbarschaft vermindern.

b) Regel- und Sicherheitseinrichtungen für Gasfeuerungen

Gasfeuerungen benötigen für einen gefahrlosen, den technischen Anforderungen entsprechenden Betrieb bestimmte Einstellglieder, Sicherheitseinrichtungen und Regelgeräte[1]. Hierzu gehören von Hand zu betätigende Gasabsperrorgane, selbsttätig arbeitende Zünd-, Gasmangel- und Strömungssicherungen sowie Regler für den Gasdruck und die einzuhaltenden Sollwerte der Vorlauf- oder Raumtemperatur, evtl. auch des Dampfdrucks im Kessel. Diese Einrichtungen sind konstruktiv, vielfach auch funktionsmäßig miteinander kombiniert.

Die Zündsicherung verhindert das Ausströmen von Gas bei nicht brennender Zündflamme. Dabei schließt ein Bimetall- oder Thermoelement-Temperaturfühler bei fehlender Erwärmung ein Gasabsperrventil. Die Gasmangelsicherung schaltet den Brenner bei Unterschreitung eines Mindestgasdruckes ab, die Wassermangelsicherung bei unzureichendem Wasserdurchfluß.

Gaskessel können für Handbedienung, halb- oder vollautomatischen Betrieb eingerichtet werden. Da preiswerte und zuverlässige Regeleinrichtungen für Gasfeuerungen zur Verfügung stehen und die selbsttätige Leistungsregelung neben der Betriebsvereinfachung auch Wärmeersparnisse mit sich bringt, wird man nur ausnahmsweise darauf verzichten.

In Abb. 4.25 ist als Beispiel das Schema einer Regelanlage für die Gasfeuerung einer Warmwasserheizung wiedergegeben. Der Gasstrom zur Feuerung passiert hinter dem Hauptgashahn *a*

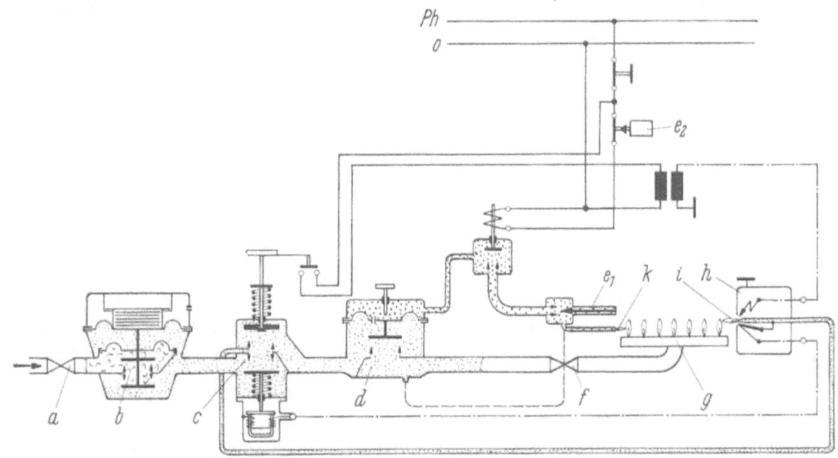

Abb. 4.25. Sicherheits- und Regelanlage für gasgefeuerten Warmwasserkessel.
a Hauptgashahn, *b* Sicherheitsdruckregler, *c* Schaltventil, *d* Regelventil, e_1, e_2 Temperaturfühler, *f* Brennerhahn, *g* Brenner, *h* Zündkopf, *i* Zündflamme, *k* Steuerstromflamme.

zunächst den Sicherheitsdruckregler *b*, der die Druckschwankungen des Netzes vom Brenner fernhält, also für eine gleichmäßige Verbrennung sorgt, gleichzeitig aber bei Druckunterschreitungen die Gaszufuhr unterbricht (Gasmangelsicherung). Die Betätigung des Druckknopfes im hinter der Sicherheitsarmatur angeordneten Schaltventil *c* führt zuerst zur Entwicklung der Zündflamme *i* im Zündkopf *h*, dann zur Freigabe des Hauptgasweges durch den unteren Sperrteller. Der Gasweg wird auch nach Loslassen des Druckknopfes durch einen thermoelektrisch beeinflußten Magneten offen gehalten, solange die Zündflamme brennt (Zündsicherung).

[1] DIN 4756. Gasfeuerungen in Heizungsanlagen; Bau, Ausführung, Sicherheitstechnische Grundsätze. Feb. 1966.

Vor dem Brenner g und dem Brennerhahn f sitzt das eigentliche Gasregelventil d. In ihm wird der Gasmengenstrom und damit die Wärmeentwicklung im Kessel in Abhängigkeit von der am Warmwasservorlauf-Fühler e_1 bzw. Raumthermostaten e_2 gemessenen Temperatur verändert. Zur pneumatischen Kraftübertragung dient hier ein dem Hauptgasweg parallel geschaltetes Steuergassystem, dessen Druckschwankungen sich auf die Stellung des Ventiltellers auswirken. Die Steuergasleitungen werden in den Hauptgasweg zurückgeführt bzw. enden in der Steuerstromflamme k des Verbrennungsraums.

Die Anpassung der Kesselleistung an Veränderungen des Wärmebedarfs kann sowohl durch Drosselung der Gasmenge als auch durch intermittierenden Betrieb der Feuerung erfolgen. Die erstgenannte Art der Regelung ist stets nur in einem gewissen Belastungsbereich möglich, da ein Mindestwert der Brennerleistung nicht unterschritten werden darf. Bei kleineren Anlagen und Einzelkesseln bevorzugt man daher den intermittierenden Betrieb (Zweipunkt-Regelung). Die Brenner werden dabei stets mit voller Leistung gefahren, also auch mit gutem Wirkungsgrad und den für die Vermeidung von Schwitzwasser erforderlichen höheren Abgastemperaturen. Die Leistungsstöße des Kessels machen sich bei zentralen Heizanlagen infolge der Speicherfähigkeit der Gebäudemassen und z. T. auch der Heizanlagen bei der Raumtemperatur kaum bemerkbar. Die Schaltintervalle sind der Eigenart des Heizsystems und den Anforderungen an die Genauigkeit der Temperaturhaltung anzupassen.

c) Ölfeuerungen[1]

Öl kann nicht in der gleichen einfachen Weise wie Gas in Heizkesseln verbrannt werden. Es muß zunächst verdampft oder in feinste Teilchen zerstäubt und mit der Verbrennungsluft so gut vermischt werden, daß es zündet und mit stabiler Flamme bei möglichst geringem Luftüberschuß verbrennt. Diese Aufgabe muß der Brenner hier mit übernehmen.

Brennstoffe. Als Heizstoffe finden bei Ölfeuerungen für Zentralheizungen die bei höheren Temperaturen (über 250 °C) siedenden Bestandteile des Erdöls sowie die Destillate von Braunkohlen- und Steinkohlenteer Verwendung. Grundsätzlich kommen für Kleinfeuerungen nur Heizöle geringer Zähigkeit, niedriger Erstarrungstemperatur (Stockpunkt) und hoher Reinheit in Frage, die sich u. a. auch leicht zerstäuben und verdampfen lassen. Man bezeichnet sie auch als *leichte Heizöle* im Gegensatz zu den zähflüssigen *schweren Heizölen*, die im wesentlichen als Rückstände bei der Erdöldestillation und als letzte Fraktionen der Steinkohlen- und Braunkohlenteeröle anfallen. Da schwere Heizöle anderweitig nicht verwendet werden können, ist ihr Preis verhältnismäßig günstig. Diese Öle haben niedrigere Heizwerte. Sie sind z. T. bei normalen Temperaturen so zähflüssig, daß sie zu ihrer Förderung und zur Zerstäubung vorgewärmt werden müssen. Vor allem muß darauf geachtet werden, daß weder in den Leitungen noch im Behälter die Temperatur sich dem Stockpunkt nähert. Weiterhin sind der Flammpunkt, der freie Kohlenstoff, der Wasser- und Aschegehalt für die Bewertung eines Heizöls von Bedeutung[2].

Nach dem Normblatt DIN 51 603[3] lassen sich die Heizöle nach vier Gruppen unterteilen, die durch folgende Mindestanforderungen gekennzeichnet sind.

Die Viskosität soll zur vollkommenen Zerstäubung bei etwa 12 cSt (2 °E) liegen. Die Öle der ersten Gruppe EL und auch die guten Öle der zweiten Gruppe L können im Lieferzustand verwendet werden. Das Heizöl M erfordert in der Regel eine Vorwärmung zur Verbrennung, aber nur in Ausnahmefällen auch zur Ölförderung, so z. B. beim Heizöl M aus der Braunkohlenschwelung, dessen Stockpunkt bereits bei 40 °C liegt.

Heizöl S ist schon zur Förderung vorzuwärmen. Vor dem Brenner ist eine Anwärmung auf 80 bis 120 °C notwendig, je nach der Viskosität des Öles. Der hohe Stockpunkt macht in der Regel auch eine Beheizung der Ölvorratsbehälter notwendig. Auch muß bei Betriebsstillstand

[1] Siehe Hansen, W.: Die Gebäudeheizung mit Heizöl. Berlin/Göttingen/Heidelberg: Springer 1956. — Landfernmann, C. A.: Die Ölfeuerung bei Zentralheizungen. Berlin: Haenchen u. Jäh 1962. — Fachgemeinschaft der Hersteller von gußeisernen Heizkesseln und gußeisernen Radiatoren: Die Ölfeuerung in gußeisernen Zentralheizungskesseln. Wetzlar 1957.

[2] Friedrich, H.: Heizöle für Ölfeuerungen in Zentralheizungen. Sanitäre Technik 20 (1955) 187/190, 199.

[3] DIN 51 603. Flüssige Brennstoffe; Heizöle, Mindestanforderungen. Feb. 1966.

das in den Rohrleitungen und im Brenner befindliche Öl in den Behälter zurücklaufen. Die deutschen Teeröle erstarren zwar erst bei Temperaturen zwischen —10 und 0 °C. Man sollte sie jedoch nicht unter +8 °C abkühlen lassen, da sie bei niedrigen Temperaturen zur Ausscheidung fester Bestandteile (Anthrazen, Paraffin) neigen.

Tabelle 4.01. *Mindestanforderungen an Heizöle*

	EL	*L*	*M*	*S*
Flammpunkt im geschlossenen Tiegel über . . . . °C	55	55	65	65
Viskosität höchstens . . . . . cSt	6 (20 °C)	17 (20 °C)	75 (50 °C)	450 (50 °C)
Wassergehalt, nicht absetzbar, höchstens . . . . Gew.-%	0,1	0,3	0,5	0,5
Unterer Heizwert (H_u) mindestens . . . . kcal/kg	10000	≈9000	≈9000	9500

Kleinbrenner, insbesondere Verdampfungsbrenner, benötigen ein Heizöl der Gruppe EL, empfindliche Druckzerstäuber bei Kesseln bis etwa 75000 kcal/h Leistung mindestens ein hochwertiges Heizöl der Gruppe L.

Die Verfeuerung der zähflüssigen Heizöle erfordert relativ robuste Brennerbauarten und einen zusätzlichen Aufwand an Hilfseinrichtungen, die sich erst von einer bestimmten Größe der Heizanlage ab lohnen. Auch ist auf die erhöhte Gefahr von Rauch- und Rußbelästigungen in der Nachbarschaft Rücksicht zu nehmen. Die behördlichen Vorschriften sind in dieser Hinsicht neuerdings in vielen Ländern verschärft worden[1].

Brennerbauarten[2]. Den einfachsten Aufbau weist der reine Verdampfungsbrenner auf, s. Abb. 3.12. Da diese Brenner i. allg. von Hand gezündet werden, sind sie für automatischen Betrieb weniger geeignet. Verdampfungsbrenner findet man daher nur ausnahmsweise in ölgefeuerten Zentralheizungen.

Bei den üblichen Ölbrennern wird der Brennstoff auf mechanischem Wege zerstäubt, also in feinste Teilchen zerlegt, bevor er in den Verbrennungsraum gelangt (Zerstäubungsbrenner) Man unterscheidet nach der Zerstäubungsart zwischen Injektor-, Drucköl- und Drehzerstäubern. Oft werden auch zwei verschiedene Zerstäubungsarten gemeinsam angewendet.

Durch die Zerstäubung wird die Oberfläche des Brennstoffs im Verhältnis zu seinem Volumen vergrößert und dadurch die Überführung in die gasförmige Phase erleichtert. Je kleiner die Brennstoffteilchen sind und je besser die Durchmischung mit der Luft erfolgt, um so günstiger werden die Verbrennungsbedingungen und um so kleiner kann der Luftüberschuß gehalten werden.

Der *Injektorbrenner* läßt sich besonders einfach gestalten, wenn Druckluft oder Hochdruckdampf zur Verfügung stehen; das ist vielfach in gewerblichen Betrieben der Fall. Aus einer Düse strömt das Treibmittel mit hoher Geschwindigkeit aus, reißt dabei an der Mündung das durch ein konzentrisch angeordnetes Rohr über Ringdüsen zufließende Öl mit und zerstäubt es im Strahl. Die Verbrennungsluft wird beim Druckluftbetrieb vorwiegend, beim Dampfbetrieb ausschließlich hinter dem Zerstäuber zugeführt. Beim Dampfzerstäuber muß zum Anfahren Dampf aus einer anderen Kesseleinheit oder Preßluft verfügbar sein.

Größere Bedeutung hat bei Zentralheizungen der Druckluftzerstäuber mit eigenem Gebläse gewonnen. Abb. 4.26 zeigt einen derartigen Ölbrenner im Schnitt. Das Öl fließt über ein innenliegendes Rohr der Düse *h* zu, wo es von dem Luftstrahl des Gebläses erfaßt, verwirbelt und zerstäubt wird. Durch entsprechende Düsengestaltung kann das Öl und der Luftstrom in drehende, die Zerstäubung begünstigende Bewegung versetzt werden. Der Ölzufluß läßt sich durch ein

[1] Siehe z. B.: Bönig, H.: Gesetz zum Schutze vor Luftverunreinigungen, Geräuschen und Erschütterungen — Immissionsschutzgesetz (ImschG). Bielefeld: C. Bertelsmann 1962. — Dritte Verordnung zur Durchführung des Immissionsschutzgesetzes (Auswurfbegrenzung bei Feuerungen mit Ölbrennern) für das Land Nordrhein-Westfalen vom 25. 10. 1965. Wärme-, Lüftgs.- u. Gesundh.-Techn. 18 (1966) 157/58.

[2] Siehe auch: DIN 4787. Ölbrenner; Begriffe, Anforderungen, Bau, Prüfung. Okt. 1967.

Nadelventil *d*, die Luftmenge durch die Drosselklappe *f* verändern. Mit dem Gebläse wird bei dieser Bauart nur ein Teil der Verbrennungsluft zugeführt, der Rest strömt unter dem Einfluß des Schornsteinzugs unmittelbar bei *i* in die Brennzone ein.

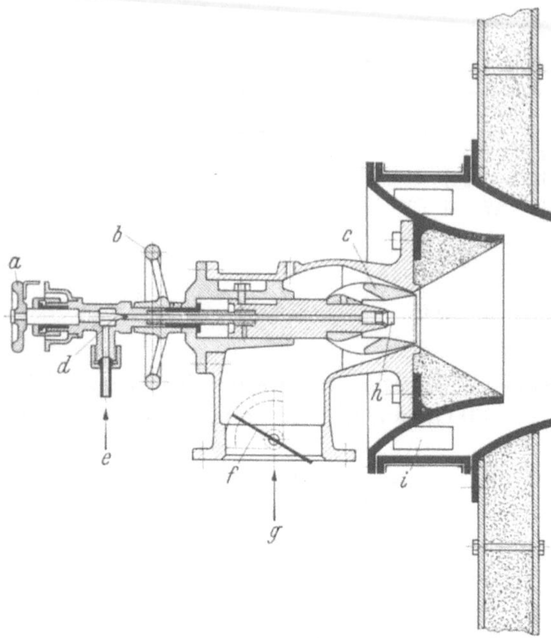

Abb. 4.26. Druckluftzerstäuberbrenner.
a Ölregelventil, *b* Luftregelventil (Primär), *c* Luftdüse, *d* Nadelventil, *e* Ölzufuhr, *f* Drosselklappe, *g* Primärluft, *h* Zerstäuberdüse, *i* Sekundärluftzuführung.

Bei anderen Bauarten wird zur Herabsetzung der Lüfter-Antriebsleistung ein Teil der Luft in einem Kompressor höher verdichtet und nur diese Luftmenge zur Ölzerstäubung herangezogen, die Hauptluftmenge dagegen mit geringem Überdruck hinter dem Zerstäuber zugeführt. Auch Mischbrenner, bei denen Öl und Luft in dem Kompressor zu Schaum vermischt und dann erst dem Brenner zugeleitet werden, sind auf dem Markt.

Beim *Druckölbrenner* übernimmt eine Zahnrad- oder Schneckenpumpe die Förderung des Öls und führt es mit hoher Pressung einer Zerstäuberdüse zu. Führungskanäle in der Düse geben dem Öl beim Austritt aus der feinen Öffnung eine rotierende Bewegung, welche die Zerstäubung und die Mischung mit der hinter der Düse eingeleiteten Verbrennungsluft begünstigt. Gebläse und Ölpumpe werden meist von einem Motor angetrieben. Gegen Verschmutzung und Verkokung sind Kleinbrenner dieser Bauart empfindlich; sie sollen daher mit besonders reinem, kohlenstoff- und asphaltfreiem Öl betrieben werden. Zähflüssiges Öl ist entsprechend vorzuwärmen. Die Brennerleistung läßt sich durch ein in die Druckölleitung eingeschaltetes Überdruckventil in einem begrenzten Bereich einstellen. Das von der Pumpe zuviel geförderte Öl wird zum Behälter bzw. zur Saugseite zurückgeführt. Abb. 4.27 zeigt den Teilschnitt eines solchen, im geschlossenen Block gebauten Brenners mit seinen Zusatzeinrichtungen.

Abb. 4.27. Druckölbrenner.

Die Wirkung der Zentrifugalkraft nutzt der *Drehzerstäuberbrenner* zur Ölzerstäubung aus, siehe Abb. 4.28. Das drucklos durch eine Hohlwelle zulaufende Brennöl gelangt in einen kegeligen, vorn offenen Becher, der auf gemeinsamer Welle mit dem Lüfterrad sitzt und mit hoher Drehzahl umläuft. Dabei werden die Öltröpfchen in rotierender Bewegung zum Becherrand hingeführt und dort mit großer Geschwindigkeit nahezu tangential abgeschleudert. Sie treffen auf die aus der Druckkammer des Lüfters abströmende Verbrennungsluft, die den Zerstäubungsvorgang vollendet und sich gleichzeitig mit den Öltröpfchen vermischt. Diese Brenner sind weniger empfindlich gegenüber der Ölzusammensetzung und lassen sich in einem weiten Leistungsbereich stufenlos regeln.

Zünd-, Regel- und Sicherheitseinrichtungen. Ölfeuerungen für Zentralheizungen und Haus-Warmwasserversorgungen werden heute fast ausnahmslos für vollautomatischen Betrieb eingerichtet. Nur bei größeren Anlagen und insbesondere gewerblichen Feuerungen findet man halbautomatischen Betrieb oder Handbedienung, insbesondere dann, wenn billigere Schweröle verheizt werden, die leichter zu Störungen Anlaß geben und eine ständige Erwärmung aller Anlageteile notwendig machen. Beim üblichen Brenner in Heizkesseln wird das Öl-Luft-Gemisch beim Austritt aus dem Brennerrohr durch Hochspannungsfunken, seltener durch Glühdrähte gezündet. Nach voller Flammenentwicklung schaltet sich der Zündtransformator automatisch aus. Durch einen Temperaturfühler im Rauchrohr oder eine Photozelle in Flammennähe wird die Anlage abgeschaltet, wenn das Öl-Luft-Gemisch nicht zündet und wenn die Flamme erlischt. Der Brenner kann dann nur nach Auslösen eines Störknopfes wieder in Gang gesetzt werden.

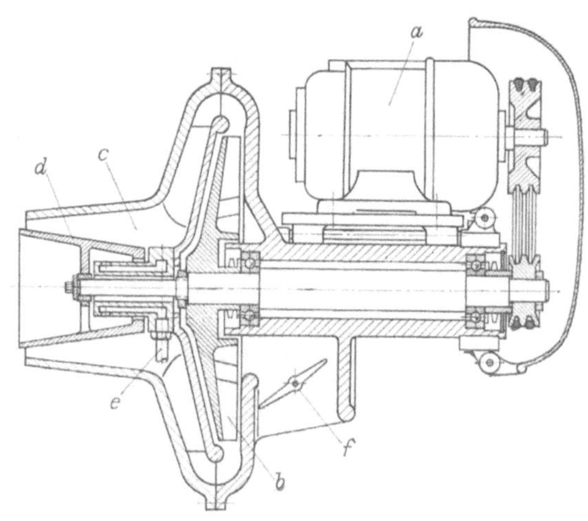

Abb. 4.28. Drehzerstäuberbrenner. *a* Elektromotor, *b* Gebläse, *c* Luftverwirbler, *d* Drehbecher, *e* Ölzufuhr, *f* Drosselklappe.

Betrieb. Zur Erzielung eines günstigen Feuerungswirkungsgrades müssen Öl und Verbrennungsluft stets in einem bestimmten Verhältnis dem Brenner zugeführt werden. Dieses Mischungsverhältnis läßt sich bei den üblichen Brennerbauarten zwar für eine bestimmte Brennölmenge einstellen, aber nicht mit einfachen Mitteln bei verminderter Brennerleistung selbsttätig aufrechterhalten. Auch die Ölzerstäubung und die Zündung machen bei manchen Brennern mit dem Rückgang der Leistung Schwierigkeiten.

Man verzichtet bei vollautomatischen Ölfeuerungen daher durchweg auf eine stetige Anpassung der Leistung an den augenblicklichen Wärmebedarf und regelt durch intermittierenden Betrieb der Brenner.

Da Ölfeuerungen ohnehin mit elektrischen Antriebs- und Zündeinrichtungen ausgestattet sind, erfolgt auch die Regelung elektrisch. In einfacher Weise können dabei die verschiedenen Sicherheits- und Regelelemente kombiniert bzw. aufeinander abgestimmt werden. Meist müssen auch die Einzelvorgänge beim Schalten in einer bestimmten Reihenfolge ablaufen. So soll z. B. Öl dem Brenner erst zulaufen, nachdem das Gebläse die Kesselzüge gelüftet hat. Bei Feuerungen mit Ölvorwärmung sperrt ein Thermostat im Ölbehälter die Inbetriebnahme des Brenners so lange, bis die erforderliche Öltemperatur erreicht ist. Mit Hilfe einer Schaltuhr kann auch leicht der Sollwert der Regelgröße, sei es die Vorlauftemperatur einer Wasserheizung oder die repräsentative Raumtemperatur eines Gebäudes, während der Nachtstunden herabgesetzt oder der Betrieb der Feuerung völlig eingestellt werden. Um ein allzu häufiges Ein- und Ausschalten der Brenner zu vermeiden, soll der Schaltbereich nicht zu eng gewählt werden. Bei Warmwasserheizungen liegt hierfür i. allg. auch keine Notwendigkeit vor.

In den Abgasen von Ölfeuerungen sind erhebliche Mengen von Wasserdampf enthalten. Der Taupunkt liegt dementsprechend hoch; er wird bei Anwesenheit von SO_3 — und damit ist bei den meisten Heizölen zu rechnen — noch weiter erhöht[1]. Die Gefahr von Korrosionsschäden in den letzten Kesselzügen und von Schornsteinversottungen ist bei Ölfeuerungen daher besonders groß. Das gilt vor allem für schwach belastete Wasserkessel in Zeiten geringer Wärmeanforderung. Grundsätzlich sollte man sonach die Kesselheizfläche eher knapp als reichlich wählen und die Ölfeuerungen mit Abgastemperaturen von 200 °C und höher betreiben. Mehr und mehr geht man dazu über, Warmwasserkessel mit gleichbleibend hoher Vorlauftemperatur zu fahren und die Temperatur des Heiznetzes durch Rücklaufwasserbeimischung den jeweiligen Erfordernissen anzupassen, eine Schaltung, die bei Heizkesseln mit kombinierter Brauchwassererwärmung stets gewählt wird. Die Ölfeuerung wird dabei vom Vorlaufthermostaten ein- und ausgeschaltet, das Mischventil vom Raumthermostaten beeinflußt.

---

[1] Siehe: Grimm, W.: Die Abhängigkeit des Säuretaupunktes vom SO_3-Gehalt im Rauchgas. Heizg.-Lüftg.-Haustechn. 14 (1963) 80/84.

Bei Einbau einer besonderen Kesselwasserumwälzpumpe kann man mit Hilfe einer zweiten Mischleitung auch die Temperatur des dem Kessel zufließenden Rücklaufwassers bis nahe an die Kesselvorlauftemperatur heranbringen, so daß die in der Nähe des Rücklaufanschlusses liegenden Kesselteile weniger gefährdet sind. Eine derartige Schaltung ist in Abb. 4.29 schematisch dargestellt.

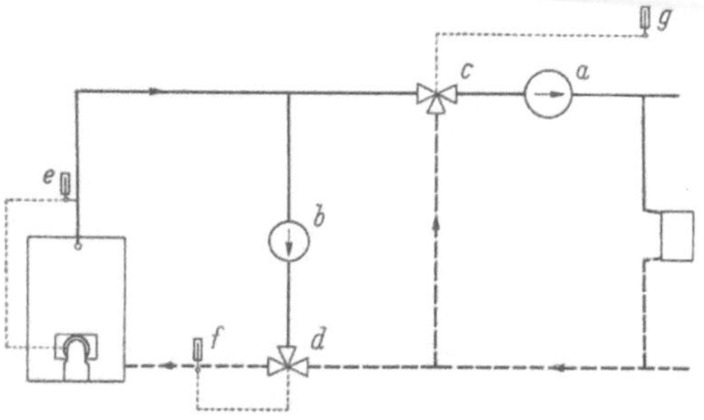

Abb. 4.29. Temperaturregelung einer ölgefeuerten Warmwasser-Zentralheizung.
a Heizungsumwälzpumpe, *b* Beimischpumpe, *c*, *d* Mischventile, *e*, *f* Wassertemperaturfühler, *g* Raumtemperaturfühler.

Schornsteindurchnässungen und Versottungen treten häufig in den oberen, durch nicht beheizte Dachböden führenden Schornsteinteilen auf. Diese Teile sollten bei Ölfeuerungen daher mit gutem Wärmeschutz ausgeführt werden. Als Baustoffe eignen sich vor allem Formsteine mit innerem Schamotterohr oder aus Asbestzement mit Schutzüberzug, s. auch S. 90.

Brenner und Regeleinrichtungen von Ölfeuerungen haben heute in vielerlei Ausführungen einen hohen Grad technischer Reife erreicht. Es empfiehlt sich jedoch, automatische Ölfeuerungen laufend durch geeignete Fachkräfte überwachen zu lassen. Nur bei einwandfreier Wartung der teilweise empfindlichen Bauteile ist ein praktisch störungsfreier Betrieb sichergestellt. Die meisten Hersteller oder Lieferer von Ölbrennern übernehmen selbst den Wartungsdienst, der zumeist auch die kostenfreie Behebung von Betriebsstörungen umfaßt.

Ölbehälter und Rohrleitungen. Die Ölvorratsbehälter werden bei kleineren Heizanlagen im Keller, s. Abb. 4.30, bei größeren außerhalb der Gebäude, jedoch möglichst in Nähe der Heizzentrale, untergebracht. Man bevorzugt dabei die weniger auffällige unterirdische Lagerung, wobei in der Regel liegende zylindrische Behälter verwendet werden. Die Abmessungen und

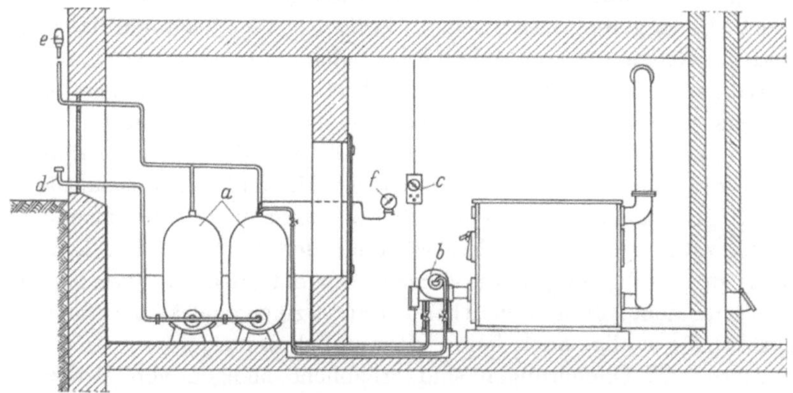

Abb. 4.30. Feuerungsanlage für leichtflüssiges Heizöl.
a Batterietanks für Ölvorrat, *b* Ölbrenner, *c* Schalttafel, *d* Ölfülleitung, *e* Ent- und Belüftung, *f* Ölstandsanzeiger.

Anforderungen sind in DIN 6608 einheitlich festgelegt. Für die Ausführung von Öltanks, ihre Ausstattung und Aufstellung sind die von den zuständigen Aufsichtsbehörden erlassenen Richtlinien sorgfältig zu beachten[1]. Sie dienen vor allem dem Schutz des Grundwassers gegen eindringendes Heizöl bei Undichtheiten oder einer Überfüllung der Behälter. Gefordert wird neben der Dichtheit — sie ist in bestimmten Zeitabständen zu überprüfen — ein zuverlässiger Korro-

[1] Siehe: DIN 4755. Ölfeuerungen in Heizungsanlagen; Bau, Ausführung, Sicherheitstechnische Grundsätze. Juli 1966. — Richtlinien für den Bau und die Einrichtung von zentralen Heizräumen und ihren Brennstofflagerräumen („Heizraumrichtlinien"). Hrsg. von der Fachkommission „Bauaufsicht" der ARGEBAU. Berlin: Beuth-Vertr. Nov. 1958. — Richtlinien über Bau und Betrieb von Behälteranlagen zur Lagerung von Heizöl („Heizölbehälterrichtlinien"). Hrsg. von der Fachkommission „Bauaufsicht", Arbeitskreis Heizöllagerung der ARGEBAU. Berlin: Beuth-Vertr. Juli 1966.

sionsschutz oder die freie, rundum zugängliche Aufstellung des Behälters, vielfach mit Schutzwanne zur Aufnahme auslaufenden Öls, Kontrollgeräte für Dichtheit und Ölstand, ein 2,5 m über Erdgleiche endendes Lüftungsrohr, eine verschließbare Fülleitung und bei großen Tanks Einsteigöffnungen zur inneren Besichtigung und Reinigung. Für Wasserschutzgebiete gelten verschärfte Vorschriften.

Muß das Öl dem Brenner zulaufen, so wird im Kesselraum ein Zwischenbehälter angeordnet. Er faßt etwa einen Tagesverbrauch und wird mittels einer Hand- oder Elektropumpe gefüllt. Vielfach wird dieser Zwischenbehälter durch Einbau eines Heizregisters zum Vorwärmen des Öles benutzt. Bei kleinen Anlagen erfolgt die Vorwärmung elektrisch; bei größerer Leistung lohnt sich der Einbau einer zusätzlichen, an den Kessel angeschlossenen Heizschlange, die es ermöglicht, bei vollem Betrieb den Heizstrom oder wenigstens einen Teil einzusparen. Anlagen für Öle mit hoher Zähigkeit sind in der Regel noch mit einem vor dem Brenner angeordneten elektrischen Nacherhitzer ausgerüstet, der die für eine einwandfreie Zerstäubung des Öles erforderliche niedrige Viskosität sicherstellen soll.

Bei der Verwendung von Heizöl mit hohem Stockpunkt muß auch der Hauptöltank geheizt werden oder wenigstens die Saugstelle. Diese Anlagen erhalten zumeist nur Leistungs- bzw. Temperaturregler und Zündsicherungen; das Anfahren wird von Hand durchgeführt (halbautomatisch). Werden sie außer Betrieb gesetzt, so müssen sämtliche Leitungen sowie der Brenner leerlaufen können.

d) Anwendungsbereich und Wirtschaftlichkeit

Die Verwendung von Gas und Öl zu Heizzwecken kommt vor allem dort in Frage, wo diese Brennstoffe mit günstigem Wärmepreis angeboten oder ihre betrieblichen Vorteile hoch gewertet werden. Eine allgemeingültige Abgrenzung im Anwendungsbereich, etwa durch Angabe derjenigen Preisverhältniswerte, bei denen feste, flüssige und gasförmige Brennstoffe zu gleichen Gesamtkosten des Heizbetriebes führen, ist nicht möglich. Man wird vielmehr in jedem Einzelfall vor der Wahl der Brennstoff- bzw. Feuerungsart eine wirtschaftliche Vergleichsrechnung durchführen müssen, und dabei auch auf Schätzungen oder persönliche Wertungen angewiesen sein.

Das beginnt schon bei der Ermittlung des voraussichtlichen Jahresbrennstoffverbrauchs. Der Wirkungsgrad der Wärmeerzeugung hängt nicht nur von der Kessel- und Feuerungsart ab, sondern auch von der Betriebsweise, bei festen Brennstoffen außerdem von der Bedienung, der Wartung und der Art der Regelung. Anhaltswerte sind im zwölften Abschnitt des zweiten Bandes aufgeführt. Hinzu kommen bei Gas- und Ölfeuerungen Wärmeeinsparungen infolge der besseren Regelfähigkeit, der ständigen Einsatzbereitschaft und sofortigen Abschaltmöglichkeit. Sie lassen sich exakt nicht angeben, können nach Erfahrungen im praktischen Betrieb aber Werte bis zu 15% des Wärmeverbrauchs von ungeregelten Heizanlagen erreichen. Die relativen Wärmeersparnisse sind dabei um so größer, je geringer die geforderte Heizleistung (kleine Heizungen, Gegenden mit mildem Klima, Übergangszeit) und je kürzer die Benutzungszeit der Gebäude ist (Schulen, Hotels), um so kleiner, je größer die Heizungsanlage ist und je länger die Heizung täglich betrieben werden muß (Krankenhäuser, Miethäuser).

Zur Ermittlung der durchschnittlichen Jahresausgaben muß der Wärmebedarf einer Heizanlage im Normalwinter bekannt sein. Man berechnet ihn am einfachsten mit Hilfe der aus Erfahrungen bekannten Benutzungsstundenzahl des Anschlußwertes der Heizanlage; der Anschlußwert ist dabei identisch mit dem nach DIN 4701 sich ergebenden Höchstwärmebedarf (näheres s. zwölfter Abschnitt im zweiten Band).

Zu den Betriebskosten gehören neben den Brennstoffausgaben noch die Aufwendungen für die Bedienung und Wartung der Heizanlage, für die Schornstein- und Kesselreinigung, für Strom und sonstige Betriebsmittel sowie bei festen Brennstoffen für die Abfuhr der Verbrennungsrückstände. Die Bedienungskosten lassen sich für große Heizungen mit hauptamtlich tätigem Personal einigermaßen zuverlässig angeben. Bei mittelgroßen Heizungen mit Kokskesseln kann man je nach den örtlichen Verhältnissen die Bedienungskosten mit 10 bis 20% der Brennstoffausgaben ansetzen. Bei Kleinanlagen lassen sich absolute und auch relative Kostenangaben kaum noch machen, da diese Heizungen in der Regel nebenbei bedient werden und der erforderliche Arbeitsaufwand der persönlichen Wertung des Betreibers oder seines Beauftragten unterliegt.

Das trifft auch zu für die sonstigen Annehmlichkeiten von Gas- und Ölfeuerungen, wie die ständige volle Leistungsbereitschaft, den sauberen Betrieb, die selbsttätige Temperaturregelung, bei Gas den Fortfall jeder Brennstoffeinlagerung und der Brennstoffbezahlung vor dem Verbrauch. Als Nachteil wird es andererseits angesehen, auf einen bestimmten Brennstoff bzw. auf die Lieferung von *einem* Werk angewiesen zu sein.

Neben den Betriebsausgaben sind bei der Wirtschaftlichkeitsberechnung noch die Gestehungskosten der Feuerungsanlage und eines etwaigen Brennstofflagers mit ihrem Aufwand für Verzinsung und Abschreibung des Anlagekapitals zu berücksichtigen. Die Lebensdauer der Kessel und Feuerungen wird man dabei mit 15 bis 20 Jahren ansetzen können. Empfindliche Teile der Brenner, der elektrischen Antriebe und Regelung sowie der etwaigen Ausmauerung haben eine kürzere Lebensdauer. Zumeist werden auch die Unterhaltungskosten mit der Kapitalbelastung zusammen verrechnet — obwohl es sich nicht um feste, sondern um laufende Ausgaben handelt —, da sie sich am besten in Prozentsätzen der Anschaffungskosten angeben lassen. Die Gestehungs- und Unterhaltungskosten der Kesselanlage sind bei handbedienten Koksfeuerungen am niedrigsten, bei Ölfeuerungen und mechanisch betriebenen Koks- bzw. Kohlefeuerungen am höchsten. Bezieht man die Aufwendungen für die Brennstofflagerung in die Gestehungskosten ein, so liegt — vor allen Dingen bei Neubauten — die Gasheizung häufig am günstigsten. Bei ihr ist jedoch — wenigstens unter europäischen Verhältnissen — zumeist mit höheren Wärmepreisen zu rechnen als bei festen und flüssigen Brennstoffen.

Nur ein Teil der in wirtschaftliche Vergleichsrechnungen eingehenden Kostenbeträge läßt sich exakt ermitteln; andere enthalten Wertungsfaktoren, die nach den örtlichen Verhältnissen oder der Beurteilung betrieblicher Eigenheiten der Feuerungsarten zu wählen sind, und die das Ergebnis entscheidend beeinflussen können. Oft geben auch Faktoren den Ausschlag, die sich zahlenmäßig gar nicht erfassen lassen, wie etwa der Platzbedarf, die Brennstoffanfuhr und etwaige Geräusch- und Staubbelästigungen, die Sicherheit der Brennstofflieferung bzw. die Unabhängigkeit von Dritten und ähnliches. Den Gang der Wirtschaftlichkeitsrechnung möge nachstehendes Beispiel verdeutlichen[1].

Beispiel: Für ein Verwaltungsgebäude mit einem Höchstwärmebedarf (nach DIN 4701) von $Q_h = 200000$ kcal/h soll ein Vergleich der Jahreskosten des Heizbetriebs bei Koks-, Gas- und Ölfeuerung durchgeführt werden. Die Heizanlage sei mit zwei Kesseln und neuzeitlichen Regelgeräten ausgestattet. Für Koksverfeuerung sind Füllschachtkessel mit Handbedienung, für Gas- und Ölfeuerung dieselben Kessel mit den entsprechenden Zusatzeinrichtungen.

Nach Angeboten: Zusätzliche Kosten gegenüber Koksverfeuerung

für Gasbrenner nebst Regeleinrichtung und Leitungsanschlüssen . . . . 5000 DM
für Ölbrenner nebst Zubehör und Tank . . . . 16000 DM

Weitere Rechnungsannahmen	Koks	Stadtgas	Heizöl EL
Brennstoffpreis[2] (einschl. der Lagerverluste) P_b [DM/kg; DM/m³]	0,145	0,11	0,14
Brennstoffheizwert H_u . . . . [kcal/kg; kcal/m³]	6900	3500[3]	10200
Kesselwirkungsgrad (bei Gas- und Ölfeuerung unter Berücksichtigung der Nachströmverluste bei Ein-Aus-Schaltung) η_k	0,72	0,75	0,75

Die Benutzungsdauer der Heizanlage sei mit $b = 1400$ h des Höchstwärmebedarfs angesetzt (s. zwölfter Abschn. im zweiten Band).

[1] Weitergehende Einzelangaben enthält die VDI-Richtlinie 2067, s. zwölfter Abschn. im zweiten Band.

[2] Preisbasis: Berlin 1966. Die Heizölpreise sind in hohem Maße Schwankungen unterworfen, so daß hier der Ansatz eines Mittelwertes unter Beachtung wirtschaftlicher und örtlicher Gegebenheiten (Lagerkapazität, Transportmöglichkeiten usw.) erfolgen muß.

[3] Heizwert, bezogen auf Meßzustand.

Danach ergeben sich:
der Jahresbrennstoffbedarf: $Q_a = b \cdot Q_h$ zu $Q_a = 1400 \cdot 200000 = 280$ Gcal,
die jährlichen Brennstoffkosten wie folgt:

	Koks	Stadtgas	Heizöl
Brennstoffwärmepreis $W_b = \frac{P_b \cdot 10^6}{H_u}$ . . . . [DM/Gcal]	21,00	31,42	13,73
Nutzwärmepreis $W_n = \frac{W_b}{\eta_k}$ . . . . [DM/Gcal]	29,17	41,89	18,31
Jahresbrennstoffkosten $K_b = Q_a \cdot W_n$ . . . . [DM]	8168,00	11729,00	5127,00

Der Kapitaldienst der zusätzlichen Anlageteile einschließlich eines Betrages zur Instandhaltung möge 14% betragen[1]. Die Bedienungskosten der Kokskessel sollen mit 20% der Brennstoffkosten angenommen werden, während für Gas- und Ölfeuerung lediglich Kosten für eine Kesselreinigung entstehen. Für Asche- und Schlackenabfuhr wird bei Koksfeuerung ein Betrag von 1% der Brennstoffkosten angesetzt, während für Reinigung der Tankanlagen und Beseitigung von Ölrückständen bei Ölfeuerung in Abständen von etwa 10 Jahren ein Jahresansatz von 0,5% der Brennstoffkosten gemacht wird.

Bei der Ölfeuerung sind noch die Stromkosten für die Antriebsmotoren zu berücksichtigen. Ihre Laufzeit ergibt sich aus der Benutzungsdauer b nach Berücksichtigung des Unterschiedes zwischen vorgesehener Kesselleistung und Heizwärmebedarf. Bei einem Zuschlag für Anheizen und Rohrleitungsverluste von 20% beträgt somit die Betriebszeit der Motoren $b' = \frac{b}{1,2} = \frac{1400}{1,2} = 1167$ h und der Stromverbrauch bei 0,6 kW Motorenleistung $1167 \cdot 0,6 = 700$ kWh.

Es ergeben sich danach folgende Jahreskosten in DM:

	Koks	Stadtgas	Heizöl
Bedienung und Wartung	1634,—	70,—	70,—
Kundendienst, Reparatur	—	100,—	320,—
Stromverbrauch bei 0,12 DM/kWh	—	—	84,—
Asche- und Schlackenabfuhr, Öltankreinigung . .	82,—	—	25,—
Kapitaldienst und Instandhaltung	—	700,—	2240,—
Nebenkosten	1716,—	870,—	2739,—
Brennstoffkosten	8168,—	11729,—	5127,—
Gesamtkosten.	9884,—	12599,—	7866,—

Im vorliegenden Fall verhalten sich also die jährlichen Kosten für Koks, Stadtgas und Öl wie 1:1,28:0,80. Bei Berücksichtigung der Kosten für die Brennstofflagerung verschiebt sich das Bild zugunsten der Gasheizung, ohne daß jedoch die Größenordnung der Kostenunterschiede geändert wird. Maßgebend dafür sind die großen Differenzen im Wärmepreis.

6. Anforderungen an Heizkessel

Als Heizkessel gelten in Deutschland direkt befeuerte Wärmeerzeuger, soweit ihre Vorlauftemperaturen bei Wasser als Betriebsmittel 130 °C, ihre Drücke bei Dampf 1,5 atü nicht überschreiten.

Die Anforderungen an die Werkstoffe und deren Verarbeitung sind wesentlich niedriger als bei Kesseln für höhere Temperaturen und Drücke. Auch die Gefahren im Schadensfall sind geringer, so daß erleichterte Bestimmungen über Aufstellung und Betrieb gelten.

Die heiztechnischen Anforderungen an solche Wärmeerzeuger[2] sind in der bereits auf S. 99 zitierten Norm DIN 4702 Bl. 1 einheitlich festgelegt. Sie umfassen die Leistungsangaben, den Mindestwirkungsgrad, den Zugbedarf sowie Temperatur und Zusammensetzung der Abgase; bei Füllschachtkesseln für feste Brennstoffe kommt noch die Brenndauer hinzu.

[1] Für genauere Kostenermittlungen müssen bei Ölfeuerungen Brenner- und Tankanlage wegen der unterschiedlichen Abschreibungssätze getrennt betrachtet werden. Auch sind bei Neuanlagen die baulichen Mehrkosten für Brennstofflagerräume bei Koksfeuerungen zu berücksichtigen.

[2] Diese Bezeichnung wird in den Technischen Vorschriften für Niederdruckkesselanlagen und in der Norm für die Sicherheitseinrichtungen verwendet.

a) Nennleistung

Zur Kennzeichnung der Leistung von Heizkesseln wird häufig ihre Heizfläche angegeben, ein Verfahren, das bis 1964 in Deutschland allgemein üblich war. Es setzt voraus, daß die mittleren spezifischen Heizflächenleistungen der Kessel bekannt und evtl. sogar, wie in der früheren Fassung der DIN 4702, als Normwerte festgelegt sind. Das Rechnen mit der mittleren Heizflächenbelastung war vertretbar, solange nur wenige Heizkesseltypen Verwendung fanden, wie z. B. die über mehrere Jahrzehnte dominierenden Gliederkessel für Koksverfeuerung oder die Flammrohr-Rauchrohrkessel. Im Aufbau und in den wesentlichen wärmetechnischen Kennwerten, wie z. B. dem Verhältnis „Heizfläche/Rostfläche", der Aufteilung in Strahlungs- und Konvektionsheizfläche sowie in der Gestaltung der Rauchgas- und Wasserquerschnitte, stimmten diese Kessel weitgehend überein; der Verlauf der örtlichen Belastungswerte längs der Wärmeübertragungsflächen war nahezu gleich.

Für die modernen Bauformen trifft dies aber nicht mehr zu. Damit verliert auch die mittlere Heizflächenbelastung ihre Bedeutung als Anhalt für die Beanspruchung eines Kessels. Um Fehlschlüsse dieser Art beim Vergleich verschiedener Kesselbauarten zu vermeiden, geben neuerdings die deutschen Hersteller bei Kesseln bis 500000 kcal/h Wärmeleistung die Heizflächengröße nicht mehr an. Heizkessel werden jetzt nur noch nach der vom Hersteller zu garantierenden höchsten Dauerleistung klassifiziert. Sie wird als *Nennleistung* des Kessels bezeichnet und muß unter genau festgelegten Betriebsbedingungen erbracht werden. Für Umstell- und Wechselbrandkessel sind auch mehrere Nennleistungen, je nach der Brennstoffart, möglich.

Bei Stockwerkskesseln ist in der Nennleistung die an den Aufstellungsraum abgegebene Wärme nicht berücksichtigt, obwohl sie ganz oder zum Teil als Nutzwärme anzusehen ist. Diese Regelung ist zur Wahrung einheitlicher Leistungsbegriffe gewählt worden. Die äußere Wärmeabgabe muß jedoch bei Vollast mindestens 8% der Brennstoffwärme betragen. Sind Brauchwassererwärmer eingebaut, so gilt die Nennleistung lediglich für die Heizwärme, und zwar bei abgeschaltetem Brauchwasserteil.

b) Leistungskriterien

Mit der Nennleistung gekuppelt sind nach DIN 4702 eine Anzahl heiztechnischer Mindestanforderungen. So darf der Zugbedarf am Rauchgasabzug einen von der Nennleistung abhängigen Grenzwert nicht überschreiten, es sei denn, daß es sich um einen Sonderkessel für überhöhten Zugbedarf handelt. Des weiteren wird ein Mindestwirkungsgrad verlangt, der mit der Kesselleistung anwächst und für einzelne Feuerungsarten unterschiedlich angesetzt ist, s. Abb. 4.31.

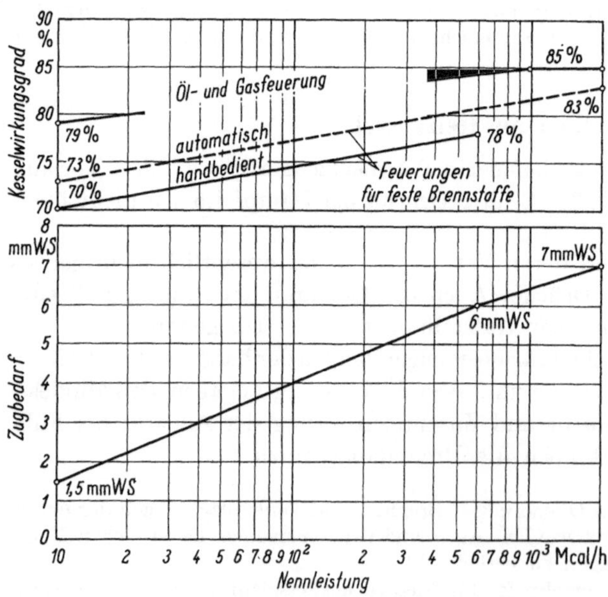

Abb. 4.31. Mindestwirkungsgrad und Zugbedarf bei Nennleistung[1].

Kessel für die *Verfeuerung fester Brennstoffe* müssen außerdem eine Brenndauer bei Nennleistung von mindestens $4^1/_2$ Stunden (Spezialkessel) bzw. $3^1/_2$ Stunden (Umstell- und Wechselbrandkessel) ohne Bedienung gewährleisten. Bei Schwachlast müssen die in Abb. 4.32 eingetragenen Werte der Brenndauer erreicht werden, wobei die Schwachlast nicht höher sein darf als in der gleichen Abbildung angegeben. Diese zusätzlichen Forderungen legen bei Kesseln ohne automatische Brennstoffaufgabe die Größe

[1] 1 Mcal = 10^3 kcal.

des Füllschachtes fest und sichern die bei Verfeuerung fester Brennstoffe erwünschte Regelfähigkeit der Kesselleistung.

Bei Öl- oder Gasfeuerungen soll die Abgastemperatur am Kesselaustritt bei 80 bis 85 °C Vorlauftemperatur 180 °C nicht unterschreiten. Für Gaskessel ohne Gebläse ist die Abgastemperatur *vor* der Strömungssicherung maßgebend. Ist der Brenner auf die jeweilige Kesselbauart abgestimmt oder wird er gar vom Kesselhersteller mitgeliefert, so liegen die feuerungstechnischen Bedingungen fest, für die Nennleistung und Wirkungsgrad gelten. Häufig ist dies jedoch nicht der Fall. Dann sind für die Kesselprüfungen die in DIN 4702 Bl. 1 angegebenen Luftüberschußzahlen einzustellen. Abweichungen von $\pm 5\%$-Werten sind zugelassen. Der CO-Gehalt darf bei dem geforderten Luftüberschuß nicht höher sein als 0,1%. Auch darf bei Ölfeuerungen eine Rußziffer (nach Bacharach) von 3 für Heizöl EL und von 4 für die Heizöle M und S nicht überschritten werden.

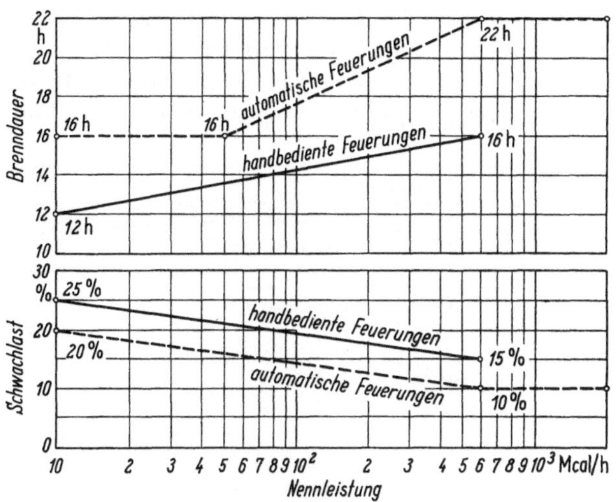

Abb. 4.32. Kessel für feste Brennstoffe: Brenndauer bei Schwachlast und zugeordnete Belastungswerte in Prozent der Nennleistung.

Unberücksichtigt bleibt beim Wirkungsgrad der Aufwand an Hilfsenergie zum Betrieb des Kessels. Er muß vom Hersteller angegeben und gewährleistet werden, ist aber in der Regel kalorisch ohne Bedeutung.

c) Verhalten bei Leistungsänderungen

Zur Anpassung der Kesselleistung an den mit der Tages- und Jahreszeit veränderlichen Wärmebedarf wird bei öl- und gasgefeuerten Anlagen überwiegend die Ein-Aus-Schaltung angewendet (Zweipunktregelung). Nur bei großen Kesseln findet man Brenner mit zwei oder mehr Leistungsstufen. Bei Teillast muß mit dem Brennstoffdurchsatz zugleich die Verbrennungsluftmenge herabgesetzt werden, ohne daß die einwandfreie Mischung von Brennstoffteilchen und Luft sowie die Güte der Zerstäubung bei Ölbrennern darunter leidet. Änderungen des Flammenvolumens, insbesondere der Flammenlänge, führen zu ungleichmäßiger Beaufschlagung der Feuerraumheizfläche und begünstigen zuweilen auch eine unvollkommene Verbrennung.

Man umgeht mit der Zweipunktregelung diese technischen Schwierigkeiten; die Brenner arbeiten stets mit Vollast unter gleichen, dem Feuerraum und den Zugverhältnissen angepaßten Bedingungen. Der apparative Aufwand für Brenner und Regler ist wesentlich geringer. Diese Vorteile werden erkauft durch Minderungen der Regelgenauigkeit, d. h., es treten selbst bei gleichbleibenden Anforderungen Pendelungen der zu regelnden Temperaturen oder Leistungen auf, die bei kleiner Zeitkonstante der Regelstrecke (geringes Speichervermögen) und hohem Leistungsüberschuß (Schwachlast, insbesondere bei Einkesselanlagen) beträchtlich sein können. Bei den meisten Regelaufgaben der Heiztechnik treten sie aber nicht störend auf, da große Wärmekapazitäten im Heizsystem oder im Gebäude mit im Spiel sind.

Nicht übersehen werden darf jedoch der Einfluß des Wechsels zwischen Null- und Volleistung auf den Betriebswirkungsgrad des Kessels. Meist bleibt bei Brennerstillstand der Luftzutritt zum Kessel offen, so daß unter der Wirkung des Schornsteinzugs eine ständige Kesseldurchlüftung mit entsprechenden Wärmeverlusten auftritt. Je kürzer die Betriebszeiten des Brenners sind, um so mehr beeinträchtigen diese Verluste den Betriebswirkungsgrad des Kessels, vor allem bei Feuerungen mit hocherhitzten Schamotteauskleidungen. Kessel mit Feuerräumen, die keine Ausmauerungen benötigen, sind also nicht nur betrieblich, sondern auch wärmewirtschaftlich im Vorteil.

Inwieweit durch die Luftnachströmung der bei Öl- und Gasfeuerungen vorhandenen Gefahr der Schornsteindurchfeuchtung entgegengewirkt wird, läßt sich generell nicht sagen. Der Luftstrom trocknet zwar den Schornstein aus, kühlt ihn aber gleichzeitig in den inneren Wandschichten ab, so daß in dem folgenden Betriebsintervall mit einer erhöhten Wasserdampfaufnahme zu rechnen ist. Bei ausgemauerten Feuerungen erreicht ohnehin die Abgastemperatur den Endwert des Beharrungszustandes mit erheblicher Verzögerung, da zunächst die Schamottesteine aufzuheizen sind. Die stärkere Ausnutzung der freien Abgaswärme bringt damit einen Teil des Nachströmwärmeverlustes wieder ein, begünstigt aber andererseits die Wasserdampfabscheidung aus den Abgasen.

Der nach DIN 4702 zu gewährleistende Kesselwirkungsgrad gilt für Dauerbetrieb der Feuerung bei Vollast. Er wird bei öl- oder gasgefeuerten Kesseln mit Ein-Aus-Schaltung der Brenner im normalen Betrieb nicht erreicht. In dieser Hinsicht zeigen Feuerungen mit stetiger Leistungsregelung ein günstigeres Verhalten. Abb. 4.33 zeigt Versuchsergebnisse an automatischen Kokskesseln in Abhängigkeit von der Belastung. Da es sich um unterschiedliche Typen und Größen handelt, streuen die Einzelwerte erheblich. Man erkennt aber sehr deutlich die Tendenz der Änderungen. Der Kesselwirkungsgrad liegt bei Teillast, bis herab auf 20% der Nennleistung, höher als bei Vollast, im mittleren Lastbereich um etwa 4 bis 6 Wirkungsgrad-Punkte. Die bessere Wärmeausnutzung ist auf die Minderung der Abgasverluste zurückzuführen. Einen ganz ähnlichen Verlauf der Wirkungsgradlinie weisen Kokskessel mit Füllschacht und Handbedienung auf[1].

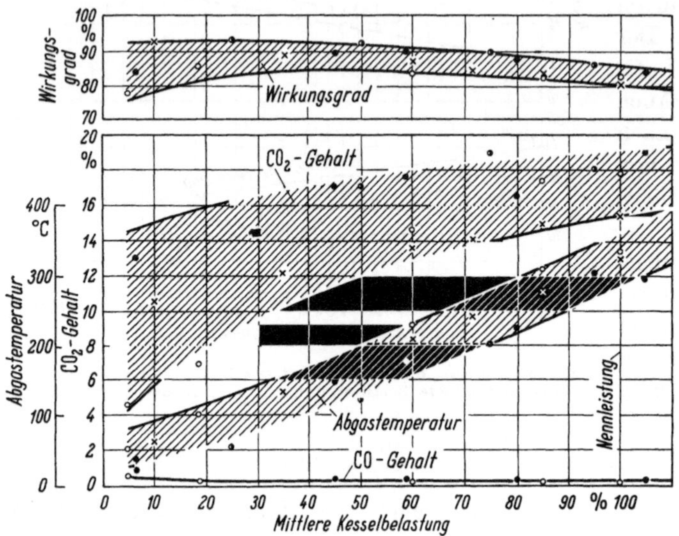

Abb. 4.33. Kennlinien automatischer Kokskessel.

Bei Vergleichen der Wirtschaftlichkeit verschiedener Brennstoffarten sind diese Unterschiede im Betriebsverhalten zu berücksichtigen. Es wäre verfehlt, bei solchen Berechnungen von den in DIN 4702 geforderten Nennleistungs-Wirkungsgraden auszugehen, s. auch zwölften Abschnitt im zweiten Band.

B. Heizkörper

1. Rohrheizkörper

Die einfachste Form der örtlichen Heizflächen entsteht, wenn das vom Heizmittel durchflossene Rohr in mehrfachen Windungen in dem zu erwärmenden Raum verlegt wird, s. Abb. 4.34. Für derartige *Heizschlangen* werden Rohre bis zu 100 mm Innendurchmesser verwendet. Rohre mit

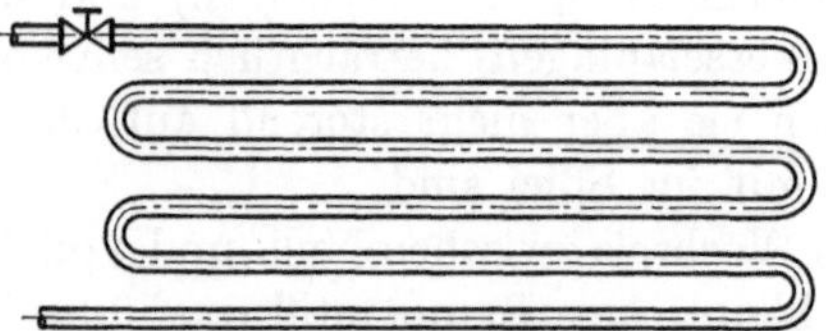

Abb. 4.34. Rohrheizschlange.

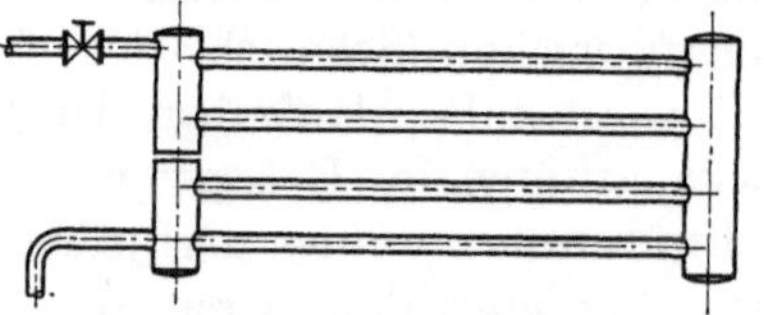

Abb. 4.35. Rohrregister.

kleineren Durchmessern werden i. allg. an der Baustelle gebogen und den räumlichen Verhältnissen angepaßt; bei Rohren mit größerem Durchmesser werden gerade Rohrstücke in den erforderlichen Längen mit 180°-Rohrbogen verschweißt. Eine Abart der Rohrschlange ist das *Rohrregister*,

[1] Vgl. RIETSCHEL/RAISS: Lehrbuch der Heiz- und Lüftungstechnik. 14. Aufl. (1959) S. 26.

s. Abb. 4.35, bei dem mehrere übereinanderliegende gerade Rohre durch Endstücke (Rohre größeren Durchmessers) zu einer Einheit verbunden sind. Rohrregister werden sowohl in der Werkstatt vorgefertigt als auch an der Baustelle durch Schweißung hergestellt. Zumeist unterteilt man das Endstück an der Eintrittsseite, um einseitigen Vor- und Rücklaufanschluß (bzw. Dampf- und Kondensatanschluß) zu ermöglichen. Wegen der verschieden starken Dehnung der oberen und unteren Rohre sind bei langen Registern die Zu- und Ablaufendstücke zu trennen.

Anwendung. Vorwiegend für gewerbliche Räume mit durchlaufenden Fensterbändern oder niedrigen Fensterbrüstungen, insbesondere bei höheren Heizmitteltemperaturen. Wegen der geringen Bautiefe und beliebigen Anpassung an örtliche Verhältnisse auch für Flure und Nebenräume geeignet.

Unter die Gruppe der Rohrheizkörper fallen auch die sog. *Hochdruckradiatoren*, s. Abb. 4.36. Es sind stehende Rohrregister mit Bauhöhen von 600 bis 1000 mm, bei denen an die Rohre zur Erhöhung der Wärmeabgabe Blechlamellen in Längsrichtung des Rohres angeschweißt sind. Die Lamellen sind im dargestellten Beispiel so ausgebildet, daß eine unmittelbare Berührung der Heizrohre nicht möglich ist und auch die Strahlungswirkung bei hohen Heizmitteltemperaturen nicht lästig wird.

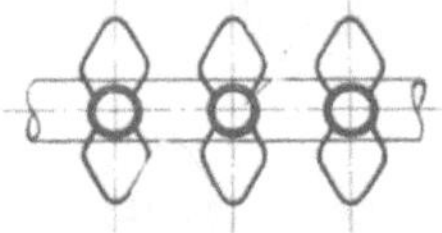

Abb. 4.36. Hochdruckradiator. *a* Heizmittel führendes Stahlrohr, *b* indirekte Heizfläche (Blechlamellen).

Diese Heizkörper finden fast ausschließlich in gewerblichen Betrieben bei Dampf- und Heißwasserheizungen als billige Heizflächen hoher spezifischer Leistung Verwendung. Sie werden für Betriebsdrücke bis 16 atü gebaut.

Die Leistung eines Heizrohres läßt sich noch weiter steigern durch Anbringen von radialen Rippen. Die früher viel verwendeten gußeisernen *Rippenrohre* sind durch die billigeren und leichteren Stahlrippenrohre verdrängt worden. Man unterscheidet Scheiben- und Bandrippenrohre; bei letzteren wird auf ein glattes Rohr ein Stahlband schraubenförmig aufgewickelt. Zur direkten Raumerwärmung werden Rippenrohre wegen der schlechten Reinigungsmöglichkeit heute nur noch in Räumen mit wenig Staubentwicklung und geringen hygienischen Anforderungen an die Heizung verwendet.

2. Plattenheizkörper

Als Plattenheizkörper bezeichnet man Raumheizflächen geringer Bautiefe, die aus Stahlbändern oder Stahlblechen hergestellt werden. Sie werden entweder in Bandform verwendet und dann den örtlichen Einbauverhältnissen angepaßt oder als fertige Heizkörper vom Lieferwerk bezogen. In ihrer einfachsten Bauform ähneln sie flachgedrückten Rohren, s. Abb. 4.37a, die zuweilen auf der Rückseite aus Festigkeitsgründen profiliert sind. Üblich sind hier Bauhöhen von 100 bis 300 mm mit einer Materialstärke von 3 mm. Mit wachsender Bauhöhe nimmt der zulässige Betriebsdruck bei diesen Bauformen rasch ab; sie sind daher nur für Warmwasserheizungen in niedrigen Gebäuden oder für Niederdruck-Dampfheizungen geeignet. Die Einzelbänder werden auch, über- und hintereinander angeordnet, zu Registern zusammengebaut, s. Abb. 4.37b.

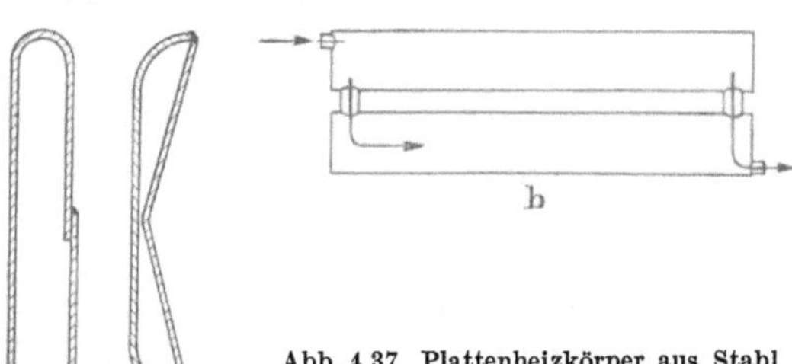

Abb. 4.37. Plattenheizkörper aus Stahl, glatte Bauart. a) einfache Form; b) Registerform.

Heizkörper höherer Druckfestigkeit erhält man, wenn profilierte Bleche an den Rändern und inneren Kontaktstellen miteinander verschweißt werden, s. Abb. 4.38. Durch die Profilierung ergeben sich waagerechte oder senkrechte Führungskanäle für das Heizwasser, die an den Enden jeweils verbunden sind. Wegen der geringen Blechdicke (meist 1,25 bis 1,5 mm) und der Korrosionsanfälligkeit des Materials verwendet man diese Heizkörper nur in Warmwasserheizungen.

Bei allen Plattenheizkörpern wirkt die Rückseite als Konvektionsheizfläche, während die Vorderseite auch durch Strahlung den Raum erwärmt. Aus hygienischen und wärmetechnischen Gründen soll der Abstand des Heizkörpers von der Wand mindestens 50 mm und bei hintereinander angeordneten Heizflächen mindestens 30 mm betragen. Aus Gründen der Reinhaltung sollte man nur ausnahmsweise und bei niedrigen Bauhöhen über zwei Reihen hinausgehen.

Abb. 4.38. Plattenheizkörper, profiliert.

Die Wärmeleistungen bei Warmwasser als Wärmeträger sind in Abhängigkeit von der Bauform und Bauhöhe in DIN 4703, Bl. 2 angegeben, s. Zahlentafel A 27 im zweiten Band.

Anwendung. In Räumen mit großen, freien Wandflächen ohne Fensternischen, vor allem in Fluren, und wenn nur geringe Bautiefe der Heizkörper zulässig ist.

Oft sind architektonische Gründe für die Wahl der flachen Heizkörperbauform maßgebend. Der Platzbedarf ist relativ hoch. Andererseits ergeben die niedrigen Bauformen dieser Heizkörper eine gute Erwärmung der unteren Raumzone, vor allem in ihrer Anwendung als Fußleistenheizkörper.

3. Radiatoren

Die am meisten verbreitete Heizkörperbauart bei Dampf- und Warmwasserheizungen ist der Radiator (Gliederheizkörper), s. Abb. 4.39. Wie beim Gußkessel war auch hier der Leitgedanke, durch Aneinanderreihen gleicher Bauteile (Glieder) die Heizkörpergröße beliebig variieren zu

Abb. 4.39. Radiatoren (Gliederheizkörper).

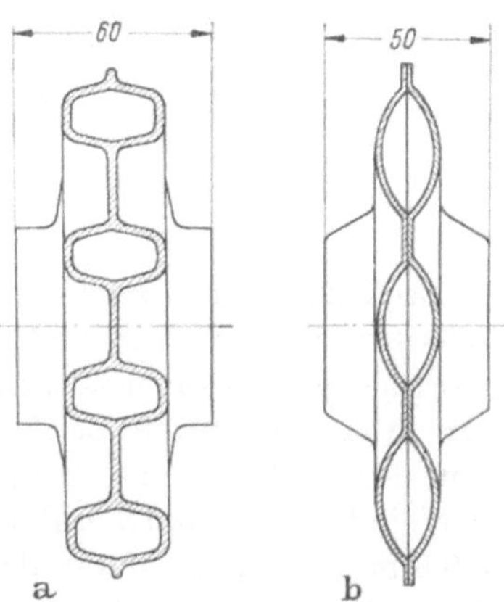

Abb. 4.40. Querschnitte von Radiatoren.
a) Gußradiator nach DIN 4720; b) Stahlradiator nach DIN 4722.

können und bei Beschränkung auf wenige Baumuster eine billige Serienfertigung zu ermöglichen. Die einzelnen Glieder werden durch konische oder Gewindenippel starr miteinander verbunden, bei Stahlheizkörpern evtl. auch verschweißt.

Normheizkörper. Die Vielzahl der ursprünglichen Modelle wurde in Deutschland durch eine Normung der Baumaße stark eingeschränkt. Der Maßnormung folgte neuerdings eine Vereinheitlichung der Bauformen, so daß jetzt die Erzeugnisse verschiedener Herstellerwerke untereinander austauschbar sind. Zugleich wurden einige Baumaße geändert und die Zahl der Modelle auf je 9 bei Guß und Stahl vermindert. Abb. 4.40 zeigt die jetzt gültigen Querschnittsformen beim Guß- und Stahlradiator mit 160 mm Bautiefe. Beim Gußradiator ist die frühere Flossenform des deutschen Normmodells durch eine stärker gegliederte Querschnittsfläche abgelöst worden. Damit ähnelt der Heizkörper wieder mehr den vielsäuligen Modellen, die vor dem Krieg bei uns gebräuchlich waren und im Ausland noch häufig Verwendung finden. Auf glatte Oberflächen und genügenden lichten Gliedabstand ist bei beiden Querschnittsformen zur Erleichterung der Reinigung geachtet.

In Tab. 4.02 sind die Hauptbaumaße nach DIN 4720 (Gußradiatoren) und DIN 4722 (Stahlradiatoren) aufgeführt.

Tabelle 4.02. *Normradiatoren nach DIN 4720 und 4722. Baumaße in mm* (vgl. Abb. 4.41)

Baulänge je Glied	Gußradiatoren 60		Stahlradiatoren 50				
Nabenabstand h_1 Zuläss. Abweichung ± 0,3	Bauhöhe h_2 Gußrad.	Bauhöhe h_2 Stahlrad.	Bautiefe c Zuläss. Abweichung ± 2				
900	980	1000	(70)[1]	(110)[2]	160	220	—
500	580	600	—	110	160	220	—
350	430	450	—	—	160	220	—
200	280	300	—	—	—	—	250

[1] nur als Gußradiator. [2] nur als Stahlradiator.

Die Bedeutung der Bezeichnungen ist aus Abb. 4.41 ersichtlich. Lediglich in der Bauhöhe (h_2) und der Baulänge weichen die beiden Radiatorarten voneinander ab. Die Stahlradiatoren sind um 20 mm höher als die entsprechenden Gußradiatoren; ihre Baulänge ist einheitlich um 10 mm kleiner (50 statt 60 mm). Bei den Gußradiatoren wird außerdem der hohe Heizkörper auch in einer Bautiefe von 70 mm hergestellt. Dafür entfällt das Muster 900/110.

Die Wärmeleistungen der Radiatoren nach DIN 4720 und DIN 4722 sind in DIN 4703 Bl. 1 zusammengestellt, s. Zahlentafel A 26 im zweiten Band.

Anwendung. *Gußradiatoren* sind für Dampf- und Wasserheizungen gleichermaßen geeignet. *Stahlradiatoren* sollten wegen der geringeren Korrosionsbeständigkeit des Werkstoffes nur bei Wasserheizungen Verwendung finden. Die höchstzulässigen Betriebsdrücke und -temperaturen sind Tab. 4.03 zu entnehmen. Bei der „Sonderausführung" handelt es sich um Heizkörper, die im Herstellerwerk bei einem Wasserdruck von 10 bzw. 12 atü geprüft worden sind.

Stahlradiatoren wiegen nur etwa die Hälfte von Gußradiatoren gleicher Leistung, ihre Wärmespeicherung ist entsprechend geringer. Sie ermöglichen daher ein schnelleres Anheizen. Stahlradiatoren sind weniger durch Frost gefährdet als Gußradiatoren, erreichen aber andererseits in der Regel nicht deren Lebensdauer, insbesondere wenn die Heizanlage häufiger entleert werden muß.

Tabelle 4.03. *Anwendungsbereich von Normradiatoren*

Ausführung	Heizungsart	Höchster Betriebsdruck atü	Höchster Betriebsdruck m WS	Höchste Betriebstemperatur °C
Normalausführung	Warmwasserheizung	4	40	110
	Dampfheizung (Gußradiat.)	2	—	133
Sonderausführung	Warm- oder Heißwasserheizung	6	60	140
	Dampfheizung (Gußradiat.)	4	—	151

Anstrich. Radiatoren für Warmwasser- und Niederdruck-Dampfheizungen werden im allgemeinen vom Hersteller mit äußerem Rostschutz versehen (grundiert). Der spätere Farbanstrich muß der Grundierung angepaßt sein, wenn ein Abplatzen der Deckfarbe bei Erwärmung des Heizkörpers vermieden werden soll.

Über den Einfluß der Farbe oder des Lackes auf die Strahlungswärmeabgabe einer Heizfläche herrschen vielfach falsche Vorstellungen. Versuche haben gezeigt, daß die Strahlzahlen der üblichen Heizkörperanstriche praktisch gleich sind, unabhängig von der Farbe, und sogar noch etwas höher liegen als die Strahlzahl der rauhen Gußoberfläche.

Häufig werden Heizkörper mit Aluminiumbronze gestrichen. Die Strahlzahl dieses Anstrichs ist wesentlich niedriger als diejenige von Heizkörperlacken; die Wärmeabgabe des Heizkörpers kann dadurch um 5 bis 15% vermindert werden.

Aufstellung der Heizkörper. Bei der Aufstellung der Heizkörper ist auf gute Reinigungsfähigkeit, ungehinderte Luftbewegung und freie Abstrahlung zu achten.

Die untere Kante des Heizkörpers soll mindestens 70 mm über dem Boden liegen; von der Rückwand soll der Heizkörper mindestens 40 mm entfernt sein, s. Abb. 4.41.

Radiatoren werden am besten auf entsprechend geformte Stützen gelagert und durch Halter gesichert. Die Aufstellung auf Füßen ist nicht zu empfehlen, da sie die Reinigung des Fußbodens erschwert. Außerdem muß bei Neubauten mit dem Aufstellen der Heizkörper gewartet werden, bis der Fußboden fertiggestellt ist. Bei der Abstützung der Heizkörper auf Wandkonsolen kann dagegen die Heizung unabhängig vom Fußboden montiert werden. Für Leichtwände finden Stützen und Halter besonderer Form Verwendung.

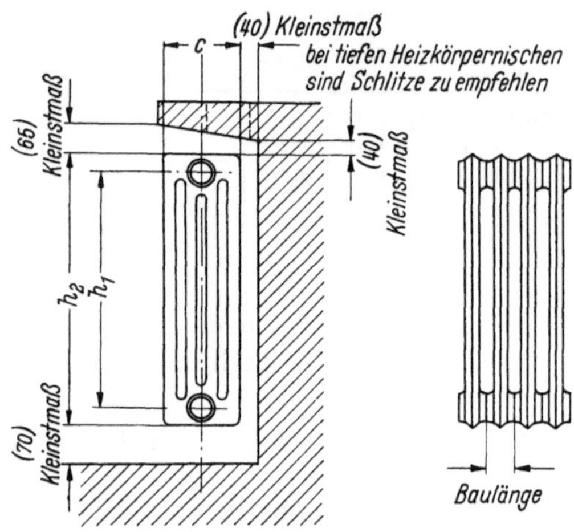

Abb. 4.41. Maßbezeichnungen und Einbauabstände bei Radiatoren.

Ein wesentlicher Vorzug des Gliederheizkörpers ist der geringe Platzbedarf. Meist lassen sich die Heizflächen vor den Fensterbrüstungen aufstellen, eine Anordnung, die hinsichtlich Raumausnutzung und Raumerwärmung gleichermaßen erwünscht ist. Beim Aufenthalt in Fensternähe schafft die Heizkörperstrahlung einen wirksamen physiologischen Ausgleich für die einseitige Strahlungswärmeabgabe des Menschen an die kalten Fenster- und Außenwandflächen. Des weiteren werden Zugerscheinungen in Fensternähe durch herabfallende oder von außen eindringende Kaltluft weitgehend vermieden, s. Abb. 4.42. Auch ist die Lufttemperatur in den verschiedenen Höhenlagen bei Außenwandaufstellung der Heizkörper ausgeglichener als bei Innenwandaufstellung. Je größer die Raum- und Fensterhöhe ist, um so deutlicher tritt dieser Unterschied hervor.

Im neuzeitlichen Wohnungsbau mit seinen kleinen und niedrigen Räumen verliert der Standort des Heizkörpers heiztechnisch an Bedeutung. Für die Aufstellung an Innenwänden spricht hier oft die Verbilligung der Anlage durch das kürzere Rohrnetz und die höheren Heizkörper.

Bei Außenwandaufstellung ist darauf zu achten, daß die der Wärmeeinwirkung direkt ausgesetzte Wandfläche ausreichende Wärmedämmung aufweist; am besten wird eine Isolierplatte angebracht. Die Bauhöhe des Heizkörpers unterhalb des Fensters liegt durch die Brüstungs- oder Fensterbretthöhe fest. Für eine bestimmte Heizleistung ergeben sich unterschiedliche Gesamtlängen des Radiators je nach der Bautiefe. Es ist nicht zweckmäßig, dabei ein zu tiefes Modell zu wählen, um einen möglichst kleinen Heizkörper zu erhalten. Der Radiator soll vielmehr die Fensternische in der Breite weitgehend ausfüllen, um durch einen möglichst hohen Strahlungsanteil eine gute Erwärmung der unteren Raumzone zu erzielen.

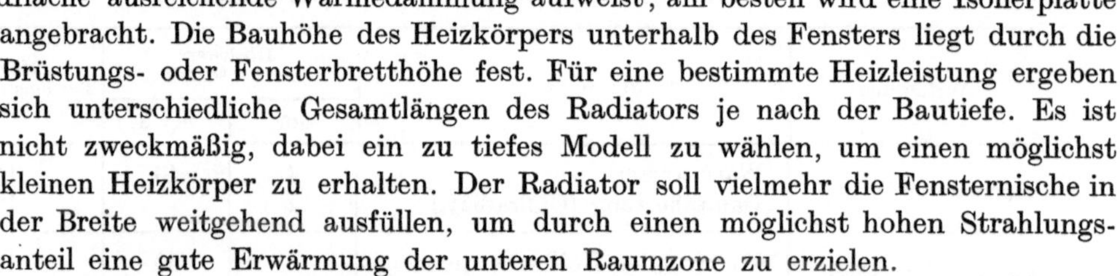

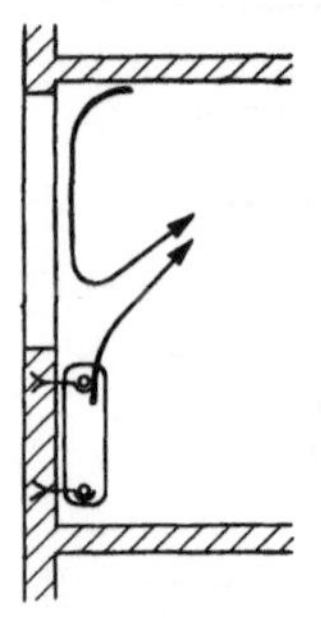

Abb. 4.42. Luftströmung am Fenster.

Man ist manchmal gezwungen, die Heizkörper in der oberen Hälfte des Raumes anzubringen. Dann besteht die Gefahr, daß der Luftumlauf und damit die Erwärmung sich hauptsächlich auf die oberen Schichten des Raumes erstreckt, wobei die unteren Schichten sich nur ungenügend erwärmen, s. Abb. 4.43a. Ist das Hochstellen des Heizkörpers in keiner Weise zu umgehen, so kann man sich mit einer zwangsläufigen Luftführung nach Abb. 4.43b helfen. Bei Räumen mit außergewöhnlich großen Abkühlungsflächen (Kirchen mit großen Fenstern, Hallen mit Oberlichten, Glas- oder Wellblechdächern) ist zur Vermeidung von Zugerscheinungen die

Anordnung von gesonderten Heizflächen unmittelbar unter diesen Abkühlungsflächen erforderlich.

Heizkörperverkleidung. Verkleidungen sind möglichst zu vermeiden. Ihr Hauptnachteil ist die ungenügende Reinigungsfähigkeit von Radiator, Wand und Boden. Selbst wenn die Verkleidung leicht und bequem abzunehmen ist, unterbleibt erfahrungsgemäß häufig die Reinigung.

Ferner beeinträchtigt jede Heizkörperverkleidung die Wärmeabgabe des Heizkörpers, indem sie die Strahlung fast ganz unterdrückt, die Konvektion zuweilen behindert. Einen Anhalt für die dadurch bedingte Leistungsminderung gibt Tab. 4.04[1].

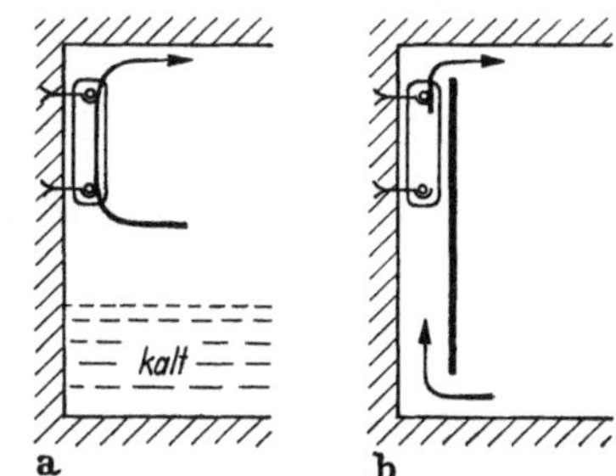

Abb. 4.43. Heizkörper hochgestellt.

Tabelle 4.04. *Minderleistung verkleideter Radiatoren von 500 mm Nabenabstand*

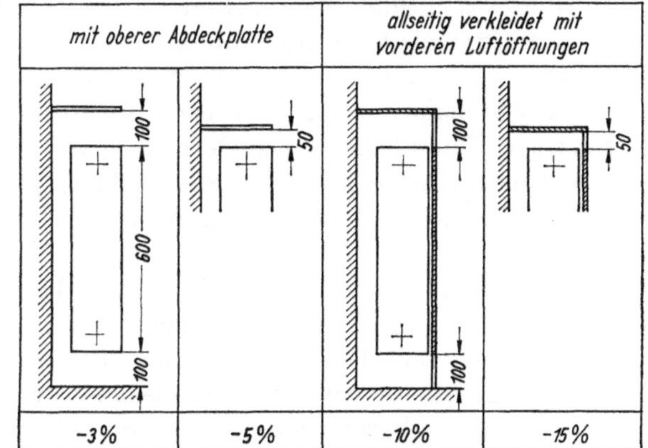

mit oberer Abdeckplatte		allseitig verkleidet mit vorderen Luftöffnungen	
-3%	-5%	-10%	-15%

Bautiefe und Wandabstand haben nur geringen Einfluß auf die Minderleistung.

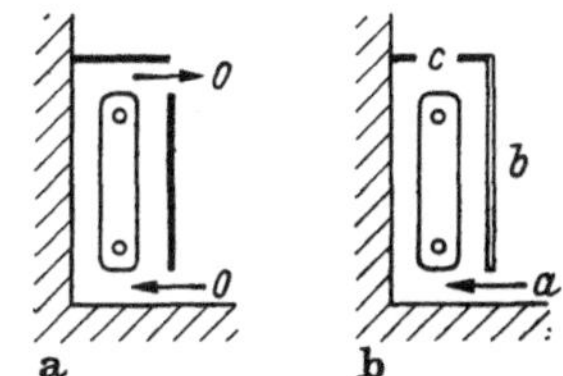

Abb. 4.44. Heizkörperverkleidung.
a) vorderer Luftauslaß;
b) oberer Luftauslaß.

Um die geforderte Wärmeleistung sicherzustellen, muß die Heizfläche vergrößert werden. Zu den Kosten der Verkleidung kommen also stets noch die Mehrausgaben für die Heizfläche hinzu. Lassen sich Heizkörperverkleidungen nicht vermeiden, so muß der Architekt davon dem Heizungsfachmann rechtzeitig Kenntnis geben. Bei der Ausführung der Verkleidung ist folgendes zu beachten:

1. Die Verkleidung muß bequem und einfach abgenommen werden können.
2. Liegen bei der Verkleidung die Luftöffnungen an der Vorderseite (Abb. 4.44a), so soll ihre Länge gleich der Heizkörperlänge sein, ihre Höhe mindestens gleich zwei Drittel der Heizkörpertiefe.
3. Liegt die Austrittsöffnung an der Oberseite (Abb. 4.44b) und ist mit einem Gitter abgedeckt, so muß ihre Tiefe gleich der ganzen Tiefe des Heizkörpers sein und die freie Gitterfläche soll nicht weniger als zwei Drittel der ganzen Gitterfläche betragen.
4. Ob die Stirnfläche *b* der Verkleidung (Abb. 4.44b) als Gitter oder als geschlossene Fläche ausgeführt ist, spielt keine wesentliche Rolle.

4. Konvektoren

Unter Konvektoren versteht man Raumheizkörper aus lamellenbesetzten Heizrohren, die verdeckt in Mauernischen oder besonderen Verkleidungen eingebaut werden, Abb. 4.45. Die Heizrohre haben entweder den üblichen Kreisquerschnitt oder eine mehr elliptische bzw. tropfenförmige Bauform. Als Werkstoffe kommen neben Stahl Kupfer oder Messing als Kernrohr- und Aluminium als Rippenmaterial in Frage. Stahlkonvektoren sind zum Schutz der Oberflächen

[1] Nach Untersuchungen des Institutes für Heizung und Lüftung der TU Berlin.

und zur Sicherung eines guten metallischen Kontaktes zwischen Heizrohr und Lamelle meistens verzinkt. Bei den übrigen Konvektoren wird der Kontakt durch nachträgliche Weitung des Kernrohrs erreicht. Der Heizkörper ist möglichst niedrig in dem durch Wand und Verkleidung gebildeten Schacht anzuordnen. Die unten in der ganzen Breite eintretende Raumluft erwärmt scih an den Heizflächen und verläßt den Schacht wieder durch vordere oder obere Austrittsöffnungen. Durch die Kaminwirkung der erwärmten Luft im Schacht entsteht eine kräftige Luftumwälzung, die den Wärmeübergang an den Heizflächen erhöht und eine rasche und gleichmäßige Erwärmung des Raumes begünstigt. Eine Sonderbauform mit geringer Schachthöhe, bei der die Verkleidung ein Bestandteil des Heizkörpers ist, ist der Sockelkonvektor, s. Abb. 4.46.

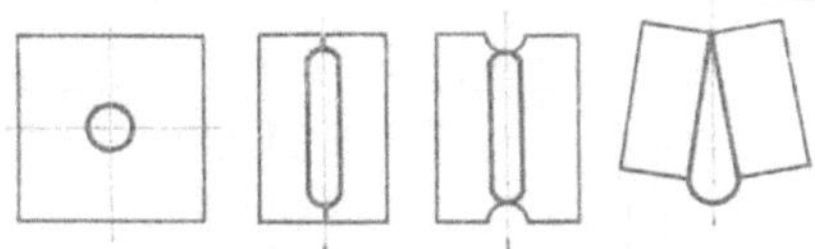

Abb. 4.45. Konvektoren (Querschnittsformen).

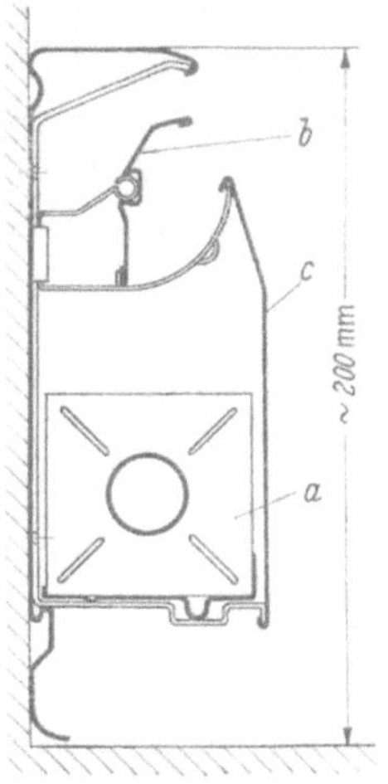

Abb. 4.46. Sockelkonvektor.
a Konvektor, *b* Regelklappe, *c* Gehäuse.

Die Heizleistung läßt sich regeln durch ein Handventil in der Heizmittelzuleitung oder durch eine Drosselklappe am Luftein- bzw. -austritt; sie hängt im übrigen nicht nur von der Heizfläche und dem Temperaturunterschied „Wärmeträger/Raumluft" ab, sondern auch von den Einbauverhältnissen, insbesondere der Schachthöhe. Die wichtigsten Begriffe und Maßbezeichnungen sind aus Abb. 4.47 zu entnehmen.

Anwendung. Konvektoren lassen sich sowohl bei Dampfals auch bei Wasserheizungen verwenden, bei geeigneten Heizrohren auch für hohe Drücke und Temperaturen. Sie sind, auf gleiche Leistung bezogen, leichter und in der Regel billiger als Radiatoren; allerdings sind beim Kostenvergleich der Gesamtanlage die nicht unerheblichen Kosten der Verkleidung mit zu berücksichtigen. Die auf die Stellfläche bezogen hohe spezifische Leistung der Konvektoren erlaubt es, bei niedrigen Fensterbrüstungen zuweilen noch mit Fensterheizkörpern auszukommen, wo bei Radiatoren zusätzliche

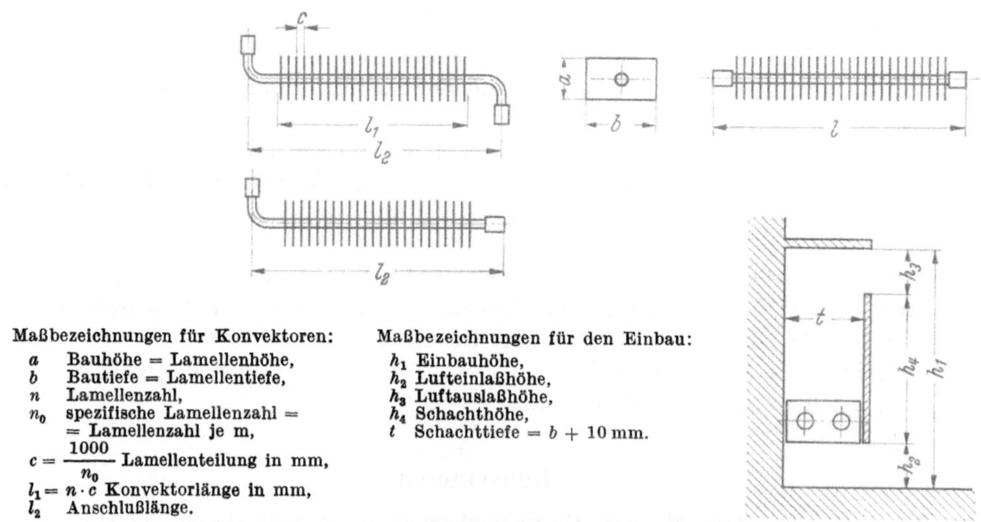

Abb. 4.47. Konvektoreneinbau, Begriffe und Maßbezeichnungen.

Heizflächen an den Innenwänden erforderlich wären. Die geringe Wärmespeicherung macht sie besonders geeignet für Räume, die nur kurzzeitig benutzt und beheizt werden.

Von Nachteil ist die schlechte Reinigungsfähigkeit. Wenn auch durch glatte Oberflächen und kräftige Luftbewegung im Schacht die Gefahr der Staubablagerung an den senkrechten

Lamellen verringert ist, so sollte der Konvektor doch nur in Räumen Verwendung finden, die saubergehalten werden können. Auch muß der Heizkörper durch einfaches Abnehmen der Verkleidung leicht zur Reinigung zugänglich sein.

C. Rohrleitungen und Zubehör

1. Rohre

Zur Förderung des Heizmittels (Dampf oder Wasser) werden bei Zentralheizungen i. allg. Stahlrohre handelsüblicher Qualität (St 00.29) verwendet. Durchmesser und Wanddicke der Rohre sind genormt. Die durch Normung festgelegten „Nennweiten" (Kurzzeichen NW) entsprechen etwa den lichten Rohrdurchmessern in mm. Da aus Herstellungsgründen für Rohre gleicher Nennweite die Außendurchmesser gleichgehalten werden, ändern sich in Wirklichkeit die lichten Weiten und damit die Rohrquerschnitte mit der Wanddicke.

Zur Kennzeichnung der Betriebsverhältnisse wird bei Rohrleitungen und den mit dem Rohrnetz zusammengeschalteten Armaturen und Apparaten der „Nenndruck" angegeben. Auch die Nenndrücke (Kurzzeichen ND) sind in gesetzmäßiger Folge genormt, wobei für Wasser und andere ungefährliche Flüssigkeiten bis zur Siedetemperatur bei Atmosphärendruck der Nenndruck jeweils mit dem höchstzulässigen Betriebsdruck übereinstimmt. Für Gase und Dämpfe bis 300 °C sowie Flüssigkeiten zwischen Siedetemperatur und 300 °C soll der Betriebsdruck nicht mehr als 80% des Nenndrucks betragen, für überhitzten Wasserdampf zwischen 300 und 400 °C höchstens 64% des Nenndrucks.

Für Heizanlagen kommen vorwiegend zur Anwendung:

Mittelschwere Gewinderohre nach DIN 2440.
Nahtlose Stahlrohre nach DIN 2448.

Maße, Gewicht und Inhalt dieser Rohre sind in einer Zahlentafel im Anhang des zweiten Bandes angegeben.

a) Gewinderohre

Diese Rohre werden in der Praxis meist nicht in mm Nennweite, sondern in Zoll angegeben. Ihre Wanddicke ist so bemessen, daß die Rohre mit Gewinde versehen und durch Muffen oder andere Gewindeformstücke verbunden werden können. Als Gewinde wird das *Whitworth*-Rohrgewinde nach den Normblättern DIN 259 und DIN 2999 verwendet, und zwar als Außengewinde das kegelige, als Innengewinde das zylindrische.

Nach der Herstellungsweise unterscheidet man nahtlose und geschweißte Gewinderohre. Beide Arten finden in der Heizungstechnik Anwendung, und zwar im Bereich der Nennweiten $^3/_8$ bis $1^1/_2$″. Sind die Rohre hohen Druck- und Temperaturbeanspruchungen ausgesetzt oder unzugänglich verlegt (Leitungen in Kanälen und Mauerschlitzen), so bevorzugt man nahtlose Rohre.

Man bezeichnet die Rohre z. B. wie folgt:

„Gewinderohr 1″ DIN 2440 geschweißt".

Die früher vielfach gebräuchlichen Gewinderohre größerer Wanddicke DIN 2441, sog. „Dampfrohre", finden heute bei Heizungsanlagen nur noch in Sonderfällen Verwendung, so z. B., wenn erhöhte Korrosionsgefahr besteht (Kondensatleitungen).

b) Nahtlose Rohre nach DIN 2448

Diese Rohre, im Heizungsfach zumeist als „Siederohre" bezeichnet, werden hauptsächlich im Nennweitenbereich NW 40 bis 300 verwendet. Es ist notwendig, bei der Bestellung Außendurchmesser und Wanddicke anzugeben, da nahtlose Stahlrohre für unterschiedliche Druckstufen hergestellt werden, s. DIN 2448. Die Norm DIN 2449 ist ein Auszug aus DIN 2448 mit den Maßen der im Bereich der niedrigen Nenndrücke verwendeten Rohre. Ein Rohr der Nennweite 50 wird z. B. bezeichnet:

„Nahtloses Rohr 57 × 2,9 DIN 2448".

Für die Beanspruchung bei Heizungsanlagen genügt die niedrigste Wanddicke (Normalwand), zumal Rohre dieser Durchmesser ohnehin nicht mit Gewindemuffen, sondern durch Schweißen verbunden werden. Sie sind bei handelsüblicher Stahlqualität (St 00.29) bis ND 25 und 300 °C zu benutzen.

c) Geschweißte Rohre nach DIN 2458

Neuerdings werden an Stelle der nahtlosen Stahlrohre nach DIN 2448, insbesondere bei größeren Rohrdurchmessern, vielfach geschweißte Rohre nach DIN 2458 verwendet. Diese Rohre werden in unterschiedlichen Wanddicken hergestellt, geben also die Möglichkeit, bei niedrigen Beanspruchungen auf Rohre mit entsprechend geringer Wanddicke überzugehen. So genügen beispielsweise für Ausblasleitungen stets Rohre der kleinsten Wanddicken.

2. Rohrverbindungen

Man unterscheidet feste und lösbare Verbindungen; zu den ersteren zählen Gewinde- und Schweißverbindungen, zu den letzteren Verschraubungen und Flansche. Lösbare Verbindungen werden heute i. allg. nur beim Anschluß von Kesseln, Heizkörpern, Apparaten, Absperr- bzw. Regulierorganen u. dgl. vorgesehen. Im eigentlichen Rohrnetz verzichtet man auf lösbare Verbindungen, da sie erfahrungsgemäß leicht undicht werden, z. T. auch im Bedarfsfalle nur schwer gelöst werden können.

a) Gewindeverbindungen und Verschraubungen

Zwei gerade Rohrstücke mit Gewindeenden lassen sich in einfacher Weise durch eine übergeschobene Gewindemuffe verbinden, s. Abb. 4.48. Zur Dichtung wird das Rohrgewinde mit

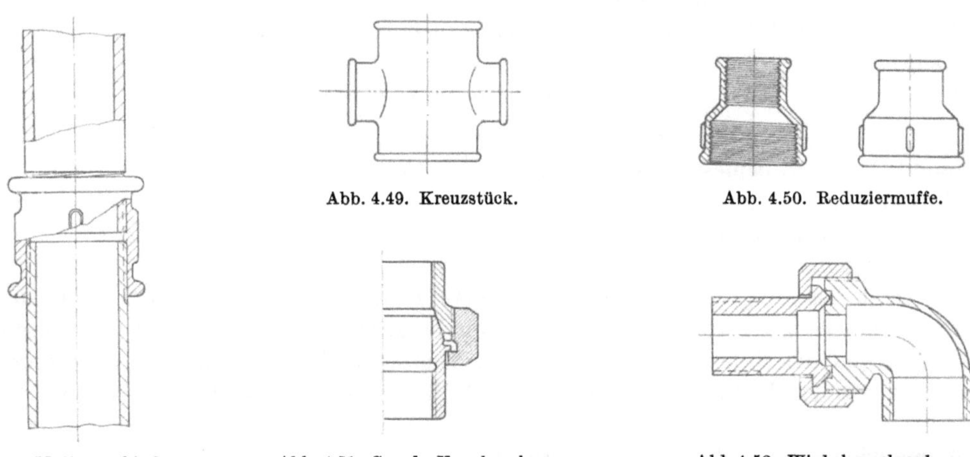

Abb. 4.48. Muffenverbindung. Abb. 4.49. Kreuzstück. Abb. 4.50. Reduziermuffe. Abb. 4.51. Gerade Verschraubung. Abb 4.52. Winkelverschraubung.

Hanf umwickelt und mit Dichtungskitt bestrichen. Auch Querschnittsveränderungen, Abzweige und Richtungsänderungen im Rohrnetz lassen sich mit Gewindeformstücken aus Temperguß oder Stahl, sog. Fittings ermöglichen, s. Abb. 4.49, 4.50. Obwohl i. allg. nur Rohre unter NW $1^1/_2''$ mittels Gewinde verbunden werden, ist die Zahl der dafür erforderlichen Fittingsformen sehr groß.

Als lösbare Verbindungen finden bei Gewinderohren vorwiegend Verschraubungen mit ebenen oder konischen Dichtungsflächen Verwendung. Abb. 4.51 zeigt eine konische Verschraubung mit geradem Durchgang, Abb. 4.52 eine Winkelverschraubung, wie sie beispielsweise bei Heizkörpern gebräuchlich ist.

b) Flanschverbindung

Die Flanschverbindung ist grundsätzlich bei allen Heizungsrohren möglich. Sie wird jedoch nur noch als lösbare Verbindung beim Anschluß besonderer, mit Flanschen versehener Einbauteile angewendet. Die Flansche können auf das Rohr mittels Gewinde aufgeschraubt, aufgewalzt oder auch angeschweißt werden. Die Abmessungen der Flansche sind in Übereinstimmung mit den Rohrnennweiten und Druckstufen genormt (s. DIN 2500 bis 2673). Von den verschiedenen Bauformen wird in der Praxis der glatte Vorschweißflansch nach DIN 2632 bevorzugt, da er durch eine einfache Rundschweißnaht mit dem Rohr verbunden werden kann, s. Abb. 4.53. Zur Dichtung werden zwischen die Flansche elastische und temperaturbeständige Dichtringe aus faserigen, mit mineralischen Beimengungen versetzten Materialien nach DIN 2690 eingelegt.

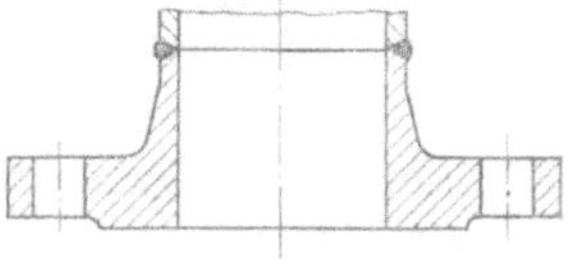

Abb. 4.53. Vorschweißflansch.

c) Schweißverbindung

Rohre ab NW 40 werden in der Regel verschweißt; auch bei Gewinderohren bis herab zu kleinsten Nennweiten setzt sich die Schweißung mehr und mehr durch. Ihre Vorteile liegen in der besseren Dichtheit des Rohrnetzes und der Vermeidung vielfältiger und z. T. teurer Form- und Verbindungsteile. Der Wegfall der Flanschen bringt zugleich eine fühlbare Einsparung an Kosten und Material sowie eine Verbilligung der Isolierung und eine Verminderung der Wärmeverluste. Richtungsänderungen lassen sich bei Rohren durch Einschweißen vorgefertigter Rohrbogen in beliebiger Art herbeiführen; auch Abzweige und Querschnittsänderungen erfordern keine Sonderformstücke mehr.

Die Schweißung kleinerer Rohrweiten erfordert besondere Vorsicht, damit das Schweißgut nicht in das Rohrinnere eindringt und den freien Querschnitt wesentlich verengt. Auch können im Hausnetz einer Zentralheizung häufig die letzten Verbindungsstellen nur unter erheblichen Schwierigkeiten geschweißt werden. Weit stärker als bei anderen Rohrverbindungen hängt bei der Schweißung alles von der Gewissenhaftigkeit und dem Können des Arbeiters ab. Der Ausbildung und ständigen Überprüfung der Schweißer ist daher erhöhte Beachtung zu schenken (s. auch Abschn. „Fernleitungen" S. 251).

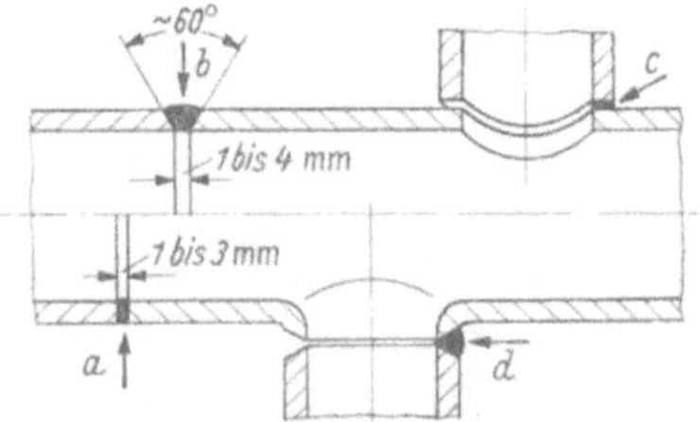

Abb. 4.54. Schweißverbindungen an Rohren und Abzweigen. *a* Stumpfnaht bei Rohren bis 3 mm Wanddicke, *b* V-Naht bei Rohren über 3 mm Wanddicke, *c* Abzweig mit Stutzen und Rohrloch gleicher Weite, *d* Abzweig mit ausgehalstem Rohrloch (Nahtform nach *a* oder *b* möglich).

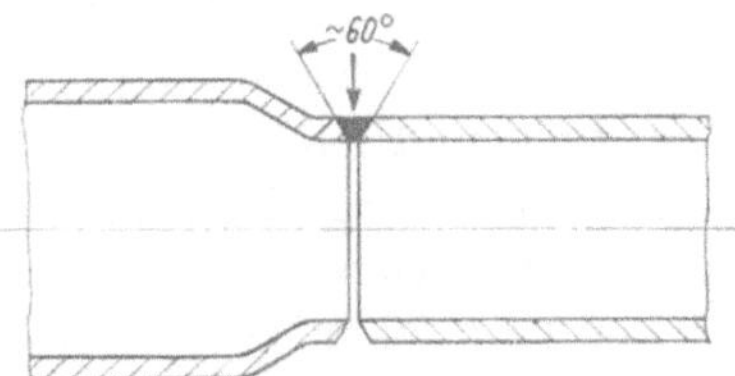

Abb. 4.55. Schweißverbindung von Rohren unterschiedlicher Weite.

Rohre bis 3 mm Wanddicke werden stumpf, über 3 mm in V-Naht geschweißt, s. Abb. 4.54a, b. Rundnähte ergeben i. allg. die sichersten Schweißverbindungen. Man sollte daher bei schwierigen Schweißarbeiten stets versuchen, möglichst Rundnähte zu verwenden, indem z. B. bei Abzweigen an Rohren großer Durchmesser oder Verteilerstöcken die Abgänge warm aus dem Hauptrohr gezogen werden, s. Abb. 4.54d. Rohre mit geringen Durchmesserabweichungen werden durch Einziehen für die Schweißung vorgerichtet, s. Abb. 4.55.

d) Dichtheitsprobe der fertigen Rohrleitungen

Nach Fertigstellung aller Rohrverbindungen ist die ganze Anlage, einschließlich Kessel und Heizkörper, auf Dichtheit zu prüfen. Zu diesem Zweck sind *Wasserheizungen* einer Kaltwasserdruckprobe zu unterziehen. Der Probedruck soll an jeder Netzstelle den späteren Betriebsdruck um mindestens 1,5 kp/cm^2 übersteigen, aber nicht geringer sein als 4 kp/cm^2. Das Manometer der Druckpumpe darf dabei innerhalb 15 Minuten keine Druckabsenkung anzeigen. Anschließend ist die Anlage auf die höchste Vorlauftemperatur aufzuheizen, wobei sämtliche Verschraubungen und Flansche, nicht nur die tropfenden, nachzuziehen sind. Bei Anlagen mit Plattenheizkörpern dürfen die Probedrücke dieser Heizkörper nicht überschritten werden. Die Rohrschlangen von Flächenheizungen sind besonders sorgfältig und unter höheren Drücken auf Dichtheit zu prüfen.

Bei *Dampfheizungen* empfiehlt es sich, die Wasserdruckprobe auf das eigentliche Rohrnetz zu beschränken und anschließend die Gesamtanlage einer Dichtheitsprobe bei wiederholtem Anheizen auf höchsten Betriebsdruck und unmittelbar folgendem Abkühlen zu unterziehen.

Mauerschlitze, Kanäle usw. sollten erst nach mehrtägigem Probeheizen geschlossen werden. Lösbare Rohrverbindungen dürfen nicht für unter Putz verlegte Leitungen verwendet werden. Nach Möglichkeit sind Mauerschlitze, Decken- und Wanddurchbrüche schon bei der Ausführung des Gebäudes vorzusehen. Hierdurch lassen sich erhebliche Ersparnisse an Maurerarbeiten erzielen.

3. Halterung, Lagerung, Ausdehnung

a) Rohrhülsen

Bei Durchführung der Rohre durch Wände oder Decken sind *Rohrhülsen* einzusetzen, Abb. 4.56, in denen sich die Rohre mit genügendem Spiel frei bewegen können. Die Hülsen sollen bei Deckendurchbrüchen über den fertigen Fußboden um 1 bis 2 cm hinausragen (Scheuerrand). Bei Wanddurchbrüchen wird der Austritt zumeist durch ein- oder zweiteilige Wandverschlüsse verkleidet. Das Rohr darf keinesfalls an den Hülsen oder Verschlüssen anliegen, da sonst bei jeder Rohrbewegung, vor allem beim Anheizen und Abkühlen, lästige Geräusche auftreten; auch platzt bei unsachgemäßem Einsetzen der Wandverschlüsse leicht der anliegende Putz ab.

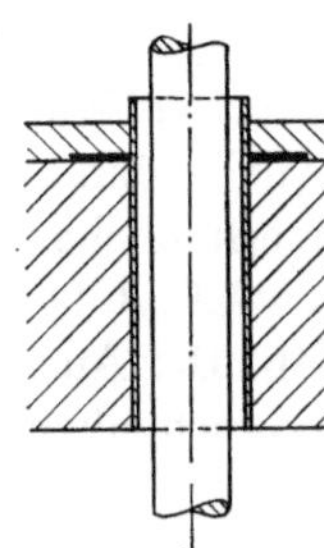

Abb. 4.56. Rohrhülse bei Deckendurchgang.

b) Rohrhalterung und Lagerung

Auf die durch die Erwärmung bewirkten Längenänderungen und Bewegungen im Rohrnetz ist bei der Wahl und Anordnung der Halterung zu achten. Sie sind so auszubilden, daß die Rohre sich in der Längsrichtung, evtl. auch quer dazu verschieben können. Rohre kleiner Nennweiten werden vorwiegend durch sog. Schellen befestigt, s. Abb. 4.57. Das Rohr kann dabei entweder fest eingespannt sein (Festschelle) oder durch freies Spiel zwischen Rohrwand und Schelle in der Achsenrichtung beweglich gehaltert werden. Eine Ausführung der Wandbefestigung für mehrere übereinanderliegende Rohre zeigt Abb. 4.58. Die Aufhängung des Rohres an Tragbügeln nach Abb. 4.59 ermöglicht auch ein seitliches Verschieben. Für die Deckenaufhängung sind vor allem Rohrpendel gebräuchlich, s. Abb. 4.60, die bei genügender Länge dem Rohr freie Bewegungsmöglichkeit geben.

Die Anbringung der Rohrhalterungen wird erleichtert, wenn in die Decken und Wände in gewissen Abständen Profileisen eingelassen sind, an denen die Halterungen mittels Schrauben

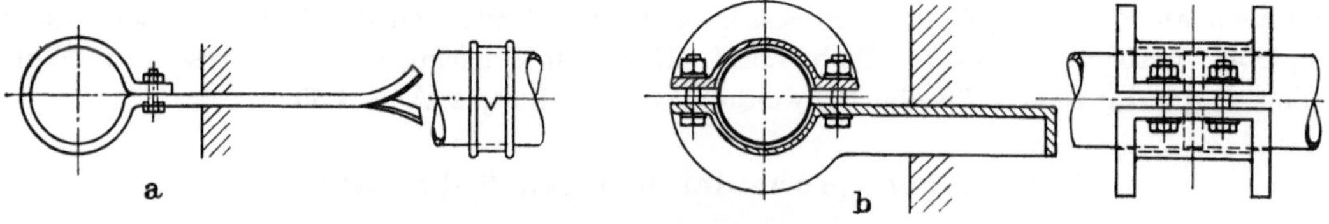

Abb. 4.57. Rohrschellen.
a) für kleine Durchmesser; b) für größere Durchmesser.

befestigt werden können. Insbesondere in Zentralen, Rohrgängen und Kanälen haben sich Wandschienen in der Art der Abb. 4.61 bewährt, da sie das lästige Einstemmen der Löcher und Durchbrüche für die Halterungen ersparen und dem Konstrukteur bei zahlreichen und großen Leitungen freie Hand für die Rohrführung lassen. Weitere Ausführungen von Rohrhalterungen s. Abschn. „Fernleitungen".

Waagerecht verlaufende Rohrleitungen sind in solchen Abständen zu lagern, daß durch das Eigengewicht der Rohre einschließlich Inhalt und Isolierung keine unzulässigen Biegebeanspruchungen, insbesondere in den Schweißnähten, auftreten und keine Betriebsstörungen

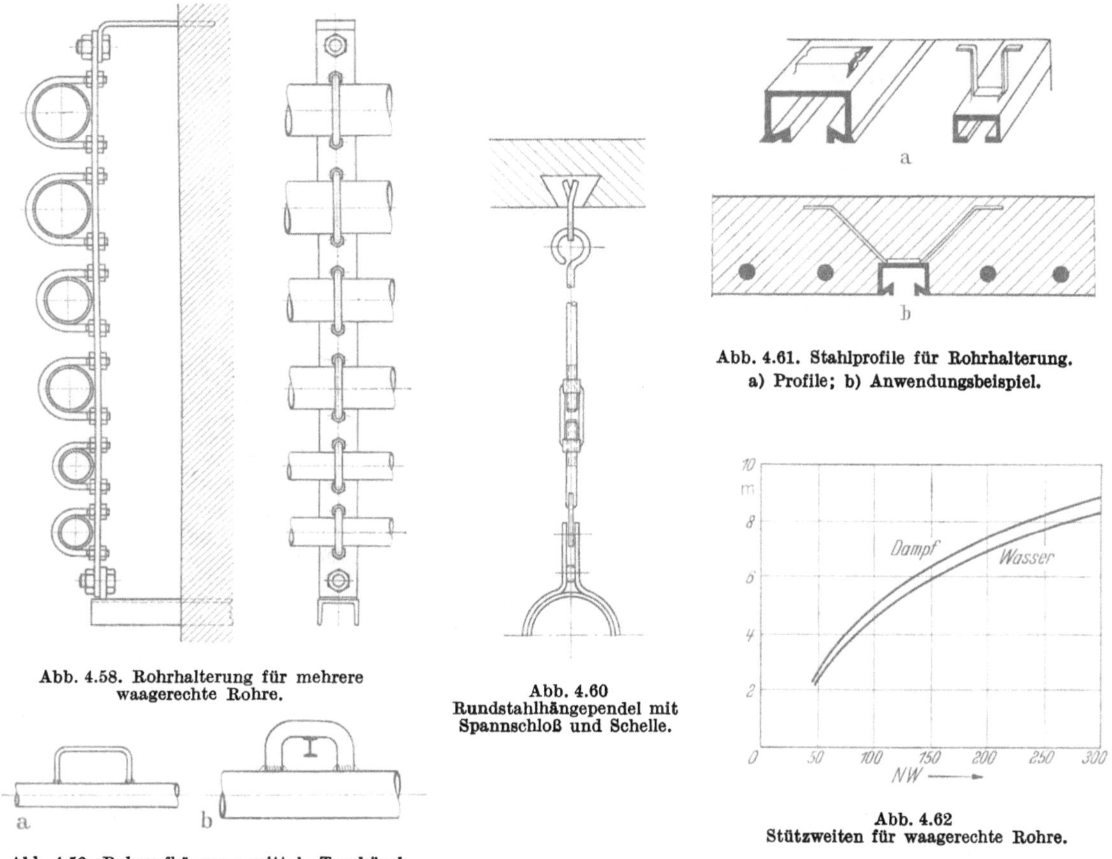

Abb. 4.58. Rohrhalterung für mehrere waagerechte Rohre.

Abb. 4.59. Rohraufhängung mittels Tragbügel. a) Rundeisenbügel; b) Flacheisenbügel.

Abb. 4.60 Rundstahlhängependel mit Spannschloß und Schelle.

Abb. 4.61. Stahlprofile für Rohrhalterung. a) Profile; b) Anwendungsbeispiel.

Abb. 4.62 Stützweiten für waagerechte Rohre.

infolge der Durchbiegung zu befürchten sind (Luftansammlung in Wasserleitungen an den Unterstützungen, Kondensatansammlung in Dampfleitungen an den tiefsten Stellen). Die in der Praxis bei Rohren nach DIN 2440 und 2449 üblichen Stützweiten sind aus Abb. 4.62 zu entnehmen[1]. Rohre, die isoliert werden, müssen in genügendem Abstand zur Wand bzw. zum Nachbarrohr verlegt werden, um das Aufbringen und etwaige Ausbessern der Isolierung zu ermöglichen.

c) Wärmedehnung

Bei Warmwasserheizungen ist mit einer maximalen Dehnung von 1 mm, bei Dampfheizungen von 1,2 mm für 1 m Rohr zu rechnen. Diese Längenänderungen sind bei der Leitungsführung zu berücksichtigen.

Freier Dehnungsausgleich. Vielfach können die Längenänderungen durch die Elastizität des Rohrnetzes selbst aufgenommen werden, da die Rohrführung ohnehin zu Richtungsände-

[1] Man kann die Lagerungsabstände berechnen, indem man die höchstzulässige Rohrdurchbiegung oder eine Mindeststeigung des Rohres festlegt. Im zweiten Fall geht das normale Rohrgefälle in die Rechnung mit ein. Da meistens auch noch stark vereinfachende Annahmen über die Rohreinspannung an den Lagerstellen gemacht werden, sind die Ergebnisse solcher Rechnungen mit Vorsicht aufzunehmen. — Näheres siehe Weber A. P.,: Über die Berechnung der Stützweiten von Rohrleitungen. Gesundh.-Ing. 73 (1952) 149/151.

rungen zwingt. Unter der Dehnung des geraden Rohrstückes biegt sich der im Winkel anschließende Rohrschenkel aus. Die Dehnungsaufnahme des Rohrschenkels ist um so größer, je länger er ist und je kleiner der Rohrdurchmesser. Mehrfache Abbiegungen erhöhen die Elastizität des Systems, wenn dafür gesorgt wird, daß die Rohre nicht durch Halterungen an der freien Ausdehnung und Verlagerung gehindert werden.

Bei den Strangnetzen normaler Zentralheizungen ist es fast immer möglich, die Längenänderungen durch geeignete Rohrführung aufzunehmen. Zuweilen wird man dabei von der geraden Verbindung zweier Punkte abweichen und einige Umwege zur Unterbringung von Dehnungsschenkeln in Kauf nehmen müssen. Besondere Beachtung ist den Abzweigstellen zu schen-

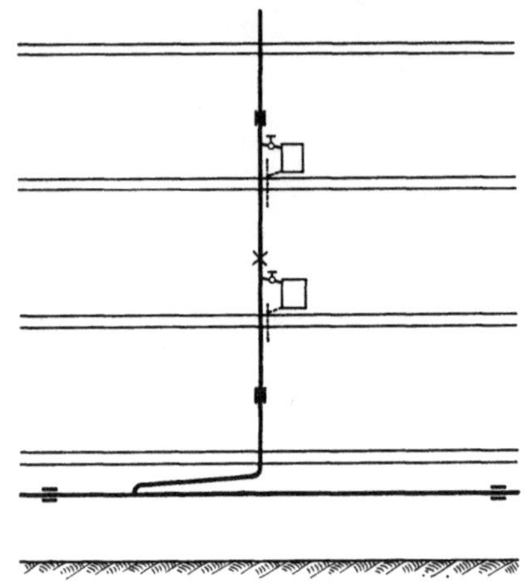

Abb. 4.63. Stranghalterungen.

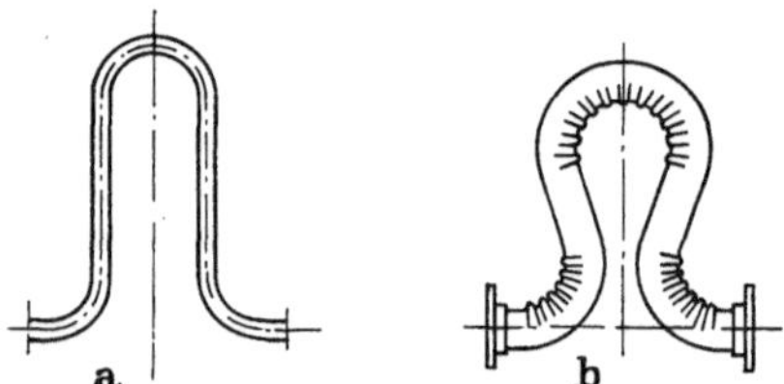

Abb. 4.64. Rohrbogen-Dehnungsausgleicher.
a) U-Bogen aus glattem Rohr; b) Lyrabogen aus Faltenrohr.

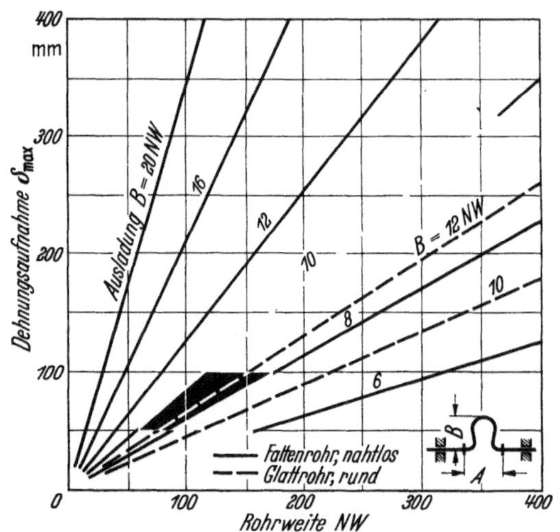

Abb. 4.65. Dehnungsaufnahme von Lyrabögen bei $t \leqq 200$ °C und 50% Vorspannung.

ken. Sie wandern oft mit, so daß also auch die Anschlußleitung auf Biegung beansprucht wird. Aus diesem Grunde dürfen die Heizkörper bei mehrgeschossigen Bauten nicht zu kurz und starr mit den senkrechten Strängen verbunden werden. Es empfiehlt sich in solchen Fällen, die Stränge in halber Höhe des Hauses festzulegen, s. Abb. 4.63, um die Dehnung nach unten und nach oben wirksam werden zu lassen, ihren Maximalwert also zu halbieren. Auch die Stränge müssen dabei über Ausgleichsschenkel an die Hauptleitungen angeschlossen werden. Für Rohrsysteme mit größeren Nennweiten und höheren Temperaturen ist eine genaue Nachrechnung der Biegebeanspruchung und der auftretenden Kräfte (Festpunktbelastung!) notwendig. Sie ist schwierig und zeitraubend, besonders bei mehrfach gekröpften und räumlichen Systemen, und läßt sich durch Hilfstafeln nur für Näherungsrechnungen vereinfachen. Es muß hier auf das einschlägige Fachschrifttum verwiesen werden[1].

Bauarten von Dehnungsausgleichern. Überall, wo die Dehnungen eines Rohrsystems auf natürliche Weise nicht mehr aufgenommen werden können — das ist vor allem bei längeren

[1] Schwedler-v. Jürgensonn: Handbuch der Rohrleitungen, 5. Aufl. Berlin/Göttingen/Heidelberg: Springer 1953. — v. Jürgensonn: Elastizität und Festigkeit im Rohrleitungsbau, 2. Aufl. Berlin/Göttingen/Heidelberg: Springer 1953. – Schöne-Schwenk: Rohrleitungen in neuzeitlichen Wärmekraftanlagen. Berlin/Göttingen/Heidelberg: Springer 1961 – Schwaigerer, S.: Rohrleitungen, Theorie und Praxis. Berlin/Heidelberg/New York: Springer 1967.

geraden Rohrstrecken und größeren Rohrnennweiten der Fall —, müssen besondere Dehnungsausgleicher vorgesehen werden. Die einfachste Bauart ist der Doppelschenkel in U-Form, s. Abb. 4.64a. Er läßt sich auch aus Rohrschweißbogen und geraden Rohrstücken am Bau anfertigen. Etwas elastischer wird der *Rohrbogenausgleicher* beim Übergang auf die Lyraform, Abb. 4.64b, wobei neben glatten Rohren auch Falten- und Wellrohre verwendet werden. Sie werden mit Flanschen- oder Einschweißenden geliefert. Die Belastbarkeit sowie die Rückstellkräfte sind vom Hersteller zu erfragen. Mit steigender Temperatur geht die Belastbarkeit zurück.

Einen ersten Anhalt über die Dehnungsaufnahme von Lyrabögen gibt Abb. 4.65. Einfache U-Bögen erreichen etwa 80% der Dehnungsaufnahme glatter Lyrabögen, wenn sie nach Abb. 4.66 eingebaut sind. Bogenausgleicher aus glatten Rohren zeichnen sich durch hohe Betriebssicherheit aus. Von Nachteil ist die weite Ausladung, die bei kanalverlegten Rohrleitungen oft nicht durchführbar ist.

Gelenkdehnungsausgleicher, s. Abb. 4.67 und 4.68, erfordern eine Richtungsänderung in der Leitungsführung. Als elastisches Zwischenstück dienen entweder Metallschläuche oder Stahlbälge, wie sie bei den nachfolgend beschriebenen Axialdehnungsausgleichern verwendet werden. Die Dehnungsaufnahme ist hoch im Verhältnis zur Ausladung, die Festpunktbelastung gering, weil die infolge des Innendruckes wirksam werdenden Kräfte durch seitliche, in Gelenken geführte Anker aufgenommen werden.

Soll die Rohrdehnung ohne Richtungsänderung aufgenommen werden, so muß der Ausgleicher in der Rohrachse elastisch sein. Die heute bevorzugte Bauform ist der *Stahlbalg-* (Wellrohr-) Ausgleicher, s. Abb. 4.69. Sein Federungsvermögen beruht auf der Elastizität seiner senkrecht zur Rohrachse stehenden Flanken (Membranringe). Die Festpunktbelastung ist bei Axialdehnungsausgleichern groß, weil neben den Federkräften auch die Kräfte infolge des

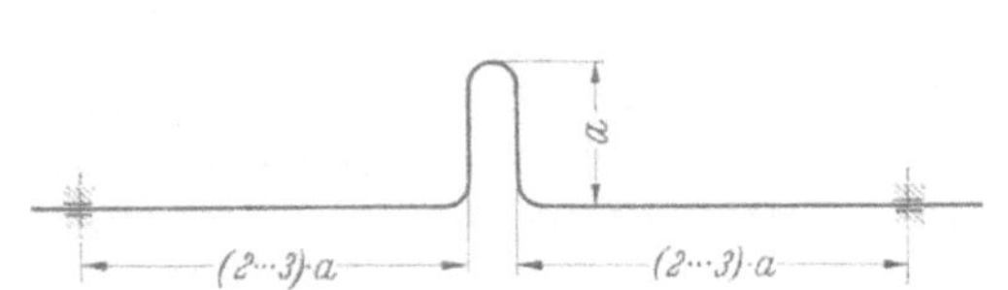

Abb. 4.66. Einbau von Rohrbogen-Dehnungsausgleichern.

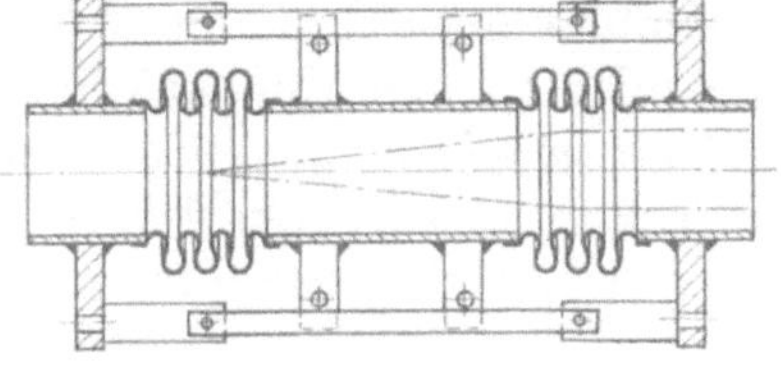

Abb. 4.67. Gelenkdehnungsausgleicher.

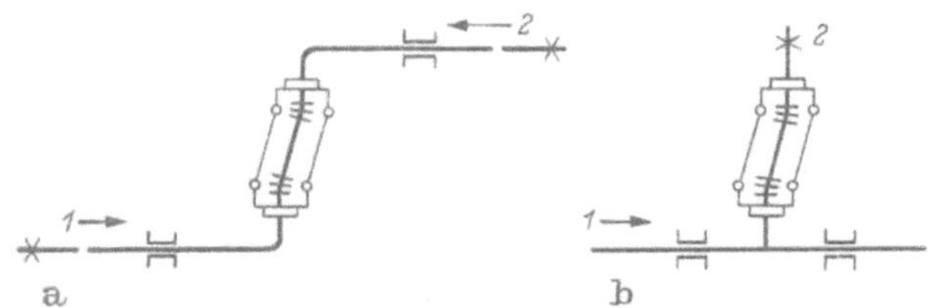

Abb. 4.68. Einbau von Gelenkdehnungsausgleichern unter Berücksichtigung der Vorspannung.
a) Leitung 1 und 2 dehnen sich; b) Leitung 1 dehnt sich in Pfeilrichtung, Leitung 2 fest.

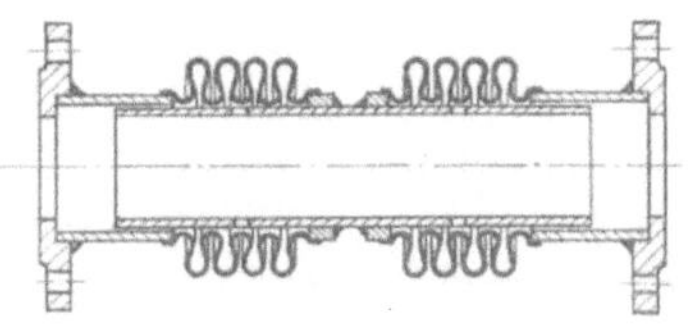

Abb. 4.69. Axialdehnungsausgleicher mit innerem Führungsrohr.

Innendruckes von den Festpunkten aufgenommen werden müssen. Aus diesem Grunde sollten sie nur für Rohre größerer Nennweite, etwa ab NW 150, Verwendung finden, da Leitungen kleinerer Nennweite mit niedrigen Widerstandsmomenten bei hohen Schubkräften ausknicken. Gegen Biegebeanspruchungen sind Axialdehnungsausgleicher zu schützen. Sie werden daher meist nach Abb. 4.70 eingebaut, mit einem Festpunkt auf der einen und einem axialen Führungslager auf der anderen Seite. Die Lebensdauer der Stahlbalgausgleicher ist beschränkt und richtet sich nach der Größe der Dehnungsaufnahme und der Häufigkeit der Bewegungen.

Zu den Axialausgleichern gehören auch die *Dehnungstopfbuchsen* nach DIN 3340, s. Abb. 4.71, die eine Dehnungsaufnahme bis zu 200 mm zulassen. Sie eignen sich nur für Fernleitungen großer Nennweiten. Als Festpunktbelastung treten die Kräfte infolge des Innendruckes und Reibungskräfte durch die Stopfbüchsenpackung auf. Infolge der Reibungskräfte arbeiten die Ausgleicher ruckartig, wobei Fremdkörper in die Packung geraten können. Die Packung muß

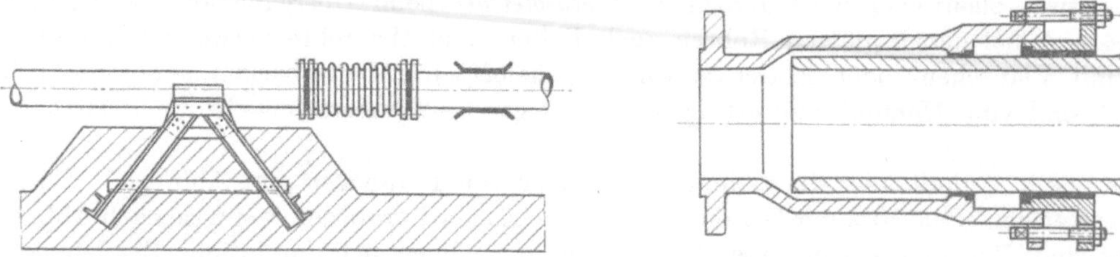

Abb. 4.70. Festpunkt mit Wellrohr-Dehnungsausgleicher.

Abb. 4.71. Stopfbuchsen-Dehnungsausgleicher.

deshalb sorgfältig auf Dichtheit überwacht werden. Als Nachteil der Dehnungsstopfbuchsen ist ihr hohes Gewicht anzusehen.

Alle vorstehend geschilderten Bauarten von Dehnungsausgleichern müssen für die Überwachung zugänglich sein. Bei Fernleitungen sind zu diesem Zweck Schächte vorzusehen. In der Fernheiztechnik geht man daher mehr und mehr zum freien Dehnungsausgleich bzw. zur Anwendung von Bogenausgleichern über.

4. Absperr- und Regelorgane

a) Absperrorgane

Als Absperrorgane in Rohrleitungen werden in erster Linie Ventile, Schieber und Hähne, seltener Klappen verwendet. Die Nennweiten, Nenndrücke und Flanschabmessungen sind im Anschluß an die Rohrnormung festgelegt. Darüber hinaus sind für bestimmte Bauformen auch die Baulängen und Konstruktionseinzelheiten genormt.

Bei *Ventilen* unterscheidet man nach der Art des Einbaues in die Rohrleitung zwischen Durchgangs- und Eckventilen, nach der Lage der Abschlußfläche zwischen Gerad- und Schrägsitzventilen. Als Werkstoff für das Gehäuse wird für die kleinen Nennweiten bis maximal NW 50

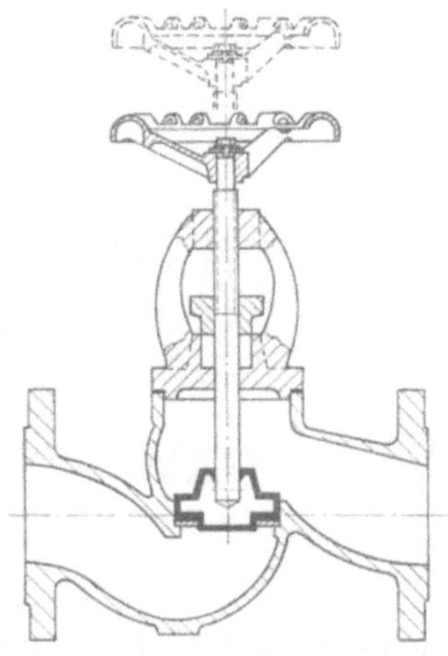

Abb. 4.72. Geradsitz-Durchgangsventil.

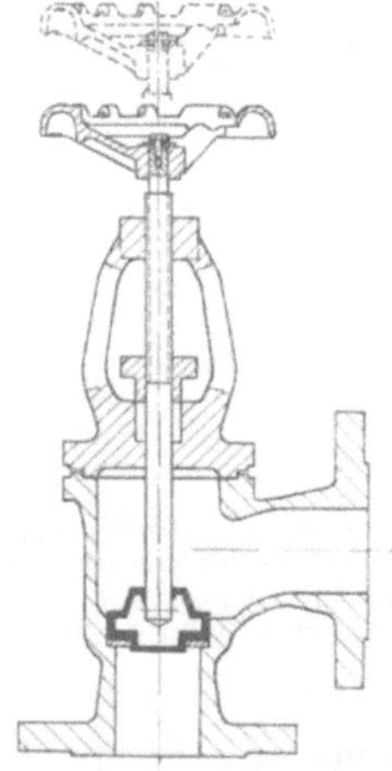

Abb. 4.73. Geradsitz-Eckventil.

vorwiegend Rotguß, für die größeren Nennweiten, je nach den Betriebsbedingungen, Grauguß, Sphäroguß oder Stahlguß verwendet. Die Dichtung erfolgt bei *reinen* Betriebsstoffen metallisch. Infolge der Richtungsänderung der Strömung ist der Durchflußwiderstand von Ventilen relativ hoch. Strömungstechnisch am ungünstigsten ist das Geradsitzdurchgangsventil, s. Abb. 4.72; niedrigere Widerstände weist das Geradsitzeckventil nach Abb. 4.73 auf, während das in Abb. 4.74 gezeigte Schrägsitzdurchgangsventil den geringsten Widerstand besitzt.

Ventile finden als Absperrorgane vor allem bei Rohren kleiner Nennweite Verwendung, bei größeren Nennweiten, etwa ab NW 100, nur, wenn ein unbedingt dichter Abschluß erreicht werden soll. Als *Rückschlagventile*, s. Abb. 4.75, verhindern sie selbsttätig das Rückströmen des Betriebsmittels in einzelnen Rohrstrecken. Die Baulängen der Geradsitzdurchgangsventile

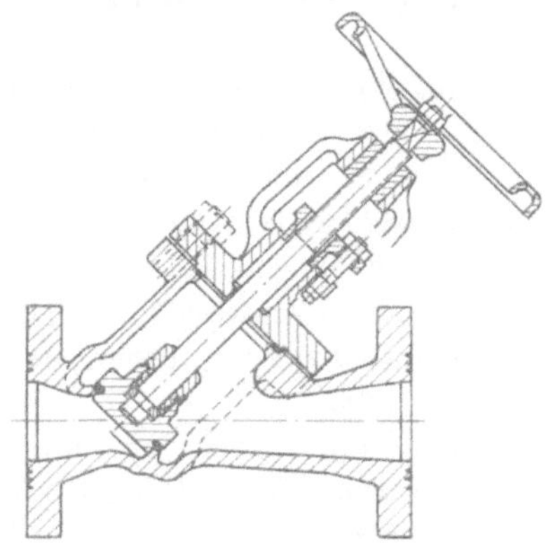

Abb. 4.74. Schrägsitz-Durchgangsventil (Freiflußventil).

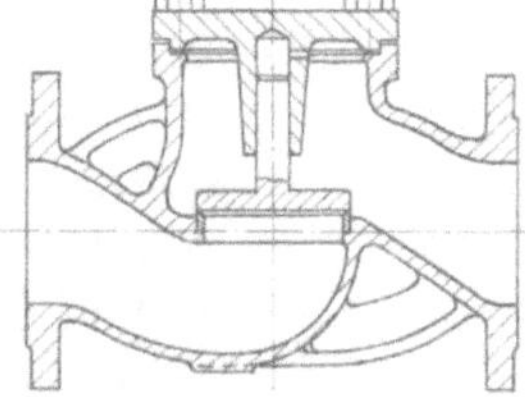

Abb. 4.75. Rückschlagventil.

und die Schenkellängen der Geradsitzeckventile sind in DIN 3300 festgelegt. Die Maße nach DIN 3300 werden auch für Sonderbauarten, wie Rückschlag-, Sicherheits- und Regelventile sowie Schmutzfänger, verwendet. Abmessungen weiterer Konstruktionseinzelheiten sind für Stahlgußventile in DIN 3790 (Schrägsitzdurchgangsventile) und DIN 3791 (Geradsitzdurchgangs- und Eckventile) angegeben. Ventile mit Gehäuse aus Nichteisenmetallen sind in ihren Abmessungen nach DIN 3844 (Durchgangsmuffenventile) und DIN 3845 (Muffenrückschlagventile) festgelegt.

Eine Sonderbauart des Absperrventils ist das *Wechselventil*, s. Abb. 4.113. Es ist auf S. 160 beschrieben und wird vor allem als Kesselabsperrorgan in Warmwasserheizungen verwendet, wenn bei mehreren Wärmeerzeugern und gemeinsamen Sicherheitsleitungen jeder Kessel einzeln außer Betrieb genommen werden soll.

Schieber haben gegenüber Ventilen den Vorzug kurzer Baulänge und fast unbehinderten Durchflusses im geöffneten Zustand. Sie sind zudem für größere Nennweiten wesentlich billiger und benötigen auch bei höheren Drücken nur geringe Betätigungskräfte zum Öffnen oder Schließen. Für Heizungsanlagen werden bis ND 4 vorwiegend gußeiserne Keilflachschieber nach DIN 3204 verwendet, s. Abb. 4.76, bei Drücken bis ND 10 Keilovalschieber nach DIN 3225 und bis ND 16 Keilschieber mit rundem Gehäuse nach DIN 3226. Wenn als Gehäusewerkstoff Stahlguß notwendig ist, finden bis ND 16 Keilovalschieber nach DIN 3229 Verwendung. Für kleine Nennweiten kommen bis ND 10 auch Muffenschieber aus Nichteisenmetallen nach DIN 3843 in Frage. Die Schieber dichten auf zwei schrägliegenden Ringflächen mit Hilfe eines keilförmigen Schließteils. Auf die Dauer ist ein dichter Abschluß mit Keilschiebern allerdings nicht zu erzielen, zumal die Dichtflächen später schwer nachgearbeitet werden können. Eine Verbesserung stellen in dieser Hinsicht elastische Keile dar, welche aus zwei Platten bestehen, die durch einen Steg fest verbunden sind. Bei höheren Anforderungen an die Dichtheit werden Parallelplatten- oder Keilplattenschieber, s. Abb. 4.77, verwendet, deren Schließkörper aus zwei Teilen besteht, die mit Hilfe der Spindelkraft über ein Druckstück gegen die Dichtflächen gedrückt werden.

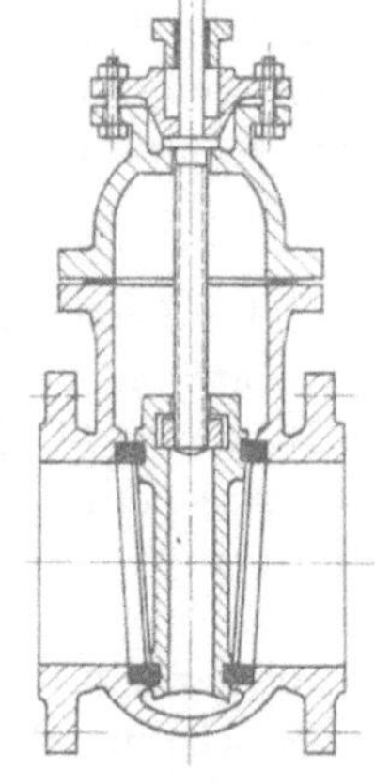

Abb. 4.76. Keilflachschieber nach DIN 3204.

Klappen findet man bei Wasserheizungen als Absperr- und Drosselorgane sowie als Rückstromsperren. Ihre Vorteile gegenüber Drossel- und Rückschlagventilen liegen in der Ansprechempfindlichkeit und dem geringen Widerstand in geöffnetem Zustand. Auch lassen sich Rückschlagklappen in einfacher Weise mit einer Dämpfungseinrichtung versehen. Ein dichter Abschluß kann mit Rückschlagklappen nicht erzielt werden. Demgegenüber sind Absperrklappen, die im übrigen in gleicher Bauart als Drosselklappen verwendet werden, jetzt konstruktiv so weit ausgebildet, daß sie zuverlässig dicht halten; wegen ihres im Vergleich zu Schiebern höheren Druckverlustes kommen sie jedoch nur für größere Nennweiten (etwa ab NW 300) in Frage, wobei sich der Vorteil ihrer günstigen äußeren Abmessungen voll auswirkt. Die Baulängen für Rückschlagklappen sind in DIN 3232, ihr Verwendungsbereich in DIN 3231 festgelegt.

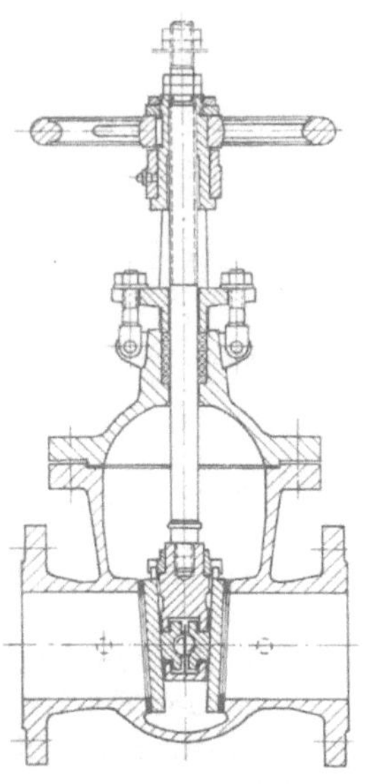

Abb. 4.77. Keilplattenschieber aus Schmiedestahl.

Hähne aus Messing oder Rotguß mit konischem Küken nach DIN 3848 kommen als Entlüftungs- oder Entleerungsarmaturen für Warmwasserheizungen zur Anwendung. Schmierbare Flanschen und Muffenpackhähne mit Abmessungen nach DIN 3470 werden als Absperrarmaturen für kleine und mittlere Durchmesser (bis maximal NW 150) verwendet; sie ermöglichen einen einwandfrei dichten Abschluß. Die Baulängen der Flanschenhähne entsprechen denen der Geradsitzdurchgangsventile nach DIN 3300.

Werden Absperrorgane gleichzeitig zum Regeln der Dampf- oder Wasserströme benutzt, so halten sie nach kurzer Betriebszeit nicht mehr dicht. Das gilt nicht nur für Schieber, sondern auch für Ventile. Es ist daher zweckmäßig, in solchen Fällen neben dem Absperrorgan noch ein besonderes Drosselventil mit verlängertem Reduzierkegel vorzusehen.

Werkstoffe und Anwendungsbereich. Für kleine Nennweiten findet man, außer bei Hochdruckdampfanlagen, vorwiegend Rotgußarmaturen. Warmwasserheizungen nach DIN 4751 und Niederdruckdampfheizungen nach DIN 4750 können in den größeren Nennweiten ausschließlich mit Graugußarmaturen ausgerüstet werden.

Bei Heißwasserheizungen nach DIN 4752 müssen alle Absperr- und Rückschlageinrichtungen über NW 50 innerhalb der Heizzentrale aus Stahlguß oder Gußeisen mit Kugelgraphit (Sphäroguß) hergestellt sein; es empfiehlt sich bei solchen Anlagen, in den Fernleitungen außerhalb der Zentrale Graugußarmaturen nur bis NW 150 sowie bis ND 16 und 130 °C zu verwenden und bei größeren Nennweiten bzw. höheren Drücken und Temperaturen ebenfalls auf Stahl- oder Kugelgraphitguß überzugehen[1]. Nur bei Anlagen mit Drücken bis höchstens ND 6 und Temperaturen bis 110 °C kommt Grauguß für Armaturen bis NW 500 in Frage.

Für Armaturen an Kesseln von Hochdruckdampfanlagen ist Grauguß als Werkstoff nur bis 10 atü und 200 °C zugelassen[2]. Bezüglich der Anwendungsgrenzen von Graugußarmaturen in Dampffernleitungen bis NW 500 und Kondensatfernleitungen sei auf die entsprechenden Richtlinien verwiesen, vgl. Fußnote 1.

b) Regelorgane

Regler dienen in der Heizungstechnik vor allem der selbsttätigen Einhaltung vorgegebener Temperaturen oder Drücke. Zu diesem Zweck werden durch die von ihnen betätigten Stellglieder, die Regelventile, Stoffströme mehr oder weniger gedrosselt (Temperaturregler, Durchflußbegrenzer) oder vorgegebene Drücke bzw. Druckdifferenzen eingehalten (Druckminderer, Differenzdruckregler). Die Ventile können als Ein- oder Doppelsitzventile ausgebildet sein. Einsitzventile, deren Kegel man mit Hilfe von Metallbälgen auch entlasten kann, s. Abb. 4.78 und 4.83, werden gewählt, wenn dichtes Abschließen gefordert wird. Doppelsitzventile sind bei großen Regelgeschwindigkeiten am Platz. Die Anforderungen an die Regelgenauigkeit und Ansprechempfindlichkeit bestimmen in erster Linie die Auswahl des Reglers. Zumeist kommt man bei Heizungsanlagen mit direkt wirkenden Reglern aus. Abb. 4.78 zeigt einen einfachen Temperaturregler, wie er bei Wärmeaustauschern gebräuchlich ist. Das Stellglied besteht in diesem

[1] Siehe: Technische Richtlinien für den Bau von Fernwärmenetzen. 2. Ausg. Hrsg. von der Vereinigung Deutscher Elektrizitätswerke (VDEW). Frankfurt/M. 1966.

[2] Siehe: Technische Regeln für Dampfkessel (TRD 108 u. 110). Berlin, Köln: Beuth-Vertr.

Fall aus einem Durchgangsventil mit besonders geformtem Drosselkegel, der den Heizmitteldurchsatz beliebig zu ändern gestattet.

Bei Wasserheizungen läßt sich der einem Verbraucher zufließende Stoffstrom auch mittels einer Mehrwegearmatur verändern, wobei ein Teilstrom am Verbrauchsgerät in einem Kurzschluß vorbeigeführt und später dem Hauptstrom wieder zugeleitet wird. Armaturen gleicher Art dienen auch der Temperaturregelung durch Mischung zweier Teilströme unterschiedlicher

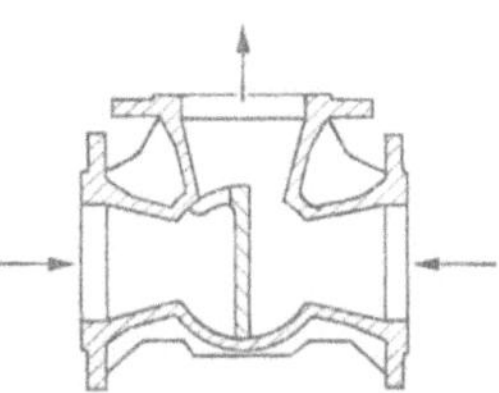

Abb. 4.79. Mischer.

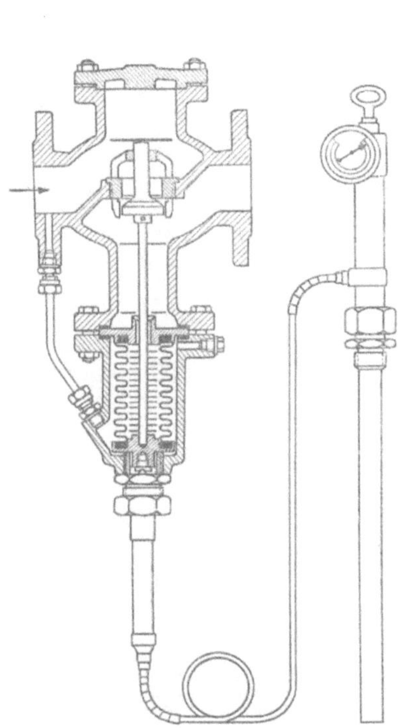

Abb. 4.78. Direkt wirkender Temperaturregler mit entlastetem Einsitzventil.

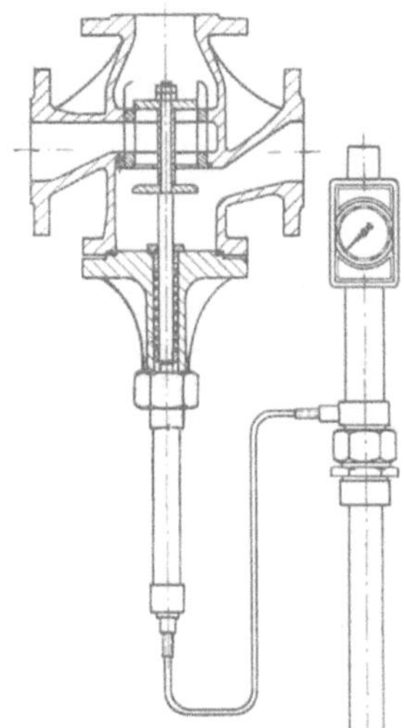

Abb. 4.80. Temperaturregler mit Mischventil.

Temperatur. Sowohl Drehschieber als auch Ventile finden dabei Anwendung. Eine bekannte Ausführung der Drehschieberbauart ist der in Abb. 4.79 dargestellte Mischer, in dem kälteres Rücklaufwasser dem Kesselvorlaufwasser beigemischt wird. Er ist in gleicher Weise für manuelle und motorische Verstellung geeignet, das letztere zumeist in Verbindung mit einer selbsttätig arbeitenden Temperaturregelanlage. Mischventile sind durchweg Teile einer automatischen Temperaturregelung. Bei der Ausführung nach Abb. 4.80 wirkt die durch eine Temperaturerhöhung am Thermostaten hervorgerufene Ausdehnung der Füllflüssigkeit direkt auf die Ventilspindel ein. Andere Bauarten verwenden elektrische Stellmotoren, die entsprechend über ein elektrisches Relais gesteuert werden.

Druckregler dienen der Einhaltung eines vorgegebenen Druckes in einem Versorgungssystem oder der Aufrechterhaltung eines Differenzdruckes zwischen zwei Leitungsteilen oder Systemen. Das Überschreiten eines vorgegebenen Druckes kann durch sog. „Überströmventile", das Absinken unter einen bestimmten Grenzdruck durch „Zuströmventile" vermieden werden. Zu den ersteren gehören u. a. die Sicherheitsventile, die unzulässig hohe Betriebsdrücke in Apparaten und Leitungen verhindern sollen. Bei Verwendung von Zuströmventilen ist Voraussetzung, daß aus einem System mit höherem Druck eine ausreichende Stoffmenge zur Einspeisung in das druckgeregelte System zur Verfügung steht.

Die Druckregler werden entweder mit Gewichts- oder mit Federbelastung ausgeführt. Der Regeldruck bewegt dabei mittels eines Kolbens, einer Membrane oder eines elastischen Balges

Spindel und Ventilkegel gegen den Druck des Gewichtes bzw. der Feder. Abb. 4.81 zeigt einen gewichtsbelasteten, kolbengesteuerten Druckminderer für Wasser und Dampf. Bei Abb. 4.82 handelt es sich um einen in Übergabestationen von Fernheizungen häufig verwendeten Druckminderer für Wasser, der mit Federbelastung und elastischen Metallbälgen arbeitet. Membranbetätigte, federbelastete Regler, wie der in Abb. 4.83 gezeigte Differenzdruckregler, können im Prinzip auch als Zuströmventile und Überströmventile für Wasser und Dampf angewendet werden.

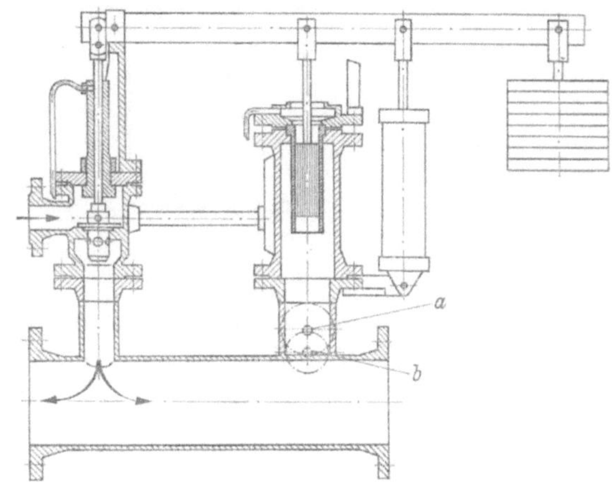

Abb. 4.81. Kolbengesteuerter, gewichtsbelasteter Druckminderer. *a* Steueranschluß, *b* Kondensatanschluß.

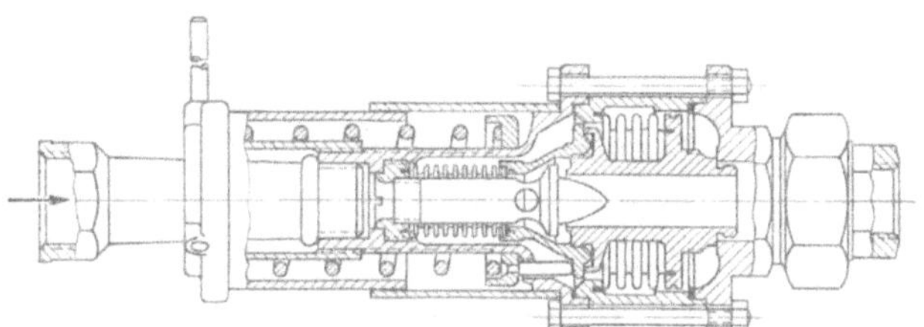

Abb. 4.82. Heißwasserdruckminderer mit elastischen Stahlbälgen und Federbelastung.

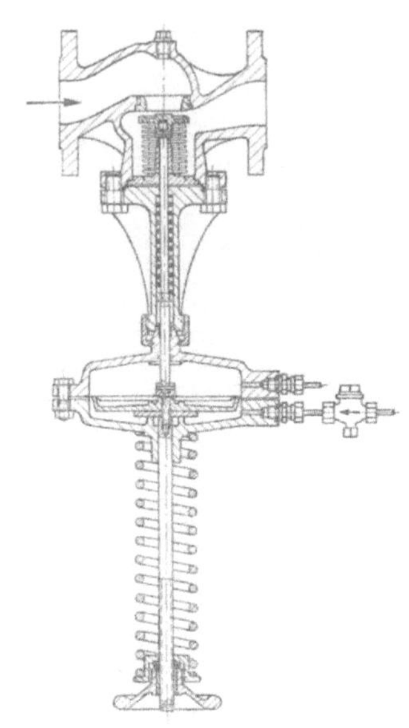

Abb. 4.83. Differenzdruckregler mit Membrane und Federbelastung. Vordruckentlastetes Einsitzventil.

Durch Änderung der Federvorspannung bzw. der Hebellänge des Gewichtes läßt sich der Regeldruck verstellen. Ein einwandfreies Arbeiten ist bei schwankendem Druck auf der nicht geregelten Seite nur bei entlasteten Ventilen gewährleistet.

Treten große Unterschiede im Durchsatz auf — bei Heizungsanlagen z. B. unter dem Einfluß der Witterung —, so empfiehlt es sich zuweilen, zwei Regler verschiedener Größe parallel zu schalten und je nach Bedarf nur einen der beiden in Betrieb zu nehmen. Dadurch kann die Genauigkeit der Druckregelung auch bei kleinem Stoffstrom verbessert werden. Die beabsichtigte Drosselung des Druckes im Regelventil ist nämlich bei großen Ventilquerschnitten und relativ kleinem Durchsatz, also auch kleinen Geschwindigkeiten, nicht mehr wirksam. Man wähle deshalb Druckminderer keinesfalls zu reichlich.

In einfachen Fällen kann man sich helfen, indem man den Druckregler mit einer Umgehung versieht und bei hoher Belastung einen Teil der Dampfmenge durch die Umgehungsleitung schleust. Der Regler kann dabei für eine kleinere, aber häufigere Belastung ausgelegt werden, arbeitet also bei Heizanlagen auch in den langen Zeiten schwacher Belastung noch zuverlässig. Allerdings ist jetzt die Druckregelung nicht mehr in vollem Umfang selbsttätig; bei höherem Dampfverbrauch ist eine zusätzliche Handregelung in der Umgehungsleitung erforderlich. Das Regelventil soll mit einem besonderen Drosselkegel ausgestattet sein.

c) Heizkörperventile

Heizkörperventile[1] sind sowohl Absperr- als auch Regelorgane. Die heute üblichen Bauarten gestatten die Handregelung, ermöglichen zugleich aber auch die Begrenzung der Durchflußmenge mit Hilfe einer Voreinstellung. Die Handregelung benutzt der Rauminsasse, um die Heizkörperleistung jeweils seinen Wünschen anzupassen. Mit der Voreinstellung drosselt der Monteur bei der Probeheizung den Heizmittelstrom auf den der Berechnung entsprechenden Wert ab. Dies ist erreicht, wenn bei Wasserheizungen der Temperaturunterschied am Eintritt und Austritt bei allen Heizkörpern gleich ist oder wenn bei Dampfheizungen die gesamte Heizfläche gleichmäßig erwärmt ist, ohne daß Dampf in die Kondensatleitung übertritt.

Der Stand der Voreinstellung soll von außen zu erkennen oder wenigstens leicht nachzuprüfen sein. Wegen des leichteren Einbaues und des geringeren Strömungsverlustes werden Eckventile gegenüber Durchgangsventilen bevorzugt. Zum Anschluß an das Rohrnetz sind die

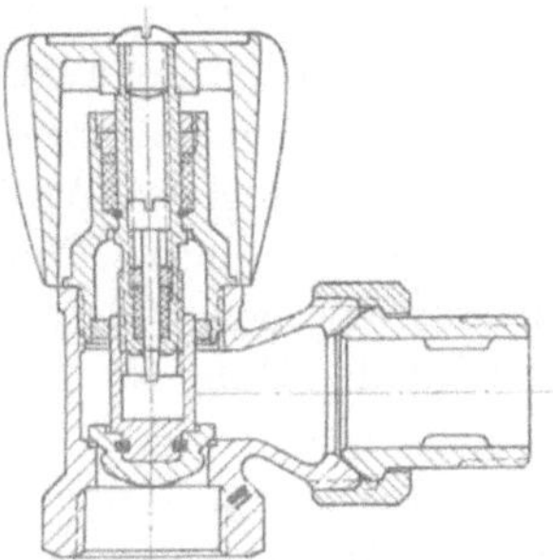

Abb. 4.84. Heizkörperventil mit Voreinstellung durch Hubbegrenzung.

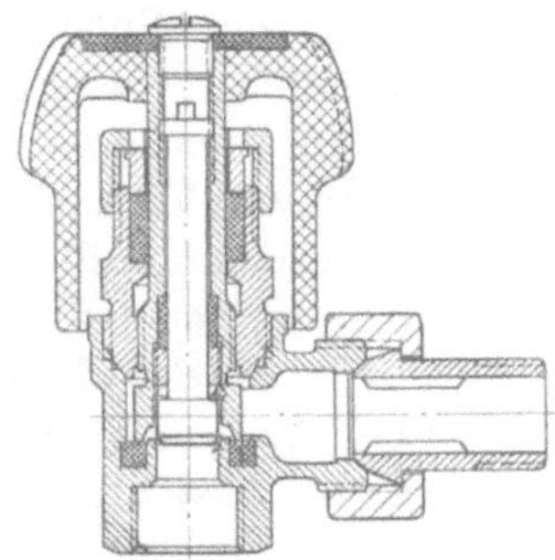

Abb. 4.85. Heizkörperventil mit Voreinstellung durch Doppelkegel.

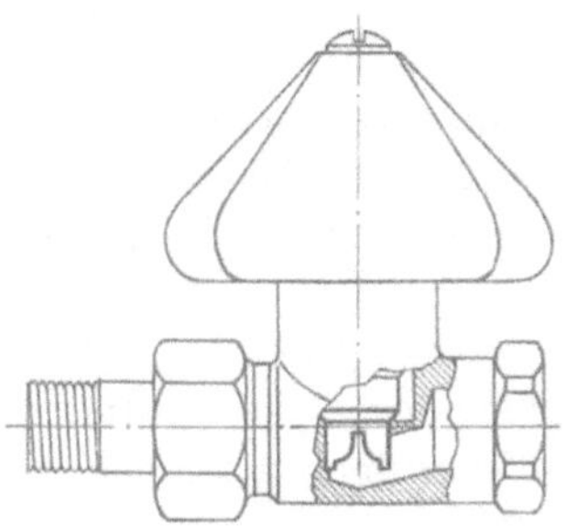

Abb. 4.86. Heizkörperventil mit Drosselkegel für proportionale Regelung der Heizleistung.

Ventile auf der einen Seite mit Innengewinde, auf der anderen Seite mit einem Gewindenippel versehen. Meist ist der Gewindenippel Teil einer Verschraubung, die es ermöglicht, den Heizkörper vom Rohrnetz zu lösen. Am Heizmittelaustritt ist zu diesem Zweck ebenfalls eine Verschraubung[2] eingebaut, s. Abb. 4.51 bzw. 4.52.

Die Abb. 4.84 und 4.85 zeigen den inneren Aufbau zweier Heizkörperventile. Die Betätigung des Ventilkegels für die Handregelung über Handrad und Ventilspindel ist in beiden Fällen im Prinzip gleich; ein grundsätzlicher Unterschied liegt in der Voreinstellung. Im ersten Fall erfolgt diese durch *Hubbegrenzung* mittels einer in der Hohlspindel verstellbaren Einstellschraube; im zweiten Fall wird die Voreinstellung *ohne Hubbegrenzung* durch Trennung von Haupt- und Regelkegel erreicht. wobei letzterer ebenfalls durch eine Einstellschraube in der Hohlspindel verstellbar ist. Regelungstechnisch zu bevorzugen ist die Voreinstellung ohne Hubbegrenzung, weil hier auch bei gedrosselter Voreinstellung der Stellbereich für die Handregelung voll zur Verfügung bleibt. Die Drosselkegel dieser Ventile sind so ausgebildet, daß im gesamten Regelbereich jeder Handradverstellung eine gleichwertige Durchflußänderung entspricht (Proportionalregelung). Bei Wasserheizungen ist damit jedoch noch keine proportionale Leistungsregelung der Heizkörper verbunden, s. S. 189. Hierfür ist vielmehr eine Drosselcharakteristik erforderlich, bei der der Wasserstrom mit dem Hub progressiv anwächst. Abb. 4.86 zeigt ein Ventil mit entsprechend ausgebildetem Drosselkegel.

Der durch Voreinstellung und Handradstellung einregulierte Durchfluß ist abhängig von der Druckdifferenz zwischen Ventilein- und Austritt. Da jedoch Durchflußänderungen in den einzelnen Stromkreisen eines Verteilungsnetzes stets mit Druckänderungen im gesamten Netz verbunden sind, ist auch die Leistung der Einzelheizkörper von den Vorgängen in den übrigen Stromkreisen abhängig. Der Einfluß ist um so geringer, je größer der Anteil des Ventilwider-

[1] Regulierventile ND 10 DIN 3841.

[2] Radiatorverschraubungen ND 10 DIN 3842.

standes am Gesamtdruckverlust des Netzes ist. Heizkörperventile sollen daher i. allg. hohe Widerstandsbeiwerte aufweisen, s. S. 193.

Man kann die Unabhängigkeit des Heizmitteldurchflusses durch einen Heizkörper oder durch ein ganzes System auch durch den Einbau von Differenzdruckreglern sicherstellen. Sie arbeiten — genauer betrachtet — als *Durchflußbegrenzer* und finden vor allem in den Hausanschlüssen von Stadtheizungen Anwendung, s. S. 299. Eine Ausführung des Durchflußreglers für Einzelheizkörper zeigt Abb. 4.87 im Prinzip[1]. Das Gerät besitzt zwei Stellglieder, von denen das erste manuell, das zweite durch einen Membranregler betätigt wird. Der Druck vor und hinter der ersten Drosselstelle wird über und unter die Membran des Reglers geführt. Wenn beispielsweise die Druckdifferenz zwischen Vor- und Rücklauf der Heizungsanlage gestiegen ist und sich dadurch der Durchsatz erhöht hat, bewegt die Membran den Ventilkegel gegen die Spannung einer Feder so lange in Schließrichtung, bis ein Kräftegleichgewicht und der ursprüngliche Durchsatz wieder hergestellt sind.

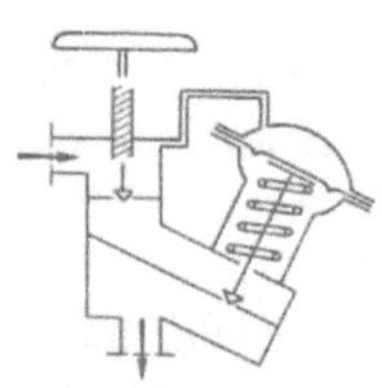

Abb. 4.87. Schematischer Aufbau eines Heizkörper-Durchflußreglers.

Eine Sonderbauart des Durchflußreglers ist der *Rücklauftemperaturbegrenzer*, s. Abb. 4.88. Er soll bei Wasserheizungen eine bestimmte Auskühlung des Heizwassers gewährleisten, sei es zum Zwecke einer vereinfachten Wärmeverbrauchsmessung mit Hilfe von Wasserzählern, sei es zur Verringerung oder Begrenzung des Wasserdurchsatzes in Fernheiznetzen. Das mit einer Ausdehnungsflüssigkeit gefüllte Wellrohr des Fühlers kann sich bei der Ausführung nach Abb. 4.88 in einem Rohr kolbenartig bewegen. Das Rohroberteil trägt den Ventilteller. Bei ansteigender Rücklauftemperatur wird das Rohr samt Ventilteller gegen die Kraft einer Feder in Schließrichtung nach unten gedrückt.

Neuerdings gewinnen Heizkörperventile an Bedeutung, die automatisch den Heizmitteldurchfluß der jeweiligen Leistungsanforderung anpassen und damit als *Raumtemperaturregler* arbeiten. Bei der in Abb. 4.89 wiedergegebenen Ausführung ist das Fühlerelement in der Handradkappe untergebracht. Seine temperaturempfindliche Dampffüllung führt bei steigender

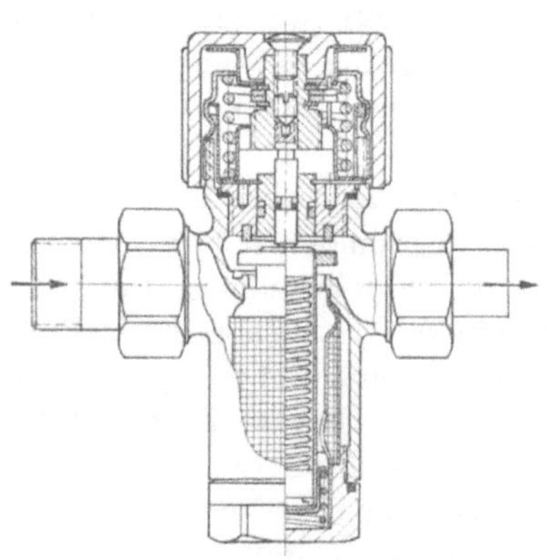

Abb. 4.88. Rücklauftemperaturbegrenzer.

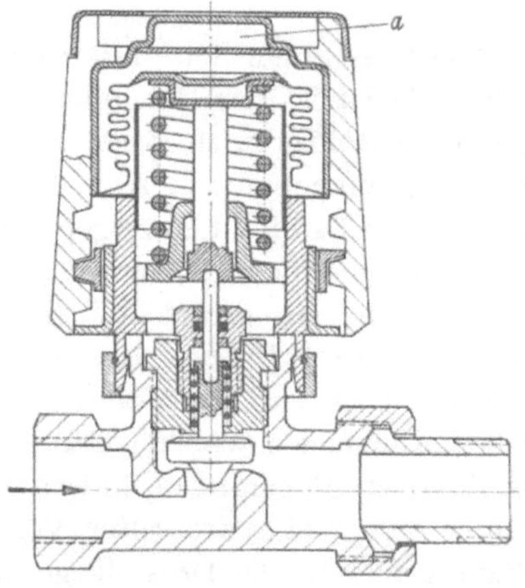

Abb. 4.89. Thermostatventil mit Raumtemperaturregler.

Raumtemperatur zu einer Druckerhöhung im Raum *a*, wodurch über ein elastisches Wellrohr die Ventilspindel gegen die Kraft einer Feder in Richtung Ventilsitz bewegt wird. Um den Einfluß der Heizwassertemperatur vom Regler fernzuhalten, sind Ventilgehäuse und Fühlerelement gegeneinander isoliert.

Thermostatventile, wie die in Abb. 4.88 und 4.89 beschriebenen Regelorgane, lassen sich i. allg. so justieren, daß sie in Schließstellung nach Unterschreitung einer bestimmten Grenztemperatur, beispielsweise +15 °C, wieder öffnen. Dadurch läßt sich ein Einfrieren der Heizkörper verhüten.

---

[1] Vgl. Goepfert, J.: Einbau von Zentralheizungen. Gemeinnütziges Wohnungswesen 15 (1962) 11/21.

5. Sondereinrichtungen für Dampfleitungen

a) Entwässerung

In Dampfnetzen bildet sich beim Anwärmen sowie durch die Wärmeabgabe nach außen Kondensat, das auf kürzestem Wege aus der Leitung entfernt werden muß. Das Abfließen des Kondensates wird erleichtert, wenn die Dampfleitung mit Gefälle in Richtung der Dampfströmung verlegt wird. Rohre größerer Nennweite können über kurze Strecken auch mit Steigung verlegt werden. Das sich bildende Kondensat fließt dann der Dampfströmung entgegen. Dabei muß die Steigung allerdings so groß sein, daß das Kondensat nicht vom Dampf mitgerissen wird oder infolge des Druckverlustes in der Leitung „bergauf" fließt. Dies wäre dann der Fall, wenn das Druckgefälle der Dampfströmung größer als die Steigung der Leitung wäre.

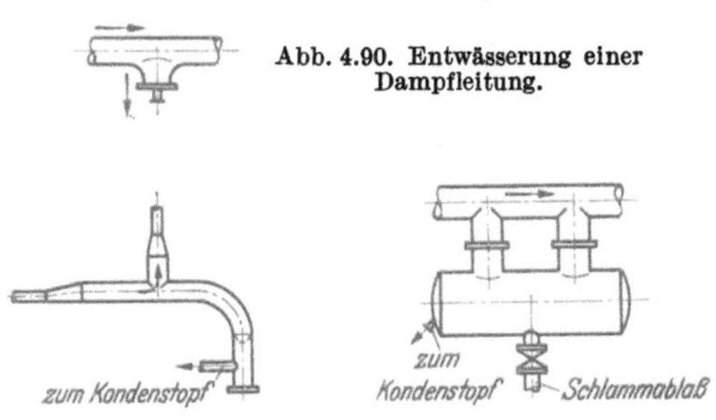

Abb. 4.90. Entwässerung einer Dampfleitung.

Abb. 4.91. Wassersack.

Abb. 4.92. Wasserblase.

Senkrechte Dampfleitungen sind am Fuß zu entwässern. Auch müssen die Leitungen vor Reglern und vor den Absperrorganen der einzelnen Verbraucher oder größerer Netzabschnitte entwässert werden, da sich sonst bei Leitungsabschluß an diesen Stellen Kondensat ansammelt, das bei raschem Öffnen vom Dampf mitgerissen wird und die nachgeschalteten Einbauteile gefährdet (Wasserschläge). Um unerwünschtes Ansammeln von Kondensat in Schmutzfängern zu vermeiden, empfiehlt sich deren Einbau so, daß der Siebeinsatz in der waagerechten Ebene liegt.

Strömender Dampf vermag nur geringe Wassermengen in Form fein verteilter Tropfen zu tragen. Es genügt deshalb zur Entwässerung meistens, wenn man das an der Sohle einer Leitung fließende Wasser entfernt, s. Abb. 4.90. Besser ist der Einbau eines sog. Wassersackes bei einer Richtungsänderung der Strömung, s. Abb. 4.91. Wird die Leitung senkrecht nach oben weitergeführt, so dient der Wassersack zugleich als Schlammfang. Bei ausgedehnten Anlagen mit stark schwankendem Kondensatanfall verwendet man zwecks kurzzeitiger Speicherung des Kondensates Wasserblasen nach Abb. 4.92.

b) Kondensatableiter

Das an den Wasserabscheidern des Rohrnetzes oder in den Dampfverbrauchern anfallende Kondensat muß über eine Schleuse, die das Kondensat übertreten läßt, den Dampf aber zurückhält, in die Kondensatleitung übergeführt werden. In Niederdruckdampfanlagen ist die einfachste Möglichkeit die Anordnung einer Wasserschleife, also eines U-Rohres, dessen zweiter Schenkel mindestens die Höhe der dem maximalen Betriebsdruck entsprechenden Wassersäule aufweisen muß. Steht diese Höhe nicht zur Verfügung oder ist der Betriebsdruck höher als 0,5 atü, so werden selbsttätige Kondensatableiter verwendet.

In Heizungsanlagen werden Heizkörper und sonstige Dampfverbraucher vorwiegend über thermisch arbeitende Kondensatableiter an die Kondensatleitung angeschlossen.

Die Abb. 4.93 und 4.94 zeigen zwei Ausführungsformen. Die erste, ein sog. Dampfstauer, arbeitet mit einem Ausdehnungskörper, der mit einer temperaturempfindlichen Flüssigkeit gefüllt ist. Bei Dampftemperatur ist das

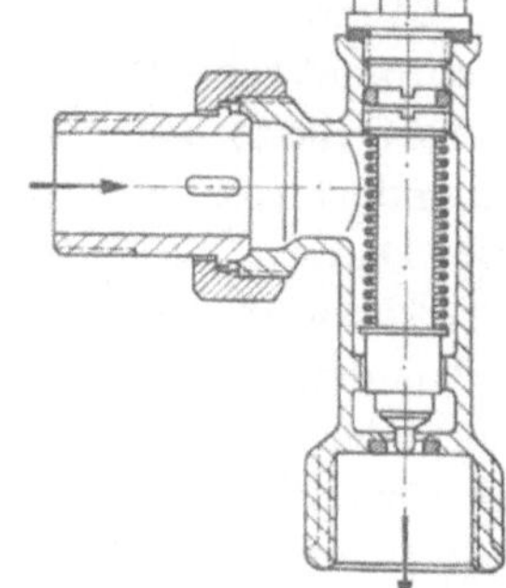

Abb. 4.93. Dampfstauer.

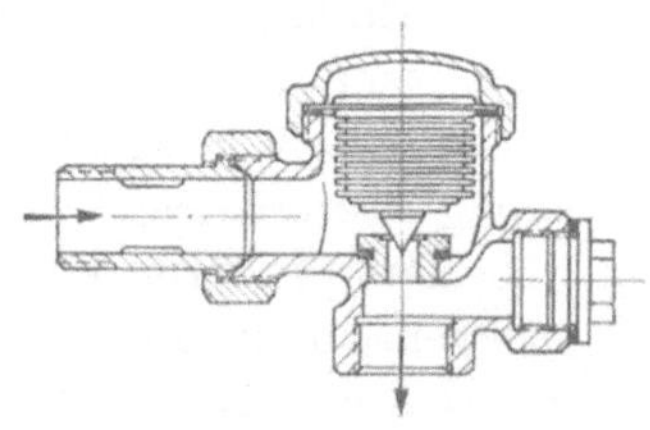

Abb. 4.94. Kondensatschnellentleerer.

Gerät geschlossen und öffnet erst nach einer geringen Unterkühlung des Kondensates. Die Abflußtemperatur ist mittels einer Justierschraube einstellbar. Die zweite Ausführungsform ist ein sog. Kondensatschnellentleerer, dessen Ausdehnungskörper aus einem elastischen Wellrohr mit leicht verdampfender Flüssigkeit besteht. Die Dampfdruckkurve der Füllung verläuft oberhalb und etwa parallel zu der des Wassers; hierdurch ist es möglich, daß der Ableiter das Kondensat bei jedem Dampfdruck nach geringer Unterkühlung unter die *jeweilige* Sättigungstemperatur abzuleiten vermag.

Beide Ableiterbauarten dienen gleichzeitig auch als automatische Be- und Entlüfter beim An- und Abheizen der Anlage.

Bei größerem Kondensatanfall sowie zur Entwässerung von Hochdruckdampfanlagen werden zumeist andere Konstruktionen von Kondensatableitern verwendet. Stark verbreitet ist der Schwimmerkondenstopf, s. Abb. 4.95. Das anfallende Kondensat sammelt sich im Innern

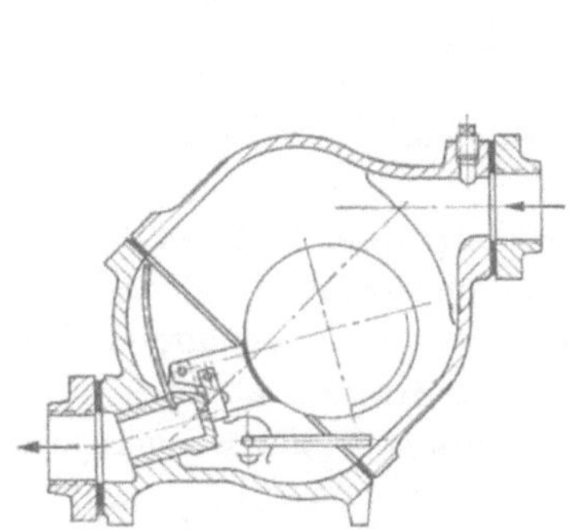

Abb. 4.95. Schwimmerkondenstopf mit eingebautem Be- und Entlüftungsrohr.

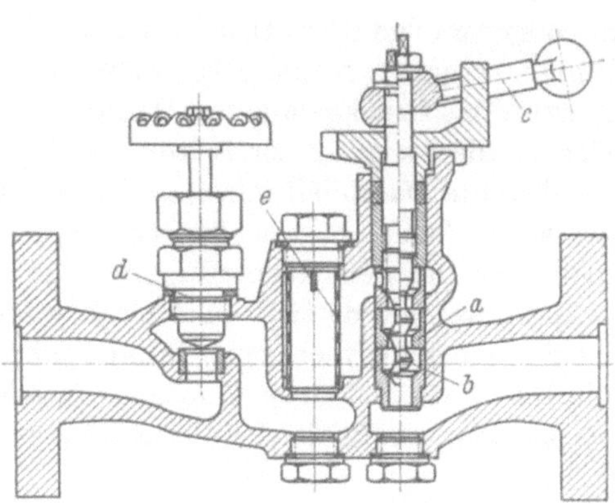

Abb. 4.96. Stufendüsen-Kondensatableiter.

des Gehäuses. Mit zunehmendem Wasserstand wird ein geschlossener Schwimmer angehoben, der über eine Hebelübersetzung den Ablaßquerschnitt freigibt, so daß der Dampf das Wasser in die Kondensatleitung drücken kann. Bei stetigem Kondensatanfall spielt sich der Schwimmer auf eine Mittelstellung ein, wobei gerade so viel Wasser ablaufen kann wie anfällt. Als Auslaßorgan kann sowohl ein Ventil als auch ein Schieber dienen, wie in Abb. 4.95.

Bei dem in Abb. 4.95 dargestellten Kondenstopf ermöglicht ein eingebautes dünnes Rohr, das über den Kondensatspiegel hochgezogen ist, eine selbständige Be- und Entlüftung. Bei anderen Konstruktionen übernimmt diese Aufgabe ein thermisch wirksamer Bimetallfühler, der bei fehlendem Kondensatanfall den Ventil- oder Schieber-Querschnitt der Luft freigibt, solange kein Dampf in den Topf einströmt.

Auf einem anderen Arbeitsprinzip beruhen die sog. Stufendüsenkondensatableiter, s. Abb. 4.96. Bei ihnen muß das Kondensat beim Durchgang mehrere enge Ringquerschnitte passieren. Solche Drosselstellen haben die Eigenschaft — der Masse nach — viel Wasser, aber wenig Dampf durchzulassen. Die Vorteile dieser Bauart sind das Fehlen beweglicher Teile, die Möglichkeit beliebiger Einbaulagen sowie die automatische Be- und Entlüftung der Anlage. Als Nachteil sind die, wenn auch geringen, Dampfverluste beim Ausbleiben von Kondensat zu werten.

Neuerdings werden solche Stufendüsenkondensatableiter mit einer zusätzlichen Bimetallsteuerung ausgerüstet, s. Abb. 4.97. Dadurch wird die Regelfähigkeit des Ableiters verbessert und bei Dampfeintritt ein dichter Abschluß erreicht.

Die genannten Bauarten von Kondensatableitern sind für alle Drücke geeignet. Die Leistung des Ableiters muß der im normalen Betrieb anfallenden Kondensatmenge angepaßt sein, da sowohl ein zu groß als ein zu klein gewähltes Gerät unwirtschaftlich arbeitet. Beim Anheizen einer kalten Anlage entstehen jedoch außergewöhnlich große Kondensatmengen, die ein für die normale Betriebszeit richtig bemessener Kondensatableiter meist nicht abzuführen vermag. Es ist deshalb in jedes Gerät eine Umgehungsleitung oder ähnliche Vorrichtung eingebaut, die nur während des Anwärmens der Anlage eingeschaltet wird, beim Übergang zum normalen Betrieb aber wieder auszuschalten ist.

Zur Erleichterung der Kontrolle und der Instandhaltungsarbeiten sollen Kondenstöpfe übersichtlich angeordnet, einwandfrei bezeichnet und zugänglich aufgestellt werden. Kondensatableiter an wichtigen Stellen erhalten eine Umgehungsleitung nach Abb. 4.98, damit sie ohne Störung des Betriebes ausgebaut werden können. Die Umgehungsleitung, die 1 bis 2 Nennweiten kleiner gewählt wird als der Ableiteranschluß, kann dann vorübergehend die Aufgabe des Kondensatableiters übernehmen, indem das Absperrventil entsprechend gedrosselt wird. Um ein Rückströmen von Kondensat in die Dampfleitung zu verhindern, wenn die Druckdifferenz unter bestimmten betrieblichen Verhältnissen sich umkehrt bzw. die Kondensatleitung ansteigt, wird hinter dem Kondenstopf häufig noch ein Rückschlagventil eingebaut. Soll die Entwässerung eines Leitungsabschnittes auch bei gestörter Kondensatrückleitung möglich sein, so muß noch zusätzlich ein freier Ablauf vorgesehen werden; er erhält ein Drossel- und ein Absperrventil.

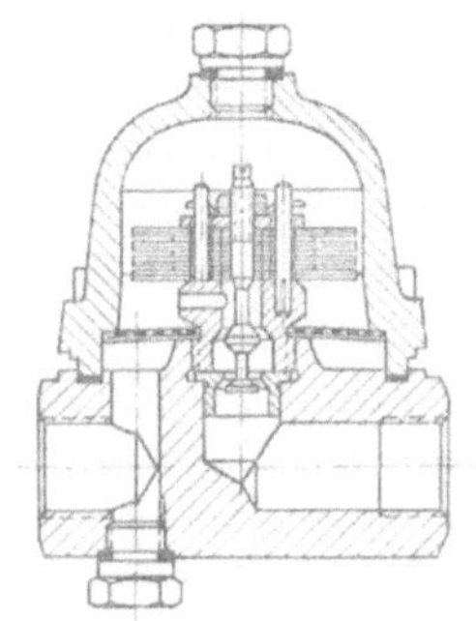
Abb. 4.97. Stufendüsenkondensomat mit zusätzlicher thermischer Bimetallsteuerung.

Wird das Kondensat aus einer Hochdruckleitung in einer offenen, also mit der Atmosphäre in Verbindung stehenden Leitung abgeführt, so tritt bei der Druckentlastung ein Nachdampfen aus dem Kondensat ein. Die Verdampfungswärme des so gebildeten Dampfes geht meist für den Betrieb verloren. Auf 1 kg Kondensat bezogen, sind dies bei 3 at Dampfdruck 34 kcal, bei 5 at Dampfdruck 54 kcal.

Bei diesem Vorgang geht aber nicht nur die Wärme, sondern auch die verdampfte Kondensatmenge selbst verloren und muß durch Zusatzspeisewasser ersetzt werden. Bei 3 at sind das 6%, bei 5 at 10% Kondensatverlust. Zur Erhöhung der Wirtschaftlichkeit des Betriebes werden deshalb häufig die im Kondensatsammelgefäß sich bildenden Wrasen in einem Wasservorwärmer noch ausgenutzt, s. Abb. 6.19, 6.20. Bei Fernleitungen kühlt man vielfach das Kondensat, bevor es in den Kondenstopf eintritt.

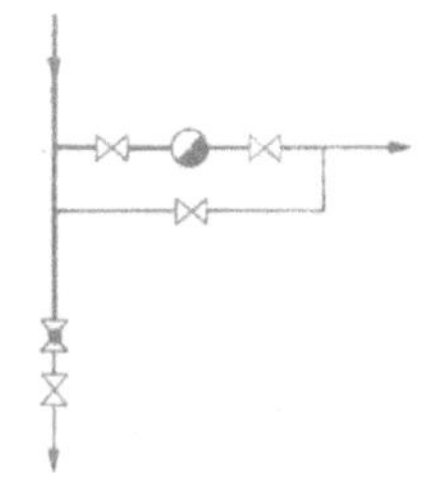
Abb. 4.98. Einbau eines Kondensatableiters.

c) Be- und Entlüfter

Dampfleitungen und Dampfverbrauchsgeräte müssen beim Inbetriebnehmen entlüftet, beim Abschalten belüftet werden. Dies kann entweder von Hand geschehen — bei großen Leitungen bzw. Verbrauchern und seltenem Schalten — oder selbsttätig. Niederdruckdampfheizungen stehen über die Kondensatleitung in offener Verbindung mit der Atmosphäre, ent- und belüften sich also auf diesem Wege. In absperrbaren Netzteilen, die häufig an- bzw. abgestellt werden, baut man selbsttätige Ent- und Belüfter ein. Sie ähneln bei ND-Anlagen im Aufbau dem in Abb. 4.93 dargestellten Dampfstauer. Ein auf Temperaturänderungen ansprechender Ausdehnungskörper schließt ein kleines Luftventil bei Dampfdurchtritt und öffnet es wieder beim Erkalten.

6. Wärmeschutz

Alle Rohrleitungen einer Heizanlage, die in nicht zu erwärmenden Räumen liegen, sind durch Isolierung gegen Wärmeverluste weitgehend zu schützen. Besondere Beachtung ist der Isolierung zu schenken, wenn die betreffenden Räume kühl gehalten werden sollen, z. B. Vorratskeller für Lebensmittel, oder wenn die Leitung gegen Einfrieren geschützt werden muß, z. B. Wasserleitungen in Dachböden.

Eine gute Isolierung soll folgende Eigenschaften aufweisen:

1. Die Wärmeleitzahl soll niedrig sein,
2. das Material muß temperaturbeständig und gegen Feuchtigkeitseinflüsse möglichst unempfindlich oder gegen Durchfeuchtung gut geschützt sein,
3. die Isolierung soll eine gewisse Festigkeit gegen mechanische Beanspruchung aufweisen,

4. das Aufbringen der Isolierschichten soll einfach sein, ihre Ausbesserung leicht durchführbar.

Als Ausgangsstoffe kommen in Betracht: Kieselgur, Magnesia, Asbest, Gichtstaub, Kork, Glasgespinste, Mineral- und Schlackenwolle.

a) Wärmeleitzahl

Die Dämmwirkung einer Isolierschicht gegebener Stärke hängt in erster Linie von der Wärmeleitzahl λ des verwendeten Materials ab. Für die wichtigsten Isolierstoffe sind in Zahlentafel A 23 (zweiter Band) die Wärmeleitzahlen, z. T. in Abhängigkeit von der Temperatur und der Dichte, angegeben. Die Werte liegen im Bereich $\lambda = 0{,}03$ bis 0,1 kcal/m h grd und wachsen i. allg. mit zunehmender Temperatur und Dichte.

Für Isolierungen mit mehreren im Wärmestrom hintereinanderliegenden Schichten rechnet man mit der *äquivalenten* Wärmeleitzahl; es ist die Wärmeleitzahl eines gedachten Körpers einheitlicher Struktur, der bei gleicher Dicke der Isolierung die gleiche Dämmwirkung aufweisen würde wie die ausgeführte mehrschichtige Isolierung.

In der Praxis wird die aus Wärmeleitzahl und Isolierdicke zu errechnende Dämmwirkung einer Isolierung zumeist nicht ganz erreicht, da mit gewissen Ungenauigkeiten der Ausführung (Abweichungen in den Dicken der einzelnen Schichten, ungleichmäßig gefüllte Fugen) gerechnet werden muß. Zum Teil treten auch zusätzliche Wärmeverluste durch Stütz- oder Haltevorrichtungen der Isolierung auf. Diese Einflüsse sind berücksichtigt in der *Betriebswärmeleitzahl*. Dieser Wert ist daher Wärmeverlustrechnungen zugrunde zu legen und von der ausführenden Firma zu gewährleisten[1].

Die Betriebswärmeleitzahl bzw. bei Mehrschichtenisolierung die äquivalente Betriebswärmeleitzahl läßt sich bei ausgeführten Wärmeschutzanlagen mit Hilfe des SCHMIDTschen Wärmeflußmessers nachprüfen. Er besteht aus einem 6 cm breiten und etwa 3 mm starken Gummistreifen, in den beiderseitig dicht unterhalb der Oberflächen eine große Anzahl hintereinandergeschalteter Thermoelemente eingebaut ist. Legt man den Meßstreifen um eine in Betrieb befindliche Leitung, so stellt sich zwischen den Oberflächen eine Temperaturdifferenz ein, die ein Maß für den Wärmefluß je Flächeneinheit ist. Zu dem Wärmeflußmesser gehört daher noch ein empfindliches Millivoltmeter. Der beigegebene Eichschein ermöglicht die Umrechnung der abgelesenen Thermospannung auf den spezifischen Wärmefluß in kcal/m^{2}h. Um Randeinflüsse an der Meßstelle zu vermeiden, werden zu beiden Seiten des Meßstreifens zwei gleichartige Blindstreifen um das Rohr gelegt. Bezüglich weiterer Einzelheiten über derartige Messungen und ihre Fehlermöglichkeiten sei auf das einschlägige Schrifttum verwiesen[2].

Mißt man die Wärmeverluste einer Rohrleitung direkt — z. B. bei Dampfleitungen mit Hilfe des anfallenden Kondensates, bei Wasserleitungen aus Wasserstrom und Temperaturdifferenz —, so werden auch die durch Einbauteile, wie Halterungen, Flansche, Absperrorgane, Dehnungsausgleicher u. dgl. abgegebenen Wärmemengen miterfaßt. Sie können einen so erheblichen Anteil an dem Gesamtwärmeverlust ausmachen, daß aus derartigen Messungen nur bedingt auf die Güte der Isolierung geschlossen werden kann. Aus diesem Grunde ist es auch unangebracht, von der Isolierfirma Garantien über den maximalen Wärmeverlust einer größeren Rohrstrecke oder den Temperaturabfall in einer längeren Heißwasserleitung zu fordern.

b) Verschiedene Arten der Wärmedämmung

Nach Art der Verarbeitung unterscheidet man: plastische Abdämmung, biegsame Abdämmung, Formstücke und Stopfisolierung. Für Heizungsanlagen werden vorwiegend die ersten beiden Ausführungen verwendet, Formstücke nur bei hohen Temperatur- oder Festigkeitsanforderungen, Stopfisolierungen zuweilen für Fernheizleitungen.

---

[1] VDI 2055. Wärme- und Kälteschutz; Berechnungen, Garantien, Meßverfahren und Lieferbedingungen für Wärme- und Kälteisolierungen. Dez. 1958.

[2] CAMMERER, J. S.: Der Wärme- und Kälteschutz in der Industrie. 4. Aufl. Berlin/Göttingen/Heidelberg: Springer 1962.

Plastische Wärmeschutzmassen. Der Ausgangsstoff — meist Kieselgur, aber auch Magnesia und Gichtstaub — wird pulverförmig angeliefert, vor der Verarbeitung mit Wasser zu einer Schmiermasse angerührt und in dünnen Schichten auf das Rohr aufgetragen. Das Rohr muß während der Ausführung beheizt werden, um ein fortlaufendes Trocknen der Masse zu ermöglichen. Diese Art der Isolierung wird wegen ihrer einfachen Ausführung, der leichten Anpassung an beliebige Oberflächenformen, z. B. Rohrbogen und Abzweige, und der guten Lagerfähigkeit des Materials vielfach verwendet, vor allem bei kleineren Rohrdurchmessern. Sie ist billig und kann bei Beschädigungen ohne Schwierigkeiten ausgebessert werden.

Biegsame Dämmstoffe in Form von Matten und Zöpfen. Faserige Dämmstoffe, wie Glas- und Mineralgespinst, werden auf Pappen aufgesteppt, unmittelbar um die Rohrleitung gelegt und mit Draht gebunden. Im Gegensatz zu den Schmiermassen kann diese Isolierung auf kalte Leitungen aufgebracht werden. Die Matten lassen sich leicht abnehmen und später wieder verwenden. Die Mattenisolierung wird bei mittleren bzw. größeren Rohrdurchmessern und höheren Anforderungen an den Wärmeschutz bevorzugt.

Seidenzöpfe und korkgefüllte Schläuche stellen hochwertige, aber auch teure Dämmstoffe für Kondensat- und Warmwasserleitungen dar; auch zur Abdämmung von Flanschen und Armaturen werden sie verwendet.

Formstücke. Fertige Isolierschalen aus Kieselgur, Kork und Magnesiumkarbonat ermöglichen eine gleichmäßige und schnelle Ausführung der Isolierung. Sie sind druckfest und besitzen eine hohe Lebensdauer. Von Nachteil ist die Notwendigkeit, für jeden Durchmesser besondere Schalen, evtl. sogar in verschiedenen Materialstärken, vorhalten zu müssen. Auch ist die Isolierung von Bogen, Abzweigen, Absperrungen u. dgl. schwierig. In der Heizungstechnik werden Korkschalen zuweilen angewendet, wenn hohe Anforderungen an den Wärmeschutz und das Aussehen einer Isolierung gestellt werden, z. B. in Zentralen.

Stopfisolierungen. Bei dieser Isolierart wird der Dämmstoff in Hohlräume eingebracht, die um die zu schützenden Rohrleitungen oder Behälterwände mittels Drahtgeflecht- oder Blechmänteln geschaffen werden. Isolierschalen dienen dabei als Abstandshalter zwischen Rohr und Hülle. Bei faserigen Stoffen, wie Glas- und Schlackenwolle, genügt ein Mantel aus Drahtgeflecht, der nach Einbringen des Materials eine äußere Schutzhülle erhält. Bei pulverförmigen Stoffen, wie Kieselgur, Magnesia, Gichtstaub, muß ein Blechmantel mit Füllschlitz vorgesehen werden, der später verschlossen wird. Die Stopfisolierung ist, besonders mit Blechmantel, hochwertig, aber auch teuer. Sie setzt große zu isolierende Flächen voraus und wird wegen ihrer Haltbarkeit und Witterungsbeständigkeit vielfach für Fernleitungen, die im Freien verlegt sind, verwendet.

Auch mehrfach unterteilte Luftschichten wirken isolierend. Davon wird bei der Wellpappenisolierung Gebrauch gemacht. Durch Verwendung gespannter bzw. geknitterter Aluminiumfolien läßt sich auch der Strahlungsaustausch zwischen den Begrenzungsflächen weitgehend verhindern (Alfol-Isolierung). Im Heizungsfach hat diese Isolierung bis jetzt kaum Eingang gefunden.

c) Ausführungsfragen

Soweit die verschiedenen Isolierungen nicht in sich schon eine gewisse mechanische Festigkeit aufweisen, erhalten sie als äußeren Schutz meist einen Hartmantel aus Gips und Kieselgur. In feuchten Räumen sowie bei Kanal- und Freiverlegung wird an Stelle des Hartmantels eine Umhüllung mit teerfreier Pappe gewählt. Die Pappe wird durch Stahlbänder gehalten und mit Bitumen mehrfach gestrichen, evtl. auch verklebt.

Die Isolierung muß stets in solchem Abstand von Flanschen enden, daß Schrauben und Dichtungen ausgewechselt werden können. Bei senkrechten Leitungen muß die Isolierung durch Blechscheiben und Winkeleisen nach unten abgestützt werden, um ihr Abreißen zu verhindern.

Die Schaltorgane der Rohrleitungen werden bei Heizungsanlagen i. allg. nicht isoliert, es sei denn, daß man eine zu starke Erwärmung der betreffenden Räume vermeiden will, wie z. B. bei Zentralen. In Warmwasserheizungen ist der Verzicht auf die Isolierung in Anbetracht der im Mittel niedrigen Temperaturen berechtigt. Bei Dampfheizungen und Fernleitungen mit Heizmitteltemperaturen über 100 °C bringt jedoch die Isolierung der Schaltorgane zumeist auch wirtschaftliche Vorteile.

Zu wenig Beachtung wird bei diesen Anlagen i. allg. noch den Wärmeverlusten an den Auflagestellen und Halterungen der Rohrleitungen geschenkt. Die Kontaktflächen zwischen Rohrwand und Halterung sollen so knapp wie möglich gehalten werden; evtl. sind Asbeststreifen zur Verminderung der Wärmeableitung einzulegen. Bewegliche Aufhängungen sind so anzubringen, daß bei Dehnung der Rohrleitung die Isolierung nicht beschädigt wird. Bei höheren Temperaturen des Heizmittels sind Dehnungsfugen im Hartmantel vorzusehen. Für die Auswahl des Isoliermaterials sollten neben dem Preis vor allem die betrieblichen Anforderungen (Temperatur, mechanische und Witterungsbeanspruchung) maßgebend sein.

Bei ausgedehnten Heiznetzen und insbesondere bei Fernleitungen muß die Isolierdicke durch eine wirtschaftliche Vergleichsrechnung bestimmt werden. Näheres darüber und über die Ermittlung der Wärmeverluste von Rohrleitungen s. neunter Abschnitt im zweiten Band. Für normale Hausanlagen können die Isolierdicken nach Tab. 4.05 gewählt werden, wobei man in Grenzfällen bei Dampfleitungen die höheren, bei Warmwasserleitungen die niedrigeren Werte zugrunde legt.

Hängt bei Zentralheizungen die Funktion einer Anlage und die geforderte Leistung von der Güte des Wärmeschutzes ab, so empfiehlt es sich, der Heizungsfirma auch die Ausführung der Isolierung zu übertragen, so daß die Gewährleistung in einer Hand bleibt.

Tabelle 4.05. *Übliche Isolierdicke bei Heizanlagen*

Rohrdurchmesser mm l. Weite	Isolierdicke mm
10— 30	20
30— 70	30
70—100	40
über 100	40 (50)

D. Pumpen und Apparate

Neben Kesseln, örtlichen Heizflächen und Rohrleitungen mit ihrem Zubehör sind für den Aufbau größerer Heizanlagen noch einige zusätzliche maschinentechnische Bauteile und Apparate erforderlich.

1. Pumpen

Wasserheizungen von größerer waagerechter Ausdehnung werden zur Sicherstellung des Wasserumlaufs, zuweilen auch nur zu seiner Beschleunigung, mit Umwälzpumpen ausgestattet. Meist handelt es sich um einstufige Radialpumpen, bei denen das spiralige Pumpengehäuse

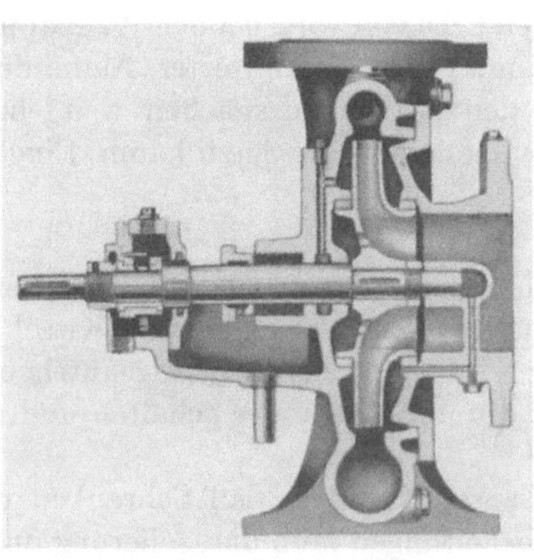

Abb. 4.99. Warmwasser-Umwälzpumpe.

Abb. 4.100. Heißwasser-Umwälzpumpe.

entweder an einen kräftigen Lagerstuhl angeflanscht ist oder ein Anbaulager trägt und das Laufrad fliegend auf der Welle sitzt, s. Abb. 4.99. Der Axialschub kann durch Entlastungsbohrungen im Laufradboden aufgehoben werden. Die Pumpe wird direkt mit der Antriebsmaschine — i. allg. ein Elektromotor — gekuppelt. Zur Vermeidung von Geräuschbelästigungen empfiehlt sich die Verwendung von Gleitlagern und besonders geräuscharmen Motorenbauarten mit nicht zu hohen Drehzahlen (950 oder 750 U/min).

Bei Wassertemperaturen über 100 °C sollen die Stopfbuchsen mit Rücksicht auf das Packungsmaterial wassergekühlt sein. Bei Temperaturen über 130 °C sind Sonderausführungen für Heißwasser am Platz, bei denen die Pumpe beidseitig gelagert ist und auch die Lager gekühlt werden, Abb. 4.100.

Dienen die Pumpen der Kondensatrückförderung, so sollte bei Wassertemperaturen über 65 °C das Kondensat stets der Pumpe zulaufen; die Widerstände in der Zuflußleitung sind möglichst niedrig zu halten. Für die Speisung von Dampfkesseln höheren Druckes genügen einstufige Kreiselpumpen nicht mehr; man ist auf mehrstufige Ausführungen angewiesen. Beim Anschluß der Pumpen an das Rohrnetz ist darauf zu achten, daß keine oder nur geringe Dehnungskräfte an den Zu- und Ablaufstutzen wirksam werden können. Die Anschlußleitungen sind entsprechend elastisch zu gestalten, evtl. auch in Höhe des Anschlußflansches mit Festpunkten zu versehen.

Als Antriebsmotoren werden vorwiegend Drehstrom-Kurzschlußmotoren mit einfachem Käfigläufer verwendet, die mit konstanter Drehzahl laufen. Schleifringläufer gestatten eine Abwärtsregelung der Drehzahl. Von dieser Möglichkeit wird jedoch nur selten — z. B. bei Umwälzpumpen großer Anlagen — Gebrauch gemacht, zumal die Motoren verhältnismäßig teuer sind und die Regelung den Wirkungsgrad des Motors herabsetzt. Häufiger schon findet man polumschaltbare Motoren für verschiedene Drehzahlen. Die Leistung des Motors wählt man etwa 20% größer als die erforderliche Pumpenleistung, um bei einer etwaigen Erhöhung der Fördermenge eine ständige Überlastung des Motors zu vermeiden.

Bei nicht allzu großen Einheiten werden Pumpe und Motor auf gemeinsamer Grundplatte montiert, die schwingungsgedämmt auf das Fundament aufgesetzt wird.

Bei großen Heizzentralen mit Dampfkesseln lassen sich die Umwälzpumpen auch durch *Dampfturbinen* antreiben. Für diesen Zweck sind besondere Bauarten von Kleindampfturbinen für niedrige Frischdampfdrücke entwickelt worden[1], s. Abb. 4.101. Der Abdampf der Turbinen wird in Wärmeaustauschern niedergeschlagen und für die Heiz- oder Brauchwassererwärmung nutzbar gemacht, s. auch Abb. 4.182. Bei dem geringen Druckgefälle — oft nur 0,45 atü/0,05 atü — ist der spezifische Dampfverbrauch der Niederdruckturbinen sehr hoch. Es ist daher zu prüfen, ob bzw. unter welchen Betriebsverhältnissen der Abdampf noch untergebracht werden kann.

Abb. 4.101. Niederdruckdampfturbine, mit Umwälzpumpe gekuppelt.

Die Dampfturbine sichert den Wasserumlauf der Heizanlage auch bei Stromausfall. Als Antriebsaggregat ist sie zudem besonders betriebssicher und in der Drehzahl leicht regelbar. Ihr Hauptvorteil liegt in der Einsparung des Pumpenstrombedarfs, der oft die Jahresbetriebskosten einer Heizanlage empfindlich beeinflußt. Die Kosten der für die mechanische Arbeit aufzuwendenden Wärme (unter Berücksichtigung der Kessel- und Rohrleitungsverluste etwa 1200 kcal/kWh) betragen meist nur einen Bruchteil des Preises für eine Kilowattstunde.

Die Eignung einer Kreiselpumpe für bestimmte Betriebsverhältnisse läßt sich am besten an Hand einer *Kennlinie* beurteilen. Sie gibt den Zusammenhang zwischen Förderstrom und Förderdruck einer Pumpe bei gleichbleibender Drehzahl in Diagrammform wieder und wird

[1] JUNGBLUTH, M.: Niederdruck-Kleindampfturbinen für Umwälzpumpen bei Warmwasserheizungen. Heizg. u. Lüftg. 10 (1936) 152/156. — SCHEINEMANN, W.: Der Antrieb von Umwälzpumpen bei Wasserheizungen. Heizg. u. Lüftg. 17 (1943) 45/55.

durch Versuche ermittelt, s. zehnter Abschnitt im zweiten Band. Mit zunehmender Fördermenge geht der Förderdruck i. allg. zurück. Man trägt in dieses Diagramm zweckmäßgerweise auch noch die Leistungs- und Wirkungsgradkurven ein. Arbeitet die Pumpe im Bereich des Wirkungsgradmaximums, was man stets anstreben sollte, so wächst der Kraftbedarf infolge des abnehmenden Wirkungsgrades bei höherem Förderstrom trotz abfallender Druckhöhe noch weiter an. Ein zu reichlich dimensioniertes Heiznetz führt daher leicht zu einem überhöhten Strombedarf für Antriebszwecke. Es bleibt bei ausgeführten Anlagen dann meist nur der Ausweg, die umgewälzte Wassermenge durch Drosselung herabzusetzen.

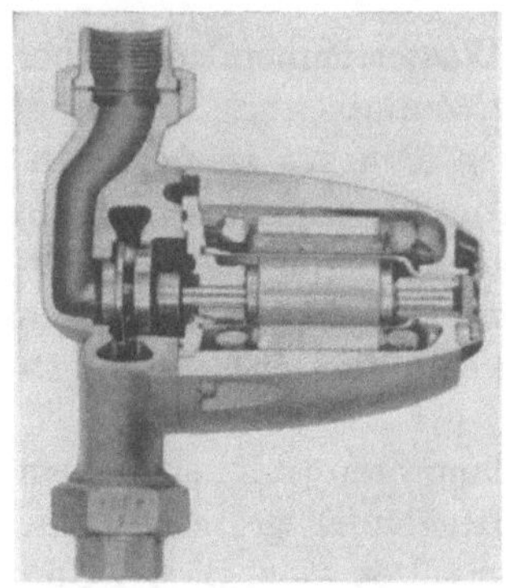

Abb. 4.102. Rohrpumpe.

Im allgemeinen betreibt man Warmwasserheizungen mit gleichbleibender Umlaufwassermenge und regelt die Heizleistung durch Veränderung der Vorlauftemperatur. Bei großen Anlagen wird zuweilen zur Einsparung von Stromkosten der Wasserumlauf in den Nachtstunden oder in sonstigen Zeiten schwacher Belastung (Übergangszeit) herabgesetzt. Die *Wassermengenregelung* läßt sich durchführen durch Drosselung mittels eines Regelorgans, Änderung der Pumpendrehzahl oder Betrieb einzelner Pumpen einer Gruppe.

Bei Motorenantrieb wählt man meistens die dritte Art. Man teilt die Gesamtfördermenge auf mehrere Aggregate auf, wobei sowohl Pumpen gleicher als auch verschiedener Leistung zusammengeschaltet werden. Häufig findet man die Unterteilung in zwei gleich große Einheiten; eine dritte Pumpe gleicher Leistung wird dann zur Reserve aufgestellt.

Bei der Auswahl der Pumpen sind ihre Kennlinien im Zusammenhang mit der hydraulischen Charakteristik des gesamten Rohrnetzes zu betrachten, s. zehnter Abschnitt im zweiten Band.

Zunehmend werden bei Warmwasserheizungen auch Kleinpumpen verwendet, die unmittelbar in das Rohrnetz eingebaut sind, s. Abb. 4.102. Konstruktionen ohne Stopfbuchse mit Wasserschmierung gewährleisten einen praktisch wartungsfreien Betrieb. Die Förderhöhe dieser Pumpen ist relativ gering. Sie eignen sich daher besonders für kleinere oder Teilstromkreise größerer Anlagen. Zuweilen werden sie auch nur als Hilfspumpen in Schwerkraftheizungen verwendet, sei es beim Anheizen oder zur Sicherstellung einer gleichmäßigen Wasserverteilung bei Betriebsverhältnissen, die von den Auslegungsbedingungen erheblich abweichen. Bei Stillstand der Pumpe beeinträchtigt ihr geringer Strömungswiderstand den Schwerkraftwasserumlauf nicht wesentlich.

2. Wärmeaustauscher

In den Zentralen größerer Heizanlagen muß häufig die von den Kesseln oder durch Fernleitungen gelieferte Wärme auf ein anderes Heizmittel, z. B. Warmwasser, übertragen werden. Man bedient sich hierzu besonderer Wärmeaustauscher, die in der Heizungstechnik zumeist in einer Bauart ähnlich Abb. 4.103 Verwendung finden.

U-Rohr-Wärmeaustauscher. In einem liegenden zylindrischen Behälter aus Stahlblech oder Gußeisen ist ein Heizrohrbündel aus U-förmig gebogenen Kupfer- oder Stahlrohren untergebracht. Die Rohre sind in eine starke Stahlplatte eingewalzt, die durch die Flanschen des Gehäuses und eines vorderen geteilten Kopfstückes gehalten wird. Der Heizdampf tritt im oberen Teil des Kopfstückes ein, durchströmt die Heizrohre und verläßt als Kondensat bzw. Dampf-Wasser-Gemisch den unteren Teil des Kopfstückes. Das Heizungswasser umströmt, von unten kommend, die Heizrohre, wobei eine Trennwand einen Gegenlauf zwischen Heizdampf und Wasser bewirkt (Gegenstromapparat). Die Dehnung der Rohre kann bei der U-Form in einfacher Weise aufgenommen werden; allerdings ist deren innere Reinigung mechanisch kaum durchführbar. Zur äußeren Reinigung kann das ganze Rohrbündel nach Lösen der Dampf- bzw. Kondensatanschlüsse und Abnahme des Kopfstückes nach vorn herausgezogen werden. Bei der Aufstellung der Wärmeaustauscher ist auf genügenden Abstand von gegenüberliegenden Wänden oder Apparaten zu achten.

Bei Undichtheiten an einzelnen Heizrohren eines großen Rohrbündels können die schadhaften Rohre vorübergehend durch Abpflocken ausgeschaltet werden, ohne daß die Leistung des Apparates dadurch allzusehr beeinträchtigt wird.

Geradrohr-Wärmeaustauscher. Legt man auf gute innere Reinigungsfähigkeit der Rohre und leichte Auswechselbarkeit Wert, so geht man auf Austauscher mit geraden Heizrohren über, s. Abb. 4.104. Diese Apparate sind auch am hinteren Ende durch einen abnehmbaren Deckel abgeschlossen. Die Heizrohre sind beidseitig in Platten eingewalzt; die vordere Platte ist fest mit dem Gehäuse verbunden, die hintere kann sich mit Dichtung gegen das Gehäuse in Rohrrichtung frei bewegen.

Die gleichen oder ähnliche Bauarten von Wärmeaustauschern werden verwendet, wenn Hochdruckdampf oder Heißwasser als Heizmittel dienen.

Geradrohrwärmeaustauscher können sowohl einflutig mit wechselseitigen Heizmittelanschlüssen als auch mehrflutig, dann meist mit gleichseitigen Heizmittelanschlüssen, aus-

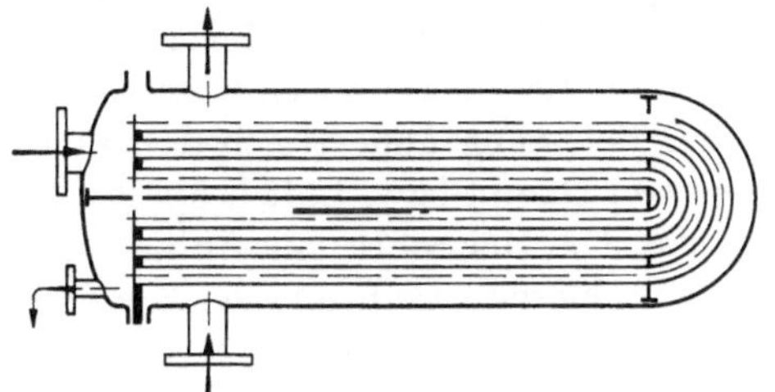

Abb. 4.103. U-Rohr-Wärmeaustauscher, Dampf/Wasser.

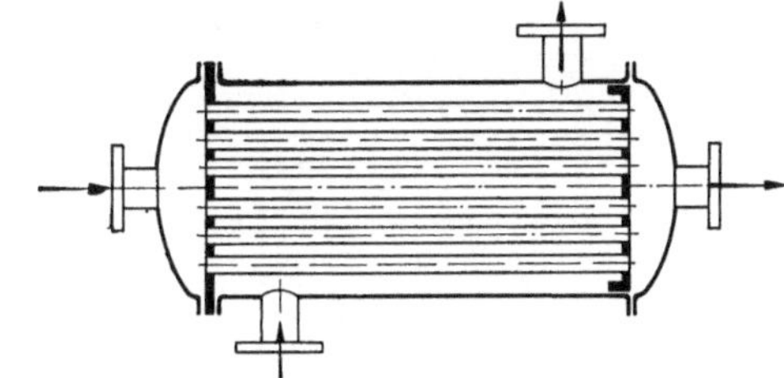

Abb. 4.104. Geradrohr-Wärmeaustauscher.

gebildet sein. In diesem Fall sind die Endkammern ein- oder mehrfach unterteilt. Man wählt die letztgenannte Ausführung vorwiegend dann, wenn das Heizungswasser *durch* die Rohre geführt wird und hohe spezifische Leistungen gefordert werden. Der Druckverlust solcher Apparate ist wasserseitig relativ hoch.

Unterteilung der Heizfläche. Bei größeren Heizanlagen empfiehlt sich eine Unterteilung der erforderlichen Wärmeaustauscherleistung auf zwei oder mehr Apparateeinheiten. Die *Wärmeaustauscher* sind meist *parallel geschaltet*. Bei schwacher Belastung ist nur ein Apparat in Betrieb. Wird die gesamte Heizwassermenge durch diesen Apparat geführt, so wächst der Druckverlust stark an. Die Anschlußweiten des Vor- und Rücklaufs sind daher reichlich zu bemessen.

Man kann bei schwacher Belastung auch einen Teil des Heizungswassers an den Wärmeaustauschern in einer Kurzschlußleitung vorbeischleusen. In diesem Falle ergibt sich die Vorlauftemperatur der Heizung als Mischtemperatur der beiden Teilströme. Je nach dem Mengenstromverhältnis ist sonach die Ablauftemperatur am Wärmeaustauscher um ein bestimmtes Maß höher einzuhalten als die gewünschte Vorlauftemperatur. Die Beipaßschaltung, wie die Umgehung der Apparate durch einen Teilstrom auch genannt wird, hat den Vorteil des geringeren Druckverlustes, erfordert aber auch höhere Heizmitteltemperaturen, die bei heißwasserbeheizten Apparaten oder bei Fremdbezug der Heizwärme durchaus unerwünscht sein können.

Seltener trifft man bei Heizanlagen *hintereinandergeschaltete Wärmeaustauscher*. Sie gewinnen erst Bedeutung bei Wasserheizungen mit großen Temperaturunterschieden zwischen Vor- und Rücklauf oder wenn Heizdampf verschiedener Druckstufen zur Verfügung steht. Bei der Hintereinanderschaltung ergeben sich zumeist umständlichere und teurere Rohranschlüsse. Werden die Wärmeaustauscher zwecks Platz- und Rohrleitungsersparnis übereinander angeordnet und sekundärseitig direkt verbunden, so sind sie jeweils nur als Gruppe in Betrieb zu nehmen.

Wärmeaustauscher, die der mittelbaren Erzeugung von ND-Dampf durch Heißwasser oder Hochdruckdampf dienen, erhalten einen vergrößerten Wasser- und Dampfraum. Abb. 4.105 gibt eine derartige Ausführung im Schnitt wieder. Ähnliche Bauformen zeigen die in der Praxis als „Boiler" bezeichneten Wärmeaustauscher zur Erwärmung von Brauchwasser, s. Abb. 5.01; sie dienen zugleich als Wärmespeicher, wobei die Heizrohre im unteren Teil des liegend oder auch stehend angeordneten zylindrischen Speichergefäßes untergebracht sind.

Mischvorwärmer. Eine Sonderbauart der Wärmeaustauscher ohne eigentliche Heizflächen sind die Mischvorwärmer. Bei ihnen werden Heizdampf und Wasser unmittelbar zusammengebracht. Der Dampf wird entweder mittels zahlreicher Düsen in das Wasser eingeblasen oder das Wasser wird in einem dampferfüllten Raum fein versprüht, s. Abb. 6.24.

Leistungsregelung. Die Leistung der Wärmeaustauscher wird bei Warmwasserheizungen im allg. nach der Vorlauftemperatur geregelt. Das Regelventil sitzt in der Heizmittelzuleitung zwischen Wärmeaustauscher und Absperrorgan und gibt je nach Bedarf den Durchflußquerschnitt mehr oder weniger frei. Dampfbeheizte Wärmeaustauscher müssen beim Anfahren entlüftet werden. Bei Niederdruckdampf geschieht dies entweder über die mit der Atmosphäre in Verbindung stehende Kondensatleitung oder, wenn Kondensatableiter eingebaut sind, mittels einer selbsttätigen Entlüftung unmittelbar hinter dem Heizregister. Sie ist zugleich als Belüftung ausgebildet, damit beim Drosseln oder völligen Abschalten des Heizdampfes wieder Luft in die Heizrohre eintreten kann. Je nach der Belastung ändert sich dabei der Anteil der von Dampf bzw. Luft bespülten Rohrheizfläche. Die Heizrohre müssen zur sicheren und geräuschlosen Abführung des Kondensates mit Gefälle zum Kondensatabfluß hin angeordnet sein.

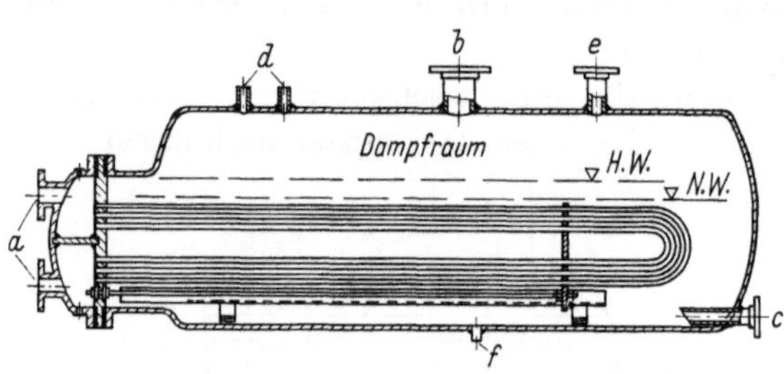

Abb. 4.105. Wärmeaustauscher als Dampferzeuger. *a* Heizwasseranschluß, *b* Dampfentnahme, *c* Kondensat oder Speisewasser, *d* Entlüftung und Manometer, *e* Sicherheitsventil, *f* Entleerung.

Mit Hochdruckdampf beheizte Wärmeaustauscher werden in der Regel nur *ent*lüftet, aber nicht *be*lüftet, zumal häufig das Kondensat unter Druck in den Sammler zurückgeführt werden muß. Meist ist auf dem Kondenstopf selbst eine von Hand zu bedienende oder auch selbsttätige Entlüftung vorgesehen. Mit der Drosselung der Dampfmenge geht bei Teillast im Heizregister der Druck zurück. Das Kondensat staut sich an und schaltet dabei einen Teil der Rohre als dampfberührte Heizfläche aus, kühlt sich andererseits aber auch bis nahe an die Wassereintrittstemperatur ab. Das Regelventil wird bei derartigen Apparaten zuweilen im Kondensatabfluß eingebaut, so daß das Kondensat stets unter dem vollen Heizdampfdruck abgeführt werden kann.

Die Heizfläche der Wärmeaustauscher von Wasserheizungen wird nach der bei maximalen Heizwassertemperaturen geforderten Leistung ausgelegt. Das bedeutet, daß die gleichen Apparate bei niedrigen Wassertemperaturen und insbesondere beim Anheizen ein Vielfaches ihrer theoretischen Höchstleistung abgeben können. Dadurch wird notwendig die Regelung bei Teillast erschwert. Auch ist bei der Bemessung der Anschlüsse und Einrichtungen auf der Dampf- bzw. Kondensatseite auf diesen Umstand Rücksicht zu nehmen.

3. Schaltpläne und Strangzeichnungen, Sinnbilder

Aufbau und Wirkungsweise wärmetechnischer Anlagen lassen sich am leichtesten an vereinfachten Schaltplänen und Rohrzeichnungen deutlich machen. In die Schaltpläne (auch Wärmeschaltbilder genannt) werden nur die funktionsmäßig wichtigsten Teile der Anlage eingezeichnet, also Wärmeerzeuger, Pumpen, Wärmeverbraucher u. dgl., und zwar in der Regel einfach, auch wenn mehrere Aggregate vorhanden sind. Man ersieht aus diesen Darstellungen die grundsätzliche Arbeitsweise einer Anlage sowie Aufgabe und gegenseitige Zuordnung der Hauptteile.

Soll der Aufbau einer Heizungsanlage im einzelnen erkennbar sein, so sind Wärmeerzeuger, Heizflächen und Sicherheitseinrichtungen höhengerecht in eine Zeichnung einzutragen und schaltungsrichtig zu verbinden. Man nennt diese Zeichnung das „Strangschema" der Anlage; vervollständigt durch Angaben über die Leitungsdurchmesser, die Heizkörperbauarten und -größen sowie sämtliche Rohrleitungen und Zubehörteile, dient sie als Montagezeichnung. Anfertigung und Verständlichkeit dieser Zeichnungen werden erleichtert, wenn dabei die wichtigsten Einbauteile von Zentralheizungen durch Symbole dargestellt werden. Die in diesem Buch verwendeten Sinnbilder lehnen sich an die in der allgemeinen Wärmetechnik gebräuchlichen an; sie sind in der Tafel A wiedergegeben.

Tafel A. Sinnbilder der Heiztechnik

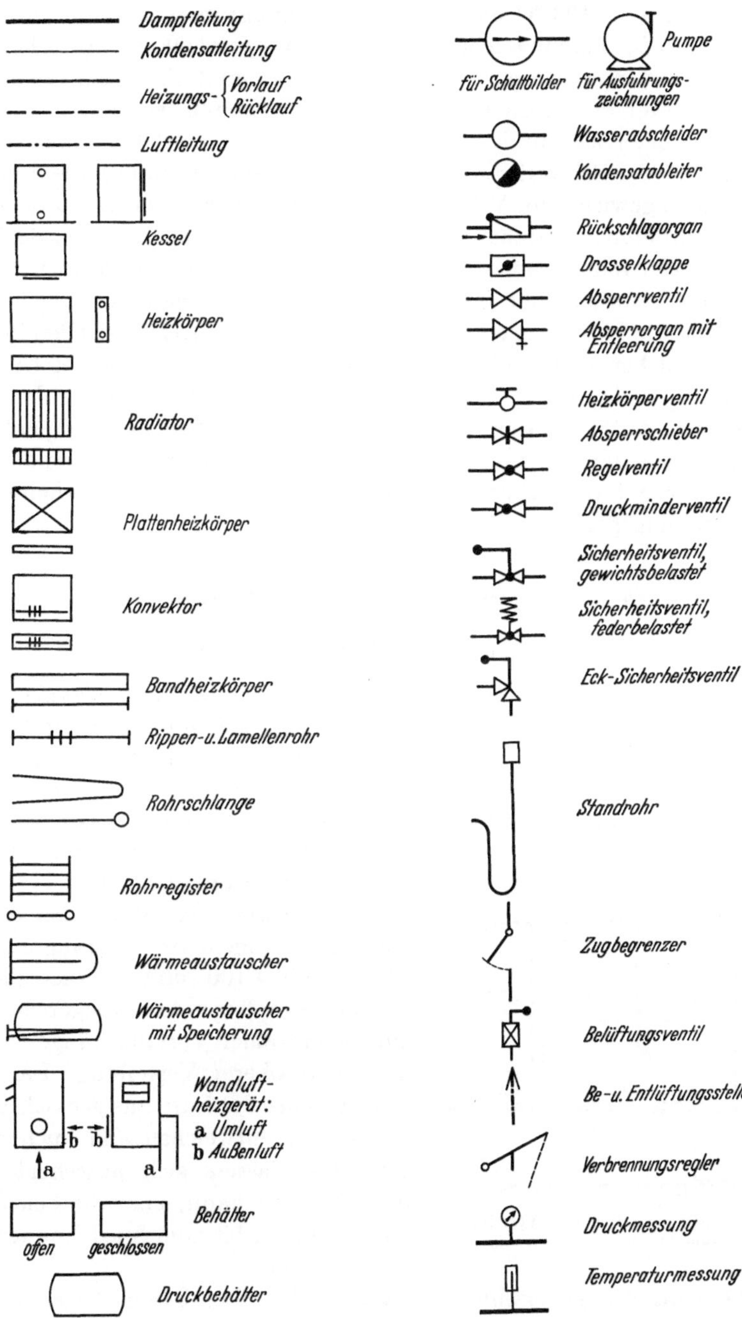

III. Warmwasserheizungen

Wasserheizungen können sowohl in offener als auch in geschlossener Bauart ausgeführt werden. Bei der offenen Ausführung steht die Heizanlage in ihrem höchsten Teil, d. i. das Ausdehnungsgefäß, in Verbindung mit der Atmosphäre. Die Heizwassertemperaturen müssen also an jeder Stelle der Anlage niedriger sein als die dem jeweiligen Druck zugeordnete Verdampfungstemperatur des Wassers. Nur in den unteren Teilen des Netzes sind bei offenen Anlagen Temperaturen über 100 °C möglich; meist begnügt man sich mit höchsten Wassertemperaturen von 90 bis 95 °C. Man bezeichnet derartige Anlagen als *Warm*wasserheizungen.

Sollen höhere Wassertemperaturen erreicht werden, so muß die geschlossene Bauart gewählt und das ganze Netz unter entsprechendem Überdruck gehalten werden.

Nach der Art, wie der Wasserumlauf zustande kommt, unterscheidet man Schwerkraft- und Pumpenheizungen. Bei der Schwerkraftheizung wird der Wasserumlauf allein durch den Unterschied der Wassersäulengewichte im Vorlauf und Rücklauf hervorgerufen und aufrechterhalten. Die wirksame Druckdifferenz ist dabei relativ klein, je nach Gebäudehöhe 50 bis 500 mm WS. Sie reicht jedoch für Gebäude geringer horizontaler Ausdehnung häufig aus. Mit zunehmender Größe der Heizanlage erfordert der Schwerkraftbetrieb unverhältnismäßig große Rohrdurchmesser; auch läßt sich die Wasserverteilung nicht mehr einwandfrei unter allen Betriebsbedingungen beherrschen. In solchen Fällen übernehmen Pumpen die Förderung des Umlaufwassers; die Förderhöhen der Pumpen liegen bei 1 bis 4 m WS, je nach der Ausdehnung der Anlage.

Im grundsätzlichen Aufbau unterscheiden sich Schwerkraft- und Pumpenheizungen nicht. Die wichtigsten Systeme der Warmwasserheizung werden daher im folgenden an Hand von Strangzeichnungen für Schwerkraftanlagen besprochen. Auf die Sonderheiten des Pumpenbetriebs wird später eingegangen.

A. Anlagen mit örtlichen Heizkörpern

1. Aufbau und Rohrführung

Der Wärmeerzeuger *a* befindet sich an der tiefsten Stelle der Heizanlage, s. Abb. 4.106. Das erwärmte Heizwasser wird durch senkrechte Rohre (Stränge) und waagerechte Rohre (Verteilleitungen) den Heizkörpern *b* zugeführt und nach Abkühlung durch Fallstränge und eine Sammelleitung *S* wieder zum Kessel zurückgeleitet. Am höchsten Punkt des Rohrnetzes ist ein Ausdehnungsgefäß *c* angeordnet, das beim Anheizen das vergrößerte Wasservolumen der Anlage aufnimmt und gleichzeitig eine offene Verbindung mit der Atmosphäre herstellt.

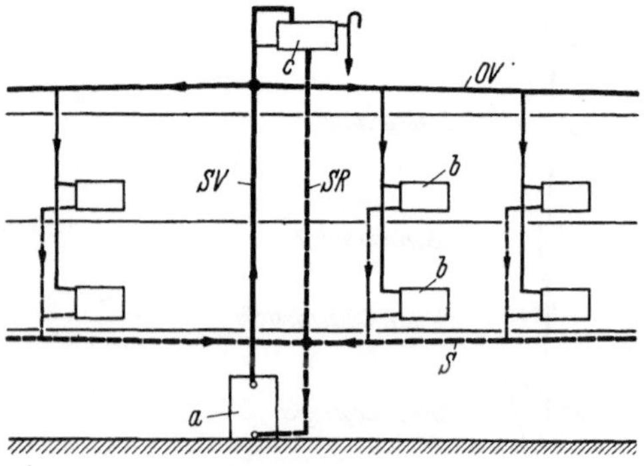

Abb. 4.106. Warmwasserheizung mit oberer Verteilung, Zweirohrsystem.

Obere Verteilung. Wird das erwärmte Wasser zunächst in einem Hauptstrang nach oben geführt, wie in Abb. 4.106, und in einer über den höchsten Heizkörpern liegenden waagerechten Leitung *OV* auf die einzelnen Vorlaufstränge verteilt, so spricht man von oberer Verteilung. Damit beim Füllen des Systems die Luft aus Kessel, Rohrleitung und Heizkörper entweichen und auch die beim Erwärmen des Wassers sich ausscheidende Luft abgeführt werden kann, sind alle Leitungen, vom Kessel beginnend bis zum Ausdehnungsgefäß, mit Steigung verlegt.

Bei Abb. 4.106 wird das abgekühlte Heizwasser der übereinanderliegenden Heizkörper in einem besonderen Rücklaufstrang gesammelt. Diese Rohranordnung nennt man *Zweirohr*system. Man kann auch den Vorlauffallstrang jeweils bis zur Rücklaufsammelleitung durchführen und die Heizkörper im Zu- und Ablauf mit diesem Strang verbinden (*Einrohr*system), s. Abb. 4.107. Der Fallstrang dient hier also gleichzeitig als Vor- und Rücklauf. Eine besondere

Bauform der Einrohrheizung, die neuerdings häufiger angewendet wird, ist in Abb. 4.108 dargestellt. Hier sind die Strangleitungen horizontal verlegt, wobei sämtliche Heizkörper eines Geschosses oder eines Geschoßteils vom gleichen Strang versorgt werden können. Die Strangleitung wird in der Regel an der Gebäudeaußenwand verlegt; in der Anordnung der Heizkörper ist man dadurch relativ frei. Jeder Heizkörper erhält ein besonderes Entlüftungsorgan. Man bevorzugt bei diesem System den unteren Wassereintritt am Heizkörper, der einfacher herzustellen und gegen Zirkulationsstörungen durch Luftansammlung im Heizkörper weniger empfindlich ist als der obere Vorlaufanschluß. Neben normalen Stahlrohren finden dabei auch

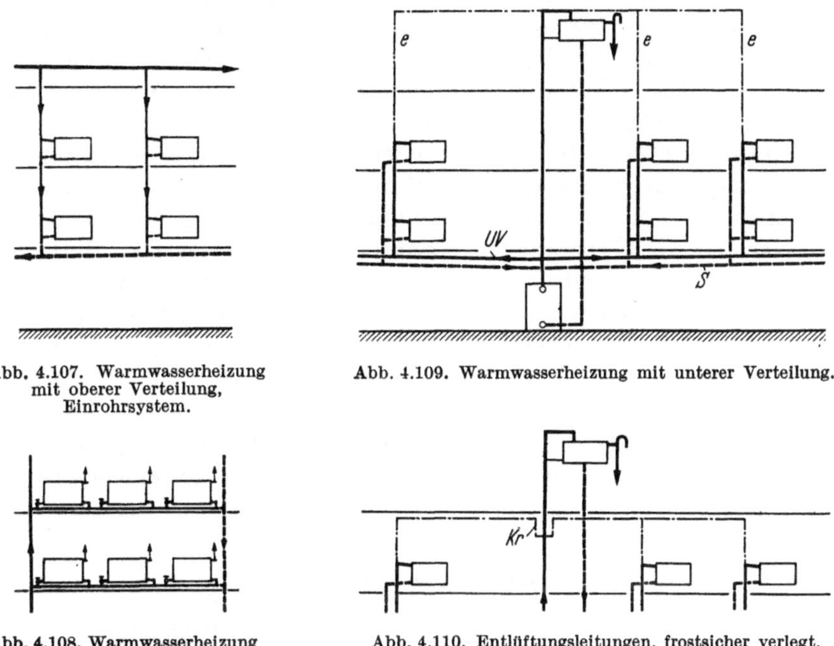

Abb. 4.107. Warmwasserheizung mit oberer Verteilung, Einrohrsystem.

Abb. 4.109. Warmwasserheizung mit unterer Verteilung.

Abb. 4.108. Warmwasserheizung im waagerechten Einrohrsystem.

Abb. 4.110. Entlüftungsleitungen, frostsicher verlegt.

solche mit Rechteckprofilen Verwendung, deren dem Raum zugekehrte Seite eine wirksame Zusatzheizfläche darstellt.

Untere Verteilung. Bei der unteren Verteilung wird die Hauptvorlaufleitung *UV* im Keller verlegt, s. Abb. 4.109. Von ihr zweigen die jetzt steigenden Vorlaufstränge ab. Die Rücklaufleitungen sind in gleicher Weise geführt wie beim Zweirohrsystem mit oberer Verteilung. Da die Steigstränge jeweils im obersten Geschoß enden, müssen zu ihrer Entlüftung besondere Luftleitungen vorgesehen werden. Sie verbinden das Ende der Vorlaufstränge mit dem Luftraum des Ausdehnungsgefäßes. Bei ungeheizten Dachräumen besteht dann aber die Gefahr, daß die in den Dachraum hineinragenden ruhenden Wassersäulen (*e* in Abb. 4.109) einfrieren. Man muß deshalb häufig die Entlüftungsleitungen in das oberste, noch beheizte Stockwerk verlegen, s. Abb. 4.110. Ohne die Kröpfungen an der Stelle *Kr* würden sich die Entlüftungsleitungen mit Wasser füllen, und es könnten unerwünschte Zirkulationen zwischen Teilen eines Systems eintreten. Durch die Kröpfungen erzielt man Luftsäcke in den Entlüftungsleitungen, die diese Zirkulation verhindern.

Vor- und Nachteile der einzelnen Systeme. Anlagen mit oberer Verteilung ergeben bei reinem Schwerkraftbetrieb höhere Umlaufkräfte; sie kommen auch schneller in Gang als solche mit unterer Verteilung. Die Keller sind leichter kühl zu halten. Von Nachteil sind die höheren Wärmeverluste, wenn auch die Erwärmung des Dachbodens durch die oberen Verteilleitungen in manchen Fällen erwünscht ist.

Bei unterer Verteilung wird das Rohrnetz etwas billiger. Auch können diese Anlagen erforderlichenfalls von oben her stockwerkweise außer Betrieb genommen werden, ohne daß die ganze Anlage stillgesetzt werden muß (Instandsetzungsarbeiten, Notbetrieb).

Sollen die Anlagekosten möglichst niedrig gehalten werden, so wird i. allg. die untere Verteilung bevorzugt. Man geht jedoch zur oberen Verteilung über, wenn bei Schwerkraftbetrieb Umlaufschwierigkeiten befürchtet werden oder wenn auf Kühlhaltung der Keller großer Wert gelegt wird bzw. die Unterbringung zweier Hauptleitungen im Keller unmöglich ist.

Die obere Verteilung ist notwendig bei der vertikalen Einrohrausführung. Dieses System ermöglicht eine einfache und bei frei vor der Wand verlegten Leitungen auch schönere Rohrmontage (keine Kreuzungen und Kröpfungen!). Bei großen und hohen Gebäuden macht das Einregeln der Heizkörper auf die geforderte Leistung erfahrungsgemäß bei der Einrohrausführung weniger Schwierigkeiten als bei der Zweirohrausführung. Auch wird die Wasserverteilung auf die Heizkörper eines Stranges durch unterschiedliche Umtriebsdrücke bei sich ändernder Belastung weniger beeinflußt als beim Zweirohrsystem. Einrohrheizungen eignen sich des weiteren besser für den Betrieb mit großen Differenzen zwischen Vor- und Rücklauftemperatur; ein Umstand, der bei Fernheizanschlüssen oft ins Gewicht fällt, s. S. 280.

Infolge der von oben nach unten abnehmenden Wassereintrittstemperaturen sind bei vertikalen Einrohrheizungen die Heizkörper in den unteren Geschossen größer als in den oberen. Etwaige Ersparnisse am Rohrnetz werden dadurch zumeist wieder aufgehoben. In gewissem Umfang lassen sich die Heizkörpergrößen in den einzelnen Stockwerken durch Änderung der durchfließenden Wassermengen einander angleichen. Als Vorteile der waagerechten Einrohrheizung sind zu nennen: Geringere Zahl der Vertikalstränge, größere Freiheit in der Aufstellung der Außenwandheizkörper, Möglichkeit der gemeinsamen Absperrung und der Leistungsmessung für die Heizkörper eines Geschoßteils, erleichterter nachträglicher Einbau der Anlage. Als Nachteile sind die bei der vertikalen Ausführung schon erwähnte Minderung der Heizkörperleistung in der Strömungsrichtung und die gegenseitige Leistungsabhängigkeit hintereinander geschalteter Heizkörper anzusehen. Der Einbau von Umwälzpumpen ist auch bei kleinen Anlagen notwendig.

2. Sicherheitseinrichtungen

Heizungsanlagen werden in der Mehrzahl der Fälle von Laien oder technisch nicht geschulten Personen bedient. Die Kessel sind oft über viele Stunden ohne Aufsicht. Die Anlagen sind daher so auszubilden, daß weder durch Bedienungsfehler noch durch Betriebsstörungen Gefahren oder größere Schäden auftreten können.

Die Gefahren gehen stets vom Wärmeerzeuger aus; es ist sonach in erster Linie die Kesselanlage zu sichern. Wird beispielsweise ein Kessel angeheizt, der im Vor- und Rücklauf völlig abgesperrt ist, so wird er durch die Ausdehnung des Wassers schon gesprengt, bevor das Wasser zum Sieden kommt. Bei einem in Betrieb befindlichen Kessel kann durch plötzliches Abschalten großer Wärmeverbraucher oder durch Versagen des Verbrennungsreglers das Kesselwasser verdampfen. Der Dampf muß dann gefahrlos abgeführt werden, wobei durch Nachströmen von Rücklaufwasser ein Leerkochen des Kessels nach Möglichkeit verhindert werden soll. Die folgenden Ausführungen befassen sich nur mit den wichtigsten Sicherheitsvorschriften für Warmwasserheizungen mit direkt gefeuerten Kesseln an Hand der deutschen Norm DIN 4751[1]. Sie sind als Einführung in Sinn und Zweck solcher Bestimmungen gedacht, bedürfen in vielen Fällen sonach noch der Ergänzung durch ein sorgfältiges Studium der jeweiligen Vorschriften.

Die wichtigste Bestimmung besagt, daß alle mit Brennstoffen, Abgasen oder elektrisch geheizten Kessel offener Wasserheizungen durch zwei *unabsperrbare Sicherheitsleitungen* mit dem Ausdehnungsgefäß der Anlage verbunden sein müssen.

Nach dem Anschluß an den Kessel werden sie unterschieden in Sicherheitsvorlaufleitung und Sicherheitsrücklaufleitung. Die Sicherheitsvorlaufleitung kann sowohl von oben als von unten in das Ausdehnungsgefäß einmünden. Sie soll ein etwa entstehendes Dampf-Wasser-Gemisch zuverlässig abführen, so daß der Druck im Kessel den durch die Höhenlage des Ausdehnungsgefäßes gegebenen Wert nicht überschreitet. Die Sicherheitsrücklaufleitung endet im

---

[1] DIN 4751 Bl. 1. Sicherheitstechnische Ausrüstung von Warmwasserheizungen mit Vorlauftemperaturen bis 110 °C. Nov. 1962.

unteren Teil des Ausdehnungsgefäßes; sie soll das ausgeblasene Wasser wieder zum Kessel zurückführen, um ein Leerkochen und damit ein Ausglühen des Kessels zu vermeiden.

Beide Sicherheitsleitungen dürfen *keine Verengungen* (z. B. Drosselvorrichtungen) aufweisen und sollen in *steter Steigung* zum Ausdehnungsgefäß verlegt werden. Ihr lichter Durchmesser muß mindestens 25 mm betragen, im übrigen aber folgenden Bedingungen genügen:

Für Sicherheitsvorlaufleitungen

$$d_V \geqq 15 + 1{,}5\sqrt{\frac{Q}{1000}}, \tag{4.01}$$

für Sicherheitsrücklaufleitungen

$$d_R \geqq 15 + \sqrt{\frac{Q}{1000}}. \tag{4.02}$$

Hierbei bedeuten:

d_V bzw. d_R die lichten Durchmesser der Leitungen in mm,
Q die Kesselleistung in kcal/h (Nennleistung).

Tab. 4.06 zeigt, bis zu welcher Kesselleistung Rohre der Nennweiten 25 bis 150 nach diesen Formeln als Vorlauf- bzw. Rücklauf-Sicherheitsleitungen verwendet werden können.

Tabelle 4.06. *Bemessung von Sicherheitsleitungen in Abhängigkeit von der Kesselleistung*

Sicherheitsleitungen d_V und d_R Nennweite mm	Für Sicherheitsvorlaufleitung	Für Sicherheitsrücklaufleitung
	bis zu einer Kesselleistung von kcal/h	
25	50000	100000
32	130000	290000
40	280000	630000
50	550000	1230000
65	1400000	3000000
80	1900000	4200000
100	3200000	7200000
125	5400000	12100000
150	8100000	18200000

Von der Forderung nach zwei gesonderten Sicherheitsleitungen sind jetzt in Deutschland Heizkessel bis maximal 80000 kcal/h Leistung befreit, wenn eine völlige und unverzögerte thermostatische Abschaltung der Wärmelieferung möglich ist (gas- oder ölbeheizte Kessel)[1]. Zur Vermeidung unzulässiger Drucksteigerungen ist ein baumustergeprüftes, auf 2,5 atü eingestelltes Sicherheitsventil einzubauen. In solchen Fällen sind statt der offenen Ausdehnungsgefäße auch geschlossene Bauarten mit Luft- oder Gaspolster zugelassen, s. Abb. 4.117. Da derartige Ausdehnungsgefäße in Kesselnähe angeordnet werden können, spart man die langen Sicherheitsleitungen. Auch wird durch den Wegfall der offenen Verbindung mit der Atmosphäre die Korrosionsgefahr vermindert. Die Entlüftung des ganzen Systems erfolgt hier über ein an der höchsten Stelle der Anlage angebrachtes Luftgefäß, wie es bei fernbeheizten Hausanlagen üblich ist, s. S. 285/86.

Anlagen mit einem Kessel. Erhält ein Kessel weder im Vorlauf noch im Rücklauf ein Absperrorgan, so ergeben sich besonders einfache Verhältnisse. Es wird nämlich nicht verlangt, daß die Sicherheitsleitungen in ihrer ganzen Länge als eigene Leitungen neben den schon bestehenden Strängen ausgeführt werden, vielmehr können Vorlauf und Steigstrang bzw. Rücklauf und Fallstrang zur Herstellung dieser Verbindungen mit benutzt werden, vorausgesetzt nur, daß in dem betreffenden Zug der Rohrführung keine Absperrung möglich ist, die Leitung überall mit Steigung verlegt ist und der lichte Durchmesser der Vorschrift entspricht.

Für die Sicherheitsvorlaufleitung *SV* verwendet man bei oberer Verteilung meist die Hauptsteigleitung (Abb. 4.106) oder bei kleineren Anlagen einen der Steigstränge (Abb. 4.111). Man schließt sie in der Regel oberhalb des höchsten Wasserstandes an das Ausdehnungsgefäß an, um eine ständige Zirkulation des Wassers über die beiden Sicherheitsleitungen zu unterbinden.

Als Sicherheitsrücklaufleitung *SR* kann ein Rücklaufstrang genügender Lichtweite Verwendung finden, wenn die Querschnitte den Vorschriften entsprechen und die Heizkörper dieses Stranges keine Absperrorgane erhalten. Diese Ausführung findet man häufig bei Stockwerksheizungen.

Anlagen mit mehreren Kesseln. Werden mehrere Kessel ohne Absperrorgane in den Vor- und Rücklaufleitungen zu einer Gruppe zusammengefaßt, so können diese Kessel mit dem

[1] Siehe DIN 4751 Bl. 2.: Sicherheitstechnische Ausrüstung von Warmwasserheizungen mit Vorlauftemperaturen bis 110 °C; offene und geschlossene Anlagen bis 80000 kcal/h mit thermostatischer Absicherung. Juni 1964. (Neuerdings ist die höchste zulässige Wärmeleistung auf 130000 kcal/h heraufgesetzt worden. Es ist zu erwarten, daß dieser Leistungsbereich noch auf etwa 300000 kcal/h erweitert wird).

Ausdehnungsgefäß gemeinsam durch *eine* Sicherheitsvorlauf- und *eine* Sicherheitsrücklaufleitung verbunden werden. Die lichten Weiten dieser Leitungen sind nach den obigen Gleichungen zu berechnen, wobei für Q die Nennleistung der ganzen Gruppe einzusetzen ist. Erhalten die Kessel im Vorlauf und Rücklauf Absperrorgane, um sie vorübergehend vom Wasserumlauf ausschalten und bei Schäden ausbauen zu können, so muß jeder Kessel einzeln den Vorschriften entsprechend abgesichert werden, s. Abb. 4.112. Gerade beim Wiederinbetriebnehmen nach Reparaturen wird leicht das Öffnen der Absperrorgane vergessen, so daß Kesselzerknalle möglich sind.

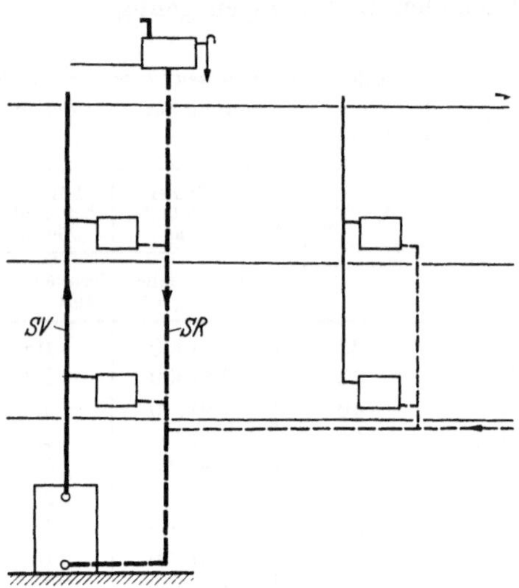

Abb. 4.111. Sicherheitsleitungen bei einem nicht absperrbaren Kessel.

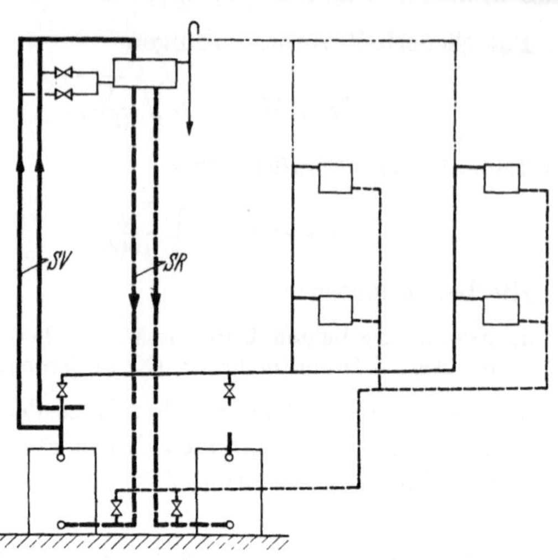

Abb. 4.112. Getrennte Sicherheitsleitungen bei zwei absperrbaren Kesseln.

Die Verlegung der vielen einzelnen Sicherheitsleitungen läßt sich bei absperrbaren Kesseln vermeiden durch Einbau von *Sicherheitswechselventilen* an Stelle normaler Absperrorgane, s. Abb. 4.113. Das Wechselventil gibt bei Abschluß des Hauptdurchgangs $A-B$ zwangsläufig einen zweiten Weg $A-C$ für den Wasserstrom frei. Schließt man an den Nebenflansch ein offenes Ausblasrohr an, so ist der Kessel bei abgesperrtem Vor- bzw. Rücklauf über den Nebenweg unmittelbar mit der Atmosphäre verbunden. Der zweite Abgang des Wechselventils und die Ausblasleitung müssen in ihrer Lichtweite den Werten der Formeln (4.01) bzw. (4.02) entsprechen. Auch können die Ausblasleitungen der Wechselventile im Vor- und Rücklauf sowie für mehrere Kessel zusammengefaßt werden, s. Abb. 4.114. Damit zeitweise abgeschaltete

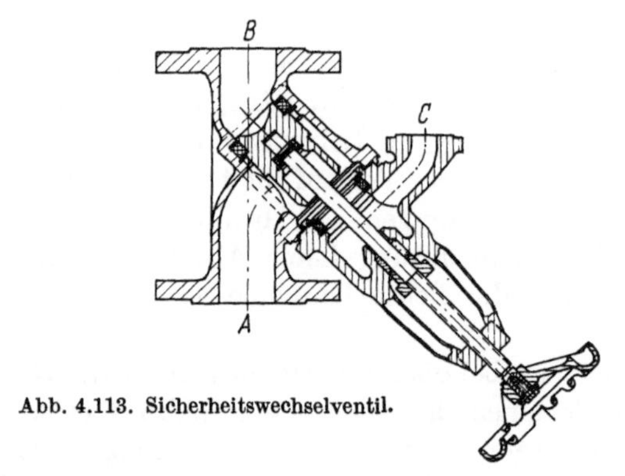

Abb. 4.113. Sicherheitswechselventil.

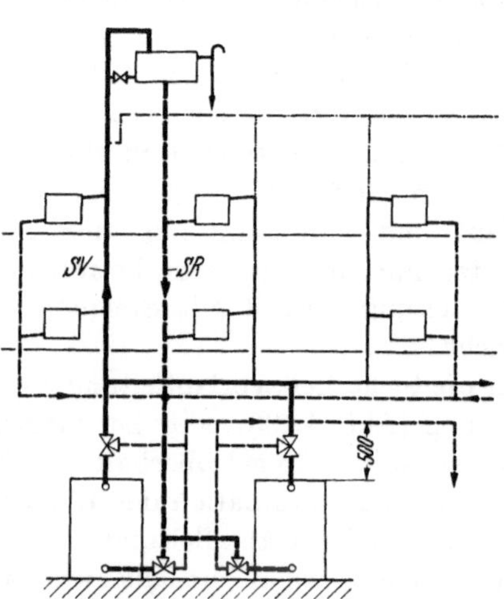

Abb. 4.114. Gemeinsame Sicherheitsleitungen bei zwei mit Wechselventilen absperrbaren Kesseln.

Kessel mit Wasser gefüllt bleiben, wird die Ausblassammelleitung mindestens 500 mm über Kesseloberkante verlegt. Der Wasserverlust beim Umschalten eines Wechselventils oder durch Undichtheiten im Betrieb — Wechselventile schließen selten auf die Dauer dicht ab — läßt sich vermeiden, wenn man die Ausblasleitung in das Ausdehnungsgefäß hochführt.

Bei großen Kesseln mit starken Vor- und Rücklaufanschlüssen werden die unmittelbar in die Hauptleitungen eingebauten Wechselventile teuer und unhandlich. Es empfiehlt sich, in solchen Fällen ein normales Absperrorgan im Vor- bzw. Rücklauf vorzusehen und das Sicherheitswechselventil in eine Umgehungsleitung kleineren Durchmessers einzusetzen, s. Abb. 4.115. Der in den Sicherheitsvorschriften vorgeschriebene lichte Durchmesser muß jedoch eingehalten werden. Um die Zahl der Wechselventile einzuschränken, wählt man zuweilen auch für die Absicherung absperrbarer Kessel oder Kesselgruppen eine Kombination beider Ausführungsmöglichkeiten. Man gibt jedem Kessel eine gesonderte Sicherheitsvorlaufleitung, baut in die Rückläufe aber Wechselventile ein, so daß man mit *einer* Sicherheitsrücklaufleitung auskommt, die am gemeinsamen Rücklauf abgeht.

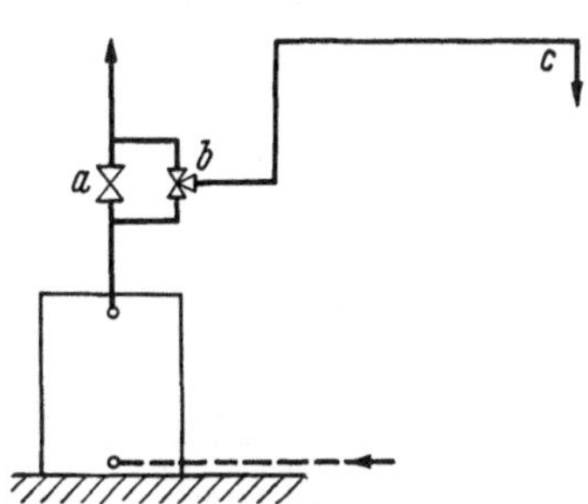

Abb. 4.115. Sicherheitswechselventil in einer Umgehung des Hauptabsperrorgans. *a* Hauptabsperrung, *b* Sicherheitswechselventil, *c* Ausblasleitung.

3. Ausdehnungsgefäß

Als Ausdehnungsgefäße verwendet man allseitig geschlossene Stahlblechbehälter in Zylinder- oder auch Kastenform. Ihr Volumen muß ausreichen, um die zweifache Wasserausdehnung der Heizanlage aufzunehmen. Zylindrische Ausdehnungsgefäße von 30 bis 1000 l Inhalt sind in ihren Hauptmaßen und Anschlußstutzen genormt, s. DIN 4806[1]. Sie lassen sich sowohl stehend als auch liegend anordnen. Die Blechdicke soll mindestens 3 mm betragen.

Abb. 4.116 zeigt ein liegendes zylindrisches Gefäß mit den erforderlichen Anschlußleitungen. Die Sicherheitsvorlaufleitung *a* wird i. allg. oben in das Gefäß eingeführt, die Sicherheitsrücklaufleitung *c* unten. Um bei Frostgefahr ein Einfrieren des Wasserinhaltes zu vermeiden, wird eine kurze Zirkulationsleitung *b* zwischen Sicherheitsvorlauf und Ausdehnungsgefäß vorgesehen. Es genügt hierfür eine $^3/_4$''-Leitung, die zur Einschränkung des Wasserumlaufs mit einem Drosselorgan versehen wird.

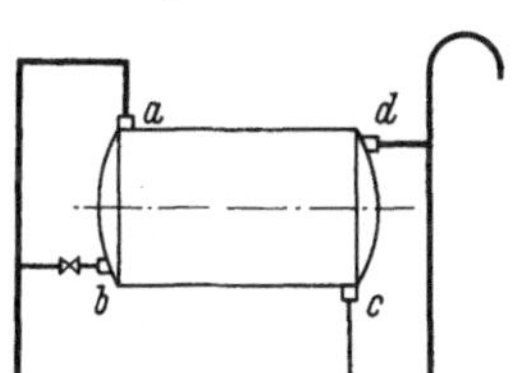

Abb. 4.116. Offenes Ausdehnungsgefäß mit Anschlüssen. *a* Sicherheitsvorlauf, *b* Zirkulation, *c* Sicherheitsrücklauf, *d* Überlauf- und Luftleitung.

Diese Schaltung begünstigt allerdings Korrosionsschäden im Ausdehnungsgefäß. Es ist daher zulässig, die Zirkulationsverbindung zwischen Vor- und Rücklaufleitung dicht unter dem Gefäß vorzusehen. Die Erwärmung des Wassers im Sicherheitsrücklauf teilt sich dabei auch dem Wasserinhalt des Ausdehnungsgefäßes mit. In jedem Fall müssen aber das Gefäß und seine Zuleitungen gut isoliert und nach Möglichkeit an frostgeschützter Stelle eingebaut werden, z. B. dicht am Schornstein.

Jedes offene Ausdehnungsgefäß erhält eine nach Formel (4.01) zu bemessende Überlaufleitung *d*. Zumeist wird durch den Überlauf auch die vorgeschriebene Verbindung des Ausdehnungsgefäßes mit der Atmosphäre hergestellt. Die Überlaufleitung erhält zu diesem Zweck eine über das Gefäß hinausführende Luftleitung, die in einem Umkehrbogen offen endet. Es ist zweckmäßig, die Überlaufleitung bis in den Heizkeller zu verlängern und sie dort sichtbar über einem Abfluß ausmünden zu lassen. Das Bedienungspersonal kann dadurch die Füllung der Heizanlage kontrollieren. Zur Beobachtung des Betriebswasserstandes ist im Kesselraum noch ein in m WS eingeteiltes Manometer angebracht. Die Wasserstandsprüfung wird erleichtert, wenn ein Ausdehnungsgefäß mit kleiner Grundfläche und großer Höhe, bei zylindrischen Gefäßen also die stehende Anordnung gewählt wird.

[1] DIN 4806. Ausdehnungsgefäße für Heizungsanlagen. Sept. 1953. (Neufassung in Vorbereitung).

Bei größeren Heizanlagen findet man aus Gründen der Platzersparnis vielfach auch kastenförmige Ausdehnungsgefäße. Sie sind mit aufgeschraubtem Deckel versehen, so daß sie zur Reinigung bzw. für die Anbringung eines Schutzanstriches innen zugänglich bleiben. Wird der erforderliche Ausdehnungsraum auf mehrere Gefäße aufgeteilt so sind diese durch reichlich bemessene, nicht absperrbare Wasserausgleichsleitungen zu verbinden. Jedes Gefäß ist dabei mit einer im Querschnitt seinem Anteil am Gesamtinhalt entsprechenden Überlauf- und Entlüftungsleitung zu versehen, die zu einer gemeinsamen Ablaufleitung geführt werden. Man kann auch jeder Kesseleinheit ein eigenes Ausdehnungsgefäß mit gesonderten Sicherheitsvorlauf-, Sicherheitsrücklauf- und Überlaufleitungen zuordnen. Die Ausgleichsleitungen zwischen den einzelnen Gefäßen können in diesem Fall zur Erleichterung von Reparaturen mit Absperrorganen ausgerüstet werden.

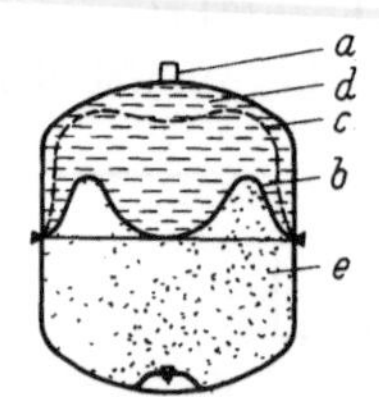

Abb. 4.117. Geschlossenes Ausdehnungsgefäß mit Membran und Gaspolster.
a Anschluß der Verbindungsleitung zum Kessel, *b* Gummimembran (Betriebsstellung), *c* Membranstellung beim Anheizen, *d* Wasserraum, *e* Gasraum.

Abb. 4.117 zeigt ein geschlossenes Ausdehnungsgefäß nach S. 159 für kleine Heizanlagen. Ein zylindrisches Stahlgefäß wird durch eine in halber Länge eingebaute Gummimembran in 2 Teilräume aufgegliedert. Der eine ist über die Sicherheitsleitung unabsperrbar mit dem Wasserraum des Kessels verbunden, der andere mit einem inerten Gas, z. B. Stickstoff, gefüllt. Die Ausdehnung des Wasserinhaltes der Heizanlage beim Erwärmen wird von dem Stickstoffpolster unter entsprechender Druckerhöhung aufgenommen (Einbau s. Abb.4.120). Als Grenzdruck sind nach DIN 4751 Bl. 2 2,5 atü zugelassen.

4. Strangabsperrung

Bei der Ausbildung des Rohrnetzes ist darauf zu achten, daß etwaige Reparaturen oder das Auswechseln von Heizkörpern und Ventilen möglichst ohne Stillsetzen der Gesamtanlage oder größerer Teile der Anlage vorgenommen werden kann.

Die früher zu diesem Zweck gebräuchliche Doppelabsperrung der Heizkörper im Vor- und Rücklauf wird heute kaum noch angewendet. Man begnügt sich damit, bestimmte Gruppen oder bei ausgedehnten Anlagen und hohen Anforderungen an die Sicherheit des Betriebes die einzelnen Stränge absperrbar einzurichten. Zu diesem Zweck erhält jeder Strang zwei Absperrvorrichtungen, die bei oberer Verteilung nach Abb. 4.118 angeordnet sind. Das obere Abschlußorgan (*a*) ist mit Lufteinlaß, das untere (*b*) mit Entleerung versehen. Bei Beschädigung eines Heizkörpers wird der betreffende Strang entleert, während die ganze übrige Anlage ungestört in Betrieb bleibt. Als Strangabsperrungen werden statt gewöhnlicher Ventile, die einen großen Strömungswiderstand aufweisen, mit Vorteil Schrägsitzventile oder Strangschieber benutzt.

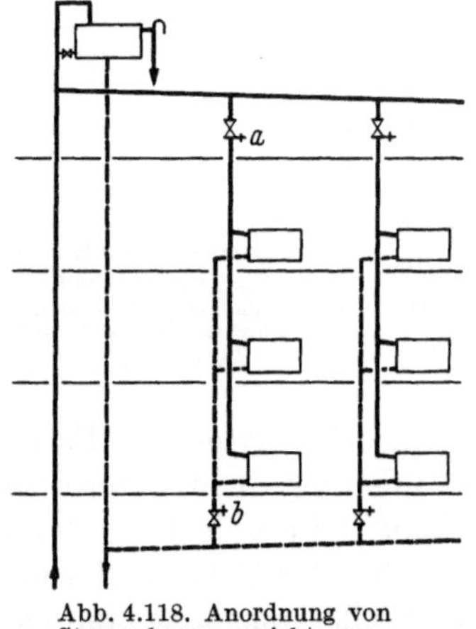

Abb. 4.118. Anordnung von Strangabsperrvorrichtungen.

5. Stockwerksheizung

Die Stockwerksheizung ist eine Sonderbauform der Warmwasserheizung, bei der Wärmeerzeuger und Heizkörper im gleichen Geschoß aufgestellt sind, s. Abb. 4.119. Sie läßt sich sowohl für Schwerkraft- als auch für Pumpenbetrieb ausführen. Beim Schwerkraftbetrieb sind die den Wasserumlauf bewirkenden Kräfte infolge des geringen oder ganz fehlenden Höhenunterschiedes zwischen Wärmeerzeuger und Heizflächen nur gering; sie resultieren im wesentlichen aus der Abkühlung des Wassers im Vorlauf. Dementsprechend sind die Leitungsdurchmesser groß. Die an der Geschoßdecke verlegten Vorlaufleitungen werden nicht isoliert. Auch sieht man häufig davon ab, die Heizkörper an den Fenstern aufzustellen, sondern wählt die Anordnung an der Innenwand. Die geringen Rohrlängen ermöglichen kleinere Rohrdurchmesser und billigere Anlagen. Zudem kann bei der größeren Bauhöhe der Innenwandheizkörper ein den Wasserumlauf hemmender, negativer Höhenunterschied zwischen Kessel und Heizflächen vermieden werden. Man stellt i. allg. den Kessel in einem der zu erwärmenden Räume selbst auf, z. B. bei Wohnungen in der Diele oder der Küche. Der Kessel ist dadurch unter ständiger Überwachung.

Beim Einbau einer Pumpe kommt man mit wesentlich kleineren Rohrdurchmessern aus, wird freier in der Rohrführung und kann die raumklimatisch günstigere Außenwandanordnung der Heizkörper wählen. Die Entwicklung betriebssicherer und praktisch geräuschloser Rohrpumpen kleiner Leistung hat der Stockwerksheizung in den letzten Jahren ein neues Gesicht gegeben. Zumeist verlegt man das Rohrnetz in horizontaler Einrohrausführung, wobei wegen der kleinen Durchmesser auch Kupferrohre Verwendung finden. Mit Gas als Brennstoff entfallen die sonst der Stockwerksheizung eigenen Nachteile in der Lagerung und dem Transport der Brennstoffe, der Feuerbedienung und der Beseitigung der Rückstände. Auch läßt sich die Anlage in einfacher Weise für selbsttätige Regelung einrichten. Die Wärmeerzeuger sind zumeist nach dem Durchlaufprinzip gebaut und mit Umwälzpumpe, Sicherheits- und Regelgeräten zu einer vorgefertigten Einheit kombiniert[1], s. Abb. 4.120.

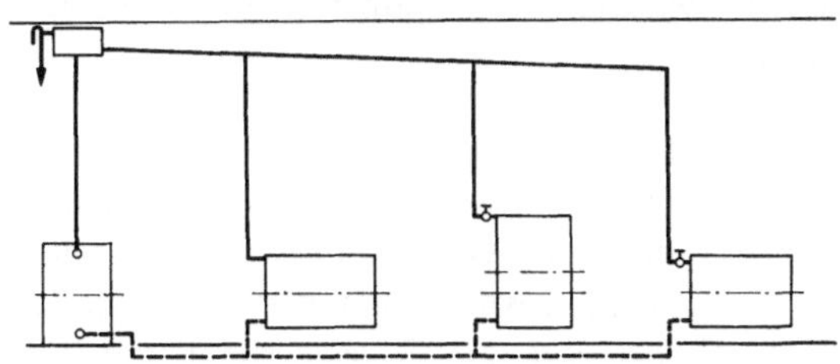

Abb. 4.119. Stockwerks-Schwerkraftheizung.

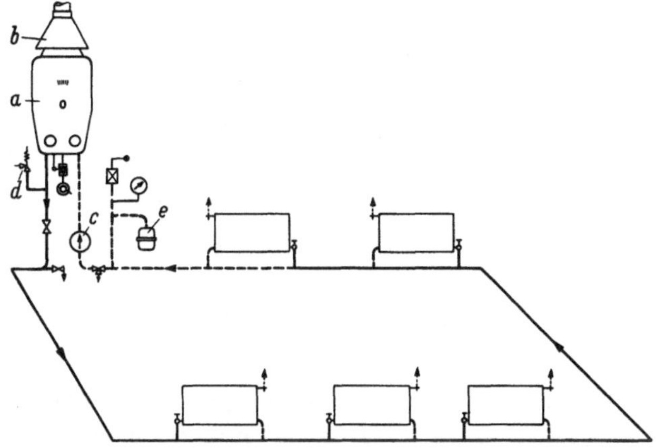

Abb. 4.120. Stockwerksheizung in Einrohrausführung mit Durchlauf-Gaswasserheizer.
a Gaswasserheizer mit Regel- und Kontrollarmaturen, *b* Strömungssicherung, *c* Umwälzpumpe, *d* Sicherheitsventil, *e* geschlossenes Ausdehnungsgefäß.

Der Hauptvorteil der Stockwerksheizung ist die Möglichkeit, den Heizbetrieb der einzelnen Wohnungen eines Mietshauses oder von Raumgruppen in einem Bürohaus unabhängig von den Nachbarn führen und damit gegebenenfalls auch zwecks Kostenersparnis weitgehend einschränken zu können. Ihr Einbau in Mehrgeschoßbauten ist jedoch meist teurer als die Erstellung einer Zentralheizung für das Gesamtgebäude. Als weitere Nachteile kommen bei der Verfeuerung fester Brennstoffe hinzu, daß für jede Einzelanlage Brennstoffeinlagerung, Brennstofftransport und Aschebeseitigung wie bei Ofenheizung erforderlich sind.

B. Sonderfragen der Pumpenheizung

1. Allgemeines

Pumpenheizungen weisen gegenüber Schwerkraftheizungen folgende Vorteile auf:

1. Gebäude beliebiger Ausdehnung, evtl. auch eine Gruppe von Gebäuden, können von einer gemeinsamen Zentrale beheizt werden.
2. Die Rohrweiten werden kleiner, die Rohrnetze also billiger.
3. Die Führung und Unterbringung der Rohrleitungen macht geringere Schwierigkeiten, zumal die Rohre auch ohne ständige Steigung zum Ausdehnungsgefäß verlegt werden können. Kleinere Luftsäcke werden durchgedrückt, Zirkulationsstörungen treten seltener auf.
4. Es lassen sich auch Heizkörper anschließen, die niedriger als der Wärmeerzeuger liegen.
5. Der erhöhte Wasserumlauf verbessert die Regelfähigkeit der Anlage. Das Anheizen geht rascher vor sich. Bei der Ein-Aus-Schaltung der Kesselleistung, die bei Gas- und Ölfeuerungen üblich ist, gewährleistet nur ein gleichbleibender Wasserstrom einen einwandfreien Betrieb.

[1] Vgl. Fußnote auf S. 112.

Zunehmend werden daher auch kleine Heizanlagen mit Umwälzpumpen ausgestattet, zumal der Abhängigkeit von der Stromlieferung heute nicht mehr die gleiche Bedeutung beigemessen wird wie früher und gute Kleinpumpen lange Zeiten ohne Wartung laufen. Man sollte allerdings nur geräuscharme Bauarten verwenden und der Weiterleitung der meist nicht voll vermeidbaren Laufgeräusche der Pumpen über Rohrnetz und Gebäude entgegenwirken. Auch durch zu hohe Wassergeschwindigkeiten können störende Geräusche verursacht werden. Als oberer Grenzwert gilt etwa 2 m/s.

2. Ausführung

Besondere Beachtung ist bei Pumpenheizungen der Entlüftung zuzuwenden, da durch die hohen Strömungsgeschwindigkeiten das Ausscheiden der Luft aus dem Wasserstrom erschwert wird. Man bringt deshalb bei oberer Verteilung an der Verzweigung eine Erweiterung an, s. Abb. 4.121 a, in der das Wasser zur Ruhe kommt und die Luft sich ausscheiden kann.

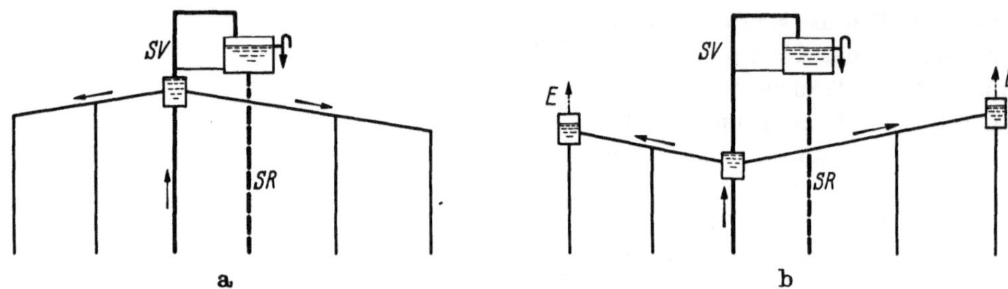

Abb. 4.121. Entlüftung bei oberer Verteilung.

Eine andere Ausführungsform gibt Abb. 4.121 b. Vom Kessel strömt das Wasser durch eine Steigleitung zu einer Rohrerweiterung, die ihrerseits wieder an das Ausdehnungsgefäß oben angeschlossen ist. Die Vorlaufleitungen führen *steigend* bis zum letzten Strang, wo jeweils ein Luftsammelgefäß (*E*) angebracht ist. Diese Gefäße sind von Zeit zu Zeit von Hand zu entlüften.

Bei Stillstand der Umwälzpumpe setzt der Wärmetransport vom Kessel in die Heizkörper aus. Eine kurzzeitige Betriebsunterbrechung läßt dabei infolge der Wärmespeicherfähigkeit der Anlage und der Gebäudemassen i. allg. die Raumtemperaturen nicht allzu rasch absinken. Wohl aber kann bei der Verfeuerung fester Brennstoffe ein teilweises Ausdampfen des Kesselwassers nicht immer vermieden werden, da die Wärmeentwicklung der in Glut befindlichen Brennstoffmengen auch nach Abschalten der Luftzufuhr noch anhält. Bei unzureichender Kühlung durch nachfließendes Wasser ist evtl. der Kessel selbst gefährdet. Man sieht daher bei kleineren Anlagen eine Pumpenumgehungsleitung mit eingebauter Rückschlagklappe vor, durch die wenigstens eine Schwerkraftzirkulation des Heizwassers möglich ist. Zuweilen genügt dieser Wasserumlauf, um ein Überkochen der Kessel zu verhindern und einen Ausfall der gesamten Heizanlage zu vermeiden. Es empfiehlt sich bei größeren Anlagen aus dem gleichen Grund, die Pumpenleistung auf zwei Aggregate aufzuteilen oder bei mehreren Stromkreisen eine Reservepumpe bereitzustellen, die im Bedarfsfall zugeschaltet werden kann, s. auch zehnter Abschnitt im zweiten Band: „Wahl der Pumpe.“

Sind Unterbrechungen des Heizbetriebes keinesfalls tragbar (Krankenhaus), so muß ein Reservestromanschluß für die Antriebsmotoren vorgesehen werden oder es sind zwei voneinander unabhängige Antriebsarten zu wählen, z. B. neben einer Elektropumpe noch eine Pumpe mit Verbrennungsmotor oder mit Dampfturbine.

3. Anschluß von Pumpe und Ausdehnungsgefäß

Für die Anordnung der Umwälzpumpe im Heizsystem sind sowohl betriebliche als auch Sicherheitsanforderungen maßgebend. Die Sicherheitsvorschriften nach DIN 4751 gelten in gleicher Weise für Pumpen- und Schwerkraftheizungen.

Für die Pumpenheizung ist eine Bestimmung der Vorschriften besonders zu beachten, welche besagt, daß beide Leitungen keine Verengungen enthalten dürfen, die den lichten Querschnitt unter das durch die Formeln (4.01) und (4.02) (S. 159) gekennzeichnete Maß vermindern. Das gilt auch für Pumpen aller Art einschließlich der Rohr- und Strahlpumpen. In der Regel schaltet man daher die Umwälzpumpen, vom Kessel aus gesehen, hinter den Anschlußstellen *a* und *b* der Sicherheitsleitungen ein, s. Abb. 4.122, also an den Stellen *m* oder *n*. Wird die Sicherheitsvorlaufleitung wie üblich von oben her in das Ausdehnungsgefäß eingeführt, so steht das Wasser in ihr zumeist etwas niedriger als in der Rücklaufleitung, und zwar um das Maß Δp, das vom Strömungswiderstand im Kessel und seinen Anschlüssen, den Temperaturen in Vor- und Rücklauf sowie dem Druckverlust der Zirkulationsleitung abhängt.

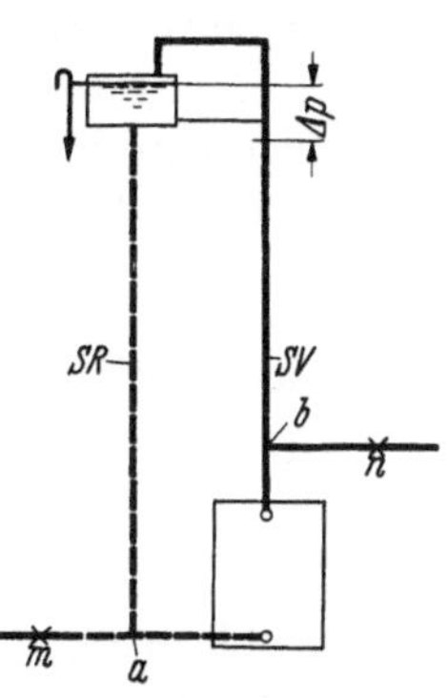

Abb. 4.122 Anschlußstellen von Sicherheitsleitungen und Pumpe.

Die Frage, ob man die Pumpe in den Vorlauf oder in den Rücklauf setzen soll, wird von den Sicherheitsvorschriften offengelassen. Sie ist im Hinblick auf die Forderung zu entscheiden, daß an keiner Stelle des Netzes ein Unterdruck auftreten darf. Die Rohrnetze lassen sich nämlich nicht vollkommen luftdicht ausführen. Steht ein Heizkörper unter Unterdruck, so tritt über die Stopfbüchsen des Regelventils Luft ein, die zu Betriebsstörungen führen kann.

Die Forderung, daß der Druck an keiner Stelle des Netzes niedriger sein darf als der der höchsten Vorlauftemperatur zugeordnete Sättigungsdruck — um Dampfbildung zu vermeiden —, ist bei offenen Warmwasserheizungen mit Vorlauftemperaturen bis 100 °C dann ebenfalls erfüllt. So entspricht beispielsweise eine Wassertemperatur von 90 °C einem absoluten Druck von 0,73 at. Selbst bei einem Vakuum von 2,5 m WS wäre also noch keine Ausdampfgefahr gegeben. Der Schutz gegen das Eindringen von Luft ist demnach die schärfere Forderung.

Zur Nachprüfung des Druckes an den kritischen Netzstellen zeichnet man bei Pumpenheizungen zweckmäßigerweise ein Druckdiagramm in Verbindung mit dem Strangschema der Anlage auf. Die Abb. 4.123/124 geben für eine Anlage mit unterer Verteilung Strangschema und Druckverlauf wieder, und zwar bei Anordnung der Pumpe im Vorlauf (Abb. 4.123) bzw. im Rücklauf (Abb. 4.124).

a) Pumpe im Vorlauf

An der Anschlußstelle *a* des Ausdehnungsgefäßes herrscht der Druck H_A entsprechend der Höhenlage dieses Gefäßes. In der Pumpe steigt der Druck um den Pumpendruck H_P an und

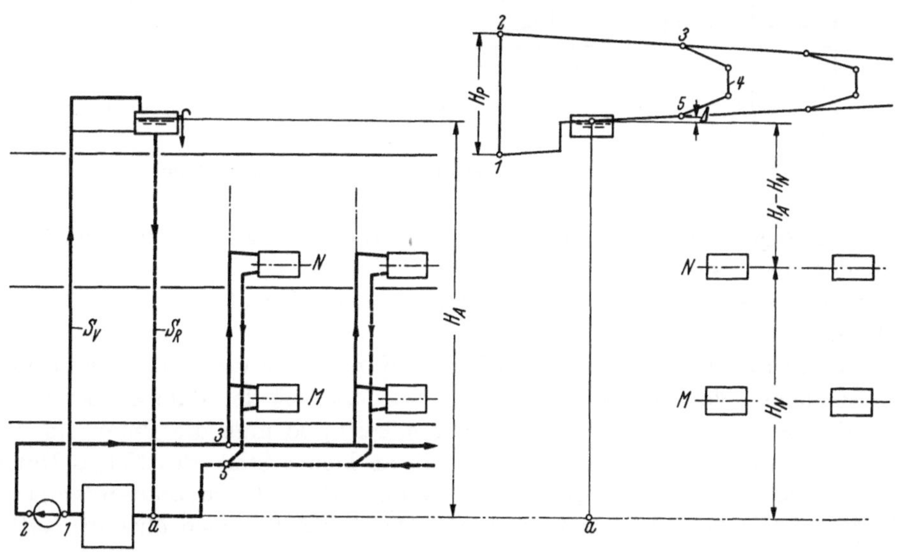

Abb. 4.123. Strangschema und Druckschaubild. Pumpe im Vorlauf.

sinkt dann im Netz nach Maßgabe der Widerstände wieder auf den Druck am Saugstutzen ab. Die Linie *1, 2. 3, 4, 5, 1* zeigt den Druckverlauf längs des Wasserkreislaufes, wobei die Höhenlage über dem Punkt *a* noch berücksichtigt werden muß. Die Lage des Punktes *4* im Diagramm gibt den Druck in einem Heizkörper des Stranges *3—5*. Die größte Gefahr des Lufteintritts besteht aber nicht, wenn Wasser durch den Heizkörper fließt, sondern wenn das Heizkörperventil geschlossen ist, weil sich dann der Heizkörper auf den Druck in seinem Rücklaufanschluß einstellt. Maßgebend für den Heizkörper *M* oder *N* ist also nicht der Punkt *4*, sondern der Punkt *5*, der um einen kleinen Betrag $\varDelta$ höher liegt als der Höhenlage H_A des Ausdehnungsgefäßes entspricht. Dem Punkt *5* entspricht also der Druck $H_A + \varDelta$. Eine weitere Überlegung zeigt, daß der höchstgelegene Heizkörper des Stranges der meistgefährdete ist, denn der Druck ist hier noch um die Höhenlage H_N dieses Heizkörpers kleiner. Der zugehörige Druck ist

$$H_A + \varDelta - H_N = (H_A - H_N) + \varDelta .$$

Der Ausdruck $(H_A - H_N)$ ist der Höhenunterschied zwischen dem Ausdehnungsgefäß und dem höchstgelegenen Heizkörper. Selbst im meistgefährdeten Heizkörper ist also der Druck stets positiv.

b) Pumpe im Rücklauf

Der Linienzug *1* bis *5* ist von gleicher Gestalt wie in Abb. 4.123, nur liegt er um den Betrag des Pumpendruckes tiefer. Der Druck im Punkt *5* ist gleich $H_A - H_P + \varDelta$. Der Druck im höchsten Heizkörper ist auch hier wieder um seine Höhenlage H_N kleiner und beträgt:

$$H_A - H_P + \varDelta - H_N = (H_A - H_N) - H_P + \varDelta .$$

Soll dieser Wert nicht negativ werden und betrachtet man den Druckverlust $\varDelta$ als einen Sicherheitszuschlag, den man außer Betracht läßt, so darf der Pumpendruck nicht größer als $H_A - H_N$ gewählt werden, also nicht größer als der Höhenunterschied zwischen dem Ausdehnungsgefäß und dem höchsten Heizkörper[1]. Bei den meisten Gebäuden wird dieser Unterschied

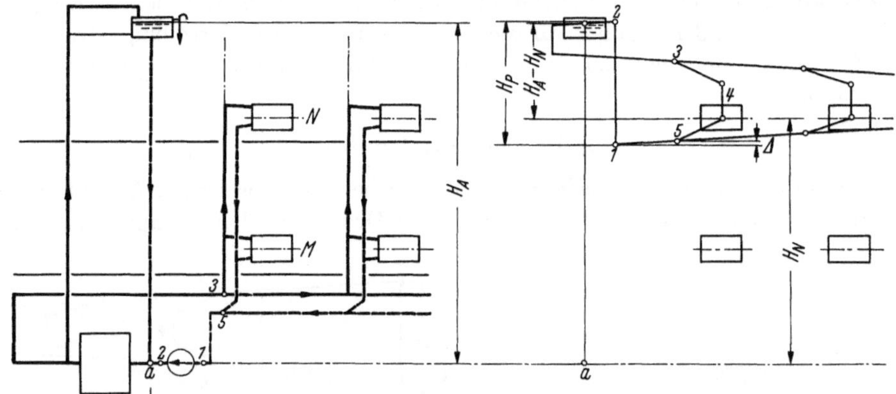

Abb. 4.124. Strangschema und Druckschaubild. Pumpe im Rücklauf.

etwa 3 bis 5 m betragen, und ein Pumpendruck dieser Höhe reicht bei Heizungen für ein einzelne Gebäude in der Regel aus.

Die Frage, ob man die Pumpe in den Vorlauf oder den Rücklauf setzen soll, läßt sich nun wie folgt beantworten:

> Die Pumpe kann nur dann in den Rücklauf gesetzt werden, wenn es möglich ist, das Ausdehnungsgefäß mindestens um den Betriebsdruck der Pumpe über dem höchsten Heizkörper aufzustellen. Ist dies nicht möglich, so muß die Pumpe in den Vorlauf gesetzt werden. Der Vorteil ist, daß man an keiner Stelle des Netzes Unterdruck zu befürchten hat. Als Nachteile sind zu werten: die höheren Betriebstemperaturen der Pumpe sowie die Gefahr unerwünschter Wasserzirkulationen über die Entlüftung des

[1] Im Beispiel der Abb. 4.124 ist der Pumpendruck der besseren Anschaulichkeit wegen größer gewählt.

Vorlaufstranges bei oberer Verteilung oder die Entlüftungsleitung bei unterer Verteilung, sofern diese Leitungen nicht hoch genug geführt werden. Im letztgenannten Fall wird man die Entlüftung über Sammelgefäße bevorzugen, s. Abb. 4.121.

C. Deckenheizung

1. Allgemeines

Bei der üblichen Bauform der Zentralheizung werden in den zu erwärmenden Räumen Heizkörper aufgestellt, denen die Aufgabe zufällt, die von dem Heizmittel (Dampf oder Warmwasser) gelieferte Wärme an den Raum zu übertragen. Man kann auf besondere Heizkörper verzichten, wenn man Teile der Raumumschließungsflächen selbst erwärmt, z. B. durch Einbau von Heizrohren in Wänden oder Decken. Solche Anlagen werden als *Flächenheizungen* bezeichnet, wobei man unterscheidet zwischen Wand-, Fußboden- und Deckenheizungen.

Da bei allen Arten der Flächenheizung die Wärmeabgabe durch Strahlung anteilmäßig stärker hervortritt als bei der Raumerwärmung durch örtliche Heizkörper, spricht man vielfach in diesem Zusammenhang auch von „Strahlungsheizungen". Es ist jedoch darauf hinzuweisen, daß die beiden Begriffe sich nicht decken. Ein Heizsystem kann nur dann der Gruppe der Strahlungsheizungen zugerechnet werden, wenn mehr als 50% seiner Wärmeleistung auf Strahlung entfallen. Das trifft aber nicht generell für die Flächenheizungen zu. So ist bei Wandheizungen der Anteil der Konvektionswärmeabgabe erheblich, bei Fußbodenheizungen überwiegt er zuweilen. Bei hohen Oberflächentemperaturen kann andererseits auch bei Heizsystemen mit örtlichen Heizkörpern die Wärmeabgabe durch Strahlung höher sein als die durch Konvektion.

Der Begriff „Strahlungsheizung" ist also technisch so wenig eindeutig, daß man ihn zweckmäßigerweise zur Kennzeichnung einer Heizungsanlage nicht ohne weiteren Hinweis auf deren Bauart verwenden sollte, z. B. *Deckenstrahlungsheizung*. In vielen Fällen ist dann auch das Beiwort „Strahlungs-" überflüssig. Als Heizmittel kommt bei zentralen Flächenheizungen lediglich Warmwasser in Frage, weil bei der langsamen Aufwärmung des Wassers Wärmespannungen, die zu Rissebildungen in Wänden und Decken führen können, vermieden werden. Ferner ermöglicht die Warmwasserheizung in einfacher Weise die Einhaltung der aus physiologischen Gründen notwendigen niedrigen Oberflächentemperatur sowie deren Anpassung an die Außentemperatur (zentrale Regelung). Schließlich ist bei Warmwasser die Haltbarkeit der Rohrschlangen in hohem Grade gewährleistet. Wird der Wasserinhalt der Anlage nicht öfters erneuert, so brauchen Korrosionen auf der Rohrinnenseite nicht befürchtet zu werden.

Von den Flächenheizungen hat die Deckenheizung[1] die größte Bedeutung gewonnen.

2. Der Vorgang der Raumerwärmung

Die Raumerwärmung bei der Deckenheizung läßt sich am besten durch einen Vergleich mit der Radiatorenheizung veranschaulichen. Bei dieser erwärmt sich die Raumluft an Heizkörpern, steigt zur Decke auf und läßt kühlere Luft aus den unteren Raumzonen nachströmen. Es entsteht so eine Luftbewegung im Raum, die je nach dem Standort des Heizkörpers mehr oder weniger ausgeprägt ist. Stets wird bei vorwiegend konvektiver Wärmeabgabe einer Heizfläche aber die Luft in den oberen Zonen des Raumes wärmer sein als in Fußbodennähe. Da der Strahlungsanteil der Gliederheizkörper gering ist, werden die Raumumfassungen hauptsächlich durch Konvektion von der vorbeistreichenden Luft und nur wenig durch Strahlung erwärmt.

Bei der Deckenheizung findet die Raumerwärmung in grundsätzlich anderer Weise statt. Aus physiologischen Gründen darf die Raumdecke nur mäßig erwärmt werden. Die Deckenheizfläche muß daher wesentlich größer sein als die für den gleichen Raum erforderliche Fläche eines Gliederheizkörpers. Meist nimmt sie den größeren Teil der Decke in Anspruch.

Die ausgedehnte Deckenheizfläche gibt nun Wärme teils durch Konvektion, teils durch Strahlung an den Raum ab. Durch Konvektion erwärmt sie aber nur die anliegende Luft, die

[1] KOLLMAR, A., u. W. LIESE: Die Strahlungsheizung. 4. Aufl. München: R. Oldenbourg 1957.

infolge ihrer geringeren Dichte unter der Decke hängenbleibt. Wegen der mangelnden Luftbewegung in dieser Schicht und wegen des kleinen Temperaturgefälles ist die Konvektionswärmeabgabe der Deckenfläche nur gering.

Um so größer aber ist ihre Wärmeabgabe durch Strahlung. Sie strahlt jeder der übrigen Raumbegrenzungsflächen eine bestimmte Wärmemenge zu, die von den Temperaturen der im Strahlungsaustausch befindlichen beiden Flächen, ihren Strahlzahlen und ihrer Lage zueinander abhängig ist. Die bestrahlten Flächen werden daher nicht gleichmäßig erwärmt. Fußboden und Innenwände erreichen dabei eine Temperatur, die etwas über der Lufttemperatur liegt. Nur Außenwand und Fenster bleiben infolge der Wärmeableitung nach außen kühler als die übrigen Flächen, denen sie daher Wärme durch Strahlung entziehen. Der Gesamtstrahlungsaustausch im Raum ist mithin ziemlich verwickelt[1].

Gleichzeitig übertragen die über Lufttemperatur erwärmten Flächen auch Wärme durch Konvektion an die Raumluft, während die kühleren Außenwand- und Fensterflächen Konvektionswärme von der Luft empfangen. Wegen der nirgends vorhandenen stärkeren Temperaturunterschiede als treibende Kräfte sind die an verschiedenen Stellen des Raumes auftretenden konvektiven Luftbewegungen auch nur schwach.

3. Raumklima

Unter den Begriff „Raumklima" fallen nach den grundsätzlichen Ausführungen im ersten Abschnitt, S. 3 u. 8, alle physikalischen Bedingungen eines Raumes, von denen das Wohlbefinden der Insassen abhängig ist. Die für die wärmephysiologische Beurteilung der Deckenheizung wichtigsten Faktoren sind die Luft- und die Wandtemperaturen sowie deren Verteilung im Raum. Sie bestimmen die „empfundene Temperatur", die ein Kennwert für die thermische Behaglichkeit eines Raumes ist, wenn keine größeren Temperaturunterschiede in den verschiedenen Raumteilen vorhanden sind. Bei Räumen mit geringer Luftbewegung kann die empfundene Temperatur gleich dem arithmetischen Mittel aus der Lufttemperatur t_L und der mittleren Umgebungstemperatur t_U angesetzt werden, s. S. 14.

Schon die Art der Raumerwärmung, insbesondere der Wärmeaustausch zwischen der Luft und den Umgebungsflächen, läßt darauf schließen, daß in der Regel

$$\text{bei der Deckenheizung } t_U > t_L.$$
$$\text{bei der Heizkörperheizung } t_U < t_L$$

sein wird. Findet keine Lufterneuerung statt, so nimmt die Luft in einem Raum mit Deckenheizung die mittlere Temperatur der Umfassungswände an. Bei Kaltlufteinfall (undichte Fenster) stellt sich ein mit zunehmendem Luftwechsel immer deutlicher wahrnehmbarer Temperaturunterschied $t_U - t_L$ ein. In Räumen mit Heizkörpern sind auch bei kräftiger Luftbewegung i. allg. die Verhältnisse umgekehrt.

Man hat daraus gefolgert, daß bei Deckenheizungen die gemeinhin als Raumtemperatur bezeichnete Lufttemperatur in Raummitte zur Erzielung gleicher Behaglichkeit um 1 bis 2 grd niedriger sein darf als bei Heizkörperheizungen. Das trifft nach neueren Erfahrungen mit deckenbeheizten Räumen nicht zu. Die Angabe mittlerer Luft- und Umgebungstemperaturen genügt offenbar nicht, um ein Raumklima thermisch zu kennzeichnen, insbesondere dann nicht, wenn Heizsysteme verschiedener Art verglichen werden; es müssen vielmehr auch die Abweichungen vom Durchschnittswert sowie die Temperaturverteilung im Gesamtraum berücksichtigt werden[2].

a) Die räumliche Verteilung der Lufttemperatur

Grundsätzlich sind für die Behaglichkeitswertung die Temperaturen im sog. Aufenthaltsbereich, also zwischen Fußboden und Kopfhöhe, wichtiger als die der oberen Zone, wobei auf etwaige in Fensternähe vorgesehene Arbeitsplätze besonders zu achten ist. Der geringe Anteil

---

[1] Kollmar, A.: Berechnung der Einstrahlzahlen in der Heizungs-, Beleuchtungs- und Feuerungstechnik. Berlin 1948. — Techn. Univ. Berlin, Dr.-Ing.-Diss.

[2] Raiss, W.: Strahlungs- oder Konvektionsheizung. Untersuchungen über das Raumklima. VDI-Berichte 21 (1957) 15/24.

der Konvektionswärme bei der Deckenheizung läßt schon vermuten, daß die Lufttemperatur sowohl in waagerechter als auch in lotrechter Richtung ziemlich gleichmäßig ist. Das bestätigen auch zahlreiche Messungen in Räumen der verschiedensten Art. Allerdings können in der Nähe großer und undichter Fensterflächen die Lufttemperaturen in Fußbodennähe niedriger liegen als in den übrigen Raumteilen. Auch bei Räumen ohne unmittelbare Fußbodenerwärmung, also im Erdgeschoß oder über Tordurchfahrten, zeigt sich ein deutlicher Abfall der Lufttemperatur in den Schichten unmittelbar über dem Boden.

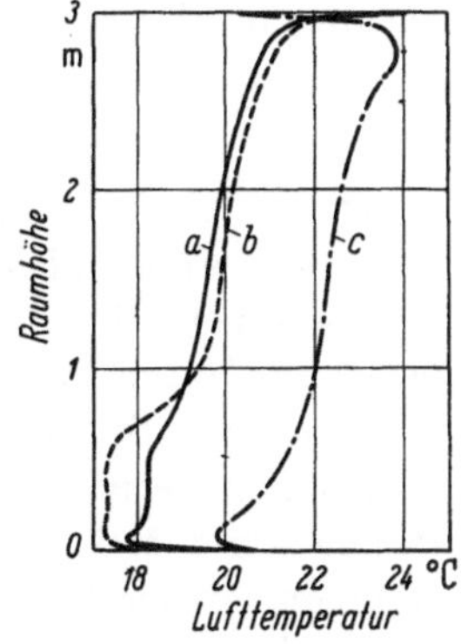

Abb. 4.125. Lufttemperaturen in geheizten Räumen. *a* Deckenheizung, Raummitte, *b* Deckenheizung, Fensternähe, *c* Radiatorenheizung, Raummitte.

In der Abb. 4.125 sind einige charakteristische Temperaturprofile für Räume mit Deckenheizung und Radiatorenheizung eingetragen. Das günstigste Temperaturprofil weist die Deckenheizung bei Messung in Raummitte auf. In Außenwandnähe bedingt der Einfluß des Fensters eine deutliche Störung des Temperaturfeldes beim deckenbeheizten Raum, die in dieser Größenordnung beim Vorhandensein von Heizkörpern unter den Fenstern nicht auftritt. *Man sollte daher bei Gebäuden mit Deckenheizung stets Fenster mit geringer Wärme- und Luftdurchlässigkeit vorsehen, vor allem, wenn die Hauptfront des Hauses starkem Windanfall ausgesetzt ist.*

b) Wand- und Fußbodentemperaturen

Nach den Gesetzen des Strahlungsaustausches werden die Wände des deckenbeheizten Raumes oben stärker erwärmt als unten. Abb. 4.126 zeigt als Beispiel die rechnerisch ermittelte Strahlungswärmeaufnahme der Wände und des Fußbodens für einen würfelförmigen Raum, dessen Decke in ihrer ganzen Ausdehnung beheizt wird. In diesem Falle trifft auf jede der Umschließungsflächen des Raumes $^1/_5$ der Strahlungswärmeabgabe der Decke. Mit der Abweichung von der Würfelform und der in der Praxis meist gewählten Teilerwärmung der Heizdecke ändern sich naturgemäß auch die auf die einzelnen Wände und den Fußboden eingestrahlten Wärmemengen und damit auch die Oberflächentemperaturen.

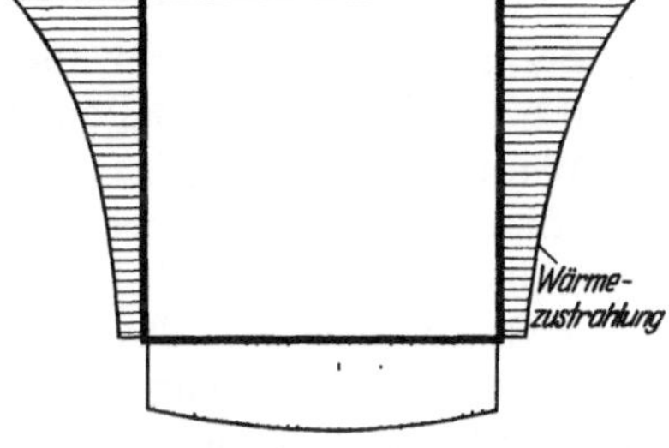

Abb. 4.126. Wärmezustrahlung nach Wänden und Fußboden.

Ein Bild über das Temperaturfeld auf den Umschließungsflächen eines deckenbeheizten Raumes vermitteln die in Abb. 4.127 enthaltenen Meßwerte aus Versuchen des Institutes für Heizung und Lüftung der Technischen Universität Berlin. Die Temperaturen sind verhältnismäßig ausgeglichen, an den Wandflächen steigen sie mit der Höhe leicht an. Zum Vergleich ist in Abb. 4.128 das

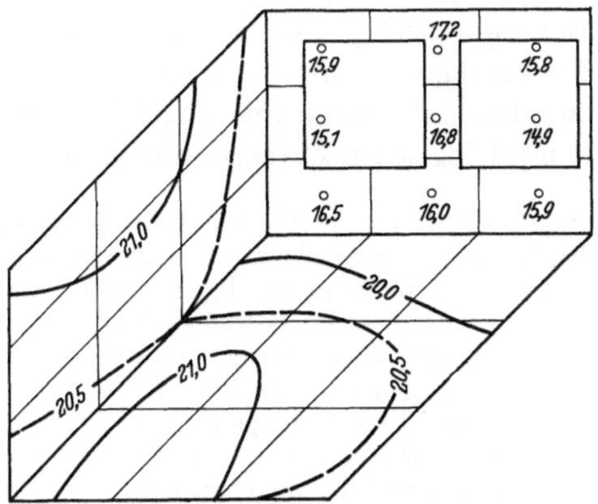

Abb. 4.127. Wandtemperatur im geheizten Raum; Deckenheizung.

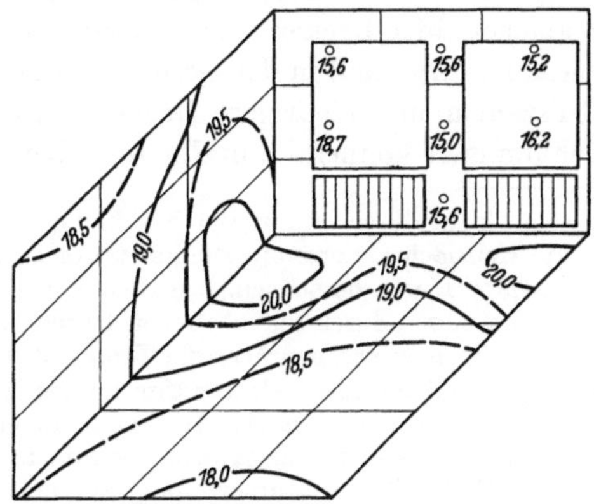

Abb. 4.128. Wandtemperatur im geheizten Raum; Radiatorenheizung.

Temperaturfeld desselben Raumes bei Beheizung mit Heizkörpern gegenübergestellt. Man erkennt daraus, daß die Oberflächentemperaturen in der Aufenthaltszone, also vom Fußboden bis zu 1,5 m Höhe, im deckenbeheizten Raum etwa die gleichen sind wie bei Konvektionsheizungen, abgesehen vom Umkreis der örtlichen Heizflächen[1].

c) Luftbewegung, Luftfeuchte, Luftreinheit

Die relative Luftfeuchte in einem Raum, der durch Heizflächen erwärmt wird, ist von der Außenluftfeuchte, der Raumtemperatur, dem Luftwechsel und von etwaigen Feuchtequellen im Raum abhängig. Da sich die Lufttemperaturen im decken- und radiatorenbeheizten Raum kaum unterscheiden, sind auch nur geringe Unterschiede in der Luftfeuchte zu erwarten, die für die Behaglichkeit bedeutungslos sind.

Ähnlich verhält es sich mit der Luftbewegung. Die Luftgeschwindigkeiten sind zwar in Räumen mit örtlichen Heizkörpern, insbesondere in deren unmittelbarer Nähe, höher als in Räumen mit Deckenheizung. Wärmephysiologisch und damit in der Behaglichkeit treten diese Unterschiede kaum in Erscheinung. Sie sind jedoch in anderer Hinsicht bemerkenswert.

Der am Heizkörper aufsteigende Warmluftstrom ist kräftig genug, um die während der nächtlichen Betriebseinschränkung auf der Heizfläche und in der nächsten Umgebung abgelagerten Staubteilchen wieder in Bewegung zu bringen und mit sich fortzuführen. Die langsame Verschmutzung der Flächen oberhalb des Heizkörpers bis zur Decke hinauf liefert den Beweis dafür.

Bei der Deckenheizung tritt diese Verschmutzung nicht ein; in dieser Hinsicht übertrifft sie sicher alle Heizverfahren mit mehr konvektiver Wärmeabgabe[2]. Auch ist die Gefahr der Keimübertragung im Raum infolge der schwächeren Luftbewegung geringer, s. S. 30.

d) Die zulässigen Deckentemperaturen

Um eine Belästigung der Rauminsassen durch einseitige Wärmezustrahlung zu vermeiden, sollen bei jedem Heizsystem die Temperaturen der Heizflächen nicht zu hohe Werte annehmen. Die Warmwasserheizung ist in dieser Beziehung der Dampfheizung und der große Kachelofen dem Eisenofen ohne Luftmantel überlegen. Obwohl die Deckenheizungen mit erheblich niedrigeren Heizflächentemperaturen arbeiten als die vorerwähnten Heizsysteme, muß wegen der Lage dieser Heizflächen dem Strahlungswärmeaustausch zwischen Rauminsassen und Deckenfläche hier besondere Beachtung geschenkt werden. Um die physiologisch notwendige Kopfentwärmung nicht zu behindern, dürfen keine zu hohen Deckentemperaturen gewählt werden. Das gilt vor allem für große beheizte Deckenflächen in relativ niedrigen Räumen. Die praktischen Erfahrungen gehen dahin, daß bei Räumen üblicher Größe und bei lichten Raumhöhen über 2,7 m mittlere Deckentemperaturen bis zu 35 °C i. allg. noch nicht zu Beanstandungen führen, auch wenn große Teile der Decke erwärmt sind. Wird nur ein kleiner Teil der Deckenfläche beheizt, so sind höhere Temperaturen möglich.

Es geht nämlich beim Strahlungswärmeaustausch das „Winkelverhältnis" der beiden betrachteten Flächen, hier Decken- und Kopffläche, in die Rechnung mit ein, s. achter Abschnitt, V C im zweiten Band, so daß in der Gesamtwirkung höhere Deckentemperaturen bei kleinen Winkelverhältniszahlen und niedrigere Deckentemperaturen bei großen Winkelverhältniszahlen einander gleichkommen können. Einzelheiten über die wärmephysiologischen Zusammenhänge sind dem

---

[1] Man kann durch langwierige Strahlungsaustauschrechnungen für einen gegebenen Raum und eine bestimmte Heizflächenanordnung die im stationären Zustand bei Höchstlast der Anlage sich einstellenden Oberflächentemperaturen berechnen. Die Genauigkeit des Endergebnisses rechtfertigt im allgemeinen diesen Aufwand nicht, zumal durch die möglichen Unterschiede der Wandbauarten und der Betriebsweise der Heizung, die notwendigen Annahmen über die Temperatur der Nachbarräume, die Vernachlässigung seitlicher Wärmeableitungen und die nicht einwandfrei zu berücksichtigende Konvektionswärmeübertragung ohnehin große Unsicherheiten in eine derartige Rechnung hineingetragen werden und eine Verallgemeinerung des Ergebnisses nicht möglich ist. Für gewisse vereinfachte Modellfälle geben sie jedoch ein qualitatives Bild über die charakteristische Temperaturverteilung auf der Innenseite der Raumumschließungselemente.

[2] v. Gonzenbach, W.: Physiologische und hygienische Betrachtungen zur Strahlungsheizung. Gesundh.-Ing. 61 (1938) 557/560.

ersten Abschnitt zu entnehmen, s. S. 11. Es wird dort auch darauf hingewiesen, daß die Meinungen über die wärmephysiologisch zulässigen Deckentemperaturen heute noch auseinandergehen. CHRENKO hat aus umfangreichen Beobachtungen die Forderung abgeleitet, durch die Übertemperatur der Decke dürfe die auf Kopfhöhe bezogene mittlere Umgebungstemperatur um nicht mehr als 2,2 °C (4 °F) erhöht werden[1].

Die Ergebnisse der CHRENKOschen Untersuchungen lassen sich in einfacher Weise graphisch darstellen, s. Abb. 4.129. Als Abszisse ist dabei das Winkelverhältnis φ gewählt, das beim Strahlungsaustausch zwischen einer ebenen Fläche und einer im Verhältnis dazu kleinen Kugelflä (Kopf) mit dem Raumwinkelverhältnis $\frac{\omega}{4\pi}$ identisch ist. Jedem Raumwinkelverhältnis ist eine mittlere Deckentemperatur, die als Höchstwert anzusehen ist, zugeordnet. Das Raumwinkelverhältnis kann für die bei Deckenheizungen vorkommenden Strahlungsaustauschbedingungen in einfacher Weise mit Hilfe von Netztafeln bestimmt werden, siehe Arbeitsblatt 14 in der Buchtasche des zweiten Bandes.

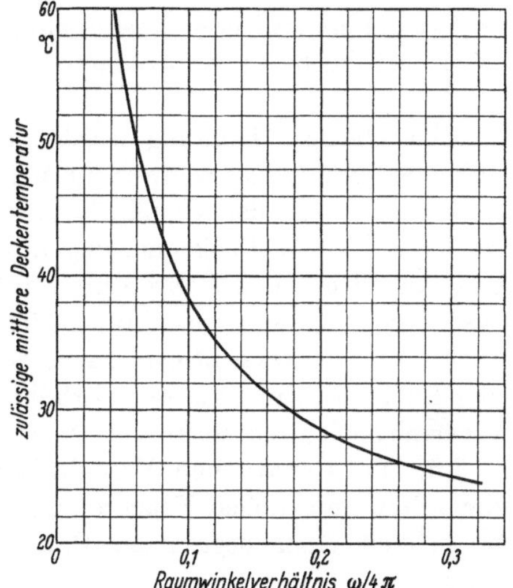

Abb. 4.129. Zulässige Deckentemperatur in Abhängigkeit vom Raumwinkelverhältnis $\varphi = \frac{\omega}{4\pi}$ (nach CHRENKO).

Für den Bereich $\varphi = 0{,}14$ bis $0{,}20$, der bei niedrigen Räumen mit voll beheizten Deckenflächen in Frage kommt, sind nach CHRENKO sonach nur mittlere Deckentemperaturen von 29 bis 33 °C tragbar. Die dabei von der Heizdecke abgegebenen Leistungen vermögen nur bei sehr gutem Wärmeschutz der Außenwände den Heizwärmebedarf eines Raumes unter ungünstigsten Witterungsbedingungen zu decken, auch wenn die durch den Fußboden in allen Zwischengeschossen eingebrachten Wärmemengen berücksichtigt werden.

In der Praxis wird vielfach mit höheren Deckentemperaturen gerechnet unter Hinweis auf gute Erfahrungen mit derart ausgeführten Heizanlagen. Dabei ist zu berücksichtigen, daß die der Leistungsbemessung von Zentralheizungen zugrunde liegenden tiefsten Außentemperaturen als Tagesmittel nur sehr selten erreicht werden und daß die Wärmebedarfsrechnung nach DIN 4701 reichliche Werte ergibt. Nur in Ausnahmefällen ist es also möglich, im praktischen Betrieb die physiologische Wirkung hochbelasteter Deckenheizungen nachzuprüfen.

Geht man davon aus, daß bei der sehr selten erforderlichen Höchstleistung einer Heizanlage eine gewisse Minderung der Behaglichkeit tragbar ist — auch bei Warmwasserheizkörpern mit 80 °C mittlerer Heizwassertemperatur nimmt man sie hin —, so kann man bei der Auslegung von Deckenheizungen mit höheren Oberflächentemperaturen und dementsprechend auch höheren Leistungen rechnen. Es empfiehlt sich jedoch, in jedem Fall nachzuprüfen, ob das CHRENKOsche Entwärmungskriterium bei der häufigsten Belastung eingehalten wird; andernfalls sind zusätzliche Heizflächen, möglichst unterhalb der Fenster, vorzusehen. In Anbetracht der erheblichen Sicherheiten unserer Wärmebedarfsberechnung sollte es genügen, wenn die von CHRENKO angegebenen Grenztemperaturen bei 50 bis 60% der Höchstleistung einer Deckenheizung noch nicht überschritten werden.

e) Deckenkühlung

Deckenheizungen lassen sich auch zur Raumkühlung verwenden. An Stelle der Kesselanlage wird ein mit Sole oder Kühlwasser beaufschlagter Wärmeaustauscher in den Wasserkreislauf eingeschaltet, s. Abb. 4.131. Die Heizdecke nimmt jetzt Wärme durch Zustrahlung von den

[1] CHRENKO, F. A.: J. Instn. Heating and Ventilating Engrs. 20 (1953) 375/396. — KOLLMAR, A.: Welche Deckentemperatur ist bei der Strahlungsheizung zulässig? Gesundh.-Ing. 75 (1954) 22/29. — WENZEL, H.-G., u. E. A. MÜLLER: Untersuchungen der Behaglichkeit des Raumklimas bei Deckenheizung. Int. Z. Physiol. einschl. Arbeitsphysiol. 16 (1957) 335/355.

Wänden und dem Fußboden eines Raumes und durch Konvektion von der Raumluft auf. Die Wärmeübertragung durch Konvektion ist stärker als beim Heizen, da die an der Decke abgekühlten Luftteilchen vermöge ihrer höheren Dichte absinken.

Umgekehrt wie beim Heizbetrieb begünstigt die kalte Decke die Entwärmung des Kopfes und steigert damit den erwünschten Kühleffekt. Die Grenzen, die einer Deckenkühlung gesetzt sind, ergeben sich aus folgenden Überlegungen:

Zunächst ist der wirksame Temperaturunterschied zwischen Energieträger und Raum beim Kühlen wesentlich kleiner als beim Heizen; etwa im gleichen Verhältnis stehen die übertragenen Leistungen. Verwendet man Brunnen- oder gar Leitungswasser als Kühlmittel, so läßt sich das im System umlaufende Wasser kaum tiefer herunterkühlen als auf 16 bis 18 °C. Man erzielt damit bei höchsten Außentemperaturen eine Senkung der Raumtemperatur um etwa 2 bis 3 grd.

Eine stärkere Kühlung würde den Einsatz einer Kältemaschine notwendig machen. Mit sinkender Kühlwassertemperatur wird jedoch an einzelnen Stellen der Decke leicht die Taupunkttemperatur der Raumluft unterschritten, so daß Schwitzwasser auftritt und der Putz feucht wird. Bei Deckenheizungen mit freiliegenden Heizrohren, wie z. B. Lamellendecken, sind vor allem diese Rohre durch äußere Korrosion gefährdet; man wird also bei derartigen Systemen besonders vorsichtig in der Anwendung niedriger Wassertemperaturen sein müssen. Auch ist zu berücksichtigen, daß jede Kühlung der Raumluft ohne gleichzeitige Entfeuchtung oder Lufterneuerung zu einer Erhöhung der relativen Luftfeuchte führt, also unter Umständen wärmephysiologisch sogar von Nachteil ist, s. S. 366.

Für die klimatischen Verhältnisse in Mitteleuropa, bei denen hohe Außentemperaturen nur selten mit hohen Feuchtewerten gemeinsam auftreten, ist aber ohne Zweifel schon die Möglichkeit einer begrenzten Raumkühlung im Sommer ein wichtiger Vorzug der Deckenheizung.

f) Bewertung

Für die Beurteilung der Behaglichkeit im deckenbeheizten Raum sind alle vorbesprochenen Faktoren heranzuziehen. Die größere Ausgeglichenheit der Lufttemperatur und die gegenüber Heizverfahren mit vorwiegend konvektiver Wärmeabgabe teilweise niedrigeren Werte sind hygienisch als Vorteile zu werten. Indirekt gilt dies auch für die geringere Luftbewegung, da hierdurch die Gefahr der Staub- und Keimverschleppung vermindert wird. Die geringe Verschiebung im Anteil der Strahlungs- und Konvektionswärmeabgabe des Menschen hat auf das Behaglichkeitsempfinden wohl keinen merklichen Einfluß.

Keinesfalls kann die Wärmezufuhr von oben an sich schon als Vorteil dieses Heizsystems gewertet werden, wie es zuweilen beim Vergleich mit der Sonneneinstrahlung im Freien geschieht. Ganz abgesehen von der unterschiedlichen biologischen Wirksamkeit der Energiestrahlungen in Bereichen verschiedener Wellenlängen ist jede bevorzugte Erwärmung der oberen Körperpartien unerwünscht. Es ist auch nicht möglich, durch die Deckenwärmeabgabe allein den Einfluß niedriger Oberflächentemperaturen von Außenwand- und Fensterflächen auf die in der Nähe befindlichen Rauminsassen auszuschalten. In dieser Hinsicht sind Heizsysteme mit Heizkörpern unter den Fenstern überlegen. In kritischen Fällen (große Fensterflächen und außenwandnahe Arbeitsplätze) wird man zusätzlich Brüstungsheizflächen anordnen. Stets ist für Räume mit Deckenheizung ein guter Wärmeschutz der Außenwände und dichte Ausführung der Fenster, möglichst mit doppelter Verglasung, zu fordern.

Man wird aus allen diesen Gründen der Deckenheizung zwar gewisse hygienische Vorzüge, aber keine grundsätzliche Überlegenheit in physiologischer Hinsicht gegenüber anderen Heizverfahren zubilligen können. Überlegen ist die Deckenheizung allen Heizsystemen mit freistehenden Heizflächen in ihrer Verwendbarkeit zur Raumkühlung im Sommer. Untergehängte Heizdecken lassen sich außerdem in einfacher Weise für Schalldämpfung und Schallschluckung heranziehen.

4. Aufbau des Heizsystems

a) Rohrführung

Deckenheizungen werden in der Regel mit unterer Verteilung ausgeführt. Da die Primärheizfläche ausschließlich aus horizontal liegenden Rohrschlangen besteht, muß zur Erzielung eines ungestörten Wasserumlaufs und zur Vermeidung von Korrosionen das System sorgfältig entlüftet werden. Man führt zu diesem Zweck zuweilen den Rücklauf zunächst nach oben und dann über eine obere Sammelleitung wieder ins Kesselhaus zurück, s. Abb. 4.130. An den höchsten Stellen sind ausreichend bemessene Luftgefäße oder bei genügender Höhe des Dachbodens Entlüftungsleitungen zum Ausdehnungsgefäß vorzusehen. In diesem Fall ist jedoch darauf zu achten, daß durch die Luftleitungen keine wasserseitigen Kurzschlüsse entstehen oder — bei Anordnung der Umwälzpumpe im Vorlauf — ein Teil des Heizwassers in das Ausdehnungsgefäß gepumpt wird.

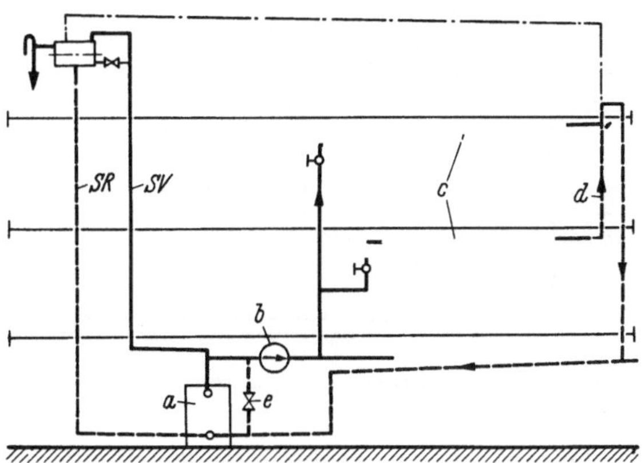

Abb. 4.130. Strangzeichnung einer Deckenheizung. *a* Kessel, *b* Umwälzpumpe, *c* Heizschlange, *d* Rücklauf *e* Mischleitung.

Ohne Umwälzpumpe kommt man nur bei Kleinstanlagen aus, wenn eine gewisse Trägheit im Wasserumlauf und relativ starke Rohrdurchmesser der Heizschlangen in Kauf genommen werden können. Bei Einbau der Pumpe im Rücklauf besteht die Gefahr, daß die höchste Stelle des Rohrnetzes nicht mehr genügend Abstand vom Wasserspiegel im Ausdehnungsgefäß aufweist und damit über die Luftleitung Luft angesaugt statt abgeführt wird. Man sollte sich deshalb bei Deckenheizungen stets durch ein Druckdiagramm ein Bild über die Drücke an den empfindlichen Netzstellen verschaffen, zumal häufig das Ausdehnungsgefäß dicht über der Heizdecke des obersten Geschosses aufgestellt werden muß.

b) Wärmeerzeugung und Wärmeabführung

Zur Wärmeerzeugung werden die bei Warmwasserheizungen üblichen Kessel verwendet. Die niedrigen Vorlauftemperaturen machen es bei Verfeuerung fester Brennstoffe und direktem Heizwasserdurchfluß notwendig, einen besonders empfindlichen Verbrennungsregler zu wählen. Auch empfiehlt sich der Einbau einer Signalhupe, die dem Heizer das Erreichen der oberen Grenztemperatur im Vorlauf anzeigt, sowie einer Mischleitung, um die Vorlauftemperatur im Gefahrenfall rasch absenken und sie möglichst unabhängig von der Kesseltemperatur halten zu können. Bei Anschluß an eine Fernwärmeversorgung wird i. allg. die mittelbare Beheizung des Umlaufwassers über einen Oberflächenwärmeaustauscher bevorzugt. Sie ist zu fordern, wenn die Deckenheizung zur Raumkühlung herangezogen werden soll, s. Abb. 4.131, da zur Vermeidung innerer Korrosion und Verkrustung unter keinen Umständen Kühlwasser unmittelbar durch die Heizschlangen geleitet werden darf.

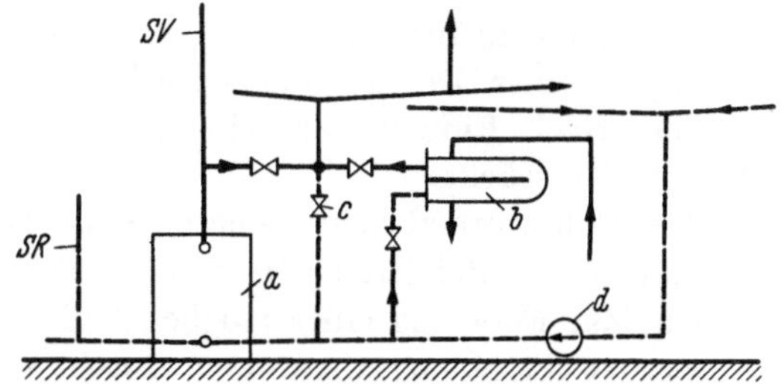

Abb. 4.131. Kessel mit parallelgeschaltetem Kühler. *a* Kessel, *b* Kühler, *c* Mischventil, *d* Umwälzpumpe.

Zuweilen ist die Aufgabe gestellt, nur einen Teil eines Gebäudes mit Heizdecken, den Rest mit Raumheizkörpern auszustatten. Von der Hintereinanderschaltung der beiden Systeme, zu der das unterschiedliche Temperaturniveau anregt, ist abzuraten. Die Deckenheizung ist dabei thermisch mehr oder weniger starr mit der Heizkörperheizung gekuppelt. Auch wenn unter günstigen Voraussetzungen die Heizwasserströme, Temperaturen und Temperaturdifferenzen bei der Auslegung der einzelnen Anlageteile aufeinander abgestimmt werden können, ergeben sich im praktischen Betrieb doch Unzuträglichkeiten. So kann beispielsweise bei dieser Schaltung die Vorlauftemperatur der Deckenheizung niemals niedriger als die Mischtemperatur im gemeinsamen Rücklauf eingestellt werden, eine Notwendigkeit, die heiztechnisch durchaus gegeben sein mag.

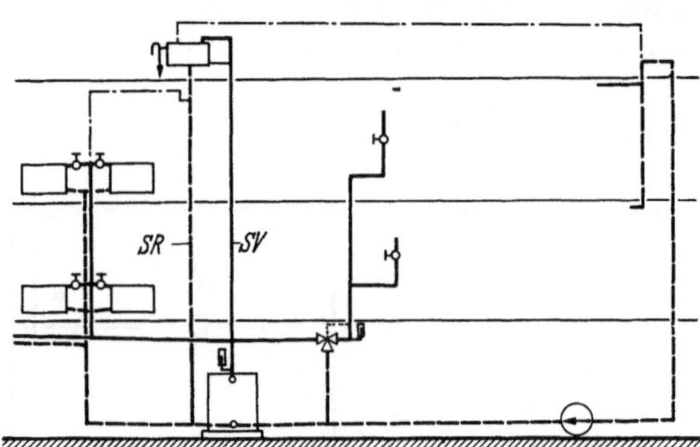

Abb. 4.132. Deckenheizung mit Radiatorenheizung gekuppelt.

Man trennt deshalb zweckmäßigerweise die beiden Heizsysteme, s. Abb. 4.132. Die Kesselvorlauftemperatur wird bei dieser Ausführung nach den Erfordernissen der Radiatorenheizung eingestellt, die Vorlauftemperatur der Deckenheizung durch Rücklaufbeimischung dem Wärmebedarf des betreffenden Gebäudeteils angepaßt.

In den mittleren Stockwerken eines mehrgeschossigen Gebäudes wirkt jede Deckenheizung für die darüberliegenden Räume stets auch als Fußbodenheizung. Diese Wirkung ist in der Regel erwünscht, zumal sie zur Vergleichmäßigung der Raumerwärmung in lotrechter Richtung beiträgt und fußwarme Böden schafft. Durch die Wahl geeigneter Dämmschichten in dem über den Heizrohren liegenden Deckenteil hat man es in der Hand, den Anteil der nach oben fließenden Wärme festzulegen. Keinesfalls dürfen dabei die unter Abschn. D 1a angegebenen höchsten Oberflächentemperaturen geheizter Fußböden überschritten werden. Meist begnügt man sich mit einer Erwärmung um 2 bis 3 grd über Raumtemperatur.

c) Die Heizschlangen

Die in die geheizten Deckenteile einzubauenden Heizrohre werden i. allg. in Schlangenform mit den am Bau erforderlichen Abmessungen von den Röhrenwerken bezogen. Überwiegend werden Rohre NW 15 (1/2″) nach DIN 2440 in nahtloser oder geschweißter Spezialausführung verwendet. Die Schlangen sind in der Decke waagerecht oder mit leichter Steigung in Strömungsrichtung zu verlegen und durch Schweißung mit den Strangleitungen zu verbinden. Auf sorgfältige Schweißung ist bei der späteren Unzugänglichkeit der Rohre besonderer Wert zu legen. Es ist der Vorteil der von den Röhrenwerken angefertigten Heizschlangen, daß die Zahl der Schweißnähte in der Decke auf ein Minimum herabgedrückt wird. Die Rohrschlangen werden im Werk einer Druck- und Dichtigkeitsprüfung unter Wasser mit Luft von 40 atü unterworfen. Nach Einbau der Schlangen werden sie am Bau nochmals mit dem Rohrnetz auf 25 atü abgedrückt.

Der Rohrabstand richtet sich nach der Bauart der Heizdecke und der geforderten spezifischen Wärmeabgabe. Bei glatten Heizrohren ohne Lamellen sind Abstandsmaße von 15, 20 und 25 cm üblich. Zur Erzielung einer möglichst gleichmäßigen Raumerwärmung und zum Ausgleich der einseitigen Strahlungsabkühlung durch Wandoberflächen niedriger Temperatur werden die Heizflächen bevorzugt in die außenwandnahen Zonen der Decke eingebaut. Um den seitlichen Abfluß der Wärme gering zu halten, soll der Abstand der Heizrohre von der Außenwand mindestens 0,5 m, an Innenwänden etwa 0,3 m betragen. Es empfiehlt sich, die Heizrohre parallel zur Außenwand anzuordnen und das äußere Rohr an den Vorlauf anzuschließen, so daß durch die Abkühlung des Heizwassers die Oberflächentemperatur der Decke von außen nach innen leicht abfällt. In der Regel werden Deckenheizungen für einen Temperaturunterschied zwischen Vor- und Rücklauf von 10 grd ausgelegt. Abb. 4.133 zeigt als Beispiel die Anordnung der Heizschlangen bei einer Decke mit einbetonierten Rohren.

Wie bei der Radiatorenheizung sind auch hier die Heizflächen der einzelnen Räume gesondert an das Rohrnetz anzuschließen, so daß durch Absperrung oder Drosselung des Wasserumlaufs jeder Raum für sich in seiner Temperatur geregelt werden kann. Bei größeren Räumen ist die Anordnung mehrerer getrennter Rohrschlangen zweckmäßig. Liegt während der Bauausführung

Abb. 4.133. Betonheizdecke im Bau.

die spätere Raumeinteilung noch nicht fest, so sollte man die Heizfläche möglichst weitgehend in Anlehnung an die Fenstergliederung unterteilen. Die Beheizung mehrerer benachbarter Räume durch *eine* durchlaufende, also nur gemeinsam zu regelnde Heizschlange führt zu Unzuträglichkeiten, selbst wenn es sich um Räume gleicher Art und Benutzung handelt.

Die Regelventile — in der üblichen Bauweise mit Voreinstellung — werden in handlicher Höhe in Nischen der Innenwände untergebracht, s. Abb. 4.134. Die Nischen müssen groß genug sein, um eine Auswechslung der Stopfbuchspackung der Ventile zu ermöglichen. Oft faßt man die Vorlaufanschlüsse der Heizschlangen mehrerer Räume eines Stockwerks gruppenweise zusammen, so daß die Ventile gemeinsam in einem Wandkasten untergebracht und vom Flur aus bedient werden können. Grundsätzlich ist bei der Berechnung und Ausführung von Deckenheizungen, wie bei allen Flächenheizungen, mit äußerster Sorgfalt vorzugehen, da Fehler später nicht mehr oder nur unter großem Kostenaufwand zu beheben sind. Ein örtlicher Heizkörper läßt sich vergrößern, wenn er sich als zu klein erweist, eine Deckenheizfläche kaum.

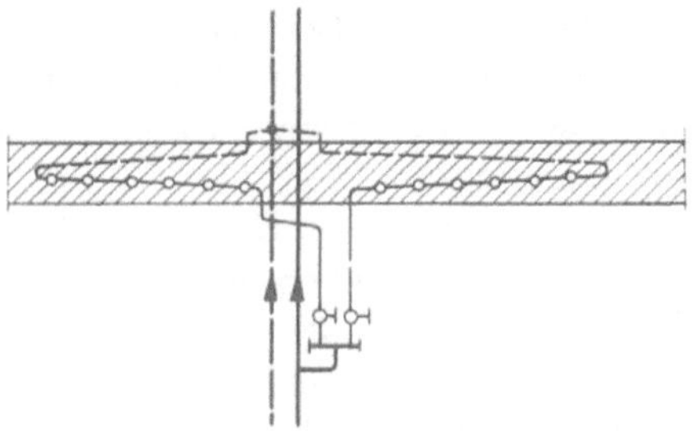

Abb. 4.134. Anschluß einer Rohrheizschlange mit Absperrventil.

5. Ausführung der Heizdecke

Durch den Einbau der Rohrschlangen in die Raumdecke wird diese zu einem Bestandteil der Heizungsanlage. Sie ist daher so auszubilden, daß sie beiden Anforderungen, den baulichen und den wärmetechnischen, genügt[1]. Zu den letzteren gehört die Weiterleitung der von den Heizrohren abgegebenen Wärme an die Deckenunterseite, wobei eine möglichst gleichmäßige Oberflächentemperatur angestrebt wird. Erreichen läßt sich dies auf sehr verschiedene Weise, etwa, wie bei der älteren Bauart der Deckenheizung, durch direkte Wärmeabgabe an den die Rohre umhüllenden Deckenbaustoff oder durch mittelbare Wärmeübertragung an eine untergehängte Heizdecke; in jedem Fall dehnen sich die betreffenden Bauteile unter dem Einfluß der Erwärmung aus. Auf diese Dehnung und die dabei auftretenden zusätzlichen Beanspruchungen ist bei der Konstruktion der Decke, evtl. auch des Gebäudes, Rücksicht zu nehmen.

[1] Kollmar, A.: Bautechnische Gestaltungen von Fußboden- und Deckenheizungen. Gesundh.-Ing. 74 (1953) 99/109. Man beachte auch die im Abschnitt „Decken- und Fußbodenheizung" des zweiten Bandes enthaltenen Ausführungshinweise.

Soweit die wärmeführenden Baustoffe untereinander unmittelbar Kontakt haben, sollten sie annähernd gleiche Wärmeausdehnungszahlen aufweisen. Darüber hinaus ist im Betrieb solcher Heizdecken darauf zu achten, daß Leistungsänderungen nur langsam und stetig vorgenommen werden, damit nicht zeitweise größere Temperaturunterschiede zwischen den Heizrohren und dem umgebenden Baustoff auftreten, die zu Deckenrissen führen können. Die Wärmeabgabe nach oben wird bei Deckenheizungen durch Anordnung von Dämmstoffen, Luftschichten u. dgl. eingeschränkt.

a) Betonheizdecke

Bei dieser Bauart, nach dem Erfinder auch als *Crittall*-Decke bezeichnet, sind die Rohrschlangen in eine tragende Betondecke eingegossen, s. Abb. 4.135. Die einzelnen Rohre werden vor dem Einbetonieren auf kleine Betonklötze aufgelegt, möglichst nahe an der Deckenunter-

Abb. 4.135. Ausführungsbeispiel einer Betonheizdecke.
a Linoleum, *b* Estrich, *c* Bimsbeton, *d* Isolierung, *e* Beton, *f* Rohrregister, *g* Bewehrung, *h* Betonklötzchen, *i* Putz.

seite. Die Dicke der Betonschicht wird nach Maßgabe der verlangten Festigkeit und Tragfähigkeit der Decke bestimmt. Jede Bewehrung der Decke begünstigt die Wärmeleitung und damit den Ausgleich der Temperaturen, besonders wenn die Eiseneinlagen unterhalb der Rohre angeordnet sind.

Beton ist als Baustoff für Heizdecken gut geeignet, weil seine Ausdehnungszahl derjenigen des Eisens sehr nahe kommt. Die Decke muß in einem Zuge gegossen werden; sie soll zum Schutz der Rohre gegen äußere Korrosion die Rohre überall sicher umschließen. Dazu ist bei $^1/_2$"-Rohren eine Betonschichtdicke von mindestens 6 bis 7 cm erforderlich; die tragenden Heizdecken sind aber meist stärker ausgeführt. Über dem Tragbeton wird eine hochwertige Isolierschicht, evtl. auch noch eine Aufbetonschicht geringer Wärmeleitung, in der Ausführung nach Abb. 4.135 z. B. Bimsbeton, vorgesehen.

Der Deckenputz wird in einer Dicke von etwa 5 bis 10 mm aufgebracht. Besondere Anforderungen bezüglich seiner Zusammensetzung werden bei Heizdecken mit relativ ausgeglichenen Temperaturen nicht gestellt. Bei ausgedehnten Heizdecken sind Dehnungsfugen vorzusehen. Starke und gut bewehrte Massivdecken nehmen die Dehnungskräfte besser auf, neigen also weniger zur Rißbildung als leichte Decken. Der Heizungsingenieur sollte dem Bauherrn bzw. der ausführenden Baufirma aber stets exakte Angaben über die mit Heizrohren belegten Deckenflächen sowie die im mittleren Winterbetrieb und bei stärkster Belastung der Heizanlage sich einstellenden Deckentemperaturen machen, damit eine Nachrechnung der wirklichen Beanspruchungen möglich ist und etwaige zusätzliche Baumaßnahmen rechtzeitig getroffen werden können.

Mit der Betonheizdecke liegen jahrzehntelange Erfahrungen vor. Sie zeigen, daß bei richtiger Ausführung und sachgemäßem Betrieb Schäden durch Rißbildung oder Rohrkorrosion nicht zu befürchten sind. Der naheliegende Gedanke, die Heizrohre selbst als Bewehrung der Betondecke zu benutzen, um Eisen einzusparen, ist im Ausland schon mehrfach, in Deutschland nur selten verwirklicht worden. Ein Haupterfordernis ist, daß die zur Bewehrung dienenden Rohre erst auf dem Auflager der Decke enden und daß die hier befindlichen Stirnflächen der Decke durch eine Dämmschicht gegen seitliche Wärmeableitung geschützt werden[1]. Dem Vorteil der Eisenersparnis

---

[1] Graf, O.: Über die Verwendung der Rohre von Deckenheizungen als Bewehrung von Eisenbetondecken. Gesundh.-Ing. 63 (1940) 145/147.

stehen als Nachteile gegenüber die höheren Wärmeverluste nach außen, die Einschränkung in der Freizügigkeit der Heizschlangenanordnung und eine gewisse Erschwernis in der Montage, zumal stets noch eine zusätzliche Bewehrung vom Statiker gefordert wird.

Betonheizdecken lassen sich auch mit eingegossenen Hohlsteinen, s. Abb. 4.136, oder — in Trennung von der Konstruktionsdecke — als untergehängte Heizdecken ausführen, Abb. 4.137.

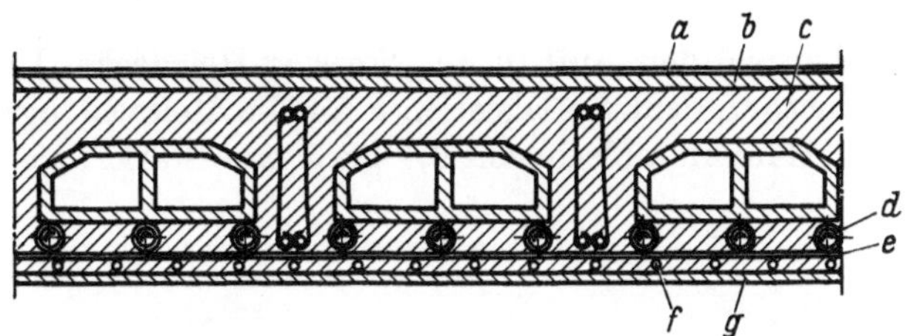

Abb. 4.136. Decke mit Hohlsteinen.

a Linoleum, *b* Estrich, *c* Beton mit Hohlsteinen, *d* Rohre in Beton, *e* Flacheisen, *f* Bewehrung, *g* Putz.

Im letztgenannten Fall ist stets eine besondere Schalung zur Anfertigung der Heizdecke erforderlich. Man kann diese Heizdecken allerdings leichter bauen als die ersterwähnten, wobei die Wärmespeicherung der Decke geringer und dadurch die Regelfähigkeit des ganzen Heizsystems verbessert wird.

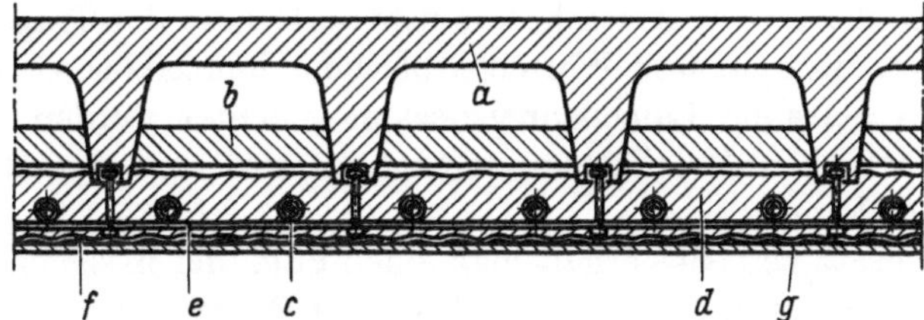

Abb. 4.137. Decke mit Unterzügen, Heizdecke angehängt.

a Beton, *b* Isolierung (Korkplatten), *c* Rohrregister, *d* nachtäglich angebrachte Betonschicht, *e* Tragkonstruktion für Rohrregister, *f* Baustahlgewebe, *g* Putz.

Weitere Deckenbauweisen sind im einschlägigen Schrifttum beschrieben. Auf die Temperaturverteilung in der Betonheizdecke wird im Berechnungsteil des zweiten Bandes näher eingegangen.

Kupferrohrheizung. An Stelle von Stahl läßt sich auch Kupfer als Werkstoff für Heizschlangen verwenden. Man nimmt hierfür dünnwandige Rohre geringer Durchmesser, meist $^3/_8''$ bzw. 12×1 mm, die in Stangenform (bei halbhartem Material) oder in endlosen Ringen (bei weichem Material) an die Baustelle angeliefert und dort zu Schlangen der benötigten Abmessungen gebogen werden. Die Rohre werden mit Lötfittings verbunden. Der geringe Außendurchmesser der Rohre ermöglicht die Einbettung der Heizschlangen in den Verputz, so daß sie bei Decken mit glatter Unterseite mittels Halteschellen oder Haken unmittelbar an die Decke angehängt werden können. Die Montage der Heizung ist dadurch wesentlich vereinfacht; sie läßt sich im fertigen Rohbau noch ausführen. Bei Balken- oder Trägerdecken wird ein Lattenrost angebracht, an dem die Heizschlangen und der Putzträger befestigt werden.

Der Putz besteht aus Kalkmörtel mit reichlichem Gipszusatz. Er soll die Kupferrohre voll umschließen und muß vor dem ersten Anheizen gut ausgetrocknet sein. In gleicher Weise wie bei der Betonheizdecke darf die Anlage nur langsam angeheizt werden. Die Vorteile der Kupferrohrheizung, die auch als Fußbodenheizung Verwendung findet, liegen in der vereinfachten Ausführung, der Korrosionsbeständigkeit des Materials und der geringeren Wärmespeicherung. Die Anlagekosten hängen stark vom Kupferpreis ab. Sie sind für deutsche Verhältnisse im allgemeinen höher als die der Betonheizdecke.

b) Lamellenheizdecken

Eine wesentliche Verminderung der Wärmespeicherung von Deckenheizungen läßt sich erzielen, wenn Konstruktions- und Heizdecke völlig getrennt werden. Die Heizrohre sind dabei an die Tragdecke angehängt und stehen in Kontakt mit einer leichten Putzdecke. Zur Verbesserung der Wärmeabgabe werden über die Rohre Blechlamellen geschoben, die die Wärme an die Putzschicht weiterleiten.

Abb. 4.138 zeigt als Beispiel den Aufbau der *Stramax*-Heizdecke. Unter der Tragdecke ist ein Lattenrost *a* angeordnet, an dem Auflageeisen *b* für die Heizschlangen *f* befestigt sind. Die Lamellen *g* bestehen aus Aluminiumblech von 0,7 bis 1 mm Stärke; sie umschließen mit einer

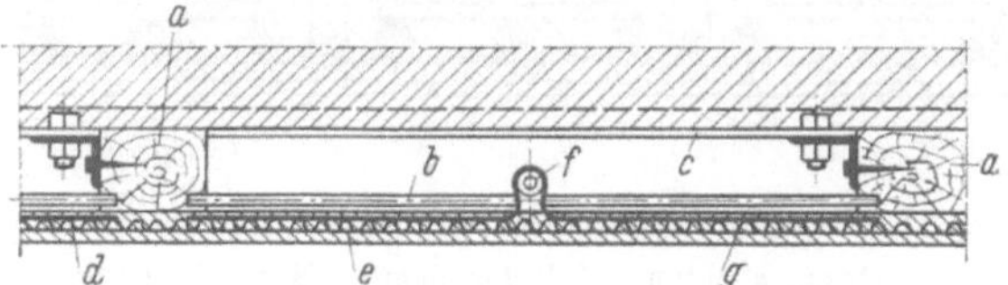

Abb. 4.138. Lamellenheizdecke, Bauart Stramax.

Sicke die Rohre und liegen dicht auf der Putzschicht *e* auf. Als Putzträger wird ein Baustahlgewebe *d* an die Latten angenagelt. Aluminium ist wegen seiner hohen Wärmeleitzahl als Lamellenwerkstoff besonders gut geeignet. Die niedrige Strahlzahl von Aluminium setzt außerdem den Wärmeaustausch zwischen der nackten Lamellenoberfläche und der Unterseite der Tragdecke wirksam herab. Zuweilen wird zur Erhöhung der Wärmedämmung nach oben noch eine Lage Aluminiumfolie *c* oder eine Wärmeschutzschicht unterhalb der Tragdecke angeordnet. Auf guten Kontakt zwischen Heizrohr und Wärmeleitblechen einerseits sowie den Blechen und dem Putz andererseits muß bei allen Lamellenheizdecken geachtet werden, da sonst jede exakte Berechnung der erforderlichen Heizflächen unmöglich wird und die Heizanlage nicht mehr zentral geregelt werden kann.

Durch reichlichen Zusatz von Gips erhält man einen Putz, der in seiner Ausdehnungszahl dem Aluminium ziemlich nahe kommt. Mit einem Loslösen der Putzschicht von der Lamelle ist jedoch bei glatten Blechen auch bei vorsichtiger Führung des Heizbetriebes zu rechnen. Zwischen Rohr und Lamellensicke muß genügend Spielraum sein, um eine axiale Verschiebung des Rohres beim Anheizen und Abkühlen der Anlage zu ermöglichen. Der dadurch bedingte Temperatursprung zwischen Rohroberfläche und Lamellenmitte liegt nach Messungen im Institut für Heizung und Lüftung der Technischen Universität Berlin bei 8 bis 15 grd, je nach der Güte der Ausführung und der spezifischen Belastung der Heizflächen.

Gipsplattendecke. Lamellenheizdecken lassen sich auch aus vorgefertigten Einzelplatten zusammenstellen, s. Abb. 4.139. Die aufgerauhte oder gelochte Lamelle ist hier fest mit einer Gipsplatte verbunden. Die Platte wird von unten an die Heizrohre angeschoben und mit-

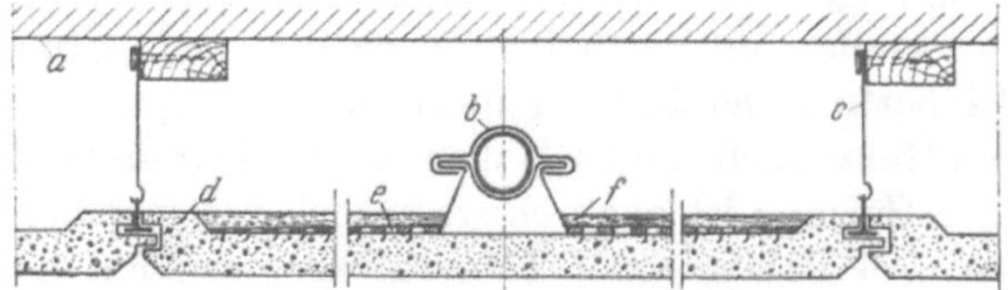

Abb. 4.139. Vorgefertigte Gipsplatten-Heizdecke.
a Decke, *b* Abdeckschieber, *c* Aufhängedraht, *d* Gipsplatte, *e* Aluminiumlamelle, *f* Steinwollisolierung.

tels Drähten an die Tragdecke angehängt. Die Lamelle weist in der Mitte ein dem Rohr angepaßtes Profil auf, über das nach Befestigung der Platte ein entsprechend profiliertes Gegenblech geschoben wird. Die Einzelplatten greifen am Rand mit Nut und Feder ineinander; ein kleiner Luftspalt ermöglicht die Aufnahme der Wärmedehnung. Die Platten lassen sich bei Lochung auch zur Schalldämpfung verwenden.

Der Kontakt zwischen Lamelle und Putz ist durch die fabrikmäßige Herstellung der Platten sichergestellt, die Wärmeleistung daher gleichmäßig und genau bekannt. Allerdings sind die Platten bruchempfindlich und erfordern eine sehr sorgfältige Montage.

Bei der *Frenger*-Decke, s. Abb. 4.140, verzichtet man ganz auf das Anbringen eines Deckenputzes. An die Heizrohre sind kräftige Aluminiumtafeln angehängt, die mit Isoliermatten abgedeckt sind. Sie sind aus akustischen Gründen gelocht.

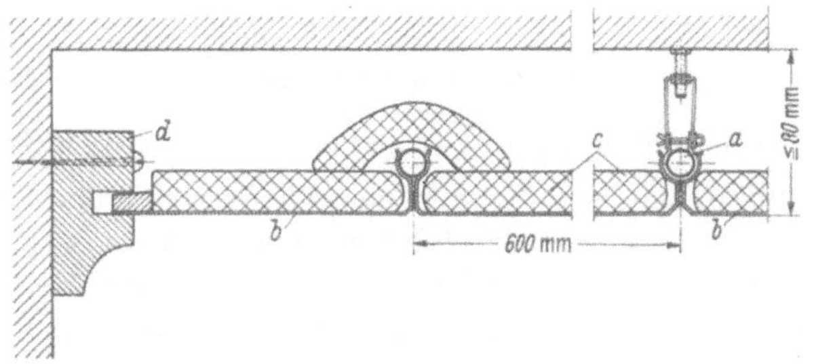

Abb. 4.140. Lochblech-Heizdecke, Bauart Frenger.
a Heizrohr, *b* perforierte Aluminiumplatte, *c* Isolierung, *d* Randleiste.

Lamellenanordnung. Alle diese Heizdecken werden sowohl mit geschlossener als auch mit bandförmiger Anordnung der Lamellen ausgeführt; seltener findet man eine schachbrettartige Verlegung. Bei Teilbelegung sind nach dem oben Gesagten höhere Temperaturen der beheizten Deckenfläche physiologisch möglich. Auch erhöht bei der Stramaxdecke die Wärmeleitung von den beheizten zu den nicht beheizten Putzschichten die spezifische Leistung von Heizrohr und Lamelle. Heizdecken mit Einzel- und Bandanordnung der Lamellen sind in der Regel billiger als solche in geschlossener Verlegung. Man legt heute im allgemeinen Lamellenheizdecken für eine höchste Vorlauftemperatur von 60 bis 70 °C aus.

c) Hohlraum-Heizdecke

Man kann die Rohrschlangen von Deckenheizungen auch völlig unabhängig von Bauteilen des Gebäudes verlegen, z. B. in den Hohlraum zwischen einer Tragdecke und einer darunter angehängten Sichtdecke. Diese Ausführung hat den Vorteil, daß die Heizrohre sich beim Erwärmen frei bewegen können. Es lassen sich daher auch höhere Heizwassertemperaturen anwenden als bei den bis jetzt besprochenen Bauarten, ohne daß bei sachgemäßer Ausführung Schäden an den Decken befürchtet werden müssen. Die Wärmeübertragung an die Heizdecke erfolgt im wesentlichen durch Strahlung. Die Wärmeabgabe an die Tragdecke — zu der Strahlungsübertragung kommt hier noch ein kräftiger konvektiver Anteil hinzu — muß durch eine hochwertige Isolierung eingeschränkt werden, z. B. Dämmplatten mit unterer Aluminiumfolienabkleidung.

d) Strahlplattenheizung

Eine Sonderausführung der Strahlungsheizung, die zunächst für freie Heizflächenanordnung entwickelt wurde, neuerdings aber auch für geschlossene Decken Anwendung findet und deshalb im Zusammenhang mit den Flächenheizungen besprochen werden soll, ist die sog. *Strahlplatten*-Heizung, s. Abb. 4.141. Zwei oder drei Heizrohre tragen ein gemeinsames, entsprechend profiliertes Wärmeleitblech. Diese Lamellen — einfache schwarze Stahlbleche von 1 bis 1,5 mm Dicke — sind auf der Oberseite mit Isoliermatten abgedeckt. Da die Strahlplatten in erster Linie für die Beheizung gewerblicher Räume in Frage kommen, also in größerer Höhe angeordnet werden, sind höhere Oberflächen- und Heizmitteltemperaturen zulässig als bei der üblichen Deckenheizung. Als Heizmittel verwendet man Dampf oder Heißwasser.

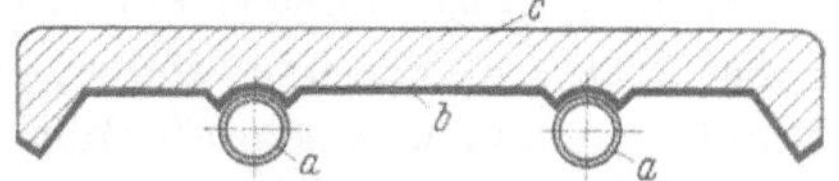

Abb. 4.141. Strahlplatte (Sunztrip-Heizkörper).
a Heizrohr, *b* Blechlamelle, *c* Isolierung.

Je nach der Verteilung der Heizflächen im Raum können einzelne Raumteile mehr oder weniger stark beheizt werden, bei großen Werkräumen z. B. bevorzugt die Arbeitsplätze. Der

Hauptanteil der Wärmestrahlung kommt dem Fußboden zugute, erwärmt also die Aufenthaltszone, während die oberen Raumzonen verhältnismäßig kalt bleiben, zumal die Luftströmungen durch die Raumheizung gering sind (s. auch S. 167/170). Hier kommen die Vorzüge der Wärmeübertragung durch Strahlung offenbar am nachhaltigsten zur Geltung.

Strahlplatten lassen sich auch als Heizbänder in geschlossene Decken einbauen und damit für feinmechanische Werkstätten, Schulen und Büros verwenden. Bezüglich der Oberflächentemperaturen gilt dann das unter C 3d Gesagte.

6. Betriebsverhalten

a) Wärmespeicherung und Regelfähigkeit

Bei der Deckenheizung muß — wie bei den meisten Bauarten der Flächenheizung — nicht nur das Eisengewicht der Anlage und der Wasserinhalt erwärmt werden, sondern zusätzlich noch der die Heizflächen umkleidende oder an ihnen haftende Deckenbaustoff, bevor die Oberflächen Wärme an den Raum abgeben. Je größer diese Baustoffmassen sind, um so höher ist ihre Wärmespeicherung, um so stärker macht sich die Trägheit des Systems aber auch bei Leistungsänderungen bemerkbar. Sie bewirkt, daß Regeleingriffe in der Zentrale nur mit erheblicher Verzögerung und stark gedämpft in den beheizten Räumen bemerkbar werden; da die Wärmespeicherung in den Heizflächen selbst liegt, läßt sich die Wärmeabgabe kurzzeitigen Änderungen des Bedarfs nur schwer anpassen.

Wie groß die Unterschiede in der Trägheit der einzelnen Systeme der Warmwasserheizung sind, zeigt die nachstehende Gegenüberstellung. Angegeben ist das Verhältnis der in den Heizflächen gespeicherten Wärmemenge Q_s zur Wärmeleistung Q_h. Bei den Deckenheizungen gelten die niedrigen Werte für Heizdecken geringster Dicke mit vollkommener Isolierung nach oben, die höheren Werte unter Berücksichtigung der Wärmespeicherung in den Tragdecken bei praktisch üblicher Isolierung.

Deckenheizung mit Betondecke	4 —8 [h]
Deckenheizung mit verputzter Lamellenheizdecke	2 —6 [h]
Radiatorenheizung	0,8 —1,1 [h]
Konvektorenheizung	0,15—0,2 [h]
Strahlplattenheizung	0,8 —1,3 [h]

Man muß bei Deckenheizungen, insbesondere bei Betonheizdecken, demzufolge mit erheblich verlängerten Anheiz- und Abkühlzeiten rechnen. Diese Trägheit macht sich besonders unangenehm bemerkbar, wenn durch Bedienungsfehler die Decke überheizt ist oder wenn in der Übergangszeit durch die höheren Lufttemperaturen in den Tagesstunden bzw. durch starke Sonneneinstrahlung der Wärmebedarf der Räume zurückgeht. Die erwünschte Abkühlung der Räume kann in solchen Fällen nur durch Öffnen der Fenster herbeigeführt werden. Als ungünstig erweisen sich sonach stark speichernde Decken für Gebäude leichter Bauart mit relativ großem Anteil der Fensterflächen an der Außenwand; sie nötigen zu einem schwerfälligen, häufig auch unwirtschaftlichen Heizbetrieb, vor allem wenn die Gebäude nur während weniger Tagesstunden benutzt werden. Für solche Zwecke sind leichte Heizdecken am Platz.

Bei Gebäuden mit dicken Wänden ist die Trägheit der Betonheizdecke weniger nachteilig, weil diese Bauten infolge ihrer eigenen Wärmespeicherung ohnehin nur langsam aufgeheizt werden können und die Tagesschwankungen der Witterung im Heizwärmebedarf nur abgeschwächt in Erscheinung treten. Bei solchen Gebäuden bereitet der Betrieb von Deckenheizungen hoher Wärmespeicherung erfahrungsgemäß keine Schwierigkeiten, sofern die Gebäude dauernd benutzt werden und schroffe Witterungsänderungen selten auftreten.

Bei richtiger Betriebsweise kann die Trägheit der Betonheizdecke sogar vorteilhaft ausgenutzt werden. So ist es möglich, die Heizung über eine von der Außentemperatur abhängige Zahl von Stunden ganz abzustellen, ohne ein stärkeres Abfallen der Raumtemperatur befürchten zu müssen. Decke, Fußboden und Wände geben unterdessen die in ihnen aufgespeicherte Wärme an die Raumluft ab. Bei Wiedereinschaltung der Heizung kann die den Raumumfassungen entzogene Speicherwärme durch zeitweilige Einstellung einer etwas höheren Heizwassertemperatur wieder ersetzt werden. Ein derartiger Heizbetrieb setzt natürlich eine sorgsame Überwachung und große Vertrautheit mit den Eigenschaften der Heizung voraus. Auch bei Kesselanlagen mit selbsttätiger Regelung, insbesondere bei reiner Ein-Aus-Regelung, wie sie bei Ölfeuerungen üblich ist, kann von der hohen Speicherfähigkeit Gebrauch gemacht werden. Sie gleicht hier die sprunghafte Änderung der Leistungsaufnahme beim Stoßbetrieb der Feuerung wirksam aus.

In den meisten Fällen ist eine hohe Wärmespeicherung der Heizdecke jedoch unerwünscht, zumal auch die neuzeitlichen Bauweisen mit ihrer Bevorzugung leichter Wandbauarten und großer Fensterflächen die Gebäude gegen wechselnde Witterungsbedingungen empfindlich machen und damit ein leicht regelbares Heizsystem verlangen.

Wärmespeicherung der Innenwände. Auf einen Unterschied in der Wirksamkeit von Leistungsänderungen bei Konvektions- und Strahlungsheizungen muß aber noch hingewiesen werden, da er bei der Bewertung der Regelfähigkeit der Systeme oft übersehen wird. Bei allen Heizsystemen mit vorwiegend oder ausschließlich konvektiver Wärmeabgabe erwärmt sich mit einsetzender Leistung die Raumluft infolge ihres geringen Wärmeinhaltes sehr rasch. Damit wird aber einer der beiden maßgebenden Faktoren für das Behaglichkeitsempfinden im beheizten Raum, nämlich die Lufttemperatur, sofort durch die Heizkörperleistung beeinflußt; bei großflächigen Heizkörpern kommt noch eine gewisse Strahlungswärmeabgabe hinzu.

Bei der Deckenheizung folgt dagegen das Raumklima einer Temperaturerhöhung der Heizfläche erst mit deutlicher Verzögerung. Nur ein Teil der Körperoberfläche des Menschen wird von der Strahlung direkt getroffen; bevorzugt sind es die oberen Teile infolge ihres günstigeren Winkelverhältnisses des Strahlungsaustausches. Erst wenn die Wandoberflächentemperaturen merkbar ansteigen, wird die untere, für die Behaglichkeit entscheidende Raumzone in die Erwärmung mit einbezogen.

Deckenheizungen, auch solche leichter Bauart, sind also notwendig träger in der Regelung als Heizungen mit konvektiver Wärmeübertragung. Der Vergleich der in den Heizflächen gespeicherten Wärme genügt bei Heizsystemen unterschiedlicher Art zur Beurteilung der Regelfähigkeit noch nicht. Am deutlichsten zeigt sich dies beim *Anheizen*. In Abb. 4.142, 4.143 ist der Temperaturanstieg nach dem Einschalten der Heizflächen in zwei gleichen Räumen mit Decken- und Radiatorenheizung wiedergegeben. Aufgetragen sind die Lufttemperaturen in Raummitte und die mittleren Wandtemperaturen ohne Berücksichtigung der Heizflächen. Man ersieht aus den Abbildungen, daß auch bei der Deckenheizung die Lufttemperatur höher liegt als die mittlere Wandtemperatur, sofern die Deckenheizfläche unberücksichtigt bleibt, wie das hier geschehen ist. Die Wandtemperaturen steigen bei der Deckenheizung etwas rascher an als bei der Radiatorenheizung, die Lufttemperaturen jedoch wesentlich langsamer, vor allem in den ersten Stunden. Das bedeutet aber, daß auch die Empfindungstemperatur im deckenbeheizten Raum zunächst niedriger liegt als im radiatorenbeheizten Raum.

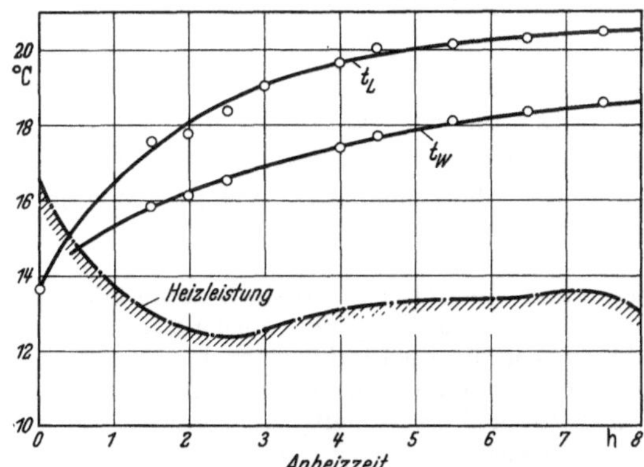

Abb. 4.142. Anheizen bei Deckenheizung. t_L Lufttemperatur in Raummitte, t_W Wandtemperatur.

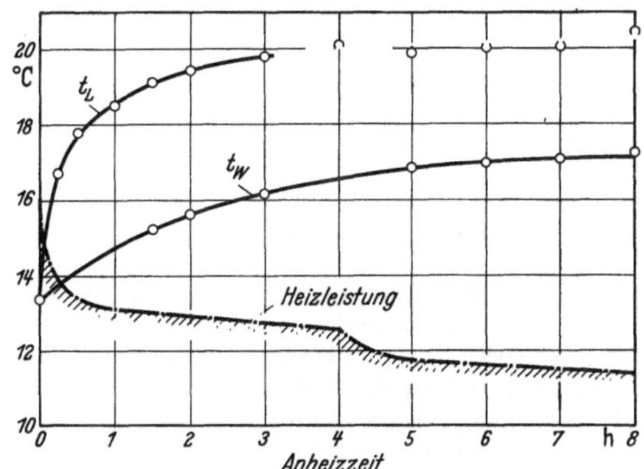

Abb. 4.143. Anheizen bei Radiatorenheizung. t_L Lufttemperatur in Raummitte, t_W Wandtemperatur

Anders liegen die Verhältnisse in gewerblichen Räumen, Hallen u. dgl., die mit Einzelstrahlern (z. B. Strahlplatten, Gasstrahlern) ausgestattet sind. Durch zweckmäßige Verteilung der Strahler läßt sich hier erreichen, daß die abgegebene Wärme allseitig den Rauminsassen trifft oder einzelne Raumteile, die als Arbeitsplätze dienen, bevorzugt erwärmt. Hier wird die Heizleistung physiologisch sofort wirksam und die Wärmezustrahlung vermag, wenn sie gleichmäßig alle Körperpartien trifft, die in Räumen mit niedriger Lufttemperatur zu hohe konvektive Wärmeabgabe, evtl. auch einseitige Abstrahlung nach ungeheizten Wandoberflächen auszugleichen.

b) Brennstoffverbrauch

Seit dem Aufkommen der Deckenheizung wird die Frage, ob sie zu Wärmeersparnissen gegenüber der üblichen Heizkörperheizung führt, diskutiert. Aus der niedrigeren Lufttemperatur in den geheizten Räumen lassen sie sich nicht ableiten — wie es zunächst versucht wurde —, es sei denn, die Wärmeverluste durch Lufterneuerung machten einen ungewöhnlich hohen Anteil am Heizwärmebedarf eines Gebäudes aus. Geht man davon aus, daß bei der Deckenheizung gleiche oder gar bessere physiologische Entwärmungsbedingungen für die Rauminsassen angestrebt werden als bei der Radiatorenheizung mit Heizflächen an der Außenwand, so dürfen auch die Oberflächentemperaturen der Außenwand- und Fensterflächen nicht niedriger sein. Von diesen Temperaturen hängen aber unmittelbar die Wärmeverluste eines geheizten Gebäudes ab. Da nach dem oben Gesagten bei beiden Heizungsarten die Wandtemperatur mit der Höhe ansteigt, müssen sich notwendigerweise im Dauerbetrieb der Heizung bei gleicher Raumtemperatur auch etwa gleiche Wärmeverluste ergeben. Lediglich an den Heizkörperstellwänden ist ein erhöhter Transmissionswärmeverlust zu erwarten. Am gesamten Heizwärmebedarf gemessen handelt es sich jedoch um einen geringfügigen Betrag, der innerhalb der Genauigkeitsgrenzen jeder Wärmebedarfsrechnung liegt und daher bei Vergleichsversuchen an Heizanlagen unterschiedlicher Systeme nur schwer nachweisbar ist. Auch ist zu berücksichtigen, daß dieser zusätzliche Wärmeverlust lediglich bei Außenwandheizkörpern auftritt, also einer Heizungsausführung, die den physiologisch unerwünschten Abkühlungseffekt kalter Wand- und Fensterflächen aufheben soll, der bei Deckenheizungen stets hingenommen werden muß.

Mit großer Wahrscheinlichkeit erklären sich daher die zuweilen festgestellten günstigeren Wärmeverbrauchszahlen deckenbeheizter Gebäude aus unterschiedlichen Betriebsbedingungen oder Abweichungen im Wärmebedarf bzw. in den raumklimatischen Verhältnissen. Daß bei den üblichen Raummaßen in Wohn-, Büro- und Krankenhäusern auch der unterbrochene oder nachts eingeschränkte Heizbetrieb bei der Deckenheizung keine Wärmeeinsparungen erwarten läßt, die über das bei Radiatorenheizung Mögliche hinausgehen, liegt nach den Ausführungen im vorhergehenden Abschnitt über den Anheizvorgang auf der Hand.

Auch hier ist aber wieder der Hinweis am Platz, daß diese Feststellungen nicht für die Strahlungsheizung allgemein und insbesondere nicht für große und hohe Räume, Werkhallen u. dgl. gelten. Solche Räume weisen bei Heizeinrichtungen mit vorwiegend konvektiver Wärmeabgabe, vor allem bei Luftheizungen, in den oberen Raumzonen sehr hohe Lufttemperaturen auf. Dementsprechend sind die Wärmeverluste wesentlich höher als bei ausgeglichener Lufttemperatur. Berücksichtigt man noch, daß zweckmäßig angeordnete Wärmestrahler es in solchen Fällen ermöglichen, bevorzugt die Aufenthaltszone oder auch nur einzelne Teile davon zu erwärmen, den Raum über den Strahlgeräten aber unbeheizt zu lassen, so erscheinen die in der Praxis zuweilen genannten Wärmeersparnisse von 25 bis 40% beim Übergang von Konvektions- auf Strahlungsheizung bei Werkräumen und Hallen durchaus möglich.

7. Anwendungsbereich

Deckenheizungen sind in der Regel teurer als Heizkörperheizungen, vor allem wenn besondere Heizdecken an die Tragdecken angehängt werden müssen. Die Mehrkosten sind je nach der gewählten Bauweise verschieden hoch; sie liegen unter Einbeziehung der baulichen Nebenkosten zwischen 20 und 80%. Betontragdecken mit eingebetteten Heizrohren ergeben die niedrigsten Gestehungskosten, erfordern allerdings auch eine sorgfältige Bauplanung, damit durch die Rohrverlegung der Fortgang der Bauarbeiten nicht gehemmt wird. Bei der Wahl größerer Rohrabstände erreichen derartige Deckenheizungen etwa die gleichen Gestehungskosten wie Radiatorenheizungen.

Bei der Entscheidung, ob in einem gegebenen Fall Deckenheizung gewählt werden soll oder nicht, sind sämtliche Vor- und Nachteile sorgfältig gegeneinander abzuwägen. Sie seien daher im folgenden noch einmal kurz aufgeführt.

Vorteile:

Fortfall der örtlichen Heizkörper mit ihrem Platzbedarf;
Verlegung aller Strangleitungen im Gebäudeinnern (verminderte Einfriergefahr);
schwache Luftbewegung und daher keine Staub- und Keimverschleppung;
weitgehend ausgeglichene, etwas niedrigere Lufttemperaturen im gesamten Raum;
anwendbar für Raumkühlung im Sommer.

Nachteile:

Höhere Einbaukosten;
nachträgliche Änderung der Heizflächenleistung und meist auch der Raumeinteilung nicht möglich;
erschwerte Reparaturen;
besondere Empfindlichkeit an Außenwand- und Fensterflächen sowie gegen Lufteinfall;
größere Trägheit und damit verminderte Regelfähigkeit, insbesondere bei Betonheizdecken;
Abhängigkeit der Leistung von der Güte der baulichen Ausführung.

Der Hauptvorteil der Deckenheizung ist ohne Zweifel der Wegfall aller sichtbaren Heizflächen mit ihren Nebenerscheinungen (Gardinen- und Wandverschmutzung). Für *repräsentative Räume* aller Art, bei denen Heizkörper störend wirken, wird der Architekt schon aus ästhetischen Gründen gern die Deckenheizung wählen, zumal die höheren Kosten in diesem Fall meist keine Rolle spielen. Auch *Museen* und *Verkaufsräume* werden häufig mit Deckenheizungen ausgestattet. Da diese Räume zumeist „durchwandert" werden, sind notfalls etwas höhere Deckentemperaturen zulässig als in Räumen mit festen Arbeitsplätzen.

In weitem Umfang eingeführt hat sich die Deckenheizung in den Bettenhäusern und Infektionsabteilungen von *Krankenhäusern*, in *Sanatorien* und *Heilanstalten*. Ihre hygienischen Vorzüge werden hier hoch gewertet. Hinzu kommt, daß diese Gebäude ohne Unterbrechung beheizt werden und das gleichmäßige „Schonklima" des deckenbeheizten Raumes sowie die leicht erwärmten Fußböden besonders erwünscht sind. Gefährdete Aufenthaltsplätze in Fensternähe sind zudem kaum vorhanden. Auch können bei mildem, windstillem Wetter die Fenster geöffnet werden, ohne daß die Wärmeabgabe an den Raum und an die Patienten beeinträchtigt wird.

In Räumen, deren Insassen an festen Arbeitsplätzen geistig beschäftigt sind, wie z. B. bei *Büro-* und *Verwaltungsgebäuden*, *Schulen* u. dgl., ist dagegen eine gewisse Vorsicht am Platze. Jede lästige Wärmezustrahlung oder auch nur eine wesentliche Behinderung der Kopfentwärmung muß hier unbedingt vermieden werden. Sind Arbeitsplätze dicht an den Außenwänden vorgesehen, so ist zum Ausgleich der kalten Wand- und Fensterflächen der Einbau einer Brüstungsheizung in Erwägung zu ziehen, sei es in Form von flachen Wandradiatoren oder verdeckten Heizflächen. Zur Notwendigkeit wird dies in Räumen mit großen Fenstern, vor allem bei Eckräumen ohne Fußbodenerwärmung. Bei der Trägheit der meisten Deckenheizungen müssen die Heizregister nach Himmelsrichtungen zusammengefaßt und die einzelnen Gruppen mit Temperaturregelung durch Rücklaufwasserbeimischung versehen werden. Die Möglichkeit einer einfachen Raumkühlung im Sommer kann bei Verwaltungs- und Bürogebäuden evtl. den Ausschlag für die Wahl einer Deckenheizung geben.

Nicht in Frage kommt die Deckenheizung für Räume, die nur kurzzeitig benutzt und geheizt werden sollen oder bei denen mit stärkeren Schwankungen in der Raumbesetzung gerechnet werden muß, wie z. B. bei Lichtspielhäusern, Restaurants und Versammlungsräumen. Auch bei Schalterhallen mit starkem Publikumsverkehr hat sie sich nicht bewährt, da die durch die Zugänge eindringende Außenluft unerwärmt über dem Fußboden liegenbleibt, sofern nicht eine zusätzliche Erwärmung durch Fußboden- oder Konvektionsheizflächen vorgesehen ist[1].

Bei Wohnbauten findet die Deckenheizung wegen ihrer höheren Baukosten und der größeren Anforderungen an die Bedienung nur ausnahmsweise Anwendung. Man muß hier darauf achten,

[1] Baxmann, H. S.: Die Temperaturverteilung in der strahlungsgeheizten Kassenhalle einer Großbank. Heizg.-Lüftg.-Haustechn. 5 (1954) 21/24.

daß Schlaf- und Nebenräume keinesfalls mit Heizdecken hoher Wärmespeicherung ausgerüstet werden, da sonst die Trägheit des Systems ein schnelles Anheizen sowohl als auch eine rasche Auskühlung bei Überheizen nicht zuläßt.

D. Fußboden- und Wandheizung

Im Aufbau sind beide Heizungsarten der Deckenheizung ähnlich. Die Anordnung der Heizrohre und der unterschiedliche Temperaturbereich bedingen jedoch vielfach andere konstruktive Lösungen.

1. Fußbodenheizung

a) Allgemeines

Als Warmluft-Kanalheizung gehört sie zu den ältesten Bauformen der Heizung überhaupt (Hypocaustenheizung). Aber auch als Warmwasserheizsystem mit im Fußboden eingebetteten Heizrohren ist sie seit vielen Jahrzehnten bekannt, vor allem in der Anwendung zur zusätzlichen Erwärmung fußkalter Räume und Arbeitsplätze.

Wiederholt ist schon darauf hingewiesen worden, daß die bevorzugte Erwärmung der unteren Raumzonen physiologisch erwünscht ist. Das der Deckenheizung nachgesagte gleichmäßige Raumklima ist z. T. auf die mittelbare Wirkung als Fußbodenheizung in den über den Heizdecken liegenden Räumen zurückzuführen. Durch sie werden die Lufttemperaturen in den bodennahen Schichten erhöht und auch die gegen eine direkte Deckenstrahlung abgeschirmten Fußbodenteile, z. B. bei Arbeitsplätzen an Tischen, ausreichend erwärmt. Im Gegensatz zur Deckenheizung nimmt bei der Fußbodenheizung die „empfundene Temperatur" nicht mit der Höhenlage zu. Die spezifische Wärmeabgabe horizontaler Heizflächen nach oben ist größer als nach unten, da der konvektive Wärmeübergang durch die am Fußboden sich erwärmende und aufsteigende Luft merklich gesteigert wird. Andererseits ist bei Fußbodenheizungen in der Regel damit zu rechnen, daß ein Teil der Bodenfläche, nämlich die mit Möbeln bestellte, als Heizfläche ausscheidet. Das wirkt sich in der Praxis um so nachteiliger aus, als die Oberflächentemperaturen ohnehin nach oben begrenzt sind. Die Erfahrung lehrt, daß Fußbodentemperaturen über 25 °C schon zu Fußbeschwerden führen können; an selten begangenen Stellen sind Temperaturen bis zu 29 °C zulässig, in der Nähe der Außenwände sogar erwünscht. Arbeitsplätze in Außenwandnähe sind andererseits durch einseitige Wärmeabstrahlung und Zugluft in gleicher Weise gefährdet wie bei der Deckenheizung.

b) Ausführung

Im allgemeinen werden die Heizrohre in Schlangenform in eine 6 bis 8 cm starke Betonschicht des Fußbodens eingegossen, s. Abb. 4.144. Nach unten schließt sich eine Isolierschicht an, um die Wärmeabgabe an die darunter befindlichen Räume bzw. an das Erdreich möglichst einzuschränken. Dann folgt der eigentliche Tragbeton oder bei oberen Geschossen evtl. eine Hohlsteindecke. Bei Verlegung unmittelbar über dem Erdreich ist durch Einlage einer Bitumenpappe jede Feuchteeinwirkung auszuschließen. Der Fußbodenbelag muß selbstverständlich den Temperatureinwirkungen gewachsen sein. Plattenbeläge haben sich in dieser Beziehung am besten bewährt, bei niedrigen Temperaturen auch Linoleum und ähnliche Stoffe. Der Heizwassertemperaturregelung ist bei der erheblichen Wärmespeicherung der Fußbodenschichten besondere Beachtung zu schenken. Geringer Rohrabstand und kleine Rohrdurchmesser (meist $^3/_4''$) begünstigen die physiologisch und konstruktiv erwünschte gleichmäßige Bodenerwärmung. Man trennt den Kreislauf der Fußbodenheizung zumeist völlig von anderen Heizsystemen mit höheren Wassertemperaturen, am besten durch Zwischenschalten von Oberflächenwärmeaustauschern. Die Heizschlangen werden

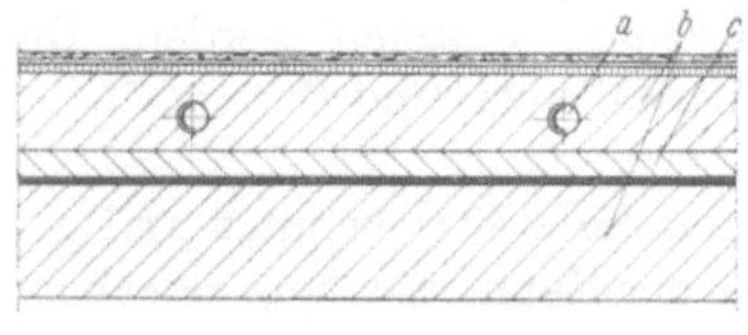

Abb. 4.144. Fußbodenheizung mit einbetonierten Rohren.
a Heizrohre, *b* Kiesbeton, *c* Wärmedämmschicht und Bitumenpappe.

einzeln absperrbar an die Verteilleitungen angeschlossen, um sie auf gleichmäßigen Wasserdurchfluß einregeln und getrennt in Betrieb nehmen zu können. Es empfiehlt sich, die Schweißstellen der Rohranschlüsse, soweit es möglich ist, aus dem Fußboden herauszuziehen. Auf gute Entlüftbarkeit der Schlangen ist zu achten.

Eine Ausführung der Fußbodenheizung mit freiliegenden Heizrohren und angelegten Lamellen zeigt Abb. 4.145. Die Lamellen ragen in Hohlsteine zwischen den Rohren; sie sollen durch ihre Wärmeleitung und Formgebung die Bodentemperatur vergleichmäßigen. Diese bereits seit

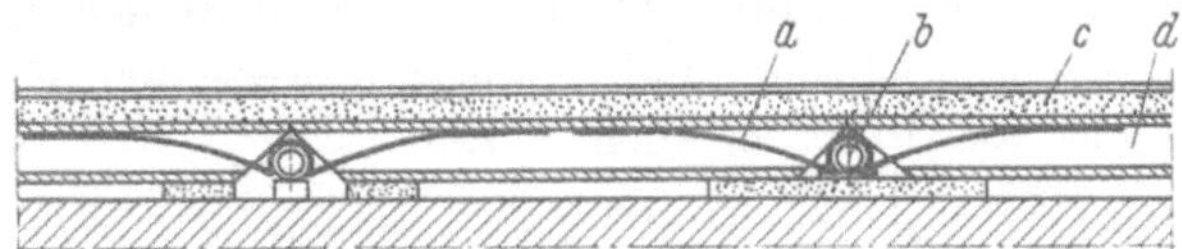

Abb. 4.145. Fußbodenheizung, Bauart Deriaz.
a Lamelle, *b* Heizrohr, *c* Fußbodenbelag, *d* Hohlstein.

langem bekannte Ausführung hat mit den vorbesprochenen Lamellenheizdecken die geringe Wärmespeicherung und eine gewisse Unempfindlichkeit gegen Temperatursteigerungen des Heizwassers gemein.

c) Anwendungsbereich

Die physiologische Forderung, die Fußbodentemperaturen nicht über 25 bzw. 29 °C ansteigen zu lassen, schränkt die Leistung und damit auch den Anwendungsbereich der Fußbodenheizung stark ein. Als alleiniges Heizsystem eignet sie sich nur für Gebäude mit sehr geringem Wärmebedarf je m² Nutzfläche, insbesondere wenn zugleich die Raumtemperaturen niedrig liegen (z. B. dauernd beheizte Kirchen, Garagen) oder wenn die Wärmeabgabe nach unten mit eingesetzt werden kann (kombinierte Fußboden-Decken-Heizung in Wohn- und Geschäftshäusern).

In erster Linie findet die Fußbodenheizung Verwendung als Zusatzheizung, und zwar bevorzugt für nicht unterkellerte Gebäude oder in Räumen, bei denen die Fußbodenerwärmung besonders erwünscht ist, wie z. B. in Badeanstalten. Hinzu kommen repräsentative Räume, wie Empfangshallen, Foyers in Theatern u. dgl., bei denen die Unterbringung der benötigten örtlichen Heizflächen oft auf Schwierigkeiten stößt. Auf die Möglichkeit, einzelne Teile des Erdgeschoßfußbodens mit ihr bevorzugt zu beheizen (Verkaufsstände) und die Verwendung zur Gehsteig-, Rampen- und Straßenbeheizung sei ebenfalls hingewiesen.

2. Wandheizung

Auch bei der Wandheizung handelt es sich um eine Bauart der Flächenheizung, die seit langem bekannt ist, neuerdings aber aus ästhetischen Gründen oder in Verbindung mit der Deckenheizung wieder an Interesse gewinnt. In ihrer einfachsten Form werden Stahlplatten mit rückseitig angebrachten oder angegossenen Heizrohren so in eine Wand eingebaut, daß sie vorn bündig mit der Wand abschließen. Diese Kombination von Heizkörper- und Flächenheizung konnte sich in größerem Umfang aber nicht durchsetzen. Bei der häufigeren Bauform der Wandheizung werden in gleicher Weise wie bei der Deckenheizung die Heizrohre unmittelbar in die Konstruktion eingebettet, s. Abb. 4.146. Hinter den Heizrohren ist eine hochwertige Wärmedämmschicht anzuordnen, die bei Außenwänden das Abströmen der Heizwärme nach außen verhindern soll.

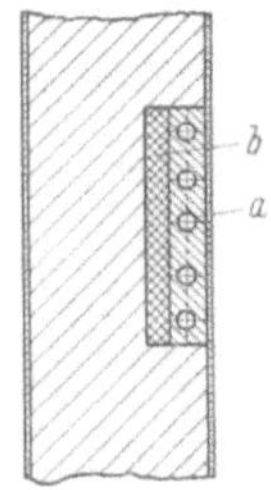

Abb. 4.146
Wandflächenheizung.
a Heizrohr, *b* Isolierung.

Wandheizflächen werden im allgemeinen nur bis etwa 1,5 m Höhe angewendet. Da der Mensch gegen seitliche Wärmezustrahlung wesentlich unempfindlicher ist als gegen Wärmestrahlung von oben, kann die Wandheizung mit höheren Oberflächentemperaturen betrieben werden als die Deckenheizung.

Wärmephysiologisch ist die Wandheizung mit milden Oberflächentemperaturen jeder anderen Heizungsart überlegen. Die Notwendigkeit, die Innenwände als Stellflächen frei zu halten, macht ihre Anwendung in größerem Umfang unmöglich, da die erforderlichen Heizflächen in den Außenwänden allein in der Regel nicht unterzubringen sind. Die Wandheizung findet sich daher vorwiegend als Zusatzheizung, und zwar in erster Linie als Brüstungsheizung unterhalb der Fenster bei Decken- und Luftheizungen. In Verbindung mit der Deckenheizung wähle man nach dem Vorgesagten für die Brüstungsheizflächen ein gesondertes Rohrnetz, das mit höheren Temperaturen als die Deckenheizung betrieben werden kann. Erfahrungsgemäß wird in der Übergangszeit bei solchen kombinierten Anlagen die Brüstungsheizfläche allein in Betrieb genommen. Jeder Raum muß daher auch für sich geregelt werden können. Die Gruppenunterteilung des Heizsystems nach Himmelsrichtung und Benutzungsweise der Räume ist wie bei allen Zentralheizungen auch hier am Platz, s. auch S. 190.

E. Leistungsregelung und Betriebsverhalten der Warmwasserheizungen

1. Leistungsregelung

Die zur Erwärmung eines Raumes oder eines ganzen Gebäudes erforderlichen Wärmemengen ändern sich mit den Witterungsverhältnissen und der Benutzung im gesamten Leistungsbereich der Heizanlage. Den langsameren jahreszeitlichen Änderungen überlagern sich die tageszeitlichen, wobei neben der Außentemperatur auch zeitweise die übrigen Klimaelemente wie Wind und Sonnenstrahlung stärker zur Auswirkung kommen.

Die Anpassung der Heizwärmelieferung an den jeweiligen Wärmebedarf kann sowohl örtlich am Heizkörper als auch zentral im Kesselhaus erfolgen. Bei der örtlichen Regelung wird die den Heizkörpern stündlich zugeführte Wassermenge gedrosselt und die Heizleistung vermindert. Der Rauminsasse hat dadurch die Möglichkeit, in einem durch die Vorlauftemperatur gegebenen Leistungsbereich die Raumtemperatur seinen individuellen Bedürfnissen anzupassen und Unterschiede im Wärmebedarf der einzelnen Räume auszugleichen. Das kann von Hand oder thermostatisch geschehen. Die in der Zentrale vorzunehmende allgemeine Leistungsregelung soll dagegen die Wärmeabgabe der Heizflächen einheitlich den auf das Gesamtgebäude wirkenden Klimakomponenten anpassen, vor allem der Außentemperatur.

a) Zentrale Leistungsregelung

Allgemeine Betrachtungen. Das Mittel dazu ist bei der Wasserheizung die Veränderung der Vorlauftemperatur des Systems. Da der Wärmebedarf eines Gebäudes bei Dauerheizung proportional ist dem Unterschied zwischen Raum- und Außentemperatur, ist bei gleichbleibenden Innentemperaturen jeder Außentemperatur eine bestimmte mittlere Heizwassertemperatur zugeordnet, s. Abb. 4.147. Diese Abhängigkeit ist ebenfalls linear, wenn der k-Wert der Heizflächen von der Belastung unabhängig ist (Gerade a). Für Glieder- und Plattenheizkörper mit dem Temperaturexponenten $n = 0{,}33$ ergibt sich die obere, leicht gekrümmte Kurve b, s. auch zwölfter Abschnitt im zweiten Band.

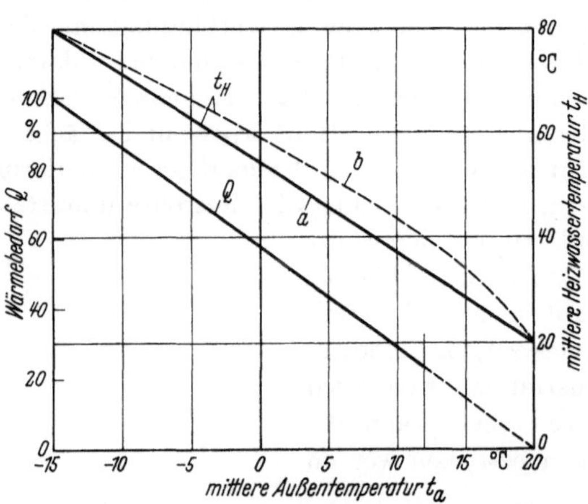

Abb. 4.147. Wärmebedarf und Heizwassertemperatur in Abhängigkeit von der Außentemperatur. $t_{H\,max} = 80\,°C$. a gilt für $k = $ konst, b gilt für $k = k_n\left(\frac{\Delta t}{\Delta t_n}\right)^{0,33}$.

Höhere Temperaturexponenten erfordern sonach bei mittleren Wintertemperaturen auch höhere Heizwassertemperaturen. Das bedeutet, daß Anlagen mit verschiedenen Heizkörperbauarten nur dann einwandfrei zentral geregelt werden können, wenn die Temperaturabhängigkeit der Heizflächenwärmeabgabe annähernd die gleiche ist, ein Umstand, der vor allem bei der Verwendung von Radiatoren und Konvektoren in einem Gebäude zu beachten ist.

Die Vorlauftemperatur t_v liegt um den halben

Wert der Temperaturdifferenz Vorlauf–Rücklauf höher als die in Abb. 4.147 eingetragene mittlere Heizwassertemperatur t_H. Bei Pumpenheizungen ist infolge des gleichbleibenden Wasserdurchflusses die Temperaturdifferenz $(t_v - t_r)$ proportional der Leistung Q. Für eine beliebige Außentemperatur t_a mit der Heizleistung Q und der zugehörigen mittleren Heizwassertemperatur t_H ergibt sich sonach die Vorlauftemperatur t_v aus

$$t_v = t_H + \frac{(t_v - t_r)_{max}}{2} \frac{Q}{Q_{max}}, \tag{4.03}$$

wobei $(t_v - t_r)_{max}$ die der Höchstleistung Q_{max} zugeordnete Temperaturdifferenz zwischen Vor- und Rücklauf ist.

Bei Schwerkraftheizungen ändern sich die umlaufenden Wassermengen mit der Abkühlung des Heizwassers in den Heizkörpern, also auch mit der Leistung. In Abb. 4.148 ist die Abhängigkeit der Vorlauftemperatur bei Schwerkraft- und Pumpenbetrieb eingetragen unter der Annahme, daß bei —15 °C Außentemperatur die Vorlauftemperatur 90 °C und die Rücklauftemperatur 70 °C beträgt.

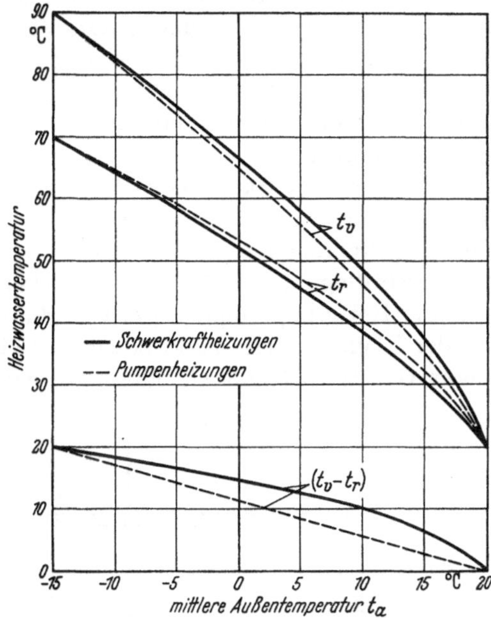

Abb. 4.148. Vor- und Rücklauftemperatur einer Warmwasserheizung 90/70° C in Abhängigkeit von der Außentemperatur. t_v = Vorlauftemperatur, t_r = Rücklauftemperatur.

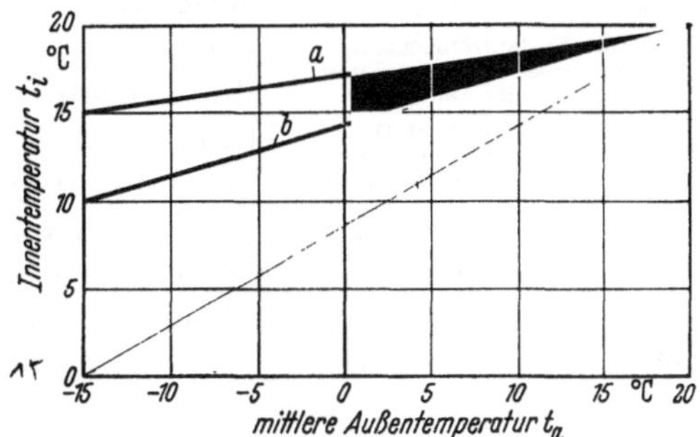

Abb. 4.149. Innentemperaturen bei zentraler Leistungsregelung. Bei $t_{a\,min} = -15$°C gefordert: a) $t_i = +15$ °C, b) $t_i = +10$ °C.

Sollen in einem zentralbeheizten Gebäude *Räume* ständig auf *verschiedene Temperaturen* erwärmt werden, so läßt sich die einheitliche Leistungsregelung durch die Vorlauftemperatur nur für *eine* Raumgruppe durchführen. Man wählt dafür im allgemeinen die Räume mit den höchsten Temperaturanforderungen. Bei den übrigen Räumen ändert sich die Abweichung von der höchsten Raumtemperatur dann mit der Belastung der Gesamtanlage, also mit der Außentemperatur, s. Abb. 4.149. Sind beispielsweise die Heizkörper in Nebenräumen, wie Lehrmittelsammlungen, Toiletten und dgl., so ausgelegt, daß bei —15 °C Außentemperatur eine Raumtemperatur von +10 °C nicht unterschritten werden soll, so erwärmen sich diese Räume bei einer Außentemperatur von +4 °C auf über 15 °C, wenn die Haupträume auf 20 °C beheizt werden. Man muß also die Heizflächen der nicht ständig benutzten Räume für etwa 9° C Innentemperatur bei einer tiefsten Außentemperatur von —15 °C auslegen, wenn an normalen Wintertagen eine Raumtemperatur von 15°C gewünscht wird.

Ausführungsbeispiele. Die Leistungsregelung der Warmwasserheizungen kann sowohl am Kessel (Feuerungsregelung) als auch erst im Heiznetz (Beimischregelung) erfolgen. Dabei wird im ersten Fall die Wärmeentwicklung, im zweiten die Wärmeverteilung beeinflußt. Anlagen mit hochwertigen Regelungen verfügen im allgemeinen über eine Kombination beider Möglichkeiten.

Der Regelvorgang wird von der Kesselvorlauftemperatur, der Raumtemperatur, der Außentemperatur oder einem gemeinsamen Einfluß mehrerer dieser Größen eingeleitet.

Feuerungsregelung. Die einfachste und billigste Ausführung einer Leistungsregelung am Kessel ist der bei Feuerungen für feste Brennstoffe häufig verwendete Verbrennungsregler nach Abb. 4.19. Ein am Kessel oder in dessen Vorlaufleitung angeordneter Fühler (Kessel-Vorlaufthermostat) mißt die Temperatur des den Kessel verlassenden Wassers und verstellt bei Abweichung vom Sollwert die Zuluftklappe, s. Abb. 4.150a, evtl. auch zusätzlich den Abgasdrosselschieber, s. Abb. 4.21. Bei Gas- und Ölfeuerungen schaltet der Thermostat den Brenner ein oder aus, s. Abb. 4.150b.

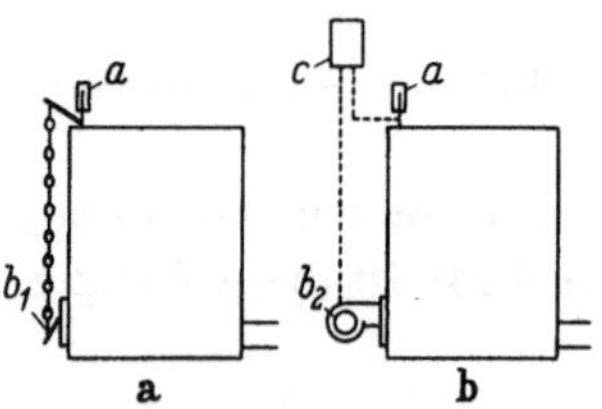

Abb. 4.150. Vorlauftemperaturregelung. a) Kessel für feste Brennstoffe; b) Öl- oder Gaskessel.
a Kesselvorlaufthermostat, b_1 Zuluftklappe, b_2 Öl- oder Gasbrenner, *c* elektrisches Zentralgerät.

Reicht der Fühlerimpuls zur Bewegung des Stellgliedes nicht aus, so muß ein mechanisch oder elektrisch arbeitendes Verstärkerglied eingeschaltet werden (Regler mit Hilfskraft). In den hier behandelten Beispielen sind elektrische Regelungen dargestellt, da sie heute in der Heizungstechnik bevorzugt angewendet werden. Bei ihnen werden im allgemeinen Ist- und Sollwert in einem Zentralgerät (c) verglichen, evtl. unter Signalumwandlung, und eine Impulsverstärkung vorgenommen.

Der Sollwert der Kesselvorlauftemperatur wird in Abb. 4.150 von Hand der Witterung folgend verstellt. Diese Aufgabe kann auch ein Außentemperatur- oder Witterungsfühler übernehmen, dessen Steuerimpulse am Zentralgerät c zum Eingriff kommen, s. Abb. 4.151.

Für Räume gleicher Nutzung und ähnlicher Abkühlungsbedingungen läßt sich die Vorlauftemperatur durch einen Temperaturfühler in einem für die Heizgruppe repräsentativen Raum verstellen, so daß eine unverzögerte, dem Wärmebedarf der Räume jeweils direkt entsprechende Änderung der Wärmeleistung erreicht wird. Bei kleineren Gebäuden (Einfamilienhäusern) wird

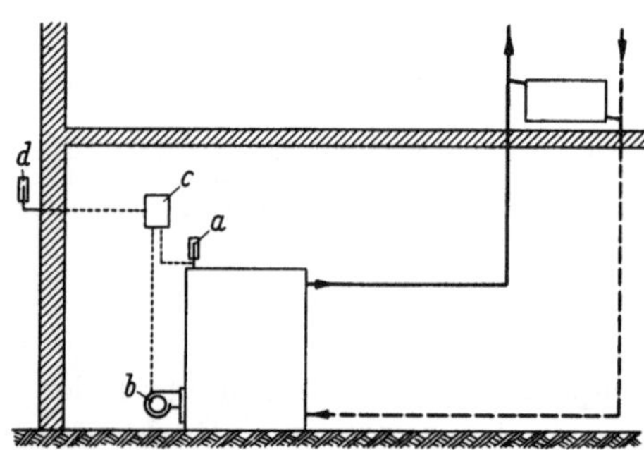

Abb. 4.151. Witterungsabhängige Vorlauftemperaturregelung durch Einwirken auf die Feuerung.
a Kesselvorlaufthermostat, *b* Brenner, *c* elektrisches Zentralgerät, *d* Witterungsfühler.

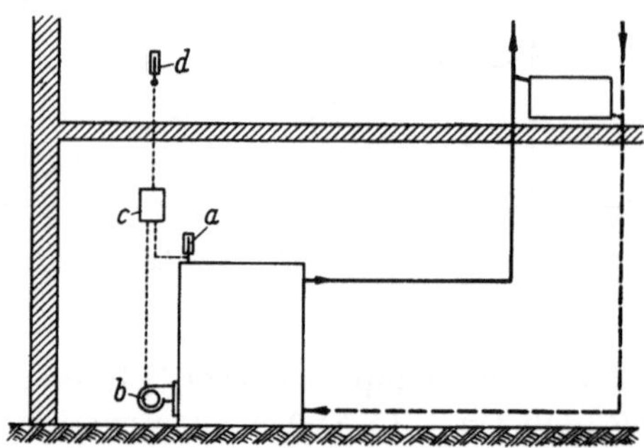

Abb. 4.152. Raumtemperaturregelung durch Einwirken auf die Feuerung.
a Kesselvorlaufthermostat, *b* Brenner, *c* elektrisches Zentralgerät, *d* Raumtemperaturfühler.

auf diese Weise zuweilen auch die Feuerung selbst ein- und ausgeschaltet. Als Testraum wählt man in der Regel das Wohnzimmer. Dabei muß hingenommen werden, daß gelegentlich die übrigen Räume unzureichend erwärmt (Anwesenheit vieler Personen im Testraum) oder auch überheizt werden (Lüftung des Testraumes). Empfehlenswert ist es daher, bei Verwendung von Raumtemperaturreglern stets auch Vorlauf-Begrenzungsthermostaten einzubauen, die sowohl zu niedrige als auch zu hohe Heizwassertemperaturen verhindern, s. Abb. 4.152.

Beimischregelung. Kessel für flüssige und gasförmige Brennstoffe sowie Heizkessel, die zugleich der Brauchwassererwärmung dienen, werden meistens mit gleichmäßig hoher Wassertemperatur betrieben. Im ersten Fall soll dadurch rauchgasseitigen Korrosionen vorgebeugt werden, im zweiten Fall erfordern es die Brauchwassertemperaturen. Zur Anpassung der Vorlauftemperatur der Heizung an die wechselnden Witterungsbedingungen macht man von der Mischregelung Gebrauch. Ein Teil des abgekühlten Rücklaufwassers der Heizung wird dem Kesselwasser beigemischt, wobei je nach dem Mischungsverhältnis die Heizungsvorlauftemperatur beliebig eingestellt werden kann.

Abb. 4.153 zeigt eine einfache Ausführung in einer Kleinanlage. Die Stellung des Drehschiebers im Mischer *e* wird von dem Raumtemperaturfühler *d* beeinflußt. Bei konstantem Wasserumlauf in der Heizanlage wird bei Sollwertüberschreitung der Zulaufquerschnitt von *B*, bei Unterschreitung der von *A* mehr geöffnet. Für gleichbleibende Kesselvorlauftemperatur sorgt dabei der Kesselthermostat. Statt des Raumthermostaten kann auch ein Heizungsvorlaufthermostat verwendet werden, dessen Sollwert entweder von Hand verstellt oder nach Abb. 4.151 von der Witterung gesteuert wird.

Bei den bisher beschriebenen Regelungen ist die Kesseleintrittstemperatur identisch mit der Rücklauftemperatur der Heizanlage. Das bedeutet, daß bei schwacher Belastung relativ kaltes Wasser in den Kessel eingespeist wird und bei Öl- und Gasfeuerungen Taupunktunterschreitun-

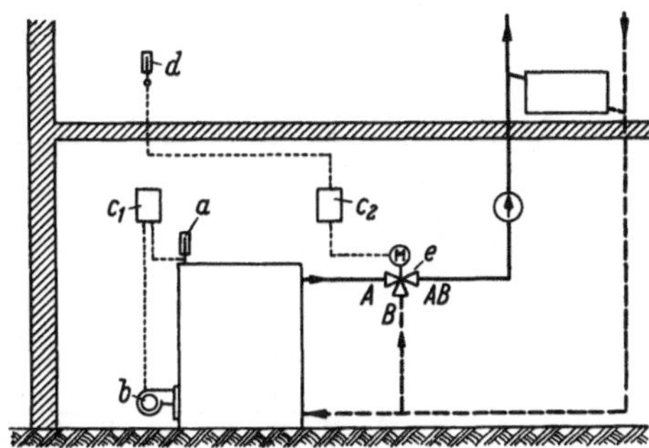

Abb. 4.153. Raumtemperaturregelung durch Rücklaufbeimischung.
a Kesselvorlaufthermostat, *b* Brenner, c_1, c_2 elektrische Zentralgeräte, *d* Raumtemperaturfühler, *e* Motormischer.

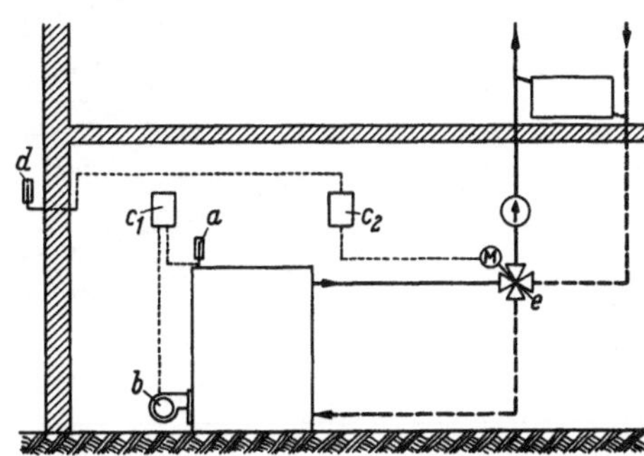

Abb. 4.154. Witterungsabhängige Vorlauftemperaturregelung und Rücklauftemperaturanhebung durch Doppelmischer.
a Kesselvorlaufthermostat, *b* Brenner, c_1, c_2 elektrische Zentralgeräte, *d* Witterungsfühler, *e* Motordoppelmischer.

gen an den nächstgelegenen Heizflächenteilen auftreten können. Man wendet in solchen Fällen daher häufig die in Abb. 4.29 bereits dargestellte Schaltung an, bei der ein Teil des Kesselvorlaufwassers dem Rücklauf beigemischt, also in einem Kurzschluß wieder unmittelbar in den Kessel zurückgeführt wird. Durch Einbau einer besonderen Kesselwasser-Umwälzpumpe kann auf diese Weise die Einhaltung einer Mindestrücklauftemperatur am Kessel gesichert und weiterhin der Wasserdurchfluß praktisch konstant gehalten werden.

Die Schaltung wird etwas einfacher, wenn an Stelle der beiden Mischventile ein Doppelmischer verwendet wird, s. Abb. 4.154. Der Drehschieber des in den Kesselvorlauf eingebauten Mischorgans wird von einem Außenthermostaten gesteuert. Im Mischer wird einerseits ein Teil des Heizungsrücklaufwassers in den Vorlauf eingespeist, zum anderen dem Rest des Rücklaufwassers heißes Wasser aus dem Kesselvorlauf beigemischt. Die Kesselrücklauftemperatur kann bei dieser Schaltung ohne Kesselwasser-Umwälzpumpe nicht unter allen Betriebsbedingungen unverändert hoch gehalten werden. Eine sorgfältige Dimensionierung der Leitungen im Kesselkreislauf unter Beachtung der Druckverhältnisse ist notwendig. Der Mischpunkt *e* muß möglichst hoch gelegt werden.

b) Örtliche Regelung

Die Änderung der Wärmeabgabe des Heizkörpers wird hier eingeleitet durch eine Änderung des Wasserdurchflusses. Abb. 4.155 zeigt den Verlauf der Wassertemperatur längs einer Rohrheizfläche bei unterschiedlicher Wärmelieferung des Heizkörpers, aber konstanter Eintrittstemperatur (90 °C). Die Wärmelieferung bei maximalem Durchfluß und 70 °C Austrittstemperatur ist mit 100% bezeichnet.

Aus der Abb. 4.156 ist zu erkennen, in welchem Ausmaß der Wasserstrom abgedrosselt werden muß, damit eine gewünschte Minderung der Wärmeleistung erzielt wird. Will man die Wärmelieferung um nur 20% vermindern, so muß man den Wasserstrom auf 40% drosseln. Erst bei sehr kleinem Wasserdurchsatz ergibt sich durch Drosselung eine wirksame Absenkung der Heizkörperleistung. Auch Regelventile mit proportionaler Durchflußcharakteristik ermöglichen sonach noch nicht eine gleichmäßige Änderung der Wärmeleistung im gesamten Verstellbereich des Ventils.

Dies gilt schon für die Pumpenheizung, in vermehrtem Maße aber für die Schwerkraftheizung. Bei Minderung der Wärmelieferung um beispielsweise 20% geht — gemäß Abb. 4.155 — die Austrittstemperatur von 70 auf 51 °C zurück. Damit wächst der Gewichtsunterschied im Fall- und Steigstrang, so daß der Wasserumlauf wieder erhöht wird. Die Heizkörperventile sind also weniger Regel- als Absperrorgane.

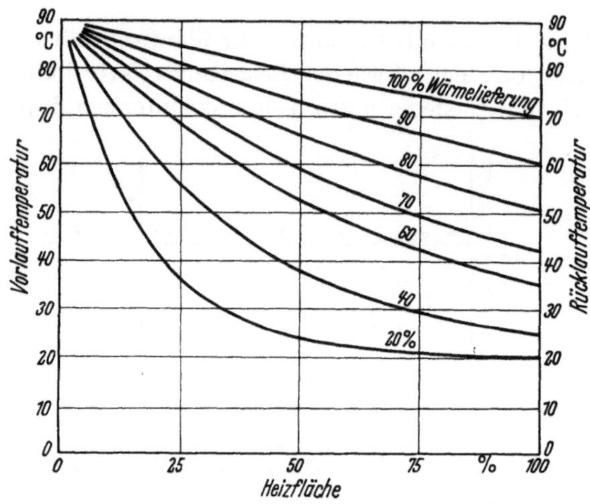

Abb. 4.155. Verlauf der Wassertemperatur längs einer Heizfläche bei verschiedener Wärmelieferung.

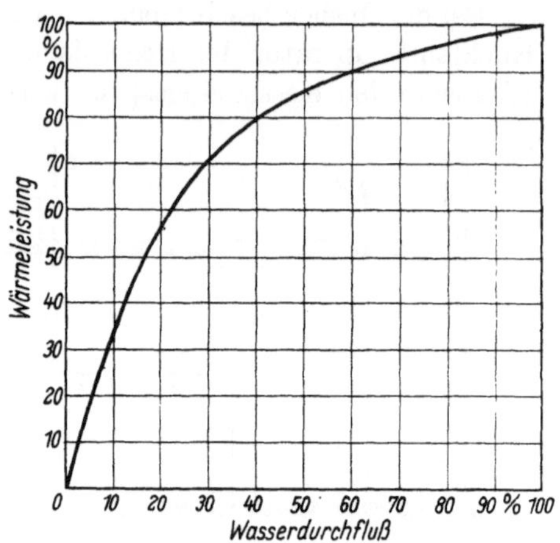

Abb. 4.156. Wärmeabgabe eines Heizkörpers in Abhängigkeit vom Wasserdurchfluß bei konstanter Vorlauftemperatur.

c) Selbstregelung der Schwerkraftheizung

Da sich nach dem Vorhergesagten auch bei starken Veränderungen des Wasserdurchflusses die Wärmelieferung nur wenig ändert und bei der Schwerkraftheizung andererseits sofort innere Kräfte ausgelöst werden, die der durch das Ventil eingeleiteten Drosselung des Wasserdurchsatzes entgegenwirken, erweist sich die Schwerkraftheizung als ein sehr stabiles System. Hinsichtlich einer raschen Leistungsregelung mag dies ein Nachteil sein, in anderer Hinsicht ist diese Eigenschaft jedoch erwünscht; sie macht die Warmwasserheizung unempfindlich gegen Störungen und Ungenauigkeiten in der Auslegung oder Einregelung der Anlage.

Der Selbstregelung ist es zu danken, daß Heizanlagen mit beachtlichen Fehlern bei hoher Vorlauftemperatur oft durchaus befriedigend arbeiten. Bei niedriger Vorlauftemperatur nimmt allerdings die Selbstreglung in ihrer Wirkung ab und die Fehler der Anlage treten stärker in Erscheinung. Daraus folgt die bekannte Regel, daß man das Arbeiten einer Schwerkraftheizung nicht bei hohen, sondern bei niedrigen Vorlauftemperaturen prüfen und beurteilen soll.

2. Gruppenregelung

Sind an eine Warmwasserheizung Räume oder Gebäudeteile mit unterschiedlicher Benutzungsweise angeschlossen, so ist es zweckmäßig, die Rohrsysteme von der Zentrale aus getrennt zu führen. Jede Heizgruppe kann dann unabhängig von den anderen betrieben werden, wobei darauf zu achten ist, daß an kalten Wintertagen zur Vermeidung von Frostschäden einzelne Anlageteile nicht vollständig abgesperrt werden. Von der allgemeinen Heizung getrennte Heizgruppen sind beispielsweise vorzusehen: bei Krankenhäusern für die Bäder, Operations-, Vorbereitungs- und Behandlungsräume (Sommerheizung), bei Schulgebäuden für Dienstwohnungen, Turn- und Festhallen und Abendschulklassen, bei Wohngebäuden mit Läden und Büros für die letztgenannten Räume.

Meist vereinigt man sämtliche Leitungsabgänge mit ihren Absperrorganen auf einem Vorlaufverteiler bzw. Rücklaufsammler, s. Abb. 4.157, um die Bedienung der Anlage zu erleichtern.

Nur eine völlige Trennung der Vor- und Rückläufe bis zur Zentrale bietet die Gewähr, daß die einzelnen Heizgruppen auch wirklich völlig abgeschaltet oder für sich geregelt werden können. Die aus Ersparnisgründen noch häufig gewählte Ausführung mit Abtrennung der Heizgruppen lediglich im Vorlauf oder Rücklauf gibt zudem leicht zu Störungen im Wasserumlauf und zu Nebenzirkulationen auch in abgesperrten Netzteilen Anlaß[1].

Die Unterteilung in mehrere Heizgruppen empfiehlt sich auch, wenn die einzelnen Teile eines Gebäudes den Einwirkungen von Wind und Sonnenbestrahlung ganz unterschiedlich ausgesetzt sind. Insbesondere in der Übergangszeit läßt sich sonst eine Überwärmung der Räume auf den jeweils klimatisch begünstigten Gebäudeseiten kaum vermeiden.

Durch Drosselung des Wasserstromes in den begünstigten Heizgruppen ist nach dem oben Gesagten eine wirksame Leistungsminderung schwer zu erzielen. Man greift daher in solchen Fällen meistens zu dem Ausweg, die betreffenden Heizgruppen zeitweise abzuschalten.

Rücklaufbeimischung. Richtiger ist es, die einzelnen Gruppen mit unterschiedlichen, dem Wärmebedarf angepaßten Vorlauftemperaturen zu betreiben. Zu dem Zweck wird ein Teil des aus der Anlage zurückkommenden abgekühlten Heizwassers dem Vorlauf der Heizgruppen mit geringeren Anforderungen zugemischt.

In Abb. 4.132 ist das Grundsätzliche dieser Schaltung am Beispiel einer kombinierten Heizkörper- und Deckenheizung bereits aufgezeigt worden. In gleicher Weise können die Heizwassertemperaturen mehrerer Gruppen unabhängig von der Kesseltemperatur und voneinander eingestellt werden, s. Abb. 4.157. Auch beim Anschluß einer Warmwasserbereitung an eine zentrale Hausheizung wird die Rücklaufbeimischung mit Vorteil verwendet; sie ermöglicht es, bei niedrigen Vorlauftemperaturen der Heizung warmes Brauchwasser höherer Temperatur zu erzeugen, s. Abb. 5.04.

Ist bei Pumpenheizungen die Umwälzpumpe im gemeinsamen Rücklauf aller Heizgruppen einer Anlage angeordnet, s. Abb. 4.157, so ist die getrennte Temperaturregelung der Gruppen besonders einfach durchzuführen. Jeder Gruppenvorlauf wird an die vor dem Kessel abgehende Rücklaufmischleitung angeschlossen. Durch Drosselung des Wasserdurchflusses in dieser Leitung kann die Vorlauftemperatur von Hand oder auch mittels selbsttätiger Regler eingestellt werden. Allerdings ist die Vorlauftemperatur nach unten durch die Mischtemperatur des Rücklaufs begrenzt. Heizgruppen mit stark voneinander abweichenden Vorlauftemperaturen sind sonach auch in den Rückläufen getrennt zu führen und mit besonderen Umwälzpumpen auszustatten.

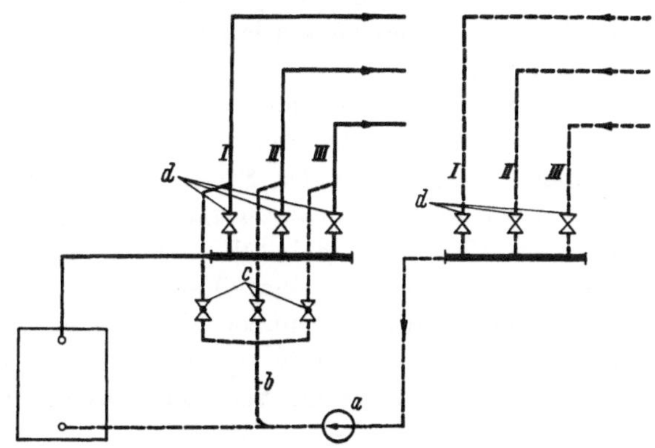

Abb. 4.157. Heizgruppen mit Vorlauftemperaturregelung (Pumpe im Rücklauf). *a* Umwälzpumpe, *b* Mischleitung, *c* Regelventile, *d* Absperrorgane.

Bei Anordnung der Umwälzpumpe im Vorlauf erfordert die Gruppenregelung entweder besondere Umwälzpumpen für jede Heizgruppe oder die Aufstellung von Mischpumpen. Es genügt dabei *eine* Mischpumpe, wenn nur bis zur Rücklauf-Mischtemperatur herabgeregelt werden soll; sonst sind für alle Systeme bzw. für die Systeme mit stark verschiedenen Vorlauftemperaturen gesonderte Mischpumpen vorzusehen, s. Abb. 4.158 (S. 192).

3. Sicherstellung und Gleichmäßigkeit des Wasserumlaufs

Die geringen Umtriebskräfte der *Schwerkraftheizung* machen eine besonders sorgfältige Berechnung und Ausführung des Rohrnetzes erforderlich, vor allem bei Anlagen größerer horizontaler Ausdehnung mit vielen Strängen. Die Rohrweiten und damit die Strömungswiderstände sind den jeweils verfügbaren Druckhöhen anzupassen, damit nicht die nahe dem Kessel liegenden

[1] SCHMITZ, J.: Umlaufstörungen in Warmwasserheizungen. Heizg.-Lüftg.-Haustechn. 4 (1953) 7/12.

Stränge zu Lasten der entfernteren zu große Wassermengen erhalten. Diese Gefahr besteht besonders bei Veränderungen des Wasserdurchflusses durch Drosseln einzelner Heizgruppen oder Abschalten von Heizkörpern. Minderleistungen und Umlaufstörungen bei den entfernten Strängen finden oft darin ihre Begründung, insbesondere wenn bei der Berechnung übersehen wurde, daß beim Zusammenfluß kalter und warmer Teilströme im Rücklauf negative Druckhöhen für den Strang mit dem kälteren Rücklaufwasser auftreten.

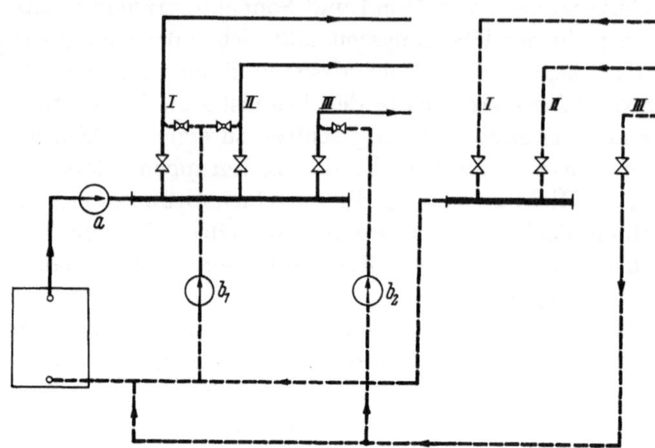

Abb. 4.158. Heizgruppen mit unterschiedlichem Vorlauftemperaturbereich (Umwälzpumpe im Vorlauf; zwei Mischpumpen).

Bei unterer Verteilung sollte man deshalb die Hauptleitungen nicht zu knapp wählen. Eine weitgehende Unabhängigkeit der einzelnen Stränge von der Wasserführung der Nachbarstränge erreicht man, wenn die Hauptleitungen nur nach der aus ihrer Höhenlage sich ergebenden Druckdifferenz bemessen werden (TICHELMANNsche Regel, s. auch elfter Abschnitt, III B 3 im zweiten Band).

In mehrstöckigen Gebäuden lassen sich Kellerheizkörper, die keinen Höhenunterschied zum Kessel aufweisen, auch bei Schwerkraftheizungen einwandfrei betreiben, wenn sie an den Rücklauf eines gut zirkulierenden Strangs angeschlossen werden, s. Abb. 4.159.

Bei *ausgedehnten Pumpenheizungen* sind die für die Stränge verfügbaren Druckhöhen sehr verschieden; sie können in der Nähe der Zentrale oft nur durch den Einbau von Drosselstrecken aufgebraucht werden. Da Verteilungsnetze mit großem Druckgefälle in den Hauptleitungen besonders empfindlich gegenüber Wasserstromänderungen sind, empfiehlt es sich, die Verteil- und Sammelleitungen relativ reichlich zu bemessen.

Die mit der Entfernung von der Zentrale abnehmenden Druckdifferenzen zwischen Vor-

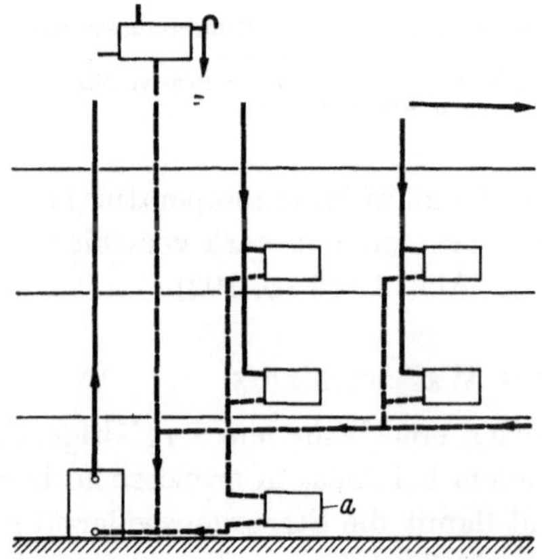

Abb. 4.159. Anschluß eines tiefliegenden Heizkörpers (a) bei Schwerkraftbetrieb.

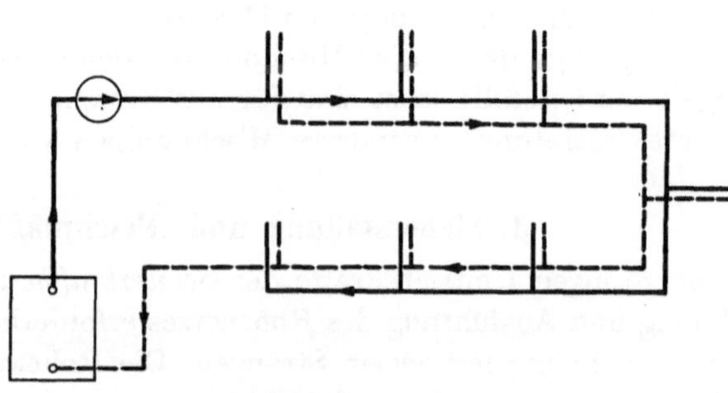

Abb. 4.160. Rohrführung mit gleicher Weglänge.

und Rücklaufanschluß der Stränge lassen sich umgehen bei der Wahl einer Rohrführung gleicher Weglängen, s. Abb. 4.160. Vor- und Rücklaufleitungen werden dabei vom Wasserstrom in gleicher Richtung durchflossen. Der Strang mit der kürzesten Vorlaufanschlußstrecke ist am Ende der Rücklaufsammelleitung angeschlossen und umgekehrt, so daß die Weglänge für alle Wasserteilchen dieselbe ist. Das Rohrnetz wird durch die größeren Längen und z. T. auch stärkeren Durchmesser der Hauptleitungen teurer als bei der üblichen Ausführung.

Der durch den einzelnen Heizkörper eines Rohrstrangs fließende Teilstrom wird durch etwaige Veränderungen der Wasserströme in den übrigen Heizkörpern um so weniger beeinflußt, je größer der Widerstand im Heizkörperstromkreis selbst ist. Man bevorzugt aus diesem Grund bei größeren Pumpenheizungen Heizkörper-Regelventile mit hohen Widerstandsbeiwerten.

Die völlige Unabhängigkeit in der Beaufschlagung der Heizkörper von Druckänderungen im Rohrnetz erreicht man durch Einbau von Durchflußreglern. In Abb. 4.87 ist eine Ausführung dargestellt, die neuerdings bei Siedlungs-Großheizungen mit Wärmeverbrauchszählung häufig verwendet wird. Ein Membranregler begrenzt die Druckdifferenz vor und hinter dem Heizkörper auf den eingestellten Sollwert. Damit wird auch der Wasserstrom auf einem vorgegebenen Wert gehalten, der sich zwar durch Betätigung des Handventils drosseln läßt, aber bei Druckerhöhung im Vorlauf nicht über den Sollwert ansteigen kann. Man erreicht auf diese Weise zugleich eine gewisse Mindestauskühlung des Heizwassers, die eine angenäherte Wärmeverbrauchsfeststellung mit Wasserzählern gestattet.

IV. Niederdruckdampfheizungen

Aufstellung und Betrieb von Dampfkesseln unterliegen in allen Ländern besonderen behördlichen Vorschriften. Erleichterte Bestimmungen gelten dabei für Kessel mit niedrigen Betriebsdrücken, bei denen durch besonders ausgewählte Sicherheitseinrichtungen die Überschreitung eines oberen Grenzdrucks verhindert wird. Hierzu gehören in Deutschland Kessel mit einem höchsten Betriebsdruck von 0,5 atü, die als Niederdruckdampfkessel (abgekürzt ND-Dampfkessel) bezeichnet werden. Sie dürfen unter bewohnten Räumen aufgestellt werden und benötigen keine ständige Aufsicht. Sinngemäß nennt man Heizungen, deren Kessel oder deren Hauptverteiler gegen eine Überschreitung des Druckes von 0,5 atü gesichert sind, „Niederdruckdampfheizungen".

Bei ausschließlicher Versorgung von Raumheizungsanlagen bleiben die erforderlichen Kesseldrücke erheblich unterhalb der genannten Grenze. Als Anhaltswerte können gelten

Waagerechte Ausdehnung der Heizungsanlage bis m	30	50	200
Kesseldruck . . . . atü	0,05	0,07	0,10

Müssen die Dampfkessel außer für die Gebäudeheizung auch noch Dampf für gewerbliche Zwecke liefern (Großküchen, Wäschereien, Molkereien usw.), so werden Kesseldrücke von 0,4 bis 0,5 atü gewählt. Die Heizanlage wird dann von einem Niederdruckverteiler gespeist, der über ein Druckminderventil an den Kessel angeschlossen ist.

A. Das Verhalten des Dampfes im Heizkörper

Wir denken uns einen vollständig kalten und mit Luft gefüllten Heizkörper. Das Heizkörperventil soll vorerst ganz geschlossen und die Leitung vor dem Ventil mit Dampf von geringem Überdruck gefüllt sein. Öffnet man das Ventil, so tritt Dampf in den Heizkörper ein. Für sein Verhalten im Heizkörper ist in erster Linie die Tatsache wesentlich, daß die Dichte der Luft bei 100 °C noch anderthalbfach höher ist als die des Dampfes, daß also der Dampf auf der Luft schwimmt. Der Dampf wird von oben her den Heizkörper anfüllen und dabei die Luft nach unten verdrängen. Damit dies möglich ist, muß die Kondensatleitung mit der Atmosphäre in Verbindung stehen. Bei gedrosseltem Dampfstrom wird nur der obere Teil der

Heizfläche durch den kondensierenden Dampf voll erwärmt. Es zeichnet sich eine, schon durch Befühlen der Oberfläche feststellbare Trennungsebene zwischen dem mit Dampf und dem mit Luft angefüllten Heizkörperteil ab, s. Abb. 4.161. Der obere Teil der Heizfläche reicht für sich allein schon aus, um den jeweils zufließenden Dampfstrom zu kondensieren. Wird das Heizkörperventil weiter geöffnet, der Dampfstrom also erhöht, so rückt die Trennungsebene $A-A$ nach unten. Umgekehrt verläuft der Vorgang bei stärkerer Drosselung des Dampfstroms. Die Trennungsebene $A-A$ verschiebt sich nach oben, die wirksame Heizfläche und damit die Wärmeabgabe wird kleiner. In den Heizkörper wird dabei über die Kondensatleitung eine entsprechende Luftmenge nachgesaugt. Die Wärmeabgabe des einzelnen Heizkörpers kann also verändert werden, d. h., *die Niederdruckdampfheizung ist am Heizkörper gut regelbar.*

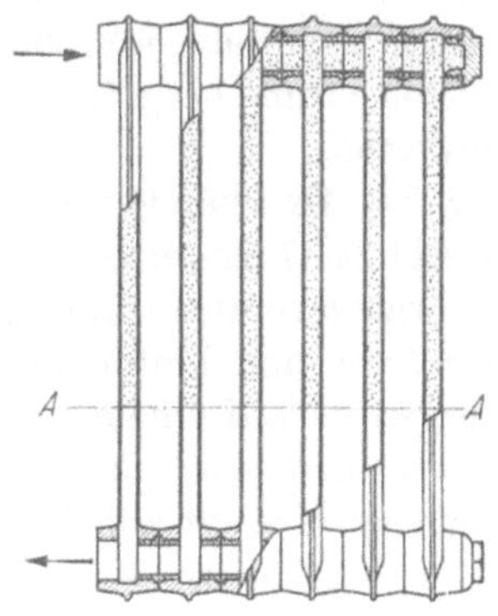

Abb. 4.161. Niederdruckdampfheizkörper, teilbelastet.

An der Sohle der waagerechten Kondensatleitungen strömt während des Betriebs der Anlage Kondensat; darüber liegt Luft, die nur bei einem Regelvorgang etwas auf den Heizkörper zu oder von ihm weg wandert. Bei einer einwandfreien Anlage darf kein Dampf in die Kondensatleitung übertreten, da sonst mannigfache Störungen, u. a. Knattergeräusche, auftreten. Um das Übertreten des Dampfes zu vermeiden, darf nicht mehr Dampf in den Heizkörper einströmen, als seine Heizfläche niederzuschlagen vermag. Dies läßt sich erfahrungsgemäß erreichen, wenn der Druck vor dem Regelventil nicht höher ist als etwa 200 mm WS. Die Differenz zwischen dem Kesseldruck und dem Druck vor dem Heizkörperventil steht für die Strömungsverluste in der Dampfzuleitung zur Verfügung. Ein etwaiger Drucküberschuß ist durch die Voreinstellung des Regelventils abzudrosseln. Man verwendet bei der Dampfheizung daher in gleicher Weise wie bei der Wasserheizung doppelt einstellbare Heizkörperventile. Bei der Probeheizung kann der Monteur an einem hinter dem Heizkörper angeordneten Ⲓ-Stück mit verschließbarem Abzweig kontrollieren, ob bei voll geöffnetem Handrad noch Dampf in die Kondensatleitung übertritt.

Sind starke Druckschwankungen zu erwarten, so wird häufig auch die Vorregelung so eingestellt, daß ein kleiner Heizkörperteil noch kalt bleibt. Dadurch läßt sich ein „Durchschlagen" des Heizkörpers bei plötzlichen Druckstößen verhindern.

B. Rohrführung

Bei der Anordnung der Rohre ist darauf zu achten, daß das Kondensat möglichst in der gleichen Richtung wie der Dampf strömt. Man wird darum die waagerechten Dampfrohre stets in Richtung der Dampfströmung mit Gefälle verlegen und Abzweige oben am Dampfrohr anschließen. Bei Steigleitungen läßt es sich nicht vermeiden, daß das Kondensat dem Dampf entgegenströmt; es empfiehlt sich deshalb, die Hauptleitung an größeren Abzweigen zu entwässern.

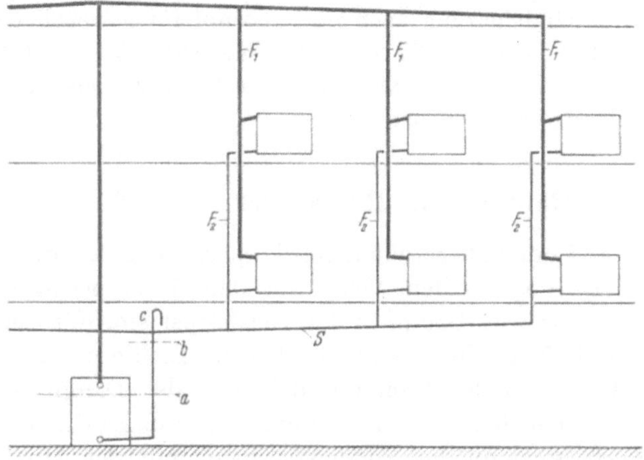

Abb. 4.162. ND-Dampfheizung, Strangschema bei oberer Verteilung.

1. Obere Verteilung (Abb. 4.162)

Der Dampf strömt vom Kessel in einem starken Steigstrang zum Dachgeschoß, wird dort verteilt und in den Fallsträngen F_1 abwärts zu den Heizkörpern geleitet. Das Kondensat wird durch den zweiten Teil der Fallstränge F_2 in den Keller und über die Sammelleitung S zum Kessel geführt. Das Wasser steht bei b um den Betrag ab höher als im Kessel, wobei die Strecke ab dem Kesseldruck entspricht. Die Verbindung der Kondensatleitung mit der Atmosphäre, deren Notwendigkeit auf S. 193 erläutert wurde, ist durch das bei c eingezeichnete Rohr gegeben. Die Öffnung dieses Rohres soll nach unten weisen, damit durch sie keine Schmutzteilchen in die Leitung fallen können. Die Entlüftung c soll um etwa 300 mm über der Stelle b liegen.

2. Untere Verteilung mit hochliegender Kondensatleitung (Abb. 4.163)

Die Dampfverteilung erfolgt im Kellergeschoß, und zwar müssen, wie schon oben erwähnt, die Verteilleitungen mit Gefälle in Richtung des Dampfstroms verlegt werden. Die Steigstränge S_1 und S_2 führen den Dampf den Heizkörpern zu, und die Fallstränge F_1 und F_2 leiten das Kondensat in den Keller zurück in die gemeinsame Sammelleitung, die mit Gefälle zum Kessel hin zu verlegen ist. Bei ausgedehnten Anlagen kann die untere Verteilung sägeförmig verlegt werden. Die Entwässerung der Verteilleitung an der Stelle E erfolgt durch eine Wasserschleife. Diese ist ein U-Rohr, in dessen beiden Schenkeln das Kondensat entsprechend dem Kesseldruck verschieden hoch steht und in dem sich so viel Kondensat ansammelt, bis bei b' sein Übertreten in die Kondensatsammelleitung erfolgen kann. Die Schleife muß stets etwas länger ausgeführt werden, als dem Betriebsdruck entspricht, um ein Durchschlagen der Wasserschleife bei vorkommenden Druckschwankungen zu vermeiden. Die Wasserschleifen haben also genau dieselbe Aufgabe zu erfüllen wie ein Kondensatableiter, haben aber den Vorteil, daß sie keinerlei bewegliche Teile besitzen, also immer einwandfrei arbeiten, und daß sie beliebig große Kondensatmengen einwandfrei abzuführen vermögen.

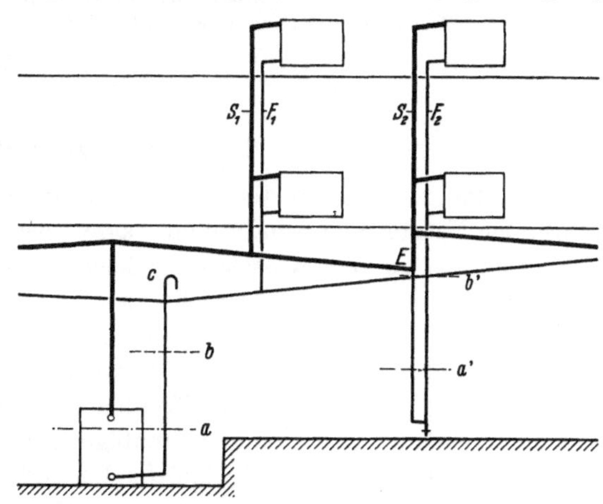

Abb. 4.163. ND-Dampfheizung, Strangschema bei unterer Verteilung, Kondensatleitung hochliegend.

3. Untere Verteilung mit tiefliegender Kondensatleitung (Abb. 4.164)

Die Dampfverteilung erfolgt wie bei hochliegender Kondensatleitung. Die Kondensatleitung liegt unter dem Kesselwasserstand, steht also immer bis zur Linie $b—b$ voll Wasser. Man nimmt vielfach an, daß sie dadurch gegen Korrosion besser geschützt sei als die in Abb. 4.163 dargestellte hochliegende Leitung. Nach neueren Erfahrungen trifft dies aber nicht zu.

Die Dampfleitung wird entwässert durch einfache Verbindung mit der Kondensatleitung, Wasserschleifen sind mithin überflüssig. Die Entlüftung erfolgt bei c. Damit alle Teile der Anlage einwandfrei be- und entlüftet werden können, müssen sämtliche Kondensatfallstränge an eine horizontale Entlüftungsleitung $d—d$ angeschlossen werden. Die Leitung $d—d$ soll etwa 300 mm über dem Wasserstand $b—b$ liegen. Bei tief-

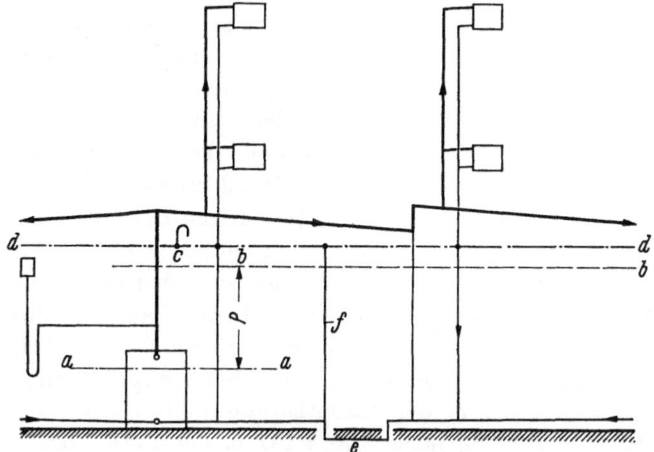

Abb. 4.164. ND-Dampfheizung, Strangschema bei unterer Verteilung, Kondensatleitung tiefliegend.

liegender Leitung müssen die Türen unterfahren werden (Fußbodenkanal), wobei eine besondere Luftleitung *f* (Abb. 4.164) nötig wird. Die im Fußboden liegenden Rohrteile können bei Außentüren leicht einfrieren.

Die Kesselraumhöhe ist von der Wahl der Rohrführung abhängig. Die kleinste Kesselraumhöhe ergibt sich bei oberer Verteilung, hierauf folgt die untere Verteilung mit tiefliegender Kondensatleitung, während die untere Verteilung mit hochliegender Kondensatleitung die größte Kellerraumhöhe erfordert. Sie errechnet sich z. B. für Abb. 4.162 wie folgt:

Höhe des Wasserstandes *a*	1200 mm
Betriebsdruck *a b*	1500 mm
Zuschlag bis *c*	300 mm
Gefälle der Kondensatleitung: je 5 mm auf 1 m, daher z. B. bei 50 m	250 mm
Zuschlag zwischen Oberkante Rohr und Kellerdecke	200 mm
Daher lichte Kesselraumhöhe	3450 mm

4. Be- und Entlüftung, Entwässerung

Dampfheizungen arbeiten nur dann ohne Störungen und Geräusche, wenn alle dampfführenden Netzteile einwandfrei entwässert werden und das Kondensat aller Entwässerungs- und Verbrauchsstellen der Kesselanlage leicht wieder zufließen kann. Die Vorbedingungen dafür sind: nicht zu enge, mit Gefälle verlegte Kondensatleitungen und einwandfreie Be- bzw. Entlüftung dieser Leitungen. Nur wenn die Luft im Rohrnetz überall rasch entweichen und das beim Anheizen reichlich anfallende Kondensat in keinem Teil der Anlage sich anstauen kann, ist eine gleichmäßige Erwärmung des gesamten Systems zu erwarten. Abgestellte Heizflächen oder Netzteile müssen sich auf dem gleichen Weg belüften lassen, auf dem sie entlüftet werden, damit kein Kondensat zurückbleibt. Beim Wiederinbetriebnehmen oder bei Drucksteigerungen treten sonst heftige Schläge auf.

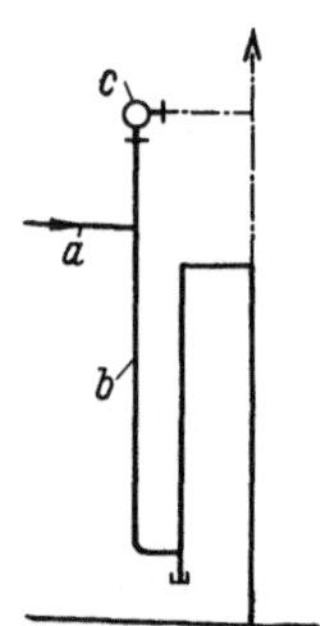

Abb. 4.165. Anschluß eines Wärmeverbrauchers an die Kondensatleitung. *a* Kondensatabfluß vom Verbraucher, *b* Wasserschleife, *c* selbsttätiger Be- und Entlüfter.

Reine Gebäudeheizungen werden in der Regel mit offenem Kondensatablauf hinter den Heizflächen ausgeführt. Anders liegen die Verhältnisse bei ausgedehnten Dampfheizungen mit höheren Betriebsdrücken (etwa ab 0,2 atü), insbesondere wenn größere Verbraucher angeschlossen sind (Kochkessel, Lufterhitzer, Warmwasserbereiter). Hier kann auf den Einbau von Dampfsperren (Kondensatableitern) i. allg. nicht verzichtet werden. Schließen die Kondensatableiter die Heizflächen von der offenen Kondensatleitung ab — wie es bei Wasserschleifen und Schwimmerkondenstöpfen der Fall ist —, so muß zwischen Heizfläche und Dampfsperre eine selbsttätige Be- und Entlüftung vorgesehen werden. Abb. 4.165 zeigt den Kondensatanschluß eines Wärmeverbrauchers über eine Entwässerungsschleife mit gleichzeitiger Be- und Entlüftung der Heizflächen sowie der Hauptkondensatleitung.

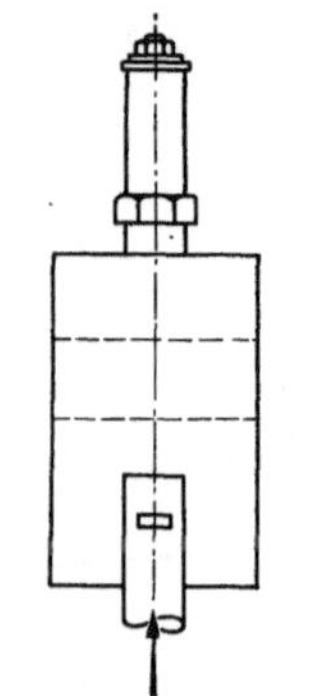

Abb. 4.166. Entlüftungstopf.

Schwimmerkondenstöpfe besitzen meist ein besonderes Luftventil, das von Hand bedient wird oder auch selbsttätig arbeitet. Es empfiehlt sich, selbsttätigen Be- und Entlüftern, die offen ausmünden, einen Lufttopf vorzuschalten, um das Auswerfen von Kondensat beim Anheizen der Anlage zu verhindern, s. Abb. 4.166. Bei ausgedehnten Anlagen müssen auch die Dampfleitungen Einrichtungen zum Entlüften beim Anstellen und zum Belüften beim Abstellen erhalten.

Abzweige werden bei waagerechten Hauptdampfleitungen stets oben abgenommen, so daß das Kondensat in der Hauptleitung weiterfließt. Dementsprechend sind die Fallstränge bei oberer Verteilung nach Abb. 4.167 in der Form sog. Schwanenhälse an die Verteilungsleitung angeschlossen. Der letzte Strang führt als Entwässerung der Verteilungsleitung direkt nach unten. Kann das Kondensat nicht ständig über den tiefsten Heizkörper des Stranges abgeführt werden, weil dieser abzusperren ist, so ist eine Entwässerung wie in Abb. 4.165 vorzusehen. Die geringen Kondensatmengen in senkrechten, nicht als Entwässerung dienenden Strängen kann man auch bei geschlossenem Ventil des niedrigsten Heizkörpers ableiten, wenn der Ventilkegel eine kleine Einkerbung erhält. Der Heizkörper ist dann allerdings nicht mehr vollständig abzuschalten.

Um ein Anstauen des Kondensates vor geschlossenen Heizkörperventilen zu vermeiden, werden die Dampfzuleitungen zu den Heizkörpern mit Steigung verlegt, s. Abb. 4.164. Nur die der Entwässerung dienenden Zuleitungen zu den untersten Heizkörpern bei oberer Dampfverteilung machen eine Ausnahme, s. Abb. 4.162.

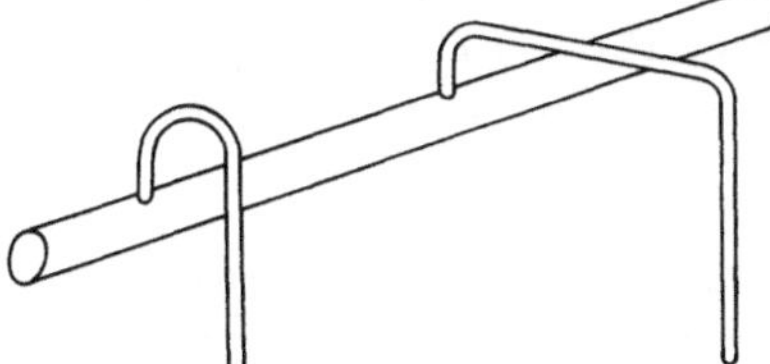

Abb. 4.167. Abgang nach unten bei waagerechter Dampfleitung.

C. Dampferzeugung

In Industriebetrieben oder Fernheizungen wird der Niederdruckdampf für Heizzwecke oft von Hochdruckdampfkesseln geliefert, wobei der höher gespannte Dampf entweder über Druckminderventile geführt oder in einer Kraftmaschine zur Gewinnung mechanischer bzw. elektrischer Arbeit herangezogen wird, bevor er dem Heiznetz zuströmt.

Im allgemeinen jedoch wird der Heizdampf zur Gebäudeerwärmung in den auf S. 99 bis S. 112 beschriebenen Kesselbauarten erzeugt. Für Herstellung und Ausrüstung solcher Kessel sind in Deutschland die „Technische(n) Regeln für Dampfkessel“ TRD 701 Niederdruckdampfkessel (Dez. 1964) und die Norm DIN 4750[1] maßgebend.

ND-Dampfkessel sind bis zu einer Leistung von 800000 kcal/h weder genehmigungs- noch überwachungspflichtig. Ihre Aufstellung ist jedoch der zuständigen Bauaufsichtsbehörde zu melden. Eine technische Einzelabnahme ist nur notwendig, wenn es sich um Kessel handelt, die nicht typenmäßig im Herstellerwerk geprüft werden.

1. Kesselausrüstung

Nach DIN 4750 müssen ND-Dampferzeuger erhalten:

- ein Standrohr oder ein zuverlässig arbeitendes Sicherheitsventil,
- ein Wasserstandsglas mit Strichmarke für die mittlere Betriebshöhe,
- ein Manometer für den Bereich 0 bis höchstens 1 kp/cm² Überdruck,
- eine Ablaßeinrichtung und bei Feuerungen für feste Brennstoffe je eine Einrichtung, die Wassermangel und unzulässige Überdrücke akustisch anzeigt.

Empfehlenswert ist außerdem der Einbau eines Druckreglers, einer Alarmvorrichtung für höchsten Wasserstand sowie eines Zugmessers.

2. Sicherheitsstandrohr

Als Sicherheitsventile sind nur unmittelbar gewichtsbelastete, von einem Sachverständigen geprüfte Bauarten zugelassen. In der Regel wird die Drucküberschreitung beim ND-Dampfkessel durch den Anbau eines Standrohrs verhindert. Standrohre sind stehende U-Rohre mit ungleichen Schenkeln und Wasser als Sperrflüssigkeit. Der kürzere Schenkel ist mit dem Dampfraum des Kessels verbunden, der längere Schenkel, der in seiner Länge dem zugelassenen Höchstdruck entspricht, ist offen. Wird der Höchstdruck überschritten, so wird das Sperrwasser herausgedrückt und der Kessel kann durch das Standrohr abblasen.

Einzelheiten über die Ausführung von Standrohren und ihre Bemessung enthält DIN 4750. Tab. 4.07 gibt die für bestimmte Dampfleistungen erforderlichen Mindestdurchmesser des Standrohrs wieder. Der Einfachheit halber sind die stündlichen Dampfmengen unabhängig vom Druck angegeben, obwohl natürlich die Abblasleistung mit dem Betriebsdruck anwächst. Die Aufteilung der Abblasleistung auf zwei Standrohre ist ebenso wie die Absicherung mehrerer Kessel

---

[1] DIN 4750. Sicherheitstechnische Anforderungen an Niederdruckdampferzeuger. Aug. 1965.

durch ein Standrohr zulässig, wenn die Summe der Abblasquerschnitte bzw. die Gesamtleistung den aufgeführten Tabellenreihen entspricht.

Abb. 4.168 zeigt schematisch die meist verwendete Bauart. Die Wasserstandsverschiebung zwischen den beiden Schenkeln entspricht dem jeweils herrschenden Betriebsdruck. Ein über den Abstand H steigender Druck ist nicht möglich, da in diesem Fall die Wassersäule ausgeworfen wird. Der längere Schenkel mündet in einem Topf, der zur Aufnahme des ausgeworfenen Sperrwassers bei Drucküberschreitungen dient. Über einen Abblasstutzen steht dieses Gefäß mit der Atmosphäre in Verbindung. Die Abblasleitung ist so zu verlegen, daß beim Ansprechen des Standrohrs der Dampf ohne Gefährdung des Bedienungspersonals bzw. ohne Vernebelung der Zentrale nach außen abgeleitet werden kann. Das im oberen Gefäß sich sammelnde Sperrwasser wird über die Fülleitung wieder in das U-Rohr zurückgeführt, wenn der Kesseldruck zurückgeht.

Tabelle 4.07. *Standrohrnennweiten*

Standrohr-Nennweite NW	Anwendbar bis zu einer Kesselleistung von	
	kg/h	kcal/h
32	60	35000
40	100	55000
50	200	115000
65	500	280000
80	1000	560000
100	1600	940000
125	2800	1600000
150	5000	2800000

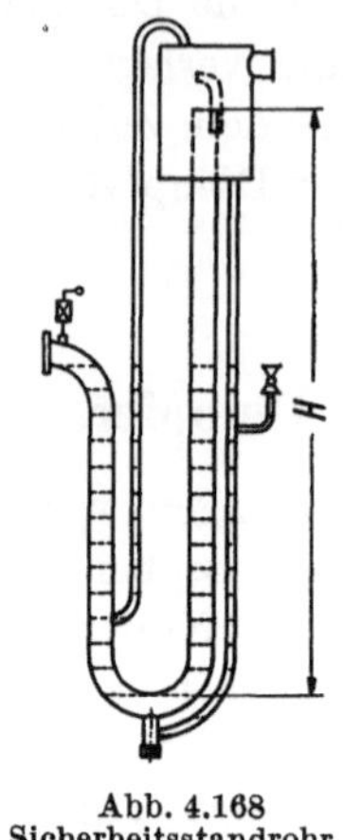

Abb. 4.168 Sicherheitsstandrohr.

Die Ausführung nach Abb. 4.168 enthält noch ein höher angesetztes Nebenstandrohr („Vorausströmung"), das bereits vor Erreichen des Höchstdrucks abbläst. Der Heizer wird dadurch auf die Drucküberschreitung aufmerksam, so daß in vielen Fällen das geräuschvolle Abblasen des Hauptrohrs vermieden werden kann.

Die früher bei Kesseldrücken über 0,3 atü zuweilen anzutreffenden mehrschenkligen Standrohre, bei denen man mit niedrigeren Gesamthöhen auskommt, werden heute kaum noch verwendet. Die oberen Bögen dieser Standrohre müssen beim Füllen belüftet werden, um eine Hintereinanderschaltung der Druckhöhen mehrerer Schenkel zu ermöglichen. Bei der Berechnung der Schenkellängen ist die Verdichtung der eingeschlossenen Luftmengen zu berücksichtigen[1, 2].

Mehrschenklige Standrohre lassen sich nur bei druckloser Dampfanschlußleitung einwandfrei füllen, können daher nach dem Ansprechen nicht durch eine Sperrwasserrückleitung wieder selbsttätig in Funktion treten. Über die Bemessung enthalten die 13. und 14. Auflage dieses Lehrbuchs sowie die in der Fußnote 2 angegebene Veröffentlichung nähere Angaben.

D. Rückspeisung des Kondensates in die Kessel

Liegen die Heizkörper einer ND-Dampfheizung genügend hoch über der Kesselanlage, so ließt das Kondensat in geschlossenem Kreislauf von selbst in die Kessel zurück, wie das in den Abb. 4.162 bis 4.164 gezeigt ist. Bei Betriebsdrücken bis 0,2 atü ist der zwischen Kondensatsammelleitung (bzw. Luftleitung bei nasser Verlegung) und Kesselwasserstand erforderliche Höhenunterschied meist vorhanden. Bei höheren Drücken muß die Sohle des Kesselhauses entsprechend vertieft werden.

Das ist häufig nicht in ausreichendem Maß möglich, vor allem wenn Dampfdrücke von 0,4 bis 0,5 atü Anwendung finden sollen. Ein Teil der Heizflächen liegt dann noch innerhalb der Kondensatstauzone a—b. Handelt es sich hierbei nur um einzelne größere und naheliegende Verbraucher, z. B. Wärmeaustauscher oder Warmwasserbereiter innerhalb einer Zentrale, so muß man diesen Dampfabnehmern getrennte Kondensatrückleitungen bis zu den Kesseln geben.

[1] Schmitz, J.: Sicherheitsstandrohr für Drücke bis zu 1,5 atü. Heizg.-Lüftg.-Haustechn. 2 (1951) 85/86.

[2] Lenz, H.: Die Abblasleistung von Sicherheitsstandrohren, insbesondere der mehrschenkligen Bauform. Mitteilung aus dem Institut für Heizung und Lüftung der Technischen Universität Berlin. Wärme-, Lüftgs.- u. Gesundh.-Techn. 7 (1955) 148/59, 171/76.

Durch reichliche Bemessung der Dampfzuleitungen hat man es in der Hand, den Kondensatrückstau in diesem Stromkreis niedrig zu halten. Beim Drosseln der Dampfzufuhr wird ein Teil der Heizfläche überflutet und damit für die Wärmeübertragung weitgehend ausgeschaltet.

In allen anderen Fällen muß man besondere Rückspeiseeinrichtungen vorsehen, sei es für einen Teil des Kondensates oder für die Gesamtmenge. Von den zahlreichen in Frage kommenden Verfahren und Schaltungen[1] der mechanischen Kondensatrückführung seien nachstehend einige gebräuchliche beschrieben.

1. Kondensatrückspeisung mittels Motorpumpen

Bei Anlagen dieser Art fließt das Kondensat einem tiefliegenden Sammelbehälter zu und wird von dort mit Hilfe einer elektrisch angetriebenen Pumpe in die Kessel zurückgespeist. Da der Kondensatanfall nicht zu allen Zeiten mit dem Speisewasserbedarf der Kessel übereinstimmt,

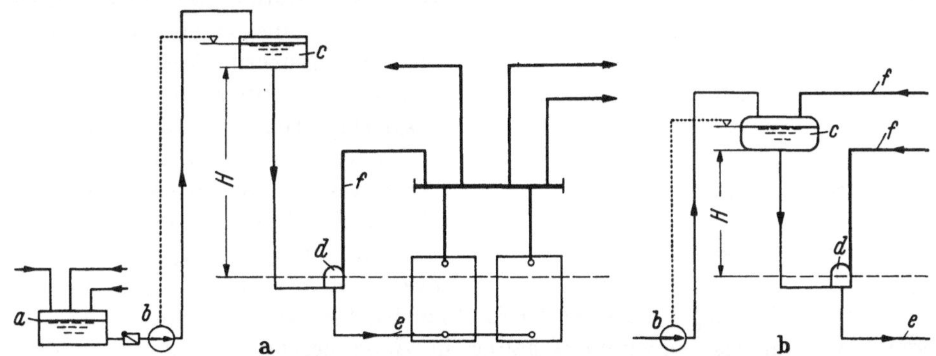

Abb. 4.169. Kondensatrückspeisung mit Motorpumpe über Hochbehälter.
a) offenes Gefäß; b) geschlossenes Gefäß unter Dampfdruck.
a Kondensatsammelgefäß, *b* Kondensatpumpe, *c* Hochbehälter, *d* Wasserstandsregler, *e* Kondensatzuflußleitung, *f* Druckausgleichsleitung.

soll der Sammelbehälter eine gewisse Speisewasserreserve enthalten, etwa dem Maximalbedarf von 20 bis 30 Betriebsminuten entsprechend. Meist wird das Kondensat in ein höher gelegenes *Zwischengefäß* gepumpt, von dem aus es den Kesseln zuläuft. Das Zwischengefäß sichert zugleich die Kesselspeisung für einige Zeit bei Ausfall der Elektropumpe.

Abb. 4.169a zeigt schematisch diese Schaltung. Das Zwischengefäß c liegt so hoch, daß der Höhenunterschied H zwischen dem Wasserstand in diesem Gefäß und in den Kesseln größer ist als die Druckhöhe h_D des Dampfes, vermehrt um den Strömungswiderstand h_W des Wassers in der Speiseleitung zu den Kesseln. Die Speisewasserpumpe b wird von einem im Zwischengefäß untergebrachten Schwimmer ein- bzw. ausgeschaltet. Bei reichlich bemessenem Zwischengefäß kann die Pumpe auch vom Wasserstand des Sammelbehälters aus geschaltet werden. In diesem Falle ist das Zwischengefäß durch einen in den Sammelbehälter führenden Überlauf zu sichern.

Abb. 4.169b gibt eine Abart der vorbesprochenen Schaltung wieder, bei der das Zwischengefäß in geringerer Höhe über den Kesseln aufgestellt ist. Mindestens jedoch muß der Abstand über den Kesseln gleich dem Strömungswiderstand h_W sein. Das Gefäß wird als geschlossenes Gefäß ausgeführt und durch Zuführung von Kesseldampf unter Druck gehalten. Durch den Dampfdruck auf die Wasserfläche wird die Druckhöhe h_D ausgeschaltet.

Der Wasserzulauf zum Kessel kann von Hand oder selbsttätig nach Maßgabe des Wasserstandes geregelt werden. In Abb. 4.170 ist ein derartiger Wasserstandsregler im Schnitt dargestellt. Ein Gehäuse mit Schwimmer ist in Höhe des Wasserstandes angeordnet. Es ist dampf- und wasserseitig mit dem Kessel verbunden, so daß sich der Wasserspiegel in beiden ausgleicht. Der im Gehäuse befindliche Schwimmer S öffnet vermittels eines Hebels H das Zuflußventil und gibt damit den Wasserzutritt zum Kessel mehr oder weniger frei.

[1] Siehe auch KOLLMAR A.: Die Niederdruckdampfheizung mit Rückspeiseanlage. 3. neubearb. Aufl. Berlin: C. Marhold 1967.

Wasserstandsregler müssen gut gewartet werden, da bei Verschmutzung die Ventile nicht abschließen und die Kessel evtl. vollaufen. Sie erhalten stets eine Umgehung für Handregulierung.

Bei der ***direkten Rückspeisung*** verzichtet man auf ein Zwischengefäß und speist unmittelbar aus der Pumpendruckleitung in die Kessel, s. Abb. 4.171. Um zu vermeiden, daß bei stillstehender Pumpe das Kesselwasser durch den Dampfdruck zum Sammelgefäß zurückgedrückt wird, ist ein Rückschlagventil einzubauen. Noch sicherer ist es, die Leitung zwischen Kessel und Pumpe über die Druckhöhe h_D hinaus hochzuziehen. Sie muß oben mit der Atmosphäre in Verbindung stehen.

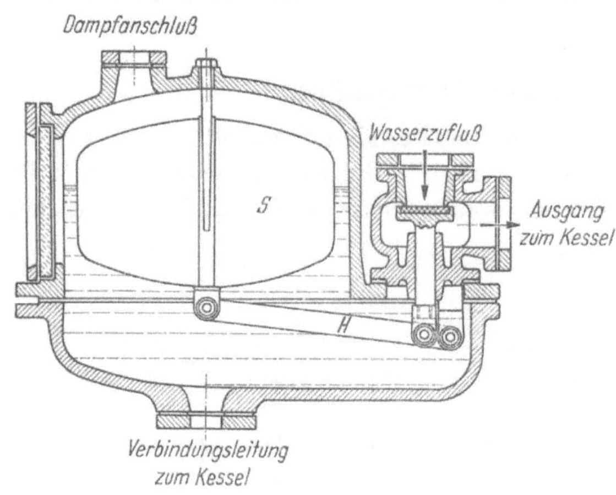

Abb. 4.170. Wasserstandsregler.

Es empfiehlt sich, bei direkter Rückspeisung den geringen Wasserinhalt der üblichen Heizkessel durch Anordnung eines geräumigen Kondensatsammlers hinter den Kesseln zu vergrößern. Er ist in Höhe des Wasserstandes anzuordnen und über eine Druckausgleichsleitung mit dem Dampfabgang zu verbinden. Kondensatsammler unterhalb des Wasserstandes vermögen lediglich das Ausglühen der Kesselglieder bei Versagen der Speisung zu verzögern; sie müssen zu diesem Zweck jedoch über der Hauptbrennzone der Feuerung liegen. In der Regel wird bei der direkten Rückspeisung die Speisepumpe vom Kesselwasserstand aus mittels Schwimmerschalter in Gang gesetzt. Nachteilig ist hierbei der schwankende Kesselwasserstand und das häufige Schalten der Pumpe. Man verwendet dieses Verfahren daher nur bei größeren Anlagen.

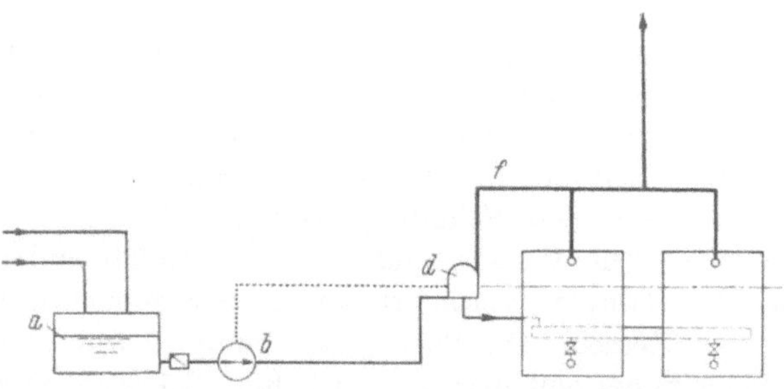

Abb. 4.171. Direkte Kondensatrückspeisung.

Muß nur ein Teil des Kondensates mechanisch den Kesseln zugeführt werden, so kann man auf die selbsttätige Wasserstandsregelung verzichten und die Speiseeinrichtung durch einen Schwimmer im Kondensatsammelgefäß ein- und ausschalten lassen.

2. Kondensatrückspeisung mittels Dampf

An Stelle motorisch betriebener Speisepumpen können auch Rückspeiseeinrichtungen mit unmittelbarem Dampfantrieb Verwendung finden. Sie arbeiten entweder mit dem Kesseldampfdruck oder mit Unterdruck.

Beim *Überdruckrückspeiser* übernimmt eine kolbenlose Dampfpumpe die Förderung des Kondensates aus dem über dem Kesselwasserstand stehenden Sammelbehälter in das hochliegende Zwischengefäß, s. Abb. 4.172. Die Schaltung ist im übrigen die gleiche wie bei der Elektropumpe in Abb. 4.169a.

Bei den mit *Unterdruck* arbeitenden *Rückspeiseeinrichtungen* wird zum Heben des Kondensates das Vakuum benutzt, das in einem geschlossenen Dampfgefäß entsteht, wenn der Dampf kondensiert, s. Abb. 4.173. Das Dampfgefäß *b* (Rückspeiser) muß mindestens um den Strömungswiderstand h_W über dem Wasserstand der Kessel liegen. Durch drei Leitungen steht es mit dem Kondensatsammelgefäß, der Speiseleitung und dem Dampfverteiler in Verbindung. Wir beginnen die Betrachtung des Arbeitsspiels in einem Augenblick, in dem im Gefäß Vakuum herrscht. Durch das Vakuum wird aus dem Kondensatgefäß Wasser angesaugt, und das Gefäß füllt sich. Bei Wassermangel öffnet sich das Ventil *c*; der einströmende Dampf drückt das Kondensat über den Wasserstandsregler *d* in die Kessel. Bei genügend hohem Wasserstand schließt das Ventil *c*. Der Dampf im Behälter *b* kondensiert; es bildet sich ein Vakuum und das Arbeitsspiel beginnt von vorn.

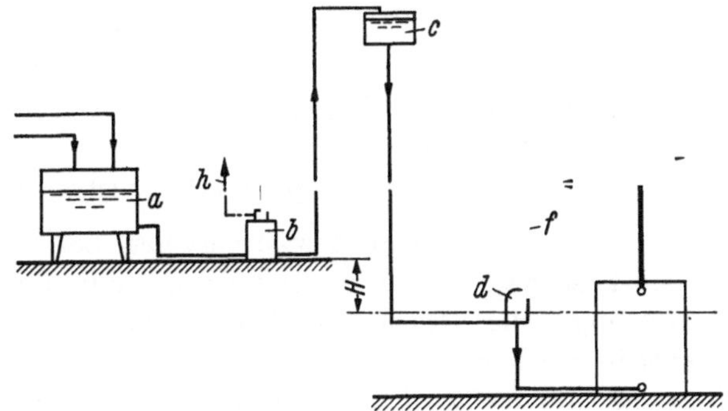

Abb. 4.172. Kondensatrückspeisung mit Druckheber. *b* Rückspeiser, *h* Entlüftung.

Unterdruckrückspeiser heben das Kondensat nur etwa 3 m hoch. Das reicht bei Anlagen mit niedrigen Betriebsdrücken aber aus, um selbst bei tiefstehenden Kondensatsammelgefäßen mit *einem* Rückspeiser auszukommen. Die Kondensattemperatur darf jedoch nicht zu hoch sein (maximal 80 °C). Auch arbeitet das Gerät nur bei einwandfreier Entlüftung des Dampfgefäßes und luftdichten Rohrleitungen sowie Ventilen zuverlässig.

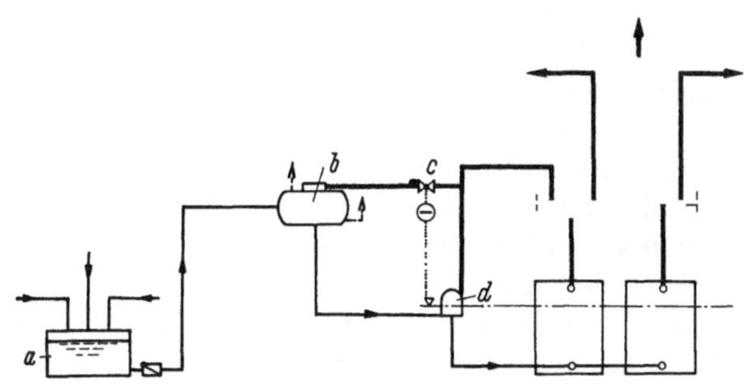

Abb. 4.173. Kondensatrückspeisung mittels Unterdruckes. *b* Rückspeiser, *c* Dampfzuströmventil.

Beide Arten der dampfbetriebenen Rückspeiser bedürfen einer sorgfältigen Wartung. Man sollte sie möglichst nur gemeinsam mit Wasserstandsreglern verwenden. Ihre Hauptvorteile gegenüber Motorspeisepumpen sind die Unabhängigkeit von der Stromlieferung und die geringeren Betriebskosten. Bei größeren Anlagen werden sowohl elektrisch als auch dampfangetriebene Speiseeinrichtungen eingebaut. Es empfiehlt sich jedoch, stets für den Fall des Versagens der Rückspeiser noch eine Notspeisung vorzusehen, die sowohl von Hand als auch über Regler betätigt werden kann. Man stellt zu diesem Zweck meist eine Verbindung der Brauchwarmwasserleitung mit der Kesselspeiseleitung oder dem hochliegenden Kondensat-Zwischengefäß her.

E. Zentrale Regelung der Niederdruckdampfheizung[1]

Niederdruckdampf ist praktisch als ein Wärmeträger mit konstanter Temperatur und konstantem Wärmeinhalt anzusehen. Die Wärmeabgabe der einzelnen Heizkörper hängt also nur von der Menge des einströmenden Dampfes ab. Diese ist bestimmt durch den freien Querschnitt des Heizkörperventils sowie durch den Druck vor dem Ventil und im Heizkörper.

Bei der zentralen Regelung bleibt die Ventilstellung und damit der freie Querschnitt beim Regelvorgang unverändert. Der Druck in den Heizkörpern einer Niederdruckdampfheizung mit einwandfreier Kondensatabführung und Be- bzw. Entlüftung ist gleich dem Atmosphärendruck, also praktisch konstant. Die Wärmeabgabe eines Heizkörpers hängt somit nur von den Druckverhältnissen vor dem Heizkörper ab. Gelingt es, eine Niederdruckdampfheizung so auszuführen und zu betreiben, daß jede Veränderung des Druckes am Kessel oder am Dampfverteiler

[1] GRÖBER, H.: Die allgemeine Regelung der Niederdruckdampfheizung. Heizg. u. Lüftg. 14 (1940) 1/4.

zu einer entsprechenden und gleichmäßigen Änderung des Druckes vor allen Heizkörpern führt, so ist diese Anlage auch zentral regelbar.

Da die durch ein Ventil strömende stündliche Dampfmenge G_h proportional der Wurzel aus der Druckdifferenz (p_1-p_2) vor und hinter dem Ventil ist, gilt bei konstanter Kondensationswärme auch für zwei beliebige Heizkörperleistungen Q_{min} bzw. Q_{max} die Beziehung

$$\left(\frac{Q_{min}}{Q_{max}}\right)^2 = \frac{(p_1 - p_2)_{min}}{(p_1 - p_2)_{max}}.$$

Der wünschenswerte Regelbereich $Q_{min} : Q_{max}$ einer Heizung liegt bei etwa 1 : 5.

Daraus ergibt sich:

$$(p_1 - p_2)_{min} : (p_1 - p_2)_{max} = 1 : 25.$$

Wird der Druck vor dem Heizkörperventil bei Volleistung in üblicher Weise zu 200 mm WS angesetzt, so darf er bei Mindestleistung nur etwa 8 mm WS betragen.

Nur wenn der Druck vor allen Heizkörperventilen bei einer Druckminderung am Netzeintritt in gleicher Weise sinkt, arbeitet die zentrale Regelung einwandfrei. Bei voll erwärmtem Rohrnetz und nicht all zu raschen Druckschwankungen wäre dies annähernd erreichbar; die störenden Einflüsse unterschiedlicher Widerstandsgesetze für gerade Rohrstrecken und Einzelwiderstände sowie die Minderung der zu fördernden Dampfmenge durch die Wärmeverluste der Rohrleitungen wirken sich dabei nicht wesentlich aus.

In der Praxis stellen sich allerdings immer wieder Schwierigkeiten bei der zentralen Regelung von Niederdruckdampfheizungen ein. Der Hauptgrund dafür sind die sehr kleinen Drücke, die bei eingeschränktem Betrieb eingehalten werden müssen. Es wurde bereits oben errechnet, daß bei Minimalleistung der Druck vor dem Heizkörper nur etwa 8 mm WS betragen soll gegenüber 200 mm WS bei Volleistung. Ungefähr in demselben Verhältnis muß der Druck am Kessel abgesenkt werden, also z. B. von $^1/_{10}$ auf $^1/_{250}$ atü; das sind 40 mm WS. Solche Drücke sind mit Betriebsmanometern nicht zu messen. Vor allem aber ist bei derart kleinen Drücken das Netz gegen Störungen äußerst empfindlich. Es sei im folgenden nur auf drei Möglichkeiten solcher Störungen hingewiesen.

Ein erster störender Einfluß liegt in der unterschiedlichen Dichte des Dampfes in den Steigsträngen und der Luft in den Kondensatleitungen ($\varrho_D = 0{,}50$ kg/m³ gegen $\varrho_L = 1{,}1$ kg/m³). Dieser Dichteunterschied, der je nach der Höhe des Gebäudes etwa 5 bis 10 mm WS ausmachen kann, bewirkt bei stark eingeschränktem Betrieb eine stärkere Füllung der Heizkörper in den oberen Stockwerken als in den unteren. Eine zweite Störungsquelle ergibt sich als Folge der geringen Strömungsgeschwindigkeiten in der Möglichkeit des Umschlags des turbulenten Strömungszustandes in einen laminaren und umgekehrt. Eine dritte Quelle für die Störung der Druckverteilung im Netz liegt in dem willkürlichen An- und Abstellen von Heizkörpern oder Heizkörpergruppen.

Die Anlagen sind um so weniger empfindlich gegen Störungen, je kleiner der Druckabfall im Rohrnetz und je größer er in den Heizkörperventilen ist. Es ist ohne weiteres einzusehen, daß bei einer außergewöhnlich weiten Rohrleitung, die fast keinen Druckabfall bedingt, der Druck vor den Ventilen sich gleichmäßig mit dem Kesseldruck ändert. Freilich führt dieses Verfahren bald an die Grenze des wirtschaftlich Tragbaren. Die andere Bedingung einer Steigerung des Druckabfalls im Ventil findet ebenfalls bald ihre Grenze, da sonst die lichten Querschnitte im Ventil zu klein werden und außerdem die Strömungsgeschwindigkeit des Dampfes zu Geräuschbildung führen würde. Schon bei einem Druckabfall von 200 mm WS errechnet sich eine Dampfgeschwindigkeit von 80 m/s.

Besonders wichtig für die zentrale Regelfähigkeit einer Dampfheizung sind genügend weite und ohne Fehler verlegte Kondensatleitungen sowie die sorgfältige Einregelung der Anlage bei der Probeheizung. Will man zu geringe Durchgangsquerschnitte der Ventile vermeiden — sie erschweren die Einregelung sehr — so muß man bei kleinen Heizkörpern den Druck vor dem Regelventil niedriger wählen als bei großen.

Um eine möglichst gute Entlüftung zu erzielen, werden oft statt einer zentralen Entlüftung mehrere getrennte Entlüftungen vorgesehen. Dadurch kann aber eine neue Störungsquelle in die Anlage hereingebracht werden, denn bei dem geringen Druck, der bei abgedrosseltem Betrieb im Netz herrscht, ist die Möglichkeit einer Beeinflussung durch den Wind zu beachten. Der Staudruck des Windes an der Gebäudemauer kann u. U. bis zu 10 mm WS betragen. Er pflanzt sich entsprechend abgeschwächt in das Innere des Gebäudes fort. Aus diesem Grunde ist die zentrale Entlüftung i. allg. vorzuziehen, denn bei dieser wirkt sich der Staudruck des Windes auf die ganze Anlage gleichmäßig aus.

Nach KÖRTING[1] soll bei zentral zu regelnden Dampfheizungen der Kesseldruck möglichst niedrig gewählt werden. Einen Anhalt für seine Höhe gibt Tab. 4.08.

Abschließend läßt sich sagen:

Wird bei der Niederdruckdampfheizung eine zentrale Regelung angestrebt, so ist bei Entwurf, Bau und Betrieb folgendes zu beachten:

Tabelle 4.08.
Drücke bei ND-Dampfheizungen

Länge des ungünst. Dampfstranges m	Kesseldruck kp/m²	Höchstdruck vor dem Heizkörperventil kp/m²
bis 20	300	100
bis 30	400	150
bis 40	500	200
bis 50	600	200
bis 60	700	200
bis 100	800	200

1. Das Rohrnetz darf nicht allzu ausgedehnt und allzu reich gegliedert sein,
2. alle Dampfleitungen, auch die Steigstränge, sind gut zu isolieren,
3. die Dampf- und Kondensatleitungen müssen größere Durchmesser erhalten als bei einer Anlage ohne zentrale Regelung,
4. der Druckabfall im Heizkörperventil soll möglichst hoch sein,
5. Berechnung, Montage und Einregelung der Anlage müssen mit besonderer Sorgfalt ausgeführt werden,
6. Feuerung und Leistungsregler müssen ein sehr genaues Einhalten niedriger Druckstufen ermöglichen,
7. es muß die Gewähr gegeben sein, daß nicht bei eingeschränktem Betrieb eine größere Anzahl Heizkörper abgestellt wird,
8. die Bedienung muß ein besonderes Maß von Verständnis und Sorgfalt aufbringen.

Aber selbst eine solche, unter günstigen Umständen entstandene und betriebene Heizung wird gegenüber einer Warmwasserheizung zurückstehen hinsichtlich Umfang des Regelbereichs, Gleichmäßigkeit der Wärmeverteilung, Einfachheit der Anlage und der Betriebsführung.

In der üblichen Ausführung gestattet die Niederdruckdampfheizung kaum eine zentrale Beeinflussung der Heizflächenleistung. Man hilft sich daher in der Praxis meist, indem man bei kleiner werdendem Wärmebedarf die Betriebszeit der Anlage verkürzt bzw. zum stoßweisen Heizbetrieb übergeht, ein Ausweg, der nur bei Gebäuden mit hoher Wärmespeicherung und bei relativ geringer Netzausdehnung heiztechnisch befriedigt.

V. Heizzentralen

Für die sachgemäße Wartung und Bedienung einer Heizanlage mit selbständiger Wärmeerzeugung ist erfahrungsgemäß die richtige Lage und Ausgestaltung der Heizzentrale von erheblicher Bedeutung.

Zweckmäßige Zuordnung von Kesselraum, Brennstofflager und Anfahrwegen,
einfacher Aufbau der Zentrale,
Zugänglichkeit der wichtigsten Anlageteile und
Ausstattung mit Überwachungs- und Regelgeräten

erleichtern die Bedienung und schaffen damit die Vorbedingung für einen wirtschaftlichen Heizbetrieb . Auf einige wesentliche bauliche und technische Gesichtspunkte wird im folgenden näher eingegangen.

[1] KÖRTING, J.: Was muß der Heizungsingenieur von der Niederdruck-Dampfheizung wissen? 2. Aufl. Halle (Saale): C. Marhold 1942.

[2] Siehe auch: VDI 2050. Heizzentralen; Technische Grundsätze für Planung und Ausführung. Düsseldorf: VDI-Verlag Okt. 1963. — METZNER, O.: Grundsätzliche Überlegungen beim Bau von Heizzentralen. Heizg.-Lüftg.-Haustechn. 14 (1963) 181/85.

A. Kesselraum

1. Lage und Größe

Bei Heizanlagen für kleine und mittelgroße Gebäude bestimmen die Forderungen einer kürzesten Verbindung zwischen Kessel und Schornstein sowie einer einfachen Brennstoffanfuhr zumeist die *Lage des Kesselraums* innerhalb des Gebäudes. Der Vorteil der kürzeren und im Durchmesser kleineren Rohrleitungen bei zentraler Lage tritt demgegenüber zurück. Aus bau-, wärme-, strömungs- und feuerungstechnischen Gründen vermeide man die Anordnung des Schornsteins an der Außenwand, das Verziehen von Schornsteinen (seitliches Abweichen der Mündung vom Fuß) sowie längere Füchse oder Rauchgasleitungen zwischen Kessel und Schornstein. Erwünscht ist die Ausmündung des Schornsteins nahe dem Dachfirst, um vor störenden Windstauungen sicher zu sein (s. auch S. 87/88). Nach Möglichkeit soll die Kesselvorderseite durch Tageslicht ausreichend erhellt sein. Auch sollte bei normalen Hausheizungen der Kesselraum vom Gebäude aus zugänglich sein. Für Anlagen mit einer Leistung über 250000 kcal/h muß ein unmittelbarer Ausgang ins Freie vorgesehen werden.

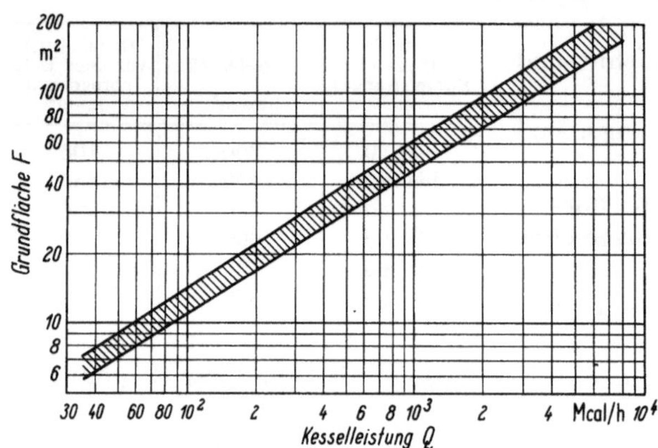

Abb. 4.174. Grundflächenbedarf für Kesselräume.

Je größer die Heizanlage ist, um so mehr ist für die Lage des Heizraums die leichte Anfuhr des Brennstoffs, dessen Lagerung und die einfache Wegschaffung etwaiger Rückstände maßgebend. Bei Großanlagen findet man daher häufig das Kesselhaus außerhalb der bewohnten Gebäude angeordnet. Wird durch ausreichenden Wärmeschutz der Schornsteinwandungen eine zu starke Abkühlung der Rauchgase vermieden, so ist in solchen Fällen der freistehende Schornstein unbedenklich.

Der *Platzbedarf* für Kessel und Brennstofflager läßt sich in erster Näherung aus dem Inhalt der zu beheizenden Räume bestimmen. Man nimmt dabei für Bauten üblicher Ausführung den Wärmebedarf überschläglich mit 40 kcal/h je 1 m³ beheizten Raumes an. In Abb. 4.174 ist der ungefähre Grundflächenbedarf von Kesselräumen in Abhängigkeit vom Wärmebedarf dargestellt. Zugrunde liegen die Werte aus zahlreichen ausgeführten Anlagen.

2. Bauliche Gestaltung[1]

Die genaue Durcharbeitung des Kesselhausplans setzt die Kenntnis des Heizwärmebedarfs der angeschlossenen Gebäude sowie des Wärmebedarfs etwaiger weiterer Verbraucher voraus (Warmwasserversorgung, Kochkessel, Wäscherei u. dgl.). Aus dem Gesamtwärmebedarf ergibt sich die bereitzustellende Kesselleistung, die bei größeren Heizanlagen auf mehrere Einheiten verteilt wird.

Die Kesselhaussohle erhält ein durchgehendes, der Belastung entsprechendes Betonfundament. Kokskessel sollen auf *Klinkersockeln*, die mit der Kesselvorderseite bündig abschließen, aufgestellt werden, damit ein Verrosten der unteren Teile bei etwaigen Wasseransammlungen im Heizraum vermieden wird. Es empfiehlt sich auch, vor Kesseln für feste Brennstoffe eine etwa 1 m breite Klinkerrollschicht vorzusehen, die den Fußboden gegen Beschädigungen durch herabfallende heiße Brennstoff- und Schlackenteile schützt. Bei größeren Kesseln mit einer

[1] Siehe auch: Richtlinien für den Bau und die Einrichtung von zentralen Heizräumen und ihren Brennstofflagerräumen (Heizraumrichtlinien). Berlin: Beuth-Vertr. Nov. 1958. — Technische Ergänzungen zu den bauaufsichtlichen Richtlinien für den Bau und die Einrichtung von zentralen Heizräumen und ihren Brennstofflagerräumen mit zugehörigen Beispielblättern. Wärme-, Lüftgs.- u. Gesundh.-Techn. 11 (1959) 9ff.

Bautiefe über 1,5 m sind zur Erleichterung der Feuerbedienung die Kesselsockel 30 bis 50 cm hoch und so auszubilden, daß das Einfahren eines Aschewagens unterhalb der Kessel möglich ist.

Die *lichte Höhe* sollte bei Kleinanlagen mindestens 2,2 m, bei Gebäuden mit einem Wärmebedarf über 30000 kcal/h mindestens 2,5 m betragen. Für die Aufstellung der Kessel gibt Abb. 4.175 ein Beispiel. Es zeigt zugleich, welche Mindestabstände zwischen den Kesseln bzw. zwischen den Kesseln und Wänden im Hinblick auf Wartung und Bedienung der Anlage eingehalten werden müssen. Die einwandfreie Ausbildung der Füchse erfordert hinter den Kesseln je nach den baulichen Verhältnissen einen Abstand zur Wand von 1,5 bis 2 m. Dabei muß auch die Zugänglichkeit zu den Rauchgasschiebern und den Rücklauf- bzw. Kondensat-Anschlußstutzen gewahrt bleiben.

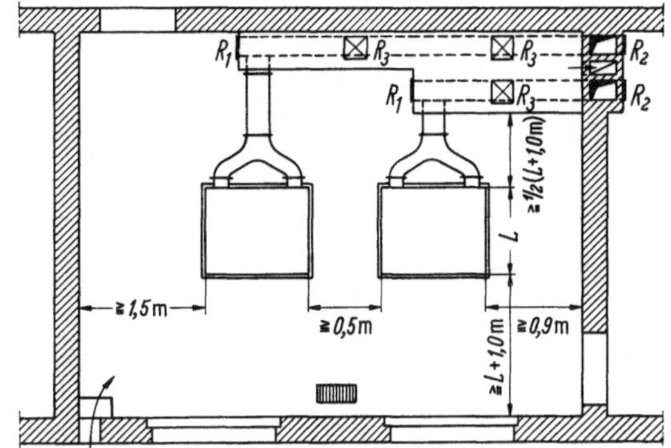

Abb. 4.175. Anordnung der Kessel.

Der gesamte Heizraum soll durch Tageslicht und durch blendungsfreies künstliches Licht *gut ausgeleuchtet* sein. Besondere Beachtung erfordert die *Lüftung des Kesselraums* und die Vorsorge, daß genügend Verbrennungsluft in den Kesselraum eintreten kann.

Bei kleinen Anlagen bis zu etwa 1000 m³ beheiztem Raum genügt eine Öffnung von etwa 1 dm². Sie muß unverschließbar sein, kann im Fenster, in der Außenwand oder in der nach dem Vorraum gelegenen Innenwand angebracht sein. Bei größeren Anlagen, bei denen sich der Heizer länger oder ständig im Kesselraum aufzuhalten hat, würde er die Luftzufuhr auf diesem Wege als Zug empfinden und erfahrungsgemäß die Öffnung sehr bald zustopfen. Es ist deshalb bei größeren Anlagen ein besonderer Zuluftkanal erforderlich, der bis hinter die Kessel führen muß, so daß die Luft hier vorgewärmt wird. Für je 500 m³ beheizten Raum ist 1 dm² freier Kanalquerschnitt zu rechnen.

Ein Abluftschacht ist bei kleineren Anlagen nicht notwendig, sofern nicht bauaufsichtliche Vorschriften ihn verlangen. Bei großen Anlagen ab 80000 kcal/h Heizleistung ist dagegen ein Abluftschacht erforderlich, der neben oder zwischen den Schornsteinen liegen soll. Der Querschnitt des Abluftschachtes soll ein Viertel des gesamten Schornsteinquerschnittes betragen. Die Abzugsöffnung muß in Deckennähe angeordnet sein.

Im Kesselraum ist eine Fußboden*entwässerung* vorzusehen. Ist der unmittelbare Anschluß an die Kanalisation nicht möglich, so ist eine Grube mit Hand- oder Motorpumpe anzuordnen. Die *Türen* des Kesselraums sind feuerhemmend auszuführen und sollen mit Ausnahme der Tür zum Brennstofflager nach außen aufschlagen. Zur leichteren Beseitigung der Feuerungsrückstände empfiehlt sich bei Kesseln für feste Brennstoffe der Einbau einer Schlackenfördereinrichtung, die bei kleineren und mittleren Anlagen als einfacher Schlackenzug mit senkrechtem Hub, bei größeren als Elektrohängezug oder als Schrägaufzug ausgeführt wird.

B. Brennstofflagerung und Kesselbeschickung

Bezüglich der Brennstofflagerung bei ölgefeuerten Kesselanlagen sei auf die Ausführungen in Unterabschn. II.A 5c auf S. 118 verwiesen. Bei allen Kesselanlagen für feste Brennstoffe ist in unmittelbarer Nachbarschaft zum Kesselraum ein ausreichend bemessener Brennstofflagerraum vorzusehen. Große Lagerräume geben die Möglichkeit, einen erheblichen Teil des Jahresbrennstoffbedarfs im Sommer trocken und billig einzukaufen und machen sich schon dadurch bei kleinen und mittleren Heizanlagen bald bezahlt.

Bei der praktischen Ausführung normaler Hausheizungen hängt es zumeist von der Art des Gebäudes und den sonstigen Anforderungen an die Kellerräume ab, wie groß der Brennstoffraum tatsächlich ausgeführt werden kann. Man sollte in jedem Fall eine Mindestlagerfläche für einen zweimonatigen Bedarf anstreben. Keinesfalls sollte die Grundfläche des Brennstofflagers kleiner als die der Heizzentrale gewählt werden. Somit gibt Abb. 4.174 entsprechende Mindestwerte.

Wichtig ist es bei allen Anlagen, die mit festen Brennstoffen betrieben werden, durch geeignete bauliche oder technische Maßnahmen den Arbeitsaufwand für den Transport und die Aufgabe des Brennstoffs sowie für die Beseitigung der Rückstände so klein wie möglich zu halten.

Bei kleinen Anlagen (Einfamilienhäuser, Mietshäuser normaler Größe) werden die Kessel aus Platz- und Kostengründen zumeist von Hand beschickt. Dabei empfiehlt sich bei größerem Brennstoffdurchsatz die Verwendung zweirädriger Transportkarren, die eine direkte Brennstoffentnahme mit der Schaufel gestatten. Die Anordnung des Brennstofflagers in unmittelbarer Nähe des Kesselraums und in gleicher Höhe ist in solchen Fällen notwendig.

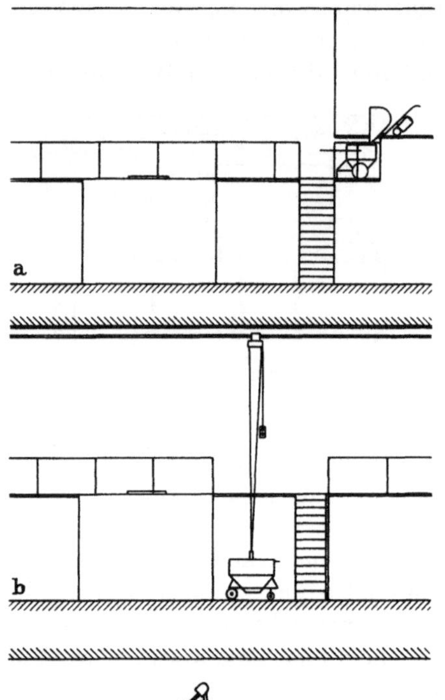

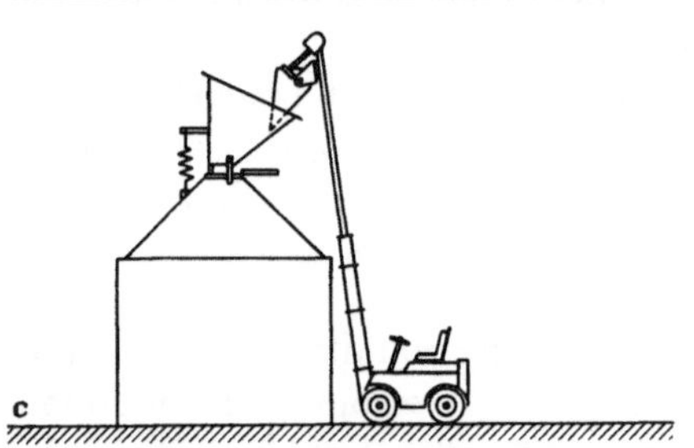

Abb. 4.176. Beschickung bei Füllschachtkesseln. a) mit Motorhandschaufler und Kokskarren; b) mit Kokskarren und Laufkatze; c) mit Hubstapler.

Bei mittleren und großen Heizzentralen ist die Kesselbeschickung teilweise oder völlig automatisiert, wobei je nach den örtlichen Verhältnissen die verschiedensten Geräte bzw. Einrichtungen zum Einsatz kommen.

Ist es baulich möglich, den Brennstofflagerraum in Höhe der Kesselbühne unterzubringen, so reicht in vielen Fällen die Beschickung der Kessel durch einen Brennstofftransportkarren aus, der eventuell die Brennstoffaufnahme und -eingabe über einen durch Motorkraft schwenkbaren Transportbehälter (Motorhandschaufler) erledigt, im übrigen aber von Hand bewegt wird. Abb. **4.176a** zeigt eine ähnliche Lösung, bei der Motorhandschaufler und Brennstofftransportkarren gemeinsam eingesetzt werden. Eine weitere Erleichterung bringt bei größeren Anlagen die Motorisierung des Transportfahrzeugs (Brennstofflader).

Müssen Sohle von Kesselhaus und Brennstofflagerraum in einer Höhe angeordnet werden, so kann eine über die Füllöffnung fahrende Laufkatze vorgesehen werden, die den aus dem Brennstofflager herangefahrenen Karren oder Behälter in die gewünschte Höhe hebt, s. Abb. **4.176b**, eventuell den Brennstoff mit einem Greifer auch direkt aus dem Lager entnimmt.

Kessel größerer Leistung sind vielfach mit reichlich bemessenen Vorbunkern über der Brennstoffaufgabestelle ausgerüstet, die mittels Förderbändern beschickt werden. Des weiteren besteht die Möglichkeit der Kombination einer senkrecht fördernden Schnecke mit waagerecht transportierenden Schwingrinnen.

Eine von fest installierten Transporteinrichtungen und räumlicher Zuordnung des Brennstofflagers unabhängige Art der Kesselbeschickung zeigt Abb. **4.176c**. Der dargestellte Hubstapler kann auf Grund seiner vielseitigen Verwendbarkeit auch andere in Zusammenhang mit einem derartigen Versorgungsbetrieb anfallende Aufgaben mit übernehmen. Vorbedingung für seinen Einsatz ist ein ausreichender Platz vor den Kesseln und eine gewisse Geschicklichkeit des Bedienungspersonals. Die bei Rangieren und Beschickung unvermeidbaren Stöße auf den Einfülltrichter werden durch dessen federnde Auflagerung abgefangen.

C. Schornsteinanlage

1. Ausführung

Für die Ausführung der Schornsteine von Zentralheizungen gelten sinngemäß die gleichen Gesichtspunkte wie für die kleineren Schornsteine von Zimmeröfen. Die Außenwandlage ist bei kleinen und mittelgroßen Anlagen möglichst zu vermeiden. Behördliche Vorschriften verbieten das Einleiten der Abgase anderer Feuerungen, z. B. von Öfen, Herden oder gewerblichen Wärmeerzeugern in die Schornsteine von Zentralheizungen. In der Regel soll jeder Kessel an einen besonderen Schornstein angeschlossen werden.

Die Schornsteine großer Heizanlagen müssen so hoch geführt werden, daß die Rauchgase normalerweise über die Nachbargebäude abziehen und zu keinen Belästigungen führen. Besonders wichtig ist diese Forderung bei Verfeuerung von Schweröl, gasreicher Steinkohle oder von Braunkohlenbriketts, bei denen auch mechanische Feuerungen und sorgfältige Bedienung keine völlig rauch- und rußfreie Verbrennung gewährleisten. Auf die neuerdings in vielen Ländern im Interesse der Reinhaltung der Luft erlassenen Vorschriften über die Genehmigung von Feuerungsanlagen größerer Leistung und die Höhe der Schornsteine in Wohn- und Siedlungsgebieten sei hier nur verwiesen[1].

Lange *Rauchgasfüchse* können zu Störungen der verschiedensten Art Anlaß geben. Die Länge der Rauchgasfüchse sollte daher nicht größer als 30% der Schornsteinhöhe sein. Die Füchse sind mit Steigung 1 : 10 in Richtung des Rauchgasstroms zu verlegen und gegen Abkühlung und Feuchteeinflüsse weitgehend zu schützen. Zur Beseitigung von Flugasche und Ruß müssen Füchse eine ausreichende Zahl leicht zugänglicher Reinigungsöffnungen erhalten, s. Abb. 4.175. Die Hauptreinigungsöffnung R_1 ist möglichst an die Stirnseite des Fuchses zu legen. Damit die Reinigungsarbeit bequem ausgeführt werden kann, muß der Abstand zur nächsten Wand mindestens 1,5 m betragen. Die gegenüberliegende Reinigungsöffnung R_2, die im Schornstein angebracht ist, dient zugleich zum Entzünden eines Lockfeuers. Reinigungsöffnungen R_3 auf der Oberseite des Fuchses sind nicht bequem, lassen sich aber oft nicht vermeiden.

2. Schornsteinberechnung

Schornsteine lassen sich nicht mit der Genauigkeit berechnen, die sonst in der Technik angestrebt wird. Die Gründe hierfür liegen in gewissen Unsicherheiten bei den Rechnungsannahmen sowie in den Störungen durch klimatische Einflüsse. Es sei nur auf folgendes hingewiesen:

1. Die Temperatur der Rauchgase im Schornstein ist im voraus nicht anzugeben. Selbst wenn die Abgastemperatur am Kesselende bekannt ist, ergeben sich je nach der Belastung und den Abkühlungsverhältnissen recht unterschiedliche Rauchgastemperaturen im Schornstein.
2. Durch Falschlufteintritt kann die Rauchgasmenge vermehrt und die Temperatur im Schornstein herabgesetzt werden. Undichtheiten lassen sich in der Praxis aber kaum völlig vermeiden. Ihre Bedeutung ist kaum zu erfassen.
3. Bei Überlastung der Feuerung muß der Schornstein in der Lage sein, mehr Rauchgase abzuführen, als der Nennleistung entspricht; andererseits darf er auch für Kesselbelastungen von 20 bis 30% der Nennlast nicht zu weit sein.
4. Die volle Durchwärmung eines Schornsteins erfordert viele Stunden. Es muß aber der Schornstein häufig schon beim Anheizen die Rauchgasförderung voll übernehmen.
5. Durch Wetter, Wind, die Hauslage und die Nachbarschaft kann der Schornsteinzug in völlig unkontrollierbarer Weise beeinflußt werden.

Unter diesen Umständen ist es sinnvoll, bei der Bemessung von Schornsteinen für Zentralheizungen Näherungsberechnungen anzuwenden, deren Ergebnisse an Hand praktischer Erfahrungen überprüft werden müssen. Ob man dabei die Unsicherheiten der Berechnung durch die Annahme besonders ungünstiger Betriebsbedingungen (wie z. B. niedrige Abgastemperaturen, hoher Abgasdurchsatz, kalter Schornstein) oder besser durch Zuschläge auf den Mindestquerschnitt, die Strömungsverluste des Schornsteins bzw. die geforderte Zugstärke berücksichtigt, ist umstritten und wissenschaftlich kaum zu klären.

Es erübrigt sich daher, auf Einzelheiten der verschiedenen Bemessungsvorschläge oder -verfahren hier einzugehen[2], zumal in Deutschland die bei bestimmten Kesselleistungen erforder-

---

[1] Siehe Fußnote 1 auf S. 115.

[2] GRÖBER, H.: Die Berechnung von Schornsteinen. Heizg. u. Lüftg. 17 (1943) 31/35.

lichen Querschnitte in Abhängigkeit von der Schornsteinhöhe in DIN 4705[1] festgelegt sind, s. Tab. 4.10 auf S. 210. Wegen ihrer allgemeinen Bedeutung sollen im folgenden jedoch die wichtigsten Begriffe und Berechnungsunterlagen kurz behandelt werden.

a) Grundbegriffe

Zugbedarf. Verbrennungsluft bzw. Rauchgase haben auf ihrem Weg durch die Feuerungsanlage eine Reihe von Widerständen zu überwinden, nämlich: Luftklappe in der Aschfalltür, Brennstoffbett, Züge der Feuerung und Krümmungen des Fuchses. Zur Aufrechterhaltung der Strömung ist ein Druckunterschied zwischen dem Freien und dem Ende des Fuchses notwendig, der außer von der Gestalt der Wege sehr stark von der stündlichen Rauchgasmenge abhängt. Als „Zugbedarf" bezeichnet man jenen Druckunterschied, der bei Nennleistung eines Kessels erforderlich ist, um diese Widerstände zu überwinden. Dieser Wert hat mit dem Schornstein nichts zu tun. Er ist vom Ersteller der Anlage auf Grund von Angaben der Kesselfirma unter Berücksichtigung des Zugverlustes bis zum Eintritt der Rauchgase in den Schornstein festzustellen. Der Zugbedarf hält sich i. allg. in den Grenzen von 2 bis 6 mm WS, s. S. 122.

Tabelle 4.09. *Theoretische Zugstärke des Schornsteins in Abhängigkeit von seiner Höhe*

1	2	3	4	5	6
h	t_i	γ_i	γ_a	$\gamma_a - \gamma_i$	$h(\gamma_a - \gamma_i)$
m	°C	kp/m³	kp/m³	kp/m³	kp/m²
12	200	0,78	1,24	0,46	5,5
15	180	0,82	1,24	0,42	6,3
20	170	0,84	1,24	0,40	8,0
25	160	0,86	1,24	0,38	9,5
30	150	0,87	1,24	0,37	11,1

Theoretische Zugstärke des Schornsteins. Diese entsteht aus dem Auftrieb der Rauchgase im Schornstein und läßt sich aus dessen Höhe h und den spezifischen Gewichten γ_a und γ_i der Außenluft und der Rauchgase nach der bekannten Gleichung berechnen:

$$H = h(\gamma_a - \gamma_i). \qquad (4.04)$$

In der nebenstehenden Tab. 4.09 ist für fünf Schornsteinhöhen der Wert $h(\gamma_a - \gamma_i)$ berechnet. Dabei ist die Temperatur der Rauchgase gemäß Spalte 2 je nach der Höhe des Schornsteins verschieden angenommen, die Außentemperatur dagegen fest zu +10 °C. Für die Gaskonstante ist bei Luft der Wert 29,3 mkp/kg grd, bei Rauchgasen der Wert 28,0 mkp/kg grd eingesetzt.

Eigenverbrauch des Schornsteins. Ein Teil der theoretischen Zugstärke wird innerhalb des Schornsteins aufgezehrt. Dieser Betrag E heißt der „Eigenverbrauch". Er läßt sich aus den Abmessungen des Schornsteins und der Rauchgasgeschwindigkeit berechnen nach der Gleichung

$$E = \left(\lambda \frac{h}{s} + \sum \zeta\right) \frac{w_s^2}{2} \frac{\gamma}{g}. \qquad (4.05)$$

Darin bedeuten:

λ den Reibungsbeiwert der inneren Schornsteinwand,
$\Sigma \zeta$ die Summe aller Einzelwiderstände,
s die Seite des quadratisch angenommenen Schornsteinquerschnitts,
w_s die Strömungsgeschwindigkeit der Rauchgase.

Bei Einsetzen von h und s in m, w_s in m/s, γ in kp/m³ und g in m/s² in vorstehende Gleichung ergibt sich E in kp/m² bzw. mmWS.

Baut man am Fuße des Schornsteins einen Zugmesser ein, so mißt dieser bei einer im Dauerbetrieb auf Normalleistung eingestellten Feuerung deren Zugbedarf. Unterbindet man durch Einschieben des Rauchgasschiebers die Strömung, so steigt die Anzeige und das Gerät gibt die Zugstärke des Schornsteins an. Der Unterschied zwischen den beiden Ablesungen ist der Eigenverbrauch des Schornsteins.

b) Ermittlung der Schornsteinhöhe

Die Aufgabe, einen Schornstein zu berechnen, lautet: Es ist der Schornstein in seiner Höhe und Weite so zu bemessen, daß von seiner theoretischen Zugstärke H nach Abzug des Eigenverbrauches E noch der Zugbedarf Z der Feuerungsanlage verbleibt. Als Gleichung ausgedrückt lautet die Bedingung $H - E \geqq Z$.

[1] DIN 4705. Berechnung der lichten Weite von Schornsteinen für Zentralheizungen. Apr. 1944 (Neufassung in Vorbereitung).

Z ist eine Eigenschaft der Feuerungsanlage und somit als gegeben anzusehen. E hängt nach der obigen Gleichung von der Rauchgasgeschwindigkeit, also in erster Linie vom Querschnitt, von der stündlichen Rauchgasmenge und ihrer Wichte γ_i ab. Bei H erscheint die Schornsteinhöhe und ebenfalls die Rauchgaswichte. λ, $\sum \zeta$, γ_a und γ_i sind Werte, die entweder bekannt sind oder über die man zweckmäßige Annahmen treffen kann. Die Höhe h und die Weite s sind die zwei Unbekannten der Gleichung.

Ist durch die Gebäudehöhe die Schornsteinhöhe h festgelegt, so wird die erste Frage lauten müssen: Reicht unter den gegebenen Bedingungen (Rauchgasmengenstrom und mittlere Rauchgastemperatur) die Schornsteinhöhe h zur Schaffung der geforderten Zugstärke Z überhaupt aus? In kritischen Fällen läßt sich der Eigenverbrauch E durch die Wahl eines größeren Schornsteinquerschnitts oder (und) einer besonders glatten Innenoberfläche vermindern und damit evtl. der Ausgleich zwischen H, E und Z schaffen. Gerade bei niedrigen Schornsteinhöhen ist diese Möglichkeit aber begrenzt. Andererseits kann bei solchen Schornsteinen die tatsächlich erreichbare Zugstärke durch die oben erwähnten Wetter- und Nachbarschaftseinflüsse wesentlich beeinträchtigt werden. In solchen Fällen ist der Schornstein zu erhöhen oder ein Kessel mit geringerem Zugbedarf (evtl. auch mit Gebläse) zu wählen.

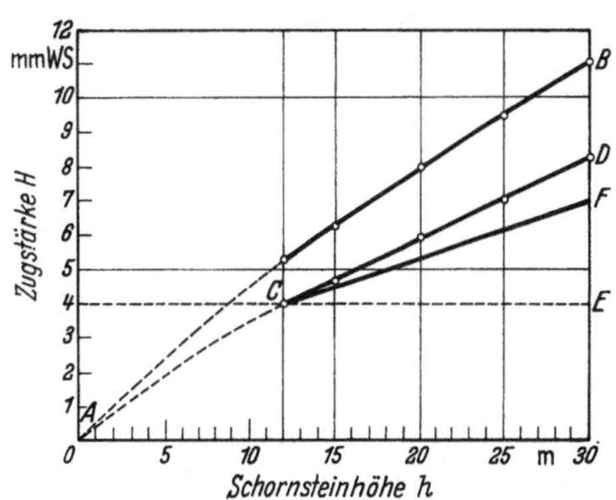

Abb. 4.177. Aufteilung der theoretischen Zugstärke des Schornsteins.
AB Theoretische Zugstärke, CD Zugstärke bei $^1/_4$ Eigenverbrauch des Schornsteins, CF Zugstärke bei zunehmendem Eigenverbrauch des Schornsteins.

Den Eigenverbrauch E setzt Gröber, dessen Berechnungen der derzeitigen Fassung der DIN 4705 zugrunde liegen, zunächst mit $^1/_4$ des theoretischen Schornsteinzuges an, läßt bei hohen Gebäuden mit überschüssiger Zugstärke jedoch einen Eigenverbrauchsanteil bis zu etwa 40%, zu. Wie sich solche Berechnungsannahmen auf die verfügbare Schornsteinzugstärke auswirken, zeigt Abb. 4.177. Für die in Tabelle 4.09 zugrunde liegenden mittleren Rauchgastemperaturen ist unterhalb der theoretischen Schornsteinzugstärke (Linienzug AB) noch eingetragen die verfügbare Zugstärke $H - E$ bei einem Eigenverbrauchsanteil von einheitlich 25% (Linienzug CD) und von 25 bis 37%, wachsend mit der Schornsteinhöhe (Linienzug CF).

Neuerdings neigt man dazu, diese Forderung fallen zu lassen[1] oder andere Kriterien, wie z. B. das Anfahren der Feuerungs- und Schornsteinanlage aus dem kalten Zustand[2] bei der Berechnung zu berücksichtigen.

c) Ermittlung der Schornsteinweite

Zur Berechnung der Schornsteinweite hat sich weitgehend die Redtenbachersche Formel

$$f = \frac{1}{n} \frac{R_h}{\sqrt{h}} \tag{4.06}$$

eingebürgert. Darin bedeuten:

f den lichten Querschnitt des Schornsteins,
R_h die stündliche Rauchgasmenge,
h die Schornsteinhöhe,
n ist ein Beiwert, für den Zahlen zwischen 900 und 1800 genannt werden.

Man erhält dabei f in m², wenn h in m und R_h in kg/h eingesetzt werden.

[1] Münz, W.: Querschnittsermittlung von Schornsteinen mit natürlichem Auftrieb für Zentralheizungsanlagen bei bauseitig festgelegter Höhe. Heizg.-Lüftg.-Haustechn. 15 (1964) 433/36. — Weber, A. P.: Neue Querschnittsermittlung von Schornsteinen. Heizg.-Lüftg.-Haustechn. 16 (1965) 346/47. — Walger, O.: Berechnung und Normung von Schornsteinquerschnitten für Heizungskessel. Heizg.-Lüftg.-Haustechn. 17 (1966) 18/22.

[2] Mönner, W.: Die Zugverhältnisse in Zentralheizungsschornsteinen unter Berücksichtigung nichtstationärer Betriebsbedingungen. Berlin 1966. — Techn. Univ. Berlin, Dr.-Ing.-Diss.

Gröber hat für n die Beziehung abgeleitet:

$$\frac{1}{n} = \sqrt{\frac{1}{a}}\sqrt{\frac{\lambda\frac{h}{s} + \Sigma\zeta}{2{,}54\cdot 10^{8}\cdot\gamma_i(\gamma_a - \gamma_i)}}\,. \tag{4.07}$$

a ist dabei der Anteil des Eigenverbrauchs an der theoretischen Zugstärke des Schornsteins (dessen Absolutwert nochmals um 70% zum Ausgleich von Störungen und Abweichungen in den Rechnungsannahmen erhöht wurde). Wird dabei $a = 1$ gesetzt, so erhält man aus den Gln. (4.06) und (4.07) den kleinstmöglichen Wert für f. Die theoretische Zugstärke des Schornsteins wird durch dessen Strömungsverluste gerade aufgebraucht. Ein solcher Fall (verfügbare Zugstärke am Schornsteinfuß H—E = 0) ist denkbar bei Kesseln mit Überdruckfeuerung oder Abgasgebläse.

Die *stündliche Rauchgasmenge* R_h läßt sich in einfacher Weise aus der Kesselleistung Q_h ermitteln. Bezeichnet man mit

B_h die stündlich verfeuerte Brennstoffmenge,
H_u den unteren Heizwert,
r die Rauchgasmenge je kg Brennstoff,
η den Wirkungsgrad der Feuerung,

Tabelle 4.10. *Überschlägliche Bemessung der lichten Weite von Schornsteinen für Zentralheizungen*

Querschnitt		Höhe des Schornsteins in m					
Kantenlänge cm	Durchmesser cm	10	12	15	20	25	30
		Nennleistung der Feuerung in kcal/h				nach DIN 4705 *für Formsteine*	
20 × 20	23	50000	50000	55000	—	—	—
20 × 20		*61400*	*70000*	*81000*	*98000*	—	—
20 × 27	26	70000	75000	80000	90000	95000	—
20 × 25		*83000*	*94000*	*108700*	*130900*	*151000*	*169600*
27 × 27	30	110000	115000	125000	140000	150000	180000
25 × 30		*141200*	*158600*	*182700*	*218900*	*251700*	*282000*
27 × 40	37	165000	180000	190000	210000	240000	250000
30 × 35		*216200*	*242300*	*278500*	*332900*	*382300*	*427900*
40 × 40	45	250000	280000	300000	320000	360000	380000
40 × 40		*365200*	*408800*	*469300*	*560400*	*643000*	*719500*
40 × 53	52	—	400000	420000	470000	500000	550000
40 × 50		—	*538500*	*618000*	*737900*	*846600*	*947300*
53 × 53	60	—	—	600000	660000	720000	770000
50 × 60		—	—	*1018700*	*1216500*	*1396600*	*1562700*
53 × 66	67	—	—	800000	870000	950000	1000000
60 × 60		—	—	*1275700*	*1523700*	*1749200*	*1958100*
66 × 66	75	—	—	—	1100000	1200000	1300000
65 × 65		—	—	—	*1857400*	*2132700*	*2387900*
66 × 85	84	—	—	—	—	1600000	1700000
—		—	—	—	—	—	—
72 × 92	92	—	—	—	—	1900000	2100000
—		—	—	—	—	—	—
85 × 85	96	—	—	—	—	2100000	2300000
—		—	—	—	—	—	—

so gelten

Kesselleistung: $Q_h = B_h \cdot H_u \cdot \eta$,

stündliche Rauchgasmenge: $R_h = r \cdot B_h$.

Daraus folgt:

$$R_h = \frac{Q_h r}{\eta H_u}.$$

Die wichtigsten Brennstoffe für Heizkessel sind Koks, Braunkohlenbriketts, Steinkohle und Heizöl. Für alle diese Brennstoffsorten schwankt der Zahlenwert des Bruches r/H_u in kg/kcal nur zwischen 0,0020 und 0,0025, so daß er mit 0,00225 angesetzt werden kann. Nimmt man außerdem für η den Wert 0,75, so erhält man für stündliche Rauchgasmenge und Wärmeleistung die einfache Beziehung:

$$\frac{Q_h}{R_h} = \frac{1000}{3} \frac{\text{kcal}}{\text{kg}}.$$

Daraus folgt, daß in Gl. (4.06) anstelle der stündlichen Rauchgasmenge auch die Kesselleistung eingesetzt werden kann. Aus den Gln. (4.06) und (4.07) läßt sich damit für bestimmte Werte von γ_a und γ_i und vorgegebene Einzelwiderstände und Wandrauhigkeiten ein unmittelbarer Zusammenhang zwischen Schornsteinquerschnitt, Höhe des Schornsteins und Kesselnennleistung ableiten. Tab. 4.10 enthält die so gewonnenen Zahlenwerte für gemauerte Schornsteine nach DIN 4705. (Für bestimmte Schornsteinbauweisen aus glatten Formstücken sind höhere Belastungen zugelassen. Sie sind in Tab. 4.10 kursiv mit eingetragen.)

Die Erfahrungen der Praxis zeigen, daß die in DIN 4705 geforderten Schornsteinquerschnitte zu groß sind. Es ist damit zu rechnen, daß sie in Kürze reduziert werden.

d) Schornsteine mit rundem Querschnitt

Ersetzt man den errechneten, quadratischen Querschnitt durch den flächengleichen Kreisquerschnitt, so bleibt die Rauchgasgeschwindigkeit die gleiche. Der Betrag des Eigenverbrauchs ändert sich dabei nicht erheblich. Für einen Schornstein mit rundem Querschnitt berechnet man also zuerst den quadratischen Querschnitt und ersetzt dann das Quadrat durch den flächengleichen Kreis.

Das gleiche Verfahren ist anwendbar, wenn statt eines quadratischen ein rechteckiger Querschnitt verlangt wird. Man soll jedoch das Seitenverhältnis nicht höher als 1 : 1,5 wählen.

3. Zugbegrenzer

Die bei hohen Schornsteinen auftretenden großen Zugstärken führen erfahrungsgemäß leicht zu einer Überlastung der Kessel, vor allem während der Anheizzeit. Die Folgen sind: schlechte Brennstoffausnutzung, Verschlackung des Rostes und vielfach auch Schäden an der Kessel- bzw. Schornsteinanlage. Nach den Ausführungen unter 2. ist bei hohen Schornsteinen durch den Übergang auf engere Lichtweiten eine ausreichende Minderung der Zugstärke kaum zu erzielen.

Von der Möglichkeit, die überschüssige Schornsteinzugstärke mit Hilfe des Rauchgasschiebers abzudrosseln, wird im Betrieb oft nicht im erforderlichen Umfang Gebrauch gemacht, zumal häufig die Zugmesser fehlen oder falsch anzeigen. Ein ständig weitgehend geschlossener Rauchgasschieber erschwert andererseits die Anpassung der Zugstärke an die jeweils erforderliche Leistung. Da die üblichen Verbrennungsregler lediglich die Lufteintrittsklappe, aber nicht den Rauchgasschieber verstellen, stehen Feuerung und Züge der Kessel häufig unter der Einwirkung des vollen Schornsteinzuges. Der Einfluß von Undichtheiten macht sich dadurch in der Leistungsregelung und im Feuerungswirkungsgrad sehr viel stärker bemerkbar als bei geringer Zugstärke.

In Fällen, bei denen die Kraft des Schornsteins den Zugbedarf des Kessels wesentlich übersteigt, ist deshalb der Einbau eines selbsttätigen Zugbegrenzers in Erwägung zu ziehen. Nach Abb. 4.177 trifft dies für Mittel- und Großanlagen mit Kokskesseln der üblichen Bauart bei Schornsteinen über 15 m Höhe und bei genügender Weite zu.

Bei den meisten Bauarten der Zugbegrenzer wird Nebenluft in den Schornstein eingeleitet. Die Nebenluft setzt die Temperatur im Schornstein herab und erhöht gleichzeitig mit dem größeren Abgasdurchsatz dessen Eigenverbrauch. Abb. 4.178 zeigt die Ausführung eines vielverwendeten Zugbegrenzers.

Ein stehendes zylindrisches Blechgehäuse ist im unteren Teil mit dem Schornstein oder Fuchs verbunden, im oberen Teil über zahlreiche seitliche Öffnungen *a* mit der Außenluft oder dem Kesselraum. Zwischen beiden Teilen ist eine einseitig gelagerte, leichtbewegliche Drosselklappe *b* eingebaut. Das freie Klappenende hängt an einem auf zwei Schneiden aufliegenden Hebel, der auf dem Gegenarm ein verstellbares Ausgleichsgewicht *c* trägt. Jede Stellung des Gewichtes entspricht einem bestimmten Druckunterschied zwischen Atmosphäre und Schornsteinfuß. Unterschreitet der Unterdruck im Schornstein den Sollwert, so senkt sich die Klappe und steuert mehr kalte Luft in den Schornstein ein.

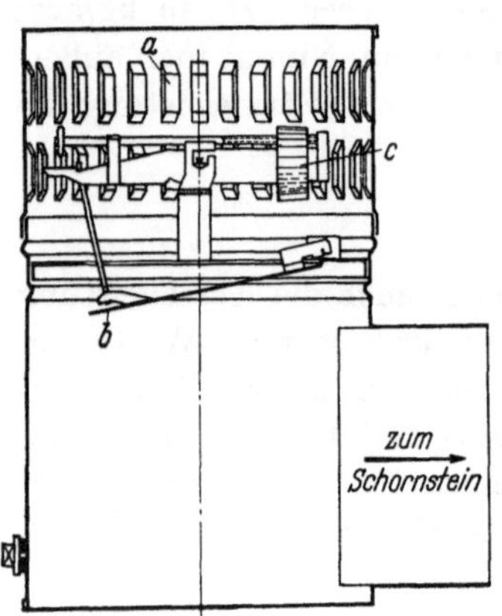

Abb. 4.178. Zugbegrenzer. *a* Nebenlufteinlaß, *b* Drosselklappe, *c* Ausgleichsgewicht.

Derartige Geräte begrenzen nicht nur die Zugstärke auf den geforderten Höchstwert, sie halten auch die durch atmosphärische Einflüsse verursachten, oft sehr rasch ablaufenden Zugschwankungen (Windeinwirkung!) weitgehend vom Kessel fern und sorgen dadurch für einen gleichmäßigen und wirtschaftlichen Betrieb der Feuerung.

In Kesselanlagen mit zu hohen Schornsteinen und ohne ständige aufmerksame Bedienung läßt sich durch den Einbau der Zugbegrenzer der Brennstoffverbrauch oft merklich herabsetzen. Eine bestimmte Einsparung in Prozent des Jahresbrennstoffverbrauchs kann dabei selbstverständlich nicht gewährleistet werden, da sie in jedem Einzelfall davon abhängt, wie die Anlage ohne Zugbegrenzer bedient wurde[1]. Bei größeren Heizanlagen wird vor dem Einbau der Geräte auch zu prüfen sein, ob nicht eine selbsttätige Kesselregelung am Platze wäre.

D. Technische Ausgestaltung der Heizzentrale

Grundsätzlich sollen Heizzentralen im Aufbau so einfach wie möglich sein, da für ihre Bedienung meist nur angelernte Kräfte zur Verfügung stehen. Komplizierte und zu Störungen neigende Einrichtungen sind tunlichst zu vermeiden. Übersichtlichkeit in Anordnung und Schaltung der wichtigsten Anlageteile ist eine wesentliche Voraussetzung für eine sachgemäße Wartung und für eine wirtschaftliche Betriebsführung. In der bereits erwähnten VDI-Richtlinie 2050 sind Ausführungsbeispiele für Heizanlagen jeder Größe bei Ausstattung mit Kesseln verschiedener Bauart enthalten, auf die hier verwiesen werden kann.

1. Zahl und Anschluß der Kessel

Kleinanlagen erhalten in der Regel nur *einen* Kessel. Er sollte nicht zu reichlich gewählt werden, um bei festen Brennstoffen einen Dauerbetrieb auch bei kleiner Belastung zu ermöglichen und bei flüssigen bzw. gasförmigen Brennstoffen im Ein-Aus-Betrieb die Stillstandszeiten der Brenner klein zu halten.

Bei großen Gebäuden empfiehlt sich die Aufstellung von zwei Kesseln, und zwar mit je 50 bis 60% der geforderten Höchstleistung. Während des größten Teiles der Heizzeit kommt man dabei mit *einem* der beiden Kessel aus, der zudem in seiner Leistung dem Wärmebedarf besser angepaßt werden kann als *ein* großer Kessel. Auch braucht bei einem Kesselschaden — die Tage mit sehr niedrigen Außentemperaturen ausgenommen — der Heizbetrieb kaum einge-

[1] RULLKÖTTER, F.: Zur Bewertung von Nebenluft-Schornsteinzugreglern. Heizg.-Lüftg.-Haustechn. 4 (1953) 49/51.

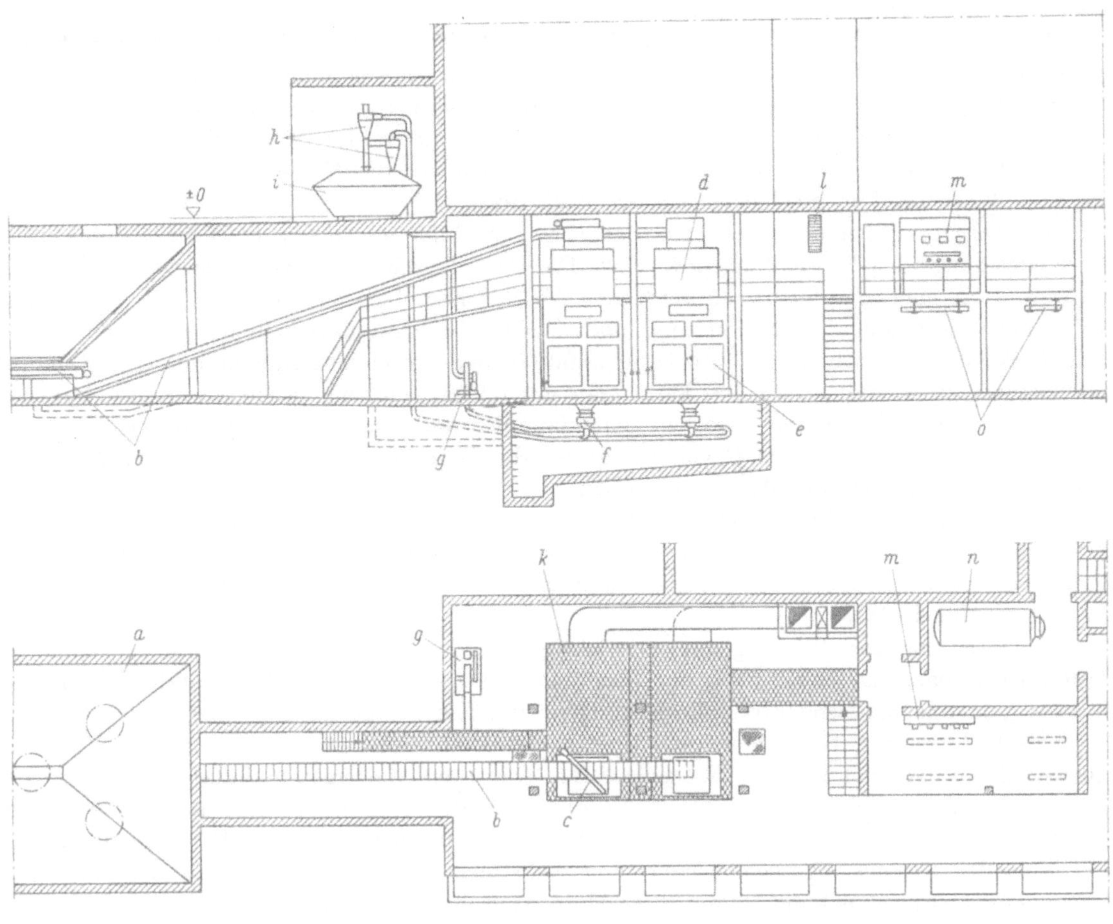

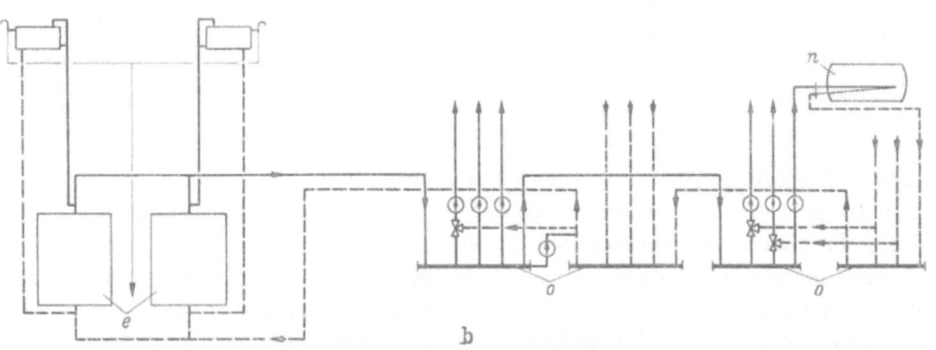

Abb. 4.179. Zentrale eines koksgefeuerten Heizwerkes (Leistung 2,4 Gcal/h).
a) Grund- und Aufriß; b) Wärmeschaltbild.
a Koksbunker, *b* Koksförderband, *c* Abstreifer, *d* Brennstoff-Tagesbehälter, *e* Kessel, *f* Schlackebrecher, *g* Aschefördergebläse, *h* Asche- und Staubabscheider, *i* Aschebehälter, *k* Kesselbühne, *l* Abluftöffnung, *m* Schalttafel, *n* Warmwasserbereiter, *o* Heizwasserverteiler und -sammler.

schränkt zu werden. Noch günstiger liegen in dieser Beziehung die Verhältnisse bei Heizanlagen mit drei oder mehr Kesseleinheiten.

Bei *Warmwasserkesseln* werden die Vor- und Rücklaufabgänge der Kessel oder Kesselgruppen je in einer Hauptleitung vereinigt, die zu den Umwälzpumpen und Verteilerstöcken führt. Die durch die einzelnen Kessel fließenden Wassermengen sind nur dann gleich, wenn der Strömungswiderstand in den Anschlußleitungen der gleiche ist. Man wählt deshalb für die Hauptleitungen möglichst große Durchmesser oder schließt die Kessel nach dem System der gleichen Wege im Vor- und Rücklauf an, s. S. 192.

Bei *Dampfkesseln* münden die Dampfabgänge der Einheiten in einem weiten Sammler, der über oder hinter den Kesseln angeordnet ist. Die Dampfanschlüsse müssen gleiche Widerstände aufweisen. Sie sind so zu bemessen, daß beim Abschlacken eines Kessels der Leistungsrückgang keine unzulässig hohe Druckabsenkung und damit Wasserstandsverschiebung gegenüber den Nachbarkesseln verursacht. Da der Druckabfall in den Anschlußleitungen mit dem Quadrat der Dampfgeschwindigkeit wächst, kann man nur durch genügend große Anschlußweiten den Unterschied im Druckverlust zwischen dem Sammler und den Kesseln mit unterschiedlicher Leistung klein halten. In der Regel genügt es, die Dampfgeschwindigkeit in den Anschlußleitungen nicht größer als 10 m/s zu wählen.

Mit der Inbetriebnahme einer ND-Dampfheizung wird ein Teil des Kesselwassers in die Kondensatleitungen gedrückt. Bei größeren Anlagen mit Kesseln geringen Wasserinhalts kann durch eine reichlich bemessene Kondensatsammelleitung die verfügbare Wassermenge erhöht werden, s. Abb. 4.171.

Je größer die Kesselleistung, um so wichtiger werden bei Verwendung fester Brennstoffe Hilfseinrichtungen zur Beseitigung der Feuerungsrückstände, wobei evtl. zusätzliche Schlackebrecher und pneumatische Fördereinrichtungen zum Einsatz gelangen.

Abb. 4.179 zeigt in Teilschnitten ein Blockheizwerk von 2,4 Gcal/h Leistung mit weitgehend automatischer Beschickung und Entschlackung. Das Brennstofflager befindet sich unter einer befahrbaren Betondecke mit Füllöffnungen, durch die der Brennstoff von Lastkraftwagen eingegeben wird und über trichterförmige Wände direkt auf ein horizontales Förderband rutscht. Die unter den Kesseln abgezogenen Feuerungsrückstände gelangen über Schlackebrecher in eine pneumatische Entschlackung, deren Trägerluft nach Erfüllung ihrer Aufgabe entstaubt und dem Kreislauf erneut zugeführt wird. Die Feuerungsrückstände einschließlich der Flugasche werden in besonderen Hochbehältern, die eine einfache Abfuhr ermöglichen, gesammelt. Das Kesselvorlaufwasser wird von zwei hintereinander geschalteten Verteilern durch Rohrpumpen in fünf Heizgruppen und einen Brauchwassererwärmer gepumpt, die über Unterstationen die verschiedenen Teile der Siedlung versorgen. Die Regelung der Gruppen erfolgt durch Beimischung von Rücklaufwasser in den Vorlauf, infolge unterschiedlicher Heizsysteme teils in der Zentrale, teils in den Unterstationen. Der gemeinsame Rücklauf zum Kessel wird durch Beimischung von Kesselvorlaufwasser in seiner Temperatur angehoben, s. auch S. 189.

2. Rohrleitungen und Schaltorgane

Je größer eine Anlage ist und je verwickelter im Aufbau, um so wichtiger ist es, der Führung der Rohrleitungen, den Halterungen und der Anordnung der Schaltorgane schon bei der Planbearbeitung besondere Aufmerksamkeit zu schenken.

Aber auch bei kleinen Anlagen sollten Leitungsführung und Befestigungen nicht dem Monteur überlassen bleiben, sondern in genauen Montagezeichnungen festgelegt werden. Auf einige wesentliche Gesichtspunkte sei nachfolgend hingewiesen.

An allen begehbaren Stellen, auch über den Kesselbühnen, muß eine lichte Durchgangshöhe von 2 m gewahrt bleiben. Zur Verringerung der Wärmeverluste und Vermeidung einer Überwärmung sind in Heizzentralen sämtliche wärmeführenden Leitungen und bei Dampf- oder Heißwasserleitungen auch Einbauteile und Schaltorgane sorgfältig zu isolieren. Absperr- und Regelorgane sind zugänglich und möglichst in handlicher Höhe anzuordnen. Bei der Führung und Lagerung der Rohrleitungen ist auf die Wärmedehnung Rücksicht zu nehmen. Insbesondere sollen die Verbindungen von Kesseln, Pumpen und Wärmeaustauschern mit den Hauptleitungen und Verteilerstöcken nicht zu kurz und starr sein. Erforderlichenfalls sind die Leitungen zur Aufnahme der Wärmedehnung mit Richtungsänderungen (Abwinklungen) zu führen.

Vorlaufhauptleitungen oder Dampfsammler über den Kesseln dürfen keinesfalls auf Kesselanschlüssen lasten; sie sind vielmehr gesondert abzustützen oder besser mittels Pendel an Träger oder Tragdecken anzuhängen. Zwischengeschaltete Federn mit Spannvorrichtungen gestatten eine volle Entlastung der Kesselanschlüsse und im Bedarfsfall auch den einfachen Ausbau der Absperrorgane. Sind in Kesselhäusern, Apparateräumen, Rohrkanälen u. dgl. viele Leitungen unterhalb der Decke anzuordnen, so empfiehlt es sich, im Abstand von 1 bis 2 m quer zur Rohrachse Profileisen vorzusehen, an denen die Rohrhalterungen befestigt werden können. Bei Stahlbetondecken verwendet man hierfür Spezialprofile, die mit eingegossen werden, s. Abb. 4.61; sie ersparen nachträgliche Stemmarbeiten für die Anbringung der Halteeisen und machen die Rohrverlegung verhältnismäßig unabhängig von den Aufhängemöglichkeiten.

Sobald bei der Projektierung einer Heizzentrale Größe, Zahl und räumliche Anordnung der Hauptbauteile, wie Kessel, Pumpen und Wärmeaustauscher, festliegen, sollte an Hand des Schaltschemas ein genauer Rohrplan ausgearbeitet werden. Bei größeren Zentralen und schwierigen Rohrführungen bietet nur die Aufzeichnung verschiedener Schnitte im Maßstab 1 : 20 die Gewähr, daß nach den Plänen später auch montiert werden kann. Die frühzeitige Ausarbeitung der Rohrpläne hat außerdem den Vorteil, daß die für die Verlegung der Leitungen erforderlichen Durchbrüche, Schlitze und Tragschienen gemeinsam mit den sonstigen baulichen Angaben (Schornstein- und Fuchsanlage, Fundamente und Belastungen, Strom-, Wasser-, Abwasseranschlüsse) in die Baupläne aufgenommen und dementsprechend beim Rohbau schon berücksichtigt werden können.

3. Maschinen- und Schalträume

Bei größeren Heizanlagen ist für die erforderlichen Pumpen, Wärmeaustauscher und sonstigen Apparate ein besonderer Maschinenraum vorzusehen. Um die Verschmutzung des Raumes und die Gefährdung der Geräte zu vermeiden, ist er vom Kesselhaus zu trennen. In der Regel werden auch die Abgänge der Hauptleitungen mit ihren Absperrorganen sowie die der Betriebsüberwachung dienenden Apparate im Maschinenraum vereinigt. Auch die elektrische Schalttafel wird zweckmäßigerweise im Maschinenraum oder in unmittelbarer Nachbarschaft untergebracht, gegebenenfalls in Verbindung mit elektrischen Fernanzeigern, Reglern und Schreibgeräten.

Maschinen- und Schalträume sollen geräumig sein, damit alle Einrichtungsteile übersichtlich und jederzeit zugänglich angeordnet werden können. Breite Gänge zwischen Pumpen, Wärmeaustauschern und Verteilerstöcken erleichtern die Bedienung und Wartung. Größere Pumpen sind auf Einzelfundamenten mit freien Umgängen aufzustellen, bei kleinen Aggregaten ist eine paarweise Aufstellung zulässig oder sie werden unmittelbar in die Rohrleitungen eingebaut (Rohrpumpen). Vor Wärmeaustauschern muß genügend Platz für das Ausziehen der Heizregister vorhanden sein.

Der Maschinenraum kann von Rohrleitungen weitgehend frei gehalten werden, wenn die Anschlüsse der Pumpen, Apparate und Verteiler nach unten geführt werden und ein genügend hoher Rohrkeller eine einwandfreie Anordnung der Verbindungsleitungen und Hilfseinrichtungen ermöglicht.

Die Leitungen der Hauptgruppen einer Heizanlage sind von der Zentrale aus getrennt zu führen. Soweit eine Absperrung oder Regelung im normalen Betrieb notwendig ist, sind die Abgänge auf Verteilerstöcken zu vereinigen. Man vermeide jedoch allzu umfangreiche Verteilerstöcke, da sie die Zentralen sehr verteuern und sie häufig auch unübersichtlich und störanfällig machen.

Parallel arbeitende Pumpen und Wärmeaustauscher können unmittelbar, d. h. nicht über Verteilerstöcke, an Sammelleitungen angeschlossen werden. Sind die Absperrorgane bei großen Einheiten in den im Maschinenraum zu verlegenden Leitungen nicht unterzubringen, so können sie im Rohrkeller angeordnet und mittels Spindelverlängerungen und Handradsäulen für die Bedienung vom Maschinenraum aus eingerichtet werden.

Auch bei sorgfältigster Isolierung aller Rohrleitungsteile und Apparate läßt sich in zentralen Bedienungsräumen eine Überwärmung nicht verhindern; sie müssen daher mit mechanischen Lüftungsanlagen versehen werden.

Zur *Überwachung des Heizbetriebes* sind an allen entscheidenden Stellen im Rohrnetz der Zentrale unmittelbar anzeigende Temperatur- und Druckmeßgeräte, evtl. auch Mengenzähler, einzubauen. Bei Warmwasserheizungen erhalten die Pumpen auf der Druck- und Saugseite, meist auch die Vorlaufverteiler und Rücklaufsammler, Manometer. Ein genauer Druckmesser mit großer Skala — bei großen Anlagen besser ein Schwimmergerät mit Fernanzeige — soll den Wasserstand im Ausdehnungsgefäß erkennen lassen. Thermometer mit gut sichtbarer Anzeige sind vorzusehen auf den Ablaufstutzen von Wärmeaustauschern sowie an den Verteiler- bzw. Sammelstöcken. Dabei genügt für den Vorlauf *ein* Thermometer, es sei denn, daß die Heizgruppen mit verschiedenen Temperaturen gefahren werden. Rücklaufleitungen sollten in jedem Fall getrennte Thermometer erhalten. Bei elektrischen Fernthermometern beschränke man sich auf die Anzeige einiger wichtiger Raumtemperaturen und der Außentemperatur an einem mit Umschaltern versehenen Meßgerät. Das Außenthermometer ist gegen Sonnen- und Feuchteeinwirkungen geschützt anzuordnen. Soll gleichzeitig der Betrieb mehrerer Heizgruppen sowie von Lüftungs- und Klimaanlagen zentral überwacht oder gesteuert werden, so sind umfangreichere Fernmeßeinrichtungen notwendig.

Bei ND-Dampfnetzen sind Manometer an den Verteilerstöcken bzw. beiderseits vom Druckminderer notwendig. Bei mechanischer Kesselspeisung wird zuweilen auch das zurückfließende Kondensat mittels Trommelzähler gemessen, evtl. auch getrennt für verschiedene Heizgruppen oder Verbrauchszwecke.

4. Dampf- oder Wasserkessel

Bei Warmwasserheizungen ohne Kuppelung mit sonstigen Wärmeverbrauchern wird in der Regel das umlaufende Heizwasser direkt in den Kesseln erwärmt. Auch Warmwasserversorgungen lassen sich unter Zwischenschaltung von Wärmeaustauschern mit Wasserkesseln be-

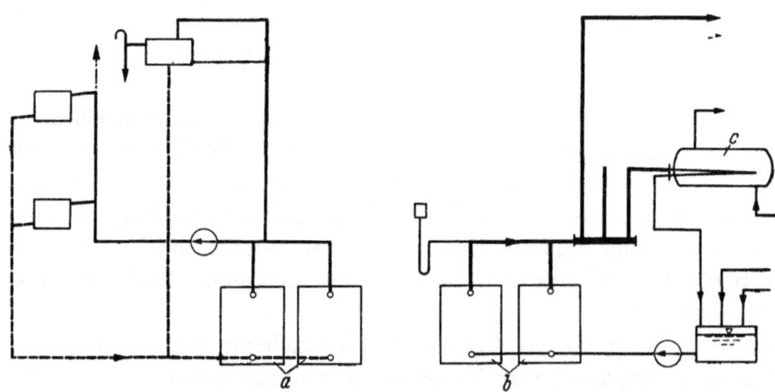

Abb. 4.180. Heizzentrale mit Dampf- und Wasserkesseln.
a Warmwasserkessel (für Raumheizung), *b* Dampfkessel für sonstige Wärmeverbraucher), *c* Warmwasserbereiter.

treiben, sofern keine höheren Temperaturen des Brauchwassers als 60 bis 70 °C gefordert werden. Dabei ist sowohl die Aufstellung gesonderter Kessel für die Warmwasserbereitung als auch der gemeinsame Betrieb mit den Kesseln der Heizanlage möglich. Näheres über die in solchen Fällen gebräuchlichen Schaltungen enthält der fünfte Abschnitt.

Soll die Heizzentrale einer Warmwasserheizung gleichzeitig Niederdruckdampf liefern, so ist zu entscheiden zwischen einer gemischten Kesselanlage mit Dampf- und Wasserkesseln oder einer einheitlichen Dampfkesselanlage. Die Abb. 4.180 und 181 geben die Schaltungen für beide Ausführungsarten in vereinfachter Form wieder. Absperrungen, Umgehungsleitungen, Kondensatableiter, Reserveaggregate usw. sind der besseren Übersichtlichkeit wegen weggelassen. Auch ist angenommen, daß die Dampfkessel mit einheitlichem Betriebsdruck arbeiten.

Jede der beiden Lösungen hat ihre Vor- und Nachteile. Die erste Anordnung ist meist in der Anschaffung billiger, da besondere Wärmeaustauscher für die Heizung nicht erforderlich sind. Für die Dampferzeugung müssen aus Gründen der Betriebssicherheit in diesem Fall evtl. jedoch zwei Kessel vorgesehen werden.

Bei der zweiten Anordnung kann man im Hinblick auf die Kuppelung der Wärmeerzeuger auf einen Reservekessel verzichten. Der einfachere Aufbau der Anlage erleichtert naturgemäß die Betriebsführung. Bedarfsschwankungen bei den einzelnen Verbrauchergruppen lassen sich

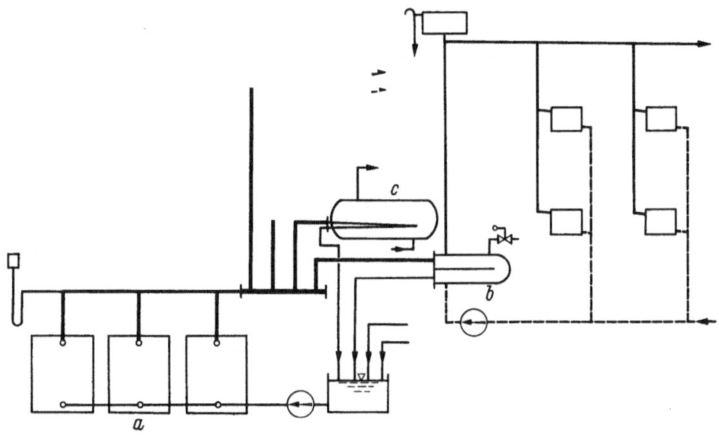

Abb. 4.181. Heizzentrale mit Dampfkesseln; eine Druckstufe.
a Dampfkessel, *b* Wärmeaustauscher, *c* Warmwasserbereiter.

gegebenenfalls ausgleichen, insbesondere wenn größere Warmwasserspeicher vorhanden sind. Mit der gleichmäßigeren Kesselbelastung ist zumeist auch eine bessere Brennstoffausnutzung verbunden.

Die ausschließliche Verwendung von Dampfkesseln schafft außerdem die Möglichkeit, die Umwälzpumpen mit einer Dampfturbine anzutreiben. Die Wirtschaftlichkeit dieser Antriebsart ist selbstverständlich in jedem Einzelfall nachzuprüfen, bei großen Heizanlagen und hohen Strompreisen aber häufig gegeben.

Ein weiterer Vorteil der einheitlichen Dampfkesselanlage, der vor allem bei ausgedehnten Heiznetzen zur Geltung kommt, liegt in der einfacheren Absicherung der Wärmeerzeuger. Nach DIN 4751 ist jeder absperrbare Kessel bzw. jede Kesselgruppe einer offenen Warmwasserheizung mit einer Leistung über 80000 kcal/h (bzw. 130000 kcal/h, vgl. Fußnote auf S. 159) durch genügend weite und mit steter Steigung zu verlegende Sicherheitsleitungen mit dem Ausdehnungsgefäß zu verbinden. Kann das Ausdehnungsgefäß nicht in unmittelbarer Nähe des Kesselhauses untergebracht werden, so ist diese Forderung nur schwer zu erfüllen. Der einfachste Ausweg ist in solchen Fällen die Aufstellung von Dampfkesseln und die mittelbare Heizwassererwärmung in Wärmeaustauschern. Es genügt dann, die mit ND-Dampf beheizten Wärmeaustauscher mit einem Sicherheitsventil auszurüsten. Da das Ausdehnungsgefäß hier keinerlei Sicherheitsfunktion mehr zu erfüllen hat, kann es an beliebiger Stelle im Vor- oder Rücklauf an das Heiznetz angeschlossen werden. Dadurch ist auch die aus betrieblichen Gründen oft erwünschte Anordnung der Umwälzpumpe im Rücklauf ohne Einschränkung leichter möglich.

Vom Standpunkt der Betriebssicherheit aus sind Dampf- und Wasserkessel gleich zu werten. Beide Kesselarten sind in der Form gußeiserner Gliederkessel im Betrieb gegen Einspeisen kalten Wassers empfindlich. Durch Unachtsamkeit des Bedienungspersonals können bei Dampf- wie bei Wasserkesseln Schäden auftreten, bei Dampfkesseln durch zu rasches Öffnen der Kondensatleitung bei Zuschaltung eines weiteren Kessels, bei Wasserkesseln durch Einschaltung der Umwälzpumpe bei aufgeheizten Kesseln und ausgekühltem Rücklaufwasser.

5. Dampfzentralen mit zwei Druckstufen

Die in Abb. 4.181 gezeigte einfache Schaltung einer Heizzentrale mit Dampfkesseln ist nur denkbar, wenn alle Verbraucher Dampf gleichen Druckes benötigen. Vielfach wird aber für einen Teil der Verbrauchsstellen der höchstmögliche Dampfdruck gefordert, z. B. für Kochkessel in Anstaltsküchen oder für die Mangeln und Trockenapparate einer Wäscherei, während die übrigen

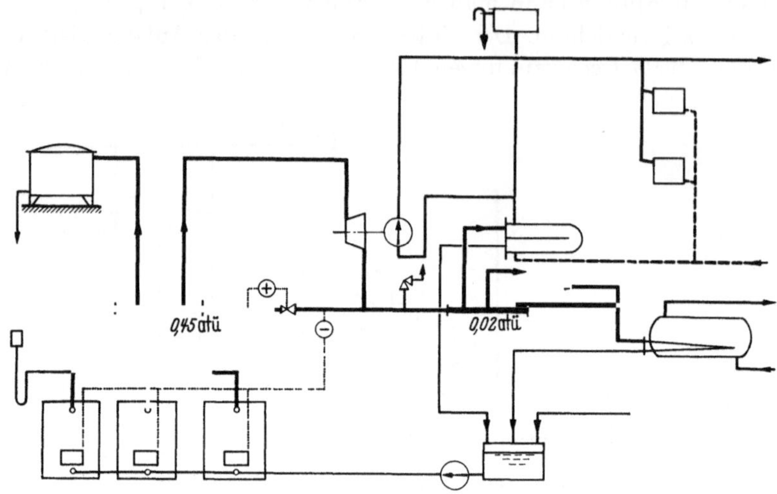

Abb. 4.182. Heizzentrale mit Dampfkesseln; zwei Druckstufen, einheitlicher Kesseldruck.

mit niedrigem Dampfdruck betrieben werden sollen. Man kann dann entweder die gesamte Kesselanlage mit dem höheren Druck betreiben und einen Teil des Dampfes drosseln oder die Kessel in zwei Gruppen mit verschiedenen Drücken arbeiten lassen.

Das Schaltbild einer Anlage mit einheitlich hohem Kesseldruck ist in Abb. 4.182 wiedergegeben. An einen 0,45 atü-Dampfverteiler sind in diesem Beispiel Kochkessel und eine Dampf-

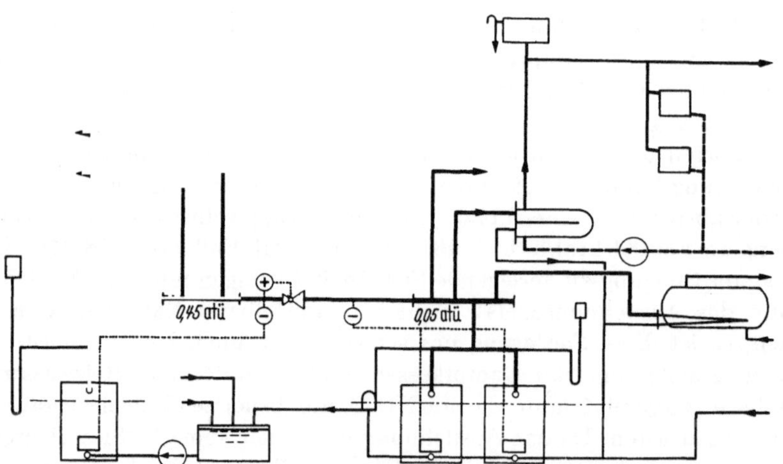

Abb. 4.183. Heizzentrale mit Dampfkesseln verschiedenen Druckes.

turbine angeschlossen. Der Abdampf der Turbine wird einem ND-Dampfverteiler zugeleitet und dient zur Versorgung der sonstigen Dampfverbraucher, insbesondere der Wärmeaustauscher für die Heizung und Warmwasserbereitung. Vom 0,45 atü-Verteiler kann auch Dampf über ein Drosselventil direkt an die Niederdruckstufe abgegeben werden. Dieses Ventil arbeitet als Überströmventil und sichert damit die bevorzugte Belieferung der Hochdruckdampfverbraucher. Zweckmäßigerweise regelt man bei dieser Schaltung die Kesselleistung nach den Anforderungen der Druckstufe mit dem höheren Wärmeverbrauch, das ist meist die Niederdruckseite (Druckstufenregelung). Ein Sicherheitsventil führt bei plötzlichem Rückgang des Wärmebedarfes etwa überschüssigen Dampf ins Freie ab.

Das Kondensat wird mittels einer Pumpe (oder sonstigen mechanischen Rückspeiseeinrichtungen) in die Kessel zurückgefördert.

Das Schaltbild in Abb. 4.183 zeigt eine Anlage mit zwei Kesselgruppen verschiedener Drücke. Jede Gruppe wird in ihrer Leistung gesondert vom Verteilerdruck aus geregelt. Auch hier kann überschüssiger Dampf der Kessel mit höherem Druck auf die Niederdruckstufe abgeleitet werden. Besondere Kondensatrückfördereinrichtungen werden nur für die 0,45 atü-Kessel benötigt. Die 0,05 atü-Stufe arbeitet mit natürlichem Kondensatrückfluß. Eine der Dampflieferung aus der 0,45 atü-Stufe entsprechende Kondensatmenge muß in das Sammelgefäß der höheren Druckstufe zurück geführt werden. In Abb. 4.183 ist zu diesem Zweck ein schwimmergesteuerter Überlaufregler in Höhe des mittleren Wasserstandes der 0,05 atü-Kessel vorgesehen.

Der Betrieb zweier Kesselgruppen mit verschiedenen Dampfdrücken bietet nur dann gegenüber der einheitlichen Anlage nach Abb. 4.182 Vorteile, wenn der Bedarf an höher gespanntem Dampf, am Gesamtverbrauch gemessen, klein ist oder nicht ständig vorliegt. Für den Hauptteil der Anlage kommt man in diesem Fall ohne die störanfälligen Kondensatrückförderer aus.

6. Großanlagen

Bei der Verwendung von Hochleistungskesseln, insbesondere solcher für Kohleverfeuerung, treten in Aufbau und Ausstattung der Zentralen immer stärker die Gesichtspunkte in den Vordergrund, die für den Bau von Industriekesselanlagen maßgebend sind. Die Bauhöhe der Kessel und der Betrieb der Anlage zwingen zur Errichtung eines von den beheizten Gebäuden getrennten Kesselhauses. Für seine Lage ist weniger die zentrale Anordnung innerhalb des zu beheizenden Gebäudekomplexes als die leichte Anfuhr und Lagerung des Brennstoffes entscheidend, wobei darauf zu achten ist, daß Belästigungen der Nachbargebäude durch Geräusche, Flugasche und Rauchgase vermieden werden. Dementsprechend soll der Schornstein die Firsthöhe der nächsten Häuser um einige Meter überragen. In dichtbesiedelten Gegenden sind Rauchgasentstauber vorzusehen. In Siedlungen am Stadtrand und bei Krankenanstalten empfiehlt sich die Anordnung des Kesselhauses auf der den häufigsten Windrichtungen (d. i. in Deutschland meistens SW und W) abgewandten Seite.

Den Kohletransport zum Kessel übernehmen bei Großanlagen mechanische Fördereinrichtungen, z. B. Becherwerke mit nachgeschalteten Förderbändern, wobei in der Regel geräumige, vor den Kesseln liegende Hochbunker einen Tages- oder Halbtagesvorrat an Brennstoff aufnehmen, s. auch Abb. 4.179.

Die Bedienung und Wartung der maschinellen Teile neuzeitlicher Kessel hoher Leistung erfordern vom Heizer naturgemäß mehr technisches Verständnis und Wissen als bei den üblichen Zentralen. In viel größerem Umfang sind außerdem Meß- und Überwachungsgeräte notwendig, um eine günstige Brennstoffausnutzung sicherzustellen. Dazu gehören Rauchgasprüfer, Temperaturanzeige- und Schreibgeräte, Manometer u. dgl. Häufig lohnt sich auch die Aufstellung von Rauchgasvorwärmern und bei Dampfkesseln von zusätzlichen Vorwärmern zur Vermeidung von Wrasenverlusten. Derartige Anlagen können erfahrungsgemäß nicht ohne ständige Aufsicht gelassen werden, unterscheiden sich in dieser Beziehung also nicht mehr von Hochdruckkesselanlagen. Man geht daher vielfach bei großen Zentralen auch auf höhere Betriebsdrücke über. Sie ermöglichen eine Steigerung der Vorlauftemperatur in ausgedehnten Wassernetzen und — soweit Dampfkessel vorhanden sind — auch die Verwendung kleiner und deshalb billiger Wärmeaustauscher sowie den Dampfantrieb für Umwälz- und Speisepumpen. In Abb. 4.184 ist als Beispiel das Schaltbild und der Grundriß einer Heizzentrale mit 4 Großkesseln für eine Wohnsiedlung mit einem Gesamtwärmebedarf von 8 Gcal/h wiedergegeben. Da eine Wäscherei mit zu versorgen ist, sind zwei Dampfkessel und zwei Wasserkessel aufgestellt. Je eine der beiden Kesselspeisepumpen und der Heizungsumwälzpumpen werden durch Niederdruckdampfturbinen angetrieben, deren Abdampf sowohl zur Warmwasserbereitung als auch zur Heizwassererwärmung Verwendung finden kann. Der Wärmeaustauscher für die Heizanlage ist so groß bemessen, daß in der Übergangszeit der Heizwärmebedarf der Siedlung durch die ständig betriebenen Dampfkessel gedeckt werden kann.

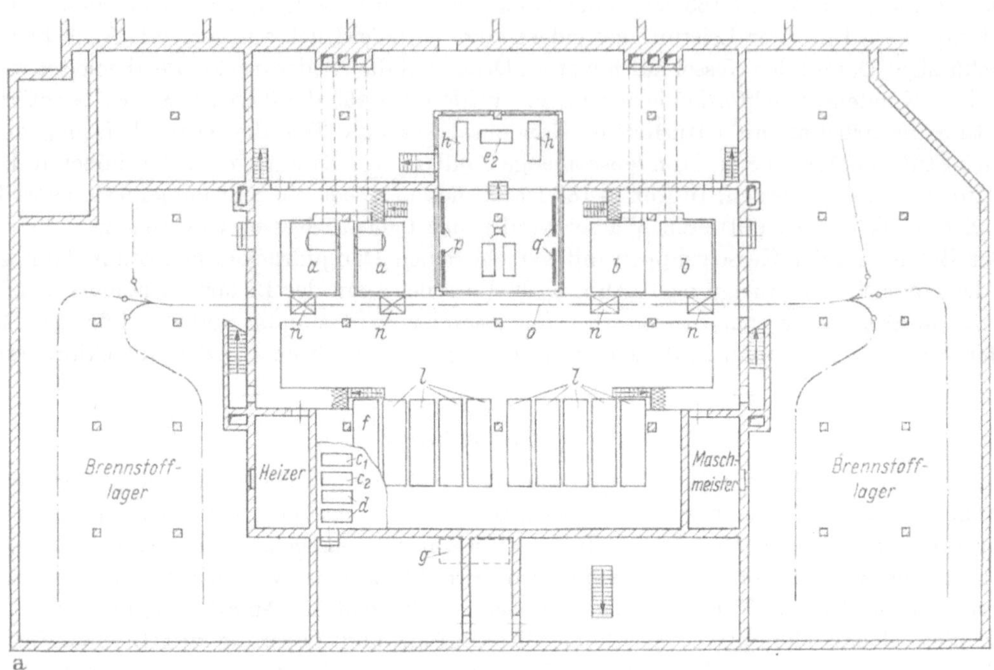

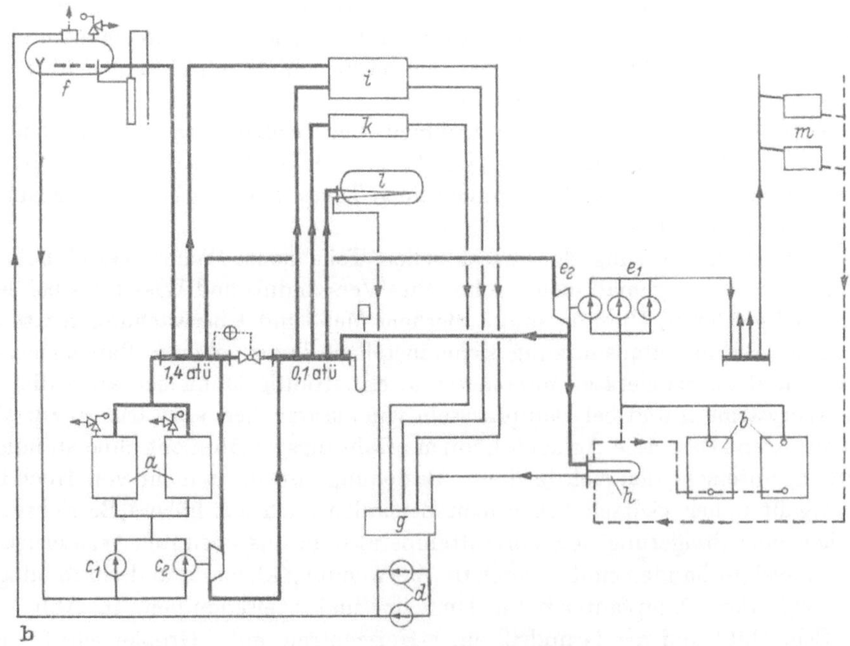

Abb. 4.184. Heizzentrale mit Großkesseln. a) Grundriß; b) Wärmeschaltbild.
a Dampfkessel, *b* Warmwasserkessel, c_1 Elektro-Speisepumpe, c_2 Turbo-Speisepumpe, *d* Kondensatpumpen, e_1 Elektro-Heizungspumpen, e_2 Turbo-Heizungspumpe, *f* Kondensathochbehälter mit Entgasungsanlage, *g* Kondensatsammelbehälter, *h* Wärmeaustauscher, *i* Wäscherei, *k* Bürohaus-ND-Dampfheizung, *l* Warmwasserbereitung, *m* Warmwasserheizung, *n* Füllschacht, *o* Hängeschiene, *p* Dampfverteiler, *q* Wasserverteiler.

VI. Sonderbauarten der Dampf- und Wasserheizung

Geht man vom offenen Heizsystem ab, so lassen sich durch Änderung des Druckes in der Anlage höhere, bei Dampf evtl. auch niedrigere Heizflächentemperaturen erzielen. Von der geschlossenen Bauweise wird vorwiegend in gewerblich genutzten Bauten Gebrauch gemacht.

A. Hochdruckdampfheizung

Hochdruckdampf findet zur Fortleitung der Wärme über größere Strecken häufig Anwendung, nur ausnahmsweise jedoch unmittelbar zur Raumheizung. Der Hauptmangel von Hochdruckdampfheizungen ist die vom hygienischen Standpunkt aus für Aufenthalts- und Arbeitsräume unerwünscht hohe Oberflächentemperatur der Heizflächen; sie liegt bei einem Dampfdruck von 1,5 bis 3 at zwischen 110 und 130°C. Aber auch wirtschaftlich weist diese Heizungsart erhebliche Mängel auf, da sich die Leistung der Heizkörper weder zentral noch örtlich einwandfrei regeln läßt.

Soll im Heizkörper ein höherer als Atmosphärendruck herrschen und zugleich verhindert werden, daß Dampf in die Kondensatleitung übertritt, so muß hinter jedem Heizkörper bzw. hinter einer Gruppe von Heizkörpern ein selbsttätig arbeitender Kondensatableiter in Gestalt eines Dampfstauers oder eines Kondenstopfes angeordnet werden. Der Heizkörper ist also im Betrieb stets voll mit Dampf gefüllt. Beim Abstellen muß zur Vermeidung eines Vakuums Luft einströmen können, beim Anstellen soll die Luft entweichen. Thermisch arbeitende Kondensatableiter ermöglichen dies bei Anschluß an eine offene Kondensatleitung. Bei Verwendung von Kondenstöpfen müssen selbsttätige Be- und Entlüfter vorgesehen werden.

Die Anpassung der Leistung an den mit der Witterung veränderlichen Wärmebedarf kann nur durch stoßweisen Heizbetrieb erfolgen, sofern nicht in allen Räumen mehrere Heizkörper aufgestellt sind, so daß jeweils ein entsprechender Anteil der Heizfläche ganz abgeschaltet werden kann. Als Heizkörperventile werden einfache Absperrventile, als Heizflächen vorwiegend Rohrschlangen und Rohrheizkörper verwendet. Bei voller Leistung des Heizkörpers läuft das Kondensat mit einer dem Dampfdruck entsprechenden hohen Temperatur aus dem Heizkörper ab und dampft daher in der Kondensatleitung aus. Dies führt zu nicht unerheblichen Wärmeverlusten, die in der Praxis durch mangelhaftes Arbeiten der Kondensatableiter oft noch erhöht werden. Es ist nach dem Vorgesagten verständlich, daß die in älteren Industriebetrieben eingebauten Hochdruckdampfheizungen mit der Zeit weitgehend durch ND-Dampf- oder Heißwasserheizungen ersetzt worden sind. Eine gewisse Bedeutung hat die Hochdruckdampfheizung noch bei der Wärmeversorgung von Luftheizgeräten in gewerblichen Räumen. Die Zahl der Verbrauchstellen ist hier so gering, daß eine einwandfreie Überwachung möglich ist. Auch kann in solchen Fällen durch Anordnung einer Wasserblase vor dem Kondensatableiter eine ausreichende Abkühlung des Kondensates vor dem Ausstoßen in die Kondensatleitung erreicht werden. Hochdruckdampfheizungen sollten möglichst mit oberer Verteilung ausgeführt werden. Auf einwandfreie Entwässerung der Leitungen ist besonders zu achten.

B. Unterdruckdampfheizung

Als Unterdruckdampfheizung (Vakuumheizung) bezeichnet man eine Dampfheizung, bei der die gesamte Anlage oder auch nur Teile des Rohrnetzes unter einem Druck stehen, der niedriger als der Atmosphärendruck ist. Die bei der Inbetriebnahme in dem System befindliche oder später durch Undichtheiten von außen eindringende Luft wird durch eine mit der Kondensatsammelleitung in Verbindung stehende Luftpumpe abgesaugt und ins Freie gedrückt. Meist ist die Luftpumpe mit einer Kondensatförderpumpe kombiniert, da es selten möglich ist, das geschlossene Kondensatsammelgefäß so hoch über dem Kesselwasserstand anzuordnen, daß das Kondensat dem Kessel unmittelbar zufließen kann.

In der *Rohrführung* unterscheidet sich die Unterdruckheizung nicht von der üblichen ND-Dampfheizung, s. Abb. 4.185. Sie läßt sich sowohl mit unterer als auch mit oberer Verteilung ausführen, wobei jedoch alle Kondensatleitungen mit Gefälle zum Sammelgefäß verlegt werden müssen. Heizkörper und Entwässerungsstellen erhalten beim Anschluß an die Kondensatleitung Dampfstauer. Die Heizkörper sind daher im normalen Betrieb stets mit Dampf gefüllt. Vorhandene oder eindringende Luft ist schwerer als Dampf und sammelt sich unten im Heizkörper; sie wird mit dem Kondensat zusammen abgeleitet.

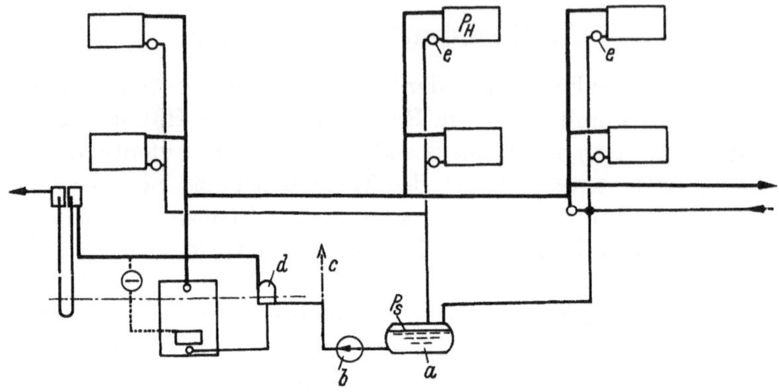

Abb. 4.185. Unterdruckdampfheizung.
a Kondensatsammelgefäß, *b* Naßluftpumpe, *c* Entlüftung, *d* Wasserstandsregler, *e* Stauer.

Im übrigen ist die *Arbeitsweise* der Unterdruckanlage die gleiche wie die der üblichen ND-Dampfheizung. Zwischen Kessel und Kondensatsammelleitung stellt sich eine durch die Ausdehnung des Rohrnetzes und seine Dimensionierung gegebene Druckdifferenz ein, die sich mit der Belastung und dem absoluten Dampfdruck im System ändert.

Den Zusammenhang zwischen Druck und Sättigungstemperatur des Dampfes, die etwa der Temperatur der Heizfläche entspricht, zeigt Tab. 4.11:

Tabelle 4.11. *Dampfdrücke und zugeordnete Sättigungstemperaturen*

Druck	at	0,1	0,2	0,3	0,4	0,5	0,6	0,7	0,8	0,9	1,0
Temp.	°C	45	60	69	75	81	85	89	93	96	99

Für das Verständnis der Betriebsweise der Unterdruckheizung ist es notwendig, sich stets zu vergegenwärtigen, daß das Dampfvakuum nicht durch die Luftpumpe (fälschlich Vakuumpumpe genannt) erzeugt wird, sondern nur durch die Kondensationswirkung der Heizflächen im Zusammenwirken mit einer geregelten, also begrenzten Dampfzufuhr zum Heizkörper.

Tabelle 4.12. *Zahlenangaben zu Grenzfällen des Vakuumbetriebes*

Betriebs-zustand	Temperatur der Heizfläche	Temperatur-unterschied gegen den Raum	Wärme-leistung	Dampf		
				Druck	Kondensations-wärme	Stündlicher Durchsatz
–	°C	grd	kcal/h	at	kcal/kg	kg/h
I	95	75	1490	0,862	542,1	2,75
II	65	45	750	0,255	560,2	1,34

Einige zur Beurteilung des Verfahrens wichtige Zahlenwerte für zwei Grenzfälle des Vakuumbetriebes, nämlich eine Dampftemperatur von 95 und 65 °C, sind in Tab. 4.12 enthalten. Die Leistungsangaben gelten für einen Heizkörper mit 10 Gliedern 500/160.

Die Tabelle zeigt, daß der gewählte Heizkörper eine stündliche Dampfmenge von 2,75 kg bei 95 °C Dampftemperatur braucht, dagegen nur 1,34 kg Dampf, wenn er mit 65 °C arbeiten soll.

Würden ihm im zweiten Fall mehr als 1,34 kg/h zugeführt werden, so könnten die Heizflächen den einströmenden Dampf nicht verarbeiten, der Dampfdruck würde steigen und damit auch die Temperatur, und zwar so lange, bis nun bei der höheren Heizflächentemperatur die vermehrte Dampfmenge kondensiert. Die Einhaltung eines bestimmten Vakuums ist also in erster Linie von der richtigen Begrenzung der Dampfzufuhr abhängig.

Regelung. Die Kesselleistung ist dementsprechend so einzustellen, daß nicht mehr Dampf erzeugt wird, als die Heizflächen zu kondensieren vermögen. Man kann dabei die Verbrennung in üblicher Weise vom Kesseldruck regeln, wobei dieser nur um den geringen Betrag des Druckabfalles in der Dampfleitung bis zum Heizkörper höher sein darf als das geforderte Vakuum. Häufig betreibt man auch den Kessel in einem bestimmten Außentemperaturbereich mit konstantem Druck und paßt durch ein Druckminderventil zwischen Kessel und Rohrnetz den Dampfdurchsatz der Heizkörper dem Bedarf an. In jedem Fall muß der Druck in der Kondensatsammelleitung stets um ein bestimmtes Maß niedriger gehalten werden als in der Dampfleitung.

Durch die einheitliche Änderung des Dampfdruckes im Rohrnetz bzw. in den Heizkörpern wird die Unterdruckheizung in ähnlicher Weise zentral regelbar wie die Warmwasserheizung. Während bei schwacher Belastung niedrige Kesseldrücke erforderlich sind, steigert man bei hoher Belastung den Kesseldruck auf Atmosphärendruck, oft sogar darüber.

Ein Standrohr ist behördlicherseits auch bei der Unterdruckheizung vorgeschrieben, denn es kann auch hier durch Betriebsstörungen vorübergehend Überdruck in der Anlage entstehen, der aber mit 0,5 atü automatisch und unbedingt verläßlich begrenzt sein muß. Das Standrohr muß bei der Unterdruckheizung besonders ausgebildet sein, damit nicht im normalen Betrieb durch dasselbe Luft in den Kessel eingesaugt werden kann.

Anwendung. Mit der Warmwasserheizung hat die Vakuumheizung nicht nur die generelle Regelbarkeit gemeinsam, sondern auch die niedrigen Oberflächentemperaturen. Weitere Vorteile sind die geringe Trägheit und der für den Heizkraftbetrieb erwünschte niedrige Heizdampfdruck. Einer stärkeren Verbreitung der Vakuumheizung steht entgegen, daß sie an das technische Können und die Zuverlässigkeit der ausführenden Firma sowie des Betriebspersonals recht hohe Anforderungen stellt. Die Anlage ist im praktischen Betrieb nur schwer dicht zu halten, zumal das Auffinden undichter Stellen weit schwieriger ist als bei innerem Überdruck. Die Verwendung von besonderen Armaturen, Regeleinrichtungen und Vakuumpumpen bedingt eine erhebliche Verteuerung der Anlage. Da niedrigere Dampfdrücke als 0,25 at erfahrungsgemäß nicht dauernd gehalten werden können, liegt die untere Grenze der Heizflächentemperatur bei 65 °C. Bei der Warmwasserheizung üblicher Auslegung (90/70 °C) liegt jedoch im größten Teil eines Heizwinters die Heizkörpertemperatur noch wesentlich niedriger.

Vielfach werden als Vakuumheizungen — nach dem Sprachgebrauch in den USA — auch ND-Dampfheizungen bezeichnet, bei denen nur in der Kondensatleitung ein gewisser Unterdruck aufrechterhalten wird. Man baut am Ende der Kondensatsammelleitung eine Naßluftpumpe ein, welche die Luft aus dem Heizsystem abzieht. Dadurch wird eine gleichmäßige Füllung der Heizkörper und ein rasches Anwärmen der Gesamtanlage auch bei Fehlern in Berechnung und Ausführung der Anlage gewährleistet. Das Kriterium der oben geschilderten Unterdruckheizung, nämlich die Absenkung des Druckes im Heizkörper zwecks Minderung der Leistung und Oberflächentemperatur, fehlt aber bei diesem Heizsystem. Gegenüber einer richtig dimensionierten und ausgeführten ND-Dampfheizung weist es daher keine nennenswerten Vorteile auf. Man sollte derartige Anlagen auch begrifflich von der echten Unterdruckheizung unterscheiden und sie ihrem Aufbau entsprechend als ND-Dampfheizung mit Naßluftpumpe bezeichnen.

C. Heißwasserheizung

Heißwasserheizungen sind Wasserheizungen geschlossener Bauart, bei denen durch Sondereinrichtungen das gesamte System unter Überdruck gehalten wird, so daß an allen Stellen des Systems auch Heizmitteltemperaturen möglich sind, die über der dem Atmosphärendruck entsprechenden Verdampfungstemperatur liegen.

Sollen keine höheren *Wassertemperaturen* als *110* °C erzielt werden, so kann die Druckhaltung beispielsweise dadurch gewährleistet werden, daß das Ausdehnungsgefäß einer Wasserheizung verschlossen und mit einem Standrohr nach DIN 4750 versehen wird, s. Abb. 6.33. Die Heizanlage gleicht in diesem Fall einer normalen Warmwasserheizung; es finden auch die gleichen Bauteile Verwendung. Dabei ist es gleichgültig, ob als Wärmeerzeuger ein Kessel oder ein Wärmeaustauscher vorhanden ist. Es lassen sich bei diesem System auch in einfacher Weise zwei Heiznetze mit verschiedenen Vorlauftemperaturen anschließen, beispielsweise ein Netz, das stets mit höchster Wassertemperatur betrieben wird, und ein Netz, bei dem die Vorlauftemperatur je nach der Außentemperatur abgesenkt werden kann.

Wasserheizungen mit Vorlauftemperaturen von 110 bis 130 °C werden vor allem verwendet, wenn die Gestehungskosten einer Gebäudeheizung möglichst niedrig gehalten werden sollen. Die höheren Heizwassertemperaturen ermöglichen kleinere Heizflächen, bei der Wahl größerer Temperaturdifferenzen zwischen Vorlauf und Rücklauf auch kleinere Rohrdurchmesser. Die Vorteile der zentralen Regelfähigkeit lassen sich dabei voll wahrnehmen. Allerdings liegen die Oberflächentemperaturen der Heizflächen höher als bei den üblichen offenen Warmwasserheizungen, an mittleren Wintertagen aber durchaus noch in einem hygienisch vertretbaren Bereich.

In der Regel bezeichnet man als Heißwasserheizungen im heiztechnischen Sprachgebrauch jedoch *Anlagen mit wesentlich höheren Vorlauftemperaturen.* Sie finden Verwendung zur Verteilung der Wärme über ein größeres Gelände und zur Beheizung gewerblicher oder industrieller Apparate, seltener zur unmittelbaren Raumerwärmung. In diesen Fällen sind druckfeste Heizkörperbauarten, s. Abb. 4.34 bis 4.36, erforderlich.

Auch die übrigen Anlageteile müssen den höheren Druck- und Temperaturbeanspruchungen gewachsen sein. Sie unterliegen in ähnlicher Weise wie Hochdruckdampfheizungen besonderen behördlichen Vorschriften, die sich sowohl auf die Ausführung als auch auf den Betrieb und seine Überwachung beziehen.

Meistens wird jedoch bei Raumheizungen die von der Heißwasseranlage gelieferte Wärme an einen weiteren Wärmeträger, z. B. Luft, ND-Dampf oder Warmwasser, zur örtlichen Verteilung übertragen. Es handelt sich dabei also um Probleme der Wärmefortleitung, die im sechsten Abschnitt behandelt werden.

VII. Luftheizung

A. Allgemeines

Nach der Art der Lufterwärmung unterscheidet man Feuerluftheizungen und Dampf- bzw. Wasser-Luftheizungen. Im ersten Fall wird die Luft unmittelbar an den Heizflächen einer Feuerstelle, des Luftheizofens, erwärmt, im zweiten Fall mittelbar in dampf- oder wasserbeheizten Geräten. Wird die Bewegung der Luft allein durch ihren natürlichen Auftrieb bewirkt, so spricht man von Auftrieb- oder Schwerkraftluftheizung; sie findet praktisch nur Anwendung bei direkter Lufterwärmung. Ein unter allen Umständen gesicherter Betrieb ist nur bei mechanischer Luftförderung, also durch Einbau eines Ventilators, zu erreichen.

Nach dem Heizverfahren teilt man die Luftheizungen ein in Frischluft-, Umluft- und Mischluftanlagen. „Frischluftheizungen" arbeiten nur mit Außenluft. Die den geheizten Raum verlassende Luft wird ins Freie abgeleitet. Bei „Umluftheizungen" wird stets die gleiche Luftmenge in der Anlage umgewälzt, eine Lufterneuerung findet nicht statt. Die „Mischluftheizung" ist eine Verbindung der Frisch- und Umluftheizung; bei ihr wird ein Teil der Abluft nach Erwärmung wieder in die Räume zurückgeführt (Rückluft), der nach außen entweichende Teil wird durch Frischluft ersetzt.

Reine Frischluftanlagen arbeiten heiztechnisch sehr unwirtschaftlich. Sie kommen nur in Frage bei gleichzeitig hohen Anforderungen an die Raumlüftung oder sehr kurzer Betriebsdauer der Heizung.

Wird beispielsweise die Warmluft auf +40°C erwärmt und verläßt sie das Haus über die Abluftschächte mit +20°C, so nimmt sie bei einer Außentemperatur von +4°C von der im Heizofen aufgenommenen Wärme einen Anteil ungenutzt mit ins Freie, der durch die drei genannten Temperaturen festgelegt ist.

Gesamte Lufterwärmung . . . . $40 - 4 = 36$ grd,
Ablufterwärmung . . . . $20 - 4 = 16$ grd,
Verlustwärmeanteil . . . . $\frac{16}{36} \cdot 100 = 44{,}4\%$.

Der Nutzungsfaktor der Lufterwärmung beträgt daher nur 0,556. Gegenüber dem Heizbetrieb ohne Lufterneuerung wächst der Brennstoffverbrauch dadurch auf das $\frac{1}{0{,}556} = 1{,}8$fache an.

Der Nutzungsfaktor wird günstiger, wenn die Zulufttemperatur heraufgesetzt wird; er nimmt ab mit sinkender Außentemperatur, s. Abb. 4.186. Einer Erhöhung der Zulufttemperatur sind Grenzen gesetzt durch die Forderungen der Hygiene; der Bereich der Außentemperaturen andererseits ist durch das örtliche Klima gegeben. Man wird sonach in Gegenden mit relativ milder Winterwitterung eher den reinen Frischluftbetrieb in Kauf nehmen können als bei anhaltend niedrigen Außentemperaturen. Auch darf nicht übersehen werden, daß die geforderte Heizleistung abhängig ist vom Kehrwert des Nutzungsfaktors bei niedrigster Außentemperatur, also ebenfalls an Orten mit sehr kalten Wintertagen unverhältnismäßig groß wird.

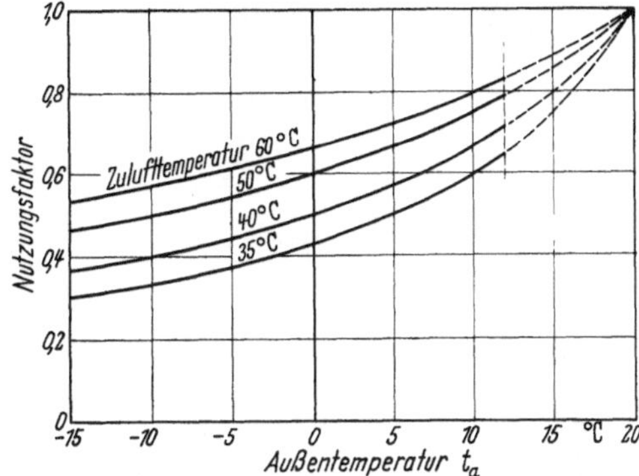

Abb. 4.186. Nutzungsfaktor bei Frischluftheizung.

Bei Umluftheizungen entfällt der zusätzliche Wärmeverlust durch die Abluft; der Nutzungsfaktor ist 1.

In den meisten Fällen wird man jedoch auch bei Luftheizungen mit Umluftbetrieb aus hygienischen Gründen die Möglichkeit vorsehen, einen Anteil der Zuluft aus dem Freien zu entnehmen. Es empfiehlt sich, Mischluftheizungen so auszulegen, daß das Verhältnis Außenluft/Umluft geregelt werden kann. Mit sinkender Außentemperatur wird man in der Praxis dann den Außenluftanteil zur Brennstoffeinsparung einschränken; beim Anheizen kann man ihn Null werden lassen, d. h. im reinen Umluftbetrieb fahren. Bei Luftheizungen weisen stets die oberen Raumteile höhere Temperaturen auf als die unteren. Das führt leicht zu überhöhtem Brennstoffverbrauch bzw. Fußkälte im untersten Geschoß.

B. Feuerluftheizung

1. Luftheizöfen

Als Heizofen kann jeder beliebige Ofen verwendet werden. In der Form des Mehrzimmerkachelofens ist er bereits im dritten Abschnitt behandelt worden. Meist werden jedoch größere Heizleistungen verlangt, für die Spezialöfen entwickelt worden sind. Es handelt sich entweder um gußeiserne Öfen mit Füllfeuerung für Koks, die in einer besonderen gemauerten Heizkammer aufgestellt und von der zu erwärmenden Luft umströmt werden, oder um gas- bzw. ölgefeuerte Öfen mit reichlicher äußerer Rippenheizfläche und angebauten Warmluftkammern. Zumeist ist ein Ventilator zur Luftförderung vorhanden.

Öfen der erstgenannten Art findet man vorwiegend bei Luftheizungen in Einfamilienhäusern und in älteren Kirchen. Sie sollten folgenden Forderungen genügen: Gedrängte Bauart, nicht zu hohe und möglichst gleichmäßig verteilte Oberflächentemperaturen, gutes Umspülen der Heizflächen, Dehnungsfähigkeit aller Teile, geringe Fugenzahl, Zugänglichkeit der Züge auf der Luft- und Rauchgasseite zwecks Reinigung von Staub bzw. von Ruß und Flugasche, Dauerbrand und selbsttätige Verbrennungsregelung. Auch ist darauf zu achten, daß ein Übertreten von Rauchgasen in die Warmluftkammern nicht möglich ist. Die Gefahr ist bei Undichtheiten an Schwerkraftluftheizungen gegeben, wenn der Kaminzug und damit der Unterdruck in den Feuerzügen relativ klein ist. Man soll daher den Abbrand derartiger Luftheizöfen durch Drosselung der Luftzufuhr zum Rost und nicht etwa durch Nebenlufteinführung in den Kamin regeln.

2. Luftheizanlagen in Wohnbauten

Schwerkraftluftheizungen erfordern zum einwandfreien Betrieb einen genügenden Höhenabstand zwischen dem Heizofen und den zu beheizenden Räumen. Bei *Wohnhäusern* wird der Ofen meist im Keller aufgestellt, und zwar so, daß die Heizkanäle möglichst kurz werden. Jeder zu erwärmende Raum erhält ein eigenes, vom Kessel aus getrennt geführtes Zuluftrohr, dessen Luftlieferung durch eine Drosselklappe geändert werden kann. Die Rohre sind aus Stahlblech, schwarz oder verzinkt, gefertigt. In den senkrechten Strecken werden an Stelle von Blechrohren zuweilen auch gemauerte Kanäle verwendet. Die im Keller verlegten Luftleitungen sind gut zu isolieren. Auf strömungsgerechte Führung des Leitungsnetzes ist zu achten, wobei alle waagerechten Rohre mit Steigung angeordnet werden sollen und Umlenkwiderstände tunlichst klein zu halten sind. Eine Reinigung der Leitungen und Kanäle muß möglich sein. Die Lufteintritts- und zumeist auch die Luftaustrittsöffnungen werden im unteren Raumteil angeordnet und mit Gittern sowie jalousieähnlichen Schließklappen versehen. Die Umluft wird entweder über Flure und Treppenhäuser oder besondere Kanäle zum Heizofen zurückgeleitet. Die Abluft geht über getrennte Schächte unmittelbar ins Freie. Ein im Keller verlegter Außenluftkanal, der mit Schieber oder Drosselklappe abschließbar ist, führt die Außenluft zu.

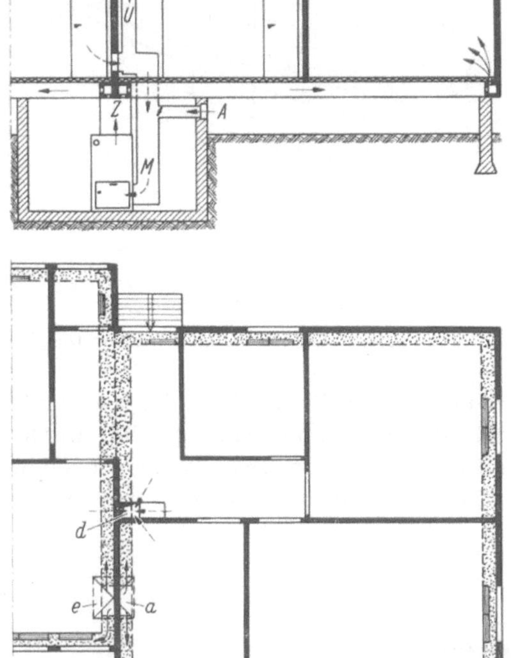

Abb. 4.187. Perimeter-Luftheizung. *a* Zuluftschacht, *b* Zuluftgitter, *c* Ringkanal, *d* Umluftschacht, *e* Luftheizgerät; *A* Außenluft, *M* Mischluft, *U* Umluft, *Z* Zuluft.

Schwerkraftluftheizungen sind in ihrer Wirkung sehr von den Windverhältnissen abhängig. Nur bei dichter Bauweise (Fenster) und aufmerksamer Bedienung ist eine befriedigende und dem Bedarf entsprechende Raumerwärmung zu erzielen. Auch macht sich der allen Luftheizungen eigene vertikale Temperaturgradient oft unangenehm bemerkbar, s. Abb. 3.01. Weitere *Nachteile* gegenüber Warmwasserheizungen sind: der höhere Brennstoffverbrauch, die Staubverschleppung sowie die Schall- und Geruchsübertragung durch die Luftkanäle. Als *Vorteile* sind zu werten: die kurze Anheizzeit, die leichte örtliche Regelung, der Wegfall aller Heizflächen im Raum und jeder Einfriergefahr sowie die geringen Anlagekosten.

Die ungünstige Temperaturverteilung in der Vertikalen wird weitgehend vermieden, wenn durch Ventilatorbetrieb die Luftleistungen erhöht und die Zuluftöffnungen an die Außenwände gelegt werden können. Dazu sind Luftverteilungsnetze im Keller oder — bei nicht unterkellerten eingeschossigen Häusern — im Fußboden erforderlich. Im zweiten Fall werden die Luftkanäle an der Oberseite schwächer isoliert, um den Fußboden mit zu erwärmen. Die Anordnung der Luftauslässe unterhalb der Fenster mindert den Abstrahlungseffekt der Glasflächen. Abb. 4.187 zeigt Grund- und Aufriß eines Bungalows mit einer solchen Luftheizung. Der Ofen ist im Kern des Hauses aufgestellt. Rund um die Außenwände zieht sich ein Warmluftverteilungskanal, der über zwei Stichleitungen mit dem Warmluftaustritt des Ofens verbunden ist. Werden die Luftauslässe, wie hier, im Fußboden angeordnet, so sind sie möglichst dicht an die Außenwand heranzurücken, einmal um die Verschmutzung der Zuluftkanäle beim etwaigen Betreten der Gitter möglichst gering zu halten, zum anderen um die an den Außenwänden und Fenstern herabfallende Kaltluft abzufangen. Abnehmbare Zuluftgitter erleichtern die Reinigung der benachbarten Kanalstücke.

Rückluftöffnungen an den Decken der Räume führen die Luft über einen Sammelschacht dem Heizofen wieder zu, soweit sie nicht über geöffnete Fensterflügel oder Abluftschächte entweicht. Beim Wohnhaus werden Toiletten, Bäder und Küchen im allgemeinen nicht an die Rückluft angeschlossen. Der abziehende Teil der Raumluft (Fortluft) wird durch Außenluft ersetzt, die sich vor dem Lufterhitzer mit der Rückluft mischt. Bei abgeschaltetem Lufterhitzer (Sommerbetrieb) kann die Anlage auch ausschließlich zur Lüftung benutzt werden, wobei die Rückluftverbindungen geschlossen bleiben.

Die Öfen sind bei derartigen Hausheizungen heute zumeist mit Öl- oder Gasfeuerungen und automatischer Temperaturregelung ausgerüstet. Ein Temperaturfühler im Hauptraum schaltet die Anlage nach Bedarf ein oder aus.

Die Luftleistung des Ventilators wird so groß bemessen, daß Lufteintrittstemperaturen über 45 bis 50 °C nicht auftreten.

3. Luftheizanlagen in Werkstätten und Großräumen

Ein weiteres Anwendungsgebiet der Feuerluftheizung mit Ventilatorbetrieb sind Werkstätten und größere Räume, die nicht ständig benutzt werden. Als wesentliche Vorteile der Luftheizung kommen dabei zum Tragen: kurze Anheizzeit, Vergleichmäßigung der Raumtemperaturen durch die Luftumwälzung, keine Einfriergefahr bei längeren Betriebspausen im Winter. Da bei solchen Räumen nicht die für den Daueraufenthalt gültigen Behaglichkeitsanforderungen erfüllt werden müssen, können die auftretenden örtlichen Unterschiede in der Temperatur und Bewegungsstärke der Raumluft hingenommen werden.

In einfachen Fällen, insbesondere wenn der Geräuschpegel der Geräte nicht stört, können die Öfen in den zu erwärmenden Räumen selbst aufgestellt werden. Vor allem ölgefeuerte Heizöfen dieser Art werden in Werkstätten und Lagerräumen heute häufig verwendet, s. Abb. 4.188.

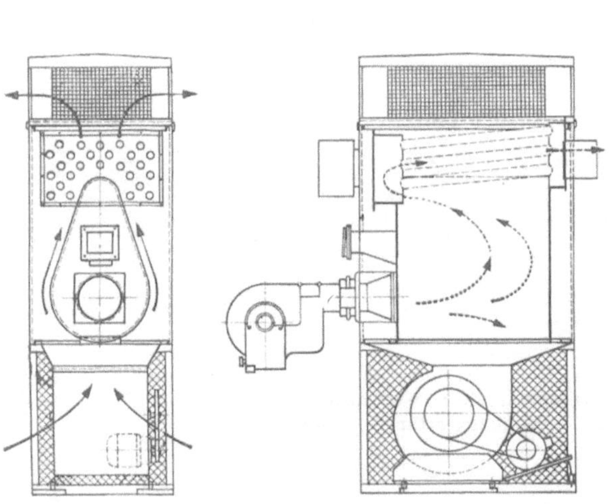

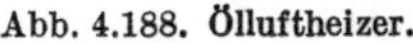

Abb. 4.188. Öllufttheizer.

Abb. 4.189. Gaslufttheizer.

Gasgefeuerte Luftheizer werden als Einzelgeräte vorwiegend in einer für Außenwandanordnung geeigneten Bauform verwendet, s. Abb. 4.189. Sie sind in üblicher Weise über Zugunterbrecher an einen Abgasschornstein anzuschließen und mit den erforderlichen Sicherheitseinrichtungen auszurüsten[1]. Die Brennerleistung wird zumeist auf viele kleine Brennstellen aufgeteilt, über denen die in Röhrenform ausgebildeten Wärmeaustauscher angeordnet sind. Empfehlenswert

[1] MAYER, I.: Großraumheizung mit Gas. Gesundh.-Ing. 72 (1951) 105/109.

ist die Kopplung des Lüftermotors mit einem Gasabsperrorgan, damit die Inbetriebnahme des Brenners bei stillstehendem Lüfter verhindert wird. Die Heizleistung wird durch jeweiliges Ein- und Ausschalten einzelner Geräte geregelt, evtl. selbsttätig. Soll das Gerät gleichzeitig zur Lüftung herangezogen werden, so ist darauf zu achten, daß bei niedrigen Außentemperaturen nur ein Teil der umgewälzten Luft von außen entnommen wird, um Taupunktunterschreitungen auf der Gasseite des Wärmeaustauschers möglichst zu vermeiden. Das gilt vor allem für Heizregister aus korrosionsanfälligen Materialien, wie sie bei zentralen Gasluftheizungen Verwendung finden. Man darf aus diesem Grund auch die Warmluftaustrittstemperatur bei Gaslufterhitzern nicht zu weit absenken. Man führt vielmehr bei schwacher Belastung einen Teil der zu erwärmenden Luft am Wärmeaustauscher vorbei und erzielt durch Mischung der warmen und kalten Teilströme erst die geforderte niedrigere Zulufttemperatur der Anlage. Besser noch ist bei größeren Anlagen eine Unterteilung der Heizleistung auf mehrere parallelgeschaltete Gasheizer, die gesondert in Betrieb genommen werden können und daher einzeln stets mit hoher Leistung fahren.

Will man auch bei größeren Räumen mit *einem* Heizofen auskommen, so ist ein Warmluftverteilungssystem zu verlegen, s. Abb. 4.190. Diese Ausführung ermöglicht eine gesonderte Aufstellung des Ofens außerhalb des zu beheizenden Raumes und zugleich durch Außenluftanschluß eine geregelte gleichmäßige Lufterneuerung.

Gut bewährt haben sich Feuerluftheizungen für die *Beheizung von Kirchen.* Bei Dauerheizung (katholische Kirchen) kommt man evtl. mit Schwerkraftbetrieb aus, für kurzzeitige Benutzung (evangelische Kirchen) ist stets der Einbau eines Lüfters notwendig. Die im Fußboden verlegten Luftkanäle sind gut zu isolieren. Die Luftein- bzw. -auslässe sollten an begehbaren Stellen nicht waagerecht angeordnet werden, um die grobe Verschmutzung der meist schlecht zu reinigenden Kanäle zu unterbinden. Empfehlenswert ist deren Anbringung unterhalb der Fenster; die Belästigung der benachbarten Sitze durch Kaltluftströme wird dadurch wesentlich gemildert. Bei Ventilatorbetrieb kommt auch das Einblasen der Warmluft in halber Höhe, z. B. unter Emporen, in Frage, wobei größere Luftgeschwindigkeiten möglich sind (s. auch Strahllüftung S. 363).

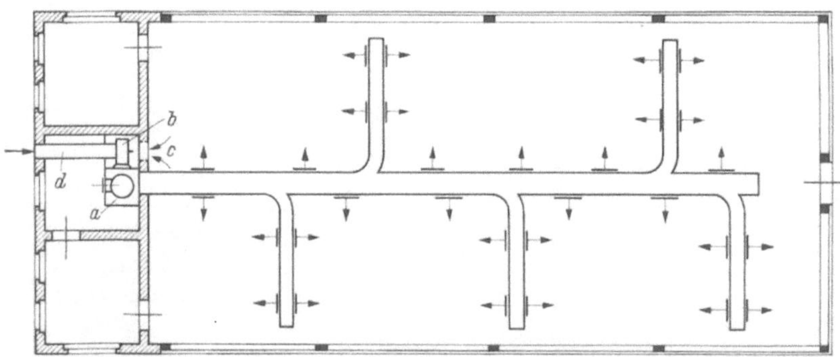

Abb. 4.190. Luftheizung in einem Werkraum.
a Luftheizofen in Kammer, *b* Ventilator, *c* Umluft, *d* Außenluft.

C. Dampf- und Wasser-Luftheizung

Die Fortleitung der Wärme mittels Luft erfordert große Leitungsquerschnitte; sie ist aus wirtschaftlichen und technischen Gründen nur über kurze Strecken zweckmäßig. Für die Beheizung großer Räume oder vieler Zimmer eines Gebäudes mittels Luft schaltet man als Zwischenwärmeträger daher häufig Dampf oder Wasser ein[1]. Da man dann bei der Lufterwärmung nicht mehr auf die örtliche Feuerstelle mit Rauchgasabführung angewiesen ist, kann der Lufterhitzer an

[1] Sprenger, E.: Neuzeitliche Luftheizung. Gesundh.-Ing. 70 (1949) 3/8. — Mayer, I.: Luftheiz- und Lüftungsgeräte. Gesundh.-Ing. 74 (1953) 293/299.

beliebiger Stelle angeordnet werden. Auch läßt sich die Leistung erforderlichenfalls auf mehrere Einzelgeräte aufteilen, die in Verbrauchsnähe aufgestellt und getrennt in Betrieb genommen werden können. Weitere Vorteile der mittelbaren Luftheizung sind die niedrige und einheitliche Temperatur der Heizflächen und die einfache Regelung der Wärmeleistung.

1. Lufterhitzer

Die Lufterwärmung übernehmen bei zentralen Luftheizungen Register aus rippen- oder lamellenbesetzten Heizrohren, wie sie auch bei Lüftungs- und Klimaanlagen Verwendung finden, s. Abb. 7.20, S. 346. Das Heizmittel strömt durch die Rohre, die Luft quer zu den Rohren. Durch Hintereinanderschalten mehrerer Rohrreihen läßt sich die Heizleistung entsprechend steigern, wobei durch gesonderten Anschluß einzelner Register die Leistung der Lufterhitzer stufenweise eingeschaltet werden kann. Derartige Lufterhitzer beanspruchen selbst bei großen Heizleistungen nur relativ geringen Raum.

Bei Anschluß an ein Wassernetz besteht die Möglichkeit, die Leistung durch die Vorlauftemperatur in einfacher Weise zentral zu regeln. Auf die Gefahr von Einfrierschäden ist allerdings zu achten. Häufig wird daher der Schalter bzw. Anlasser des Lüftermotors mit dem Heizwasserabsperrventil so verriegelt, daß der Lüfter nur bei geöffnetem Ventil und laufenden Umwälzpumpen in Betrieb gesetzt werden kann. Bei Dampfbeheizung ist die Gefahr des Einfrierens geringer, jedoch die Leistungsregelung entsprechend den Ausführungen unter Teilabschnitt IV, A erschwert.

Eine Verschmutzung der Lufterhitzerelemente führt leicht zur Leistungsminderung und zu hygienisch unerwünschten Verhältnissen. Es empfiehlt sich deshalb, vor dem Lufterhitzer ein Staubfilter einzubauen. Lufterhitzer, die in dem zu erwärmenden Raum selbst aufgestellt werden (im folgenden kurz „Luftheizer" genannt), sind in der Regel als fertige Geräte mit eingebautem Lüfter und Motor sowie regelbaren Luftauslässen ausgebildet. Sie werden nach Aufbau und Verwendungsstelle unterteilt in Wand-, Decken-, Schrank- und Truhengeräte. In gewerblichen Räumen wird der *Wandluftheizer* bevorzugt verwendet. Eine in Deutschland weitverbreitete Bauart, bei der das Heizregister schräg in einem kastenförmigen Gehäuse gemeinsam mit einem Fliehkraftlüfter untergebracht ist, zeigt Abb. 4.191.

Die Luft wird bei dieser Anordnung unten seitlich angesaugt und durch vordere und evtl. auch seitliche Auslässe mit Jalousien in den Raum geblasen. Das Gerät wird zumeist in 3 bis 4 m Höhe aufgehängt. Eine bessere Erwärmung der bodennahen Luft wird erreicht, wenn durch einen Ansaugstutzen die Lufteintrittsöffnung möglichst niedrig gelegt wird. Luftheizer dieser Bauart lassen sich bei Anordnung an Außenwänden in einfacher Weise auch für Lüftungszwecke verwenden. Durch eine Maueröffnung kann Außenluft angesaugt werden, deren Anteil am Gesamtluftstrom sich durch eine Drehklappe in der Mischkammer beliebig ändern läßt.

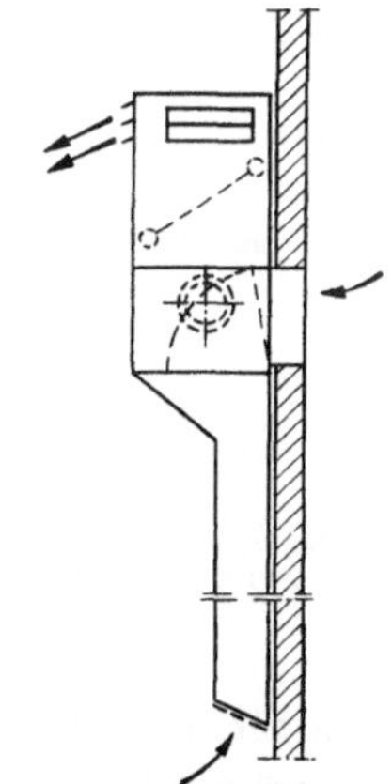
Abb. 4.191. Wandluftheizer mit Ansaugstutzen und Außenluftanschluß.

Wandluftheizer werden mit Einheitsleistungen bis zu 150000 kcal/h gebaut. Sie arbeiten mit hohen Luftaustrittsgeschwindigkeiten und erreichen dadurch Wurfweiten bis zu 25 m nach vorn und bis zu 12 m nach der Seite. Um Zugbelästigungen durch den Luftstrom zu vermeiden, muß im Winter die Zuluft genügend hoch erwärmt werden. Bei Anschluß der Geräte an ein Wassernetz dürfen dabei in der Übergangszeit die Vorlauftemperaturen nicht zu weit abgesenkt werden; Ausblastemperaturen unter 35 °C sind nur zulässig, wenn der Luftstrom nicht auf Arbeitsplätze gerichtet ist.

Deckenluftheizer hängen im Gegensatz zu den Wandgeräten frei in den oberen Zonen eines zu erwärmenden Raumes. Bei großer Höhe bläst man die Warmluft senkrecht nach unten, bei Raumhöhen bis zu 4 m in der Regel schräg. Die Geräte der ersten Art sind mit Schraubenlüftern, die der zweiten Art zumeist mit Fliehkraftlüftern ausgerüstet. Ein als „Rundheizgerät" bezeichneter Luftheizer mit schrägem Ausblas ist in Abb. 4.192 wiedergegeben[1]. Die Raumluft wird hier unten angesaugt. Um den Lüfter sind mehrere Lamellenheizrohre spiralförmig angeordnet. Das Gehäuse ist so ausgebildet, daß die Warmluft in einer schmalen Kegelmantelfläche austritt und durch das Düsenrandstück die gewünschte Richtung erhält.

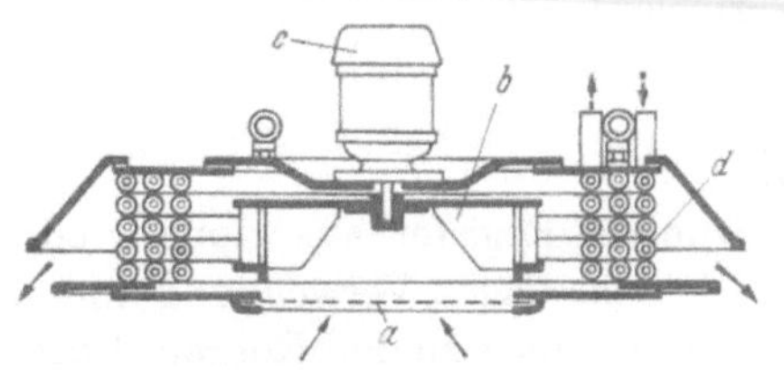

Abb. 4.192. Deckenluftheizer. *a* Luftansaugung, *b* Lüfterrad, *c* Motor, *d* Heizspiralen.

In Anlehnung an die Entwicklung in den USA werden auch in Europa neuerdings zunehmend Luftheizgeräte in Schrank- und in Truhenform für die Beheizung von Büros, Wohn- und kleinen gewerblichen Räumen verwendet, die Schrankform mehr bei Aufstellung an Innenwänden oder in Nachbarräumen, die Truhenform in erster Linie zum Einbau in die Fensterbrüstung, s. Abb. 7.63.

Bei Schrankgeräten mit kräftigem Lüfter sind zuweilen noch Staubfilter eingebaut. Truhengeräte an Außenwänden lassen sich in ähnlicher Weise wie Wandluftheizer gleichzeitig zur Raumlüftung heranziehen. Sie können in Verbindung mit Kühleinrichtungen zur Teilklimatisierung von Einzelräumen verwendet werden.

2. Luftheizanlagen

Zentrale Luftheizungen mit dampf- oder wasserbeheizten Geräten unterscheiden sich im gesamten technischen Aufbau nicht von Lüftungsanlagen; sie werden auch zur Lüftung mit herangezogen. Wegen ihrer Ausführung und Berechnung kann daher auf die betreffenden Abschnitte verwiesen werden, s. S. 340. Die gegenüber Lüftungsanlagen höheren Zulufttemperaturen machen es meist notwendig, Kanäle und Luftleitungen gegen Wärmeverluste zu schützen.

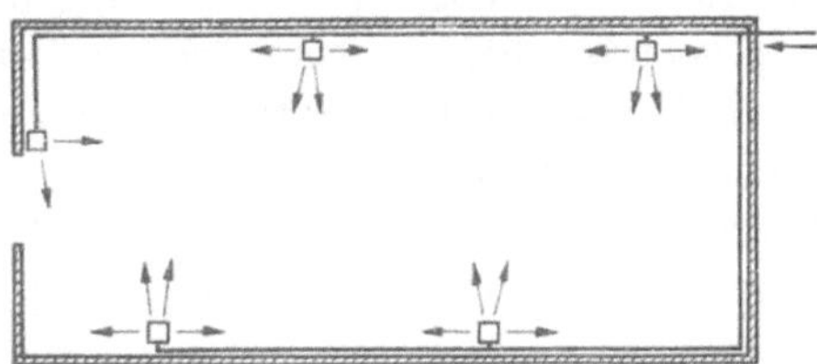
Abb. 4.193. Werkhalle mit Wandluftheizern.

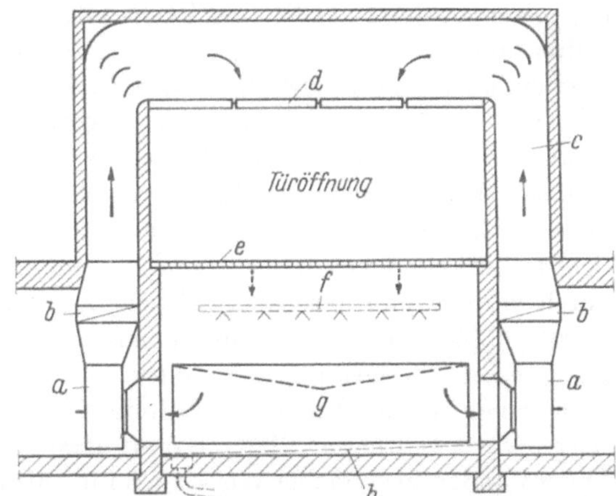

Abb. 4.194. Warmlufttür. *a* Ventilator, *b* Lufterhitzer, *c* Zuluftkanal, *d* Zuluftöffnung, *e* Ansaugrost, *f* Wasserdüsen, *g* Filter, *h* Entwässerung.

Die für gewerbliche Räume aller Art gebräuchlichere Form der indirekten Luftheizung ist die Anordnung von Einzelluftheizern in den zu erwärmenden Räumen. Abb. 4.193 zeigt ein Anwendungsbeispiel von *Wandluftheizern in einer Industriehalle.* Man verteilt die Heizleistung zumeist auf eine größere Zahl von Geräten, die so aufgestellt werden, daß möglichst der gesamte Inhalt des Raumes von der Luftbewegung erfaßt wird. Um Zugerscheinungen an großen Einfahrtstoren auszuschalten, legt man häufig durch seitlich angeordnete Luftheizer, die zuweilen noch einen nach unten verlängerten Ausblasstutzen erhalten, einen *Warmluftschleier vor die Eingänge.*

In zunehmendem Maße macht man von derartigen „*Warmlufttüren*" bei Kaufhäusern mit offenen Eingängen Gebrauch[2]. Das Eindringen kalter Außenluft läßt sich aber nur vermeiden,

[1] Pohl, W.: Neue Bauformen von Luftheizgeräten für Wohnungen und Großräume. Heizg.-Lüftg.-Haustechn. 1 (1950) 107/112.

[2] Zimmermann, W.: Lufttüren- und Schaufensterbeheizung für Geschäfts- und Verkaufshäuser und Werkshallen gegen Kaltlufteintritt. Schweiz. Bl. Heizg. u. Lüftg. 20 (1953) 49/69.

wenn der Eingang von einem kräftigen Warmluftstrom quer durchströmt wird. Die Warmluft wird von oben oder auch von der Seite her zugeführt und zumeist unten abgesaugt, s. Abb. 4.194. Je größer die Türöffnung ist, um so höhere Geschwindigkeiten am Luftauslaß bzw. größere Auslaßtiefen sind notwendig, um den Lufteintritt bei Windanfall oder niedrigen Außentemperaturen genügend klein zu halten und durch gute Vermischung von Außenluft und Warmluft den Abkühlungseffekt für das Personal in Türnähe vermindern zu können. Solche Anlagen erfordern große Ventilator- und Wärmeleistungen. So erhöht sich der Heizwärmebedarf von Kaufhäusern durch sie oft um 70 bis 150%.

Ein weiteres Anwendungsgebiet hat die mittelbare Luftheizung neuerdings in Stockwerkswohnungen mehrgeschossiger Wohnbauten gefunden. Bei dem als „Domothermheizung“ bekannt

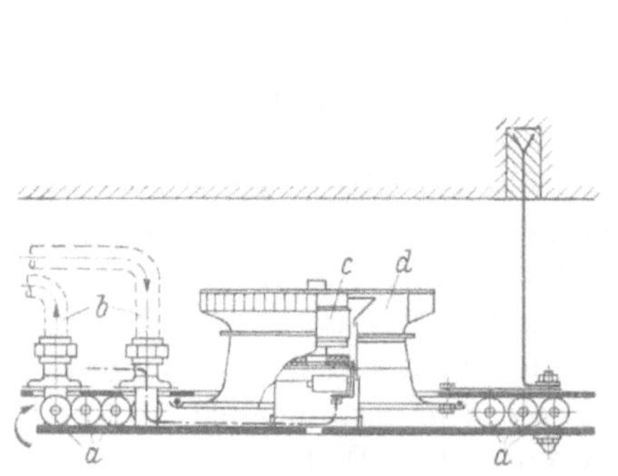

Abb. 4.195. Heizgerät in Doppeldecke eingebaut. *a* Heizspirale (Rippenrohr), *b* Warmwasservor- und -rücklauf, *c* Lüftermotor, *d* Lüfterrad.

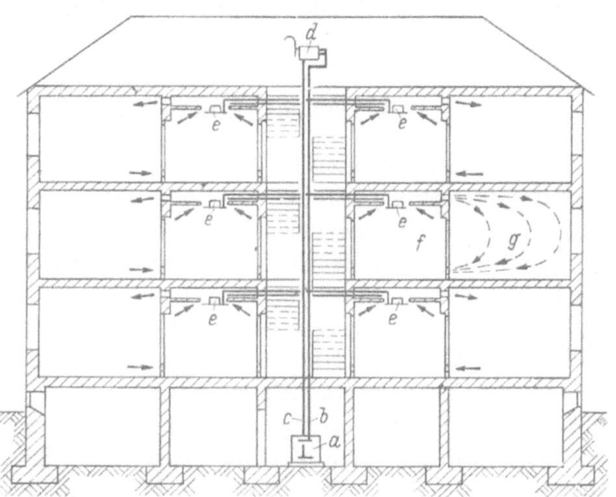

Abb. 4.196. Luftheizung für Geschoßwohnungen, Gesamtschema. *a* Heizkessel, *b* Vorlauf (Steigleitung), *c* Rücklauf (Falleitung), *d* Ausdehnungsgefäß, *e* Domothermheizgeräte, *f* Flur, g Wohnraum.

gewordenen Heizverfahren[1] erhält jede Wohnung ein in eine Zwischendecke im Flur eingebautes zentrales Luftheizgerät, s. Abb. 4.195. Die aus dem Wohnungsflur angesaugte Luft erwärmt sich an Lamellenrohrspiralen und wird von dem Ventilator über regelbare Auslässe den einzelnen Räumen zugeleitet, s. Abb. 4.196. Über Schlitze im unteren Teil der Zimmertüren wird die Luft wieder in den Flur zurückgeführt. Es handelt sich also um eine Umluftheizung, die nach Belieben durch Schließen der Rückluftschlitze und Öffnen der Fenster auch zur Raumlüftung heranzuziehen ist. Die Heizspirale des Gerätes ist über Strangleitungen an einen Warmwasserheizkessel oder eine Fernheizung angeschlossen.

Je nach Bedarf können wahlweise die einzelnen Räume geheizt werden. Da für das Anheizen die gesamte Leistung auf einen Raum geschaltet werden kann, lassen sich auch Räume, die nur kurzzeitig beheizt werden, verhältnismäßig rasch anwärmen. Der stoßweise Heizbetrieb gibt die Möglichkeit, den Wärmeverbrauch gegenüber der Vollheizung weitgehend einzuschränken. Die Umlegung der gesamten Betriebskosten einer Hausanlage auf die einzelnen Wärmeabnehmer erfolgt dabei nach der Gerätebeanspruchung, die mit Hilfe eines elektrischen Laufstundenzählers gemessen wird.

VIII. Gesichtspunkte zur Wahl des Wärmeträgers und der Heizungsart

Bei der Entscheidung, welches Heizsystem und welche Ausführung im Einzelfall zu wählen sind, spielen neben den Gestehungskosten die Anpassungsfähigkeit an die heiztechnischen und betrieblichen Erfordernisse sowie die hygienische Eignung eine ausschlaggebende Rolle. Die

[1] Raiss, W.: Die Domothermheizung. Z. VDI 96 (1954) 1213/1222.

Wertung dieser Eigenschaften einer Heizanlage wird recht verschieden sein, je nach der Art und Benutzung eines Gebäudes. Es sprechen aber auch klimatische Bedingungen, Bauweise und Ausführung des Bauwerks und schließlich ästhetische Gesichtspunkte mit. Bei der Vielfalt dieser Faktoren wird man nicht umhin können, im Einzelfall die Vor- und Nachteile gegeneinander abzuwägen, wobei die Entscheidung auch bei ähnlich gelagerten heiztechnischen Aufgaben durchaus unterschiedlich ausfallen kann. Immerhin ergeben sich aus der Eigenart einzelner Heizsysteme schon gewisse bevorzugte Anwendungsbereiche, auf die in den vorhergehenden Abschnitten z. T. schon hingewiesen wurde, so beispielsweise bei Besprechung der Deckenheizung und der Luftheizung. Nachstehend sollen in kurzer Übersicht diejenigen Punkte herausgestellt werden, die für die Wahl des Wärmeträgers — Dampf, Wasser oder Luft — und die Höhe der Heizmitteltemperatur von Bedeutung sind.

A. Warmwasser- oder Niederdruckdampfheizung?

Bei sehr vielen Bauten ist von vornherein nur die Wahl zwischen Warmwasser- und Niederdruckdampfheizung zu treffen, weshalb beide Heizungsarten gemeinsam behandelt werden sollen. Eine Gegenüberstellung der wichtigsten Eigenschaften ergibt folgendes Bild:

Örtliche Regelung. Nach den Ausführungen auf S. 189 und S. 193 ist eine Regelung der Wärmeabgabe am einzelnen Heizkörper durch Verstellen des Ventils bei der Warmwasserheizung fast nicht, bei der Niederdruckdampfheizung dagegen sehr gut möglich.

Zentrale Regelung. Hier liegen die Verhältnisse umgekehrt. Die Warmwasserheizung ist bekannt durch ihre vorzügliche zentrale Regelung. Die Niederdruckdampfheizung üblicher Ausführung ist kaum zentral regelbar. Nur wenn schon beim Entwurf der Anlage darauf Rücksich genommen wird, ist eine beschränkte zentrale Regelung mit Hilfe des Dampfdruckes möglich. Aber auch in diesem Fall bleibt die Regelfähigkeit erheblich hinter derjenigen einer Warmwasserheizung zurück.

Trägheit der Anlage. Es handelt sich dabei um die Frage, wie rasch Änderungen der Kesselleistung in der Wärmeabgabe der Heizflächen und damit in der Raumerwärmung zur Auswirkung kommen. Die Trägheit der Anlage ist also kennzeichnend für ihre Fähigkeit, kurzzeitigen Änderungen im Wärmebedarf zu entsprechen. Auch der Ablauf des Anheiz- und Auskühlvorgangs wird durch sie beeinflußt. Besonders träge ist die Schwerkraftwarmwasserheizung, erheblich weniger die Pumpenwarmwasserheizung und am geringsten die Niederdruckdampfheizung. Innerhalb der Warmwasserheizung sind noch Gewicht und Wasserinhalt der Heizkörper zu berücksichtigen; Konvektoren zeigen sich in dieser Hinsicht allen Bauformen der Radiatoren überlegen. Bei Flächenheizungen spricht die Speicherfähigkeit der zu erwärmenden Wand- und Deckenbauteile, bei Strahlungswärmeübertragung auch die der nur mittelbar erwärmten Bauteile entscheidend mit.

Hygienische Eigenschaften. Hier ist vorauszuschicken, daß die Staubverschwelung auf dem Heizkörper bei etwa 60 bis 70 °C einsetzt und daß bei den gleichen Temperaturen auch die Wärmestrahlung lästig zu werden beginnt. Warmwasserheizungen werden in der Regel für eine Vorlauftemperatur von 90 °C berechnet. Infolge der mancherlei Sicherheiten der Berechnung sind aber selbst an sehr kalten Tagen erfahrungsgemäß nur Vorlauftemperaturen von 75 bis 85 °C erforderlich; bei mittleren Wintertemperaturen liegt die Vorlauftemperatur meistens bei 50 bis 55 °C. Während des größten Teils der Heizzeit werden Warmwasserheizungen mit örtlichen Heizkörpern sonach mit hygienisch ganz unbedenklichen Temperaturen betrieben. Für richtig bemessene Flächenheizungen trifft dies erst recht zu.

Ganz anders ist dies bei der ND-Dampfheizung, die starr an Heizflächentemperaturen von 100 °C gebunden ist[1]. Die Gefahr der Staubverschwelung ist hier stets gegeben; bei nicht verkleideten Heizflächen wirkt auch die erhöhte Wärmestrahlung in Heizkörpernähe lästig. Das

[1] Dampfheizungen, bei denen die Temperatur der Heizflächen durch Aufrechterhaltung eines Dampf-Luft-Gemisches im Heizkörper herabgesetzt wird (Milddampfheizungen) haben sich wegen betrieblicher Schwierigkeiten i. allg. nicht bewährt.

Fehlen der zentralen Leistungsregelung führt leicht zur Überheizung der Räume, die nicht nur wärmewirtschaftlich, sondern auch hygienisch unerwünscht ist. Dieser Mangel kann durch selbsttätige Absperrventile und bei Mieträumen durch den Einbau von Wärmezählern behoben werden.

Die Anlagekosten. Bei gleicher Heizleistung verhalten sich die Heizflächen bei Warmwasser- und Niederdruckdampfheizungen wie 3 : 2. Da die Heizkörper mit 30 bis 50% an den Gesamtkosten einer Warmwasserheizung beteiligt sind, führt die Einsparung an Heizflächen zu einem Preisverhältnis der Warmwasser- und Dampfheizung von etwa 100 : 85. Werden Flächenheizungen in den Vergleich mit einbezogen, so verschiebt sich das Verhältnis der Gestehungskosten noch weiter zuungunsten der Wasserheizung. Durch die Wahl erhöhter Heizwassertemperaturen, wie sie heute bei Siedlungsgroßheizungen häufig zu finden sind, lassen sich die Kosten von Wasserheizungen jedoch wesentlich senken, insbesondere, wenn durch Übergang auf höhere Temperaturdifferenz zwischen Vorlauf und Rücklauf (Temperaturspreizung) zugleich auch der Wasserdurchsatz und damit die Rohrdurchmesser verringert werden.

Jahresbrennstoffverbrauch. Diese Frage läßt sich nicht allgemein beantworten. Von den vorerwähnten Eigenschaften haben nur die zentrale Regelfähigkeit und die Systemträgheit einen Einfluß auf den Brennstoffverbrauch. Während bei starker Beanspruchung der Heizung, also an sehr kalten Wintertagen, von der zentralen Leistungsregelung kaum Gebrauch gemacht wird, wächst ihre Bedeutung mit abnehmender Belastung. Besonders bei milder Witterung läßt sich ein Überheizen der Räume bei mangelhafter zentraler Leistungsregelung kaum vermeiden. Damit wird auch der Brennstoffverbrauch merkbar erhöht, zumal sich bei mittleren Wintertemperaturen schon geringe Übertemperaturen relativ stark auswirken und im mitteleuropäischen Klima diese Tage innerhalb der gesamten Heizzeit überwiegen.

Bei Gebäuden mit langen täglichen Benutzungszeiten, bei denen die zentrale Regelfähigkeit eine wesentliche Rolle spielt und die Trägheit des Heizsystems demgegenüber zurücktritt, wird zumeist die Warmwasserheizung den geringeren Brennstoffverbrauch aufweisen. Die Verhältnisse können sich jedoch umkehren bei Gebäuden, die ganz oder teilweise kurzzeitig beheizt werden. Die größere Trägheit der Warmwasserheizung zwingt in solchen Fällen zu längeren Anheiz- und Betriebszeiten, wodurch i. allg. auch der Wärmeverbrauch anwächst.

Aus den vorerwähnten Vor- und Nachteilen läßt sich folgern:

Die *Warmwasserheizung* kommt vor allem in Frage für Wohngebäude aller Art, für Krankenhäuser, Schulen, Büro- und Verwaltungsgebäude, Großstadt- und Kurhotels und Gebäude ähnlicher Benutzung.

Die *Niederdruckdampfheizung* erweist sich als zweckmäßig für kurzzeitig beheizte Gebäude, wie etwa Kirchen, Säle, Gaststätten und Versammlungsräume. Auch bei Schulen, die nicht ganztägig benutzt werden, hat sie den Vorteil geringeren Brennstoffbedarfs. Man wird aber gerade hier den Forderungen der Hygiene den Vorrang vor wirtschaftlichen Überlegungen geben, also in der Regel die Warmwasserheizung wählen. Bei Hotels und Gasthöfen wird man andererseits — vor allem, wenn mit starken jahreszeitlichen und täglichen Schwankungen in der Belegung zu rechnen ist — aus wirtschaftlichen Erwägungen zuweilen die Dampfheizung bevorzugen. Unabhängig von der Dauer des Heizbetriebes wird die Niederdruckdampfheizung dort verwendet, wo auf geringe Anlagekosten besonderer Wert gelegt wird und die hygienischen Forderungen nicht so sehr im Vordergrund stehen, d. s. z. B. gewerblich genutzte Räume sowie Ausstellungs- und Werkhallen, letztere oft in Verbindung mit der Luftheizung.

B. Hochdruckdampf- und Heißwasserheizung

Beide Heizsysteme ermöglichen zwar niedrige Anlagekosten, sind jedoch wegen der hohen Oberflächentemperaturen der Heizkörper zur direkten Raumerwärmung weniger geeignet. Bei Hochdruckdampf kommen noch als weitere Nachteile die fehlende Regelfähigkeit sowie die Verluste und betrieblichen Schwierigkeiten bei der Kondensatrückführung hinzu.

Hochdruckdampf und Heißwasser finden vor allem Anwendung als Wärmeträger in Industrieheiznetzen, bei denen gleichzeitig Fabrikationseinrichtungen mit Wärme versorgt werden müssen.

Man wird dabei zwecks Verbilligung der Anlage vielfach auch die Heizkörper einzelner Räume an Heiznetze höherer Druck- und Temperaturstufen anschließen, unter Zurückstellung hygienischer Bedenken. Unbedenklich sind die höheren Heizmitteltemperaturen bei Anwendung von Strahlheizflächen und Luftheizgeräten, Heizverfahren, die jedoch nur in größeren und entsprechend hohen Räumen in Frage kommen. Die hygienisch unerwünschten hohen Oberflächentemperaturen örtlicher Heizkörper lassen sich bei Industrieheißwasserheizungen z. T. vermeiden, wenn für die Raumheizung ein besonderes Rohrnetz verlegt wird. Man kann die Heizanlage dann mit gleitenden Vorlauftemperaturen betreiben. Legt man die Heizflächen für maximale Temperaturen zwischen 110 und 140 °C aus, so sind an mittleren Wintertagen nur Oberflächentemperaturen von 60 bis 80 °C notwendig, also für gewerblich genutzte Räume durchaus zulässige Werte. Derartige Heißwasserheizungen sind für Industrien vorwiegend mechanischer Fertigung gut geeignet.

Eine Mittelstellung zwischen den Industrieheißwasserheizungen und der üblichen Warmwasserheizung nehmen Wasserheizungen mit erhöhten Vorlauftemperaturen ein. Sie finden Anwendung in Gebäuden mit gemischter gewerblicher und Büronutzung, vielfach aber auch für Verwaltungsgebäude und große Siedlungsheizungen, bei denen auf niedrige Gestehungskosten Wert gelegt wird.

C. Luftheizung

Die reine Luftheizung ist zur Erwärmung von Gebäuden mit vielen Einzelräumen kaum geeignet. Die Verteilung der Luft erfordert dabei ein verzweigtes, teures Kanalnetz. Eine gleichmäßige Wärmeverteilung im Gesamtgebäude ist nur schwer sicherzustellen. Hinzu kommen noch die Nachteile des Umluftbetriebes, der aus brennstoffwirtschaftlichen Gründen notwendig ist.

Günstiger liegen die Vorbedingungen für die Luftzentralheizung in Wohnungen und kleineren Einzelhäusern, und zwar sowohl bei Verwendung von Einzelöfen als auch bei dampf- bzw. wassergeheizten Luftvorwärmern. Weite Verbreitung hat die Luftheizung gefunden bei großen und tiefen Räumen, wie Werkstätten und Montagehallen, Ausstellungs- und Festhallen, Kirchen u. dgl. Sie ermöglicht in diesen Fällen ein rasches Anheizen der Räume in ihrer gesamten Ausdehnung. Die Anlagekosten sind in der Regel niedriger als bei allen anderen Heizsystemen, insbesondere wenn Einzelluftheizer im Raum selbst eingebaut werden können. Diese Ausführung ist jedoch nur möglich, wenn die Ventilatorgeräusche nicht stören. In allen anderen Fällen sind Luftverteilungskanäle erforderlich, da die Lüfter abseits von dem zu erwärmenden Raum aufzustellen sind.

Fünfter Abschnitt

Zentrale Warmwasserbereitung

In Gebäuden mit hohem, an vielen Stellen auftretendem Bedarf an warmem Brauchwasser, wie beispielsweise in Krankenhäusern und Hotels, häufig auch in Wohnhäusern, erfolgt die Erwärmung dieser Wassermengen zentral. Die erforderlichen Einrichtungen sind dann räumlich und technisch mit der Kesselanlage der Heizung verbunden. Da sie in der Regel auch von der Heizungsfirma auszuführen sind, sollen einige Gesichtspunkte für die Schaltung, die Bemessung und den Betrieb solcher Anlagen hier besprochen werden. Wegen weiterer Einzelheiten der Ausführung sei auf das einschlägige Schrifttum verwiesen[1].

I. Warmwasserbereitung mit Brauchwasserspeicherung

Der Bedarf an Warmwasser zeigt bei allen Gebäudearten zeitlich starke Schwankungen. Sie gleichen sich bei größeren Warmwasserversorgungen mit vielen Zapfstellen zwar z. T. wieder aus, doch treten meist zu bestimmten Zeiten Spitzen im Verbrauch auf, nach denen das Versorgungsnetz ausgelegt werden muß. Wollte man auch die Kesselanlage und die Wärmeaustauscher nach dem Spitzenbedarf bemessen, so würden sich unwirtschaftlich große, im Betrieb schlecht ausgenutzte Warmwasserbereitungen ergeben. Man schaltet deshalb Speicher ein, die in Zeiten hoher Warmwasserentnahme die Kessel und Wärmeaustauscher entlasten und die Leistungsschwankungen von den Wärmeerzeugungsanlagen weitgehend fernhalten.

Nur selten wird das Brauchwasser im Wärmeerzeuger direkt erwärmt, wie wir es vom Badeofen her kennen. Man findet solche Warmwasserbereiter lediglich in Einzelwohnhäusern mit wenigen Zapfstellen und kurzzeitigem Betrieb. Ihr Hauptnachteil ist die Anfälligkeit der üblichen Werkstoffe gegen Korrosions- und Steinschäden, die vor allem bei höheren Wassertemperaturen und Belastungen auftreten. Durch Zwischenschaltung eines Heizmittels — Dampf oder Wasser — läßt sich die Brauchwassererwärmung leicht regeln und die Heizflächenbelastung begrenzen.

A. Aufbau einer einfachen Warmwasserversorgung

Die einfachste Schaltung ergibt sich, wenn für die Warmwasserversorgung ein besonderer Kessel vorgesehen ist, s. Abb. 5.01. Bei der hier dargestellten Anlage ist ein Warmwasserkessel gewählt; es kann jedoch auch ein ND-Dampfkessel aufgestellt werden. Der Wärmeerzeuger ist mit den üblichen Sicherheitsvorrichtungen zu versehen.

Das Kesselwasser durchläuft die im unteren Teil des Warmwasserspeichers *b* eingebaute Heizschlange *c*; sie muß zur Erzielung eines einwandfreien Wasserumlaufs genügend hoch über Kesselmitte liegen. Bei beschränkter Kesselraumhöhe kann daher das zylindrische Speichergefäß nur waagerecht angeordnet werden. Das Brauchwasser wird unten in den Speicher eingeführt und oben entnommen.

Die *Verteilung* des *Warmwassers* im Gebäude kann sowohl mit unterer als auch mit oberer Versorgungsleitung ausgeführt werden. Die untere Verteilung ist die übliche, sofern nicht jede Erwärmung der Kellerräume vermieden werden muß. Abb. 5.02 zeigt das Strangbild einer Warmwasserversorgung mit unterer Verteilung.

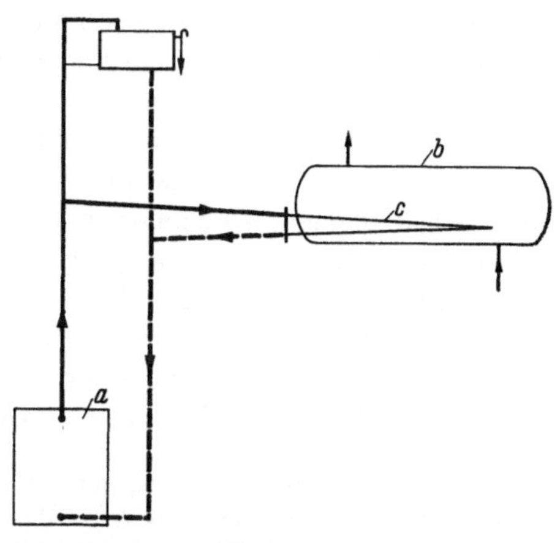

Abb. 5.01. Schema einer einfachen Warmwasserbereitung mit Warmwasserkessel. *a* Kessel, *b* Warmwasserspeicher, *c* Heizschlange.

[1] SANDER, H.: Warmwasserbereitungsanlagen. 2., neubearb. Aufl. Berlin: Hänchen u. Jäh 1963.

Neben den Versorgungsleitungen sind auf der rechten Bildseite gestrichelt noch *Umlaufleitungen* (Zirkulationsleitungen) eingezeichnet. Sie sollen verhindern, daß bei längeren Zapfpausen die Wassertemperatur in den Versorgungsleitungen durch Abkühlung allzusehr absinkt. Von der obersten Zapfstelle führt daher jeweils eine schwache Umlaufleitung zum Speicher zurück. Die Wasserströmung kann dabei — wie bei der Warmwasserheizung — durch die Schwerkraftwirkung oder durch eine Umwälzpumpe bewirkt werden. Umlaufleitungen sind nur erforderlich, wenn öfters geringe Wassermengen gezapft werden. Bei Strängen, an die nur

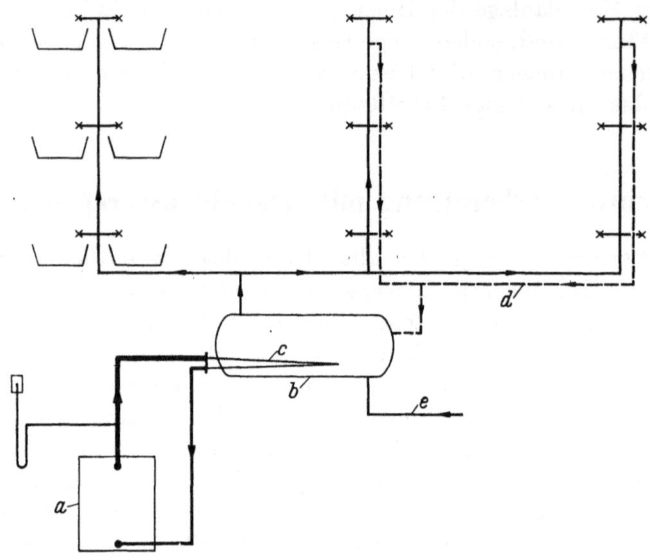

Abb. 5.02. Strangbild einer Warmwasserversorgung mit Dampfkessel.
a Kessel, *b* Warmwasserspeicher, *c* Heizschlange, *d* Umlaufleitung, *e* Kaltwasserzulauf.

Bäder angeschlossen sind, ist eine Umlaufleitung überflüssig (linke Bildseite). Die Sammelleitung des Umlaufwassers wird im oberen Drittel in den Speicher eingeführt, um zu verhindern, daß bei starker Wasserentnahme über die Umlaufleitung rückwärts kaltes Wasser zu den Zapfstellen gelangt.

Kaltwasseranschluß. Die Speisung des Warmwasserbereiters erfolgt üblicherweise über das Netz der öffentlichen Trinkwasserversorgung. Es sind daher Vorschriften[1] über die zweckmäßige Verbindung zwischen Brauchwasser- und Trinkwassernetz zu beachten, die eine Verschmutzung oder gar Verseuchung des Trinkwassers durch angeschlossene Geräte verhindern sollen. Der Anschluß des Warmwasserbereiters an die Kaltwasserleitung kann auf zweierlei Art erfolgen, nämlich unmittelbar oder über ein hochgestelltes Vorgefäß. Bei der ersten Bauart, auch *geschlossene* Anlage genannt, steht die gesamte Warmwasserversorgungsanlage einschließlich des Speichers unter dem Druck des Kaltwassernetzes. Um unzulässige Drucksteigerungen durch die Wassererwärmung zu vermeiden, ist ein Sicherheitsventil am Wärmeerzeuger vorzusehen. Die Gefährdung benachbarter Abnehmer am Kaltwassernetz durch rückströmendes Warmwasser muß durch Einbau eines Rückschlagorgans in die Zulaufleitung verhindert werden. Abb. 5.03a zeigt den üblichen Kaltwasseranschluß bei geschlossenen Anlagen. Vor und hinter dem Rückschlagorgan sind Absperrventile angeordnet. Das vorderste dieser Ventile (in Strömungsrichtung gesehen) ist mit Entleerungshahn versehen und dient als Prüfventil für die Dichtheit der Absperrung. Liegt der Druck des Kaltwassernetzes über dem zulässigen Betriebsdruck des

[1] Neben örtlichen Verwaltungsvorschriften gelten: DIN 1988. Trinkwasser-Leitungsanlagen in Grundstücken; Technische Bestimmungen für Bau und Betrieb. Jan. 1962. — AD-Merkblatt A 3. Bau, Ausrüstung und Prüfung von Warmwasserbereitern mit Gebrauchswassertemperaturen bis etwa 95 °C. April 1962. — DVGW-Arbeitsblatt W 503. Richtlinien für den Anschluß von das Trinkwasser gefährdenden Geräten und Anlagen. Frankfurt/M.: ZfGW-Verl. 1966.

Brauchwasserbereiters, so ist ein zusätzliches Druckminderorgan einzubauen. Bei der Ausführung ist auf etwaige weitergehende Vorschriften des örtlichen Wasserwerks oder der Bauaufsichtsbehörde zu achten.

Die Ausführung mit Kaltwasservorgefäß, auch *offene* Anlage genannt, ist unabhängig vom Druck und den Druckschwankungen der Kaltwasserversorgung. Der Wasserstand des meist auf dem Dachboden aufgestellten Vorgefäßes wird durch ein Schwimmerventil im Kaltwasseranschluß geregelt, s. Abb. 5.03b (Schwimmkugelgefäß). Das Gefäß kann gleichzeitig zur Vorratshaltung bei Störungen der Kaltwasserzufuhr herangezogen werden. Sein Inhalt muß in jedem Fall ausreichen, die Volumenausdehnung des erwärmten Brauchwassers beim Anheizen aufzunehmen. Ein Überlauf sichert das Gefäß gegen Überspeisung. Zweckmäßigerweise führt man den Überlauf als Meldeleitung bis zum Kesselhaus durch. Um eine Rückströmung des Wassers

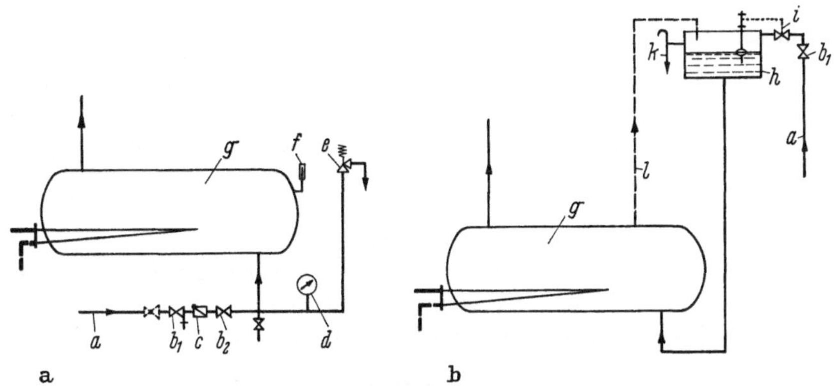

Abb. 5.03. Kaltwasseranschluß. a) geschlossene Anlage; b) offene Anlage.
a Kaltwasserzulauf, b_1, b_2 Absperrorgane, *c* Rückflußverhinderer, *d* Druckmesser, *e* Membran-Sicherheitsventil, *f* Thermometer, *g* Warmwasserspeicher, *h* Kaltwasser-Vorgefäß, *i* Zulaufventil, *k* Überlauf, *l* Ausdehnungsleitung.

aus dem Vorgefäß in die (Trinkwasser-) Speiseleitung sicher zu verhindern, schreibt die DIN 1988 einen Mindestabstand der Unterkante des Trinkwasserzulaufs über der Überlauf-Oberkante von 40 mm vor, während die Überlauf-Unterkante ihrerseits mindestens 40 mm über dem Sollwasserstand des Gefäßes liegen muß. Das Vorgefäß muß oben geschlossen sein, damit das Wasser nicht verunreinigt werden kann. Wegen der Gefahr der Wasserverschmutzung sind in manchen Städten offene Anlagen verboten. Man achte also stets auf die örtlichen Bauvorschriften. Auch ist das Vorgefäß, wie übrigens sämtliche Teile der Warmwasserversorgung, gut zu isolieren.

Genormte Speichergefäße. Aus Stahlblech hergestellte zylindrische Warmwasserspeicher sind nach Inhalt und Ausführung bis zu einem Fassungsvermögen von 5000 l genormt. DIN 4801 erfaßt die kleinen Speicher von 150 bis 500 l mit Deckel, DIN 4802 die größeren von 800 bis 5000 l mit zwei festen Böden und einem Halsstutzen. In DIN 4803 und 4804 sind die Ausführungsmaße für Speichergefäße mit Doppelmantel enthalten. Diese finden vorwiegend Verwendung bei warmwasserbeheizten Anlagen, wobei das Heizwasser durch den Hohlraum des Doppelmantels geführt wird.

Größere Speicher, insbesondere solche stehender Bauart, werden einzeln angefertigt und den jeweiligen örtlichen Verhältnissen angepaßt.

B. Warmwasserbereitung in Verbindung mit der Heizanlage

Bei Einzelhäusern mit Zentralheizung liegt der Gedanke nahe, den Heizkessel auch zur Wärmeversorgung der Warmwasserbereitungsanlage zu verwenden. Eine Möglichkeit, nämlich der Einbau eines Brauchwassererwärmers im Kessel selbst, ist bereits im vierten Abschnitt, S. 108 besprochen. Ist ein gesonderter Brauchwassererwärmer, evtl. mit größerem Speichervolumen vorhanden, so muß entweder der Heizkessel zeitweise zur Aufladung des Brauchwasserspeichers, unabhängig von den Anforderungen der Raumheizung, mit hoher Vorlauftemperatur betrieben werden oder die Kreisläufe zur Raumheizung und zur Brauchwassererwärmung sind völlig getrennt zu führen. Bei der letztgenannten Lösung wird der Kessel in gleicher Weise wie beim kombinierten Heiz- und Brauchwasserkessel ständig mit hoher Vorlauftemperatur gefahren, die Temperatur der Heizanlage dagegen durch Rücklaufbeimischung auf den jeweils notwendigen Wert abgesenkt, s. Abb. 5.04. Mit Hilfe der Ventile *a* und *b* lassen sich die Anteile des Kesselvor- und Rücklaufwassers, also auch die Mischwassertemperatur, einstellen. Einfacher ist die Einregelung, wenn ein besonderes Mehrwegeventil (oder auch ein Hahn) an der Mischstelle eingebaut ist, s. Abb. 4.79.

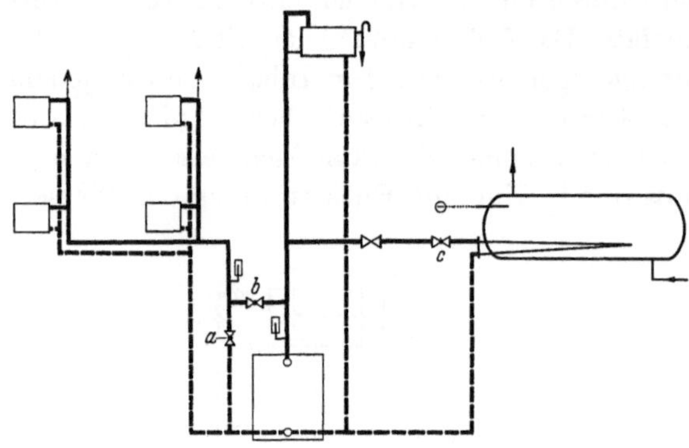

Abb. 5.04. Warmwasserbereitung und Heizung gekoppelt, ein Kessel.

Die Temperaturregler von Warmwasserbereitungen sollen das Überschreiten gewisser Grenzwerte der Wassererwärmung zuverlässig verhindern, selbst bei plötzlich aussetzender Wasser- bzw. Wärmeentnahme. Es dürfen daher nur dicht schließende Einsitzventile zur Temperaturregelung verwendet werden, deren Fühler im Warmwasserspeicher, und zwar in etwa zweidrittel Höhe, anzuordnen sind.

Schwerkraftheizungen arbeiten in dieser Schaltung nur bei sorgfältiger Abstimmung der Widerstände der beiden Teilkreisläufe des Heizwassers befriedigend[1]. Die Mischleitung soll vom tiefsten Punkt des Heizungsrücklaufs abgenommen werden; der Mischpunkt muß höher als

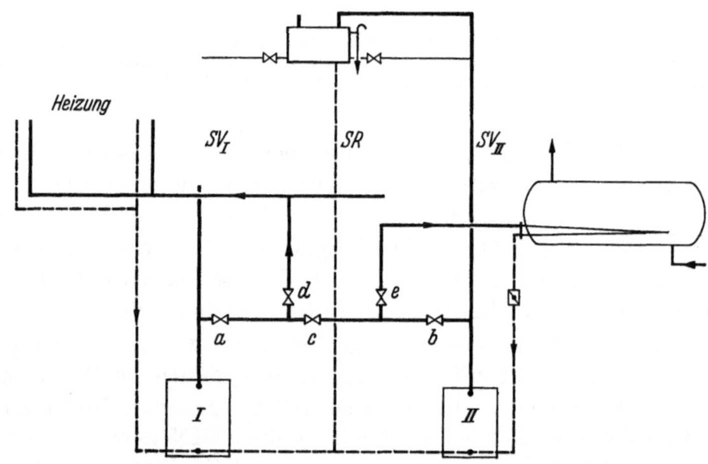

Abb. 5.05. Warmwasserbereitung und Heizung gekoppelt, zwei Kessel. *a* bis *e* Absperrorgane.

der Vorlaufabgang am Kessel liegen. Beim Einbau einer Heizungsumwälzpumpe ist darauf zu achten, daß der Umlauf im Brauchwasserheizkreis nicht gestört wird und für die Mischregelung eine ausreichende Druckdifferenz verfügbar bleibt.

Häufiger werden bei der Kopplung von Heizung und Warmwasserbereitung in kleinen und mittelgroßen Anlagen *zwei Kessel* verschiedener Leistung aufgestellt. Der kleinere Kessel wird so bemessen, daß er für die Warmwasserbereitung und evtl. auch für die Raumheizung in der Übergangszeit ausreicht, der größere soll den Heizwärmebedarf bei stärkster Belastung decken. Die Schaltung nach Abb. 5.05 ermöglicht sowohl den getrennten als auch den gemeinsamen

[1] Spillhagen, W.: Kupplung einer Warmwasserheizung mit einer Warmwasserbereitung unter besonderer Berücksichtigung des Mischverfahrens. Gesundh.-Ing. 56 (1933) 385/388. – Wierz, M.: Die Entwicklung der Kräfte in Schwerkraftwarmwasserheizungen auf thermodynamischer Grundlage. Gesundh.-Ing. 56 (1933) 517/521.

Betrieb der beiden Kessel und Anlageteile. Die Sicherheitsvorlaufleitungen müssen bei dieser Anordnung allerdings für jeden Kessel getrennt zum Ausdehnungsgefäß geführt werden. Eine Mischleitung für den Heizungsvorlauf ist der Übersichtlichkeit wegen nicht eingezeichnet, läßt sich aber ebenso wie bei Abb. 5.04 anbringen.

Im Sommer ist der kleinere Kessel II in Betrieb; es sind lediglich die Absperrungen *b* und *e* geöffnet. Für den gleichzeitigen Betrieb der Heizung und Warmwasserbereitung vom Kessel II aus (Übergangszeit) werden zusätzlich *c* und *d*, mit einem etwaigen Mischventil zusammen, geöffnet. Bei größer werdender Heizlast wird an Stelle von Kessel II Kessel I in Betrieb genommen (nur Ventil *b* geschlossen, alle anderen geöffnet), bis schließlich bei Höchstlast I und II in Betrieb sind, und zwar entweder gemeinsam mit gleicher Vorlauftemperatur (Ventile *a* bis *e* geöffnet) oder getrennt (Ventil *c* geschlossen).

An Stelle des kleineren Kessels und eines gesonderten Wärmespeichers wird bei Einzelhäusern zuweilen auch ein *direkt beheizter Warmwasserbereiter* in der Art eines Kohlebadeofens gewählt. Durch Einbau einer Heizschlange kann der Warmwasserbereiter mit der Zentralheizung gekoppelt werden, wobei er entweder eine schwache Raumerwärmung an kalten Tagen mit übernimmt oder in der Heizzeit bei entsprechender Vorlauftemperatur des Heizwassers als mittelbarer Warmwasserbereiter dient bzw. bei niedrigen Heizwassertemperaturen das Brauchwasser vorwärmt.

In diesem Zusammenhang sei darauf hingewiesen, daß es bei ständig betriebenen zentralen Warmwasserbereitungen zweckmäßig sein kann, den Heizkörper im Badezimmer an die Warmwasserbereitung mit anzuschließen. Man hat dadurch die Möglichkeit, an kühlen Tagen diesen Raum zu beheizen, ohne die Heizanlage in Betrieb nehmen zu müssen.

C. Ausführung

Mit größer werdender Anlage bevorzugt man Dampfkessel als Wärmeerzeuger. Die höhere Heizmitteltemperatur und der bessere Wärmeübergang des kondensierenden Dampfes ermöglichen kleinere Wärmeaustauschflächen. Auch zur Abwärmeausnutzung werden häufig dampfbeheizte Warmwasserbereiter verwendet, s. Abb. 6.20. Schaltungen für umfangreiche kombinierte Heizungs- und Warmwasserversorgungsanlagen zeigen die Abb. 4.180 bis 4.184. Meist wird bei derartigen Anlagen der Warmwasserspeicherraum auf mehrere Einheiten aufgeteilt.

Der Platzbedarf der Speichergefäße ist bei liegender Anordnung sehr groß, zumal vor den Speichern genügend Raum für das Herausziehen der Rohrheizflächen frei zu halten ist. Zuweilen werden die Rohrheizflächen auch mittels Stopfbüchsen am hinteren Ende des Speichers eingeführt. Von der Vorderseite ist der Speicher dann über einen lösbaren Deckel oder einen Mannlochverschluß für die innere Reinigung zugänglich, ohne daß das Rohrbündel ausgefahren werden muß. Bei der Planung der Zentrale ist auf das Einbringen, die Lagerung und ein etwaiges Auswechseln der großen Speicherbehälter Rücksicht zu nehmen. Ausreichende Montageöffnungen und Transportmöglichkeiten sind vorzusehen; die Fundamentgrößen und Belastungen sind der Baufirma frühzeitig anzugeben.

Speicherausführung. Mit wesentlich kleinerer Grundfläche kommt man bei stehender Anordnung der Warmwasserspeicher aus. Ein weiterer Vorzug der stehenden Behälter ist die bessere thermische Ausnutzung des Speicherraums. Das Wasser schichtet sich nämlich deutlich entsprechend der Temperatur. Beim Entladen mischt sich das kalte Zulaufwasser bei zweckmäßiger Einführung kaum mit dem im Behälter vorhandenen Warmwasser. Man kann also aus dem oberen Ablaufstutzen während des gesamten Vorgangs Warmwasser etwa gleicher Temperatur entnehmen und damit den Speicher bis fast auf die Kaltwassertemperatur entladen. Diese Betriebsweise (Verdrängungsspeicherung) wird begünstigt, wenn die Wassererwärmung nicht im Speicher selbst, sondern in besonderen Wärmeaustauschern vorgenommen wird. Der Einbau einer kleinen Warmwasserumwälzpumpe ermöglicht eine größere Freizügigkeit in der räumlichen Zuordnung von Wärmeaustauscher und Speicher sowie die Wahl kleinerer Durchmesser in den Verbindungsleitungen und Absperrungen.

Speicher mit eingebauten Heizflächen sind erfahrungsgemäß durch Steinablagerung und Rostfraß besonders gefährdet. Auch bei kleineren Anlagen werden daher zuweilen Heizfläche und Speicher getrennt. Bei der in Abb. 5.06 wiedergegebenen Anordnung ist neben dem Warmwasserkessel ein stehender Wärmeaustauscher *a* aufgestellt, durch den das Heizwasser und das Brauchwasser im Gegenstrom geführt werden. Die bei der Wassererwärmung ausgeschiedenen Gase werden bei *b* mittels eines Entlüfters abgeführt. Bei Wasser, in dem korrosiv wirkende, gasförmige Bestandteile gelöst sind, wird dadurch eine rasche Zerstörung der Speicherwände verhindert. Wird das Wasser über seine Gebrauchstemperatur hinaus erwärmt und vor Eintritt in das Verteilungsnetz wieder gekühlt, so sollen die Rohrleitungen ebenfalls gegen Korrosionen geschützt sein. Um die Mischung von kaltem und warmem Wasser im Speicher möglichst zu vermeiden, also das Verdrängungsprinzip auch bei kleinen liegenden Warmwasserbehältern beizubehalten, führt man zweckmäßigerweise das kalte Wasser über ein Verteilerrohr mit vielen, nach unten gerichteten Öffnungen ein. An der höchsten Stelle des Gefäßes ist eine Entlüftung anzubringen. (Sie darf vor allem bei Wasserspeichern mit Heizflächen nicht fehlen!) Der Warmwasserentnahmestutzen sollte dagegen etwas unterhalb der Scheitellinie enden.

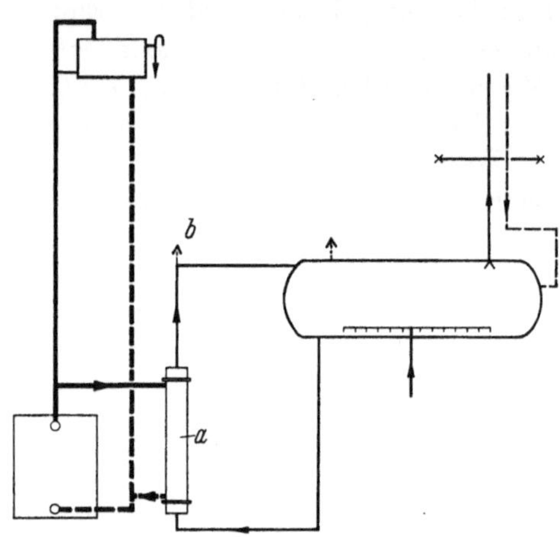

Abb. 5.06. Warmwasserbereitung mit gesondertem Wärmeaustauscher.
a stehender Wärmeaustauscher, *b* Entlüftung.

Als *Werkstoff* verwendet man vorwiegend schwarzes Stahlblech, dessen innere Oberflächen einen Schutzanstrich aus Brauerlack oder Zementmilch erhalten. Auch die Rohrheizflächen bestehen aus Stahl. Kupferrohrschlangen sind zwar korrosionsfest, begünstigen aber evtl. elektrolytische Korrosionsvorgänge an den Oberflächen stählerner Bauteile der Anlage, s. S. 248/249.

Sicherheitseinrichtungen. Die Grundsätze und Maßnahmen zur Sicherung von Warmwasserbereitern gegen Drucküberschreitungen sind im AD-Merkblatt A 3 niedergelegt. Offene Anlagen erhalten ein nicht absperrbares Verbindungsrohr mit der Atmosphäre oder einem Ausgleichsgefäß. Geschlossene Warmwasserbereiter sind mit einem Rückflußverhinderer und mit einem vom Behälter nicht absperrbaren Sicherheitsventil in der Kaltwasser-Zuflußleitung auszurüsten, dessen Nennweite sich nach dem Inhalt des Brauchwasserraumes richtet. Sie benötigen ferner eine temperaturgesteuerte Einrichtung, die bei Überschreitung einer Brauchwassertemperatur von höchstens 90 °C selbsttätig die Beheizung unterbricht bzw. einen Wasserablauf öffnet, sowie als öl-, gas- und elektrisch beheizte Apparate zusätzlich einen Temperaturbegrenzer, der bei Überschreiten einer Brauchwassertemperatur von 110 °C selbsttätig ausschaltet. Bei Beheizung der Warmwasserbereiter mit Dampf bis 0,5 atü aus einem Niederdruck-Dampfkessel bzw. -Dampfnetz oder mit Heizwasser bis 110 °C aus einer Warmwasserheizung sind gewisse Erleichterungen dieser Bestimmungen möglich.

II. Warmwasserbereitung mit Heizwasserspeicherung

Die bei zentralen Warmwasserbereitungen notwendige Wärmespeicherung läßt sich bei wasserbeheizten Anlagen auch auf der Heizwasserseite vornehmen, s. Abb. 5.07. Hierbei sind die Strömungswege des Brauchwassers und Heizwassers vertauscht; das Heizwasser wird also unmittelbar in das Speichergefäß geführt, das zu erwärmende Brauchwasser durch die Rohrheizflächen, die im oberen Speicherteil eingebaut sind. Man bezeichnet derartige Heizflächen als „Durchflußerwärmer“. Auch bei dieser Ausführung braucht der Wärmeerzeuger nicht für die höchste Belastung ausgelegt zu werden, wohl aber der Wärmeaustauscher. Um die erforderlichen Heizflächen auf kleinem Raum unterbringen zu können, wurden hierfür besondere Bauformen von Wärmeaustauschern entwickelt (Durchflußbatterien), die zumeist aus flachen oder runden Kupferrohren kleinen Querschnitts bestehen. Abb. 5.08 zeigt die Ansicht einer Durchflußbatterie mit zahlreichen schraubenförmig gewundenen flachen Kupferrohren. Da Durchflußerwärmer nur bei unmittelbarem Anschluß an die Kaltwasserleitung angewendet werden, können die höheren Druckverluste auf der Brauchwasserseite in Kauf genommen werden.

Als *Vorteile* der Heizwasserspeicherung gegenüber der Speicherung von Brauchwasser sind zu nennen:

1. In das Speichergefäß, dessen Inneres bisher am stärksten der Korrosion ausgesetzt war, gelangt nunmehr das Heizwasser, das sich nicht erneuert und dessen Steinablagerung sowie Gasabscheidung deshalb sehr bald aufhört.

2. Das Brauchwasser, das stets aufs neue gelöste Stoffe und Gase in die Anlage hereinbringt, durchströmt die Heizbatterie in so kurzer Zeit, daß eine Ablagerung und Schädigung der Rohrwandungen weniger zu erwarten ist. Während der Betriebspausen, vor allem während der Nacht, kommt zwar das Wasser in der Batterie zur Ruhe. Der Wasserinhalt dieser Batterie ist jedoch gering, nennenswerte Schädigungen treten nicht ein.

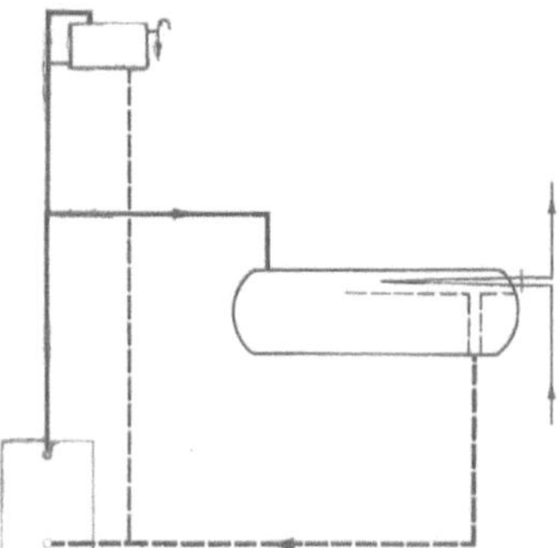

Abb. 5.07. Warmwasserbereitung mit mittelbarer Wärmespeicherung und Durchflußbatterie.

3. Das Wasser wird erst kurz vor seiner Verwendung erwärmt; die Zapfstellen liefern frisches und nicht abgestandenes Wasser in einwandfreiem Zustand.

4. Das Speichergefäß steht nur unter einem Druck, der der Höhenlage des Ausdehnungsgefäßes entspricht, wird also billiger. Die Heizbatterie, die dem vollen Innendruck des Kaltwassernetzes ausgesetzt ist, kann aber ohne Schwierigkeit bei den geringen Rohrquerschnitten für die höheren Beanspruchungen gebaut werden.

Als wesentlicher *Nachteil* der mittelbaren Wärmespeicherung muß die Abhängigkeit der Zapftemperatur von der Entnahmewassermenge und ihr Absinken mit fortschreitender Speicherentladung bezeichnet werden. Die Ausnutzung des Speicherraums ist ungünstiger als bei der Brauchwasserspeicherung, vor allem bei höheren Zapfwassertemperaturen. Auch deuten neuere Erfahrungen darauf hin, daß die Werkstoffkorrosion zwar im Wärmeaustauscher und Speicher weitgehend unterbunden wird, dafür aber vermehrt im Rohrnetz auftritt.

Bei mittleren und größeren Warmwasserversorgungsanlagen bevorzugt man daher die Speicherung des Brauchwarmwassers. Bei kleineren Anlagen und Einzelwarmwasserbereitern findet vielfach auch die mittelbare Wärmespeicherung Anwendung.

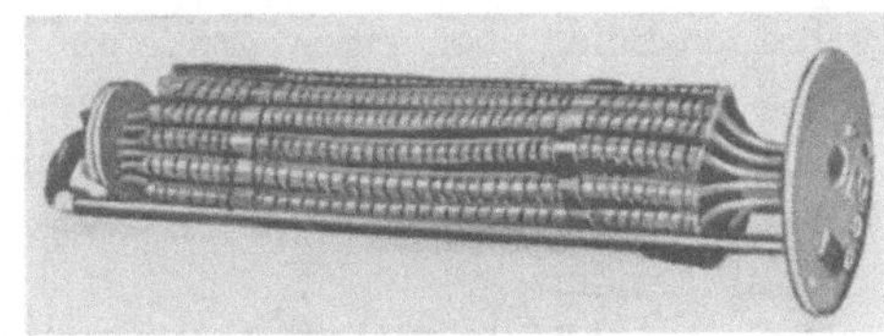

Abb. 5.08. Durchflußbatterie (CTC).

III. Heizflächen- und Speicherbemessung. Verbrauchswerte

A. Berechnungsunterlagen

Für die exakte Berechnung der Kesselgröße, Wärmeaustauscherheizfläche und des Speicherraums einer zentralen Warmwasserbereitung muß der Tagesverlauf des Wärmebedarfs bei höchster Belastung bekannt sein. Nur in seltenen Fällen, etwa bei gewerblichen Anlagen, ist er gegeben. Man ist daher meist auf Erfahrungswerte aus Gebäuden gleicher Art und Benutzung angewiesen.

Wassertemperaturen. Für Reinigungs- und Badezwecke genügt in der Regel Warmwasser von 40 bis 45 °C. Da bei Temperaturen über 60 °C die Gefahr von Korrosionsschäden in allen aus Stahl gefertigten Anlageteilen erheblich zunimmt, geht man zweckmäßigerweise bei der Wassererwärmung über diese Temperaturgrenze nicht hinaus. Bei Bedarf an Brauchwasser höherer Temperatur (Großküchen, Wäschereien u. dgl.) empfiehlt sich die Aufstellung besonderer Warmwasserbereiter oder Nachwärmer für diese Zwecke.

Die *höchste* denkbare *Belastung* erhält man, wenn an sämtlichen Verbrauchsstellen gleichzeitig die volle Zapfleistung beansprucht wird. Schon bei wenigen Verbraucheranschlüssen ist die Wahrscheinlichkeit dieses Betriebsfalls aber sehr gering. Mit zunehmender Zahl der Zapfstellen gleichen sich erfahrungsgemäß die Entnahmespitzen immer mehr aus, insbesondere wenn Warmwasser zu unterschiedlichen Zwecken geliefert wird. Für die einzelnen Gebäudearten ergeben sich dabei typische Tagesbelastungsbilder. Das Verhältnis der wirklichen Verbrauchsspitze zur Summe aller Anschlußleistungen bezeichnet man als „Gleichzeitigkeitsfaktor". Dieser

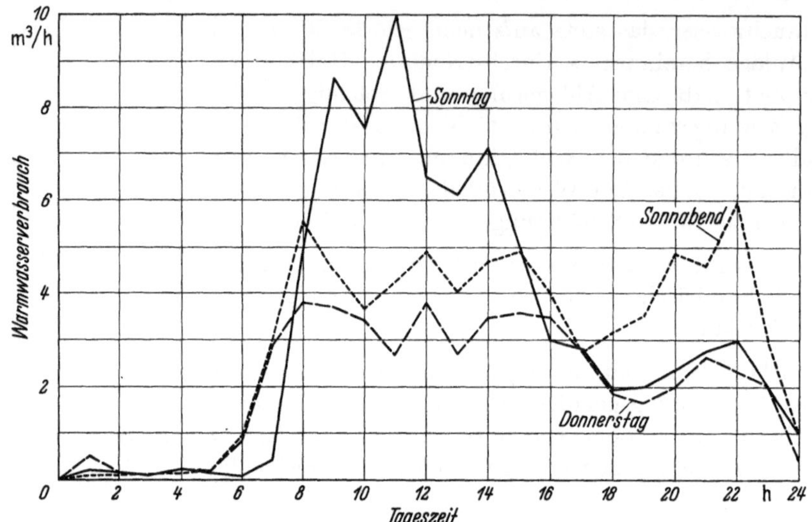

Abb. 5.09. Tagesverbrauchslinien einer Warmwasserversorgung von Wohnbauten.

Wert ist von so vielerlei Einflüssen abhängig, daß er bei der Planung einer Anlage nur geschätzt werden kann. Bei Wohnbauten beispielsweise bewegt er sich in einem Bereich zwischen 0,2 und 0,8, wobei neben der Zahl der angeschlossenen Wohnungen noch deren Größe sowie die Kopfzahl und die Lebenshaltung der Haushaltungen stark mitsprechen. Einige typische Tagesverbrauchslinien bei einer größeren Warmwasserversorgungsanlage für Wohnbauten zeigt Abb. 5.09. Zeitpunkt und Höhe der Verbrauchsspitze werden hier durch den Warmwasserbedarf für Badezwecke bestimmt. Der Tagesgang der Warmwasserentnahme ist daher sehr verschieden, je nachdem, ob es sich um einen Werktag von Montag bis Freitag, um einen Sonnabend oder Sonntag handelt.

Bei der üblichen Brauchwasserspeicherung wird der Spitzenwert des Verbrauchs zwar für die Netzbemessung, nicht aber für die Berechnung der Kessel- und Speicherheizflächen benötigt. Da man nach dem Vorgesagten bei dieser Berechnung ohnehin von Erfahrungswerten ausgehen muß, genügt es für unsere Zwecke, den Speicherinhalt zu schätzen und die bereitzustellende Kesselleistung bzw. Wärmeaustauscherfläche nach der geforderten Aufheizdauer zu bestimmen. Einige Angaben über die üblichen *Speichergrößen* bei Wohnbauten und den Warmwasserbedarf sind aus der Tab. 5.01 zu entnehmen.

Tabelle 5.01. *Größe der Warmwasserspeicher bei Wohnbauten*

Zahl der Haushaltungen	1	2–4	5–7	8–10
Speichergröße in l	200 (300)	600	800	1000 (1200)

Bei über 10 Haushaltungen: 100 l/Haushalt
Bei über 50 Haushaltungen: 80 l/Haushalt
Bei über 100 Haushaltungen: 70 l/Haushalt

Warmwasserverbrauchswerte

a) Haushalt:	Einmaliges Händewaschen	5—15 l
	Badewanne, ohne Brause ($^1/_2$ Std.)	150—250 l
	Badewanne, mit Brause ($^1/_2$ Std.)	250—350 l
	Brause allein	8—10 l/min
b) Gasthäuser, Hotels:	Waschbecken für Hände	200 l/h
	Spültisch	200 l/h
	Bad ($^1/_2$ Std.)	200—350 l
c) Krankenhäuser:	je Kopf und Tag	100—200 l
d) Wäschereien:	Warmwasserverbrauch für 100 kg trockene Wäsche	1400 l

B. Heizflächen der Kessel und Wärmeaustauscher

Ist V das nutzbare Speichervolumen, t_2 die gewünschte Wasserendtemperatur und t_1 die Wasserzulauftemperatur, so erhält man die zum Aufheizen erforderliche Wärmemenge aus

$$Q = \frac{V \varrho\, c (t_2 - t_1)}{\eta_{WB}}. \tag{5.01}$$

Dabei bedeuten

ϱ die Dichte,
c die spezifische Wärme des Wassers,
η_{WB} den Wirkungsgrad der Brauchwassererwärmung.

Mit dem Wirkungsgrad η_{WB} sei neben den Verlusten auch die zum Anwärmen der Apparaturen erforderliche Wärme erfaßt. Der Wirkungsgrad beträgt je nach Größe und Ausführung der Anlage $\eta_{WB} = 0{,}90$ bis $0{,}95$. Für die übliche Wasserendtemperatur $t_2 = 60$ °C und die Zulauftemperatur $t_1 = 10$ °C erhält man bei einer Aufheizdauer z_A [h] in erster Näherung die mittlere Wärmeleistung zu

$$Q_h \approx 54 \frac{V}{z_A} \quad \text{in kcal/h}. \tag{5.02}$$

Die vorzuhaltende Kesselleistung liegt nur um den geringen Anteil der Wärmeverluste der Heizleitungen über der von dem Wärmeaustauscher übertragenen Leistung. Man kann beide Leistungswerte gleichsetzen und die Leitungsverluste schon in η_{WB} berücksichtigen. Die Anheizzeit wird üblicherweise mit $z_A = 2$ bis 3 Stunden angenommen.

Die *Größe des Wärmeaustauschers* bzw. der Rohrheizfläche (F) im Speichergefäß bestimmt sich aus der Gleichung

$$Q_h = k\, F\, \Delta t. \tag{5.03}$$

Q_h entspricht der Anheizleistung nach Gl. (5.02) oder der geforderten höchsten Dauerleistung der Warmwasserversorgung, falls dieser Wert höher ist.

k ist die Wärmedurchgangszahl, deren Ermittlung im Abschnitt „Wärmeübertragung" des zweiten Bandes behandelt ist; Δt ist der wirksame Temperaturunterschied. Zur Berücksichtigung der längs der Heizfläche sich ändernden Temperaturen des Heizmittels und des Brauchwassers ist für Δt der mittlere Temperaturunterschied Δm einzuführen, s. achter Abschn. im zweiten Band.

Ändern sich die Wassertemperaturen an einer beliebigen Heizflächenstelle mit der Zeit, so gilt die Gl. (5.03) zunächst nur für ein sehr kleines Zeitintervall. Beim Aufheizen eines Wasserspeichers mit eingebauter Heizfläche geht der Temperaturunterschied zwischen Heizmittel und Brauchwasser und damit die übertragene Leistung ständig zurück. Die Heizfläche des Wärmeaustauschers hängt hier offensichtlich von dem kleinsten möglichen Temperaturunterschied ab sowie von der verfügbaren Anfangsleistung, also der Kesselgröße.

Dieser Zusammenhang soll an zwei Grenzfällen erläutert werden. Abb. 5.10a gibt das Schaltbild einer Warmwasserbereitung mit getrenntem Wärmeaustauscher wieder. Der Wärmeaustauscher sei so ausgelegt, daß das durchfließende Brauchwasser in einem Zug von der Kaltwassertemperatur t_1 auf die Warmwasserendtemperatur t_2 erwärmt werden kann. Tritt beim

Aufheizen im Speicher keine Mischung der Wasserschichten verschiedener Temperatur ein, so ändern sich bei gleichmäßiger Ausgangstemperatur t_1 die Zu- und Ablauftemperaturen des Wärmeaustauschers nicht. Bei konstanter Heizmitteltemperatur t_H steigt die Brauchwassertemperatur längs der Heizfläche logarithmisch nach Abb. 5.11 an. Während des gesamten Aufheizvorgangs bleibt dieses Temperaturbild erhalten, die übertragene Leistung Q_h sonach konstant.

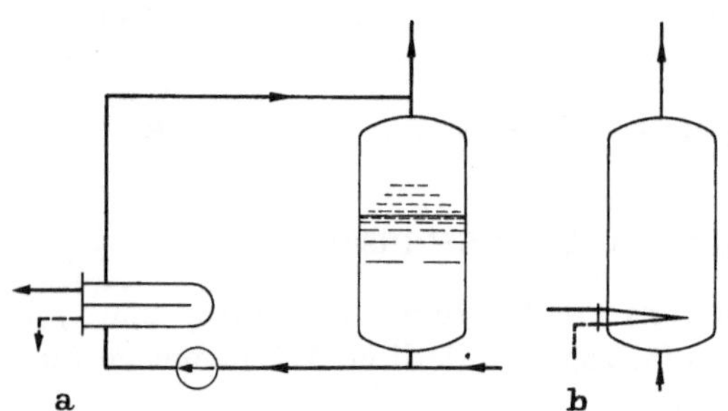

Abb. 5.10. Warmwasserbereitung.
a) ohne Mischung des erwärmten und kalten Wassers; b) mit Mischung des erwärmten und kalten Wassers.

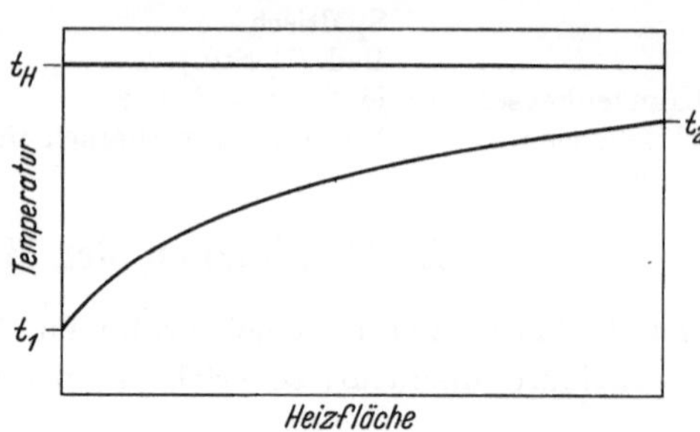

Abb. 5.11. Temperaturänderung des Wassers längs der Heizfläche nach Abb. 5.10a.

Der Wärmeinhalt des Speichers Q_s wächst dementsprechend geradlinig mit der Zeit an, siehe Abb. 5.12a. Die Wärmeaustauscherheizfläche berechnet sich aus Gl. (5.03); für Δt ist die mittlere logarithmische Temperaturdifferenz Δm nach der Grashofschen Gl. (s. zweiten Band) einzusetzen.

Der andere Grenzfall ergibt sich, wenn beim Aufheizen das Speicherwasser gleichmäßig in allen Schichten erwärmt wird. Das trifft etwa zu für Speicher mit eingebauter Heizfläche, siehe Abb. 5.10b. Die Leistungsaufnahme geht beim Aufheizen mit der vorhandenen Temperatur-

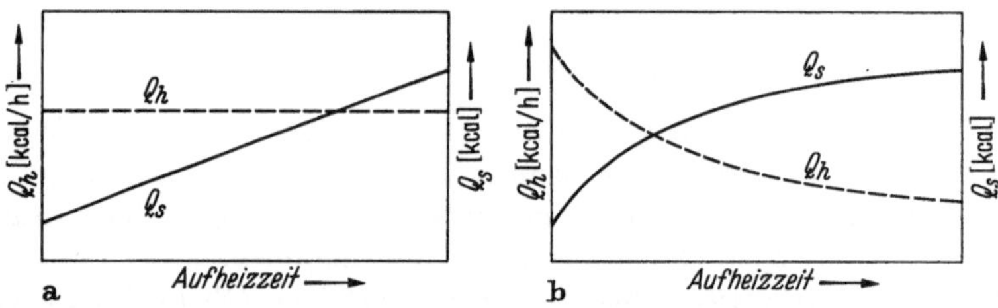

Abb. 5.12. Leistung Q_h und Speicherwärmeinhalt Q_s beim Aufheizen.
a) nach Abb. 5.10a; b) nach Abb. 5.10b.

differenz „Heizmittel gegen Warmwasser" ständig zurück. Aus dem Flächenintegral der Leistung erhält man die Änderung des Speicherwärmeinhaltes entsprechend Abb. 5.12b. Auch hier ändert sich die Temperaturdifferenz nach einer logarithmischen Linie. Allerdings erscheint nicht die Heizfläche, sondern die Aufheizzeit als Abszisse. Bei gleichen Anfangs- und Endtemperaturunterschieden wie im ersten Fall ergibt sich an Hand der Grashofschen Gleichung wieder derselbe Mittelwert Δm, also auch dieselbe Heizfläche unter der Annahme eines gleichen k-Wertes.

Eine wesentliche Verschiedenheit zeigen aber die beiden Arten der Wassererwärmung. Im ersten Fall (konstante Zulauftemperatur) bleibt die erforderliche Leistung gleich, im zweiten Fall (ansteigende Zulauftemperatur) fällt die Leistung während des Aufheizens stark ab, und zwar in dem Maß, in dem sich der Temperaturunterschied verringert. Bei gleicher Kesselheizfläche wäre im zweiten Fall eine verlängerte Aufheizzeit erforderlich. Will man dies vermeiden, so ist entweder die Kesselheizfläche nach der Anfangsleistung oder die Heizfläche des Wärmeaustauschers nach dem Endtemperaturunterschied zu bemessen, bzw. es sind beide Heizflächen zu vergrößern.

Abb. 5.13 zeigt den Zusammenhang zwischen der Heizflächenvergrößerung des Kessels und der des Wärmeaustauschers für zwei Betriebsfälle, nämlich für $t_H = 100$ °C und für $t_H = 80$ °C bei $t_2 = 60$ °C und $t_1 = 10$ °C. Gegenüber den Verhältnissen bei konstanter Zulauftemperatur $t_1 = 10$ °C (Erwärmung nach Abb. 5.11) ist bei der Mischvorwärmung sonach unter der Annahme gleicher Wärmedurchgangszahlen die Wärmeaustauscherheizfläche bei 100 °C Heizmitteltemperatur um 10% zu vergrößern, wenn die Kesselleistung ebenfalls um 10% größer gewählt wird. Noch größere Heizflächenberichtigungen ergeben sich, wenn die Temperaturdifferenz $(t_H - t_2)$ kleiner wird, also bei Wasser als Heizmittel oder bei höheren Wasserendtemperaturen t_2. So ist bei $t_H = 80$ °C in unserem Beispiel eine Erhöhung der Kessel- und Wärmeaustauscher-Heizfläche um 15% notwendig. Im gleichen Maß (10 bzw. 15%) verlängern sich im übrigen die Aufheizzeiten der Speicher, wenn keine Berichtigung der Kessel- und Wärmeaustauscher-Heizflächen vorgenommen wird.

Nach Abb. 5.13 ist es nicht notwendig, bei der Mischvorwärmung Kesselleistung und Wärmeaustauscherfläche um den gleichen Verhältnisbetrag zu erhöhen. Steht beim Aufheizen des Speichers eine höhere Kesselleistung zur Verfügung, so braucht die aus Gl. (5.03) ermittelte Wärmeaustauscherfläche nur um einen geringeren Betrag erhöht zu werden, so z. B. bei $t_H = 80$ °C für einen Wert $\frac{\Delta Q_{max}}{Q_1} = 0{,}25$ um $\frac{\Delta F}{F_1} = 8\%$. Ist andererseits die Wärmeaustauscherfläche nicht nach der mittleren Aufheizleistung, d. h. nach Gl. (5.02) ausgelegt, sondern im Hinblick auf die höchste Dauerleistung größer gewählt, so kann die vorzuhaltende Kesselleistung kleiner sein. Eine unmittelbare wirtschaftliche Wertung der beiden Ausführungsarten einer Warmwasserbereitung ist an Hand dieser Heizflächengegenüberstellung natürlich nicht möglich; hierfür müssen die Abweichungen in den k-Werten und den Apparatekosten berücksichtigt werden.

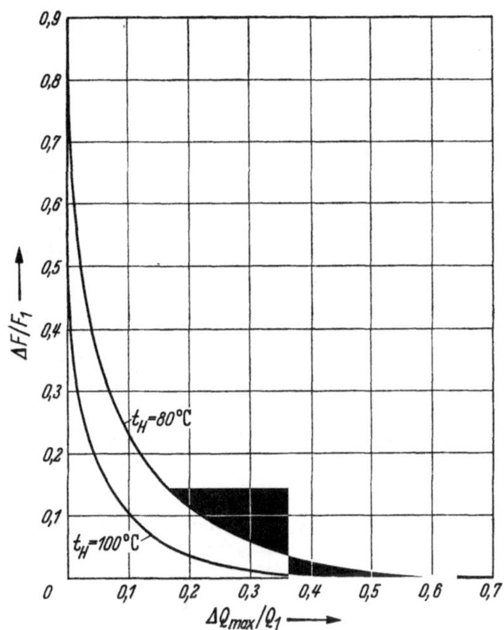

Abb. 5.13. Wassererwärmung nach Abb. 5.10b. Erforderliche Leistungs- bzw. Heizflächenvergrößerung gegenüber Erwärmung ohne Mischung für Heizmitteltemperaturen von 80 bzw. 100°C.

Bei unbeschränkter Kesselleistung sind beide Arten der Wassererwärmung thermisch gleichwertig. Diese Voraussetzung ist gegeben bei Warmwasserbereitungen, die kesselseitig mit Wärmeverbrauchern gekoppelt sind, deren Bedarfsspitzen nicht mit denen der Warmwassererzeugung zeitlich zusammenfallen. Als Beispiel sei die Warmwasserversorgung größerer Krankenhäuser mit Dampfküche und Wäscherei erwähnt. Auch bei der Kopplung mit Heizanlagen kann häufig das Aufheizen der Speicher in die Zeiten geringen Wärmebedarfs für Raumheizzwecke verlegt werden (nachts, spätnachmittags), so daß bei geeigneter Wärmeschaltung eine relativ hohe Kesselleistung verfügbar ist. Man wird in solchen Fällen ohnehin bestrebt sein, die Kesselanlage möglichst gleichmäßig zu belasten und den Warmwasserspeicher dabei als Puffer zu benutzen.

Sonderverhältnisse liegen vor, wenn Abdampf aus Kraft- bzw. Antriebsmaschinen zur Warmwassererzeugung verwendet werden soll. Hier wird zuweilen die Forderung gestellt, den Abdampf aus Zeiten hoher Maschinenbelastung unabhängig vom Warmwasserbedarf voll unterzubringen und einen Tagesausgleich zwischen Wärmebedarf und Heizdampfanfall herbeizuführen. Wegen der Berechnung derartiger Speicher sei auf den sechsten Abschnitt, S. 283 verwiesen.

Beispiel. Für ein Mietshaus mit 10 Wohnungen ist eine zentrale Warmwasserbereitungsanlage mit Brauchwasserspeicherung zu bemessen. Gesucht sind a) der Speicherinhalt, b) die mittlere Wärmeleistung für eine Brauchwasserendtemperatur von $t_2 = 60$ °C bei 2stündiger Anheizzeit, c) die Größe der in den Speicher einzubauenden Heizfläche bei Erwärmung durch Heizwasser von $t_H = 80$ °C, und zwar bei unbeschränkter und beschränkter Kesselleistung.

a) Nach Tab. 5.01 ist bei 10 Wohnungen ein Speicherinhalt von 1200 l erforderlich. Gewählt wird die nächstgelegene Normgröße von $V = 1250$ l.

b) Aus Gl. (5.02) ergibt sich die mittlere Wärmeleistung zu

$$Q_h = 54\,\frac{1250}{2} = 33\,750\ \text{kcal/h}.$$

c) Da Angaben über die höchste Dauerleistung nicht vorliegen, berechnen wir die Heizfläche nach Gl. (5.03), also

$$F = \frac{Q_h}{k\,\Delta t}.$$

Δt muß als mittlere logarithmische Temperaturdifferenz $\Delta m = \dfrac{\Delta_g - \Delta_k}{\ln\left(\dfrac{\Delta_g}{\Delta_k}\right)}$ eingesetzt werden. Dabei ist

$$\Delta_g = 80 - 10 = 70\ \text{grd}, \qquad \Delta_k = 80 - 60 = 20\ \text{grd},$$

also

$$\frac{\Delta_g}{\Delta_k} = \frac{70}{20} = 3{,}5.$$

Mit ln 3,5 = 1.252 ergibt sich

$$\Delta m = \frac{50}{1.252} \approx 40\ \text{grd}.$$

Die Wärmedurchgangszahl k ist nach den Angaben im achten Abschnitt des zweiten Bandes zu berechnen, woraus beispielsweise der Wert $k = 440$ kcal/m² h grd bestimmt worden sei. Man erhält dann die Heizfläche F zu

$$F = \frac{33\,750}{440 \cdot 40} = 1{,}9\ \text{m}^2.$$

Diese Heizflächengröße gilt bei unbeschränkter Kesselleistung. Ist die Kesselleistung beim Aufheizen des Warmwasserspeichers auf 38000 kcal/h begrenzt, d. i. eine Mehrleistung von $\dfrac{38\,000 - 33\,750}{33\,750}\,100 = 12{,}5\%$, bezogen auf die mittlere Anheizleistung, so ist nach Abb. 5.13 der Wärmeaustauscher um 19% größer zu wählen, also

$$F' = 1{,}9 \cdot 1{,}19 = 2{,}26\ \text{m}^2.$$

Wegen Berücksichtigung einer etwaigen Heizflächenverschmutzung s. zweiten Band.

C. Verbrauch und Wirtschaftlichkeit

Brennstoffverbrauch und Wirtschaftlichkeit einer Warmwasserversorgungsanlage bestimmter Größe hängen in erster Linie von der Beanspruchung der Anlage ab. Da die Wärmeverluste der Speicher und Rohrleitungen von der Wasserentnahme praktisch unabhängig sind — das gilt besonders für Verteilungsnetze mit ständigem Wasserumlauf —, ist ihr Anteil am Gesamtwärmeaufwand um so höher, je geringer die Belastung der Anlage ist. Dieser Zusammenhang ist zu beachten, wenn entschieden werden soll, ob örtliche Warmwasserbereitung oder zentrale Versorgungsanlagen eingerichtet werden sollen. Bei Zapfstellen mit hohem Verbrauch, wie z. B. bei Wannenbädern, arbeitet nach dem Vorhergesagten die zentrale Warmwasserversorgung mit günstigem Wirkungsgrad, zumal wenn keine Zirkulationsleitungen vorhanden sind. Die Wärmeverluste des Anschlusses sind dann in den Betriebspausen gering; beim ersten Zapfen kann in der Regel auch das in den Leitungen abgekühlte Wasser Verwendung finden.

Anders verhalten sich die Anlagen mit vielen Zapfstellen und geringem Verbrauch, wie z. B. Waschbecken. Zur Vermeidung von Wasserverlusten infolge unzureichender Wassertemperaturen sind hier Zirkulationsleitungen notwendig. Die Wärmeverluste des Netzes sind damit, gemessen an dem geringen Verbrauch, besonders hoch. Dadurch sinkt der Wirkungsgrad der Anlage ab. Es ergeben sich also spezifisch hohe Betriebskosten.

Warmwasserverbrauch. Sind die Betriebskosten einer zentralen Warmwasserversorgung auf mehrere Verbrauchsstellen oder Abnehmer umzulegen, wie dies bei Miethäusern der Fall ist, so beeinflußt die Art der Kostenverrechnung den Warmwasserverbrauch erheblich. Bei der pauschalen Verrechnung werden die Kosten des Warmwasserverbrauchs entweder mit der Miete abgegolten oder sie werden entsprechend der Größe der Wohnung (Wohnfläche) auf die einzelnen Parteien aufgeschlüsselt. Bei dieser Verrechnungsart ist erfahrungsgemäß der Warmwasserverbrauch relativ hoch, da jeder Anreiz für den Mieter fehlt, mit dem Warmwasser sparsam umzugehen.

Man baut daher heute i. allg. Meßgeräte ein, die es ermöglichen, die Kosten nach dem tatsächlichen Verbrauch umzulegen. Dabei wird entweder der Wasserdurchfluß oder der Wärmeinhalt der Zapfmenge laufend gemessen und addiert. Nach Beobachtungen an Anlagen, die nachträglich mit Meßgeräten ausgestattet wurden, geht durch diese Maßnahme der Warmwasserverbrauch in kleinen und mittelgroßen Wohnungen um 50 bis 70% zurück. In Abb. 5.14 sind mittlere Tagesverbrauchswerte bei großstädtischen Geschoßwohnungen in Abhängigkeit von der Wohnungsgröße wiedergegeben. Die Verbrauchswerte für Anlagen mit Meßgeräten sind noch nach der Kopfzahl unterteilt. Selbstverständlich kann es sich nur um Überschlagswerte handeln, die je nach der sanitären Ausstattung der Wohnungen und den Ansprüchen der Bewohner im Einzelfall recht erheblich über- oder unterschritten werden.

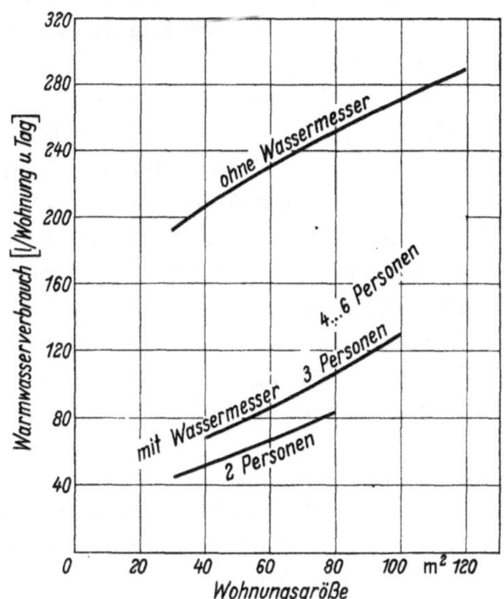

Abb. 5.14. Warmwasserverbrauch in großstädtischen Geschoßwohnungen.

Wirkungsgrad und spezifischer Brennstoffverbrauch. Messungen an größeren Anlagen haben ergeben, daß bei hoher Belastung (pauschale Kostenverrechnung) der Wirkungsgrad der Warmwasserversorgung in der Größenordnung von 45 bis 55% liegt. An den Verlusten sind Kessel und Verteilungsnetz je zur Hälfte beteiligt. Mit abnehmender Belastung geht der Wirkungsgrad auf 20 bis 30% zurück. Abb. 5.15 enthält Erfahrungswerte über den spezifischen Koksverbrauch in Abhängigkeit von der Warmwasserentnahme je Haushalt und Tag. Danach werden für 1 m³ Warmwasser je nach der Belastung 10 bis 30 kg Koks benötigt.

Ein erheblicher Teil der Wärmeeinsparung durch den verminderten Warmwasserverbrauch geht bei Anlagen mit Zählerverrechnung sonach durch die geringere Wärmeausnutzung wieder verloren.

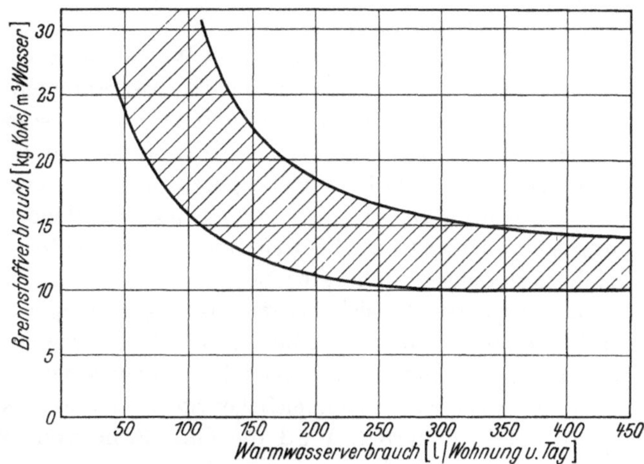

Abb. 5.15. Spezifischer Koksverbrauch von Wohnungs-Warmwasserversorgungen.

IV. Steinbildung und Korrosion[1]

A. Steinbildung

Natürliche Wasser enthalten stets gelöste Salze, meist Kalzium- und Magnesiumkarbonate, -sulfate oder -silikate, die bei der Erwärmung teilweise ausfallen, und zwar als feste Inkrustationen (Kesselstein) oder als Schlamm. Der Steinbelag an Heiz- und Kühlflächen vermindert den Wärmedurchgang, erhöht die Druckverluste in Rohrleitungen und verursacht in der Eisenwand unterhalb des Steins zusätzliche Spannungen, die zu Materialbrüchen führen können. Durch

[1] Seelmeyer, G.: Rost- und Steinschutz in Niederdruck-Anlagen. Weinheim/Bergstr.: Verlag Chemie 1950. — Mehrere Aufsätze über Korrosionsprobleme in Heizungs- und Warmwasserbereitungsanlagen enthält: Heizg.- Lüftg.- Haustechn. 17 (1966) Heft 11.

die Schlammbildung werden Teile der Anlage verstopft und der Stoffdurchfluß behindert. Unter Umständen kann auch der Schlamm auf der Eisenwand festbrennen und Schlammstein erzeugen, der wie Kesselstein wirkt. Bei Ablagerung auf Stahlteilen (Kesselanker usw.) bilden sich häufig an diesen Stellen Korrosionsherde.

Der Vorgang der Steinbildung sei am Beispiel der Ausscheidung von Kalziumkarbonat erläutert: Im Rohwasser ist das Kalzium i. allg. in Form des wasserlöslichen Kalziumbikarbonats — $Ca(HCO_3)_2$ — enthalten. Das Kalziumbikarbonat bleibt aber nur in Lösung, wenn das Wasser eine dem Gehalt und der Temperatur entsprechende Menge freier Kohlensäure gelöst enthält. Man spricht dann von einem Kalk-Kohlensäure-Gleichgewicht. Meist enthält das Wasser mehr Kohlensäure, als zu diesem Gleichgewicht notwendig ist, und man bezeichnet das Übermaß als aggressive oder freie Überschußkohlensäure. Diese ist für den Ablauf der Korrosion, insbesondere bei kaltem Wasser, von Bedeutung. Bei Erwärmung des Rohwassers wird zuerst die freie Überschußkohlensäure ausgeschieden und dann ein Teil der zum Kalk-Kohlensäure-Gleichgewicht notwendigen Kohlensäure, so daß nicht mehr alles Kalziumbikarbonat in Lösung bleiben kann. Nach der Gleichung

$$Ca(HCO_3)_2 = CaCO_3 + CO_2 + H_2O$$

fällt ein Teil als Kalziummonokarbonat — $CaCO_3$ — aus, wobei zugleich neue Kohlensäure gebildet und das Kalk-Kohlensäure-Gleichgewicht wiederhergestellt wird. Das Kalziumkarbonat ist in Wasser unlöslich und schlägt sich auf den Kesselwandungen und in den Rohren als Stein nieder.

B. Korrosion

Korrosionen treten vor allem an Stahlrohren und Behältern von Warmwasserversorgungen und den kondensatführenden Teilen von Dampfheizungen auf, aber auch an Wasserheizungen, wenn diese falsch betrieben werden. Man unterscheidet zwischen Flächenkorrosion (Oberflächenfraß) und Tiefenkorrosion (Lochfraß).

Die *Flächenkorrosion* verringert an Warmwasserversorgungen und Heizungsanlagen nach und nach die Dicke der wasserberührten Eisenwandungen. Dieser Vorgang verläuft so langsam, daß er erst nach einer Reihe von Jahren zu Betriebsanständen Anlaß gibt.

Bei *Tiefenkorrosion* werden die Wandungen an bestimmten, örtlich begrenzten Stellen der wasserberührten Metalloberfläche geschwächt. Es entstehen dabei Löcher, die zuweilen schon nach wenigen Jahren zur Erneuerung der betreffenden Anlageteile zwingen. Liegen diese unter Putz, so sind nicht nur die Instandsetzungsarbeiten schwierig und teuer, es besteht auch die Gefahr zusätzlicher indirekter Schäden.

Die Vorgänge, die sich bei der Korrosion abspielen, sind sehr vielgestaltig. Die Zerstörung des Werkstoffs ist im wesentlichen auf elektrolytische Vorgänge zurückzuführen. Bei Anlagen, die nur aus Eisenteilen derselben Zusammensetzung bestehen, ist der Ablauf folgender: Das technische Eisen ist kein einheitlicher Stoff, sondern besteht in seinem Gefüge aus Ferrit (= reines Eisen) und Eisenkarbid. Wird die Oberfläche von Wasser bespült, so entstehen galvanische Elemente kleinster Abmessungen. In der Spannungsreihe Eisenkarbid–Wasser–Ferrit bildet letzteres die Anode und wird aufgelöst.

Wesentlich wirksamer ist der elektrolytische Vorgang, wenn die Anlage aus Teilen verschiedener Metalle zusammengebaut ist, also z. B. das Speichergefäß aus Kupfer und die Rohrleitung aus Stahl besteht. Da die Metalle in Wasser löslich sind, wenn auch nur in sehr geringem Maße, gehen aus der Gefäßwandung geringe Mengen Kupfer in Lösung. Sie setzen sich an bevorzugten Stellen der Rohroberflächen fest und bilden dort kleine galvanische Elemente. Kupfer ist das edlere, Eisen das unedlere Metall, und es bildet deshalb das Eisen die Anode, so daß es zerstört wird. Das Kupferteilchen bleibt unverändert liegen und wirkt ständig weiter. Da die Ablagerung des Kupfers nur an einzelnen Stellen erfolgt, kommt es nicht zu einem gleichmäßigen Aufzehren der Wandung, sondern zu der bekannten Knollenbildung oder dem Lochfraß. Ähnlich dem Kupfer können auch im Wasserstrom mitgeführte Rostteilchen oder aus den Armaturen abgelöste Metallteilchen wirken.

Die Löslichkeit der Metalle in Wasser und die Stärke der elektrolytischen Kräfte hängt in hohem Maße von der Temperatur der benetzten Fläche und vom Gehalt des Wassers an bestimmten Stoffen (insbesondere Chloriden, gelöster Kohlensäure und gelöstem Sauerstoff) ab. Aber auch andere Faktoren, wie z. B. mechanische Spannungen, die durch die Verarbeitung der Baustoffe oder die Betriebsweise der Anlagen entstehen, sowie physikalische Einflüsse, z. B. vagabundierende Ströme, können den Korrosionsvorgang beschleunigen. In vieler Hinsicht besteht auch eine Wechselwirkung zwischen Steinbildung und Korrosion.

C. Schutzmaßnahmen[1]

Bei der Vielfalt der Wirkungskräfte und dem weitgehenden Einfluß der Wassereigenschaften auf den Ablauf der Korrosion ist es verständlich, daß die Verhältnisse je nach der Gegend sehr verschieden sind. Es gibt Gebiete, in denen entweder von vornherein keine nennenswerten Schäden auftreten oder in denen es genügt, die Wassertemperatur unter 60 °C zu halten. In anderen Gebieten wieder sind die Schäden überaus schwerwiegend und sie lassen sich selbst bei größtem Aufwand an Sachkenntnis und Sorgfalt lediglich einschränken.

Von den *Maßnahmen* zum Schutze der Warmwasserbereitungsanlagen seien nachstehend die bekanntesten angeführt:

1. *Steinbildung* läßt sich nach dem derzeitigen Stand unseres Wissens nur durch chemische und physikalische Wasserbehandlung verhüten und durch betriebliche Maßnahmen in gewissem Umfang verringern.

2. *Korrosionsschäden* können völlig vermieden werden, wenn ausschließlich *korrosionsfeste Werkstoffe* Verwendung finden. Als genügend korrosionsfest gelten: elektrolytisches Kupfer und Gußeisen, das mit einer dichten Gußhaut überzogen ist.

3. Gefäße mit glatten Wandungen, wie die Innenflächen von Warmwasserspeichern, lassen sich in gewissem Maße durch *Anstrich* (Brauerlack, Zementmilch) schützen.

4. Zur Minderung der Steinbildung und Korrosion können auch *konstruktive Maßnahmen* beitragen. So sollten keine verschiedenartigen Werkstoffe wie Kupfer und Eisen gemeinsam in einer Anlage verwendet werden. Vielfach wird bezüglich der Korrosion offenen Warmwasserversorgungsanlagen der Vorzug vor geschlossenen gegeben, da beim Austritt des Wassers aus der Leitung in das Vorgefäß ein Teil des gelösten Sauerstoffs entweicht.

Auch die in den Abb. 5.06 und 5.07 dargestellten Ausführungen erstreben neben anderen Vorteilen einen Schutz gegen Steinablagerung und Korrosion.

5. Als *betriebliche Schutzmaßnahme* ist bei Warmwasserversorgungen in erster Linie die Begrenzung der Brauchwassertemperatur auf 60 °C zu nennen, bei Heizungsanlagen die Einhaltung möglichst gleichmäßiger Betriebsbedingungen und die Vermeidung der Zuspeisung oder Erneuerung des Umlaufwassers.

6. Bei den *chemischen Verfahren* wird die Anlage durch Zugabe entsäuernder, schutzschichtbildender oder sauerstoffbindender Stoffe geschützt. Das Wasser ist dabei sorgfältig von allen vorhandenen oder sich bildenden Stoffen, die zu Ablagerungen führen können, zu reinigen.

7. Als *physikalisches Verfahren* kommt in erster Linie der Kathodenschutz in Frage. Man versteht darunter das Anlegen einer elektrischen Spannung an die zu schützenden Teile der Anlage unter Verwendung einer Hilfselektrode.

Von allen angeführten Verfahren muß gesagt werden, daß sie in manchen Fällen zum Erfolg geführt, in anderen Fällen aber versagt haben, ohne daß es stets möglich war, dafür eine zuverlässige Begründung zu geben. Gute oder schlechte Erfahrungen, die mit einem der Verfahren gemacht wurden, lassen sich also nicht ohne weiteres auf andere Verhältnisse übertragen. Es ist daher auch nicht möglich, die Wirksamkeit der einzelnen Verfahren generell zu beurteilen und ihren zweckmäßigsten Anwendungsbereich eindeutig zu kennzeichnen. Nur ein erfahrener Fachmann auf dem Gebiet der Wasserfragen und der Korrosion wird im Einzelfall an Hand der chemischen und physikalischen Beschaffenheit des Wassers raten können.

[1] VDI 2034. Korrosionsschutz für Dampfheizungsanlagen; Wasseraufbereitung für Anlagen mit 0,5—20 atü Dampfdruck und bis zu 4 Mkcal/h Kesselleistung. Jan. 1957. — VDI 2035. Korrosionsschutz in Wasserheizungsanlagen. Mai 1967.

Sechster Abschnitt

Fernheizung

I. Allgemeines

Unter „Fernheizung" versteht man im allgemeinen die Versorgung einer größeren Anzahl von Gebäuden oder Verbrauchsstellen mit Wärmeenergie von einer gemeinsamen Zentrale. Das Wort „Heizung" muß hier in seiner allgemeinen Bedeutung verstanden werden, denn in vielen Fällen dient die gelieferte Energie nicht nur der Raumheizung, sondern auch der Erwärmung von Brauchwasser oder sonstigen Zwecken.

A. Abgrenzung der Fernheizung

Eine eindeutige Abgrenzung zwischen den früher besprochenen Zentralheizungen und den nunmehr zu erörternden Fernheizungen ist nicht immer möglich. So unterscheiden sich in ihrem technischen Aufbau zuweilen Anlagen, die eine ganze Gruppe ähnlicher Gebäude beheizen, kaum von Einzelhausheizungen. Andererseits bezeichnet man schon Anlagen geringer Ausdehnung als Fernheizung, wenn die Wärme an Dritte abgegeben wird. Stets wird man aber von Fernheizung sprechen, wenn in den angeschlossenen Gebäuden oder für Gruppen solcher Gebäude Unterstationen vorhanden sind. Sie dienen entweder der Wärmeumformung, z. B. Übertragung der Wärme von Dampf auf Wasser, oder der Druck- und Temperaturminderung oder auch der Durchflußregelung im Hinblick auf eine vorgegebene, bei unterschiedlichen Betriebsbedingungen konstant zu haltende Wärmeverteilung.

B. Beispiele von Fernheizungen

Fernheizungen kommen zur Ausführung in großen Fabrikbetrieben, in Ballungsgebieten wärmeverbrauchender Industrie, in ausgedehnten Kranken- und Pflegeanstalten, in dicht bebauten Stadtbezirken und in einheitlich geplanten Wohnsiedlungen. Als Wärmeträger kommen in Betracht: Dampf, Heißwasser und Warmwasser. Zuweilen beliefert ein Heizwerk sowohl ein Dampf- als auch ein Wasserverteilungsnetz. Häufig findet man Wassernetze, die mit zwei voneinander unabhängigen Temperaturen betrieben werden. Einer der Vorläufe wird dabei mit konstanter Heizwassertemperatur zur Versorgung gewerblicher Abnehmer, Brauchwassererwärmer und lufttechnischer Anlagen gefahren. An den zweiten Strang sind Warmwasserheizungen mit zentral geregelten Vorlauftemperaturen angeschlossen. Bei gemeinsamem Rücklauf bezeichnet man eine solche Verteilung als „Dreileitersystem".

Die ihrer Ausdehnung nach größten Fernheizungen sind die sog. Stadtheizungen, auf die im Unterabschnitt VI näher eingegangen wird.

II. Fernleitungen

Die Ausführung und Verlegung von Heizleitungen bereitet keine größeren Schwierigkeiten, solange man sich im Bereich der bei Zentralheizungen üblichen Durchmesser und Temperaturen bewegt. Mit zunehmenden Rohrweiten und Heizmitteltemperaturen wächst die Beanspruchung der Leitungen und ihrer Zubehörteile aber rasch an. Da bei derartigen Leitungsnetzen zumeist auch höhere Anforderungen an die Betriebssicherheit gestellt werden, muß die Ausführung mit größter Sorgfalt erfolgen. Das gilt ganz besonders für Leitungen, die der ständigen Beobachtung entzogen und schwer zugänglich sind, wie z. B. im Erdreich verlegte Rohrstrecken. Wertvolle Hinweise für Planung und Betrieb größerer Heizleitungen geben die von der Vereinigung deutscher Elektrizitätswerke herausgegebenen „Technischen Richtlinien für den Bau von Fernwärmenetzen“[1], denen die langjährigen Erfahrungen der deutschen Fernheizwerke zugrunde liegen. In Ergänzung der früheren Darlegungen über Rohrleitungsnetze bei Zentralheizungen soll nachstehend in Anlehnung an diese Richtlinien auf einige Sonderfragen bei der Ausführung großer Leitungen noch eingegangen werden.

A. Bauteile

1. Rohrleitungen

Die Rohrleitungen einer Fernheizung werden bei geringen technischen Anforderungen für ND 10 gebaut, bei höheren Drücken und Temperaturen für ND 16 oder ND 25. Zur Verwendung kommen nahtlose Stahlrohre mit Abmessungen nach DIN 2448 sowie nach Auszügen aus dieser Norm (DIN 2449) und Werkstoffeigenschaften nach DIN 1629 oder DIN 17175; ferner Gewinderohre nach DIN 2440 und 2441 sowie geschweißte Stahlrohre mit Abmessungen nach DIN 2458 und Werkstoffeigenschaften nach DIN 1626. Die Verwendungsgrenzen können in Abhängigkeit vom Durchmesser etwa wie folgt angenommen werden:

$^3/_8$″ bis $1^1/_2$″	nahtlose Gewinderohre	DIN 2440
NW 40 bis NW 300	nahtlose Stahlrohre	DIN 2448
etwa ab NW 250	schmelzgeschweißte Stahlrohre	DIN 2458.

Aus dieser Zusammenstellung ist zu ersehen, daß in Abweichung von der Handhabung bei Zentralheizungen für kleine und mittlere Durchmesser ausschließlich nahtlose Rohre, und erst bei großen Durchmessern geschweißte Rohre in Frage kommen. Für Kondensatleitungen werden wegen der erhöhten Korrosionsgefahr vielfach schwere Gewinderohre nach DIN 2441 verwendet.

Um eine einwandfreie *Schweißung* zu ermöglichen, soll bei größeren Nennweiten die Durchmesserabweichung der beiden Rohrenden nicht mehr als ± 1 mm betragen. Zu diesem Zweck sind zusammenpassende Rohrenden auszuwählen und gegebenenfalls nachzurunden. Das Schweißverfahren wird in Abhängigkeit von den Wanddicken gewählt; im Bereich kleiner Wanddicken kommt das Gasschmelzverfahren zur Anwendung, etwa ab 5 mm Wanddicke vorwiegend die Lichtbogenschweißung. Für die Güte einer Schweißung ist vor allem die Materialbildung an der Wurzel der Naht maßgebend; aus diesem Grund darf der Abstand zwischen den Rohrenden während der Schweißung nicht unter 1,5 mm sein. Vor Ausführung der Schweißung sind die Rohrenden an mehreren Stellen des Umfangs zu heften. Schweißnähte, die nur über Kopf ausgeführt werden können, sollten nach Möglichkeit vermieden werden. Grundsätzlich werden große Rohrlängen wegen der geringeren Zahl von Schweißstellen bevorzugt. Die Durchführung von Schweißarbeiten ist einzustellen, sobald die Rohrwerkstofftemperatur —3 °C unterschreitet. Ausgeführte Schweißnähte sollten, zumindest an später unzugänglichen Stellen, mit Hilfe eines zerstörungsfreien Verfahrens (Röntgen- oder Ultraschallprüfung) geprüft werden.

Da von der Güte der Schweißverbindungen die Betriebssicherheit einer Fernheizung entscheidend abhängt, sind zu diesen Arbeiten nur geübte und zuverlässige Schweißer heranzuziehen. Sie müssen ihr Können und ihre Eignung durch Sonderprüfungen nachweisen, die im allgemeinen jährlich zu wiederholen sind.

Zur *Nachprüfung der Dichtheit* werden die einzelnen Leitungsabschnitte unmittelbar nach der Montage in unisoliertem Zustand einer Wasserdruckprobe unterzogen. Der Probedruck — 1,3facher Betriebsdruck, mindestens der Nenndruck — darf innerhalb von 8 Stunden nicht fallen; während dieser Zeit werden die Schweißnähte mit einem Handhammer abgeklopft. Bei Durchführung einer Wasserdruckprobe ist darauf zu achten, daß die Tragkonstruktionen der Rohrleitungen für die Gewichtsbelastung ausreichen; Armaturen werden nicht mit abgedrückt.

Vor der Abnahme ist die fertige Leitung einer Wärmeprobe zu unterziehen. Die Leitung wird zu diesem Zweck abschnittsweise in Betrieb gesetzt und, soweit sie zugänglich ist, nochmals auf Dichtheit und auf einwandfreie Wärmedehnung geprüft.

---

[1] 2. Ausgabe 1966.

Flanschverbindungen sind in Fernleitungsnetzen nur beim Anschluß von Einbauteilen (Absperrorgane, Dehnungsausgleicher, Apparate aller Art) am Platze; sie müssen stets zugänglich bleiben. Vorwiegend verwendet werden Vorschweißflanschen nach DIN 2632, 2633 und 2634. Die Armaturen aus Stahlguß haben dementsprechend Stahlgußflansche nach DIN 2543 und 2544 und die Graugußarmaturen Graugußflansche nach DIN 2532 und 2533.

Die Berechnung von Flanschen erfolgt nach DIN 2505. Als Dichtungsmaterial werden Klingerit und gleichwertige Stoffe verwendet, die vor dem Einlegen mit Graphitpaste oder Mangankitt bestrichen werden.

2. Einbauteile

Nur Leitungen kleinerer Nennweiten werden auf der Baustelle der Rohrführung entsprechend warm gebogen. Meistens werden bei Richtungsänderungen und auch für Abzweige bei eindeutiger Strömungsrichtung in der Hauptleitung kurze nahtlose *Einschweißbogen* nach DIN 2605 und 2606 verwendet. Bei zweiseitiger Strömungsrichtung sollten die *Abzweigstutzen* in guter Abrundung an die Hauptleitung anschließen, s. Abb. 4.55. Das Rohr ist für diesen Zweck auszubördeln. Abzweige, die sich mit der Hauptleitung infolge der Wärmedehnung stärker bewegen, können durch Stege versteift werden; die Schweißnaht ist dabei frei zu lassen. Zweigen von Rohrleitungen bis zu NW 100 Leitungen kleinerer Durchmesser ab, so empfiehlt es sich, den Abzweigstutzen mindestens in der Nennweite 50 auszuführen und anschließend erst die Leitung auf den gewünschten Durchmesser einzuziehen; bei Abzweigen von Rohrleitungen mit Nennweiten größer als 100 soll dieser Abzweigstutzen mindestens den halben Durchmesser der Hauptleitung haben.

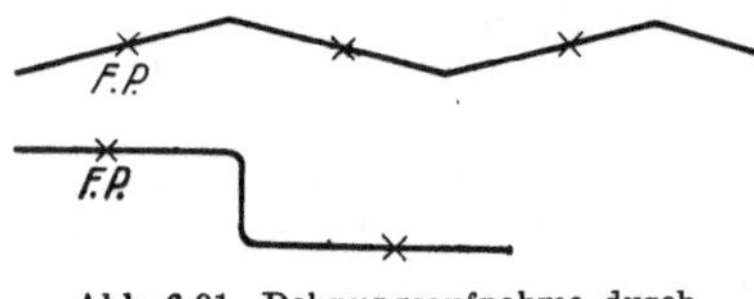

Abb. 6.01. Dehnungsaufnahme durch Richtungsänderungen.

Die *Wärmedehnung* der Rohre ist, wenn irgend möglich, durch geeignete Leitungsführung aufzunehmen (natürliche Kompensation). Es kann aus diesem Grunde zweckmäßig sein, eine Leitung zwischen zwei Punkten nicht auf kürzestem Wege, also in der Verbindungsgeraden, zu verlegen, sondern mit mehreren Richtungsänderungen[1], s. Abb. 6.01. Auf dem gleichen Prinzip beruht auch die Dehnungsaufnahme der Bogenausgleicher in U- oder Lyraform, die als fertige Bauteile in die Rohrleitung eingeschweißt oder — bei glatten Rohren — auch am Bau selbst erst hergestellt werden, s. Abb. 4.64. Die seitliche Ausladung dieser Dehnungsausgleicher bereitet bei Kanalverlegung oft Schwierigkeiten und erhöht die Kanalkosten. Wegen ihrer Betriebszuverlässigkeit werden sie aber gerade für unzugängliche Fernleitungen bevorzugt verwendet. Einsteigeschächte sind hier nicht erforderlich, wohl aber beim Einbau der sonstigen Bauarten von Dehnungsausgleichern, da diese z. T. gewartet oder auch gelegentlich ausgewechselt werden müssen.

Hinsichtlich der Verwendung von Axialkompensatoren und Gelenkdehnungsausgleichern wird auf die Ausführungen im vierten Abschnitt unter II C 3 verwiesen.

Zur *Leitungsabsperrung* dienen bis etwa NW 80 in der Regel Ventile und Hähne, darüber hinaus Schieber. Ventile sollten mit strömungsgerechtem Gehäuse versehen sein, um den Druckverlust so klein wie möglich zu halten. Ventile und Hähne haben den Schiebern gegenüber den Vorzug des besseren Abschlusses. Je nach den Leitungsdrücken und den Anforderungen an die Dichtheit verwendet man Keilschieber oder Keilplatten- bzw. Parallelplattenschieber. Die in Abhängigkeit von den Betriebsbedingungen zu wählenden Gehäusewerkstoffe sind im vierten Abschnitt unter II C 4 angegeben.

Entlüftungsmöglichkeiten sind sowohl bei Dampf- als auch bei Wasserleitungen in genügender Zahl vorzusehen. Sie ermöglichen eine schnelle Füllung bzw. Inbetriebnahme, die für Dampffernheizungen von besonderer Bedeutung ist. Bei zu langsamer Inbetriebnahme einer Dampffernleitung kann sich der Dampf auf der kalten Luft schichten, was ungleiche Erwärmung und

[1] Fernleitung der Wärme. Vorträge auf der Hauptversammlung 1936 des Vereins deutscher Ingenieure. Berlin: VDI-Verlag. — Wiese, Fr. F.: Die Ausführung von Fernheizleitungen und Anschlüssen. Die Fernheizleitung zum Flughafen Berlin. Heizg. u. Lüftg. 13 (1939) 81 u. 103.

ein Aufbäumen der Rohrleitung nach sich ziehen kann. Die Entlüftung der Fernleitungen erfolgt im allgemeinen über handbediente Absperrarmaturen. Warmwasserheizungen, die direkt an die Fernheizung angeschlossen sind, erhalten demgegenüber häufig am Luftsammelgefäß eine selbsttätige Entlüftung, um die während des normalen Betriebes anfallende Luft ohne besondere Bedienung zu entfernen. Bei Höhenänderungen der Fernleitungen, beispielsweise bei Unterführung von Straßen, sammelt sich erfahrungsgemäß Schmutz an der tiefsten Stelle. Hier ist es zweckmäßig, vor der Richtungsänderung Schlammabscheider nach Art der Abb. 6.02 vorzusehen. Abzweigleitungen werden wegen der Verschmutzungsgefahr stets in die obere Hälfte der Hauptleitung eingeschweißt. Aus dem gleichen Grunde erhalten die Dampf- bzw. Vorlaufleitungen der Abnehmeranschlüsse sowie Rohrleitungen vor Regelarmaturen Schmutzfänger nach Abb. 6.03.

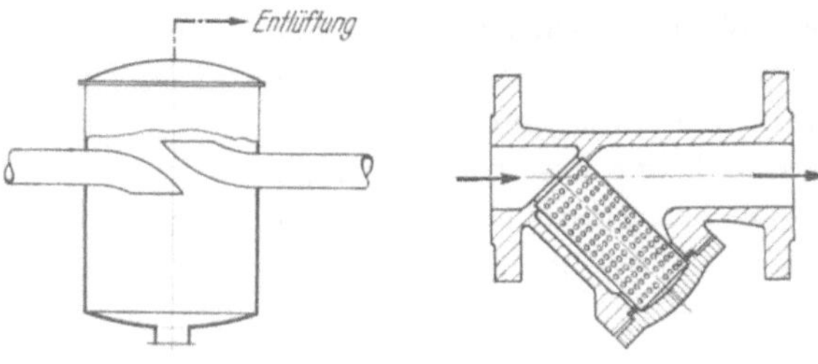

Abb. 6.02. Schlammabscheider. Abb. 6.03. Schmutzfänger.

3. Rohrlagerung

Fernleitungen lassen sich nur selten mittels Schellen, Tragbügeln, Pendeln u. dgl. an Decken und Wänden eines Bauwerks aufhängen bzw. befestigen, wie es bei den Verteilleitungen von Zentralheizungen üblich ist. Bei Freiverlegung werden die Rohre auf Sockeln, Rohrmasten oder Rohrbrücken abgestützt, bei Kanalverlegung zumeist auf die Kanalsohle aufgelegt. Im folgenden werden einige Ausführungsformen der Rohrlagerung für kanalverlegte Leitungen beschrieben.

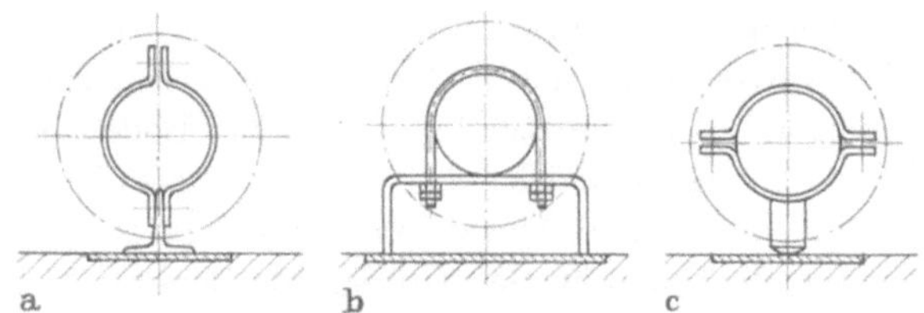

Abb. 6.04. Rohrunterstützungen.
a) und b) Ausführungsformen von Gleitlagern; c) Pilzkopf.

Die Rohrunterstützungen sind so auszubilden, daß sich die Rohrleitungen unter dem Einfluß der Erwärmung möglichst unbehindert in Richtung der Rohrachse dehnen können. Aus diesem Grunde erfolgt die Rohrlagerung zwischen jeweils zwei Festpunkten auf Gleitlagern. Diese wurden früher häufig als Wagen-, Rollen- und Walzenlager ausgeführt, welche sich jedoch wegen ihrer Anforderungen an die Wartung für die Kanalverlegung nicht bewährt haben. Man verzichtet deshalb heute auf die rollende Reibung und bevorzugt Unterstützungen, die sich gleitend auf der festen Unterlage bewegen. Zwei Ausführungsformen zeigt Abb. 6.04a und b; hierbei ist darauf zu achten, daß die Lagerung in Richtung der Rohrachse breit genug ist, um ein Abgleiten von der Unterlage zu vermeiden. Der sogenannte „Pilzkopf" nach Abb. 6.04c wird angewendet, wenn kleine allseitige Verschiebungen zugelassen werden sollen, z. B. bei der Abstützung von Bogenausgleichern und den unmittelbar vor und hinter ihnen anschließenden Rohrstücken. Zweckmäßig ist es, wie in den Abbildungen dargestellt, die Verbindung des Gleitschuhs mit dem Rohr nicht formschlüssig, sondern kraftschlüssig über eine Schelle herzustellen. Dies hat den Vorzug, daß einerseits die Möglichkeit besteht, zwischen Rohr und Schelle eine wärmeisolierende Asbest-Zwischenlage vorzusehen, und andererseits eine Beeinträchtigung des Rohrwerkstoffes infolge von Schweißarbeiten nicht möglich ist. Mit Rücksicht auf genügenden Abstand zwischen Rohrisolierung und Kanalsohle ist die Höhe des Gleitschuhs ausreichend zu bemessen.

Zur Aufnahme der Dehnungs- bzw. Reibungskräfte dienen die *Festpunkte* der Leitung. Es sind dies Unterstützungen, die das Rohr fest mit einem Bauwerk oder einem Kanalteil verbinden. Einfache Festpunktschellen, wie sie auf S. 134 beschrieben werden, reichen nur für Rohre bis NW 125 aus, bei Wellrohr- und nicht entlasteten Stopfbuchsenausgleichern infolge der hohen Rückdrücke sogar nur bis NW 70. Für Rohrleitungen größeren Durchmessers sind besondere Festpunktkonstruktionen notwendig, bei denen seitlich an das Rohr angeschweißte Pratzen an kräftigen Profilrahmen befestigt werden, welche eine Axialbewegung des Rohres innerhalb der Festpunktkonstruktion unmöglich machen, s. Abb. 4.70. Zur Aufnahme der oft erheblichen Schubkräfte müssen die Profileisen in einen schweren Betonblock eingegossen werden, der durch sein Eigengewicht ein Kippen oder Loslösen von der Kanalsohle verhindert.

B. Heizkanäle

1. Allgemeines

Fernleitungen müssen unterirdisch verlegt werden, wenn sie weder durch Gebäude geführt noch im freien Gelände verlegt werden können. Das trifft zu für Rohrnetze in Wohn- und Anstaltsbezirken, bei Kreuzungen von Verkehrswegen und vor allem für Stadtheizungen[1]. Während früher Heizrohrkanäle zumeist begehbar ausgeführt wurden, um alle Teile des Leitungsnetzes überwachen und etwaige Schäden leicht beheben zu können, werden heute in der Regel die Kanalabmessungen nach den Leitungsquerschnitten bemessen, wobei lediglich Kanäle von Dampfnetzen mit großen Leitungsdurchmessern bekriechbar sind. Platzbedarf und Kosten der Heizkanäle konnten dadurch wesentlich herabgesetzt werden. Möglich wurde diese Entwicklung durch die größere Betriebssicherheit der geschweißten Rohrleitungen und die Beständigkeit der Isolierung. Schäden an kanalverlegten Fernleitungen treten bei sorgfältiger Ausbildung und Betriebsführung so selten auf, daß die Kosten der Freilegung einer schadhaften Rohrleitung geringer sind als die Mehraufwendungen für den begehbaren Kanal.

Sind die Baukosten der Kanäle höher als die Kosten der Fernleitungen einschließlich Isolierung, so wird sich die Leitungsführung in erster Linie nach den Boden- und Geländeverhältnissen richten müssen. Das trifft zu für Stadtbezirke, bei denen die Straßen meist schon stark durch sonstige Leitungen, wie Gas-, Wasser- und Abwasserleitungen, Strom-, Post-, Polizei- und Feuerwehrkabel, belegt sind. Die Unterbringung der Heizkanäle bereitet hier große Schwierigkeiten und ist oft nur durch teilweise Verlegung der übrigen Leitungen möglich.

Von den Baukosten her gesehen ist daher stets die Rohrverlegung im unbefestigten Gelände vorzuziehen. Teurer wird schon die Verlegung unterhalb des Bürgersteigs, am teuersten jedoch die Ausführung von Heizkanälen in Verkehrsstraßen mit Beton- oder Asphaltdecke.

Heizkanäle müssen von Stromversorgungs-, Gas- und Wasserleitungen genügenden Abstand haben, um eine gegenseitige Beeinflussung zu vermeiden. Als Mindestabstände werden in den oben erwähnten „Richtlinien" für Gas- und Wasserleitungen bei Kreuzung 0,4 bis 0,5 m, bei Parallelführung 0,2 bis 0,3 m empfohlen. Bei Starkstromkabeln liegen die erforderlichen Abstände zwischen 0,3 und 1,5 m, je nach Spannung und Länge einer etwaigen Parallelführung bzw. Kreuzung. Die Maße beziehen sich auf die Außenbegrenzung des Fernleitungsbauwerkes.

Unmittelbar anliegende Kaltwasserleitungen können leicht zur Schwitzwasserbildung in den Kanälen führen. Durch Einbau einer Isolierschicht ist die Wärmedämmung in solchen Fällen zu verbessern. Das gleiche gilt bei Stromleitungen und Kabelkästen, die gegen Erwärmung zu schützen sind, wenn die genannten Mindestentfernungen nicht eingehalten werden können.

2. Bauformen und Ausführung

Von den vielerlei Ausführungsarten der Leitungskanäle haben sich in Deutschland drei Grundformen durchgesetzt, der Korbbogen-, der Kreisbogen und der Rechteckkanal, s. Abb. 6.05a, b, c.

Die Deckelstücke sind aus Eisenbeton vorgefertigt und mit kräftigen Stahlbügeln zum Anheben versehen, bei den Sohlenstücken (Wannen) lohnt sich die Vorfertigung nur für kleine,

[1] Technische Richtlinien für den Bau von Fernwärmenetzen, s. S. 251/252.

nicht schwer belastete Kanäle. Die Montage der Leitungen und deren Isolierung ist erleichtert, wenn die waagerechten Trennfugen möglichst tief liegen. Diese Ausführung, für welche die Bezeichnung „Haubenkanal" üblich ist, erfordert jedoch breitere Baugruben und schwerere Abdeckungen als die hochgezogenen Seitenwangen; sie ist außerdem empfindlicher gegen Bodensetzungen. Die Länge der Deckelstücke ist wegen ihres Gewichtes auf 0,5 bis 1,0 m beschränkt. Eine preisgünstige Bauart des Haubenkanals zeigt Abb. 6.06; die Haube, welche in diesem Fall mehrere Meter lang sein kann, besteht hier aus einem halbierten Asbest-Zementrohr.

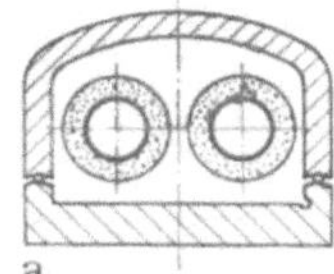

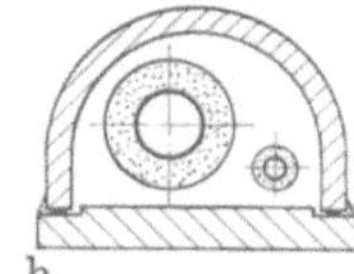

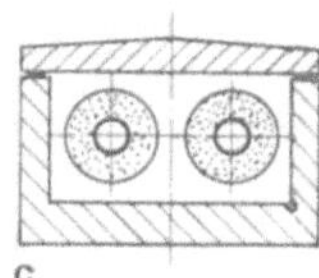

Abb. 6.05. Fernleitungskanäle.
a) Korbbogenkanal; b) Kreisbogenkanal; c) Rechteckkanal.

Für die Querschnittsform des Kanals sind die örtlichen Verhältnisse sowie Zahl und Größe der unterzubringenden Leitungen maßgebend. Das liegende Rechteck, s. Abb. 6.05c, eignet sich mehr für Wasserleitungen mit gleichen Durchmessern im Vor- und Rücklauf, das Halbkreisprofil der Abb. 6.05b für Dampfnetze. In der Regel werden die Kanäle mit ihrer Oberkante etwa 50 bis 80 cm unterhalb der Straßendecke verlegt, so daß sich die Lasten und Erschütterungen des Verkehrs nicht unmittelbar auf den Kanal auswirken können. Bei geringerer Erddeckung sind die Kanäle entsprechend stärker auszuführen.

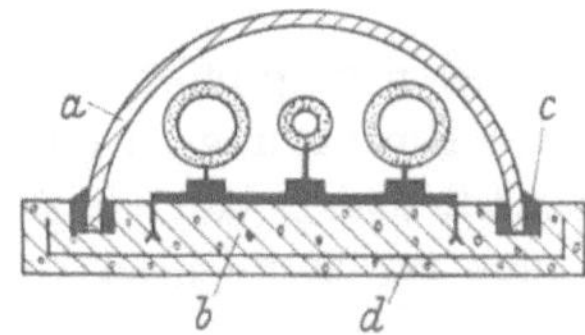

Abb. 6.06. Fernleitungskanal mit Haube aus Asbestzementrohr.
a Asbestzementhalbschale, *b* Stahlbeton, *c* Vergußdichtung, *d* Baustahlgewebe.

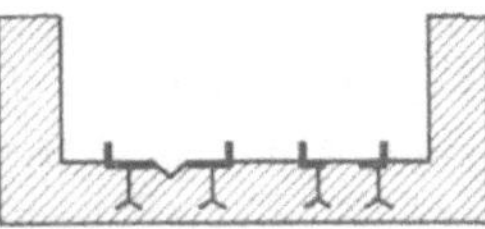

Abb. 6.07. Rohrauflage.
a) glatte Platte; b) Winkeleisen mit Rinne.

Zur Entwässerung bei Wassereinbrüchen erhält die Kanalsohle zumeist ein leichtes Gefälle, häufig auch noch besondere Abflußrinnen. Selbstverständlich dürfen keine Quereinbauten den Wasserabfluß behindern. Eiserne Platten, Profileisen oder Hartklinkerschichten, die als Unterlage für die Rohrlagerungen dienen, s. Abb. 6.07, sollen deshalb bündig mit der Kanalsohle abschließen, sofern nicht die Sohle selbst Quergefälle mit einer freien Seitenrinne aufweist. Zur Ableitung äußerer Feuchtigkeit wird zuweilen der Kanal auf eine Kiesschicht mit äußerer Drainage gelegt.

3. Abdichtung

Die an dem Erdreich anliegenden Außenflächen der Kanäle sind durch Anstriche gut abzudichten; dabei sind kaltflüssige Isolieranstriche zu bevorzugen, da warmflüssige Teer- und Bitumenanstriche durch das Abschrecken beim Auftragen keine einwandfreie Verbindung mit der Kanalwandung eingehen[1]. Darüber hinaus besteht die Möglichkeit, dem Beton einen wasserabweisenden Zusatz beizumischen. Besondere Sorgfalt ist auf die Abdichtung der waagerechten und senkrechten Fugen zwischen den Einzelstücken der Kanaldeckel und -sohlen zu verwenden. Die Abb. 6.08a bis c geben bewährte Dichtungsausführungen für waagerechte Deckelfugen und senkrechte Deckel- bzw. Wangenfugen wieder. Freiliegende Teerstricke sind durch Goudron-

---

[1] Reschke, P.: Kanal- und Schachtbau bei Fernheiznetzen. Gesundheits-Ingenieur 52 (1951) 78/79.

masse oder Zementmörtel zu schützen. Die Deckelfugen und die Fugen zwischen den Kanalstücken werden zweckmäßigerweise mit einem Streifen aus bituminiertem Gewebe (Leinen, Jute oder Wollfilz) überklebt; Teerpappe hat sich hierfür weniger gut bewährt. Für Trennfugen in der Kanalsohle und ausgesprochene Dehnungsfugen wird eine Einlage von Kupferblechen

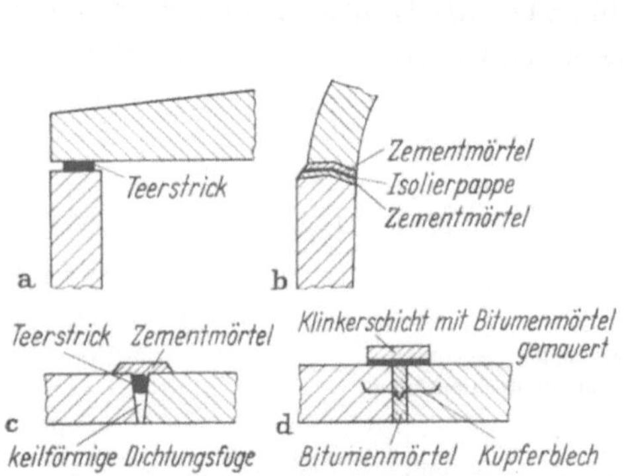

Abb. 6.08. Kanalabdichtungen.
a) waagerechte Deckenfuge (Teerstrick); b) waagerechte Deckelfuge (Pappe-Zement-Dichtung); c) senkrechte Dichtungsfuge; d) Dichtungsfuge in Kanalsohle.

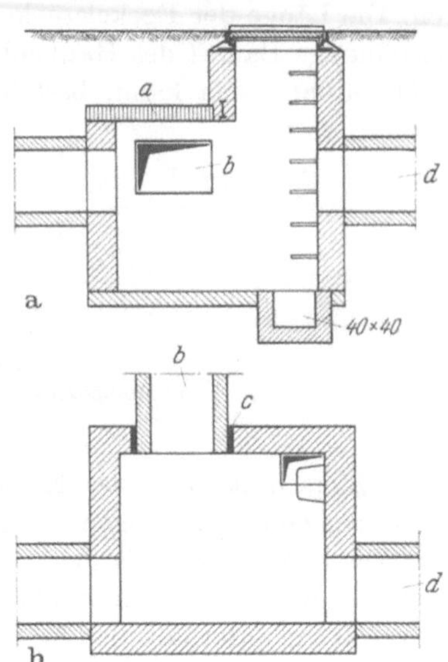

Abb. 6.09. Einsteigeschacht.
a Deckenplatte, *b* Abzweigkanal, *c* doppelte Isolierpappe, *d* Hauptkanal.

nach Abb. 6.08d mit einer Ziegelschutzschicht an den Seitenwangen empfohlen. Bei kleineren Kanälen kann der Längsschub bei Erwärmung vielfach an der Einführung in einen Schacht nach Abb. 6.09 aufgenommen werden. Da eine einwandfreie Abdichtung von Heizkanälen bei anhaltendem Wasserdruck auf die Wände nicht zu gewährleisten ist, sollte man von der Verlegung von Heizkanälen im Grundwasser absehen.

4. Schächte

Schächte müssen in einem kanalverlegten Fernleitungsnetz überall da angeordnet werden, wo Einbauteile, wie Dehnungsausgleicher, Rohrabzweige mit Absperrungen, Festpunkte, Entwässerungen u. dgl., zugänglich bleiben sollen. Zusätzlich werden häufig am Ende von geraden

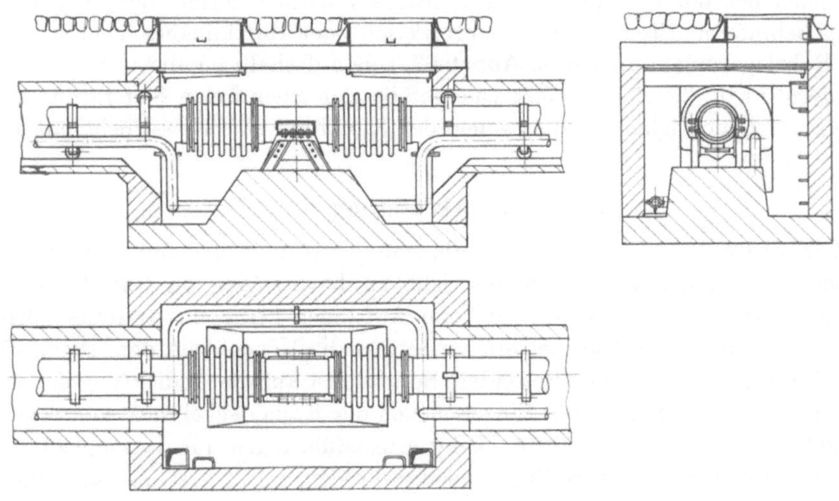

Abb. 6.10. Festpunkt mit Dehnungsausgleichern

Kanalstrecken oder im Abstand von 50 bis 80 m sog. Beobachtungsschächte eingebaut, die ein Durchleuchten des Netzes im Schadensfall gestatten. Abb. 6.09 zeigt die Schnittbilder eines Einsteigeschachtes am Abzweig einer Abnehmerleitung. Sohle und Decke werden in Eisenbeton ausgeführt, die Wände evtl. auch in Hartbrandsteinen gemauert. Die abnehmbare Deckenplatte gestattet das Einbringen schwerer Teile. Die Einstiegsöffnung ist mit einem eisernen Deckel verschlossen, der zur Vermeidung des Eindringens von Regenwasser etwas höher liegt als die Straßendecke. Steigeisen ermöglichen den Zugang. Etwaiges Wasser wird in einem seitlichen Schöpfloch gesammelt, das nach Möglichkeit an die Kanalisation unter Einschaltung einer zuverlässig wirkenden Rückstaueinrichtung anzuschließen ist.

Abb. 6.10 gibt einen Schacht mit Festpunkt und Dehnungsausgleichern bei einer Stadtheizung wieder.

Die Hauptkanäle werden mit dem Schacht meist fest verbunden, die Nebenkanäle gleitend eingeführt. Am Eintritt in ein Gebäude soll der Heizkanal wasser- und nach Möglichkeit auch gasdicht vom Hauskeller abgeschlossen sein. Erforderlichenfalls sind Rohrmanschetten vorzusehen, die eine Längsbewegung des Rohres aufnehmen können, ohne die Abdichtung zu gefährden.

5. Sonderausführungen

Die vorstehend beschriebenen „klassischen“ Fernheizkanäle sind teuer und beanspruchen viel Platz. Die sog. „kanalfreien“ Verlegungsarten[1] sind Sonderausführungen, bei denen die übliche Kanalbauweise verlassen wird. Sie lassen sich unterteilen in Mantelrohr- und Schüttverfahren.

Die Abb. 6.11 und Abb. 6.12 zeigen das Beispiel eines *Mantelrohrverfahrens*. Bei ihm werden vorgefertigte Asbestzementmantelrohre mit eingezogenen isolierten Stahlrohren verwendet, die als montagereife Bauteile in den Rohrgraben eingelegt werden. An den Stoßstellen, vgl. Abb. 6.11, werden die Rohrleitungsenden der Fertigteile miteinander verschweißt und anschließend isoliert; die Abdichtung erfolgt durch Überschieben von Kupplungen mit Gummidichtungsringen.

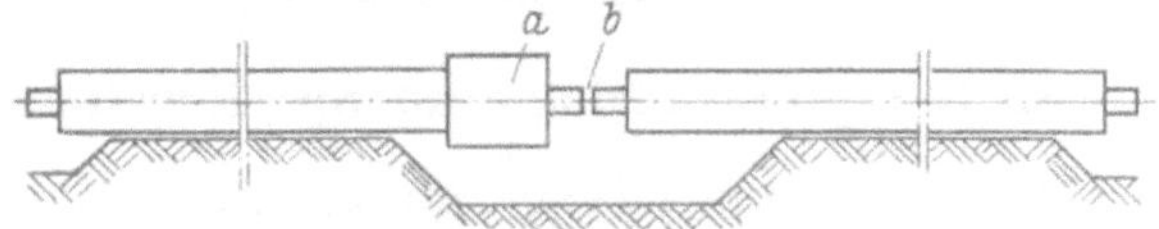

Abb. 6.11. Mantelrohrverfahren, Lagerung der Fertigbauteile im Rohrgraben. *a* Kupplung, *b* Rohrenden mit Schweißfuge.

In Abb. 6.12 kann man die Gleitlager des hier beschriebenen Verfahrens sehen; sie bestehen aus Asbestzementhülsen, die durch Zentriernocken mit dem Stahlrohr verbunden sind. Eine seitliche Bewegung, wie sie bei Dehnungsbögen notwendig ist, wird durch Vergrößerung des Mantelrohrdurchmessers und Lagerung des Gleitlagerrings auf einer horizontalen Platte ermöglicht.

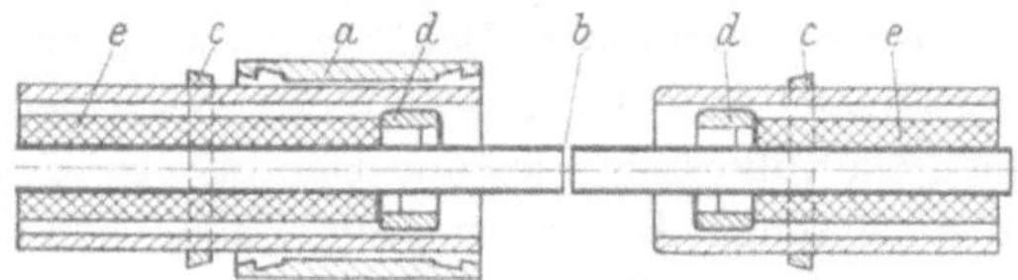

Abb. 6.12. Mantelrohrverfahren, Detail. *a*, *b* gemäß Abb. 6.11, *c* Dichtungsring, *d* Gleitlager, *e* Isolierung.

Große Sorgfalt ist auf die Einbringung der Dichtungen an den Kupplungsstellen zu verwenden. Langjährige Erfahrungen über die Haltbarkeit der Gummidichtungen bei den hier vorliegenden Bedingungen (Temperaturen!) liegen zur Zeit noch nicht vor.

Bei den *Schüttverfahren*, vgl. Abb. 6.13, wird die Isoliermasse entweder in flüssigem bzw. breiartigem Zustand um die Rohre gegossen und härtet nach einer bestimmten Zeit aus, oder in Pulverform trocken um die Rohre geschüttet (Trockenschüttverfahren). Zuweilen werden

[1] Kranz, K.: Verlegungsverfahren der Fernwärmeleitungen. Heizg.-Lüftg.-Haustechn. 15 (1964) 193/201.

die Rohre vor dem Einbringen der Schüttmasse noch mit Mineralwollevorisolierung versehen. Die Schüttmasse muß den mechanischen, den Feuchtigkeits- und i. allg. auch den Wärmeschutz der Rohrleitung übernehmen. Dabei muß die axiale Bewegungsmöglichkeit der Rohre gewährleistet sein, sei es durch die Vorisolierung, durch eine Umkleidung der Rohre mit Wellpappe oder, wie bei den Trockenschüttisolierungen, durch ein geeignetes Gefüge der Schüttmasse. Stets treten Reibungskräfte zwischen Rohr und Umhüllung auf, welche die Festpunkte zusätzlich belasten. Ein seitliches Ausbiegen der Rohre infolge von Richtungsänderungen ist bei den Schüttverfahren nur durch verstärkte Vorisolierung oder durch die Schaffung entsprechender Hohlräume um die Rohrleitungen herum möglich.

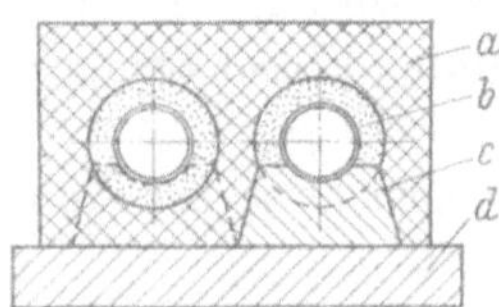

Abb. 6.13. Schüttverfahren mit Vorisolierung. *a* Zellenbeton, *b* Vorisolierung, *c* Gleitlager, *d* Magerbetonsohle.

Die Erdverlegung mit Schüttisolierungen ist wesentlich billiger als die Kanalverlegung. Nach den bisherigen Erfahrungen ist aber noch nicht annähernd die gleiche Betriebssicherheit wie bei den Kanälen erreicht. Ein wesentlicher Nachteil besteht darin, daß eindringende Feuchtigkeit unkontrolliert bleibt, weder abfließen noch ausdampfen kann und dadurch eine äußere Korrosion der Rohre begünstigt wird. Feuchtigkeit kann z. B. eindringen über die Berührungsflächen zwischen Rohrunterstützungen und Isoliermasse, über Stoßstellen, die infolge Unterbrechung und Wiederaufnahme der Schüttisolierarbeiten entstehen oder über die Vorisolierung bei Überfluten von Schächten. Gefährdet sind offenbar besonders Fernwärmenetze, die nicht ganzjährig betrieben werden, da sich in der Sommerpause auf den kalten Rohrleitungen in verstärktem Maße von außen eindringende Feuchtigkeit niederschlägt[1]. Alle diese Verfahren der kanalfreien Rohrverlegung verlangen äußerste Sorgfalt bei der Ausführung und eine dementsprechende Überwachung der Montagearbeiten.

III. Dampffernheizung

A. Dampferzeugung und Speicherung

Dampffernleitungen werden je nach den Temperaturanforderungen an der Verbrauchsstelle, der Entfernung zwischen Zentrale und letztem Abnehmer sowie dem verfügbaren Heizdampf im allgemeinen mit Drücken zwischen 2 und 12 atü betrieben, vereinzelt bei Industrieanlagen oder langen Zubringerleitungen mit nachgeschalteten Kraftmaschinen auch bis 20 atü.

1. Gesetzliche Bestimmungen, Sicherheits- und Bauvorschriften

Dampfkesselanlagen unterliegen den gesetzlichen Bestimmungen der Gewerbeordnung (§ 24, § 16). Hiernach bedarf ihre Errichtung, ihr Betrieb sowie die Vornahme wesentlicher Änderungen einer „Erlaubnis" durch die zuständige Behörde (Gewerbeaufsichtsamt). Die hierfür gültige Rechtsnorm ist die Dampfkesselverordnung von 1965[2]. Nach der Definition dieser Verordnung umfaßt der Begriff des „Dampfkessels" sowohl Dampf- als auch Heißwassererzeuger, sofern sie mit höherem als atmosphärischem Druck arbeiten. Dabei wird unterschieden zwischen Hochdruckkesseln (Dampferzeuger mit $p > 0{,}5$ atü und Heißwassererzeuger mit $t > 110$ °C) und Niederdruckkesseln (Dampferzeuger mit $p \leqq 0{,}5$ atü und Heißwassererzeuger mit $t \leqq 110$ °C).

Die Ausführungen der Dampfkesselverordnung sind grundsätzlicher Natur; hierauf aufgebaut sind die „Technischen Regeln für Dampfkessel" (TRD) des Deutschen Dampfkesselausschusses, welche zusammen mit der Dampfkesselverordnung genaue Bestimmungen für die Herstellung, Ausrüstung, Aufstellung und Abnahmeprüfung festlegen.

[1] Werner, E.: Diskussionsbeitrag zur Duisburger Arbeitstagung über „Fragen in der Fernwärmeversorgung" Elektrizitätswirtschaft 65 (1966) 133.

[2] Pütz, M.: Die Neuordnung des Dampfkesselwesens nach Inkrafttreten der Dampfkesselverordnung vom 8. September 1965. Heizg.-Lüftg.-Haustechn. 18 (1967) 20/25.

2. Dampferzeugung

Zur Dampferzeugung finden alle Bauarten von Hochdruckkesseln Anwendung. Bei Heizwerken kleiner und mittlerer Leistung bevorzugt man wegen der niedrigen Anlagekosten die auf S. 105 beschriebenen Flammrohrrauchröhrenkessel. Bei größeren, mit Stromerzeugung gekoppelten Fernheizungen geht man auf die in Industrie- und Elektrizitätswerken üblichen Hochdruckkesselbauarten über. Stets sind mechanische Feuerungen vorzusehen, durch die sich Leistung, Brennstoffausnutzung und Regelfähigkeit erhöhen lassen.

Höchstdruckdampfkessel erfordern ein sehr reines und sorgfältig aufbereitetes Speisewasser. Wird bei Heizkraftanlagen der Kesseldampf nach Entspannung in einer Turbine oder Reduzierstation in ein verzweigtes Ferndampfnetz geschickt, so kann das zurückkommende Kondensat wegen der Verschmutzung nicht mehr unmittelbar in die Kessel eingespeist werden. Bei den hohen Kosten der erforderlichen Speisewasseraufbereitung geht man in solchen Fällen vielfach zur indirekten Erzeugung des Ferndampfes über, man trennt also die Kreisläufe des Kessel- und Heizdampfes vollständig.

Der ins Heiznetz gehende Dampf wird in besonderen Verdampferanlagen, die mit Turbinenabdampf oder -entnahmedampf beheizt werden, erzeugt, s. Abb. 6.14. Der Kesseldampf selbst bleibt somit in der Zentrale; das nicht verunreinigte Kondensat aus den Verdampfern kann über den Entgaser wieder unmittelbar in die Kessel eingespeist werden. Die im Mitteldruckgebiet arbeitenden Verdampfer stellen andererseits keine besonderen Ansprüche an die Reinheit des Speisewassers. Das aus dem Netz zurückkommende Kondensat läßt sich nach einfacher chemischer Aufbereitung als Speisewasser der Verdampfer wieder verwenden. Aufstellung und Betrieb derartiger Verdampferanlagen verteuern natürlich den Heizdampf, zumal die mittelbare Dampferzeugung ein zusätzliches Temperaturgefälle auf der Primärseite beansprucht, also eine Einbuße an Gegendruckleistung zur Folge hat. Man wendet dieses Verfahren daher nur bei Höchstdruckkesseln und Fernheizanlagen großer Leistung an.

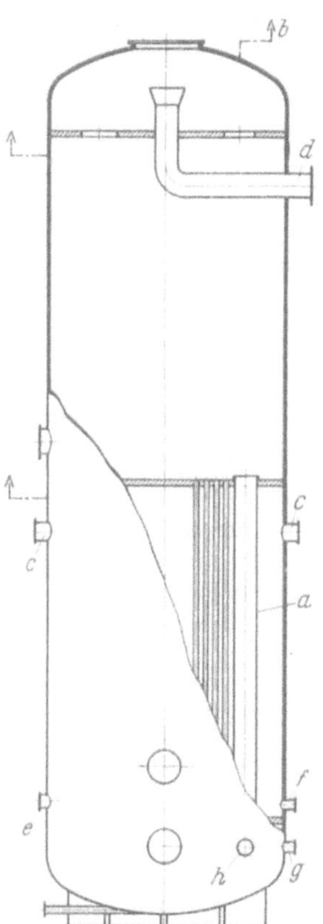

Abb. 6.14. Verdampfer (Bauart Atlaswerke).
a inneres und äußeres Umlaufrohr, *b* Entlüftung, *c* Heizdampfein- bzw. -austritt, *d* Brüdenaustritt, *e* Stutzen für Ablaufregler, *f* Entschwadung, *g* Speisewassereintritt, *h* Laugeaustritt.

3. Wärmespeicher

Wärmespeicher haben die Aufgabe, Schwankungen im Wärmebedarf, insbesondere kurzzeitig auftretende Belastungsspitzen, vom Wärmeerzeuger fernzuhalten oder bei Heizkraftanlagen einen zeitlichen Ausgleich zwischen den Anforderungen der Strom- und Wärmelieferung zu schaffen. Eine nahezu gleichmäßige Kesselbeanspruchung erleichtert die Betriebsführung und verbessert die Wärmeausnützung. Die Zahl der in Betrieb zu haltenden Kesseleinheiten läßt sich zeitweise vermindern; auch kommt man zuweilen mit einer kleineren Gesamtkesselleistung aus. Wirtschaftlich haben diese Vorteile allerdings viel von ihrer Bedeutung eingebüßt, seitdem die neuzeitlichen Kessel und Feuerungen in ihrer Überlastbarkeit und Leistungsanpassung entscheidend verbessert werden konnten. Für den Ausgleich des Kraft- und Wärmebedarfs und die Bewältigung der Anheizspitze ist der Wärmespeicher aber nach wie vor wichtig.

Der Bauart und Arbeitsweise nach unterscheidet man Gleichdruck- und Gefällespeicher. In beiden Fällen wird die hohe spezifische Wärme von Wasser zur Speicherung der Wärme ausgenutzt.

Bei der *Gleichdruckspeicherung* ist der Wasserraum des Wärmeerzeugers durch einen parallelgeschalteten, nicht beheizten Druckbehälter vergrößert. Bei Dampfüberschuß wird sein Wasserinhalt aufgeheizt, bei Dampfmangel hocherhitztes Wasser zur Kesselspeisung oben entnommen, während das kältere Kondensat aus der Anlage unten zuläuft. Dieser Speicher gleicht also nur Schwankungen der Kesselbelastung aus.

Soll ein Ausgleich zwischen Turbinendampfanfall und Heizdampfbedarf herbeigeführt werden, so muß der Speicher zwischen Kraftmaschine und Fernheiznetz eingeschaltet werden. Bei Dampffernleitungen ist man dabei auf einen *Gefällespeicher* in der Art des bekannten Ruths-Speichers angewiesen. Der Speicher besteht aus einem liegenden, zylindrischen Druckgefäß, das größtenteils mit Wasser gefüllt ist. Bei Turbinen- bzw. Kesseldampfüberschuß wird der im Heiznetz nicht benötigte Dampf über Düsen in das Behälterwasser eingeblasen. Mit der Wassertemperatur steigt der Druck im Speicher nach der Sättigungskurve, bis die obere Betriebsdruckgrenze, z. B. der Abdampfdruck oder Zwischendampfdruck der Turbine, erreicht ist. Bei Dampfmangel im Heiznetz wird der Speicher entladen, indem über einen Dampfdom Sattdampf entnommen wird. Dabei sinkt der Druck im Speicher und gleichzeitig die Temperatur des Wassers. Die frei werdende Flüssigkeitswärme liefert die Verdampfungswärme für den abströmenden Dampf. Die Dampfabgabe des Speichers hört auf, wenn im Behälterinneren der Druck des Heizdampfnetzes erreicht ist. Dampfspeicher benötigen also stets ein Arbeitsspiel zwischen dem Lade- und Entladedruck. Um diesen Betrag liegt der Druck am Abdampfstutzen der Turbine höher als bei der Heizkraftschaltung ohne Speicher.

4. Die Gesetze der Speicherung

Die Zusammenhänge sollen am Beispiel eines mit einer Kesselanlage unmittelbar gekuppelten Dampfspeichers erläutert werden. Der Bedarf an Dampf sei starken zeitlichen Schwankungen unterworfen; dagegen soll die Dampflieferung konstant sein, indem sie aus einer Kesselanlage mit konstanter Feuerführung erfolgt. In der Abb. 6.15 ist durch die stark ausgezogene Linie über einen Zeitraum von 24 Stunden der schwankende Dampfbedarf in Tonnen je Stunde gegeben. In dieser Abbildung ist statt des allgemeinen Falles einer Kurve eine gebrochene Linie gewählt, um dem Leser ein Planimetrieren zu ersparen und statt dessen ein Abzählen der Flächenteile zu ermöglichen. Zur Bestimmung der Dampflieferung des Kessels brauchen wir nur die Fläche unter der stark ausgezogenen Linie zu bestimmen und dann durch ein Rechteck gleicher Grundlinie zu ersetzen. Die Höhe des Rechtecks ist im vorliegenden Falle 6 t/h, und damit ist die Größe des Kessels gegeben. Dagegen ist die notwendige Größe des Speichers und sein Ladezustand in einem gegebenen Augenblick aus diesem Bild nicht unmittelbar abzulesen. Wir brauchen dazu noch eine zweite Darstellung, die in Abb. 6.15 gegeben ist. Darin bedeutet die Ordinate den Ladezustand des Speichers in Tonnen. Wir setzen den Ladezustand am linken Rande des Schaubildes vorerst einmal willkürlich gleich Null. In den ersten 2 Stunden haben wir gemäß dem oberen Schaubild einen stündlichen Dampfüberschuß von 2 t, also nimmt der Speicher in den ersten 2 Stunden 4 t auf. Das drückt sich im mittleren Schaubild in einem Anstieg der Linie um 4 t aus. Für die nächstfolgenden 2 Stunden ergibt sich ein Dampfmehrbedarf von 4 t/h. Die Kurve des Lade-

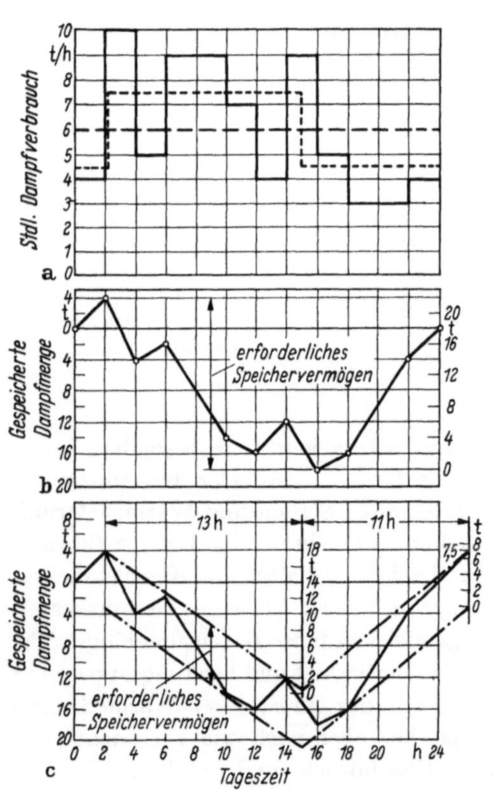

Abb. 6.15. Wärmespeicherung, Ausgleich bei schwankendem Dampfbedarf.

zustandes fällt deshalb um 8 t. Durch Fortsetzung dieses Verfahrens ist die gebrochene Linie entstanden. Man sieht aus ihr, daß der Speicher am Ende der 2. Stunde vollständig aufgeladen, am Ende der 16. Stunde vollkommen entladen ist, und man kann an der Teilung auf der rechten Seite des Bildes ablesen, daß ein Gesamtspeichervermögen von 22 t erforderlich ist.

Der Speicher läßt sich verkleinern, wenn man auf die Forderung einer stets gleichbleibenden Feuerführung verzichtet. Abb. 6.15a zeigt, daß von der 2. bis etwa zur 16. Stunde im allgemeinen viel, von der 16. bis zur 2. Stunde im allgemeinen wenig Dampf gebraucht wird. Man kann also den Kessel im ersten Zeitraum etwas überlasten, im zweiten Zeitraum nicht voll ausnutzen. Durch das in Abb. 6.15c dargestellte zeichnerische Verfahren läßt sich die in beiden Zeiträumen notwendige Dampflieferung sowie die neue Speichergröße ermitteln. Man zeichnet zuerst wieder wie im mittleren Bild die gebrochene Linie und schließt diese dann zwischen zwei gebrochene parallele Linienzüge (strichpunktiert) ein. Der senkrechte Abstand beider Linien kennzeichnet das nunmehr erforderliche Speichervermögen. Wir lesen auf der Teilung an der rechten Seite des Bildes etwa 7,5 t ab. Die verlangte Dampflieferung für beide Zeiträume ergibt sich aus folgender Überlegung. Während des ersten Zeitraumes, der von der 2. bis zur 15. Stunde reicht, also 13 Stunden umfaßt, hat der Kessel nicht nur wie im ersten Fall 6 t Dampf je Stunde zu liefern, sondern außerdem noch 18 t. Das gibt bei konstanter Feuerführung eine Mehrlieferung von 18 : 13 = 1,4 t/h. Von der 15. bis zur 2. Stunde, also im Verlauf von 11 Stunden, braucht er um 18 : 11 = 1,6 t/h weniger als 6 t zu liefern. Durch Übertragen dieser Werte in die Abb. 6.15a zeigt sich, daß die Kesselanlage von der 2. bis zur 15. Stunde stündlich 7,4 t/h und von der 15. bis zur 2. Stunde stündlich 4,4 t/h Dampf liefern muß. Das Verfahren läßt sich noch dadurch erweitern, daß man statt mit zwei, mit drei oder mehr Betriebszuständen der Kesselanlage rechnet. Dann wird natürlich das strichpunktierte Linienpaar statt zweifach gebrochen, mehrfach gebrochen.

Bei den bisherigen Fällen war nur der zeitliche Verlauf des Dampf*bedarfs* vorgeschrieben, während der zeitliche Verlauf der Dampf*lieferung* nach Zweckmäßigkeitsgründen frei gewählt werden konnte. Die Aufgabe ändert sich grundsätzlich, wenn auch die Kurve der Dampflieferung vorgegeben ist, wie das z. B. der Fall ist, wenn der Dampf als Abdampf von Gegendruckturbinen anfällt. Ein solches Beispiel zeigt Abb. 6.16a. Hier ist sofort zu erkennen, daß in den Abendstunden ein Überschuß an Abdampf eintritt, der gespeichert werden kann, um am nächsten Morgen zur Deckung der Spitze des Heizdampfbedarfs herangezogen zu werden. Wir sehen aber auch sofort, daß er zur vollständigen Deckung nicht ausreicht und daß Dampfmangel eintritt, der aus anderen Quellen gedeckt werden muß. In Abb. 6.16b ist nochmals der Verlauf des Heizdampfbedarfs dargestellt. Die Spitze, die aus dem Speicher gedeckt werden kann, ist durch die Fläche A gekennzeichnet, die der Fläche A in Abb. 6.16a gleich sein muß. Die Fläche B stellt jene Dampfmenge dar, die zuerst in der Turbine und dann unmittelbar darauf in der Heizung verwendet wird. Die Fläche C ist die fehlende Dampfmenge, die entweder von einer besonderen Niederdruckkesselanlage geliefert werden muß oder über ein Reduzierventil aus dem Hochdruckkessel zu entnehmen ist. Der Linienzug a, b, c, d, e, f stellt im letzteren Falle die Belastung der Hochdruckkesselanlage dar. Um diese gleichmäßiger zu gestalten, kann man den Speicher größer ausführen, als es der Fläche A entspricht, und kann dann unmittelbar aus dem Hochdruckkessel den Speicher aufladen.

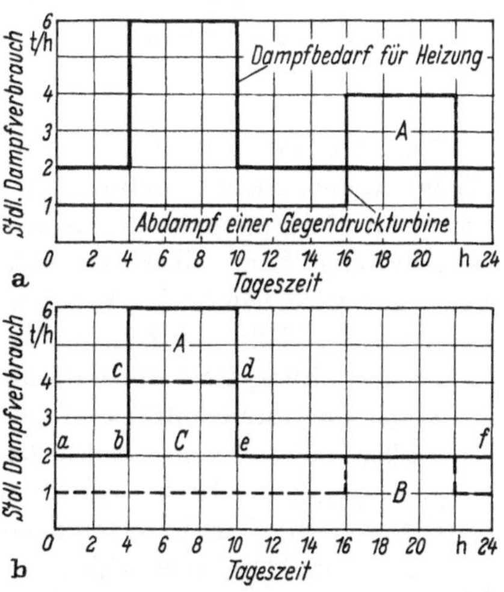

Abb. 6.16. Ausgleich zwischen Abdampfanfall und Wärmebedarf.

Die vorstehenden Ausführungen gelten nicht nur für die besprochenen Fälle der Speicherung von Dampf, sondern sie gelten in sinngemäßer Anwendung auch für die Speicherung von Wärme in Gestalt von Heißwasser, für die Speicherung in den Wasser- und Gasbehältern der städtischen Werke, für die Speicherung elektrischer Energie in Akkumulatoren sowie überhaupt für alle Aufgaben der Speicherung.

B. Leitungsverlegung und Ausnützung der Kondensatwärme

1. Entwässerung

Schon bei Besprechung der Zentralheizungen ist darauf hingewiesen worden, daß Dampfleitungen so verlegt werden müssen, daß das sich bildende Kondensat sicher abgeführt wird. In der Regel erhalten die Dampfleitungen daher Gefälle in Strömungsrichtung, wobei das Niederschlagwasser am tiefsten Punkt der Leitung, zuweilen auch auf der geraden Strecke mittels besonderer Wasserabscheider vom Dampf getrennt und abgeleitet wird, s. S. 145. Zwischen zwei Absperrungen und vor jeder Verwendungsstelle ist der Dampf zu entwässern. Bei kanalverlegten Fernleitungen müssen die Entwässerungen durch Einsteigschächte zugänglich sein.

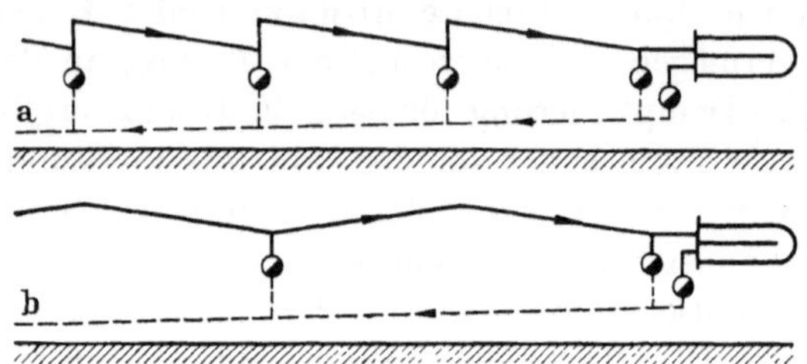

Abb. 6.17. Verlegung von Fernleitungen mit Gefälle.

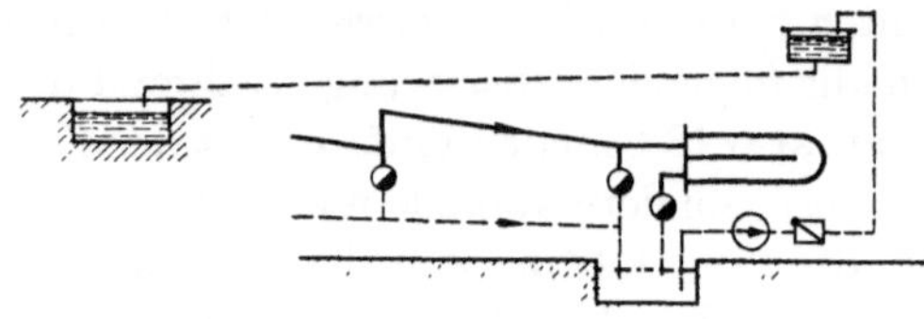

Abb. 6.18. Kondensatrückführung über einen Hochbehälter.

Das Leitungsgefälle (mindestens 1 : 1000) zwingt bei waagerechten Kanälen zu hohen und teueren Kanalprofilen. Man verlegt daher häufig Dampfleitungen sägeförmig, s. Abb. 6.17a. Vor jedem Anstieg ist neu zu entwässern. Die Zahl der Entwässerungen läßt sich fast auf die Hälfte vermindern, wenn man die Leitung abwechselnd mit Steigung und mit Gefälle verlegt, s. Abb. 6.17b. Im steigenden Teil läuft das Kondensat gegen den Dampfstrom ab. Die Steigung muß daher stärker sein als das Druckgefälle bei höchster Leitungsbelastung, keinesfalls sollte man unter 1 : 200 gehen.

2. Kondensatrückführung

Das Kondensat wird nur ausnahmsweise mit natürlichem Gefälle zum Kesselhaus zurückfließen können; meist muß es mit Pumpen zurückgefördert werden. Um die Zahl dieser Pumpstationen klein zu halten, empfiehlt es sich, das Kondensat benachbarter Verbraucher einem gemeinsamen Sammelbehälter zulaufen zu lassen. Bei Industrieanlagen mit freier Leitungsverlegung wird häufig das Kondensat von der Pumpe in einen Hochbehälter gedrückt, von wo aus es mit Gefälle zur Zentrale läuft, s. Abb. 6.18. Diese Schaltung hat den Vorzug, daß die Kondensatleitung stets leerläuft und daher in Betriebspausen im Winter nicht einfrieren kann. Lediglich die Pumpendruckleitung ist bei Frostgefahr zu entleeren.

Außer der „offenen Rückförderung", wie in Abb. 6.18 gezeigt, ist auch ein geschlossenes System möglich[1]. Hierbei erhält das Kondensatsammelgefäß ein Dampfpolster, welches Luftzutritt und die damit verbundene erhöhte Korrosionsgefahr verhindert.

Zur Vermeidung der zahlreichen Rückförderpumpen in ausgedehnten Heiznetzen kann das Kondensat aus den einzelnen Hausstationen eines Bezirks auch durch eine Saugleitung in eine Zwischenstation gefördert und von dort aus in die Zentrale zurückgeführt werden[2]. Zwei selbstansaugende Naßluftpumpen, die automatisch geschaltet werden, halten das luftdicht ausgeführte Kondensatnetz unter ständigem Unterdruck und drücken das Kondensat in das Kesselhaus. Näheres über die Schaltung und Bemessung derartiger Rückspeiseanlagen ist dem angeführten Schrifttum zu entnehmen.

---

[1] Technische Richtlinien für Hausanschlüsse an Fernwärmenetze. Herausgegeben von der VDEW 3. Ausgabe 1966.

[2] Schilling, H.: Ein neues Verfahren zur Rückführung des Niederschlagwassers bei Fernheizwerken. Gesundh.-Ing. 64 (1941) 651/653. — Schilling, H.: Über die Niederschlagswasserförderung durch Unterdruck. Gesundh.-Ing. 65 (1942) 65/66.

Wenn der Dampfdruck stets genügend hoch über dem Pumpendruck in der Kondensatleitung liegt, ist bei entsprechender Abführung des Kondensats eine Entwässerung der Dampfleitung direkt in die Kondensatleitung möglich; hierdurch kann die zusätzliche Entwässerungsleitung eingespart werden. Dabei ist jedoch von einer Verwendung der im vierten Abschnitt unter II C 5 beschriebenen Kondensatableiter abzuraten, weil bei allen diesen Bauarten ein Durchschlagen (Dampfübertritt in die Kondensatleitung) nicht auszuschließen ist; in solchen Fällen werden Sonderbauarten verwendet[1].

3. Abwärmeverwertung

Das Kondensat fällt bei Dampffernleitungen ebenso wie bei dampfbeheizten Apparaten vielfach mit Temperaturen über 100 °C an. Bei freiem Ablauf des Kondensats verdampft mit der Druckentlastung hinter dem Kondenstopf ein Teil des Kondensats. Dies führt zu Geräuschbelästigungen, zuweilen auch zu Betriebsstörungen; vor allem tritt dabei ein erheblicher Wärme- und Kondensatverlust auf, beispielsweise bis zu 6% bei einem Dampfdruck von 2 atü und bis zu 10% bei 5 atü.

Die Wrasenbildung ist besonders unerwünscht bei Streckenentwässerungen von Fernleitungen. Man verlegt daher zweckmäßigerweise die Entwässerungsleitung vor dem Kondenstopf einige Meter ungeschützt (aber nicht frostgefährdet!), damit das Kondensat sich auf Temperaturen unter 100 °C abkühlen kann. Das Kondensat aus dampfbeheizten Apparaten, die mit höheren Temperaturen betrieben werden, sollte getrennt zu einem Sammelgefäß geführt werden. Bei gemeinsamen Kondensatleitungen treten häufig Schläge infolge Nachverdampfung oder undichter Kondenstöpfe auf.

Handelt es sich um größere Kondensatmengen, so empfiehlt sich die Ausnutzung der Wrasenwärme für Heizzwecke oder zur Warmwasserbereitung etwa nach Art der Abb. 6.19. Das Hochdruckkondensat mehrerer Verbrauchsstellen (a_1, a_2) läuft getrennt einem Entspannungsgefäß b zu. Der Wrasen wird in einem Wärmeaustauscher c niedergeschlagen, dessen Kondensat im

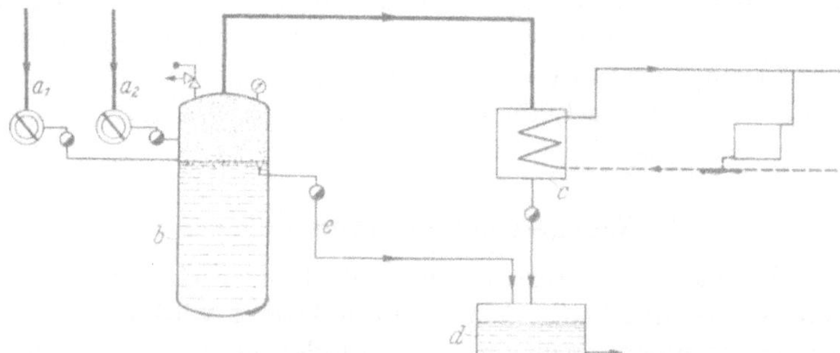

Abb. 6.19. Wrasenausnutzung zur Heizwassererwärmung; gesonderter Wärmeaustauscher.

Gefäß d gemeinsam mit dem aus dem Überlauf e des Druckgefäßes abfließenden Kondensat gesammelt wird. Das Druckgefäß b erhält ein Sicherheitsventil, das bei fehlender Wärmeentnahme unzulässige Drucküberschreitungen verhindert. Eine weitergehende Ausnutzung der Kondensatwärme erreicht man, wenn die Kühlfläche in das Entspannungsgefäß selbst verlegt wird, s. Abb. 6.20. Das abgekühlte Kondensat wird in diesem Fall unten aus dem Entspannungsgefäß abgezogen, und zwar über ein Ablaufventil oder eine Pumpe mit Schwimmerschalter.

Zur Aufnahme der Wrasenwärme eignen sich bei gewerblichen Heizapparaten Wärmeverbraucher, die ganzjährig betrieben werden; die Erwärmung von Brauchwasser ist in dieser Beziehung der Vorwärmung von Heizwasser vorzuziehen. Handelt es sich jedoch um heißes Kondensat aus Raumheizgeräten, so wird man auch die Wrasenwärme nach Möglichkeit dem gleichen Verwendungszweck zuführen. So kann beispielsweise der Entspannungsdampf mehrerer

[1] Wiese, Fr. F.: Die Fernheizleitung zum Flughafen Berlin. Heizung und Lüftung 13 (1939) 103.

Luftheizer, die an ein Hochdruckdampfnetz angeschlossen sind, zur Lufterwärmung in einem gleichen Gerät kleinerer Leistung ausgenützt werden.

Bei ausgedehnten Dampfnetzen kann der Kondensatanfall auf der Strecke eingeschränkt werden, wenn der Dampf am Eintritt überhitzt ist. Der Wärmeverlust der Hauptleitungen wird

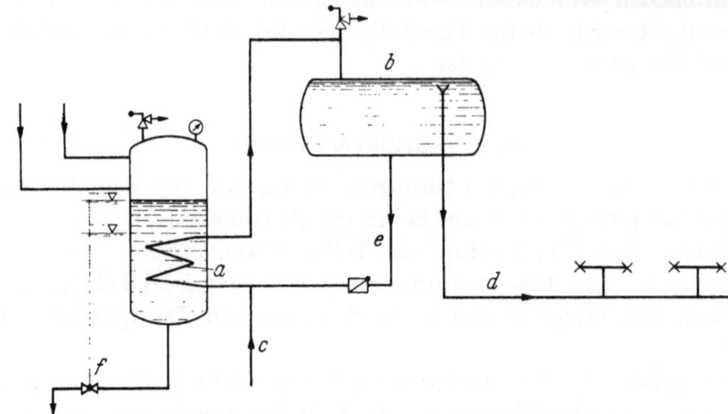

Abb. 6.20. Wrasenausnutzung zur Brauchwassererwärmung; Heizschlange im Entspannungsgefäß. *a* Heizschlange, *b* Warmwasserspeicher, *c* Kaltwasserzulauf, *d* Brauchwarmwasserleitung, *e* Umlaufleitung, *f* Ablaufventil.

während des Betriebs dann im wesentlichen aus der Überhitzungswärme bestritten. Trotz der höheren Dampftemperatur sind im allgemeinen die Wärmeverluste nicht größer als bei Sattdampfbetrieb.

C. Unterstationen und Verbraucheranschlüsse

Die Unterstationen von Dampfnetzen sind im Aufbau denkbar einfach. Der ankommende Heizdampf wird entwässert und in der Regel einem Verteilerstock zugeführt, auf dem die Abgänge zu den einzelnen Verbrauchern oder den Verbrauchergruppen mit ihren Absperrorganen angeordnet sind. Wird Dampf verschiedener Spannung benötigt, so schließt sich an den Hauptverteiler zumeist unmittelbar der Druckminderer und ein zweiter Dampfverteiler an, s. Abb. 6.21a, der im Niederdruckbereich meist durch ein Standrohr (*St*) abgesichert wird.

1. Nachgeschaltete Dampfanlagen

Abb. 6.21b zeigt schematisch den Aufbau einer vollständigen Hausstation bei Anschluß einer ND-Dampfanlage an eine Stadtheizung. Der gesamte Dampf wird hier über den Druckminderer *a* geleitet, der bei Störungen auch umgangen werden kann. Das aus der Hausanlage zurückkommende Kondensat *c* fließt über das Entspannungsgefäß *d* und einen Kondensatzähler *e* zum Sammelbehälter *f*. Eine vom Wasserstand im Sammelbehälter gesteuerte Elektropumpe *g* drückt das Kondensat in das Kesselhaus zurück. Die Dampfleitung bis zur Hauptabsperrung *h* und die gesamte Kondensatrückspeiseanlage stehen dabei unter Aufsicht des Fernheizwerkes, das nach der Kondensatmenge die Dampfentnahme verrechnet. Dementsprechend werden das vor dem Dampfabsperrventil anfallende Kondensat und insbesondere auch das Kondensat einer etwaigen Streckenentwässerung unter Umgehung des Zählers unmittelbar in das Sammelgefäß eingeleitet.

Die senkrecht abwärts führende Dampfleitung mündet unten in einen mindestens 300 mm langen Schlammfang *i*, der mit einem Blindflansch verschlossen ist. Auf Umführungsleitungen der Kondensatableiter *K* mit ihren zahlreichen Absperrventilen kann verzichtet werden, wenn die betreffenden Entwässerungen ohne betriebliche Nachteile zeitweise geschlossen und Störungen an den Ableitern rasch beseitigt werden können.

Die Kondensatmessung bietet keine Grundlage für die Abrechnung mit dem Wärmeabnehmer, wenn ein Teil des gelieferten Dampfes unmittelbar zu Fertigungszwecken oder zur Wassererwärmung verwendet wird. In diesen Fällen ist entweder der Wärmeverbrauch dampfseitig zu messen oder es sind besondere Verdampfer aufzustellen[1]. Der Aufbau der Unterstation gleicht im letztgenannten Fall dem eines Warmwasserheizungsanschlusses. Ein weiterer Vorteil der Einschaltung eines Wärmeaustauschers liegt in der völligen Trennung der Heizmittelkreisläufe im Fernleitungs- und Hausnetz. Verunreinigungen des Fernheizkondensates in den verzweigten Hausanlagen werden vermieden, ebenso die Anreicherung des Kondensats mit Sauerstoff in den gut belüfteten Hausleitungen.

Die hinter dem Druckminderer liegenden Teile einer Dampfversorgungsanlage sind stets gegen Drucküberschreitungen bei Versagen des Reglers oder undichtem Abschluß zu sichern. Bei Drücken über 0,3 atü werden an Stelle der Standrohre Sicherheitsventile eingebaut; sie

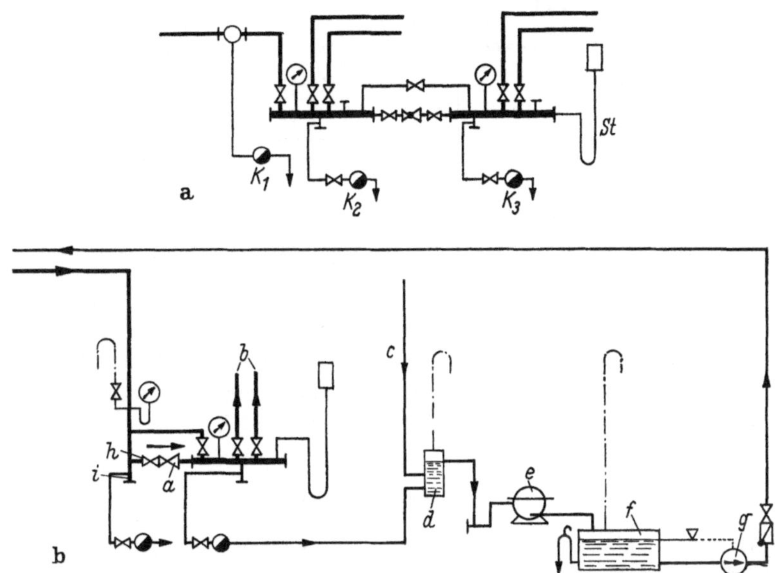

Abb. 6.21. Verbraucheranschlüsse.
a) Unterstation mit 2 Druckbereichen; b) Hausstation für eine ND-Dampfheizung.

sind für die höchste von der Anschlußleitung gelieferte Dampfmenge auszulegen. Zunehmend verzichtet man auf die Umgehungsleitung am Druckminderer und setzt bei Störungen an diesem Gerät ein vorbereitetes Paßstück ein. Es ist dann aber notwendig, hinter dem Absperrventil noch ein besonderes Drosselventil vorzusehen.

Statt des „direkten" Anschlusses von Niederdruckdampfheizungen, wie in Abb. 6.21 dargestellt, ist auch ein „indirekter" Anschluß möglich; hierbei wird ein Wärmeaustauscher, welcher auf der Niederdruckseite als Verdampfer wirkt, zwischengeschaltet.

2. Nachgeschaltete Warmwasserheizungen und Warmwasserversorgungen

Hier ist in jedem Falle die Zwischenschaltung eines Wärmeaustauschers notwendig. Bei Anschluß von *Warmwasserheizungen* ist der Dampfdruckregler nicht notwendig, da jede Drucküberschreitung in der Hausanlage auch bei Beheizung mittels Hochdruckdampf durch die offene Verbindung mit der Atmosphäre unmöglich ist, s. Abb. 6.22. Der Dampfzufluß zum Wärmeaustauscher *a* wird durch ein Regelventil *b* beeinflußt, dessen Fühlorgan im allgemeinen im Heizwasservorlauf sitzt. Bei Schwerkraftheizungen hat der Einbau eines Temperaturfühlers im Rücklauf den Vorteil, den Anheizvorgang zu beschleunigen und ein stoßweises Arbeiten des Reglers bei der zunächst noch schwachen Wasserzirkulation zu verhindern.

Die Verwendung von ungedrosseltem Hochdruckdampf ermöglicht kleinere Heizflächen der Wärmeaustauscher, führt jedoch leicht zu Wrasenverlusten bei voller Belastung, sofern

[1] Vgl. Fußnote 1 S. 262.

keine besonderen Kondensatkühler vorgesehen sind. Auch arbeiten Regelventile im Niederdruckgebiet wegen des größeren Dampfvolumens besser als im Hochdruckgebiet.

Aus diesen Gründen wird häufig auch bei nachgeschalteten Wasserheizungen der Dampfdruck auf 0,5 atü und weniger herabgedrosselt, besonders wenn gleichzeitig Warmwasserbereitungen mit direktem Kaltwasseranschluß versehen werden, s. Abb. 5.03a. Die sicherheitstechnischen Bestimmungen für diese Anlagen sind in dem AD-Merkblatt A 3 zusammengestellt. Heizung und Warmwasserbereitung erhalten zweckmäßigerweise wegen ihrer verschiedenen Betriebszeiten getrennte Dampfzuleitungen vom Verteiler ab.

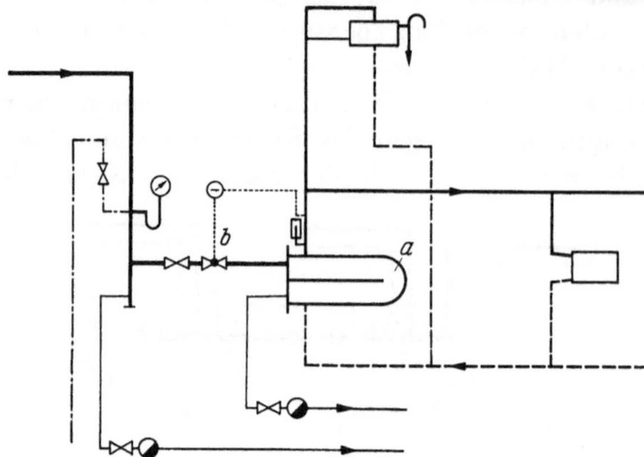

Abb. 6.22. Hausstation für eine Warmwasserheizung (Kondensatrückspeisung wie bei Abb. 6.21b).

3. Kondensatkühlung

Bei allen Fernheizanschlüssen ist eine möglichst weitgehende Abkühlung des Kondensats vor seiner Rückführung in die Zentrale aus betrieblichen und wärmewirtschaftlichen Gründen anzustreben.

In den Hausstationen öffentlicher Wärmeversorgungsanlagen entstehen bei zu hohen Kondensattemperaturen nicht nur vermeidbare Wärme- und Speisewasserverluste, auch einzelne Anlageteile, wie Meßgeräte und Pumpen, werden gefährdet. Da die Fernheizwerke in der Regel eine Abkühlung des Kondensats auf 50 bis 60 °C wünschen, ja zuweilen derartige Grenztemperaturen für das Kondensat vorschreiben und die weitergehend entnommene Kondensatwärme nicht verrechnen, kann der Wärmegewinn für den Abnehmer durchaus beachtlich sein.

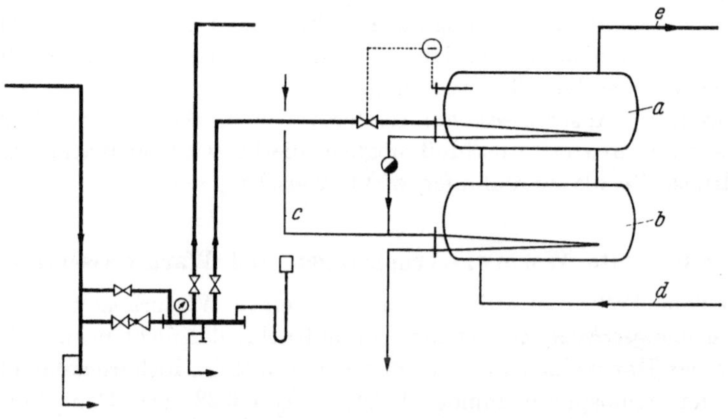

Abb. 6.23. Kondensatabkühlung durch Erwärmung des Brauchwassers.
a Brauchwarmwasserbereiter mit Speicherung, *b* Brauchwarmwasservorwärmer, *c* Kondensat sonstiger Verbraucher, *d* Kaltwasserzufluß, *e* Brauchwarmwasserabfluß.

In einfachster Weise kann das Kondensat einer Hausstation gekühlt werden, wenn eine Warmwasserversorgung vorhanden ist. In unmittelbarer Kupplung wird unter dem dampfbeheizten Warmwasserbereiter ein zweiter Wärmeaustauscher, evtl. mit größerem Speicherraum, angeordnet, dem das Kondensat aus den oberen Heizregistern sowie sonstigen Wärmeverbrauchern zuläuft, s. Abb. 6.23. Das Kaltwasser wird zunächst durch den Vorwärmer und dann durch den eigentlichen Warmwasserbereiter geführt.

In ähnlicher Weise läßt sich auch ein Kondensatkühler in den Kreislauf einer Warmwasserheizung einschalten.

Die Kondensatablauftemperatur ist hier allerdings durch die Temperatur des Heizwasserrücklaufs begrenzt, die bei voller Belastung für normale Warmwasserheizungen bis auf 70 °C ansteigen kann. Bei mittleren Wintertemperaturen liegt sie jedoch wesentlich tiefer, so daß während des größten Teils der Heizperiode Kondensattemperaturen von 55 bis 60° C erreichbar sind. Selbstverständlich läßt sich die gleiche Wirkung auch durch eine entsprechend groß bemessene Heizfläche in *einem* Wärmeaustauscher erzielen. Die erforderliche Gesamtheizfläche ist aber bei Aufstellung eines besonderen Kondensatkühlers kleiner, da kondensatseitig, evtl. auch auf der Heizseite, die Wassergeschwindigkeit größer gewählt und damit der Wärmeübergang verbessert werden kann.

4. Ausführungs- und Bemessungsfragen

Ausblasleitungen von Sicherheitsventilen und Standrohren sollen in der Zentrale endigen, damit Störungen an der Anlage möglichst rasch bemerkt und behoben werden. Das gleiche gilt für Wrasen- und Entlüftungsleitungen, die am besten mit Umkehrbögen bis kurz über den Fußboden geführt werden.

Bei größeren Unterstationen ist es üblich, die Wärmeaustauscherleistung auf 2 oder 3 Einheiten aufzuteilen. Man vermeidet dadurch zu große Apparate und Absperrorgane; auch bleibt bei Ausfall einer Einheit die volle Einsatzfähigkeit der Anlage bis auf wenige kalte Tage im Jahr gewahrt.

Das Kondensatsammelgefäß soll die höchste je Stunde anfallende Kondensatmenge aufnehmen können. Die Kondensatförderpumpe ist für das 1,5fache des maximalen Kondensatdurchsatzes zu bemessen. Diese Auslegung genügt erfahrungsgemäß für die Zeiten höchster Belastung und gewährleistet zugleich, daß im üblichen Heizbetrieb die Pumpe nicht allzu häufig geschaltet werden muß. Das Kondensat soll der Pumpe zulaufen. Ist dies nicht möglich, so sind selbstansaugende Pumpen zu wählen.

IV. Heißwasserfernheizung

Bei Verwendung von Heißwasser als Wärmeträger entfallen die betrieblichen Schwierigkeiten, die mit der Ableitung und Rückführung des Kondensates von Dampffernleitungen zusammenhängen. Rohrführung, Bedienung und Überwachung einer Fernheizung werden dadurch wesentlich vereinfacht. Auch kann die Temperatur der Heizflächen bei industriellen Wärmeverbrauchern zuverlässig eingestellt und bei Raumheizanlagen zentral geregelt werden.

Je nach den besonderen Aufgaben der Anlage wählt man Vorlauftemperaturen zwischen 120 und 180 °C, in Ausnahmefällen auch höhere. Große Temperaturunterschiede zwischen Vorlauf und Rücklauf führen zu kleinen Rohrdurchmessern, also billigen Leitungen. Der untere Grenzwert der Rücklauftemperatur wird durch die Ablauftemperatur an den Verbrauchsstellen bestimmt. So wird man bei angeschlossenen Dampferzeugern mit einer Ablauftemperatur des Heißwassers rechnen müssen, die um 5 bis 10 °C über der dem Dampfdruck entsprechenden Sättigungstemperatur liegt. Bei industriellen Verbrauchern ist in der Regel die Temperaturdifferenz an der Eintritts- und Austrittsstelle des Heizwassers festgelegt. Eine größere Freiheit in der Wahl des Temperaturunterschiedes zwischen Vor- und Rücklauf hat man nur bei reinen Raumheiznetzen, wie sie beispielsweise in Betrieben mit vorwiegend mechanischer Fertigung und bei der öffentlichen Wärmeversorgung vorkommen.

A. Heißwassererzeugung und Speicherung

1. Erwärmung des Wassers in Heißwasserkesseln

Die unmittelbare Erwärmung des umlaufenden Heizwassers in Kesseln ist am Platz bei Industriewerken und Fernheizungen ohne eigene Stromerzeugung. Als Heißwasserkessel können fast sämtliche Bauarten von Hochdruckdampfkesseln verwendet werden. Wesentlich ist dabei, daß die Zusatzspeisewassermenge im Gegensatz zum Dampfkesselbetrieb i. allg. nur sehr klein ist, also keine umfangreichen Speisewasseraufbereitungsanlagen erforderlich sind. Andererseits muß darauf Rücksicht genommen werden, daß aus ausgedehnten Fernleitungen, insbesondere bei der ersten Inbetriebnahme, Verunreinigungen in die Kessel gelangen, die bei empfindlichen Bauarten zu Betriebsstörungen Anlaß geben können. Auch ist auf eine einwandfreie Wasserzirkulation, insbesondere in den thermisch hoch beanspruchten Kesselteilen, zu achten.

Heißwasserkessel können in zweierlei Weise betrieben werden, entweder ganz mit Wasser gefüllt oder mit Dampfraum und Wasserstand wie beim Dampfkessel. Das Heißwasser wird bei Kesseln mit Dampfraum mittels eines Tauchstutzen dicht unterhalb des niedrigsten Wasserstandes entnommen, s. Abb. 6.28. Derartige Kessel sichern gleichzeitig die Druckhaltung im Heizsystem und ermöglichen die Abgabe von Hochdruckdampf für Antriebs- oder Heizzwecke. Bei großem Dampfraum können auch die Volumenänderungen des Heizwassers, die durch Temperaturschwankungen im Betrieb bedingt sind, im Kessel selbst aufgenommen werden.

Werden mehrere Kessel mit Dampfraum parallel geschaltet, so müssen die Wasserstände stets gleichgehalten werden. Einheitliche Wasserstände setzen gleichen Druck in den Dampfräumen voraus und diese wieder gleiche Temperatur des Kesselwassers. Letzteres ist aber nur möglich, wenn in jedem Kessel die zuströmende Wassermenge stets gleich der abströmenden ist und wenn der Wasserdurchfluß durch die einzelnen Kessel proportional der augenblicklichen Wärmeentwicklung der Feuerungen gehalten wird. Wie scharf diese Forderungen sind, zeigen nachstehende Zahlen: Läßt man einen Unterschied im Wasserstand von 10 cm zu, so darf der Druckunterschied in den Dampfräumen nur $^1/_{100}$ at und damit nach den Dampftabellen der Unterschied in den Temperaturen des Kesselwassers nur etwa $^1/_{20}$ °C betragen. Da eine so genaue Steuerung auch mit selbsttätigen Reglern nicht möglich ist, sichert man den Ausgleich der Wasserstände, indem man die Dampfräume der verschiedenen Kessel untereinander und ebenso die Wasserräume untereinander verbindet. Es empfiehlt sich, die Dampfausgleichsleitungen reichlich zu wählen, um bei starken Belastungs- oder Leistungsunterschieden der Kessel den Übertritt von Dampf aus dem Kessel höherer Leistung in den geringerer Leistung bei kleinsten Druckunterschieden zu gewährleisten. Etwaige Vorwärmer sind stets wasserseitig vor die Kessel zu schalten.

Man umgeht die Schwierigkeiten der Gleichhaltung des Wasserstandes, wenn die Kessel nicht parallel, sondern hintereinandergeschaltet werden. Nur der letzte Kessel erhält dann einen Dampfraum, der allerdings zur Aufnahme der Wasserausdehnung in der Regel nicht mehr ausreicht. Die Anordnung hat den Vorzug, daß bei geeigneter Rohrführung einer der mit Wasser gefüllten Kessel zeitweise ausgeschaltet und als Speicher benutzt werden kann. Andererseits bedingt die Hintereinanderschaltung größere Rohrleitungsquerschnitte mit unhandlichen Absperreinrichtungen sowie höhere Druckverluste. Die Schaltung sollte nicht angewendet werden bei Verfeuerung schwefelhaltiger Brennstoffe (schweres Heizöl), weil in diesem Fall die Gefahr von Taupunktunterschreitungen auf den feuerungsseitigen Heizflächen des vorgeschalteten Kessels besteht.

2. Erwärmung des Wassers in Wärmeaustauschern

Wird in einer Anlage neben der Heizwärme in größerem Umfang Hochdruckdampf benötigt, sei es zur Krafterzeugung oder für industrielle Zwecke, so wird in der Regel die Erwärmung des Heizwassers in Wärmeaustauschern vorgenommen.

Neben Oberflächenaustauschern der bekannten Bauarten, s. S. 153, finden hierfür auch Mischvorwärmer Verwendung. Bei ihnen wird entweder der Dampf unmittelbar in das zu erwärmende Wasser eingeblasen, oder man läßt das Wasser in feiner Verteilung durch einen Dampfraum fallen. Einen Heißwasserbereiter dieser Art (Kaskade) zeigt Abb. 6.24.

In ein stehendes zylindrisches Gefäß wird oben mittels einer Ringleitung das Heizwasser eingeführt. Durch übereinander angeordnete ringförmige Lochbleche wird das Wasser in viele kleine Rinnsale und Tropfen zerteilt und mischt sich beim Fallen mit dem Heizdampf, der den oberen Teil des Gefäßes ausfüllt. Das erwärmte Wasser wird unten durch eine Pumpe abgesaugt und in das Netz geschickt. Durch Rücklaufwasserbeimischung vor dem Pumpensaugstutzen wird ein Ausdampfen des Wassers in der Saugleitung verhindert. Die Apparate gelten im übrigen als Druckgefäße im Sinne der behördlichen Vorschriften.

Die Kaskade dient bei Heißwasserheizungen nicht nur als Wärmeaustauscher, sondern gleichzeitig auch zur Druckhaltung und zur Aufnahme der Wasserausdehnung. Sie wird zur Vergrößerung des Ausgleichraums daher zuweilen auf große, liegende Wasserspeicher aufgesetzt.

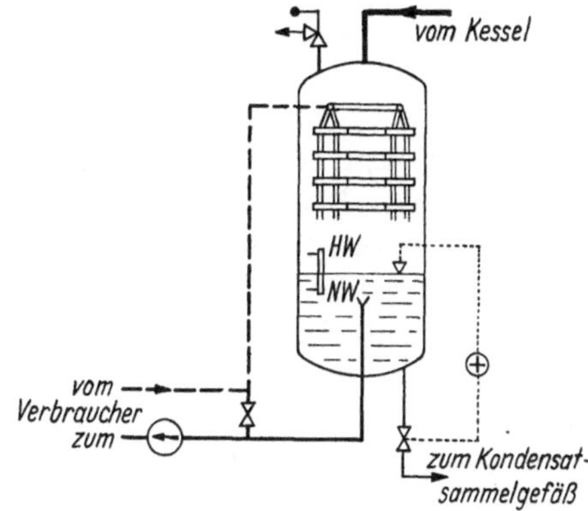

Abb. 6.24. Mischvorwärmer.

Während der Wärmedurchgang durch die Heizflächen von Oberflächenwärmeaustauschern stets einen Temperatursprung zwischen Heizdampf und Heizwasser voraussetzt, läßt sich mit Kaskaden das Wasser praktisch bis auf die Sättigungstemperatur des Heizdampfs aufwärmen. Das bedeutet aber, daß bei der unmittelbaren Wassererwärmung der Heizdampfdruck um 0,7 bis 1,5 at niedriger sein kann als bei der mittelbaren und damit bei Verwendung von Anzapf- oder Gegendruckdampf die Stromausbeute entsprechend höher ist. Auch lassen sich bei Wärmeaustauschern in Kaskadenform sehr große Einheitsleistungen bei verhältnismäßig geringem Platzbedarf und Kostenaufwand erzielen. Dem Ausgleich des Druckes und der Wasserstände parallelgeschalteter Kaskaden ist dieselbe, wenn nicht noch höhere Beachtung zu schenken wie bei Heißwasserkesseln mit Dampfraum. Schon geringe Unterschiede in der Belastung gleich groß gewählter Einheiten können zu betrieblichen Störungen mit heftigen Dampf- bzw. Wasserschlägen, ja zum „Tanzen" der Austauscher führen. Durch Einschaltung besonderer Wasserumwälzpumpen läßt sich die wasserseitige Beaufschlagung unabhängig von der Zahl der in Betrieb befindlichen Einheiten halten.

Ein Nachteil der direkten Wassererwärmung ist die Mischung des Dampfes mit dem im Heizsystem umlaufenden Wasser und der Verlust einer entsprechenden Menge an hochwertigem Kondensat. Man zieht bei Höchstdruckkesseln daher heute die indirekte Heizwassererwärmung in Oberflächenwärmeaustauschern vor, um eine klare Trennung der Kessel- und Heizungskreisläufe herbeizuführen.

3. Wärmespeicherung

Bei Wasserheizungen können kleinere Schwankungen im Wärmebedarf in der Regel schon durch die hohe Speicherfähigkeit des Wasserinhalts der Anlage überbrückt werden. Das trifft vor allem zu für Heißwasserheizungen mit Großwasserraumkesseln. Ist bei derartigen Kesseln mit Dampfraum der Druck hoch genug gewählt im Verhältnis zur geforderten Vorlauftemperatur, so lassen sich bei plötzlich steigendem Wärmebedarf durch Druckabsenkung im Kessel sehr große Wärmemengen ohne Überlastung der Feuerung frei machen. Ein Flammrohrkessel mit 12 m³ Wasserinhalt gibt beispielsweise bei einer Druckherabsetzung von 8 auf 7 at rd. $12000 \cdot 5 = 60000$ kcal ab, das entspricht bei einer Entnahmezeit von 5 Minuten und einer Nennleistung von $1{,}5 \cdot 10^6$ kcal/h einer kurzzeitigen Leistungssteigerung um etwa 50%.

Bei größeren und länger anhaltenden Schwankungen im Wärmeverbrauch kann ein besonderer Wärmespeicher eingeschaltet werden. Er ist vor allem von Nutzen, wenn zeitlich der Heizdampfanfall und der Wärmeverbrauch nicht übereinstimmen. Grundsätzlich sollte die Wärme auf einem möglichst niedrigen Temperaturniveau gespeichert werden. Dadurch läßt sich bei Heizkraftanlagen die Stromausbeute steigern und ganz allgemein der Speicherraum klein halten. So ist es zweckmäßig, bei Betrieben, die größere Mengen Warmwasser benötigen, dieses Gebrauchswasser in Zeiten hohen Heizdampfanfalls zu erwärmen bzw. zu speichern. Hierfür können einfache Wasserbehälter benützt werden, die sehr große Wärmemengen mit geringem Aufwand zu speichern vermögen, da die ausnützbare Temperaturspanne verhältnismäßig groß ist. In einem Gefäß mit 10 m³ Inhalt können beispielsweise bei einer Wassererwärmung von 10 auf 70° rd. $60 \cdot 10 \cdot 1000 = 600000$ kcal gespeichert werden, also eine Wärmemenge, die rd. 1200 kg Dampf entspricht.

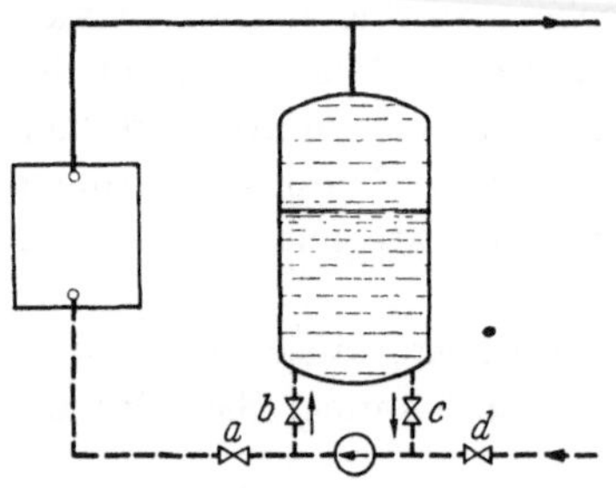

Abb. 6.25. Verdrängungsspeicher.

Muß jedoch die Speicherung durch das Heizwasser erfolgen, so sind Verdrängungsspeicher in das Netz einzuschalten. Sie können nur innerhalb der Temperaturspanne zwischen Vorlauf und Rücklauf die Wärme speichern und unterliegen allen Anforderungen an ein Druckgefäß. Meist werden stehende zylindrische Kessel verwendet, in denen das heißere Vorlaufwasser über dem kälteren Rücklaufwasser geschichtet liegt. Die Anordnung eines solchen Verdrängungsspeichers im Heißwassernetz zeigt Abb. 6.25. Die Betriebsweise läßt sich am deutlichsten an drei Grenzfällen erläutern:

1. Der Kessel liefert allein die gesamte Heizwärme, der Speicher ist ausgeschaltet. Ventil *a* und *d* sind geöffnet, *b* und *c* geschlossen.

2. Der Kessel soll bei abgeschalteter Heizung den Speicher aufladen. Ventil *a* und *c* sind geöffnet, *b* und *d* geschlossen. Die Pumpe saugt dann kaltes Wasser unten aus dem Speicher an; ein gleiches Volumen erwärmten Wassers strömt oben nach.

3. Die Heizung wird bei abgeschaltetem Kessel allein aus dem Speicher mit Wärme versorgt. Ventil *a* und *c* sind geschlossen, *b* und *d* geöffnet. Das aus der Anlage zurückkommende abgekühlte Heizwasser wird unten in den Speicher eingepumpt, das erwärmte Speicherwasser dafür in das Heiznetz gedrückt.

Die normalen Betriebszustände liegen zwischen diesen Grenzfällen, indem z. B. der Kessel gleichzeitig die Heizung versorgt und den Speicher auflädt oder indem die Heizung teils aus dem Kessel, teils aus dem Speicher Wasser erhält.

Ist die Heizungsumwälzpumpe im Vorlauf angeordnet, so muß eine besondere Speicherlade- bzw. Entladepumpe vorgesehen werden.

B. Druckhaltung und Aufnahme der Wasserausdehnung

Beim Entwurf einer Heißwasserheizung ist darauf zu achten, daß sich an keiner Stelle in der Leitung Dampf bilden kann und daß die Volumänderungen des Wassers beim Erwärmen und Abkühlen in der Anlage aufgenommen werden können.

Die Mannigfaltigkeit der Forderungen, welche die Heizbetriebe, sei es Raumheizung oder Apparateheizung, an die Gestaltung des Netzes stellen, führt zusammen mit den obigen beiden Forderungen und den Bindungen, die sich aus den behördlichen Sicherheitsvorschriften ergeben, zu einer Vielzahl von Ausführungsformen. Da ein Teil der Schaltungen und Ausführungen unter Patentschutz stehen[1] und das einwandfreie Arbeiten von Heißwasserheizungen von der Sorgfalt der Planung und Anlage wesentlich abhängen, sollte man nur erfahrene Firmen mit der Erstellung solcher Anlagen betrauen.

1. Vermeidung von Dampfbildung in den Leitungen

Eine Dampfbildung läßt sich nur vermeiden, wenn an jeder Stelle des Netzes der Druck unter allen Betriebsbedingungen höher gehalten wird als der Sättigungsdruck, der nach den Dampftabellen der dort vorhandenen Wassertemperatur entspricht. Man muß sich also stets

[1] BORMANN, K.: Die Schutzrechte auf dem Gebiete der Heißwasserheizung. Heizg. u. Lüftg. 13 (1939) S. 1. LUKOWSKY, G.: Die Berücksichtigung der Patentlage beim Entwurf von Heißwasserheizungen. Heizg. u. Lüftg. Bd. 14 (1940) S. 25.

ein klares Bild über die Temperaturen und Drücke an den einzelnen Stellen des Netzes verschaffen. Die Temperaturen an den Enden der einzelnen Leitungszweige sind in der Hauptsache durch die Forderungen des Betriebes bestimmt. Unter Berücksichtigung der Wärmeverluste sind damit auch die Temperaturen an den verschiedenen Stellen der Zuleitungen festgelegt.

Nach den üblichen Verfahren der Rohrnetzberechnung kann in einfacher Weise der Druckunterschied zwischen zwei Stellen eines Leitungsrings berechnet werden, z. B. zwischen Anfang und Ende einer Teilstrecke oder zwischen Saug- und Druckstutzen der Pumpe. Über die absolute Höhe des Druckes an irgendeiner Stelle kann jedoch ohne weitere Angaben noch keine Aussage gemacht werden. Durch eine zusätzliche Maßnahme muß erst dem Rohrnetz an irgendeiner Stelle, z. B. vor oder hinter dem Wärmeerzeuger, ein bestimmter statischer Druck aufgezwungen werden, von dem aus dann die Druckanstiege und Absenkungen zu zählen sind.

Das Auflasten des Druckes geschieht durch den Anschluß eines den Druck erzeugenden bzw. unter Druck stehenden Gefäßes oder durch Anschluß einer Pumpendruckleitung. Im Zusammenhang hiermit wird vielfach auch die Aufgabe gelöst, die Ausdehnung des Wassers aufzunehmen; dies bleibe zunächst unberücksichtigt.

Abb. 6.26. Druckhaltung durch offenes Hochgefäß.

Wärmeerzeuger ohne Dampfraum. Bei Anlagen mit vollständig gefüllten Kesseln oder Oberflächenwärmeaustauschern gibt es folgende Ausführungsformen:

a) *Offenes Gefäß* in entsprechend hoher Aufstellung, s. Abb. 6.26. Diese Ausführung, welche nur für relativ niedrige Vorlauftemperaturen bis 110 °C zweckmäßig ist, widerspricht jedoch bei Wärmeleistungen von mehr als 130000 kcal/h[1] der nach DIN 4751 notwendigen sicherheitstechnischen Ausrüstung. Hiernach muß ein solches Gefäß mit einer Sicherheitsvorlauf- und einer Sicherheitsrücklaufleitung angeschlossen werden, vgl. Abb. 4.106. Die Zirkulation über diese beiden Leitungen kann bei Pumpenheizungen infolge des Druckunterschiedes zwischen ihren Anschlußstellen vom Rücklauf zum Vorlauf gehen. Hierdurch wird das Erreichen der Verdampfungstemperatur im Ausdehnungsgefäß vermieden; dieses wirkt in gleicher Weise wie die Ausführung nach Abb. 6.26 als Druckhaltung.

b) *Geschlossenes Gefäß mit einem Luft- oder Gaspolster*, das von einer Stahlflasche *b* gespeist wird, s. Abb. 6.27a. Selbsttätige Regelung des Gasdrucks, ein Sicherheitsventil und eine Warn-

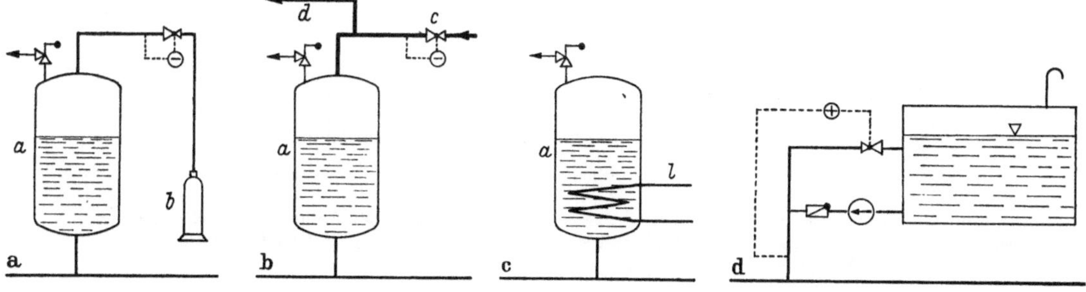

Abb. 6.27. Verfahren der Druckhaltung.

vorrichtung bei Aussetzen des Gasdrucks gehören zu einer vollständigen Einrichtung. Um Korrosionen zu vermeiden, empfiehlt es sich, statt der sauerstoffhaltigen Luft ein chemisch unwirksames Gas zu verwenden.

c) *Geschlossenes Gefäß mit einem Dampfpolster.* Der Dampf kann entweder von einem Hochdrucknetz oder einem kleinen Hilfskessel, der mit Gas oder elektrisch geheizt wird, geliefert werden, s. Abb. 6.27b. Das Dampfpolster kann aber auch durch eine in den Wasserraum des Gefäßes gelegte Dampfschlange *l* oder einen elektrischen Heizkörper erzeugt werden, s. Abb. 6.27c.

[1] Vgl. Fußnote S. 159.

Die Druckgefäße a sind für den höchsten möglichen Innendruck auszulegen, erhalten daher ein Sicherheitsventil, das den Druck auf den für den Betrieb der Heißwasseranlage erforderlichen Wert begrenzt.

Steht Hochdruckdampf aus geeigneten Druckstufen zur Verfügung — und das ist bei Heizkraftschaltungen in der Regel der Fall —, so wählt man vorzugsweise die Ausführung nach Abb. 6.27b, da sie in der Anordnung besonders einfach und im Betrieb billig ist. Bei Verwendung gedrosselten Hochdruckdampfs empfiehlt es sich, an die gleiche Druckstufe weitere Dampfverbraucher d anzuschließen, um ein einwandfreies Arbeiten des Druckreglers c sicherzustellen. Selbstverständlich sind dampfbeheizte Druckgefäße gut zu isolieren.

d) *Offenes Gefäß mit Pumpe und Überströmventil.* Bei dieser Schaltung, vgl. Abb. 6.27d, saugt eine Pumpe eine gleichbleibende stündliche Wassermenge aus einem offenen Gefäß und drückt sie — ganz oder teilweise — durch ein Überströmventil dorthin zurück; der am Überströmventil einstellbare Pumpendruck wird dem Rohrnetz über eine Verbindungsleitung aufgezwungen.

Wärmeerzeuger mit Dampfraum. Hat der Wärmeerzeuger einen Dampfraum, so ist ein besonderes Druckgefäß entbehrlich. Der Dampfdruck im Kessel oder Mischvorwärmer zwingt dem Heißwassernetz an dieser Stelle einen durch die Wassertemperatur bestimmten Druck auf. Sobald jedoch das Wasser den Kessel verlassen hat, kommt es unter niederen Druck, sei es durch Abnahme des statischen Druckes infolge Höherführung der Vorlaufleitung, sei es infolge Abnahme des Gesamtdrucks durch die Strömungswiderstände der Leitung. Zwar kühlt sich das Wasser längs der Leitung ab, jedoch gleicht dies den Druckverlust fast nie aus. Der Druck in der Leitung wird dann niedriger als der der Wassertemperatur entsprechende Sättigungsdruck, und die Folge ist Dampfbildung im Netz.

Man kann die Schwierigkeiten vermeiden, indem man dem Vorlaufwasser gleich nach seinem Austritt aus dem Wärmeerzeuger einen Teilstrom des kälteren Rücklaufwassers beimischt, Abb. 6.28. Besser ist es, das zuzumischende Wasser direkt in dem Entnahmestutzen, Abb. 6.29,

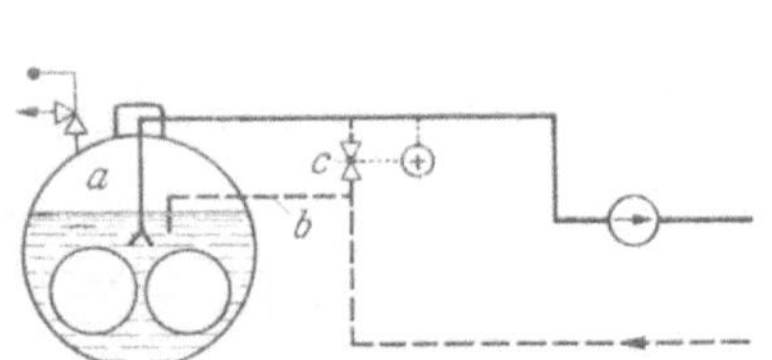

Abb. 6.28. Heißwasserkessel mit Dampfraum. a Heißwasserkessel, b Rücklaufleitung zum Kessel, c Rücklaufmischventil.

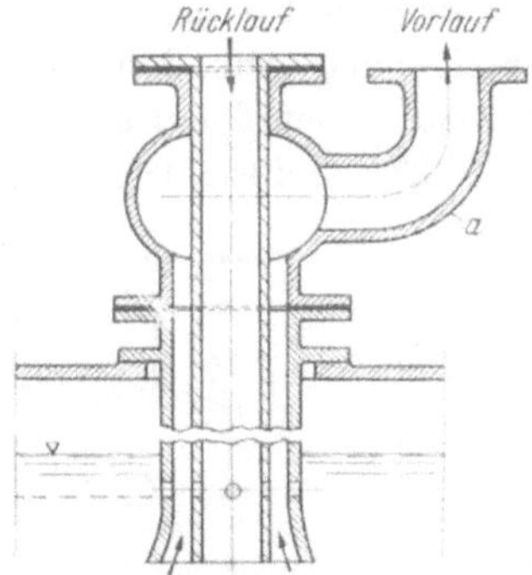

Abb. 6.29. Mischstutzen für Heißwasserkessel. a Stahlgußformstück.

also noch im Kessel selbst, beizufügen. Während also bei einem Ausdehnungsgefäß mit Preßgas der Druck im Kessel über den Sättigungsdruck des Kesselwassers gesteigert wird, wird hier die Wassertemperatur des Kesselwassers bei Austritt aus dem Kessel unter die Sättigungstemperatur gesenkt.

Um sicherzugehen, daß auch bei hochgeführten Vorlaufleitungen, ausgedehnten Netzen und geringen Temperaturunterschieden zwischen Vor- und Rücklauf der erforderliche Druck an allen Netzstellen vorhanden ist, wird bei Wärmeerzeugern mit Dampfraum in der Regel die Umwälzpumpe im Vorlauf angeordnet. In den meistgefährdeten Vorlaufleitungen erhöht sich dadurch der Druck um fast die volle Pumpendruckhöhe, s. auch S. 276. Auch der Druck im Rücklauf liegt um den Druckverlust in der Leitungsstrecke bis zum Wärmeerzeuger höher als der Dampfdruck. Auf die bereits erwähnte Rücklaufwasserbeimischung im bzw. unmittelbar hinter dem Wärmeerzeuger kann jedoch auch hier nicht verzichtet werden, damit bei Ausfall der Pumpe kein Ausdampfen in Teilen der Vorlaufleitung eintreten kann.

Eine Lösung, welche grundsätzlich derjenigen des Wärmeerzeugers mit Dampfraum entspricht, zeigt Abb. 6.30. Der Dampfraum befindet sich hierbei in einem Sonderbehälter, welcher oberhalb des Kessels angeordnet und mit diesem durch Rohrleitungen verbunden wird. Da der Kessel völlig mit Wasser gefüllt ist, können bei dieser Anordnung auch Wärmeerzeuger verwendet werden, die ihrer Konstruktion nach nicht zur Dampferzeugung geeignet sind.

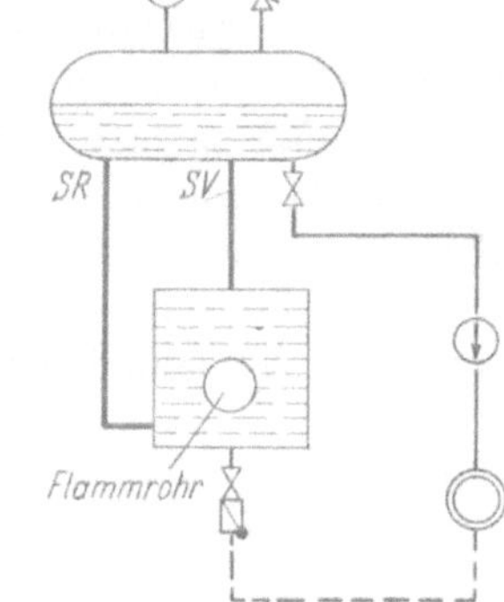

Abb. 6.30. Heißwasserkessel mit Dampfraum im hochliegenden Ausdehnungsgefäß.

2. Die Ausdehnung des Wassers

Es ist zu unterscheiden zwischen der starken Volumänderung des Wassers beim Anheizen der kalten und Abstellen der heißen Anlage und den geringen Volumänderungen des Wassers infolge von Schwankungen der Wassertemperatur im laufenden Betrieb.

Hat z. B. eine Anlage im kalten Zustand, also etwa bei 10 °C, einen Wasserinhalt von 100 m^3, so nimmt dieselbe Wassermasse bei 130 °C einen Raum von 107 m^3 und bei 140 °C einen Raum von 108 m^3 ein. Die Größe des Ausdehnungsraums müßte dann, wenn er die gesamte Ausdehnung aufnehmen sollte, einschließlich der Zuschläge etwa 10 bis 12 m^3 betragen. Meist ist es erwünscht, mit einem kleineren Ausdehnungsgefäß auszukommen. Man erreicht dies, indem man dem eigentlichen Ausdehnungsraum nur die durch Betriebsschwankungen bedingten geringeren Ausdehnungen überträgt und die großen Volumänderungen dadurch abfängt, daß man beim Anheizen Wasser aus dem Netz abläßt, um es beim Abstellen der Heizung wieder in das Netz zurückzuspeisen. Das Gefäß, das diese Wassermengen aufnimmt, sollte man aber nicht als Ausdehnungsgefäß, sondern als Heizwasserspeichergefäß bezeichnen.

Während beim Speichergefäß das überschüssige Wasser abgetrennt vom Netz so lange lagert, bis es beim Zurückgehen der Temperatur wieder eingespeist werden muß, bleibt das Wasser im Ausdehnungsgefäß in ständiger Verbindung mit dem Netz. In die Leitung zwischen Wärmeerzeuger und Ausdehnungsgefäß darf nämlich aus Sicherheitsgründen keinesfalls ein Absperrorgan eingebaut werden. Auch dient das Ausdehnungsgefäß stets zugleich der Druckhaltung. Für das Verständnis der Heißwasserheizung und der möglichen Schaltungen ist die klare Unterscheidung zwischen Ausdehnungs- und Speichergefäß und ihren abweichenden Funktionen unerläßlich.

Ein Speichergefäß, das nur zum Ausgleich der großen Volumänderungen beim Anheizen und Abstellen der Heizung dient, kann offen ausgeführt werden, wenn man wegen der Seltenheit des Vorkommnisses den Wasserverlust durch Nachverdampfen in Kauf nimmt oder wenn das abgezapfte Wasser vor Eintritt in das Speichergefäß unter 100 °C abgekühlt wird. Das offene Speichergefäß *b*, s. Abb. 6.31, ist mit dem Wärmeerzeuger *a* über eine Ablauf- und eine Speiseleitung nebst Pumpe verbunden. Meist werden vom Wasserstand im Ausdehnungsgefäß *c* (oder im Wärmeerzeuger) das Ablaufventil *d* bzw. die Speisepumpe *e* selbsttätig gesteuert. Bei reinen Raumheizanlagen kommt man evtl. auch mit Handbedienung aus. Ein Speichergefäß dagegen, das während der Betriebszeit öfters größere Volumänderungen aufzunehmen hat, muß — ebenso wie das Ausdehnungsgefäß — druckfest ge-

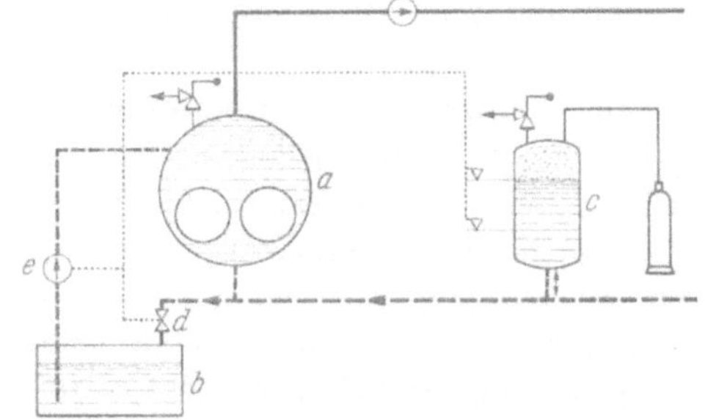

Abb. 6.31. Heißwasserkessel mit Ausdehnungsgefäß und offenem Speicherbehälter.

baut werden. Man wird also stets bestrebt sein, den Ausdehnungsraum so groß zu wählen, daß die Aufstellung eines getrennten druckfesten Wasserspeichergefäßes entbehrlich wird, zumal sonst eine eigene Druckhaltung für das Gefäß sowie zusätzliche Lade- bzw. Entladepumpen und Absperrorgane notwendig sind.

Bei der Schaltung mit Pumpe und Überströmventil nach Abb. 6.27 d ist eine Trennung zwischen Ausdehnungs- und Speichergefäß nicht mehr gegeben, weil das dort vorhandene offene Gefäß beide Funktionen übernimmt; eine Wasservolumenzunahme der Heizungsanlage wird durch das Überströmventil in das Gefäß abgeführt, dagegen speist die Pumpe bei Volumenabnahme Wasser aus dem Gefäß in die Anlage.

Bei Kesseln mit Dampfraum bzw. bei Mischvorwärmern dient in erster Linie der Dampfraum zur Aufnahme der Volumänderungen. Allerdings ist der verfügbare Ausdehnungsraum

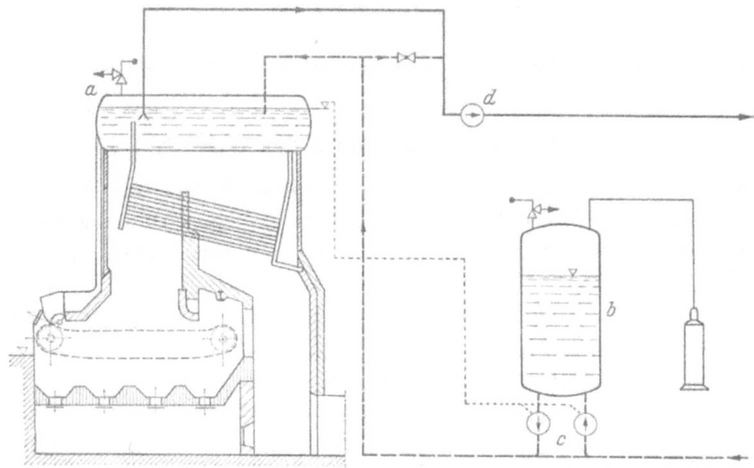

Abb. 6.32. Heißwasserkessel mit Dampfraum und druckfestem Speichergefäß.
a Heißwasserkessel, *b* Speichergefäß, *c* Speicherpumpen, *d* Heißwasserumwälzpumpe.

begrenzt durch die höchstzulässige Wasserstandsabweichung in Verbindung mit der Größe der Verdampfungsoberfläche. In dieser Hinsicht günstiger sind Anlagen nach Abb. 6.30, weil das Druckgefäß über dem Kessel in der benötigten Größe auszuführen ist. In gewerblichen Betrieben mit stark schwankendem Wärmeverbrauch kann bei Kesseln mit kleinem Dampfraum auch die Aufstellung von druckfesten Wasserspeichern nach Abb. 6.32 zweckmäßig sein.

3. Gesetzliche Bestimmungen, Sicherheits- und Bauvorschriften

Heißwasserheizungen, worunter im folgenden (unter Anlehnung an die Dampfkesselverordnung) Anlagen mit Heizwassertemperaturen höher als 100 °C verstanden werden sollen, unterliegen ebenso wie Dampfkesselanlagen den gesetzlichen Bestimmungen der Gewerbeordnung, hierzu vgl. Unterabschnitt III, A 1. Darüber hinaus sind hinsichtlich der sicherheitstechnischen Ausführung und Ausrüstung sowie der Aufstellung die Normen DIN 4751 und DIN 4752 zu beachten.

Für Anlagen mit Vorlauftemperaturen bis 110 °C gilt DIN 4751. Die Absicherung entspricht im Prinzip derjenigen der Warmwasserheizungen, wobei allerdings das Ausdehnungsgefäß durch ein Standrohr oder Sicherheitsventil nach DIN 4750 verschlossen wird; die Einführung der Sicherheits-Vorlaufleitung erfolgt unterhalb des niedrigsten Wasserstandes, damit das Ausdehnungsgefäß ständig vom Wasser durchflossen wird, s. Abb. 6.33 a. Hierdurch ist es möglich, im Ausdehnungsgefäß einen Dampfdruck bis 0,5 atü zu erzeugen, wodurch Vorlauftemperaturen bis 110 °C erreicht werden können. Abb. 6.33 a zeigt die Sicherheitseinrichtungen für einen mit Brennstoffen, mit Abgasen oder elektrisch beheizten Wasserkessel bei Vorlauftemperaturen bis 110 °C und einem statischen Druck bis 50 m WS. Die Rohrweiten der Sicherheitseinrichtungen müssen den Bestimmungen der DIN 4750 bzw. 4751 genügen, das Belüftungsventil mindestens eine Lichtweite von 20 mm aufweisen. Abb. 6.33a gilt auch, wenn an Stelle eines Kessels ein mit Dampf oder Heißwasser beheizter Oberflächenwärmeaustauscher vorhanden ist. Mischvorwärmer erhalten lediglich ein Standrohr nach DIN 4750 und ein Belüftungsventil, s. Abb. 6.33b.

Für Anlagen mit Vorlauftemperaturen über 110 °C gilt DIN 4752. Nach der Begriffsbestimmung der Dampfkesselverordnung handelt es sich hierbei um Hochdruckkesselanlagen; innerhalb der Heizzentrale kommen die Bestimmungen für Dampfkesselanlagen zur Anwendung. Demzufolge sind auch Speiseeinrichtungen vorgeschrieben, wobei allerdings *eine* solche Einrichtung genügt; ihre notwendige Förderleistung in kg/h beträgt bei Schwerkraftheizungen $Q/5000$, bei

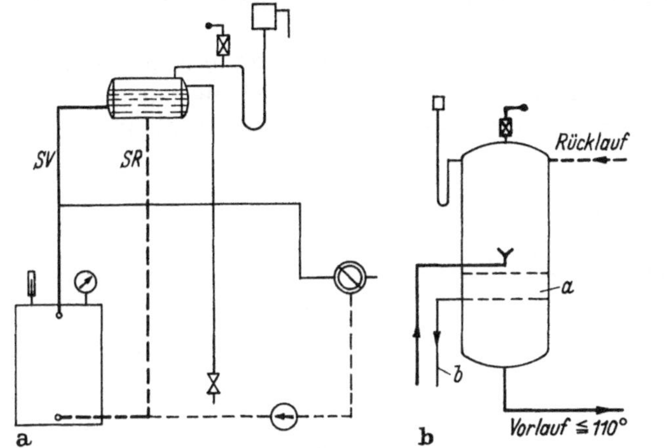

Abb. 6.33. Sicherheitstechnische Ausrüstung für Heißwassererzeuger mit Vorlauftemperaturen bis 110 °C.
a) Wasserkessel; b) Mischvorwärmer.
a Ausdehnungsraum, *b* Überlauf.

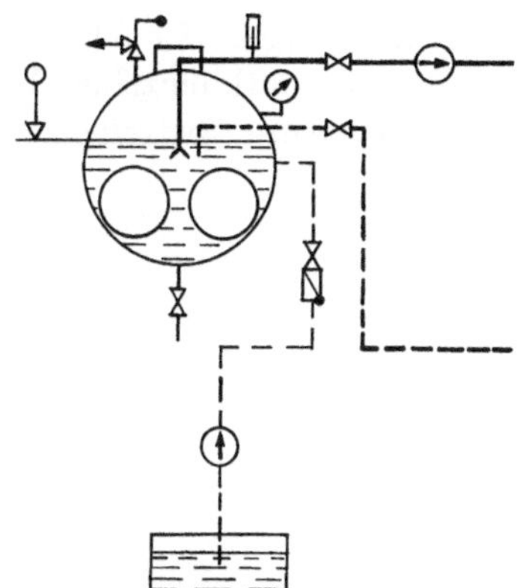

Abb. 6.34. Sicherheitstechnische Ausrüstung eines Heißwassererzeugers mit Vorlauftemperaturen von mehr als 110 °C.

Pumpenheizungen $Q/2500$, wobei Q die Wärmeleistung sämtlicher angeschlossener Heißwassererzeuger in kcal/h ist. Die vorgeschriebenen Sicherheitsventile sind, auch wenn sie betriebsmäßig unter Wasserdruck stehen, für Dampfausströmung zu bemessen. Weitere wichtige Ausrüstungsteile der Heißwassererzeuger sind: eine Speiseleitung mit Absperrung und Rückstromsicherung, Absperr- und Entleerungseinrichtungen, Wasserstand-Anzeigeeinrichtung, Wasserstandmarke, Manometer mit Prüfflansch sowie ein Thermometer in der Vorlaufleitung. Abb. 6.34 zeigt die Ausrüstung eines Heißwasserkessels am Beispiel eines Kessels mit Dampfraum.

Für dampf- oder wasserbeheizte Wärmeaustauscher mit Vorlauftemperaturen über 110 °C, und zwar für Oberflächen- wie Mischvorwärmer, gelten die Unfallverhütungsvorschriften für „Druckbehälter“ des Hauptverbandes der gewerblichen Berufsgenossenschaften, für Werkstoffe und Herstellung die AD-Merkblätter; die nach DIN 4752 zusätzlich vorgeschriebenen Sicherheitsmaßnahmen hängen von der Ausführungsform der Druckhaltung ab und entsprechen grundsätzlich den bei Heißwasserkesseln angewandten. Die prinzipielle Schaltung einer Anlage mit Wärmeaustauscher ist in Abb. 6.35 dargestellt.

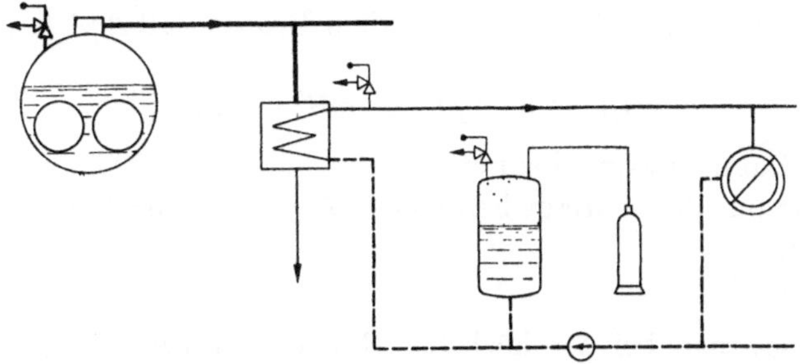

Abb. 6.35. Heißwasserheizung mit indirekter Wärmeerzeugung.

Abschließend sei darauf hingewiesen, daß die genannten Bestimmungen und Vorschriften nur in wichtigen Auszügen, jedoch nicht vollständig hier wiedergegeben sind; ihr ausführliches Studium ist bei der Ausführung von Heißwasserheizungen geboten.

4. Druckverhältnisse im Netz

Es ist der Vorzug von *Heißwasserheizungen ohne Dampfraum* im Wärmeerzeuger, daß der Druck im Heiznetz unabhängig vom Kesseldruck festgelegt werden kann. Da die Wärmeerzeuger bei Temperaturen über 110° C stets mit Sicherheitsventilen ausgerüstet sind, ist man relativ frei in der Zuordnung von Wärmeerzeuger, Ausdehnungs- bzw. Druckgefäß und Pumpe. Die Umwälzpumpe kann sowohl im Rücklauf (*a*) als im Vorlauf (*b*) angeordnet werden, siehe Abb. 6.36.

Bei Anordnung im Rücklauf ist die Pumpe geringeren Temperaturanforderungen ausgesetzt; auch kann man evtl. einzelne Heizgruppen durch Rücklaufwasserbeimischung mit unterschiedlichen Temperaturen betreiben, ohne daß besondere Mischpumpen erforderlich sind, s. S. 279.

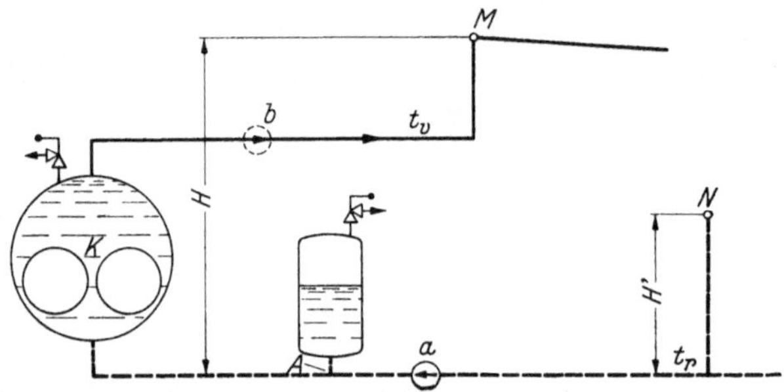

Abb. 6.36. Heißwassernetz mit Umwälzpumpe im Rücklauf (*a*) bzw. im Vorlauf (*b*).

Der Druck im Ausdehnungsgefäß ist durch die Forderung festgelegt, daß unter allen Betriebsbedingungen an jedem Netzpunkt der jeweilige Druck p höher sein muß als der der Wassertemperatur zugeordnete Sättigungsdruck p_s, also $p > p_s$.

Kritisch ist zumeist die höchste Stelle der Vorlaufleitung M. Für sie ergibt sich bei Anordnung der *Pumpe im Rücklauf* (Fall a)

$$p_M = p_A - \Delta H - \Delta p.$$

Dabei sind

ΔH Druck der Wassersäule mit dem Höhenabstand H zwischen den Netzstellen M und A,
Δp Druckverlust von A bis M.

p_M muß aber um einen Sicherheitsbetrag höher liegen als der der höchsten Vorlauftemperatur t_v entsprechende Sattdampfdruck p_{vs}.

Für den Druck im Ausdehnungsgefäß gilt sonach

$$\text{Erste Bedingung:} \quad p_A > p_{vs} + \Delta H + \Delta p. \tag{6.01}$$

Möglicherweise kann eine entfernte Netzstelle M^* mit geringerem Höhenabstand H^* besonders gefährdet sein, nämlich wenn für diese Stelle mit dem Druckabfall Δp^* (zwischen Ausdehnungsgefäß und M^*)

$$(\Delta H^* + \Delta p^*) > (\Delta H + \Delta p).$$

Dann ist der höhere Summenwert einzusetzen.

Wir haben bis jetzt nur den Vorlauf betrachtet. Aber auch die Druckverhältnisse im Rücklauf sind zu überprüfen.

Bezeichnet man mit

p_{rs} den Sättigungsdruck bei der höchsten Rücklauftemperatur t_r,
ΔP die Förderhöhe der Umwälzpumpe,

so wird eine Dampfentwicklung am Pumpensaugstutzen nur vermieden, wenn

$$\text{Zweite Bedingung:} \qquad p_A > (p_{rs} + \Delta P). \tag{6.02}$$

Der in der Umwälzpumpe bis zum Laufradeintritt entstehende Druckabfall ist ebenfalls noch zu berücksichtigen; er ist von der Pumpenbauart abhängig und vom Hersteller zu erfragen.

Bei kleinen Temperaturunterschieden $(t_v - t_r)$ und Heißwassernetzen ohne größere Höhenunterschiede kann diese Forderung ausschlaggebend sein, besonders bei Anwendung großer Förderhöhen ΔP. Eine gewisse Vorsicht ist in dieser Beziehung beim Anschluß von Industriewärmeverbrauchern am Platz, da am Ende eines Heizvorgangs hier evtl. die Ablauftemperaturen aus den Geräten bis dicht an die Vorlauftemperaturen herankommen. Es muß dann vom Pumpensaugstutzen aus rückwärts gerechnet werden, wobei sich für die extrem hohe Rücklauftemperatur t_r' am Punkt N mit dem zugehörigen Sattdampfdruck p_{rs}' bei der geodätischen Druckdifferenz $\Delta H'$ und dem Druckverlust $\Delta p'$ zwischen A und N ergibt:

$$p_A > (p_{rs}' + \Delta P + \Delta H' - \Delta p'). \tag{6.03}$$

Ist das Ausdehnungsgefäß im Vorlauf angeschlossen, so verschieben sich die Drücke um die Druckverluste des Wärmeerzeugers.

Bei Anordnung der *Pumpe im Vorlauf* (Fall b) liegt das gesamte Druckniveau im Netz um den Betrag der Förderhöhe ΔP, vermindert um den Druckabfall zwischen Ausdehnungsgefäß und Pumpensaugstutzen, höher. Gefahr besteht dann nur an der höchsten Netzstelle M bei Ausfall der Pumpe. Es gilt somit die Bedingung

$$p_A > (p_{vs} + \Delta H). \tag{6.04}$$

Bei *Kesseln mit Dampfraum* oder Kaskadenvorwärmern sind die Druckverhältnisse im Netz besonders sorgfältig zu prüfen, wenn die Pumpe im Rücklauf angeordnet werden soll oder wenn große Höhenunterschiede zu überbrücken sind. Der Druck im Wärmeerzeuger muß so hoch liegen, daß noch ein genügendes Spiel für die Temperaturabsenkung an der Mischstelle im Vorlauf bleibt, um die Druckminderung bis zur höchsten Netzstelle einschließlich der Druckverluste in den Leitungen ausgleichen zu können. Die Berechnung erfolgt in gleicher Weise wie oben. Es empfiehlt sich, die Druckverhältnisse in einem Schaubild aufzutragen (s. S. 282 u. 283) und für die kritischen Netzstellen die Drücke mit den Sättigungsdrücken der jeweiligen Temperaturen zu vergleichen.

5. Ausführungsfragen

Heißwasserheizungen erfordern nicht nur bei der Planung, sondern auch bei der Ausführung größte Sorgfalt. In den Leitungen von Heißwasseranlagen sind große Energiemengen gespeichert, die bei Rohrbrüchen in Verbindung mit den austretenden Wassermassen zu erheblichen unmittelbaren und mittelbaren Schäden führen können. Abfließendes Heißwasser darf erst nach Abkühlung in die öffentliche Kanalisation eingeleitet werden. Schächte und Kanäle von Fernleitungen sind zudem durch die beim Entspannen des Heißwassers frei werdenden Dampfmengen zunächst unzugänglich, so daß die Schadensbehebung verzögert wird. Die Leitungen müssen daher abschnittsweise absperrbar, entleerbar und bei Kanalverlegung mit ausreichenden Entwässerungsschächten versehen sein.

Gewindeverbindungen sind auch bei kleinen Durchmessern nicht zulässig. Die Schweißarbeiten dürfen nur von geprüften Schweißern unter laufender Überwachung durchgeführt werden. Das Dichtungsmaterial der Flanschen muß den vorliegenden Druck- und Temperaturbeanspruchungen gewachsen sein.

Für Anlagen mit hohen Temperaturen sind nur Stahlgußarmaturen zu verwenden. Die Leitungen sollten nach Möglichkeit so geführt und gelagert werden, daß die Wärmedehnung durch die Elastizität des Systems und ohne stärkere Rückwirkungen auf angeschlossene Apparate, Pumpen u. dgl. aufgenommen werden kann.

Für die Leitungsverlegung gelten sonst die gleichen Gesichtspunkte wie bei Warmwasserheizungen. An den höchsten Stellen des Netzes bzw. der Leitungen sind jeweils Lufttöpfe vorzusehen mit $^3/_8$"- oder $^1/_2$"-Entlüftungsleitungen und Absperrventilen, die von Zeit zu Zeit von Hand betätigt werden. Die Rohrleitungen brauchen nicht unbedingt mit Steigung in Strömungsrichtung verlegt zu werden, da etwaige Luftblasen bei den üblichen Wassergeschwindigkeiten bis zu den Entlüftungsstationen vom Wasser mitgetragen werden.

Die Rohrhalter sind dem Gewicht der gefüllten Leitungen entsprechend kräftig auszuführen. Die Festpunkte sind so auszubilden und zu verankern, daß sie ohne Schaden auch außergewöhnliche Belastungen bei Rohrbrüchen oder Wasserschlägen aufnehmen können.

Als Umwälzpumpen sind Sonderbauarten für Heißwasser mit Mittelaufhängung, wassergekühlten Lagern und Stopfbuchsen mit Spezialpackungen zu verwenden, s. Abb. 4.100. Das Bedienungspersonal von Heißwasserheizungen ist von der ausführenden Firma eingehend mit der Anlage und ihren Bauteilen vertraut zu machen; die Bedienungsvorschriften müssen u. a. klare und kurzgefaßte Anweisungen für die Inbetriebsetzung, das Abheizen und die Maßnahmen bei Störungen erhalten.

C. Unterstationen und Regelung der Wärmeabgabe

Bei Industrie-Heißwasserheizungen werden in der Regel die Heizflächen technischer Apparate direkt an das Heißwassernetz angeschlossen. Auch druckfeste Raumheizgeräte, wie Lufterhitzer oder Rohrheizflächen, werden häufig unmittelbar mit Heißwasser beschickt, soweit es sich um die Erwärmung von Werkstätten oder untergeordneten Aufenthaltsräumen handelt.

Sollen in größerem Umfang Gebäudeheizungen direkt angeschlossen werden, so begrenzt man die Vorlauftemperatur der Fernheizung meist auf 120 °C, in Industriebetrieben auf maximal 140 °C. Anlagen mit höchsten Vorlauftemperaturen von 120 °C unterscheiden sich technisch kaum von den Fernwarmwasserheizungen und sollen daher mit diesen gemeinsam besprochen werden.

1. Hausanschlüsse

Bei Heißwasserheizungen mit hohen Vorlauftemperaturen trennt man die Gebäudeheizung von der Fernheizung durch einen Oberflächenwärmeaustauscher. Die Hausanlage wird damit unabhängig vom Druck im Versorgungsnetz. Auch wird das Versorgungsnetz von Störungen an den einzelnen Gebäudeheizungen nicht betroffen, wie andererseits diese Heizungen in Auslegung und Betrieb durch die Fernbeheizung nicht beeinflußt werden. Ist die Vorlauftemperatur stets genügend hoch, so können auch Dampfheizungen angeschlossen werden. Sind ausschließlich Warmwasserheizungen mit Wärme zu versorgen, so läßt sich durch Anpassung der Vorlauftemperatur an die Witterungsverhältnisse eine zentrale Leistungsregelung wie bei den üblichen Haus-Warmwasserheizungen durchführen.

Abb. 6.37 zeigt die Hausstation eines Heißwassernetzes bei angeschlossener ND-Dampfheizung. Der liegende Verdampfer ist durch ein Standrohr am Verteiler abgesichert. Ein im Rücklauf eingebautes Regelventil regelt die Heizwassermenge und hält damit den Dampfdruck

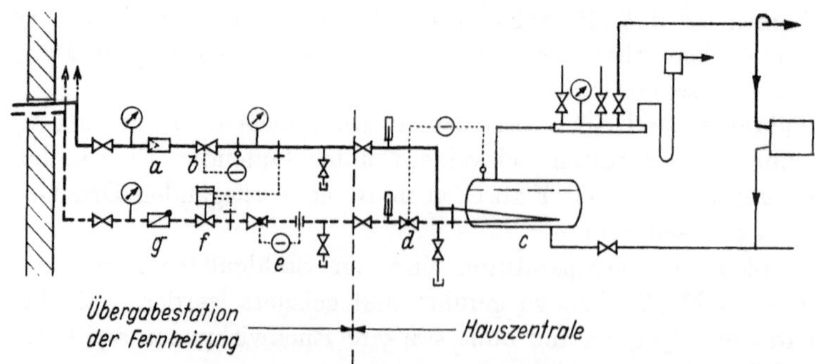

Abb. 6.37. Hausstation bei Heißwassernetzen, Anschluß einer ND-Dampfanlage. *a* Schmutzfänger, *b* Druckminderventil, *c* Verdampfer, *d* Druckregelventil, *e* Durchflußregler, *f* Wärmemengenzähler, *g* Rückschlagorgan.

konstant. Bei öffentlichen Wärmeversorgungsanlagen ist meist ein Wärmemengenmesser vorzusehen. Im Heizwasserzu- und -ablauf sind zur Betriebsüberwachung Manometer und Thermometer angeordnet. Mittels eines Durchflußreglers kann erforderlichenfalls die dem Abnehmer zufließende Wassermenge begrenzt werden, um auch an den entferntesten Netzstellen bei starker Belastung eine ausreichende Wasserführung zu gewährleisten (s. auch S. 297). Auf das Druckminderventil *b* kann verzichtet werden, wenn der zulässige wasserseitige Betriebsdruck des Verdampfers im Fernleitungsanschluß mit Sicherheit nicht überschritten wird.

Es empfiehlt sich, den Verdampfer mit einer größeren Vorkammer auszustatten, so daß im Heizwasser mitgeführte Schmutzteilchen sich dort absetzen können. Auch erhalten die Zu- und Abläufe neben Absperrorganen Ventile zum Entleeren und Entlüften, damit die Hausanlage ohne Störungen des Heiznetzes notfalls außer Betrieb gesetzt werden kann.

Der Hausanschluß einer Warmwasserheizung ist im Aufbau völlig gleich. An die Stelle des Verdampfers tritt ein einfacher Wärmeaustauscher; der Druckregler wird durch einen Temperaturregler ersetzt. Werden Warmwasserbereitungen angeschlossen, so sind die Sicherheitsvorschriften nach AD-Merkblatt A 3 zu beachten.

2. Regelung der Wärmeabgabe

Am einfachsten läßt sich die aus dem Fernheiznetz entnommene Wärme durch Drosselung der Heizwassermenge regeln. Das Heizwasser kühlt sich bei geringerem Durchfluß stärker ab und der mittlere Temperaturunterschied zwischen Heizmittel und Heizgut geht entsprechend zurück. Auf die ungünstige Charakteristik dieser Regelung ist bereits bei Besprechung der Warmwasserheizung hingewiesen worden, s. S. 189. Sie wird erst bei starker Drosselung des Wasserdurchflusses richtig wirksam und hat eine sehr ungleichmäßige Belastung der Heizfläche zur Folge.

Für industrielle Heizzwecke ist vielfach diese Regelung zu träge und in Anbetracht der erheblichen Temperaturunterschiede am Anfang und Ende der Heizfläche nicht brauchbar. Man geht dann zur Regelung der Heizwasser-Zulauftemperatur über, entweder indem man jedem

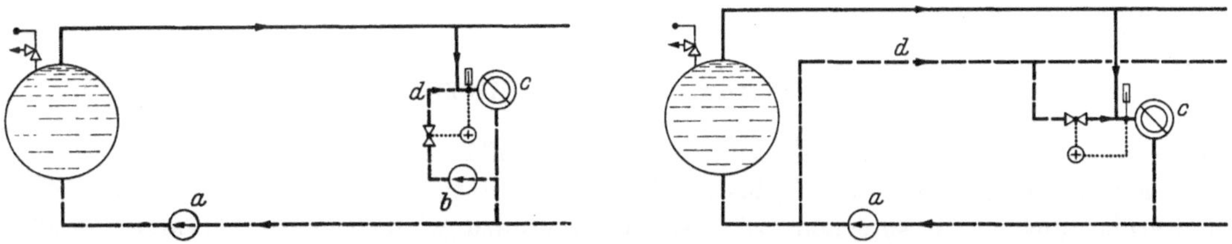

Abb. 6.38. Temperaturregelung an der Wärmeverbrauchsstelle.
a) mit örtlicher Mischpumpe; b) mit Mischleitung.
a Umwälzpumpe, *b* Mischpumpe, *c* Wärmeverbraucher, *d* Mischleitung.

Verbraucher (bzw. einer Gruppe von Wärmeverbrauchern gleicher Art) eine besondere Rücklaufwasser-Mischpumpe zuordnet, Abb. 6.38a, oder indem parallel mit der Vorlaufleitung eine an den gemeinsamen Rücklauf angeschlossene Mischleitung verlegt wird, Abb. 6.38b. In beiden Fällen kann die Heizwasser-Zulauftemperatur am Verbraucher selbsttätig oder von Hand auf beliebige Werte zwischen den Hauptvorlauf- und den Rücklauftemperaturen eingestellt werden. Die erste Art — Aufstellung einer örtlichen Mischpumpe — gewährleistet eine größere Unabhängigkeit in der Temperaturregelung. Man kann bei dieser Ausführung auch einzelne Verbraucher oder Verbrauchergruppen mit Zulauftemperaturen betreiben, die niedriger als die Temperatur des gemeinsamen Rücklaufs liegen. An Stelle von Pumpen können auch Strahlapparate Verwendung finden. Sind keine allzu großen Unterschiede in den Rücklauftemperaturen zu erwarten bzw. in den Vorlauftemperaturen gefordert, so wird man die Verlegung einer Mischleitung nach Abb. 6.38b vorziehen, insbesondere wenn bei Anordnung der Umwälzpumpe im Rücklauf die Aufstellung besonderer Mischpumpen nicht erforderlich ist.

Zuweilen läßt sich die örtliche Temperaturregelung dadurch umgehen, daß man die Heißwasserheizung mit zwei oder drei getrennten Vorläufen ausführt, die mit unterschiedlichen Temperaturen betrieben werden (Gruppenregelung), s. Abb. 6.39. Auch hier gilt die Einschränkung, daß die Vorlauftemperatur durch die Temperatur des gemeinsamen Rücklaufs nach unten begrenzt ist; erforderlichenfalls sind auch die Rückläufe getrennt zu führen, wobei dann mehrere Umwälz- oder Mischpumpen notwendig sind.

Die Förderhöhe der Mischpumpen muß jeweils den Druckverlusten des Stromkreises angepaßt sein, den das Mischwasser durchfließt. Das bedeutet, daß Mischpumpen in der Zentrale praktisch die gleiche Förderhöhe wie die Umwälzpumpen aufweisen müssen, örtliche Mischpumpen dagegen nur für die Druckdifferenz zwischen den betreffenden Vor- und Rücklaufanschlüssen auszulegen sind. Die möglichen Druckanstiege im Fernheiznetz beim Abschalten größerer Verbraucher sind dabei zu berücksichtigen.

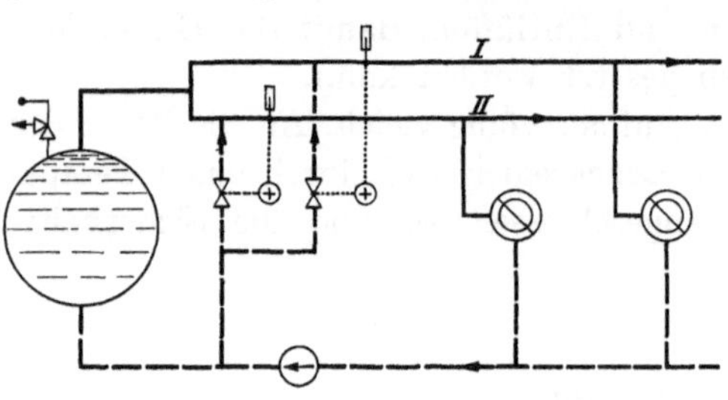

Abb. 6.39. Gruppenregelung.

Soll in Industriebetrieben ein reines Raumheiznetz mit zentraler Leistungsregelung betrieben werden, so ist darauf zu achten, daß Luftheizgeräte und örtliche Heizflächen unterschiedliche Vorlauftemperaturen bei Teillast verlangen. Zunächst einmal geht die Leistung beider Verbraucher bei Senkung der Vorlauftemperatur in verschiedenem Umfang zurück, da die Wärmedurchgangszahl der örtlichen Heizkörper temperaturabhängig ist, diejenige von Luftheizern jedoch praktisch nicht. Wird die Vorlauftemperatur nach der von örtlichen Heizflächen geforderten Leistung geregelt, so liegt die Leistung der Lufterhitzer bei niedriger Belastung zu hoch. Das ist an sich betrieblich ohne Bedeutung, da man einzelne Geräte dauernd oder zeitweise abschalten kann.

Zu beachten ist, daß die Ausblasetemperatur von Luftheizgeräten bestimmte Mindestwerte — je nach Art und Anordnung 35 bis 40°C — nicht unterschreiten sollte, da sonst Zugbelästigungen auftreten. Bei großen Industrieheizungen kann sich die Anlage zweier gesonderter Netze oder der Anschluß der Luftheizer an eine Heizgruppe mit höheren Vorlauftemperaturen (Industriewärme) lohnen.

V. Warmwasserfernheizung

In Abweichung von der Begriffsbestimmung der Dampfkesselverordnung, vgl. Abschn. IV, B 3, ist es i. allg. Sprachgebrauch üblich, bis zu Vorlauftemperaturen von etwa 120 °C von „Warmwasserfernheizungen“ zu sprechen. Eine solche Abgrenzung ist insofern begründet, weil bei diesen Temperaturen ein direkter Anschluß der Hausheizungen ohne Zwischenschaltung von Wärmeaustauschern möglich ist.

Demzufolge dient bei der Warmwasserfernheizung das in der Zentrale erwärmte Heizwasser unmittelbar als Wärmeträger für die angeschlossenen Heizanlagen. In Fernleitungen und Hausinstallationen herrscht also der gleiche statische Druck. Da die Bauelemente von Warmwasserheizungen i. allg. nur für Drücke bis 60 m WS gebaut werden, sind dadurch auch die Drücke und Temperaturen im Heiznetz begrenzt. Geht man mit der Vorlauftemperatur nicht über 95 °C, so kann die gesamte Fernheizung als offene Anlage ausgeführt werden. Höhere Temperaturen erfordern geschlossene Systeme; zur Verbilligung der Fernleitungen steigert man bei ausgedehnten Netzen vielfach die Vorlauftemperatur bis auf 120 °C. Zur Umwälzung des Heizwassers sind in der Zentrale Pumpen aufgestellt, die zuweilen auch den für den Betrieb der Hausanlagen notwendigen Umtriebsdruck liefern.

Warmwasserfernheizungen, an die ausschließlich Gebäudeheizanlagen angeschlossen sind, werden mit gleitenden Vorlauftemperaturen wie die üblichen Hausheizungen betrieben. Warmwasserbereitungen lassen sich vom gleichen Netz versorgen, selbstverständlich über Umformer; die Heizwasservorlauftemperaturen dürfen dann nicht unter 65 bis 70 °C abgesenkt werden. Bei geringem Warmwasserbedarf (Geschäftsviertel bei Stadtheizungen) verzichtet man aber vielfach auf den Anschluß von Warmwasserbereitungen an ein derartiges Fernheiznetz, zumal dann die Anlage im Sommer stillgelegt werden kann. Ist mit größerem Wärmeverbrauch zur Warmwasserbereitung zu rechnen, so ist die Verlegung einer zweiten, mit gleichbleibender Heizwassertemperatur zu betreibende Vorlaufleitung zu erwägen. Das Rücklaufwasser beider Vorläufe wird in einer gemeinsamen Leitung zurückgeführt (Dreileitersystem).

A. Wärmeerzeugung, Druckverteilung im Netz und Speicherung

1. Wärmeerzeugung

Zur Wärmeerzeugung dienen direkt gefeuerte Wasserkessel oder dampf- bzw. heißwassergespeiste Wärmeaustauscher. Nur in Ausnahmefällen wird es möglich sein, Wasserkessel großer Leistung in der Art der üblichen Heizkessel durch doppelte Verbindungsleitungen mit einem offenen Ausdehnungsgefäß abzusichern. Das Ausdehnungsgefäß muß dabei höher angeordnet werden als der höchste Heizkörper der angeschlossenen Gebäude. Vor allem aber ist die Forderung, die der hohen Leistung entsprechend weiten Sicherheitsleitungen mit steter Steigung und ohne Absperrungen vom Wärmeerzeuger zum Ausdehnungsgefäß zu führen, praktisch kaum zu erfüllen.

Fernheizungen mit direkt gefeuerten Wasserkesseln werden daher häufig als geschlossene Anlagen ausgeführt. Die Wärmeerzeuger unterliegen dann den gleichen Sicherheitsvorschriften wie Heißwasserkessel, auch wenn die höchste Vorlauftemperatur auf 95 °C begrenzt ist. Die Wasserausdehnung wird z. B. von einem großen, druckfesten Behälter aufgenommen, der zugleich als Druckhaltegefäß dient, s. Abb. 6.36. Auch die Wärmeerzeugung durch Kessel mit Dampfraum nach Abb. 6.28 oder 6.30 ist möglich.

Zuweilen wird bei großen Warmwasserfernheizungen das Heizwasser indirekt erwärmt, und zwar in dampfbeheizten Oberflächen-Wärmeaustauschern. Man hat hier in der Netzgestaltung und dem Anschluß des Ausdehnungsgefäßes weitgehend freie Hand, da der Kessel unabhängig vom Heiznetz betrieben und abgesichert wird. Die Ausführung entspricht im übrigen einer Heißwasserheizung mit mittelbarer Wärmeerzeugung nach Abb. 6.35.

Wird als Heizmittel ND-Dampf verwendet, so kann das Ausdehnungsgefäß auch als offener Behälter ausgeführt und an beliebiger Stelle des Netzes angeschlossen werden, s. Abb. 6.40. Es ergibt sich damit die Möglichkeit, das Ausdehnungsgefäß im höchsten an die Fernheizung

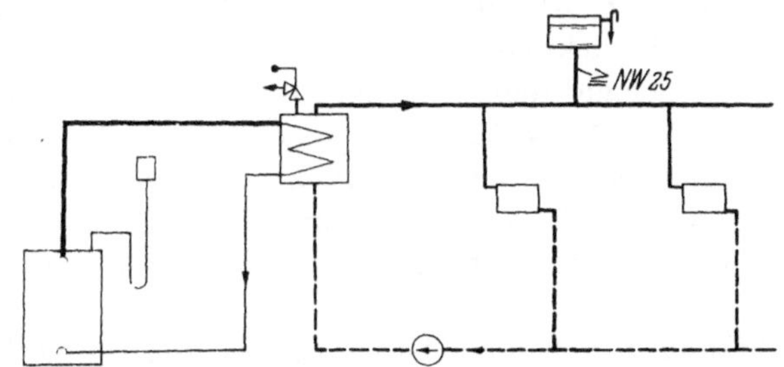

Abb. 6.40. Warmwasserfernheizung mit ND-dampfbeheiztem Wärmeaustauscher.

angeschlossenen Gebäude aufzustellen. Eine unmittelbare Verbindung des Ausdehnungsgefäßes mit dem Wärmeaustauscher über nicht absperrbare Leitungen ist nicht erforderlich, da der Wärmeaustauscher durch ein Sicherheitsventil (mindestens 25 mm l. Weite) gegen unzulässige Drucküberschreitungen geschützt ist.

2. Druckverteilung im Netz

Zweckmäßig ist es, sich auch hier ein Bild über die Druckverhältnisse im gesamten Netz zu verschaffen, um zu verhüten, daß unter irgendwelchen Betriebsverhältnissen der Sättigungsdruck unterschritten wird oder Unterdruck auftritt. Gefährdet sind bei Anordnung des Ausdehnungsgefäßes auf der Pumpendruckseite in erster Linie die dem Saugstutzen nächstliegenden Netzteile, insbesondere bei gleichzeitiger Druckentlastung durch entsprechende Höhenlage. Abb. 6.41 enthält das Wärmeschaltbild, den Streckenplan und das vereinfachte Druckdiagramm einer Warmwasserfernheizung. Eingezeichnet als Verbraucher sind die drei ersten angeschlossenen Gebäude. Im zweiten Gebäude sei das Ausdehnungsgefäß untergebracht, p_1 ist der Druck am Saugstutzen, p_2 am Druckstutzen der Umwälzpumpe. Die Druckdifferenz $(p_2 - p_1)$, mit der die Pumpe arbeitet, wird durch die Widerstände im gesamten Netz, einschließlich der Zentrale, aufgebraucht. Der Einfachheit halber sei der Druckabfall auf der Strecke linear angenommen. Die eingezeichneten Drücke gelten für eine bestimmte Höhenlage, berücksichtigen also noch nicht die durch das Ansteigen der Leitungen im Gelände oder innerhalb von Gebäuden bewirkte Druckentlastung. Nehmen wir als Ausgangsebene die Sohle der Zentrale als des tiefstgelegenen Gebäudes — selbstverständlich kann auch jede andere Höhenlage gewählt werden —, so ist der Druck am Punkt A der Fernleitung durch den Wasserstand im Ausdehnungsgefäß festgelegt, in unserem Fall für den Vorlauf. Das Druckdiagramm selbst ist durch die Förderhöhe der Pumpe $(p_2 - p_1)$, die Streckenlänge und die gewählten Druckgefälle bzw. die Einzelwiderstände gegeben.

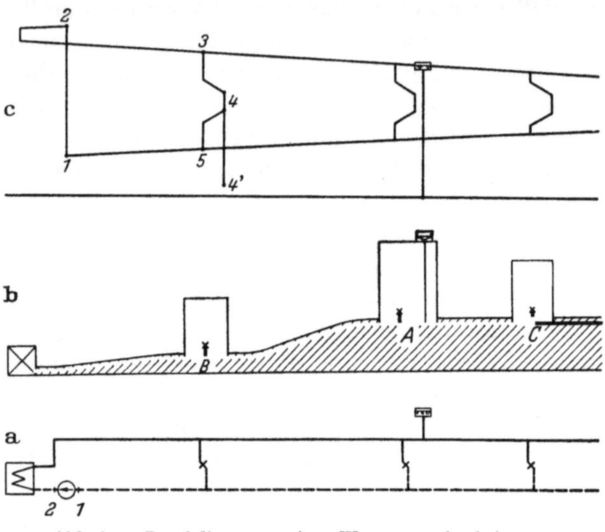

Abb. 6.41. Druckdiagramm einer Warmwasserfernheizung
a) Wärmeschaltung; b) Geländeplan; c) Druckdiagramm.

Zunächst ist zu prüfen, ob der Druck am Saugstutzen p_1 ausreicht, um ein Ausdampfen des Wassers zu vermeiden bzw. ob kein Unterdruck auftritt. In der Regel ist bei Warmwasserheizungen die zweite Forderung die schärfere, da auch bei erhöhter Vorlauftemperatur Rücklauftemperaturen über 100 °C kaum auftreten werden. Kritischer als in der Zentrale sind die Druckverhältnisse im Rücklauf des nächstgelegenen Gebäudes. Zwar ist der Druck am Rücklaufanschluß (*5*) und erst recht an einem beliebigen Heizkörper des Gebäudes (*4*) nach dem Diagramm höher als p_1. Für die Heizkörper im obersten Geschoß ist aber die Höhendifferenz gegenüber der Zentrale noch zu berücksichtigen. Es ergibt sich dadurch ein wesentlich niedrigerer absoluter Druck, nämlich p_4', der ebenfalls noch positiv — vom Atm.-Druck gerechnet — sein muß. Wie bei Besprechung des Druckdiagramms einer Pumpenheizung gezeigt wurde, sind sogar Betriebsbedingungen möglich, bei denen im Heizkörper noch niedrigere Drücke auftreten (s. S. 166). Die Voraussetzungen dafür — die Heizkörper eines Stranges müssen in den oberen Stockwerken gleichzeitig abgestellt sein — treffen jedoch selten zu, so daß dieser Fall unberücksichtigt bleiben kann.

Wie läßt sich nun in kritischen Fällen der Druck p_4' steigern? Da die Drucklinie im Rücklauf vor allem vom Druck p_1 am Pumpensaugstutzen abhängt, setzt jede Minderung der Pumpenförderhöhe die Drücke p_5 und p_4' im Gebäude B entsprechend herauf. Ausgedehnte Fernheiznetze verlangen jedoch aus wirtschaftlichen Gründen hohe Pumpendrücke, so daß dieser Weg nur selten zum Ziel führt.

Das Druckdiagramm läßt aber noch eine zweite Möglichkeit erkennen. Für die der Zentrale nächstgelegenen Gebäude stehen sehr hohe Druckdifferenzen zwischen den Anschlußstellen der Hausheizung im Vor- und Rücklauf zur Verfügung. Sie können in der Regel weder in den Anschlußleitungen noch im Hausnetz durch die normalen Druckverluste dieser Anlageteile aufgebraucht werden, sondern sind durch besondere Drosselstrecken oder Drosselorgane herabzusetzen. Legt man die Drosselung in den Rücklaufanschluß, so wird im Gebäude B unseres Beispiels der Druck in den gefährdeten Leitungsstellen der oberen Geschosse in die Nähe der Vorlaufdrucklinie angehoben, s. Abb. 6.42. Man wird also in diesem Fall den Vorlaufanschluß und evtl. auch die Vorlaufleitungen im Gebäude trotz der reichlich vorhandenen Druckhöhe möglichst weit wählen und den Rücklaufanschluß scharf drosseln.

Reicht auch diese Maßnahme noch nicht aus, um einen Unterdruck bei 4 zu vermeiden, so muß das Ausdehnungsgefäß an den Rücklauf angeschlossen werden. Im Vorlauf überlagert sich dann der Pumpendruck dem Druck im Ausdehnungsgefäß. Hier sind vielfach die Heizkörper der unteren Geschosse durch zu hohe Drücke gefährdet, so daß evtl. — in Umkehrung des Vorgesagten — die Drosselung der Vorlaufanschlüsse und Vorlaufleitungen in Zentralennähe am Platz ist. Bei der Planung von Warmwasserfernheizungen muß man sich i. allg. mit dem höchsten Betriebsdruck nach den vorhandenen Hausheizungen richten. Es ist zumeist wirtschaftlicher, einzelne hohe Gebäude über Umformer anzuschließen (evtl. nur die oberen Geschosse) als zahlreiche ältere Anlagen auf größere Betriebsdrücke umzubauen. Auch bei besonders gefährdeten Hausheizungen kann die Umformung zweckmäßig sein.

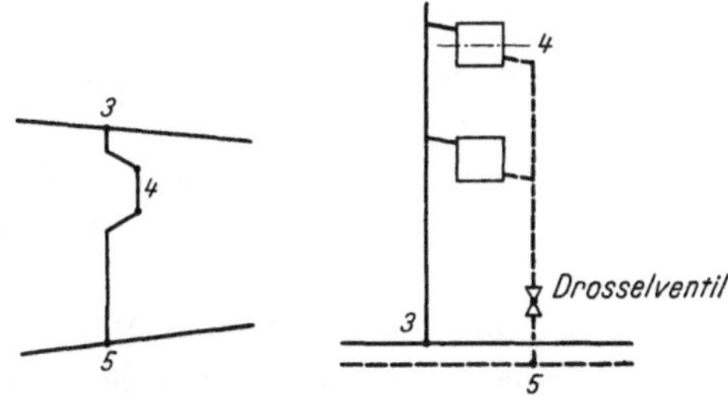

Abb. 6.42. Druckänderung bei Drosselung im Rücklauf.

Eine andere Möglichkeit, bei ausgedehnten Fernheizungen mit hohen Pumpendrücken die Hausanlagen zu entlasten, bietet die Unterteilung der Förderhöhe auf zwei Aggregate, wobei das Ausdehnungsgefäß zwischen den beiden Pumpen angeschlossen ist. Durch Druckminderer in den Hausanschlüssen lassen sich dann die Druckverhältnisse in der Hausanlage weitgehend den örtlichen Erfordernissen anpassen[1], s. auch Unterabschn. VI D.

3. Wärmespeicherung

Nachts ausgekühlte Gebäude erfordern zum Anheizen in den Morgenstunden besonders hohe Wärmeleistungen. Durch Einbau von Wärmespeichern läßt sich die Anheizzeit verkürzen und die Überlastung der Kesselanlage während dieser Zeit vermeiden. Man ordnet die Wärmespeicher zumeist in der Zentrale, seltener bei den Abnehmern einer Fernheizung an. Lediglich bei der Brauchwarmwasserversorgung werden örtliche Speicher häufiger verwendet.

Bei geschlossenen Heizsystemen sind zur Wärmespeicherung Druckgefäße notwendig. Wirkungsweise und Schaltung der druckfesten Wärmespeicher sind bereits oben erläutert

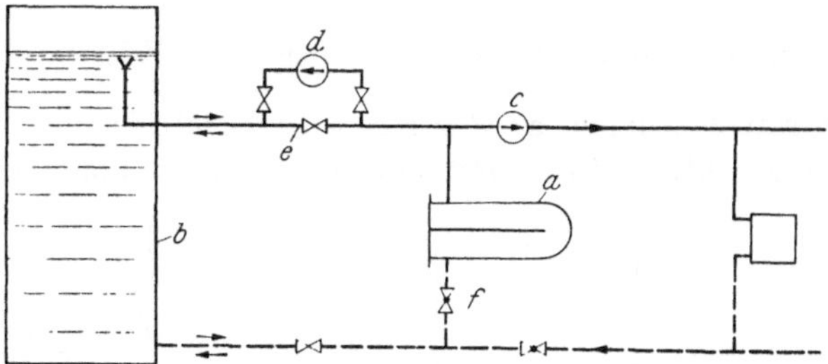

Abb 6.43. Offener Warmwasserspeicher einer Warmwasserheizung.

worden. Bei Systemen mit offenem Ausdehnungsgefäß können auch druckfreie Behälter verwendet werden, wenn ihr Wasserspiegel in gleicher Höhe mit dem des Ausdehnungsgefäßes liegt.

Zuweilen übernehmen diese Wärmespeicher auch die Funktion des Ausdehnungsgefäßes. Sie sind bei Stadtheizungen in Größen bis zu 2500 m³ gebaut worden. Abb. 6.43 gibt das Schaltschema einer derartigen Anlage in vereinfachter Form wieder.

Der Großraumspeicher *b* liegt hier parallel zum Wärmeaustauscher *a*. Beim Laden des Wärmespeichers wird eine besondere Pumpe *d* in Betrieb gesetzt, die das im Wärmeaustauscher erhitzte

[1] Strempel, E.: Stadtheizung und Kraftwärmekupplung. Gesundh.-Ing. 75 (1954) 213.

Wasser oben in den Speicher einführt und die gleiche Menge kälteren Wassers unten absaugt. Dieser Vorgang kann völlig unabhängig von dem durch die Umwälzpumpe *c* aufrechterhaltenen Kreislauf des Heizwassers vor sich gehen, lediglich im Wärmeaustauscher vereinigen sich beide Wasserströme. Der Speicher füllt sich beim Laden langsam mit erwärmtem Wasser, wobei sich die Grenzzone zwischen warmem und kaltem Wasser immer weiter nach unten verschiebt. Eine Mischung in der Grenzschicht findet übrigens bei Behältern mit großen Querschnitten kaum statt. Man lädt den Speicher in Zeiten geringen Wärmebedarfs (Nachtstunden) oder überschüssiger Heizwärme (Abdampfüberschuß bei Heizkraftanlagen) auf und entlädt ihn bei hohem Wärmebedarf. Selbstverständlich kann beim Laden evtl. auch der Fernheizbetrieb völlig eingestellt werden.

Zum Entladen wird das Heizungs-Rücklaufwasser z. T. oder auch vollständig durch Drosselung des Ventils *f* unten in den Speicher gedrückt und dafür über die Umgehungsleitung *e* der Speicherladepumpe dem Speicher oben heißes Wasser entnommen. Die Speicherfähigkeit solcher Behälter ist gerade bei Wasserheizungen sehr groß, da beispielsweise beim Anheizvorgang zunächst stark abgekühltes Heizwasser zurückkommt, also nicht nur die normale Temperaturdifferenz „Vorlauf-Rücklauf" zur Speicherung ausgenutzt werden kann, sondern ein wesentlich höherer Wert. So vermag der bereits erwähnte Großraumspeicher bei 2500 m³ Fassungsvermögen und der Ausnützung eines Temperaturabfalls von 90 auf 40 °C eine Wärmemenge von

$$2500 \cdot (90 - 40) \cdot 1000 = 125 \text{ Gcal}$$

zu speichern bzw. in kurzer Zeit abzugeben. Selbst große Unterschiede in der Höhe und im zeitlichen Ablauf von Kraft- und Wärmebedarfsspitzen lassen sich auf diese Weise mit einfachen technischen Mitteln ausgleichen, wenn die Wärme in Form von Heiz- oder Brauchwasser bei relativ niedrigen Temperaturen benötigt wird.

Bei Netzen großer Leistung und Ausdehnung kann auch der Wasserinhalt der Leitungen zur Wärmespeicherung bzw. zum Ausgleich von Belastungsspitzen und Tälern herangezogen werden. Man nützt diese Eigenschaft des Wassernetzes bei gekoppelter Strom- und Wärmeversorgung von Stadtgebieten zuweilen auch aus, um die Heizkraftmaschinen in Zeiten hoher Strombelastung durch Abschalten der Heizdampfentnahme im reinen Kondensationsbetrieb fahren zu können. Sie sind damit zur Abdeckung der Stromspitzen voll einsatzfähig und ihr Kapitaldienst geht in die Wärmeerzeugungskosten nicht oder nur vermindert ein[1].

B. Hausanschlüsse und Regelung der Wärmeabgabe

Beim Anschluß der Hausheizungen an das Fernleitungsnetz ist darauf zu achten, daß alle Anlageteile einwandfrei gefüllt, entleert und entlüftet werden können. Neben den Absperr-

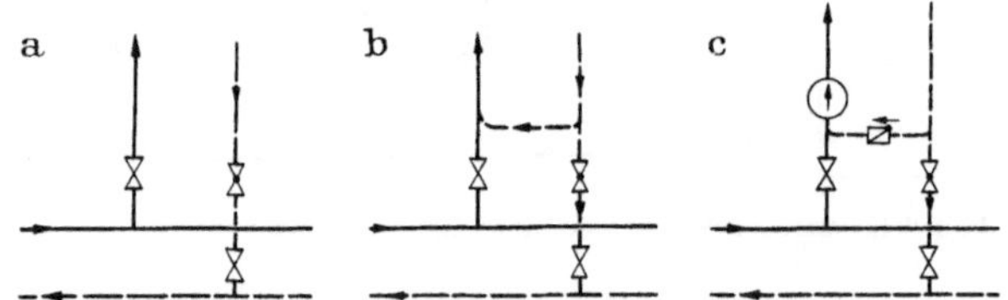

Abb. 6.44. Grundformen der Hausanschlüsse bei einer Warmwasserfernheizung.

organen sind besondere Regelventile im Vorlauf oder Rücklauf vorzusehen, die eine Anpassung der Wärmeentnahme an den jeweiligen Bedarf gestatten. Druck- und Temperaturmeßgeräte dienen der Betriebsüberwachung.

Die Verbindung der Hausanlage mit dem Fernleitungsnetz kann auf dreierlei Art erfolgen, s. Abb. 6.44. Bei Ausführung a und b handelt es sich um eine Hausheizung ohne, bei c mit

[1] Strempel, E.: Die wirtschaftlichen Grundlagen der Berliner Stadtheizung. Gesundh.-Ing. 80 (1959), 33/64.

Pumpenbetrieb. Während bei a die Hausanlage stets mit der Vorlauftemperatur der Fernheizung betrieben wird, läßt sich bei b und c durch Beimischung von Rücklaufwasser eine von dem Fernleitungsvorlauf unabhängige niedrigere Heizwassertemperatur in der Hausanlage einstellen. Die Nachteile der Ausführung a — mangelhafte Leistungsregelung bei Drosselung des Wasserstroms, ungleichmäßige Strangbeaufschlagung — liegen nach den Erläuterungen auf S. 189 auf der Hand; man wird daher stets die Ausführungen b und c wählen. Auch hier wird durch ein Drosselventil die aus der Fernleitung entnommene Wassermenge dem Wärmebedarf der Hausanlage angepaßt. Im Hausnetz zirkuliert aber eine um den Rücklaufwasseranteil größere Wassermenge. Der Kurzschluß zwischen Vor- und Rücklauf führt zu einem Druckausgleich, so daß die Anlage b wie eine übliche Schwerkraftheizung arbeitet. Beim nachträglichen Anschluß vorhandener Heizanlagen muß die Mischstelle in Höhe der früheren Kessel liegen, damit die Umtriebskräfte die gleichen sind wie zuvor.

1. Anschluß einer Schwerkraftheizung

Abb. 6.45 zeigt schematisch den vollständigen Aufbau einer Hausstation beim Anschluß einer Schwerkraftheizung an ein Fernheiznetz. Die Vorlauftemperatur der Hausanlage wird durch einen Temperaturregler, der den Wasserzulauf aus dem Fernheiznetz mehr oder weniger drosselt, selbsttätig auf der gewünschten Höhe gehalten. Bei Fernheizungen mit erhöhten Vorlauftemperaturen wird zweckmäßigerweise noch ein Temperaturbegrenzer vorgesehen, der ein Überschreiten der höchsten Vorlauftemperatur verhindert. An die Stelle des offenen Ausdehnungsgefäßes ist ohnehin hier ein geschlossenes kleines Luftgefäß getreten, über das beim Füllen der Anlage die Luft entweichen kann und das im Betrieb das Abscheiden von Luftblasen aus dem Wasserkreislauf ermöglicht.

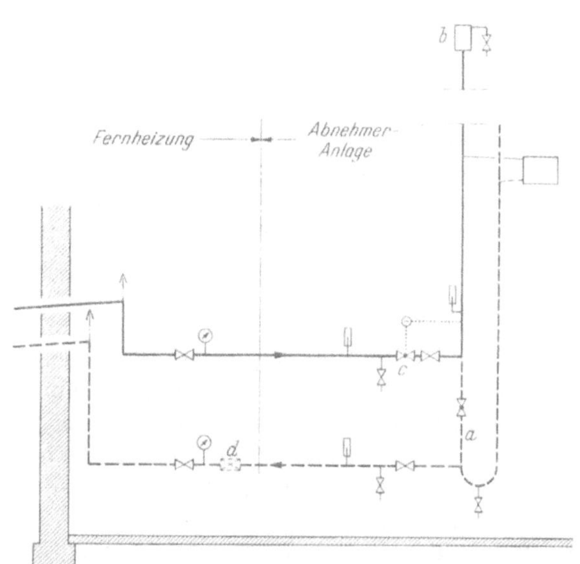

Abb. 6.45. Hausstation für eine Schwerkraftheizung.
a Mischleitung, *b* Luftgefäß, *c* Temperaturregelventil, *d* Drossel oder Durchflußbegrenzer.

Steht zwischen Vorlauf und Rücklauf der Fernleitung eine größere Druckdifferenz zur Verfügung, so können schlecht zirkulierende Schwerkraftheizungen mit beschleunigtem Wasserumlauf betrieben werden. Zu diesem Zweck wird der Vorlaufanschluß der Hausanlage als Strahlpumpe ausgebildet, die unter Ausnutzung des überschüssigen Druckes im Fernleitungsvorlauf eine Druckerhöhung hinter dem Mischstutzen hervorruft. Von dieser Möglichkeit sollte jedoch nur ausnahmsweise Gebrauch gemacht werden, da es grundsätzlich richtiger ist, die Hausanlagen großer Fernheiznetze unabhängig vom Druckunterschied in den Fernleitungen arbeiten zu lassen. Jede Drosselung oder Abschaltung der Heizwasserentnahme in den Hausstationen und erst recht der Anschluß neuer Verbraucher führt nämlich zu Druckänderungen im Verteilungsnetz, zieht also bei Hausanschlüssen nach Art der Abb. 4.49a bzw. bei Umlaufbeschleunigung durch eine Strahlpumpe die übrigen Abnehmer in Mitleidenschaft. Die Rückwirkung auf die einzelnen Abnehmer wird dabei sehr verschieden sein, je nachdem die Änderung der Heizwasserentnahme in der Nähe der Zentrale, auf der Strecke oder am Ende einer Fernleitung erfolgt[1]. Eine gleichmäßige Auswirkung auf sämtliche Abnehmer ist gewährleistet bei einer Rohrführung nach dem System gleicher Weglänge, s. S. 192.

[1] Hendriks, E.: Die Wassermengenführung von Heizungsnetzen beim Abschalten von Verbrauchern. Heizg.-Lüftg.-Haustechn. 3 (1951) 145/147.

Diese Rohrführung ist aber nur sinnvoll bei einer Ringversorgung und scheidet bei Fernheizungen schon wegen der höheren Kosten aus.

Die Hausanlage muß vom Fernheiznetz jederzeit völlig abgeschaltet werden können. Um im Bedarfsfall Meß- und Regelgeräte ohne Entleerung der Hausanlage ausbauen zu können, sind neben den Absperrorganen am Fernleitungsanschluß noch besondere Absperrungen vor der Gebäudeheizung vorzusehen. Beim Einbau von Durchflußbegrenzern ist zu beachten, daß jede Drosselung im Rücklauf bei Pumpenbetrieb zu einer entsprechenden Steigerung des Druckes in der Hausanlage führt.

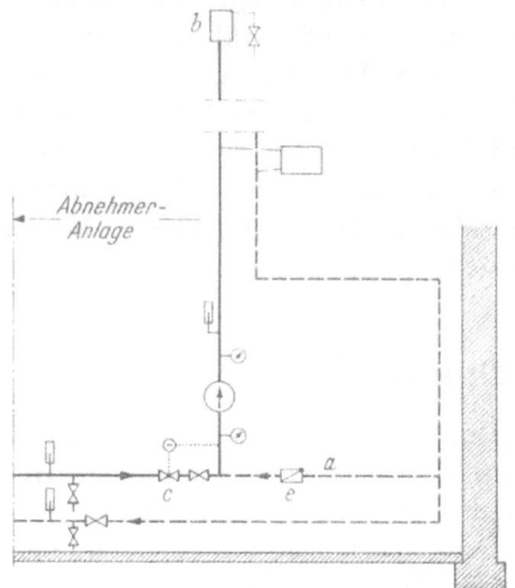

Abb. 6.46. Hausstation für eine Pumpenheizung. Bezeichnungen wie Abb. 6.45. *e* Rückschlagklappe.

2. Anschluß einer Pumpenheizung

Völlige Unabhängigkeit der Umtriebsverhältnisse in der Hausanlage von der Wasserführung bzw. den Druckunterschieden im Fernleitungsnetz ist gewährleistet bei Pumpenheizungen mit Kurzschlußschaltung, s. Abb. 6.46. In die Kurzschlußleitung, die gleichzeitig als Mischleitung dienen kann, ist eine Rückschlagklappe *e* einzubauen; sie soll verhindern, daß bei Stillstand der Pumpe das Fernleitungswasser unmittelbar vom Vorlauf zum Rücklauf übertritt.

VI. Stadtheizung

Das Kennzeichnende einer „Stadtheizung" ist die Wärmelieferung in Form von Dampf, Heiß- oder Warmwasser an beliebige Verbraucher eines Stadtbezirkes durch ein öffentliches Versorgungsunternehmen zu allgemeinen Tarifen.

In Deutschland werden Stadtheizungen vorzugsweise von Elektrizitätswerken betrieben[1]. Strom- und Wärmeerzeugung sind zumeist gekuppelt, wobei die energiewirtschaftlichen Vorteile des „Heizkraftbetriebs" zu einer Minderung der Gestehungskosten der Heizwärme führen. Druck bzw. Temperatur des Heizmittels richten sich nach den Temperaturanforderungen der Abnehmer. Sie sind im allgemeinen bei Industrie- und Gewerbebetrieben höher als bei Raumheizungen und Warmwasserbereitungen. Da eine Wärmelieferung für gewerbliche Zwecke zudem nur bei besonders niedrigen Wärmepreisen möglich ist, ist die gemeinsame Wärmeversorgung vieler Industriebetriebe seltener anzutreffen. Es handelt sich dabei zumeist um Betriebe in unmittelbarer Nachbarschaft von öffentlichen Kraftwerken oder um geschlossene Industriegebiete mit hoher Wärmeverbrauchsdichte.

In der Regel beschränken sich die Stadtheizungen auf die Versorgung begrenzter Wohn-, Verwaltungs- und Geschäftsbezirke größerer Städte. Zu den wegen der Höhe und der Benutzungsdauer des Wärmebedarfs besonders erwünschten Abnehmern gehören Krankenhäuser, Schwimm- und Badeanstalten, Wäschereien, Färbereien und Reinigungsbetriebe. Das Rückgrat der öffentlichen Wärmeversorgung bilden jedoch die Heizanlagen der öffentlichen Gebäude, großer Geschäfts- und Bürohäuser sowie vielstöckiger Wohngebäude in dicht bebauten Gegenden. Die mancherlei Vorzüge der Stadtheizung treten hier am deutlichsten in Erscheinung.

Vorteile. Durch den Wegfall vieler Einzelfeuerstellen mit ihren Abgasen und Verunreinigungen werden die Luft- und Besonnungsverhältnisse in stark besiedelten Stadtgebieten wesentlich verbessert; zugleich wird auch die Brandgefahr vermindert. Der Straßenverkehr im Stadtinnern wird vom Kohlen- und Aschetransport weitgehend entlastet; Verschmutzung und Ge-

[1] Schulz, E.: Öffentliche Heizkraftwerke und Elektrizitätswirtschaft in Städten. Berlin: Springer 1933. Siehe auch: Elektrizitätswirtschaft, Bd. 58, Sonderheft Heizkraftwirtschaft. April 1959.

räuschbelästigung gehen zurück. Volkswirtschaftlich ist die bessere Brennstoffausnutzung, vor allem auch durch die Strom-Wärmekupplung, von großer Bedeutung.

Zu diesen in erster Linie der Allgemeinheit zugute kommenden Vorteilen treten eine Reihe von Annehmlichkeiten für die Wärmeabnehmer, wie die Einsparung an Kellerraum, der Wegfall der Brennstofflagerung und der Heizungsbedienung, der saubere Betrieb, die ständige Betriebsbereitschaft und die gute Anpassungsfähigkeit der Heizleistung an beliebige, auch extreme Wärmebedarfsänderungen.

Hinderlich für die Entwicklung der Fernheizung in Stadtgebieten sind vor allem die hohen Baukosten der Wärmeverteilungsanlagen und der verhältnismäßig geringe Umschlag des investierten Kapitals.

A. Heiztechnische Grundlagen

Öffentliche Wärmeversorgungsanlagen in Wohn-, Verwaltungs- und Geschäftsbezirken von Städten — mit diesen Einrichtungen, also den Stadtheizungen im engeren Sinn, wollen wir uns hier ausschließlich befassen — sind nur am Platz, wenn in begrenzten Gebieten ein relativ hoher Wärmeleistungsbedarf vorhanden ist. Es kann sich dabei sowohl um wenige große Verbraucher handeln als auch um eine größere Zahl kleiner Verbraucher. In der Regel beschränkt man sich auf Wärmeabnehmer, die keine höheren Heizmitteltemperaturen als 110 bis 120 °C benötigen. Der Wärmebedarf zur Raumheizung bestimmt dabei weitgehend Umfang und Verlauf der Wärmeentnahme aus dem Heiznetz.

Die Zusammenhänge zwischen Klima und Wärmebedarf sowie die Kenntnis des Einflusses des Heizsystems und der Gebäudeart auf den Tagesgang der Wärmeentnahme liefern wichtige Unterlagen für die Auslegung und den Betrieb einer derartigen Fernheizung[1].

1. Wärmebedarfsdichte

Je größer der Wärmebedarf eines zu versorgenden Gebietes ist, um so niedriger liegen die Kosten des Fernwärmeverteilungsnetzes, bezogen auf die bereitgestellte Leistung, um so günstiger sind also auch die Voraussetzungen für einen wirtschaftlichen Fernheizbetrieb. Als Kennwert der Fernheizwürdigkeit dient die *Wärmebedarfsdichte,* oft auch kurz „Wärmedichte“ genannt. Man bezeichnet damit die Summe des Höchstwärmebedarfs aller anschlußfähigen Gebäude oder Verbraucher eines Gebietes, bezogen auf die versorgte Fläche. Meist wird sie angegeben in Gcal/km^2 h bzw. kcal/m^2 h.

Bei der Planung einer Fernheizung für ein bebautes Stadtgebiet wird man sehr sorgfältig den Wärmebedarf der in Frage kommenden Abnehmer feststellen müssen. Für gewerbliche Wärmeverbraucher kann aus der Leistung der anzuschließenden Geräte, evtl. unter Einführung eines Gleichzeitigkeitsfaktors der Wärmeentnahme, der Höchstbedarf ermittelt werden. Bei Warmwasserbereitungen ist der Wärmebedarf in der ersten Aufheizstunde der Speicher zugrunde zulegen. Zentrale Heizanlagen werden mit dem Wärmebedarf nach DIN 4701 berücksichtigt. Von dem Wärmebedarf ist die für die Anschlußbemessung maßgebende Höchstleistung, die ein Abnehmer beansprucht, zu unterscheiden. Sie ist in der Regel niedriger als die Summe der Wärmebedarfswerte der einzelnen Anlagen oder Verbrauchsgeräte, da die Bedarfsspitzen zeitlich selten zusammenfallen und oft auch der tatsächliche höchste Wärmebedarf den rechnerisch ermittelten Maximalbedarf nicht erreicht.

Das Letztere trifft bei guter Bauausführung für Gebäudeheizungen zu. Dementsprechend kann die vom Fernheizunternehmen vorzuhaltende Spitzenleistung kleiner gewählt und die Fernheizanlage dadurch besser ausgelastet werden. Durchflußbegrenzer sichern gegebenenfalls die Einhaltung der vereinbarten Leistungsspitze.

Ist für eine ältere, an eine Fernheizung anzuschließende Heizungsanlage der Wärmebedarf nicht bekannt, so empfiehlt sich die Feststellung der eingebauten Heizflächen und ihrer Leistungs-

[1] RAISS, W.: Heiztechnische Grundlagen einer öffentlichen Wärmeversorgung. Heizg.-Lüftg.-Haustechn. 3 (1952) 37/44.

fähigkeit. Die bei vorhandenen Anlagen eingebaute Kesselheizfläche ermöglicht nur eine sehr angenäherte Abschätzung des Wärmebedarfs, da sie neben Zuschlägen für die Wärmeverluste des Rohrnetzes vielfach noch Reserveheizfläche in unterschiedlichem Ausmaß enthält, die zu beträchtlicher Überbewertung einer Heizanlage führen kann.

Für Bauvorhaben, die erst in der Planung stehen, ist man auf Erfahrungszahlen oder Näherungsrechnungen angewiesen. Kennt man das Bauvolumen, so geht man am besten vom spezifischen Wärmebedarf aus, bezogen auf 1 m³ umbauten Raum. Für neuzeitliche Bauten mit klaren Bauformen lassen sich dafür zuverlässige Durchschnittswerte angeben. Ein Gebäude verliert Wärme nur über die Außenhaut. Stimmen die Wärmedurchgangszahlen der Außenwände, Decken und Fußböden mit den in DIN 4108[1] geforderten Mindestwerten überein, so sind die Wärmeverluste des Gebäudes bei der für die betreffende Klimazone gültigen niedrigsten Außentemperatur abhängig von seinen Hauptmaßen, der Bauart der Fenster und deren Flächenanteil an den Außenwänden. Anhaltswerte zur Abschätzung des auf den umbauten Raum bezogenen spezifischen Wärmebedarfs für Gebäude von 10 m Bautiefe und ½fachen stündlichen Luftwechsel (bei −15 °C niedrigster Außentemperatur) sind Abb. 6.47 zu entnehmen. Bei doppelt verglasten Fenstern liegen die Wärmebedarfswerte etwa in der Mitte zwischen denen für Einfach- und für Verbundfenster. Größere Bautiefen ergeben niedrigere Werte. Für eine Bautiefe von 15 m sind die Minderungsfaktoren angegeben. Die beiden schraffierten Bereiche gelten für Einfach- und Verbundholzfenster, und zwar entsprechen die unteren Grenzlinien den Werten für 25% Fensterflächenanteil an der Außenwand, die oberen den Werten für 35% Fensterflächenanteil. Als umbauter Raum ist das Produkt von bebauter Grundfläche und Gesamthöhe der beheizten Geschosse zugrunde gelegt. Man erkennt den starken Einfluß von Bauart und Größe der Fenster auf den Wärmebedarf.

Die zulässigen Bauhöhen und „Bebauungsdichten" (d. i. das Verhältnis aus bebauter zur Gesamtfläche des Gebietes) werden in der Regel im Rahmen der Gesamtplanung einer Stadt

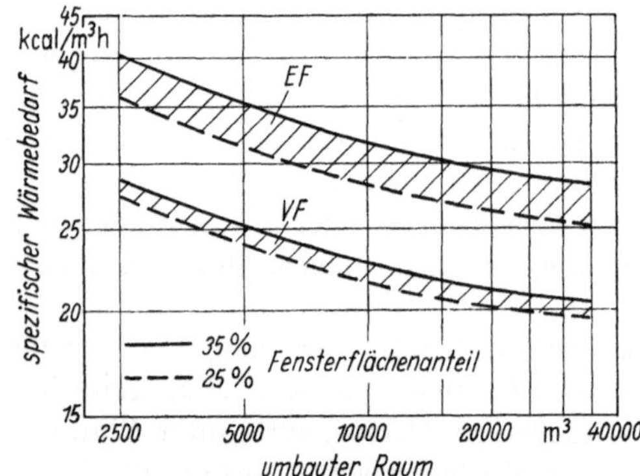

Abb. 6.47. Spezifischer Wärmebedarf bezogen auf den umbauten Raum.

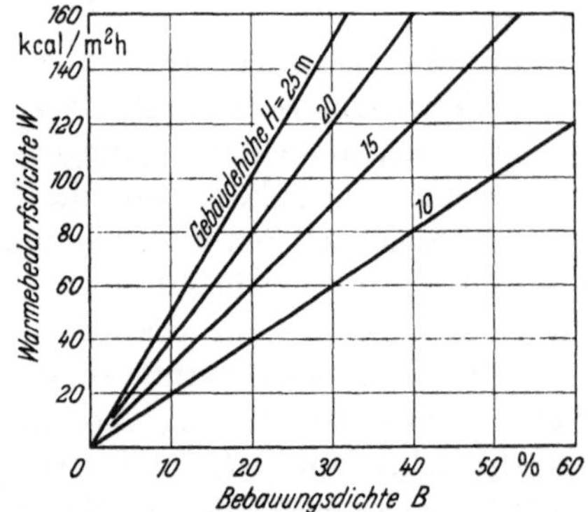

Abb. 6.48. Wärmebedarfsdichte in Abhängigkeit von der Bebauungsdichte und der Bauhöhe; spez. Wärmebedarf 20 kcal/m³ h.

festgelegt. Bebauungsdichten von 50 bis 60%, wie sie früher im Innern der Großstädte anzutreffen waren, werden heute nicht mehr zugelassen. Einen Ausgleich dafür im Hinblick auf die Wärmedichte eines Stadtgebietes bringt das Übergehen auf größere Bauhöhen.

Abb. 6.48 gibt den Zusammenhang zwischen Wärmebedarfsdichte, Bebauungsdichte und mittlerer Bauhöhe wieder. Bei einem spezifischen Wärmebedarf von 20 kcal/m³ h läßt sich danach eine Wärmebedarfsdichte von 80 kcal/m² h erzielen bei Bebauungsdichten sowohl von 40 als auch von 20%. Im ersten Fall ist dafür eine Bauhöhe von 10m, im zweiten Fall von 20m erforderlich.

Berücksichtigt man, daß die Wärmeversorgung weniger großer Gebäude geringere Anschluß- und Wartungskosten verursacht als die Versorgung vieler kleiner Gebäude, so erkennt man, daß

[1] DIN 4108: Wärmeschutz im Hochbau.

die neuere Entwicklung im Städtebau dem Fernheizgedanken entgegenkommt. Das stark verzweigte Verteilungsnetz wird hier teilweise abgelöst durch eine „Strecken"versorgung. An die Stelle der flächenbezogenen „Wärmebedarfsdichte" tritt als Kennwert für die Fernheizwürdigkeit die „Linienwärmedichte", das ist der Wärmebedarf in kcal/h je m Rohrstreckenlänge.

Für Reihenbauten in der Anordnung nach Abb. 6.49 ergeben sich beispielsweise bei weitgehend aufgelockerter Bebauung vergleichsweise geringe Kosten eines Fernheiznetzes[1].

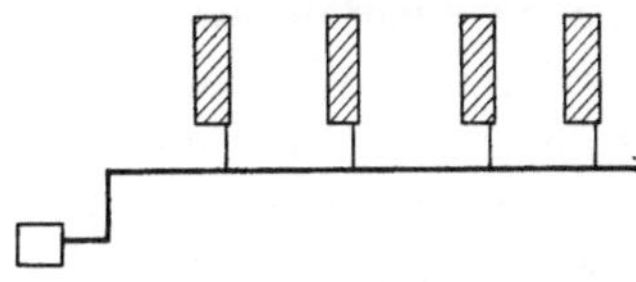

Abb. 6.49. Streckenwärmeversorgung parallel liegender großer Bauzeilen.

2. Verbrauchskennlinien

Der tages- und jahreszeitliche Ablauf der Wärmeentnahme aus einem Fernheiznetz hängt bei gewerblichen Abnehmern von der Art, der Belastung und der Betriebsweise der Verbrauchsgeräte ab. Bei Gebäudeheizungen kommen meteorologische Faktoren sowie Einflüsse der Bauweise und des Heizsystems hinzu, s. zwölfter Abschnitt im zweiten Band.

Für den *Tagesgang* der Wärmeentnahme ist vor allem die Betriebsweise der Heizanlage von Bedeutung. Sie richtet sich nach der Gebäudebenutzung, aber auch nach dem vorhandenen Heizsystem und der Außentemperatur, s. zwölfter Abschnitt im zweiten Band. Selten wird über Tag und Nacht gleichmäßig durchgeheizt; meist wird in den Benutzungspausen des Gebäudes die Leistung stark eingeschränkt oder ganz abgeschaltet.

Der unterbrochene Heizbetrieb herrscht vor bei Heizsystemen mit geringer Speicherfähigkeit, also bei Dampf- und Luftheizungen, der Dauerbetrieb bei Warmwasserheizungen.

Fernheizungen, an die Gebäude der verschiedensten Art und mit unterschiedlichen Heizsystemen angeschlossen sind, zeigen dementsprechend auch vielfältige Mischformen von Tagesbelastungslinien. Der Tagesgang der Außentemperatur kommt dabei weniger zur Auswirkung als die durch die mittlere Tagestemperatur gekennzeichnete Belastung der Heizanlagen. Mit ihr wachsen bei Dampf- und Luftheizungen die Betriebszeiten der Anlagen an, bei Wasserheizungen die Leistungswerte.

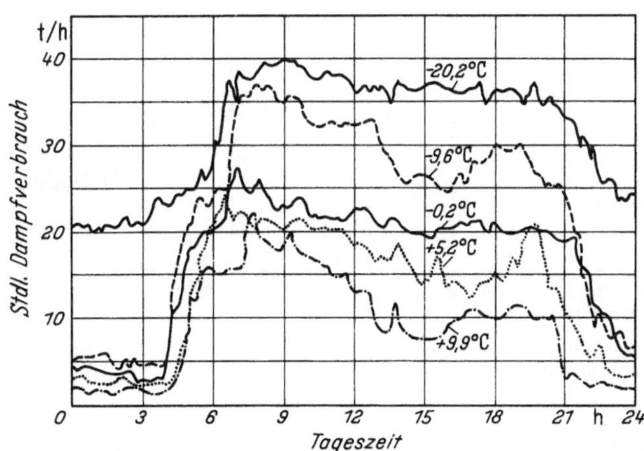

Abb. 6.50. Wärmeabgabe eines Dampfnetzes über 24 Stunden bei verschiedenen Außentemperaturen.

Als Beispiele sind in Abb. 6.50 und 6.51 die Tagesbelastungslinien zweier Fernheizwerke bei unterschiedlichen Außentemperaturen aufgetragen. Bei Abb. 6.50 handelt es sich um ein Dampfnetz, an das Geschäfts- und Wohngebäude angeschlossen sind, bei Abb. 6.51 um ein Warmwassernetz, bei dem Bürogebäude überwiegen. Das Dampfnetz zeigt an dem kältesten Tag ein weitgehend ausgeglichenes Belastungsbild mit annähernd konstanter Wärmeabnahme

[1] SIMON, W.: Spezifische Fernheiznetz-Anlagekosten bei verschiedenen Siedlungsarten und Wohndichten. Elektrizitätswirtsch. 49 (1950) 292/295.

zwischen 7 und 20 Uhr. Unter derartig extremen Witterungsbedingungen muß offensichtlich auch in den Nachtstunden durchgeheizt werden, um den Gebäuden die erforderliche Wärmemenge zuzuführen.

Bei dem Warmwassernetz bleibt dagegen der Charakter der Belastungslinie auch bei niedrigen Außentemperaturen erhalten, sofern die Betriebsweise der einzelnen Heizungen beibehalten wird. (Die Verrechnung mit dem Abnehmer erfolgt hier ausschließlich nach dem Wärmeverbrauch, also nach einem reinen Arbeitstarif ohne Begrenzung der Leistungsentnahme.)

Die zentrale Leistungsregelung durch die Vorlauftemperatur ermöglicht eine gleichmäßige Steigerung der Wärmeabgabe der Heizflächen mit abnehmender Außentemperatur. Die hohen Anheizspitzen deuten darauf hin, daß infolge der eingeschränkten Wärmeabnahme in den Nachtstunden die Gebäude und Heizsysteme am Morgen stark ausgekühlt sind.

Da die Höchstlast am kältesten Tag für die Auslegung der Wärmeerzeuger und Fernleitungen maßgebend ist, und die Anheizspitze an einem beliebigen Tag die bereitzuhaltende Kesselleistung bestimmt, sollte man stets eine möglichst gleichmäßige Tagesbelastung anstreben. In geringem Umfang kann das Wärmeversorgungsunternehmen den Tagesgang der Wärmeentnahme beeinflussen, bei Wassernetzen, die mit gleitenden Temperaturen gefahren werden, z. B. durch die Wahl der Vorlauftemperatur und der Betriebszeit der Umwälzpumpen, bei Dampfnetzen durch Druckregelung. Unerwünschte Leistungsspitzen lassen sich am einfachsten durch den Einbau von Durchflußbegrenzern verhindern (s. S. 297).

Es ist noch darauf hinzuweisen, daß die in Abb. 6.51 erkennbaren Leistungsspitzen bei Wassernetzen z. T. mit hohen Temperaturdifferenzen zwischen Vor- und Rücklauf bewältigt werden. Die für bestimmte Wasserströme dimensionierten Rohrleitungen werden also nicht im gleichen Umfang belastet, wohl aber die Wärmeerzeugungsanlagen, sofern nicht — und das ist im vorliegenden Beispiel der Fall — Wärmespeicher eingeschaltet sind.

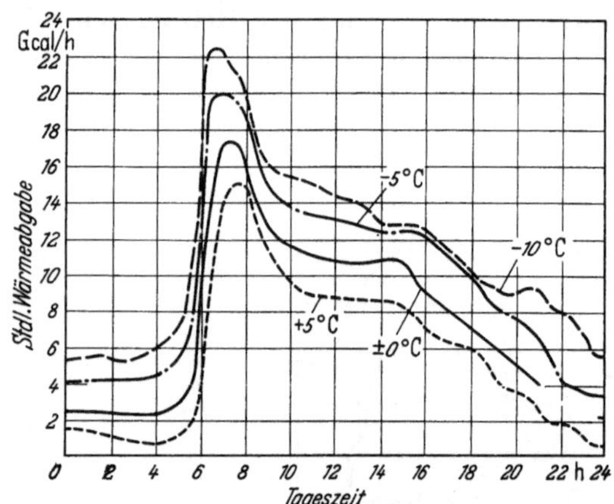

Abb. 6.51. Wärmeabgabe eines Warmwassernetzes über 24 Stunden bei verschiedenen Außentemperaturen.

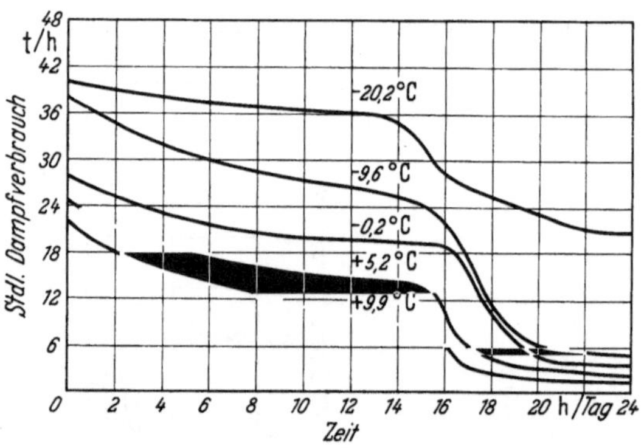

Abb. 6.52. Geordnete Tagesbelastungslinien bei unterschiedlichen Außentemperaturen (nach Abb. 6.50).

Der *Jahresgang der Wärmeentnahme* zu Raumheizzwecken ist vorwiegend klimatisch bedingt, s. S. 42. Er läßt sich daher im Gegensatz zum Tagesgang für einen durchschnittlichen Winter aus meteorologischen Beobachtungswerten ableiten.

Für die Fernheizplanung ist der Verlauf der Außentemperatur während eines Normaljahres weniger wichtig als deren mittlere Häufigkeitsverteilung. Aus ihr läßt sich in einfacher Weise eine geordnete Jahresbelastungslinie der Raumheizung (Belastungsdauerlinie) ableiten, s. zwölfter Abschnitt im zweiten Band.

Dieser Zusammenhang gilt jedoch nur für den Tageswärmebedarf der Heizanlagen. Beim Übergang auf Stundenwerte — Wärmeleistungen sind in der Regel auf Stunden als Zeiteinheit bezogen — muß die Leistungsänderung im Ablauf eines Tages berücksichtigt werden. Dadurch ändert sich der Verlauf der geordneten Jahresbelastungslinie.

Kennt man den Tagesgang der Wärmelieferung für einige kennzeichnende Außentemperaturbereiche, z. B. bei —10, ±0, +5 und +10 °C, so kann die wirkliche Belastungsdauerlinie einer Fernheizung genügend genau aus diesen Tagesdiagrammen unter Berücksichtigung der Häufigkeit der einzelnen Außentemperaturstufen ermittelt werden.

Man entwickelt zu diesem Zweck aus den tageszeitlichen Belastungsdiagrammen nach Art der Abb. 6.50 oder 6.51 die geordneten Belastungslinien der Wärmeentnahme für bestimmte Außentemperaturen, s. Abb. 6.52. Die Linien dieser Abbildung gelten für die Tageskurven der

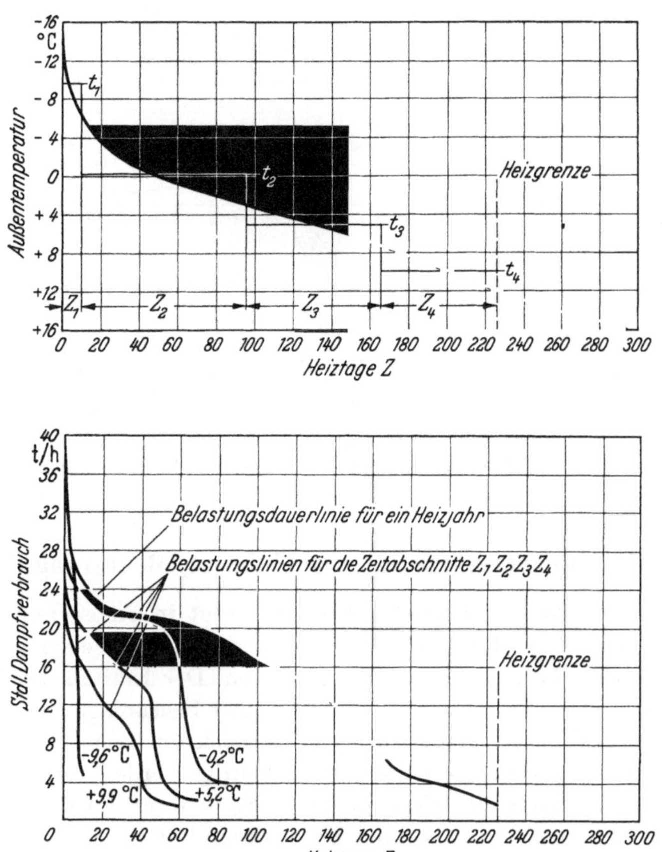

Abb. 6.53. Entwicklung der geordneten Jahresbelastungslinie aus der Außentemperaturhäufigkeit und den Tagesbelastungslinien.
a) Stufeneinteilung der Temperaturhäufigkeitskurve; b) Ermittlung der Belastungsdauerlinie aus dem Anteil der einzelnen Außentemperaturbereiche.

Abb. 6.50. Ersetzt man die geordnete Häufigkeitslinie der Tagestemperaturen für den betreffenden Ort durch eine Stufenlinie, s. Abb. 6.53a, so ergibt sich daraus bei richtiger Mittelung der Anteil der einzelnen Außentemperaturbereiche t_1, t_2 usw. an der gesamten Heizzeit Z mit $\frac{Z_1}{Z}$, $\frac{Z_2}{Z}$ usw. Unter Berücksichtigung dieses Zeitfaktors erhält man aus den geordneten Tagesbelastungslinien der Abb. 6.52 die entsprechenden Jahresbelastungsanteile nach Abb. 6.53b und durch Addition der Abszissenwerte die Gesamtkurve. Sie zeigt gegenüber der ideellen Belastungslinie, die unmittelbar aus den Außentemperaturen abgeleitet wird, eine größere Häufigkeit der höheren Belastungsstufen.

Der Unterschied zwischen der ideellen und der wirklichen Belastungsdauerlinie wird um so größer, je mehr die Tagesbelastungsbilder mit der Außentemperatur ihren Charakter verändern. Im Extremfall würde für stoßweise, in gleicher zeitlicher Folge mit voller Leistung betriebene Dampfheizungen die Jahresbelastungslinie auf die hohen Belastungsstufen zusammengedrängt und stark verkürzt erscheinen. Tatsächlich bewirken die Unterschiede in den Heizsystemen, der Gebäudeart und dem Heizbetrieb der zahlreichen an eine Stadtheizung angeschlossenen Anlagen eine Annäherung der Belastungsdauerlinie an die ideelle Kurve.

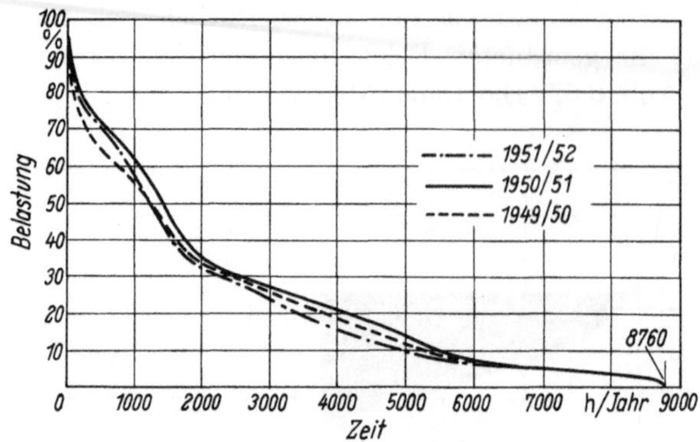

Abb. 6.54. Geordnete Jahresbelastungslinien einer großen Fernheizung für verschiedene Jahre.

In Abb. 6.54 sind die Belastungsdauerlinien einer großen Stadtheizung, auf die Spitzenlast bezogen, für mehrere Jahre wiedergegeben. Man erkennt, daß die Belastungsdauerlinien ihren charakteristischen Verlauf auch bei unterschiedlichem Jahreswärmeabsatz beibehalten. Die Wärmeabgabe wächst in gleichem Maße wie die Gradtage eines Winters, s. S. 42.

3. Jahreswärmeverbrauch, Anschlußwert, Benutzungsdauer

Der *Jahreswärmeverbrauch* von Raumheizanlagen hängt in erster Linie vom theoretischen Wärmebedarf, der Benutzungsart des Gebäudes und den klimatischen Bedingungen ab. Die letzteren lassen sich durch die „Gradtage“ kennzeichnen. Der Einfluß der Benutzungsart eines Gebäudes und der dadurch bestimmten Betriebsweise einer Heizanlage auf den Wärmeverbrauch läßt sich in exakter Weise nicht wiedergeben. Am einfachsten kann er durch Einführung der mittleren Gebäudeinnentemperatur über 24 h berücksichtigt werden, da auf diese Art neben der Betriebsweise der Heizung auch die Wärmespeicherung in ihrer Auswirkung auf den Wärmebedarf miterfaßt wird, s. zwölfter Abschnitt im zweiten Band.

Die in der Wärmebedarfsrechnung nach DIN 4701 enthaltenen Sicherheiten haben zur Folge, daß bei guter Bauausführung der wirkliche Heizwärmebedarf unterhalb des Rechnungswertes liegt, und zwar nach Messungen an fernbeheizten Gebäuden um etwa 20 bis 30%, wenn man vom mittleren Tagesverbrauch ausgeht. Die Momentanspitze der Wärmeabnahme kann natürlich den rechnerischen Wärmebedarf erreichen, ja sogar überschreiten. Diese Größe ist nach dem Vorgesagten jedoch kein kennzeichnender Wert für die Heizanlage, da sie sich durch die Betriebsweise ändern läßt.

Man sollte daher auch den Jahreswärmeverbrauch einer Gebäudeheizung nicht auf die höchste Wärmeentnahme, sondern auf den Wärmebedarf Q_h nach DIN 4701 beziehen. Nach diesem Wert sind die Raumheizflächen bemessen; er ist also, wenn von den Verlusten des Hausverteilungsnetzes abgesehen wird, identisch mit der maximalen Wärmeaufnahme einer Heizanlage im Dauerbetrieb. Wir bezeichnen ihn daher auch als *Anschlußwert* einer Heizanlage. Der Quotient aus Jahreswärmeaufwand und Anschlußwert ist die *Benutzungsdauer*. Angaben über die mittlere Benutzungsdauer von Raumheizanlagen finden sich im zwölften Abschnitt im zweiten Band. Danach bewegt sich die Benutzungsdauer b für Schul-, Verwaltungs- und Wohngebäude zwischen 800 und 2000 Stunden; die Klimazone des Ortes ist ohne wesentlichen Einfluß. Der Jahreswärmeverbrauch Q_a ergibt sich also zu

$$Q_\alpha = b \cdot Q_h \qquad [\mathrm{kcal/a}].$$

In der Fernheizung ist es vielfach üblich, die Benutzungsdauer nicht auf den Anschlußwert, sondern auf die Höchstlast zu beziehen. Man erhält so einen Kennwert, der für den *Heizbetrieb* wichtig ist, vor allem, wenn im Fernheiznetz zahlreiche Abnehmer mit zeitlich voneinander verschiedenen Verbrauchsspitzen zu versorgen sind. Den Verhältniswert „Wärmehöchstlast: Summe der Wärmehöchstlasten aller Abnehmer" nennt man den *Gleichzeitigkeitsfaktor*. Er ist für Gebäude gleicher Benutzungs- und Heizart mit 1 anzusetzen, kann im Fernheizbetrieb aber absinken bis auf 0,8, wenn der Tagesverlauf der Wärmeabnahme einzelner Verbrauchergruppen starke Abweichungen aufweist, z. B. Wohngebäude, Geschäfts- und Verwaltungsbauten einerseits, Restaurants, Theater, Lichtspielhäuser und Säle andererseits.

Bei kombinierten Heizungs- und Warmwasserversorgungsanlagen ist es meistens möglich, das Aufheizen großer Brauchwasserspeicher in die Abend- oder Nachtstunden zu verlegen, so daß der Spitzenverbrauch des Anschlusses dadurch kaum beeinflußt wird. Bei Wohngebäuden läßt sich auf diesem Weg die Benutzungsdauer der Höchstlast um 30 bis 50% steigern, die Wirtschaftlichkeit einer Fernheizung also wesentlich verbessern.

Bei der Netzauslegung genügt es im allgemeinen, in Anbetracht der Sicherheiten der Wärmebedarfsrechnung für Gebäudeheizungen der üblichen Art (Anheizspitze vormittags zwischen 6 und 8 Uhr) die höchste Wärmeabnahme mit 90% der Summe aller Streckenanschlußwerte anzusetzen. Wird die Wärmeentnahme in den Zeiten der höchsten Netzbelastung begrenzt, so ist mit dem wirklichen Grenzwert zu rechnen.

B. Netzgestaltung und Ausführung

1. Netzformen

Die Gestalt eines Fernheiznetzes ergibt sich aus der Lage der Hauptwärmeabnehmer, der Wärmebedarfsdichte des Versorgungsgebiets und der Straßenführung.

Vermaschte Netze, s. Abb. 6.55, findet man vor allem bei dichtbesiedelten Gebieten hoher Wärmedichte, die mit Dampf versorgt werden. Sie sind teuer, ermöglichen aber den Anschluß aller Gebäude mit kürzesten Anschlußleitungen und bieten eine hohe Sicherheit der Lieferung, da jeder Abnehmer auf mindestens zwei Wegen erreicht werden kann. Das Netz kann von mehreren Werken (A und B) gespeist werden; bei starkem Anwachsen der Wärmeentnahme läßt es sich durch besondere Zubringerleitungen zwischen dem Werk und den Verbrauchsschwerpunkten leicht ausbauen.

Bei der Wärmeversorgung von Gebieten geringer Ausdehnung oder Wärmedichte lohnt sich das vermaschte Netz häufig nicht. Man beschränkt sich in solchen Fällen auf die Belieferung der Hauptverbraucher, wobei Rohrführungen nach Art der Abb. 6.56 und 6.57 entstehen. Auch

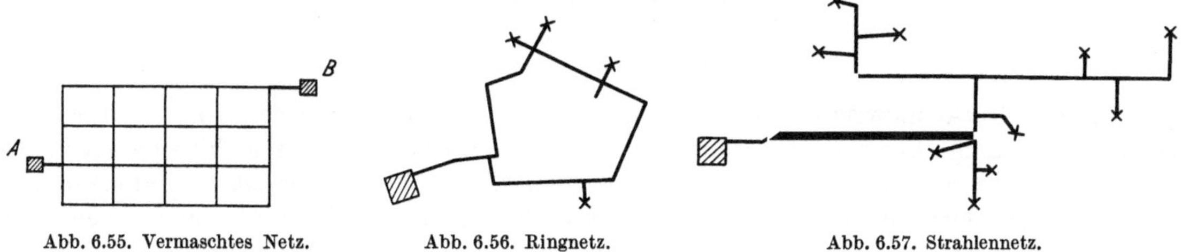

Abb. 6.55. Vermaschtes Netz. Abb. 6.56. Ringnetz. Abb. 6.57. Strahlennetz.

das *Ringnetz* (Abb. 6.56) läßt mehrere Einspeisungen zu. Durch absperrbare Querleitungen läßt sich die Lieferungssicherheit verbessern und der weitere Ausbau im Kerngebiet einfach bewerkstelligen. Bei dem *Strahlennetz* handelt es sich dagegen um eine ausgesprochene Linienversorgung. Die Linienführung wird durch die Großverbraucher oder einzelne Verbrauchsschwerpunkte bestimmt, die oft weit auseinander liegen. Die großen Entfernungen zwischen Heizwerk und letztem Abnehmer haben hohe Druckverluste und große Leitungsdurchmesser zur Folge. Man ist hier im ersten Ausbaustadium schon zu reichlicher Bemessung der Hauptleitungen gezwungen. Durch zweiseitige Versorgung kann später die Netzleistung gesteigert werden.

Da die Kraftwerke heute bevorzugt in den Außenbezirken der Städte errichtet werden, sind häufig lange Zubringerleitungen zu den Fernheizgebieten erforderlich. Zwecks Minderung der Bau- und Betriebskosten werden diese Leitungen meist mit höheren Drücken bzw. Temperaturdifferenzen betrieben, also als Hochdruckdampf- und Heißwasserleitungen ausgebildet.

Abb. 6.58. Fernheizung Hamburg, Stand 1966.

Bei der Hochdruckdampfversorgung wird vor dem Einspeisen in das eigentliche Stadtnetz der Dampfdruck durch Drosselung oder Arbeitsleistung in einer Gegendruckmaschine herabgesetzt; bei der Heißwasserversorgung sind an den Schwerpunkten des Wärmeverbrauchs Unterstationen angeordnet, in denen die Wärme an das im Stadtnetz umlaufende Heizmittel übertragen wird.

Zur Verbesserung der Wirtschaftlichkeit wird man stets bestrebt sein, an die Hochdruckfernleitungen Industriewärmeverbraucher anzuschließen. Die Benutzungsdauer der Fernleitung wird dadurch erhöht, die Wärmetransportkosten werden herabgesetzt. Zuweilen überlagern sich auch Dampf- und Wassernetze innerhalb eines Stadtgebiets.

Abb. 6.58 zeigt als Beispiel das Leitungsnetz der Stadtheizung Hamburg. Ein weit verzweigtes Zweileiter-Warmwassernetz und ein in der Innenstadt verlegtes Dampfnetz, welches aus einer früheren Entwicklungsperiode stammt, werden von drei Kraftwerken gespeist. Bei geringer Belastung erfolgt die Versorgung durch das jeweils verbrauchsnahe gelegene Kraftwerk.

2. Ausführung

Stadtheizungen erfordern in der Regel eine unterirdische Verlegung des Leitungsnetzes; nur im offenen Gelände am Stadtrand, an Bahnkörpern und an Flußläufen ist zuweilen die Freiverlegung möglich. Die hohen Baukosten der Fernheizkanäle und ihre schwierige Unterbringung in dem mit Versorgungs- und Meldeleitungen aller Art besetzten Profil städtischer Straßen machen es notwendig, die Leitungsführung einer Stadtheizung mit größter Sorgfalt vorzubereiten[1]. Das gilt besonders, wenn Fernleitungen in ausgebauten Stadtgebieten nachträglich verlegt werden müssen. Man wird dann häufig von der idealen Leitungsführung abweichen müssen, um Straßenabschnitte und Plätze mit großen Verlegungsschwierigkeiten zu umgehen. Zuweilen müssen auch private Grundstücke in Anspruch genommen werden, wodurch zusätzliche Kosten entstehen können. Die Verlegung der Hauptleitungen in Nebenstraßen ermöglicht zuweilen Ersparnisse an Baukosten, so daß auch längere Anschlußleitungen wirtschaftlich hingenommen werden können. Die Anschlüsse der benachbarten Grundstücke lassen sich verbilligen, wenn mehrere Abnehmer an eine gemeinsame Abzweigleitung angeschlossen und die Stichleitungen durch die Keller geführt werden.

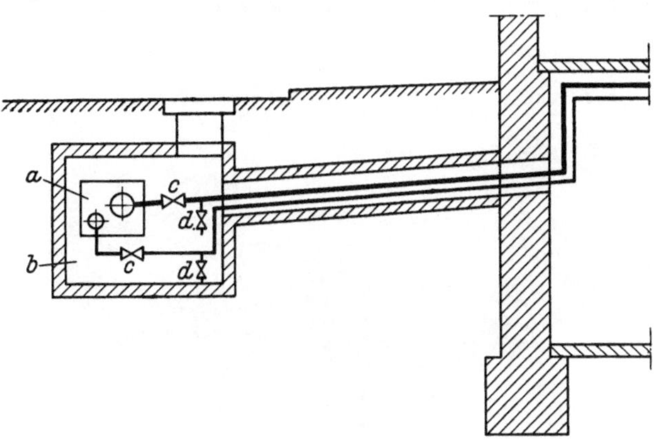

Abb. 6.59. Hausanschlußleitungen bei einem Dampfnetz.
a Heizkanal, *b* Schacht, *c* Absperrungen, *d* Entleerungen.

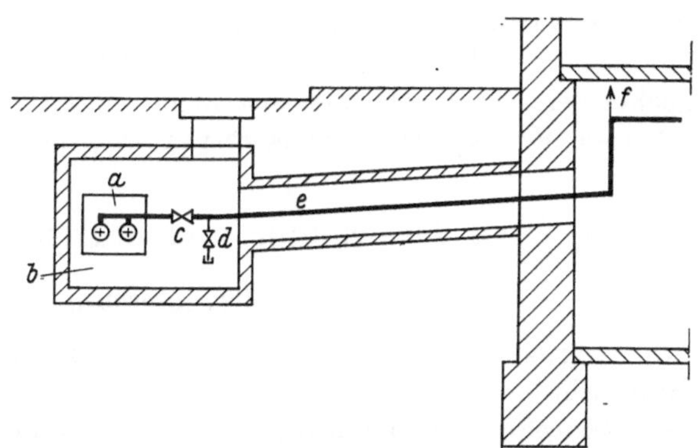

Abb. 6.60. Hausanschlußleitungen bei einem Warmwassernetz.
a Heizkanal, *b* Schacht, *c* Absperrungen, *d* Entleerungen, *e* Vor- und Rücklauf nebeneinander, *f* Entlüftung.

Alle Abgänge von den Hauptleitungen erhalten Absperrorgane, die entweder in Ventilschächten oder im Gebäude unmittelbar hinter der Hauseinführung anzuordnen sind. Auch die im Haus liegenden Absperrungen sollen möglichst von außen zugänglich sein, um in Notfällen jederzeit die Hausanlagen abtrennen zu können. Abb. 6.59 zeigt den Anschluß an ein Dampfnetz mit Absperrungen in einem Schacht. Die Abgänge sind mit Steigung verlegt, so daß das Kondensat der Anschlußleitungen in die Hauptleitungen abfließt. Die Entwässerungsventile hinter den Absperrungen dienen der Kondensatableitung vor dem Anstellen, damit Wasserschläge vermieden werden. Anschlußleitungen mit Gefälle zum Haus hin erhalten innerhalb des Gebäudes eine Zwischenentwässerung, s. Abb. 6.21 b; diese Verlegungsart ist zweckmäßig, wenn die Hauptleitung über den Hausanschluß entwässert werden soll.

Bei Abgängen von Warmwassernetzen sind an den tiefsten Stellen Entleerungsventile, an den höchsten Stellen Entlüftungen vorzusehen, s. Abb. 6.60. Die Anschlußleitungen sollen, wenn es die örtlichen Verhältnisse zulassen, auch hier mit Steigung verlegt werden, weil dadurch eine einwandfreie Entwässerung des Anschlußkanalstücks über den Schacht möglich ist. Dieser Gesichtspunkt verdient besondere Beachtung, weil die Gebäudeeinführung wasser- und gasdicht auszuführen ist.

---

[1] HÜBENER, FR.: Gestaltung des Wärmenetzes und der Hausstationen bei der Fernheizung. Elektrizitätswirtsch. 53 (1954) 416/424.

Die Hauptleitungen von Wassernetzen sollen in Abständen von etwa 300 m absperrbar sein, damit bei Erweiterungen oder Schäden nicht zu große Streckenlängen entleert werden müssen. Das Wiederfüllen und Entlüften der Teilstrecken muß bei geschlossenen Hausabsperrungen möglich sein.

Die Abb. 6.61 zeigt einen Fernleitungsschacht mit Abgängen und Absperrorganen eines Dreileitersystems.

Während Wassernetze in der Regel nur in der Zentrale einer laufenden Überwachung bedürfen, ist für den Betrieb von Dampfnetzen die einwandfreie Arbeitsweise der Kondensatrückspeisung von großer Bedeutung. Auf die Rückführung des Kondensats wird bei Stadtheizungen in Deutschland selten verzichtet, es sei denn, daß es sich um Industriewärmelieferungen mit direkter Dampfverwendung oder um abgelegene Verbraucher handelt und eine hochwertige Kondensataufbereitung ohnehin erforderlich ist.

Abb. 6.61. Schacht mit Hausanschlußleitungen für eine Warmwasserfernheizung (Dreileitersystem).

Kondensatleitungen sind in viel höherem Maße als Dampfleitungen korrosionsgefährdet, da das Niederschlagwasser in Hausanlagen und Sammelgefäßen Luftsauerstoff aufnimmt. Es empfiehlt sich daher, durch Einbau von Filtern den Sauerstoffgehalt des Kondensats vor der Rückspeisung entsprechend herabzusetzen. Da die Rückspeiseeinrichtungen stets unter der Aufsicht und Wartung des Fernheizwerkes stehen, lassen sich die laufenden Kosten dieser Anlageteile wesentlich vermindern, wenn die Anzahl der Rückspeisestellen durch Zusammenfassung benachbarter Abnehmer möglichst klein gehalten wird.

Weitere Fragen der Netzausführung sind bereits in Unterabschn. III B behandelt.

C. Verrechnung und Begrenzung der Wärmeabnahme

1. Wärmemessung und -abrechnung[1]

Die Abgabe von Wärme an Dritte macht in der Regel eine Messung des Wärmeverbrauchs erforderlich.

Bei *Dampflieferung* können größere Durchflußmengen mittels Blenden gemessen und durch Schreib- bzw. Zählgeräte registriert werden. Die Messung ist jedoch nur bei etwa gleichbleibendem Dampfzustand genügend zuverlässig und nur innerhalb eines begrenzten Bereichs der Durchflußmenge genügend genau. Bei stark veränderlichen Dampfmengen kann die Meßgenauigkeit durch Verwendung zweier parallelgeschalteter Meßgeräte für unterschiedliche Meßbereiche erhöht werden. Mit Hilfe der Dampfmengenmessung läßt sich auch die Verbrauchsspitze eines Abnehmers leicht feststellen, so daß Tarife für die Wärmelieferung gewählt werden können, bei denen eine von der Spitzenleistung abhängige Grundgebühr vom Abnehmer zu zahlen ist. Man findet die Dampfmengenmessung vorwiegend bei gewerblichen und industriellen Abnehmern.

Bei geschlossenem Dampf-Kondensatkreislauf — also in Abnehmeranlagen ohne Dampfverlust — wird der Wärmeverbrauch in der Regel durch Kondensatmessung festgestellt. Die meist verwendeten Trommelzähler messen auch kleine Wassermengen auf 1 bis 2% genau.

Größere Schwierigkeiten bereitet eine einwandfreie Wärmeverbrauchsmessung bei *Wassernetzen*. Es gilt hier, die Durchflußmenge und den jeweiligen Temperaturunterschied zwischen Vor- und Rücklauf zu messen, mechanisch oder elektrisch das Produkt beider Größen zu bilden und diese Werte laufend zu registrieren oder zu zählen. Die mit einem mechanischen Integrier-

[1] Richtlinien für Wärmemessung und Wärmeabrechnung. Hrsg. von der Vereinigung Deutscher Elektrizitätswerke — VDEW 1966.

werk arbeitenden Wärmemengenzähler sind bei Leistungen ab etwa 100000 kcal/h üblich, elektrische Geräte für große Leistungen ab etwa 1 Gcal/h. Bei kleineren Anschlußwerten begnügt man sich meist mit einer Messung der Heizwassermenge als „Ersatzverfahren". Der Abnehmer wird dadurch angeregt, die Heizwassermenge möglichst einzuschränken und das Rücklaufwasser mit niedriger Temperatur zurückzugeben. Dies gelingt durch reichliche Auslegung der Heizflächen oder Hintereinanderschaltung der Warmwasserbereitung und Heizung. Die Wärmeleistung eines Netzes wird auf diesem Weg gesteigert ohne Vergrößerung der Leitungsdurchmesser; die festen Kosten werden also entsprechend vermindert. Besonders günstig schneiden bei einer derartigen Verrechnungsart alle Bauarten der Flächenheizung mit ihren niedrigen Heizwassertemperaturen ab. Bei Heizkraftanlagen ist andererseits auch das Fernheizwerk an tiefen Rücklauftemperaturen interessiert, da sie in Dampfturbinen-Heizkraftwerken bei mehrstufiger Erwärmung zu einer Erhöhung der Stromausbeute führen und im Gasturbinen-Heizkraftwerk die Höhe der nutzbar zu machenden Turbinenabwärme beeinflussen, vgl. hierzu Unterabschn. VII. Wird durch ein im Rücklauf des Hausanschlusses angeordnetes Regelventil die Temperaturdifferenz „Vorlauf–Rücklauf" konstant gehalten, so ist die abgenommene Wassermenge zugleich ein Maß für die Wärmelieferung. Der Wassermesser ersetzt in diesem Fall vollwertig den Wärmemesser.

Bei der Verrechnung der Wärme bevorzugt man heute kombinierte Leistungs- und Arbeitstarife. Mit dem nach der vorzuhaltenden Leistung bemessenen „Grundpreis" werden die festen Kosten der Wärmeversorgung abgegolten, mit dem „Arbeitspreis" die verbrauchsabhängigen Betriebskosten.

Manche Fernheizwerke verzichten bei der Lieferung von Raumheizwärme auf die Verbrauchsmessung und vereinbaren mit dem Abnehmer eine *leistungsabhängige Pauschale.* Je m^2 beheizter Fläche wird dabei eine feste Jahresgebühr erhoben, die sich nach dem spezifischen Wärmebedarf des Gebäudes richtet und durch eine Brennstoffklausel Veränderungen in den Preisen der Ausgangsenergien angepaßt werden kann. Diese Verrechnungsart hat für beide Teile gewisse Vorzüge. Der Abnehmer weiß, mit welchen Jahreskosten er rechnen muß; das Fernheizwerk kennt genau seine Einnahmen aus dem Wärmeverkauf. Die Abrechnung ist denkbar einfach. Allerdings muß das Fernheizwerk eine Mehrlieferung durch klimatische Anomalien (sehr kalte Winter) oder unwirtschaftlichen Heizbetrieb des Abnehmers tragen. Bei geringen Wärmeerzeugungskosten fallen derartige Mehrlieferungen nicht entscheidend ins Gewicht. Das trifft vor allem zu für Höchstdruck-Heizkraftwerke mit nachgeschalteten Warmwassernetzen, bei denen infolge der Gutschrift für den erzeugten Heizkraftstrom die Wärme niedrigen Temperaturniveaus sehr billig abgegeben werden kann, s. S. 319. Der Wärmevergeudung durch Überheizen der Räume sind auch bei pauschaler Heizkostenverrechnung Grenzen gesetzt, wenn die Vorlauftemperatur der Fernheizung zentral den Witterungsbedingungen angepaßt wird. Diese Betriebsweise kann als zweite der Vorbedingungen der Pauschalverrechnung gelten. Da das Fernheizwerk die Vorlauftemperatur jedoch stets nach den ungünstigsten Hausheizungen einstellen muß, liegen die Verbrauchswerte pauschal beheizter Gebäude in der Regel deutlich höher als solche mit Zählerverrechnung[1].

2. Durchflußbegrenzer

Ein Fernheiznetz ist in jeder Teilstrecke nach dem zu fördernden höchsten Dampf- oder Wasserstrom zu bemessen. Er ergibt sich bei hoher Gleichzeitigkeit der Wärmeentnahme aus der Summe der Abnahmespitzen aller Anschlüsse unter Berücksichtigung der Streckenverluste. Sowohl Heizungs- als auch Warmwasserbereitungsanlagen benötigen beim Anheizen wesentlich größere Wärmemengen als im Dauerbetrieb. Durch Verlängerung der Anheizzeit oder Änderungen in der Betriebsweise können zu hohe Verbrauchsspitzen vermieden werden. Das Fernheizwerk selbst kann die Überschreitung bestimmter Verbraucherhöchstwerte durch Mengenstrombegrenzer, in der Praxis meist Mengenbegrenzer genannt, verhindern. Sie gestatten

[1] Raiss, W., u. W. Mönner: Der Heizwärmebedarf von Wohnhochhäusern. Gesundh.-Ing. 86 (1965) 226/238.

gegenüber der unbegrenzten Entnahme eine exaktere Berechnung und bessere Ausnützung der Fernleitungen; auch sichern sie die Gleichmäßigkeit der Wärmeverteilung auf die einzelnen Abnehmer unter beliebigen Betriebsverhältnissen.

Die einfachste Art der Durchflußbegrenzung ist der Einbau einer Blende oder Drosselstrecke in die Heizmittelanschlußleitung. Die durchfließende Menge ist praktisch durch den Durchmesser, die Dichte des Stoffes und den Differenzdruck festgelegt. Bei Wassernetzen kann im Höchstfall der Druckunterschied zwischen Vor- und Rücklauf der Fernleitung wirksam werden; bei Dampfnetzen ist in erster Linie der Dampfeintrittsdruck maßgebend. Ändern sich die Drücke im Fernheiznetz, so ändern sich auch die Durchflußmengen, beim Ein- und Abschalten einzelner Abnehmer aber keineswegs gleichmäßig. Blenden und Drosselstrecken gewährleisten also die Einhaltung eines oberen Grenzwertes des Mengenstromes nur unter ganz bestimmten Betriebsverhältnissen; bei jeder Abweichung von den Rechnungsannahmen, etwa durch neue Anschlüsse oder Netzerweiterungen, sind Berichtigungen erforderlich bzw. die Drosselstrecken neu einzustellen. Diesen Nachteil vermeiden Durchflußbegrenzer, die nach dem Prinzip selbsttätiger Regler arbeiten.

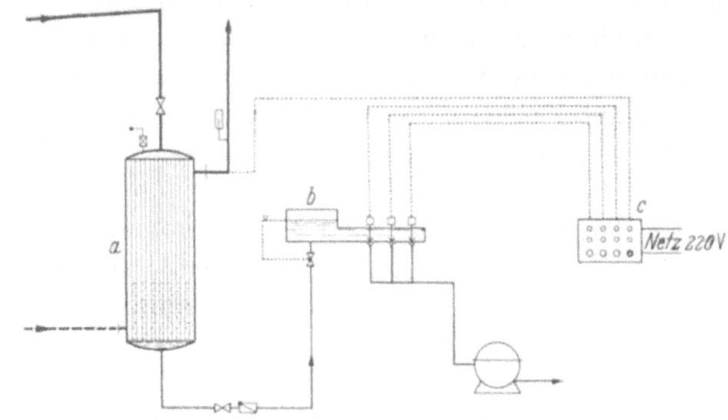

Abb. 6.62. Dampfmengenbegrenzer nach PRINKE.
a stehender Wärmeaustauscher, *b* Schwimmergefäß mit magnetgesteuerten Düsen, *c* Relais.

Bei Wasserheizungen kommen hierfür Geräte zur Anwendung, wie sie im folgenden Unterabschnitt D. „Hausstationen" beschrieben werden.

Das Beispiel einer Dampfstrombegrenzung zeigt Abb. 6.62. Die Durchflußregelung erfolgt hier kondensatseitig. Zwischen dem stehenden Wärmeaustauscher *a* und dem Kondensatzähler ist ein Ausgleichsgefäß *b* eingeschaltet, dessen Wasserstand durch ein Schwimmerventil auf gleicher Höhe gehalten wird. Durch Magnetventile steuerbare Ablaufdüsen regeln den Kondensatabfluß und damit mittelbar auch den Dampfzufluß zum Wärmeaustauscher. Die Düsen sind so ausgelegt, daß sie jeweils einen bestimmten Anteil der Höchstmenge durchlassen, bei 3 Düsen also beispielsweise $^1/_6$, $^1/_3$ und $^1/_2$. Je nachdem, welche Ventile geöffnet sind, ergibt sich eine Belastung stufenweise zwischen $^1/_6$ und $^6/_6$. Durch die Anstauung des Kondensats im Wärmeaustauscher wird ein entsprechender Teil der Heizfläche dampfseitig ausgeschaltet. Für die Regelung der Vorlauftemperatur ist ein Thermostat vorgesehen, der über ein Relais *c* ebenfalls die Magnetventile steuert. Mit diesem Gerät ist es dem Fernheizwerk also möglich, die höchste Dampfentnahme eines Verbrauchers, unabhängig von dem Dampfdruck, zu begrenzen und gleichzeitig auch den Grenzwert selbst in gewissen Stufen durch elektrische Fernsteuerung zu ändern. Die letztere Maßnahme erleichtert die Führung des Fernheizbetriebes wesentlich, da bei ungewöhnlichen Belastungsspitzen erforderlichenfalls alle Abnehmer gleichzeitig gedrosselt werden können und bei mittlerer bzw. geringer Inanspruchnahme der Fernheizung auch die vorzuhaltende Kesselleistung vermindert werden kann.

Für den Wärmeverbraucher bedeutet eine derartige Leistungsbegrenzung eine Einschränkung in der Freizügigkeit des Heizbetriebes. Sie muß ihren Ausgleich finden in einem entsprechend günstigen Wärmetarif. Stellt man die Höchstleistung an den kältesten Tagen auf einen Wert ein, der niedriger ist als der Anschlußwert der Heizanlage, so kann allerdings die eingebaute Heizfläche nicht voll ausgenutzt werden.

D. Hausstationen[1]

1. Allgemeines

In der „Hausstation" sind die technischen Einrichtungen eines Abnehmeranschlusses zusammengefaßt. Sie setzt sich zusammen aus der „Übergabestation" der Fernwärme und der „Hauszentrale" der Gebäudeheizung, vgl. Abb. 6.63 und 6.66. Während die Übergabestation die vertragsgemäße Lieferung des Heizmediums hinsichtlich Druck und Menge sichert, enthält die Hauszentrale die Ausrüstungsteile, welche für die Funktion der Abnehmeranlage notwendig sind.

Da in den neuzeitlichen Stadtheizungen Wasser als Wärmeträger bevorzugt wird, seien die folgenden Ausführungen auf Warmwasserfernheizungen beschränkt.

2. Regel- und Meßgeräte

Im Vorlauf der Übergabestation befindet sich bei ausgedehnten Stadtheizungen stets ein *Druckminderventil*, welches den Druck auf einen für die Abnehmeranlage zulässigen Wert reduziert; eine hierfür speziell entwickelte Bauart zeigt Abb. 4.82. Der Minderdruck wird entweder durch ein frei ausblasendes Sicherheitsventil (s. Abb. 6.66) oder mittels eines Überströmventils (s. Abb. 6.63), welches bei Drucküberschreitung eine Verbindung zum Rücklauf herstellt, abgesichert. Das Überströmventil bietet den Vorteil, daß beim Ansprechen kein heißes Heizwasser ins Freie strömen kann; dem stehen als Nachteile die Verdampfungsgefahr im Rücklauf und die Möglichkeit einer Aufhebung der Sicherheitsfunktion durch hohen Rücklaufdruck infolge Fehlbedienung gegenüber.

Temperaturregler in der Hauszentrale, vgl. Abb. 6.63 und 6.65, sind notwendig, wenn die Netzvorlauftemperatur nicht — oder nicht für alle Außentemperaturen — zentral geregelt wird.

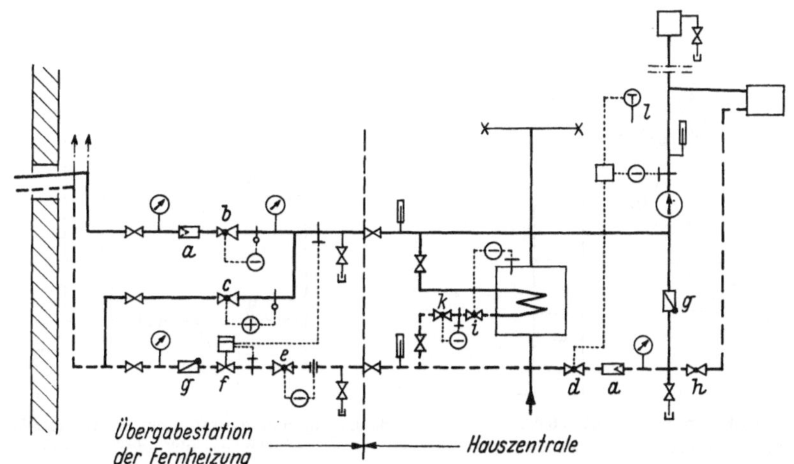

Abb. 6.63. Hausstation einer Zweileiter-Fernheizungsanlage einschließlich Brauchwarmwasserbereitung.
a Schmutzfänger, *b* Druckminderventil, *c* Sicherheits-Überströmventil, *d* Temperaturregler, *e* Durchflußregler, *f* Wärmemengenzähler, *g* Rückschlagorgan, *h* Einstellorgan für stündliche Wasserumwälzmenge, *i* Brauchwassertemperaturregler, *k* Rücklauftemperaturbegrenzer, *l* Außenthermostat.

Durchflußregler im Rücklauf der Übergabestation dienen entweder nur als Mengenstrombegrenzer oder sie halten die stündliche Wassermenge, welche durch die Übergabestation fließt, konstant. Der erste Fall liegt vor, wenn die Hauszentrale mit einem Temperaturregler ausgestattet ist, der zweite, wenn eine örtliche Temperaturreglung nicht erfolgt. Durchflußregler

[1] Vgl. Fußnote 1 S. 262.

sind ihrem Aufbau nach Membranventile nach Art der Abb. 4.83; ihre Betätigung in Abhängigkeit vom Wasserstrom erfolgt mit Hilfe einer Drosselstelle (Blende oder Drosselarmatur), deren durchflußabhängige Druckdifferenz über Impulsleitungen die Stellung der Membran und damit den Ventilhub steuert. Der eingestellte Mengenstrom bleibt dadurch auch bei schwankenden Drücken der Fernheizung konstant.

Häufig sind Durchflußregler zusätzlich mit einem *Durchflußanzeiger* kombiniert, s. Abb. 6.66. Die Druckdifferenz an der Drosselstelle ist dabei Meßgröße für die Anzeige.

Im Heizwasserstromkreis von Warmwasserbereitern werden häufig neben den Brauchwassertemperaturreglern noch *Rücklauftemperaturbegrenzer* eingebaut, s. Abb. 6.63 und 6.66; sie gewährleisten die vom Heizwerk gewünschte Auskühlung des Heizwassers durch Drosselung des Wasserstroms und verhindern zugleich bei Versagen des Brauchwassertemperaturreglers ein zu starkes Aufheizen des Brauchwassers.

3. Ausführungsbeispiele

In Abb. 6.63 ist die Hausstation eines Zweileiternetzes einschließlich Warmwasserbereitung dargestellt. Die Abrechnung erfolgt mittels Wärmemengenzähler. Das Druckdiagramm Abb. 6.64 zeigt das Zusammenspiel von Übergabestation und Hauszentrale. (Dabei ist, ebenso wie in Abb. 6.68, angenommen, daß der Ruhedruck in der Mitte zwischen Vorlauf- und Rücklaufdruck liegt; dies erreicht man durch Anwendung von Vor- und Rücklaufpumpen in der Heizzentrale mit dazwischenliegender Ruhedruckauflastung.) Durch das Zusammenwirken von Druckminderer und Mengenstromregler (ggf. einschließlich Temperaturregler) kann die Druckdifferenz des Fernleitungsanschlusses vollständig abgebaut oder auf beliebige Werte eingestellt werden. In Verbindung mit dem Kurzschluß (vgl. hierzu Unterabschn. VB) ist es hierdurch möglich, die Anlage nach Abb. 6.63 wie eine normale Pumpenheizung, diejenige nach Abb. 6.65

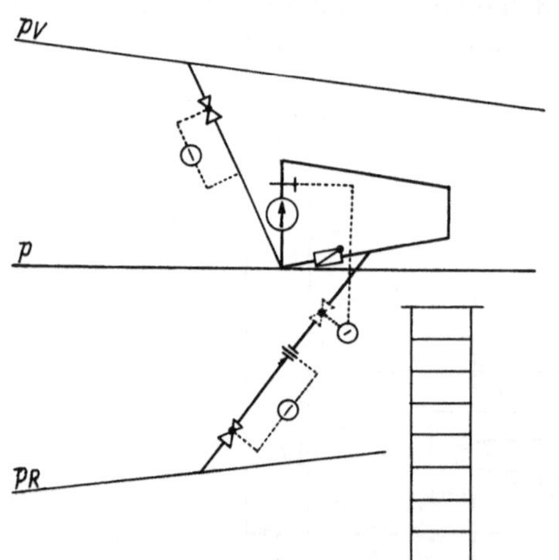

Abb. 6.64. Druckdiagramm zu Abb. 6.63. p_V Vorlaufdruck, p Ruhedruck, p_R Rücklaufdruck.

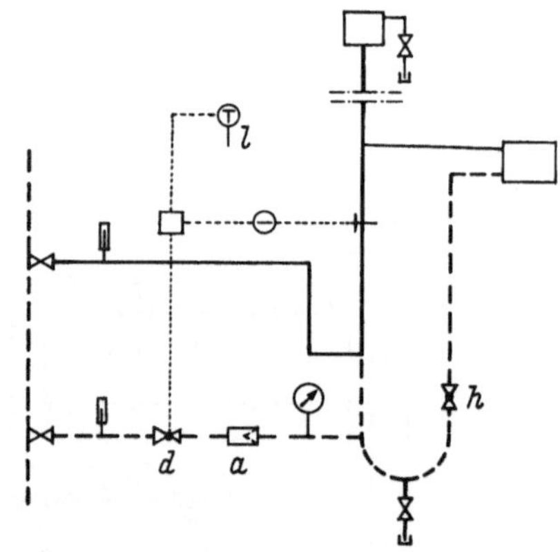

Abb. 6.65. Hauszentrale einer Schwerkraft-Warmwasserheizung; Übergabestation und Bezeichnungen wie Abb. 6.63.

wie eine normale Schwerkraftheizung zu betreiben. Abb. 6.66 zeigt das Schaltbild einer Hausstation in einem Dreileiternetz, Abb. 6.67 den Aufbau einer solchen Station. Die Abrechnung für Raumheizwärme erfolgt hier pauschal, die des Brauchwarmwassers mittels Wasserzähler in der Kaltwasserleitung.

Beim Anschluß gleichartiger Abnehmeranlagen ist es möglich, die Versorgung über „Blockstationen" vorzunehmen, in denen die Druckregelung und -absicherung sowie die Durchfluß- und Temperaturregelung für alle angeschlossenen Abnehmer gemeinsam erfolgt. In diesem Falle vereinfacht sich die Hausstation wesentlich. In Sonderfällen beschränkt sie sich auf Absperrarmaturen und Schmutzfänger.

4. Sonderfragen

Beim Anschluß von Hochhäusern, deren höchste Heizkörper geodätisch über dem Ruhedruck des Fernheiznetzes liegen, sind innerhalb der Hauszentrale besondere Maßnahmen zu treffen. Abb. 6.68 zeigt ein Ausführungsbeispiel im Druckdiagramm. Die Umwälzpumpe bringt

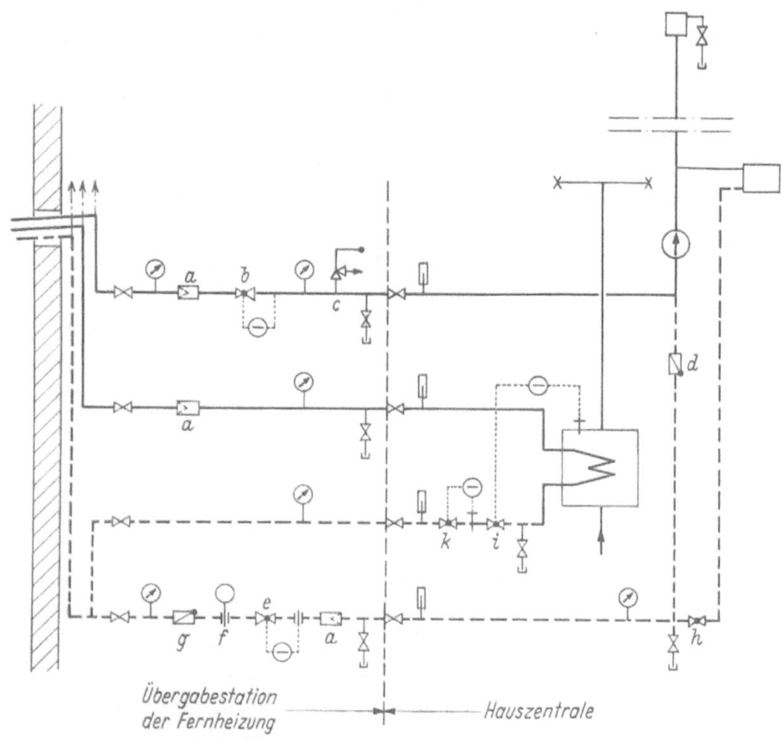

Abb. 6.66. Hausstation einer Dreileiter-Fernheizungsanlage.
c Sicherheitsventil, *f* Durchflußanzeiger, sonstige Bezeichnungen wie Abb. 6.63.

hierbei nicht nur den Umtriebsdruck auf, sondern darüber hinaus eine der Gebäudehöhe entsprechende Druckerhöhung, die mittels eines Überströmventils im Rücklauf einstellbar ist. Bei Stillstand der Pumpe sollen Rückschlagorgan und Überströmventil ein Leerlaufen der Anlage verhindern.

Abb. 6.67. Aufbau einer Hausstation (Dreileiternetz, Schwerkraftheizung).
a Vorlauf Fernheizung, *b* Vorlauf Brauchwarmwasserbereitung, *c* gemeinsamer Rücklauf, *d* Vorlauf Hausheizung, *e* Rücklauf Hausheizung, *f* Mischleitung, *g* Hauptabsperrventile, *h* Durchflußregler, *i* Druckminderventil.

E. Planungsfragen

1. Standort der Heizzentrale

Die Lage des Heizwerkes im Verbrauchsschwerpunkt des Versorgungsgebiets ergibt zumeist das billigste Rohrnetz und die niedrigsten Wärmeverluste. Die Entfernung zum letzten Abnehmer ist dabei am kürzesten, so daß auch die Rohrdurchmesser und Druckverluste vergleichsweise klein werden.

Im ersten Entwicklungsstadium der Stadtheizung in Deutschland war die zentrale Lage des Heizwerkes meist schon dadurch gegeben, daß ältere Elektrizitätswerke im Stadtinnern, die zuweilen bereits stillgelegt waren, für die Wärmelieferung zur Verfügung standen. Mit dem Ausbau der Fernheizung und der zunehmenden Bedeutung der Kraft-Wärmekupplung für die Wirtschaftlichkeit des Fernheizbetriebs wurden dann auch entfernter liegende, aber leistungsfähigere und technisch modernere Kraftwerke zur Wärmelieferung herangezogen. Die Heizwärme mußte also über weite Strecken zum eigentlichen Versorgungsgebiet transportiert werden, die Verteilungskosten der Wärme wuchsen an.

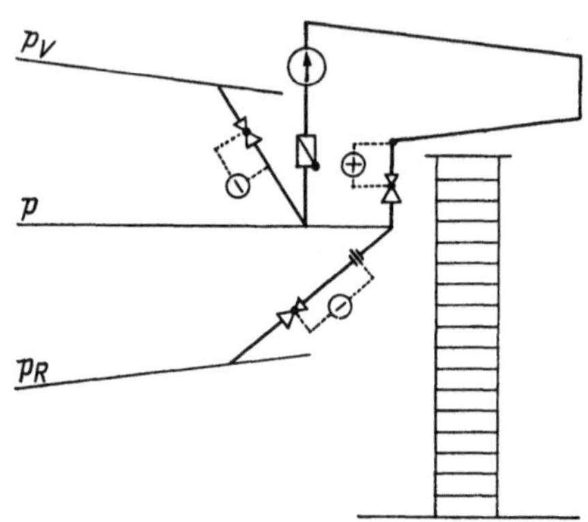

Abb. 6.68. Druckdiagramm einer Druckerhöhungsstation. p_V Vorlaufdruck, p Ruhedruck, p_R Rücklaufdruck.

Diesen Mehrkosten stehen eine Reihe von Vorteilen gegenüber. Die gleichen Gesichtspunkte, die zur Verlegung der Elektrizitätswerke in die Außenbezirke der Städte und zur Anwendung großer Kessel- und Maschineneinheiten führten, haben auch für neuzeitliche Fernheizwerke Geltung. Das Heranschaffen und Lagern großer Brennstoffmengen sowie die Beseitigung der Rückstände bringen für ein im Stadtinnern liegendes Werk erhebliche Schwierigkeiten und zusätzliche Kosten mit sich. Belästigungen der Anwohner, insbesondere auch durch die abziehenden Rauchgase, sind nie völlig zu vermeiden, wobei die städtehygienischen Vorzüge der zentralen Wärmeversorgung z. T. wieder verlorengehen.

Andererseits führt die Eingliederung der Fernheizung in ein großes Kraftwerk zu Kosteneinsparungen an Kesseln, Maschinen, Transporteinrichtungen, elektrischen Schaltanlagen, Baukosten usf. Besondere Leistungsreserven sind zumeist nicht erforderlich. Die Kessel und Turbinen können bei zweckmäßiger Planung zeitweise auch zur Stromerzeugung im Kondensationsbetrieb mit herangezogen werden, eine Möglichkeit, die bei verbrauchernahen Heizkraftwerken oft schon an der Kühlwasserbeschaffung scheitert. Nicht zuletzt wird die volle Einsatzbereitschaft der Heizkraftturbine im Kraftwerk und die unmittelbare hochspannungsseitige Übernahme der Heizkraftleistung eine günstigere Bewertung der im Gegendruckbetrieb erzeugten elektrischen Arbeit zulassen und damit zu einer Herabsetzung der Gestehungskosten der Heizwärme führen.

Eine allgemeingültige Regel, bis zu welcher Entfernung größere Wärmemengen in Form von Dampf oder Heißwasser noch wirtschaftlich fortgeleitet werden können, läßt sich nicht aufstellen. Es sprechen zu viele Faktoren mit. Man wird also für jeden Einzelfall durch sorgfältige wirtschaftliche Vergleichsrechnungen die richtige Lösung finden müssen. Bei Dampf als Wärmeträger ist zu prüfen, ob nicht durch Einschalten einer zweiten Gegendruckturbine in einer Unterstation im Stadtgebiet die Wirtschaftlichkeit verbessert werden kann. Diese Lösung führt vielfach auch zu einer Entlastung der elektrischen Übertragungsleitungen vom Kraftwerk ins Stadtinnere, da der Strom- und Wärmebedarf von Stadtgebieten ähnlich verläuft, der Heizkraftstrom also im wesentlichen in Zeiten hoher Strombelastung anfällt.

Beim Wiederaufbau zerstörter oder beim Aufbau neuer Stadtgebiete besteht oft eine einmalige Chance, die zentrale Wärmeversorgung verbrauchsdichter Gebiete unter optimalen Bedingungen zu verwirklichen. Voraussetzung hierfür ist eine rechtzeitige Planung und die Verlegung der Versorgungsleitungen, bevor die ersten größeren Bauvorhaben ausgeführt sind. Da nur selten solche Gebiete geschlossen aufgebaut werden, scheuen die Versorgungsunternehmen zumeist die Investitionen für lange Fernleitungen, die evtl. erst nach vielen Jahren wirtschaftlich zu betreiben sind, insbesondere dann, wenn kein Kraft- oder Heizwerk in der Nähe ist, das die Wärmelieferung übernehmen kann. In solchen Fällen kann es zweckmäßig sein, kleine Gebiete zunächst von einer fahrbaren Kesselanlage aus zu versorgen[1], bis der Verbrauch so weit angewachsen ist, daß sich der Bau eines Heizwerkes bzw. der Anschluß an ein entfernteres Kraftwerk lohnt. Auch die Errichtung eines örtlichen Bezirksheizwerkes ist zu erwägen, das beim späteren Ausbau der Fernheizung als verbrauchsnahe Reserve und zur Abdeckung von Spitzen eingesetzt werden kann.

2. Wahl des Wärmeträgers

Zu den schwierigsten Entscheidungen, die bei der Planung von Stadtheizungen zu treffen sind, gehört die Wahl des Wärmeträgers. Man wird dabei unterscheiden müssen zwischen ausgesprochenen Fernleitungen vom Kraftwerk zum Versorgungsgebiet und dem Verteilungsnetz innerhalb der Stadt.

Es ist denkbar, daß man für die Wärmefernleitung einen anderen Wärmeträger wählt als für das Stadtnetz. So kann beispielsweise eine Warmwasserverteilung im Stadtgebiet sowohl durch eine Dampf- als auch durch eine Heißwasserfernleitung gespeist werden; man wird sich allerdings kaum zu einer Heißwasserfernleitung entschließen, wenn für das Stadtnetz Dampf als Heizmittel vorgesehen ist. Oft ist bei der Fernleitung entscheidend, welcher Wärmeträger für die Belieferung gewerblicher Verbraucher auf der Strecke zwischen Heizwerk und Versorgungsgebiet besonders geeignet ist. Für Dampf spricht dabei die unmittelbare Verwendbarkeit in den Heizgeräten des Abnehmers und die leichte Verbrauchsmessung, für Heißwasser der einfache Betrieb ohne die störanfälligen und zu zusätzlichen Wärmeverlusten neigenden Rückspeiseeinrichtungen für das Kondensat. Die Netzkosten sind bei beiden Verteilungsarten im Bereich der üblichen Drücke bzw. Temperaturen etwa gleich.

Sind die Entfernungen zwischen Heizwerk und Versorgungsgebiet nicht allzu groß, so wird man die Fernleitung in das Stadtnetz mit einbeziehen und auf eine Wärmeumformung verzichten. Es stehen dann als Wärmeträger niedergespannter Dampf und Warmwasser, dieses evtl. mit erhöhten Vorlauftemperaturen bis 130 °C, zur Wahl. Die Vor- und Nachteile der beiden Verteilungsarten seien nachstehend gegenübergestellt.

a) Dampfverteilung

Vorteile:

1. Einfachheit im Aufbau der Zentrale,
2. Anschluß jeder Hausanlage (Dampfheizung, Warmwasserheizung, Warmwasserbereitung) und gewerblicher Wärmeverbraucher mit geringen Temperaturanforderungen möglich,
3. einfache und zuverlässige Verbrauchsmessung,
4. relativ niedriger Leitungsdruck und damit geringe Beanspruchung der Leitungen und Zubehörteile,
5. Anschlußarbeiten und Reparaturen leicht durchführbar,
6. Wärmebelieferung durch mehrere Zentralen in einfacher Weise möglich.

Nachteile:

1. Große Leitungsdurchmesser mit entsprechend teurem Zubehör,
2. schwierige Verlegung in nicht ebenem Gelände und in dicht belegten Straßen,
3. Entwässerungs- und Kondensatrückspeiseeinrichtungen erforderlich,
4. Kondensatleitungen korrosionsgefährdet,
5. hohe Wärmeverluste, unabhängig von der Belastung.

[1] STEGEMANN, M.: Gesamtplanung von Heizkraftanlagen. Elektrizitätswirtsch. 53 (1954) 410/416.

b) Warmwasserverteilung

Vorteile:

1. Zentrale Leistungsregelung durch Vorlauftemperatur,
2. hohe Stromausbeute im Heizkraftbetrieb, evtl. mit Ausnutzung des Netzes als Wärmespeicher,
3. leichte Anpassung der Leitungen an Geländeschwierigkeiten,
4. einfache Unterstation bei Warmwasserheizungen,
5. motorische Teile lediglich in der Zentrale,
6. reines Kondensat im Heizkraftbetrieb,
7. Wärmeverluste gehen mit Heizwassertemperatur zurück.

Nachteile:

1. Wärmeumformung in der Zentrale bei Heizkraftbetrieb erforderlich, zuweilen auch in den Unterstationen,
2. nur Warmwasserheizungen anschlußfähig, Warmwasserbereitungen erfordern Begrenzung der Vorlauftemperaturabsenkung oder dritte Leitung,
3. Wärmeverbrauchsmessung beim Abnehmer nur bei größeren Anschlußwerten zuverlässig,
4. Reparaturen und Erweiterungen erschwert.

Die genannten Vor- und Nachteile sind je nach den örtlichen Verhältnissen ganz verschieden zu werten. Es ist daher auch nicht möglich, den Anwendungsbereich der beiden Wärmeträger eindeutig abzugrenzen. Die wesentlichen Vorzüge der Dampfverteilung liegen in der Möglichkeit, beliebige Verbraucher anzuschließen und ihre Wärmeabnahme einfach zu messen. Die Wahl einer Warmwasserverteilung bedeutet andererseits den Verzicht auf alle Dampfheizungen, sofern diese nicht auf Warmwasser umgestellt werden können. Es muß sonach geprüft werden, ob diese Minderung im Wärmeabsatz durch die etwaigen Vorteile einer Warmwasserverteilung und insbesondere die höhere Stromausbeute im Heizkraftbetrieb aufgewogen wird. Dabei wird die Struktur des Wärmeversorgungsgebietes entscheidend mitsprechen. In Stadtgebieten mit vorwiegend Wohn- und Verwaltungsbauten, die bevorzugt mit Warmwasserheizungen ausgerüstet sind, wird sich häufig die Warmwasserverteilung als überlegen erweisen, zumal in diesen Fällen die pauschale Verrechnung oder die Verbrauchsmessung mittels Wasserzählers möglich ist.

Überwiegen Dampfheizungen und gewerbliche Wärmeabnehmer, so sind die Voraussetzungen für die Dampfverteilung meist günstiger. Die älteren deutschen Stadtheizungen arbeiten zumeist mit Dampf als Wärmeträger. Neuerdings ist jedoch unter dem Einfluß der guten Erfahrungen mit in- und ausländischen Wassernetzen sowie der stärkeren Bewertung heizkraftwirtschaftlicher Vorteile eine deutliche Hinwendung zur Warmwasserverteilung unverkennbar.

F. Betrieb und Wirtschaftlichkeit

Stadtheizungen besitzen kein Monopol in der Energielieferung wie etwa die Gas- oder Stromversorgungsunternehmen auf ihrem Gebiet. Es steht dem Abnehmer vielmehr frei, seinen Wärmebedarf durch eine eigene Kesselanlage zu decken. Die Wärmetarife öffentlicher Fernheizungen können daher nicht nach den Selbstkosten des Werkes festgelegt werden, sondern sie ergeben sich aus dem Wettbewerb mit der Eigenerzeugung. Für die Neuplanung oder Erweiterung von Stadtheizungen bedeutet dies sorgfältigste Wirtschaftlichkeitsrechnung und Beschränkung auf die versorgungsmäßig günstigsten Stadtgebiete.

Vor dem Krieg galt eine *Wärmebedarfsdichte* von 40 bis 50 Gcal je h und km² Versorgungsgebiet etwa als untere Grenze der Fernheizwürdigkeit. Nach den Ausführungen auf S. 289 ist häufig die Liniendichte kennzeichnender. In den Statistiken der Fernheizwerke findet sich dieser Wert mit der Ausnutzungsdauer kombiniert als „spezifische Wärmeliefermenge" je m Rohrnetz. Als Grenzwerte, die möglichst nicht unterschritten werden sollten, sind spezifische

Jahresliefermengen von 6 bis 8 Gcal/m anzusehen. Selbstverständlich kann es sich hierbei nur um Anhaltswerte handeln, von denen im Einzelfall durchaus Abweichungen denkbar sind.

Industriebetriebe und größere gewerbliche Wärmeverbraucher können im allgemeinen nur bei besonders niedrigen Sondertarifen an eine Stadtheizung angeschlossen werden, da die Eigenerzeugungskosten der Heizwärme in solchen Fällen zumeist nahe bei denen des Fernheizbetriebs liegen. Dementsprechend sind nur kurze oder hochbelastete Fernleitungen tragbar. Die Voraussetzungen für den Anschluß solcher Wärmeverbraucher sind günstiger, wenn die betreffenden Betriebe vor dem Neubau oder einer Erweiterung ihrer Kesselanlage stehen, der Fernwärmebezug also erhebliche Einsparungen an Anlagekapital mit sich bringt.

Bei den aus der Vorkriegszeit stammenden deutschen Stadtheizwerken[1] entfielen von den *gesamten Selbstkosten* auf die

Erzeugung der Wärme: ~70%, davon $^3/_4$ als Brennstoffausgaben,
Verteilung der Wärme: ~30%, davon $^2/_3$ als Kapitalbelastung.

In den Brennstoffausgaben sind auch die Wärmeverluste des Netzes miterfaßt. Ein wirtschaftlicher Fernheizbetrieb erfordert also vor allem:

niedrige Gestehungskosten der Wärme,
geringe Wärmeverluste,
billige Verteilungsanlagen mit hoher Ausnutzung.

Bei den Brennstoffkosten hat das Fernheizwerk durch die Verwendung preisgünstiger Brennstoffe gegenüber dem in kleinen und mittleren Heizkesseln überwiegend verfeuerten Koks oder leichtem Heizöl einen wesentlichen Vorsprung. Er wird erhöht durch die in Großanlagen möglichen besseren Wirkungsgrade und die Gutschrift für die im Heizkraftbetrieb mit geringstem Wärmeaufwand zu erzeugende elektrische Arbeit. Eine Stromausbeute von 200 kWh je Gcal Wärmelieferung führt bei einer Rückvergütung von 3 Pf/kWh beispielsweise zu einer Verbilligung der Wärmeerzeugungskosten um 6 DM je Gcal, eine Stromausbeute von 400 kWh (und solche Werte werden in neuzeitlichen Heizkraftwerken erreicht) von 12 DM je Gcal.

Wir erkennen hier sehr deutlich die Bedeutung der Güte des Heizkraftprozesses in Bezug auf die Wirtschaftlichkeit der Stadtheizung. Bei Warmwassernetzen wird demnach der Anteil der Wärmeerzeugungskosten an den Selbstkosten gegenüber den oben genannten Werten, die für ältere Anlagen mit vorwiegender Dampfverteilung gelten, stark zurückgehen.

Der nach dem Wärmepreis wichtigste Faktor der Selbstkosten eines Fernheizbetriebs ist die *Kapitalbelastung durch* das *Verteilungsnetz.* Sie läßt sich anteilmäßig vermindern durch eine Erhöhung der Anschlußleistung und des Wärmedurchsatzes. Man sollte alle hierfür geeigneten Mittel auf ihre Anwendungsmöglichkeit im Einzelfall prüfen (Mengenstrombegrenzer, Anschluß von Abnehmern mit ungleichzeitig auftretenden Leistungsspitzen, hohe Temperaturdifferenzen bei Wassernetzen). Warmwasserversorgungen bringen in Wohngebäuden gegenüber dem reinen Heizungsanschluß eine Mehrabnahme in der Größenordnung von 30 bis 50%. Sie sind also für die Fernheizung durchaus reizvoll, machen es allerdings notwendig, das Netz ganzjährig zu betreiben.

Zunehmend werden in der nächsten Zeit Lüftungs- und Klimaanlagen Bedeutung für die Fernwärmeversorgung erlangen. Sie benötigen Wärme während des größten Teiles des Jahres und tragen, ebenso wie die Warmwasserbereitungen, zu einer gleichmäßigeren Jahresbelastung des Heizwerks bei. Auch die Tagesbelastung wird durch Lüftungs- und Klimaanlagen zumeist günstig beeinflußt, da bei ihnen vorwiegend die Wärme in den späten Nachmittags- und Abendstunden benötigt wird, also in Zeiten abnehmender Raumwärmelieferung.

Die *Wärmeverluste* ausgeführter Stadtheizungen weisen große Unterschiede auf. Im Mittel betrugen sie nach den deutschen Statistiken der Vorkriegszeit etwa 18% der Wärmelieferung. Neben der Ausdehnung des Netzes und den Heizmitteltemperaturen beeinflussen vor allem Betriebsstundenzahl und Belastung den Verlustanteil. Auch sind in solchen Zahlen die Differenzen zwischen den beim Abnehmer gemessenen und den ins Netz geschickten Wärmemengen enthalten. Bei neuzeitlichen Stadtheizungen wird man bei einer vollen Auslastung mit niedrigeren

[1] Statistik der Heizkraftwerke 1949. Elektrizitätswirtsch. 50/51 Heft 10.

Werten rechnen können, und zwar etwa mit 10 bis 15% bei Dampfverteilung und 7 bis 12% bei Warmwasserverteilung. Die höheren Werte der Dampfnetze sind durch die längeren Betriebszeiten und fast gleichbleibenden Heizmitteltemperaturen bedingt. Da die Rohrleitungen von Dampfnetzen in den Stillstandszeiten verstärkt der Korrosion ausgesetzt sind, bevorzugt man schon bei geringem Sommer-Wärmebedarf hier den ganzjährigen Betrieb.

Die *Netzkosten* lagen vor dem Krieg bei etwa 30000 bis 40000 RM je Gcal/h Anschlußleistung. Die Durchschnittswerte der letzten Jahre lagen in der Größenordnung von 60000 bis 120000 DM je Gcal/h. Bei jeder sorgfältigen Planung wird man genaue Kostenermittlungen für die in Frage kommende Netzausführung anstellen müssen.

Die bei Gebäudeheizungen erzielbaren Wärme-Verkaufspreise kann man durch eine einfache Vergleichsrechnung überschläglich ermitteln.

Bezeichnen wir mit

P den Brennstoffpreis bei der selbständigen Heizkesselanlage [DM/t],
H_u den unteren Heizwert [kcal/kg],
η_k den mittleren Jahreswirkungsgrad des Kessels,

dann kostet 1 Gcal am Kessel

$$\frac{P \cdot 10^6}{10^3 \cdot H_u \cdot \eta_k} = \frac{P \cdot 10^3}{H_u \cdot \eta_k} \text{ [DM]}.$$

Beim Vergleich der Eigenerzeugung der Wärme mit Fremdbezug ist zu berücksichtigen, daß fernbeheizte Anlagen durch das einfache An- und Abschalten der Leistung und die bessere Regelfähigkeit Einsparungen an Heizwärme ermöglichen, die durch einen Faktor η_r erfaßt werden sollen. Der vergleichbare Wärmepreis W beträgt sonach

$$W = \frac{P \cdot 10^3}{H_u \cdot \eta_k \cdot \eta_r} \text{ [DM/Gcal]}.$$

Für die nachstehend aufgeführten Mittelwerte für Kokskessel

$$\eta_k = 0{,}74, \quad H_u = 6800 \text{ kcal/kg} \quad \text{und} \quad \eta_r = 0{,}93$$

erhält man z. B. Wärmekostenparität bei

$$W = \frac{P \cdot 10^3}{6800 \cdot 0{,}74 \cdot 0{,}93} = \frac{P}{4{,}7} \text{ [DM/Gcal]}.$$

d. s. bei $P = 140$ DM/t (Preisbasis 1966)

$$W = 29{,}8 \text{ [DM/Gcal]}.$$

Die zusätzlichen Ausgaben zur Bedienung und Unterhaltung einer eigenen Kesselanlage betragen etwa 10 bis 20% des Brennstoffpreises. Der Tarif der öffentlichen Fernheizung kann also gegebenenfalls noch um diesen Betrag über dem errechneten Wärmepreis liegen, wenn voller Kostenausgleich beabsichtigt ist.

Bei einer exakten Kostenvergleichsrechnung müssen auch die Unterschiede im Platzbedarf, in den Anlage- und Baunebenkosten, der Wartung und der Lebensdauer der Zentralen bei Eigen- und Fremdversorgung mit berücksichtigt werden[1]. Sie ergeben durchweg Pluspunkte für die Fernheizung, auch wenn die Fernheizwerke für den Anschluß zumeist einen Kostenbeitrag verlangen, der in der Größenordnung der Kosten selbständiger Kesselanlagen liegt. Zugunsten der Fernheizung sprechen selbstverständlich auch der Wegfall der Brennstoffbevorratung sowie der einfache, saubere und geruchfreie Betrieb[2].

VII. Heizkraftanlagen

Für die Gebäudeheizung, die Warmwasserversorgung und auch für viele gewerbliche Heizzwecke wird Wärme bei verhältnismäßig niedrigen Temperaturen benötigt. Die Wahl höherer Heizmitteltemperaturen erfolgt in solchen Fällen lediglich unter dem Gesichtspunkt einer wirt-

[1] Siehe VDI-Richtlinie 2067, zwölfter Abschnitt im zweiten Band.

[2] Beck, K.: Fernwärmeversorgung der Gemeinden. Sigillum Verlag Köln 1964.

schaftlichen Bemessung der Leitungen und Heizflächen. Da die Erzeugungswärme von Wasserdampf mit zunehmendem Druck und damit höherer Arbeitsfähigkeit nur unerheblich anwächst, liegt der Gedanke nahe, den Dampf vor seiner Verwendung in Heizungsanlagen zur Gewinnung mechanischer Arbeit heranzuziehen, also Krafterzeugung und Wärmelieferung zu kuppeln. Man bezeichnet solche Anlagen als „Heizkraftanlagen"[1].

Die Kraft-Wärmekuppelung hat mit der Anwendung hoher Dampfdrücke in Industriewerken und öffentlichen Energieversorgungsanlagen stark an Bedeutung gewonnen. Aus der „Abwärmeverwertung" im früheren Sinne ist eine hochentwickelte Heizkraftwirtschaft geworden, bei der Art und Umfang der Wärmelieferung den Aufbau des Kraftwerks wesentlich beeinflussen. Heizkraftwerke mit nachgeschalteten Fernheiznetzen erfordern dementsprechend bei der Planung und Betriebsführung eine enge Zusammenarbeit zwischen Kraftwerks- und Heizungsingenieur.

A. Grundlagen

1. Wärmeausnützung

Der entscheidende energiewirtschaftliche Vorteil der Kraft-Wärmekuppelung liegt in der Nutzbarmachung der im Kondensator einer Dampfkraftmaschine an das Kühlmittel übertragenen Wärme. Der Vorgang läßt sich am deutlichsten im T, s-Diagramm darstellen, s. Abb. 6.69. Der Einfachheit halber ist der theoretische Kreisprozeß der Dampfkraftmaschine (Clausius-Rankine-Prozeß) eingezeichnet, wobei die Fläche *1 2 3 4 5 1* der gewinnbaren mechanischen Arbeit L zwischen den Druckstufen p_1 und p_2 und die Fläche *1 6 7 3 4 5 1* der aufzuwendenden Erzeugungswärme Q entsprechen.

Der thermische Wirkungsgrad der Krafterzeugung ist durch das Verhältnis dieser beiden Flächen gekennzeichnet, also

$$\eta_{th} = \frac{L}{Q} = \frac{i_1 - i_2}{i_1 - i_3}.$$

Für die Enthalpien gilt dabei

i_1 = Enthalpie am Eintritt in die Maschine,

i_2 = Enthalpie am Austritt aus der Maschine,

i_3 = Enthalpie am Austritt aus dem Kondensator.

Die im Kondensator abgeführte Wärmemenge $(i_2 - i_3)$ ist bei der Krafterzeugung im Kondensationsbetrieb verloren; im Gegendruckbetrieb wird sie zu Heizzwecken ausgenutzt. Dementsprechend wächst der thermische Gesamtwirkungsgrad des Vorgangs an und erreicht bei der idealen Heizkraftmaschine den Wert 1. Das Verhältnis der Arbeit L zur Heizwärme $(Q - L)$ nimmt zu, wie Abb. 6.69 erkennen läßt, mit steigendem Anfangsdruck p_1, abnehmendem Gegendruck p_2 sowie mit höher werdender Frischdampfüberhitzung. Die Tab. 6.01 gibt den thermischen Wirkungsgrad des theoretischen Dampfmaschinenprozesses für verschiedene Anfangsdrücke und zwei Anfangstemperaturen bei den Gegendrücken 0,04 at (Kondensationsbetrieb) und 1,0 at (Auspuffbetrieb) wieder.

Tabelle 6.01 *Thermischer Wirkungsgrad des theoretischen Dampfmaschinenprozesses*

Anfangsdruck p_1 at		10	20	50	100	150
Gegendruck p_2 at	Dampftemperatur t_1 °C	Wirkungsgrad %				
0,04	400	32,3	35,2	38,9	41,2	42,3
	500	34,0	36,8	40,3	42,6	44,0
1,0	400	19,2	23,3	28,3	31,7	33,3
	500	20,8	25,1	30,0	33,3	35,1

Man ersieht daraus, daß auch bei höchsten Anfangsdrücken noch mehr als die Hälfte der Erzeugungswärme des Dampfes im Kondensator verlorengeht, bei Heizkraftanlagen also gewinn-

[1] Siehe Fußnote 1, S. 286. — Bachl, H.: Energiebilanz und Rentabilität von Heizkraftwerken. Berlin/Göttingen/Heidelberg: Springer 1961. — Schröder, K.: Große Dampfkraftwerke, Band II, S. 346 bis 381. Berlin/Göttingen/Heidelberg: Springer 1962. Werkmeister, H.: Technik und Kosten der Fernwärme für Raumheizung. Elektr.-Wirtsch. 66 (1967) H. 18.

bar ist. Beim wirklichen Dampfkraftprozeß verschiebt sich zwar das Bild — die Verluste in der Kraftmaschine setzen den thermischen Wirkungsgrad herab, die mehrstufige Speisewasservorwärmung und eine etwaige Zwischenüberhitzung erhöhen ihn —, die Größenordnung des Verhältnisses von gewinnbarer Arbeit und Kondensationswärme bleibt aber erhalten. Es gibt keine Abwandlung des Dampfkraftprozesses, die ähnlich große thermodynamische Vorteile aufweist.

Die Abweichungen des praktischen Dampfmaschinenprozesses vom idealen Kreisprozeß sollen durch weitere Wirkungsgrade erfaßt werden. So rückt infolge der nicht adiabatischen Expansion des Dampfes im i, s-Diagramm der Endpunkt der Expansion von 2 nach 2*, s. Abbildung 6.70.

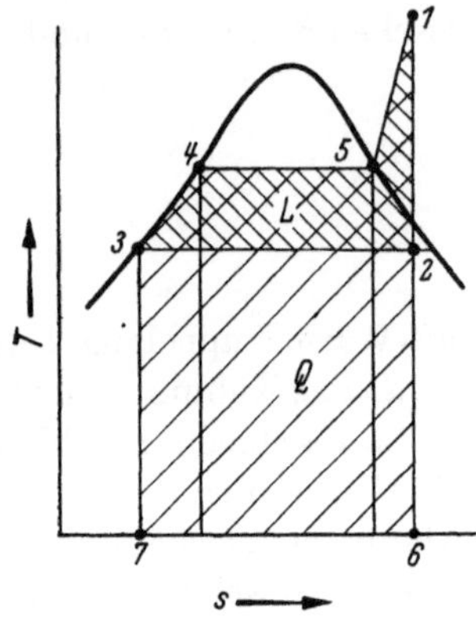

Abb. 6.69. Idealer Kreisprozeß der Dampfkraftmaschine.

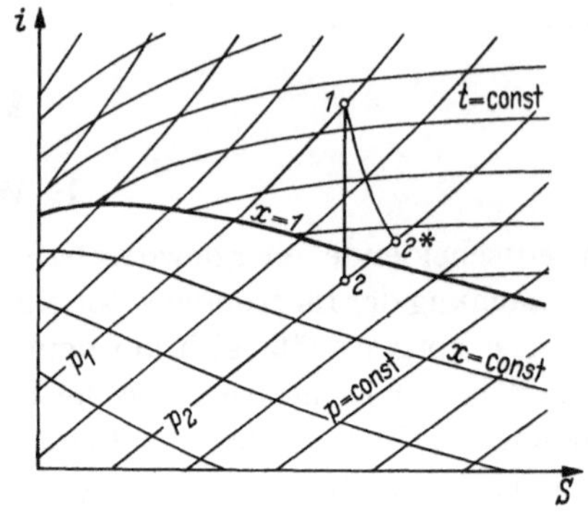

Abb. 6.70. Zustandsänderung des Dampfes in der Maschine.

Das Verhältnis der Enthalpieunterschiede zwischen 1 und 2* bzw. 1 und 2 kennzeichnet den indizierten Wirkungsgrad oder *Gütegrad* der Maschine

$$\eta_i = \frac{i_1 - i_2^*}{i_1 - i_2} = \frac{L_i}{L}.$$

Die im Gütegrad erfaßten Drossel- und inneren Reibungsverluste einer Dampfmaschine beeinträchtigen zwar die gewinnbare mechanische Arbeit, führen aber andererseits zu einer Erhöhung des Wärmeinhaltes des Abdampfs gegenüber dem idealen Prozeß; der Gesamtwirkungsgrad der Heizkraftanlage wird dadurch also nicht verschlechtert.

Dagegen sind die durch mechanische Reibung (η_m) und die Energieumformung im Generator η_{el} entstehenden Verluste beim Gesamtwirkungsgrad ebenso zu berücksichtigen wie die Kessel- und Rohrleitungsverluste η_k bei der Wärmeerzeugung. Für 1 kWh elektrische Arbeit sind in der Heizkraftmaschine also aufzuwenden:

beim idealen Prozeß: 860 kcal,

beim wirklichen Prozeß: $\frac{860}{\eta_m \, \eta_{el}}$ kcal.

Setzt man überschläglich $\eta_m \cdot \eta_{el} = 0{,}92$, so erhält man im zweiten Fall 935 kcal/kWh. Unter Einbeziehung des Wirkungsgrades der Kesselanlage und Rohrleitungen mit einem Mittelwert von $\eta_k = 0{,}85$ ergibt sich für die im Gegendruckbetrieb gewinnbare elektrische Arbeit ein

Gesamtwärmeaufwand von 1100 kcal/kWh.

Demgegenüber werden in neuzeitlichen Kondensationskraftwerken etwa 2500 bis 2800 kcal je kWh an Brennstoffwärme aufgewendet; im günstigsten Fall ist dieser Wert bei Großanlagen bis auf etwa 2100 kcal abzusenken. Die Einsparung von Brennstoffwärme durch die Kupplung der Strom- und Heizwärmeerzeugung liegt sonach bei 1000 bis 1700 kcal je kWh, das entspricht 0,13 bis 0,23 kg Steinkohle.

Nach dem Vorgesagten ist im Heizkraftbetrieb der Wärmeaufwand je kWh praktisch unabhängig von den Druck- und Temperaturverhältnissen in der Maschine. Eine Gegendruckturbine mit hohem Arbeitsgefälle (z. B. 100 at, 500 °C Frischdampf- und 2 at Gegendruck) ergibt sonach zwar eine hohe Stromausbeute, weist aber keinen besseren Gesamtwirkungsgrad auf als eine Turbine mit niedrigem Anfangsdruck und relativ hohem Gegendruck.

In Industriebetrieben mit großem Wärmeverbrauch und geringem Strombedarf kann daher durchaus eine Anlage der letztgenannten Art die wirtschaftlichste Lösung darstellen. Läßt sich die aus dem Heizdampf gewinnbare elektrische Leistung jederzeit absetzen, sei es im eigenen Betrieb oder durch Lieferung an Dritte, so wird man der Heizkraftanlage mit hoher Stromausbeute den Vorzug geben.

2. Kennwerte des Heizkraftbetriebes

Dampfkraftmaschinen mit gleichbleibendem Dampfdurchsatz in allen Stufen kennzeichnet man thermodynamisch am einfachsten durch die Angabe des *spezifischen Dampfverbrauchs*. Dieser Wert (d) gibt an, wieviel kg Dampf zur Erzielung einer Arbeitseinheit, entweder in PSh (an der Welle gemessen) oder in kWh (meist an den Generatorklemmen gemessen), erforderlich sind. Er ist abhängig vom adiabatischen Arbeitsgefälle des Dampfes, dem mit Dampfdurchsatz und Dampfzustand sich ändernden indizierten Wirkungsgrad (η_i) sowie dem mechanischen (η_m) bzw. elektrischen Wirkungsgrad (η_{el}). Auf die kWh bezogen ist

$$d = \frac{860}{(i_1 - i_2)\,\eta_i\,\eta_m\,\eta_{el}} \quad [\text{kg/kWh}]. \tag{6.05}$$

Nimmt man in erster Annäherung das Produkt der Wirkungsgrade als konstant an, so ändert sich d nur mit dem Kehrwert von $(i_1 - i_2)$. Abb. 6.71 gibt den Zusammenhang zwischen d und dem Anfangs- bzw. Enddruck einer Gegendruckmaschine für eine Dampfeintrittstemperatur von 450 °C und $\eta_i \cdot \eta_w \cdot \eta_d = 0{,}75$ wieder. Man ersieht daraus, daß eine Steigerung des Frischdampfdrucks den spezifischen Dampfverbrauch weniger beeinflußt als eine Absenkung des Gegendrucks. Will man die Stromausbeute im Heizkraftbetrieb erhöhen, so muß also zunächst geprüft werden, inwieweit durch Vergrößerung der Heizflächen, Verminderung der Verteilungsdruckverluste oder sonstige Maßnahmen der Heizdampfdruck herabgesetzt werden kann.

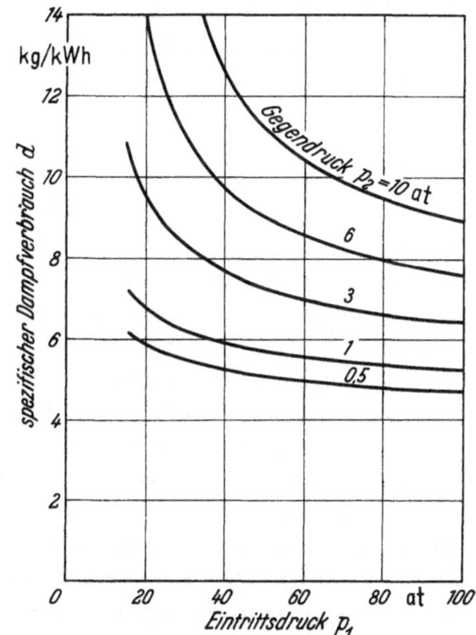

Abb. 6.71. Spezifischer Dampfverbrauch (d) von Gegendruckturbinen.

In *Industriebetrieben* ist das Verhältnis des Heizdampf- zum Kraftbedarf ein wichtiger energiewirtschaftlicher Kennwert des Werkes. Höhe und Schwankungen dieser Verhältniszahl sind maßgebend für den Aufbau der Kraftanlage bzw. die Wahl der Maschinenart.

Sind vorwiegend oder gar ausschließlich Gebäudeheizungen als Wärmeabnehmer vorhanden, so ist ein wirtschaftlicher Heizkraftbetrieb nur im Winter möglich. Derartige Heizkraftanlagen lohnen sich erst bei einer gewissen Größe des Anschlußwertes; sie erfordern in der Regel eine Zusammenarbeit mit dem öffentlichen Stromversorgungsunternehmen.

Bei öffentlichen *Fernheizungen* ist diese Zusammenarbeit von vornherein gegeben. Auch hier wird der Heizkraftbetrieb erst bei größerem Wärmeverbrauch für das Versorgungsunternehmen wirtschaftlich reizvoll; möglich ist er aber auch bei geringem Wärmeabsatz, sofern eine für die Wärmelieferung geeignete Druckstufe im Kraftwerk vorhanden ist.

Zur Kennzeichnung der energiewirtschaftlichen Voraussetzungen für die Kraft-Wärmekuppelung geht man hier nicht vom Dampf-, sondern vom Wärmebedarf aus und bezieht die in bestimmten Zeitabschnitten (Stunde, Tag, Jahr) absetzbaren Wärmemengen auf den Strombedarf des Versorgungsgebietes. Da Strom- und Wärmebedarf in keiner festen Beziehung zueinander stehen, ändert sich die so gewonnene „*Wärmekennzahl eines Bezirkes*" mit der Jahres- und Tageszeit. Sie ist vor allem für innerbetriebliche und elektrizitätswirtschaftliche Entscheidungen von Bedeutung.

Von diesen energiewirtschaftlichen Kennzahlen eines Werkes oder eines Versorgungsgebietes zu unterscheiden sind die oft ähnlich gebildeten Verhältniszahlen der Wärme- und Stromlieferung bei einer bestimmten Heizkraftschaltung. Meist verwendet man hierbei den reziproken Verhältniswert und gibt die elektrische Leistung, bezogen auf die Einheit der Wärmebelastung, an. So bezeichnet man als „*Stromkennzahl*" n des Heizkraftbetriebs die bei Abgabe von 1 Gcal Heizwärme erzielte Gegendruckarbeit. Ist Q (Gcal) die in dem Zeitabschnitt Z (h) abgegebene Wärmemenge, so ergibt sich bei einer mittleren Leistung der Maschine N (kW) die Stromkennzahl n aus

$$n = \frac{N\,Z}{Q}\ [\mathrm{kWh/Gcal}]. \tag{6.06}$$

Die Stromkennzahl ist also ein Maß für die Ausnutzung der Heizwärme zur Stromerzeugung. Man kann diesen Wert auf die Maschine beziehen; dann ist er lediglich abhängig von dem verfügbaren Arbeitsgefälle, der Aufteilung des Heizdampfs auf die einzelnen Arbeitsstufen und dem Wirkungsgrad des Vorgangs.

Für die reine Gegendruckmaschine entspricht die Stromkennzahl n der Beziehung

$$n = \frac{1}{d\,(i_2^* - i_3)}\,10^6, \tag{6.07}$$

wobei d der spezifische Dampfverbrauch und $(i_2^* - i_3)$ die je kg Heizdampf verfügbare Heizwärme ist. Man kann aber auch die Stromkennzahl des Heizkraftbetriebs für eine beliebige Zeitspanne berechnen; dann geht der Anteil der Entnahme- bzw. Abdampfwärme an der gesamten Wärmeabgabe des Fernheizwerks (ein Teil der Fernheizwärme wird evtl. durch gedrosselten Frischdampf gedeckt) in den Kennwert mit ein. Nimmt man die Temperatur des Kondensates mit etwa 60 °C an, so wird für übliche Abdampfverhältnisse $(i_2^* - i_3) \approx 550$ bis 600 kcal/kg. Damit erhält man für den reinen Gegendruckbetrieb

$$n = (1{,}7 \text{ bis } 1{,}8)\,\frac{10^3}{d}.$$

Für $d = 4$ bis 10 ergibt sich

$$n = 170 \text{ bis } 450 \text{ kWh je Gcal Heizwärme.}$$

Die hohen Werte sind nur bei Höchstdruckkraftwerken erzielbar, wie ein Vergleich mit den Überschlagswerten der Abb. 6.71 zeigt. Die meisten in Betrieb befindlichen Stadtheizungen sind von den oberen Grenzwerten allerdings noch weit entfernt. Die Gründe hierfür liegen nicht nur in den heizkraftwirtschaftlich ungünstigen Auslegungsdaten der älteren Anlagen, sondern auch in folgenden Tatsachen.

Heizanlagen weisen, wie die Belastungsdauerlinien erkennen lassen, sehr hohe Verbrauchsspitzen während weniger Stunden im Jahr auf. Für die Jahresstromerzeugung sind daher die Verbrauchsspitzen ohne Bedeutung. Man wird die Heizkraftmaschine in der Regel nur für 50 bis 60% der Lastspitze auslegen und als Spitzendampf gedrosselten Frischdampf oder Entnahmedampf aus höheren Druckstufen verwenden. Dadurch wird zwar die Stromkennzahl des Heizkraftbetriebs herabgesetzt; zugleich aber wird das Turboaggregat billiger und besser ausgelastet. Weiterhin vermeidet man, daß die für zu hohen Dampfdurchsatz bemessene Turbine bei den häufig vorkommenden mittleren und schwachen Belastungen mit zu ungünstigem Wirkungsgrad arbeitet.

Von dem Jahres-Heizwärmebedarf fällt meistens noch ein weiterer Teil für die Stromerzeugung aus. So sind vielfach die in der Übergangszeit benötigten Wärmemengen zu gering, um den Heizkraftbetrieb aufrechtzuerhalten oder die anfallende Gegendruckleistung ist im Stromnetz nicht unterzubringen (Nachtstunden).

B. Wärmeschaltbilder

In Anlehnung an die Schaltbilder der Elektrotechnik hat sich auch für Schaltbilder größerer Dampfanlagen eine einheitliche Darstellungsweise herausgebildet. Die Bedeutung der einzelnen Zeichen gibt die nachstehende Übersicht.

Das Schaltbild wird so angeordnet, daß die waagerechten Linien gleichen Wärmeinhalt des Stoffes angeben, und zwar abnehmend von oben nach unten. Der Kreislauf des Wärmeträgers geht im Uhrzeigersinne, so daß der Kessel stets in der linken oberen Ecke der Zeichnung, der Kondensator bzw. die Wärmeverbraucher in der rechten unteren Ecke erscheinen. Um die Zusammenhänge klar hervortreten zu lassen, empfiehlt sich bei Schaltbildern die Beschränkung

Tafel B. Sinnbilder der Heizkraftwirtschaft

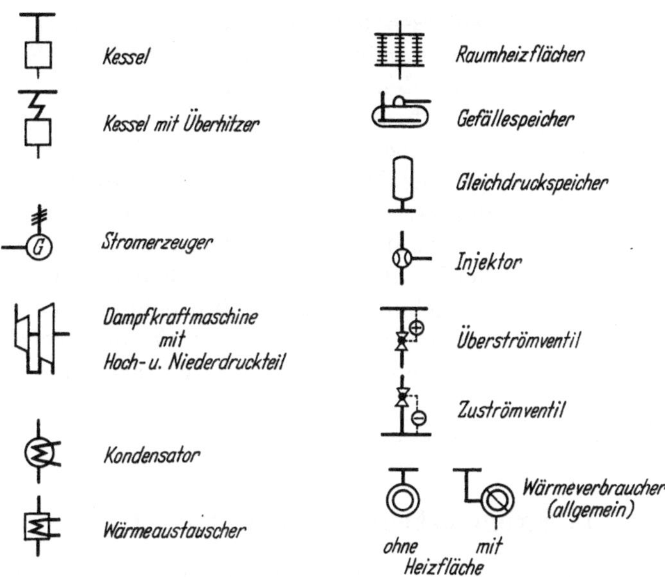

auf die wichtigsten Apparate und Rohrleitungen, wobei mehrere Apparate gleicher Art nur einmal erscheinen. Keinesfalls kann das Wärmeschaltbild den Rohrplan ersetzen. An einigen Beispielen möge der Aufbau solcher Schaltbilder erläutert werden.

Das einfachste Schaltbild ergibt die *reine Gegendruckturbine* mit angeschlossenem Dampfnetz, s. Abb. 6.72. Der aus der Kesselanlage kommende Hochdruckdampf tritt mit dem Druck p_1

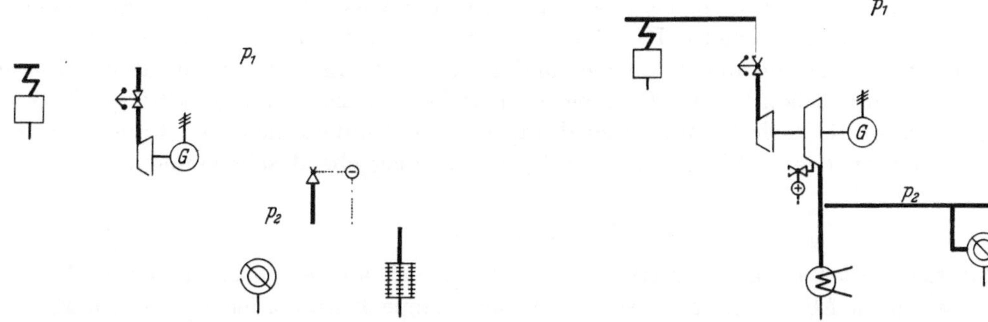

Abb. 6.72. Schaltbild einer Gegendruckanlage.

Abb. 6.73. Schaltbild einer Entnahme-Kondensationsanlage.

in die Maschine ein und speist als Abdampf mit dem Druck p_2 den Dampfverteiler der Verbraucherdruckstufe bzw. das Fernleitungsnetz. Ist die Abdampfmenge stets kleiner als der Heizdampfbedarf (Betriebe mit relativ hohem Wärmeverbrauch; beispielsweise Färbereien, Wäschereien, Textilveredlungswerke, Werke der Leder- und Zuckerindustrie), so wird die Maschine von der elektrischen Leistung aus geregelt (Drehzahlregler).

Bei Heizdampfmangel läßt ein Zuströmventil gedrosselten und evtl. auch gekühlten Frischdampf in die Dampfversorgungsleitungen übertreten. Durch ein Sicherheitsventil ist die

Heizdampfverteilung und zugleich auch die Turbine gegen Drucküberschreitungen auf der Abdampfseite zu sichern.

Bei Industrieanlagen benötigen oft einzelne Dampfverbraucher höhere Heizdampfdrücke. Man kann in solchen Fällen einen Teil des Heizdampfs aus höheren Druckstufen der Turbine entnehmen (Entnahme- bzw. Anzapfmaschine).

In den meisten Fällen reicht der Heizdampfverbrauch eines Betriebes nicht aus, um die benötigte elektrische Leistung jederzeit im Gegendruckbetrieb zu erzeugen. Man stellt dann zusätzlich Kondensationsmaschinen auf oder entnimmt den gesamten Heizdampf einer *Entnahme-Kondensationsturbine*, s. Abb. 6.73. Beim Ausbau älterer Werke geht man häufig auf höhere Kesseldrücke über und nutzt den zusätzlichen Druck in einer *Vorschaltmaschine* aus, s. Abb. 6.74. Zwischen den beiden Druckstufen p_2 und p_3 ließe sich zum Ausgleich des Kraft- und Dampfbedarfs auch ein Gefällespeicher einfügen, wodurch die Kesselanlage in der Zeit der Verbrauchsspitzen entlastet werden kann.

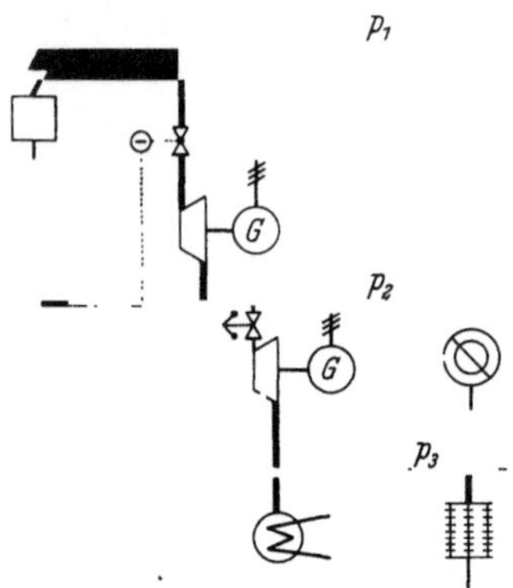

Abb. 6.74. Schaltbild einer Hochdruck-Vorschaltanlage.

Die Möglichkeiten der Schaltung von Heizkraftanlagen und der Kombination der vorstehenden Maschinengrundtypen sind so vielfältig, daß auf ihre weitere Behandlung hier verzichtet werden muß. Auf einige für den Fernheizbetrieb wichtige Schaltungen wird bei Betrachtung des Zusammenhangs zwischen Wärmeverteilung und Stromausbeute noch einzugehen sein.

C. Stromausbeute im Fernheizbetrieb

In *Industriebetrieben* bestimmen die Temperaturanforderungen an den Verbrauchsstellen letzten Endes den Gegen- oder Entnahmedruck von Heizkraftmaschinen. Die Heiznetze werden in der Regel mit konstantem Dampfdruck oder gleichbleibenden Wassertemperaturen betrieben, wobei die für die Wärmeübertragung in Austauschern notwendigen Temperaturunterschiede zu berücksichtigen sind, bei Dampfnetzen auch der mit der Belastung anwachsende Druckverlust der Dampffortleitung. Die Stromausbeute ist in solchen Anlagen unmittelbar abhängig von der Heizdampfmenge, wenn von dem mit dem Dampfdurchsatz veränderlichen Wirkungsgrad der Maschinen einmal abgesehen wird.

Anders liegen die Verhältnisse bei Fernheizungen, die vorwiegend oder gar ausschließlich *Wärme für Raumheizzwecke* liefern. Hier ändern sich Belastung und Heizdampfdruck in einer charakteristischen Weise mit der Jahreszeit, und zwar besonders stark, wenn die Netzleistung zentral geregelt wird. Schon bei der Planung einer solchen Heizkraftanlage ist dieser Tatsache Rechnung zu tragen; je nach der Wärmeschaltung sind recht unterschiedliche Stromkennzahlen zu erwarten, die bei der Wahl des Wärmeträgers ausschlaggebend sein können.

1. Dampfnetz

Dampfnetze werden i. allg. so betrieben, daß der Druck an der entferntesten Verbrauchsstelle oder bei einem Abnehmer mit besonders hohen Temperaturanforderungen einen Mindestwert, z. B. 0,5 atü, nicht unterschreitet. Ist Δp der einer stündlich zu fördernden Dampfmenge G_h entsprechende Druckverlust zwischen Maschinenaustritt und Verbraucher und p_v der Dampfdruck an der letzten Verbrauchsstelle, so gilt für den Heizdampfdruck an der Maschine p_2

$$p_2 = p_v + \Delta p .$$

Der Druckverlust Δp ist in erster Annäherung für kleine Druckbereiche proportional G_h^2. Bei größerem Druckabfall ist die Änderung von ϱ mit p zu berücksichtigen. Der Anstieg von Δp mit zunehmender Belastung ist geringer, als die 2. Potenz ergeben würde, vor allem im Gebiet niedrigen Druckes.

Im Fernheizbetrieb wird man eine Gegendruckturbine mit nachgeschaltetem Dampfnetz sonach möglichst für veränderlichen Gegendruck vorsehen. Der für die Rohrleitungsbemessung maßgebende Druck p_{2max} kommt nur bei Höchstlast, also sehr selten vor. Am häufigsten sind Belastungen zwischen 30 und 50% der Höchstlast. In diesem Bereich muß die Heizkraftmaschine mit bestem Wirkungsgrad arbeiten.

Den Zusammenhang zwischen Stromkennzahl und Belastung für eine Maschine mit gleitendem Gegendruck zeigt Abb. 6.75. Der Gewinn gegenüber dem Betrieb mit konstantem Gegendruck (also p_{2max}) ist um so höher, je größer der Druckabfall im Netz ist, gemessen an dem Arbeitsdruckgefälle ($p_1 - p_2$) in der Turbine.

Beispiel. Eine Gegendruckturbine mit 30 at Frischdampfdruck und 400 °C Überhitzung beliefert ein Heiznetz, dessen Druck am letzten Verbraucher $p_v = 2$ at sein soll. Das Netz ist ausgelegt für $p_{2max} = 6$ at. Wie ändert sich die Stromausbeute, wenn man von konstantem auf gleitenden Gegendruck p_2 übergeht?

Aus Abb. 6.71 erhält man überschläglich

$$\text{für } p_2 = 6 \text{ at}; \quad d = 10{,}9 \text{ kg/kWh}.$$

Ist bei mittlerer Belastung ein Heizdampfdruck von $p_2 = 3{,}5$ at erforderlich, — so ist unter der Annahme gleicher Wirkungsgrade — für diesen Gegendruck nach Abb. 4.73

$$d' = 8{,}7 \text{ kg/kWh}.$$

Da sich die Enthalpiedifferenzen ($i_2^* - i_3$) nur wenig unterscheiden, verhalten sich die Stromkennzahlen in beiden Fällen wie die Kehrwerte der spezifischen Dampfverbrauchszahlen

$$n' = \frac{d}{d'} n = \frac{10{,}9}{8{,}7} n = 1{,}25\, n.$$

Im Mittel ist für diesen Fall die Stromausbeute bei gleitendem Gegendruck um 25% höher.

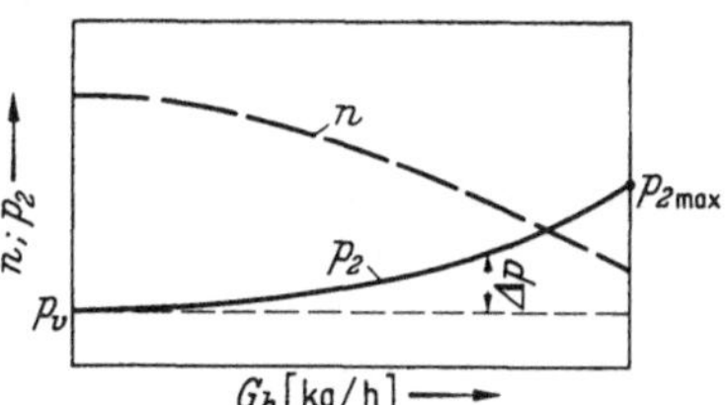

Abb. 6.75. Dampfnetz, Änderung des erforderlichen Heizdampfdruckes und der Stromkennzahl n mit der Belastung bei gleichbleibendem Dampfzustand am Maschineneintritt.
p_v: Druck beim letzten Verbraucher,
p_2: Druck am Maschinenaustritt,
p_{2max}: Druck am Maschinenaustritt bei Höchstbelastung.

Der Zusammenhang zwischen Belastung und Stromkennzahl gilt auch, wenn ein Dampfumformer zwischen Turbine und Heiznetz eingeschaltet ist. Es ist hier lediglich der für die Wärmeübertragung erforderliche Temperaturunterschied zwischen Turbinenabdampf und Fernleitungsdampf zusätzlich zu berücksichtigen.

2. Heißwassernetz mit konstanter Vorlauftemperatur

Bei Heißwassernetzen mit gleichbleibender Vorlauftemperatur, wie sie in der Industrie häufig anzutreffen sind, ist der Heizdampfdruck und damit auch die Stromkennzahl praktisch unabhängig von der Belastung, s. Abb. 6.76a.

Bei großen Temperaturunterschieden zwischen Vor- und Rücklauf geht man vielfach zur zweistufigen Wassererwärmung über, s. Abb. 6.76b. Sie bietet energiewirtschaftliche Vorteile, wenn zwei geeignete Heizdampf-Druckstufen vorhanden sind und beide möglichst unmittelbar, also ohne Drosselung, von einer Heizkraftmaschine gespeist werden. Den Einfluß der zweistufigen Erwärmung auf die Stromkennzahl mag ein Beispiel verdeutlichen.

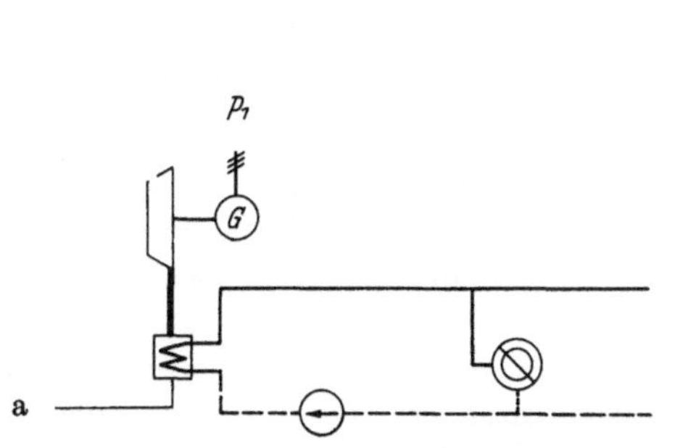

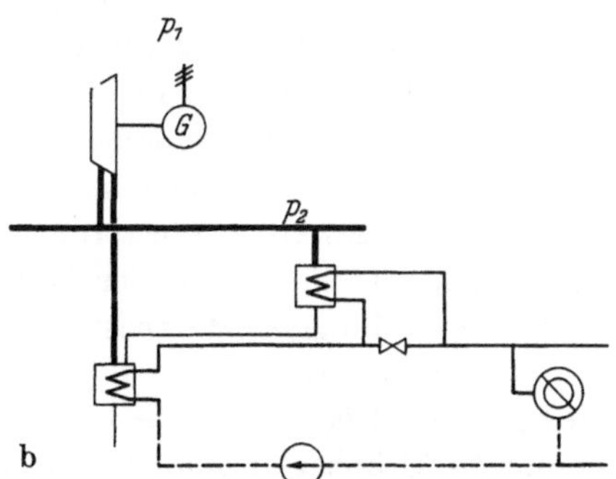

Abb. 6.76. Schaltbild einer Heizkraftanlage mit nachgeschalteter Heißwasserheizung.
a) einstufige Erwärmung; b) zweistufige Erwärmung.

Beispiel. Eine Heißwasserheizung für 170/110 °C soll mit zweistufiger Erwärmung betrieben werden. Welche Heizdampfdrücke sind erforderlich? Wie groß ist die Stromkennzahl bei einem Frischdampfdruck von 60 at und 450 °C Überhitzung für die ein- bzw. zweistufige Erwärmung bei voller Belastung der Anlage?

Bei einstufiger Erwärmung ist ein Heizdampfdruck zu wählen, dessen zugehörige Sattdampftemperatur einige Grade höher liegt als die Wasseraustrittstemperatur. Man nimmt i. allg. für Vollast diese Temperaturdifferenz mit 5 bis 10 °C an. Hier sei der höhere Wert zugrunde gelegt; er soll gleichzeitig den Druckverlust zwischen Turbinenaustritt und Wärmeaustauscher mit erfassen.

Aus der Dampftafel entnimmt man für eine Sattdampftemperatur

$$t_2 = 170 + 10 = 180\ °\mathrm{C},$$

$$p_2 = 10{,}2\ \mathrm{at}.$$

Bei zweistufiger Erwärmung soll jeder der beiden Wärmeaustauscher die halbe Wassererwärmung übernehmen. Der Heizdampfdruck p_3 ergibt sich dann aus der zugehörigen Sattdampftemperatur

$$t_3 = 110 + \frac{170 - 110}{2} + 10 = 150\ °\mathrm{C}$$

zu

$$p_3 = 4{,}9\ \mathrm{at}.$$

Nach Abb. 6.71 gilt unter den dort berücksichtigten Annahmen für die Drücke p_2 und p_3

$$d_2 = 10{,}5\ \mathrm{kg/kWh},$$

$$d_3 = 8{,}0\ \mathrm{kg/kWh}.$$

Nehmen wir in erster Annäherung die Kondensationswärme mit 570 kcal/kg als gleich an, so erhält man für die einstufige Erwärmung die Stromkennzahl n zu

$$n = \frac{1}{10{,}5 \cdot 570}\, 10^6 = 167\ \mathrm{kWh/Gcal}$$

und für die zweistufige Erwärmung

$$n' = \frac{10^6}{10{,}5 \cdot 570} \cdot \frac{1}{2} + \frac{10^6}{8{,}0 \cdot 570} \cdot \frac{1}{2} = 83{,}5 + 110 = 193{,}5\ \mathrm{kWh/Gcal}.$$

Die Stromausbeute ist im zweiten Fall also um rd. 14% größer. Bei Teillast geht der Anteil des Heizdampfs niedrigeren Druckes zurück, der Gewinn wird kleiner. Die zweistufige Erwärmung lohnt sich daher nur bei großen Anlagen mit hohen Temperaturdifferenzen $(t_v - t_r)$ und relativ hoher Durchschnittsbelastung.

3. Heißwassernetz mit gleitenden Vorlauftemperaturen

Betrachten wir der Übersichtlichkeit wegen zunächst die *einstufige Wassererwärmung.* Eine Gegendruckturbine soll eine Heißwasserfernheizung beliefern, an die vorwiegend Raumheizanlagen angeschlossen sind. Das Netz kann dementsprechend mit gleitenden Vorlauftemperaturen betrieben werden. Um den Anschluß von gewerblichen Wärmeabnehmern und ND-Dampfheizungen zu ermöglichen, soll die Rücklauftemperatur aber nicht unter einen Grenzwert t_r abgesenkt werden.

Der volle Heizdampfdruck ist nur bei Höchstlast, d. h. bei maximaler Vorlauftemperatur, notwendig; bei schwacher Belastung kommt man mit niedrigeren Dampfdrücken aus. Die Turbine kann also mit veränderlichem Gegendruck betrieben werden, wobei jedoch der untere Grenzwert der Rücklauftemperatur t_r die Gegendruckabsenkung einschränkt.

Wir wollen die Zusammenhänge an einem Beispiel erläutern, und zwar soll das Heiznetz wieder für 170/110 °C ausgelegt sein.

Bleibt die umgewälzte Wassermenge konstant, so ändert sich die Temperaturdifferenz „Vorlauf–Rücklauf" linear mit der Belastung. Dementsprechend wird die Vorlauftemperatur t_v durch die Verbindungsgerade zwischen $t_{v\,max} = 170°$ bei $B = 1$ und $t_r = 110°$ bei $B = 0$ dargestellt, s. Abb. 6.77a.

Bei höchster Belastung ($B = 1$) soll die Temperatur des Heizdampfs am Maschinenaustritt wieder um 10 °C höher liegen als die Vorlauftemperatur. Unter der als Näherung zulässigen Annahme, daß dieser Temperaturunterschied ebenfalls der Belastung proportional ist, erhält man für die Abhängigkeit der Heizdampftemperatur die in Abb. 6.77a mit t_H bezeichnete Gerade.

Jeder Belastungsstufe ist damit ein bestimmter Heizdampfdruck p_2 zugeordnet, der sich aus t_H an Hand einer Dampftafel leicht feststellen läßt. Die stark gekrümmte Kurve in Abb. 6.77a zeigt den erforderlichen Heizdampfdruck in Abhängigkeit von der Belastung für das besprochene Beispiel. Danach steigt der Dampfdruck[1] von $p_2 = 2{,}3$ at bei 20% Belastung an bis auf 10,3 at bei 100% Belastung.

In einem so weiten Bereich ist eine Regelung des Gegendrucks nicht zweckmäßig. Man geht daher zur *zweistufigen Wassererwärmung* über, wobei der zweite Vorwärmer mit Frischdampf oder evtl. auch mit Anzapfdampf einer höheren Druckstufe beheizt wird, s. Abb. 6.77b.

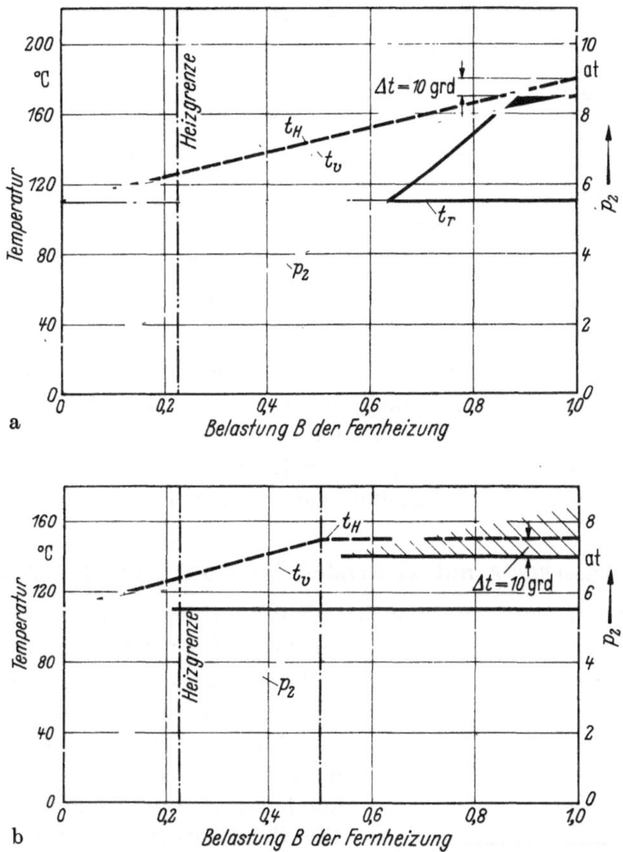

Abb. 6.77. Heißwassernetz 170/110 °C mit gleitender Vorlauf- und konstanter Rücklauftemperatur. Änderungen der Temperaturen und der Heizdampfdrücke mit der Belastung.
a) einstufige Wassererwärmung; b) zweistufige Wassererwärmung[1].

Abb. 6.77b gibt den Zusammenhang zwischen den Wassertemperaturen, der Temperatur sowie dem Druck des Abdampfs und der Belastung für ein Wassernetz von 170/110 °C bei zweistufiger Erwärmung wieder. Bei Vollast soll jeder Wärmeaustauscher die gleiche Leistung aufweisen. Der Nachwärmer wird erst bei Belastungen $B > 0{,}5$ eingeschaltet (geschraffte Fläche). Der für die Vorwärmung erforderliche Heizdampfdruck p_2 bewegt sich in den Grenzen 2,5 und 4,8 at und bleibt bei Belastungen über $B = 0{,}5$ konstant.

Für einen Dampfeintrittszustand von 60 at/450 °C und die spezifischen Dampfverbrauchszahlen der Abb. 6.71 erhält man die in Abb. 6.78 eingetragene Abhängigkeit der Stromkennzahl von der Belastung. Dabei ist angenommen, daß der Nachwärmer mit Frischdampf beheizt wird. Die Stromkennzahl geht bei Belastungen über 50% trotz des konstanten Gegendrucks p_2 zurück, da ein Teil der Heizwärme durch gedrosselten Frischdampf gedeckt wird. Der untere Linienzug

[1] Mit p_2 ist hier — in Abweichung von Schaltbild 6.76b — der Heizdampfdruck für den Vorwärmer bezeichnet. Das gleiche gilt für Abb. 6.80b.

in Abb. 6.78 gibt das Produkt „Heizwärmeabgabe · Stromkennzahl", also die Stromausbeute wieder, und zwar bezogen auf 1 Gcal/h Höchstlast.

Überträgt man die zu jeder Belastungsstufe gehörigen Leistungen in ein geordnetes Belastungsbild der Fernheizung, so erhält man die Jahresstromausbeute als Fläche unterhalb der Leistungskurve. Man kann auf diesem Wege recht zuverlässig verschiedene Systeme der Wärmefortleitung, etwa die Dampf- und Heißwasserverteilung, heizkraftwirtschaftlich vergleichen.

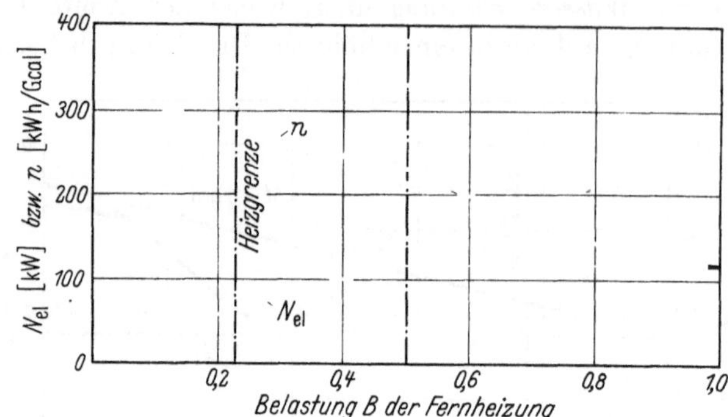

Abb. 6.78. Stromkennzahl und Stromerzeugung zu Abb. 6.77b; Dampfanfangszustand 60 at, 450 °C.

Selbstverständlich müssen dabei die tatsächlichen Dampfeintrittsverhältnisse und Turbinenwirkungsgrade zugrunde gelegt und auch die Verbesserungen des Kreisprozesses durch die Speisewasservorwärmung berücksichtigt werden. Die in Abb. 6.71 wiedergegebenen spezifischen Dampfverbräuche sollten nur einen ersten Anhalt für solche Vergleichsrechnungen geben; sie können genaue Berechnungen im Einzelfall nicht ersetzen.

4. Warmwassernetz mit gleitenden Vor- und Rücklauftemperaturen

Warmwassernetze, an die ausschließlich Gebäudeheizungen angeschlossen sind, werden wie übliche Warmwasserheizungen mit gleitenden Vorlauftemperaturen betrieben. Während des größten Teils der Heizzeit liegen die Vorlauftemperaturen so niedrig, daß Heizdampfdrücke unter 1 at für die Wassererwärmung genügen. Man verwendet in solchen Fällen vielfach den Turbinenkondensator unmittelbar als Wärmeaustauscher. Die Heizkraftmaschine arbeitet wie eine Kondensationsturbine mit verschlechtertem Vakuum, wobei sich der Kondensatordruck den Erfordernissen des Heizbetriebs anpassen muß[1]. Die Stromkennzahlen derartiger Anlagen erreichen dementsprechend Höchstwerte.

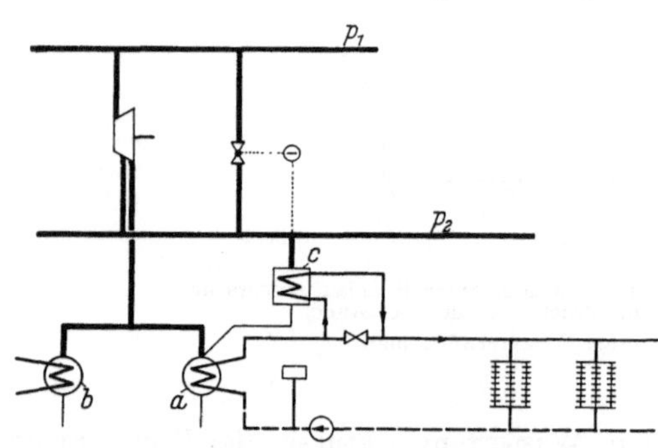

Abb. 6.79. Schaltbild einer Heizkraftanlage mit nachgeschalteter Warmwasserheizung bei zweistufiger Erwärmung.
a Turbinenkondensator zur Heizwassererwärmung, *b* Turbinenkondensator mit Kühlwasser beaufschlagt, *c* Heizwassernachwärmer.

Abb. 6.79 zeigt das Wärmeschaltbild. Die Wirtschaftlichkeit von Heizkraftturbinen mit niedrigem Gegendruck läßt sich noch weiter verbessern, wenn neben dem Heizwasserkondensator ein mit Kühlwasser beaufschlagter zweiter Kondensator vorgesehen wird. Bei geringer Heizlast kann ein Teil des Abdampfs in den zweiten Kondensator abgeleitet werden, so daß die Turbinenleistung unabhängig von der Wärmelieferung an das Heiznetz wird. Im Sommer läßt sich die Maschine als reine Kondensationsmaschine betreiben.

Aus dem Zusammenhang zwischen Heizwassertemperatur und Belastung läßt sich wieder der Verlauf des Heizdampfdrucks ableiten. Abb. 6.80a gilt für ein Heiznetz 110/70 °C bei ein-

[1] HENDRIKS, E.: Betriebsergebnisse eines neuzeitlichen Industrieheizkraftwerkes. Arch. Wärmew. 23 (1942) 33/37.

stufiger Wassererwärmung unter Berücksichtigung der Veränderlichkeit des k-Wertes der örtlichen Heizflächen mit der Temperatur, s. neunter Abschnitt im zweiten Band. Nimmt man den Temperatursprung zwischen Heizdampf- und Vorlauftemperatur bei Höchstlast mit 10 °C an, so ergibt sich der höchste Gegendruck der Maschine zu 2,02 at, der niedrigste bei 20% Belastung zu 0,1 at. Während des größten Teils der Heizzeit arbeitet die Turbine sonach in einem Gegendruckbereich von 0,2 bis 0,6 at.

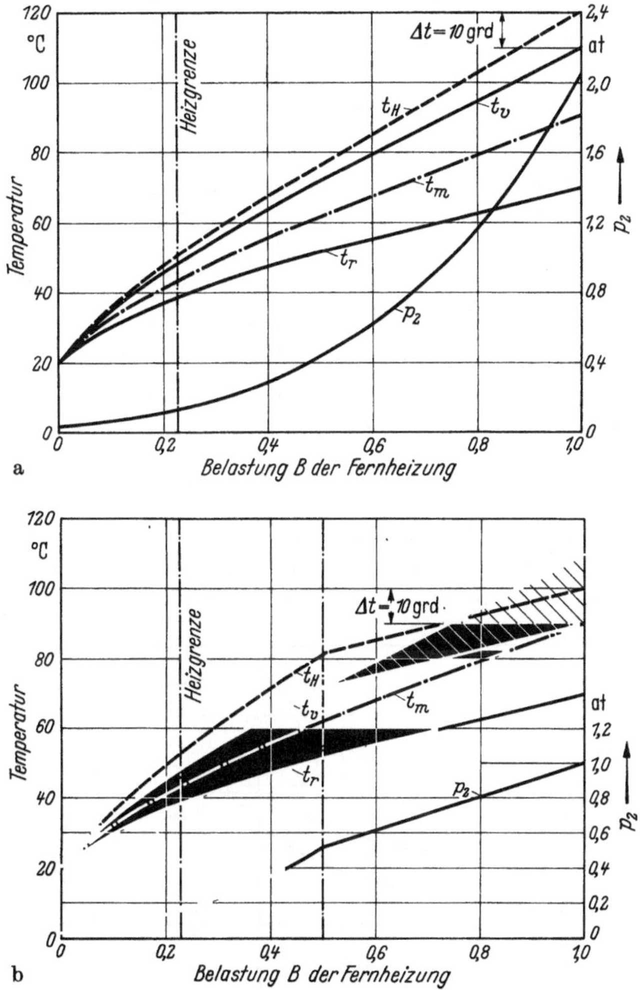

Abb. 6.80. Warmwassernetz 110/70 °C mit gleitenden Temperaturen. a) einstufige Erwärmung; b) zweistufige Erwärmung[1].

Da die Dampfvolumina mit abnehmendem Druck rasch anwachsen (etwa proportional den Kehrwerten der Drücke), wird eine Turbine, deren Gegendruck im gesamten Bereich der Heizdampfdruckänderung nach Abb. 6.80a geregelt werden soll, z. T. mit schlechtem Wirkungsgrad fahren. Es empfiehlt sich daher, die Turbine für den Bereich der am häufigsten auftretenden niedrigen Gegendrücke auszulegen und bei höherer Belastung die *Wassererwärmung zweistufig* vorzunehmen. Abb. 6.80b zeigt die Temperaturen und Heizdampfdrücke in Abhängigkeit von der Belastung für das gleiche Heiznetz 110/70 °C bei zweistufiger Wassererwärmung. Wird die umzuwälzende Heizwassermenge konstant gehalten, so läßt sich aus den Wassertemperaturen entnehmen, in welchem Maß der Kondensator bzw. der Nachwärmer an der Heizwärmelieferung beteiligt sind. Die geschraffte Fläche kennzeichnet die Wärmeleistung des Nachwärmers.

[1] Siehe Fußnote 1 auf S. 315.

Soll die Bedingung erfüllt sein, daß bei höchster Belastung die beiden Wassererwärmer jeweils die halbe Heizleistung hergeben, so muß hier infolge der gleitenden Rücklauftemperatur — in Abweichung von Abb. 6.77b — auch bei Belastungen $B > 0{,}5$ der Gegendruck[1] p_2 weiter ansteigen.

Unter Verwendung der spezifischen Dampfverbrauchszahlen der Abb. 6.71 erhält man für den Frischdampfzustand 60 at/450 °C die in Abb. 6.81 dargestellten Stromkennzahlen und Gegendruckleistungen. Ein Vergleich mit der Abb. 6.78 läßt erkennen, in welchem Umfang

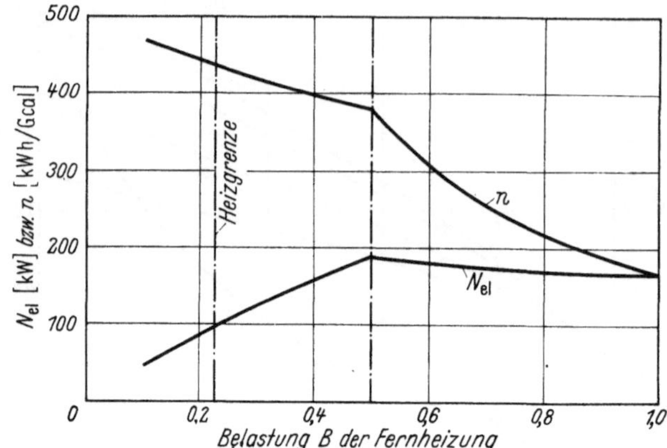

Abb. 6.81. Stromkennzahl und Stromerzeugung zu Abb. 6.80b.

die Stromausbeute durch den Übergang auf niedrigere Vorlauftemperaturen und gleitende Rücklauftemperatur gesteigert werden kann, für halbe Belastung beispielsweise von $N = 115$ kW auf $N = 190$ kW je 1 Gcal/h Spitzenleistung. In beiden Fällen ist angenommen, daß die Nach-

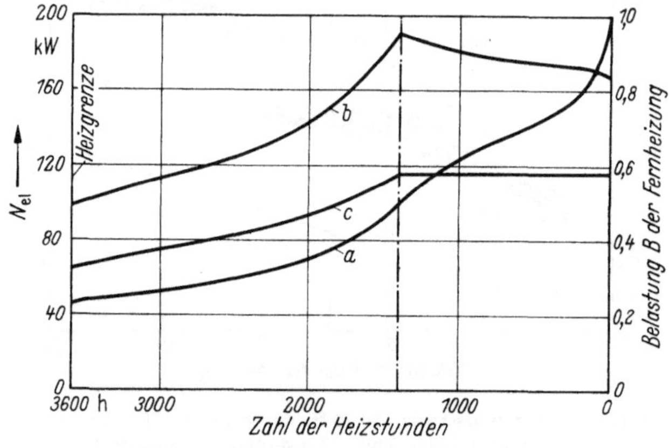

Abb. 6.82. Jahresstromerzeugung, bezogen auf 1 Gcal/h Höchstleistung.
a Belastungsdauerlinie, *b* Jahresstromerzeugung nach Abb. 6.81, *c* Jahresstromerzeugung nach Abb. 6.78.

wärmung mit gedrosseltem Frischdampf erfolgt. Steht Anzapfdampf einer geeigneten Druckstufe zur Verfügung, so läßt sich die gewinnbare Leistung bei Belastungen $B > 0{,}5$ noch entsprechend erhöhen.

Für wirtschaftliche Vergleichsrechnungen muß an Hand der Belastungsdauerlinie der Fernheizung die Jahresstromausbeute für die in Frage kommenden Netzauslegungen ermittelt werden. In Abb. 6.82 ist für die eingezeichnete Jahresbelastungslinie die Gegendruckstromerzeugung nach den Abb. 6.78 und 6.81 eingetragen.

Man ersieht aus dieser Darstellung u. a. auch den stark ausgleichenden Einfluß des Gleitdruckbetriebs auf die Stromausbeute von Heizkraftanlagen. Bei konstantem Heizdampfdruck

[1] Siehe Fußnote 1 auf S. 315.

würden die Leistungslinien notwendig den gleichen Verlauf und damit auch die unerwünscht hohen Unterschiede aufweisen wie die Belastungsdauerlinie.

Für die beiden hier behandelten Beispiele ergeben sich im Jahresmittel Stromkennzahlen von $231 \frac{\text{kWh}}{\text{Gcal}}$ (170/110°C) bzw. $362 \frac{\text{kWh}}{\text{Gcal}}$ (110/70°C).

Bei einer Gutschrift von 3 Pf für die im Heizkraftbetrieb erzeugte kWh lassen sich sonach durch Kupplung der Kraft- und Wärmeversorgung die Gestehungskosten der Wärme ab Werk um 231 · 3 bzw. 362 · 3, d. s. 7 bis 11 DM je Gcal Wärmelieferung, herabsetzen.

Die exakte Aufteilung der Selbstkosten eines Heizkraftwerkes auf die beiden Produkte Strom und Wärme ist schwierig, da beide sowohl bei den Kapital- als auch bei den Betriebskosten gekuppelt erscheinen. Die Kesselanlage wird kleiner als bei gesonderter Wärmeerzeugung. Es muß weiterhin eine Wertung des Heizdampfes nach seinem Arbeitsvermögen sowie des Heizkraftstroms nach seiner Einsatzmöglichkeit im Rahmen der Elektrizitätswerksbelastung erfolgen[1]. Der Einfachheit halber ist bei der vorstehenden Überschlagsrechnung ein einheitlicher Gestehungspreis für die Erzeugungswärme des Dampfes zugrunde gelegt worden; die Unterschiede im Kapitaldienst und in den Betriebskosten zwischen einer Heizkraftanlage und einem Kondensationskraftwerk mit gesonderter Heizwärmeerzeugung seien in der Gutschrift für die Gegendruckarbeit bereits berücksichtigt.

D. Die Gasturbine im Heizkraftwerk

Bei den bis jetzt besprochenen Heizkraftanlagen war der Fernheizung stets eine Dampfkraftmaschine vorgeschaltet. Neuerdings gewinnt aber auch die Gasturbine bei der Kraft-Wärmekupplung an Bedeutung. Im Aufbau und in den Betriebsbedingungen bestehen zwischen den beiden Arten von Heizkraftwerken wesentliche Unterschiede. Sie ergeben sich aus der Verschiedenartigkeit der thermodynamischen Prozesse. An die Stelle des Dampfes tritt bei der Gasturbine i. allg. Luft als Arbeitsmittel. Die Wärme wird dabei entweder über die Heizflächen einer Feuerung, wie beim Dampfkessel, zugeführt oder durch direktes Einführen von Brennstoff in den Luftstrom beim Durchströmen einer Brennkammer. Bei der äußeren Wärmezufuhr ist ein geschlossener Kreislauf[2] des Arbeitsprozesses möglich, bei der inneren Wärmezufuhr wird das Arbeitsmittel — eine Mischung von Luft und Verbrennungsgasen — hinter der Turbine ins Freie abgeführt (offener Prozeß). Die Zustandsänderungen lassen sich am einfachsten im T, S-Diagramm verfolgen. Abb. 6.83 zeigt den theoretischen Kreisprozeß einer geschlossenen Gasturbine mit zweistufig adiabater Verdichtung ($\overline{12}$ und $\overline{34}$) und einstufig adiabater Entspannung ($\overline{56}$).

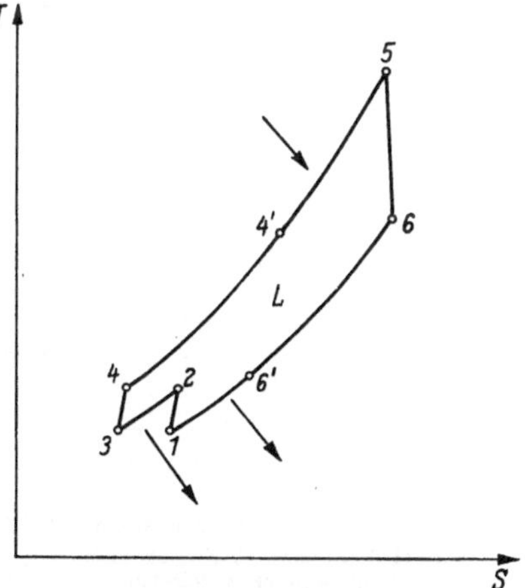

Abb. 6.83. Kreisprozeß der geschlossenen Gasturbine.

Zwischen den Punkten *2* und *3* sowie *6* und *1* wird das Arbeitsgas gekühlt. Die hier abzuführenden Wärmemengen stehen ganz oder teilweise für die Fernheizung zur Verfügung. Durch die Wärmezufuhr erhöht sich die Gastemperatur zwischen *4* und *5* so stark, daß die anschließende Entspannung $\overline{56}$ eine entsprechende Leistungsabgabe ermöglicht. Im verlustfreien Prozeß ist die gewinnbare Arbeit durch die Fläche L gekennzeichnet.

Bei der wirklichen Ausführung sind die Erwärmungs- und Abkühlungsvorgänge zur Verbesserung des thermischen Wirkungsgrades unterteilt und miteinander gekuppelt. So kann beispielsweise die Abkühlung von *6* auf *6'* zur Luftvorwärmung von *4* auf *4'* genutzt werden.

Der offene Prozeß läßt sich korrekt im T, S-Diagramm nicht wiedergeben, da kein einheitliches Arbeitsmittel vorliegt (bis zur Brennkammer Luft, nach der Brennkammer ein Luft-

[1] Beck, K.: Gesichtspunkte für die Kostenaufteilung zwischen Kraft und Wärme im Heizkraftbetrieb. Elektrizitätswirtsch. 50 (1951) 329/331. — Beckmann, H.: Die Verteilung der Selbstkosten in Industrie- und Heizkraftwerken auf Strom und Heizdampf. BWK 5 (1953) 37/44.

[2] Deuster, G.: Die geschlossene Gasturbine im Heizkraftwerk. Heizg.-Lüftg.-Haustechn. 16 (1965) 333/339.

Verbrennungsgasgemisch). Doch gilt angenähert das Diagramm der Abb. 6.83 auch hier, wobei an die Stelle der Kühlung von *6* nach *1* jetzt der Auspuff des heißen Gasgemischs aus der Turbine tritt, dessen Wärmeinhalt z. T. durch Abgaskühler noch nutzbar gemacht werden kann. Bei *1* tritt frische Außenluft in den Prozeß wieder ein.

Das Kennzeichnende jedes Gasturbinenprozesses ist aus Abb. 6.83 gut ersichtlich. Die je Masseneinheit des Arbeitsmittels aufnehmbare Wärme, d. h. aber auch deren Arbeitsfähigkeit, ist relativ gering, zumal noch hohe Verdichterarbeit aufzuwenden ist. Zur Erreichung eines dem Dampfkraftprozeß vergleichbaren thermischen Wirkungsgrades sind hohe Gastemperaturen und große Wärmeaustauscherflächen erforderlich.

Verglichen mit der Dampfkraftanlage benötigt die Gasturbine nur kurze Anfahrzeiten. Sie wird daher vielfach als Reserve- oder Spitzeneinheit eingesetzt. Zu berücksichtigen ist dabei, daß die offene Gasturbine bei Teillast im Wirkungsgrad stark absinkt, also möglichst mit Volllast betrieben werden soll. Ihre Laufräder sind zudem hohen mechanischen und chemischen Beanspruchungen ausgesetzt, da sie direkt mit den hocherhitzten und oft aggressiven Verbrennungsgasen in Berührung kommen. Die Ausnutzung der freien Wärme der Abgase offener Gasturbinen findet ihre Grenze in der Forderung, Taupunktunterschreitungen unter allen Betriebsbedingungen zu vermeiden.

Heizkraftwirtschaftlich betrachtet handelt es sich bei der Gasturbinenanlage um eine ausgesprochene Abwärmeverwertung. Der Anteil der zur Heizung nutzbaren Abwärme ist, von der vorerwähnten Einschränkung bei der offenen Gasturbine abgesehen, um so größer, je tiefer die Heizwasser-Rücklauftemperatur ist.

Hierin liegt ein wesentlicher Unterschied zum Dampfmaschinenprozeß. Bei ihm kommt der Vorlauftemperatur entscheidende Bedeutung zu, da sie den Turbinen-Gegen- bzw. -Entnahmedruck bestimmt und dadurch die Stromausbeute beeinflußt. Man wird also hier immer bestrebt

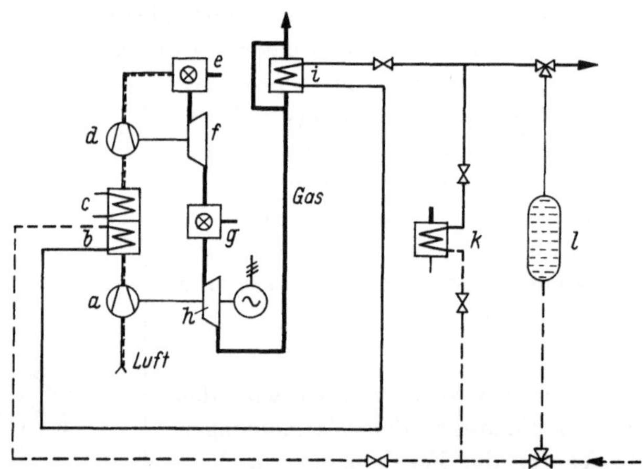

Abb. 6.84. Wärmeschaltbild eines Gasturbinenheizkraftwerkes mit offenem Kreislauf.
a ND-Verdichter, *b* Zwischenkühler I, *c* Zwischenkühler II *d* HD-Verdichter, *e* HD-Brennkammer, *f* HD-Turbine, *g* ND-Brennkammer, *h* ND-Turbine, *i* Abgaswärmeaustauscher, *k* Dampfbeheizter Wärmeaustauscher, *l* Wärmespeicher.

sein, die Vorlauftemperatur niedrig zu halten, und zwar sowohl bei der Auslegung als auch im Betrieb durch Anwendung einer weitgehenden zentralen Regelung. Dagegen können bei einem Gasturbinen-Heizkraftwerk die Vorzüge einer hohen Temperaturspreizung zwischen Vor- und Rücklauf in Verbindung mit hohen Vorlauftemperaturen ausgeschöpft werden; die zentrale Regelung der Vorlauftemperatur spielt dabei für den Kraftmaschinenprozeß nur eine untergeordnete Rolle.

Die Anwendung der Gasturbine beschränkt sich auf kleine und mittlere Leistungen (bis etwa 25 MW), weil durch die hohen Verdichterleistungen wesentlich größere Maschineneinheiten als bei Dampfturbinenanlagen installiert werden müssen. Als Ausführungsbeispiel für eine offene Gasturbinenanlage ist in Abb. 6.84 das Wärmeschaltbild des Heizkraftwerks Bremen-Vahr dargestellt[1], einer Anlage mit zwei 25 MW-Turbinen und einem Wärmeanschlußwert von 90 Gcal/h. Die eingesaugte Luft wird zweistufig verdichtet. Die Zwischenkühlung erfolgt bei Fernheizbetrieb in der Regel im Kühler *b*, zusätzlich bei hohen Rücklauftemperaturen bzw. im Sommer im Kühler *c*. Die Wärme wird dem Arbeitsmittel ebenfalls in zwei Stufen zugeführt. Zwischen beide Brennkammern ist eine HD-Turbine eingeschaltet, die den HD-Kompressor antreibt.

Die an die zweite Brennkammer sich anschließende ND-Turbine dient als Antriebsmaschine des ND-Kompressors und des elektrischen Generators. Die Leistungen der einzelnen Maschinensätze lassen erkennen, daß nur knapp ein Drittel der installierten Gesamtleistung für die Stromerzeugung nutzbar bleibt.

Durch die Abkühlung der Verbrennungsgase im Wärmeaustauscher *i* wird der Hauptanteil der an die Fernheizung abzugebenden Wärme gewonnen. Bei Ausfall der Gasturbine bzw. in Zeiten hoher Wärmebelastung können öl- bzw. elektrisch beheizte Dampfkessel zusätzlich eingesetzt werden. Kurzzeitige Belastungsschwankungen bzw. Unterschiede im Wärmeanfall und Wärmebedarf können durch zwei Wärmespeicher von je 300 m³ Wasserinhalt aufgefangen werden.

VIII. Wärmepumpe

Bei Besprechung der Kraft-Wärmekuppelung hat sich deutlich gezeigt, daß Wärme, die zu technischen Zwecken verwendet werden soll, je nach dem Temperaturniveau, bei dem sie verfügbar ist, recht verschieden bewertet werden muß. Wärme, die bei Umgebungstemperatur anfällt, ist beispielsweise technisch wertlos. Sie kann aber in einem thermodynamischen Arbeitsgang durch Aufwendung mechanischer Energie auf ein höheres Temperaturniveau gebracht und damit technisch verwertbar gemacht werden. Man bezeichnet derartige Anlagen als Wärmepumpen. Sie finden Anwendung bei industriellen Heizprozessen, unter besonderen Umständen auch zur Raumheizung und Klimatisierung[2].

A. Aufbau und Arbeitsweise

Der Vorgang ist der gleiche wie bei der Kältemaschine; er spielt sich lediglich in einem höheren, über Umgebungstemperatur liegenden Temperaturbereich ab. Abb. 6.85 zeigt sche-

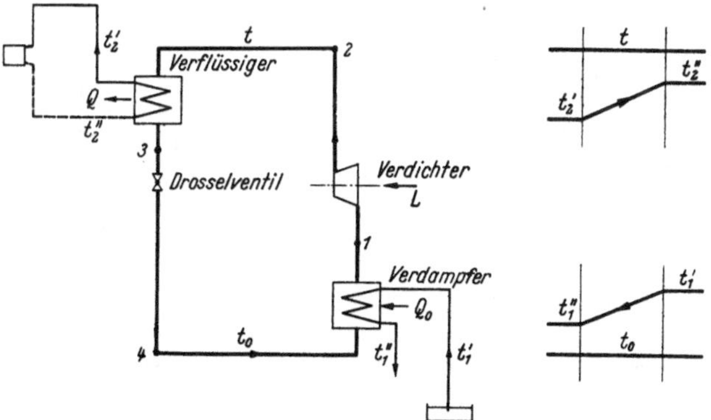

Abb. 6.85. Schema einer Wärmepumpe mit Temperaturschaubild.

matisch den Aufbau einer nach dem Kompressionsprinzip arbeitenden Wärmepumpe. Als Arbeitsmittel dient ein Gas, das sich bei nicht zu hohem Druck und der geforderten Heiztemperatur

[1] Kastroll, K.: Fernwärmeversorgung in Bremen, wirtschaftliche Konzeption und technischer Aufbau beim Fernheizkraftwerk Bremen-Neue Vahr. Bericht vom XVII. Kongreß für Heizung, Lüftung, Klimatechnik, Hamburg 1961. Düsseldorf: Klepzig 1961, S. 216/232.

[2] Ostertag, A.: Heizen mit Wärmepumpen. Escher Wyss Mitt. 14 (1941) 50/83. — Häussler, W.: Anwendungsform der Wärmepumpe. Klimatechnik 7 (1965) 3/6, 14 u. 20/26. — Niebergall, W.: Absorptionsanlagen als Wärmepumpen. Allg. Wärmetechnik 2 (1951) 251. — Spanke D. u. B. Stoy: Die Wärmepumpe für ganzjährige Klimatisierung von Wohnhäusern. Intern. Z. Elektrowärme 24 (1966) 181/188. — Ferner Beiträge von K. Bach, W. Gysin, H. Kubli, W. Niebergall, F. Lieding u. H. L. v. Kube in Kältetechnik 9 (1957) 226/248.

verflüssigen sowie bei niedrigem Druck und Umgebungstemperatur verdampfen läßt, z. B. Ammoniak (NH_3) oder Freon 12 (CF_2Cl_2). Ein Verdichter saugt das Arbeitsmittel in Form nahezu trockenen Dampfes an (*1*) und bringt diesen Dampf auf hohen Druck, meist unter gleichzeitiger Überhitzung (*2*). Der Dampf strömt weiter in einen Wärmeaustauscher, wo er sich unter Abgabe der Wärme Q verflüssigt (*3*). Mit Hilfe eines Drosselventils wird die noch unter hohem Druck stehende Flüssigkeit entspannt (*4*) und fließt dann in einen zweiten Wärmeaustauscher, in dem sie unter Aufnahme der Wärme Q_0 verdampft und damit den Ausgangszustand (*1*) wieder erreicht.

Während bei der Kältemaschine auf den Entzug der Wärme Q_0 Wert gelegt wird, um ein Gut oder einen Raum zu kühlen, ist bei der Wärmepumpe die Lieferung der Wärme Q an ein Heizmittel der Zweck der Anlage. Die Wärme Q_0 wird dabei einer Wärmequelle, z. B. Grundwasser oder atmosphärischer Luft, entnommen und im höheren Temperaturniveau mitsamt der Verdichterarbeit an das Heizmittel, d. i. in unserem Beispiel Warmwasser, übertragen.

Der Vorgang spielt sich zwischen den Temperaturgrenzen t und t_0 ab. Die Temperatur t_1 der wärmeabgebenden Flüssigkeit (Wärmequelle) liegt um den Temperatursprung im Verdampfer höher als t_0, die Temperatur t_2 der wärmeaufnehmenden Flüssigkeit (Heizmittel) um den Temperatursprung im Verflüssiger niedriger als t. Thermodynamisch läßt sich der Vorgang am besten im T, s-Diagramm veranschaulichen, s. Abb. 6.86. Eingezeichnet ist der Kreisprozeß der verlustlosen Maschine. Die Punkte *1* bis *4* kennzeichnen den Zustand des Arbeitsmittels an den entsprechenden Stellen im Anlageschema der Abb. 6.85. Es stellen also dar

1—2 die adiabatische Verdichtung,
2—3 die Verflüssigung bei hohem, gleichbleibendem Druck,
3—4 die Entspannung im Drosselventil,
4—1 die Verdampfung bei niedrigem, gleichbleibendem Druck.

Die schräg geschraffte Fläche *1 2 3 5 4 1* gibt das Wärmeäquivalent der im Verdichter aufgewendeten Arbeit L wieder, die unter *4—1* liegende senkrecht geschraffte Fläche die im Verdampfer aufgenommene Wärme Q_0. Zum Vergleich ist in Abb. 6.87 der CARNOT-Prozeß zwischen den Temperaturen T und T_0 eingetragen. Er unterscheidet sich vom Prozeß nach Abb. 6.87

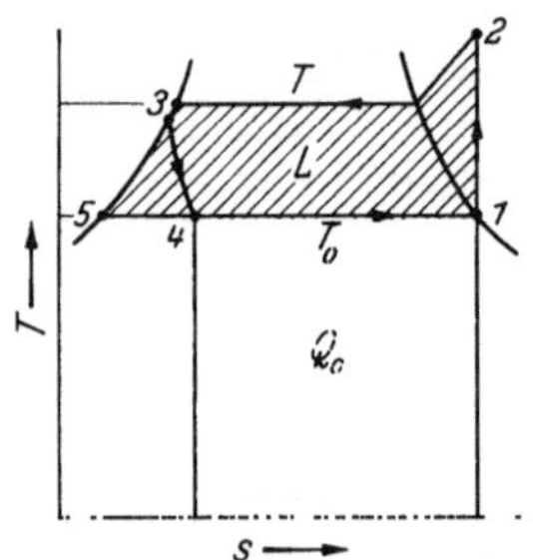

Abb. 6.86. Kreisprozeß einer verlustlosen Wärmepumpe.

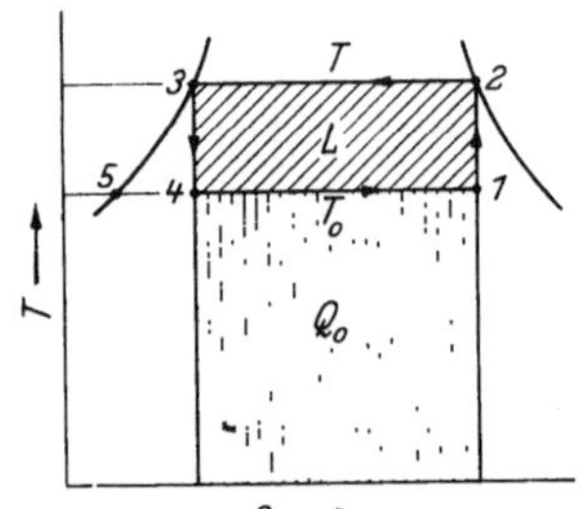

Abb. 6.87. Carnotscher Kreisprozeß der Wärmepumpe.

in der jetzt adiabatischen Expansion *3—4*, bei der die Arbeit *3–5–4* zurückgewonnen wird, und der rein isothermischen Verflüssigung. Diese ist nur durchführbar, wenn die Verdichtung *1—2* ausschließlich im Naßdampfgebiet erfolgt, so daß Punkt *2* nicht außerhalb der Grenzkurve liegt.

Im CARNOT-Prozeß ergibt sich für die verfügbare Heizwärme die einfache Beziehung

$$Q = Q_0 + L, \tag{6.08}$$

Der Vorteil der Wärmepumpe wird besonders deutlich, wenn man sie mit der elektrischen Widerstandsheizung vergleicht. Bei dieser liefert 1 kWh nur 860 kcal, bei der Wärmepumpe jedoch einen um Q_0 erhöhten Betrag. Der Verwendung elektrischer Energie zu Heizzwecken bietet sich auf diesem Weg sonach eine viel breitere wirtschaftliche Grundlage.

B. Die Leistungszahl der verlustlosen Maschine

Man kennzeichnet thermodynamisch die Güte des Wärmepumpenprozesses durch Angabe der Leistungszahl ε, d. i. das Verhältnis der frei werdenden Wärme Q zur aufgewendeten mechanischen Arbeit L, also

$$\varepsilon = \frac{Q}{L}. \tag{6.09}$$

Mit dem Kreisprozeß nach Abb. 6.87, der sich durch eine besonders niedrige Verdichterarbeit auszeichnet, erhält man die höchste Leistungszahl. Sie ist nur von den beiden Temperaturen T und T_0 abhängig, und zwar ist die Leistungszahl ε_c beim CARNOT-Prozeß

$$\varepsilon_c = \frac{T}{T - T_0} = \frac{1}{1 - \frac{T_0}{T}}. \tag{6.10}$$

Der Wärmegewinn ist sonach um so höher, je größer das Temperaturverhältnis $\frac{T_0}{T}$ ist oder — für ein gegebenes Temperaturniveau — je kleiner der Temperatursprung ist, um den die Wärme angehoben werden muß. Bei Wärmepumpen zur Raumheizung wird die Wärmemenge Q_0 i. allg. der umgebenden Luft oder dem Wasser von Flüssen, Seen bzw. Brunnen entnommen; nur ausnahmsweise stehen Wärmequellen mit hohen Temperaturen, z. B. Abwärme irgendwelcher Art, zur Verfügung.

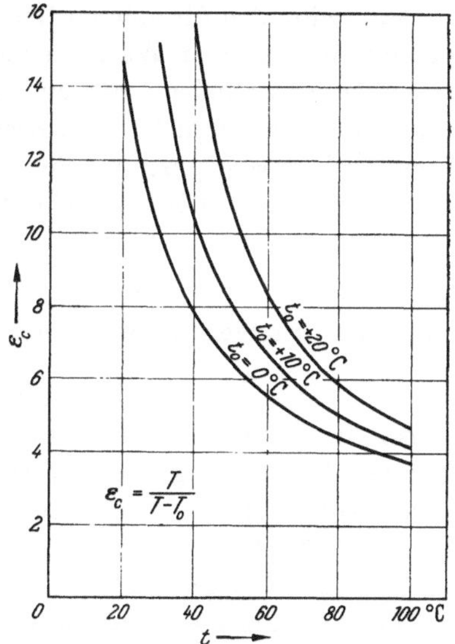

Abb. 6.88. Leistungszahl der Wärmepumpe nach dem Carnotschen Kreisprozeß.

Der Zusammenhang zwischen der Leistungszahl ε_c und den beiden Grenztemperaturen t und t_0 ist in Abb. 6.88 wiedergegeben. Die geforderte Heiztemperatur t ist als Abszisse, die Temperatur der Wärmequelle t_0 als Parameter eingetragen. Es wäre danach theoretisch möglich, bei einer Verdampfungstemperatur $t_0 = 0$ °C und einer Verflüssigungstemperatur $t = 70$ °C eine Leistungszahl ε_c von nahezu 5 zu erreichen, d. h. mit 1 kWh eine Wärmemenge von $5 \cdot 860 = 4300$ kcal zu erbringen.

Tatsächlich liegt die Leistungszahl auch bei der verlustlosen Maschine niedriger, wie ein Vergleich der aufzuwendenden Arbeit L in den Abb. 6.86 und 6.87 zeigt. Je nach dem Arbeitsmittel und den Grenztemperaturen erhält man unterschiedliche Abweichungen zwischen ε und ε_c.

Nach LINGE[1] beträgt für Ammoniak als Arbeitsmittel bei einer Verdampfungstemperatur $t_0 = 0$ °C und Verflüssigungstemperaturen t zwischen 20 und 60 °C das Verhältnis der Leistungszahlen $\frac{\varepsilon}{\varepsilon_c} = 0{,}81$ bis 0,93.

C. Wirkliche Leistungszahlen

Die Leistungszahlen ausgeführter Anlagen werden durch eine Reihe von Verlusten noch weiter vermindert. So muß die Temperatur des Arbeitsmittels im Verdampfer um einige Grade niedriger, im Verflüssiger um einige Grade höher liegen als die Ablauftemperatur des Wärmeträgers. Der Temperaturunterschied $T - T_0$ wird dadurch erhöht, die Leistungszahl also herabgesetzt.

Hinzu kommen noch die Verluste beim Verdichten des Arbeitsmittels, die sich durch den indizierten Wirkungsgrad des Kompressors η_i, den mechanischen Wirkungsgrad η_m und den Wirkungsgrad des Motors η_{el} kennzeichnen lassen. Die mit η_i erfaßte nichtadiabatische Ver-

[1] LINGE, K.: Die Wärmepumpe im Rahmen der Energiewirtschaft. Z. VDI 88 (1944) 57/65.

dichtung bedingt eine Erhöhung der Antriebsleistung, vergrößert im gleichen Umfang aber auch die verfügbare Wärme Q. Die elektrischen und mechanischen Verluste lassen sich dagegen zur Wärmelieferung nicht mehr nutzbar machen. Es ergibt sich daraus eine berichtigte Leistungszahl ε_b zu

$$\varepsilon_b = \left[\varepsilon + \left(\frac{1}{\eta_i} - 1\right)\right] \eta_i \cdot \eta_m \cdot \eta_{el}. \tag{6.11}$$

Vielfach ist auch der Leistungsbedarf von Hilfsmaschinen noch in die Rechnung mit einzubeziehen. Je nach Größe und Aufbau der Anlage, Art des Arbeitsmittels, Wärmequelle und Auslegung der Wärmeaustauscher können sich recht unterschiedliche Verhältniswerte zwischen der theoretischen und der wirklichen Leistungszahl einer Wärmepumpe ergeben.

Man wird also für genaue Berechnungen die Abweichungen vom CARNOT-Prozeß, die Temperatursprünge in den Wärmeaustauschern, die Maschinen- und sonstigen Leistungsverluste im einzelnen untersuchen müssen, wobei man auf Schätzungen und Erfahrungswerte aus ausgeführten Anlagen nicht verzichten kann. Bei Überschlagsrechnungen empfiehlt es sich, alle Verluste und Abweichungen vom idealen CARNOT-Prozeß in einem Gesamtwirkungsgrad η_{ges} zusammenzufassen. Die wirkliche Leistungszahl ε_w erhält man dann aus der Beziehung

$$\varepsilon_w = \frac{T}{T - T_0} \eta_{ges} = \varepsilon_c \cdot \eta_{ges}. \tag{6.12}$$

Nach Erfahrungen an ausgeführten Anlagen kann man annehmen

$$\eta_{ges} = 0{,}4 \text{ bis } 0{,}6,$$

wobei die niedrigen Werte für Wärmepumpen kleiner Leistung (etwa ab 50000 kcal/h), die höheren für solche großer Leistung (bis zu 3 Gcal/h) gelten. Die Temperatursprünge zwischen Wärmeträger und Arbeitsmittel sind in diesen Wirkungsgraden ebenfalls berücksichtigt. In Formel 6.12 ist also

T = Endtemperatur des zu erwärmenden Heizmittels [°K],
T_0 = Ausgangstemperatur der Wärmequelle [°K].

Beispiel. Es ist die Leistungszahl und die Antriebsleistung einer Wärmepumpe für eine Warmwasserheizung mit 70 °C höchster Vorlauftemperatur überschläglich zu bestimmen. Zur Verfügung steht Flußwasser mit $t_0 = 5$ °C. Gefordert wird eine höchste Wärmeleistung von 150000 kcal/h. Aus Abb. 6.88 ist für $t = 70$ °C und $t_0 = 5$ °C zu entnehmen.

$$\varepsilon_c = 5{,}3,$$

mit $\eta_{ges} = 0{,}45$ erhält man

$$\varepsilon_w = 5{,}3 \cdot 0{,}45 = 2{,}4.$$

Die Antriebsleistung N ergibt sich daraus zu

$$N = \frac{Q}{\varepsilon_w \cdot 860} = \frac{150000}{2{,}4 \cdot 860} = 72{,}7 \text{ kW}.$$

D. Anwendung und Wirtschaftlichkeit

Für die Anwendung der Wärmepumpe zur Gebäudeerwärmung kommen in erster Linie Luft- und Wasserheizungen in Frage. Da mit zunehmender Heizmitteltemperatur die Leistungszahl der Wärmepumpe stark abfällt, sind bei Wasserheizungen möglichst niedrige Vorlauftemperaturen zu wählen. Das führt bei Anlagen mit örtlichen Heizkörpern zu großen Heizflächen und hohen Gestehungskosten. Man kann dies umgehen, indem man die Wärmepumpe nur an den zahlenmäßig überwiegenden Heiztagen mit Temperaturen über 0 °C einsetzt und bei niedrigeren Außentemperaturen die Heizwassererwärmung teilweise oder vollständig einer Kesselanlage überträgt. Hierdurch erhöhen sich zwar die Kosten der Zentrale, oft aber nicht in dem Umfang wie die Mehrausgaben bei einer Heizflächenvergrößerung.

Günstige Vorbedingungen für den Einsatz von Wärmepumpen weisen Decken- und Fußbodenheizungen sowie Luftheizungen und Klimaanlagen auf, da bei ihnen die Heizmitteltemperaturen relativ niedrig liegen. Stets wird man aber bei der Raumheizung in Kauf nehmen müssen, daß mit fallender Außentemperatur infolge der höheren Heizmitteltemperaturen die Leistungszahl der Wärmepumpe zurückgeht. Diese Tendenz wird noch verstärkt durch das mit der Außentemperatur gleichlaufende Verhalten der Temperatur natürlicher Wärmequellen. Atmosphärische Luft wird aus diesem Grund selten als Wärmequelle benutzt.

Das Haupthindernis für eine häufigere Anwendung der Wärmepumpe bei der Raumheizung bilden die hohen Anlagekosten; sie betragen ein Vielfaches der Kosten üblicher Kesselanlagen. Nur in Sonderfällen kann dieser vermehrte Kapitaldienst durch Einsparungen an Betriebskosten ausgeglichen werden. Nach den Angaben auf S. 97 verhalten sich die Wärmekosten bei elektrischer Widerstandsheizung zu denen bei Kohle- und Ölheizung in Deutschland etwa wie 5 : 1. Erst bei mittleren Leistungszahlen $\varepsilon_w > 4$ oder einem erheblich günstigeren Wärmepreisverhältnis wird sonach die Wärmepumpe wirtschaftlich interessant. Die zweite Voraussetzung liegt vielfach vor in Ländern mit reichlicher Wasserkraft und ohne eigene größere Brennstoffvorkommen (Schweiz, Norwegen, Schweden)[1].

Gelingt es noch, den Kapitaldienst der Anlage durch niedrigen Zinssatz klein zu halten und die Benutzungsdauer einer Wärmepumpe dadurch zu steigern, daß sie zeitweise zur Brauchwassererwärmung oder zur Kühlung im Sommer verwendet wird, so kann eine wirtschaftliche Vergleichsrechnung durchaus zugunsten der Wärmepumpe ausfallen. Sehr vielgestaltig sind die Anwendungsmöglichkeiten der Wärmepumpe in der Verfahrenstechnik zum Trocknen, Eindampfen, Rektifizieren u. dgl., da hier meist die Brüden als Wärmequelle zur Verfügung stehen und nur geringe Temperaturerhöhungen gefordert werden.

[1] Egli, M.: Die Wärmepumpenheizung des renovierten Züricher Rathauses. Schweiz. Bauztg. 116 (1940) 59/64 u. 73/75. — Hasler, O.: Die Wärmepumpen im neuen Hallenschwimmbad Zürich. Schweiz. Elektrotechn. Ver. 22 (1941) 345/348. — Gini, A.: Neue Anwendungen der Wärmepumpe für Gebäudeheizung. Heizg. u. Lüftg. 15 (1941) 74/78.

Siebenter Abschnitt

Lüftungs- und Klimatechnik

I. Allgemeines

Die Luftverschlechterung in geschlossenen Räumen beim Aufenthalt vieler Menschen oder in gewerblich genutzten Räumen durch bestimmte Arbeitsverfahren zwingt zu einer ständigen oder zeitweisen Lufterneuerung. Die dafür erforderlichen Einrichtungen dienen vielfach auch dazu, die Temperatur und Feuchte der Raumluft auf bestimmter Höhe zu halten, wobei die eigentliche Aufgabe einer Lüftungsanlage, nämlich dem Raum frische Luft zuzuführen, daneben sogar in den Hintergrund treten kann. Das ist öfters der Fall bei Klimaanlagen in gewerblichen Betrieben. Trotzdem zählen auch diese Einrichtungen im weiteren Sinn zu den Lüftungsanlagen, da sie mit ihnen nach Aufbau und Arbeitsweise übereinstimmen. Schließlich sind in diesem Zusammenhang noch Einrichtungen und Verfahren zu behandeln, die nur unter gewissen atmosphärischen Verhältnissen eine Raumlufterneuerung herbeiführen.

A. Einteilung der Lüftungsverfahren

Nach den wirksamen Kräften unterscheidet man:

1. Freie Lüftung,
2. erzwungene Lüftung.

Bei der *freien* Lüftung wird die Strömung der Luft und damit der Luftwechsel nur durch Dichteunterschiede zwischen Außen- und Raumluft oder durch Windanfall hervorgerufen. Stärke und Richtung der Luftströmung sind deshalb schwankend und es ist nicht möglich, sich ein unter allen Verhältnissen gültiges Bild vom Strömungsfeld der Luft im Raum zu machen. Zur freien Lüftung gehören die Selbstlüftung (bei geschlossenen Fenstern und Türen), die Fensterlüftung und die Schachtlüftung.

Bei der *erzwungenen* Lüftung dagegen bewirkt ein Ventilator die Luftbewegung. Dem zu lüftenden Raum wird je Zeiteinheit eine vorgegebene Luftmenge zugeführt und meist auch ein bestimmtes Strömungsfeld aufgezwungen. Diese Gruppe umfaßt die einfachen Lüftungsanlagen, die Lüftungsanlagen mit zusätzlichen Einrichtungen für Heizung, Kühlung und Befeuchtung oder Trocknung der Raumluft und die Klimaanlagen.

B. Grundforderungen bei Aufenthaltsräumen

Soll in Fabrikationsräumen oder in Räumen, in denen sich viele Menschen gleichzeitig aufhalten, eine hygienisch bedenkliche Anreicherung der Luft mit gas- oder dampfförmigen Verunreinigungen vermieden werden, so müssen sie gelüftet werden, d. h., es ist ihnen ausreichend unverbrauchte Luft zuzuführen. Wir wollen in diesem Zusammenhang Räume, bei denen die Luftverschlechterung vorwiegend durch die anwesenden Menschen verursacht wird, als „Aufenthaltsräume" kennzeichnen, im Gegensatz zu „gewerblichen Räumen", bei denen i. allg. der Luftverschlechterung durch Arbeitsvorgänge eine größere Bedeutung zukommt.

Lüftungseinrichtungen arbeiten nur dann einwandfrei, wenn sie einigen Grundforderungen genügen. Hierzu gehören die Sicherstellung der notwendigen Lufterneuerung, Zugfreiheit, eine möglichst gleichmäßige Raumdurchspülung und bei Anlagen mit Ventilatorbetrieb noch der geräuscharme Betrieb. Nur bei erzwungener Lüftung kann eine vorgegebene Erneuerung der Raumluft und deren gleichmäßige Wirkung in allen Raumteilen voll gewährleistet werden. Aber auch bei den Verfahren der freien Lüftung läßt sich die Leistung steigern oder wenigstens die Arbeitsweise verbessern bei Beachtung der folgenden Gesichtspunkte.

1. Sicherstellung der Lufterneuerung

Ein Luftaustausch zwischen dem zu lüftenden Raum und seinem Nebenraum oder zwischen dem Raum und der freien Atmosphäre ist nur möglich, wenn ein Druckunterschied zwischen beiden vorhanden ist. Dieser tritt auf bei Temperaturunterschieden der Luft in beiden Räumen (Kaminwirkung), bei Windanfall oder infolge einer Ventilatorpressung. Mindestens eine dieser Ursachen muß also wirksam sein, wenn eine Luftströmung zustande kommen soll.

Zur Sicherstellung der Lufterneuerung genügt aber der Druckunterschied allein noch nicht; es müssen auch genügend große freie Strömungswege für die Luft vorhanden sein. Das gilt sowohl für die Zuführung als auch für die Abführung der Luft. Man findet Lüftungsanlagen, bei denen lediglich im Zu- oder im Abluftweg ein Ventilator angeordnet ist. Im ersten Fall wird der zu lüftende Raum Überdruck gegen außen aufweisen (Drucklüftung), im zweiten Fall Unterdruck (Sauglüftung). Auch bei der Drucklüftung muß aber für ausreichende Abluftöffnungen, bei der Sauglüftung für entsprechende Zuluftöffnungen gesorgt sein. Man vergißt leicht, daß man nur dann in einen Raum Frischluft einführen kann, wenn man die gleiche Menge Luft wieder austreten läßt, und daß man nur dann die verbrauchte Luft aus dem Raum herausholen kann, wenn man gleich viel Frischluft zutreten läßt. Deshalb gilt der wichtige lüftungstechnische Satz:

Die Forderung eines geringen Strömungswiderstandes gilt in gleicher Weise für die Luftzuführungs- wie für die Luftabführungswege.

Der Gedanke, daß die Luft schon durch Undichtheiten des Raumes ihren Abgang oder ihren Zugang finde, ist nicht richtig, und seine Anwendung rächt sich immer in ungenügendem Luftwechsel, bei Lüftungsanlagen außerdem in zu hohem Stromverbrauch. Es ist notwendig, auf diese Verhältnisse hinzuweisen, weil Anlagen anzutreffen sind, bei denen diese eigentlich selbstverständlichen Grundsätze außer acht gelassen wurden.

2. Außenluftrate

In Aufenthaltsräumen richtet sich die Luftzufuhr nach der Zahl der gleichzeitig anwesenden Menschen. Als Mindestwerte der stündlich je Person in den Raum einzuführenden Außenluftmenge — auch *Außenluftrate* genannt — gelten nach den VDI-Lüftungsregeln[1]

bei Räumen mit Rauchverbot . . . . 20 m³/h je Person,
bei Räumen, in denen geraucht wird . . . . 30 m³/h je Person.

Nach Möglichkeit sind die Außenluftraten höher zu wählen, und zwar um so mehr, je länger die Räume ohne Unterbrechung genutzt werden. So geht man beispielsweise in Büroräumen mit erzwungener Lüftung neuerdings auf Werte von 50 bis 100 m³/h über. Andererseits kann es in besonderen Fällen auch richtiger sein, bei wahrnehmbarer Verunreinigung der Außenluft, insbesondere durch gesundheitsschädliche Gase, die Außenluftrate herabzusetzen, wenn die Außenluft entsprechend aufbereitet wird. In der Praxis wird die Außenluftrate aus wirtschaftlichen Gründen zumeist auch unter extremen Witterungsbedingungen vermindert. Die VDI-Lüftungsregeln empfehlen, bei der Bemessung der Heiz- und Kühlflächen die in Tab. 7.01 aufgeführten Außenluftraten jedoch nicht zu unterschreiten.

Tabelle 7.01. *Mindestwerte der Außenluftrate bei unterschiedlichen Außentemperaturen*

Außenluft-temperatur °C	Außenluftrate bei Räumen mit Rauchverbot (m³/h je Person)	mit Raucherlaubnis (m³/h je Person)
−20	8	12
−15	10	15
−10	13	20
− 5	16	24
0 bis +26	20	30
über +26	15	23

[1] DIN 1946. Lüftungstechnische Anlagen, Bl. 1 (Grundregeln) und 2 (Lüftung von Versammlungsräumen). Apr. 1960.

Bei einer Außentemperatur von —15 °C wäre sonach in Räumen mit Rauchverbot eine Außenluftrate von 10 m³ je Person und Stunde noch zulässig. Die Appetitlichkeit der Raumluft ist dann allerdings nicht mehr voll gewährleistet.

3. Vermeidung von Zugluft

Es ist ein häufiger Fall, daß Lüftungsanlagen abgestellt werden oder in Räumen mit Fensterlüftung die Fenster geschlossen bleiben, weil die Klagen über Zugbelästigung dazu zwingen. Die Erfahrung lehrt, daß in geschlossenen Räumen eine Lufttemperatur von 19 bis 20 °C als angenehm empfunden wird. Sie sichert bei etwa gleicher Temperatur der umgebenden Wände und normaler Bekleidung die physiologisch notwendige Wärmeabgabe des menschlichen Körpers. Dies gilt aber nur, solange die Luft ruht. Kommt die Luft in Bewegung, etwa dadurch, daß zwei gegenüberliegende Fenster geöffnet werden, so entzieht jetzt die strömende Luft unserem Körper mehr Wärme, und wir empfinden die Luftströmung als kalt. Wärmere Luft, z. B. von 25 °C, wird erst bei ziemlich hohen Geschwindigkeiten dieselbe Abkühlung bewirken wie ruhende Luft von 20 °C. Wärmere Luft darf also schneller strömen, ehe wir sie als lästig empfinden. Luft unter 18 °C ist schon im ruhenden Zustand für unser Empfinden zu kalt. Bewegt sich solche Luft, so kann sich die Kälteempfindung bis zur Unerträglichkeit steigern, vgl. S. 24.

Aus diesen Überlegungen lassen sich für die Durchführung der Lüftung folgende Gesichtspunkte ableiten:

Ist ein Raum zu lüften, dessen Temperatur noch eine Steigerung zuläßt, wie etwa ein halbgefüllter Saal im Winter, so bereitet die Vermeidung von Zugbelästigung bei der Zuführung der Luft keine Schwierigkeiten, da man die Luft hinreichend über Raumtemperatur erwärmen kann.

Anders liegen die Verhältnisse, wenn ein Saal zu lüften ist, der keine weitere Wärmezufuhr verträgt, oder wenn gar durch die Lüftung eine Temperaturabsenkung bewirkt werden soll, wie dies bei überfüllten Sälen auch im Winter vorkommt. Dann muß man die Luft mit niedriger Temperatur einführen. Um dabei Zugerscheinungen zu vermeiden, darf einerseits die Zulufttemperatur nicht beliebig unter die Raumtemperatur gesenkt werden, und andererseits dürfen in der Aufenthaltszone keine störenden Luftgeschwindigkeiten auftreten, s. S. 367. Bei geringen Temperaturunterschieden ergeben sich aber für eine vorgeschriebene Kühlwirkung sehr große stündliche Luftmengen und dementsprechend auch große Zuluftöffnungen oder Zuluftgeschwindigkeiten.

C. Luftleistung und Luftwechselzahl

Um die Größe einer Lüftungsanlage zu kennzeichnen, gibt man zumeist ihre „Luftleistung" an. Man versteht darunter die stündlich zuzuführende Luftmenge. Sie kann auf die Zuluft (Zuluftleistung) oder auf deren Außenluftanteil bezogen werden. Die Luftleistung wird nach einem der in Abschn. C 2 besprochenen Verfahren berechnet. Vielfach geht man in der Praxis aber auch von der „Luftwechselzahl" aus. Man versteht darunter den Verhältniswert von Luftleistung und Inhalt des zu lüftenden Raumes. Wird nur Außenluft zugeführt, so gibt die Luftwechselzahl an, wie oft die Raumluft in einer Stunde erneuert wird.

1. Die zeitliche Änderung des Luftzustandes

Der Verschlechterung der Luft in einem Raum wird durch Einführung frischer und Abführung der verunreinigten Luft entgegengearbeitet. In Abb. 7.01 ist der zeitliche Verlauf des Luftzustandes dargestellt, indem als Abszisse die Zeit aufgetragen ist, als Ordinate die Luftbeschaffenheit, wobei irgendeine Eigenschaft der schlechten Luft als Kennzeichen gewählt sei. Die Ordinate OA gibt den Anfangszustand der Luft, die Ordinate OB die hygienisch zulässige Grenze der Luftverschlechterung an. Den nachstehenden Ausführungen liegt als Beispiel ein Versammlungsraum zugrunde, und es sollen dabei auch die Begriffe „zeitweise" und „Dauerlüftung" erläutert werden.

Die Luftverschlechterung im besetzten Raum nimmt entsprechend den Kurven AC oder AD stetig zu und nähert sich asymptotisch einem Grenzwert. Dieser ist nur vom Betrag der stündlichen Luftzufuhr je Kopf abhängig, jedoch nicht von der Saalgröße. Für den ersten Teil der Kurven, also den zeitlichen Ablauf der Luftverschlechterung, ist darüber hinaus noch der Rauminhalt des Saales je Kopf maßgebend. Über die angenäherte Berechnung der Kurven s. S. 330/331.

Hinsichtlich des zeitlichen Ablaufs der Luftverschlechterung ist zu unterscheiden zwischen zeitweiser Lüftung und Dauerlüftung.

a) Zeitweise Lüftung

Ist die Luftzufuhr gering und die Besetzung des Raumes sehr stark, so wird die Verschlechterung der Luft rasch zunehmen (Kurve AD in Abb. 7.01) und bald die hygienisch zulässige Grenze erreichen (Punkt E). Nach Erreichen dieser Grenze muß zu einem kräftigen Luftwechsel übergegangen werden, der den Raum gründlich durchspült, damit möglichst bald wieder der Anfangszustand der Luft erreicht wird. Meist muß dazu der Raum von den Menschen verlassen werden (Lüftungspausen). Wenn es sich nur darum handeln würde, den Luftinhalt zu erneuern, so wäre dazu nur kurze Zeit erforderlich. Man muß aber bedenken, daß während der Besetzung des Raumes sich die Stoffe der Luftverschlechterung, also die Atemstoffe, der Zigarrenrauch, der Essendunst usw., auf den Raumwänden und den Einrichtungsgegenständen festgesetzt haben und von diesen später wieder abgegeben werden. Dem Durchspülen des Raumes fällt darum auch die Aufgabe zu, die Wände usw. mit frischer Luft zu reinigen, gleichsam abzuwaschen. Dies wird verhältnismäßig schnell erreicht werden können bei Räumen mit geringer Ausstattung und glatten Wänden, wie z. B. bei Schulzimmern; hier ist eine Pause von $^1/_4$ Stunde ausreichend. Die Lüftungszeit muß aber viel länger sein bei Räumen mit Wandoberflächen oder Einrichtungen, die Geruchstoffe adsorbieren, wie z. B. Tapeten, Gardinen, Polster u. dgl.

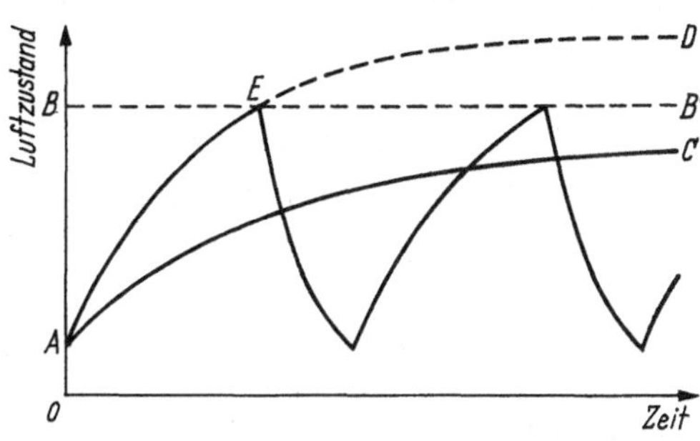

Abb. 7.01. Zeitlicher Verlauf des Luftzustandes.

b) Dauerlüftung

Ist der Luftwechsel hinreichend groß oder die Besetzung sehr schwach, so wird die hygienisch zulässige Grenze nicht überschritten. In Abb. 7.01 verläuft also die Kurve AC stets unterhalb der Linie BB'. Der Raum kann beliebig lange benutzt werden, ohne daß Lüftungspausen eingelegt werden müssen.

2. Zuluftleistung

a) Gewerbliche Räume

Für gewerbliche Räume, bei denen mit erheblicher Luftverschlechterung zu rechnen ist, muß die stündliche Luftmenge von Fall zu Fall ermittelt werden. Als Rechnungsgrundlage dient in allen Fällen eine Stoff- oder Energiebilanz. Die Durchführung der Rechnung ist jedoch bei Dauerlüftung und bei zeitweiser Lüftung verschieden.

Dauerlüftung. Einhaltung einer vorgegebenen Lufttemperatur

In diesem Falle sei angenommen, daß infolge starker Wärmequellen, z. B. Industrieöfen, eine Überwärmung des Raumes zu erwarten ist; ihr soll durch ausreichende Lufterneuerung entgegengearbeitet werden. Die Wärmebilanz des Raumes lautet dann folgendermaßen: Die Ergiebigkeit aller Wärmequellen, vermehrt um den Wärmeinhalt der Zuluft, muß gleich sein dem Wärmeverlust durch die Umfassungswände, vermehrt um den Wärmeinhalt der Abluft.

Wir bezeichnen mit:

t_a die Zulufttemperatur, die gleich der Außentemperatur angenommen sei,
t_i die Innentemperatur,
Q_1 die Ergiebigkeit sämtlicher Wärmequellen je Stunde,
Q_2 den stündlichen Wärmeverlust des Raumes im Beharrungszustand bei der Temperatur t_i,
C_p die spezifische Wärme der Luft je Volumeneinheit,
V die stündliche Luftzufuhr.

Damit läßt sich die Wärmebilanz mathematisch ausdrücken durch die Gleichung

$$Q_1 + C_p\, V\, t_a = Q_2 + C_p\, V\, t_i.$$

Die stündliche Luftmenge ist sonach

$$V = \frac{Q_1 - Q_2}{C_p(t_i - t_a)}. \tag{7.01}$$

Werden, wie meist üblich, die Wärmeleistungen in kcal/h und C_p in kcal/m³ grd angesetzt, so erhält man die Luftmenge in m³/h.

Dauerlüftung. Einhaltung einer vorgegebenen Luftzusammensetzung

Hier sei angenommen, daß durch Entwicklung schädlicher Gase oder Dämpfe, durch Staubentwicklung oder in ähnlicher Weise eine stetige Luftverschlechterung bewirkt wird, der durch Luftwechsel eine bestimmte Grenze gesetzt werden soll. Unter der Annahme, daß keine Schadstoffabsorption an den Wänden eintritt, lautet die Bilanz: Die Ergiebigkeit aller Schadstoffquellen, vermehrt um den Schadstoffgehalt der Zuluft, muß gleich sein dem Schadstoffgehalt der Abluft.

Bezeichnet:

k_a die Schadstoff-Konzentration der Zuluft in Vol.-Anteil,
k_i die Schadstoff-Konzentration der Innenluft in Vol.-Anteil,
K die Ergiebigkeit aller Schadstoffquellen je Stunde in Vol.-Einheiten,
V die stündliche Luftzufuhr,

so lautet die Bilanz:

$$K + V\, k_a = V\, k_i.$$

Die stündliche Luftzufuhr muß betragen:

$$V = \frac{K}{k_i - k_a}. \tag{7.02}$$

Die in gewerblichen Räumen höchstzulässigen Schadstoffkonzentrationen (MAK-Werte) sind der Tab. 1.06 auf S. 34 zu entnehmen.

Zeitweise Lüftung. Einhaltung einer vorgegebenen Luftzusammensetzung

Wie schon auf S. 329 besprochen, spielt für die Änderung des Luftzustandes in der ersten Phase der Lufterneuerung die Raumgröße eine ausschlaggebende Rolle.

Das gilt insbesondere für die zeitweise Lüftung. Auch hier gehen wir, wie bei der Dauerlüftung, von einer Bilanzgleichung aus. Sie kann jedoch, da die Schadstoffkonzentration der Raumluft k_i nicht gleich bleibt, nur für ein sehr kleines Zeitintervall dz aufgestellt werden, während dessen Ablauf sich die Konzentration um den Wert dk_i ändert. Mit J als Raumvolumen errechnen sich dann die einzelnen Schadstoffbeträge wie folgt:

1. Mit der Zuluft gelangt in der Zeit dz in den Raum:

$$V\, k_a\, dz.$$

2. Die Schadstoffquellen liefern:

$$K\, dz.$$

3. Die Abluft entführt aus dem Raum:

$$V\, k_i\, dz.$$

Hierbei ist zur Vereinfachung angenommen, daß im Raum eine einheitliche Konzentration herrscht und daß die Abluft mit dieser Konzentration den Raum verläßt.

4. Wird durch die Umfassungswände keine oder nur eine vernachlässigbar kleine Schadstoffmenge absorbiert, so entspricht der Restbetrag der Bilanz der von der Raumluft aufgenommenen (oder abgegebenen) Schadstoffmenge

$$J\, dk_i .$$

Die Bilanzgleichung lautet sonach:

$$V k_a dz + K dz - V k_i dz - 0 = J\, dk_i ,$$

$$\{K - V(k_i - k_a)\}\, dz = J\, dk_i .$$

Die Integration dieser Differentialgleichung ist nachstehend in kleinerem Druck wiedergegeben. Dabei ist die Annahme gemacht, daß die Konzentration der Innenluft zu Beginn gleich k_0 sei. Es ergibt sich:

$$K - V(k_i - k_a) = \{K - V(k_0 - k_a)\}\, e^{-\frac{V}{J}z} . \tag{7.03}$$

Je nach der gestellten Aufgabe ist nun die Gleichung nach k_i oder nach z aufzulösen.

Da in der Differentialgleichung k_a eine konstante Größe ist, können wir statt $d k_i$ auch $d(k_i - k_a)$ schreiben. Gleichzeitig stellen wir um und erhalten

$$\frac{d(k_i - k_a)}{K - V(k_i - k_a)} = \frac{dz}{J} .$$

Die Integration ergibt:

$$-\frac{1}{V} \ln\{K - V(k_i - k_a)\} + C_1 = \frac{z}{J} .$$

Die weitere Umformung führt zu:

$$\ln\{K - V(k_i - k_a)\} + \ln C_2 = -\frac{V}{J} z ,$$

$$K - V(k_i - k_a) = C_3\, e^{-\frac{V}{J}z} .$$

Zur Bestimmung der Integrationskonstanten dient die Feststellung: Bei $z = 0$ ist $k_i = k_0$. Da $e^0 = 1$ ist, wird

$$C_3 = K - V(k_0 - k_a).$$

Man erhält so die Gl. (7.03).

b) Aufenthaltsräume

Auch für Aufenthaltsräume ist eine Bilanzrechnung notwendig nach dem Muster der Rechnungen für gewerbliche Räume. Der Mindestwert der stündlichen Zuluftmenge errechnet sich bei Dauerlüftung aus der Personenzahl und der Außenluftrate, s. S. 327. Mit dieser Luftmenge lassen sich geruchlich einwandfreie Luftverhältnisse im besetzten Raum schaffen. Auch können die von den Menschen abgegebenen Wasserdampfmengen in der Regel abgeführt werden, nur unter Schwierigkeiten jedoch die abgegebenen Wärmemengen. Bei einer trockenen Wärmeabgabe von 70 kcal/h und einer stündlichen Zuluftmenge von 20 m^3 je Person — d. i. der Mindestwert der normalen Außenluftrate — müßten mit jedem m^3 Luft 3,5 kcal aus dem Raum abgeführt werden. Das ist nur möglich bei einer Temperaturdifferenz zwischen Raum- und Zuluft von fast 12 grd, ein Wert, bei dem Zugerscheinungen unvermeidlich sind. Soll also eine vorgegebene Temperatur unbedingt eingehalten werden, wie dies bei Klimaanlagen der Fall ist, so muß die stündliche Zuluftmenge je Person größer gewählt werden als der Mindestwert der Außenluftrate. Welcher Temperaturunterschied zwischen Raumluft und kälterer Zuluft dabei zulässig ist, richtet sich nach der Luftführung und der Art der Auslässe, s. auch S. 358/61.

Mit Lüftungsanlagen ohne Kühleinrichtungen lassen sich im Sommer vorgegebene Raumlufttemperaturen nicht einhalten. Man kann, von Hochsommertagen abgesehen, in solchen Fällen extrem hohe Raumtemperaturen jedoch vermeiden, wenn man die Außenluftraten größer wählt.

Wird ein Saal nur einige Stunden täglich benutzt, so wirkt sich auch die Speicherfähigkeit der Wände und Decken günstig aus. Ein Teil der von den Menschen abgegebenen Wärme wird nämlich von diesen Bauteilen aufgenommen und verzögert damit das Ansteigen der Lufttemperatur bei der Benutzung des Raumes. Die Erfahrung zeigt, daß bei kleineren und mittelgroßen Sälen mit dicken Wänden auf diese Weise die Raumtemperatur auch bei kleineren Luftraten für einige Stunden noch in erträglichen Grenzen gehalten werden kann. Die Wirkung läßt sich steigern, wenn in den Benutzungspausen, insbesondere in den Nachtstunden, die Wandtemperaturen durch kräftiges Lüften wieder abgesenkt werden.

In der Praxis geht man bei der Berechnung von Lüftungsanlagen vielfach von der Luftwechselzahl aus. Das Verfahren hat den Nachteil, daß es selbst bei großer persönlicher Erfahrung unsicher ist, und daß es in allen neuartigen und außergewöhnlichen Fällen versagt. Andererseits muß zugegeben werden, daß auch die Durchführung der Bilanzrechnung auf erhebliche Schwierigkeiten stoßen kann, denn es besteht heute noch bei vielen Aufgaben eine gewisse Unsicherheit, welche Werte man für die Ergiebigkeit K der Quellen der Luftverschlechterung (z. B. für die Dampfabgabe beheizter Säurebäder) und für die zulässige Anreicherung $(k_i - k_a)$ der Raumluft mit den schädlichen Bestandteilen in die Rechnung einsetzen soll. Trotzdem ist bei neuartigen Aufgaben die Ermittlung der stündlichen Zuluftmenge durch eine Bilanzrechnung mit geschätzten Werten K und k_i in der Regel zuverlässiger als eine freie Schätzung der Luftwechselzahl.

Bei der Bearbeitung eines Lüftungsprojektes sollte man deshalb i. allg. von der Luftleistung ausgehen. Erst dann ist aus der Luftleistung und der Raumgröße die Luftwechselzahl zu berechnen. Die Luftwechselzahl kennzeichnet nämlich die Schwierigkeit einer lüftungstechnischen Aufgabe, insbesondere im Hinblick auf die Vermeidung von Zugbelästigungen. Schon ein acht- bis zwölfmaliger Luftwechsel verlangt von der Lüftungsfirma ein erhebliches Können und vom Bedienungspersonal ständige Aufmerksamkeit. Eine allzu hohe Luftwechselzahl kann darauf hindeuten, daß der Raum für den vorgesehenen Zweck zu klein ist.

D. Die natürliche Druckverteilung im Innern von Gebäuden

Das Innere eines Gebäudes hat nur an wenigen Tagen des Jahres mit der Außenluft völlig gleiche Temperatur. Meist ist es wärmer, seltener kälter. Auch die einzelnen Räume eines Gebäudes sind untereinander oft verschieden warm. Durch die Unterschiede in der Lufttemperatur treten auch Druckunterschiede zwischen den einzelnen Räumen bzw. zwischen einem Raum und der Außenatmosphäre auf, da wärmere Luft leichter ist als kältere. Dem Gebäude wird dadurch eine Druckverteilung aufgezwungen, die im wesentlichen eine Druckabstufung in der Senkrechten darstellt. Anders ist die Druckverteilung, wenn Wind auf dem Gebäude steht, da sich dann eine Druckabstufung in waagerechter Richtung ergibt.

Als natürliche Druckverteilung in einem Gebäude bezeichnet man diejenige, die sich unter der gemeinsamen Wirkung von Temperatur und Wind einstellt. Ventilatoren dürfen also dabei nicht wirksam sein.

Die Aufgaben, die uns im Anschluß an die natürliche Druckverteilung interessieren werden, sind einmal der Luftaustausch mit der freien Atmosphäre — also das Lüften im eigentlichen Sinne —, davon soll erst im Abschn. II „Freie Lüftung“ gesprochen werden, und dann die Luftströmungen innerhalb des Gebäudes, die vielfach unerwünscht sind und darum abgedrosselt werden müssen. So besteht, um nur einige Beispiele zu nennen, bei Großküchen die Gefahr, daß durch offene Türen und Verbindungsgänge, durch Speisenaufzüge und ähnliches der Küchendunst zu den Gasträumen strömt. Bei anderen Gebäuden, etwa bei Schulen und Krankenhäusern, besteht die Möglichkeit, daß die hohen Treppenhäuser die Luft aus den Abortanlagen in die Gänge saugen. Diese Beispiele zeigen, daß die Erzielung eines ausreichenden Luftwechsels nur ein Teilgebiet der Lüftungstechnik darstellt und daß die Abriegelung von Räumen und Raumgruppen, also die Unterbindung oder Umlenkung von Luftströmungen innerhalb des Gebäudes, ein mindestens ebenso wichtiges Gebiet der Lüftungstechnik ist.

In erster Linie muß schon der Architekt bei der Anordnung der Räume auf die Schaffung einer zweckmäßigen Druckverteilung bedacht sein. Nicht in allen Fällen wird dies aber gelingen. Dann muß durch Ventilatoren oder andere Maßnahmen die gewünschte Druckverteilung dem Gebäude aufgezwungen werden.

1. Druckverteilung unter der Wirkung von Temperaturunterschieden

Um hierüber Klarheit zu gewinnen, seien zunächst die Druckverhältnisse betrachtet, die in einem allseits geschlossenen Raum R auftreten, falls dieser höher als die umgebende Luft erwärmt wird (Abb. 7.02). Es sei t_2 die Außen- und t_1 die Innentemperatur, wobei $t_1 > t_2$ ist. Denkt man sich in der mittleren Raumhöhe Öffnungen O vorhanden, so findet in der Ebene dieser Öffnungen Druckausgleich statt. Die Ebene EE heißt Ausgleichsebene (neutrale Zone), der Druck in ihr sei p in kp/m².

Betrachtet man eine unterhalb EE liegende Schicht, so z. B. s, so ergibt sich folgendes: Im Rauminnern hat der Druck von p auf p_1 zugenommen, wobei

$$p_1 = p + h\,\gamma_1$$

ist. Hierin bedeutet h den lotrechten Abstand der Schicht s von der Ausgleichsebene EE in m, γ_1 das Raumgewicht in kp/m³ der Innenluft von der Temperatur t_1. Außerhalb des Raumes hat der Druck von p auf p_2 zugenommen, wobei

$$p_2 = p + h\,\gamma_2$$

ist, wenn γ_2 das Raumgewicht in kp/m³ der Außenluft von der Temperatur t_2 bezeichnet.

Da $t_1 > t_2$ und damit $\gamma_1 < \gamma_2$ ist, wird

$$p_2 > p_1,$$

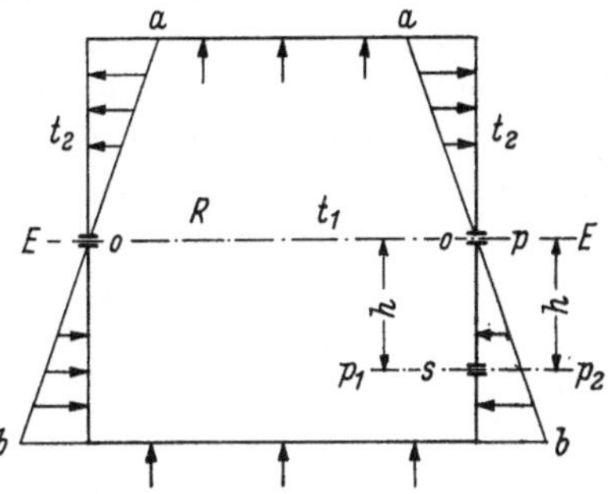

Abb. 7.02. Druckverteilung in einem erwärmten Raum; Ausgleichsebene in halber Höhe.

d. h. in der Schicht s wirkt ein Überdruck von außen nach innen. Dieser wächst mit der lotrechten Entfernung der betrachteten Schicht von der Ausgleichsebene und ist am größten am Raumfußboden. Die auf diese Weise unterhalb der Ausgleichsebene entstehende Druckverteilung ist in Abb. 7.02 angedeutet. Genau das Entgegengesetzte findet oberhalb der Ausgleichsebene statt, so daß dort ein gegen die Decke zunehmender Überdruck von innen nach außen auftritt, wie in Abb. 7.02 ersichtlich.

Bringt man die Öffnungen O nicht in der halben Höhe, sondern im unteren Teile der Wand an, so rückt die Ausgleichsebene nach unten, wie das Abb. 7.03a vergegenwärtigt.

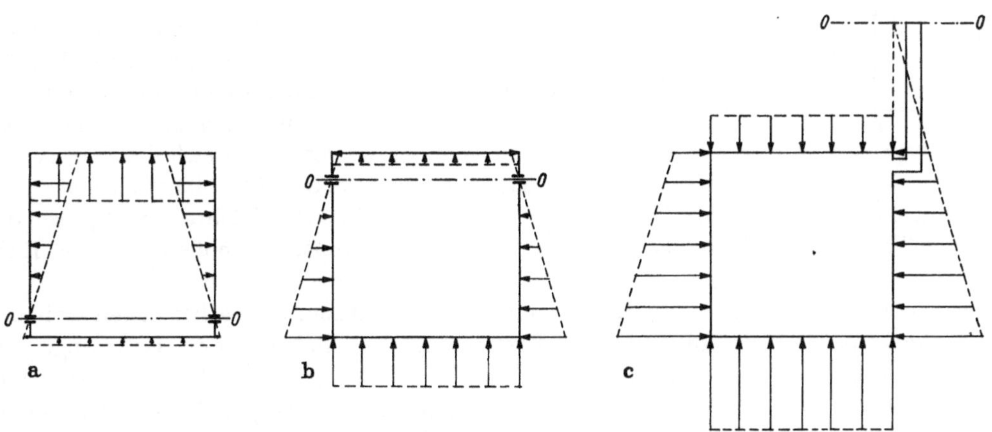

Abb. 7.03. Druckverteilung in einem erwärmten Raum.
a) Ausgleichsebene unten; b) Ausgleichsebene oben; c) Ausgleichsebene am Schachtaustritt.

Die Decke und der ganze obere Teil der Wand stehen unter starkem inneren Überdruck, der Fußboden unter schwachem Unterdruck. Umgekehrt liegen die Verhältnisse, wenn man die Öffnungen O in den oberen Teil der Wand verlegt (Abb. 7.03b). Dann wird der Raum unter Unterdruck gesetzt. Legt man die Verbindung mit der Atmosphäre und damit die Ausgleichsebene noch höher, also über den Raum hinaus (Abb. 7.03c), so wird der Unterdruck noch mehr verstärkt.

Solange der Raum nur die Öffnungen O hat, im übrigen die Umfassungswände dicht sind, können die Überdruck- bzw. Unterdruckkräfte nicht zur Wirkung kommen. Unsere Räume in der Praxis weisen nun zwar keine Öffnungen in der Ausgleichsebene, wohl aber zahllose feine, ziemlich gleichmäßig über bzw. unter der Ausgleichsebene vorhandene Öffnungen (Durchlässigkeiten an Fugen usw.) auf, die hinsichtlich ihrer Wirkung den Öffnungen O in der Ebene EE gleichkommen. Aus diesem Grunde sind auch in der untenstehenden Abb. 7.04 die Öffnungen O nicht mehr gezeichnet.

In Abb. 7.04 ist der Schnitt durch ein mehrstöckiges Gebäude mit durchgehendem Treppenhaus gezeichnet; die Temperaturen der Räume und des Treppenhauses sowie der Außenluft sind eingetragen. Für die Außenwand AB sind die Druckverteilungen in den einzelnen Stockwerken nach früherem ohne weiteres verständlich. Ein Gleiches gilt für die andere Außenwand CD. Nur ist zu beachten, daß hier die schräge Linie, welche die Druckpfeile verbindet, steiler liegt als auf der rechten Seite, entsprechend dem geringeren Temperaturunterschied. An der Innenwand EF kommen beide Wirkungen zusammen und ergeben die in Abb. 7.04 eingezeichnete Druckverteilung. Man sieht, daß das Treppenhaus in seinem unteren Teil nicht nur gegen die freie Atmosphäre, sondern auch gegen die Nebenräume starken Unterdruck hat und daß Überdruck im oberen Teil des Treppenhauses herrscht. Zahlenmäßig sind die Druckunterschiede sehr klein. So ergibt die Rechnung für ein fünfstöckiges Treppenhaus bei +10 °C Innentemperatur und —10 °C Außentemperatur einen Unterdruck im Erdgeschoß von etwa 1 mm WS. Ein solcher Druck reicht aber erfahrungsgemäß schon aus, um in einem Gebäude merkliche Luftströmungen zu bewirken. Befindet sich nun z. B. im Erdgeschoß eine Großküche, so ist mit Sicherheit damit zu rechnen, daß das Treppenhaus die Küchendünste ansaugt und in den oberen Stockwerken in die anstoßenden Räume drückt. Sichere Abhilfe schafft hier nur der Einbau einer Lüftungsanlage in der Küche, die in diesem Falle als Sauglüftung auszubilden ist. Ihre Aufgabe ist nicht allein, für reine Luft in der Küche zu sorgen, sondern ebensosehr für einen Unterdruck, der größer ist als der im unteren Teile des Treppenhauses herrschende.

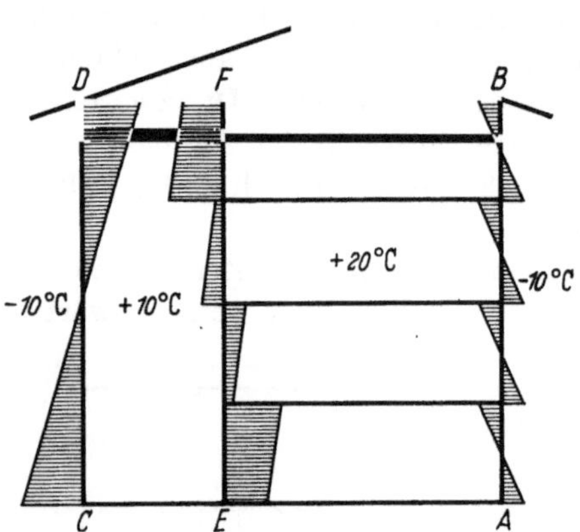

Abb. 7.04. Druckverteilung in einem Gebäude.

Die Abb. 7.04 ist unter der Annahme gezeichnet, daß das Treppenhaus allseitig abgeschlossen ist, daß also nur die unvermeidlichen Undichtheiten der Wände vorhanden sind. Wird unten die Eingangstür oder oben ein Fenster geöffnet, so verschiebt sich die Druckverteilung im Treppenhaus gemäß Abb. 7.03a oder b.

In ähnlicher Weise wie die Treppenhäuser wirken Fahrstuhlschächte und Speisenaufzüge, ferner bei Theatern das hohe Bühnenhaus, bei Warenhäusern die hohen, offenen Lichthöfe u. a. m.

Auch für die Heizung ist diese Erscheinung von Bedeutung, da sie bei hohen Gebäuden zu einem vermehrten Wärmebedarf für die Erwärmung der eindringenden Luftmengen in den unteren Geschossen und damit zu einer ungleichmäßigen Beheizung des Gesamtgebäudes führen kann. Man sollte deshalb bei Hochhäusern die durchgehenden Treppenhäuser von den Fluren durch dichte Türen abteilen und sie keinesfalls voll beheizen.

2. Druckverteilung unter der Wirkung des Windanfalls

Steht ein Gebäude frei im Wind, so entsteht auf der Luvseite ein Überdruck oder Staudruck, der bei sehr großen Gebäudefronten bis fast zur vollen Höhe des dynamischen Druckes der Luft ansteigen kann. Der höchstmögliche Staudruck bei verschiedener Windgeschwindigkeit ist aus Abb. 7.05 zu entnehmen.

Die Druckverteilung auf den verschiedenen Seiten eines frontal angeblasenen Gebäudes kann je nach der Bauform, den Maßen und den in der Nachbarschaft vorhandenen Strömungshindernissen sehr unterschiedlich sein. Abb. 7.06 zeigt die Ergebnisse von Modellversuchen im Windkanal[1] zur Veranschaulichung des Vorgangs. Der auf der Leeseite sich einstellende Unterdruck erhöht die für den Luftdurchgang wirksame Druckdifferenz zwischen den zwei entgegengesetzten Gebäudeseiten. Auch kann zuweilen in den Räumen auf der Leeseite sogar ein Unterdruck auftreten, der die Wirkung von Abluftschächten umkehrt oder Zugstörungen an Einzelfeuerstellen hervorruft. Je größer die Undichtheiten in den Außen- und Zwischenwänden eines

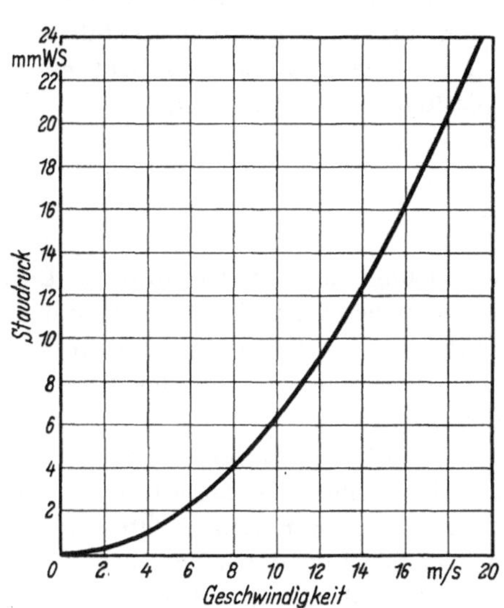

Abb. 7.05. Staudruck bei verschiedenen Windgeschwindigkeiten.

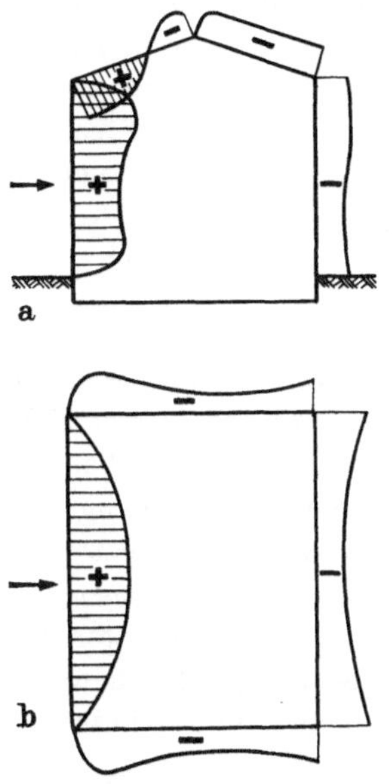

Abb. 7.06. Druckverteilung bei einem angeströmten Gebäude nach Modellversuchen von FLACHSBART.
a) Seitenansicht; b) Grundriß.

Gebäudes sind, um so größer sind auch die quer durch ein Gebäude bei gegebenem Druckunterschied strömenden Luftmengen. Bei freier Lage des Gebäudes und schlechtschließenden Fenstern und Türen kann dadurch der natürliche Luftwechsel der Räume auf das Mehrfache des Betrags bei Windstille ansteigen.

II. Freie Lüftung

A. Selbstlüftung eines Raumes

Unter Selbstlüftung eines Raumes versteht man jenen Luftwechsel, der auch bei geschlossenen Fenstern und Türen infolge Undichtheiten der Raumbegrenzung eintritt. Die Porosität der Wände spielt dabei eine untergeordnete Rolle gegenüber den Undichtheiten an Fenstern und Türen.

Bei *Windstille* ist nach dem Vorgesagten die Druckverteilung innerhalb eines Gebäudes und damit jeweils auch der Druckunterschied gegen die freie Atmosphäre nur von den Temperaturunterschieden abhängig. Die Bewegungskräfte der Luft sind dementsprechend gering. Immerhin reicht erfahrungsgemäß bei Wohnräumen und anderen schwach besetzten Räumen unter der Voraussetzung normaler Bauausführung und einmaliger längerer Fensterlüftung die Lufterneuerung durch Selbstlüftung in der kalten Jahreszeit meist aus. Mit zunehmender Außentemperatur geht der wirksame Druckunterschied und damit auch die Selbstlüftung eines Raumes

[1] FLACHSBART, O.: Winddruck auf geschlossene und offene Gebäude. Ergebnisse der Aerodynamischen Versuchsanstalt. IV. Lieferung 1932.

zurück. Zugleich bietet sich in der wärmeren Jahreszeit aber die Möglichkeit, den Luftwechsel durch Öffnen der Fenster ohne Zugbelästigung zu verstärken.

Bei *Windanfall* kann die Querlüftung eines Gebäudes selbst bei geschlossenen Türen und Fenstern zuweilen Ausmaße annehmen, die den hygienisch erwünschten Luftwechsel weit überschreiten. Die Auswirkung einer überhöhten Querlüftung wird besonders im Winter unangenehm empfunden, da dann die dem Wind zugekehrten Räume ungenügend erwärmt, die dem Wind abgekehrten Räume überheizt werden, die zentrale Leistungsregelung der Heizanlage also versagt. Zuweilen wird auch beobachtet, daß eine Heizanlage zwar bei scharfem Frost und Windstille völlig befriedigt, bei starkem Windanfall aber nicht ausreicht, selbst wenn die Außentemperatur noch keineswegs besonders niedrige Werte erreicht hat. Die Ursache solcher Mängel liegt hier zumeist nicht in einer unzureichenden Bemessung oder falschen Ausführung der Heizanlage, sondern in der schlechten Bauausführung, vor allem in den Undichtheiten der Fenster. Abhilfe ist daher auch nur durch bauliche Maßnahmen zu erzielen.

B. Fensterlüftung

Die Fensterlüftung unterscheidet sich von der Selbstlüftung nur dadurch, daß die Luftein- und -auslaßquerschnitte wesentlich größer sind. Dementsprechend ist das Ausmaß der erzielbaren Lufterneuerung auch bei geringen wirksamen Kräften wesentlich höher. Betrachten wir zunächst einmal den Vorgang der Fensterlüftung nur unter dem Einfluß der Temperaturunterschiede zwischen beheiztem Raum und freier Atmosphäre.

Ist in einem größeren Fenster nur eine kleine Scheibe in mittlerer Höhe zu öffnen, wie dies in der Abb. 7.07 bei dem ersten Fenster gezeichnet ist und wie man dies bei älteren Gebäuden öfter findet, so entspricht diese offene Fensterscheibe vollständig der kleinen Öffnung „*O*“ in Abb. 7.02, und sie kann, da in ihr die Ausgleichsebene liegt, keinen Luftwechsel bewirken. Ähnlich liegen die Verhältnisse bei dem aufklappbaren oberen Fensterflügel (2. Fenster der Abb. 7.07). Durch Öffnen des Kippflügels wird lediglich die Ausgleichsebene in den oberen Teil des Raumes verlegt, wie ein Vergleich mit Abb. 7.03b zeigt. Auch in diesem Falle würde das Öffnen eines einzigen Fensterflügels keinen Luftwechsel bewirken, wenn die Umfassungswände des Raumes überall vollkommen dicht wären. Da dies aber selten der Fall ist, wird infolge des Unterdrucks, den die hohe Lage der Öffnung erzeugt, durch die Undichtheiten der Raumbegrenzung Luft eingesaugt, und dieser Luftwechsel genügt in manchen Fällen.

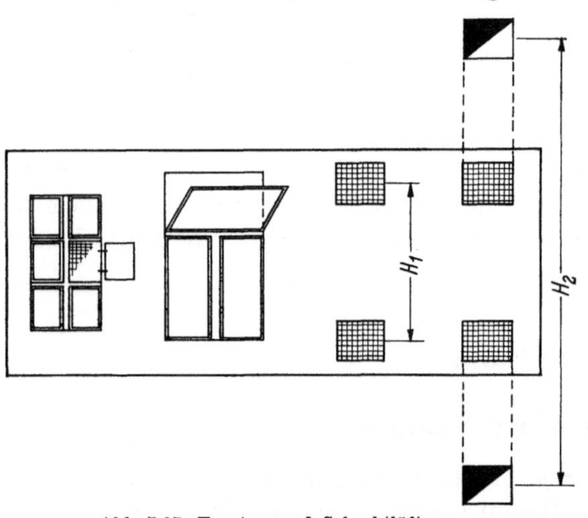

Abb. 7.07. Fenster- und Schachtlüftung.

Ein kräftiger Luftwechsel, wie man ihn vor allem beim kurzdauernden Durchlüften eines Zimmers erstrebt, ist erst dann möglich, wenn das Fenster in voller Höhe, also von der Fensterbank bis zum Fenstersturz, geöffnet wird. Dann strömt über die Fensterbank kalte, also frische Luft in den Raum ein, und die gleiche Menge warmer, also schlechter Luft entweicht unter dem Fenstersturz.

In Zeiten mit ausgeglichener Innen- und Außenlufttemperatur kommt diese Art der Lufterneuerung zum Erliegen; derartige Verhältnisse treten aber nur selten auf.

In der Regel versagt auch dann die Fensterlüftung nicht vollständig, da schon bei geringem Windanfall zusätzliche Druckunterschiede wirksam werden. Voraussetzung für jede Querlüftung unter Windeinfluß ist allerdings, daß genügend freie Öffnungen für den Luftdurchtritt durch ein Gebäude vorhanden sind. Hat ein Raum nicht in zwei Außenwänden Türen oder Fenster, so muß die eintretende Luft über Nachbarräume nach der Leeseite des Gebäudes abströmen können. Grundrisse, bei denen jede Möglichkeit der Querlüftung fehlt, wie z. B. die in Abb. 7.08 wiedergegebene Vierspänner-Wohnungsanordnung mit ihren durchgehenden Trennwänden, sind aus hygienischen Gründen abzulehnen. Auch der Einwand, im Innern dichtbebauter Städte könne ohnehin nicht überall mit einer genügenden freien Luftanströmung gerechnet werden, entkräftet die Forderung nach Querlüftbarkeit der Räume nicht. Einmal ist im Städtebau heute die Forderung vorherrschend, offen zu bauen bzw. Bezirke mit zu dichter, geschlossener Bebauung aufzulockern, zum andern besteht zwischen den Straßen und engen Höfen innerhalb eines Baublocks meist ein gewisser Temperaturunterschied, der zu einer Schachtwirkung der Höfe führt und damit eine — wenn auch geringe — Gebäudedurchlüftung ermöglicht.

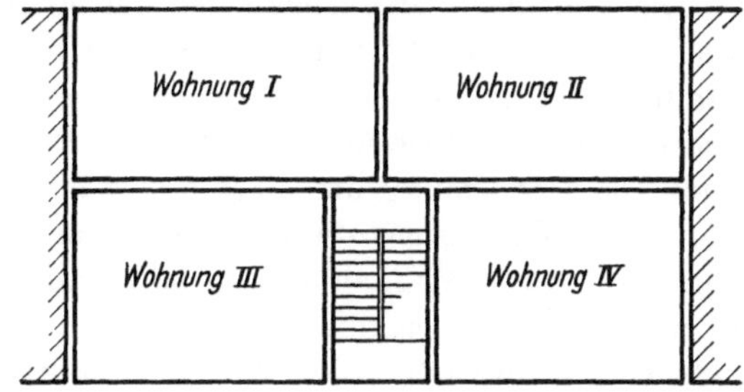

Abb. 7.08. Vierspännerwohnung.

C. Schachtlüftung

Wird ein Raum nicht durch Fenster gelüftet, sondern durch getrennte Ein- und Austrittsöffnungen in der Wand, so ist deren Wirksamkeit am größten, wenn die Auftriebshöhe (H_1 in Abb. 7.07) möglichst groß gewählt wird. Durch besondere Zuluft- und Abluftkanäle läßt sich die Auftriebshöhe noch über die Zimmerhöhe hinaus vergrößern (H_2 in Abb. 7.07). In den meisten Fällen wird nur der nach oben führende Teil der Kanäle als sog. Abluftschacht ausgeführt. Die Zuluft muß dann durch hinreichend große Öffnungen entweder aus den angrenzenden Räumen oder aus dem Freien entnommen werden können.

1. Die Luftzuführung

Die Entnahme der Luft aus beheizten Nachbarräumen (Flur, Treppenhaus u. dgl.) hat den Vorteil, daß Zugbelästigungen im Winter meist vermieden werden, die bei unmittelbarer Luftentnahme aus dem Freien stets gegeben sind. Es ist aber darauf zu achten, daß der Nachbarraum nicht selbst unter Unterdruck steht, da sonst die Schachtwirkung gemindert oder aufgehoben werden kann. Diese Verhältnisse liegen beispielsweise vor bei der Entnahme der Luft aus geheizten Treppenhäusern. Nur wenn die Temperatur im Abluftschacht höher ist als im Treppenhaus, kann der gewünschte Luftwechsel zustande kommen. Das gilt auch, wenn die Luft mittelbar, also beispielsweise über einen Wohnungsflur, vom Treppenhaus in den zu lüftenden Raum gelangt.

Wird die Luft unmittelbar aus dem Freien entnommen, so empfiehlt sich zwecks Vermeidung von Zugerscheinungen ihre Vorwärmung an besonderen Heizkörpern vor Eintritt in den Raum. Es gibt Ausführungen, bei denen die Zuluftöffnung in der Fensterbrüstung sitzt und der normale Raumheizkörper zur Erwärmung der Zuluft dient. Schnee und Regen können durch geeigneten Schutz der äußeren Entnahmeöffnungen abgehalten werden; dagegen gelingt es fast nie, den Einfluß des Windes so vollkommen zu beseitigen, daß störende Wirkungen mit Sicherheit ausgeschlossen sind. In Gebäuden an lauten Straßen ist dieses Verfahren ebenfalls nicht anwendbar. Bei der Einführung der Frischluft hinter Heizkörpern ist die Reinigungsmöglichkeit nicht nur für den Heizkörper, sondern auch für alle Teile des Luftwegs unbedingt zu fordern.

2. Die Wirksamkeit der Schachtlüftung

Ein Luftwechsel kommt bei Abluftschächten nach dem Vorgesagten nur zustande, wenn die Luft im Schacht wärmer ist als außerhalb. Diese Voraussetzung ist während der Heizperiode in der Regel erfüllt. In der Übergangszeit geht der Temperaturunterschied und damit auch die Wirkung des Schachtes zurück, um in der warmen Jahreszeit evtl. ganz aufzuhören. Ja, es kann bei hohen Außentemperaturen der Fall eintreten, daß durch den Abluftschacht Luft von außen eindringt. Auch durch Windeinwirkungen kann in ähnlicher Weise wie bei den Schornsteinen von Feuerstellen die Leistung eines Abluftschachtes wesentlich beeinträchtigt werden. Auf verschiedenen Wegen sucht man daher die Wirksamkeit der Schachtlüftung zu verbessern bzw. sicherzustellen.

Die einfachste Möglichkeit ist die *Erwärmung der Abluft*. Auch bei höheren Außenlufttemperaturen bleibt dadurch die positive Temperaturdifferenz Schacht → Außenluft und damit der Luftwechsel erhalten; eine gewisse Störanfälligkeit gegen Windeinwirkungen läßt sich jedoch auch hier nicht vermeiden, da der Ablufterwärmung wirtschaftliche Grenzen gesetzt sind. Die Erwärmung der Luft erst nach dem Verlassen des Raumes bedingt nämlich einen ständigen Heizwärmeaufwand, und zwar sowohl im Sommer als auch im Winter. Die Anwendung dieser Maßnahme ist daher auf Sonderfälle beschränkt, z. B. die Erwärmung der Abzugskapellen in chemischen Laboratorien durch offene Gasflammen. Man muß sich andererseits vergegenwärtigen, daß eine einwandfreie und unter allen Umständen gesicherte Lüftung stets gewisse Betriebskosten verursacht.

Vielfach wird auch versucht, durch *Einbau von Saugköpfen*, ähnlich den Schornsteinaufsätzen, die Kraft des Windes zur Unterstützung des Auftriebs eines Lüftungsschachtes heranzuziehen. Bei Wind können derartige Saugköpfe — richtige Konstruktion vorausgesetzt — tatsächlich den Unterdruck im Abluftschacht erhöhen. Dagegen sind sie bei Windstille selbstverständlich unwirksam, ja sie behindern das freie Abströmen der Luft noch. Da aber das Versagen des Luftschachtes meist bei einem Wetter eintritt, das mit Windstille verbunden ist, hat die ganze Maßnahme nur geringen Wert. Berechtigt sind die Saugköpfe nur dort, wo sie störende örtliche Luftströmungen abfangen müssen. Man sollte sie deshalb richtiger als *Windschutzhauben* bezeichnen.

Eine größere Bedeutung haben sie nur bei Fahrzeugen (Schiffen, Eisenbahnen usw.), da hier während der Fahrt mit einem nach Stärke und Richtung eindeutig gegebenen Luftstrom gerechnet werden kann.

3. Anwendungsgebiete der Schachtlüftung

Angesichts der Tatsache, daß Lüftungsschächte in ihrer Wirkung unzuverlässig sind, erhebt sich die Frage, für welche Lüftungsaufgaben sie angewandt werden sollen. Zur Entscheidung geht man am besten von den Begriffen der *zeitgebundenen* und der *nicht zeitgebundenen* Lüftungsaufgaben aus.

Als ein Beispiel zur ersten Art sei die Lüftung des Zuschauerraums in einem Lichtspieltheater genannt. Es hat hier gar keinen Sinn, wenn der Luftwechsel erst in den kühlen Nachtstunden einsetzt, da die Lüftungsaufgabe an die Spielzeiten gebunden ist. Als ein Beispiel der nicht zeitgebundenen Aufgaben sei die Lüftung eines Lagerraums für nicht allzu empfindliche Güter genannt. Hier genügt es, wenn während mehrerer Stunden täglich, evtl. auch nachts, ein mäßiger Luftwechsel erzielt wird, während in der übrigen Zeit ein Aussetzen der Lüftung unbedenklich hingenommen werden kann.

Grundsätzlich sind Lüftungsschächte nur für nicht zeitgebundene Lüftungsaufgaben brauchbar; jedoch ist mit ihnen ein bestimmter Luftwechsel nicht sicherzustellen. Es ist also im Einzelfall stets zu prüfen, ob diese Mängel der Schachtlüftung hingenommen werden können. Ein bezeichnendes Beispiel für ihre zweckmäßige Anwendung ist die *Lüftung von Küchen, Badezimmern und Waschküchen*. Der Luftwechsel hat hier gar nicht die Aufgabe, die entstehenden Dünste und Wrasen während der Benutzung der Räume sofort abzuführen, denn dazu wäre jede im Wohnbau vertretbare Lüftungsanlage zu schwach. Er soll vielmehr den an den Wänden niedergeschlagenen Wrasen in den Benutzungspausen entfernen, also eine Durchfeuchtung des Mauerwerks bzw. ein Festsetzen des Küchengeruchs vermeiden. Diese Aufgabe erfordert Zeit und kann durch einen kurzzeitigen noch so kräftigen Luftwechsel gar nicht erfüllt werden. So leistet der Abluftschacht beispielsweise für innenliegende Bäder nach den Erfahrungen der Praxis auch im Sommer zumeist gute Dienste, da in der Regel in den Nachtstunden wenigstens eine Lufterneuerung zu erwarten ist. Von der Anordnung von Zuluftschächten kann abgesehen werden, zumal das Einströmen nicht vorgewärmter Luft im Winter zu Zugbelästigungen und unerwünschter Auskühlung der gelüfteten Räume führt. Enthält das innenliegende Bad ein WC, so stellt die Schachtlüftung nur einen Behelf dar, der bei geringer Kopfzahl des Haushaltes ausreichen mag, aber keine überzeugende Lösung dieser zeitgebundenen Lüftungsaufgabe ist[1]. Sie ist nach DIN 18017 Bl. 1 und 2[2] jedoch zugelassen in den Ausführungen der Abb. 7.09 bzw. 7.10. Bei Einzelschächten für jeden Raum, s. Abb. 7.09, soll der lichte Querschnitt bei glatten Wandungen (Formschächten aus Asbestzement) mindestens 140 cm², bei rauher

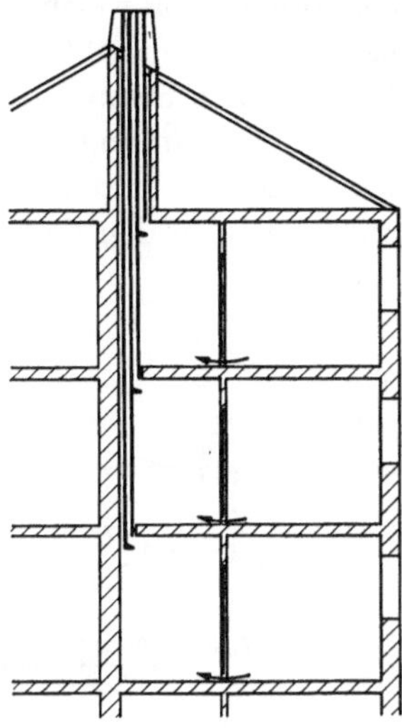

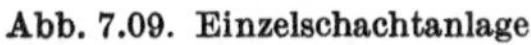

Abb. 7.09. Einzelschachtanlage.

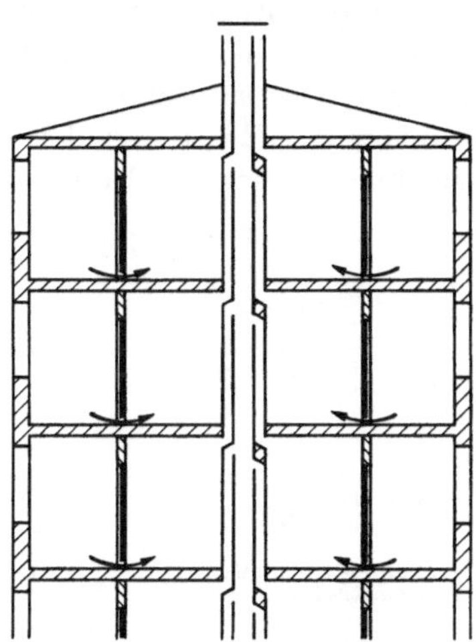

Abb. 7.10. Sammelschachtanlage.

Innenfläche (gemauert) mindestens 180 cm² betragen. Für den Eintritt der Zuluft sind unverschließbare Öffnungen oder Schlitze von einer freien Querschnittsfläche $f = 150$ cm² nahe dem Fußboden vorzusehen.

Bei Sammelschächten in vielgeschossigen Gebäuden ist die Anzahl der zulässigen Anschlüsse begrenzt. Die Abluft der einzelnen Räume wird dabei über einen stockwerkshohen Nebenschacht in den Sammelschacht eingeführt, um Geräusch- und Geruchsübertragungen möglichst zu vermeiden, s. Abb. 7.10. Neuere Untersuchungen zeigen, daß dies bei Sammelschächten ohne Ventilatoren jedoch nur unvollkommen gelingt und daß die Lufterneuerung häufig unzureichend ist[3].

DIN 18017 Bl. 3 (Entwurf April 1966) empfiehlt daher grundsätzlich für innenliegende Sanitärräume den Einbau von Ventilatoren, wobei entweder jede Wohnung eine selbständige Entlüftung über waagerechte Deckenkanäle und besondere Ventilatoren erhält oder die Abluft in senkrechten Einzelschächten zu einer Sammelkammer im Dachboden mit Zentralventilator geführt wird.

Zur Gruppe der Schachtlüftungen gehört auch die *Lüftung von Werkräumen und Hallen* mittels Dachaufsätzen. Für die Beurteilung ihrer Wirksamkeit sind alle vorgenannten Gesichtspunkte heranzuziehen. Solange die Innentemperatur höher ist oder Wind herrscht, arbeiten die Schächte und Aufsätze bei zweckmäßiger Ausführung befriedigend. An windruhigen, warmen Tagen versagen sie, sofern keine größeren Wärmequellen vorhanden sind. Sie genügen daher nicht für Werkräume mit ständig starker Luftverschlechterung, wohl aber für Großräume, bei denen kein bestimmter ständiger Luftwechsel gefordert wird. Als besonders wirksam bei Windanfall haben sich nach Versuchen im Windkanal[4] Dachentlüfterbauformen nach Abb. 7.11 u.

[1] Roedler, F.: Zur Problematik der Lüftung innenliegender Aborte und Bäder im sozialen Wohnungsbau. Gesundh.-Ing. 72 (1951) 8/12 u. 58/61.

[2] DIN 18017 — Lüftung von Bädern und Spülaborten ohne Außenfenster durch Schächte und Kanäle, ohne Motorkraft. Bl. 1: Einzelschachtanlagen. Mrz. 1960, Bl. 2: Sammelschachtanlagen. Nov. 1963.

[3] Roedler, F., u. G. Schlüter: Untersuchungen an einer Sammelschachtlüftung ohne Motorkraft (DIN 18017) in einem Hochhaus. Gesundh.-Ing. 89 (1968) 5/9.

[4] Conrad, O.: Die natürliche Raumentlüftung mittels Einzel- und Flächenentlüfter. Z. VDI 95 (1953) 497/502.

Abb. 7.12 erwiesen. Bei beiden Modellen schränken Abdeckbleche den unerwünschten direkten Windstrom durch die Dachaufbauten ein. Der runde Einzellüfter der Abb. 7.11 besitzt zu diesem Zweck zwei obere kegelförmige Blechringe und einen seitlichen Schutzzylinder mit gewölbtem Profil. Bei Lüftungslaternen, die auf den Dächern langgestreckter Hallen häufig zu finden sind, verbessern die in Abb. 7.12 eingezeichneten ebenen Windschutzbleche zu beiden Seiten des Aufsatzes die Luftförderung bei Windanfall beträchtlich, und zwar nahezu unabhängig vom Anblaswinkel, sofern dieser um nicht mehr als 45° von der Flächennormalen abweicht.

Hansen[1] empfiehlt, bei der vereinfachten praktischen Ausführung nach Abb. 7.13 die hier eingetragenen Maßverhältnisse einzuhalten. Die Überstände der seitlichen Schutzbleche und des Daches genügen, um das Eindringen von Regentropfen durch die Dachöffnung zu verhindern. Für den Ablauf des Regens an der Dachfläche innerhalb des Aufsatzes sind schmale Spalte vorzusehen. Für eine etwaige Einschränkung der Luftförderung können in den Seitenöffnungen

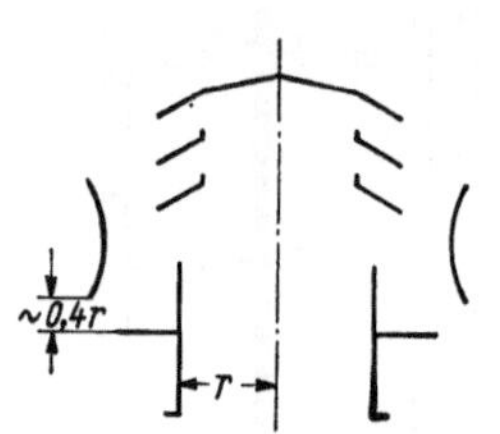

Abb. 7.11. Einzeldachentlüfter, schematisch.

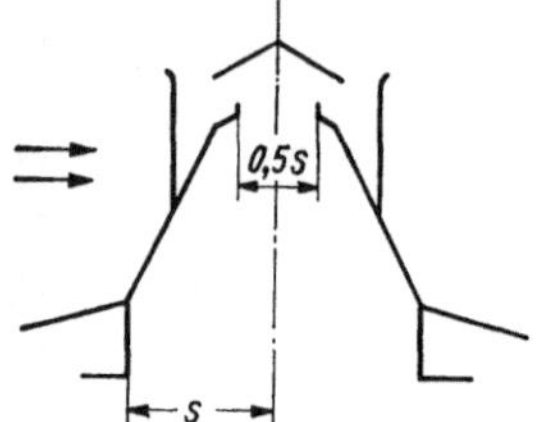

Abb. 7.12. Flächendachentlüfter, schematisch.

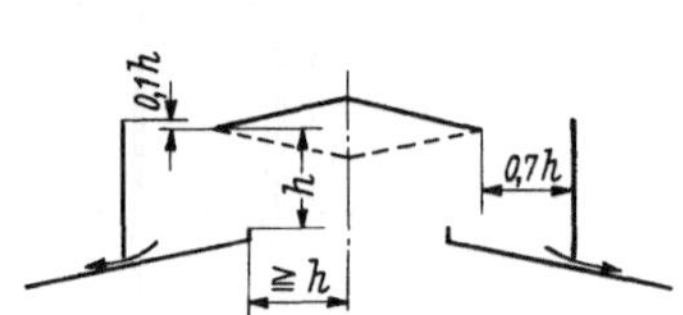

Abb. 7.13. Zweckmäßige Maßverhältnisse bei Dachentlüftern.

Drosseleinrichtungen eingebaut werden, z. B. Fenster mit senkrechter Drehachse; sie geben bei offener Stellung den Querschnitt voll frei. Die bei älteren Dachaufsätzen noch häufig anzutreffenden festen Jalousien sind fehl am Platz. Sie vermindern die Luftabzugsflächen und damit auch die Wirksamkeit der Dachentlüfter ganz erheblich. Wird die Zuluft unvorgewärmt über Türen und Fenster eingeführt, so treten im Winter leicht Zugbelästigungen auf.

III. Lüftungsanlagen

Eine unter allen Temperatur- und Windverhältnissen gesicherte Raumlüftung ist nur durch Anlagen mit mechanischer Luftförderung zu erzielen. Der Ventilatorbetrieb gestattet es bei größeren Gebäuden, jedem Raum die stündlich benötigte Luftmenge zuzumessen und auch die Druckverteilung innerhalb des Gebäudes zu beherrschen. Da genügend hohe Drücke zur Verfügung stehen, ist der Einbau zuverlässig arbeitender Einrichtungen zum Aufbereiten der Luft möglich; auch ist man in der Führung und Bemessung der Luftkanäle sehr viel freier als bei der Auftriebslüftung.

Allerdings erfordert die Reinigung, Vorwärmung und Förderung der Luft stets einen nicht unerheblichen Kostenaufwand beim Betrieb der Anlage, über dessen Größenordnung man sich schon bei der Planung im klaren sein sollte. Nur wenn die Betriebsausgaben einschließlich der Wartung im Einzelfall wirtschaftlich tragbar sind, ist der Einbau von Lüftungsanlagen empfehlenswert. Man findet immer wieder lüftungstechnische Anlagen, die eingeschränkt betrieben werden oder ganz stillgelegt sind, bei denen also offenbar diese Voraussetzung nicht rechtzeitig erkannt wurde. In solchen Fällen wäre vielfach eine einfachere Lüftungsanlage oder auch ein Lüftungsbehelf in der vorbesprochenen Art sinnvoller gewesen.

A. Allgemeines

Lüftungsanlagen enthalten stets Einrichtungen zur Reinigung, Vorwärmung und Förderung der Luft, zuweilen auch zur Kühlung und Befeuchtung. Die Temperatur der Zuluft wird dabei zumeist selbsttätig geregelt. Man spricht von einer Klimaanlage, wenn Temperatur und Feuchte

[1] Hansen, M.: Die natürliche Lüftung von Industriehallen. Arch. Eisenhüttenwesen 33 (1962) 517/525.

der Raumluft im Rahmen vertretbarer Betriebsbedingungen selbsttätig auf vorgegebenen Werten gehalten werden.

Die wichtigsten technischen und hygienischen Anforderungen, die an einwandfreie Lüftungs- und Klimaanlagen für Aufenthaltsräume zu stellen sind, sind in den „VDI-Lüftungsregeln" DIN 1946[1] enthalten. Diese Norm ist daher stets bei der Vergabe lüftungstechnischer Anlagen zugrunde zu legen.

1. Einteilung der Lüftungsanlagen; Unter- oder Überdruck

Sauglüftungen, bei denen die Zuluft weder gefiltert noch vorgewärmt wird, also z. B. im Abluftschacht, Dachaufsatz oder in einer Saalwand eingebaute Lüfter, sollte man nicht als Lüftungsanlagen bezeichnen. Sie sind ein Behelf, der sogar unter gewissen Voraussetzungen einwandfrei arbeitet, beispielsweise, wenn nur in den Sommermonaten eine Lufterneuerung gewünscht wird (Ausstellungshallen, große Industriehallen) oder wenn die zu fördernden Luftmengen klein sind im Verhältnis zum Luftraum eines Gesamtgebäudes, so daß Zugerscheinungen vermieden werden (Lüftung innenliegender Toiletten in Wohngebäuden und Hotels).

Drucklüftungen blasen in der Regel vorgewärmte, gefilterte Luft in die Räume ein. Sie fallen unter den Begriff „Lüftungsanlagen", insbesondere dann, wenn der Weg der Luft durch die zu lüftenden Räume infolge zweckmäßiger Anordnung von Zu- und Abluftöffnungen vorgeschrieben ist.

In den meisten Fällen weisen Lüftungsanlagen sowohl Zuluft- als auch Abluftventilatoren auf (Verbundlüftung). Je nachdem, ob man die Zuluft- oder die Abluftleistung größer wählt, zwingt man dem zu lüftenden Raum einen Über- oder Unterdruck gegenüber der freien Atmosphäre evtl. auch gegenüber den Nachbarräumen auf. Bei größeren Gebäuden wird zuweilen die Zuluft zentral aufbereitet, aber durch örtliche Abluftventilatoren für einzelne Räume oder Raumgruppen getrennt abgesaugt. Dadurch läßt sich eine aus betrieblichen oder hygienischen Gründen geforderte beliebige Druckverteilung innerhalb des Gebäudes erzielen, wie sie beispielsweise zur Vermeidung von Geruchs- oder Geräuschübertragungen erwünscht sein kann. So erhalten im allgemeinen Küchen, Restaurationsräume, Aborte und sonstige Räume mit starker Luftverschlechterung reichlich bemessene Abluftventilatoren. Es entsteht ein Unterdruck, so daß die Luft aus den Nachbarräumen über die natürlichen Undichtheiten der Türen oder planmäßige Durchlässe zuströmt, aber nicht dorthin übertritt.

In allen anderen Fällen bevorzugt man die Einhaltung geringer Überdrücke in den zu lüftenden Räumen, um Zugbelästigungen durch das Einströmen unvorgewärmter Luft aus dem Freien oder aus Fluren, Umgängen u. dgl. zu verhindern. Bei Verbundlüftungen wird die zur Überwindung der Strömungswiderstände in der Gesamtanlage erforderliche Druckhöhe auf zwei Ventilatoren aufgeteilt. Die Ventilatoren können daher mit verminderter Umfangsgeschwindigkeit betrieben werden, wodurch die Gefahr der Geräuschbelästigung wesentlich herabgesetzt wird.

Man unterscheidet nach der Betriebsweise der Anlagen Außenluft- und Umluftbetrieb. Im ersten Fall wird die gesamte Zuluft aus dem Freien entnommen, im zweiten Fall wird ein Teil der Raumluft in die Zentrale zurückgeleitet und nach Aufbereitung dem Raum wieder zugeführt. Es sind allein wirtschaftliche Gründe, die zu dem bei Aufenthaltsräumen hygienisch unerwünschten Umluftbetrieb zwingen. Die Einrichtungen zur Luftvorwärmung und -kühlung brauchen in diesem Fall nicht für die nur selten auftretenden Extremwerte der Außentemperaturen ausgelegt zu werden, sondern für die Mischtemperaturen des Außen- und Umluftanteils. Vor allem aber geht mit der Einschränkung des Außenluftanteils an der Zuluft der Energiebedarf zur Vorwärmung bzw. Kühlung zurück.

Die häufig anzutreffenden Bezeichnungen Be- bzw. Entlüftungsanlagen für Druck- bzw. Sauglüftungen sollte man grundsätzlich vermeiden. Sie sind nicht nur sprachlich falsch (ein Raum wird *ge*lüftet; *be*lüftet wird beispielsweise eine Dampfleitung nach dem Abstellen, *ent*lüftet beim Anstellen), sondern verleiten auch zu der Vorstellung, als ob man sich im einen Fall nur um die Zuführung frischer Luft, im anderen Fall nur um die Abführung der verbrauchten Luft zu kümmern brauche.

[1] Siehe Fußnote S. 327.

2. Begriffe, Benennungen, Sinnbilder

Für die in der Praxis oft unterschiedlich verwendeten Begriffe wie Frischluft, Abluft, Umluft, Rückluft, Zusatzluft, Mischluft u. a. haben die VDI-Lüftungsregeln einheitlich die in der Abb. 7.14 eingetragenen Bezeichnungen festgelegt.

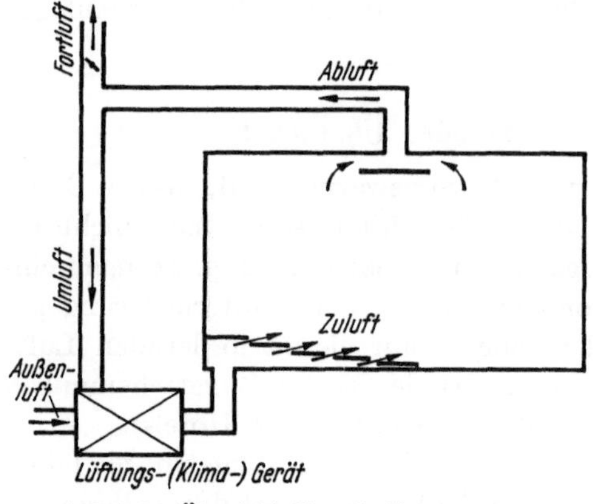

Abb. 7.14. Übersicht über die Benennungen in der Lüftungs- und Klimatechnik.

Vom Raum aus betrachtet, wird die gesamte ihm zugeführte Luft als „Zuluft" bezeichnet, sinngemäß heißt dann die gesamte abströmende Luft „Abluft".

Wird ein Teil der Abluft dem Raum wieder zugeführt, so bezeichnet man diesen Teil als „Umluft". Der ins Freie entweichende Anteil heißt „Fortluft". Der aus dem Freien entnommene Teil der Zuluft wird von seinem Eintritt ins Gebäude bis zum Zusammentreffen mit der Umluft als „Außenluft" bezeichnet.

Alle Benennungen gelten unabhängig davon, an welcher Stelle der Luftwege sich Ventilator, Filter, Erhitzer, Kühler oder Befeuchter befinden.

Sollen Pläne von Lüftungsanlagen durch Anlegen in Farben anschaulicher gestaltet werden, so sind die Kanäle wie folgt zu kennzeichnen:

Zuluft (aufbereitete Luft)	lila
Außenluft	grün
Abluft bzw. Fortluft	gelb
Umluft (auch im Beipaß)	orange
Apparate	grau

Für schematische Aufbauzeichnungen, Schaltpläne und Regelanordnungen erweist sich auch bei lufttechnischen Anlagen die Verwendung einheitlicher Sinnbilder als zweckmäßig. Die VDI-Lüftungsregeln schlagen dafür folgende Zeichen vor:

Tafel C. Sinnbilder der Lüftungstechnik

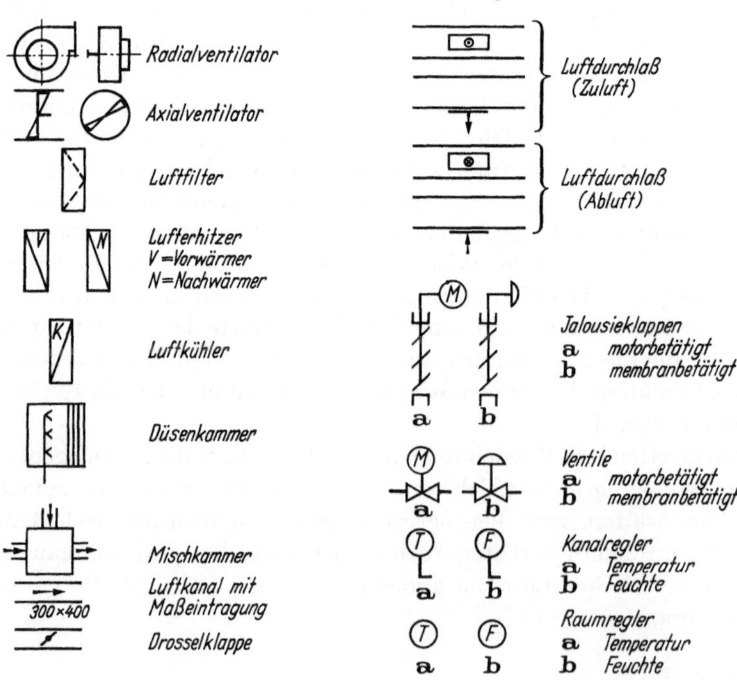

B. Entnahme und Aufbereitung der Luft

1. Entnahme der Luft

Die Außenluft soll an einer vor Wind, Sonneneinstrahlung, Staub und Abgasen geschützten Stelle mit lotrechten und nicht waagerechten Eintrittsöffnungen entnommen werden. Ein nicht zu weitmaschiges Gitter oder Jalousien verhindern das Eindringen grober Verunreinigungen. Als zweckmäßig hat es sich erwiesen, den Außenluftkanal kurz hinter der Luftentnahmestelle mit dichtschließenden Abschlußklappen zu versehen, die während der Betriebspausen eine Verschmutzung der Anlage durch schleichende Luftströme verhindern sollen.

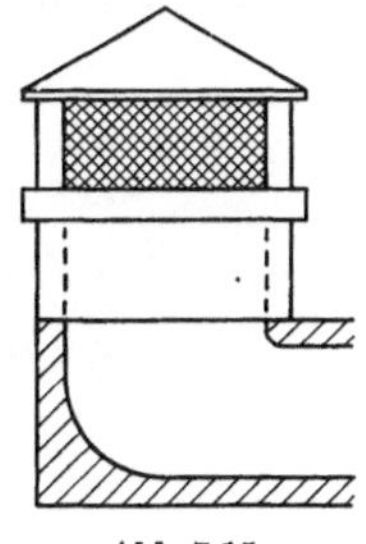

Abb. 7.15. Luftentnahme.

Am einfachsten ist die Beschaffung reiner Luft, wenn eine Rasenfläche in erreichbarer Nähe ist, aus der man in der Art der Abb. 7.15 die Luft entnehmen kann. Am schwierigsten ist die Aufgabe im Innern der Großstädte zu lösen. Die Luft von der Straßenseite her zu nehmen, verbietet sich von selbst. Die Entnahme auf der Hofseite eines Gebäudes, sei es in Gebäudehöhe oder besser in halber Gebäudehöhe, ist ratsam bei weiten Höfen und nicht durch gewerbliche Betriebe verschlechterter Luft. Häufig wird nur die Möglichkeit bleiben, die Luft über Dach zu entnehmen. In Höhe der Dächer ist jedoch die Großstadtluft im Winter durch die Abgase der Feuerungen verunreinigt, so daß auch diese Lösung nicht recht befriedigt. Immerhin lassen sich Ruß und Flugasche noch am leichtesten aus der Luft durch Filterung entfernen. Auf freie und möglichst hohe Lage der Entnahmeöffnung sowie sorgfältige Reinigung der Luft ist daher bei dieser Anordnung besonders zu achten.

2. Luftreinigung

a) Allgemeines

Auch bei einfachen Lüftungsanlagen ist die Zuluft von Staub, Rauch, Ruß und Schwebstoffen aller Art zu reinigen, und zwar sowohl der Außenluft- als auch der Umluftanteil, s. auch S. 342. Es soll dadurch verhindert werden, daß sich Schmutznester in Kammern und Kanälen bilden und sich Staub in den zu lüftenden Räumen oder an den großen Oberflächen von Lufterhitzern und -kühlern ablagert und deren Leistung vermindert.

Daraus folgt, daß Staubfilter stets *vor* den Lufterhitzern angeordnet werden sollen. Technisch ist bei allen Bauarten eine ausreichende Staubspeicherfähigkeit (hohe Standzeit), ein guter Entstaubungsgrad und eine einfache Wartung der Filter zu fordern. Der Entstaubungsgrad ist das Verhältnis der in einem Filter zurückgehaltenen zu der in der zuströmenden Luft (Rohluft) enthaltenen Gesamtstaubmenge. Da sich grobe Staubteilchen im allgemeinen leichter entfernen lassen als feine und auch die Art des Staubs eine Rolle spielt, können Entstaubungsgrade nur jeweils für eine bestimmte Staubart und Korngrößenverteilung exakt angegeben werden. Für die Prüfung sind ausgewählte Teststäube vorgeschrieben[1].

	Leistungsstufe	für Korngrößen
A	Grobfilter	$>8\ \mu m$
B	Feinfilter	$>0{,}7\ \mu m$
C	Feinstfilter	$<0{,}7\ \mu m$

Nach dem Aufgabenbereich und der Filtergüte unterscheidet man bei lüftungstechnischen Anlagen 3 Leistungsstufen, nämlich Grobfilter (A), Feinfilter (B) und Feinstfilter (C). Die in der obigen Tabelle genannten Korngrößen geben für die Filter A und B die Grenzwerte an, oberhalb derer eine nahezu vollständige Abscheidung der Stäube gesichert ist.

[1] Richtlinien zur Prüfung von Filtern für die Lüftungs- und Klimatechnik. Hrsg. vom Staubforschungsinstitut des Hauptverbandes der gewerbl. Berufsgenossenschaften e. V. (SFI), Bonn. Staub 21 (1961), 206/211.

b) Filterbauarten

Ölbenetzte Metallfilter. Die Luft wird bei dieser Bauart in feiner Verteilung und mit vielfachen Richtungsänderungen über ölbenetzte Metalloberflächen geführt. Das Öl bindet den Staub, soll aber nicht verharzen oder rasch eintrocknen. Auch bei einem Staubbelag der Metallflächen bleibt die Haftfähigkeit noch längere Zeit erhalten, da das Öl in der Staubschicht kapillar an die Oberfläche nachgesaugt wird.

Die bei solchen Filtern notwendigen großen Oberflächen werden durch Metallgewebe oder vielfach geschlitzte, in Paketen zusammengefaßte dünne Blechplatten gebildet. Die Einzelelemente, s. Abb. 7.16, lassen sich zu Filterwänden zusammensetzen. Bei geringer verfügbarer Bauhöhe werden die Platten schräg oder bei stehenden Filterkästen zickzackförmig eingebaut, s. Abb. 7.17. In bestimmten Zeitabständen (je nach der Belastung, dem Staubgehalt der Luft und der Betriebsdauer der Anlage) müssen die Filter in einem Spezialöl oder im heißen Sodabad gereinigt werden. Da der Widerstand des Filters mit zunehmender Verschmutzung zumeist deutlich anwächst, läßt sich die Notwendigkeit der Filterreinigung an Hand einer Druckdifferenzmessung feststellen.

Abb. 7.16. Elemente eines Metallfilters.

Die Filterreinigung wird erleichtert bei Verwendung von Umlauffiltern. Hier wird ein Filterband oder eine Kette mit hängenden Filterkästen in der Art eines Paternosters im Umlauf gehalten, wobei nach und nach alle Filterflächen ein Ölbad in einer unterhalb des Filters angeordneten Wanne passieren, in dem sie gereinigt und gleichzeitig neu benetzt werden. Die Wanne ist von Zeit zu Zeit zu entschlammen und mit frischem Öl zu füllen. Der Antrieb kann durch einen Motor oder von Hand erfolgen.

Metallfilter werden als Grob- und Feinfilter verwendet. Sie genügen im allgemeinen den Anforderungen, die an lüftungstechnische Anlagen in Aufenthalts- und Versammlungsräumen gestellt werden. DIN 1946 Bl. 2 schreibt einen maximalen Staubgehalt der Zuluft von 0,5 mg/m³ vor, ein Wert der selbst bei starker Verschmutzung der Außenluft leicht erreichbar ist. Als Vorteile der Metallfilter seien genannt: Geringer Platzbedarf, hohe Staubspeicherung und fast unbegrenzte Lebensdauer. Ihr Hauptnachteil ist die unbequeme und sehr schmutzige Filter- oder Ölbadreinigung.

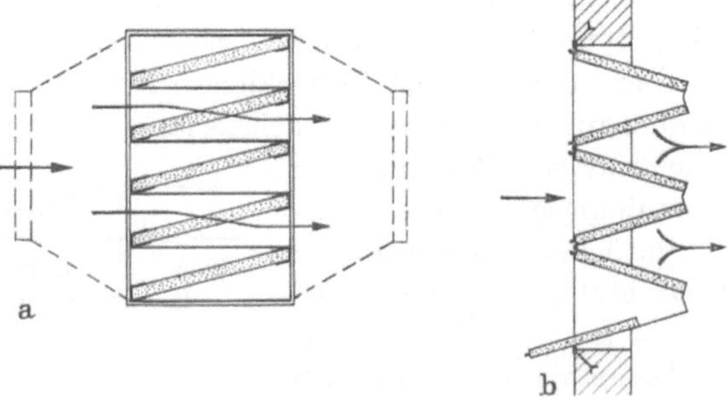

Abb. 7.17. Einbau von Filterplatten.
a) zickzackförmig in Kanälen (Vertikalschnitt); b) schräg in senkrechten Filterwänden (Horizontalschnitt).

Trockenfilter. Zur Luftreinigung werden bei diesen Filtern faserige Stoffe aus Zellulose, Textilien, Glas- und synthetischen Fasern verwendet. Das Material wird in Form von Platten oder als Vliese geliefert und in Wechselrahmen eingelegt, z. T. auch mit festen Kartonrahmen unmittelbar in die Filterkästen eingesetzt, s. Abb. 7.18. Im gerätetechnischen Aufbau ähneln die Trockenfilter sonach den vorbeschriebenen Metallfiltern. Im allgemeinen wird der Filterstoff nach Benutzung weggeworfen (Wegwerffilter). Nur Sonderbauarten aus synthetischen Fasern lassen eine Wiederverwendung nach Ausspülen mit Wasser zu. Papier- und Kunstfaserfilterstoffe werden auch in Rollen geliefert, so daß sie als Bandfilter eingebaut werden können, s. Abb. 7.19.

Je nach der Art der Fasern, ihrer Verbindung und der Schichtdicke lassen sich mit Trockenfiltern hohe Entstaubungsgrade auch für feinste Partikel und Schwebstoffe erzielen. Bei Feinstfilterung ist es zweckmäßig, die groben Fraktionen des Staubes zunächst in einem Vorfilter abzuscheiden.

Der Widerstand von Feinstfiltern ist wesentlich höher als der üblicher Filterbauarten. Er steigt zudem mit der Verschmutzung stark an und kann Werte bis zu 100 mm WS erreichen. Für Räume, in denen mit radioaktivem Material gearbeitet wird, sind Feinstfilter auch in den Abluft- bzw. Fortluftweg einzubauen.

Der Hauptvorteil der Trockenfilter ist die einfache Wartung; als Nachteil sind bei Wegwerffiltern die relativ hohen Kosten für das Filtermaterial zu nennen.

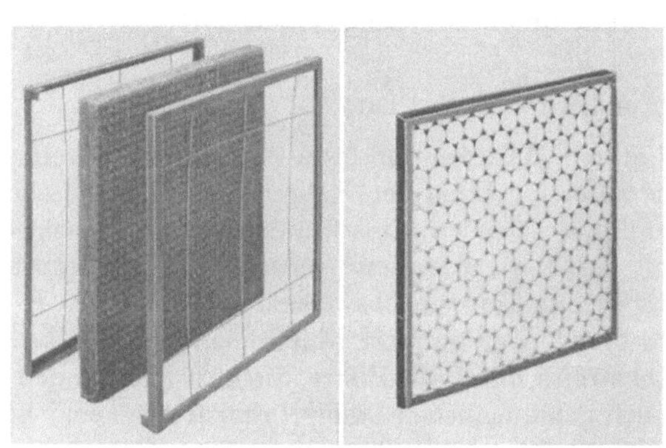

Abb. 7.18. Trockenfilter.
a) Matte mit Wechselrahmen; b) fest gerahmt.

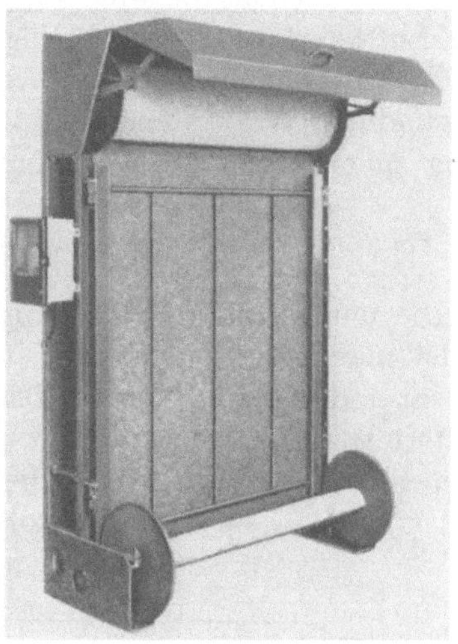

Abb. 7.19. Rollbandfilter.

Elektrofilter. Die zu reinigende Luft wird bei diesen Filterbauarten durch ein Gleichstromhochspannungsfeld geführt, in dem die Staubteilchen elektrisch aufgeladen werden. An nachgeschalteten plattenförmigen Gegenelektroden scheiden sie sich ab. Die Ionisierungselektroden bestehen aus Wolframdrähten, an denen bei der hohen Spannung (12000 V) Sprühentladungen stattfinden. Auch die Gegenelektroden stehen zumeist noch unter Spannung, wenn auch in etwa halber Höhe und mit wechselnd positivem bzw. negativem Anschluß. Zur Reinigung werden die Platten mit Wasser abgespritzt.

Der Zellenaufbau, in dem durch Aneinanderreihung gleicher Geräte ein beliebiges Vielfaches der Luftleistung des Einzelbauteils bewältigt werden kann, wird bei kleineren und mittleren Anlagen auch hier bevorzugt. Die Vorteile liegen in dem hohen Entstaubungsgrad der Elektrofilter für feinste Partikel (bei 0,1 μm und kleiner), dem niedrigen Strömungswiderstand und der einfachen Wartung. Von Nachteil sind die hohen Anschaffungskosten.

Naßfilter. Beim Durchgang der Luft durch den Wasserschleier einer Befeuchtungskammer bleiben Staubteilchen an der Oberfläche der Tropfen haften und werden damit aus dem Luftstrom abgeschieden. Solche Befeuchtungseinrichtungen findet man durchweg bei Klimaanlagen, s. S. 368, seltener bei einfachen Lüftungsanlagen. Der noch häufig verwendete Begriff „Wäscher" deutet darauf hin, daß man ihnen früher eine nachhaltige Filterwirkung zuschrieb. Das ist jedoch nicht der Fall. Im Wasserschleier werden in erster Linie grobe und benetzbare Staubteilchen, also nicht fettige, abgeschieden. Der Entstaubungsgrad für die Verunreinigungen erreicht selten 60%, so daß Naßfilter allein eine ausreichende Entstaubung nicht gewährleisten.

Aktivkohlefilter. Kohlenstoff hat in amorpher Form die Eigenschaft, Gase oder Dämpfe zu adsorbieren; d. h. an der Oberfläche des festen Stoffes treten mehr oder weniger starke Anreicherungen einzelner Bestandteile eines angrenzenden gasförmigen Mediums auf. Man nutzt diese Eigenschaft, um aus der Luft übelriechende gas- und dampfförmige Verunreinigungen zu entfernen. Je größer die Oberfläche, um so höher ist das Adsorptionsvermögen und zugleich auch die Speicherfähigkeit für die zu adsorbierenden Stoffe.

Als Adsorptionsmaterial dient eine durch Verkokung gewisser Hölzer gewonnene Substanz mit außerordentlich großer spezifischer Oberfläche, die sog. „Aktivkohle". Man schätzt die wirksame Fläche eines Gramms, das sind etwa 2 cm^3, auf über 1000 m^2. Das feinkörnige Material lagert in den Hohlräumen zwischen Stahlblechen mit kleiner Lochung, die im Zickzack geformt zu Zellen zusammengefaßt sind.

Anwendung findet das Aktivkohlefilter vor allem zur Reinigung der Umluft, in Gegenden mit gasförmig stark verunreinigter Atmosphäre evtl. auch für die von außen entnommene Luft. Die Außenluftraten sollten jedoch auch bei Verwendung von Aktivkohlefiltern nicht kleiner gewählt werden als die Mindestwerte nach DIN 1946 Bl. 1. Stets ist ein Staubfilter vorzuschalten. Die Lufttemperatur darf 35 bis 40 °C nicht überschreiten, da das Adsorptionsvermögen der Kohle bei höheren Temperaturen rasch absinkt. Gegen Luftfeuchtigkeit ist Aktivkohle unempfindlich; Wasserdampf wird praktisch nicht adsorbiert. Das Filtermaterial ist nach Sättigung zu erneuern. Es wird vom Herstellerwerk unter Erhitzung regeneriert.

3. Erwärmung und Kühlung der Luft

Die unmittelbare Erwärmung der Luft durch Heizöfen für feste oder flüssige Brennstoffe findet man nur bei einfachen Anlagen, die in erster Linie der Raumheizung dienen und nur nebenbei der Raumlüftung. Das gilt auch, mit gewissen Einschränkungen, für gasbeheizte Lufterhitzer. In der Regel verwendet man zur Lufterwärmung dampf- bzw. wasserbeheizte Rippen- oder Lamellenrohre, die in Registerform zusammengebaut sind, s. Abb. 7.20. Je nach Bedarf werden eine Anzahl Rohrreihen fluchtend oder versetzt hintereinandergeschaltet. Das Heizmittel strömt durch die Rohre, die Luft quer zu den Rohren. Bei den gebräuchlichen Stahlrohrheizflächen sind Lamellen aus 0,5 bis 0,7 mm starkem Blech in runden oder vieleckigen Querschnitten mit geringem Abstand auf die 12 bis 20 mm starken Rohre aufgeschoben oder schraubenförmig als Band aufgewickelt. Der metallische Kontakt zwischen Rohr und Lamelle wird durch die übliche Verzinkung im Vollbad verbessert. Der Hauptvorteil der Rohrregister gegenüber sonstigen Heizkörperbauarten liegt in der hohen Leistung je Flächen- bzw. Raumeinheit und dem niedrigen Preis. Sie finden auch zur Kühlung Verwendung, wobei für das Ablaufen des bei Taupunktunterschreitung sich bildenden Kondensats die horizontale Rohranordnung günstiger ist.

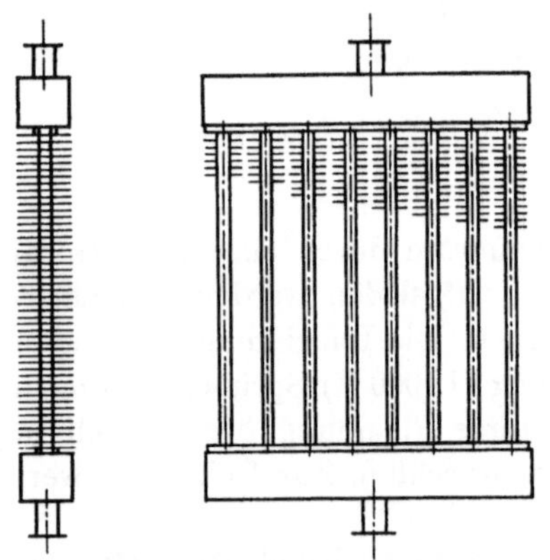

Abb. 7.20. Lamellenrohrregister.

Die einzelnen Register können sowohl parallel- als auch hintereinandergeschaltet werden. Bei Hintereinanderschaltung läßt sich die thermisch günstigere Kreuz-Gegenstromführung verwirklichen, die besonders bei Kühlern mit vielen Registern von Vorteil ist. Werden wasserbeheizte Lufterwärmer mit vertikalen Rohren hintereinandergeschaltet, so ergibt sich zusätzlich noch eine sehr erwünschte Vergleichmäßigung der Lufttemperaturen in der Registerhöhe.

C. Lüftungszentrale

Zur Erleichterung der Bedienung und Überwachung einer Lüftungsanlage werden die wichtigsten maschinentechnischen Bauteile in der Lüftungszentrale zusammengefaßt. Abb. 7.21 zeigt schematisch den Aufbau der Zentrale einer einfachen Lüftungsanlage ohne Luftkühlung. Die Außenluft wird zunächst gereinigt, dann erwärmt und anschließend vom Ventilator über das Kanalnetz in die zu lüftenden Räume gefördert. Im Sommerbetrieb kann der Luftvorwärmer umgangen und dadurch die Ventilatorleistung herabgesetzt werden. Durch Einbau von Stellklappen läßt sich auch im üblichen Betrieb das Verhältnis der durch den Vorwärmer und die Umgehung strömenden Luftmengen verändern und dadurch ohne Drosselung des Heizmitteldurchflusses die Zulufttemperatur regeln. Der Vorzug dieser Art der Temperaturregelung ist ihr

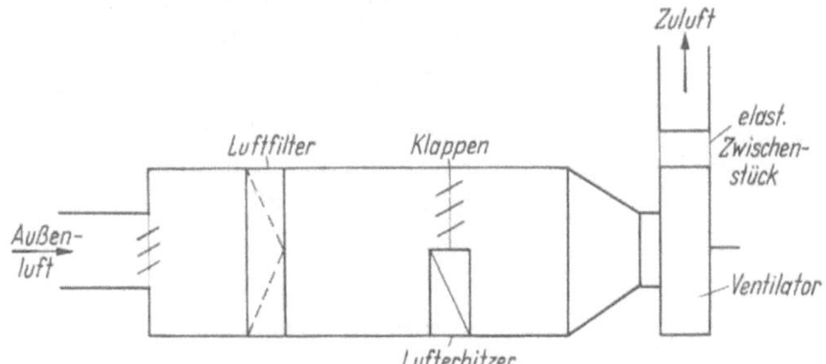

Abb. 7.21. Aufbau einer einfachen Lüftungszentrale, schematisch.

verzögerungsfreies Ansprechen auf Regelimpulse. Dabei gewährleistet die Anordnung des Ventilators hinter dem Vorwärmer, in Richtung des Luftstroms gesehen, eine weitgehende Verwirblung der Luft, so daß die Lufttemperatur in den anschließenden Leitungen ziemlich ausgeglichen ist. Beim Einbau des Vorwärmers hinter dem Ventilator stellt sich häufig in den Kanälen eine deutliche Temperaturschichtung ein, die selbst bei sonst ausreichender Luftvorwärmung zu Zugbelästigungen führt. Solche Temperaturschichtungen erhalten sich nämlich über lange Strecken im Kanalnetz und lassen bei ungünstiger Lage des Luftauslasses zu kalte Luft in den Raum einströmen.

1. Ventilator

Zur Luftförderung verwendet man in der Lüftungs- und Klimatechnik meist Radialventilatoren[1], s. Abb. 7.22, daneben aber auch solche axialer Bauart, s. Abb. 7.24.

Radialventilatoren, in der Praxis auch als Fliehkraftlüfter bezeichnet, werden mit vorwärts gekrümmten, rückwärts gekrümmten oder gerade endenden Schaufeln ausgeführt, s. Abb. 7.23. Die Zusammenhänge zwischen Drehzahl, Förderstrom und Förderhöhe sowie die Kennlinien der verschiedenen Ventilatorbauarten werden im zweiten Band behandelt. Laufräder mit vorwärts gekrümmten Schaufeln ergeben bei gleicher Drehzahl und Luftmenge eine größere Förderhöhe als solche mit rückwärts gekrümmten Schaufeln. Von Nachteil ist aber der starke Anstieg des Leistungsbedarfs mit zunehmender Luftförderung, der eine zuverlässige Widerstandsbestimmung der Lüftungsanlage oder den Einbau reichlich bemessener Antriebsmotoren erforderlich macht; bei Läufern mit rückwärts gekrümmten Schaufeln ist dagegen die Gefahr der Motorüberlastung bei überhöhter Luftförderung nur gering; auch sind sie zumeist geräuschärmer.

Abb. 7.22. Radialventilator.

Eine Sonderbauart der Radialventilatoren mit vorwärts gekrümmten Schaufeln sind die Trommelläufer, die in der Klimatechnik, insbesondere in Einzelgeräten, häufig eingesetzt werden. Infolge hoher Umfangsgeschwindigkeiten ergeben sich beachtliche Druckhöhen bei gleichzeitig großen Volumendurchsätzen; die Geräuschentwicklung bleibt dabei in Grenzen. Da die Schaufeln aus Blechstreifen gefertigt werden können, sind die Herstellungskosten niedrig.

Axialventilatoren (Schraubenlüfter) benötigen zur Erzeugung gleicher Druckhöhen wesentlich größere Umfangsgeschwindigkeiten als Radialventilatoren. Damit wächst die Gefahr der Geräuschbelästigung. Man verwendet sie daher in erster Linie zur Förderung großer Luftmengen

[1] Siehe auch: Eck, B.: Ventilatoren. 4. Aufl. Berlin/Göttingen/Heidelberg: Springer 1962.

bei geringen Förderdrücken, z. B. als Abluftventilatoren, oder in Räumen mit relativ hohem Geräuschpegel, also in Industriebetrieben. Im Preis, Platzbedarf und bei großen Leistungen auch im Wirkungsgrad sind sie den Radialventilatoren überlegen. Sie lassen sich zudem raumsparend als sog. Rohrarmatur ins Kanalnetz einbauen.

Abb. 7.23. Laufradformen.
a) vorwärts gekrümmte Schaufeln;
b) rückwärts gekrümmte Schaufeln.

Abb. 7.24. Axialventilator für Kanaleinbau.

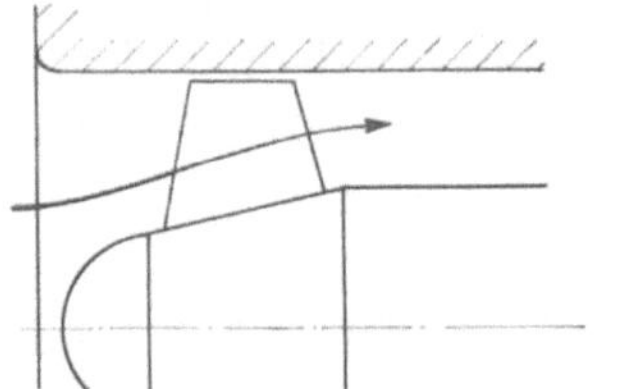

Abb. 7.25. Schrägschaufelgebläse, schematisch.

Für sehr große Luftleistungen sind Sonderbauarten, wie z. B. das Schrägschaufelgebläse, entwickelt worden, die eine den Radialventilatoren vergleichbare Förderhöhe bei erheblich höherem Wirkungsgrad bieten, s. Abb. 7.25. Sie arbeiten mit sog. Meridianbeschleunigung, wobei durch Verengung des Strömungsquerschnitts in axialer Richtung die Strömungsgeschwindigkeit erhöht wird.

Eine wirksame Maßnahme der Druckerhöhung bei drallbehafteter Austrittsströmung ist die Anwendung eines Nachleitrades, das die Umfangskomponente der Strömung nach dem Laufrad in statischen Druck umwandelt.

Während Schraubenlüfter in der Regel unmittelbar angetrieben werden, überwiegt beim Fliehkraftlüfter der Antrieb mittels Keilriemen. Der Motor kann dabei auf einem am Lüftergehäuse befestigten Sockel oder auch gesondert aufgestellt werden. Der mittelbare Antrieb ermöglicht die Verwendung billigerer Motoren mit höheren Drehzahlen, erleichtert den Anbau und Ausbau des Motors sowie eine etwa nachträglich erforderliche Drehzahländerung des Lüfters.

2. Ventilatorkammer

Filter, Lufterhitzer bzw. -kühler, Luftklappen und zuweilen auch der Ventilator werden entweder apparativ in einem Gehäuse zusammengefaßt, dem Lüftungssatz, oder einzeln in einer bauseitig errichteten Kammer untergebracht. Bei kleineren Lüftungsanlagen und insonderheit bei Klimaanlagen bevorzugt man die Apparatebauform; bei hohen Luftleistungen erweist sich die an Ort und Stelle errichtete Luftkammer im allgemeinen als billiger. Auch Kombinationen beider Ausführungsarten sind möglich.

Bei der gemauerten Luftkammer ist darauf zu achten, daß keine Luft von außen über Undichtheiten angesaugt werden kann und die aufzubereitende Luft nicht verschlechtert wird. Das Mauerwerk muß trocken und gegen das Eindringen von Grundwasser geschützt sein. Wände,

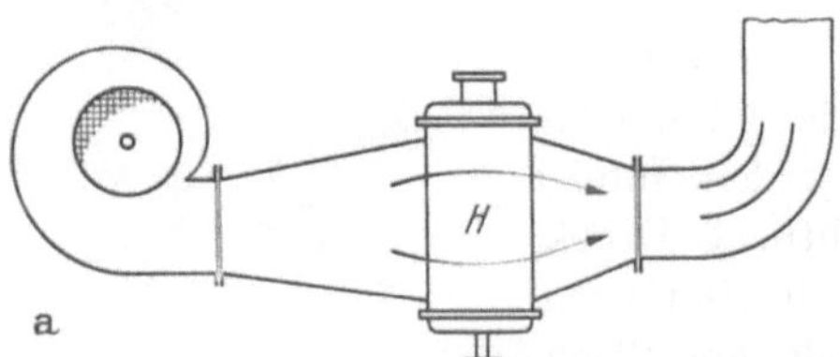

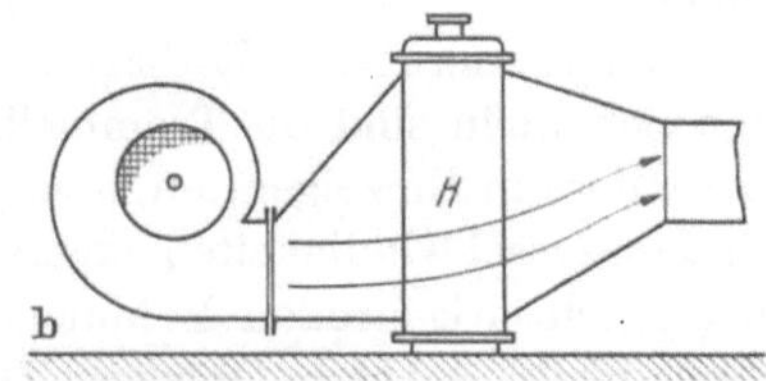

Abb. 7.26. Zusammenbau von Ventilator und Lufterhitzer.
a) richtige Anordnung; b) falsche Anordnung.

Decken und Fußböden sollen glatt verputzt oder in sauberem Verblendmauerwerk bzw. gekachelt ausgeführt werden, so daß sich Staub möglichst wenig ablagern kann. Damit die Kammern im Betriebe auch wirklich saubergehalten werden, müssen sie hinreichend groß, beleuchtbar und leicht zugänglich sein. Die Zugangstüren sind luftdicht auszuführen.

Bei Anordnung eines Lufterhitzers hinter dem Ventilator darf der Abstand zwischen beiden nicht zu klein genommen werden, um kurze, evtl. sogar einseitige Übergangsstücke nach Abb. 7.26b zu vermeiden. Die Luft strömt bei einer derartigen Stellung der Heizflächen zum Ventilatordruckstutzen im wesentlichen nur durch den unteren Teil des Heizkörpers H. Der Öffnungswinkel des diffusorartigen Übergangsstückes, s. Abb. 7.26a, sollte nicht größer sein als 25°, so daß eine gleichmäßige Heizflächenbeaufschlagung und eine günstige Umsetzung der Geschwindigkeits- in statische Druckhöhe erzielt wird.

3. Erschütterungen und Geräusche

Auf die Notwendigkeit, die einzelnen Bauteile so zu gestalten, daß Schwingungen und Geräusche weitestgehend vermieden werden, ist in den vorausgehenden Abschnitten wiederholt hingewiesen worden. Hohe Anforderungen in dieser Hinsicht werden bei Aufenthaltsräumen gestellt, zuweilen aber auch bei gewerblichen Räumen, sofern durch Geräuschbelästigungen die Arbeitskonzentration nachläßt oder durch Erschütterungen die Qualität der Fertigung bzw. ihrer Kontrolle leidet.

Anforderungen. Nach DIN 1946 dürfen bei Aufenthaltsräumen die von lüftungstechnischen Anlagen verursachten und im Raum wahrnehmbaren Geräusche keine größeren Lautstärken aufweisen als die in Tab. 7.02 angegebenen Werte.

Tabelle 7.02. *Grenzwerte der Geräuschbildung durch lüftungstechnische Anlagen in verschiedenen Raumarten*

Art des Raumes	Lautstärke DIN-phon	
	hohe Anforderungen	geringe Anforderungen
Konzertsäle und Theater	25	
Kranken- und Operationsräume	30	
Hörsäle, Lehrräume, Sitzungszimmer, Büros, Hotelzimmer, Kirchen, Lichtspielhäuser	35	40
öffentliche Versammlungsräume, Gaststätten, Schalterhallen	40	50

Die Lautstärke ist ein Maß für die subjektive Lautempfindung. Sie stimmt zahlenmäßig überein mit dem Schalldruckpegel in dB eines gleich lauten Tons von 1000 Hz. Da das menschliche Ohr den durch eine Geräuschquelle verursachten Schalldruck je nach der Frequenz der Schallwellen unterschiedlich laut empfindet, sind zur einwandfreien Kennzeichnung der schalltechnischen Anforderungen die den DIN-phon-Angaben zuzuordnenden höchstzulässigen Schalldruckpegel in Abhängigkeit von der Frequenz festzulegen. VDI 2081[1] schlägt hierfür die in Abb. 7.27 graphisch wiedergegebenen Werte vor. Ein internationaler Abgleich solcher Grenzkurven (ISO-Norm) ist zu erwarten.

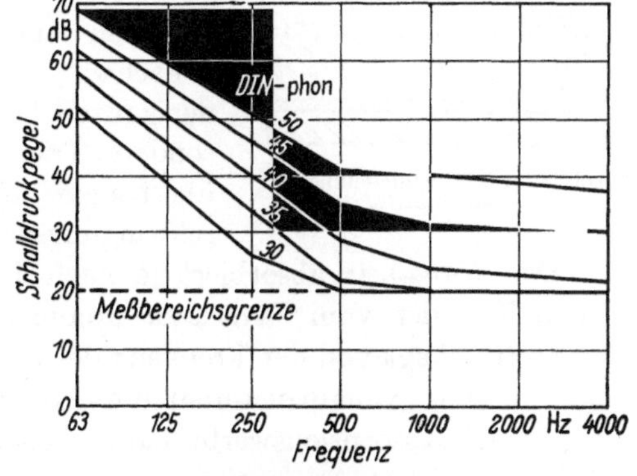

Abb. 7.27. Höchstzulässiger Schalldruck in Frequenzabhängigkeit.

Geräuschquellen. In erster Linie kommen die Geräusche aus der Zentrale einer Lüftungsanlage, nämlich vom Lüfterbetrieb. Es ist also stets anzustreben, dort alle Erschütterungen, Schwingungen und die damit Hand in Hand gehenden Geräusche gering zu halten und ihre Weiterleitung zu verhindern.

In den *Antriebsvorrichtungen* sind es die rotierenden Teile, die durch Luftbewegung, Reibungsvorgänge oder die Unwucht von Rädern zu Geräuschen und Schwingungen führen.

Bei den *Ventilatoren* entsteht ein Drehklang mit einer Grundfrequenz, die etwa dem Produkt aus Drehzahl und Schaufelzahl entspricht. Daneben führen Strömungsturbulenzen an den

[1] VDI 2081 (Entw.). Lärmabwehr bei Lüftungsanlagen. Okt. 1963.

Oberflächen der Laufräder und Gehäuse sowie Nachlaufströmungen zu Geräuschen, die sich als breitbandiges Rauschen bemerkbar machen. Die Ventilatorgeräusche werden bevorzugt an der Saug- und Druckseite abgestrahlt, ein Teil auch über das Gehäuse an den Aufstellungsraum.

Auch in den *Kanälen* können durch Reibungsvorgänge an den Wänden und insbesondere durch Strömungsablösungen an unzweckmäßig gestalteten Einbauten, Krümmern und Abzweigen Geräusche auftreten. Sie werden ebenfalls vom Luftstrom mitgeführt, zugleich aber über die Kanalwände an andere Räume abgestrahlt.

Geräuschbekämpfung. Die Lautheit einer Anlage wird nach dem im gelüfteten Raum hörbaren Geräusch beurteilt. Da die Kanäle und auch viele sonstige Bauteile einer Lüftungsanlage Schallenergie absorbieren, lassen sich im allgemeinen hohe schalltechnische Anforderungen leichter erfüllen, wenn die Lüftungszentrale nicht in unmittelbarer Nachbarschaft der zu lüftenden Räume liegt. Ist dies nicht zu umgehen, so sollten wenigstens Ventilator und Motor in einem besonderen Raum aufgestellt bzw. abgekapselt werden.

Die Geräusche in der *Zentrale* lassen sich vermindern durch:

Gutes Auswuchten der rotierenden Teile (bei Radialventilatoren neben statischem auch dynamisches Auswuchten),
ruhig laufende Lager, möglichst Gleitlager,
Ventilatorkonstruktionen ohne Eigenschwingungen und Strömungsablösungen,
geräuscharme Motoren.

Die direkte Übertragung von Schwingungen zwischen Motor und Ventilator wird durch Anwendung von Keilriemenantrieben wirksam verhindert, zwischen Ventilator und Kanalnetz durch Einschaltung eines elastischen Zwischenglieds (Segeltuchstutzen oder ähnliches). Ventilator und Motor sollen nach Möglichkeit auf einer gemeinsamen biegungssteifen und genügend schweren Grundplatte montiert werden. Stahlprofilrahmen sind zu diesem Zweck mit Beton auszugießen.

Zwischen Grundplatte und Fundament sind Schwingungsdämpfer anzuordnen, sei es in Form elastischer Platten aus Kork oder Gummi, s. Abb. 7.28, oder besser in Form besonderer Dämpfungselemente wie Stahlfedern und Metallgummistücke, s. Abb. 7.29. Bei Verwendung von Platten ist darauf zu achten, daß keine Schallbrücken durch die Befestigungsschrauben gebildet werden. Federelemente sind so zu bemessen, daß ihre Resonanzfrequenz möglichst nur $^1/_3$ bis $^1/_5$ der Erregerfrequenz beträgt. Bei nicht genügend gedämpften Federn ist evtl. noch eine zusätzliche Dämmplatte am Platz. Bei sehr großen Lüftereinheiten ist gegebenenfalls das Lüfterfundament ganz vom Gebäudefundament zu trennen, s. Abb. 7.30.

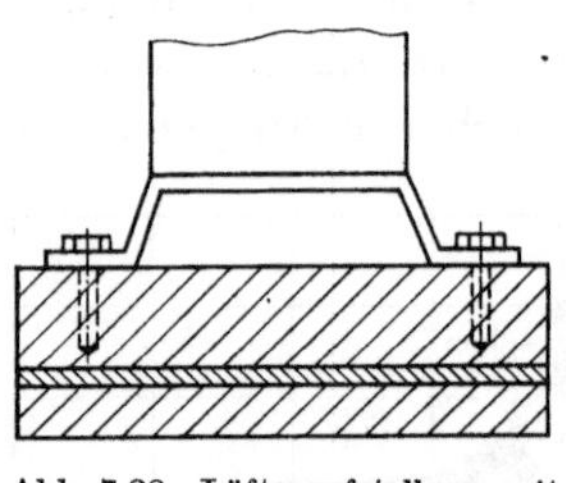

Abb. 7.28. Lüfteraufstellung mit Dämmplatte.

Beim Aufstellen der Lüfter auf Zwischendecken besteht auch bei schwingungsdämpfenden Unterlagen die Gefahr des Mitschwingens der ganzen Decke. Um dies zu vermeiden, können die Lüfter auf besondere Träger gestellt werden, die deren Gewicht auf die Wände übertragen. Natürlich müssen diese Träger ihrerseits schall- und schwingungsisoliert in den Wänden gelagert sein.

Das *Kanalnetz* absorbiert je nach Baustoff, Oberflächenbeschaffenheit und Abmessungen einen Teil der vom Ventilator kommenden Schallenergie[1]. Der Absorptionsgrad der Wandbaustoffe hängt von der Frequenz der Schallwellen ab. Im Oktavbereich bis 1000 Hz nimmt bei den meisten Kanalbaustoffen die Absorption mit wachsender Frequenz zu. Am niedrigsten liegen die Absorptionswerte harter, glatter Oberflächen. Baustoffplatten aus mineralisierten Fasern erreichen Absorptionsgrade von $\alpha = 0{,}5$ bis 0,9, s. auch DIN 52212 u. DIN 52215[2].

Reicht die Dämpfung des Kanalsystems nicht aus, um die Geräusche in der Zentrale auf das in den Räumen geforderte Maß abzusenken, so sind *Schalldämpfer* einzubauen. Die Anord-

---

[1] Laux, H.: Geräusche in Lüftungs- und Klimaanlagen. Entstehung, Messung, Ausbreitung. Heizg.-Lüftg.-Haustechn. 15 (1964) 345/358.

[2] DIN 52212. Bauakustische Prüfungen, Bestimmung des Schallabsorptionsgrades im Hallraum. Jan. 1961. — DIN 52215. Bauakustische Prüfungen, Bestimmung des Schallabsorptionsgrades und der Impedanz im Rohr. Dez. 1963.

nung der Schalldämpfer vor dem Lufteintritt in das Kanalnetz hat den Vorzug, daß auch die Schallabstrahlung von den Kanälen vermindert wird. Sollen Geräusche, die im Kanalnetz selbst entstehen, vom Raum ferngehalten oder eine Geräuschübertragung zwischen mehreren gelüfteten Räumen über die Kanäle verhindert werden, so sind vor den Luftdurchlässen noch Schalldämpfer einzubauen.

In der Lüftungstechnik finden vor allem Absorptionsdämpfer mit Wirkung in breitem Frequenzband Anwendung. Sie bestehen zumeist aus Kammern, die durch eine Anzahl parallel angeordneter Platten aus schallabsorbierenden Materialien unterteilt sind, s. Abb. 7.31. Die

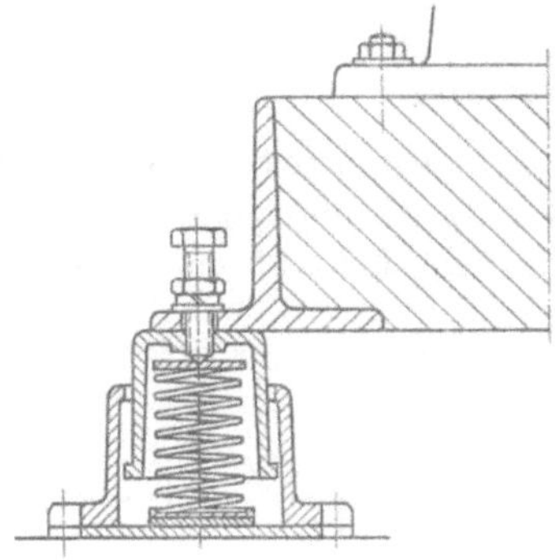

Abb. 7.29. Federschwingungsdämpfer.

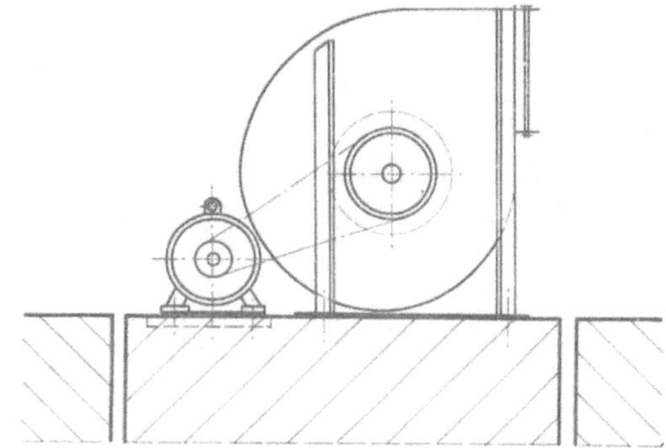

Abb. 7.30. Ventilatorfundament gesondert.

Länge richtet sich nach der geforderten Dämpfung. Die Querschnittsunterteilung ist notwendig, da bei Schallwellen, deren Länge kleiner als die Kanalbreite ist, die Dämpfung zurückgeht. Für die bevorzugte Absorption in einzelnen Oktavbereichen sind Sonderkonstruktionen ent-

Abb. 7.31. Plattenschalldämpfer.

wickelt worden, die zumeist unter Patentschutz stehen und daher hier nicht näher behandelt werden sollen. Man wird im Einzelfall stets prüfen müssen, ob es wirtschaftlicher ist, eine gewisse Lautstärke in der Zentrale hinzunehmen und die geforderte Geräuschfreiheit in den gelüfteten Räumen durch besondere Schalldämpfung zu erreichen oder ob die Aufstellung langsam laufender, geräuscharmer Lüfter richtiger ist.

D. Kanalanlage

Bei der Ausführung der Kanäle müssen zwei Forderungen besonders beachtet werden, nämlich gute Reinigungsfähigkeit und geringer Strömungswiderstand. Sie bedingen bei größeren Lüftungsanlagen eine sorgfältige Planung der Kanalanlage und machen auch Kompromisse zwischen baulichen und hygienisch-technischen Gesichtspunkten notwendig. Schon im ersten Stadium der Entwurfsbearbeitung sollte der Architekt daher den Lüftungsingenieur heranziehen. Geschieht dies nicht oder zu spät, so sind häufig überhöhte Kanalbaukosten und vermehrte Ventilatorantriebsleistung die Folgen, meist auch noch ein schlecht reinigungsfähiges Kanalnetz.

1. Gute Reinigungsfähigkeit

Es muß zugegeben werden, daß die Erfüllung dieser Forderung in baulicher Hinsicht manche Erschwernisse bringt. Bedenkt man aber, daß nichtreinigungsfähige Teile schon nach kurzer Zeit stark verschmutzen, daß dieser Zustand Jahre und Jahrzehnte fortbestehen kann und daß durch die ungereinigten Teile sämtliche den Räumen zuzuführende Luft streicht, so erkennt man die unbedingte Notwendigkeit dieser Forderung. Die Ansicht, daß Kanäle, in denen verhältnismäßig hohe Luftgeschwindigkeiten herrschen, sich selbst reinigen, ist unzutreffend. Man muß außerdem mit der Verschmutzung der Kanäle während der Betriebspausen rechnen.

Baustoffe mit glatten Oberflächen sind wegen der leichteren Sauberhaltung und des geringeren Strömungswiderstands vorzuziehen. Um die Reinigung zu ermöglichen, sollen die Kanäle zugänglich angeordnet und mit einer ausreichenden Zahl von Reinigungsöffnungen versehen werden. Fußbodenkanäle sind nur dann zulässig, wenn sie nach Entfernung von Deckplatten gut und sicher gereinigt werden können.

2. Geringer Strömungswiderstand

Geringe Druckverluste bei der Luftverteilung lassen sich auf zweierlei Weise erreichen, durch die Wahl niedriger Luftgeschwindigkeiten und durch eine strömungsgerechte Ausbildung des Kanalnetzes. Niedrige Luftgeschwindigkeiten, die auch im Hinblick auf einen geräuscharmen

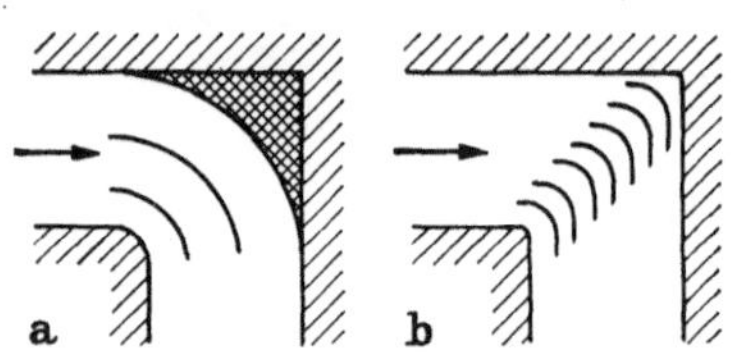

Abb. 7.32. Leitbleche bei 90°-Umlenkungen. a) Lenkflächen; b) Schaufelgitter.

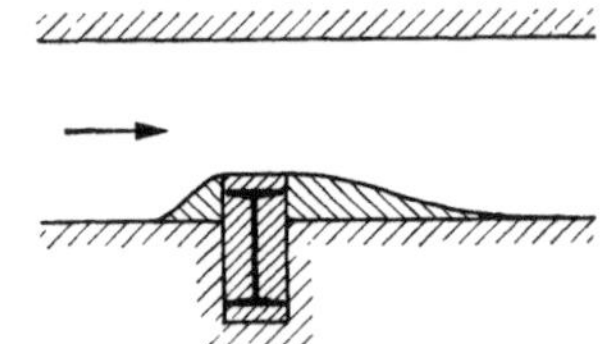

Abb. 7.33. Umkleideter Träger im Luftkanal.

Betrieb erwünscht sind, zwingen zu großen Kanalquerschnitten. Solche Kanäle sind teuer und baulich schwer unterzubringen. Es gilt also ein Optimum zwischen dem bautechnischen (und räumlichen) Aufwand und den betrieblichen Erfordernissen zu finden. Bei ausgedehnten Kanalnetzen und großen Luftleistungen neigt man neuerdings zur Anwendung hoher Luftgeschwindigkeiten, räumt also den baulichen Erfordernissen den Vorrang ein. Auf die Dämpfung der unvermeidlichen Strömungsgeräusche und die Verhinderung ihrer Weiterleitung ist dann besonders zu achten.

Mit der Luftgeschwindigkeit wächst aber auch die Bedeutung der zusätzlichen Widerstände auf dem Luftweg für die Druckverluste des Kanalnetzes. Solche Widerstände treten auf bei Änderungen der Strömungsrichtung, bei Abzweigen und Einbauteilen aller Art. Richtungsänderungen sollen mit großem Krümmungsradius ausgeführt und Abzweige möglichst mit spitzem Winkel vom Hauptkanal abgenommen werden. Lassen sich scharfe Richtungsänderungen nicht vermeiden, so kann durch Einbau von Leitflächen (Abb. 7.32a) oder Schaufelgittern (Abb. 7.32b) die Wirbelbildung und damit der Druckverlust bei der Umlenkung weitgehend vermindert werden. Die innere Kanalkante sollte gut gerundet oder wenigstens gebrochen sein. Weitere Hinweise für strömungsgünstige Bauarten sowie Zahlenangaben für die vergleichende Wertung verschiedener Ausführungen findet man im dreizehnten Abschnitt des zweiten Bandes.

Um den Strömungswiderstand gering zu halten, sind ferner alle Änderungen der Größe oder Gestalt eines Querschnittes in schlankem Übergang auszuführen. Läßt es sich z. B. nicht vermeiden, daß ein tragender Bauteil in den Kanal hineinragt (Abb. 7.33), so muß durch Ausfüllen der Ecken eine Wirbelbildung im Luftstrom vermieden werden. Ein glattes Abströmen der Luft hinter dem Hindernis ist hierbei noch wichtiger als ein stoßfreies Anströmen an das Hindernis.

3. Baustoffe

Als Baustoffe kommen in Betracht: Stahlblech, Bauplatten, Kunststoffe, Asbestzement und bei größeren Querschnitten Rabitz, Beton und Mauerwerk. Bei der Auswahl des Baustoffs spielt neben der Eignung für die vorliegenden Betriebsbedingungen[1], dem Preis und dem Gewicht vor allem die Verarbeitbarkeit eine wichtige Rolle.

[1] Siehe Brandi, O. H.: Klimaanlagen und Brandschutz. Heizg.-Lüftg.-Haustechn. 7 (1956) 213/218.

Die Ausführung in Beton oder *Mauerwerk* wird vor allem bei senkrechten Schächten und großen Querschnitten gewählt. Einfaches Mauerwerk ist innen glatt zu putzen und evtl. mit Ölfarbe zu streichen. Besser, aber auch entsprechend teurer, ist die Auskleidung mit Kacheln.

*Rabitz*kanäle genügen nur bei bester Ausführung den hygienischen und strömungstechnischen Anforderungen. Von Vorteil ist die beliebige Anpassungsfähigkeit an die örtlichen Bedingungen.

Kanäle aus Platten oder Blech lassen sich besonders leicht den örtlichen Einbaubedingungen anpassen. Bei den *Bauplatten* verwendet man nicht brennbare und unhygroskopische Materialien, die sich durch Sägen, Bohren und Nageln zurichten lassen. Ihre Verbindung erfolgt im allgemeinen durch Blechwinkel. Auf Dichtheit der vielen Stöße ist besonders zu achten (Verkleben). Solche Kanäle lassen sich auch leicht mit Isolierplatten für Wärme- und Schallschutz auskleiden.

Kunststoffe finden in Form von Plattenkanälen oder Rohren vor allem Anwendung bei Vorhandensein aggressiver Gase und Dämpfe. Plattenkanäle können an Ort und Stelle geklebt oder verschweißt werden, Rohre werden in der Regel fertig bezogen.

Kanäle aus *Asbestzement*[1] sind ebenfalls korrosionsfest und wasserabweisend. Sie werden in vielen Formen und Größen geliefert, sind jedoch infolge der notwendigen Wanddicken (zwischen 7 und 12 mm) verhältnismäßig schwer. Die Verbindung der Einzelstücke erfolgt durch Muffen oder Manschetten. Auch die Abzweige werden zumeist mittels Formstücken ausgeführt.

Am meisten Verwendung finden bei kleinen und mittelgroßen Querschnitten Kanäle aus verzinktem *Stahlblech*[2]. Sie sind feuer- und korrosionsbeständig, in der Oberfläche glatt und gut zu reinigen. Da Blechkanäle, vorgefertigt oder am Bau hergerichtet, in jeder gewünschten Form und Abmessung herzustellen sind, ist ihr Platzbedarf besonders gering. Die Blechstärke liegt je nach den Kanalabmessungen zwischen 0,5 und 1,25 mm.

Dünne Bleche lassen sich sowohl in der Längsnaht als auch an den Stoßstellen durch Falze verbinden. Abb. 7.34 zeigt die Ausführung von Doppelfalzen mit innerer oder äußerer glatter Blechwand. An den Stoßstellen können die gebördelten Kanalenden durch ein besonderes Stoßband zusammengehalten werden. Dickere Bleche werden im allgemeinen in der Längsnaht genietet und an den Stoßstellen mittels aufgenieteter Winkeleisenrahmen aneinandergeschraubt. Diese Verbindungen stellen zugleich erwünschte Versteifungen des Blechkanals dar. Große Kanalwände werden zur Erhöhung der Steifigkeit und zur Verhütung von Resonanzschwingungen mit diagonalen Sicken oder aufgenieteten Profileisen versehen, s. Abb. 7.35. Die Befestigung an Decken und Wänden erfolgt mittels Flach- oder Winkeleisen in Abständen von 2 bis 3 m.

Abb. 7.34. Blechkanäle, Verbindung durch Falzen. a) Querfalz mit Stoßband; b) Längsfalz.

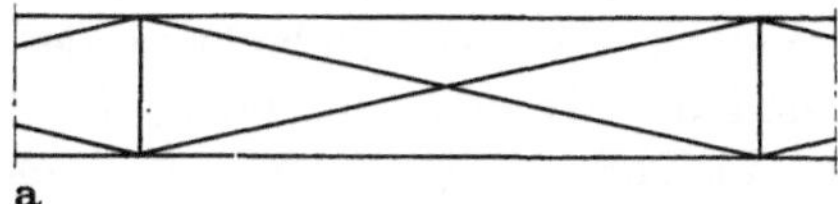

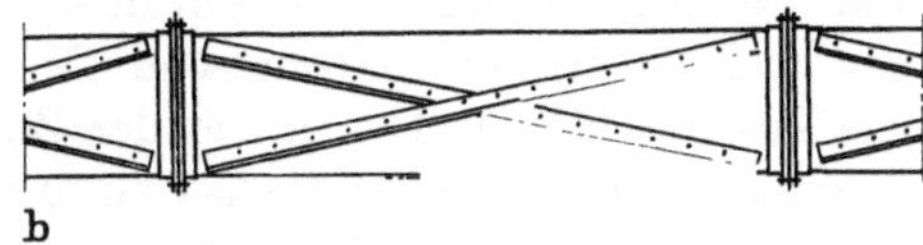

Abb. 7.35. Blechkanäle, versteift. a) durch diagonale Sicken; b) durch aufgenietete Profilleisten.

Für die Lüftungsleitungen mit Kreisquerschnitt werden zumeist sog. Wickelrohre verwendet, die aus Blechbändern mit schraubenförmig verlaufendem Falz hergestellt sind.

E. Luftdurchlässe

1. Anordnung der Zu- und Abluftöffnungen im Raum

Die Unterbringung der für die Zuführung und Abführung der Luft erforderlichen Öffnungsquerschnitte bedarf einer sorgfältigen Abwägung der bautechnischen, hygienischen und lüftungstechnischen Erfordernisse. Mit der Anordnung der Zu- und Abluftdurchlässe hat man es in der

[1] Brandi, O. H.: Eternit Handbuch 1963, Wiesbaden/Berlin: Bauverlag 1963.

[2] Herbst, W.: Blechkanäle für Lüftungsanlagen. Heizg. u. Lüftg. 11 (1937) 85/89. — Mit den Normen DIN 24151 bis DIN 24159 (Lufttechnische Geräte und Anlagen) vom Juli 1966 ist eine Normung für Rohre und Kanäle aus Stahlblech, deren Anschlußstücke (Flansche, Rahmen) sowie Verbindungen (Schweißung, Bördelung oder Falzung) eingeleitet.

Hand, die Luftströmung im Raum wesentlich zu beeinflussen. Auf die Frage der zweckmäßigsten Luftführung wird im Teilabschnitt F eingegangen. Hier seien zunächst einmal einige allgemeine Gesichtspunkte erörtert.

Die geringsten Schwierigkeiten bietet die Anordnung der Öffnungen im *oberen* Raumteil, sei es in den Wänden, in der Hohlkehle zwischen Decke und Wand oder in der Decke selbst. Gegen die Unterbringung im *unteren* Raumteil sprechen häufig hygienische und lüftungstechnische Gesichtspunkte. So ist es beispielsweise nicht zweckmäßig, im Fußboden waagerechte Öffnungen für den Lufteintritt oder -austritt vorzusehen, da erfahrungsgemäß die anschließenden Kanalstücke stark verschmutzen.

Zuluftdurchlässe im unteren Teil der Wände führen leicht zu Zugerscheinungen, insbesondere wenn die Zuluft kälter ist als die Raumluft. Abluftöffnungen an diesen Stellen sind dagegen ganz unbedenklich, da die Temperatur der bewegten Luft mit der Raumtemperatur übereinstimmt und die Luftgeschwindigkeit schon in geringem Abstand von der Öffnung sehr klein ist. Bei der Unterbringung der Abluftöffnungen hat man also eine größere Bewegungsfreiheit.

In hohen und dichtbesetzten Räumen sollte möglichst ein Teil der Abluft oben abgenommen werden, um das Festsetzen warmer, verunreinigter Luftmassen unterhalb der Decke zu verhindern. Besonders wichtig ist dies in Räumen, in denen geraucht wird. Man wird in diesem Fall die oben abziehende Raumluft nach außen leiten (Fortluft) und die durch untere Abluftöffnungen entnommene als Umluft verwenden.

Will man die Zuluftquerschnitte klein halten, so muß man hohe Lufteinströmgeschwindigkeiten anwenden. Man bezeichnet diese Art der Luftzufuhr, die mit dem Aufkommen der Klimaanlagen größere Verbreitung gefunden hat, als „Strahllüftung“. Die Zuluft wird dabei unter Mischung mit der Raumluft weit in den Saal hineingetragen, wobei der gesamten Raumluft zugleich ein bestimmtes Strömungsfeld aufgezwungen wird.

2. Bauformen der Luftdurchlässe

Solange die Luft über große Querschnitte mit geringer Geschwindigkeit in den Raum eingeführt wurde, konnte die Ausgestaltung der Luftdurchlässe dem Architekten überlassen werden. Die Öffnung wurde durch ein dem Raum angepaßtes Ziergitter verkleidet, wobei lediglich darauf zu achten war, daß ein bestimmter freier Querschnitt nicht unterschritten wurde. Für die Gestaltung der Abluftgitter mit ihren geringen Geschwindigkeiten gilt dies im wesentlichen heute noch.

Für die Ausbildung der Zuluftgitter bei höheren Einblasgeschwindigkeiten sind dagegen in erster Linie strömungstechnische Gesichtspunkte maßgebend. Die Umlenkung des Luftstroms aus der Kanalachse in die der Zuluftöffnung und die etwaige Umsetzung der Druck- in Strömungsenergie soll tunlichst verlustfrei erfolgen. Vielfach ist der Luftstrahl auch noch in bestimmter Weise zu richten. Auch soll die Mischung mit der Raumluft auf kürzestem Wege erfolgen.

Wanddurchlässe. Die einfachste Ausführung stellen schmale Längsschlitze in der Seitenwand des Luftkanals dar, die häufig zur Richtung des Luftstrahls und zur optischen Abdeckung der Öffnung mit senkrechten Leitstegen versehen werden, s. Abb. 7.36. Es empfiehlt sich, bei dieser Ausführung konische Blechgehäuse einzusetzen, um einwandfreie Austrittsschlitze zu erhalten.

Sind größere Querschnitte erforderlich, so sind Rahmengitter mit senkrechten oder waagerechten, oft auch verstellbaren Leitflächen gebräuchlich, s. Abb. 7.37. Sie gestatten es, den Luftstrahl den jeweiligen Erfordernissen entsprechend zu richten, also beispielsweise bei waagerechten Leitflächen die Ausblasrichtung in der Senkrechten zu ändern oder bei senkrechten Leitflächen durch divergierende Einstellung den Luftstrahl waagerecht zu erweitern. Oft sind derartige Gitter mit Drosselklappen kombiniert, so daß die Luftleistung der einzelnen Zuluftöffnungen geregelt werden kann, s. Abb. 7.38.

Als ausgesprochene Weitwurfdurchlässe werden, besonders für große Räume, runde konische Luftdüsen verwendet, s. Abb. 7.39. Auf die Strömungsvorgänge hinter Zuluftdurchlässen wird im zweiten Band noch eingegangen. Die Austrittsgeschwindigkeit ist durch die notwendige Wurfweite des Strahls bestimmt und häufig nach oben durch die Anforderungen an die Geräuschfreiheit der Anlage begrenzt.

Deckendurchlässe. Bei der Luftzuführung durch die Decke ist es zur Vermeidung von Zugerscheinungen notwendig, entweder den Luftstrom hinter dem Auslaß horizontal abzulenken oder die Luftgeschwindigkeit durch starke Querschnittserweiterung herabzusetzen und die

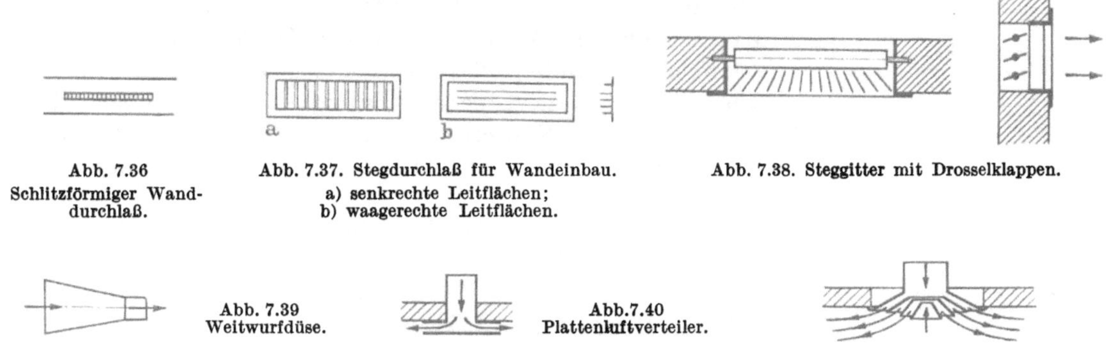

Abb. 7.36 Schlitzförmiger Wanddurchlaß.

Abb. 7.37. Stegdurchlaß für Wandeinbau. a) senkrechte Leitflächen; b) waagerechte Leitflächen.

Abb. 7.38. Steggitter mit Drosselklappen.

Abb. 7.39 Weitwurfdüse.

Abb. 7.40 Plattenluftverteiler.

Abb. 7.41. Konischer Deckenluftverteiler.

Temperaturunterschiede zwischen Zu- und Raumluft durch Mischung auszugleichen. Die Umlenkung kann durch Prallplatten dicht unterhalb der Austrittsfläche bewirkt werden, s. Abb. 7.40. Die bekannteste Bauform der Deckenauslässe mit Geschwindigkeitsminderung durch diffusorähnliche Querschnittserweiterung zeigt Abb. 7.41. Im Zentrum dieses Auslasses wird zumeist Raumluft angesaugt, die sich am Eintrittsquerschnitt der Ringdurchlässe mit der Zuluft vermischt. Die Mischvorgänge setzen sich in den Austrittsquerschnitten fort.

Eine besonders gleichmäßige Verteilung der Zuluft über den gesamten Raumquerschnitt läßt sich erreichen, wenn die Luft durch viele kleine Öffnungen in der Decke zugeführt wird, s. Abb. 7.42. Durch die feine Unterteilung des Luftstroms erfolgt die Mischung mit der Raumluft und die Geschwindigkeitsminderung in der oberen Raumzone, so daß trotz senkrechter Ausblasrichtung höhere Zuluftgeschwindigkeiten und damit große Luftleistungen möglich sind. Die Decke erfordert reichlich bemessene Zuluftkanäle, besser noch einen Druckraum, und eine sehr gute Reinigung der Luft. Lochdecken lassen sich in einfacher Weise mit schalldämpfenden Deckenflächen kombinieren. Auch können sie als Strahlungsheizdecken ausgebildet werden (s. *Frenger*-Decke, Abb. 4.140).

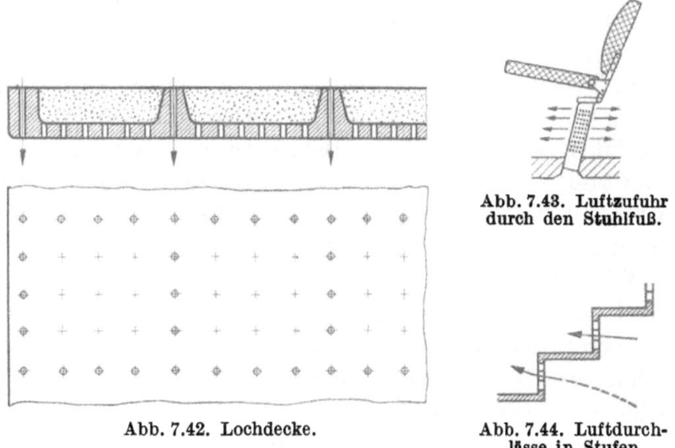

Abb. 7.42. Lochdecke.

Abb. 7.43. Luftzufuhr durch den Stuhlfuß.

Abb. 7.44. Luftdurchlässe in Stufen.

Fußbodendurchlässe. Horizontale Luftdurchlässe im Fußboden sind nach dem Obengesagten möglichst zu vermeiden. Äußerstenfalls können sie an nicht begangenen Stellen, z. B. in unmittelbarer Nähe von Wänden und Fensterflächen, in schmalen Bändern mit abnehmbaren Gittern untergebracht werden, s. auch S. 226. In Räumen mit festem Gestühl läßt sich die Luftzuführung von unten auch durch Einzelauslässe an jedem Sitz realisieren. Eine in Theaterräumen bewährte Bauform eines rohrförmigen Durchlasses, der konstruktiv ein Teil des Stuhls ist, zeigt Abb. 7.43[1]. Der allseitige Austritt der Luft

[1] Schmidt, D., u. R. Wille: Versuche zur strömungstechnischen Gestaltung eines Stuhlfußes. Gesundh.-Ing. 81 (1960) 193/196.

aus dem gelochten Stahlrohr führt zu einer guten Durchmischung der meist kälteren Zuluft mit der Raumluft und zu einer entsprechenden Verminderung der Luftgeschwindigkeit; Zugerscheinungen in der Fußzone lassen sich dadurch vermeiden. Auch ist bei diesen Auslässen durch richtige Dimensionierung der Lochreihen und eingesetzte Ringbleche eine sehr gleichmäßige Verteilung der Zuluft auf alle Sitze zu erreichen.

Bei treppenartigem Ansteigen des Fußbodens können Durchlaßgitter auch in den Stufen unterhalb der Sitze angeordnet werden, s. Abb. 7.44. Zum Schutz der Füße gegen die von hinten anströmende Zuluft sind Wirbelauslässe oder Prallplatten einzubauen. Abb. 7.45 zeigt die Ausführung eines solchen Durchlasses in einem großen Konzertsaal, bei dem wegen hoher akustischer Anforderungen eine doppelte Strahlumlenkung gewählt wurde.

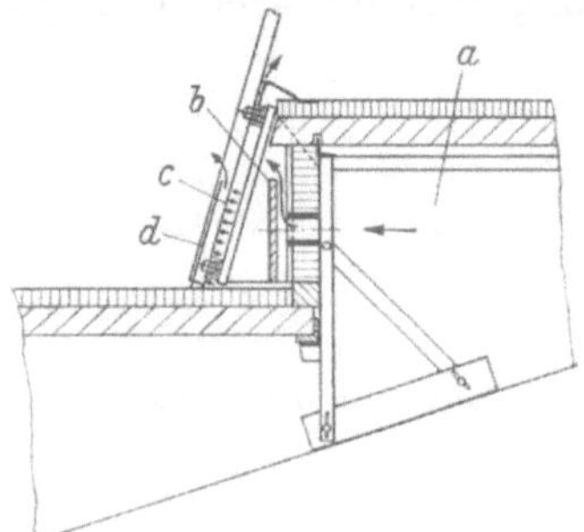

Abb. 7.45. Stufenluftdurchlaß mit doppelter Strahlumlenkung. *a* Druckkammer, *b* Prallblech mit Schallabsorptionsbelag, *c* Lochblech, *d* Ablenkblech.

F. Luftführung im Raum

Wir verlangen von einer guten Lüftungsanlage, daß die Zuluft den gesamten Raum gleichmäßig durchspült und daß sie an die Quellen der Luftverschlechterung herangebracht wird — in Versammlungsräumen an die Menschen, in Werkräumen an die wärme-, feuchtigkeits- oder dämpfeentwickelnden Einrichtungen —, ohne daß Zugbelästigungen auftreten. Es handelt sich hier also um die wichtige und vielerörterte Frage, wie die Luft am zweckmäßigsten durch den zu lüftenden Raum geführt werden soll. Dabei ist von zwei Anlagen gleicher Güte diejenige vorzuziehen, welche die Wirkung mit der kleineren Luftleistung oder (und) dem geringeren baulichen Aufwand erzielt.

Es ist nicht möglich, allgemein anwendbare Regeln für die Luftführung bei bestimmten Raumarten aufzustellen und der einen Ausführung eine grundsätzliche Überlegenheit über die andere zuzubilligen. Schon die Unterschiede in den Betriebsbedingungen, in der Verteilung der Quellen der Luftverschlechterung und vor allem in den räumlichen Verhältnissen lassen dies nicht zu.

Überwiegen in den zu lüftenden Räumen örtliche begrenzte Quellen der Luftverschlechterung, wie es in Fertigungsbetrieben oft der Fall ist, so sollte grundsätzlich die Abluft bevorzugt in deren Nähe bzw. über den betreffenden Geräten entnommen werden. Bei starker Luftverschlechterung und entsprechend großer Luftleistung wird oft auch ein Teil der Zuluft an diesen Stellen zugeführt. Häufig sind die Bearbeitungsmaschinen selbst schon mit entsprechenden Zu- und Abluftanlagen ausgestattet. Auf diese speziellen Fragen der industriellen Lüftungstechnik sei hier nicht weiter eingegangen, da sie bereits ein selbständiges Arbeitsgebiet geworden ist, das ein enges Zusammenwirken von Lüftungs- und Fertigungsingenieur erfordert.

Wir wollen uns im folgenden vor allem der Lüftung von Aufenthaltsräumen zuwenden, bei denen mit einer durch den Menschen bedingten, gleichmäßig über die Grundfläche verteilten Luftverschlechterung zu rechnen ist. Zugfreiheit und Gleichmäßigkeit der Raumdurchspülung stehen also hier im Vordergrund. Häufig ist auch auf architektonische Gesichtspunkte Rücksicht zu nehmen, wobei zwischen den Forderungen des Architekten und des Lüftungsingenieurs ein Kompromiß zu suchen ist, der die Güte der ursprünglichen lüftungstechnischen Planung möglichst wenig beeinträchtigt.

1. Verdrängung oder Verdünnung der schlechten Luft?

Das Bestreben, die Zuluft möglichst gut auszunutzen, legt die Frage nahe, auf welche Weise denn eigentlich die zugeführte Frischluft zu einer Verbesserung der Luft im Raum führt. Wir kommen so zu zwei wesentlich verschiedenen Vorstellungen, die man durch die Worte „Verdrängung" und „Verdünnung" der schlechten Luft kennzeichnen kann. Der Begriff „Verdrängung" beruht auf der Vorstellung einer auf breiter Front eingeführten Zuluft, welche die schlechte

Luft vor sich herschiebt und aus dem Saal hinausdrängt. Der andere Begriff beruht auf der Vorstellung, daß durch die Zuführung reiner Luft und ihre Mischung mit der Raumluft deren Schadstoffgehalt ausreichend verdünnt wird.

Die *Idee der Verdrängung* liegt beispielsweise einer Hörsaal- oder Kinolüftung zugrunde, bei der die Zuluft durch große Austrittsflächen in der vorderen Saalwand zugeführt und in der Rückwand die Abluft entnommen wird, s. Abb. 7.46. Bei gleichmäßiger Verteilung des Luft-

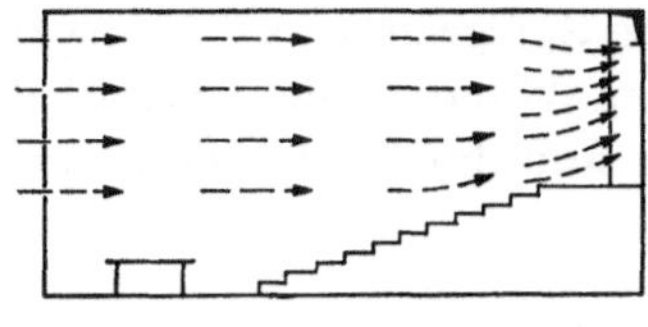

Abb. 7.46. Verdrängungslüftung in einem Hörsaal.

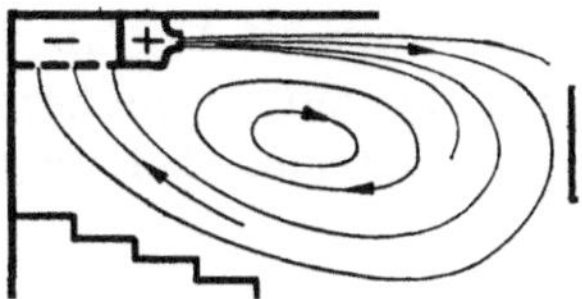

Abb. 7.47. Strahllüftung mit oberer Luftabsaugung.

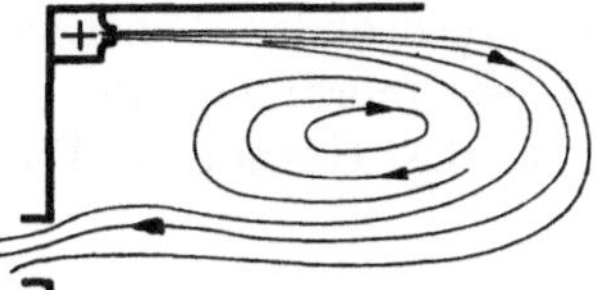

Abb. 7.48. Strahllüftung mit unterer Luftabsaugung.

stroms über Höhe und Breite des Raums ist die Geschwindigkeit nur gering. Die Luftbewegung trifft zudem die Insassen von vorn, ist also wärmephysiologisch unbedenklich. Man erkennt aber leicht auch die Nachteile dieser Luftführung: Ein Teil der Zuluft durchstreicht ungenutzt die obere Raumzone. Des weiteren wird die Luftbeschaffenheit notwendig in der Strömungsrichtung schlechter.

Günstiger ist in dieser Hinsicht die Lüftung eines Raums über eine Lochdecke von oben nach unten oder über viele Stufen- bzw. Stuhldurchlässe von unten nach oben.

Das *Verfahren der Verdünnung* der Schlechtluft durch Mischen von Zu- und Raumluft wird am vollkommensten bei der Strahllüftung verwirklicht. Die Abb. 7.47 und 7.48 stellen hierzu zwei Strömungsbilder dar. Die gute Durchmischung der Zuluft mit der Raumluft und ihre Erwärmung vor Eintritt in die Aufenthaltszone gestatten es, Strahllüftungen mit niedrigeren Zulufttemperaturen zu betreiben als Lüftungsanlagen mit geringer Lufteintrittsgeschwindigkeit. Ein weiterer Vorzug der Strahllüftung liegt in der Möglichkeit, die Bewegung der Luft im Raum und ihre Geschwindigkeit besser zu beherrschen, wenigstens dann, wenn die Störungen von außen oder durch Wärmequellen im Raum ein gewisses Maß nicht übersteigen. So können auch lange Räume mit einer Luftführung nach Art der Abb. 7.48 einwandfrei gelüftet werden. Die Zuluft wird dabei an der hinteren Saalwand zugeführt und unter der Decke nach vorn geworfen. Die zurückkehrende Luft strömt den Rauminsassen entgegen, wobei auch etwas kühlere oder rascher strömende Mischluft keine Zugbelästigung hervorruft. Eine genügende Raumhöhe ist allerdings zur Ausbildung dieses Strömungsfeldes erforderlich. Die Höhenlage der Abluftöffnungen scheint von geringerer Bedeutung zu sein.

2. Der Spüleffekt der Lüftung

Mischvorgänge zwischen Zuluft und Raumluft treten auch bei Lüftungsanlagen mit kleinen Zuluftgeschwindigkeiten auf, wenn sie hier auch nicht die Bedeutung haben wie bei Strahllüftungen. Bei Berechnung der erforderlichen Luftleistung durch die Bilanzrechnung wurde stillschweigend die Annahme gemacht, daß der Zustand der Abluft gleich sei einem im ganzen Raum einheitlichen Mischzustand. Dem Berechnungsverfahren liegt also die Vorstellung der Luftverbesserung durch Mischung und Verdünnung zugrunde. Es gilt aber auch bei reiner Verdrängungslüftung.

Strömt ein Teil der Zuluft aus dem Raum ab, ehe er in die Zone der Menschen gelangt ist, so wird die Zuluft schlecht ausgenutzt. Rydberg und Kulmar[1] haben durch Modellversuche mit gefärbtem Wasser unter Beachtung der Ähnlichkeitsgesetze den Spülgrad e bei verschiedener Anordnung der Zu- und Abluftöffnungen gemessen. Die Eintrübung erfolgte dabei an vier

[1] Rydberg, J., u. E. Kulmar: Lüftungseffekt bei verschiedenen Plazierungen der Lufteinströmungs- und Luftausströmungsöffnungen. Installation 19 (1947) 165/170.

Stellen etwa in halber Höhe. Die Abb. 7.49a bis d zeigen einige Ergebnisse dieser Messungen. Als Spülgrad e ist dabei das Verhältnis der Farbkonzentration des ablaufenden Wassers zur mittleren Konzentration im Versuchsraum angegeben. Dieser Wert kann bei guter Spülwirkung höher als 1 sein.

Wenn auch diese Versuche die wirklichen Verhältnisse im gelüfteten Raum insofern nicht exakt wiedergeben, als weder Störungen durch Strömungshindernisse noch der Einfluß von Wärmequellen und Dichteunterschieden zwischen Zuluft und Raumluft erfaßt werden, so ist der Vergleich der Einzelwerte doch von Interesse. Der ungünstigste Spülgrad ($e = 0{,}81$) ergibt sich bei Anordnung des Zu- und Abflusses auf gegenüberliegenden Wänden dicht unterhalb der Decke. Günstigere Durchspülung erhält man bei diagonaler Anordnung der Öffnungen

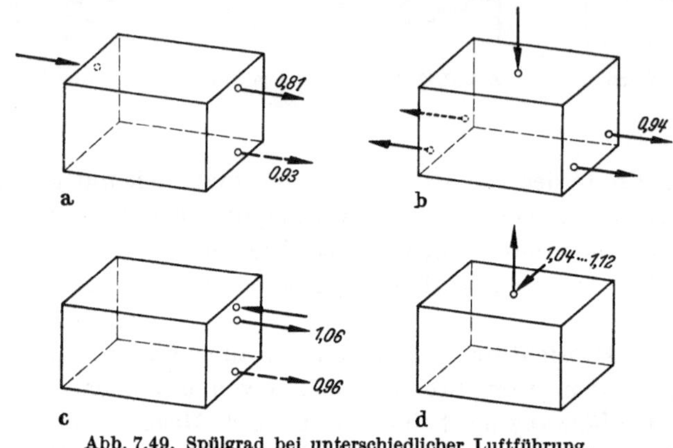

Abb. 7.49. Spülgrad bei unterschiedlicher Luftführung.

($e = 0{,}93$). Liegen die Zu- und Abflußöffnungen in der gleichen Wand, s. Abb. 7.49c, so verbessert sich der Spülgrad weiterhin, insbesondere wenn die Abflußöffnung dicht unterhalb der Zuluftöffnung liegt ($e = 1{,}06$). Etwa die gleichen Werte erhält man bei Anordnung des Zuflusses in Deckenmitte und allseitigem bzw. oberem Abfluß, s. Abb. 7.49d. Im letztgenannten Fall wurden sogar Spülgrade bis $e = 1{,}12$ gemessen.

Diese Meßergebnisse stimmen in ihrem gegenseitigen Verhältnis gut mit Erfahrungen in gelüfteten Einzelräumen nicht allzu großer Ausdehnung, z. B. in Wohn- und Büroräumen, überein. Häufig macht man bei diesen von den Öffnungsanordnungen nach Abb. 7.49c Gebrauch, s. auch Abb. 7.52, zumal sie in der Regel eine recht einfache Kanalführung ermöglichen.

3. Einfluß von Temperaturunterschieden zwischen Zuluft und Raumluft

Den bisher besprochenen Strömungsvorgängen im gelüfteten Raum lag die Annahme zugrunde, daß Zuluft und Raumluft gleiche Temperatur haben. Das trifft selten zu. Bei sehr niedriger Außentemperatur übernimmt die lüftungstechnische Anlage im allgemeinen ganz oder teilweise die Aufgabe der Raumheizung mit; die Zuluft wird daher mit höherer Temperatur eingeführt. Während des größten Teils des Jahres muß bei Versammlungsräumen aller Art jedoch einer Überwärmung durch die Wärmeabgabe der Menschen entgegengewirkt werden, die Zulufttemperatur ist dabei niedriger als die Raumtemperatur. Die Zuluft wird sonach hinter den Durchlässen unter dem Einfluß von Dichteunterschieden zur Raumluft die Strömungsrichtung ändern und zwar besonders deutlich dann, wenn die Austrittsgeschwindigkeit, also der Impuls der Strömung, gering ist. Wir wollen deshalb die Einflüsse zunächst bei Anlagen mit geringer Zuluftgeschwindigkeit verfolgen.

a) Anlagen mit geringer Zuluftgeschwindigkeit

Es sei angenommen, daß sowohl Fußboden als auch Decke in ihrer ganzen Ausdehnung mit Luftöffnungen belegt sind und der Raum in vertikaler Richtung durchströmt wird, s. Abb. 7.50, einmal von oben nach unten (a, b) und einmal von unten nach oben (c, d). Wärmequellen oder -senken im Raum seien nicht vorhanden.

Ist die Zuluft wärmer als die Raumluft (Abb. 7.50a), so hat sie das Bestreben, sich unter der Decke anzulagern und muß bei oberer Lufteinführung durch die nachdrängende weitere Zuluft nach unten gedrückt werden. Die Abbildung zeigt, daß die frische Luft auf breiter Front vordringt und auf diese Weise den ganzen Raum gleichmäßig durchspült. Ist dagegen die Zuluft kälter als die Raumluft, wie in Abb. 7.50b dargestellt ist, so fällt sie nach unten, besitzt also eine eigene Strömungstendenz gegenüber der Raumluft. Bei dem Abwärtssinken hat sie die Neigung, sich zu engen Bündeln oder Strähnen zusammenzuziehen, auch wenn sie oben gleichmäßig verteilt eingeführt wurde. So kommt sie in Form dünner Ströme in die Zone der Menschen und verursacht dort, wenn sie zu kalt ist, Zugerscheinungen.

Anders sind die Strömungsbilder bei unterer Lufteinführung. Ist die Zuluft wärmer als die Raumluft, so hat sie wieder eine eigene Strömungstendenz; sie steigt von selbst nach oben. Auch hier bilden sich wieder Strähnen. Da dies i. allg. erst über der Aufenthaltszone geschieht und zudem wegen der höheren Temperatur keine Zuggefahr besteht, ist diese Erscheinung vom lüftungstechnischen Standpunkte aus belanglos. In Abb. 7.50d ist der Fall der kälteren Zuluft dargestellt. Die Zuluft lagert sich am Boden und muß durch die nachdrängende Zuluft entgegen ihrer Tendenz nach oben gedrückt werden. Das Wesentliche ist wieder ein Vordringen in breiter Front und eine gleichmäßige Durchspülung des Raumes.

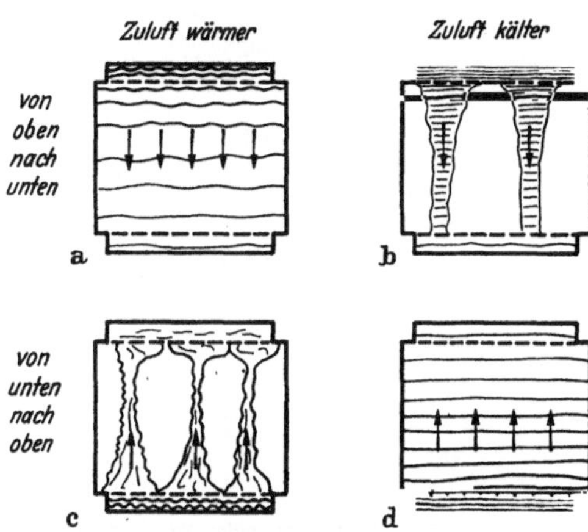

Abb. 7.50. Ideelle Strömungsbilder bei geringer Zuluftgeschwindigkeit.

Sind die Zu- und Abluftöffnungen in den Wänden angeordnet und wird dabei die Luft entgegen ihrer natürlichen Tendenz durch den Raum geführt, so ändert sich mit der Lage der Luftdurchlässe nichts; die Strömungsbilder sind die gleichen wie die in den Abb. 7.50a und 7.50d dargestellten. Anders ist es, wenn wärmere Luft unten oder kältere Luft oben eingeführt wird. Die warme Luft strömt im ersten Fall auf kürzestem Weg nach oben; die übrigen Raumzonen werden von der Luftströmung nicht unmittelbar erfaßt. Im zweiten Fall sinkt die Kaltluft schon kurz nach dem Eintritt in den Raum in einer geschlossenen Strähne abwärts. Ist die Abluftöffnung auf der Gegenseite der Zuluftöffnung angebracht, so wird zwar die untere Raumzone voll durchspült; es treten jedoch leicht Zugerscheinungen unterhalb der Zuluftöffnungen auf.

Aus diesen Überlegungen läßt sich folgende Regel ableiten: *Bei Anlagen mit geringer Zuluftgeschwindigkeit ergibt die Luftführung entgegen der natürlichen Tendenz — d. h. also Einführung warmer Luft oben und kalter Luft unten — stets die gleichmäßigste Durchspülung des Raumes.*

Diese Erkenntnis reicht aber zur *Bewertung* der verschiedenen Arten der *Luftführung* nicht aus. Sowohl bei unterer als auch bei oberer und seitlicher Anordnung der Zuluftdurchlässe ist die Gefahr von Zugerscheinungen beim Einströmen kalter Luft gegeben. Es gilt also, die Zuluft kurz hinter dem Austrittsquerschnitt gut mit der Raumluft zu vermischen und damit — wie bei der Strahllüftung — die Temperatur der strömenden Luft zu erhöhen und ihre Geschwindigkeit zu vermindern. Man erreicht dies bei *Lochdecken*, s. Abb. 7.42, durch Aufteilung des Luftstroms in viele kleine Luftstrahlen, deren Injektions- und Mischeffekte dafür sorgen, daß vor Eintritt in die Aufenthaltszone die Zu- und Raumluft im praktisch ausgeglichenen Temperatur- und Geschwindigkeitsfeld abwärts strömt. Durch Anordnung zuluftfreier Felder in der Decke oder entsprechenden Abstand der Lochreihen muß allerdings sichergestellt sein, daß genügend Raumluft den Einzelstrahlen zuströmen kann. Auch ist für eine sehr gleichmäßige Beaufschlagung der Luftöffnungen zu sorgen (hohe Zuluftkammern oder -kanäle über den Decken mit ausgeglichenem statischen Druck)[1]. Mit richtig ausgeführten Lochdecken sind sehr hohe Luftwechselzahlen ohne Zugerscheinungen in der Aufenthaltszone zu verwirklichen.

[1] Huesmann, K.: Strömungsvorgänge bei Verteilkanälen mit einer perforierten Wand. Aachen 1965 — Techn. Hochsch. Aachen, Dr.-Ing.-Diss.

Die üblichen *Deckenluftverteiler* in Platten- und Trichterbauform haben im Grund die gleiche Aufgabe wie die Lochdecken, nämlich die jetzt an wenigen Einzelstellen zugeführte Luft in der oberen Raumzone so weitgehend mit der Raumluft zu vermischen, daß in der Aufenthaltszone der Menschen nur noch eine einheitliche Abwärtsbewegung von Luft ausgeglichener Temperatur spürbar bleibt, also eine Verdrängung der schlechten Luft in der Art der Abb. 7.50a eintritt. Es ist der Vorzug der Lüftung von oben nach unten, daß die aufbereitete Luft unmittelbar in die Atemzone der Menschen kommt und die Temperatur zu den Füßen hin zunimmt, während sich bei der unteren Luftzuführung das umgekehrte Temperaturbild ergibt[1].

Bei *Fußbodendurchlässen* ist die Gefahr, daß die unteren Körperteile von Kaltluftströmen getroffen werden, besonders groß. Beim Stuhldurchlaß nach Abb. 7.43 wird dies durch raschen Abbau der Geschwindigkeit und der Temperaturdifferenz vermieden, beim Stufendurchlaß nach Abb. 7.45 durch Strahlablenkung. Daß die häufig als Stufendurchlässe verwendeten

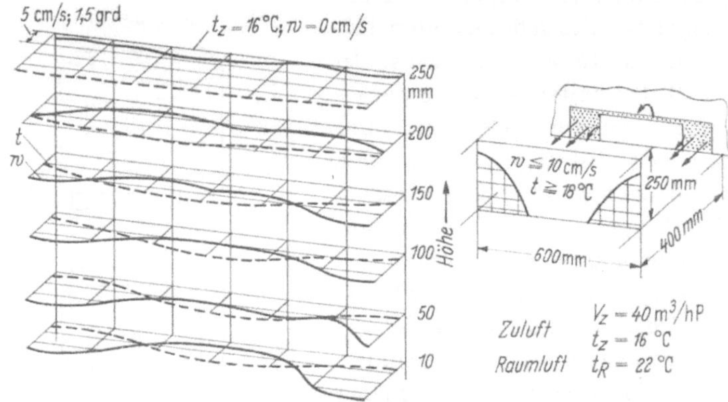

Abb. 7.51. Luftgeschwindigkeits- und Temperaturprofil für einen Lochblech-Stufendurchlaß mit Ablenkplatte; Abstand 400 mm vom Durchlaß.

einfachen Loch- oder Steggitter bei Kühlung leicht zu Zugerscheinungen führen, zeigten Messungen der Geschwindigkeits- und Temperaturprofile vor Lochblechen[2]. Die einströmende kältere Zuluft sinkt infolge ihrer höheren Dichte ab und streicht mit fast gleichbleibender Temperatur — also ohne Vermischung mit der Raumluft — und mit erhöhter Geschwindigkeit dicht über dem Fußboden nach vorn. Um Zugerscheinungen zu vermeiden, werden solche Anlagen meist mit höheren Einblastemperaturen betrieben, wodurch notwendig auch die mittlere Raumlufttemperatur über den Sollwert ansteigt. Durch Vorsetzen einer Prall- und Umlenkplatte läßt sich die Zuggefahr im Bereich der Beine einer sitzenden Person weitgehend vermeiden. In Abb. 7.51 sind die im Abstand von 400 mm vor einem Lochblechauslaß dieser Art in verschiedenen Höhenlagen gemessenen Temperatur- und Geschwindigkeitsprofile dargestellt. Auch bei einer relativ niedrigen Zulufttemperatur ist der mittlere Bereich des Beobachtungsfeldes mit seinen niedrigen Luftgeschwindigkeiten und schon deutlich über den Werten der Zuluft liegenden Temperaturen ohne größere Abkühlungseffekte. Daß die Gleichmäßigkeit der Raumdurchspülung bei richtiger Ausführung und Verteilung der Fußbodendurchlässe am ehesten gewährleistet ist, wird durch einen Blick auf Abb. 7.50d deutlich. Das Prinzip der Luftverdrängung ist hier fast vollkommen verwirklicht, zumal auch die Wärmeabgabe der Rauminsassen die Aufwärtsbewegung der Luft unterstützt.

Wanddurchlässe mit geringer Zuluftgeschwindigkeit scheiden für Lüftungsanlagen, die nicht nur der Lufterneuerung dienen sollen, aus. Sie führen bei Untertemperatur der Zuluft stets

[1] Siehe auch „Die Bauverwaltung" 15 (1966) 552/565 mit Beiträgen von V. Aschoff, H. H. Loeschke, W. Linke, H. Laakso, W. Graf: Ruhruniversität Bochum — Untersuchungen über Hörsaalklimatisierung.

[2] Raiss, W.: Diskussionsbeitrag zum Vortrag J. Rydberg „Eigenschaften verschiedener Lufteinlaßtypen". Bericht vom XVIII. Kongreß für Heizung, Lüftung, Klimatechnik, München 1964. Düsseldorf: Klepzig 1964, 93/96.

zu Zugerscheinungen. Bei Übertemperatur ist wiederum der Spülgrad der Lüftung notwendig klein. Erwähnt sei noch die Möglichkeit, in nicht allzugroßen Räumen die Zuluft unterhalb der Fenster einzublasen. Im Winter kann dadurch dem Abkühlungseffekt der kalten Fensterflächen wirksam begegnet werden. Ist die Zulufttemperatur jedoch gleich der Raumtemperatur oder gar niedriger, so lassen sich in Fensternähe Zugerscheinungen bei dieser Art der Lufteinführung kaum vermeiden, es sei denn es werden Injektions-Düsendurchlässe verwendet, s. auch Abb. 7.54.

b) Anlagen mit hoher Zuluftgeschwindigkeit

Bei Wanddurchlässen mit hoher Geschwindigkeit der Zuluft spielen die infolge der Temperaturunterschiede zwischen Zuluft und Raumluft auftretenden Schwerekräfte gegenüber den Trägheitskräften des Luftstroms nur eine relativ geringe Rolle; sie beeinflussen daher auch die Luftströmung im Raum nicht entscheidend. Die kurz hinter dem Austrittsquerschnitt einsetzende Vermischung von Zuluft und Raumluft bewirkt ein rasches Angleichen der Temperaturen. Vor Eintritt des Luftstroms in die Aufenthaltszone muß dieser Vorgang beendet sein. Da sich der Luftstrom mit zunehmendem Abstand von der Austrittsstelle erweitert, sind Hochgeschwindigkeitsdurchlässe stets im oberen Raumteil anzuordnen.

Ein warmer Zuluftstrahl hat die Tendenz zu steigen, ein kalter die Tendenz zu fallen. Bei Lüftungsanlagen mit Kühlung wird daher ein waagerecht eingeblasener Luftstrom schon in geringerem Abstand vom Austritt die Aufenthaltszone erreichen als bei gleicher Zuluft- und Raumlufttemperatur. Bei der Anordnung der Luftdurchlässe, ihrer Querschnitts- und Geschwindigkeitsbemessung muß sonach von den maximalen Kühlbedingungen ausgegangen werden. Die mathematische Behandlung des nichtisothermen Luftstrahls ist schwierig und heute noch nicht einwandfrei gelöst. Man hilft sich in der Praxis mit Näherungsberechnungen, die an der isothermen Luftströmung orientiert sind und die Abweichungen durch empirisch gefundene Beiwerte berücksichtigen.

4. Sonstige Störungen der ideellen Strömung

Bei der bisherigen Behandlung der Luftströmung im Raum wurde vorausgesetzt, daß sie durch innere Einflüsse nicht gestört wird. Das mag für kleine Räume hinreichend zutreffen. Je größer aber ein Raum ist, um so mehr machen sich Eigenströmungen bemerkbar, gegen die sich die Lüftungsanlage durchsetzen muß. So wird an Pfeilern und Wandflächen der Luftstrom abgelenkt, wobei Zugerscheinungen in der Nachbarschaft auftreten können und Teile des Raumes nicht mehr voll vom Zuluftstrom erfaßt werden. In erster Linie verursachen aber Abkühlungs- oder Erwärmungseffekte an den Außenwänden und Fenstern sowie innere Wärmequellen (dicht sitzende Menschengruppen und Heizkörper in Aufenthaltsräumen oder wärmeabgebende Apparate in Fertigungsräumen) die Eigenströmungen der Raumluft.

Die durch Außenwandflächen bedingten Einflüsse sind noch dadurch besonders unangenehm, daß sich Richtung und Stärke ihrer Auswirkung mit dem Wetter (Wind und Bewölkung), der Tages- und Jahreszeit ändern. Je nach den örtlichen Verhältnissen, der Nutzung eines Raumes, seiner Geometrie und der Bauweise bzw. Gestaltung der Außenwände werden diese Faktoren die Luftströmung im Raum recht unterschiedlich beeinflussen. Selbstverständlich spielt auch die Art der Lüftung selbst eine Rolle.

Generell sind Strahllüftungen gegen thermische Störeinflüsse weniger empfindlich als Verdrängungslüftungen. Bei einer Verdrängungslüftung von unten nach oben wird das Strömungsbild durch innere Wärmequellen wenig gestört; bei der Lüftung von oben nach unten kann dagegen, selbst bei unterer Absaugung, die Gleichmäßigkeit der Durchspülung der Aufenthaltszone stark beeinträchtigt werden; bei teilweiser Besetzung des Raumes treten evtl. Sekundärströmungen auf, die zu Zugerscheinungen führen[1].

Es ist vor allem das für die Güte einer Lüftungsanlage so mitentscheidende strömungstechnische „Eigenleben" eines Raumes, das die experimentelle Klärung der Strömungsvorgänge

[1] Linke, W.: Lüftung von oben nach unten oder umgekehrt? Gesundh.-Ing. 83 (1962) 121/128.

im Raum durch Modellversuche erschwert, wenn nicht unmöglich macht. Auch gewisse Widersprüche in der Meinungsbildung der Fachleute bezüglich der Lüftung von oben nach unten oder umgekehrt bzw. für oder gegen die reine Strahllüftung erklären sich z. T. daraus.

5. Lüftungsbeispiele

An einigen Beispielen der Lüftung von Räumen verschiedener Größe und Nutzungsart soll die praktische Anwendung der im vorigen Abschnitt entwickelten Gesichtspunkte über die Luftführung gezeigt werden.

Bei *kleinen* Räumen (Büros, Sitzungszimmer u. dgl.) wird i. allg. die obere Luftzuführung bevorzugt, da sie bautechnisch weniger Aufwand erfordert. In Abb. 7.52 sind die an einem Mittelgang liegenden Räume an zwei übereinanderliegende Deckenkanäle mit seitlichen Luftdurchlässen angeschlossen; der obere fördert die Zuluft, der untere die Abluft. Eine andere Lösung mit Deckenluftverteilung ist in Abb. 7.53 dargestellt. Der Zuluftkanal ist in einer Hohldecke untergebracht. Die Abluft entweicht hier in den Flur und wird dort z. T. mittels Fortluftventilatoren über die Toiletten und Nebenräume abgesaugt, z. T. als Umluft in die Zentrale zurückgeführt. Diese Lösung erfordert zusätzliche Schalldämpfungsmaßnahmen zwischen Büro und Flur. Zumeist erhalten in beiden Fällen die Räume noch zusätzlich Heizkörper, um ihre Temperierung auch bei abgeschalteter Lüftung sicherzustellen und die abkühlende Wirkung kalter Fenster- oder Außenwandflächen im Winter zu kompensieren, es sei denn, man bläst die Zuluft über Injektionsdurchlässe unmittelbar unter den Fenstern ein, s. Abb. 7.54.

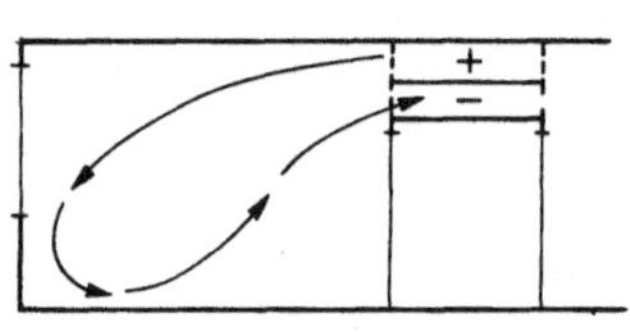

Abb. 7.52. Bürolüftung mit seitlicher Luftzu- und -abführung.

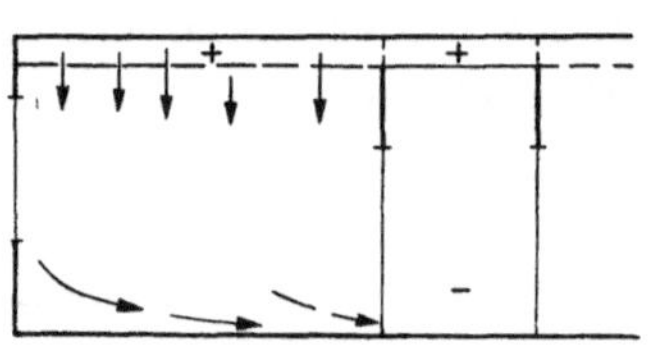

Abb. 7.53. Bürolüftung durch Hohldecke.

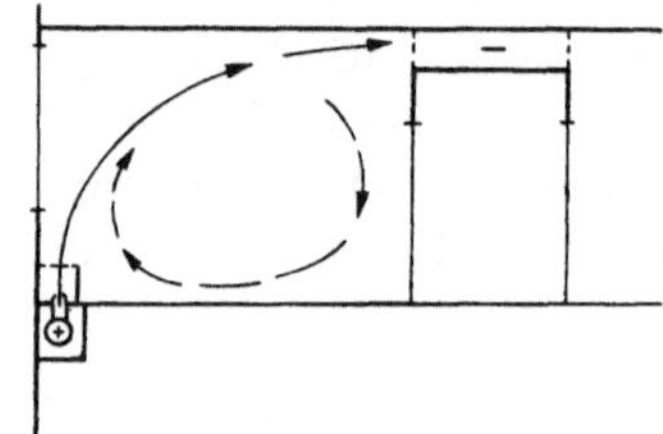

Abb. 7.54. Bürolüftung mit Zuluft unter dem Fenster.

Die Abb. 7.55 und 7.56 geben die Luftführung wieder, die wahlweise im Hörsaal des neuen Hermann-Rietschel-Instituts der Technischen Universität realisiert werden kann[1]. Bei der Betriebsweise nach Abb. 7.55 wird die Luft über Stufendurchlässe in den Sitzreihen unten zu-

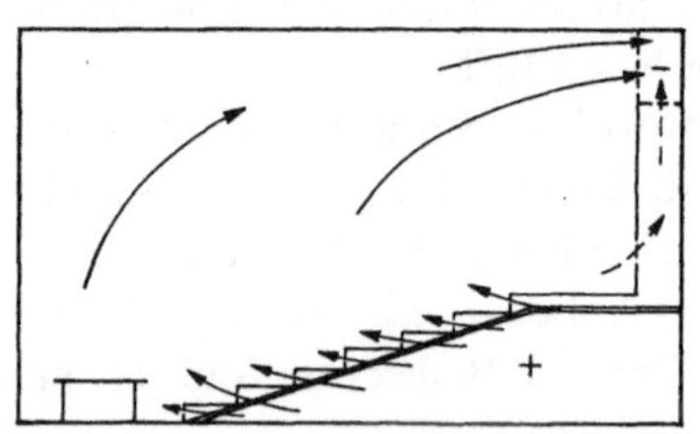

Abb. 7.55. Hörsaallüftung von unten nach oben.

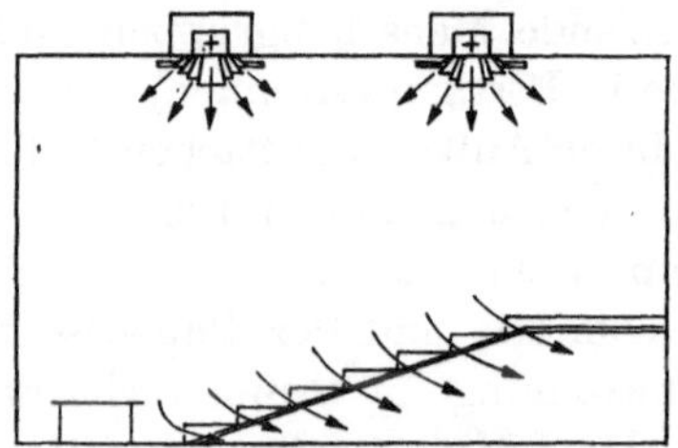

Abb. 7.56. Hörsaallüftung von oben nach unten.

geführt und über einen Abluftkanal an der Rückseite des Saales abgesaugt. Ein Teil der Abluft durchströmt zuvor die dort untergebrachten Garderobenschränke. Bei der Luftführung nach Abb. 7.56 dienen die Stufendurchlässe als Abluftöffnungen; die Zuluft wird durch Luftverteiler in der Decke eingeführt. An der Außenwand sind flache Stahlheizkörper unterhalb der Fenster angeordnet.

---

[1] Raiss, W., u. H.-G. Kind: Das Hermann-Rietschel-Institut für Heizung und Lüftung der Technischen Universität Berlin. Heizg-Lüftg.-Haustechn. 18 (1967) 435/444.

Beispiele der *Lüftung von Theaterräumen* mit Rängen zeigen die Abb. 7.57 bzw. 7.58, und zwar ebenfalls jeweils eine Luftführung von unten nach oben und umgekehrt. Bei der Luftzufuhr von unten wird ein Teil der Abluft über den hinteren Sitzreihen abgesaugt, der Rest

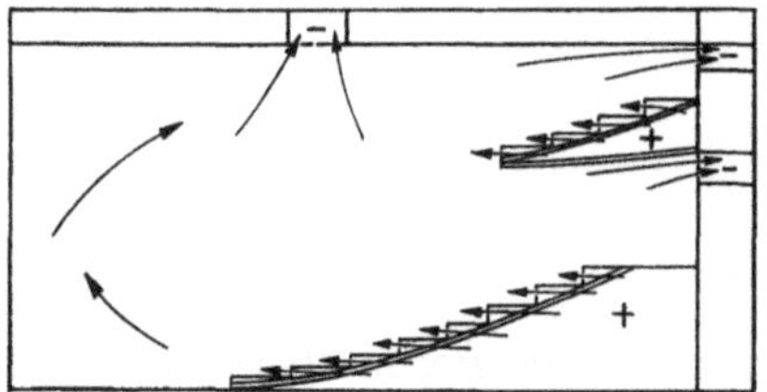

Abb. 7.57. Theatersaal mit Lüftung von unten nach oben.

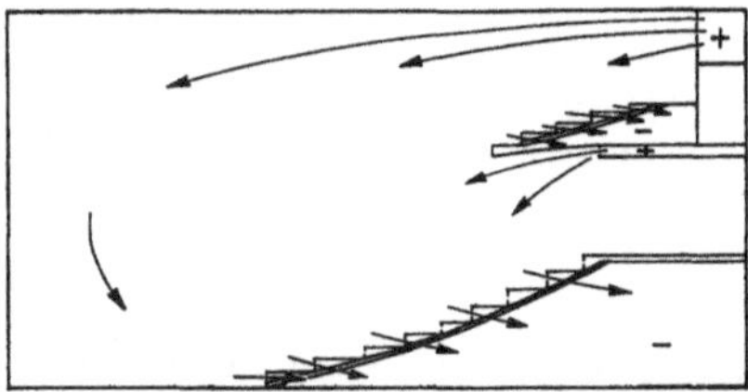

Abb. 7.58. Theatersaal mit Lüftung von oben nach unten.

in der Mitte des Deckenfeldes. Bei der oberen Luftzufuhr ist die Strahllüftung angewendet, wobei zur besseren Versorgung der letzten Sitzreihen im Parkett auch unterhalb des Ranges Luft eingeblasen wird. Die oberen Zuluftdurchlässe sind als Weitwurfgitter ausgebildet, um die ganze Tiefe des Theaterraums zu erfassen. Durch die Injektionswirkung dieser Gitter entsteht im Rang eine die Zuschauer von vorn treffende Sekundärluftströmung, die auch bei niedrigen Einblastemperaturen selten als Zugluft empfunden wird.

G. Meß- und Regelgeräte

Der einwandfreie Betrieb einer Lüftungsanlage erfordert die ständige Überwachung der Temperaturen im zu lüftenden Raum, im Zuluftkanal und möglichst auch im Freien. Es empfiehlt sich deshalb, für diese Messungen Fernthermometer zu verwenden, deren Anzeigegeräte gemeinsam mit den Schaltern auf einer Tafel in der Zentrale zusammenzufassen sind. Da sich Zugerscheinungen nur durch sorgfältiges Einhalten der Zulufttemperatur vermeiden lassen, ist auch bei einfachen Lüftungsanlagen eine selbsttätige Temperaturregelung notwendig.

Die Leistung der Heiz- bzw. Kühlflächen kann sowohl von der Raumtemperatur als auch von der Zulufttemperatur aus geregelt werden. Durch einen Begrenzungsregler mit Temperaturfühler kurz vor dem Austritt in den Raum ist sicherzustellen, daß die Zulufttemperatur einen bestimmten Mindestwert nicht unterschreitet. Im übrigen richtet sich die Zulufttemperatur nach den jeweiligen Heiz- oder Kühlerfordernissen, ist also von Fall zu Fall den örtlichen Verhältnissen, den Betriebsbedingungen und dem Außenklima anzupassen. Auf Einzelheiten der Temperaturregelung wird im Abschnitt „Klimaanlagen" näher eingegangen.

Eine laufende Kontrolle der dem Raum stündlich zugeführten Luftmenge ist zwar erwünscht, läßt sich jedoch wegen meßtechnischer Schwierigkeiten selten verwirklichen. Man beschränkt sich i. allg. darauf, bei der Abnahme die der Berechnung der Anlage zugrunde liegende Luftleistung und, sofern es sich um eine Zentrallüftung für mehrere Räume handelt, auch die Luftverteilung nachzuprüfen. Über die verschiedenen Verfahren der Luftmengenmessung und ihre Handhabung im praktischen Betrieb von Lüftungsanlagen gibt die DIN 1946 Bl. 1 Aufschluß.

Die Gleichmäßigkeit der Raumdurchspülung kann bei Aufenthaltsräumen am einfachsten durch Temperaturmessungen festgestellt werden. Je nach der Raumgröße sollen hierfür an 4 bis 8 über den Grundriß verteilten Stellen im besetzten Raum Messungen mit strahlungsgeschützten Thermometern vorgenommen werden, wobei keine größeren Unterschiede als ± 2 grd vom Sollwert auftreten dürfen. Bei Anlagen mit Kühlung darf der Meßwert um höchstens $\pm 1{,}5$ grd vom Sollwert abweichen.

Geräusch- und Zugfreiheit einer Anlage werden üblicherweise nach dem subjektiven Eindruck beurteilt. Ergeben sich dabei deutliche Belästigungen, so ist der Lärmpegel durch Schalldruckmessungen, die Abkühlungsgröße durch Messung der Temperatur und Luftgeschwindigkeit nachzuprüfen. Derartige Messungen erfordern einige Erfahrung und Übung, vor allem auch wenn sie — wie bei der Abkühlungsgröße — im besetzten Raum und ohne Störung der jeweiligen Veranstaltung durchzuführen sind.

IV. Klimaanlagen

A. Allgemeines

Lüftungstechnische Anlagen sollen in vielen Fällen nicht nur die Raumluft erneuern, sondern darüber hinaus auch deren Temperatur und Feuchte beeinflussen. Bei Aufenthaltsräumen, vor allem bei stark besetzten Sälen, wird z. B. gefordert, daß bestimmte Grenzwerte der Lufttemperatur und der relativen Luftfeuchte unter sommerlichen Witterungsbedingungen nicht überschritten werden. Bei der Lagerung und Verarbeitung hygroskopischer Stoffe ist andererseits die Einhaltung einer Mindestluftfeuchte, unabhängig vom Außenklima, notwendig, zuweilen gemeinsam mit einer Begrenzung der Raumtemperatur. Oft verlangt auch der Fertigungsvorgang eine im Sommer und Winter gleichbleibende Lufttemperatur, wobei nur sehr geringe Abweichungen vom Sollwert zulässig sind.

In den meisten dieser Fälle genügt es nicht, die Lüftungsanlage durch zusätzliche Kühl- oder Befeuchtungseinrichtungen zu vervollständigen; man muß vielmehr Anlagen verwenden, bei denen Temperatur und Feuchte der Zuluft selbsttätig und in enger Kopplung den jeweiligen Anforderungen angepaßt werden können. Die Bedeutung dieses Zweiges des technischen Schaffens, den man als „Klimatechnik“ bezeichnet, nimmt ständig zu, da sowohl in der industriellen Fertigung als auch in Büro- und Aufenthaltsräumen aller Art immer höhere Ansprüche an das „Raumklima“ gestellt werden. Aufs engste ist diese Entwicklung verbunden mit der neuerdings bevorzugten Verwendung von Glas- oder Leichtbauelementen als Außenhaut der Gebäude. Ebenso hat die Erschließung und stärkere Besiedlung tropischer und subtropischer Gebiete der Klimatechnik starken Auftrieb gegeben.

1. Begriffe, Kennzeichnung der Klimaanlage

Nach dem Vorgesagten definieren wir:

Klimaanlagen sind lüftungstechnische Anlagen, die es ermöglichen, in einem oder mehreren Räumen einen vorgegebenen Luftzustand unabhängig vom Außenklima und von den Vorgängen in den Räumen zu schaffen und selbsttätig aufrechtzuerhalten. Der Luftzustand ist dabei gekennzeichnet durch Temperatur, Feuchte, Bewegung und Reinheit der Raumluft. Die Sollwerte dieser Größen und die jeweils zulässigen Abweichungen richten sich nach Art oder Nutzung der zu klimatisierenden Räume. Sie sind also von Fall zu Fall unter Festlegung der Betriebsbedingungen — z. B. der Wärme-, Feuchte- und Gasentwicklung im Raum sowie des außenklimatischen Arbeitsbereichs der Anlage — zu vereinbaren. Häufig wird man auch gewisse Veränderungen einzelner Zustandsgrößen unter extremen Witterungsbedingungen zulassen oder gar fordern, wie z. B. eine höhere Lufttemperatur und niedrigere Luftfeuchte in Aufenthaltsräumen bei hohen Außentemperaturen.

Klimaanlagen besitzen sonach Einrichtungen zum Reinigen, Fördern, Erwärmen, Kühlen, Be- und Entfeuchten der Luft und zur selbsttätigen Einhaltung der Luftzustandswerte.

In der Praxis werden häufig auch lüftungstechnische Anlagen als Klimaanlagen bezeichnet, bei denen eine, vielleicht sogar mehrere der vorerwähnten Aufbereitungsstufen fehlen. Es sei zugegeben, daß man mit solchen Anlagen im Einzelfall evtl. alle erforderlichen raumklimatischen Zustände schaffen kann, so etwa wenn in Textilbetrieben die Raumkühlung im Sommer nicht notwendig und bei der gewünschten hohen Luftfeuchte auch keine Trocknung der Zuluft erforderlich ist. Bei Aufenthaltsräumen wird man andererseits zuweilen auf die Luftbefeuchtung im Winter verzichten, ohne daß dies hygienisch zu beanstanden wäre. Man sollte sich im Sinne der DIN 1946 jedoch auch im technischen Sprachgebrauch an die oben angeführte strengere Definition des Begriffs Klimaanlage halten und dementsprechend die vorerwähnten Anlagen als Lüftungsanlagen mit Befeuchtung bzw. Lüftungsanlagen mit Kühlung bezeichnen. Ob sich für Anlagen dieser Art der zuweilen auch verwendete Begriff „Teilklimaanlage" einbürgert, bleibt abzuwarten; folgerichtig müßte er ergänzt werden durch den Begriff „Vollklimaanlage" für die Klimaanlage im Sinne unserer Definition.

2. Einteilung der Klimaanlagen; Anwendungsgebiete

Nach Anforderungen und Anwendungsbereich unterscheiden wir zwei Hauptgruppen:

a) Klimaanlagen für Aufenthaltsräume,

b) Klimaanlagen für Fertigungs- und Lagerräume.

Daneben werden Klimaanlagen noch für mancherlei Sonderzwecke verwendet, wie z. B. für Laboratorien[1], Telephonzentralen, Meß- und Prüfräume, Operationssäle und Räume zur Heilbehandlung[2]. Die raumklimatischen Anforderungen weichen hier so weit voneinander ab, daß eine gemeinsame Erörterung dieser Anlagen nicht sinnvoll wäre.

Zu a): Klimaanlagen dieser Gruppe dienen in erster Linie der Schaffung behaglicher Raumluftbedingungen für den körperlich nicht tätigen oder nur mit leichter Arbeit beschäftigten Menschen. Wärmephysiologische und hygienische Gesichtspunkte bestimmen dabei die technischen Anforderungen. Als Anwendungsgebiete seien genannt: Versammlungsräume wie Theater, Musik- und Festsäle, Lichtspielhäuser, Hörsäle, Sitzungsräume, Gaststätten, Verkaufsräume und neuerdings in zunehmendem Maße auch Büros, vor allem in Hochhäusern. Die Klimaanlage muß hier insbesondere die durch die Menschen eingebrachten Wärme- und Wasserdampfmengen beseitigen und den Einfluß ungünstiger außenklimatischer Bedingungen ausschalten.

Zu b): Am häufigsten trifft man Klimaanlagen dieser Art in Betrieben, die hygroskopische und gegen Temperatureinflüsse empfindliche Stoffe verarbeiten. Hierzu gehören die Betriebe der Textil-, Zellwolle-, Tabak-, Lederwaren- und chemischen Industrie, ferner Papierfabriken, Druckereien u. a. m. Hygroskopische Stoffe ändern ihren Wassergehalt und damit ihre für die Verarbeitung wichtigen Eigenschaften mit der relativen Feuchte der Umgebungsluft. Dies macht sich z. B. bei Textilfasern in hohem Grade in ihrer Spinnfähigkeit, Elastizität und Festigkeit bemerkbar[3]. Um einen ungehinderten, gleichmäßigen Fabrikationsgang und eine gleichbleibende Güte der fertigen Erzeugnisse zu erzielen, ist man daher bemüht, in den Arbeitsräumen dauernd diejenigen Luftverhältnisse zu halten, die sich für die zu verarbeitenden hygroskopischen Stoffe erfahrungsgemäß als die günstigsten erwiesen haben.

Gleich nützliche und unentbehrliche Dienste wie in den vorerwähnten Industriezweigen leisten die Klimaanlagen in den Großbetrieben für die Herstellung von Nahrungs- und Genußmitteln. Die Herstellung, Verpackung und Lagerung der Waren erfordert hier ebenfalls die Einhaltung bestimmter Temperaturen und Feuchtigkeiten der Luft, um den Ausschuß auf ein Mindestmaß zu bringen und den Verderb der Waren zu verhüten.

Hohe Anforderungen an Temperatur- und Feuchtehaltung sowie die Reinheit der Luft werden in der optischen, feinmechanischen und elektronischen Fertigung, bei der Film- und Tonbandherstellung und in Arbeitsräumen mit radioaktiven Materialien gestellt. Auf die Sonder-

---

[1] Siehe hierzu: VDI 2051. Lüftung von Laboratorien. Sept. 1966. — LAAKSO, H.: Be- und Entlüftung von Laboratorien der chemischen Industrie. Gesundh.-Ing. 80 (1959) 253/270.

[2] Siehe: DIN 1946 Bl. 4. Lüftungstechnische Anlagen; Lüftung in Krankenanstalten. Mai 1963. — KRÜGER, W., u. F. ROEDLER: Heiz- und lüftungstechnische Anlagen in Krankenanstalten —Richtwerte und Ausführungsbeispiele. Gesundh.-Ing. 83 (1962) 190/200. — MERKLE, E.: Lüftung von Krankenzimmern und Klimatisierung von Operationsräumen. Gesundh.-Ing. 84 (1963) 225/234, 257/260. — LAUX, H.: Induktionsgeräte zur Klimatisierung von Krankenräumen. Heizg.-Lüftg.-Haustechn. 17 (1966) 298/301. — Beiträge von G. NISSEN, H. LENZ, E. MERKLE, K. E. SAMUELSSON zur Krankenhausbelüftung: VDI-Berichte 106. Düsseldorf: VDI-Verlag 1966.

[3] HOTH, G.: Die Auswirkung des Raumklimas auf das Spinngut. Aachen 1962. Techn. Hochsch. Aachen, Dr.-Ing. Diss.—BLONDEL, P.: Bedeutung der Luftkonditionierung bei der Verarbeitung von Chemiefasern. Reyon 9 (1959) 645/648.

bedingungen der Klimaanlage bei Verkehrsmitteln aller Art (Eisenbahnen, Schiffe, Flugzeuge), die innerhalb weniger Stunden, teilweise Minuten, extremen Änderungen der Witterung ausgesetzt sind, sei noch hingewiesen[1].

B. Raumklimatische Anforderungen

Aus der unterschiedlichen Zweckbestimmung ergibt sich schon, daß auch die raumklimatischen Anforderungen für die beiden Hauptgruppen der Klimaanlagen nicht die gleichen sind. Sie müssen daher getrennt behandelt werden.

1. Aufenthaltsräume

Die hygienischen Anforderungen bezüglich der Lufterneuerung und der Reinheit der Zuluft sind bereits im Unterabschnitt III besprochen worden. Diese Anforderungen sind in vollem Umfang auch bei Klimaanlagen zu berücksichtigen. Die Aufgabe, vorgegebene Lufttemperaturen unabhängig von der Raumbesetzung einzuhalten und die Luft bei Kühlung des Raumes zugfrei einzuführen, zwingt dazu, die Zuluftrate in der Regel erheblich höher zu wählen als die Mindest-Außenluftrate. Aus wirtschaftlichen Gründen bevorzugt man dabei den Mischbetrieb mit großem Umluftanteil.

Im Bereich der üblichen Raumtemperaturen gibt der körperlich nicht tätige Mensch bei ruhender oder nur leicht bewegter Luft stündlich rd. 100 kcal ab, s. S. 6/7. Davon entfallen je nach der Lufttemperatur etwa 60 bis 80% auf trockene und der Rest auf feuchte Wärme. Der Anteil der feuchten Wärme wird mit zunehmender Lufttemperatur höher. Zur einwandfreien Entwärmung der Rauminsassen ist es daher wünschenswert, mit steigender Lufttemperatur die Luftfeuchte abzusenken oder zum mindesten bestimmte Grenzwerte der Luftfeuchte nicht zu überschreiten.

Bei Besprechung der Zugerscheinungen, s. S. 328, war schon darauf hingewiesen worden, daß der Abkühlungseffekt bei bewegter Luft größer ist als bei ruhender Luft gleicher Temperatur. Daraus folgt, daß in gelüfteten Räumen die Lufttemperatur höher gewählt werden muß als in Räumen ohne nennenswerte Luftbewegung, wenn gleiche Entwärmungsbedingungen für den Menschen gefordert werden. Genügt im beheizten Raum beispielsweise eine Lufttemperatur von 20 °C, so muß die Lufttemperatur im gelüfteten Raum in der Winter- und Übergangszeit etwa 22 °C betragen.

In den Sommermonaten muß im klimatisierten Raum die Lufttemperatur höher gewählt werden als 22 °C. Der menschliche Körper paßt sich nämlich bei höheren Außenlufttemperaturen den geänderten Entwärmungsbedingungen im Freien in einem Maße an, daß er auch innerhalb der Gebäude ein von den Winterverhältnissen abweichendes Raumklima verlangt. Auch den Unterschieden in der Bekleidung im Winter und Sommer muß Rechnung getragen werden. Die Erfahrungen mit klimatisierten Gebäuden zeigen, daß Temperatursprünge zwischen Außen- und Raumluft über 6 bis 8 grd hinaus selbst in tropischen Gebieten als unzuträglich empfunden werden.

Tabelle 7.03. *Sollwerte der Temperatur und Feuchte der Raumluft in klimatisierten Versammlungsräumen*

Außenluft Temperatur °C	Raumluft Temperatur °C	Raumluft relative Luftfeuchte % Kleinstwert	Raumluft relative Luftfeuchte % Größtwert
unter +20	22		65
+20	22	einheitlich	65
+25	23	35	65
+30	25		60
+32	26		55

Raumluftzustand. Für die klimatischen Verhältnisse in Mitteleuropa sind nach den VDI-Lüftungsregeln DIN 1946, Bl. 2 für klimatisierte Versammlungsräume die in Tab. 7.03 aufgeführten Raumluftzustände zu gewährleisten[2].

Danach wird üblicherweise eine Raumtemperatur von 22 °C gefordert. Der bei einer Außenlufttemperatur von 32 °C zulässige Höchstwert der Raumlufttemperatur beträgt 26 °C. Die zu

[1] DIN 1946 Bl. 3. Lüftungstechnische Anlagen; Lüftung von Fahrzeugen. Juni 1962. — Dorn, R.: Klimaanlagen in Schienenfahrzeugen. Heizg.-Lüftg.-Haustechn. 16 (1965) 298/305.

[2] Raiss, W.: Die neuen VDI-Lüftungsregeln. Heizg.-Lüftg.-Haustechn. 9 (1958) 329/332.

gewährleistende Raumlufttemperatur darf sich an keinem Aufenthaltsplatz unter dem Einfluß von Regelvorgängen um mehr als ± 1 grd verändern; auch soll sie an beliebigen, in gleicher Höhe liegenden Meßstellen um nicht mehr als $\pm 1{,}5$ grd vom Sollwert abweichen.

Für die relative Luftfeuchte sind lediglich Grenzwerte angegeben; sie soll mindestens 35% und je nach der Außentemperatur höchstens 55 bis 65% betragen. Die Werte der VDI-Lüftungsregeln sind auf volle 5% abgerundet und decken sich etwa mit der Grenzlinie des sog. Schwülebereichs[1], s. auch Abb. 1.12. An Hand des i, x-Diagramms für feuchte Luft läßt sich zeigen, daß die zusammengehörigen Wertepaare der Raumlufttemperatur und der größten Luftfeuchte bei einem Wassergehalt der Raumluft von 10,7 bis 11,8 g/kg liegen.

Zugfreiheit. Die Frage, ob eine Klimaanlage zugfrei arbeitet, wird man i. allg. nach subjektiven Eindrücken beantworten. Im Zweifelsfalle ist die Luftgeschwindigkeit in der Aufent-

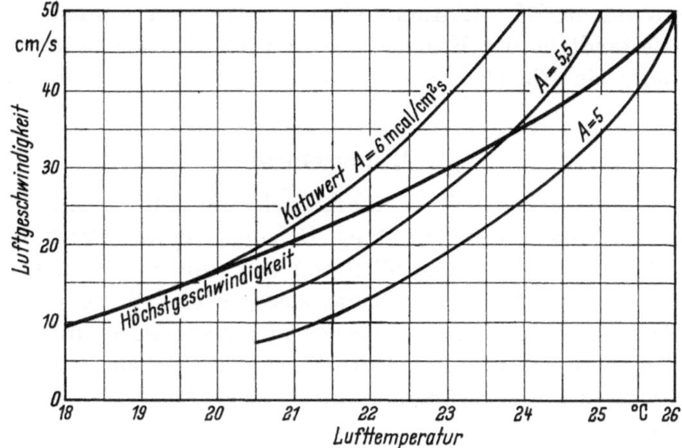

Abb. 7.59. Kriterium der Zugfreiheit bei Versammlungsräumen.

haltszone, vor allem in der Nähe der Zuluftöffnungen, zu messen. Als Kriterium der Zugfreiheit können für Aufenthaltsräume mit festen Sitzplätzen die in Abb. 7.59 in Abhängigkeit von der Lufttemperatur angegebenen Luftgeschwindigkeiten angesehen werden. Sie dürfen beim Anblasen von vorn nicht überschritten werden. Trifft der Luftstrom Nacken oder Füße, so soll dort bei Lufttemperaturen von 21 °C und niedriger die Luftgeschwindigkeit nicht größer sein als 0,15 m/s. Um den Anschluß an die früheren Festlegungen über die Grenzwerte der Kühlstärke herzustellen — man ging damals vom Katawert (s. S. 26) aus —, sind in Abb. 7.59 auch die Linien gleicher Katawerte mit eingezeichnet.

2. Fertigungs- und Lagerräume

Die Anforderungen richten sich bei Klimaanlagen der industriellen Fertigung in erster Linie nach der Art und den Verarbeitungsbedingungen der Rohstoffe. Die günstigsten Luftzustandswerte für die verschiedenen Materialien und für die einzelnen Phasen ihrer Verarbeitung weichen sehr voneinander ab und sind dem Lüftungsingenieur meist unbekannt. Sie müssen ihm daher vom Auftraggeber nach dessen eigenen Betriebserfahrungen für den Entwurf und die Berechnung der Klimaanlagen vorgeschrieben werden. Es soll deshalb darauf verzichtet werden, die für die verschiedenen Industriebetriebe und Fabrikationsarten meistbenutzten Temperatur- und Feuchtewerte in Zahlentafeln zusammenzustellen, weil in vielen Fällen doch wieder mit Abweichungen von derartigen Tabellenwerten zu rechnen ist.

Im allgemeinen müssen die geforderten Luftzustandswerte das ganze Jahr über aufrechterhalten werden, um eine gleichmäßige Verarbeitung der Rohstoffe sicherzustellen. Die übrigen raumklimatischen Forderungen, die sich auf die Vermeidung von Zugerscheinungen und die Reinheit der Luft beziehen, gelten auch hier.

[1] Liese, W.: Luftzustand und Behaglichkeitsbeurteilung. Wärme- u. Kältetechn. 42 (1940) 84/88.

Zu vermerken ist noch, daß i. allg. die Klimaanlagen der zweiten Gruppe zumeist auch die Luftverhältnisse für die in den Betrieben tätigen Menschen verbessern helfen und damit auch zu einer Leistungserhöhung bei größerem Wohlbefinden der Arbeiter beitragen.

C. Aufbau und Betriebsweise

Klimaanlagen unterscheiden sich im Aufbau von Lüftungsanlagen durch zusätzliche Luftaufbereitungsstufen und umfangreichere Einrichtungen zur selbsttätigen Temperatur- und Feuchteregelung. In den übrigen Anlageteilen wie Ventilatoren, Filter, Wärmeaustauscher, Luftkanäle und Luftdurchlässe, der Anordnung der Zu- und Abluftöffnungen sowie der Führung der Luft durch den Raum bestehen keine wesentlichen Unterschiede. Es kann in dieser Hinsicht auf den Unterabschnitt III „Lüftungsanlagen" verwiesen werden.

Die wichtigsten Bestandteile der Klimaanlage sind am Ort der Luftaufbereitung, das kann eine Klimazentrale oder ein Einzelgerät sein, zusammengefaßt. Ihr Aufbau soll zunächst besprochen werden.

1. Klimazentrale

Sie vereinigt in sich, wie es Abb. 7.60 schematisch zeigt, die erforderlichen Einrichtungen zur Bewegung, Reinigung, Erwärmung, Kühlung, Befeuchtung und Trocknung der Luft. Außerdem gehört zu ihr noch die Kammer zur Mischung von Außenluft und Umluft. Die einzelnen Bauteile werden entweder zu einem Zentralgerät zusammengefaßt oder unter Benutzung vorhandener Räumlichkeiten in einer Klimakammer aus Mauerwerk untergebracht. In diesem Falle muß eine glatte, feste Oberfläche der Innenwände, Decken und Fußböden vorhanden sein. Die äußere Ansicht einer solchen Klimazentrale zeigt Abb. 7.61a, der zur Verdeutlichung das Schema 7.61b beigegeben ist.

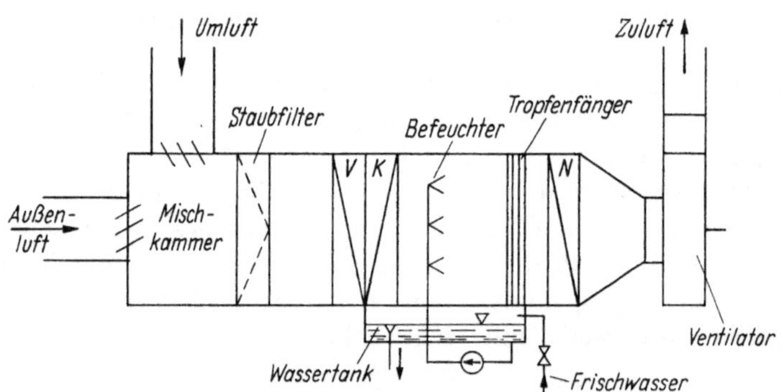

Abb. 7.60. Aufbau einer Klimazentrale, schematisch. *V* Vorwärmer, *K* Kühler, *N* Nachwärmer.

Verfolgt man an Hand der Abb. 7.60 den Weg der Luft durch die Klimazentrale, so treten folgende Einrichtungen auf:

Mischkammer,	Luftbefeuchter,
Staubfilter,	Tropfenfänger,
Vorwärmer *V*,	Nachwärmer *N*,
Flächenkühler *K*,	Ventilator.

Dieser Aufzählung seien kurze Erläuterungen angefügt.

a) Mischkammer

Am Eintritt der Außen- und Umluft in die Kammer befinden sich gekoppelte, gegensinnig arbeitende Klappen, mit denen ein gewünschtes Mischungsverhältnis von Außen- und Umluft eingestellt werden kann.

Der Mischluftbetrieb wird bei Klimaanlagen fast immer angewendet, nicht nur, um im Winter den Wärmeverbrauch herabzusetzen, sondern vor allem wegen des geringeren Bedarfs an Kühlwasser im Sommer, das in dieser Jahreszeit in der erforderlichen Menge oft schwer zu beschaffen ist.

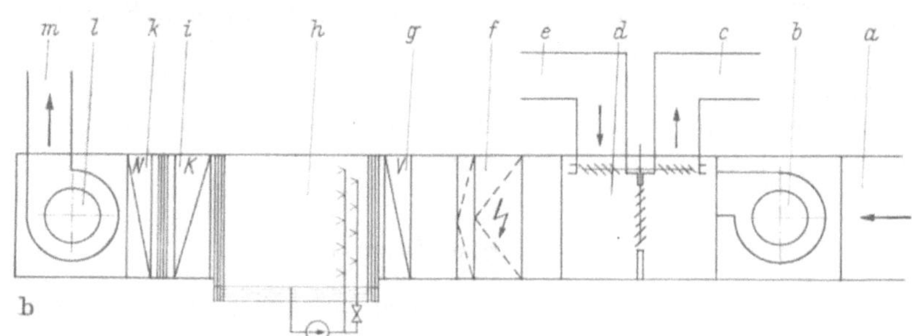

Abb. 7.61. Ausführungsbeispiel einer Klimazentrale.
a) Außenansicht; b) Schemabild.

a Abluft, *b* Abluftventilator, *c* Fortluft, *d* Mischkammer, *e* Außenluft, *f* Elektrostaubfilter, *g* Vorwärmer *h* Befeuchter, *i* Flächenkühler, *k* Nachwärmer, *l* Zuluftventilator, *m* Zuluft.

b) Staubfilter

Hinter der Mischkammer ist üblicherweise ein Staubfilter zur Reinigung der Außen- und Umluft angeordnet. Es kommen hier die schon auf S. 344/45 besprochenen Filterbauarten zur Anwendung.

c) Vorwärmer

Er wird nur im Winterbetrieb benötigt. Mit ihm wird die Mischluft so weit vorgewärmt, daß sie bei der anschließenden Befeuchtung den Wassergehalt der Zuluft erreicht.

Wegen des geringen Platzbedarfs und der bequemen Einbauweise werden heute ausschließlich Lamellenlufterhitzer als Vorwärmer benutzt, wie sie auf S. 346 beschrieben sind.

d) Flächenkühler

Während des Sommerbetriebs tritt an Stelle des Vorwärmers der Flächenkühler K in Tätigkeit. Er soll die Mischluft so weit herunterkühlen und erforderlichenfalls durch die hierbei bewirkte Wasserausscheidung auch trocknen, daß sie ebenso wie im Winterbetrieb den Taupunkt der Zuluft oder richtiger gesagt, den Wassergehalt der Zuluft erreicht, weil in Wirklichkeit die Zustandsänderung der Luft nicht bis zum Taupunkt, d. h. bis zur Sättigungsgrenze gelangt.

Zwecks Unterbringung einer großen Kühlfläche auf kleinem Raum werden vorwiegend Lamellenluftkühler verwendet, die so einzubauen sind, daß die Lamellen zur besseren Abführung des ausgeschiedenen Wassers senkrecht stehen.

Als Kühlmittel dient rückgekühltes Wasser, gelegentlich auch Wasser aus einem Tiefbrunnen oder die Sole einer Kälteanlage. (Bei der in Abb. 7.61 dargestellten Klimazentrale ist der Flächenkühler im Luftstrom hinter dem Befeuchter angeordnet, um eine hundertprozentige Sättigung der Luft erreichen zu können.)

e) Luftbefeuchter (Wäscher)

In ihm kommt die Luft mit Wasser in Berührung, das durch zahlreiche Düsen fein zerstäubt und so auf eine große Oberfläche für den Wärme- und Wasseraustausch gebracht wird. Der Luftbefeuchter kann auch für weitere Aufgaben der Luftaufbereitung verwendet werden, so z. B. zur Kühlung und Trocknung der Luft im Sommer sowie zur Luftreinigung. Dieser Funktion wegen wird er vielfach auch als „Wäscher" bezeichnet. Er arbeitet in der Regel zur Wassereinsparung mit Umlaufwasser, das vom Ablauftank durch eine Pumpe den Düsen wieder zugeführt wird. Im Sommer wird er, falls die Klimazentrale Staubfilter und Flächenkühler besitzt, mitunter ausgeschaltet oder nur zusätzlich zur Reinigung und Kühlung der Luft verwendet. Hierbei müssen jedoch die Düsen, um Nachbefeuchtung der Luft hinter dem Flächenkühler zu vermeiden, kaltes Wasser, also kein Umlaufwasser, zerstäuben.

Die Kühlung und Trocknung der Luft erfolgt vorwiegend mit dem Flächenkühler. Er beansprucht weniger Raum und vor allem weniger Wasser als der Luftwäscher.

Da Düsenkammern mit Wasserzerstäubung sehr reines, evtl. sogar aufbereitetes Wasser verlangen und außerdem eine stetige Feuchteregelung nicht zulassen, wird neuerdings zunehmend die Luftbefeuchtung mit Dampf angewendet.

f) Tropfenfänger

Der hinter dem Befeuchter, zuweilen auch noch zusätzlich davor angeordnete Tropfenfänger soll verhindern, daß Wassertropfen aus dem Zerstäuberraum in die weiteren Luftwege gelangen. Meist wird er von nebeneinandergestellten zickzackförmigen Blechen gebildet, die so gestaltet sind, daß aus der durchgehenden Luft die mitgerissenen Wasserteilchen ausgeschieden werden.

g) Nachwärmer

Hinter dem Befeuchter bleibt der Wassergehalt der Luft unverändert. Im Nachwärmer N wird die Luft auf die geforderte Zulufttemperatur gebracht. Diese liegt höher als die Raumtemperatur, wenn die Klimaanlage den Raum heizen, und tiefer, wenn sie ihn kühlen soll. Unter bestimmten Umständen kann zur Nachwärmung auch ein Teil der aus dem Raum kommenden warmen Luft der aufbereiteten Luft hinter dem Tropfenfänger zugemischt werden, s. auch Abb. 7.62c (Beipaß). Der „Beipaß" als Umgehung einzelner Aufbereitungsstufen der Zuluft findet häufig auch innerhalb des Klimagerätes selbst Anwendung, s. Abb. 7.91. Man kann auf diese Weise den Druckverlust der Anlage und damit den Leistungsbedarf herabsetzen, indem man beispielsweise Vorwärmer oder Oberflächenkühler, die ja niemals gemeinsam in Betrieb sind, nebeneinander einbaut oder einen Wärmeaustauscher umgeht. Vor allem ermöglicht die Beipaßschaltung aber die Mischregelung, die eine nahezu verzögerungsfreie Änderung der Zulufttemperatur durch Klappenverstellung in zwei Luftwegen gestattet.

h) Ventilator

Die Luftbewegung durch die Klimaanlage wird durch den am Ende der Klimazentrale eingebauten, von einem Elektromotor angetriebenen Zuluftventilator bewirkt.

Oft ist auch der Abluftventilator in der Klimazentrale mit untergebracht, s. Abb. 7.61. Die Umluftleitung ist dabei kürzer; die Mischregelorgane sind einfacher unterzubringen und ebenso wie der Ventilator selbst leichter zu überwachen. Die Forderung, daß Ventilatoren und Motoren möglichst wenig Geräusche verursachen sollen, wird bei Klimaanlagen für Aufenthaltsräume in gleicher Weise erhoben wie bei normalen Lüftungsanlagen für Aufenthaltsräume. Es kann auf die diesbezüglichen Ausführungen auf S. 349/51 verwiesen werden. Bei Werkanlagen spielt die Geräuschfrage i. allg. keine so wichtige Rolle.

2. Betriebsweise von Klimaanlagen

Klimaanlagen können in verschiedener Weise betrieben werden, wie es in den Schaltschemen der Abb. 7.62 dargestellt ist. Man unterscheidet Anlagen mit:

a) Außenluftbetrieb,
b) Umluftbetrieb (Mischluftbetrieb),
c) Umluftbetrieb mit Beipaß.

Der reine Außenluftbetrieb kommt bei den üblichen Zentralklimaanlagen selten zur Anwendung. Er ergibt zwar die einfachsten, aber in betrieblicher Hinsicht teuersten Anlagen. Bei ihm wird nur Außenluft in der Klimakammer aufbereitet und dem Raum zugeführt, was bei fehlenden

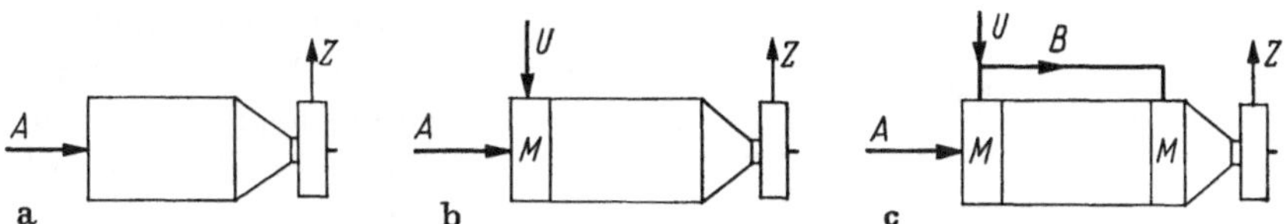

Abb. 7.62. Betriebsweise von Klimaanlagen.
a) Reiner Außenluftbetrieb; b) Umluftbetrieb; c) Umluftbetrieb mit Beipaß.
A Außenluft, *U* Umluft, *Z* Zuluft, *B* Beipaßluft, *M* Mischkammer.

örtlichen Heiz- bzw. Kühlflächen zu hohem Energieverbrauch führt. Eine Betriebsweise nach Abb. 7.62a wird daher nur angewendet, wenn örtliche Heiz- und Kühlgeräte zusätzlich vorgesehen werden oder wenn ohnehin die Wiederverwendung von Raumluft nicht in Frage kommt, wie z. B. bei Operations-, Kranken- und Behandlungsräumen, chemischen Laboratorien, Arbeitsräumen mit radioaktiven Stoffen u. dgl.

Der Umluftbetrieb nach Schaltschema Abb. 7.62b — er müßte eigentlich als „Mischluftbetrieb" bezeichnet werden — ist am häufigsten, weil er im Vergleich zu Betriebsweise a) eine wesentliche Ersparnis an Wärme und Kühlwasser ergibt. Anlagen mit Umluft werden vorwiegend bei Theatern, Kinos und Versammlungsräumen, häufig aber auch bei der industriellen Klimatisierung gebraucht. Umluft muß immer durch Staubfilter gereinigt werden.

Der Umluftbetrieb mit Beipaß nach Schaltschema Abb. 7.62c ist in wirtschaftlicher Beziehung oft günstiger, da die von der Anlage aufzubringende Wärme- und Kühlleistung noch stärker herabgesetzt wird als beim einfachen Umluftbetrieb. Zur Einhaltung der geforderten Raumluftfeuchte ist bei dieser Schaltung jedoch häufig eine sehr weitgehende Trocknung bzw. Unterkühlung des Anteils der aufbereiteten Luft notwendig, insbesondere wenn im Raum mit hoher Feuchteentwicklung zu rechnen ist. Der Beipaß ist also nicht in allen Fällen anwendbar.

3. Raumklimageräte

Bei den üblichen Klimaanlagen für Aufenthaltsräume und gewerbliche Zwecke wird die Luft in einer besonderen Klimazentrale aufbereitet und dann durch oft lange Luftkanäle zu den zu klimatisierenden Räumen befördert. Daneben finden neuerdings zunehmend Einzelklimageräte Verwendung, die im Raum selbst oder in seiner unmittelbaren Nachbarschaft aufgestellt werden und ihn direkt, d. h. ohne Kanalnetz, mit aufbereiteter Luft versorgen. Solche Geräte haben eine schrank- oder truhenähnliche Form, können aber in flacher und niedriger Ausführung auch mit direktem Außenluftanschluß unter dem Fenster aufgestellt werden, s. Abb. 7.63. Soll die Zuluft befeuchtet werden, so muß allerdings der Lufterhitzer in eine Vor- und eine Nachwärmstufe aufgeteilt werden, zwischen denen die Befeuchtungsdüsen anzuordnen sind.

Will man von der zentralen Kühlmittelversorgung frei sein, so erhält jedes Klimagerät seine eigene Kältemaschine, bei Außenwandaufstellung mit Außenluftkühlung des Kondensators, bei Innenwandaufstellung mit Wasserkühlung. Abb. 7.64. zeigt ein solches selbständiges Klimagerät in Schrankbauform im Schnitt. Es ist mit allen für die Luftaufbereitung und Förderung sowie die selbsttätige Regelung notwendigen Einrichtungen versehen einschließlich einer Kompressionskältemaschine. Den Außenluftanteil liefert eine Primärluftversorgung, in deren Zentrale die Luft gefiltert und im Winter vorgewärmt wird. Die Nachwärmung kann evtl. elektrisch erfolgen. Besondere Maßnahmen zur Schwingungs- und Schalldämpfung sind bei solchen Geräten, die in den zu klimatisierenden Räumen oder ihrer unmittelbaren Nachbarschaft aufgestellt werden, unerläßlich.

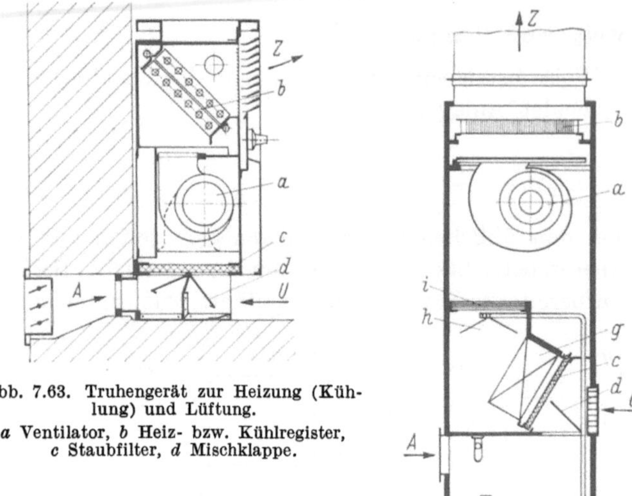

Abb. 7.63. Truhengerät zur Heizung (Kühlung) und Lüftung. *a* Ventilator, *b* Heiz- bzw. Kühlregister, *c* Staubfilter, *d* Mischklappe.

Abb. 7.64. Schrankklimagerät. *a* Ventilator, *b* Lufterhitzer, *c* Staubfilter, *d* Umluftklappe, *e* Kältekompressor, *f* Kondensator, *g* Verdampfungskühler, *h* Zerstäuberdüsen, *i* Tropfenabscheider.

Die Luftleistung der Raumklimageräte liegt im Bereich von 500 bis 2000 m³/h. Ihre Hauptanwendungsgebiete sind: Büros, Wartezimmer, Verkaufsräume, Meß- und Prüfräume und Laboratorien. Für Wohnräume ist in Mitteleuropa der Einbau und Betrieb von Klimageräten i. allg. zu kostspielig. Außenwand-Klimageräte werden in Gegenden mit mildem Klima und entsprechend geringem Heizwärmebedarf oft auch in Wärmepumpenschaltung ausgeführt, wobei der Kältekompressor im Winter die Wärme der Außenluft entnimmt und auf das für die Heizung erforderliche Temperaturniveau anhebt.

D. Systeme und Ausführung von Zentralklimaanlagen

Als Zentralklimaanlagen wollen wir solche Anlagen bezeichnen, bei denen entweder einzelne große oder eine Anzahl kleiner Räume gleicher Nutzung und gleicher außenklimatischer Beeinflussung von einer Klimazentrale über ein verzweigtes Kanalnetz mit aufbereiteter Luft beliefert werden. Ihrem Aufbau nach können diese Anlagen sehr verschieden sein je nach dem, ob und wie die von der Zentrale gelieferte Luft noch weiter behandelt wird, ob die Luft mit hoher oder niedriger Geschwindigkeit gefördert wird und ob die Zuluft über ein Kanalnetz oder über zwei Netze mit unterschiedlicher Temperatur den Räumen zugeführt wird. Im folgenden sollen einige charakteristische Ausführungsarten kurz beschrieben werden.

1. Zentralanlagen im Einkanalsystem

Zu dieser Gruppe gehören die konventionellen Klimaanlagen für Sitzungsräume, Innenbüros, Hörsäle, Kinos, Theater und Konzerträume sowie Anlagen, die eine begrenzte Zahl kleinerer Räume mit ähnlichen raumklimatischen Anforderungen versorgen. Sie arbeiten i. allg. mit niedriger Luftgeschwindigkeit im Kanalnetz wie auch mit geringem statischen Überdruck. Zum Ausgleich von Wärmeverlusten in längeren Kanälen sowie zur Anpassung an die örtlichen Temperaturanforderungen können Nachwärmer in einzelne Kanalstücke (Zonen) eingebaut werden, die unabhängig vom Zentralgerät durch besondere Raumtemperaturfühler geregelt werden, s. Abb. 7.65. Im Kühlbetrieb bestimmt dabei die ungünstigste Zone die Lufttemperatur hinter dem Zentralgerät; in den anderen Zonen wird ein Teil der Kühlleistung durch das Nachwärmen wieder vernichtet.

Der verhältnismäßig einfache Aufbau der Anlagen wird sonach durch einen Energiemehraufwand im Sommer erkauft, der jedoch bei nicht zu großen Temperaturunterschieden in den Zonen wirtschaftlich tragbar ist.

Einen Schritt weiter in der lüftungstechnischen Ausstattung der nachgeschalteten Zonen geht man bei der in Abb. 7.66 dargestellten Anlage. Die Klimazentrale liefert hier nur noch aufbereitete, im Winter erwärmte und befeuchtete, im Sommer entsprechend gekühlte und

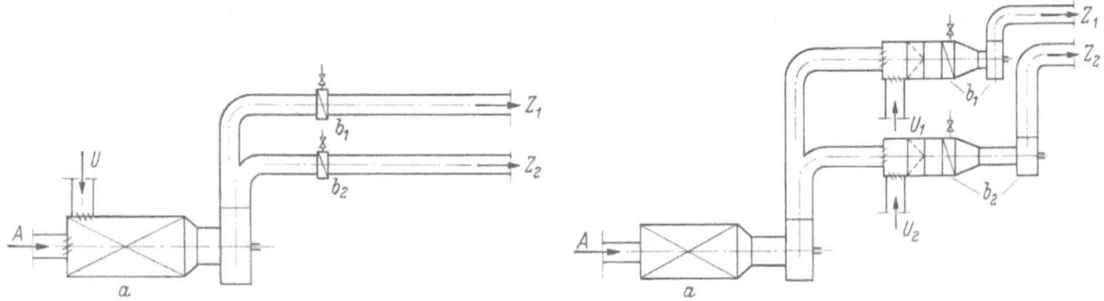

Abb. 7.65. Einkanalklimaanlage mit Zonennachwärmern. *a* Zentralgerät, b_1, b_2 Nachwärmer.

Abb. 7.66. Einkanalklimaanlage mit gesonderten Zonengeräten. *a* Zentralgerät, b_1, b_2 Zonengeräte mit Ventilatoren.

entfeuchtete Außenluft. Die Umluft wird in Zonengeräten, für jede Gruppe gesondert, der Außenluft beigemischt und bei Bedarf nachgewärmt. Ein Zonenventilator übernimmt die Luftförderung zu den angeschlossenen Räumen und durch die Abluft- bzw. Umluftkanäle. Damit sind die einzelnen Zonen thermisch und lüftungstechnisch weitgehend unabhängig voneinander. Der getrennte Umluftbetrieb ermöglicht zudem gegenüber der Ausführung nach Abb. 7.65 Einsparungen an Kälteenergie. Man findet diese Ausführungsart häufig in großen Bürohäusern als Abschnittsklimaanlagen für Raumgruppen ähnlicher Belastungsverhältnisse.

Als *Beispiel* für eine in Zonen aufgegliederte *Luftverteilung* in einem Großraum ist in Abb. 7.67 das Zuluftkanalnetz der neuen Philharmonie in Berlin dargestellt[1]. Die Luft wird über Spezialauslässe in den Treppenstufen eingeblasen und oben abgesaugt. Der Grundriß des Saals ist in 5 Lüftungsabschnitte unterteilt, jeder mit einem eigenen Nachwärmer. Die Luftleistungen je Abschnitt richten sich nach der Zahl der zu versorgenden Plätze. Um eine möglichst gleichmäßige Beaufschlagung aller Durchlässe zu erreichen, ist das Kanalsystem auch in den Zuluftkammern unter den Sitzreihen noch weitergeführt; durch Drosselklappen können die erforderlichen Teilströme eingestellt werden. Die Zonennachwärmer sollen Unterschiede in den Wärmeverlusten auf dem Zuluftweg, insbesondere auch durch Speichervorgänge beim Aufheizen oder Abkühlen, ausgleichen. Die Raumluft wird in Deckenöffnungen abgesaugt und über ein besonderes Kanalnetz einem zur Zentrale führenden vertikalen Abluftschacht zugeleitet.

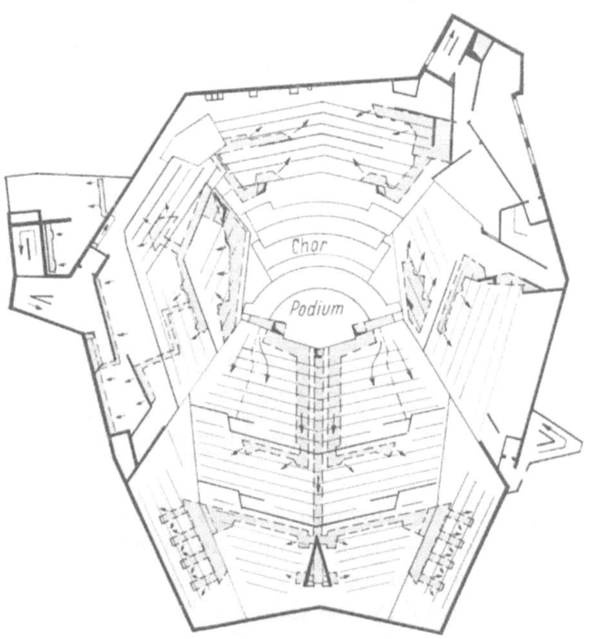

Abb. 7.67. Zuluftkanalnetz der Philharmonie Berlin.

[1] Raiss, W., u. E. Sprenger: Lüftungstechnische Anlagen in der Neuen Philharmonie Berlin. Gesundh.-Ing. 85 (1964) 66/71.

2. Hochdruckanlage mit örtlichen Klimakonvektoren

Zur Problematik der Klimatisierung vielgeschossiger großer Bürohäuser[1]. Bei der Klimatisierung großer Gebäude mit vielen Einzelräumen bereiten zwei Aufgaben besondere Schwierigkeiten. Die eine ist bautechnischer Art; es müssen viele Kanäle mit großen Querschnitten, teils vertikal teils horizontal verlaufend, untergebracht werden. Die andere Aufgabe ist thermischer Art; die gewünschten, evtl. unterschiedlichen Raumtemperaturen müssen auch bei sich ändernder innerer Wärmeentwicklung oder außenklimatischer Belastung eingehalten werden. Im Raum selbst sind Beleuchtungskörper und Menschen die Hauptwärmequellen. Bei den Witterungseinflüssen sind neben der Temperatur vor allem Wind und Sonneneinstrahlung von Bedeutung. Je nach der Orientierung der Außenwände, der Größe und Dichtheit der Fenster sowie der Art der Sonnenschutzeinrichtungen wirken sich diese Faktoren sehr verschieden aus. Sie ändern sich zudem rasch und variieren stark auch in benachbarten Räumen (wandernde Schatten an sonnenbeschienenen Hausfronten, Bewölkungswechsel). Auch die beste Klimaanlage wird in solchen Fällen nur befriedigend arbeiten können, wenn gewisse bautechnische Voraussetzungen erfüllt sind. Hierzu gehören dichte, am besten festverglaste Fenster und wirksame Sonnenschutzmaßnahmen.

Die Unterbringung der Kanäle wird um so schwieriger je größer das Gebäude und die zu fördernden Luftmengen sind. Auch eine Zonenklimatisierung nach Abb. 7.66 macht die Außenluftversorgung nicht überflüssig. Die Unterzentralen benötigen außerdem viel Platz und zusätzliche Wartung. Der Aufteilung in Einzelanlagen sind daher bauliche und betriebliche Grenzen gesetzt. Die Kanalquerschnitte lassen sich herabsetzen einmal durch Anwendung höherer Luftgeschwindigkeiten, zum anderen durch Einschränkung der Luftleistungen. Beide Möglichkeiten werden bei den hier zu besprechenden „Hochdruckanlagen" konsequent genutzt.

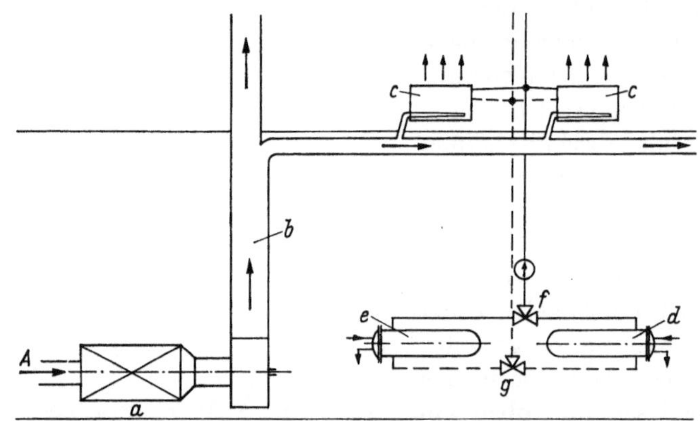

Abb. 7.68. Hochdruckklimaanlage im Zweileitersystem.
a Klimazentrale, *b* Primärluftkanal, *c* Klimakonvektoren, *d*, *e* Wärmeaustauscher für Heizung und Kühlung, *f*, *g* Umschaltventile.

Aufbau der Hochdruckanlage, s. Abb. 7.68. Zentral aufbereitet wird hier lediglich die der Lufterneuerung dienende Außenluft. Sie wird mit dem gewünschten Wassergehalt und einer Temperatur von 14 bis 16 °C über ein stark verzweigtes Verteilungsnetz den einzelnen Räumen zugeführt. Die kleineren Strömungsquerschnitte gestatten die Verwendung von runden Rohrleitungen aus dünnem Blech (meist Spiralrohre) an Stelle der bei Niederdruckanlagen üblichen Kanäle. Die Zuluftventilatoren arbeiten mit Förderhöhen von 300 bis 400 mm WS, die größere Druckverluste im Netz zulassen und zugleich an den letzten Verbrauchsstellen einen Überdruck von 100 bis 200 mm WS aufrechterhalten.

Die vorbehandelte Außenluft wird sog. *Klimakonvektoren* zugeleitet, die in den Einzelräumen unterhalb der Fenster aufgestellt sind. Im Konvektorengehäuse strömt diese Luft (Primärluft) durch düsenförmige Öffnungen mit hoher Geschwindigkeit aus und saugt dabei durch

[1] Einen guten Überblick über die Technik der Klimatisierung von Bürohochhäusern geben die in Heizg.-Lüftg.-Haustechn. 16 (1965) Heft 1 zusammengestellten Vorträge von D. Garski, H. Laakso, R. Dorn, F. Zeddies und M. Costantino auf einer VDI-Tagung in Hamburg.

Ölöffnungen in der Frontplatte die mehrfache Umluftmenge (Sekundärluft) injektorartig aus dem Raum an. Das Gemisch aus Primär- und Sekundärluft strömt unmittelbar unter dem Fenster durch ein Abdeckgitter aus dem Konvektor aus. Je nach der Jahreszeit wird die Sekundärluft durch Wärmeaustauscher, die in die Raumgeräte eingebaut sind, nachgewärmt oder gekühlt. Die Wärmeaustauscher sind zu diesem Zweck an ein Heiz- bzw. Kühlsystem angeschlossen, dessen Wasserumlauf von einer Pumpe aufrechterhalten wird, s. Abb. 7.68 rechts. Durch das Zusammenwirken der im Klimakonvektor vollzogenen Luftmischung und der meist selbsttätig geregelten Nachwärmung bzw. Nachkühlung des Gemischs läßt sich die Temperatur und in gewissem Umfang auch die Luftfeuchte im Winter und Sommer auf den gewünschten Wert in jedem Raum einstellen.

Einige typische Ausführungen von Klimakonvektoren sind in Abb. 7.69 dargestellt. Die Wärmeaustauscher sollten gut zugänglich und leicht zu reinigen sein, da eine wirksame

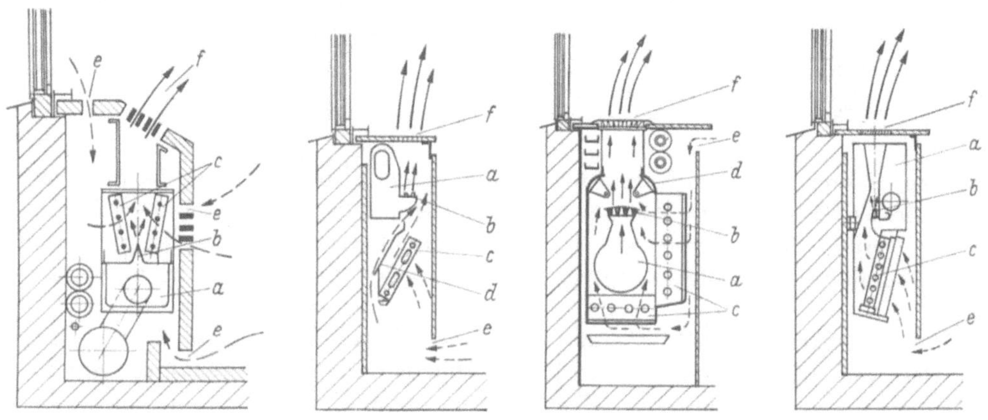

Abb. 7.69. Bauarten von Klimakonvektoren.
a Primärluftkammer, *b* Primärluftdüse, *c* Wärmeaustauscher, *d* Sekundärluftklappen, *e* Sekundärlufteintritt, *f* Mischluftaustritt.

Filterung der angesaugten Raumluft bei dem geringen verfügbaren Injektions-Unterdruck nicht möglich ist. Für die Reinigung der Primärluft im Zentralgerät sind Feinstfilter zu verwenden, um Staubansammlungen im Kanalnetz tunlichst zu verhindern.

Die bei hohen Luftgeschwindigkeiten im Leitungssystem und insbesondere in den Austrittsdüsen entstehenden Strömungsgeräusche sind durch konstruktive Maßnahmen bei den Geräten und eine schalldämpfende Auskleidung der Mischkammern klein zu halten. Ganz zu verhindern sind sie nicht.

Eine der Primärluftmenge entsprechende Menge Abluft strömt infolge des Überdrucks aus dem klimatisierten Raum wieder ab. Zumeist läßt man die Abluft in die Gänge entweichen, von wo aus sie entweder über Undichtheiten in Treppenhäusern und ungelüfteten Nebenräumen oder über die mit Saugzuganlagen versehenen Toiletten ins Freie abgeführt wird. Zuweilen werden auch besondere Fortluftanlagen eingebaut, s. Abb. 7.70, mit Abluftöffnungen in den Raumdecken oder über den Fenstern. Beide Ausführungen dienen vor allem der Herabsetzung der Kühllast, sind also bevorzugt im Sommer in Betrieb. Im ersten Fall soll der größere Teil der Wärmeabgabe von Deckenleuchten unmittelbar abgeführt werden, im zweiten Fall ein entsprechender Anteil der von innenliegenden Sonnenschutzeinrichtungen (Jalousien, Gardinen) absorbierten Strahlungsenergie. Die Ausführung eines mit der Abluft kombinierten Beleuchtungskörpers zeigt Abb. 7.71.

Für den Winterbetrieb hat die Aufstellung der Klimakonvektoren unter den Fenstern die gleiche günstige Auswirkung auf das Raumklima wie die von Heizkörpern einer normalen Zentralheizung; die Abkühlungseffekte der Fensterflächen werden kompensiert. Damit zusammen hängt ein weiterer wesentlicher Vorzug der Hochdruckanlage mit Klimakonvektoren. Sie kann im Gegensatz zu allen übrigen lüftungstechnischen Systemen bei stillstehender Anlage auch zur unmittelbaren Raumheizung verwendet werden. Die Konvektoren geben dann eine, wenn auch verminderte Wärmeleistung bei freier Anströmung der Raumluft ab, eine Betriebsweise, die im mittel- und nordeuropäischen Klima für die Temperierung der Räume in den Abend- und Nachtstunden sowie am Wochenende von Bedeutung ist.

Der Einbau eines zweiten Verteilungsnetzes, eben der Rohrleitungen für den Transport der Wärme- bzw. Kälteenergie, erhöht selbstverständlich die Anlagekosten dieses Systems, zumal auch noch teuere örtliche Schalt- und Regelorgane hinzukommen. Auf die letzteren

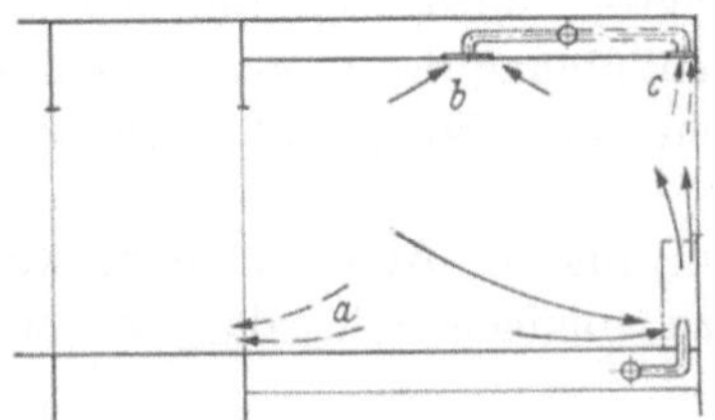

Abb. 7.70. Anordnung von Abluftöffnungen bei Hochdruckklimaanlagen.
a Abluft zum Flur, *b* Fortluft durch Deckenabzug, *c* Fortluft oberhalb des Fensters.

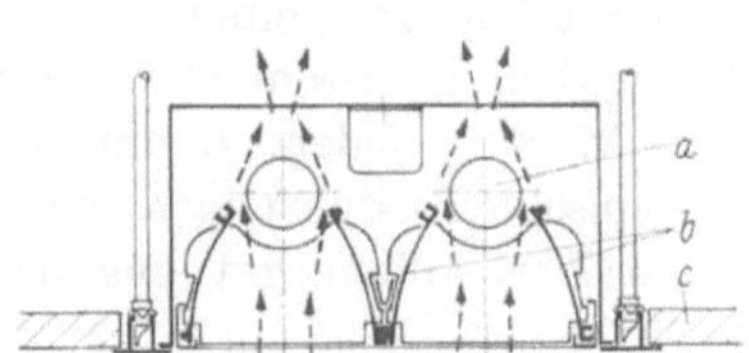

Abb. 7.71. Abluftöffnung mit Deckenleuchten.
a Leuchtröhre, *b* Reflektoren, *c* Sichtdecke.

kann evtl. zur Kosteneinsparung verzichtet werden, indem man die örtliche Leistungsanpassung den Rauminsassen überläßt. Die Wärme- bzw. Kühlleistung der Konvektoren wird je nach dem Aufbau der Geräte durch Drosselung des Wasserdurchflusses (Ventilregelung) oder der angesaugten Raumluft (Klappenregelung) geändert; zuweilen finden auch beide Verfahren Anwendung.

Sind alle Konvektoren eines Gebäudes oder eines Gebäudeabschnittes über einen gemeinsamen Vorlauf und Rücklauf mit der Zentrale verbunden (*Zweileitersystem*), so kann in diesem Abschnitt nur entweder gekühlt oder geheizt werden, wenn einmal von den Fällen sehr kleiner Kühlleistungen, die von der Primärluft allein erbracht werden können, abgesehen wird. Bei unterschiedlichen Wärme- und Kältebelastungen der Räume eines Klimatisierungsabschnittes geht man daher zum 3- oder 4-Leiter-System über.

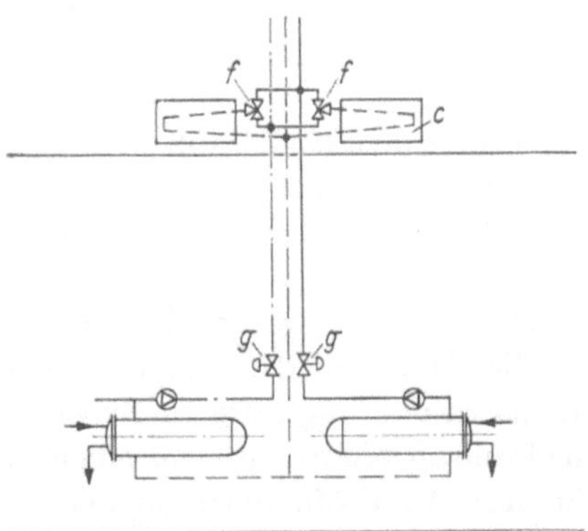

Abb. 7.72. Hochdruckklimaanlage im Dreileitersystem, wasserseitig.
Luftseite wie Abb. 7.68, *c* Klimakonvektor, *f* Umschaltventile, *g* Absperrventile.

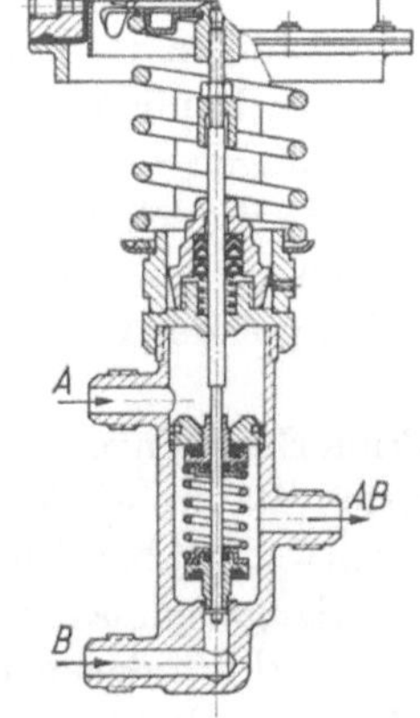

Abb. 7.73. Umschaltventil beim Dreileitersystem.

Das *Dreileitersystem*, s. Abb. 7.72, besitzt getrennte Vorläufe für Heiz- und Kühlwasser, aber einen gemeinsamen Rücklauf. Ein selbsttätiges Umschaltventil (Sequenzventil) im Vorlaufanschluß des Konvektors gibt je nach Anforderung den Heiz- oder Kühlwasserzufluß frei, s. Abb. 7.73.

Solange beide Vorläufe in Betrieb sind, kann in jedem Raum nach Belieben geheizt oder gekühlt werden. Von Nachteil ist die durch den gemeinsamen Rücklauf bedingte Mischung von Heiz- und Kühlwasser mit ihrem nicht unerheblichen Energieverlust. Er läßt sich vermeiden, wenn auch die Rückläufe beider Systeme getrennt geführt werden, also ein *Vierleitersystem* zur Anwendung kommt. Auf Zoneneinteilungen der Heiz- und Kühlwassernetze kann dann ganz verzichtet werden. Durch Beipaßschaltungen lassen sich auch die durch die unterschiedliche Wasserführung einzelner Netzteile verursachten Druckänderungen mit ihren Auswirkungen auf die Mengenzuteilung klein halten.

Neuerdings geht man noch einen Schritt weiter und stattet jeden Konvektor mit getrennten Heiz- und Kühlflächen aus. Es entfallen dann die empfindlichen Umschaltventile. Bei luftseitiger Klappenregelung arbeiten solche Geräte selbst bei großen Änderungen der geforderten kalorischen Leistung praktisch verzögerungsfrei. Ohne Zweifel ist das Vierleitersystem in der Heiz- und Kühlmittelverteilung am anpassungsfähigsten und im Energieaufwand am sparsamsten. In den Anlagekosten ist es jedoch das teuerste, da es 3 getrennte Verteilungssysteme erfordert, eine Luftverteilung und zwei Wasserverteilungen, die letzteren mit Doppelleitungen.

Für Gebäude mit einheitlicher Heiz- und Kühllast für bestimmte Bauabschnitte oder Zonen ist das billigere Zweirohrsystem durchaus geeignet. Das Anwendungsgebiet des Dreirohrsystems liegt etwa zwischen den beiden anderen.

Generell ist noch festzuhalten, daß Hochdruckanlagen mit Klimakonvektoren nur für die Außenzonen von Bürohäusern und Raumtiefen bis zu etwa 6 m in Frage kommen. Bei größeren Raumtiefen ist eine ausreichende Durchspülung der hinteren Raumteile nicht gewährleistet[1]. In der Regel erhält jede Fensterachse ein eigenes Klimagerät mit einer Primärluftleistung von 100 bis 125 m^3/h. Die innenliegenden Räume sowie alle Großraumbüros werden auch in Gebäuden mit Hochdruckklimakonvektoren im allgemeinen mittels konventioneller Niederdruckanlagen gelüftet oder klimatisiert.

3. Zweikanalanlage

Eine ganz andere Lösung der Aufgabe, viele Einzelräume eines großen Gebäudes unabhängig voneinander zu klimatisieren, liegt diesem System zugrunde. Es werden zwei Zuluftkanalnetze verlegt, von denen das eine Warmluft, das andere Kaltluft führt. Jeder Raum ist an beide Netze angeschlossen. Durch gegensinnig arbeitende Klappen, die von einem Raumtemperaturregler beeinflußt werden, lassen sich die Teilströme so ändern, daß der Raum die gewünschte Temperatur erhält, s. Abb. 7.74. Ein Mengenstromregler hinter der Mischkammer sorgt dafür, daß die jedem Raum zugedachte Gesamtluftmenge unabhängig von den Drücken in den Zuleitungen eingehalten wird. Solche Mengen- oder auch Druckregler sind notwendig, da die Luftentnahme und damit auch die Drücke in den beiden Leitungssystemen stark variieren. Für den Extremfall muß jedes System die Gesamtluftmenge allein fördern können. Dies führt zu großen Kanalquerschnitten. Meistens werden die Zuluftkanäle in den Fluren untergebracht, s. Abb. 7.75a. Die Mischkästen und Zuluftleitungen zu den Deckenauslässen sind dabei in der Hohldecke verlegt. Für den Winterbetrieb ist oft — wie bei den zentralen Einkanalanlagen — noch eine zusätzliche Heizanlage mit Heizkörpern unter den Fenstern eingebaut. Die Zuluftkanäle können auch bei genügendem Platz an den Außenwänden verlegt werden mit Luftauslässen unter den Fenstern, s. Abb. 7.75b. Bei dieser Ausführung liegt es nahe, höhere Luftgeschwindigkeiten und Drücke, also auch Düsenauslässe anzuwenden. Die dabei eintretende Vermischung der Zuluft und Raumluft ermöglicht niedrigere Lufttemperaturen und damit eine wünschenswerte Herabsetzung der Luftleistung der Anlage.

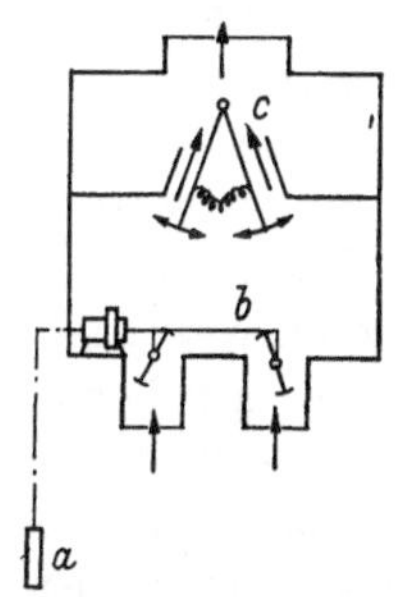

Abb. 7.74. Mischkasten für Zweikanalklimaanlage. *a* Raumtemperaturfühler, *b* Mischklappen, *c* Luftstromregler.

Die Führung der Abluft entspricht bei Zweikanalanlagen weitgehend der bei konventionellen Einkanalanlagen nach Unterabschnitt 1. Zumeist dienen die Flure als Abluftwege, wobei der Umluftanteil von dort aus in die Zentrale zurückgesaugt wird. Die Unterbringung der beiden

[1] Laux. H.: Neuzeitliche Hochdruck-Induktionsgeräte zur Klimatisierung von Großbauten. Wärme-, Lüftgs.-u. Gesundh.-Techn. 18 (1966) 245/253 u. 271/276.

für volle Zuluftleistung auszulegenden Kanäle ist im allgemeinen baulich schwierig. Auch treten bei den langen Luftwegen nicht unerhebliche Energieverluste auf; die Kanäle sind dementsprechend zu isolieren. Insbesondere ist der Wärmeaustausch zwischen den beiden Kanälen weitestgehend zu unterbinden. Zusätzliche Kosten verursachen die für jeden Luftauslaß erforderlichen Misch- und Druckregler, auf die — im Gegensatz zu den Verhältnissen beim Klimakonvektor — hier keinesfalls verzichtet werden kann.

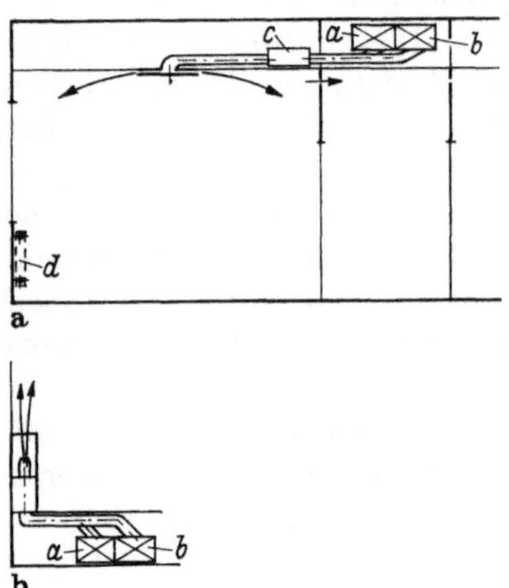

Die Hauptvorteile sind: Es können alle Räume, also auch die innenliegenden, von einer Anlage versorgt werden; die Rohrnetze für Heiz- und Kühlwasser sowie die örtlichen Klimakonvektoren entfallen; in der Übergangszeit kann weitgehend mit Außenluft gekühlt werden, die Kältemaschinen können also außer Betrieb bleiben, da keine so niedrigen Temperaturen benötigt werden wie bei der Primärluftverteilung mit Nachkühlung im Klimakonvektor. Hinzu kommt noch der geringe Geräuschpegel, soweit es sich um Niederdruckanlagen handelt.

Abb. 7.75. Beispiele der Rohrführung bei einer Zweikanalklimaanlage. a) Kanäle in Hohldecke; Zuluft durch die Decke; b) Kanäle im Fußboden; Zuluft unter dem Fenster. *a* Kaltluftkanal, *b* Warmluftkanal, *c* Mischkasten, *d* evtl. Zusatzheizfläche.

E. Bereitstellung der Kälteleistung

1. Allgemeines

Die zur Kühlung und Entfeuchtung der Luft erforderliche Kälteleistung wird in der Regel durch Kältemaschinen erbracht[1]. Bei Klimaanlagen für Aufenthaltsräume kann unter mitteleuropäischen Verhältnissen evtl. auch unmittelbar mit Leitungs- oder Brunnenwasser gekühlt werden, sofern die Wassertemperaturen 12 bis 14 °C nicht überschreiten und genügend große Wassermengen verfügbar sind. Beide Vorbedingungen sind bei Leitungswasser aus öffentlichen Netzen im Sommer zumeist nicht gegeben. In Großstädten macht oft schon die Bereitstellung des Kühlwassers für Kältemaschinen Schwierigkeiten oder sie verursacht so hohe Kosten, daß Rückkühler auf dem Dach oder in unmittelbarer Nähe der zu klimatisierenden Gebäude vorgesehen werden müssen.

Günstiger liegen die Verhältnisse, wenn das Wasser zur unmittelbaren Kühlung aus genügend ergiebigen Tiefbrunnen entnommen werden kann. Das erwärmte Wasser ist über Sickergruben oder das öffentliche Abwassernetz abzuleiten. Der Anschluß der Klimaanlagen an eine Fernkälteversorgung ist vorerst auf Ausnahmefälle beschränkt, wird u. E. in Zukunft aber an Bedeutung gewinnen[2].

Als selbständige Kälteerzeuger werden in der Klimatechnik vorwiegend Kompressionskältemaschinen, neuerdings aber auch Absorptionsmaschinen und in selteneren Fällen Dampfstrahlmaschinen verwendet[3]. Sie sollten folgenden Anforderungen genügen:

1. Ungiftiges, möglichst geruchfreies und nicht brennbares Kältemittel,
2. schwingungsfreier und geräuscharmer Betrieb der Maschinen,
3. vollautomatische Arbeitsweise und leichte Regelbarkeit der Leistung in einem weiten Lastbereich.

---

[1] Niebergal, W.: Die Kältemaschine in lüftungstechnischen Anlagen, VDI-Ber. 38 (1959) 87/108.

[2] Jerusalem, H.: Die Fernkälteversorgung. Heizg.-Lüftg.-Haustechn. 16 (1965) 215/223.

[3] Siehe hierzu: Hilbert, G.: Zur Praxis der kältetechnischen Ausrüstung von Klimaanlagen. Gesundh.-Ing. 83 (1962) 357/364. — Laakso, H., u. W. Mänz: Kälteversorgung für die Klimaanlagen von Hochhäusern. Heizg.-Lüftg.-Haustechn. 14 (1963) 266/269. — Jerusalem, H.: Kolben-, Zentrifugal- und Absorptionskältemaschinen in Klimaanlagen — Kritischer Vergleich. Bericht vom XVIII. Kongreß für Heizung, Lüftung und Klimatechnik, München 1964. Düsseldorf: Klepzig 1964.

Als Kältemittel werden bei Kompressionsmaschinen vor allem halogenierte Kohlenwasserstoffe, bei Dampfstrahlkältemaschinen Wasser verwendet. Absorptionsanlagen arbeiten mit Lösungen von Lithiumsalzen in Wasser. Die Forderung 2 ist bei Klimageräten kleiner und mittlerer Leistung, bei denen die Kältemaschine in die Geräte eingebaut oder mit ihnen apparativ zusammengebaut ist, nur bedingt zu erfüllen, bei Großanlagen mit getrennter Aufstellung der Kältemaschinen ist dies leichter möglich. Auch die unter 3 geforderte Anpassung der Kälteleistung an den sich bei Klimaanlagen oft rasch ändernden Bedarf bereitet bei kleineren Aggregaten besondere Schwierigkeiten, zumal die Maschinen ohnehin während des größten Teils ihrer Betriebszeit nur mit 15 bis 40% belastet sind. Für die Wahl der Kältemaschine ist das Verhalten bei Teillast daher häufig entscheidend.

2. Direktkühlung

Der Verdampfer der Kältemaschine ist hier unmittelbar im Luftstrom angeordnet, so daß ein besonderes Kältetransportmittel und die Zwischenschaltung eines Wärmeaustauschers entfallen. Die Direktkühlung findet Anwendung bei Einzelgeräten kleiner und mittlerer Leistung. Bei Einbau der Klimageräte in Außenwände oder Fensterflächen wird der Kondensator mit Luft gekühlt, sonst zumeist mit Wasser.

3. Kaltwasseraggregate

Sind mehrere Klimageräte mit Kälte zu versorgen oder werden hohe, stark veränderliche Kälteleistungen verlangt, so wird die Kälteerzeugung an einer Stelle zentralisiert und gekühltes Wasser mit Temperaturen von 5 bis 7 °C den einzelnen Verbrauchsstellen zugeleitet. Man bevorzugt heute für solche Zwecke Kaltwassersätze, die in gedrängter Bauform für gewisse Leistungsgruppen von den Herstellern anschlußfertig geliefert werden (Kompaktbauweise).

Kompressionsmaschinen. Im Leistungsbereich bis etwa 350 Mcal/h werden bei Kompressionskältemaschinen vorwiegend *Kolbenverdichter* in hermetisch geschlossener Bauart verwendet. Sie benötigen keine Wellenabdichtungen. Die Motoren werden durch das Kältemittel selbst gekühlt und die gesamte anfallende Wärmeleistung wird mit dem Kondensatorkühlwasser abgeführt. Zur Leistungsregelung sind bei Kolbenkompressoren verschiedene Verfahren gebräuchlich. Betrieblich am günstigsten ist eine Leistungsänderung durch stufenlose Drehzahlregelung; sie scheitert zumeist an den zu hohen Einrichtungskosten. Die einfachste und billigste Lösung, nämlich die Ein- und Ausschaltung der Maschine, ist i. allg. nur anwendbar, wenn ein größerer Kältespeicher zum Ausgleich von Leistungsanforderung und -darbietung eingeschaltet ist. Mehrzylindermaschinen gestatten eine stufenweise Leistungsregelung, indem bei Teillast einzelne Zylinder durch Offenhalten der Saugventile im Leerlauf mitgehen. Eine Erhöhung des spezifischen Kraftbedarfs muß dabei in Kauf genommen werden. Betrieblich und wirtschaftlich günstiger ist die Unterteilung der Leistung auf mehrere Maschineneinheiten, die je nach Belastung voll oder auch in einzelnen Zylindern abgeschaltet werden können.

Bei Kompressionskältemaschinen größerer Leistung werden *Turboverdichter*[1] bevorzugt. Platzbedarf und Leistungsgewicht sind geringer als bei Kolbenverdichtern. Sie laufen nahezu vibrationsfrei und sind wegen der fehlenden Saug- und Druckventile geräuschärmer und auch weniger störanfällig.

Bei Teillast ändert sich die vom Verdichter geforderte Druckhöhe bei annähernder Konstanz der Temperaturen im Kondensator und Verdampfer nur wenig, wohl aber der zu fördernde Volumenstrom. Der neue Betriebspunkt des Verdichters kann durch Drehzahländerung oder durch Förderhöhendrosselung angesteuert werden. Die Drehzahlregelung ist teurer als die Drosselregelung, arbeitet im Betrieb aber wirtschaftlicher. Auch ist bei der Drosselregelung auf die Grenze des stabilen Arbeitsbereichs des Verdichters Rücksicht zu nehmen. Diese Nachteile vermeidet weitgehend die neuerdings häufiger anzutreffende Einlaßregelung durch ver-

[1] HILBERT, G.: Turbokältesätze in Klimaanlagen. Kältetechn. 14 (1963) 80/84.

stellbare Leitschaufelkränze, durch welche die Drosselkennlinie günstig verändert und der Arbeitsbereich erweitert wird.

Absorptionsmaschinen[1] werden ebenfalls als montagefertige Kaltwassersätze im Leistungsbereich von 150 bis 3000 Mcal/h geliefert. Sie zeichnen sich durch höchste Laufruhe aus, da außer Umwälzpumpen keine beweglichen Teile vorhanden sind. Die Lithiumbromidlösung, das am häufigsten verwendete Arbeitsmittel, muß zum Ausdampfen des Wassers auf 100 °C erhitzt werden. Man benötigt zum Betrieb der Maschinen sonach Heizdampf von 110 bis 115 °C oder einen anderen geeigneten und preisgünstigen Energieträger. Bei Drosselung der Wärmezufuhr geht die Ausdampfleistung zurück und mit der Lösungskonzentration des Arbeitsmittels auch die Kälteleistung.

Absorptionsmaschinen ermöglichen eine stufenlose Leistungsregelung zwischen Null- und Vollast. Bei größeren Kälteleistungen lassen sich auch Turbo- und Absorptionsmaschinen kuppeln, eine Schaltung, die vor allem in Industriebetrieben bei Antrieb des Turbokompressors durch eine Dampfturbine wirtschaftlich überlegen ist.

F. Die Luftaufbereitung im i, x-Diagramm

Bei der Beschreibung der Klimazentrale unter Abschn. C 1 wurden die Luftaufbereitungseinrichtungen in der Reihenfolge besprochen, wie sie von der Luft durchströmt werden. Dabei wurde auch auf die von den Geräten herbeigeführten Luftzustandsänderungen hingewiesen, die mit dem Zustand der Mischluft beginnen und mit dem der Zuluft hinter dem Nachwärmer enden.

Am anschaulichsten lassen sich diese physikalischen Vorgänge im MOLLIERschen i, x-Diagramm darstellen, dessen Aufbau und Handhabung auf S. 66 erläutert ist. Das Diagramm ist ein unentbehrliches Hilfsmittel für alle klimatechnischen Überlegungen und Berechnungen.

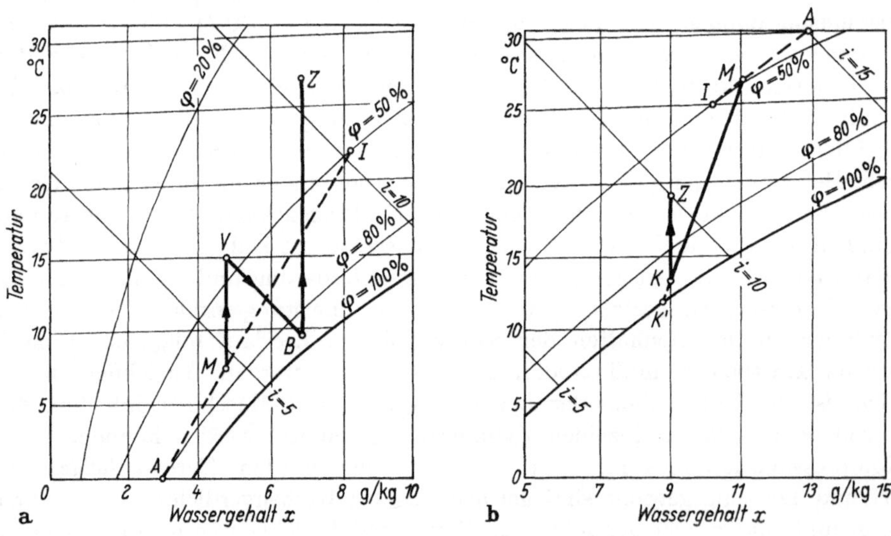

Abb. 7.76. Luftaufbereitung im i, x-Diagramm.
a) Winterbetrieb; b) Sommerbetrieb.

Die Abb. 7.76a und b zeigen im i, x-Bild die Zustandsänderungen der Luft bei der Aufbereitung im Winter- und Sommerbetrieb in einer Aufenthaltsraum-Klimaanlage. Die Darstellungen sind nur zwei herausgegriffene Beispiele für die vielen möglichen Vorgänge, die sich im Laufe eines Jahres und bei verschiedenen Innenluftverhältnissen ergeben können.

[1] NIEBERGALL, W.: Absorptionskälteanlagen für Klimatisierung und Kaltwasserbereitung. Heizg.-Lüftg.-Haustechn. 16 (1965) 93/97, 223/226.

1. Winterbetrieb (Abb. 7.76 a)

a) In der Mischkammer werden Außenluft vom Zustand A und Umluft (Raumluft) vom Zustand I im Verhältnis 2 : 1 gemischt. Dabei ergibt sich der Mischluftzustand M. Der Punkt M teilt die gestrichelt gezeichnete Mischgerade AI im umgekehrten Verhältnis der Luftmengen (vgl. S. 71).

b) Die Mischluft vom Zustand M geht durch den Vorwärmer, wird bei gleichbleibendem Wassergehalt x_m erwärmt und erreicht den Zustandspunkt V.

c) Die vorgewärmte Luft vom Zustand V strömt durch die Düsenkammer und wird darin durch die Verdunstung des zerstäubten Umlaufwassers gleichzeitig befeuchtet und gekühlt, wobei die zur Verdunstung erforderliche Wärme der Luft entzogen wird. Die bewirkte Zustandsänderung der Luft verläuft annähernd auf einer Geraden $i =$ konst von V bis zum Zustandspunkt B, wo die Luft bereits den Wassergehalt x_z der Zuluft erlangt haben muß. B liegt nicht auf der Sättigungslinie, weil praktisch volle Sättigung der Luft nicht erreicht wird.

d) Die gekühlte und befeuchtete Luft vom Zustand B geht schließlich durch den Nachwärmer, der sie bei gleichbleibendem Wassergehalt auf den geforderten Zustand Z bringt.

Die Temperatur t_z liegt in Abb. 7.76a höher als die Innentemperatur t_i, weil der Raum durch die Klimaanlage zu erwärmen ist. Sie kann aber auch im Winter tiefer liegen, wenn ein vollbesetzter Raum gekühlt werden muß. Der Wassergehalt x_z ist etwas kleiner als derjenige der Raumluft, weil die Luft im Raum noch die Wassermenge $x_i - x_z$ je kg Trockenluft aufnehmen soll.

2. Sommerbetrieb (Abb. 7.76 b)

a) Für die Mischung von Außenluft und Umluft im Verhältnis 1 : 2 gilt das für den Winterbetrieb unter a) Gesagte.

b) Die Mischluft vom Zustand M durchströmt den Flächenkühler und wird darin gleichzeitig gekühlt und getrocknet, wobei sie den Zustandspunkt K erreicht. Die Zustandsänderung der Luft folgt annähernd einer Geraden, die durch die Punkte M und K' geht. K' entspricht dem Zustand gesättigter Luft bei der Kondensationstemperatur. Der Punkt K' ergibt sich damit als Schnittpunkt der entsprechenden Temperaturlinie mit der Grenzkurve $\varphi = 100\%$. Die Kondensationstemperatur ihrerseits stimmt nahezu überein mit der Oberflächentemperatur des Kühlelements[1]. Im Punkt K soll die Luft bereits den Wassergehalt x_z der Zuluft besitzen; die Entfeuchtung wird also hier abgebrochen, sei es durch Drosselung des Kühlmitteldurchflusses oder durch Anhebung der Kühlmitteltemperatur.

c) Die gekühlte und getrocknete Luft vom Zustand K wird nun im Nachwärmer bei gleichbleibendem Wassergehalt x_z auf den erforderlichen Zustand Z der Zuluft gebracht. Z liegt im Bild unterhalb und links von I. Dies bedeutet, daß die Zuluft im Raum Wärme und Feuchtigkeit aufnehmen soll.

Wie schon erwähnt, kann statt des Nachwärmers auch Beipaßluft, d. h. ein hinter dem Tropfenfänger der gekühlten und getrockneten Luft zugemischter Umluftanteil zur Aufwärmung der Luft dienen. In diesem Fall muß der neue Zustandspunkt auf der von I über Z hinaus verlängerten Mischgeraden liegen. An Hand des i, x-Bildes erkennt man leicht, daß dies im vorliegenden Fall nur bei stärkerer Entfeuchtung der Mischluft möglich wäre. Die hierfür notwendigen niedrigeren Kühlmitteltemperaturen führen i. allg. zu teureren Kälteanlagen und höheren Energiekosten.

G. Selbsttätige Regelung und Steuerung

Bei Klimaanlagen kommt der Regelungstechnik besondere Bedeutung zu, da die Vorgänge zumeist sehr rasch ablaufen und höhere Anforderungen an die Genauigkeit gestellt werden als bei Raumheizanlagen[2]. Nachstehend werden die wichtigsten Begriffe der Regelungstechnik

[1] Linge, K.: Die Beherrschung des Luftzustandes im gekühlten Raum. Beiheft zur Z. ges. Kälteind. 1933, 16. — Hofmann, E.: Wärmeübergang in Luftkühlern und an Rippenflächen. In: Handbuch der Kältetechnik Bd. 3. Berlin/Göttingen/Heidelberg: Springer 1959, S. 304/308.

[2] Profos, P.: Bedeutung dynamischer Untersuchungen für die Klimaregelung. Schweiz. Bl. Heizg. Lüftg. 32 (1965) H. 1, 1/4.

sowie der Aufbau und die Wirkungsweise von Klimaregelungen kurz behandelt. Weitere Betrachtungen und Angaben, die für die Auswahl der Regelgeräte wichtig sind, enthält der fünfzehnte Abschnitt im zweiten Band.

1. Allgemeines und Begriffe

Man kann den Vorgang der *Regelung* auf verschiedene Art definieren. Wir wollen uns hier an die Begriffe und Definitionen der DIN 19226[1] halten. Danach gilt: „Das Regeln — die Regelung — ist ein Vorgang, bei dem eine Größe, die zu regelnde Größe (Regelgröße), fortlaufend erfaßt, mit einer anderen Größe, der Führungsgröße, verglichen und abhängig vom Ergebnis dieses Vergleichs im Sinne einer Angleichung an die Führungsgröße beeinflußt wird."

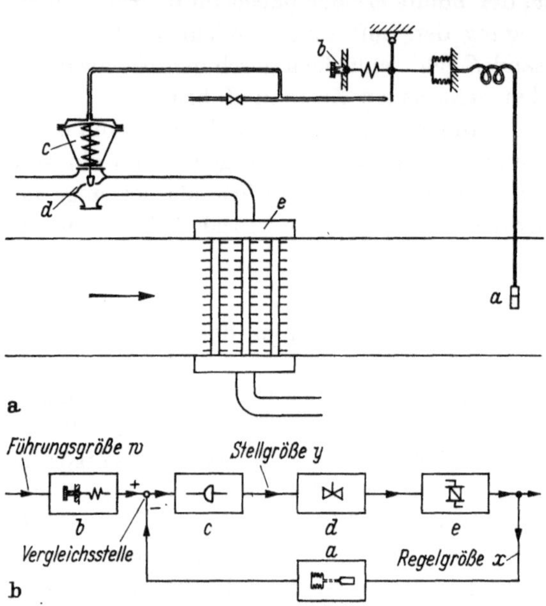

Abb. 7.77. Lufttemperaturregelung.
a) Schema; b) Signalflußplan mit gerätetechnischen Sinnbildern.
a Fühler, *b* Sollwerteinsteller, *c* Stellantrieb, *d* Stellventil, *e* Lufterhitzer.

An einem Beispiel seien die wichtigsten Begriffe und Bezeichnungen erläutert. Die Abb. 7.77 zeigt eine selbsttätige Lufttemperaturregelung (sog. Kanaltemperaturregelung), die einen vorgegebenen Wert der Lufttemperatur herstellen und einhalten soll. Der nach dem Dampfdruckprinzip arbeitende Fühler mißt die Temperatur und formt sie in eine Kraft um, die mit der Kraft der vorgespannten Feder verglichen wird. Besteht keine Gleichheit zwischen den Kräften, wird über das Düse-Prallplatte-System der Druck oberhalb der Membran des Ventils geändert und damit der Warmwasserstrom durch den Lufterhitzer verstellt, bis die Angleichung an den vorgegebenen Wert im Rahmen gegebener Möglichkeiten erreicht ist. Die zu regelnde Größe ist die Lufttemperatur hinter dem Lufterhitzer, die Regelgröße genannt und mit x bezeichnet wird. Sie wird vom Fühler am Meßort der Regelgröße gemessen und dem Vergleicher zugeführt, in welchem sie mit der Führungsgröße w verglichen wird. Da nur Größen gleicher Art miteinander verglichen werden können, müssen in den meisten Fällen die Größen umgeformt werden (im betrachteten Beispiel werden Kräfte verglichen). Dieser Vergleich liefert die Regelabweichung $x_w = x - w$, aus der nach bestimmten Gesetzmäßigkeiten die Stellgröße y geformt wird. Man erkennt, daß jedes Glied in einer bestimmten Richtung, der Wirkungsrichtung, durchlaufen wird. Der Ablauf der durch jedes Glied übertragenen Wirkungen geschieht längs des Wirkungswegs. Die am Regelvorgang beteiligten Glieder teilt man in die beiden Gruppen Regelstrecke und Regeleinrichtung auf. Die Norm definiert als Regelstrecke denjenigen Teil des Wirkungswegs, „welcher den aufgabengemäß zu beeinflussenden Bereich der Anlage darstellt". Dagegen wird als Regeleinrichtung derjenige Teil im Wirkungsweg bezeichnet, „welcher die aufgabengemäße Beeinflussung der Strecke über das Stellglied bewirkt". Regelstrecke und Regeleinrichtung bilden zusammen den Regelkreis.

Da die Regelgröße durch Massen- bzw. Energieströme beeinflußt wird, werden als Stellglieder zumeist Ventile und Klappen verwendet, die von Stellantrieben betätigt werden. Den Ort, an dem sich im Regelkreis das Stellglied befindet, nennt man Stellort.

In unserem Beispiel wird die Regelstrecke aus der Rohrleitung zwischen Ventil und Lufterhitzer, dem Lufterhitzer und dem Kanal zwischen Lufterhitzer und Fühler gebildet. Häufig wird das Stellglied noch mit zur Regelstrecke gerechnet. Wirkungsmäßig spielen derartige

---

[1] DIN 19226. Regelungstechnik und Steuerungstechnik; Begriffe und Benennungen. Mai 1968.

Einordnungsgesichtspunkte nur eine untergeordnete Rolle; dagegen sind bei Gewährleistungen entsprechend eindeutige Festlegungen zu treffen.

Als Störgrößen bezeichnet man Einflüsse, die von außen unbeabsichtigt auf den Regelkreis einwirken; ihre Änderungen lösen einen Regelvorgang aus. Man unterscheidet zwischen den Störgrößen z_R, die auf die Regeleinrichtung einwirken, und den Störgrößen z_S, die an der Regelstrecke angreifen. Im betrachteten Beispiel sind als Störgrößen der Regelstrecke u. a. der Differenzdruck zwischen Vor- und Rücklauf und die Warmwassertemperatur zu nennen, während der Druck in der Druckluftversorgungsleitung als eine Störgröße der Regeleinrichtung zu betrachten ist.

Je nachdem, welchen Werteverlauf die Führungsgröße annimmt, unterscheidet man zwischen Festwert-, Zeitplan- und Folgeregelung. Bei der Festwertregelung ist die Führungsgröße auf einen festen Wert eingestellt. Eine Folgeregelung liegt vor, wenn die Regelgröße den veränderten Werten der Führungsgröße folgt. Dagegen spricht man von einer Zeitplanregelung, wenn die Führungsgröße nach einem Zeitplan geändert wird. Der Einsteller für die Führungsgröße wird auch Sollwerteinsteller genannt; denn die Einstellung ist so vorzunehmen, daß die Regelgröße ihren Sollwert erreicht. Soll- und Istwert der Regelgröße können durch einen Index noch gekennzeichnet werden: Sollwert x_s, Istwert x_i. In einigen Fällen muß man zwischen Regelgröße x und Aufgabengröße x_A unterscheiden. Während die Regelgröße immer eine Größe des Regelkreises ist, braucht die Aufgabengröße nicht dem Regelkreis anzugehören. Zur Verdeutlichung dieses Unterschieds — bei Gewährleistungsfragen ist darauf besonders zu achten — betrachte man Abb. 7.78, in der Regeleinrichtung und Regelstrecke in jeweils einem Block zusammengefaßt sind. Der Regelkreis nach Abb. 7.77 ist als Festwertregelkreis zu betrachten.

Die wirkungsmäßigen Zusammenhänge lassen sich anschaulich im Signalflußplan darstellen, in dem die einzelnen Glieder bzw. Systeme durch Blöcke abgebildet werden. Jeder Block besitzt demnach eine Eingangsgröße und eine Ausgangsgröße.

Der Abb. 7.77b ist der Signalflußplan des besprochenen Regelkreises zu entnehmen. Aus ihm wird besonders deutlich, daß in einem Regelkreis die beiden Vorgänge des Vergleichens und Verstellens miteinander verknüpft sind; denn die erfaßte Größe (Regelgröße x) ist gleichzeitig die über das Stellglied (Stellgröße y) beeinflußte Größe. Sonach stellt ein Regelkreis eine schwingungsfähige Einrichtung dar, und es besteht infolge der Kreisschaltung (Gegenkopplung) die Möglichkeit der Instabilität, die dadurch gekennzeichnet werden kann, daß die Regelgröße eine Dauerschwingung ausführt.

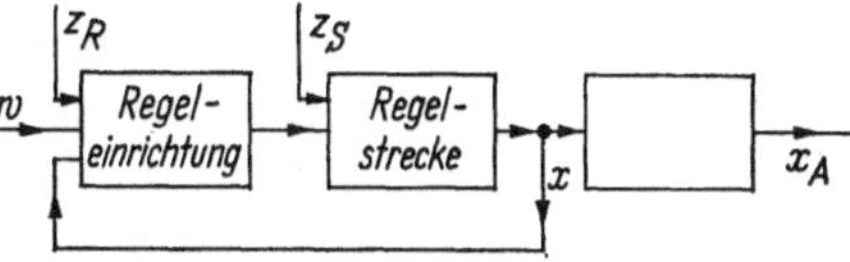

Abb. 7.78. Darstellung eines Regelkreises mit Aufgabengröße x_A.

Der Vorgang der *Steuerung* unterscheidet sich grundsätzlich von dem der Regelung; bei ihm ist die erfaßte Größe nicht gleichzeitig die beeinflußte. Demzufolge verlaufen die Vorgänge auch nicht im geschlossenen Kreis, sondern in einer offenen Wirkungskette. Die Definition der Norm lautet: „Das Steuern — die Steuerung — ist der Vorgang in einem System, bei dem eine oder mehrere Größen als Eingangsgrößen andere Größen als Ausgangsgrößen auf Grund der dem System eigentümlichen Gesetzmäßigkeit beeinflussen". Die Abb. 7.79 zeigt ein einfaches Beispiel einer selbsttätigen Steuerung. Es handelt sich um eine Lufttemperatursteuerung, bei der

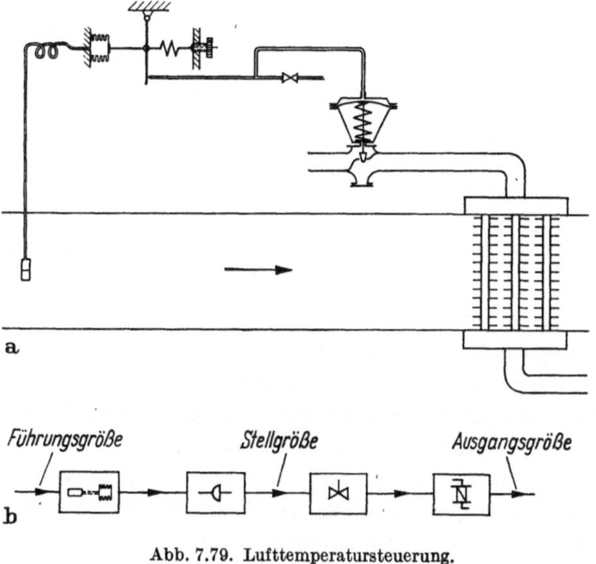

Abb. 7.79. Lufttemperatursteuerung.
a) Schema; b) Signalflußplan.

die Lufttemperatur vor dem Lufterhitzer die Lufttemperatur hinter dem Lufterhitzer nach vorgesehener Gesetzmäßigkeit ändert. Die steuernde Größe beeinflußt über die Steuereinrichtung und das Stellglied den Warmwasserstrom, der wiederum über die Wärmezufuhr an den Luftstrom die Lufttemperatur nach dem Lufterhitzer steuert.

2. Dynamisches Verhalten

Wie die Erläuterung der Beispiele bereits gezeigt hat, lassen sich die Vorgänge im Regelkreis durch eine statische Betrachtungsweise — d. i. eine Betrachtung, bei der die Zeit ausgeklammert ist und nur mit den Beharrungszuständen operiert wird — allein nicht überschauen. Man muß vielmehr die zeitliche Veränderung der wichtigsten Größen in die Betrachtung mit einbeziehen; wir sprechen von einer dynamischen Betrachtung der Vorgänge. Als Gedankenbeispiel sei ein einfacher Regelvorgang gewählt, der durch eine Störgrößenänderung ausgelöst wird. Man stelle sich vor, daß in dem Regelkreis nach Abb. 7.77 die Störgröße Lufttemperatur vor dem Lufterhitzer einen höheren Wert annimmt. Da der Lufterhitzer eine gewisse Wärmeträgheit besitzt, steigt die Regelgröße nicht sofort an. Des weiteren vergeht Zeit, bis der Fühler diese Änderung dem Regler gemeldet hat, da auch er eine thermische Trägheit aufweist. Die Weiterleitung dieses Signals zum Vergleicher geht relativ schnell und der Regler selbst formt ebenfalls mit relativ geringer Verzögerung aus der Regelabweichung das Stellsignal, so daß endlich der Heizwasserdurchfluß durch den Lufterhitzer gedrosselt wird, um den Istwert der Regelgröße wieder dem Sollwert anzunähern. Das Stellsignal ist ebenfalls verzögert, so daß wieder Zeit vergeht, bis der Fühler die Wirkung der vom Regler veranlaßten Störgrößenbekämpfung registriert.

Dieses regelungstechnisch interessante Verhalten nennt man Übertragungsverhalten und teilt es in das Beharrungsverhalten (statisches Verhalten) und Zeitverhalten (dynamisches Verhalten) auf. Das statische Verhalten wird meistens in Form einer Kennlinie angegeben, in der man die Abhängigkeit der Ausgangsgröße von der Eingangsgröße darstellt. In sehr vielen Fällen ist die Ausgangsgröße noch eine Funktion von weiteren Größen (Störgrößen), so daß man an Stelle der Kennlinie ein Kennlinienfeld erhält. Der Stellantrieb nach Abb. 7.77 ergäbe mit der Eingangsgröße Steuerdruck und mit der Ausgangsgröße Hub annähernd eine Gerade, während die Kennlinie des Lufterhitzers in Abb. 7.77 mit dem Wassermengenstrom als Eingangsgröße und der Lufttemperatur als Ausgangsgröße stark gekrümmt ist, s. auch S. 190.

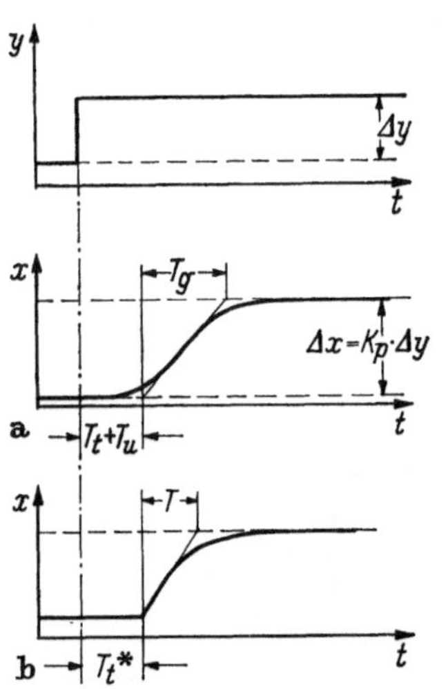

Abb. 7.80. Kennwertentnahme aus der Sprungantwort.

Das dynamische Verhalten wird sehr anschaulich durch die Sprungantwort beschrieben. Darunter ist der zeitliche Verlauf der Ausgangsgröße zu verstehen, wenn die Eingangsgröße sprungförmig verstellt wird (s. Abb. 7.80 oben). Es interessiert also die Art des Übergangs von einem zum anderen Zustand. Oft spricht man auch von der Übergangsfunktion, die sich ergibt, wenn der Verlauf der Ausgangsgröße auf die Höhe des Eingangssprungs bezogen wird. Bei den thermischen Übertragungsgliedern der Klimatechnik erhält man meistens die in Abb. 7.80a gezeigte Form der Sprungantwort. (Bezeichnungen für den Fall der Regelstrecke mit der Eingangsgröße y und der Ausgangsgröße x.) Die Zeitdauer, die vergeht, bis eine Änderung am Eingang infolge endlicher Transportgeschwindigkeit zum Ausgang gelangt, nennt man Totzeit T_t. Bei der Regelstrecke nach Abb. 7.77 ergibt sich z. B. eine Totzeit infolge der Luftströmung und des Abstandes zwischen Lufterhitzer und Fühler. Des weiteren sind beim Vorgang der Wärmeleitung Totzeitkomponenten vorhanden.

Die Größen T_u und T_g entstehen durch die Wendepunkt-Tangenten-Konstruktion. Demzufolge wäre vorstellungsmäßig die Ausgleichszeit T_g die Zeitdauer, die der Vorgang zum Erreichen des neuen Beharrungswertes benötigen würde, wenn er mit maximaler Geschwindigkeit verliefe. Die Verzugszeit T_u wird demzufolge definitionsmäßig zu einer Totzeit, sie sollte aber von der Totzeit T_t infolge echter Laufzeitverzögerung unterschieden werden. Bei der Hintereinanderschaltung von mehreren Gliedern mit geringer Verzögerung und einem Glied mit einer großen Verzögerung liegt u. a. in T_u die Wirkung der kleineren Verzögerungen, während T_g dann die Hauptverzögerung wiederspiegelt.

Üblich ist auch die approximative Darstellung nach Abb. 7.80b, in der man T_u zur echten Totzeit T_t hinzuzählt ($T_t^* = T_t + T_u$) und den Ausgleichsvorgang durch eine Exponentialkurve mit der Zeitkonstanten T ersetzt (man approximiert das Übertragungsglied durch ein Totzeitglied und ein Einspeicherglied). Regelstrecken nach dieser Art werden als Regelstrecken mit Ausgleich bezeichnet, da sich nach einer Änderung ein neuer Beharrungszustand einstellt (im Gegensatz zu Regelstrecken ohne Ausgleich, z. B. Wasserstandsregelstrecken). Die Größe K_P bedeutet den Übertragungsbeiwert, der ein Maß für die im Beharrungszustand bewirkte Änderung ist und für den betrachteten Fall die Dimension grd/mm Hub besitzt. Im Fall einer linearen Kennlinie wäre K_P konstant. Bei der nichtlinearen Kennlinienform ist K_P eine Funktion der Eingangsgröße, d. h., nur bei kleinen Änderungen der Eingangsgröße könnte man von einem annähernd konstanten Wert sprechen $K_P = \frac{\Delta x}{\Delta y}$. Dieser Quotient sollte besser Stellübertragungsbeiwert der Regelstrecke genannt werden, denn von ihm sind die Störübertragungsbeiwerte zu unterscheiden. Den Übertragungsbeiwert der Regelstrecke kann man durch ein S im Index noch besonders hervorheben (K_{PS}).

3. Aufbau der Regelstrecke

Wie bereits in Abb. 7.77 angedeutet, ist die Regelstrecke in den meisten Fällen aus mehreren Gliedern zusammengesetzt. Obwohl die Regelstrecke aus einer Schaltung von Baugliedern aufgebaut ist, sollte man nicht die räumliche Anordnung und Ausdehnung, sondern das wirkungsmäßige Geschehen zur Beschreibung benutzen. So besitzt eine Raumklimaanlage innerhalb eines Raums zwei sich unterschiedlich verhaltende Regelstrecken, die Raumtemperatur- und die Raumfeuchteregelstrecke.

Im zweiten Band wird auf die Glieder und deren Schaltung näher eingegangen, doch seien an dieser Stelle einige Lösungen für die Temperatur- und Feuchteregelung besprochen.

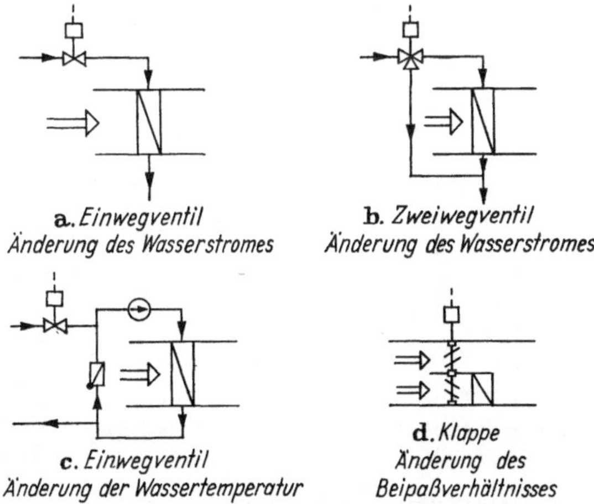

Abb. 7.81. Grundschaltungen zur Lufttemperaturbeeinflussung.

Temperaturregelung. In der Abb. 7.81 sind einige Bauglieder und Schaltungsmöglichkeiten zur Lufttemperaturbeeinflussung aufgeführt, die sich wirkungsmäßig erheblich voneinander unterscheiden. Mit Schaltung *a* wird der Wärmeaustausch durch eine Drosselung des Heiz-(Kühl-)Wasserstroms geändert. Als Nachteile wären zu nennen: Keine konstanten Druckverhältnisse im Netz (Beeinflussung anderer Verbraucher), ungleichmäßige und nicht konstante Oberflächentemperaturverteilung, relativ große und veränderliche Tot- und Verzugszeiten. Bei der Schaltung *b* wird der Wärmeaustausch ebenfalls durch Drosselung des Wasserstroms durch den Wärmeaustauscher bewirkt, allerdings ändern sich die Druckverhältnisse im Netz nicht mehr in dem Maße, da die von der zentralen Pumpe stündlich umgewälzte Wassermenge annähernd konstant bleibt. An der Temperaturschichtung der Luft infolge ungleichmäßiger Oberflächentemperaturen hat sich gegenüber der Schaltung *a* nichts geändert. Jedoch ist die Totzeit verringert worden, da vor dem Stellventil infolge der Umgehungsschaltung durch das Zweiwegeventil (geschaltet als Verteilventil) die Vorlauftemperatur annähernd konstant bleibt. Nach Schaltung *a* kann nämlich der Fall auftreten, daß bei starker Drosselung das Wasser vor dem Stellventil fast „steht“ und infolge Auskühlung eine tiefere Temperatur annimmt.

Bei der Schaltung *c* wird die Leistung des Wärmeaustauschers durch eine Temperaturänderung beeinflußt, denn die Wassereintrittstemperatur in den Lufterhitzer wird durch Mischung zweier Teilströme hergestellt. Der dauernde konstante Wasserdurchlauf bewirkt eine Verbesserung der Oberflächentemperaturverteilung. Verwendet man an Stelle des Durchgangsventils ein Zweiwegeventil, so ist zusätzlich noch die Wirkung der veränderlichen Totzeit beseitigt.

Die Schaltung *d* unterscheidet sich von den Schaltungen *a*, *b* und *c* dadurch, daß an Stelle des Heizmittelstroms der zu erwärmende Luftstrom geändert wird, und zwar mit Hilfe einer Stellklappe. Man erreicht die Temperaturbeeinflussung durch die Mischung eines kälteren und eines wärmeren Luftstroms. Dynamisch gesehen erhält man ein Glied mit geringerer Verzögerung. Als Nachteile wären der Einbau einer Mischstrecke und eine evtl. Änderung der Gesamtluftmenge zu nennen.

Der Übertragungsbeiwert für Lufterhitzer liegt in der Größenordnung von $K_P = 5$ bis 50 grd/Hub, wobei im allgemeinen die größeren Werte für Vorwärmer gelten. Der Nachwärmer besitzt Werte in der Größenordnung von 8 bis 10 grd/Hub. Bei den Oberflächenkühlern ist zwischen den beiden Fällen der trockenen und nassen Oberfläche zu unterscheiden. Bei nasser Oberfläche ist mit einem veränderlichen Übertragungsbeiwert zu rechnen, der durch den Trocknungseffekt bestimmt wird[1]. Für die Größen T_u kann der Wertebereich von $T_u = 0{,}1$ bis 0,5 min angegeben werden, während die Ausgleichszeit in der Größenordnung von $T_g = 0{,}8$ bis 1,6 min liegt. Da der Warmwasserlufterhitzer eine stark gekrümmte Kennlinie besitzt, s. S. 190, kann man durch Verwendung eines Stellventils mit entgegengesetzter Krümmung den Lufterhitzer bezüglich des Stellverhaltens annähernd linearisieren.

Neben den regeldynamischen Betrachtungen darf der Gesichtspunkt der Sicherheit nicht vernachlässigt werden; bei wasserbeaufschlagten Wärmeaustauschern besteht nämlich häufig Einfriergefahr, so daß der Einbau einer Sicherheitsschaltung notwendig wird. Bei Lufterhitzern mit starker Temperaturschichtung muß dabei der Fühler an der voraussichtlich ungünstigsten Stelle angebracht werden. Auch ist das Zeitverhalten dieses Fühlers zu berücksichtigen. Da in zunehmendem Maße Lufterhitzer an Fernheizungen angeschlossen werden, sind evtl. noch andere Gesichtspunkte zu beachten. So wird oft eine bestimmte Auskühlung des Wassers gefordert, die eine Begrenzungsschaltung nötig macht.

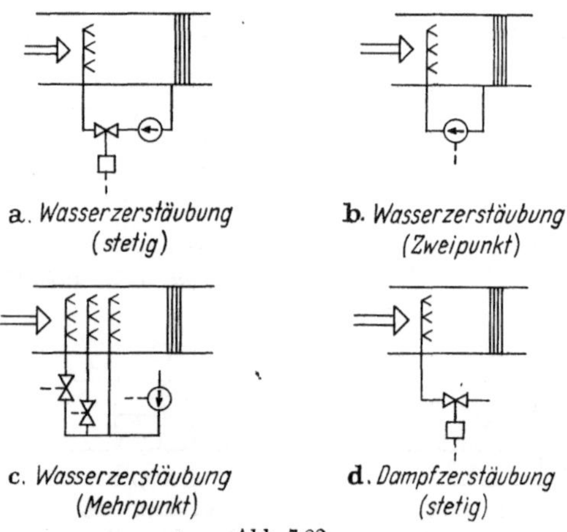

Abb. 7.82. Grundschaltungen zur Luftfeuchtebeeinflussung.

Feuchteregelung. Die Zahl der Schaltungsmöglichkeiten des Befeuchters ist bedeutend größer, da mit ihm die Zustandsänderungen Erwärmung, Kühlung, Befeuchtung und Trocknung durchgeführt werden können. Die einfachste Möglichkeit zur stetigen Feuchtigkeitsbeeinflussung zeigt die Schaltung *a* nach Abb. 7.82, in der durch das Stellventil die sog. Wasser-Luftzahl stetig verändert wird. Da aber die zerstäubte Wassermenge proportional $\sqrt{\Delta p}$ ist, ergeben sich bei starker Drosselung Zerstäubungsschwierigkeiten, die ihrerseits wieder die Feuchteänderungen ungünstig beeinflussen. Aus diesem Grunde ist die stufenweise Beaufschlagung der Düsenreihen vorzuziehen. Am einfachsten ist die Ein-Ausschaltung der Pumpe zu realisieren (Schaltung *b*). Sofern es sich um Saalklimaanlagen handelt, spielen die sich ergebenden Luftfeuchteänderungen keine große Rolle, denn das Behaglichkeitsempfinden des Menschen läßt im Vergleich zur Temperatur größere Schwankungsbreiten zu.

Die Feuchteschwankungen können stark reduziert werden, wenn man eine Mehrpunktschaltung vorsieht, s. Abb. 7.82c. Dargestellt ist eine 4-Stufenschaltung (Aus, 1., 2., 3. Düsenstock), bei der man noch bei entsprechender Auslegung der Düsenstöcke durch eine Kombi-

[1] JUNKER, B.: Die Regelung von Oberflächen- und Naßluftkühlern in Klimaanlagen. Heizg.-Lüftg.-Haustechn. 10 (1959) 297/302.

nationsschaltung die Schwankungsbreite weiter verkleinern kann. Die Schaltung *d* zeigt die Feuchteerhöhung durch Wasserdampfzugabe; sie läßt eine stetige Regelung zu. Bei niedrigem Dampfdruck verläuft die Zustandsänderung annähernd isotherm, da die bei der Wasserzerstäubung der Luft zu entnehmende Verdampfungswärme hier in Wegfall kommt. Eine wirksame stetige Feuchtebeeinflussung über Wasserbefeuchtung wäre durch eine Beipaßschaltung ähnlich der Schaltung *d* nach Abb. 7.81 möglich, wobei an Stelle des Erhitzers eine Düsenkammer zu setzen wäre.

Die Raumtemperaturregelstrecke ist relativ kompliziert, da die Zahl der das Übertragungsverhalten bestimmenden Faktoren groß ist und die Vorgänge gekoppelt sind. Bestimmend für das Übertragungsverhalten sind die folgenden Größen: Raumgröße, Geometrie, Wandaufbau, Luftwechselzahl, Luftführung im Raum (Lage der Zu- und Abluftdurchlässe, thermisches Eigenleben), Lage des Meßortes, Kanalmaterial. Nach JUNKER[1] liegen die Kenngrößen in folgenden Bereichen:

$$T_u = 0{,}5 - 5\,\text{min},$$
$$T_u/T_g = 0{,}1 - 0{,}3,$$
$$K_P = 0{,}2 - 0{,}5.$$

Der Übertragungsbeiwert ist in diesem Fall dimensionslos, da als Eingangsgröße die Zulufttemperatur und als Ausgangsgröße die Raumlufttemperatur gilt.

4. Stellventile

Wie die Beispiele nach Abb. 7.81 und 7.82 zeigen, werden vorwiegend Ventile als Stellglieder verwendet. Das Durchflußverhalten eines Stellventils wird durch die Ventilkennlinie beschrieben, die den Zusammenhang zwischen dem Durchfluß und dem Ventilhub unter bestimmten Bedingungen darstellt. In der VDI/VDE-Richtlinie 2173[2] sind die wichtigsten strömungstechnischen Kenngrößen festgelegt. Danach wird das Durchflußverhalten eines Ventils durch den k_v-Wert bestimmt, der den Wasserdurchfluß durch das Ventil in m^3/h (Dichte $\varrho = 1000\,kg/m^3$, kinematische Zähigkeit $\nu = 10^{-6}\,m^2/s$) bei einem Druckverlust von $1\,kp/cm^2$ und dem jeweiligen Hub angibt. Der vorgesehene k_v-Wert einer Ventilbauserie bei dem Nennhub $H = H_{100}$ (volle Ventilöffnung) wird mit k_{vs} bezeichnet und als Listenwert in den Druckschriften der Herstellerfirmen angegeben.

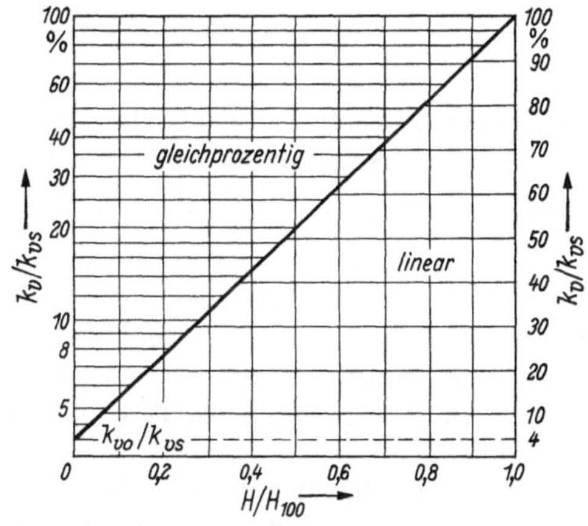

Abb. 7.83. Kennliniengrundformen von Stellventilen.

Nach der Richtlinie wird zwischen der linearen und der gleichprozentigen Kennliniengrundform unterschieden, die in Abb. 7.83 dargestellt sind. Bei der linearen Kennliniengrundform ergibt sich in linearen Koordinaten eine Gerade, so daß gleiche Hubänderungen gleiche Änderungen des k_v-Wertes bewirken, d. h., man erhält einen vom Hub unabhängigen konstanten Übertragungsbeiwert. Dagegen ist die gleichprozentige Kennlinie dadurch gekennzeichnet, daß sie sich in logarithmischen Koordinaten als eine Gerade darstellen läßt. Es gehören demnach zu gleichen Hubänderungen gleiche prozentuale Änderungen des k_v-Wertes. In diesem Fall ist der Übertragungsbeiwert nicht konstant, sondern eine Funktion des Hubes. Der Schnittpunkt der Kennliniengrundform mit der Ordinate wird mit k_{v0} bezeichnet.

Die gewünschte Kennliniengrundform kann in der Praxis nur mehr oder weniger gut realisiert werden. Die Abweichungen der wirklich erreichten Kennlinie von der Grundform müssen

[1] JUNKER, B.: Das regeltechnische Verhalten klimatisierter Räume. Schweiz. Bl. Heizg. u. Lüftg. 30 (1963) H. 1, 6/9.

[2] VDI/VDE 2173. Strömungstechnische Kenngrößen von Stellventilen und deren Bestimmung. Sept. 1962.

in den von der VDI/VDE-Richtlinie 2173 vorgegebenen Grenzen liegen. Sonach läßt die Richtlinie im Hubbereich $H = (0{,}1 - 1{,}0)\,H_{100}$ eine Toleranz der Kennlinienneigung von höchstens 30% zu. Den kleinsten k_v-Wert, der innerhalb der Neigungstoleranz liegt, bezeichnet man mit $k_{v\,r}$. Bezieht man den $k_{v\,s}$-Wert auf diesen $k_{v\,r}$-Wert, so ergibt sich das Stellverhältnis $k_{v\,s}/k_{v\,r}$, dessen Wert den für eine Bauserie angegebenen Wert um höchstens 10% unterschreiten darf.

Da im Anwendungsfall das Stellventil immer mit festen Widerständen in Reihe geschaltet ist, wird die Kennlinie deformiert. In Abb. 7.84a und 7.84b sind nochmals die Durchflußkennlinien für die beiden Kennlinientypen dargestellt, wobei als Parameter der Druckverlustanteil des vollgeöffneten Ventils ($\Delta P_{v\,100}$) am Gesamtdruckverlust (ΔP) eingetragen ist. Der Einfachheit halber sind die Kennliniendeformationen für den Bezugsfall der Kennliniengrundform

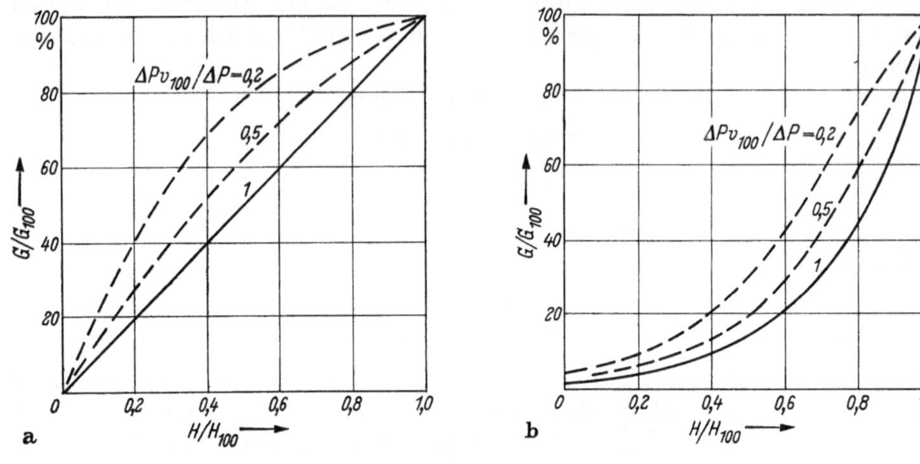

Abb. 7.84. Betriebskennlinien.
a) Stellventil mit linearer Grundform; b) Stellventil mit gleichprozentiger Grundform.

dargestellt. Für den Fall des 100%igen Druckverlustes im Stellventil geht die Betriebskennlinie in die Kennliniengrundform über. Die Abweichungen von der Grundform wachsen mit abnehmendem Verhältnis $\frac{\Delta P_{v\,100}}{\Delta P}$. Den Kennlinien ist zu entnehmen, daß der Übertragungsbeiwert besonders bei der linearen Grundform erheblich vom gewählten Druckverlust im Ventil abhängt, wobei mit Verminderung des Ventildruckabfalls die örtliche Abhängigkeit wächst. Somit ist bei sonst linear übertragenden Gliedern im Regelkreis die Kreisverstärkung V_o (s. Seite 391) nicht mehr konstant, und es kann sich bei einer Arbeitspunktverlagerung zu kleineren Durchflüssen hin Instabilität einstellen, da der Übertragungsbeiwert bei kleinsten Durchflüssen am größten ist.

Die Forderung nach einem hohen Druckverlustanteil widerspricht aber den üblichen Energiebetrachtungen, so daß zwischen Druckverlust und Kennliniendeformation eine Kompromißlösung anzustreben ist. Bis zu einem gewissen Grad können Kennliniendeformationen zugelassen werden, da die Kennlinienangabe der übrigen Glieder auch mit entsprechenden Toleranzen behaftet ist. Je größer der zu erwartende Arbeitsbereich ist, um so größer muß aus Stabilitätsgründen bei optimaler Reglereinstellung der Druckverlust gewählt werden. Die Entscheidung über die Druckaufteilung sollte durch die Anforderungen des jeweiligen Anwendungsfalls gegeben werden, allerdings sind 20% Druckverlust als untere Grenze zu betrachten.

5. Regeleinrichtungen

Das einfache Beispiel nach Abb. 7.77 zeigt bereits, daß man die Regeleinrichtung entsprechend den drei von ihr auszuführenden Funktionen in Meßwerk, Vergleichswerk und Verstellwerk aufteilen kann. Diese Bezeichnungen sind zwar nicht genormt, aber häufig anzutreffen. Oft wird für Regeleinrichtung auch einfach das Wort Regler bzw. Regelgerät benutzt; allerdings sollte beachtet werden, daß die Bezeichnung Regeleinrichtung als Oberbegriff zu werten ist. Nach der Norm darf man als Regler ein Gerät bezeichnen, daß mehrere Aufgaben der Regeleinrichtung ausführt. Es muß jedoch den Vergleicher und mindestens ein weiteres Bauglied, z. B. den Verstärker, enthalten. Bei Gewährleistungen sollte darauf geachtet werden.

Regeleinrichtungen[1] können nach verschiedenen Gesichtspunkten eingeteilt werden. So wird unterschieden zwischen *Regeleinrichtungen mit* und *ohne Hilfsenergie*, je nachdem, ob die erforderliche Leistung zur Stellgliedveränderung dem Meßwerk selbst entnommen wird oder ob sie von einer Hilfsenergiequelle erbracht wird. Auf S. 141 wird z. B. ein Regler ohne Hilfsenergie besprochen, während der Regler nach Abb. 7.77 mit Hilfsenergie arbeitet. Die Regler ohne Hilfsenergie werden vorwiegend für untergeordnete Regelkreise, z. B. für Vorregelungen, eingesetzt. Regler mit Hilfsenergie sind in den meisten Fällen genauer; auch gestatten sie, mehrere Einflußgrößen zu erfassen und Schaltkombinationen durchzuführen. Unter den Hilfsenergiearten überwiegen die elektrische und pneumatische Energie sowie deren Kombination.

Für die wirkungsmäßige Betrachtung sollte aber die Art der Übertragung als Einteilungsgesichtspunkt benutzt werden. Man unterscheidet hierbei zwischen *stetigen und unstetigen Reglern*. Stetige Regeleinrichtungen sind dadurch gekennzeichnet, daß die Stellgröße im Beharrungszustand innerhalb des Stellbereichs jeden Wert annehmen kann. Bei der unstetigen Regeleinrichtung wird das Stellorgan nur in diskreten Stufen verstellt, z. B. in zwei Stufen bei der Zweipunktregelung.

Am häufigsten werden von den stetigen Reglern P-, I- und PI-Regler verwendet. In Abb. 7.85 sind die Kennlinien von P- und I-Reglern dargestellt. Für den *P-Regler* (Proportionalregler) besteht Proportionalität zwischen Stell- und Regelgröße. Die Stärke des Eingriffs ist durch den Wert von K_P gegeben. Ist K_P groß, so antwortet der Regler schon bei einer kleinen Regelabweichung mit einer großen Verstellung. Der in Abb. 7.77 dargestellte Regler ist ein P-Regler, bei dem K_P u. a. durch die Federkonstante bestimmt ist. Für einen Regler mit linearer Kennlinie gilt

$$K_P = \Delta y/\Delta x = y_h/x_p. \tag{7.04}$$

y_h ist der Stellbereich, x_p der Proportionalbereich. K_P und x_p sind umgekehrt proportional; einem großen Wert von K_P entspricht ein kleiner Wert von x_p. Bei den Reglern wird in den meisten Fällen die Kenngröße x_p angegeben, deren Wert in großen Bereichen einstellbar sein soll. Der Proportionalbereich wird zumeist in Prozenten des Eingangsbereichs des Reglers angegeben, zuweilen auch in der Dimension der Regelgröße. Aus der Abb. 7.86 ist die Sprungantwort zu entnehmen. Es ist dort die Sprungantwort für einen Regler mit Verzögerung dargestellt. Ein P-Regler ohne Verzögerung verstellt sofort das Stellglied, während bei einem P-Regler mit Verzögerung der Wert langsam in den neuen Stellwert einläuft. Das hier dargestellte aperiodische Verhalten ist nur eine der möglichen Verzögerungsarten. Für den P-Regler ohne Verzögerung gilt die Gleichung

$$y - y_0 = K_P x_w, \tag{7.05a}$$

während sich für die dargestellte Verzögerungsart

$$T \frac{dy}{dt} + y - y_0 = K_P x_w \tag{7.05b}$$

ergibt. An Stelle von K_P wird oft auch K_R, K_{PR} oder V_R gesetzt.

Der *I-Regler* ist dadurch gekennzeichnet, daß Proportionalität zwischen der Regelabweichung und der Stellgeschwindigkeit besteht,

$$dy/dt = K_I x_w \tag{7.06a}$$

oder

$$y - y_0 = K_I \int x_w \, dt, \tag{7.06b}$$

d. h. bei einer großen Regelabweichung antwortet der Regler mit einer hohen Verstellgeschwindigkeit, während eine kleine Regelabweichung eine kleine Verstellgeschwindigkeit zur Folge hat. Unter der Stellzeit T_y ist die Zeit zu verstehen, in welcher die Stellgröße den Stellbereich y_h bei größter Stellgeschwindigkeit durchläuft.

[1] Die Reglerbauteile selbst werden im Zusammenhang mit ihrem dynamischen Verhalten im zweiten Band besprochen.

Aus der Abb. 7.85 geht hervor, daß beim I-Regler die Stellgröße jeden beliebigen Wert annehmen kann, während beim P-Regler jeder Regelabweichung ein bestimmter Wert der Stellgröße entspricht. Wie die Abb. 7.86 erkennen läßt, würde bei einer festgehaltenen Regelabweichung x_w der I-Regler das Stellglied mit einer konstanten Geschwindigkeit so lange verstellen, bis das Stellglied in die Endlage gefahren ist. Für den I-Regler mit Verzögerung gilt die Gleichung

$$T\,dy/dt + y - y_0 = K_I \int x_w\,dt. \tag{7.06c}$$

Regler mit einem kombinierten P- und I-Verhalten nennt man *PI-Regler*. Wie die Sprungantwort in Abb. 7.86 zeigt, verstellt der PI-Regler im ersten Augenblick das Stellglied nach der Größe der Regelabweichung und dann nach deren zeitlichem Integral. Es gelten die Gleichungen

$$y - y_0 = K_P\,x_w + K_I \int x_w\,dt, \tag{7.07a}$$

$$y - y_0 = K_P(x_w + 1/T_n \int x_w\,dt), \tag{7.07b}$$

$$T\,dy/dt + y - y_0 = K_P(x_w + 1/T_n \int x_w\,dt). \tag{7.07c}$$

Die Zeit T_n wird Nachstellzeit genannt. Sie ist die Zeit, die der I-Teil des Reglers benötigt, um bei einer sprunghaften Regelabweichung das Stellglied auf den Wert zu bringen, der infolge des P-Anteils bewirkt wird.

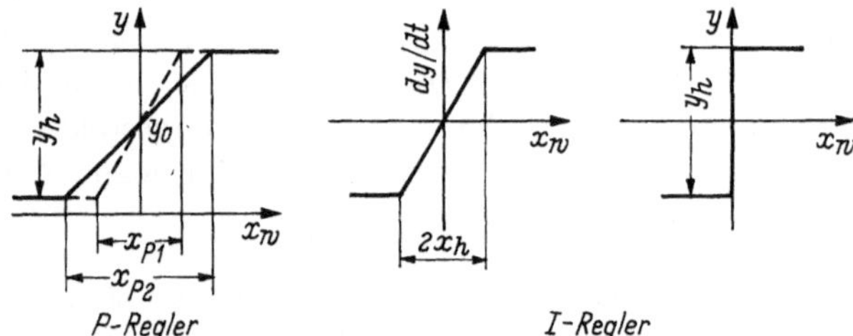

Abb. 7.85. Kennlinien von P- und I-Reglern.

Sofern keine besonderen Zeitglieder eingebaut sind, liegen i. allg. die Hauptverzögerungen der Regeleinrichtungen im Fühler und bei den meisten elektrischen Reglern noch zusätzlich im Stellantrieb. Meßsysteme für die Temperatur (Temperaturfühler) arbeiten vorwiegend nach den folgenden Prinzipien: Dampf- und Gasdruckänderung mit der Temperatur, Flüssigkeits- und Metallausdehnung sowie die temperaturabhängige elektrische Widerstandsänderung[1].

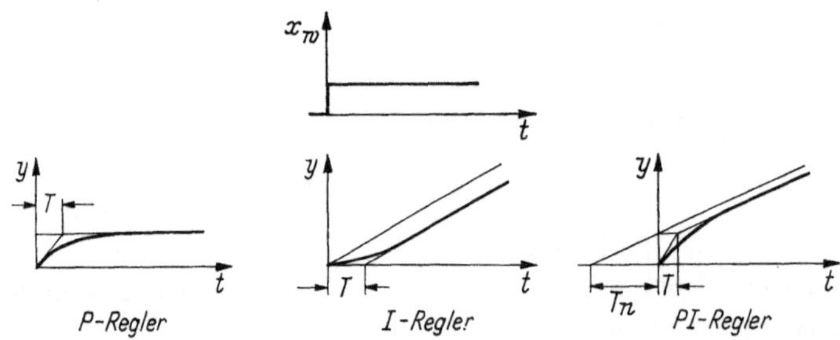

Abb. 7.86. Sprungantworten von P-, I- und PI-Reglern.

Für die Messung der Luftfeuchte benutzt man hauptsächlich die Längenänderung hygroskopischer Stoffe, z. B. von Haar- bzw. Kunststoffharfen, und die Lithiumchloridmethode (Abhängigkeit des elektrischen Widerstandes von der Feuchte). Die Art der Weiterverarbeitung des Meßsignals kann sehr verschieden sein und hängt von dem Meßverfahren (Ausschlag- oder Kompensationsverfahren), der Genauigkeitsanforderung, der Art der Hilfsenergie und von konstruktiven Gesichtspunkten ab.

[1] Lieneweg, F.: Temperaturmessung. Leipzig: Akad. Verl.-Ges. 1950.

6. Der Regelkreis und seine Stabilität

Da bei Klima- und Lüftungsanlagen in erster Linie Regeleinrichtungen mit P-Verhalten angewendet werden, seien im folgenden die Verhältnisse im Regelkreis für diesen Fall kurz besprochen. Die Regelstrecke sei durch die Kenngrößen nach Abb. 7.80b approximativ dargestellt. Vereinfachend werde angenommen, daß die an der Regelstrecke angreifende Störgröße dasselbe Übertragungsverhalten wie die Stellgröße besitzt. Im Regelkreis herrsche Beharrungszustand, der durch die Größen $z = 0$, $x = x_s (x_w = 0)$ und $y = y_o$ bestimmt ist.

Die Störgröße nehme nun den Wert z an. Durch diese Änderung wird ein Regelvorgang ausgelöst, der Regler also zu einem Eingriff veranlaßt. Im Idealfall müßte er die augenblicklich bestehende Regelabweichung $x_w = K_S z$ gänzlich beseitigen. Da es aber zur kennzeichnenden Eigenschaft des P-Reglers gehört, daß er eine Stellgrößenänderung nur proportional zu einer Regelabweichung bewirkt, kann die Regelabweichung nicht zu Null gemacht werden. Es bleibt also eine Abweichung vom Sollwert erhalten, die man bleibende Regelabweichung nennt und mit x_{pA} bezeichnet. Sie errechnet sich aus der Gleichung

$$x_{pA} = \frac{K_S}{1 + K_S K_R} z = R K_S z \tag{7.08}$$

mit

$$R = \frac{1}{1 + V_o}, \qquad V_o = K_S K_R.$$

R ist der sog. Regelfaktor und V_o die Kreisverstärkung (beide Größen sind dimensionslos). Der Regelfaktor gibt an, um wieviel das Wirken der Störgröße durch den Regler geschwächt worden ist.

Nach dieser Gleichung ließe sich die bleibende Regelabweichung klein halten, wenn man für V_o einen großen Wert wählt, d. h. einen kleinen P-Bereich x_p am Regler einstellt. Hierbei können sich aber Schwierigkeiten ergeben, da der Regelkreis sich evtl. aufschaukelt. Auf die theoretische Behandlung der Probleme und die Entwicklung bzw. Anwendung bestimmter Stabilitätskriterien muß hier verzichtet werden. Es sei auf die einschlägigen Lehrbücher verwiesen[1]. Wir wollen uns vielmehr auf den Zusammenhang der hauptsächlichen Einflußgrößen beschränken. Hierfür sind die von Junker[2] speziell für die Heizungs- und Klimaregelung entwickelten Stabilitätsdiagramme besonders geeignet. Abb. 7.87 zeigt ein solches Diagramm für eine P-Regelung.

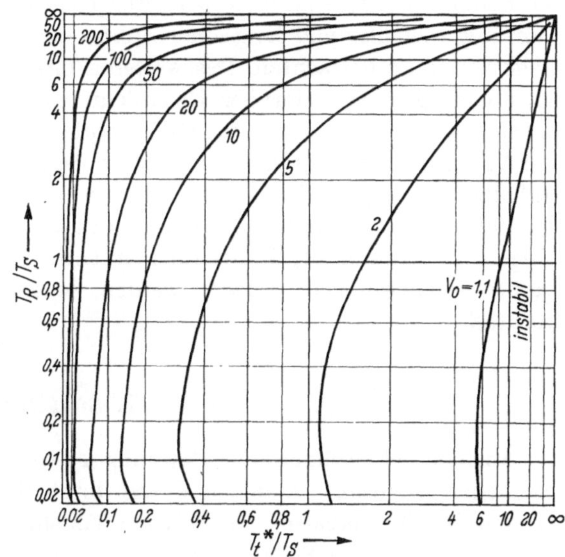

Abb. 7.87. Stabilitätsgrenzen für einen Regelkreis mit P-Regler.

Der Regler habe die Zeitkonstante T_R, die Strecke die Totzeit $T_t^* = T_t + T_u$ und die Zeitkonstante T_S. In dem Diagramm ist der Zusammenhang vom Zeitkonstantenverhältnis T_R/T_S und dem Verhältnis T_t^*/T_S mit dem Parameter der Kreisverstärkung V_o dargestellt. Man erkennt, daß bei einer vorgegebenen Regelstrecke (T_t^* und T_S) und Regeleinrichtung (T_R) die Reglereinstellung x_P durch die Kreisverstärkung festgelegt ist. Damit steht auch die Größe der bleibenden P-Abweichung fest. Verlangt die geforderte statische Genauigkeit einen hohen Wert von V_o, so muß man einen Regler mit einem großen T_R einsetzen, bei dem sich allerdings die vorübergehende Regelabweichung länger erhält (Vergrößerung der Ausregelzeit).

---

[1] Siehe z. B. Oppelt, W.: Kleines Handbuch technischer Regelvorgänge. Weinheim/Bergstr.: Verlag Chemie 1964.

[2] Junker, B.: Das Verhalten idealisierter stetiger Regler an Regelstrecken mit Ausgleich. Regelungstechnik 3 (1955) 54/58, 80/84.

Da man wegen hoher Anforderungen an die Genauigkeit oft einen großen Wert für V_0 benötigt (d. h. einen kleinen *P*-Bereich), werden bei der *P*-Regelung als stabilisierende Einrichtungen die Störgrößenaufschaltung und die Kaskadenschaltung angewendet. In Abb. 7.88 sind die beiden Fälle dargestellt. Bei der Lufttemperaturregelung ist die Außenlufttemperatur eine Störgröße mit erheblicher Wirkung. Im Falle der *Störgrößenaufschaltung* wird sie durch den Fühler im Außenluftkanal gemessen und bewirkt über das Zentralgerät eine entsprechende Verstellung des Stellgliedes, so daß der eigentliche Raumtemperaturregler infolge dieser Voreinstellung durch den Steuervorgang „entlastet" wird.

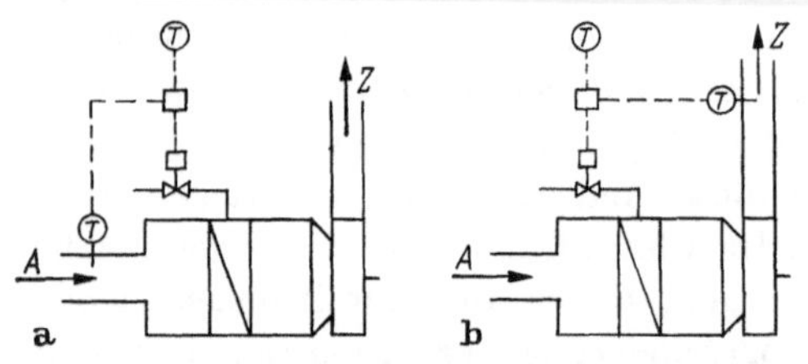

Abb. 7.88. Stabilisierungsschaltung bei Regelkreisen mit *P*-Reglern.
a) Störgrößenaufschaltung; b) Kaskadenschaltung.

Bei der *Kaskadenschaltung* verstellt der Raumtemperaturregler den Sollwert des Kanaltemperaturreglers, so daß außer den Störgrößen des Raumes sämtliche Störgrößenänderungen (Außenlufttemperatur, Vorlauftemperatur usw.) abgefangen werden, bevor sie sich im Raum auswirken würden. Will man allerdings die bleibende Regelabweichung gänzlich beseitigen, so muß ein *PI*-Regler angewendet werden.

Nachdem für einen bestimmten Regelkreis die Glieder festgelegt worden sind, ist es notwendig, schon im Planungsstadium den Ablauf des Regelvorgangs annähernd zu bestimmen. In den meisten Fällen wird man bei bekannten Genauigkeitsanforderungen Regelstrecke und Regeleinrichtung nach praktischen Erfahrungen auswählen. Handelt es sich um Regelkreise einfacher bzw. untergeordneter Art, wird man kaum noch weitere Berechnungen durchführen. Dagegen erfordern Regelkreise mit höheren Genauigkeitsanforderungen weitere Überlegungen und präzisere Angaben über Regelstrecke, Regeleinrichtung und Schaltungsart. Man muß das Verhalten des Regelkreises bei Störgrößen- und Führungsgrößenänderung betrachten, die Wirkung schneller und langsamer Störgrößenänderungen sowie deren Größe und deren Häufigkeitsverteilung betrachten. Des weiteren interessiert die Frequenz der Regelschwingung. Ebenfalls wird man sich darüber Gedanken machen, wie bestimmten Betriebsstörungen begegnet werden kann, z. B. wenn die Hilfsenergie ausfällt oder einzelne Vorregelkreise versagen. Aus der Vielzahl der Faktoren und ihrer komplexen Verflechtung ergibt sich, daß sich eine Regelungsaufgabe nur einwandfrei lösen läßt, wenn Anlagenhersteller, Anlagenbetreiber und Regelgerätehersteller schon bei der Planung zusammenarbeiten. Wenn in der Praxis für Mängel der Regelung (Instabilität, Ungenauigkeit usw.) in erster Linie oder gar ausschließlich die Regelgeräte verantwortlich gemacht werden, so ist dies erfahrungsgemäß nur ausnahmsweise berechtigt.

7. Schaltungsbeispiele

Aus den Schaltbildern der Regelung ist zu ersehen, welche Teile einer Klimaanlage durch die Regelung beeinflußt werden und wie durch das Zusammenwirken der einzelnen Vorgänge die gewünschte Temperatur und relative Feuchte der aufbereiteten Luft erreicht werden. Nachstehend sind einige Schaltbilder bei elektrischer Regelung dargestellt.

Taupunktregelung. Bei dieser Methode wird die Temperatur hinter dem Befeuchter — sie entspricht praktisch der Taupunkttemperatur der Zuluft — konstant gehalten. Nach dem i, x-Diagramm ist bei gegebener Lufttemperatur dann auch die relative Feuchte der Luft bestimmt. In Tab. 7.04 sind die Taupunkttemperaturen, auf ganze und halbe Grade gerundet, für Lufttemperaturen von 16 bis 26 °C und für relative Feuchten von 50 bis 90% enthalten.

Soll z. B. bei einer gewünschten Zulufttemperatur von 20 °C die relative Feuchte auf 70% gebracht werden, so ist nach der folgenden Tabelle eine Taupunkttemperatur von 14,5 °C einzuhalten. Man kann also lediglich mit Hilfe von Temperaturreglern in Räumen ohne nennenswerte Feuchteentwicklung eine gleichbleibende Raumluftfeuchte erzielen.

Abb. 7.89 zeigt das Regelschaltbild der Klimaanlage für einen Werkraum mit feinmechanischer Fertigung, in dem das ganze Jahr über eine Temperatur von 20 °C und eine relative Feuchte von 50% gehalten werden soll. Im Außenluftkanal befindet sich der Vorwärmer, der im Winter von dem Temperaturfühler T_2 eingeschaltet wird, sobald Einfriergefahr besteht, d. h. wenn die Außentemperatur auf etwa +3 °C absinkt.

Der Taupunktregler T_1 wird nach der Taupunkttabelle auf den Sollwert von 9,5 °C eingestellt. Wird dieser Wert unterschritten, so wird vom Klappenversteller mehr Umluft und weniger Außenluft der Anlage zugeführt, was zu einem Steigen des Taupunktes führt. Bei Überschreitung des Taupunktes wird dagegen das Luftgemisch vom Kühler K gekühlt, so daß die Taupunkttemperatur wieder fällt. Im ganzen bleibt also der Sollwert von 9,5 °C erhalten. Diese Methode setzt voraus, daß die Luft an der Meßstelle nahezu gesättigt ist, was durch den stets voll beaufschlagten Düsenbefeuchter annähernd erreicht wird.

Tabelle 7.04. *Taupunkttemperaturen in* °C

Lufttemperatur °C	relative Feuchte der Luft in %				
	50	60	70	80	90
16	5,5	8	10,5	13	14,5
18	7,5	10	12,5	14,5	16,5
20	9,5	12	14,5	17	18,5
22	11	13,5	16,5	18,5	20
24	13	15,5	18,5	20,5	22,5
26	15	17,5	20	22,5	24

Schließlich wird durch den Raumtemperaturfühler T der Nachwärmer derart beeinflußt, daß die Raumtemperatur bei 20 °C konstant bleibt. Die zusätzlichen Temperaturfühler T_3 und T_4 im Zuluftkanal sollen verhindern, daß die Luft zu kalt oder zu warm in den Raum gelangt.

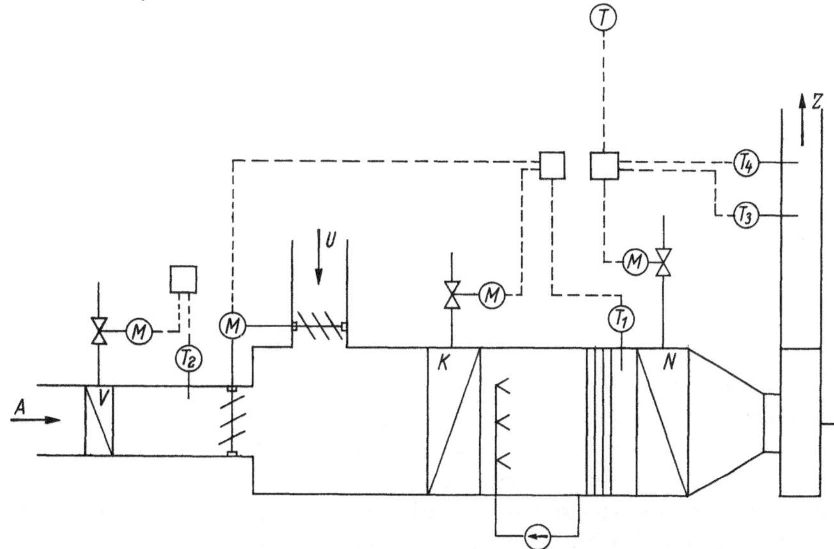

Abb. 7.89. Schaltbild der Regelung einer Klimaanlage für gleichbleibende Temperatur mit relativer Feuchte nach der Taupunktmethode.
T Raumtemperaturfühler, T_1 Taupunktfühler, $T_{2...4}$ sonstige Temperaturfühler.

Auch bei Klimaanlagen für Aufenthaltsräume findet die Taupunktmethode zur Feuchteregelung im Winter häufig Anwendung. Hier ist die Forderung gestellt, einen Mindestwert der relativen Luftfeuchte im Raum (meist 35%) einzuhalten. Im Raum selbst reichert sich die Luft zwar mit Wasserdampf an, die Behaglichkeit bleibt aber noch in einem verhältnismäßig weiten Bereich der relativen Luftfeuchte gewahrt, s. S. 23, so daß die unterschiedliche Feuchteentwicklung im Raum bei veränderlicher Raumbesetzung ohne Bedeutung ist. Es genügt also, den Wassergehalt der Zuluft den geforderten Werten der Raumtemperatur (i. allg. 22 °C) sowie der Mindestluftfeuchte im Raum anzupassen, eine Aufgabe, die der Taupunktthermostat in einfacher Weise erfüllt. Unabhängig davon wird im Nachwärmer die Zuluft auf die dem Heizwärmebedarf des Raumes entsprechende Temperatur gebracht.

Direkte Feuchteregelung. Abb. 7.90 gibt das Regelungsschema einer Klimaanlage mit direkter Feuchteregelung wieder.

Zunächst wird mit dem Temperaturfühler T_1 durch den Klappenversteller die Mischlufttemperatur eingestellt. Der Vorwärmer und der Kühler in Folgeschaltung stehen unter dem Einfluß des Raumtemperaturfühlers T, der Luftbefeuchter und der Nachwärmer wieder in Folgeschaltung unter dem Einfluß des Raumfeuchtefühlers F. Bei Überschreitung der gewünschten Feuchte wird der Nachwärmer N geöffnet, wodurch ein Absinken der Feuchte herbeigeführt wird. Reicht diese Maßnahme nicht aus, so wird die Befeuchtungswassermenge herabgesetzt. Dies hat ein Ansteigen der Raumtemperatur zur Folge, so daß der Raumtemperatur-

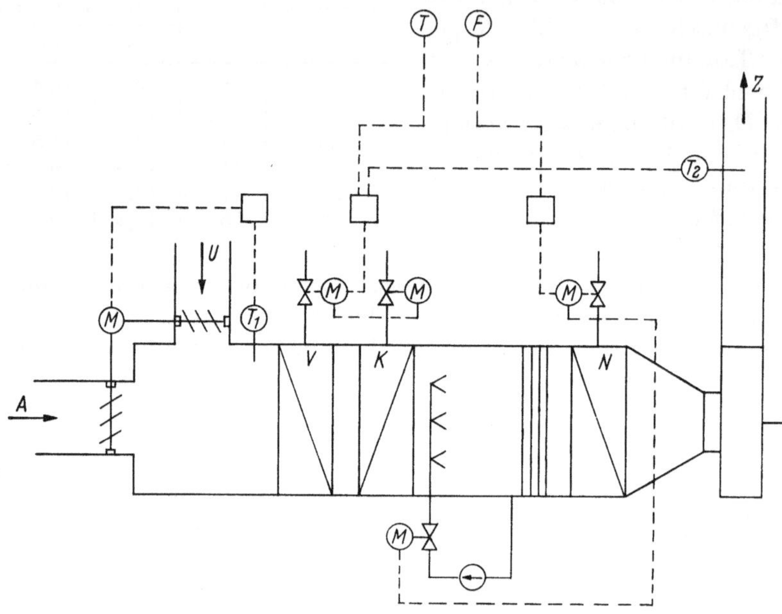

Abb. 7.90. Schaltbild der Regelung einer Klimaanlage für konstante Temperatur und relative Feuchte mittels direkter Feuchteregelung.
F Raumfeuchtefühler, *T* Raumtemperaturfühler.

fühler das Vorwärmerventil schließt bzw. das Kühlerventil öffnet. Die Temperatur und relative Feuchte werden also durch diese Regelung auf konstante Werte gebracht. Der Grenztemperaturfühler T_2 sorgt dafür, daß eine vorgegebene Zulufttemperatur nicht unterschritten wird.

Kombinierte Feuchteregelung. Die Schaltung nach Abb. 7.91 veranschaulicht die Luftaufbereitung einer mit Beipaß ausgestatteten Komfortklimaanlage mit einer gemischten Taupunkt- und Direktregelung der Luftfeuche. Der Taupunkt liegt im Winter entsprechend den Behaglichkeitswerten der VDI-Lüftungsregeln bei mindestens 6 °C und im Sommer für alle Luftzustände bei etwa 15 °C.

Am Eintritt in die Klimakammer wird die Mischlufttemperatur durch den Temperaturfühler T_3 eingestellt. Der Raumtemperaturfühler T ist nicht im Raum selbst, sondern in geringer Entfernung davon im Abluftkanal angeordnet. Er sorgt dafür, daß im Winter der Raum auf 22 °C gehalten wird. Ferner dient der Außentemperaturfühler T_2 dazu, im Sommer den Sollwert der Raumtemperatur mit der Außentemperatur zu ändern, so daß sie bis 26 °C bei einer Außentemperatur von 32 °C ansteigt. Der Temperaturfühler T_1 muß dabei auf 15 °C umgestellt werden. Liegt die Temperatur bei T_1 zu niedrig, so wird sie durch Einschaltung des Vorwärmers V gesteigert, liegt sie zu hoch, so wird sie durch den Kühler K herabgesetzt. Im Winter wird die Regelung hauptsächlich durch die Stellung des Vorwärmerventils, im Sommer durch die Stellung des Kühlerventils herbeigeführt. Eine weitere Möglichkeit, die Luftfeuchte zu beeinflussen, ist durch die Veränderung der Klappenstellung zum Beipaß gegeben. Im Sommer wird durch Öffnen des Beipasses Luft höheren, im Winter Luft niedrigeren Wassergehaltes der aufbereiteten

Luft zugemischt. Der Raumfeuchtefühler F muß sonach die Beipaßklappen schließen, wenn im Sommer eine Überschreitung des Höchstwertes der Luftfeuchte und im Winter eine Unterschreitung des niedrigsten Wertes droht.

Schließlich wird unter dem Einfluß des Temperaturfühlers T und der Grenztemperaturfühler T_4 und T_5 der Nachwärmer N so eingestellt, daß sich die gewünschte Temperatur im klimatisierten Raum ergibt.

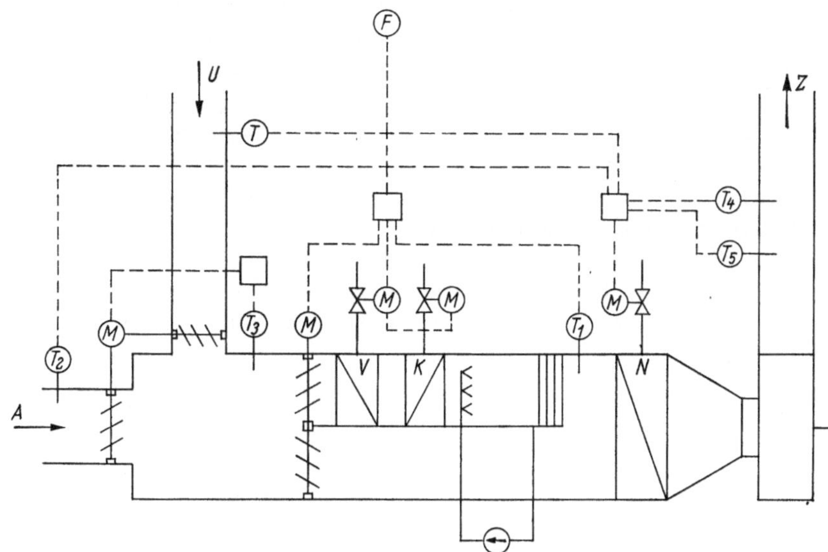

Abb. 7.91. Schaltbild der Regelung einer Klimaanlage mit Beipaßschaltung. F Raumfeuchtefühler, T Ablufttemperaturfühler.

H. Allgemeine Gesichtspunkte für die Planung

Bei gewerblichen Räumen, in denen Temperatur und Feuchte der Luft das ganze Jahr über auf vorgegebenen Werten gehalten werden sollen, sind vollwertige Klimaanlagen unbedingt erforderlich. Dagegen kommt man bei Aufenthaltsräumen unter mitteleuropäischen Klimabedingungen häufig mit einfacheren lüftungstechnischen Anlagen aus, bei denen beispielsweise auf die Feuchteregelung, evtl. sogar auf die Befeuchtung selbst, verzichtet wird. Auch wird bei solchen Anlagen zu prüfen sein, ob nicht die Nutzungsart bzw. die Nutzungszeit der angeschlossenen Räume ein Abgehen von den außenklimatischen Maximalwerten der DIN 1946 zuläßt, so daß die Einrichtungskosten gesenkt werden können. (Dies kann der Fall sein bei Sälen und Theaterräumen, die im Hochsommer gar nicht oder nur in den Abendstunden benutzt werden.)

Der Einbau von Klimaanlagen führt zu erheblichen Steigerungen der Gebäudegestehungs- und Betriebskosten. So erhöhen sich beispielsweise bei Bürohäusern mit der Klimatisierung die Gesamtbaukosten um etwa 10% gegenüber der früher üblichen Ausstattung mit Zentralheizung und Fensterlüftung. Entsprechend steigen die laufenden Aufwendungen für Betriebsmittel, Energie und Wartung.

In erster Linie ist es die Bereitstellung der Kälteleistung, die diese Mehrkosten verursacht. Jede Möglichkeit, den Kältebedarf herabzusetzen, sollte daher genutzt werden. Das gilt in gleicher Weise für die im Raum freiwerdende wie die von außen eindringende Wärme. So läßt sich die von Deckenleuchten an den Raum abgegebene Wärme oder der Wärmestau zwischen Fenster und inneren Jalousien bzw. Vorhängen durch Anordnung geeigneter Abluftentnahme wirksam vermindern. Im zweiten Fall handelt es sich vor allem darum, den Einfluß der Sonneneinstrahlung auf die zu klimatisierenden Räume abzuschwächen. Dem Klimaingenieur obliegt es, den Bauherrn und den Architekten in dieser Hinsicht zu beraten und auf die Bedeutung der genannten Forderungen nachdrücklich hinzuweisen.

Als bauliche Maßnahmen zur Abschwächung der Sonneneinwirkung kommen in Betracht:

1. Die Fensterfläche ist auf das zur Tageslichtversorgung notwendige Maß zu beschränken, da den Räumen über die Fenster erhebliche Wärmemengen durch die Sonnenstrahlung zugeführt werden und in der Nähe von Fensterflächen bei direkter Sonneneinstrahlung die Einhaltung bestimmter Raumtemperaturen in Frage gestellt ist. Vor allem trägt die Anbringung von hellen Sonnenschützern (Jalousien, Markisen) außen vor den Fenstern zur Abschwächung der Sonneneinwirkung bei. Innenjalousien bieten dagegen nur einen geringen Schutz. Doppelfenster oder doppelt verglaste Fenster sind ebenfalls stets erwünscht.

2. Die den Sonnenstrahlen am meisten ausgesetzten Wände von Ost über Süd bis West müssen einen entsprechenden Wärmeschutz erhalten und hell gestrichen sein.

3. Da Dachflächen am stärksten von der Sonne erwärmt werden, sind sie als obere Raumbegrenzung zu vermeiden oder mit einem ausreichenden Wärme- und Strahlungsschutz zu versehen (Kaltdächer).

4. Zu klimatisierende Fertigungsräume sollen möglichst an der Nordseite des Gebäudes liegen oder ihr Tageslicht von dieser Seite her erhalten.

Die meisten der genannten baulichen Maßnahmen behalten ihren Wert auch während des Winterbetriebs der Klimaanlagen, weil sie nicht nur die Kühllast, sondern auch die Heizlast der Räume verringern.

Anhang

Regeln, Richtlinien, Normen

Stand: Juli 1968

VDI-Wasserdampftafeln. 6. Aufl. Berlin/Göttingen/Heidelberg: Springer 1963.
-Lüftungsgrundsätze. Berlin 1937.
-Lüftungsregeln, s. DIN 1946.
-Durchflußmeßregeln, s. DIN 1952.

VDI 2034. Jan. 57.	Korrosionsschutz für Dampfheizungsanlagen; Wasseraufbereitung für Anlagen mit 0,5 bis 20 atü Dampfdruck und bis 4 Mcal/h Kesselleistungen.
2035. März 67.	Korrosionsschutz in Wasserheizungsanlagen.
2044. Okt. 66.	Abnahme- und Leistungsversuche an Ventilatoren (VDI-Ventilatorregeln).
2050. Okt. 63.	Heizzentralen; Technische Grundsätze für Planung und Ausführung.
2051. Dez. 58.	Lüftung von Laboratorien.
2052. März 60.	Lüftung von Küchen.
2053. (April 61).	(Entwurf). Lüftung von Garagen und Tunnel.
2055. Dez. 58.	Wärme- und Kälteschutz; Berechnung, Garantien, Meßverfahren und Lieferbedingungen für Wärme- und Kälte-Isolierungen.
2067. Jan. 57.	Richtwerte zur Vorausberechnung der Wirtschaftlichkeit verschiedener Brennstoffe (Koks, Kohle, Heizöl und Gas) bei Warmwasser-Zentralheizungsanlagen. (Neuausgabe in Vorbereitung).
2081. (Okt. 63).	(Entwurf). Lärmabwehr bei Lüftungsanlagen.
2084. Dez. 65.	Lüftung von Schweißräumen und Schweißplätzen.
2086. Febr. 67.	Bl. 1. Lüftung in Druckereien; Tiefdruckbetriebe.
2087. März 61.	Luftkanäle; Bemessungsgrundlagen, Schalldämpfung, Temperaturabfall und Wärmeverlust.
2173. Sept. 62.	Strömungstechnische Kenngrößen von Stellventilen und deren Bestimmung.
VDI/VDE 2174. Okt. 67.	Mechanische Kenngrößen von Stellgeräten für strömende Stoffe und deren Bestimmung.
VDI 2178. Dez. 65.	Benennungen von Regelgeräten und Regeleinrichtungen.
2297. Okt. 63.	Staubauswurfbegrenzung; Dampferzeuger mit Ölfeuerung.
2300. Jan. 63.	—; Dampferzeuger unter 10 t/h Leistung. Mehrzugkessel für feste Brennstoffe mit innenliegenden Rostfeuerungen.
VDE/VDI 3511. Febr. 67.	Technische Temperaturmessungen.

Arbeitsgemeinschaft der für das Bauwesen zuständigen Länderminister (ARGEBAU), Fachkommission „Bauaufsicht“:

Richtlinien für den Bau und die Einrichtung von zentralen Heizräumen und ihren Brennstofflagerräumen (Heizraumrichtlinien). Nov. 1958. — Richtlinien über Bau und Betrieb von Behälteranlagen zur Lagerung von Heizöl (Heizölbehälterrichtlinien). Juli 1966.

Arbeitskreis Heizungs- und Maschinenwesen staatlicher und kommunaler Verwaltungen (AHMV):

Anweisung für den Bau von Zentralheizungs-, Lüftungs- und zentralen Warmwasserbereitungsanlagen (HLW-Anlagen) in öffentlichen Gebäuden (Heizungsbauanweisung). Hrsg. vom Bundesminister für Finanzen, Bonn 1955.

Deutscher Normenausschuß (DNA):

VOB. Verdingungsordnung für Bauleistungen. Ausg. 1965.

Deutscher Verein von Gas- und Wasserfachmännern (DVGW):

Technische Vorschriften und Richtlinien für die Einrichtung und Unterhaltung von Niederdruckgasanlagen in Gebäuden und Grundstücken. DVGW-TVR Gas 1962. — Arbeitsbl. G 645 (Aug. 1965). Technische Regeln für die sicherheitstechnische Ausrüstung von Warmwasserheizungen mit Umlauf-Gaswasserheizern und Vorlauftemperaturen bis 110 °C. — Arbeitsbl. G 674 (Mai 1965). Merkblatt für die Einzelofen-Gasheizung. — Arbeitsbl. W 308 (März 1962). Richtlinien für die Berechnung von Wasserleitungen in Hausanlagen. Berechnungsanleitung zu DIN 1988. — Arbeitsbl. W 503 (Juni 1966). Richtlinien für den Anschluß von das Trinkwasser gefährdenden Geräten und Anlagen.

Hauptverband der gewerblichen Berufsgenossenschaften, Bonn:
Unfallverhütungsvorschrift Druckbehälter VBG 17 (1965).

Vereinigung der Technischen Überwachungsvereine (VdTÜV), Deutscher Dampfkessel- und Druckbehälterausschuß (DDA):
Dampfkesselverordnung (DampfkV) und Allgemeine Verwaltungsvorschriften. Verordnung über die Errichtung und den Betrieb von Dampfkesselanlagen vom 8. Sept. 1965. — Technische Regeln für Dampfkessel (TRD): TRD 402 (Nov. 1965). Ausrüstung und Aufstellung der Heißwassererzeuger. — TRD 701 (Dez. 1964). Niederdruckdampfkessel. — SR-Öl. (Okt. 1966). Sicherheitstechnische Richtlinien für Ölfeuerungen an Dampfkesseln. — SR-Gas (Okt. 1967). Sicherheitstechnische Richtlinien für Gasfeuerungen an Dampfkesseln. — AD-Merkblatt A 3 (April 1962). Bau, Ausrüstung und Planung von Warmwasserbereitern mit Gebrauchswassertemperaturen bis etwa 95 °C.

Zentralverband des deutschen Kachelofen- und Luftheizungsbauerhandwerks und des Fliesenlegerhandwerks e. V.:
Technische Richtlinien für Warmluftheizungen. Hannover 1964.

DIN 1626. Jan. 65.	Bl. 1 bis 4. Geschweißte Stahlrohre aus unlegierten und niedrig legierten Stählen für Leitungen, Apparate und Behälter.
1629. Jan. 61.	Bl. 1 bis 4. Nahtlose Rohre aus unlegierten Stählen für Leitungen, Apparate und Behälter.
1944. (Mai 67).	Bl. 1. (Entwurf). Abnahmeversuche an Kreiselpumpen (VDI-Kreiselpumpenregeln); Empfehlungen für Förderwert- und Wirkungsgradgarantien.
(Febr. 67).	Bl. 2. (Entwurf). Abnahmeversuche an Kreiselpumpen (VDI-Kreiselpumpenregeln) (ausführliche Fassung).
1946. April 60.	Bl. 1. Lüftungstechnische Anlagen (VDI-Lüftungsregeln); Grundregeln.
April 60.	Bl. 2. — —; Lüftung von Versammlungsräumen.
Juni 62.	Bl. 3. — —; — von Fahrzeugen.
Mai 63.	Bl. 4. — —; — in Krankenanstalten.
Aug. 67.	Bl. 5. — —; — von Schulen.
1952. (Dez. 63).	(Entwurf). Durchflußmessung mit genormten Düsen, Blenden und Venturidüsen (VDI-Durchflußmeßregeln).
1988. Jan. 62.	Trinkwasser-Leitungen in Grundstücken; technische Bestimmungen für Bau und Betrieb.
2401. Jan. 66.	Bl. 1. Rohrleitungen; Druckstufen, Begriffe, Nenndrücke.
Jan. 66x.	Bl. 2. (Vornorm). —; Druckstufen, zulässige Betriebsdrücke für Rohrleitungsteile aus Eisenwerkstoffen.
2404. Dez. 42x.	Kennfarben für Heizungsrohrleitungen.
2410. Jan. 68.	Bl. 1. Rohre; Übersicht über Normen für Stahlrohre.
2429. Juli 62.	Sinnbilder für Rohrleitungsanlagen.
2440. Mai 61x.	Stahlrohre; mittelschwere Gewinderohre.
2441. Mai 61x.	—; schwere Gewinderohre.
2448. Juni 66.	Nahtlose Stahlrohre; Maße und Gewichte.
2449. April 64.	Nahtlose Stahlrohre aus St 00; Maße und Anwendungsbereich.
2450. April 64.	Nahtlose Stahlrohre aus St 35; Maße und Anwendungsbereich.
2458. Juni 66.	Geschweißte Stahlrohre; Maße und Gewichte.
2481. Dez. 54.	Wärmekraftanlagen; Sinnbilder, Schaltpläne.
2500. Aug. 66.	Flansche; allgemeine Angaben, Übersicht.
2505. Okt. 64.	(Vornorm). Berechnung von Flanschverbindungen.
2530/35. Juni 67.	Gußeisenflansche; Nenndruck 2,5 bis 40.
2543/45. Jan. 68.	Stahlgußflansche; Nenndruck 16 bis 40.
2605. Sept. 62.	Rohrbogen zum Einschweißen; Stahlrohre.
2606. Juli 65.	Rohrbogen aus Stahl zum Einschweißen; Bauart 5 d.
2631/35. Aug. 66.	Vorschweißflansche; Nenndruck 6 bis 40.
2690. Mai 66.	Flachdichtungen für Flansche mit ebener Dichtfläche; Nenndruck 1 bis 40.
2950. Juni 62.	Tempergußfittings.
3204. Okt. 42xxx.	Keil-Flachschieber für Heizungsanlagen für Nenndruck 4 mit Flanschanschluß nach Nenndruck 6.
3225. Okt. 42xx.	Keil-Ovalschieber aus Grauguß, mit Flanschanschluß nach Nenndruck 10.
3226. Okt. 42xx.	Keil-Rundschieber aus Grauguß, für Nenndruck 16.
3229. Okt. 42x.	Keil-Ovalschieber aus Stahlguß, für Nenndruck 16.
3231. Sept. 53.	Verwendungsbereich für Rückschlagklappen aus Grauguß und Stahlguß, Nenndruck, Prüfdruck, Betriebsdruck, Betriebstemperatur.

DIN 3232. Dez. 43.	Nennweiten und Baulängen für Rückschlagklappen aus Grauguß und Stahlguß, Nenndruck 6 bis 320.
3300. Okt. 43.	Absperr- und Rückschlagventile, Durchgang- und Eckform, Baulänge für Nenndruck 6 bis 320.
3340. Jan. 44.	Dehnungsstopfbuchsen für Nenndruck 10, 16, 25 und 40.
3362. (Mai 66).	(Entwurf). Gasgeräte, Gasfeuerstätten und ihre Bauelemente, Prüfgase; Begriffe, Güte, Wirkungsgrad, Prüfung.
3364. März 58.	Heizöfen für Stadtgas; Begriffe, Bau, Güte, Leistung und Prüfung.
3368. Sept. 66	Bl. 1. (Vornorm). Durchlauf-Wasserheizer mit offener Verbrennungskammer für Stadtgas, Erdgas und Gas-Luft-Gemische; Begriffe, Bau, Belastung, Leistung, Güte und Prüfung.
(Aug. 67).	Bl. 2. (Entwurf). — — mit geschlossener Verbrennungskammer; Gas-Wasserheizer für Stadtgas, Erdgas und Gas-Luft-Gemische; Begriffe, Bau, Belastung, Leistung, Güte und Prüfung.
3470. Nov. 42xxxx.	Packhähne für Nenndruck 10.
3790. April 58.	Nichtrostende Stahlgußarmaturen; Schrägsitz-Durchgangsventile mit Bügelaufsatz, NW 10 bis 32 für ND 10 bis 25, NW 40 bis 200 für ND 10.
3791. April 58.	— —; Durchgangsventile, Eckventile mit Bügelaufsatz, NW 10 bis 32 für ND 10 bis 25, NW 40 bis 200 für ND 10.
3841/47. Juni 53.	Heizungsarmaturen aus NE-Metall; Anschlußmaße. Regulierventile ND 10, Durchgangsventile, Eckventile (DIN 3841). Radiator-Verschraubungen ND 10 (DIN 3842). Muffenschieber ND 10 mit nichtsteigender Spindel (DIN 3843). Muffenventile ND 16, Durchgangsmuffenventile (DIN 3844). Muffenrückschlagventile ND 16 (DIN 3845). Sicherheitsventile (DIN 3846/3847).
3848. Jan. 55.	— —; Füll- und Entleerungshähne, Hauptmaße.
4108. Mai 60.	Wärmeschutz im Hochbau (mit Änderung der Tafel 3 gem. DIN-Mitt. 46 (1967) 92/93).
4701. Jan. 59.	Heizungen; Regeln für die Berechnung des Wärmebedarfs von Gebäuden.
4702. Jan. 67.	Bl. 1. Heizkessel; Begriffe, Nennleistung, heiztechnische Anforderungen, Kennzeichnung.
Dez. 67.	Bl. 2. —; Prüfregeln.
4703. Juli 61.	Bl. 1. Wärmeleistung von Raumheizkörpern; Radiatoren.
Jan. 67.	Bl. 2. — —; Plattenheizkörper aus Stahl.
4705. April 44.	Schornsteine für Zentralheizungen, Berechnung der lichten Weite. (Neuausgabe in Vorbereitung.)
4720. Jan. 61.	Gußradiatoren (in Gliederbauart); Baumaße und Einbaumaße.
4722. Jan. 61.	Stahlradiatoren (in Gliederbauart); Baumaße und Einbaumaße.
4730. Nov. 61.	Ölheizöfen mit Verdampfungsbrennern; Begriffe, Bau, Leistung, Güte und Prüfung.
4731. Mai 66.	Ölheizeinsätze mit Verdampfungsbrennern; Begriffe, Bau, Leistung, Güte und Prüfung.
4736. Jan. 68.	Bauelemente für zentrale Ölversorgungsanlagen für Feuerstätten mit Verdampfungsbrennern; Begriffe, Bau, Leistung, Güte und Prüfung.
4750. Aug. 65.	Sicherheitstechnische Anforderungen an Niederdruckdampferzeuger.
4751. Nov. 62.	Bl. 1. Heizungsanlagen; sicherheitstechnische Ausrüstung von Warmwasserheizungen mit Vorlauftemperaturen bis 110 °C.
Juni 64.	Bl. 2. Sicherheitstechnische Ausrüstung von Warmwasserheizungen mit Vorlauftemperaturen bis 110 °C; offene und geschlossene Anlagen bis 80000 kcal/h mit thermostatischer Absicherung. (Neuausgabe in Vorbereitung.)
4752. Jan. 67.	Heißwasserheizungsanlagen mit Vorlauftemperaturen von mehr als 110 °C (Absicherung auf Drücke über 0,5 atü); Ausrüstung und Aufstellung.
4755. Juli 66.	Ölfeuerungen in Heizungsanlagen; Bau, Ausführung, sicherheitstechnische Grundsätze.
4756. Febr. 66.	Gasfeuerungen in Heizungsanlagen; Bau, Ausführung, sicherheitstechnische Grundsätze.
4787. Okt. 67.	Ölbrenner; Begriffe, Anforderungen, Bau, Prüfung.
4788. Febr. 66.	Gasbrenner; Begriffe, Anforderungen, Bau, Prüfung.
4801/04. Okt. 61/Sept. 63.	Ein- und doppelwandige Warmwasserbereiter mit abschraubbarem Deckel oder Halsstutzen aus Stahl.
4806. Sept. 53.	Ausdehnungs-Gefäße für Heizungsanlagen.
5034. Nov. 59.	Innenraumbeleuchtung mit Tageslicht; Leitsätze.
Nov. 63.	Beibl. 1. — —; Berechnung und Messung.

DIN 5034. Juni 66.	Beibl. 2. — —; vereinfachte Bestimmung lichttechnisch ausreichender Fensterabmessungen.
6608. Okt. 62 bis März 65.	Bl. 1 bis 3. Liegende Behälter aus Stahl, für unterirdische Lagerung flüssiger Mineralölprodukte. (Neuausgabe in Vorbereitung.)
6616/20. Nov. 62/März 66 6622/25. Aug. 66/Sept. 67	Behälter aus Stahl für oberirdische oder teilweise oberirdische Lagerung flüssiger Mineralölprodukte. (Neuausgaben in Vorbereitung.)
8551. Jan. 59.	Bl. 1. Schweißnahtvorbereitung; Richtlinien für Fugenformen, offenes Lichtbogenschweißen von Hand an Stählen.
Jan. 59.	Bl. 2. — —; — —, Gasschweißen an Stählen.
18017. März 60.	Bl. 1. Lüftung von Bädern und Spülaborten ohne Außenfenster durch Schächte und Kanäle, ohne Motorkraft; Einzelschachtanlagen.
Aug. 61x.	Bl. 2. — —, — —; Sammelschachtanlagen.
(Juni 68).	Bl. 3. (Entwurf). — — ohne Außenfenster mit Ventilatoren.
18150. Jan. 64.	Hausschornsteine; Formstücke aus Leichtbeton mit Querschnitten bis 700 cm².
18160. Dez. 62.	Bl. 1. Feuerungsanlagen; Hausschornsteine, Bemessung und Ausführung.
Febr. 63.	Bl. 2. —; Verbindungsstücke.
Febr. 63.	Bl. 5. —; Einrichtungen für das Reinigen von Hausschornsteinen.
(Juli 62).	Bl. 6. (Entwurf). —; Prüfgrundsätze für Hausschornsteine.
18362. Febr. 61.	Verdingungsordnung für Bauleistungen (VOB); Teil C. Allgemeine Technische Vorschriften; Ofen- und Herdarbeiten.
18380. Dez. 58.	— —; — —; Zentralheizungs-, Lüftungs- und zentrale Warmwasserbereitungsanlagen.
18381. Dez. 58.	— — ; — —; Gas-, Wasser- und Abwasser-Installationsarbeiten.
18421. Febr. 61.	— —; — —; Wärmedämmungsarbeiten.
18890. (Jan. 65).	(Entwurf). Dauerbrandöfen für feste Brennstoffe; Begriffe, Bau, Leistung, Güte und Prüfung.
18891. April 53.	Transportable keramische Dauerbrandöfen; Richtlinien für Güte, Leistung und Prüfung.
18892. Aug. 56.	Dauerbrandeinsätze aus Grauguß; Begriffe, Bau, Güte, Leistung und Prüfung.
18893. Jan. 56.	Eiserne Dauerbrandöfen; Raumheizvermögen.
18894. Juni 56.	Transportable keramische Dauerbrandöfen; Raumheizvermögen.
18899. Aug. 55.	Kachelgrundöfen; Begriffe, Bau, Güte und Leistung.
19226. Mai 68.	Regelungstechnik und Steuerungstechnik; Begriffe und Benennungen.
24145. (Nov. 66).	(Entwurf). Lufttechnische Anlagen; Wickelfalzrohre.
24151/153. Juli 66.	— —; Rohre für Schweiß-, Falz- und Bördelverbindungen.
24154/159. Juli 66.	— —; Flach- und Winkelflansche, längsgeschweißte und längsgefalzte Blechkanäle, Flach- und Winkelrahmen.
44567/569. (Aug. 67).	(Entwurf). Elektrische Raumheizgeräte; Direktheizgeräte, Strahlungsheizgeräte und Konvektionsheizgeräte, Begriffe, Anforderungen, Prüfung.
44840. Jan. 66.	Bl. 1. Elektrische Raumheizgeräte; Begriffe.
51603. Febr. 66x.	Flüssige Brennstoffe; Heizöle (ausgenommen Heizöle für die internationale Seeschiffahrt), Mindestanforderungen.
52212. Jan. 61.	Bauakustische Prüfungen; Bestimmung des Schallabsorptionsgrades im Hallraum.
52215. Dez. 63.	— —; Bestimmung des Schallabsorptionsgrades und der Impedanz im Rohr.
52614. Nov. 63.	Wärmeschutztechnische Prüfungen; Bestimmung der Wärmeableitung von Fußböden.

Anm.: x = geringfügige Änderung.

Namenverzeichnis

Sachverzeichnis